U0921202

中国国家标准汇编

363

GB 21117～21162

（2007 年制定）

中国标准出版社　编

中国标准出版社

北　京

图书在版编目（CIP）数据

中国国家标准汇编：2007年制定．363：GB 21117～21162/中国标准出版社编．—北京：中国标准出版社，2008

ISBN 978-7-5066-4967-4

Ⅰ．中…　Ⅱ．中…　Ⅲ．国家标准-汇编-中国-2007　Ⅳ．T-652.1

中国版本图书馆CIP数据核字（2008）第100967号

中国标准出版社出版发行
北京复兴门外三里河北街16号
邮政编码：100045
网址 www.spc.net.cn
电话：68523946　68517548
中国标准出版社秦皇岛印刷厂印刷
各地新华书店经销
*
开本 880×1230 1/16　印张 49.75　字数 1 474 千字
2008年7月第一版　2008年7月第一次印刷
*
定价 200.00 元

ISBN 978-7-5066-4967-4

出 版 说 明

1.《中国国家标准汇编》是一部大型综合性国家标准全集。自1983年起，按国家标准顺序号以精装本、平装本两种装帧形式陆续分册汇编出版。本《汇编》在一定程度上反映了我国建国以来标准化事业发展的基本情况和主要成就，是各级标准化管理机构，工矿企事业单位，农林牧副渔系统，科研、设计、教学等部门必不可少的工具书。

2. 本《汇编》收入我国正式发布的全部国家标准。各分册中如有顺序号缺号的，除特殊情况注明外，均为作废标准号或空号。

3. 由于本《汇编》的出版时间与新国家标准的发布时间已达到基本同步，我社将在每年出版前一年发布的新制定的国家标准，便于读者及时使用。出版的形式不变，分册号继续顺延。标准的属性以本书目录上标明的为准。

4. 由于标准不断修订，修订信息不能在本《汇编》中得到充分和及时的反映，根据多年来读者的要求，自1995年起，在本《汇编》汇集出版前一年发布的新制定的国家标准的同时，新增出版前一年发布的被修订的标准的汇编版本，视篇幅分设若干分册。这些修订标准汇编的正书名、版本形式与《中国国家标准汇编》相同，但不占总的分册号，仅在封面和书脊上注明“20××年修订-1，-2，-3，……”字样，作为本《汇编》的补充。读者配套购买则可收齐前一年制定和修订的全部国家标准。

5. 由于读者需求的变化，自第201分册起，仅出版精装本。

6. 2007年制修订国家标准1 410项，全部收入在《中国国家标准汇编》第352～367分册和2007年修订-1～修订-23分册中。本分册为第363分册，收入国家标准GB 21117～21162的最新版本。

中国标准出版社

2008年6月

目 录

GB/T 21117—2007 磁致伸缩液位计 …… 1
GB/T 21118—2007 小麦粉馒头 …… 17
GB/T 21119—2007 小麦 沉淀指数测定 Zeleny 试验 …… 25
GB/T 21120—2007 水泥混凝土和砂浆用合成纤维 …… 32
GB/T 21121—2007 动植物油脂 氧化稳定性的测定(加速氧化测试) …… 55
GB/T 21122—2007 营养强化小麦粉 …… 69
GB/T 21123—2007 营养强化 维生素 A 食用油 …… 77
GB/T 21124—2007 小麦黑胚粒检验法 …… 83
GB/T 21125—2007 食用菌品种选育技术规范 …… 87
GB/T 21126—2007 小麦粉与大米粉及其制品中甲醛次硫酸氢钠含量的测定 …… 97
GB/T 21127—2007 小麦抗旱性鉴定评价技术规范 …… 103
GB/T 21128—2007 结构用竹木复合板 …… 111
GB/T 21129—2007 竹单板饰面人造板 …… 121
GB/T 21130—2007 卷烟 烟气总粒相物中苯并[α]芘的测定 …… 131
GB/T 21131—2007 环境烟草烟气 可吸入悬浮颗粒物的估测 用紫外吸收法和荧光法测定粒相物 …… 137
GB/T 21132—2007 烟草及烟草制品 二硫代氨基甲酸酯农药残留量的测定 分子吸收光度法 …… 153
GB/T 21133—2007 环境烟草烟气 可吸入悬浮颗粒物的估测 茄呢醇法 …… 159
GB/T 21134—2007 烟草及烟草制品 不溶于盐酸的硅酸盐残留物的测定 …… 173
GB/T 21135—2007 烟草及烟草制品 空气中气相烟碱的测定 气相色谱法 …… 181
GB/T 21136—2007 打叶烟叶 叶中含梗率的测定 …… 191
GB/T 21137—2007 烟叶 片烟大小的测定 …… 211
GB/T 21138—2007 烟草种子 …… 223
GB 21139—2007 基础地理信息标准数据基本规定 …… 228
GB/T 21140—2007 指接材 非结构用 …… 235
GB/T 21141—2007 防沙治沙技术规范 …… 245
GB/T 21142—2007 地理标志产品 泰兴白果 …… 273
GB/T 21143—2007 金属材料 准静态断裂韧度的统一试验方法 …… 285
GB/T 21144—2007 混凝土实心砖 …… 357
GB/T 21145—2007 运输用制冷机组 …… 369
GB 21146—2007 个体防护装备 职业鞋 …… 387
GB 21147—2007 个体防护装备 防护鞋 …… 409
GB 21148—2007 个体防护装备 安全鞋 …… 437
GB/T 21149—2007 烧结瓦 …… 463
GB/T 21150—2007 失速型风力发电机组 …… 481
GB/T 21151—2007 煤矿用轴流主通风机 技术条件 …… 497

GB/T 21152—2007 土方机械 轮胎式机器 制动系统的性能要求和试验方法 …… 507
GB/T 21153—2007 土方机械 尺寸、性能和参数的单位与测量准确度 …… 519
GB/T 21154—2007 土方机械 整机及其工作装置和部件的质量测量方法 …… 523
GB/T 21155—2007 土方机械 前进和倒退音响报警 声响试验方法 …… 533
GB/T 21156.1—2007 特殊环境条件 沙漠机械 第1部分:干热沙漠内燃动力机械 …… 541
GB/T 21156.2—2007 特殊环境条件 沙漠机械 第2部分:干热沙漠工程机械 …… 554
GB/T 21157—2007 颗粒杀虫剂或除草剂撒布机 试验方法 …… 565
GB/T 21158—2007 种子加工成套设备 …… 585
GB/T 21159.1—2007 播种和种植机械 圆盘 第1部分:D1型凹面圆盘 尺寸 …… 597
GB/T 21159.2—2007 播种和种植机械 圆盘 第2部分:D2型单边倒角的平面圆盘 尺寸 … 601
GB/T 21160—2007 农用挂车 全挂车和半挂车 有效载荷、垂直静态载荷和轴载荷的测定 …… 605
GB/T 21161—2007 农用挂车 单作用套筒伸缩油缸 25 MPa(250 bar) 系列Ⅰ型、Ⅱ型和Ⅲ型 互换尺寸 …… 613
GB/T 21162—2007 顺流粮食干燥机单位耗热量与处理量折算规则 …… 621

ICS 17.040.30
N 12

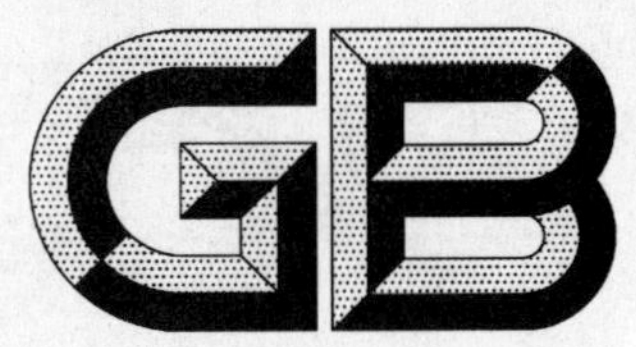

中华人民共和国国家标准

GB/T 21117—2007

磁致伸缩液位计

Magnetostrictive liquid level meter

2007-10-11 发布 2007-12-01 实施

中华人民共和国国家质量监督检验检疫总局
中国国家标准化管理委员会 发布

前　言

本标准的附录A为规范性附录。

本标准由中国机械工业联合会提出。

本标准由全国工业过程测量和控制标准化技术委员会第一分技术委员会归口。

本标准起草单位:北京航天神舟测控仪器有限公司、上海工业自动化仪表研究所、沈阳仪表科学研究院、机械工业仪器仪表综合技术经济研究所、北京航天计量测试技术研究所。

本标准主要起草人:潘年茂、程言峰、李永清、徐秋玲、李竞武、冯晓升、金丽辉、潘岩、缪寅宵、潘抒平。

本标准为首次制定。

引　　言

本标准是根据国内外磁致伸缩液位计的当前技术状态和发展方向，在充分考虑国内市场需求的前提下制定的。该液位计具有高精度的特点，不仅属于通用的传感器，也可作为计量器具使用。为此，在编写时，力求使本标准兼顾上述两个应用方向，并尽量保持和 JJG 971—2002《液位计检定规程》一致。

磁致伸缩液位计

1 范围

本标准规定了磁致伸缩液位计的产品分类、基本参数、技术要求、试验方法、检验规则、标志、使用说明书、包装、贮存、运输。

本标准适用于磁致伸缩液位计(以下简称液位计)。

2 规范性引用文件

下列文件中的条款通过本标准的引用而成为本标准的条款。凡是注日期的引用文件,其随后所有的修改单(不包括勘误的内容)或修订版均不适用于本标准,然而,鼓励根据本标准达成协议的各方研究是否可使用这些文件的最新版本。凡是不注日期的引用文件,其最新版本适用于本标准。

GB 3836.1 爆炸性气体环境用电气设备 第1部分:通用要求(GB 3836.1—2000,eqv IEC 60079-0:1998)

GB 3836.2 爆炸性气体环境用电气设备 第2部分:隔爆型"d"(GB 3836.2—2000,eqv IEC 60079-1:1990)

GB 3836.4 爆炸性气体环境用电气设备 第4部分:本质安全型"i"(GB 3836.4—2000,eqv IEC 60079-11:1999)

GB 4208 外壳防护等级(IP代码)(GB 4208—1993,eqv IEC 60529:1989)

GB 9969.1 工业产品使用说明书 总则

GB/T 15464 仪器仪表包装通用技术条件

GB/T 15479—1995 工业自动化仪表绝缘电阻、绝缘强度技术要求和试验方法

GB/T 17626.2—1998 电磁兼容 试验和测量技术 静电放电抗扰度试验(idt IEC 61000-4-2:1995)

GB/T 17626.3—1998 电磁兼容 试验和测量技术 射频电磁场辐射抗扰度试验(idt IEC 61000-4-3:1995)

GB/T 17626.4—1998 电磁兼容 试验和测量技术 电快速瞬变脉冲群抗扰度试验(idt IEC 61000-4-4:1995)

GB/T 17626.5—1999 电磁兼容 试验和测量技术 浪涌(冲击)抗扰度试验(idt IEC 61000-4-5:1995)

GB/T 17626.6—1998 电磁兼容 试验和测量技术 射频场感应的传导骚扰抗扰度试验(idt IEC 61000-4-6:1996)

GB/T 17626.8—1998 电磁兼容 试验和测量技术 工频磁场抗扰度试验(idt IEC 61000-4-8:1993)

GB/T 18268—2000 测量、控制和实验室用的电设备 电磁兼容性要求(idt IEC 61326-1:1997,Amd.1:1998)

GB/T 18271.1—2000 过程测量和控制装置 通用性能评定方法和程序 第1部分:总则(idt IEC 61298-1:1995)

GB/T 18271.3—2000 过程测量和控制装置 通用性能评定方法和程序 第3部分:影响量影响的试验(idt IEC 61298-3:1998)

GB/T 18271.4—2000 过程测量和控制装置 通用性能评定方法和程序 第4部分:评定报告的

内容(idt IEC 61298-4:1995)

JB/T 9329—1999 仪器仪表运输、运输贮存基本环境条件及试验方法

3 术语和定义

下列术语和定义适用于本标准。

3.1

磁致伸缩 magnetostriction

铁磁质中磁化方向的改变会引起介质晶格间距的改变,从而使得铁磁质的长度和体积发生改变的现象。

3.2

磁致伸缩液位计 magnetostrictive liquid level meter

一种用于测量液面或液-液界面位置的装置,其内部检测元件基于磁致伸缩原理设计制造。

4 产品分类

4.1 按液位计测杆结构分

a) 刚性杆,测杆整体为刚性结构,并具有一定的支撑强度,以保证其直线状态;

b) 柔性杆,测杆在运输和安装过程时可弯曲,使用时应采用重锤、磁钢、吊钩、护套等方式,保证其工作所需的直线状态。

4.2 按液位计测量参数类型分

a) 液位测量,仅测量液面一个位置参数;

b) 界面测量,可同时测量液面和界面多个位置参数。

4.3 按液位计输出信号形式分

a) 模拟输出型,包括:电流输出型、电压输出型;

b) 数字通信型;

c) 复合输出型,同时具备以上两种功能,如:HART 协议。

4.4 按液位计安全性能分

a) 普通型;

b) 防爆型(主要为:隔爆型、本质安全型,不排除其他类型)。

5 基本参数

5.1 测量范围

刚性杆:≤6 m;柔性杆:3.5 m~20 m。

液面测量的上盲区:≤100 mm,下盲区:≤60 mm。

界面测量的下盲区:≤15 mm。

5.2 输出信号

a) 模拟输出型:

1) 电流输出型:4 mA(d.c)~20 mA(d.c),负载电阻应为:0 Ω~750 Ω。

2) 电压输出型:0 V(d.c)~5 V(d.c)、1 V(d.c)~5 V(d.c)或 0 V(d.c)~10 V(d.c),负载电阻应为:≥1 kΩ。

b) 数字通信型:

1) RS485 接口,波特率可选:2 400,4 800,9 600。可多机通信和总线连接。

2) 其他类型的数字总线接口,应符合相应总线的规定要求。

c) 复合输出型:产品应同时符合模拟输出型和数字通信型的规定要求。

5.3 供电电源

额定工作电压:24 V(d.c)。

正常工作电压:9 V(d.c)～30 V(d.c)。

5.4 工作环境

环境温度可选为:

a) －25℃～＋55℃;

b) －40℃～＋85℃;

c) －50℃～＋125℃。

相对湿度:0%～98%。

介质温度范围由制造厂自行规定。

5.5 额定工作压力

测杆额定工作压力应从下列数值中选取:0.63 MPa,1.6 MPa,2.5 MPa,4.0 MPa,6.3 MPa,10 MPa,16 MPa。

6 技术要求

6.1 与准确度有关的要求

6.1.1 示值误差

液位计示值的最大允许误差有两种表示方式:

a) 示值的最大允许误差为±($a\%\cdot FS+b$)。其中:a 为液位计的相对误差标称值,可选为 0.01、0.02、0.05、0.1;FS 为液位计的量程(单位:mm 或 m);b 为数字通信型液位计的分辨力(单位:mm),模拟输出型液位计 $b=0$。

b) 示值的最大允许误差为±N。N 为液位计的绝对误差标称值,可选为 0.5 mm、1.0 mm、1.5 mm、2.0 mm。

液位计在调校后,零点和满度的输出值误差应不超过最大允许示值误差绝对值的二分之一。

6.1.2 非线性

液位计的非线性误差应不超过最大允许示值误差绝对值的二分之一。

6.1.3 回差

液位计的回差应不超过最大允许示值误差绝对值的五分之二。

6.1.4 重复性

液位计的重复性应不超过最大允许示值误差绝对值的五分之二。

6.2 与影响量有关的要求

6.2.1 稳定性

液位计连续运行 72 h。试验前后输出值的变化,以及下限值和满量程的变化均应不超过最大允许示值误差绝对值的二分之一。

6.2.2 负载电阻

对于模拟输出型液位计,在保证液位计正常工作电压不变的前提下,当负载电阻在规定范围(见 5.2)内变化时,输出值的变化应不超过最大允许示值误差绝对值的五分之二。

6.2.3 电源变化

供电电压在液位计的正常工作电压范围内变化,输出值的变化应不超过最大允许示值误差绝对值的五分之二。

6.2.4 电源保护

液位计应具备防反向保护功能。当液位计电源端反向施加允许的最大供电电压后,再正常连接时,液位计应能正常工作,输出值的变化应不超过最大允许示值误差绝对值的五分之二。

6.2.5 温度性能

在5.4规定的工作环境温度范围内，平均每变化10℃，输出值变化应不超过最大允许示值误差的绝对值。试验后，液位计应符合6.1的要求。

6.2.6 恒定湿热

液位计在温度40℃和相对湿度95%的条件下至少保持48 h。试验后，输出值的变化应不超过最大允许示值误差绝对值的二分之一，并符合6.3.1的b)、6.3.3的要求。在一般试验大气条件下恢复24 h后，应符合6.1、6.3.1的a)的要求。

6.2.7 机械振动

按照GB/T 18271.3—2000中7.1的规定，选择以下试验条件：

a) 频率范围：10 Hz～500 Hz；

b) 位移峰幅值：0.15 mm；

c) 加速度幅值：$19.6\ m/s^2$。

液位计经受振动试验后，应符合6.1、6.3.1的a)、6.3.3的要求。

6.2.8 电磁兼容性

液位计的抗扰度试验的最低要求在表1中给出，评定试验结果的性能判据(通用原则)应符合GB/T 18268—2000中6.5的规定。

本标准不对液位计的发射要求做规定。如需要，可选用GB/T 18268—2000中7.2规定的A类设备的发射限值。

表1 液位计的抗扰度试验要求和性能判据

端口	试验项目	基础标准	试验值	性能判据
外壳	静电放电(ESD)	GB/T 17626.2—1998	接触放电4 kV；空气放电8 kV	2
	射频电磁场辐射	GB/T 17626.3—1998	10 V/m	1
	工频磁场	GB/T 17626.8—1998	400 A/m	1
电源端	电快速瞬变脉冲群	GB/T 17626.4—1998	2 kV	2
	浪涌(冲击)	GB/T 17626.5—1999	1 kV(线对线)/2 kV(线对地)	2
	射频场感应的传导骚扰	GB/T 17626.6—1998	3 V	1
信号端	电快速瞬变脉冲群	GB/T 17626.4—1998	1 kV	2
	浪涌(冲击)	GB/T 17626.5—1999	1 kV(线对地)	2
	射频场感应的传导骚扰	GB/T 17626.6—1998	3 V	1

6.3 其他要求

6.3.1 绝缘电阻

液位计应带有接地端子或接地导线，该端和壳体的导通电阻应≤0.5 Ω。

液位计的绝缘电阻应符合GB/T 15479—1995的规定。试验电压为：100 V(d.c)。具体要求如下：

a) 在一般大气条件下，电源端和接地端之间的绝缘电阻应≥10 MΩ；

b) 经湿热试验后，电源端和接地端之间的绝缘电阻应≥5 MΩ。

6.3.2 工作压力

测杆承受的试验压力为额定工作压力的1.5倍。持续20 min，不应有渗漏和损坏现象，并符合6.1、6.3.1的a)、6.3.3的要求。

6.3.3 外观

液位计的外表面应光洁、平整、色泽均匀，不得有剥落及伤痕等缺陷。标牌应清晰、完整。紧固件不得有松动、损坏现象。刚性杆液位计的测杆不得有弯曲、变形现象。

6.3.4 防爆性能

防爆型液位计需经国家指定的防爆检验单位审查和检验，取得防爆合格证书。在液位计明显处应有防爆标志和防爆合格证号。其中：隔爆型液位计应按 GB 3836.1 和 GB 3836.2 的要求设计和生产；本质安全型液位计应按 GB 3836.1 和 GB 3836.4 的要求设计和生产。

6.3.5 防护性能

液位计应符合 GB 4208 的要求。防护等级可选择：IP65，IP66 或 IP67。

6.3.6 抗运输环境性能

液位计应符合 JB/T 9329—1999 的要求。在包装好的情况下，产品经低温、碰撞、跌落试验后，应符合 6.1、6.3.1 中 a)、6.3.3 的要求。其中，低温试验的温度为：－40℃；跌落试验的自由跌落高度为：500 mm。

7 试验方法

7.1 试验条件

7.1.1 环境条件

7.1.1.1 参比大气条件

液位计的参比性能应在参比大气条件下进行试验：

a) 温度：(20±2)℃；

b) 相对湿度：60%～70%；

c) 大气压力：86 kPa～106 kPa。

7.1.1.2 一般试验大气条件

无需在参比大气条件下进行的试验，推荐采用下列一般试验大气条件：

a) 温度：15℃～35℃；

b) 相对湿度：45%～75%；

c) 大气压力：86 kPa～106 kPa。

7.1.1.3 其他环境条件

磁场：除地磁场外，应使其他外界磁场小到可以忽略不计。

机械振动：无影响性能的机械振动。

7.1.1.4 电源条件

交流供电电源(测量仪器用)：

——电压：(220±10)V；

——频率：(50±0.5)Hz；

——谐波含量：≤5%。

直流供电电源(液位计用)：

——电压：0 V～32 V 可调；

——输出电流：2 A；

——峰值噪声：≤50 mV。

7.2 试验的一般规定

7.2.1 每项试验前允许调整“下限值”和“量程”，在试验过程中，不得进行调整。

7.2.2 试验采用的测量仪器的最大允许误差应不大于被测液位计最大允许误差的四分之一。

7.2.3 试验前，液位计应在试验场地放置 2 h 以上。

7.2.4 液位计和试验设备通电后，应预热 30 min。

7.2.5 影响量试验中，应只有涉及的影响量在规定范围内变化，其他影响量在规定条件下保持恒定。

7.2.6 除非本标准另有规定，影响量试验在一般试验大气条件下，并仅在液位计测量范围的中间点附近(量程的 50%±5%)进行;液位计电源电压为:额定工作电压,其允差为±10%。

7.2.7 试验规定中未涉及到的部分按 GB/T 18271.1—2000 进行。

7.2.8 试验结果记录和评定的书面报告内容按 GB/T 18271.4—2000 进行。

7.3 与准确度有关的试验

与准确度有关的试验应在参比大气条件下进行,且试验样品和试验设备均应先在参比大气条件下使之稳定,所有可能影响试验结果的工作条件均应随时进行观察并作记录。

液位计按图 1 固定和连接;比对用标准尺可采用磁栅尺、光栅尺或游标卡尺等;标准尺和随动机构在一起的综合误差应符合 7.2.2 的要求;电源供电电压应满足 7.1.1.4 规定的要求。

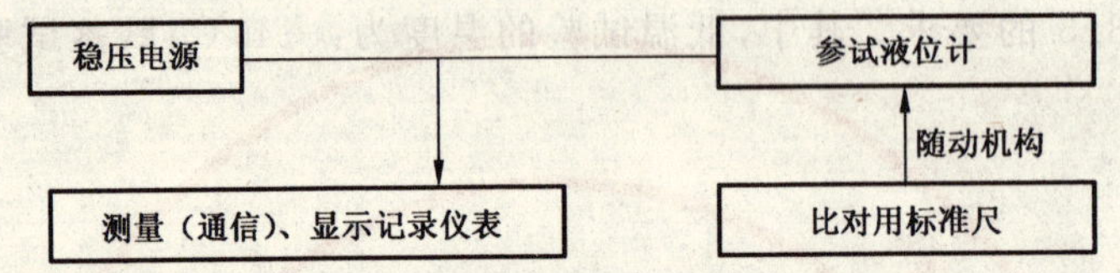

图 1 示值误差测试系统示意图

液位计的校准点应按量程均匀分布,选择包括测量上、下限在内的 7~21 个点。校准试验循环次数为正、反行程各 3 次。校准时,改变随动机构的位置,使标准尺示值接近于当前校准点,其差值应不大于相邻校准点间隔值的 0.03 倍。记录各校准点的标准尺示值和液位计输出值。示值误差、非线性、回差、重复性的计算方法见附录 A。

7.4 与影响量有关的试验

7.4.1 稳定性试验

试验在参比条件下进行。试验前,液位计预热 30 min,测量液位计满量程的 50%处以及下限值和满度输出值;运行 72 h 后,测量液位计满量程的 50%处以及下限值和满度输出值,比较两次测量数据的变化。

7.4.2 负载电阻试验

模拟输出型液位计的输出端接标准电阻箱,在测量范围内改变液位计的输出,使其信号值最大。电流输出型液位计的负载电阻从“0 Ω”改变到“750 Ω”,电压输出型液位计的负载电阻从“断路”改变到“1 kΩ”。测量仪表的输入阻抗应不小于 1 MΩ。观察液位计输出值的变化,记录最大值。

7.4.3 电源变化试验

在液位计电源电压范围内大致均匀地选择 3~5 个试验点。改变电源电压到各试验点的±10%,记录液位计输出值的变化。

7.4.4 电源保护试验

在液位计电源端反向施加 30 V~32 V 的电压,持续 1 min。然后,正常连接,测试并记录液位计输出值的变化。

7.4.5 温度性能试验

液位计放入温度试验箱,并通电。试验温度范围按 5.4 的要求,升温、降温时的温度变化率应不超过 5℃/min。液位计应先在常温 20℃±2℃下静置 1 h,然后进行两次循环试验。一次循环过程为:降温到最低温度点并保持 2 h,升温到最高温度点并保持 2 h,降温到常温并停留 2 h。变温之前进行性能测试,记录液位计输出值,并计算两相邻温度间温度每变化 10℃示值的变化量。

7.4.6 恒定湿热试验

液位计在不包装、不通电的情况下放入湿热试验箱,升温至 40℃±2℃。2 h 后加湿,使相对湿度保持在 90%~95%范围内,持续 48 h。在试验结束前 10 min,对液位计供电,观察工作是否正常,测量和记录输出值。试验结束后应立即测量绝缘电阻。

7.4.7 机械振动试验

按 GB/T 18271.3—2000 中第 7 章的规定进行试验。

7.4.8 电磁兼容性试验

——按 GB/T 18268—2000 中第 5 章的规定，制定电磁兼容试验方案；

——按 GB/T 17626.2—1998 的规定，进行静电放电抗扰度试验；

——按 GB/T 17626.3—1998 的规定，进行射频电磁场辐射抗扰度试验；

——按 GB/T 17626.4—1998 的规定，进行电快速瞬变脉冲群抗扰度试验；

——按 GB/T 17626.5—1999 的规定，进行浪涌（冲击）抗扰度试验；

——按 GB/T 17626.6—1998 的规定，进行射频场感应的传导骚扰抗扰度试验；

——按 GB/T 17626.8—1998 的规定，进行工频磁场抗扰度试验；

——按 GB/T 18268—2000 中 6.5 的规定，对试验结果进行评定。按 GB/T 18268—2000 中第 8 章的要求，编写试验报告。

7.5 其他试验

7.5.1 绝缘电阻试验

试验按 GB/T 15479—1995 中 5.3 的规定进行。

7.5.2 工作压力试验

将液位计的测杆部分安装在压力试验设备上，试验压力为额定工作压力的 1.5 倍。持续 20 min，检查液位计性能。

7.5.3 外观检查

目力观察和通电检查。

7.5.4 防爆性能试验

——隔爆型液位计应按 GB 3836.1 和 GB 3836.2 的规定进行试验；

——本质安全型液位计应按 GB 3836.1 和 GB 3836.4 的规定进行试验。

7.5.5 防护性能试验

按照 GB 4208 的规定进行试验。

7.5.6 抗运输环境性能试验

液位计在包装好的情况下，进行运输、运输贮存基本环境条件试验，并按以下顺序进行：

a) 按 JB/T 9329—1999 中 4.2 的规定进行低温试验。对于工作环境低于－40℃，并经过 7.4.5 规定试验的液位计，不进行该项试验。

b) 按 JB/T 9329—1999 中 4.4 的规定进行碰撞试验。

c) 按 JB/T 9329—1999 中 4.5 的规定进行跌落试验。

d) 检查液位计性能。

8 检验规则

8.1 检验项目

按表 2 规定。

表 2 检验项目和检验顺序

序号	项目名称	要求章条号	试验方法章条号	出厂检验	型式检验
1	示值误差	6.1.1	7.3	√	√
2	非线性	6.1.2	7.3	√	√
3	回差	6.1.3	7.3	√	√
4	重复性	6.1.4	7.3	√	√
5	稳定性	6.2.1	7.4.1	—	√

表 2（续）

序号	项目名称	要求章条号	试验方法章条号	出厂检验	型式检验
6	负载电阻	6.2.2	7.4.2	√	√
7	电源变化	6.2.3	7.4.3	√	√
8	电源保护	6.2.4	7.4.4	√	√
9	温度性能	6.2.5	7.4.5	√	√
10	恒定湿热	6.2.6	7.4.6	—	√
11	机械振动	6.2.7	7.4.7	—	√
12	电磁兼容性	6.2.8	7.4.8	—	√
13	绝缘电阻	6.3.1	7.5.1	√	√
14	工作压力	6.3.2	7.5.2	√	√
15	外观	6.3.3	7.5.3	√	√
16	防爆性能	6.3.4	7.5.4	—	√
17	防护性能	6.3.5	7.5.5	—	√
18	抗运输环境性能	6.3.6	7.5.6	—	√
注：“√”为必检项目，“—”为不检项目。					

8.2 出厂检验

每台产品交货前必须通过出厂检验。

8.3 型式检验

出现下列任一情况，应进行型式检验：

a） 新产品试制定型；

b） 正常生产的周期性质量监督，间隔不应超过两年；

c） 当设计、工艺和材料等方面有重大变更时；

d） 产品停产一年以上，恢复生产时；

e） 出厂检验结果与上次型式检验有较大差异时；

f） 国家质量监督机构提出相应的要求时。

在 a）、c）项的情况下，从试制品中任意抽取 2 台，作为被检样本；在 b）、d）、e）、f）项情况下，应随机抽取同一批产品中的 3 台，作为被检样本。被检样本只有在所规定的检验项目全部符合本标准时，则型式检验通过。但对 b）、d）、e）、f）项的情况，若其中只有一台产品中有一个检验项目不符合要求时，则应加倍抽取样本进行复检，复检样本只检验被检样本的不合格项目；经检验全部合格后，则型式检验通过，否则为不通过。

防爆型液位计除按本标准进行型式检验外，还需履行防爆审查和检验手续。

9 标志、使用说明书

9.1 标志

在液位计外壳的适当位置应设有铭牌，铭牌应清晰标明下列标志：

a） 制造厂名或注册商标；

b） 产品名称；

c） 产品型号规格；

d） 测量范围；

e) 环境温度；

f) 工作压力；

g) 制造日期及编号；

h) 防爆型产品应注明防爆标志及防爆合格证号，产品的接线端子应有接线标志。本质安全型产品应标明其基本电气参数。

9.2 使用说明书

制造厂应向用户提供使用说明书，内容编制按 GB 9969.1 的规定进行。

10 包装、贮存、运输

10.1 包装

液位计按照 GB/T 15464 的要求进行包装。

10.2 贮存

液位计应贮存在环境温度为：−25℃～+40℃，相对湿度为：10%～75%，不含有腐蚀性气体并通风的室内。

10.3 运输

液位计在包装好的情况下，可由常规交通工具运输，运输过程中应防止受剧烈冲击、雨淋及暴晒。

附 录 A
（规范性附录）
与准确度有关的计算方法

设在液位计的整个测量范围内有 m 个校准点，进行 n 次正反行程校准试验，则在任一校准点上分别有 n 组正反行程校准数据，共计 $N=2\,mn$ 组。将这 N 组数据按照测量的先后顺序排列成一维数组，得 x_k，y_k（$k=1\sim N$）。

液位计的参比直线采用最小二乘直线，其方程见公式（A.1）：

$$Y_{LS}=a+bx \quad \cdots\cdots(A.1)$$

其中：截距 a 和斜率 b 的计算按公式（A.2）、（A.3）：

$$a=\frac{\sum x_k^2\cdot\sum y_k-\sum x_k\cdot\sum x_k y_k}{N\sum x_k^2-(\sum x_k)^2} \quad \cdots\cdots(A.2)$$

$$b=\frac{N\sum x_k y_k-\sum x_k\cdot\sum y_k}{N\sum x_k^2-(\sum x_k)^2} \quad \cdots\cdots(A.3)$$

各校准点的示值误差 Δ 的计算按公式（A.4）：

$$\Delta=y_k-(a+b\cdot x_k) \quad \cdots\cdots(A.4)$$

上述式中：

$$\sum x_k=x_1+x_2+\cdots+x_N;$$

$$\sum y_k=y_1+y_2+\cdots+y_N;$$

$$\sum x_k y_k=x_1y_2+x_2y_2+\cdots+x_Ny_N;$$

$$\sum x_k^2=x_1^2+x_2^2+\cdots+x_N^2;$$

N——校准数据组的个数；

a，b——分别为最小二乘直线方程的截距和斜率；

x_k——N 组校准数据中，第 k 个校准点的标准尺示值数据；

y_k——N 组校准数据中，第 k 个校准点的液位计输出值数据。

为计算方便，需要将所有数据归一化到统一的校准点坐标上，计算按公式（A.5）：

$$y'_{ij}=y_{ij}+b\cdot(x'_i-x_{ij}) \quad \cdots\cdots(A.5)$$

式中：

y'_{ij}——第 i 个校准点第 j 次的液位计理论输出值；

y_{ij}——第 i 个校准点第 j 次的液位计实际输出值；

x'_i——第 i 个校准点值，液位计的理想输入值；

x_{ij}——第 i 个校准点第 j 次的标准尺示值，液位计实际输入值；

b——最小二乘直线方程的斜率。

正行程理论平均值 $\overline{y'_{Ui}}$ 见公式（A.6）：

$$\overline{y'_{Ui}}=\frac{1}{n}\sum_{j=1}^{n}y'_{Uij} \quad \cdots\cdots(A.6)$$

反行程理论平均值 $\overline{y'_{Di}}$ 见公式（A.7）：

$$\overline{y'_{Di}}=\frac{1}{n}\sum_{j=1}^{n}y'_{Dij} \quad \cdots\cdots(A.7)$$

总理论平均值 $\overline{y'_i}$ 见公式（A.8）：

$$\overline{y'_i}=(\overline{y'_{Ui}}+\overline{y'_{Di}})/2 \quad \cdots\cdots(A.8)$$

上述式中：y'_{Uij}——正行程第 i 个校准点第 j 次的液位计理论输出值；

y'_{Dij}——反行程第 i 个校准点第 j 次的液位计理论输出值；

n——循环试验次数。

满量程输出值 Y_{FS} 的计算公式按公式(A.9)：

$$Y_{FS}=b\cdot|x_H-x_L| \quad \cdots\cdots(A.9)$$

式中：

b——最小二乘直线方程的斜率；

x_H,x_L——分别为液位计的测量上、下限值。

非线性度 ξ_L 的计算按公式(A.10)：

$$\xi_L=\frac{|\overline{y'_i}-(a+b\cdot x'_i)|_{max}}{Y_{FS}}\times100\% \quad \cdots\cdots(A.10)$$

式中：

a,b——分别为最小二乘直线方程的截距和斜率；

x'_i——第 i 个校准点的值，液位计的理想输入值；

$\overline{y'_i}$——第 i 个校准点的总理论平均值，由式(A.8)计算得到；

Y_{FS}——满量程输出值，由公式(A.9)计算得到。

回差 ξ_H 的计算按公式(A.11)：

$$\xi_H=\frac{|\overline{y'_{Ui}}-\overline{y'_{Di}}|_{max}}{Y_{FS}}\times100\% \quad \cdots\cdots(A.11)$$

式中：

$\overline{y'_{Ui}}$——第 i 个校准点的正行程理论平均值；

$\overline{y'_{Di}}$——第 i 个校准点的反行程理论平均值；

Y_{FS}——满量程输出值。

重复性 ξ_R 的计算按公式(A.12)：

$$\xi_R=\frac{c\cdot S}{Y_{FS}}\times100\% \quad \cdots\cdots(A.12)$$

其中：S 为液位计在整个测量范围内的子样标准偏差，计算按公式(A.13)：

$$S=\sqrt{\frac{\sum_{i=1}^{m}\left(\sum_{j=1}^{n}(y'_{Uij}-\overline{y'_{Ui}})^2+(y'_{Dij}-\overline{y'_{Di}})^2\right)}{2m(n-1)}} \quad \cdots\cdots(A.13)$$

式中：

$\overline{y'_{Ui}}$——第 i 个校准点的正行程理论平均值；

$\overline{y'_{Di}}$——第 i 个校准点的反行程理论平均值；

y'_{Uij}——正行程第 i 个校准点第 j 次的液位计理论输出值；

y'_{Dij}——反行程第 i 个校准点第 j 次的液位计理论输出值；

Y_{FS}——满量程输出值；

m——校准点个数；

n——循环试验次数；

c——包含因子，$c=t_{0.95}$(t 分布，$n=3$ 时，$c=4.303$)。

ICS 67.060
X 11

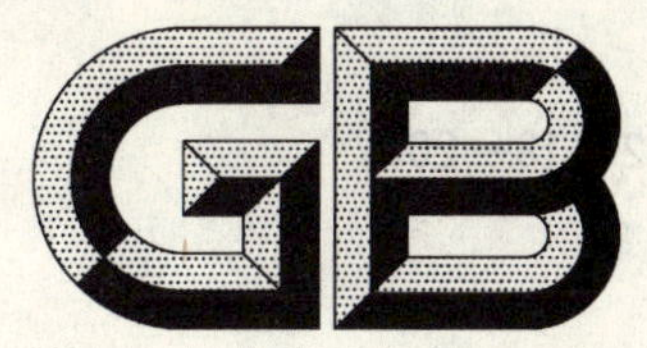

中华人民共和国国家标准

GB/T 21118—2007

小麦粉馒头

Chinese steamed bread made of wheat flour

2007-10-16 发布　　2008-01-01 实施

中华人民共和国国家质量监督检验检疫总局
中国国家标准化管理委员会　发布

前言

本标准的附录 A、附录 B 和附录 C 为规范性附录。

本标准由国家粮食局提出。

本标准由全国粮油标准化技术委员会归口。

本标准起草单位：河南兴泰科技实业有限公司、国家粮食局科学研究院、河南工业大学、安琪酵母股份有限公司。

本标准主要起草人：孙辉、王凤成、郑心羽、陈蓉、苏东民、姜薇莉、刘长虹、杨业栋、杨子忠、田晓红、程爱华。

小麦粉馒头

1 范围

本标准规定了小麦粉馒头的术语和定义、技术要求、检验方法、检验规则、判定规则、标签标识以及包装、运输和贮存等的要求。

本标准适用于以小麦粉为原料生产的商品馒头。

2 规范性引用文件

下列文件中的条款通过本标准的引用而成为本标准的条款。凡是注日期的引用文件，其随后所有的修改单(不包括勘误的内容)或修订版均不适用于本标准，然而，鼓励根据本标准达成协议的各方研究是否可使用这些文件的最新版本。凡是不注日期的引用文件，其最新版本适用于本标准。

GB 1355 小麦粉

GB 2760 食品添加剂使用卫生标准

GB/T 2828.1 计数抽样检验程序 第1部分:按接收质量限(AQL)检索的逐批检验抽样计划

GB/T 4789.3 食品卫生微生物学检验 大肠菌群测定

GB/T 4789.4 食品卫生微生物学检验 沙门氏菌检验

GB/T 4789.5 食品卫生微生物学检验 志贺氏菌检验

GB/T 4789.10 食品卫生微生物学检验 金黄色葡萄球菌检验

GB/T 4789.15 食品卫生微生物学检验 霉菌和酵母计数

GB/T 5009.3—2003 食品中水分的测定

GB/T 5009.11 食品中总砷及无机砷的测定

GB/T 5009.12 食品中铅的测定

GB 5749 生活饮用水卫生标准

GB 7718 预包装食品标签通则

GB 14880 食品营养强化剂使用卫生标准

GB 14881 食品企业通用卫生规范

3 术语和定义

下列术语和定义适用于本标准。

3.1

小麦粉馒头 Chinese steamed bread made of wheat flour

以小麦粉和水为原料，以酵母菌为主要发酵剂蒸制成的产品。

4 技术要求

4.1 原料要求

4.1.1 小麦粉应符合 GB 1355 的规定。

4.1.2 食品添加剂和营养强化剂应符合 GB 2760 和 GB 14880 的规定。

4.1.3 水应符合 GB 5749 的规定。

4.1.4 酵母和其他辅料应符合国家有关质量和卫生的规定。

4.2 **感官质量要求**

4.2.1 外观:形态完整,色泽正常,表面无皱缩、塌陷,无黄斑、灰斑、黑斑、白毛和粘斑等缺陷,无异物。

4.2.2 内部:质构特征均一,有弹性,呈海绵状,无粗糙大孔洞、局部硬块、干面粉痕迹及黄色碱斑等明显缺陷,无异物。

4.2.3 口感:无生感,不粘牙,不牙碜。

4.2.4 滋味和气味:具有小麦粉经发酵、蒸制后特有的滋味和气味,无异味。

4.3 **理化指标**

理化指标要求见表1。

表1 理化指标

项目		指标
比容/(mL/g)	≥	1.7
水分/%	≤	45.0
pH		5.6~7.2

4.4 **卫生指标**

4.4.1 卫生指标要求见表2。

表2 卫生指标

项目		指标
大肠菌群/(MPN/100 g)	≤	30
霉菌计数/(CFU/g)	≤	200
致病菌(沙门氏菌、志贺氏菌、金黄色葡萄球菌等)		不得检出
总砷(以As计)/(mg/kg)	≤	0.5
铅(以Pb计)/(mg/kg)	≤	0.5

4.4.2 其他卫生指标应符合国家卫生标准和有关规定。

4.5 **生产加工过程的技术要求**

4.5.1 生产过程的卫生规范应符合GB 14881的规定。

4.5.2 生产过程中不得添加过氧化苯甲酰、过氧化钙。不得使用添加吊白块、硫磺熏蒸等非法方式增白。

5 检验方法

5.1 比容测定:按照附录A规定的方法进行测定。

5.2 pH测定:按照附录B规定的方法进行测定。

5.3 水分测定:按照附录C规定的方法进行测定。

5.4 总砷:按GB/T 5009.11的规定执行。

5.5 铅:按GB/T 5009.12的规定执行。

5.6 大肠菌群:按GB/T 4789.3的规定执行。

5.7 霉菌计数:按GB/T 4789.15的规定执行。

5.8 沙门氏菌:按GB/T 4789.4的规定执行。

5.9 志贺氏菌:按GB/T 4789.5的规定执行。

5.10 金黄色葡萄球菌:按GB/T 4789.10的规定执行。

6 检验规则

6.1 出厂检验项目

比容、pH 和感官质量。

6.2 组批

同一天同一班次生产的同一品种的产品为一批。组批量以馒头个数计。

6.3 抽样数量和方法

在成品仓库内随机抽取样品，依据组批量，按照 GB/T 2828.1 规定的方法取样，抽样数量见表 3。

表 3 抽样数量

组批量(最小包装数)	样本量(包装个数)
2～50	2
51～500	3
501～35 000	5
35 001 及其以上	8

7 判定规则

7.1 全部质量指标符合本标准规定时，判定该批产品为合格。

7.2 不超过两项指标不符合本标准规定时，可在同批产品中双倍抽样复检，复检结果全部符合本标准规定时，判定该批产品为合格；复检结果中如仍有一项指标不合格时，判定该批产品为不合格。

7.3 卫生指标有一项不符合本标准规定时，判定该批产品为不合格，不得供人食用。

7.4 在“感官质量要求”检验中，如发现有异味、污染、霉变、外来物质时，判该批产品为不合格，不得供人食用。

8 标签标识

8.1 标签应符合 GB 7718 的规定。

8.2 产品名称：符合本标准的规定和要求的产品，允许标注的名称为小麦粉馒头。

8.3 标签上应注明产品的保质条件和保质期，并醒目地注明食用前应加热。

9 包装、运输、贮存

9.1 包装：包装容器和材料应符合相应的卫生标准和有关规定。

9.2 运输：运输产品时应避免日晒、雨淋。不应与有毒、有害、有异味或影响产品质量的物品混装运输。运输时应码放整齐，不应挤压。

9.3 贮存：产品应贮存在阴凉、干燥、清洁、无异味的场所。不应与有毒、有害、有异味、易挥发、易腐蚀的物品同处贮存。

附 录 A
(规范性附录)
小麦粉馒头比容测定

A.1 仪器

A.1.1 天平:感量 0.01 g。

A.1.2 面包体积测量仪。

A.2 测定步骤

A.2.1 称量

蒸制好的馒头冷却 1 h 后,取 1 个馒头称量,精确到 0.1 g。

A.2.2 体积测量

用馒头体积测量仪(菜籽置换法)测量馒头体积,精确到 5 mL。

A.3 结果计算

馒头比容按式(A.1)进行计算:

$$\lambda = \frac{V}{m} \qquad \cdots\cdots\cdots\cdots\cdots\cdots\cdots\cdots\cdots\cdots (A.1)$$

式中:

λ——馒头比容,单位为毫升每克(mL/g);

V——馒头体积,单位为毫升(mL);

m——馒头质量,单位为克(g)。

计算结果保留小数点后 1 位。

A.4 精密度

在重复性条件下获得的两次独立测定结果的绝对差值不应超过 0.1 mL/g。

附 录 B
（规范性附录）
小麦粉馒头 pH 的测定

B.1 仪器

B.1.1 pH 计。

B.1.2 天平：感量 0.01 g。

B.1.3 高速组织捣碎机。

B.2 测定步骤

B.2.1 试样制备

将待测馒头样品切碎，置于高速组织捣碎机的捣碎杯中，粉碎 3 min，置于磨口瓶中备用。称取上述粉碎后的试样 50.0 g 置于高速组织捣碎机的捣碎杯中，加入 150 mL 经煮沸后冷却的蒸馏水，再捣碎至均匀的糊状。

B.2.2 pH 计的校正

以下提到的试剂均为分析纯试剂。

称取 3.402 g 磷酸二氢钾和 3.549 g 磷酸氢二钠，用煮沸后冷却的蒸馏水溶解后定容至 1 000 mL。此溶液的 pH 为 6.92(20℃)。

称取 10.12 g 烘干后的邻苯二甲酸氢钾，用煮沸后冷却的蒸馏水溶解后定容至 1 000 mL。此溶液的 pH 为 4.00(20℃)。

采用两点标定法校正 pH 计。如果 pH 计无温度校正系统，缓冲溶液的温度应保持在 20℃以下。

B.2.3 试样的测定

将 pH 复合电极插入足够浸没电极的 B.2.1 制备的试样中，并将 pH 计的温度校正器调节到 20℃。待读数稳定后，读取 pH。同一个制备试样至少要进行两次测定。

B.3 结果计算

取两次测定结果的算术平均值作为测定结果，精确到 0.01。

B.4 精密度

在重复性条件下获得的两次独立测定结果的绝对差值不应超过平均值的 2%。

附 录 C
（规范性附录）
小麦粉馒头水分测定

C.1 仪器

C.1.1 高速组织捣碎机。

C.1.2 干燥箱。

C.1.3 天平:感量 0.01 g。

C.1.4 扁形铝制或玻璃制称量瓶:内径 60 mm～70 mm,高 35 mm 以上。

C.2 试样制备

将待测馒头样品切碎,置于高速组织捣碎机的捣碎杯中,粉碎 3 min,置于磨口瓶中备用。

C.3 测定方法

准确称取 2.00 g～5.00 g 试样置于称量瓶中,放入 60℃～80℃的干燥箱中干燥 2 h,再按 GB/T 5009.3—2003的第一法“直接干燥法”的规定进行测定。

C.4 结果计算

样品水分含量按式(C.1)进行计算。

$$X = \frac{m_1 - m_2}{m_1 - m_3} \times 100 \qquad \text{(C.1)}$$

式中:

X——样品中的水分含量,%;

m_1——称量瓶和样品的质量,单位为克(g);

m_2——称量瓶和样品经过两次干燥后的质量,单位为克(g);

m_3——称量瓶的质量,单位为克(g)。

计算结果保留小数点后 1 位。

ICS 67.050
X 04

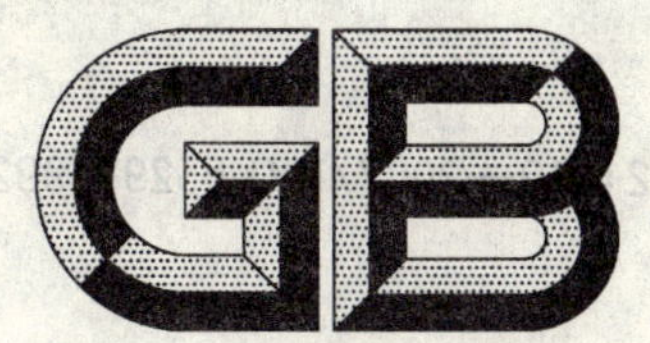

中华人民共和国国家标准

GB/T 21119—2007/ISO 5529:1992

小麦　沉淀指数测定　Zeleny试验

Wheat—Determination of sedimentation index—Zeleny test

(ISO 5529:1992,IDT)

2007-10-16 发布　　　　2008-05-01 实施

中华人民共和国国家质量监督检验检疫总局
中国国家标准化管理委员会　发布

前　言

本标准等同采用 ISO 5529:1992《小麦　沉淀指数测定　Zeleny 试验》(英文版)。

为便于使用,本标准做了下列编辑性修改:

a)　用“本标准”代替“本国际标准”一词;

b)　用小数点“.”代替国际标准中作为小数点的逗号“,”;

c)　删除国际标准前言部分;

d)　根据 GB/T 1.1—2000 中 6.5.1 的规定,对各章、条中原有各注作了重排序号。

本标准的附录 A 为规范性附录。

本标准由国家粮食局提出。

本标准由全国粮油标准化技术委员会归口。

本标准起草单位:国家粮食局科学研究院。

本标准主要起草人:林家永、陆晖。

小麦　沉淀指数测定　Zeleny 试验

1　范围

本标准规定了用于评价与小麦粉烘焙性能有关的小麦品质的一种试验方法，称为 Zeleny 沉淀指数试验。

本标准仅适用于普通小麦（*Triticum aestivum* L.）。

2　规范性引用文件

下列标准中的条款通过本标准的引用而成为本标准的条款。凡是注日期的引用标准，其随后所有的修改单（不包括勘误的内容）或修订版均不适用于本标准。然而，鼓励根据本标准达成协议的各方研究是否可使用这些文件的最新版本。凡是不注日期的引用标准，其最新版本适用于本标准。

GB/T 6005—1997　试验筛　金属丝编织网、穿孔板和电成型薄板筛孔的基本尺寸（eqv ISO 565:1990）

ISO 648:1977　实验室玻璃仪器　单刻度移液管

ISO 712:1998　谷物及谷物制品水分的测定　常规法

ISO 2171:1993　谷物和经磨谷物制品　总灰分测定

3　术语和定义

下列术语和定义适用于本标准。

3.1

沉淀指数　sedimentation index

在规定条件下，小麦粉悬浮在乳酸溶液中所测得的沉淀物的体积数值，以毫升数表示。

4　原理

小麦样品在规定的研磨和筛分条件下制成小麦粉，一定量的小麦粉悬浮于含溴酚蓝指示剂的乳酸溶液中，经规定时间的振摇和静置后，测定由小麦粉沉淀作用形成的沉淀物的体积。

5　试剂

除另有规定外，所使用的试剂均为分析纯。

使用蒸馏水或相同纯度的水，矿物质含量应低于 2 mg/kg。

5.1　沉淀试验试剂配制

5.1.1　乳酸溶液

配制体积分数为 85% 浓乳酸溶液，矿物质含量不应超过 40 mg/kg。

取 250 mL 该浓乳酸溶液加水稀释定容至 1L，加热回流 6 h。

取一份稀释液，用氢氧化钾溶液标定（每 5 mL 乳酸稀释溶液，约需 0.5 mol/L 氢氧化钾溶液 28 mL）。其浓度应在 2.7 mol/L～2.8 mol/L 之间。

注：浓乳酸溶液通常含有缔合分子，稀释后会逐渐离解，达到某一平衡状态。而加热回流可以加速缔合分子的离解过程，这对于取得良好再现性的沉淀指数测定结果非常重要。

5.1.2 试剂制备

将 180 mL 乳酸稀释液(5.1.1)与 200 mL 体积分数为 99%～100%的异丙醇(矿物质含量不得超过 4 mg/kg)充分混匀,加水稀释定容至 1 L。

将此稀释液贮存在具塞的试剂瓶中,放置 48 h 后使用。

5.2 溴酚蓝溶液

将 4 mg 溴酚蓝溶解于 1 000 mL 水中。

6 仪器

使用下列通用的和专用的实验室仪器设备。

6.1 实验磨:任选一种合适的实验磨[1](见附录 A)。

6.2 金属编织筛[2]:根据 GB/T 6005—1997 的规定,筛孔孔径 150 μm,直径 200 mm。通过一个偏心距为 50 mm、每分钟转动 200 次的自动振动装置驱动。

6.3 金属冲孔筛:筛孔宽 1 mm。

6.4 平底量筒:带塑料塞或玻璃塞,容量 100 mL,刻度为毫升,底部到 100 mL 刻度之间的距离为 180 mm～185 mm。

6.5 振摇器:带计时开关,摇动频率为 40 次/min,摇动幅度 60°(水平面上下各 30°)。

6.6 带刻度移液管:容量 25 mL 和 50 mL,符合 ISO 648 的规定。或使用自动移液器,排空时间 10 s～15 s。

6.7 秒表。

6.8 天平:精确到 0.01 g。

7 扦样

实验样品应具有真实的代表性,在运输和储存过程中不应有损伤或改变。

扦样不是本标准所规定的内容。推荐采用 ISO 950[3](或 GB/T 5491)的扦样方法。

8 操作步骤

8.1 小麦水分含量测定

如果小麦的水分是未知的,按照 ISO 712 所规定的常规方法进行测定。

如果测得的小麦水分不在 14.5%～15%范围内,可放在室温下干燥降低其水分含量或将其放在相对湿度较高的环境中提高其水分含量,最终使水分处在上述规定范围之内。

8.2 小麦粉灰分含量测定

按照 ISO 2171:1993 所规定的乙酸镁法测定小麦粉灰分含量,其灰分含量不应超过 0.6%(干基)。否则,就不能测得准确的沉淀值。

8.3 小麦粉样品制备

根据实验磨的型号(6.1),分别取 100 g、150 g 或 200 g 小麦样品用于磨粉(见附录 A)。

除去麦粒中所有的杂质,其中大杂用手工去除,小杂用金属冲孔筛(6.3)去除。

1) 目前,适用的实验磨有下列五种:Miag-Grobschrot 实验磨;Brabender-Sedimat 实验磨;Strand-Roll,SRM 型实验磨;Straube,W.1 型实验磨;Tag-Heppenstall 实验磨。提供这些实验磨只是为了用户便于使用本标准,其他类似的实验磨,只要可以取得相同测定结果,均可使用。

2) Brabender-Sedimat 实验磨的筛分装置已装在实验磨内(见第 A.3 章)。

3) ISO 950:1979,谷物　扦样。

按附录A所述方法进行磨粉和筛理。

筛理后，将得到的小麦粉充分混合均匀，其质量至少占入磨小麦样品质量的10%。

8.4 称样

称取3.2 g小麦粉(8.3)，准确至0.05 g。

注：按ISO 712方法测定水分，如果小麦粉的水分含量不在13%～15%范围内，进行水分调节，再称取相当于水分14%的小麦粉3.2 g±0.05 g(2.75 g±0.04 g干物质)。

8.5 测定

8.5.1 从同一小麦粉(8.3)样品中分别称取两份试样，按8.5.2至8.5.6的操作步骤测定。

8.5.2 8.5.3至8.5.6的操作应在正常光照下进行，避免阳光直射。

每一种试剂倒入量筒(见8.5.3和8.5.4)的时间不应超过15 s。

8.5.3 将小麦粉(8.4)倒入带刻度的量筒(6.4)中。

加入50 mL溴酚蓝溶液(5.2)，用塞子塞紧量筒。水平方向握住量筒，左右来回各振荡12次，摆幅约18 cm，用时约5 s，将小麦粉和试剂充分混合。

8.5.4 将量筒放在振摇器(6.5)上，打开秒表(6.7)计时，开始振摇。5 min后，取下量筒，加入25 mL沉淀试剂(5.1)。

把量筒放回振摇器上继续振摇。

8.5.5 总共振摇10 min后，从振摇器上取下量筒，竖直放置。

8.5.6 准确静置5 min，然后记录沉淀物的体积，准确至0.5 mL。

9 结果的表示

8.5.6所记录的沉淀物体积数值，以毫升表示，即代表沉淀指数。

同一样品两次重复测定结果差值不应超过2 mL，取两次测定结果的算术平均值作为测定结果。如果两次测定值的差值超过2 mL时，剔除这两次的测定值，按8.4和8.5的步骤重新测定。

10 精密度

10.1 重复性

同一分析者在同一实验室、在短时间间隔内、使用相同的仪器、采用同一方法对同一试样进行分析，所得的两次测定结果的绝对差值，不应超过2 mL。

10.2 再现性

不同分析者在不同实验室、使用不同的仪器、采用同一方法对同一试样进行分析，所得的两次测定结果的绝对差值，应符合：

——沉淀指数低于20 mL时，其绝对差值不应超过2 mL；

——沉淀指数高于20 mL时，其相对差值不应超过平均值的10%。

11 试验报告

试验报告应包括：

——取样的方法；

——实验磨的类型；

——采用的方法；

——所得的试验结果，检验重复性后的最终结果。

实验报告还应指出所有在本标准中未规定或视为任选的操作细节，以及其他可能影响了实验结果的事件。

实验报告应包括完整地识别样品需要的所有信息。

附 录 A
（规范性附录）
样品的研磨与筛分

A.1 概述

按下列第 A.2 章至第 A.6 章规定的条件和实验磨类型，研磨去除了杂质的小麦样品。

A.2 Miag-Grobschrot 实验磨

样品：100 g。

将磨辊的轧距调为 1 mm，以约 30 r/min 的转速进行第一次研磨。

将磨辊的轧距调为 0.1 mm，对第一次研磨所得全部研磨物进行第二次研磨，然后进行第三次研磨。

用筛孔为 150 μm 的筛子（6.2）将连续三次研磨所得小麦粉筛理 5 min。

A.3 Brabender-Sedimat 实验磨

样品：100 g。

将实验磨上的计时器设定为 3 min。

实验磨的进料辊与第一道磨辊轧距为 1 mm，其他磨辊轧距为 0.5 mm，磨辊的转速约为 1 000 r/min，研磨样品。

如果研磨得到的物料少于 10 g，应继续筛分，直到获得 10 g 的量为止。

注 1：Brabender-Sedimat 实验磨的磨辊轧距和转速不能调节，应保证磨辊没有严重损伤，电机转速正常。

注 2：磨出物料直接过筛。

A.4 Tag-Heppenstall 实验磨

样品：200 g。

将磨辊的轧距调至 0.6 mm，转速约为 30 r/min，进行第一次研磨。

保持磨辊的轧距不变，再研磨所得物料 4 次。

用筛孔为 150 μm 的筛子（6.2）将五次连续研磨所得小麦粉筛理 1.5 min。

A.5 Strand-Roll，SRM 型实验磨

样品：150 g。

将磨辊轧距调至 0.8 mm，转速约为 30 r/min，进行第一次研磨。

保持磨辊轧距不变，再研磨第一次所得物料 4 次。

用筛孔为 150 μm 的筛子（6.2）将五次连续研磨所得小麦粉筛理 1.5 min。

A.6 Straube，W.1 型实验磨

样品：150 g。

按第 A.5 章中的操作程序进行操作，在磨辊轧距为 1.10 mm，转速为 60 r/min 的条件下，研

磨样品 5 次。

A.7 设备的清理

在连续研磨和筛分不同小麦样品的情况下，更换样品时，应将实验磨和筛子清理干净。

ICS 91.100.90
Q 12

中华人民共和国国家标准

GB/T 21120—2007

水泥混凝土和砂浆用合成纤维

Synthetic fibres for cement, cement mortar and concrete

2007-11-01 发布　　　　2008-06-01 实施

中华人民共和国国家质量监督检验检疫总局
中国国家标准化管理委员会　发布

前　言

本标准主要参考了国内外标准及相关研究报告，根据我国混凝土工程实际应用要求和试验方法，在试验验证的基础上制定的。

本标准附录A、附录B、附录C为规范性附录，本标准附录D为资料性附录。

本标准由中国建筑材料工业协会提出。

本标准由全国水泥制品标准化技术委员会(SAC/TC 197)归口。

本标准由苏州混凝土水泥制品研究院、苏州中材建筑建材设计研究院有限公司负责起草。

本标准参加起草单位：余姚市交通设计院、北京中纺纤建科技有限公司、恒律发展有限公司、常州市天怡工程纤维有限公司、深圳海川工程科技有限公司、深圳市维特耐工程材料有限公司、南京派尼尔科技实业有限公司、济南金光达科贸有限责任公司、江苏海德新材料有限公司、泰安同伴工程塑料有限公司、武汉汉森钢纤维有限责任公司、杭州华驰新型建筑材料有限公司、江苏锦华建筑技术发展有限责任公司、宁波大成新材料股份有限公司、射阳县强力纤维制造有限公司、绍兴市巴奇新型建材有限公司、丹阳合成纤维厂、常州第二纺织机械有限公司、苏州东得新型建材有限公司、国家水泥混凝土制品质量监督检验中心。

本标准主要起草人：谈永泉、岳秋辉、舒剑爽、陆仕详、谢彪、史小兴、王齐、何唯平、唐戴安、叶德平、林轩羽、王自强、吴建铨。

本标准委托苏州混凝土水泥制品研究院、苏州中材建筑建材设计研究院有限公司负责解释。

本标准为首次发布。

引　言

水泥混凝土和砂浆用合成纤维是近年来发展迅速、应用量较大、起防裂、抗裂、增韧作用的高性能水泥基复合新材料。为促进合成纤维材料的发展和混凝土行业的技术进步，适应我国纤维增强混凝土行业快速发展的需要，特制定本标准。

在水泥混凝土和砂浆中掺加合成纤维（如聚丙烯纤维、聚丙烯腈纤维、聚酰胺纤维、聚乙烯醇纤维等）可以不同程度地减少混凝土和砂浆的早期裂缝，提高混凝土的抗裂能力、抗渗性能、韧性、抗疲劳性能、抗冲击性能等。水泥混凝土和砂浆用合成纤维，目前已应用于我国的水利、交通、军工、建筑等工程中，取得了明显的社会和经济效益。

水泥混凝土和砂浆用合成纤维

1 范围

本标准规定了水泥混凝土和砂浆用合成纤维的术语和定义、分类、要求、试验方法、检验规则、标志、出厂、包装、运输、储存等。

本标准适用于在水泥混凝土和砂浆搅拌之前或拌制过程中加入的、能在混凝土和砂浆中均匀分散、用以改善新拌混凝土和砂浆、硬化混凝土和砂浆性能的长度小于 60 mm 的合成纤维。

本标准不适用于聚酯类纤维。

2 规范性引用文件

下列文件中的条款通过本标准的引用而成为本标准的条款。凡是注日期的引用文件，其随后所有的修改单(不包括勘误的内容)或修订版均不适用于本标准，然而，鼓励根据本标准达成协议的各方研究是否可使用这些文件的最新版本。凡是不注日期的引用文件，其最新版本适用于本标准。

GB 175 通用硅酸盐水泥

GB/T 6672 塑料薄膜和薄片厚度测定 机械测量法(GB/T 6672—2001,idt ISO 4593:1993)

GB/T 6673 塑料薄膜和薄片长度和宽度的测定(GB/T 6673—2001,idt ISO 4952:1992)

GB 8076—1997 混凝土外加剂

GB/T 8170 数值修约规则

GB/T 10685 羊毛纤维直径试验方法 投影显微镜法

GB/T 14337 合成短纤维断裂强力及断裂伸长试验方法

GB/T 14684 建筑用砂

GB/T 14685 建筑用卵石、碎石

GB/T 50080 普通混凝土拌合物性能试验方法标准

GB/T 50081—2002 普通混凝土力学性能试验方法标准

CECS 13 钢纤维混凝土试验方法

CECS 38:2004 纤维混凝土结构技术规程

JC 474—1999 砂浆、混凝土防水剂

JGJ 55 普通混凝土配合比设计规程

JGJ 63 混凝土用水标准

JGJ 70 建筑砂浆基本性能试验方法

3 术语和定义

下列术语和定义适用于本标准。

3.1

合成纤维 synthetic fibre

以合成高分子化合物为原料制成的化学纤维。

3.2

聚丙烯纤维(代号 PPF) polypropylene fibre

由丙烯聚合成等规度 97%～98%聚丙烯树脂后经熔融挤压法纺丝制成的纤维。

3.3

聚丙烯腈纤维(代号 PANF) polyacrylonitrile fibre

由丙烯腈单体聚合或与其他单体共聚后再经纺丝制成的纤维。

3.4

聚酰胺纤维(代号 PAF) polyamide fibre

由聚酰胺树脂经熔融纺丝制成的纤维。可用于混凝土中的主要有尼龙 6 和尼龙 66 两种纤维。

3.5

聚乙烯醇纤维(代号 PVAF) polyvinyl alcohol fibre

以聚乙烯醇为主要原材料制成的纤维。

3.6

当量直径 identical diameter

异形、非圆截面的纤维按等面积原则折算为圆形截面后的计算直径。

3.7

单丝纤维 monofilament fibre

由相应的合成纤维基材经截面呈圆形或异形的喷丝头细孔压出,经后处理所制成的(当量直径在 5 μm～100 μm)单丝和束状单丝纤维。

3.8

膜裂网状纤维 fibrillated fibre

由相应的有机熔体经挤出裂膜和高倍拉伸取向后制成相互牵连的网状纤维束。

3.9

粗纤维 macro fibre

由相应的合成纤维基材经成形制成的当量直径大于 100 μm 的纤维。其中包括单根纤维和由多根细纤维粘集成束状的纤维。

3.10

初始模量 initial modulus of elasticity

由负荷-伸长曲线中起始部分荷载随伸长变化最大时点切线或割线的斜率。

3.11

合成纤维掺量 dosage of fibre

合成纤维掺量是指合成纤维在混凝土或砂浆中所占的体积分数或质量分数。

3.12

推荐掺量范围 recommended range of dosage

由合成纤维生产或销售企业根据试验结果确定的、推荐给使用方的合成纤维掺量范围。

3.13

适宜掺量 compliance dosage

能满足相应标准要求、具有较好的使用性和经济性的掺量。

注:适宜掺量由合成纤维生产企业说明、并应在推荐掺量的范围之内。

3.14

基准混凝土 reference concrete

同一试验条件下、未掺加合成纤维的水泥混凝土。

3.15

受检混凝土 tested concrete

同一试验条件下、掺加有一定比例合成纤维的水泥混凝土。

3.16

基准砂浆　reference mortar

同一试验条件下、未掺加合成纤维的水泥砂浆。

3.17

受检砂浆　tested mortar

同一试验条件下、掺加有一定比例合成纤维的水泥砂浆。

3.18

分散性　dispersivity

合成纤维在水泥混凝土或砂浆中是否均匀分散、不结团的性能。

4　分类

4.1　产品分类

合成纤维按其材料组成可分为聚丙烯纤维(代号 PPF)、聚丙烯腈纤维(代号 PANF)、聚酰胺纤维(即尼龙 6 和尼龙 66,代号 PAF)、聚乙烯醇纤维(代号 PVAF)等。

按其外形粗细可分为单丝纤维(代号 M)、膜裂网状纤维(代号 S)和粗纤维(代号 T);

按其用途可分为用于混凝土的防裂抗裂纤维(代号 HF)和增韧纤维(代号 HZ)、用于砂浆的防裂抗裂纤维(代号 SF)等。

4.2　规格

合成纤维的规格根据需要确定,表 1 为合成纤维的规格范围。

表 1　合成纤维的规格

外形分类	公称长度/mm		当量直径/μm
	用于水泥砂浆	用于水泥混凝土	
单丝纤维	3～20	6～40	5～100
膜裂网状纤维	5～20	15～40	—
粗纤维	—	15～60	>100
注:经供需双方协商,可生产其他规格的合成纤维。			

4.3　产品标记

产品标记应由材料组成、用途、公称长度、当量直径、外形、断裂强度、断裂伸长率和标准号组成。

示例:用于混凝土的防裂抗裂纤维、长度 15 mm、当量直径 20 μm、断裂强度大于 380 MPa 、断裂伸长率不大于 15% 的聚丙烯单丝纤维,标记如下:

PPF-HF-15/20-M-380/15 GB/T 21120—2007

5　要求

5.1　一般要求

5.1.1　本标准包括的产品不应对人体、生物和环境造成危害,涉及与生产、使用有关的安全与环保问题,应符合我国相关标准和规范的规定。

5.1.2　合成纤维外观色泽应均匀、表面无污染。

5.2　尺寸

合成纤维的公称长度和当量直径偏差应在其相对量的 10%之内。

5.3　合成纤维的性能指标

合成纤维的性能指标应符合表 2 的要求。

5.4 掺合成纤维水泥混凝土和砂浆性能指标

掺合成纤维水泥混凝土和砂浆性能指标应符合表 3 的要求。

表 2 合成纤维的性能指标

试验项目	用于混凝土的合成纤维		用于砂浆的合成纤维
	防裂抗裂纤维(HF)	增韧纤维(HZ)	防裂抗裂纤维(SF)
断裂强度/MPa,≥	270	450	270
初始模量/MPa,≥	3.0×10^3	5.0×10^3	3.0×10^3
断裂伸长率/%,≤	40	30	50
耐碱性能(极限拉力保持率)/%,≥	95.0		

表 3 掺合成纤维水泥混凝土和砂浆性能指标

试验项目	用于混凝土的合成纤维		用于砂浆的合成纤维
	防裂抗裂纤维(HF)	增韧纤维(HZ)	防裂抗裂纤维(SF)
分散性相对误差/%	−10～+10		
混凝土和砂浆裂缝降低系数/%,≥	55		
混凝土抗压强度比/%,≥	90		—
砂浆抗压强度比/%,≥	—	—	90
混凝土渗透高度比/%,≤	30		—
砂浆透水压力比/%,≥	—	—	120
韧性指数(I_5),≥	—	3	—
抗冲击次数比,≥	1.5	3.0	—

6 试验方法

6.1 尺寸的检查

6.1.1 长度

用分度值为 0.02 mm 的游标卡尺直接测定 10 根纤维长度,取其平均值为合成纤维长度。

6.1.2 当量直径

6.1.2.1 单丝纤维和粗纤维的当量直径按 GB/T 10685 规定的方法进行测定。

6.1.2.2 膜裂网状纤维的当量直径按 GB/T 6672、GB/T 6673 规定的方法进行测定。

6.2 合成纤维的性能指标试验

6.2.1 断裂强度、初始模量、断裂伸长率

6.2.1.1 单丝纤维、膜裂网状纤维断裂强度、初始模量、断裂伸长率按本标准附录 A 规定的方法进行测定。

6.2.1.2 粗纤维断裂强度、初始模量、断裂伸长率按 GB/T 14337 规定的方法进行测定。生产厂家应分批号提供未经短切的同批长纤维样品用于试验检测。试验时应防止夹具夹持处打滑或夹伤纤维。

6.2.2 耐碱性能

合成纤维耐碱性能按本标准附录 B 规定的方法进行测定。

6.3 掺合成纤维水泥混凝土和砂浆性能试验

6.3.1 试验环境

本标准规定之掺合成纤维水泥混凝土和砂浆性能试验项目应在温度为 20℃±5℃的室内进行。拌合混凝土用原材料应提前运至室内,存放时间不得小于 24 h;需要模拟施工条件下所用的混凝土或砂

$$\beta = \frac{G_1 - G_0}{G_0} \times 100 \qquad \cdots\cdots (1)$$

式中：

β——合成纤维分散性相对误差(结果精确到1%)，%；

G_0——合成纤维含量理论计算值，单位为克(g)；

G_1——三批试验合成纤维含量的算术平均值，单位为克(g)。

表 4 试验项目及所需数量

试验项目	合成纤维类别	试验类别	试验所需数量			
			拌合批数	每批取样数目	掺合成纤维混凝土或砂浆总取样数目	基准混凝土或砂浆总取样数目
分散性相对误差	HF、HZ、SF	混凝土和砂浆拌合物	3	1次	3次	—
混凝土和砂浆裂缝降低系数	HF、HZ、SF		2	1次	2次	2次
混凝土抗压强度比	HF、HZ	硬化混凝土和砂浆	3	3块	9块	9块
砂浆抗压强度比	SF		3	3块	9块	9块
混凝土渗透高度比	HF、HZ		3	2块	6块	6块
砂浆透水压力比	SF		3	2块	6块	6块
韧性指数(I_5)	HZ		3	4块	12块	12块
抗冲击次数比	HF、HZ		3	8块	24块	24块
注：试验时，检验一种纤维的混凝土或砂浆试验要在同一天内完成。						

6.4.2 混凝土和砂浆裂缝降低系数

混凝土和砂浆裂缝降低系数试验按 CECS 38:2004 附录 D 进行。

6.5 硬化混凝土和砂浆

6.5.1 混凝土抗压强度比

混凝土抗压强度比以受检混凝土与基准混凝土同龄期 150 mm×150 mm×150 mm 立方体试件的抗压强度比表示，计算如式(2)式所示：

$$\alpha_c = \frac{f_{cc1}}{f_{cc0}} \times 100 \qquad \cdots\cdots (2)$$

式中：

α_c——混凝土抗压强度比，%；

f_{cc1}——受检混凝土的抗压强度，单位为兆帕(MPa)；

f_{cc0}——基准混凝土的抗压强度，单位为兆帕(MPa)。

受检混凝土与基准混凝土抗压强度按 GB/T 50081—2002 进行试验和计算。

混凝土抗压强度比以三批试验测值的平均值表示(结果精确到 1%)。若三批试验测值的最大值或最小值与中间值的差值超过中间值的 15%，则把最大及最小值一并舍去，取中间值作为该批的试验结果；如三批试验测值的最大值和最小值与中间值的差均超过中间值的 15%，则该组试验结果无效，应该重做。

6.5.2 砂浆抗压强度比

砂浆抗压强度比以受检砂浆与基准砂浆同龄期 70.7 mm×70.7 mm×70.7 mm 立方体试件的抗压强度比表示，计算如式(3)式所示：

$$\alpha_{m,c} = \frac{f_{m,cu1}}{f_{m,cu0}} \times 100 \qquad \cdots\cdots (3)$$

浆，试验室原材料的温度宜保持与施工现场一致。

6.3.2 材料

6.3.2.1 水泥

符合 GB 8076—1997 附录 A 规定的基准水泥。在因故得不到基准水泥时，允许采用符合 GB 175 之规定的 P·O42.5 的水泥。但仲裁仍需用基准水泥。

6.3.2.2 砂

符合 GB/T 14684 要求的细度模数为 2.6～2.9、含泥量(质量分数)小于 1%的中砂。

6.3.2.3 石子

符合 GB/T 14685 粒径为 5 mm～20 mm。如有争议，以卵石试验结果为准。

6.3.2.4 水

符合 JGJ 63 要求。

6.3.2.5 外加剂

符合相应外加剂之标准要求。

6.3.2.6 合成纤维

需要检测的合成纤维。

6.3.2.7 其他掺合料

需符合相应的标准要求。

6.3.3 混凝土和砂浆配合比

6.3.3.1 混凝土配合比

基准混凝土和受检混凝土之配合比按 JGJ 55 进行设计，配合比设计应符合以下规定：

a) 混凝土强度等级为 C40。

b) 使用外加剂及其他混凝土掺合料时，需依据相应标准的要求对混凝土配合比进行调整。

c) 合成纤维：按受检产品提供的推荐掺量。

d) 用水量：应使混凝土坍落度保持在 180 mm±20 mm 之间。

6.3.3.2 砂浆配合比

砂浆的质量配合比为：水泥：砂：水＝1：1.5：0.5。

6.3.3.3 混凝土和砂浆的计量、搅拌

试验用原材料应称重计量，称量的精确度：水泥、水、外掺料(外加剂和合成纤维)为±0.5%；砂、石为±1%。

采用强制式混凝土搅拌机，全部材料及外加剂一次投入，拌合量控制在 10 L～45 L 之间，搅拌 3 min，出料后在铁板上用人工翻拌 2～3 次再行试验。受检混凝土或砂浆的搅拌方式按照受检产品说明书提供的搅拌方法进行。

6.3.4 试件制作、养护及试验所需试件数量

混凝土试件制作、养护按 GB/T 50081—2002 进行，硬化混凝土或砂浆的标准养护龄期为 28 d。

试验项目及所需数量详见表 4。

6.4 混凝土或砂浆拌合物

6.4.1 分散性能

按 6.3.3 配制受检混凝土或受检砂浆，分别按 GB/T 50080 和 JGJ 70 表观密度试验或密度试验的方法进行混凝土或砂浆的装料及捣实。

用 75 μm 孔径的方孔筛从受检混凝土或受检砂浆中水洗分离出合成纤维，洗净后在 105℃±5℃温度的烘箱内烘干至恒重，冷却至室温后分别称其质量，精确至 0.01 g。

若三批试验合成纤维含量的算术平均值与理论计算值的相对误差在－10%～＋10%范围之内，则该组试验的分散性能合格。计算如式(1)式所示：

式中：

$\alpha_{m,c}$——砂浆抗压强度比，%；

$f_{m,cu1}$——受检砂浆的抗压强度，单位为兆帕(MPa)；

$f_{m,cu0}$——基准砂浆的抗压强度，单位为兆帕(MPa)。

受检混凝土与基准混凝土抗压强度按 JGJ 70 进行试验和计算。

砂浆抗压强度比以三批试验测值的平均值表示(结果精确到1%)。若三批试验测值的最大值或最小值与中间值的差值超过中间值的15%，则把最大及最小值一并舍去，取中间值作为该批的试验结果；如三批试验测值的最大值和最小值与中间值的差均超过中间值的15%，则该组试验结果无效，应该重做。

6.5.3 混凝土渗透高度比

混凝土渗透高度比试验按 JC 474—1999 中 5.3.6 规定的方法进行测定。

6.5.4 砂浆透水压力比

砂浆透水压力比试验按 JC 474—1999 中 5.2.8 规定的方法进行测定。

6.5.5 韧性指数

韧性指数试验按 CECS 13 规定的方法进行测定。

6.5.6 抗冲击次数比

抗冲击次数比试验按附录 C 规定的方法进行测定。

注：本标准附录 D(资料性附录)中给出"混凝土弯曲冲击试验方法"，供参考。

7 检验规则

检验分为出厂检验和型式检验。

7.1 出厂检验

出厂检验项目，根据分类按本标准表 2 规定的项目进行检验。

7.2 型式检验

型式检验项目包括本标准 5.2、表 2 中的合成纤维的性能指标及表 3 中新拌及硬化混凝土性能指标。其中表 3 中混凝土渗透高度比、砂浆透水压力比、韧性指数、抗冲击次数比四项指标的试验，可由供需双方协商选用。有下列情况之一时，应进行型式检验：

a) 新产品或老产品转厂生产的试制定型鉴定；

b) 正式生产后，如材料、工艺有较大改变，可能影响产品性能时；

c) 正常生产时，一年至少进行一次检验；

d) 产品停产半年以上恢复生产时；

e) 出厂检验结果与上次型式检验有较大差异时；

f) 合同规定时；

g) 国家质量监督机构提出进行型式检验要求时。

7.3 组批规则

7.3.1 生产厂应根据材料、用途、规格等，将产品组批。每批为 50 t，不足 50 t 也按一个批次计。

7.3.2 抽样及留样

7.3.2.1 以批为单位，每批随机抽取纤维 5 kg。

7.3.2.2 每批取得的试样应分为两等份，一份按规定的项目进行试验。另一份要密封保存半年，以备有疑问时提交复验或仲裁。

7.4 判定规则

产品经检验，合成纤维的性能指标符合本标准 5.2 及表 2 的要求，掺合成纤维的新拌和硬化混凝土的各项性能符合表 3 要求，则判定该批合成纤维合格，如不符合上述要求时，则判该批合成纤维不合格。

7.5 复验

复验以封存样进行。如使用单位要求现场取样,应事先在供货合同中规定,并在生产和使用单位人员在场的情况下于现场取平均样,复验按照型式检验项目检验。

8 标志、出厂、包装、运输、储存

8.1 标志

所有包装上均应在显著位置注明以下内容:产品名称、规格型号、净质量、生产厂名、厂址、生产日期、执行标准等,如有商标应在产品包装上标明。包装上应特别注明劳动保护提示。

8.2 出厂

凡有下列情况之一者,不得出厂:不合格品、技术文件不全(产品说明书、合格证、检验报告)、包装不符、数量不足、产品受潮。

生产厂应随货提供产品说明书,其内容应包括产品名称及型号、出厂日期、主要特性、适用范围及推荐掺量、储存条件、使用方法及注意事项。

8.3 包装、运输、储存

可按单位混凝土或砂浆体积用量进行小袋包装,若干个小袋组合成一个大件包装。粗纤维的大件包装内应分产品批号提供未经短切的同批长纤维样品。

包装应采取避光、密封防潮的措施。运输过程应防止包装损坏。出厂产品在使用前应安置在较为阴凉、干燥的地方,避免与其他易腐蚀的化学产品混放。

附 录 A
（规范性附录）
合成纤维断裂强度、初始模量和断裂伸长率试验方法

A.1 范围

本方法适用于合成纤维的长度不小于 6 mm 的单丝纤维和膜裂网状纤维的断裂强度、初始模量和断裂伸长率的测定。单丝纤维和膜裂网状纤维需分离出单根纤维后进行试验。

A.2 原理

单根纤维试样以规定名义隔距长度和拉伸速度在等速伸长型强伸仪上拉伸到断裂，得出断裂强力和断裂伸长值。由断裂强力和纤维截面积计算断裂强度；由负荷-伸长曲线中起始部分荷载随伸长变化最大时点切线或割线的斜率作为初始模量；由断裂伸长值和原长计算断裂伸长率。

A.3 仪器的主要技术指标

a) 负荷测量范围：能适应试样最大荷载要求；
b) 负荷测量误差：≤±1%；
c) 负荷测量分辨率：0.001 N；
d) 伸长测量范围：100 mm；
e) 伸长测量误差：≤0.05 mm；
f) 伸长测量分辨率：1%；
g) 下夹持器下降速度：连续可调；
h) 夹持器隔距：2 mm～20 mm 连续可调；
i) 下夹持器动程：100 mm；
j) 具备负荷-伸长曲线输出功能或初始模量自动计算功能。

A.4 试验方法

A.4.1 试验条件

A.4.1.1 试样的处理

试样应在提供的样品中用四分法缩分到 2 g 左右，然后在 80℃烘箱内烘干(控制合成纤维的含水量在 2%以下)，在干燥器中冷却到室温。

A.4.1.2 拉伸速度的选择

当试样的平均断裂伸长率小于 8%时，拉伸速度为每分钟 50%名义隔距长度；

当试样的平均断裂伸长率大于或等于 8%，小于 50%时，拉伸速度为每分钟 100%名义隔距长度；

当试样的平均断裂伸长率大于或等于 50%时，拉伸速度为每分钟 200%名义隔距长度。

A.4.1.3 名义隔距长度

当合成纤维的名义长度小于或等于 6 mm 时，名义隔距长度采用 2 mm；

当合成纤维的名义长度大于 6 mm，小于或等于 10 mm 时，名义隔距长度采用 3 mm；

当合成纤维的名义长度大于 10 mm 时，名义隔距长度采用 5 mm。

A.4.1.4 预张力

预张力的选择按 0.075×10^{-2} N/dtex～0.2×10^{-2} N/dtex 计算确定。

注：预张力按合成纤维的名义线密度计算。

A.4.2　试验步骤

A.4.2.1　试样以随机抽取50根为一组。

A.4.2.2　选择合适的张力夹，随机夹取一根合成纤维的一端，另一端在上夹持器中夹紧后放手，让张力夹自由下垂，以保证合成纤维沿轴向伸直，再夹紧下夹持器，然后进行拉伸试验，测得试样断裂负荷和伸长值。试验时应防止夹具夹持处打滑或夹伤纤维。

A.4.2.3　在拉伸试验时仔细观察合成纤维断裂情况，合成纤维断裂的位置在钳口上的数量不应超过10%，否则应检查和调试夹持器，重新试验；若不超过10%，则合成纤维断在钳口上或在夹持器中滑移的试样结果应剔除重测。

A.4.2.4　按6.1.2规定的方法测定合成纤维当量直径。

A.4.3　结果计算

A.4.3.1　平均断裂强力

$$F = \frac{\sum F_i}{n} \qquad \cdots\cdots(A.1)$$

式中：

F——平均断裂强力，单位为牛(N)；

F_i——单根纤维断裂强力测定值，单位为牛(N)；

n——合成纤维测试根数。

A.4.3.2　单根断裂强度

$$\sigma = \frac{4F_i}{\pi D_i^2} \qquad \cdots\cdots(A.2)$$

式中：

σ——合成纤维的单根断裂强度，单位为兆帕(MPa)；

F_i——合成纤维的单根断裂强力，单位为牛(N)；

D_i——合成纤维的单根当量直径，单位为毫米(mm)。

注：当膜裂网状纤维测定时，由于当量直径的测定值偏差较大，应用对应的单根纤维当量直径计算单根断裂强度。

A.4.3.3　断裂强度

$$\sigma_t = \frac{\sum \sigma}{n} \qquad \cdots\cdots(A.3)$$

式中：

σ_t——合成纤维的断裂强度，单位为兆帕(MPa)；

σ——合成纤维的单根断裂强度，单位为兆帕(MPa)；

n——合成纤维的测试根数。

A.4.3.4　单根纤维的初始模量

单根纤维的初始模量由图A.1的方法确定。

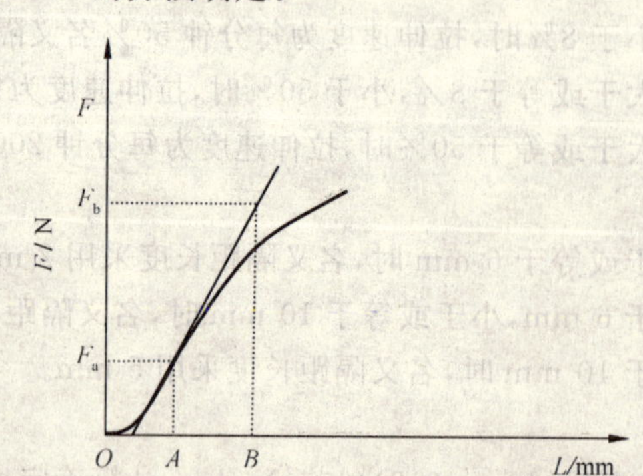

图A.1　由负荷-伸长曲线确定初始模量的方法

$$E_i = \frac{4(F_b - F_a)}{\pi(OB - OA)D_i^2} \quad \cdots\cdots(A.4)$$

式中：

E_i——单根纤维的初始模量，单位为兆帕(MPa)；

F_a——单根纤维伸长到A点时对应的强力测定值，单位为牛(N)；

F_b——切线上横坐标B点所对应的强力值，单位为牛(N)；

OA——单根纤维在A点的位移量，单位为毫米(mm)；

OB——单根纤维在B点的位移量，单位为毫米(mm)；

D_i——合成纤维的单根当量直径，单位为毫米(mm)。

A.4.3.5　初始模量

$$E_t = \frac{\Sigma E_i}{n} \quad \cdots\cdots(A.5)$$

式中：

E_t——初始模量，单位为兆帕(MPa)；

E_i——单根纤维的初始模量，单位为兆帕(MPa)；

n——测定次数。

A.4.3.6　单根断裂伸长率

$$\varepsilon_i = \frac{L_i - L_0}{L_0} \times 100 \quad \cdots\cdots(A.6)$$

式中：

ε_i——纤维的单根断裂伸长率，%；

L_i——夹持器的断后隔距，单位为毫米(mm)；

L_0——夹持器的原始隔距，单位为毫米(mm)。

A.4.3.7　断裂伸长率

$$\varepsilon_t = \frac{\Sigma \varepsilon_i}{n} \quad \cdots\cdots(A.7)$$

式中：

ε_t——合成纤维的伸长率，%；

ε_i——合成纤维的单根断裂伸长率，%；

n——合成纤维的测试根数。

A.4.3.8　用下列公式计算合成纤维当量直径、断裂强力、断裂强度、初始模量和断裂伸长率的标准差和变异系数。

$$S = \sqrt{\frac{\Sigma(X_i - \overline{X})^2}{n-1}} \quad \cdots\cdots(A.8)$$

$$C_v = \frac{S}{\overline{X}} \times 100 \quad \cdots\cdots(A.9)$$

式中：

S——标准差；

X_i——单次测定值；

$\overline{X}$——测定平均值；

n——测定次数；

C_v——变异系数，%。

A.4.4　试验结果的处理

平均断裂强力、单根断裂强度、单根纤维的初始模量、单根断裂伸长率、变异系数计算到小数点后二位，按 GB/T 8170 修约到小数点后一位。直径测试至小数点后三位，当量直径计算至小数点后四位，修约到小数点后三位。断裂强度试验结果精确到 1 MPa、初始模量试验结果精确到 0.1×10^3 MPa、断裂伸长率试验结果精确到 1%。

如断裂强度、初始模量、断裂伸长率测定值任何一项的变异系数大于 30%，则该组试验结果无效，应该重做。

A.5 试验报告

试验报告应包括以下内容：

a） 样品名称；

b） 样品数量；

c） 代表部位；

d） 试验根数；

e） 试验条件；

f） 试验依据；

g） 强伸仪型号；

h） 采用的夹持器长度；

i） 合成纤维的平均当量直径及变异系数；

j） 合成纤维的平均断裂强力及变异系数；

k） 合成纤维的断裂强度及变异系数；

l） 合成纤维的初始模量及变异系数；

m） 合成纤维的断裂伸长率及变异系数。

附 录 B
（规范性附录）
水泥混凝土和砂浆用合成纤维耐碱性能试验方法

B.1 范围

本方法适用于水泥混凝土和砂浆用合成纤维的耐碱性能试验，以衡量合成纤维在碱性介质内纤维强度的稳定性。

B.2 原理

合成纤维在氢氧化钠碱溶液中，以规定的温度、浓度和时间浸泡处理，测其断裂强力，与原试样的断裂强力之比的百分率表示，称抗拉强力保持率。

B.3 仪器和试剂

B.3.1 等速伸长型强伸度仪：技术指标符合附录A要求；

B.3.2 恒温干燥箱：能有效控制温度在80℃±2℃；

B.3.3 恒温水浴：能有效控制温度在80℃±2℃；

B.3.4 天平：最大称量200 g，分度值0.1 mg；最大称量500 g，分度值0.2 g；

B.3.5 酸式滴定管：50 mL，分度值0.1 mL；

B.3.6 移液管：10 mL、20 mL；

B.3.7 容量瓶：1 000 mL；

B.3.8 三角烧瓶：250 mL；

B.3.9 塑料提桶：1 000 mL、500 mL；

B.3.10 不锈钢烧杯：250 mL，带盖；

B.3.11 不锈钢丝网：丝网孔径0.01 mm，丝网的直径与不锈钢烧杯的直径等同，直径外沿有3 mm左右的向上折边，以保证与烧杯壁密贴；

B.3.12 氢氧化钠：分析纯；

B.3.13 苯二甲酸氢钾：分析纯以上；

B.3.14 酚酞指示剂：1%乙醇溶液，称取酚酞1 g，加无水乙醇(分析纯)100 mL；

B.4 浸泡溶液的配制与标定：

为了有效控制浸泡溶液的浓度，在配制时制成A溶液和B溶液，并分别标定出它们的实际浓度，A溶液配制成略小于1 mol/L的浓度，B溶液配制成约2 mol/L浓度，根据实际浓度，再将A、B二种溶液配制成1 mol/L浓度的浸泡溶液。

B.4.1 A溶液的配制：

称取氢氧化钠溶液40.0 g于500 mL烧杯中，加水约400 mL，使氢氧化钠溶解，冷却至室温后移入1 000 mL的塑料提桶里，加水到1 000 mL，摇匀。此溶液浓度约1 mol/L；

B.4.2 B溶液的配制：

称取氢氧化钠溶液40.0 g于500 mL烧杯中，加水约400 mL，使氢氧化钠溶解，冷却至室温后移入500 mL的塑料提桶里，加水到500 mL，摇匀。此溶液浓度约2 mol/L；

B.4.3 苯二甲酸氢钾标准溶液：

将苯二甲酸氢钾在100℃烘干2 h，在干燥器中冷却至室温，称取102.105 0 g于250 mL烧杯中，用纯水溶解，移入 1 000 mL 容量瓶中，用纯水稀释至刻度，摇匀。此溶液浓度为 0.5 mol/L；

B.4.4 浸泡溶液的标定：

B.4.4.1 A 浸泡溶液的标定：用移液管移取 A 溶液 20 mL 于 250 mL 的三角烧瓶里，加纯水约 100 mL。

B.4.4.2 加酚酞数滴，用 0.5 mol/L 苯二甲酸氢钾滴定至玫瑰红色正好消失为终点，记下苯二甲酸氢钾溶液所耗体积 V_s；

B.4.4.3 A 浸泡溶液的浓度按式(B.1)计算：

$$c_A = \frac{c_s \times V_s}{V_{A0}} \qquad \cdots\cdots\cdots\cdots (B.1)$$

式中：

c_A——A 溶液的实际浓度，单位为摩尔每升(mol/L)；

c_s——苯二甲酸氢钾标准溶液的浓度，单位为摩尔每升(mol/L)；

V_s——苯二甲酸氢钾标准溶液所耗的体积，单位为毫升(mL)；

V_{A0}——标定时移取 A 溶液的体积，单位为毫升(mL)。

B.4.4.4 B 浸泡溶液的标定

用移液管移取 B 溶液 10 mL 于 250 mL 的三角烧瓶里，加纯水约 100 mL。

B.4.4.5 按 B.4.4.2 步骤操作。

B.4.4.6 B 溶液的浓度按式(B.2)计算：

$$c_B = \frac{c_s \times V_s}{V_{B0}} \qquad \cdots\cdots\cdots\cdots (B.2)$$

式中：

c_B——B 溶液的实际浓度，单位为摩尔每升(mol/L)；

c_s——苯二甲酸氢钾标准溶液的浓度，单位为摩尔每升(mol/L)；

V_s——苯二甲酸氢钾标准溶液所耗的体积，单位为毫升(mL)；

V_{B0}——标定时移取 B 溶液的体积，单位为毫升(mL)。

B.4.5 1 mol/L 浸泡溶液的配制：

B.4.5.1 配制比例计算：

将 A、B 浸泡溶液按一定比例混合，配制成 1 mol/L 的浸泡溶液 1 000 mL，配制比例计算如下：

$$V_A = \frac{(c_A - c_{AB})}{(c_B - c_A)} \times 1\,000 \qquad \cdots\cdots\cdots\cdots (B.3)$$

$$V_B = 1\,000 - V_A \qquad \cdots\cdots\cdots\cdots (B.4)$$

式中：

V_A——所需 A 浸泡溶液的体积，单位为毫升(mL)；

c_B——B 浸泡溶液的实际浓度，单位为摩尔每升(mol/L)；

c_{AB}——混合后所配制的浸泡溶液浓度，单位为摩尔每升(mol/L)；

c_A——A 浸泡溶液的实际浓度，单位为摩尔每升(mol/L)；

V_B——所需 B 浸泡溶液的体积，单位为毫升(mL)。

B.4.5.2 配制

用 1 000 mL 量筒量取 A 浸泡溶液 V_A mL，加 B 浸泡溶液 V_B mL，此时液面应在 1 000 mL 刻度线上，如此时的液面不在 1 000 mL 刻度线上时，应对配制后的浸泡溶液 B.4.4.1、B.4.4.2、B.4.4.3 方法进行标定，以控制配制的浓度在 1 mol/L ±0.01 mol/L 以内。

B.5 试样处理

送检试样经四分法缩分至 2 g 左右二份，在 80℃烘箱烘干(控制合成纤维的含水量在 2%以下)，在干燥器中冷却至室温。

B.6 试验方法

B.6.1 在干燥器中取出一份,按附录A进行断裂强力测试。

B.6.2 用洗净的250 mL不锈钢烧杯加150 mL、1 mol/L氢氧化钠浸泡液,烧杯加盖在80℃±2℃恒温水浴中预热约1 h,使容器和浸泡液的温度达到平衡。

B.6.3 在干燥器中取出另一份,置于预先在80℃±2℃恒温水浴中预热的250 mL不锈钢烧杯和1 mol/L氢氧化钠浸泡液中,加不锈钢丝网至液面下25 mm左右,不使纤维上浮在液面上,烧杯加盖后在上述水浴中恒温6 h±10 min。

B.6.4 取出后用快速滤纸滤出纤维,用纯水洗净(洗液用酚酞检验之)后,在80℃烘箱内烘干(控制纤维的含水量在2%以下),按附录A进行断裂强力测试。

B.7 结果计算

$$\alpha = \frac{F_A}{F_B} \times 100 \qquad \text{(B.5)}$$

式中:

α——极限拉力保持率,%;

F_A——经1 mol/L氢氧化钠溶液浸泡后合成纤维的断裂强力,单位为厘牛(cN);

F_B——未经1mol/L氢氧化钠溶液浸泡合成纤维的断裂强力,单位为厘牛(cN)。

B.7.1 结果的修约

断裂强力修约至小数点后二位,极限抗拉强力保持率修约至小数点后一位。

B.7.2 试验报告

试验报告应包括以下内容:

a) 样品名称;

b) 样品数量;

c) 代表部位;

d) 试验根数;

e) 试验条件;

f) 试验依据;

g) 主要仪器型号;

h) 未经1 mol/L氢氧化钠溶液浸泡合成纤维的断裂强力及变异系数;

i) 经1 mol/L氢氧化钠溶液浸泡后合成纤维的断裂强力及变异系数;

j) 抗拉强力保持率。

附　录　C
（规范性附录）
混凝土抗冲击性能试验方法
（冲压冲击试验法）

C.1　范围

本方法适用于测试混凝土在反复冲压冲击荷载作用下，混凝土吸收冲击动能的能力。

C.2　仪器设备

C.2.1　混凝土冲压冲击试验方法所需要的装置如图 C.1：

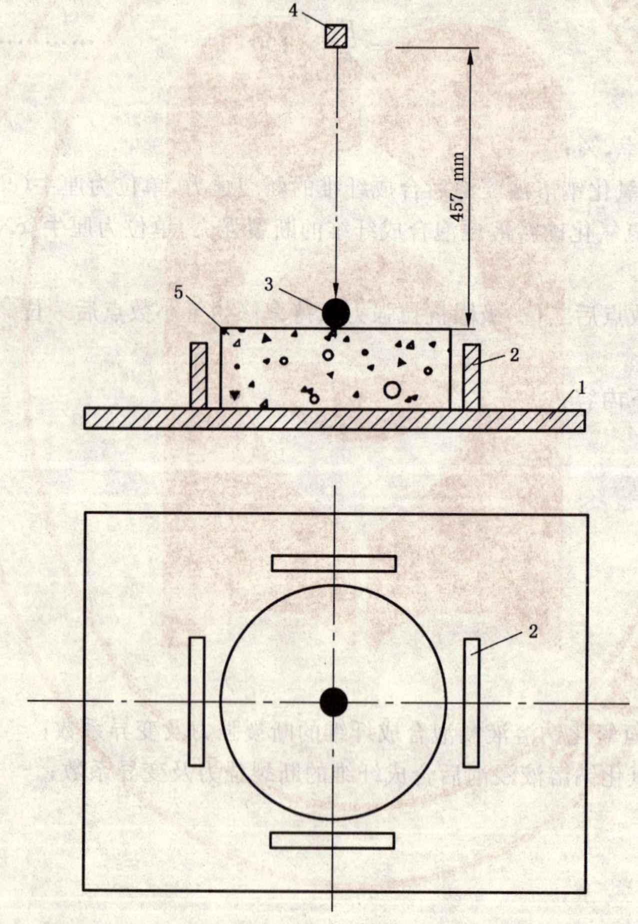

1——平钢板底座；

2——与底座牢固焊接的挡板；

3——硬质钢球；

4——方形钢锤；

5——冲压冲击混凝土试件。

图 C.1　混凝土冲压冲击试验装置示意图

C.2.2　装置构成

C.2.2.1　自由落锤冲击底座：刚性的平钢板底座，上面两组相对间距 162 mm、高度为 64 mm 的挡板与底座牢固焊接。

C.2.2.2 质量为 4.5 kg 的方形钢锤一把，直径为 63.5 mm 的硬质钢球一个。

C.2.2.3 直径 152 mm±1 mm、厚度 63.5 mm±1 mm 的专用混凝土试模若干(带底模)，500 mm 的刻度尺一把。

C.3 试验步骤

C.3.1 试件制备及养护：按 6.3.3 的规定分别配制受检混凝土与基准混凝土，用专用混凝土试模一次成型六个试件、按 GB/T 50081—2002 的规定进行试件制备及养护，标准养护龄期为 28 d。

C.3.2 试件从养护地点取出后，应擦干净外表面，检查外观有无缺失。

C.3.3 试件底面均匀地涂上一层黄油，按图 C.1 所示放置在试验底座内，试件上表面的中心点位置放上一个直径为 63.5 mm 的硬质钢球。

C.3.4 质量为 4.5 kg 的方形钢锤从锤中心点到试件上表面垂直距离为 457 mm 的高度自由下落，冲击放在试件上表面的钢球。每次冲击后仔细观察试件表面裂缝扩展，直至试件与冲击底座四块挡板中的任意三块接触，此时确定为试件破坏，记录下破坏冲击次数。

C.4 试验结果处理

以六块试件测值的算术平均值作为该组试件的破坏冲击次数，平均值计算精确至 0.1 次。

当六个试件的最大值或最小值与平均值的差超过 20%时，以中间四个试件的平均值作为该组试件的破坏冲击次数。

混凝土冲压冲击性能按式(C.1)计算，计算精确至 0.1。

$$C_{jy} = \frac{N_1}{N_0} \qquad \cdots\cdots(C.1)$$

式中：

C_{jy}——抗冲击次数比；

N_1——受检混凝土的破坏冲击次数，单位为次；

N_0——基准混凝土的破坏冲击次数，单位为次。

附 录 D
（资料性附录）
混凝土抗冲击性能试验方法
（弯曲冲击试验法）

D.1 范围

本方法适用于测试混凝土在反复弯曲冲击荷载作用下，混凝土吸收冲击动能的能力。

D.2 仪器设备

D.2.1 混凝土弯曲冲击试验方法所需要的装置如图 D.1：

单位为毫米

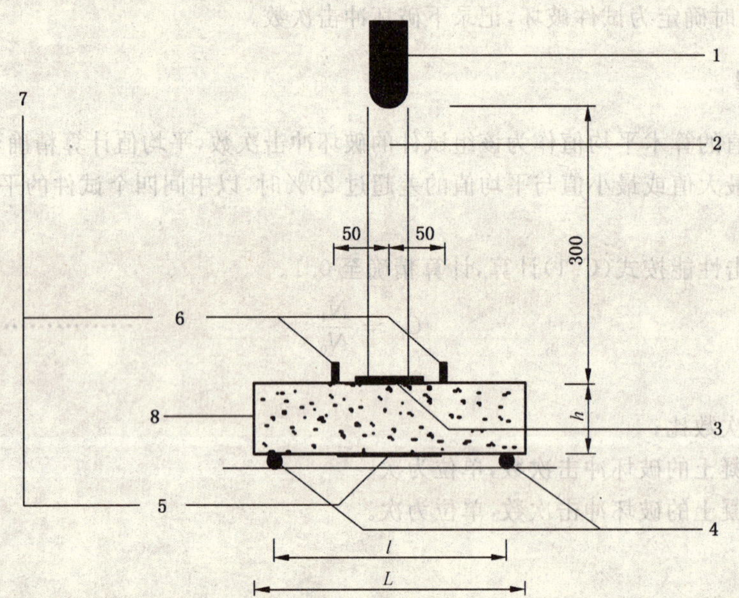

1——落锤；

2——套筒；

3——垫板；

4——支座；

5——应变片；

6——加速度计；

7——动态数据采集系统；

8——弯曲冲击混凝土试件；

h——试件高度；

l——支座跨度（$l=3\ h$）；

L——试件长度[$L=3\ h+150$ mm（或 100 mm）]。

图 D.1 混凝土弯曲冲击试验装置示意图

D.2.2 装置构成

D.2.2.1 试验支座、支座跨度（$l=3\ h$）、试件尺寸参照 GB/T 50081—2002 第 10 章抗折强度试验。

D.2.2.2 落锤：实心钢质圆柱体落锤，球面锤头，直径在 40 mm 至 50 mm 之间，重 3.0 kg。

D.2.2.3 100 mm×100 mm×10 mm 的钢质垫板和高 300 mm 的空心套管（管内径约为落锤直径的

1.5 倍)各一件。

D.2.2.4 应变片、加速度计与动态数据采集系统:100 mm×5 mm 纸基应变片,阻值为 19 Ω;加速度计测量范围在 5 g～15 g 之间;动态数据采集系统测量范围以及频率应满足应变片与加速度计的要求。

D.3 试验步骤

D.3.1 试件制备及养护:按 6.3.3 的规定分别配制混凝土,用混凝土抗折试模一次成型六个试件、按 GB/T 50081—2002 的规定进行试件制备及养护,标准养护龄期为 28 d。

D.3.2 试件从养护地点取出后,擦干净外表面、晾干。试件外观检查、试件安装尺寸和方法参照 GB/T 50081—2002第 10 章抗折强度试验。

D.3.3 在试件下表面受拉区最大应变处贴应变片,试件上部黏结加速度计,并用导线将应变片与加速度计共同连接动态数据采集系统。试件上表面几何中心点放置钢质垫板(防止试件表面被冲击破坏);垫板上放置空心套管(用以确定落锤冲击高度以及控制落锤下落轨迹)。

D.3.4 置落锤于套筒上方,落锤锤头底面与套筒上沿平齐,自由落锤冲击试件(冲击过程中应尽量避免落锤与套筒内表面接触)。每次冲击从落锤自由下落开始,至冲击后落锤完全静止完成。如此反复多次,直到下部受拉表面产生第一条裂纹(裂纹产生时应变片被折断或突然拉伸,此时动态数据采集系统上显示应变突变。),记录下冲击次数,即初裂冲击次数。然后继续进行多次冲击,试件底部裂纹向上发展并贯穿整个截面时的冲击次数,以肉眼结合放大镜观察并确定破坏冲击次数。

D.4 试验结果处理

以六块试件测值的算术平均值作为该组试件的初裂冲击次数(或破坏冲击次数),平均值计算精确至 0.1 次。当六个试件的最大值或最小值与平均值的差超过 20%时,以中间四个试件的平均值作为该组试件的初裂冲击次数(或破坏冲击次数)。

混凝土弯曲冲击性能的比较可有两种方式:

(1) 一组混凝土的初裂冲击次数(或破坏冲击次数)与另一组混凝土的初裂冲击次数(或破坏冲击次数)比值;

(2) 同组试件的破坏冲击次数与初裂冲击次数的比值。

ICS 67.200.10
X 14

中华人民共和国国家标准

GB/T 21121—2007/ISO 6886:2006

动植物油脂　氧化稳定性的测定（加速氧化测试）

Animal and vegetable fats and oils—Determination of oxidation stability (Accelerated oxidation test)

(ISO 6886:2006,IDT)

2007-10-16 发布　　2008-05-01 实施

中华人民共和国国家质量监督检验检疫总局
中国国家标准化管理委员会　发布

前　言

本标准等同采用ISO 6886:2006《动植物油脂　氧化稳定性的测定(加速氧化测试)》(英文版)。

本标准的内容和结构与ISO 6886一致,仅作了如下编辑性修改:

——删除国际标准的前言;

——将"本国际标准"一词改为"本标准";

——用小数点"."代替原文中作为小数点的",";

——对有关公式进行了编号。

本标准的附录A和附录B是资料性附录。

本标准由国家粮食局提出。

本标准由全国粮油标准化技术委员会归口。

本标准负责起草单位:南京财经大学、国家粮食局科学研究院。

本标准主要起草人:袁建、杨晓蓉、汪海峰、鞠兴荣、薛雅琳。

动植物油脂 氧化稳定性的测定
（加速氧化测试）

1 范围

本标准规定了在高温、高空气流量的极端条件诱导下油脂氧化稳定性的测定方法。

本标准适用于未精炼的和精炼的动植物油脂。

本标准不适用于常温下油脂稳定性的测定，但可用于比较添加到油脂中的抗氧化剂的抗氧化效率。

注：挥发性脂肪酸及不稳定的酸性氧化产物的存在影响测量结果的准确性。

2 规范性引用文件

下列文件中的条款通过本标准的引用而成为本标准的条款。凡是注日期的引用文件，其随后所有的修改单（不包括勘误的内容）或修订版均不适用于本标准，然而，鼓励根据本标准达成协议的各方研究是否可使用这些文件的最新版本。凡是不注日期的引用文件，其最新版本适用于本标准。

GB/T 15687 油脂试样的制备(eqv ISO 661)

3 术语和定义

下列术语和定义适用于本标准。

3.1

诱导期 induction period

从开始测定至形成的氧化产物开始快速增加时的时间。

3.2

氧化稳定性 oxidative stability

根据本标准所规定步骤测定的诱导期，以小时(h)来表示。

注：在氧化稳定性的测定中通常采用的温度为100℃～120℃。根据被测试样品的氧化稳定性，或通过回归法外推，在测定时可采用其他温度条件进行。最佳的诱导期应在6 h～24 h之间。每增加或降低10℃将使诱导期以大约2倍的变化系数降低或增大。

3.3

电导率 conductivity

物质的导电能力。

4 原理

将经过净化的空气通入已加热至规定温度的样品中，氧化过程中释放的气体与空气混合后导入长颈瓶中，瓶内预先装有去离子水或蒸馏水及一支测量电导率的电极，电极与测量、记录仪器相连。在氧化过程中，由于易挥发性羧酸物质的聚集引起电导率的快速增加。当电导率开始快速增加时，表示诱导期结束。

5 试剂和材料

除非另有说明，本标准仅使用确认为分析纯的试剂，水为蒸馏水或去离子水。

5.1 分子筛：球形，粒径1 mm左右，孔径0.3 nm。具水分指示剂。

分子筛须在150℃烘箱内烘干，并于干燥器中冷却至室温。

5.2 丙酮。

5.3 碱性洗涤溶液:用于玻璃仪器清洗。

5.4 甘油。

5.5 耐热油。

6 仪器装置

除了普通实验室仪器外,还包括以下设备:

6.1 氧化稳定性测定装置(见图1和图2)

注:氧化稳定性的测定仪器可以采用瑞士 Metrohm 公司的 Rancimat 型或美国 Omnion 公司 OSI 型设备[1)]。

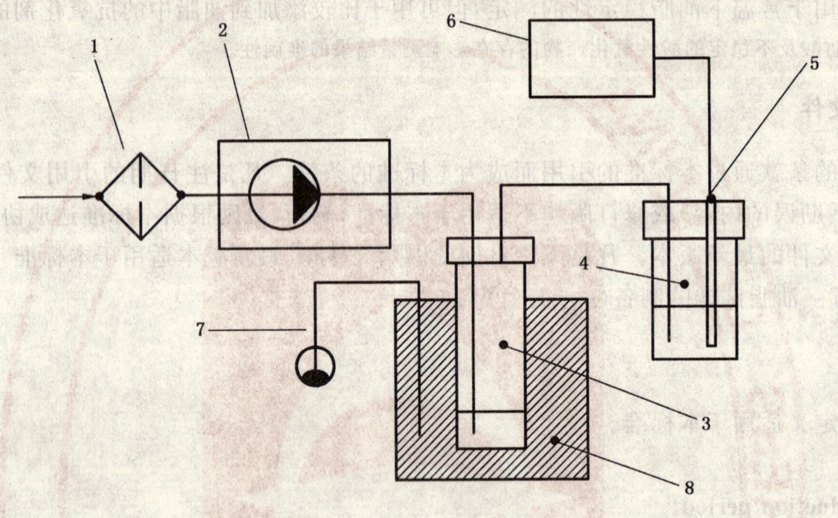

1——空气过滤器(6.1.1);
2——隔膜式气泵(带流量控制器)(6.1.2);
3——通气管(6.1.3);
4——测量池(6.1.4);
5——电极(6.1.5);
6——测量和记录仪器(6.1.6);
7——可控硅和触点式温度计(6.1.7);
8——加热块(6.1.8)。

图1 仪器设备示意图

6.1.1 空气过滤器:由一末端衬以滤纸并填充分子筛的圆筒组成,与抽气泵吸入口相连接。

6.1.2 隔膜式气泵:通过手动或自动流速调节器,调节流速至 10 L/h,最大偏差为±1.0 L/h。

注:OSI 仪器调节至压力 0.038 MPa(5.5 psi)时,流速大约为 10 L/h。

6.1.3 硼硅酸盐玻璃通气管(通常为8只),配有密封塞。

密封塞上有进出气管。通气管的圆柱形部分较其顶部细几厘米以便于消除产生的泡沫。也可以采用人工消泡器(如玻璃圆环)来消除泡沫。

6.1.4 封闭测量池(通常8只):容量约 150 mL,有一根进气管直通容器内底部,容器顶部有一个通气孔。

6.1.5 电极(通常为8根):用于测量电导率,测量范围为 0 μS/cm~300 μS /cm,与测定池大小配套。

---

1) 瑞士 Rancimat 型和美国 OSI 型油脂氧化稳定性测定仪是合适的商品测量仪器,给出这一条信息是为了方便本标准的使用者,并不表示对该产品的指定认可。

6.1.6　测量与记录仪器:包括放大器和记录每根电极测量信号的记录仪。

注:瑞士 Metrohm 公司的 Rancimat 和美国 Omnion 公司的 OSI 型氧化稳定性测定仪采用计算机控制的中央处理设备。

6.1.7　检定和校正过的触点温度计:精度 0.1℃或铂-100 电阻(铂丝电阻温度计)用于测量加热块温度,与调节附件及加热元件连接,温度范围为 0℃～150℃。

6.1.8　加热块:由铝铸成。可调节温度至 150℃±0.1℃。加热块上开有圆孔(通常为 8 个)用于放置通气管(6.1.3),并开有一个用于插入温度计(6.1.7)的孔。

也可选用加热槽,装入耐热油,通过油浴将温度调节至 150℃±0.1℃。

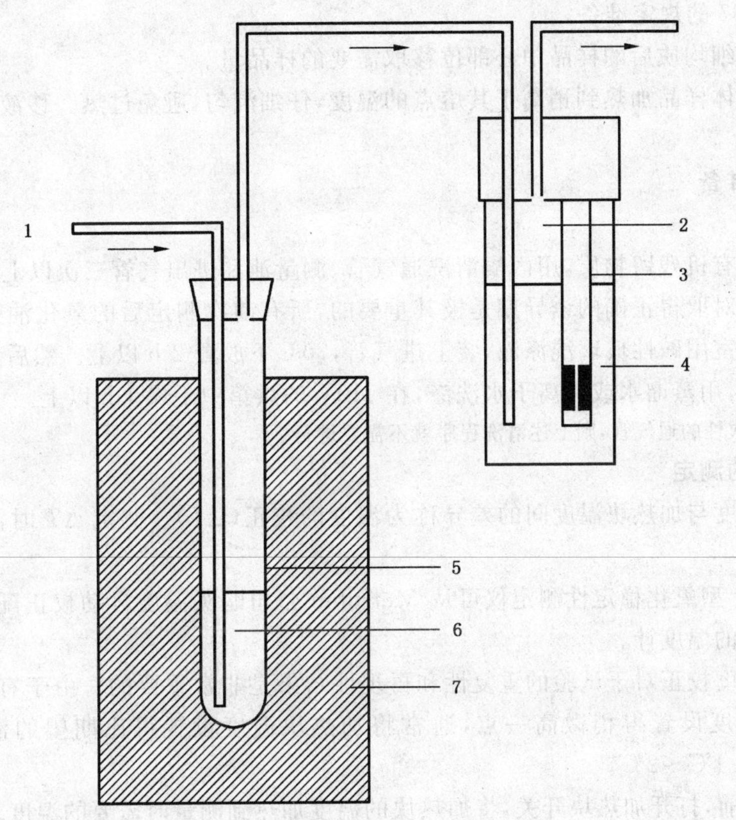

1——空气入口;
2——测量池;
3——电极;
4——测量溶液;
5——通气管;
6——样品;
7——加热块。

图 2　加热块、反应容器及测量池示意图

6.2　检定和校正过的温度计或 Pt-100 电阻

量程 150℃,精度 0.1℃。

6.3　移液管

50 mL,5 mL。

6.4　烘箱

可恒定温度 150℃±3℃。

6.5　连接软管

柔软的,由惰性材料(聚四氟乙烯或硅橡胶)制成。

7 采样

实验室收到的样品应具有真实的代表性，且在运输和储藏过程中未受损坏或变质。

采样不是本标准所规定的内容，推荐采用 ISO 5555。

样品在 4℃条件下避光保存。

8 试样和仪器设备的准备

8.1 试样的准备

按 GB/T 15687 的规定准备。

用移液管从仔细均质后的样品中心部位移取需要的样品量。

将半固体或固体样品加热到稍高于其熔点的温度，仔细混匀，避免过热。移液管也需加热到与样品相同的温度。

8.2 仪器设备的准备

8.2.1 清洗程序

为尽可能除去有机残留物质，用丙酮清洗通气管、测量池和进出气管三次以上，然后用自来水冲洗。

导气管的清洁对取得正确的诱导期是极其重要的，所有前次测定后的氧化油残留必须消除。可在通气管中装满实验室用碱性玻璃洗涤液，装上进气管，70℃下放置 2 h 以上。然后用自来水彻底冲净通气管和进出气管后，用蒸馏水或去离子水洗涤，在 110℃的烘箱中干燥 1 h 以上。

注：如果采用一次性的通气管，则上述清洗程序就不需要进行。

8.2.2 温度校正的测定

样品的实际温度与加热块温度间的差异称为温度的校正(ΔT)。测定 ΔT 时需要使用一只外部温度校正传感器。

对于 Rancimat 型氧化稳定性测定仪可从 Metrohm 公司购买温度自动校正配件。但有时，温度校正仍需要一只精密的温度计。

通气管内的温度校正对于试验的重复性和再现性结果是非常重要的。由于有冷空气通入样品中，需要将加热块的温度设置得稍微高一点，通常将加热块温度设置得比期望的油脂温度（如 100℃，110℃，或 120℃）高 1℃～2℃。

开始测定 ΔT 前，打开加热块开关，将加热块的温度加热到测量时需要的温度。

在一只反应管中加入 5 g 耐热油，通过密封塞插入温度传感器，用可调夹夹住传感器以避开空气入口。

警告：传感器需完全浸没于油样中，但不可触及导气管的底部。

将导气管插入到加热块中，并连接上气源。

当测量的温度不变时，按式(1)计算 ΔT：

$$\Delta T = T_b - T_s \quad \cdots\cdots (1)$$

式中：

ΔT——温度校正值，单位为摄氏度(℃)；

T_b——加热块温度，单位为摄氏度(℃)；

T_s——反应管中的温度，单位为摄氏度(℃)。

加热块的校正温度按式(2)计算：

$$T_b = T_t + \Delta T \quad \cdots\cdots (2)$$

式中：

T_t——在测量时需要的温度 T_t，单位为摄氏度(℃)。

在进行温度校正后，反应管中的温度将与测量时需要的温度相等。

9 分析步骤

9.1 按图1所示安装装置,如果有现成的商品仪器设备,按照产品说明书进行操作。

9.2 连接好隔膜式气泵(6.1.2),将流量准确调至10 L/h,然后再关掉气泵。有些商品仪器可以自动控制流量。

注:OSI仪器调节至压力0.038 MPa(5.5 psi)时,流速大约为10 L/h。

9.3 用可控硅触点式温度计(6.1.7)或电子控制器将加热块(6.1.8)温度调节至设定值(通常为100℃,也可参见8.2.2),在测试过程中,温度应一直保持在设定值±0.1℃的范围内。

如果需要,可在加热块(6.1.8)的圆孔中加入一些甘油(5.4)以促进热量的传递。

如果采用加热槽(6.1.8)加热,将其加热到设定温度,按8.2.2所述方法进行校核。

9.4 用移液管(6.3)在测量池内加入50 mL蒸馏水或去离子水。

注:当温度超过20℃时,挥发性的羧酸可从测量池的水中挥发出来,导致该水溶液电导率降低,使得电导率曲线快速上升的部分形成一个异常的形状,导致在曲线的这部分上不可能作出一条切线。

9.5 用校准的电位计检查电极(6.1.5)并调节信号使其停留在记录纸的零轴线上。

将纸速调为10 mm/h,测量频率调为每20秒一个测量点。满量程设定为200 μS/cm。

如果纸速不能调为10 mm/h,可调至20 mm/h,应在记录纸上注明纸速。

注:商品仪器可通过计算机获得测量数据。

9.6 用移液管(6.3)吸取,并准确称取准备好的试样(见8.1)3 g,精确到0.01 g,小心地放在通气管(6.1.3)中。

9.7 打开隔膜式气泵(6.1.2),将流量精确设置为10 L/h,用连接软管(6.5)将通气管的进、出气口分别与泵和测量池相连接。

注:OSI仪器调节至压力0.038 MPa(5.5 psi)时,流速大约为10 L/h。

9.8 盖好通气管密封塞,并将通气管置于已达到设定温度的加热块上相应的孔中,或者置于加热槽(6.1.8)中。

注:9.7及9.8操作应尽可能快,然后立即开启自动数据记录仪,或在记录纸上记下测量开始的时间。

9.9 当信号达到记录仪满刻度(通常为200 μS/cm)时结束测量。

9.10 测试期间,应注意:

a) 检查流量计的设置,需要时进行调整以保证流量恒定;

b) 检查空气过滤器中分子筛的颜色,测量过程中,如分子筛变色需重新测定。建议每次测定前预先更换分子筛。

10 结果计算

10.1 人工计算

沿起始和缓慢增大曲线部分画一条最适宜的切线,在曲线迅速上升部分的上方画一条最适宜的切线(详细方法参见附录A的图A.1),如果不能画出这条最佳切线就需重新测定。

读出这两条线相交处的时间(诱导时间)作为测定的氧化稳定性值。

10.2 自动计算

商品仪器通过曲线的二阶导数的最大值自动计算出诱导期。(参见附录A的图A.1)

以小时(h)来表示氧化稳定性,读数精确到0.1 h。

注:电导率曲线如图A.1所示。迅速上升的曲线(曲线A)可能是由于测量池中溶液温度过高,使挥发性的羧酸从溶液中蒸发出来而造成的。

11 精密度

11.1 实验室比对试验结果

附录B概述了本方法精密度的实验室比对试验详细资料，对于其他的浓度范围和测试物质来说，这次实验室间比对测试结果也许并不适用。

11.2 重复性

在同一实验室，由同一操作人员使用相同设备，按相同的测试方法，在短时间内对相同的实验样品，做两份独立的单试验，在氧化稳定性介于2 h～45 h时，两次单试验结果之间的绝对差值超过两次试验结果的算术平均值的6%的概率应小于5%。

11.3 再现性

在不同的实验室，由不同操作人员使用不同的设备，按相同的测试方法，对相同的实验样品进行测试，在氧化稳定性介于2 h～45 h时，两次单试验结果之间的绝对差值超过两次试验结果的算术平均值的29%的概率应小于5%。

12 测试报告

测试报告应详细说明：

——完整地识别样品所需的所有信息；

——本标准所涉及的采样方法(如果已知)；

——本标准所涉及的测试方法；

——所有在本标准中未规定或视为任选的操作细节，以及所有可能影响了测试结果的事件；

——测试结果，如果进行了重复性试验，应说明两次测定的结果和平均结果。

附 录 A
（资料性附录）
电导率曲线及诱导时间测定的方法和样图概述

近年来，建立了很多种测定油脂氧化稳定性的方法。这些方法以油脂（液态状态下）暴露在空气中的吸氧速率为基础。

吸氧量可以由沃伯格（Warburg）仪器直接测出，也可以通过测定过氧化物或氧化过程中的分解产物而间接测定。

在间接测量的方法中，活性氧法（AOM）是最古老的方法。它是根据样品在 98.7℃下通气处理测定过氧化值及过氧化值达到 100 mmol（每 2 kg 样品活性氧量）所需时间，加速稳定性试验就是基于这一方法。这些测定操作都很耗时，也不能实现自动化。

本标准所描述的方法中，氧化过程分两个阶段：

a) 第一阶段（诱导期），其特征是缓慢吸收氧气，形成过氧化物；

b) 第二阶段（变质气味和滋味产生阶段），其特征是氧气迅速吸收过程中，过氧化物形成的同时由于高温的影响迅速分解。在此阶段，醛、酮及低级脂肪酸等产物产生，进而引起不正常气味的出现。

本标准所描述的方法是测定氧化过程中产生的挥发性酸的分解产物（主要是甲酸、乙酸）的电导率。

该方法发表于 1974 年，自动电位测定法发表于 1972 年。

从电导率曲线上测出的诱导时间与同一温度下采用活性氧法（AOM）获得的诱导时间相一致。电导率曲线可能呈极不相同的形状。图 A.1 中列出了几条曲线样图。

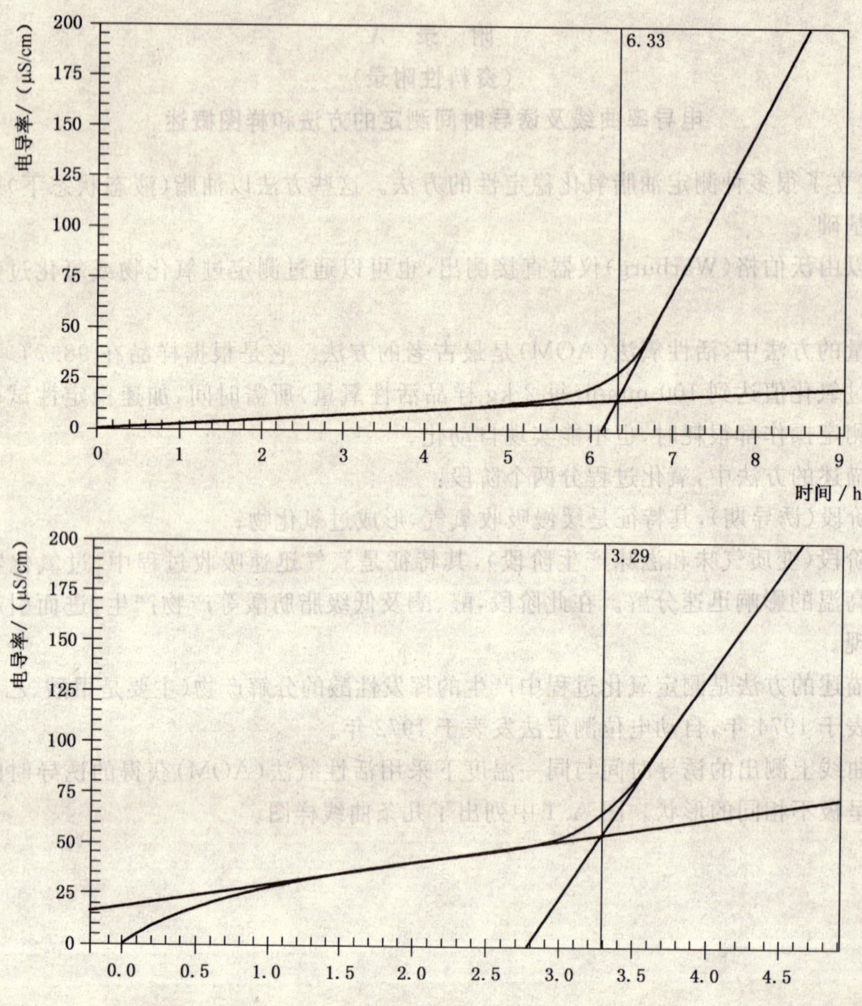

a） 手工计算

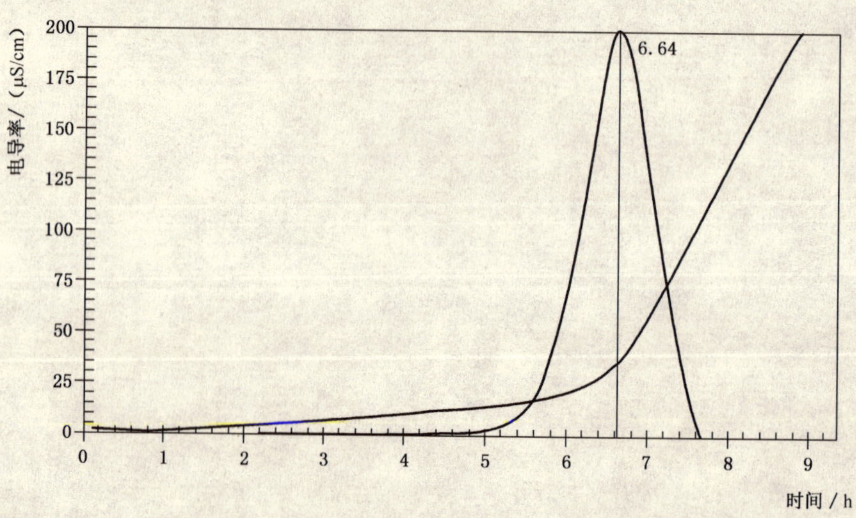

b） 自动计算

图 A.1 电导率曲线示意图

附 录 B
（资料性附录）
实验室间比对测试结果

6个国家的21个实验室对4份样品在三个不同温度下进行了国际协作比对试验。3个实验室使用OSI型氧化稳定测定仪，18个实验室使用Rancimat型测定仪（其中3个实验室使用Rancimat 617型，9个实验室使用Rancimat 679型，6个实验室使用Rancimat 743型），比对试验于2004年由德国标准协会(DIN)组织，比对结果按ISO 5725进行统计分析所得的精密度数据见表B.1～B.3。

表 B.1 120℃下测定时的统计结果总结

项　　目	大豆油	菜籽油	特级初榨橄榄油
参与比对的实验室数	21	21	21
排除非正常值后的实验室数	18	20	18
所用的实验室单试验结果数	36	40	36
平均值/h	4.17	4.10	20.11
重复性标准偏差(S_r)	0.09	0.14	0.25
重复性变异系数(RCV_r)/%	2.2	3.3	1.2
重复性极限值(r)	0.25	0.38	0.70
再现性标准偏差(S_R)	0.41	0.48	2.21
再现性变异系数(RCV_R)/%	9.9	11.8	11.0
再现性极限值(R)	1.16	1.35	6.20

表 B.2 110℃下测定时的统计结果总结

项　　目	大豆油	菜籽油	特级初榨橄榄油	亚麻仁油
参与比对的实验室数	21	21	21	21
结果所采用的实验室数	18	19	16	18
采用的实验室单试验结果数	36	40	36	36
平均值/h	8.01	8.13	45.22	2.82
重复性标准偏差(S_r)	0.13	0.16	0.28	0.08
重复性变异系数(RCV_r)/%	1.6	1.9	0.6	2.8
重复性极限值(r)	0.36	0.44	0.78	0.22
再现性标准偏差(S_R)	0.75	0.76	3.74	0.29
再现性变异系数(RCV_R)/%	9.3	9.3	8.3	10.3
再现性极限值(R)	2.09	2.12	10.47	0.81

表 B.3　100℃下测定时的统计结果总结

项　　目	亚麻仁油
参与比对的实验室数	19
结果所采用的实验室数	18
采用的实验室单试验结果数	36
平均值/h	5.55
重复性标准偏差(S_r)	0.09
重复性变异系数(RCV_r)/%	1.6
重复性极限值(r)	0.25
再现性标准偏差(S_R)	0.44
再现性变异系数(RCV_R)/%	8.0
再现性极限值(R)	1.24

参 考 文 献

[1] ISO 5555:2001. *Animal and vegetable fats and oils—Sampling.*

[2] De Man J. M. , Fan Tie and De Man, L. *J. Am. Oil Chem. Soc.* 64 (1987) *p.* 993.

[3] ISO 5725:1994. *Precision of test methods—Determination of repeatability and reproducibility for a standard test method by interlaboratory tests.*

[4] Hadorn H. and Zürchner K. *Deutsche Lebens. Rundschau*, 70 (1974) *p.* 57.

[5] Pardun H. and Kroll, E. *Fette, Seifen, Anstrichmittel*, 74 (1972) *p.* 366.

[6] Van Oosten C. W. , Poot C. and Hensen A. C. *Fette, Seifen, Anstrichmittel*, 83 (1981) *p.* 133.

ICS 67.060
X 11

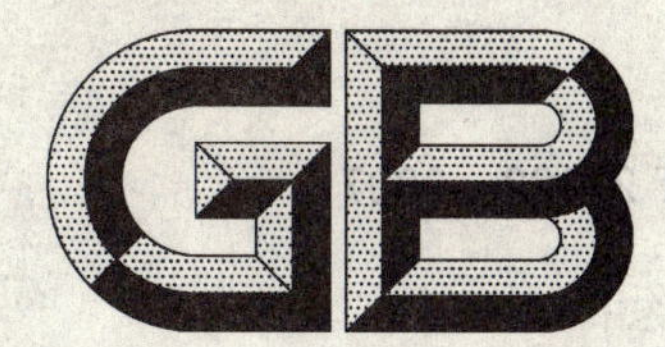

中华人民共和国国家标准

GB/T 21122—2007

营养强化小麦粉

Fortified wheat flour

2007-10-16 发布　　　　2008-01-01 实施

中华人民共和国国家质量监督检验检疫总局
中国国家标准化管理委员会　发布

前　言

本标准参考国际食品法典委员会的标准 CODEX STAN 152:1985《小麦粉》编写。

本标准的附录 A 是规范性附录。

本标准由国家粮食局提出。

本标准由全国粮油标准化技术委员会归口。

本标准起草单位:国家粮食局标准质量中心、武汉工业学院、公众营养与发展中心、华龙面业有限公司、南顺(蛇口)面粉有限公司、青岛白樱花实业发展有限公司。

本标准主要起草人:杜政、唐瑞明、龙伶俐、谢华民、李庆龙、王海滨、丁文平、于小冬、王炜、刘军平、赵国邦、王永健。

营养强化小麦粉

1 范围

本标准规定了营养强化小麦粉的有关术语和定义、营养强化剂和添加剂的使用要求、产品的分类和等级划分、技术要求、检验方法、检验规则、以及对标签和标识、包装、运输和贮存的要求。

本标准适用于供人食用的营养强化小麦粉。

2 规范性引用文件

下列文件中的条款通过本标准的引用而成为本标准的条款。凡是注日期的引用文件，其随后所有的修改单(不包括勘误的内容)或修订版均不适用于本标准，然而，鼓励根据本标准达成协议的各方研究是否可使用这些文件的最新版本。凡是不注日期的引用文件，其最新版本适用于本标准。

GB 1355—1986 小麦粉

GB 2715 粮食卫生标准

GB 2760 食品添加剂使用卫生标准

GB/T 5009.14 食品中锌的测定

GB 5491 粮食、油料检验 扦样、分样法

GB/T 5505 粮食、油料检验 灰分测定法

GB/T 7628 谷物维生素 B_1 测定方法

GB/T 7629 谷物维生素 B_2 测定方法

GB 7718 预包装食品标签通则

GB/T 14609 谷物中铜、铁、锰、锌、钙、镁的测定法 原子吸收法

GB 14880 食品营养强化剂使用卫生标准

GB/T 17813 复合预混料中烟酸、叶酸的测定 高效液相色谱法

3 术语和定义

下列术语和定义适用于本标准。

3.1

营养强化小麦粉 fortified wheat flour

采用符合 GB 1355 要求的小麦粉为原料，按照 GB 14880 规定的营养强化剂品种和使用量，添加一种或多种营养素的小麦粉。

4 食品营养强化剂和食品添加剂的使用

4.1 使用的食品营养强化剂的品种和添加量应符合 GB 14880 的规定。

4.2 不得添加过氧化苯甲酰、过氧化钙；其他食品添加剂的使用应按 GB 2760 执行。

5 产品分类和等级划分

按 GB 1355 执行。

6 技术要求

6.1 质量指标

除灰分指标外，按 GB 1355 执行。对于强化钙和多种矿物质的营养强化小麦粉，灰分指标在 GB 1355 规定的相应类型和等级小麦粉的基础上增加 0.27 个百分点；对于强化不含钙的其他矿物质的营养强化小麦粉，灰分指标在 GB 1355 规定的相应类型和等级小麦粉的基础上增加 0.02 个百分点。

6.2 强化营养素的混合均匀度要求

变异系数(CV)≤10%，变异系数以铁含量计算。

6.3 强化营养素的损失率

维生素类、氨基酸及含氮化合物类营养强化剂，在保质期内，其损失率不应大于标称值的 20%，且实测含量应在 GB 14880 规定的范围内。

6.4 卫生指标

按照 GB 2715 和国家有关标准及规定执行。

7 检验方法

7.1 质量指标的检验：按 GB 1355 及本标准 6.1 的规定执行。

7.2 铁的检验：按附录 A 执行。

7.3 锌的检验：按 GB/T 5009.14 执行。

7.4 钙的检验：按 GB/T 14609 执行。

7.5 尼克酸的检验：按 GB/T 17813 执行。

7.6 维生素 B_1 的检验：按 GB/T 7628 执行。

7.7 维生素 B_2 的检验：按 GB/T 7629 执行。

7.8 叶酸的检验：按 GB/T 17813 执行。

7.9 强化营养素的混合均匀度检验：对于强化铁的小麦粉，按附录 A 执行；强化其他营养素的小麦粉，混合均匀度仅对生产厂进行控制，检验时用硫酸亚铁示踪取样(通过配粉设备或集粉绞龙，按照 GB 14880规定的使用量，添加硫酸亚铁)，再按附录 A 检验。

8 检验规则

8.1 抽样

抽样方法按 GB 5491 执行。

8.2 产品组批

同原料、同工艺、同设备、同班次加工的同种产品为一批。

8.3 出厂检验

每批出厂产品应进行检验。

检验项目除按 GB 1355 和本标准 6.1 的规定执行外，还应检测混合均匀度。

每季度检测一次强化营养素含量。

8.4 判定规则

8.4.1 按 GB 1355—1986 的 6.4 进行判定。

8.4.2 某种强化营养素的实测含量低于 GB 14880 规定的使用量范围低限时，不应作为营养强化产品；实测含量高于 GB 14880 规定的使用量范围高限时，不应出厂销售。

8.4.3 混合均匀度不符合 6.2 规定的产品，不应出厂销售。

9 标签和标识

9.1 应按 GB 1355 及本标准 6.1 的规定标注产品的类别和质量等级，并应符合 GB 7718 的规定，且产品标签上应标明“营养强化小麦粉”名称。

9.2 应以不低于某值的形式标示添加的营养强化剂的名称和含量。

9.3 产品保质期应不低于3个月。

10 包装

10.1 包装应能维护其卫生、营养、工艺和感官质量。

10.2 包装物，包括包装材料，应由安全适用的物质制成，它们不应向产品传递任何有害的物质或不良的气味、滋味。

10.3 包装物应洁净、牢固，牢固缝制或牢固密封。

11 运输和贮存

运输过程中应注意保持强化营养素的稳定，应防晒、避光、避热、防尘、防雨雪；运输器具应清洁干燥、无污染；贮存场所应清洁干燥、无污染；包装袋应码放距地面、墙壁20 cm以上；贮存期间应注意防晒、避光、避热、防虫、防鼠、防潮。

附 录 A
（规范性附录）
营养强化小麦粉铁含量及混合均匀度的测定方法

A.1 原理

营养强化小麦粉试样经灰化后制成稀盐酸溶液，其中的铁以三价形式存在。以盐酸羟胺还原三价铁(Fe^{3+})为二价铁(Fe^{2+})，二价铁(Fe^{2+})与邻菲罗林在 pH3～9 范围内形成稳定的红色配合物。在 510 nm 处测量吸光度，以标准曲线计算铁含量。

每批营养强化小麦粉抽取 10 个有代表性的样品，通过测定其中铁含量的差异来反映各组分分布的均匀性。

A.2 试剂

所用试剂均为分析纯，所用水为重蒸馏水或相当纯度的水。

A.2.1 铁标准贮备液：1 000 μg/ mL。准确称取 1.000 g 纯金属铁溶于盐酸(1+1)50 mL 中，用水稀释定容至 1 000 mL。

A.2.2 铁标准工作液：10 μg/ mL。吸取铁标准贮备液 10 mL，定容至 1 000 mL。

A.2.3 2.5 g/L 邻菲罗林溶液。

A.2.4 50 g/L 盐酸羟胺溶液：现用现配。

A.2.5 50 g/L 酒石酸溶液。

A.2.6 250 g/L 乙酸钠溶液。

A.3 仪器和设备

A.3.1 实验室常规设备。

A.3.2 马福炉。

A.3.3 分光光度计。

A.3.4 石英坩埚。

A.4 试样

按 GB/T 5505 中测定粮食灰分的方法制备。

A.5 分析步骤

A.5.1 标准工作曲线的绘制

吸取铁标准工作液 0、1、2、3、4、5 mL，分别置于 25 mL 容量瓶中，加 50 g/L 的盐酸羟胺溶液 2.5 mL，摇匀后放置 10 min，加 50 g/L 的酒石酸溶液 2 mL，2.5 g/L 邻菲罗林溶液 5 mL，250 g/L的乙酸钠溶液 5 mL，稀释至刻度，摇匀。待发色完全后，在 510 nm 处测其吸光度，并绘制标准工作曲线。

A.5.2 铁含量的测定

将灰化好的试样溶于盐酸(1+1)2.5 mL 中，转移到 50 mL 容量瓶中，稀释至刻度，摇匀，此溶液称为试样灰化溶液。吸取试样灰化溶液 10 mL，置于 25 mL 容量瓶中，按 A.5.1 的方法测定吸光度。根据吸光度值从标准工作曲线中查得铁的对应值。

同一样品进行两次测定，同时做空白试验。

A.6 铁含量分析结果的计算

铁含量按式(A.1)计算：

$$X=\frac{(c-c_0)\times 5}{m} \qquad \cdots\cdots(\text{A.1})$$

式中：

X——铁含量，单位为毫克每千克(mg/kg)；

c——从标准工作曲线上查得的试样对应的铁含量值，单位为微克(μg)；

c_0——从标准工作曲线上查得的空白样对应的铁含量值，单位为微克(μg)；

m——试样质量，单位为克(g)。

当符合允许差所规定的要求时，取两次测定结果的算术平均值作为分析结果。分析结果精确到0.01 mg/kg。

A.7 允许差

同一分析者同时或相继进行的两次测定结果之差，不应超过平均值的20%。

A.8 混合均匀度的测定

A.8.1 样品的采集与制备

A.8.1.1 本法所需的样品系营养强化小麦粉成品，应单独采制。

A.8.1.2 包装成品在成品库取样，一个包装为一个点，每个样品由一点集中取一样。

A.8.1.3 每批营养强化小麦粉抽取10个有代表性的实验室样品，每一实验室样品为50 g。各实验室样品的布点应考虑代表性，取样前不允许翻动或再混合。

A.8.1.4 将上述每个实验室样品在实验室充分混匀，以四分法从中分取1 g～10 g(视含铁量而不同)试样进行测定。

A.8.2 测定步骤

按上述第A.4章～第A.7章测定样品中的铁含量。

A.8.3 混合均匀度分析结果的计算

变异系数按式(A.2)或式(A.3)计算：

$$a=\frac{\sqrt{\dfrac{(X_1-\overline{X})^2+(X_2-\overline{X})^2+(X_3-\overline{X})^2+\cdots\cdots+(X_{10}-\overline{X})^2}{10-1}}}{\overline{X}}\times 100 \qquad \cdots\cdots(\text{A.2})$$

$$a=\frac{\sqrt{\dfrac{X_1^2+X_2^2+X_3^2+\cdots\cdots+X_{10}^2-10\overline{X}^2}{10-1}}}{\overline{X}}\times 100 \qquad \cdots\cdots(\text{A.3})$$

式中：

a——变异系数(CV)，%；

X_1、X_2、X_3、……、X_{10}——10个试样的铁含量，单位为毫克每千克(mg/kg)；

$\overline{X}$——试样铁含量的平均值，单位为毫克每千克(mg/kg)。

ICS 67.200.10
X 14

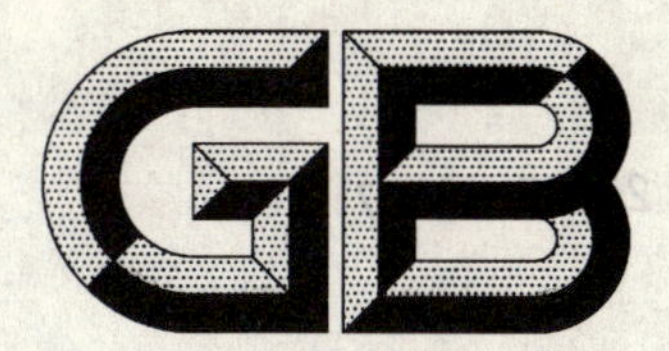

中华人民共和国国家标准

GB/T 21123—2007

营养强化　维生素A食用油

Nutritional fortified—Edible oil and fat with vitamin A

2007-10-16 发布　　　　2008-01-01 实施

中华人民共和国国家质量监督检验检疫总局
中国国家标准化管理委员会　发布

前 言

本标准由国家粮食局提出。

本标准由全国粮油标准化技术委员会归口。

本标准起草单位：国家粮食局标准质量中心、国家粮食局科学研究院、国家粮食储备局西安油脂研究设计院、中粮食品营销有限公司、北海粮油工业(天津)有限公司。

本标准主要起草人：龙伶俐、薛雅琳、张蕊、马榕、陆小女、李学红、肖庆敏。

营养强化 维生素A食用油

1 范围

本标准规定了营养强化维生素A食用油的术语和定义、分类、技术要求、检验方法、检验规则、标签、标识、包装、贮存和运输等要求。

本标准适用于供人食用的以各类食用成品植物油脂为原料加工的营养强化维生素A食用油。

2 规范性引用文件

下列文件中的条款通过本标准的引用而成为本标准的条款。凡是注日期的引用文件，其随后所有的修改单(不包括勘误的内容)或修订版均不适用于本标准，然而，鼓励根据本标准达成协议的各方研究是否可使用这些文件的最新版本。凡是不注日期的引用文件，其最新版本适用于本标准。

GB 2716 食用植物油卫生标准

GB/T 5009.37 食用植物油卫生标准的分析方法

GB/T 5009.82 食品中维生素A和维生素E的测定

GB/T 5524 植物油脂检验 扦样、分样法

GB 7718 预包装食品标签通则

GB 13432 预包装特殊膳食用食品标签通则

GB 14880 食品营养强化剂使用卫生标准

GB/T 17374 食用植物油销售包装

3 术语和定义

下列术语和定义适用于本标准。

3.1

营养强化维生素A食用油 Nutritional fortified edible oil and fat with vitamin A

针对食用植物油脂本身的营养特点及公众日常膳食缺乏的营养素，以各类食用成品植物油脂为原料，采用符合GB 14880规定的品种与使用量，添加维生素A的营养强化维生素A食用油。

4 等级划分

按载体食用成品植物油脂国家标准的等级规定划分质量等级。

5 技术要求

5.1 质量指标

按GB 14880规定的食用植物油脂种类的产品标准中成品油质量指标执行。

5.2 维生素A的强化量

按GB 14880的规定执行。

5.3 卫生指标

按GB 2716和国家有关规定执行。

5.4 其他

在营养强化维生素A食用油中不得掺有其他非食用油，同时不得添加任何香精和香料。

6 检验方法

6.1 质量指标的检验按相应油脂产品国家标准中成品油质量指标的检验规定执行。

6.2 维生素 A 含量检验:按 GB/T 5009.82 执行。

6.3 卫生指标检验:按 GB/T 5009.37 执行。

7 检验规则

7.1 抽样

按 GB/T 5524 执行。

7.2 产品组批

相同原料、相同工艺、相同设备及相同班次加工所得的同种产品为一批。

7.3 出厂检验

7.3.1 按载体食用植物油脂国家标准规定的等级质量指标进行检验。

7.3.2 检验维生素 A 的含量。

7.4 判定规则

7.4.1 产品的维生素 A 强化量不符合 GB 14880 规定,或质量指标有一项不合格,应判为不合格产品。

7.4.2 初验不合格时,可加倍抽样复检,以复检结果为准。

7.4.3 未按载体食用植物油脂产品国家标准标注质量等级时,按不合格判定。

8 标签和标识

8.1 一般要求

应符合 GB 7718 和 GB 13432 的规定。

8.2 产品名称

8.2.1 凡命名为"营养强化维生素 A 食用油"的产品均应符合本标准。凡产品名称中包含了维生素 A、强化、载体食用植物油脂名称的产品均应符合本标准,如"营养强化维生素 A 大豆油"等。

8.2.2 应标注载体食用植物油脂的类别和质量等级。

8.3 标识

8.3.1 标注维生素 A 的含量范围:应以不低于某值的形式表示。

8.3.2 载体食用植物油脂由转基因油料加工的应按国家有关规定标识。

8.3.3 保质期:应不少于 12 个月。

8.3.4 原产国:应注明载体食用植物油脂、维生素 A 等原料的生产国名。

9 包装

9.1 基本要求

应符合 GB/T 17374 的要求。

9.2 包装物和包装材料

包装物应由安全适用的物质制成,不应向产品传递任何有毒的物质或不良的气味、滋味;当包装物为铁质容器时,铁质内壁应使用无害涂料涂层,内壁和阀不得使用铜质材料。包装材料应采用符合食品卫生和安全要求的不透明材料。

9.3 罐装容量限制

罐装容量不应大于 100 L,以避免营养强化剂的分解。

10 贮存和运输

10.1 贮存

应贮存于阴凉、干燥和避光的食用油专用仓库内。不应与有害有毒物品一同存放。

10.2 运输

运输中应注意安全，防止日晒、雨淋、渗漏、污染和标签脱落。运输应使用专用车，保持车辆清洁、卫生。

ICS 67.020.01
B 20

中华人民共和国国家标准

GB/T 21124—2007

小麦黑胚粒检验法

Determination of black germ kernel in wheat

2007-10-16 发布　　　　2008-04-01 实施

中华人民共和国国家质量监督检验检疫总局
中国国家标准化管理委员会　发布

前　言

本标准由中华人民共和国农业部提出。

本标准起草单位：农业部谷物及制品质量监督检验测试中心（哈尔滨）。

本标准主要起草人：程爱华、李霞辉、王乐凯、周光俊、朱振东、张匀华、赵乃新、兰静。

小麦黑胚粒检验法

1 范围

本标准规定了小麦黑胚粒的定义和检验方法。

本标准适用于小麦黑胚粒的检验。

2 规范性引用文件

下列文件中的条款通过本标准的引用而成为本标准的条款。凡是注日期的引用文件,其随后所有的修改单(不包括勘误的内容)或修订版均不适用于本标准,然而,鼓励根据本标准达成协议的各方研究是否可使用这些文件的最新版本。凡是不注日期的引用文件,其最新版本适用于本标准。

GB 5491　粮食、油料检验　扦样、分样法

GB/T 5494—1985　粮食、油料检验　杂质、不完善粒检验法

3 术语和定义

下列术语和定义适用于本标准。

3.1

黑胚粒　black germ kernel

籽粒胚部呈深褐色或黑色的颗粒。黑胚粒包括黑尖粒和黑斑粒。

3.2

黑尖粒　blackpoint kernel

由于植物病菌侵害使胚部及胚周围呈深褐色或黑色并伤及胚的麦粒。

3.3

黑斑粒　smudge kernel

由于植物病菌侵害使胚和胚乳表面呈深褐色或黑色斑块,斑块累积超过籽粒表面积二分之一以上,或超过腹沟二分之一以上的麦粒。

4 原理

长蠕孢菌(*Helminthosporium* spp.)和链格孢菌(*Alternaria* spp.)等真菌通常是使小麦籽粒变成暗褐色或黑色的真菌感染源。当感染区仅限于胚的末端,胚部会产生黑点。如果感染区在籽粒表面占据一块区域,会使籽粒出现黑斑。感官检验时,可根据变色的程度和面积大小等特征来检验黑胚粒。

5 仪器

5.1　天平:感量 0.01 g。

5.2　谷物选筛:1.5 mm 筛、4.5 mm 筛。

5.3　分样器和分样板。

5.4　分析盘、镊子、放大镜。

6 检验方法

6.1 取样

按照 GB 5491 的规定执行。

6.2 试样制备

按照 GB/T 5494—1985 的 1.2 和 1.3 制备试样。

6.3 检验方法

从按 GB/T 5494—1985 的 1.4 检验过大样杂质的试样中，称取 50 g 试样，精确到 0.1 g，放在白纸或黑纸上，肉眼或借助放大镜观察捡出黑尖粒和黑斑粒。

必要时黑尖粒可用刀片刮剥表皮，观察胚的色泽，内部未变色的不归为黑尖粒，内部变色的归入黑尖粒。

6.4 结果计算

试样中黑胚率按式(1)计算：

$$X = (1 - M) \times \frac{m_1}{m} \times 100\% \qquad \cdots\cdots(1)$$

式中：

X——试样中黑胚率，%；

M——大样杂质百分率，%；

m_1——黑胚粒质量，单位为克(g)；

m——试样质量，单位为克(g)。

计算结果表示到小数点后一位。

6.5 精密度

在重复性条件下获得的两次独立测定结果的绝对差值不大于 0.5%。

ICS 65.020.01
B 39

中华人民共和国国家标准

GB/T 21125—2007

食用菌品种选育技术规范

Technical inspection for mushroom selecting and breeding

2007-10-16 发布 2008-04-01 实施

中华人民共和国国家质量监督检验检疫总局
中国国家标准化管理委员会 发布

前　言

本标准的附录 A、附录 B、附录 C、附录 D 均为规范性附录。

本标准由中华人民共和国农业部提出并归口。

本标准起草单位：中国微生物菌种保藏管理委员会农业微生物中心、中国农业科学院土壤肥料研究所、福建省三明市真菌研究所。

本标准主要起草人：张金霞、贾身茂、郭美英、黄晨阳、左雪梅。

食用菌品种选育技术规范

1 范围

本标准规定了食用菌品种选育的通用技术、程序、栽培试验示范、营养成分和食用安全性分析。

本标准适用于各种方法的食用菌品种选育。

2 规范性引用文件

下列文件中的条款通过本标准的引用而成为本标准的条款。凡是注日期的引用文件，其随后所有的修改单(不包括勘误的内容)或修订版均不适用于本标准，然而，鼓励根据本标准达成协议的各方研究是否可使用这些文件的最新版本。凡是不注日期的引用文件，其最新版本适用于本标准。

GB/T 5009.11 食品中总砷及无机砷的测定

GB/T 5009.12 食品中铅的测定

GB/T 5009.15 食品中镉的测定

GB/T 5009.17 食品中总汞及有机汞的测定

GB/T 5009.19 食品中六六六、滴滴涕残留量的测定

GB 7096 食用菌卫生标准

GB/T 12532 食用菌灰分测定

GB/T 15672 食用菌总糖含量测定方法

GB/T 15673 食用菌粗蛋白质含量测定方法

GB/T 15674 食用菌粗脂肪含量测定方法

NY 5096 无公害食品 平菇

3 术语和定义

下列术语和定义适用于本标准。

3.1

品种 variety

种内或变种内在若干遗传特性上有区别的生物群体，具有显著的特异性、一致性和稳定性。

3.2

菌株 strain

种内或变种内在若干遗传特性上有区别的生物群体。

3.3

选育 selecting and breeding

选种和育种的简称。习惯上将自然界原有菌株通过人工选择培育新菌株的方法称作选种。而将经诱变或杂交等手段改变个体的基因型创造新品种的过程称作育种。

3.4

亲本 parent

作为选种和育种的材料。

3.5

特异性 distinctness

指新品种在申请保护时其特征应当明显区别于已知的食用菌品种。

3.6

一致性 uniformity

也称均一性，指食用菌品种遗传的均一性和由此而表现出的群体生长及外观的一致。

3.7

稳定性 stability

指一个品种经过反复繁殖后，其遗传特性不变。

3.8

常规育种 selected breeding

即自然选择选育。指利用自然界原有菌株的变异，经过选择获得新品种的育种方法，如组织分离，单孢、多孢分离选择。

3.9

抗性 resistance

抗药性、抗病性、抗逆性的统称。

3.10

标记 marker

食用菌育种中用来鉴别、区别或鉴定菌株或品种特性特征的标志。如子实体形态特征、同工酶酶谱、抗药性、分子标记等。

4 通用技术要求

4.1 育种材料选择

4.1.1 野生食用菌

4.1.1.1 子实体

要求生物种名鉴定清楚，名称准确。

4.1.1.2 基质

要求分离部位未受其他微生物和昆虫侵染，水分含量适中。

4.1.2 栽培食用菌

4.1.2.1 菌株

来源及谱系清楚，在生产中大面积推广应用或具有某些特有优良性状。

4.1.2.2 亲本选择

子实体生长健壮，形态完整，7～8分成熟，清洁无异物，未受其他微生物和昆虫侵染。

4.1.2.3 杂交亲本的选择

性状优势互补。选择生态差异大、亲缘关系远、适应性强、出菇早、产量高、特异性差异显著的菌株作亲本，亲本选择符合4.1.2.2的规定。

4.2 菌种分离

4.2.1 子实体、菌核分离

选择作为分离材料的种菇、菌核，稍风干，在无菌操作条件下，取其中适宜部位的菌肉。

4.2.2 菌索分离

把菌索稍风干，经无菌操作，切取生命力旺盛的菌索尖端部分的中央白色菌髓。

4.2.3 菇(耳)木分离

将已风干的菇(耳)木，子实体发生处下方1 cm～1.5 cm处，菌丝生长旺盛部位截取约2 cm^3～2.5 cm^3的木块，经无菌操作，挑取其中米粒大小的组织块。

4.2.4 培养

把4.2.1～4.2.3的分离物接种到适宜培养基上，置适温下培养，经鉴定无其他微生物污染，即获得纯培养的育种材料。

4.2.5 多孢分离

4.2.5.1 孢子收集

用孢子印法或孢子弹射法,按无菌操作技术,在适宜温度和湿度条件下,使子实体的孢子弹射到无菌纸上,收集孢子。

4.2.5.2 多孢子培养物的获得

用钩悬法、贴附法,在适宜环境中使孢子弹射并萌发出菌丝,即获得该种菇(耳)多孢培养物或自然交配的双核菌丝体,经纯化鉴定后作育种材料。

4.2.6 单孢分离

用4.2.5.1方法得到的孢子作单孢分离材料,在无菌条件下,采用稀释分离法或显微操作器分离单孢,在适宜条件下培养,镜检、确认为单核菌丝后,移植培养,编号备用。

4.3 育种方法及程序

4.3.1 常规育种

同宗结合类食用菌常规育种方法主要是组织分离、单孢育种和多孢育种;异宗结合类食用菌常规育种方法主要是组织分离。

常规育种的程序,见附录A。

4.3.2 杂交育种

杂交育种包括单孢杂交育种和多孢杂交育种。

单孢杂交育种应用于异宗结合的种类。单孢杂交育种的程序,见附录B。

多孢杂交育种的程序,见附录C。

4.3.3 诱变育种

诱变育种的程序,见附录D。

5 栽培试验及示范

5.1 小试初筛

试验数量,瓶(袋)栽每组≥10瓶(袋),3个重复;床栽每组≥5 m^2,3个重复;段木栽培每组≥30根,3个重复。

5.2 小试复筛

试验数量,瓶(袋)栽每组≥30瓶(袋),3个重复;床栽每组≥6 m^2,3个重复;段木栽培每组≥50根,3个重复。

5.3 中间试验

试验数量,瓶(袋)栽每组≥1 000瓶(袋);床栽每组≥100 m^2;段木栽培每组≥300根。

5.4 示范栽培

示范栽培数量,瓶(袋)栽每组≥10 000瓶(袋);床栽每组≥1 000 m^2;段木栽培每组≥3 000根,时间3年。

5.5 试验设计和管理要求

设计要合理,有对照和重复;管理要规范;记录完整、数据齐全;试验结果要做统计分析。

附 录 A
（规范性附录）
常规育种程序

品种和野生种质资源收集

↓

纯菌种分离

↓ 组织分离、单孢分离、多孢分离

菌种培养

↓

生理性能测定

↓ 拮抗试验淘汰与亲本无差异的培养物

初筛

↓

复筛

↓

区别性鉴定（形态、生理、同工酶、DNA 指纹）

↓

中间试验

↓ 均一性和稳定性调查分析

示范栽培

↓ 均一性和稳定性调查分析

优良品种

附 录 B
（规范性附录）
单孢杂交育种程序

亲本选择
↓
单孢分离
↓
单核体菌丝确认
↓
配对杂交组合
↓
移植扩大繁殖
↓
初筛
↓
复筛
↓
区别性鉴定（形态、生理、同工酶、DNA 指纹）
↓
中间试验
↓ 均一性和稳定性调查分析
示范栽培
↓ 均一性和稳定性调查分析
优良品种

附 录 C
（规范性附录）
多孢杂交育种程序

亲本选择
↓
孢子弹射
↓
培养自然杂交
↓
双核体确认
↓
分离多孢培养物
↓
移植扩大繁殖
↓
初筛
↓
子实体组织分离
↓
复筛
↓
区别性鉴定（形态、生理、同工酶、DNA 指纹）
↓
中间试验
↓ 均一性和稳定性调查分析
示范栽培
↓ 均一性和稳定性调查分析
优良品种

附 录 D
（规范性附录）
诱变育种程序

出发菌株
↓
诱变材料制备
↙ ↓ ↘
孢子悬液 原生质体 菌丝体碎片悬液
↘ ↓ ↙
诱变处理
↓
涂布培养
↓
移植扩大繁殖
↓
初筛
↓
复筛
↓
区别性鉴定（形态、生理、同工酶、DNA 指纹）
↓
中间试验
↓ 均一性和稳定性调查分析
示范栽培
↓ 均一性和稳定性调查分析
优良品种

ICS 67.050
X 04

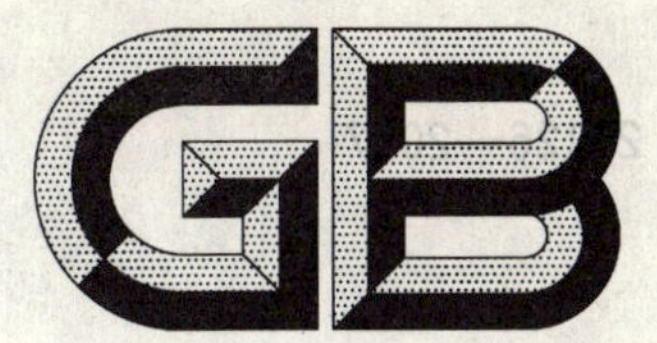

中华人民共和国国家标准

GB/T 21126—2007

小麦粉与大米粉及其制品中甲醛次硫酸氢钠含量的测定

Determination of sodium formaldehyde sulfoxylate in grain products

2007-10-16 发布　　　　2008-05-01 实施

中华人民共和国国家质量监督检验检疫总局
中国国家标准化管理委员会　发布

前 言

本标准由国家粮食局提出。

本标准由全国粮油标准化技术委员会归口。

本标准起草单位：河南工业大学、国家粮油质量监督检验中心、陕西省粮油产品质量监督检验所。

本标准主要起草人：霍权恭、范璐、周展明、尚艳娥、党献民、刘旭、何丽君、张浩。

小麦粉与大米粉及其制品中甲醛次硫酸氢钠含量的测定

1 范围

本标准规定了采用高效液相色谱测定小麦粉与大米粉及其制品中甲醛及甲醛次硫酸氢钠的原理、试剂、仪器、样品前处理、高效液相色谱测定、结果计算和精密度。

本标准适用于小麦粉、大米粉及其制品中残留甲醛及甲醛次硫酸氢钠含量的测定。

本标准的检出限为 0.08 μg/g。

2 规范性引用文件

下列文件中的条款通过本标准的引用而成为本标准的条款。凡是注日期的引用文件，其随后所有的修改单(不包括勘误的内容)或修订版均不适用于本标准，然而，鼓励根据本标准达成协议的各方研究是否可使用这些文件的最新版本。凡是不注日期的引用文件，其最新版本适用于本标准。

GB/T 2912.1—1998 纺织品 甲醛的测定 第1部分：游离水解的甲醛(水萃取法)

3 原理

在酸性溶液中，样品中残留的甲醛次硫酸氢钠分解释放出的甲醛被水提取，提取后的甲醛与2,4-二硝基苯肼发生加成反应，生成黄色的2,4-二硝基苯腙，用正已烷萃取后，经高效液相色谱仪分离，与标准甲醛衍生物的保留时间对照定性，用标准曲线法定量。

4 试剂

所用化学试剂中，正已烷为色谱纯，其余均为分析纯。配溶液所用水均为经高锰酸钾处理后的重蒸水。

4.1 盐酸-氯化钠溶液：称取 20 g 氯化钠于 1 000 mL 容量瓶中，用少量水溶解，加 60 mL 37% 盐酸，加水至刻度。

4.2 甲醛标准储备液：取 1 mL 36%～38% 甲醛溶液，用水定容至 500 mL，使用前按 GB/T 2912.1—1998 中的亚硫酸钠法标定甲醛浓度。或者用甲醛标准溶液配制成 40 μg/mL 的标准储备液，此溶液放置 4℃ 冰箱中可保存 1 个月。

4.3 甲醛标准使用液：准确量取一定量经标定的甲醛标准储备液，配置成 2 μg/mL 的甲醛标准使用液，此标准使用液必须使用当天配制。

4.4 磷酸氢二钠溶液：称取 18 g $Na_2HPO_4 \cdot 12H_2O$，加水溶解并定容至 100 mL。

4.5 2,4-二硝基苯肼(DNPH)纯化：称取约 20 g 2,4-二硝基苯肼(DNPH)于烧杯中，加 167 mL 乙腈和 500 mL 水，搅拌至完全溶解，放置过夜。用定性滤纸过滤结晶，分别用水和乙醇反复洗涤 5 次～6 次后置于干燥器中备用。

4.6 衍生剂：称取经过纯化处理的 2,4-二硝基苯肼(DNPH)200 mg，用乙腈溶解并定容至 100 mL。

4.7 流动相：乙腈＋水混合溶液［V(乙腈)＋V(水)＝70＋30］，用 0.45 μm 孔径的滤膜过滤，备用。

4.8 正已烷。

5 仪器

5.1 具塞三角瓶：150 mL、250 mL。

5.2 容量瓶：1000 mL、500 mL、250 mL、100 mL。

5.3 比色管：25 mL。

5.4 移液管：50 mL、5 mL、2 mL、1 mL。

5.5 振荡机。

5.6 高速组织捣碎机。

5.7 高速离心机：最大转速 10 000 r/min。

5.8 恒温水浴锅：50℃。

5.9 高效液相色谱仪：带紫外-可见波长检测器。

6 分析步骤

6.1 色谱分析条件

化学键合 C_{18}柱，4.6 mm×250 mm；乙腈＋水流动相(4.7)，流速 0.8 mL/min；紫外检测器，检测器波长 355 nm。

6.2 样品前处理

精确称取小麦粉、大米粉样品约 5 g 于 150 mL 具塞三角瓶中，加入 50 mL 盐酸-氯化钠溶液(4.1)，置于振荡机上振荡提取 40 min。对于小麦粉或大米粉制品，称取 20 g 于组织捣碎机中，加 200 mL 盐酸-氯化钠溶液(4.1)，2 000 r/min 捣碎 5 min，转入 250 mL 具塞三角瓶中，置于振荡机上振荡提取 40 min。将提取液倒入 20 mL 离心管中，于 10 000 r/min 离心 15 min(或 4 000 r/min 离心 30 min)，上清液备用。

6.3 标准工作曲线绘制

分别量取 0.00 mL、0.25 mL、0.50 mL、1.00 mL、2.00 mL、4.00 mL 甲醛标准使用液于 25 mL 比色管中(相当于 0.0 μg、0.5 μg、1.0 μg、2.0 μg、4.0 μg、8.0 μg 甲醛)，分别加入 2 mL 盐酸-氯化钠溶液(4.1)、1 mL 磷酸氢二钠溶液(4.4)、0.5 mL 衍生剂(4.6)，然后补加水至 10 mL，盖上塞子，摇匀。置于 50℃水浴中加热 40 min 后，取出用流水冷却至室温。准确加入 5.0 mL 正己烷(4.8)，将比色管横置，水平方向轻轻振摇 3 次～5 次后，将比色管倾斜放置，增加正己烷与水溶液的接触面积。在一个小时内，每隔 5 min 轻轻振摇 3 次～5 次，然后再静置 30 min，取 10 μL 正己烷萃取液进样。以所取甲醛标准使用液中甲醛的质量(以微克为单位)为横坐标，甲醛衍生物苯腙的峰面积为纵坐标，绘制标准工作曲线。

6.4 样品测定

取 2.0 mL 样品处理所得上清液(6.2)于 25 mL 比色管中，加入 1 mL 磷酸氢二钠溶液(4.4)、0.5 mL衍生剂(4.6)，补加水至 10 mL，盖上塞子，摇匀。以下按 6.3 自“置于 50℃水浴中加热 40 min 后”起依法操作，并与标准曲线比较定量。注意振摇时不宜剧烈，以免发生乳化。如果出现乳化现象，滴加 1 滴～2 滴无水乙醇。

7 结果计算

样品中甲醛次硫酸氢钠含量(以甲醛计)按式(1)计算：

$$c=\frac{m_1\times 50}{m\times 2} \qquad \cdots\cdots(1)$$

式中：

c——样品中甲醛含量，单位为微克每克(μg/g)；

m_1——按甲醛衍生物苯腙峰面积，从标准工作曲线查得甲醛的质量，单位为微克(μg)；

50——样品加提取液体积，单位为毫升(mL)；

2——测定用样品提取液体积，单位为毫升(mL)；

m——样品质量，单位为克(g)。

8 结果报告

甲醛含量计算结果不超过 10 μg/g 时，报告结果为未检出。

9 精密度

以双试验测定结果的算术平均值作为样品的甲醛含量，保留小数点后 1 位。在重复条件下获得的两次独立测定结果的绝对差值不得超过算术平均值的 15%。

ICS 65.020.20
B 05

中华人民共和国国家标准

GB/T 21127—2007

小麦抗旱性鉴定评价技术规范

Technical specification of identification and evaluation for drought resistance in wheat

2007-10-16 发布　　2008-05-01 实施

中华人民共和国国家质量监督检验检疫总局
中国国家标准化管理委员会　发布

前　言

本标准由中华人民共和国农业部提出。

本标准起草单位：中国农业科学院作物科学研究所、农业部作物品种资源监督检验测试中心。

本标准主要起草人：景蕊莲、胡荣海、张灿军、朱志华、昌小平、王娟玲。

小麦抗旱性鉴定评价技术规范

1 范围

本标准规定了小麦抗旱性鉴定方法及判定规则。

本标准适用于小麦的抗旱性检测。

2 规范性引用文件

下列文件中的条款通过本标准的引用而成为本标准的条款。凡是注日期的引用文件，其随后所有的修改单(不包括勘误的内容)或修订版均不适用于本标准，然而，鼓励根据本标准达成协议的各方研究是否可使用这些文件的最新版本。凡是不注日期的引用文件，其最新版本适用于本标准。

GB/T 3543.4 农作物种子检验规程 发芽试验

3 术语和定义

下列术语和定义适用于本标准。

3.1

对照品种 check variety

同级旱地区域试验应用的对照品种。

3.2

校正品种 adjusting variety

经国家认定的抗旱性较强的小麦品种，用于校正非同批待测材料鉴定结果的标准品种。

3.3

两次干旱存活率 survival percentage after a repeated drought stress

两次干旱复水后存活苗数占总苗数的百分率。

3.4

抗旱指数 drought resistance index

以籽粒产量为依据，以对照品种作为比较标准，判定待测材料抗旱性的指标。

4 抗旱性鉴定

抗旱性鉴定的时期分为：种子萌发期、苗期、水分临界期及全生育期。可根据研究工作目的选用任何一个时期的鉴定结果判定待测材料的抗旱性。

4.1 种子萌发期抗旱性鉴定

种子萌发期抗旱性鉴定用高渗溶液法。即用－0.5 MPa 的聚乙二醇-6000(PEG-6000)水溶液对种子进行水分胁迫处理，以无离子水培养作为对照。发芽皿是长×宽×高＝10 cm×10 cm×5 cm 的塑料盒，以单层滤纸为芽床。

4.1.1 样品准备

将待测材料种子样品充分混匀后，随机取 800 粒。

4.1.2 胁迫溶液配制

将 192 g 聚乙二醇-6000(PEG-6000)溶解在 1 000 mL 无离子水中，即－0.5 MPa PEG-6000 水溶液。

4.1.3 胁迫培养

100 粒种子为一个重复，共四次重复，分别放入发芽皿中，按 GB/T 3543.4 进行发芽试验。各加入 12 mL −0.5 MPa PEG-6000 水溶液，加盖。

4.1.4 对照培养

100 粒种子为一个重复，共四次重复，分别放入发芽皿中，按 GB/T 3543.4 进行发芽试验。各加入 12 mL 无离子水，加盖。

4.1.5 性状调查

将发芽皿放入培养箱中，20℃条件下培养，第 8 天(168 h)调查发芽种子数。

4.1.6 种子发芽率

种子发芽率按式(1)、式(2)、式(3)进行计算：

$$Ger_{T} = \overline{X}_{Ger.T} \cdot \overline{X}_{TS.T}^{-1} \cdot 100 \quad \cdots\cdots(1)$$

$$Ger_{CK} = \overline{X}_{Ger.CK} \cdot \overline{X}_{TS.CK}^{-1} \cdot 100 \quad \cdots\cdots(2)$$

$$RGer = Ger_{T} \cdot Ger_{CK}^{-1} \cdot 100 \quad \cdots\cdots(3)$$

式中：

Ger_{T}——胁迫培养的发芽率，%；

$\overline{X}_{Ger.T}$——胁迫培养四次重复在 168 h 萌发种子数的平均值；

$\overline{X}_{TS.T}$——胁迫培养四次重复种子总数的平均值；

Ger_{CK}——对照培养的发芽率，%；

$\overline{X}_{Ger.CK}$——对照培养四次重复在 168 h 萌发种子数的平均值；

$\overline{X}_{TS.CK}$——对照培养四次重复种子总数的平均值；

$RGer$——相对发芽率，%。

4.2 苗期抗旱性鉴定

苗期抗旱性鉴定用两次干旱胁迫-复水法。

4.2.1 培养温度

在 20℃±5℃的条件下进行。

4.2.2 试验设计

三次重复，每个重复 50 苗，塑料箱栽培。

4.2.3 播种

在长×宽×高＝60 cm×40 cm×15 cm 的塑料箱中装入 10 cm 厚的中等肥力(即单产在 3 000 kg/hm^2左右)耕层土(壤土)，灌水至田间持水量的 85%±5%，播种，覆土 2 cm。

4.2.4 第一次干旱胁迫-复水处理

幼苗长至三叶时停止供水，开始进行干旱胁迫。当土壤含水量降至田间持水量的 20%～15%时(壤土)复水，使土壤水分达到田间持水量的 80%±5%。复水 120 h 后调查存活苗数，以叶片转呈鲜绿色者为存活。

4.2.5 第二次干旱胁迫-复水处理

第一次复水后即停止供水，进行第二次干旱胁迫。当土壤含水量降至田间持水量的 20%～15%时，第二次复水，使土壤水分达到田间持水量的 80%±5%。120 h 后调查存活苗数，以叶片转呈鲜绿色者为存活。

4.2.6 幼苗干旱存活率的实测值

幼苗干旱存活率实测值的计算见式(4)：

$$\begin{aligned} DS &= (DS_1 + DS_2) \cdot 2^{-1} \\ &= (\overline{X}_{DS_1} \cdot \overline{X}_{TT}^{-1} \cdot 100 + \overline{X}_{DS_2} \cdot \overline{X}_{TT}^{-1} \cdot 100) \cdot 2^{-1} \end{aligned} \quad \cdots\cdots(4)$$

式中：

DS——干旱存活率的实测值，%；

DS_1——第一次干旱存活率，%；

DS_2——第二次干旱存活率，%；

$\overline{X}_{DS_1}$——第一次复水后三次重复存活苗数的平均值；

$\overline{X}_{TT}$——第一次干旱前三次重复总苗数的平均值；

$\overline{X}_{DS_2}$——第二次复水后三次重复存活苗数的平均值。

4.2.7 幼苗干旱存活率的校正值

按式(5)计算校正品种幼苗干旱存活率实测值的偏差。依式(6)求出待测材料幼苗干旱存活率的校正值。即：

$$ADS_E = (ADS - ADS_A) \cdot ADS_A^{-1} \quad \cdots\cdots\cdots\cdots (5)$$

$$DS_A = DS - ADS_A \cdot ADS_E \quad \cdots\cdots\cdots\cdots (6)$$

式中：

ADS_E——校正品种干旱存活率实测值的偏差，即校正品种本次实测值与校正值偏差的百分率，%；

ADS——校正品种干旱存活率的实测值，%；

ADS_A——校正品种干旱存活率的校正值，即多次幼苗干旱存活率实验结果的平均值，%；

DS_A——待测材料干旱存活率的校正值，%；

DS——待测材料干旱存活率的实测值，%。

4.3 水分临界期抗旱性鉴定

水分临界期抗旱性鉴定可在旱棚或田间条件下进行。田间鉴定需有两点的结果。

4.3.1 试验设计

随机排列，三次重复，小区面积旱棚鉴定 2 m^2、田间鉴定 6.7 m^2。适期播种，冬小麦和春小麦分别为每公顷 225 万和 375 万基本苗。

4.3.2 胁迫处理

播种前浇足底墒水，在抽穗期和灌浆期分别再浇一次水，使 0 cm～50 cm 土层水分达到田间持水量的 80%±5%。

4.3.3 对照处理

播种前浇足底墒水，在拔节-孕穗期、抽穗期和灌浆期分别再浇一次水，使 0 cm～50 cm 土层水分达到田间持水量的 80%±5%。

4.3.4 考察性状

小区籽粒产量。

4.3.5 抗旱指数

按式(7)计算抗旱指数：

$$DI = GY_{S.T}{}^2 \cdot GY_{S.W}{}^{-1} \cdot GY_{CK.W} \cdot (GY_{CK.T}{}^2)^{-1} \quad \cdots\cdots (7)$$

式中：

DI——抗旱指数；

$GY_{S.T}$——待测材料胁迫处理籽粒产量；

$GY_{S.W}$——待测材料对照处理籽粒产量；

$GY_{CK.W}$——对照品种对照处理籽粒产量；

$GY_{CK.T}$——对照品种胁迫处理籽粒产量。

4.4 全生育期抗旱性鉴定

全生育期抗旱性鉴定可在旱棚或田间条件下进行。田间鉴定需有两点的结果。适期播种，冬小麦和春小麦分别为每公顷 225 万和 375 万基本苗。

4.4.1 旱棚鉴定

4.4.1.1 试验设计

随机排列，三次重复，小区面积 2 m^2。

4.4.1.2 胁迫处理

麦收后至下次小麦播种前，通过移动旱棚控制试验地接纳自然降水量，使 0 cm～150 cm 土壤的储水量在 150 mm 左右；如果自然降水不足，要进行灌溉补水。播种前表土墒情应保证出苗，表墒不足时，要适量灌水。播种后试验地不再接纳自然降水。

4.4.1.3 对照处理

在旱棚外邻近的试验地设置对照试验。试验地的土壤养分含量、土壤质地和土层厚度等应与旱棚的基本一致。田间水分管理要保证小麦全生育期处于水分适宜状况，播种前表土墒情应保证出苗，表墒不足时要适量灌水，另外，分别在拔节期、抽穗期、灌浆期灌水，使 0 cm～50 cm 土层水分达到田间持水量的 80%±5%。

4.4.2 田间鉴定

在常年自然降水量小于 500 mm 的地区或小麦生育期内自然降水量小于 150 mm 的地区进行田间抗旱性鉴定。

4.4.2.1 试验设计

随机排列，三次重复，小区面积 6.7 m^2。

4.4.2.2 胁迫处理

播种前表土墒情应保证出苗，表墒不足时，要适量灌水。

4.4.2.3 对照处理

在邻近胁迫处理的试验地设置对照试验。对照试验地的土壤养分含量、土壤质地和土层厚度等应与胁迫处理的基本一致。田间水分管理要保证小麦全生育期处于水分适宜状况，播种前表土墒情应保证出苗，表墒不足时要适量灌水，另外，分别在拔节期、抽穗期、灌浆期灌水，使 0 cm～50 cm 土层水分达到田间持水量的 80%±5%。

4.4.3 考察性状

小区籽粒产量。

4.4.4 抗旱指数

以小区籽粒产量计算抗旱指数，方法同 4.3.5。

4.5 注意事项

在进行抗旱性鉴定期间，要及时防治病、虫、鸟害，防止倒伏。

5 抗旱性判定规则

抗旱性分为五级：极强（HR，highly resistant）、强（R，resistant）、中等（MR，moderately resistant）、弱（S，susceptible）、极弱（HS，highly susceptible）。

5.1 种子萌发期抗旱性判定

小麦种子萌发期抗旱性判定见表 1。

表 1 小麦种子萌发期抗旱性判定

相对发芽率/%	抗旱性等级
≥90.0	极强（HR）
70.0～89.9	强（R）
50.0～69.9	中等（MR）
30.0～49.9	弱（S）
≤29.9	极弱（HS）

5.2 苗期抗旱性判定

小麦苗期抗旱性判定见表 2。

表 2 小麦苗期抗旱性判定

干旱存活率[a]/%	抗旱性等级
≥70.0	极强(HR)
60.0～69.9	强(R)
50.0～59.9	中等(MR)
40.0～49.9	弱(S)
≤39.9	极弱(HS)

a 干旱存活率用校正值。

5.3 水分临界期抗旱性判定

小麦水分临界期抗旱性判定见表 3。

表 3 小麦水分临界期抗旱性判定

抗旱指数	抗旱性等级
≥1.30	极强(HR)
1.10～1.29	强(R)
0.90～1.09	中等(MR)
0.70～0.89	弱(S)
≤0.69	极弱(HS)

5.4 全生育期抗旱性判定

全生育期抗旱性判定用小区籽粒产量的抗旱指数表示，见表 3。

ICS 79.060
B 70

中华人民共和国国家标准

GB/T 21128—2007

结构用竹木复合板

Structural bamboo & wood composite board

2007-10-16 发布 2008-05-01 实施

中华人民共和国国家质量监督检验检疫总局
中国国家标准化管理委员会 发布

前言

本标准由国家林业局提出。

本标准由全国人造板标准化技术委员会归口。

本标准负责起草单位:南京林业大学。

本标准参加起草单位:国家林业局南京人造板质量监督检验站。

本标准主要起草人:朱一辛、黄河浪、关明杰、程丽美、张晓冬、程秀才。

结构用竹木复合板

1　范围

本标准规定了结构用竹木复合板的术语和定义、分类、技术要求、试验方法、检验规则以及标记、包装、标志、运输、贮存等。

本标准适用于以竹片、竹篾、木单板、锯制木板为构成单元经组合胶压制成的，具有良好的力学性能，能作承载构件使用的板。

2　规范性引用文件

下列文件中的条款通过本标准的引用而成为本标准的条款。凡是注日期的引用文件，其随后所有的修改单(不包括勘误的内容)或修订版均不适用于本标准，然而，鼓励根据本标准达成协议的各方研究是否可使用这些文件的最新版本。凡是不注日期的引用文件，其最新版本适用于本标准。

GB/T 2828.1—2003　计数抽样检验程序　第1部分：按接收质量限(AQL)检索的逐批检验抽样计划(ISO 2859-1:1999,IDT)

GB/T 9846.2—2004　胶合板　第2部分：尺寸公差

GB/T 9846.4　胶合板　第4部分：普通胶合板外观分等技术条件

GB/T 17657—1999　人造板及饰面人造板理化性能试验方法

GB/T 18259　人造板及其表面装饰术语

GB 18580—2001　室内装饰装修材料　人造板及其制品中甲醛释放限量

GB/T 19367.1　人造板　板的厚度、宽度及长度的测定

GB/T 19367.2　人造板　板的垂直度和边缘直度的测定

GB 50206—2002　木结构工程施工质量验收规范

GB/T 50329—2002　木结构试验方法标准

3　术语和定义

GB/T 18259确立的以及下列术语和定义适用于本标准。

3.1

结构用竹木复合板　structural bamboo & wood composite board

以竹片、竹篾、木单板、锯制木板为构成单元经组合胶压制成的，具有良好的力学性能，能作承载构件使用的板。

4　分类

按耐久性分为：

——特类结构用竹木复合板，供室外条件下使用；

——Ⅰ类结构用竹木复合板，供室内条件下使用。

5　技术要求

5.1　规格尺寸

5.1.1　规格尺寸应符合表1的规定，规格尺寸的允许偏差应符合表2的规定，特殊规格由供需双方协议确定。

表 1 规格尺寸

单位为毫米

长 度	宽 度	厚 度
2 440	1 220	8、12、16、18

表 2 规格尺寸的允许偏差

单位为毫米

长 度		宽 度		厚 度	
范 围	允许偏差	范 围	允许偏差	范 围	允许偏差
≤2 500	±2	≤500	±1	≤15	±0.5
>2 500	±4	>500	±2	>15	±1.0

5.1.2 垂直度公差为 1 mm/m。

5.1.3 边缘直度公差为 1 mm/m。

5.1.4 翘曲度不得超过 1.5%。

5.2 外观质量

5.2.1 表面为竹材的结构用竹木复合板外观质量要求应符合表 3 的规定。

5.2.2 表面为木材的结构用竹木复合板外观质量要求按 GB/T 9846.4 中对合格品的规定执行，其中竹材作为芯层时，其芯层缝隙和叠层的缺陷应符合表 3 的规定。

表 3 表面为竹材的结构用竹木复合板外观质量要求

缺陷名称	正 面	背 面
表面缝隙	宽度≤1 mm，允许； 1 mm<宽度≤3 mm，填补牢固，允许； 宽度>3 mm，不允许	宽度≤2 mm，允许； 2 mm<宽度≤3 mm，填补牢固，允许； 宽度>3 mm，不允许
表面污染	总面积不超过板面积的 1%； 单一最大污染面积≤500 mm^2	总面积不超过板面积的 5%
表面压痕	压痕深度≥1 mm，20 mm^2～50 mm^2，允许 2 处/m^2	压痕深度≥1 mm，20 mm^2～50 mm^2，允许 4 处/m^2
边角缺损	不允许	
芯层缝隙	宽度≤5 mm，填补牢固，允许； 宽度>5 mm，不允许	
叠层	厚度≥2 mm 的竹片、竹篾，重叠宽度≤2 mm	
腐朽	不允许	
鼓泡、分层	不允许	

5.3 理化性能

理化性能应符合表 4 的规定。

表 4 理化性能指标

检 验 项 目		单位	A 级	B 级	C 级
含水率		%	≤14		
弹性模量	顺纹	MPa	≥9 000	≥6 000	≥3 000
	横纹		≥2 500		
静曲强度	顺纹	MPa	≥90	≥60	≥30
	横纹		≥20		

表 4（续）

检 验 项 目		单位	A级	B级	C级
水平剪切强度		MPa	≥3		
浸渍剥离试验		—	试件每一边的任一胶层剥离长度≤25 mm		
甲醛释放限量[a]	E_1	mg/L	≤1.5		
	E_2		≤5.0		
集中静载与冲击荷载试验[b]		应符合 GB 50206—2002 中表 6.2.3-1 的规定			
均布荷载试验[c]		应符合 GB 50206—2002 中表 6.2.3-2 的规定			

a　E_1 为可直接用于室内的结构用竹木复合板，E_2 为应饰面处理后允许用于室内的结构用竹木复合板。

b　用作楼面板或屋面板的竹木复合板应进行集中静载与冲击荷载试验。

c　用作楼面板或屋面板的竹木复合板应进行均布荷载试验。

6　检验方法

6.1　外观质量

外观质量按 5.2 的要求，目测及用钢板尺(精度 0.5 mm)检量。

6.2　规格尺寸

6.2.1　长度、宽度和厚度测定

按 GB/T 19367.1 的规定进行。

6.2.2　板的垂直度和板的边缘直度测定

按 GB/T 19367.2 的规定进行。

6.2.3　翘曲度测定

6.2.3.1　计量器具：

a)　钢卷尺，精度 1.0 mm；

b)　钢板尺，精度 0.5 mm；

c)　线绳。

6.2.3.2　翘曲度测定按 GB/T 9846.2—2004 中附录 A 的规定进行。

6.3　理化性能试验

6.3.1　取样和试件

6.3.1.1　样本应在存放 24 h 以上的产品中抽取。

6.3.1.2　试件从样本上任意截取，其尺寸规格、数量按表 5 要求；试件边棱应平直，相邻两边应成直角，长、宽允许偏差为±0.5 mm。遇有毛刺时，应用砂纸砂光。

6.3.1.3　试件尺寸的测量按 GB/T 17657—1999 中 4.1 的规定进行。

表 5　试件规格尺寸及数量

检 验 项 目		试件尺寸/mm	试件数量/个
含水率		长度 l=100±1；宽度 b=100±1	6
弹性模量	顺纹	长度 l=(20h+50)±2，h 为试件公称厚度；宽度 b=50±1	12
	横纹		12
静曲强度	顺纹		12
	横纹		12
水平剪切强度		长度 l=(4h+50)±2，h 为试件公称厚度；宽度 b=50±1	12

表 5（续）

检 验 项 目	试件尺寸/mm	试件数量/个
浸渍剥离试验	长度 $l=75\pm1$；宽度 $b=75\pm1$	12
甲醛释放限量	按 GB 18580—2001 中 6.2 的规定	
集中静载与冲击荷载试验	按 GB/T 50329—2002 中 H.4.1 和 H.4.2 的规定	
均布荷载试验	按 GB/T 50329—2002 中 I.4.1 和 I.4.2 的规定	
注：弹性模量与静曲强度允许使用同一试件测定。		

6.3.2 含水率测定

按 GB/T 17657—1999 中 4.3 的规定进行。

6.3.3 弹性模量与静曲强度测定

按 GB/T 17657—1999 中 4.9 的规定进行。

6.3.4 水平剪切强度测定

6.3.4.1 仪器

木材万能力学试验机，精度 10 N。

游标卡尺，精度 0.02 mm。

千分尺，精度 0.01 mm。

6.3.4.2 方法

除调节两支座跨距为试件公称厚度的 4 倍外，按 GB/T 17657—1999 中 4.9.4 的规定进行。

6.3.4.3 结果表示

试件的水平剪切强度按式(1)计算，精确至 0.1 MPa。

$$\tau = \frac{3P}{4bh} \qquad \cdots\cdots(1)$$

式中：

τ——水平剪切强度，单位为兆帕(MPa)；

P——试件破坏的最大载荷，单位为牛顿(N)；

b——试件宽度，单位为毫米(mm)；

h——试件厚度，单位为毫米(mm)。

6.3.5 浸渍剥离性能测定

按 GB/T 17657—1999 中 4.17 的规定进行，其中试件处理条件为：

a) 特类结构用竹木复合板浸渍剥离试验：将试件放在沸水中煮 72 h，取出后置于室温水中冷却至室温；

b) Ⅰ类结构用竹木复合板浸渍剥离试验：按 GB/T 17657—1999 中 4.17.4.1a)的规定进行。

6.3.6 甲醛释放量测定

按 GB/T 18580—2001 中 6.2 的规定进行。

6.3.7 集中静载与冲击荷载试验

按 GB/T 50329—2002 中附录 H 的规定进行。

6.3.8 均布荷载试验

按 GB/T 50329—2002 中附录 I 的规定进行。

7 检验规则

7.1 检验分类

产品检验分出厂检验和型式检验。

7.1.1 **出厂检验**

出厂检验包括以下项目：

——外观质量检验；

——规格尺寸检验；

——理化性能检验项目中的含水率、顺纹弹性模量、顺纹静曲强度、水平剪切强度、浸渍剥离试验。

7.1.2 **型式检验**

7.1.2.1 型式检验项目包括第5章的全部项目。

7.1.2.2 有下列情况之一时，应进行型式检验：

——新产品或老产品转厂生产的试制定型鉴定；

——当原辅材料及生产工艺发生较大变动时；

——长期停产恢复生产时；

——正常生产时，每半年检验不少于一次；

——质量监督机构提出或合同规定提出进行型式检验要求时。

7.2 **组批原则**

基本相同时段内生产的同一规格、同类产品为一批。

7.3 **抽样方案**

7.3.1 **外观质量检验抽样方案**

成批拨交时，外观质量的检验采用GB/T 2828.1—2003中的正常检验二次抽样方案，其检查水平为Ⅱ，接收质量限（AQL）为4.0，检查批接收与拒收的判断见表6。

表6 外观质量检验抽样方案

批量范围/张	样本	样本量/张	累计样本量/张	接收数(Ac)/张	拒收数(Re)/张
≤150	第一	13	13	0	3
	第二	13	26	3	4
151～280	第一	20	20	1	3
	第二	20	40	4	5
281～500	第一	32	32	2	5
	第二	32	64	6	7
501～1 200	第一	50	50	3	6
	第二	50	100	9	10
1 201～3 200	第一	80	80	5	9
	第二	80	160	12	13
注：当一批的张数大于3 200张时，应划分为多个不大于3 200张的批。					

7.3.2 **规格尺寸检验抽样方案**

批拨交时，规格尺寸的检验采用GB/T 2828.1—2003中的正常检验二次抽样方案，其检查水平为Ⅰ，接收质量限（AQL）为4.0，检查批接收与拒收的判断见表7。

表7 规格尺寸检验抽样方案

批量范围/张	样本	样本量/张	累计样本量/张	接收数(Ac)/张	拒收数(Re)/张
≤150	第一	5	5	0	2
	第二	5	10	1	2
151～280	第一	8	8	0	2
	第二	8	16	1	2

表 7（续）

批量范围/张	样　　本	样本量/张	累计样本量/张	接收数(Ac)/张	拒收数(Re)/张
281～500	第一	13	13	0	3
	第二	13	26	3	4
501～1 200	第一	20	20	1	3
	第二	20	40	4	5
1 201～3 200	第一	32	32	2	5
	第二	32	64	6	7
注：当一批的张数大于 3 200 张时，应划分为多个不大于 3 200 张的批。					

7.3.3　理化性能检验抽样方案

成批拨交时，理化性能检验的抽样方案见表 8，初检抽样的样本检验结果有某项指标不合格时，允许进行复检一次，按复检抽样张数抽取样本。抽样时应在具有代表性的板垛中随机抽取。

注：按照合理的数理统计原则，供需双方可选用其他抽样方案。

表 8　理化性能检验抽样方案

单位为张

批量范围	初检抽样数量	复检抽样数量
≤1 000	1	2
1 000～2 000	2	4
2 001～3 000	3	6
≥3 000	4	8

7.4　判定规则

7.4.1　含水率、水平剪切强度、浸渍剥离性能测定结果的判定

从同批产品抽取的试件，当符合表 4 规定的含水率、水平剪切强度、浸渍剥离性能指标的试件数不小于总试件数的 90%时，判为合格；当符合表 4 规定的含水率、水平剪切强度、浸渍剥离性能的试件数小于总试件数的 70%时，则判为不合格；当符合表 4 规定的含水率、水平剪切强度、浸渍剥离性能试件数介于总试件数的 70%～90%之间时，允许在同一批产品中按表 8 规定重新抽样进行复检，当符合表 4 规定含水率、水平剪切强度、浸渍剥离性能的复检试件数不小于总复检试件数的 90%时，判为合格，否则判为不合格。

7.4.2　弹性模量、静曲强度测定结果的判定

从同批产品抽取的试件，当测定结果符合表 4 规定的弹性模量、静曲强度对应的级别指标试件数与总试件数相比符合率不小于 90%时，判为符合该级别；当符合率小于 70%时，则判为不符合该级别；当符合率介于 70%～90%之间时，允许在同一批产品中按表 8 规定重新抽样进行复检，如果复检符合指标的试件数不小于总复检试件数的 90%时，判为符合该级别，否则判为不符合该级别。

7.4.3　甲醛释放量测定结果的判定

按 GB 18580—2001 中 7.3 的规定进行。

7.4.4　集中静载与冲击荷载试验和均布荷载试验测定结果的判定

按 GB 50206—2002 中表 6.2.3-1 和表 6.2.3-2 的规定进行。

7.4.5　综合判定

产品外观质量、规格尺寸、理化性能的检验结果均应符合相应类别和级别的技术要求，否则应降类、降级或判为不合格产品。

8　标记、包装、标志、运输和贮存

8.1　标记

产品入库前应在适当部位标明名称、生产日期、类别、规格型号、等级、甲醛释放限量的级别等标记。

8.2 包装和标志

8.2.1 在成批拨交的包装物上应注明制造厂名称、通讯地址、联系电话、产品名称、执行标准号、数量及防潮、防晒等标志。

8.2.2 出厂时应按产品类别、规格、等级分别包装。包装时要做到产品免受磕碰、划伤和污损。包装要求亦可由供需双方商定。

8.3 运输和贮存

在运输和贮存过程中应平整堆放,防止污损,不得受潮、雨淋和曝晒。贮存时应按类别、规格、等级分别堆放,每堆应有相应的标记。

ICS 79.060
B 70

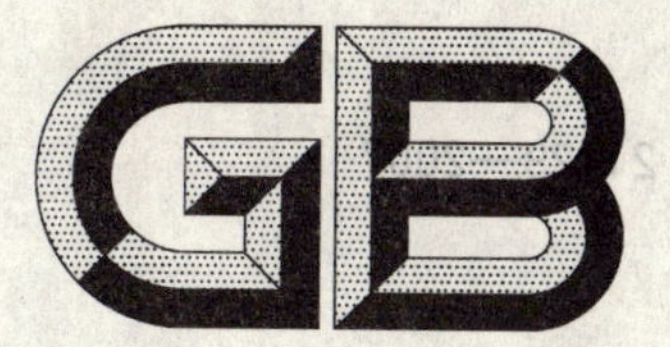

中华人民共和国国家标准

GB/T 21129—2007

竹单板饰面人造板

Decorative bamboo veneered panel

2007-10-16 发布

2008-05-01 实施

中华人民共和国国家质量监督检验检疫总局
中国国家标准化管理委员会 发布

前　言

本标准由国家林业局提出。

本标准由全国人造板标准化技术委员会归口。

本标准负责起草单位:南京林业大学。

本标准参加起草单位:杭州大庄地板有限公司、杭州和恩竹材有限公司、新昌福大竹木业有限公司。

本标准主要起草人:关明杰、林海、朱一辛、陈晓安、张晓冬、程秀才。

竹单板饰面人造板

1 范围

本标准规定了竹单板饰面人造板的术语和定义、分类、技术要求、试验方法、检验规则以及标记、包装、标志、运输、贮存。

本标准适用于以竹单板进行表面装饰的各种人造板。

2 规范性引用文件

下列文件中的条款通过本标准的引用而成为本标准的条款。凡是注日期的引用文件，其随后所有的修改单(不包括勘误的内容)或修订版均不适用于本标准，然而，鼓励根据本标准达成协议的各方研究是否可使用这些文件的最新版本。凡是不注日期的引用文件，其最新版本适用于本标准。

GB/T 2828.1—2003 计数抽样检验程序 第1部分：按接收质量限(AQL)检索的逐批检验抽样计划(ISO 2859-1:1999,IDT)

GB/T 9846.2—2004 胶合板 第2部分：尺寸公差

GB/T 17657—1999 人造板及饰面人造板理化性能试验方法

GB/T 18259 人造板及其表面装饰术语

GB 18580 室内装饰装修材料 人造板及其制品中甲醛释放限量

GB/T 19367.1 人造板 板的厚度、宽度及长度的测定

GB/T 19367.2 人造板 板的垂直度和边缘直度的测定

3 术语和定义

GB/T 18259 确立的以及下列术语和定义适用于本标准。

3.1

竹单板饰面人造板 decorative bamboo veneered panel

以竹单板进行表面装饰的各种人造板。

3.2

竹单板 bamboo veneer

由竹筒旋切、竹集成材刨切等方法制成的具有一定幅面的竹质薄片状材料。

4 分类

4.1 按基材分：

a) 竹单板饰面胶合板；

b) 竹单板饰面刨花板；

c) 竹单板饰面纤维板；

d) 其他竹单板饰面人造板。

4.2 按装饰面分：

a) 单面竹单板饰面人造板；

b) 双面竹单板饰面人造板。

4.3 按耐水性分：

a) Ⅰ类竹单板饰面人造板，即Ⅰ类浸渍剥离试验合格的竹单板饰面人造板；

b） Ⅱ类竹单板饰面人造板，即Ⅱ类浸渍剥离试验合格的竹单板饰面人造板；

c） Ⅲ类竹单板饰面人造板，即Ⅲ类浸渍剥离试验合格的竹单板饰面人造板。

4.4 按竹单板加工方法分：

a） 旋切竹单板饰面人造板；

b） 刨切竹单板饰面人造板；

c） 其他竹单板饰面人造板。

5 技术要求

5.1 规格尺寸和公差

5.1.1 幅面规格尺寸和公差

竹单板饰面人造板的幅面尺寸及公差应按基材幅面尺寸及公差要求的规定执行。如基材没有相关要求则按表1规定。

表1 竹单板饰面人造板的幅面尺寸及公差

单位为毫米

宽 度	长 度				
915±2.0	915±2.0	—	1 830±3.0	2 135±3.0	—
1 220±2.5	—	1 220±2.5	1 830±3.0	—	2 440±3.0
注：经供需双方协议可生产其他幅面尺寸和公差的产品。					

5.1.2 厚度规格尺寸和公差

5.1.2.1 竹单板饰面人造板厚度是指产品在出厂时标明的基本厚度。

5.1.2.2 竹单板饰面人造板的每一厚度测量点的公差均应符合表2规定。

表2 竹单板饰面人造板厚度公差

单位为毫米

基本厚度(t)	公 差
$t<4.0$	±0.20
$4.0\leqslant t<8.0$	±0.30
$t\geqslant 8.0$	±0.50

5.1.3 板的垂直度

在表1中规定的幅面规格内，竹单板饰面人造板的垂直度公差为1 mm/m。其他幅面产品由供需双方协议确定。

5.1.4 板的边缘直度

竹单板饰面人造板的边缘直度公差为1 mm/m。

5.1.5 翘曲度

板厚≥6 mm的竹单板饰面人造板翘曲度≤1.0%，板厚≤6 mm的竹单板饰面人造板翘曲度不作此项要求。

5.2 外观质量

5.2.1 竹单板饰面人造板根据竹材材质缺陷和加工缺陷的数量和范围分为优等品、一等品和合格品三个等级。各等级竹单板饰面人造板外观分等的允许缺陷见表3规定。

5.2.2 双面竹单板饰面人造板两面的外观质量均应符合标明的等级要求。

注：对背面质量另有要求时，由供需双方商定。

5.2.3 单面竹单板饰面人造板的装饰面外观质量应符合所标明的等级要求，背面应符合相应基材的外观质量要求。

表 3 竹单板饰面人造板外观分等的允许缺陷

缺陷种类	检量项目	竹单板饰面人造板等级		
		优等品	一等品	合格品
(1) 腐朽	—	不允许		
(2) 霉变	不超过板面积/%	不允许	5,板面色泽要调和	20,板面色泽要调和
(3) 裂缝	最大单个宽度/mm	不允许	0.5	1
	最大单个长度/mm		100	200
	每米板宽内条数		2	3
(4) 拼接离缝	最大单个宽度/mm	不允许	0.3	0.5
	最大单个长度/mm		200	300
(5)叠层	最大单个长度/mm	不允许	0.5	1
(6) 鼓泡、分层	—	不允许		
(7) 凹陷、压痕、鼓包	最大单个面积/mm²	不允许		100
	每平方米板面上个数			1
(8) 补条、补片	每平方米板面上个数	不允许	不允许	3 精细修补,色泽、纹理与板面近似
	累计面积不超过板面积/%			0.5
(9) 毛刺沟痕	—	不允许	轻微	不允许穿透
(10) 透胶、板面污染	不超过板面积/%	不允许	不允许	1,不显著的透胶或污染
(11) 砂透	最大砂透宽度/mm	不允许	3,仅允许在板边部位	8,仅允许在板边部位
(12) 刀痕	最大单个宽度/mm	不允许		0.3
(13) 板边缺损	最大缺边宽度/mm	不允许		5
(14) 其他缺陷	—	不允许		不影响装饰效果

5.3 理化性能

5.3.1 竹单板饰面人造板物理力学性能指标应符合表 4 规定。

表 4 竹单板饰面人造板的物理力学性能指标

性能	单位	指标值
含水率	%	4～13
浸渍剥离	mm	每边剥离长度≤25
表面胶合强度	MPa	≥0.35

5.3.2 根据竹单板饰面人造板基材的不同分类,室内使用的竹单板饰面人造板的甲醛释放量应符合表 5 的规定。未包含在表 5 中的室内使用的其他竹单板饰面人造板,其甲醛释放量按 GB 18580 的规定执行。

表 5 竹单板饰面人造板的甲醛释放限量值

级别标志	基材分类及限量值		备　注
	胶合板、细木工板	刨花板、中密度纤维板	
E_0	≤0.5 mg/L	—	可直接用于室内
E_1	≤1.5 mg/L	≤9.0 mg/100 g	可直接用于室内
E_2	≤5.0 mg/L	≤30.0 mg/100 g	经处理并达到 E_1 级后允许用于室内

6 检验和试验方法

6.1 规格尺寸检验

6.1.1 长度、宽度及厚度测定

按 GB/T 19367.1 的规定进行。

6.1.2 垂直度和边缘直度测定

按 GB/T 19367.2 的规定进行。

6.1.3 翘曲度测定

6.1.3.1 计量器具：

a) 钢卷尺，精度 1.0 mm；

b) 钢板尺，精度 0.5 mm；

c) 线绳。

6.1.3.2 翘曲度测定按 GB/T 9846.2—2004 中附录 A 的规定进行。

6.2 外观质量检验

6.2.1 计量器具

6.2.1.1 塞尺，精度 0.01 mm。

6.2.1.2 钢板尺，精度 0.5 mm。

6.2.2 检验条件

6.2.2.1 检验台高度为 700 mm 左右。

6.2.2.2 照明光源为 40 W 日光灯三支，灯管间距约为 400 mm，灯管长度方向与板长方向一致，灯管距检验台高度约为 2 m。

6.2.2.3 检验人员应有正常视力(或矫正为正常视力)，在板的两端检验，视距为 0.5 m～1.5 m，视角为 30°～90°。

6.2.3 通过目测或逐张检验，根据 5.2 中的要求判断其等级。

6.3 理化性能试验

6.3.1 理化性能试件的制备

6.3.1.1 试件在样本中距边部 50 mm 处任意位置截取，保持试件表面的清洁。制作试件的尺寸和数量应符合表 6 规定。

表 6 试件的尺寸、数量

检测项目	试件尺寸/mm	试件数量/个
含水率	按 GB/T 17657—1999 中 4.3.3 的规定	3
浸渍剥离试验	按 GB/T 17657—1999 中 4.17.3 的规定	6
表面胶合强度	按 GB/T 17657—1999 中 4.14.3 的规定	6
甲醛释放量	按 GB 18580 的规定	
注：双面竹单板饰面人造板的表面胶合强度试件正面和背面各取 6 个。		

6.3.1.2 试件尺寸的测量按 GB/T 17657—1999 中 4.1 进行。

6.3.2 含水率试验

按 GB/T 17657—1999 中 4.3 进行。

6.3.3 浸渍剥离试验

按 GB/T 17657—1999 中 4.17 的规定进行测定，其中试件的处理条件按其所属产品类别进行Ⅰ类、Ⅱ类或Ⅲ类浸渍剥离试验。

6.3.4 表面胶合强度试验

按 GB/T 17657—1999 中 4.14 进行。

6.3.5 甲醛释放量试验

按 GB 18580 的规定进行。

7 检验规则

7.1 检验分类

产品检验分出厂检验和型式检验。

7.1.1 出厂检验

生产厂应保证产品质量符合标准的规定，日常生产中通过逐张检验外观质量评定其等级。出厂检验包括以下项目：

——外观质量检验；

——规格尺寸检验；

——理化性能检验项目中的含水率、浸渍剥离试验、甲醛释放量的检验。

7.1.2 型式检验

7.1.2.1 型式检验除了包括出厂检验的全部项目外，还应增加表面胶合强度的检验。

7.1.2.2 有下列情况之一时，应进行型式检验：

——当原辅材料及生产工艺发生较大变动时；

——长期停产恢复生产时；

——正常生产时，每半年检验不少于一次；

——国家质量监督机构提出进行型式检验要求或合同规定时。

7.2 组批原则

基本相同时段内生产的同一规格、同类产品为一批。

7.3 抽样方案和判定规则

7.3.1 外观质量检验抽样方案

竹单板饰面人造板成批拨交时，外观质量的检验采用 GB/T 2828.1—2003 中正常检验的二次抽样方案，其检查水平为Ⅱ，接收质量限(AQL)为 4.0，检查批接收与拒收的判断见表 7。

表 7 外观质量检验抽样方案

批量范围/张	样本	样本量/张	累计样本量/张	接收数(Ac)/张	拒收数(Re)/张
≤150	第一	13	13	0	3
	第二	13	26	3	4
151～280	第一	20	20	1	3
	第二	20	40	4	5
281～500	第一	32	32	2	5
	第二	32	64	6	7
501～1 200	第一	50	50	3	6
	第二	50	100	9	10
1 201～3 200	第一	80	80	5	9
	第二	80	160	12	13

注：当一批的张数大于 3 200 张时，应划分为多个不大于 3 200 张的批。

7.3.2 规格尺寸检验抽样方案

竹单板饰面人造板成批拨交时，规格尺寸的检验采用 GB/T 2828.1—2003 中的正常检验二次抽样方案，其检查水平为Ⅰ，接收质量限(AQL)为 4.0，检查批接收与拒收的判断见表 8。

表 8 规格尺寸检验抽样方案

批量范围/张	样本	样本量/张	累计样本量/张	接收数(Ac)/张	拒收数(Re)/张
≤150	第一	5	5	0	2
	第二	5	10	1	2
151～280	第一	8	8	0	2
	第二	8	16	1	2
281～500	第一	13	13	0	3
	第二	13	26	3	4
501～1 200	第一	20	20	1	3
	第二	20	40	4	5
1 201～3 200	第一	32	32	2	5
	第二	32	64	6	7
注：当一批的张数大于 3 200 张时，应划分为多个不大于 3 200 张的批。					

7.3.3 理化性能检验抽样方案

竹单板饰面人造板成批拨交时，理化性能检验的抽样方案见表 9，初检抽样的样本检验结果有某项指标不合格时，允许进行复检一次。在同批产品中，按复检抽样张数抽取样本，复检结果不合格，则判定该批产品不合格。抽样时应在具有代表性的板垛中随机抽取。

表 9 理化性能检验抽样方案

单位为张

批量范围	初检抽样数量	复检抽样数量
≤1 000	1	2
1 000～2 000	2	4
2 001～3 000	3	4
≥3 000	4	8

注：按照合理的数理统计原则，供需双方可选用其他抽样方案。

7.4 结果判定

竹单板饰面人造板的外观质量、规格尺寸、理化性能三项检验结果均应符合相应类别和等级的技术要求，否则应降类、降等或判为不合格产品。

7.5 计量

竹单板饰面人造板按公称尺寸计量，以 m^2 或 m^3 为计量单位，规格尺寸的允许偏差不得计算在内。计量应精确至 0.01 m^2 或 0.001 m^3。

7.6 检验报告

检验报告内容应包括：

a) 被检验产品的类别、等级、检验依据的标准、检验类别等全部细节；

b) 检验结果及其结论；

c) 检验过程中出现的各种异常情况及有必要说明的问题。

8 标记、包装、标志、运输和贮存

8.1 标记

竹单板饰面人造板入库前，产品的适当部位应标明产品名称、生产日期、产品类别、规格型号、产品等级、甲醛释放限量的级别等标记。

8.2 包装及标志

8.2.1 竹单板饰面人造板出厂时应按产品类别、规格、等级分别包装。包装时要做到产品免受磕碰、划伤和污损。包装要求亦可由供需双方商定。

8.2.2 在成批拨交的竹单板饰面人造板包装物上应注明制造厂名称、通讯地址、联系电话、产品名称、执行标准号、数量及防潮、防晒等标志。

8.3 运输和贮存

竹单板饰面人造板在运输和贮存过程中应平整堆放，防止污损，不得受潮、雨淋和曝晒。贮存时应按类别、规格、等级分别堆放，每堆应有相应的标记。

ICS 65.160
X 85

中华人民共和国国家标准

GB/T 21130—2007

卷烟　烟气总粒相物中苯并[α]芘的测定

Cigarettes—Determination of Benzo [α] pyrene in total particulate matter

2007-10-16 发布　　2008-01-01 实施

中华人民共和国国家质量监督检验检疫总局
中国国家标准化管理委员会　发布

前　言

本标准的附录 A 为资料性附录。

本标准由国家烟草专卖局提出。

本标准由全国烟草标准化技术委员会(TC 144)归口。

本标准起草单位:中国烟草总公司郑州烟草研究院。

本标准主要起草人:夏巧玲、赵明月、冯茜、谢复炜、吴鸣、王昇、聂聪。

卷烟 烟气总粒相物中苯并[α]芘的测定

1 范围

本标准规定了卷烟烟气总粒相物中苯并[α]芘的测定方法。

本标准适用于卷烟。

2 规范性引用文件

下列文件中的条款通过本标准的引用而成为本标准的条款。凡是注日期的引用文件，其随后所有的修改单(不包括勘误的内容)或修订版均不适用于本标准，然而，鼓励根据本标准达成协议的各方研究是否可使用这些文件的最新版本。凡是不注日期的引用文件，其最新版本适用于本标准。

GB/T 5606.1 卷烟 第1部分：抽样

GB/T 19609 卷烟 常规分析用吸烟机测定总粒相物和焦油(GB/T 19609—2004，ISO 4387:2000)

3 原理

用玻璃纤维滤片捕集卷烟烟气中总粒相物，用环己烷萃取总粒相物中的苯并[α]芘，萃取物经固相萃取柱纯化，通过气相色谱-质谱联用仪(GC-MS)定量测定苯并[α]芘的含量。

4 试剂

注意：苯并[α]芘是强烈致癌物质。所有前处理操作应在通风橱内进行，实验人员要佩带防护手套、面具以保证安全。实验废液收集后要统一处理。

除特别要求以外，均应使用分析纯级试剂，水应为蒸馏水或同等纯度的水。

4.1 环己烷：色谱纯(或分析纯经重蒸)。

4.2 苯并[α]芘：标准物质，纯度≥98%。

4.3 9-苯基蒽：标准物质，纯度≥98%。

4.4 500 mg 硅胶固相萃取柱。

5 仪器设备

常用实验仪器以及下述各项。

5.1 GB/T 19609 所规定的各项仪器设备。

5.2 分析天平：感量 0.1 mg。

5.3 气相色谱-质谱联用仪：具有选择离子监测(SIM)功能。

5.4 色谱柱：30 m×0.25 mm×0.25 μm 非极性弹性石英毛细管柱或等效柱。

5.5 超声波发生器。

5.6 旋转蒸发仪。

6 抽样

按 GB/T 5606.1 抽取卷烟作为实验室样品。

7 分析步骤

7.1 卷烟的抽吸

按 GB/T 19609 的要求收集 20 支卷烟的总粒相物。

7.2　**测定次数**

每个样品应平行测定两次。

7.3　**标准曲线的制作**

7.3.1　**内标溶液**

配制浓度为 20 μg/mL 的 9-苯基蒽(4.3)溶液作为内标溶液，以环己烷(4.1)作为溶剂。

7.3.2　**苯并[α]芘标准系列溶液**

按下列浓度范围配制苯并[α]芘(4.2)标准系列溶液，以环己烷(4.1)作为溶剂：20 ng/mL，50 ng/mL，100 ng/mL，200 ng/mL，500 ng/mL。

标准系列溶液中内标的浓度与样品中的内标浓度相同。

注：标准系列溶液在 2℃～5℃、密封的条件下可贮存四周。

7.4　**样品分析**

7.4.1　**样品萃取**

将按 7.1 得到的滤片放入 100 mL 锥形瓶中，用移液管准确加入 40 mL 环己烷(4.1)。置于超声波发生器(5.5)内超声萃取 40 min，静置待用。

7.4.2　**样品纯化**

准确移取 10 mL 萃取液(7.4.1)至固相萃取柱(4.4)，待萃取液移至固相萃取柱的顶端后分两次加入 30 mL 环己烷(4.1)洗脱，洗脱速度为 0.8 mL/min～1 mL/min。收集所有洗脱液。

7.4.3　**样品浓缩**

将盛有所有洗脱液的浓缩瓶连接到旋转蒸发仪(5.6)上，在 80℃、高纯氮气保护下旋转蒸发(或 55℃、真空条件下旋转蒸发)，浓缩至约 0.5 mL，加入浓度为 20 μg/mL 的 9-苯基蒽内标溶液(7.3.1)5.0 μL，待 GC-MS 分析。

7.4.4　**GC-MS 分析**

GC-MS 条件：

进样口温度：280℃；

电离方式：EI；

离子源温度：230℃；

传输线温度：280℃；

进样量：1 μL～2 μL；

无分流进样；

载气：氦气，恒流流速 1.2 mL/min；

色谱柱：见 5.4；

程序升温：初始温度 150℃，升温速率 6℃/min 至 280℃，保持 20 min。

扫描方式：SIM，选择离子为苯并[α]芘和 9-苯基蒽的分子离子峰，对每个离子的监测时间为 30 ms。

8　结果的计算与表述

将标准系列溶液中苯并[α]芘的含量与内标量之比对色谱图中苯并[α]芘峰面积与内标面积的比值作图，得到工作曲线的 a 值和 b 值。样品中的苯并[α]芘的含量按式(1)计算，取两个平行样品的算术平均值作为样品的测试结果。含量以每支卷烟中含有的苯并[α]芘的质量数(单位：纳克)来表示。结果精确到 0.01 ng。

$$m=\left(\frac{a\times A\times m_s}{A_s}+b\right)/n \qquad \cdots\cdots(1)$$

式中：

m——每支卷烟苯并[α]芘量，单位为纳克每支(ng/支)；

a——由线性回归方程求出；

A——苯并[α]芘峰面积；

m_s——样品溶液中内标量，单位为纳克(ng)；

b——由线性回归方程求出；

A_s——内标峰面积；

n——烟支数量，单位为支。

9 精密度

两次平行测定结果的相对平均偏差不应大于5.0%。

10 检测限

用最低浓度的标准溶液，重复测定5次，求其标准偏差，以标准偏差的3倍作为方法的检测限，结果参见附录A。

11 检验报告

检验报告应包括以下内容。

11.1 依据本标准的说明。

11.2 检验的环境大气条件。

11.3 卷烟的名称、规格、类型、盒标焦油量、盒标烟气烟碱量、条和条形码。

11.4 检验结果。

11.5 卷烟总粒相物产生量。

11.6 抽吸口数。

附 录 A
（资料性附录）
检测限测定结果（n=5）

检测限测定结果（n=5）见表 A.1。

表 A.1 检测限测定结果（n=5）

测定次数（n）	苯并[α]芘浓度/(ng/mL)
1	18.17
2	17.25
3	17.41
4	16.95
5	17.83
检测限	1.44

ICS 65.160
X 85

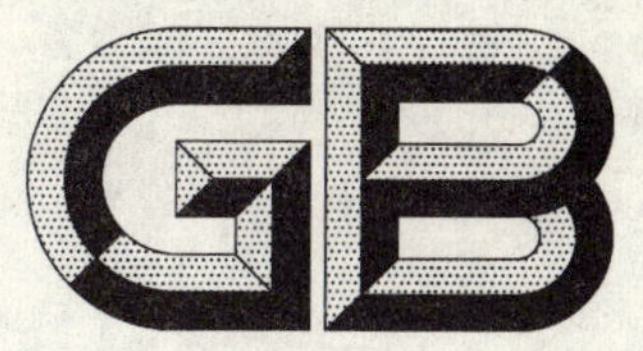

中华人民共和国国家标准

GB/T 21131—2007/ISO 15593:2001

环境烟草烟气 可吸入悬浮颗粒物的估测 用紫外吸收法和荧光法测定粒相物

Environmental tobacco smoke—Estimation of its contribution to respirable suspended particles—Determination of particulate matter by ultraviolet absorbance and by fluorescence

(ISO 15593:2001,IDT)

2007-10-16 发布　　　　2008-01-01 实施

中华人民共和国国家质量监督检验检疫总局
中国国家标准化管理委员会　发布

前　言

本标准等同采用国际标准 ISO 15593:2001《环境烟草烟气　可吸入悬浮颗粒物的估测　用紫外吸收法和荧光法测定粒相物》(英文版)。本标准在技术内容上与 ISO 15593-2001 等同。规范性引用文件采用已经转化为国家标准的国际标准。

本标准的附录 A 为资料性附录。

本标准由国家烟草专卖局提出。

本标准由全国烟草标准化技术委员会(TC 144)归口。

本标准起草单位:国家烟草质量监督检验中心。

本标准主要起草人:唐纲岭、谢复炜、王昇、赵乐、刘惠民。

引　言

环境烟草烟气(ETS)是由气相物和粒相物组成的一种气溶胶。由于气相物和粒相物性质上的差异，导致两者之间缺乏关联性，因而准确评价室内空气中环境烟草烟气的含量水平需要测定对两相都适合的标示物。在理想的环境烟草烟气标示物所具备的条件中，最关键的一条是环境条件在一定范围时，标示物必须与某一污染物或某一类污染物(如悬浮颗粒)保持相当稳定的比例关系(见参考文献[1])。

注：参考文献目录给出了引用的所有参考文献。为给本标准的使用者提供信息，标准文本中引用文献处列出了具体的文献出处。

紫外粒相物(UVPM)和荧光粒相物(FPM)均满足这一要求，在各种通风条件和采样时间下均与烟草烟气的可吸入悬浮颗粒物(RSP)保持一恒定的比例关系。相比之下，烟碱(环境烟草烟气气溶胶气相物中的一种成分)与环境烟草烟气粒相物(ETS-PM)之间则不保持恒定的比例关系(见参考文献[2])。

可吸入悬浮颗粒物是空气总体质量的一个非常必要的标示物。它有多种来源，如燃烧产物(包括烟气)、空气尘埃、滑石粉、杀虫剂尘埃、病毒、细菌等等(见参考文献[3])。因此，可吸入悬浮颗粒物不是环境中环境烟草烟气水平的合适标示物。研究表明，在绝大部分允许吸烟的室内空间中，平均只有50%或更少的可吸入悬浮颗粒物来源于烟草烟气(见参考文献[4]～[7])。本标准所描述的测定方法有效地减少了以可吸入悬浮颗粒物作为环境烟草烟气标示物方法所固有的不可控偏差的程度(见参考文献[4]～[6]，[8]～[13])。

因为所测得的光谱吸收并不是环境烟草烟气粒相物所特有的，所以这些方法是环境烟草烟气对室内可吸入悬浮颗粒物影响的一种保守测定(即，一种过高的评价)。已知源于燃烧的可吸入悬浮颗粒物会显著增加紫外粒相物的测定值(见参考文献[14])。而荧光粒相物的这种倾向则不太明显，但也不能绝对排除干扰的存在。总之，由于存在不可量化的干扰物，所以这些方法只能提供环境烟草烟气对室内可吸入悬浮颗粒物影响的一种参考，而不是绝对值。

环境烟草烟气 可吸入悬浮颗粒物的估测 用紫外吸收法和荧光法测定粒相物

1 范围

本标准规定了环境烟草烟气(ETS)对可吸入悬浮颗粒物(RSP)影响率估测的采样和测定方法。

2 规范性引用文件

下列文件中的条款通过本标准的引用而成为本标准的条款。凡是注日期的引用文件,其随后所有的修改单(不包括勘误的内容)或修订版均不适用于本标准,然而,鼓励根据本标准达成协议的各方研究是否可使用这些文件的最新版本。凡是不注日期的引用文件,其最新版本适用于本标准。

ISO 648 实验室用玻璃器皿 单标线吸量管

ISO 1042 实验室用玻璃器皿 单标线容量瓶

3 术语和定义

下列术语和定义适用于本标准。

3.1

环境烟草烟气 environmental tobacco smoke(ETS)

人体呼出的已陈化、被冲淡的主流烟气与已陈化、被冲淡的侧流烟气的混合物。

3.2

可吸入悬浮颗粒物 respirable suspended particles(RSP)

采用粒度选择性采样装置捕集时,符合中位割点的空气动力学直径为 4.0 μm 的捕集效率曲线的粒子。

3.3

紫外粒相物 ultraviolet particulate matter(UVPM)

通过比较可吸入悬浮颗粒物样品与代用标准物的紫外吸收而得到的环境烟草烟气粒相物对可吸入悬浮颗粒物影响率的估测值。

3.4

荧光粒相物 fluorescent particulate matter(FPM)

通过比较可吸入悬浮颗粒物样品与代用标准物的荧光强度而得到的环境烟草烟气粒相物对可吸入悬浮颗粒物影响率的估测值。

3.5

环境烟草烟气粒相物 environmental tobacco smoke particulate matter(ETS-PM)

环境烟草烟气的粒相部分。

3.6

代用标准物 surrogate standard

其浓度与已知浓度环境烟草烟气粒相物溶液已建立定量关系的化学品。

例如:紫外粒相物采用 2,2′,4,4′-四羟基二苯甲酮(tetrahydroxybenzophenone)(THBP)作为代用标准物;荧光粒相物采用莨菪亭(scopoletin)作为代用标准物。

4 原理

将已知体积的空气泵吸，通过惰性碰撞器或旋风集尘器，分离出 4.0 μm 以上的颗粒，从而将可吸入悬浮颗粒物(RSP)与总悬浮颗粒物分离，然后空气通过装有聚四氟乙烯(PTFE)滤膜的过滤器，RSP 被收集在滤膜上，重量法测定 RSP 的质量。萃取滤膜上的 RSP，用高效液相色谱仪(HPLC)紫外吸收法和荧光法测定 UVPM 和 FPM。

如果没有高效液相色谱仪，可使用光度计进行紫外吸收和荧光测定，并在结果加以注解说明。

5 检出限与定量限

本标准规定的方法对可吸入悬浮颗粒物估测值的检出限和定量限如下：采样速率 2 L/min、采样时间 1 h 时，紫外粒相物测定方法的检出限(LOD)为 2.5 $\mu g/m^3$，定量限为(LOQ)为 8.3 $\mu g/m^3$；同样条件下，荧光粒相物的 LOD 为 1.4 $\mu g/m^3$，LOQ 为 4.7 $\mu g/m^3$。

6 试剂

使用分析纯试剂。

6.1 甲醇，HPLC 级。

6.2 2,2′,4,4′-四羟基二苯甲酮(THBP)，纯度不低于 99%。

6.3 莨菪亭，纯度不低于 95%。

6.4 丙三醇，纯度不低于 99.5%。

6.5 氦气，纯度不低于 99.995%。

6.6 紫外粒相物代用标准物溶液

标准溶液应储存在配有旋塞的低光化硼硅酸盐玻璃广口瓶中，不使用时置于 4℃ 的冰箱中保存。至少每 12 个月制备一次。

6.6.1 THBP 一级标准溶液，1 000 μg/mL

直接称取 100 mg THBP(6.2)至 100 mL 容量瓶(见 ISO 1042)中，用甲醇稀释至刻度，摇动混合均匀。

6.6.2 THBP 二级标准溶液，16 μg/mL

移取一级标准溶液(6.6.1)4.00 mL(见 ISO 648)于 250 mL 容量瓶中，用甲醇稀释至刻度，摇动混合均匀。

6.6.3 THBP 工作标准溶液

分别移取一定量的二级标准溶液(6.6.2)于 100 mL 容量瓶中，用甲醇稀释至刻度，摇动混合均匀，制备至少 5 个工作标准溶液，其浓度范围应覆盖预计检测到的样品含量。

通常移取 THBP 二级标准溶液的体积为 1 mL、2 mL、5 mL、10 mL、20 mL、40 mL，其相应紫外粒相物代用标准物 THBP 的浓度分别为 0.16 μg/mL、0.32 μg/mL、0.80 μg/mL、1.60 μg/mL、3.20 μg/mL、6.40 μg/mL。根据预计检测到的样品含量，可选择前 5 个低浓度的工作标准溶液，或选取后 5 个高浓度的工作标准溶液。

6.7 荧光粒相物代用标准物溶液

标准溶液应储存在配有旋塞的低光化硼硅酸盐玻璃广口瓶中，不使用时置于 4℃ 的冰箱中保存。至少每 6 个月制备一次。

6.7.1 莨菪亭一级标准溶液，350 μg/mL

直接称取 35 mg 莨菪亭[假定其纯度为 100%(6.3)]至 100 mL 容量瓶中，用甲醇稀释至刻度，摇动混合均匀。

6.7.2 莨菪亭二级标准溶液，3.50 μg/mL

移取一级标准溶液(6.7.1)1.00 mL于100 mL容量瓶中,用甲醇稀释至刻度,摇动混合均匀。该标准溶液也是最大浓度的工作标准溶液。

6.7.3 苊若葶三级标准溶液,0.350 μg/mL

移取二级标准溶液(6.7.2)10.00 mL于100 mL容量瓶中,用甲醇稀释至刻度,摇动混合均匀。此溶液亦为工作标准溶液之一。

6.7.4 苊若葶工作标准溶液

分别移取一定量的二级标准溶液(6.7.2)和三级标准溶液(6.7.3)于100 mL容量瓶中,用甲醇稀释至刻度,摇动混合均匀。制备至少5个工作标准溶液,其浓度范围应覆盖预计检测到的样品含量。

通常移取三级标准溶液(6.7.3)的体积为1 mL、3 mL,二级标准溶液(6.7.2)的体积为1 mL、3 mL、30 mL,其相应荧光粒相物代用标准物苊若葶的浓度分别为0.003 5 μg/mL、0.010 5 μg/mL、0.035 μg/mL、0.105 μg/mL、0.350 μg/mL(即三级标准溶液)、1.05 μg/mL、3.50 μg/mL(即二级标准溶液)。根据预计检测到的样品含量,可选择前5个低浓度的工作标准溶液,或选取后5个高浓度的工作标准溶液。

6.8 丙三醇溶液,80%(质量分数)

将800 g丙三醇(6.4)与200 g蒸馏过的去离子水混合。至少每12个月制备一次。

7 仪器设备

常用实验仪器及下述各项:

7.1 样品采集系统

7.1.1 聚四氟乙烯(PTFE)滤膜,孔径1.0 μm,直径37 mm。

聚四氟乙烯滤膜被粘合在一个高密度聚乙烯垫网上,作为滤膜的支撑,以提高滤膜的耐用性,且方便操作。

7.1.2 滤盒:三件套式结构,由黑色不透明的具传导性的聚丙烯制成,顶部(入口)和底部(出口)之间插入一12.7 mm的间隔圈。

采样时,滤盒中装入聚四氟乙烯滤膜。与滤盒的所有连接应使用具有弹性的管子(如塑料管)。

7.1.3 气压计和温度计,用于读取采样点的大气压力和温度。

7.1.4 皂膜流量计或质量型流量计,用于采样泵的校准。

7.1.5 个人采样泵,恒流式空气采样泵,按照所用碰撞器或旋风集尘器(7.1.6)的采样流量进行校准。

7.1.6 惰性碰撞器或旋风集尘器,规定流速下的中位割点为4.0 μm。

如采用可吸入悬浮颗粒物的另一种定义(3.2),应确保碰撞器或旋风集尘器适合该定义。

7.1.7 活塞润滑脂,涂抹于碰撞器金属板上。

7.2 分析系统

7.2.1 高效液相色谱仪(HPLC)系统。

包括溶剂传输系统、自动进样器、紫外检测器、荧光检测器、积分仪和内径0.23 mm、长度3 m的不锈钢管。

不需要使用高效液相色谱柱。如果使用紫外光度计,推荐使用至少40 mm的比色池。

7.2.2 样品瓶,低光化硼硅酸盐玻璃自动进样器样品瓶,体积4 mL,配有旋盖和聚四氟乙烯隔垫。

7.3 微量天平,用于滤膜称量,精确至1 μg。

7.4 干燥器,用于滤膜称量前的湿度控制。

7.5 防静电器,用于消除滤膜上的静电。

7.6 镊子,用于夹取滤膜。

7.7 振荡器,用于溶剂萃取。

7.8 单刻度移液管。

7.9 容量瓶。

8 样品采集步骤

8.1 滤膜和滤盒的准备

在干燥器(7.4)底部放置一个盛有丙三醇溶液(6.8)的托盘,控制其内部的湿度[相对湿度(50±2)%](见参考文献[16])。打开滤膜(7.1.1)包装盒的盖子,放入干燥器中。称量前应至少放置 12 h。

按照制造商说明校准和调节微量天平(7.3)的零点。滤膜在称量前应放置在无尘无纤维屑的表面上用去静电器(7.5)除静电 0.2 min。

用微量天平称取滤膜的质量,精确至 1 μg。微量天平的内壁应贴附有抗静电装置。

只可使用干净的镊子夹取滤膜。

重复上述操作,将每片滤膜称量三次,每次称量时微量天平均应回零。以三次称量的平均值作为该滤膜的质量(m_{1s})。

将称量后的滤膜放入滤盒(7.1.2)中,垫网一面应朝向滤盒的出口(底部),间隔圈放置在滤膜和滤盒入口(顶部)之间。将滤盒紧固好,并可再用滤盒密封带密封滤盒以防泄露或污损。放置,让密封带充分干燥。如果准备好的滤盒要马上使用,则可直接进行校准操作(见 8.2),否则,应使用滤盒所配塑料塞塞上入口和出口。

注:不一定均要使用三件套式的滤盒(中部有间隔环)。

8.2 气泵系统的校准

调节空气采样泵(7.1.5)电位器,得到所用型号碰撞器或旋风集尘器(7.1.6)要求的气流量。

空气采样泵的校准应在采样前和采样结束后立即进行。校准时,应将流量计(7.1.4)连接到碰撞器或旋风集尘器的入口处,测量空气采样泵和已经准备好的碰撞器或旋风集尘器之间通过的气流量。

对于一些型号的旋风集尘器,如不使用特殊装置(见参考文献[13]),就无法测量通过滤盒的气流量。对于它们的校准,可在旋风集尘器安装到滤盒上之前,将流量计直接与准备好的滤盒连接,测量气流量(滤盒位于泵和流量计之间)。

记录大气压力和环境温度。

若使用质量型流量计,则记录空气采样泵的体积流速(q_V);如使用皂膜流量计,测量前应先造几个液膜将其内壁润湿,然后再记录测量值。用秒表测量液膜通过一定体积时所用的时间。重复测定五次,计算平均值。

体积流速 q_V,以 L/min 表示,由式(1)得出:

$$q_V = \frac{V_S}{t_S} \qquad \cdots\cdots(1)$$

式中:

V_S——测量体积,单位为升(L);

t_S——皂膜通过测量体积所用的平均时间,单位为分(min)。

8.3 样品采集

把已称量的滤膜插入滤盒(7.1.2),将滤盒固定于空气采样泵与碰撞器或旋风集尘器之间。打开采样泵电源采样,记录起始时间。

注 1:一些泵具有微处理功能和/或内置计时器,可预先设置采样时间。

记录采样点的温度和大气压力。

按照所用的碰撞器或旋风集尘器要求的气流量采集样品,时间至少 1 h。达到预定时间后,关闭采样泵,记录样品采集时间(t)。

注 2:本方法的最大采样时间仅取决于滤膜的采集容量(约 2 000 μg)。曾对本方法进行过长达 24 h 采样时间的考察,建议最短采样时间不少于 1 h。

采样结束后再次测量采样泵流速，并在计算中使用平均流速 q_V(采样前和采样后泵流速的平均值)。

采样结束后，立即将滤盒从采样系统中取下，并用塑料塞塞上滤盒的入口和出口。

按照与样品相同的操作方法(取下塞子，测定流速，再塞上塞子，运输)，处理至少 6 个装有已称重滤膜的滤盒，并予以标记，作为采样地样品空白。

如采集的样品不马上进行分析，则应将滤盒储存于冰箱(0℃或 0℃以下)中或在干冰下放置，冷冻运至实验室。冷冻储存直至分析。

样品采集后应在 6 周之内分析。实验证实，样品在－10℃条件下储存可至少稳定 6 星期。

9 分析步骤

9.1 样品质量的测定

捕集样品后，将滤盒放在微量天平旁。

如果样品储存温度低于室温，则应先将滤盒平衡至室温后再取下入口和出口的塞子。

取下塞子，将滤盒放入控制湿度的干燥器内平衡至少 12 h，然后称量。按照 8.1 的步骤重复称量。结果取三次称量的平均值，作为最终质量(m_{2S})。

将滤膜转入干净的样品瓶(7.2.2)中，密封并标记。立即进行紫外粒相物和/或荧光粒相物的测定，或将密封好的样品瓶在 0℃以下储存直至分析。

9.2 样品和样品空白的制备

如盛有样品和采样地样品空白的样品瓶储存在冰箱中，在加入甲醇前应让样品瓶温度回复至室温。

向样品瓶(9.1)中加入 3 mL 甲醇(V_m)。采样地样品空白与样品的处理方法相同。另外，处理和分析两个未称量的滤膜作为实验室空白。

若分析的样品浓度高，可用较大体积(可达 4.00 mL)甲醇萃取，或将萃取液定量稀释。

用带隔垫的样品瓶盖密封样品瓶，放在卡槽中。将卡槽放在振荡器(7.7)上振荡萃取 60 min。

9.3 紫外粒相物和荧光粒相物的测定

9.3.1 仪器的分析参数

按照制造商说明书安装和操作仪器。

高效液相色谱仪的操作条件如下：

——脱气气体：氦气；

——流动相：甲醇；

——泵流速：0.4 mL/min；

——进样体积：50 μL；

——运行时间：2 min。

检测器波长：

——紫外检测器：325 nm；

——荧光检测器：激发波长 300 nm，发射波长 420 nm。

在上述条件下，紫外粒相物的保留时间约为 0.5 min，荧光粒相物的保留时间约为 0.7 min(荧光检测器串联于紫外检测器后面)。

9.3.2 样品和空白的分析

移取和使用低温存放的标准溶液之前，应先将温度回复至室温，时间一般不少于 1 h。移取足够体积(2 mL～3 mL)的标准溶液至干净的样品瓶(7.2.2)中，用盖子盖紧并密封好样品瓶，用于每日仪器的校准。

移取甲醇(6.1)于样品瓶中制备一个甲醇空白样，作为“零”标准溶液。

每轮分析均应制备“零”标准溶液，所用甲醇应与萃取样品所用甲醇同批，即不能预先制备“零”标准溶液并与其他标准溶液一同储存。

将 THBP 工作标准溶液(6.6.3)排在自动进样器序列的开始位置，然后是茛菪葶工作标准溶液(6.7.4)(若同时测定紫外粒相物和荧光性粒相物的话按此排列；否则，去掉不分析物质的标准溶液)。在工作标准溶液后，依次排列“零”标准溶液、样品、采样地空白和实验室空白(9.2)。

每个样品进样两次，得到峰面积。由标准曲线计算出样品中紫外粒相物和/或荧光粒相物的浓度。

既可使用平均峰面积(由两次重复进样得到)计算结果，也可由每次进样所得峰面积计算出单个结果后再求平均值作为结果。

9.3.3 标准曲线的绘制

9.3.3.1 紫外粒相物标准曲线

由每个标准溶液两次重复进样所得峰面积的平均值(即 y 轴，包括“零”标准溶液)、THBP 工作标准溶液的浓度(6.6.3)(即 x 轴，$\mu g/mL$，包括“零”标准溶液)，建立线性回归方程，得出斜率和截距。

若检测器的非线性程度比较严重，可采用加权回归(如，$1/x$ 权重)或二阶多项式回归可能更为合适。

9.3.3.2 荧光粒相物标准曲线

由每个标准溶液两次重复进样所得峰面积的平均值(即 y 轴，包括“零”标准溶液)、茛菪葶工作标准溶液的浓度(6.7.4)(即 x 轴，$\mu g/mL$，包括“零”标准溶液)，建立线性回归方程，得出斜率和截距。

若检测器的非线性程度比较严重，采用加权回归或二阶多项式回归可能更为合适。另外，尤其对于荧光粒相物的分析，要确保所有标准溶液的响应值都在仪器的操作范围之内。否则，应相应调整仪器灵敏度，或根据需要删除高浓度标准溶液。

10 结果的计算与表述

10.1 样品中可吸入悬浮颗粒物质量的计算

可吸入悬浮颗粒物质量 m_R，以 μg 表示，由式(2)得出：

$$m_R = (m_{2S} - m_{1S}) - \overline{m_B} \qquad (2)$$

式中：

m_{2S}——采样后滤膜的质量(9.1)，单位为微克(μg)；

m_{1S}——采样前滤膜的质量(8.1)，单位为微克(μg)；

$\overline{m_B}$——采样地样品空白(8.3)可吸入悬浮颗粒物的平均质量(采样地样品空白滤膜质量 m_{2B} 与净重 m_{1B} 差值的平均值)，单位为微克(μg)。

10.2 空气中可吸入悬浮颗粒物含量的计算

空气中可吸入悬浮颗粒物的含量 ρ_{RA}，以 $\mu g/m^3$ 表示，由式(3)得出：

$$\rho_{RA} = \frac{m_R \times 1\,000}{t \times \overline{q_V}} \qquad (3)$$

式中：

m_R——可吸入悬浮颗粒物的质量，由式(2)计算得出；

t——样品采集时间(8.3)，单位为分(min)；

$\overline{q_V}$——空气采样泵的平均体积流量(8.2 和 8.3)，单位为升每分(L/min)。

10.3 标准温度和大气压力下空气中可吸入悬浮颗粒物含量的计算

标准温度和大气压力下采样空气中可吸入悬浮颗粒物的含量 ρ_{RS}，以 $\mu g/m^3$ 表示，由式(4)得出：

$$\rho_{RS} = \rho_{RA} \times \frac{101.325}{p} \times \frac{T + 273}{298} \qquad (4)$$

式中：

ρ_{RA}——可吸入悬浮颗粒物的含量，由式(3)计算得出；

p——采样时的大气压力，单位为千帕(kPa)；

T——采样时空气的温度，单位为摄氏度(℃)；

101.325——标准大气压力，单位为千帕(kPa)；

298——标准温度，单位为开尔文(K)。

10.4 紫外粒相物含量的计算

10.4.1 测试溶液中紫外粒相物的含量

用 9.3.3.1 中得到的标准曲线将样品和空白重复进样得到的峰面积平均值换算成紫外粒相物的含量(紫外粒相物的含量用代用标准物的等效物表示，μg/mL)。

紫外粒相物的含量 ρ_U，以测试溶液中环境烟草烟气等效物表示(μg/mL)，由式(5)得出：

$$\rho_U = (\rho_{US} - \overline{\rho_{UB}}) \times 8.0 \qquad (5)$$

式中：

ρ_{US}——由 9.3.3.1 标准曲线计算得出的样品中紫外粒相物的含量，单位为微克每毫升(μg/mL)；

$\overline{\rho_{UB}}$——由 9.3.3.1 标准曲线计算得出的空白(8.3 或 9.2)中紫外粒相物的平均含量，单位为微克每毫升(μg/mL)。视情况而定，既可以是采样地空白(8.3)，也可以是实验室空白(9.2)；

8.0——由代用标准物换算为环境烟草烟气等效物的换算系数[即 8.0 μg 环境烟草烟气粒相物的吸光度与 1.0 μg 2,2′,4,4′-四羟基苯甲酮(THBP)的吸光度相同]。

注：换算系数是在环境实验舱中由经过选择的卷烟测得的各种换算系数汇总得到的经验常数。实验时环境实验舱中只有卷烟产生的可吸入悬浮颗粒物。各种卷烟的换算系数为：肯塔基 1R4F 参考卷烟 8.0(见参考文献[5])，美国 50 个最大品牌卷烟 7.5(见参考文献[17])，10 个欧洲国家各 6 个最大品牌卷烟 8.2(见参考文献[18])。需要注意的是，如果测试卷烟的换算系数已知，则应采用该已知系数。

滤膜上萃取出的紫外粒相物的质量 m_U，以 μg 表示，由式(6)得出：

$$m_U = \rho_U \times V_m \qquad (6)$$

式中：

ρ_U——由式(5)计算得出的 UVPM 含量；

V_m——萃取滤膜使用的甲醇体积(见 9.2)，单位为毫升(mL)。

10.4.2 空气中紫外粒相物的含量

空气中紫外粒相物的含量 ρ_{UA}，以环境烟草烟气的等效物表示(μg/m³)，由式(7)得出：

$$\rho_{UA} = \frac{m_U \times 1\,000}{t \times \overline{q_V}} \qquad (7)$$

式中：

m_U——由式(6)计算得出的紫外粒相物的质量，单位为微克每毫升(μg/mL)；

t——样品采集时间(见 8.3)，单位为分(min)；

$\overline{q_V}$——空气采样泵的平均体积流量(见 8.2 和 8.3)，单位为升每分(L/min)。

如果需要，可按式(4)将空气中紫外粒相物的含量换算为标准温度和大气压力下的值。

10.4.3 根据紫外吸收计算的环境烟草烟气对可吸入悬浮颗粒物的影响

如果需要，可根据紫外吸收计算出采样空气中紫外粒相物占可吸入悬浮颗粒物的百分比，得出环境烟草烟气粒相物对可吸入悬浮颗粒物的影响率。采样空气中环境烟草烟气粒相物(由紫外粒相物估测)占可吸入悬浮颗粒物的比例 ω_{EU}，以质量百分比表示，由式(8)得出：

$$\omega_{EU} = \frac{\rho_{UA}}{\rho_{RA}} \times 100 \qquad (8)$$

式中：

ρ_{UA}——由式(7)计算得出的紫外粒相物的含量；

ρ_{RA}——由式(3)计算得出的可吸入悬浮颗粒物的含量。

10.5 荧光粒相物含量的计算

10.5.1 测试溶液中荧光粒相物的含量

使用 9.3.3.2 得到的标准曲线，将样品和空白两次重复进样得到的峰面积换算为荧光粒相物含量(用代用标准物的等效物表示，μg/mL)。

荧光粒相物含量 ρ_F，以测试溶液中环境烟草烟气等效物表示(μg/mL)，由式(9)得出：

$$\rho_F = (\rho_{FS} - \overline{\rho_{FB}}) \times 33.6 \qquad (9)$$

式中：

ρ_{FS}——由 9.3.3.2 标准曲线计算得出的样品中荧光粒相物的含量，单位为微克每毫升(μg/mL)；

$\overline{\rho_{FB}}$——由 9.3.3.2 标准曲线计算得出的空白(见 8.3 或 9.2)中荧光粒相物的含量，单位为微克每毫升(μg/mL)。视情况而定，可使用采样地空白或实验室空白；

33.6——由代用标准物换算为环境烟草烟气等效物的换算系数(即 33.6 μg 环境烟草烟气粒相物的荧光强度与 1.0 μg 莨菪亭的荧光强度相同)。

注：换算系数是在环境实验舱中由经过选择的卷烟测得的各种换算系数汇总得到的经验常数。实验时环境实验舱中只有卷烟产生的可吸入悬浮颗粒物。各种卷烟的换算系数为：肯塔基 1R4F 参考卷烟 33.6(见参考文献[5])，美国 50 个最大品牌卷烟 39.0(见参考文献[17])，10 个欧洲国家各 6 个最大品牌卷烟 44.2(见参考文献[18])。需要注意的是，如果测试卷烟的换算系数已知，则应采用该已知系数。

滤膜中萃取出的荧光粒相物的质量 m_F，以 μg 表示，由式(10)得出：

$$m_F = \rho_F \times V_m \qquad (10)$$

式中：

ρ_F——由式(9)计算得出的荧光粒相物含量，单位为微克每毫升(μg/mL)；

V_m——萃取滤膜使用的甲醇体积(见 9.2)，单位为毫升(mL)。

10.5.2 空气中荧光粒相物含量

空气中荧光粒相物的含量 ρ_{FA}，以环境烟草烟气的等效物表示(μg/m³)，由式(11)得出：

$$\rho_{FA} = \frac{m_F \times 1\,000}{t \times \overline{q_V}} \qquad (11)$$

式中：

m_F——由式(10)计算得出的荧光粒相物的质量，单位为微克(μg)；

t——采样时间(见 8.3)，单位为分(min)；

$\overline{q_V}$——空气采样泵的平均气流量(见 8.2 和 8.3)，单位为升每分(L/min)。

如果需要，可按照式(4)将荧光粒相物的含量换算为标准温度和大气压力下的值。

10.5.3 根据荧光强度计算环境烟草烟气粒相物对可吸入悬浮颗粒物的影响

如果需要，可根据荧光强度计算采样空气中荧光粒相物占可吸入悬浮颗粒物的百分比，得出环境烟草烟气粒相物对可吸入悬浮颗粒物的影响率。采样空气中环境烟草烟气粒相物(由荧光粒相物估测)占可吸入悬浮颗粒物的比例 ω_{EF}，以质量百分比表示，由式(12)得出：

$$\omega_{EF} = \frac{\rho_{FA}}{\rho_{RA}} \times 100 \qquad (12)$$

式中：

ρ_{FA}——由式(11)计算得出的荧光粒相物含量，单位为微克每立方米(μg/m³)；

ρ_{RA}——由式(3)计算的可吸入悬浮颗粒物含量，单位为微克每立方米(μg/m³)。

11 实验室质量要求和质量保证措施

有关实验室应达到的质量要求及质量保证措施方面的指导参见附录 A。

12 重复性和重现性

1998年组织了本标准的精度实验，并按照ISO 5725-1和ISO 5725-2进行了数据分析。10个实验室参加了可吸入悬浮颗粒物实验，11个实验室参加了紫外粒相物和荧光粒相物实验。实验采用了6个浓度。1个实验室的可吸入悬浮颗粒物和荧光粒相物数据离群，2个实验室的紫外粒相物数据离群，这些离群数据在计算重复性标准偏差和重现性标准偏差时未被采用。精度与平均浓度水平呈线性关系，可吸入悬浮颗粒物的线性范围为71 μg～219 μg，紫外粒相物的线性范围为7.8 μg～28.1 μg(代用标准物的等效物)，荧光粒相物的线性范围为1.7 μg～8.7 μg(代用标准物的等效物)。线性关系式如下。

重复性标准偏差：

$$S_r = a \cdot m$$

重现性标准偏差：

$$S_R = A \cdot m$$

两式中：

m——样品平均含量水平，单位为微克(μg)；

a和A——见表1。

表1 a和A的数值

分析物	a	A
可吸入悬浮颗粒物	0.072	0.089
紫外粒相物	0.018	0.086
荧光粒相物	0.048	0.114

13 测试报告

测试报告应给出环境紫外粒相物、荧光粒相物和可吸入悬浮颗粒物以μg/m³计的浓度，以及可能对结果产生影响的所有条件(如大气压力，采样时间，采样速率等)。还应包含受试大气的唯一性资料。对紫外粒相物或荧光粒相物，或二者兼有，必须列出式(5)和式(9)所使用的换算系数。

附 录 A
（资料性附录）
实验室质量要求质量保证措施

A.1 标准操作方法(SOPs)

A.1.1 本标准使用者应撰写标准操作方法，描述和规范以下实验室工作：

a) 采样系统和仪器的组装、校准、检漏和操作；

b) 样品的准备、储藏、运输和处置；

c) 分析仪器的组装、校准、检漏和操作，专用仪器的选择；

d) 数据记录和处理的有关资料，包括计算机软硬件。

A.1.2 标准操作方法应提供明晰的分步操作规定，且实验室工作人员应易于得到并完全理解。

A.1.3 样品空白中环境烟草烟气粒相物的等效物量(紫外粒相物和/或荧光粒相物)应小于 0.5 μg，超过则表明采样或分析过程中存在污染。

A.1.4 定期将惰性碰撞器的表面擦拭干净，并涂上一薄层活塞润滑脂。若使用旋风集尘器，使用前应清空沙壶，采用过程中确保旋风集尘器保持竖直(即倾斜不允许超过水平面)。

A.1.5 若样品的初步分析结果高于标准曲线范围，则应制备和分析附加标准溶液重新制作标准曲线，或将样品稀释后重新分析。

A.2 校准个人采样泵

A.2.1 采样开始前和采样结束后均应校准采样泵。

A.2.2 设置泵流量时，应连接滤盒，在适宜的采样流量下用皂膜流量计或质量型流量计设置(即根据所用碰撞器或旋风集尘器的分离特性确定流量)。

A.2.3 为把测定气流量换算为标准气流量，泵校准和采样过程中的环境温度和大气压力均应记录。

A.3 方法灵敏度、准确性和线性

A.3.1 在 1 h 采样条件下，环境烟草烟气产生的可吸入悬浮颗粒物，以紫外粒相物计该方法的检出限为 2.5 $\mu g/m^3$，以荧光粒相物计检出限为 1.4 $\mu g/m^3$。

A.3.2 在靠近紫外检测器和荧光检测器测定范围的上限，标准曲线会呈现非线性。这种现象对于超出检测器动态响应范围的样品是很常见的，因此这种样品需稀释后重新分析。

A.4 方法修饰

A.4.1 只要不超过滤膜容量，该方法的采样时间可以超过 24 h。在环境烟草烟气浓度很高的地方(如环境实验舱中)，采样时间也可以少于 1 h。

A.4.2 只要气流量在颗粒物分离器规定的范围之内，通过滤膜的气流量可增大到 5 L/min 及其以上。

A.4.3 本方法所得到的测试溶液也可用于大分子量异戊二烯化合物茄尼醇的测定。茄尼醇也被用做环境烟草烟气粒相物的标示物(见参考文献[14]和[21])。

A.5 安全

A.5.1 若 THBP、苊萘草和溶剂等试剂溅出，要立即采取合适的方法清理(见试剂销售商提供的安全说明)。

A.5.2 制备标准溶液时，避免皮肤和眼睛接触任何化学试剂。

参 考 文 献

[1] National Research Council, *Environmental Tobacco Smoke—Measuring Exposures and Assessing Health Effects*, National Academy Press, Washington, DC, 1986, p. 70.

[2] Nelson, P. R., Heavner, D. L., Collie, B. B., Maiolo, K. C. and Ogden, M. W. Effect of Ventilation and Sampling Time on Environmental Tobacco Smoke Component Ratios, *Environmental Science & Technology*, 26 (10), 1992, pp. 1909-1915.

[3] Owen, M. K., Ensor, D. S. and Sparks, L. E. Airborne Particle Sizes and Sources Found in Indoor Air, *Atmospheric Environment*, 26A (12), 1992, pp. 2149-2162.

[4] Conner, J. M., Oldaker, G. B. III, and Murphy, J. J. Method for Assessing the Contribution of Environmental Tobacco Smoke to Respirable Suspended Particles in Indoor Environments. *Environmental Technology*, 11, 1990, pp. 189-196.

[5] Ogden, M. W., Maiolo, K. C., Oldaker, G. B. 111, and Conrad, F. W. Jr. Evaluation of Methods for Estimating the. Contribution of ETS to Respirable Suspended Particles. *Indoor Air ′90; Precedings of the 5th international Conference on Indoor Air Quality and Climate*, International Conference on Indoor Air Quality and Climate, Ottawa, 1990, Vol. 2, pp. 415-420.

[6] Proctor, C. J. A Multi-Analyte Approach to the Measurement of Environmental Tobacco Smoke. *Indoor Air Quality and Ventilation*, Selper, London, 1990, pp. 427-436.

[7] Spengler, J. D., Treitman, R. D., Tosteson, T. D., Mage, D. T., and Soczek, M. L. Personal Exposures to Respirable Suspended Particulates and Implications for Air Pollution Epidemiology. *Environmental Science & Technology*, 19, 1985, pp. 700-707.

[8] Ingebrethsen, B. J., Heavner, D. L., Angel, A. L., Connor, J. M., Steichen, T. J., and Green, C. R. A Comparative Study of Environmental Tobacco Smoke Particulate Mass Measurements in an Environmental Chamber. J. *Air Pollution Control Association*, 38(4), 1988, pp. 413-417.

[9] Carson, J. R. and Erikson, C. A. Results from Survey of Environmental Tobacco Smoke in Offices in Ottawa, Ontario. *Environmental Technology Letters*, 9, 1988, pp. 501-508.

[10] Oldaker, G. B. 111, Stancill, M. W., Conrad, F. W. Jr., Collie, B. B., Fenner, R. A., Lephardt, J. 0., Baker, P. G., Lyons-Hart, J. and Parrish, M. E. Estimation of Effect of Environmental Tobacco Smoke on Commercial Aircraft. *Indoor Air Quality and Ventilation*, Selper, London, 1990, pp. 447-454.

[11] Hedge, A., Erickson, W. A. and Rubin, G. Effects of Restrictive Smoking Policies on Indoor Air Quality and Sick Building Syndrome: A Study of 27 Air-Conditioned *Offices. Indoor Air ′93; Proceedings of the 6th International Conference on Indoor Air Quality and Climate*, International Conference on Indoor Air Quality and Climate, Helsinki, 1993, Vol. 3, pp. 517-522.

[12] Black, A., McAughey, J. J., Knight, D. A., Dickens, C. J. and Strong, J. C. Estimation of ETS Retention in Volunteers from Measurements of Exhaled Smoke Composition. *Indoor Air ′93; Proceedings of the 6th International Conference on Indoor Air Quality and Climate*, International Conference on Indoor Air Quality and Climate, Helsinki, 1993, Vol. 3, pp. 41-46.

[13] Ogden, M. W., Heavner, D. L., Fostor, T. L., Maiolo, K. C., Cash, S. L., Richardson, J. D., Martin, P., Simmons, P. S., Conrad, F. W., and Nelson, P. R. Personal Monitoring System for Measuring Environmental Tobacco Smoke Exposure. *Environmental Technology*, 17, 1996, pp. 239-250.

[14] Ogden, M. W. and Maiolo, K. C. Collection and Determination of Solanesol as a Tracer of Environmental Tobacco Smoke in Indoor Air. *Environmental Science & Technology*, 23 (9), 1989, pp. 1148-1151.

[15] ISO 7708:1995, *Air quality—Particle size fraction definitions for health-related sampling*.

[16] Godfrey, T. M., Hanke, M. E., Kem, J. C., Segur, J. B., and Werkman, C. H.. Physical properties of glycerol and its solutions. *Glycerol* (C. S. Miner and N. N. Dalton, Eds.), Reinhold Publishing, New York, 1953, P. 269 (ISBN 52 14292).

[17] Heavner, D. L., Morgan, W. T. and Ogden, M. W. Determination of Volatile Organic Compounds and Respirable Suspended Particulate Matter in New Jersey and Pennsylvania Homes and Workplaces. *Environment International*, 22(2), 1996, pp. 159-183.

[18] Nelson, P. R., Conrad, F. W., Kelly, S. P., Maiolo, K. C., Richardson, J. D. and Ogden, M. W. Composition of Environmental Tobacco Smoke (ETS) from International Cigarettes and Determination of ETS-RSP: Particulate Marker Ratios. *Environment International*, 23 (1), 1997, pp. 47-52.

[19] Ogden, M. W. Methods of Analysis for Nicotine, Respirable Suspended Particles (RSP), and Ultraviolet Particulate Matter (UV-PM) in Environmental Tobacco Smoke (ETS): Collaborative Study. 101st Annual International Meeting of the Association of Official Analytical Chemists, September 14-17, 1987, San Francisco, CA, Poster No. 239A.

[20] Risner, C. The Determination of Scopoletin in Environmental Tobacco Smoke by high-performance Liquid Chromatography. *J. Liquid Chromatography*, 17, 1994, pp. 2723-2736.

[21] Ogden, M. W. and Maiolo, K. C. Comparison of GC and LC for Determining Solanesol in Environmental Tobacco Smoke. *LC-GC Magazine*, 10(6), 1992, pp. 459-462.

[22] ISO 5725-1:1994, Accuracy (trueness and precision) of measurement methods and results—Part 1: General principles and definitions.

[23] ISO 5725-2:1994, Accuracy (trueness and precision) of measurement methods and results—Part 2: Basic method for the determination of repeatability and reproducibility of a standard measurement method.

ICS 65.160
X 85

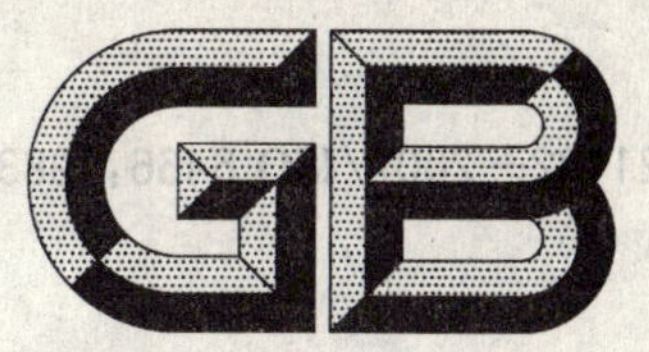

中华人民共和国国家标准

GB/T 21132—2007/ISO 6466:1983

烟草及烟草制品　二硫代氨基甲酸酯农药残留量的测定　分子吸收光度法

Tobacco and tobacco products—Determination of dithiocarbamate pesticides residues—Molecular absorption spectrometric method

(ISO 6466:1983,IDT)

2007-10-16 发布　　2008-01-01 实施

中华人民共和国国家质量监督检验检疫总局
中国国家标准化管理委员会　发布

前 言

本标准等同采用国际标准 ISO 6466:1983《烟草及烟草制品　二硫代氨基甲酸酯农药残留量的测定　分子吸收光度法》(英文版)。本标准在技术内容上与 ISO 6466:1983 等同。规范性引用文件采用已经转化为国家标准的国际标准。

本标准由国家烟草专卖局提出。

本标准由全国烟草标准化技术委员会(TC 144)归口。

本标准起草单位:国家烟草质量监督检验中心。

本标准主要起草人:唐纲岭、张威、潘昵琥、缪明明、刘惠民。

烟草及烟草制品　二硫代氨基甲酸酯农药残留量的测定　分子吸收光度法

1　范围

本标准规定了烟草中二硫代氨基甲酸酯农药残留量的分子吸收光谱测定法。

本标准适用于烟草及烟草制品。

2　规范性引用文件

下列文件中的条款通过本标准的引用而成为本标准的条款。凡是注日期的引用文件，其随后所有的修改单(不包括勘误的内容)或修订版均不适用于本标准，然而，鼓励根据本标准达成协议的各方研究是否可使用这些文件的最新版本。凡是不注日期的引用文件，其最新版本适用于本标准。

GB/T 5606.1　卷烟　第一部分:抽样

GB/T 6682　分析实验室用水规格和试验方法

GB/T 19616　烟草成批原料取样的一般原则(GB/T 19616—2004,ISO 4874:2000,MOD)

YC/T 31　烟草及烟草制品　试样的制备和水分的测定　烘箱法

3　术语和定义

下列术语和定义适用于本标准。

3.1

二硫代氨基甲酸酯残留量　dithiocarbamate pesticides residues content

按照本方法测得的二硫化碳的量，以 mg/kg 表示。

注：若需要且具体的二硫代氨基甲酸酯种类已知，经系数换算之后二硫代氨基甲酸酯残留量还可附加表示为具体的二硫代氨基甲酸酯残留量。

4　原理

在氯化亚锡存在下将试样与盐酸共热分解二硫代氨基甲酸酯。蒸馏分解形成的二硫化碳，通过硫酸除去干扰物质后吸收于氢氧化钾甲醇溶液中。测定形成的钾-O-甲基二硫代碳酸盐的吸光度。

5　试剂

应使用分析纯试剂，水应为蒸馏水或同等纯度的水，应符合 GB/T 6682 的要求。

5.1　浓硫酸，96%～98%(质量分数)。

5.2　氢氧化钾溶液，用 95%的甲醇配制成浓度为 1 mol/L 的溶液。如有沉淀，在使用前过滤。

5.3　氯化亚锡(固体)。

5.4　盐酸溶液，75 mL 盐酸(37%～38%)加入 150 mL 蒸馏水中。

5.5　二乙基二硫代氨基甲酸钠标准溶液，相当于 10 mg/L 二硫化碳。

溶解 29.6 mg 三水合二乙基二硫代氨基甲酸钠于水中，定容至 1 000 mL。使用当天配制，当天使用。1 mL 此标准溶液相当于 10 μg 二硫化碳。

6　仪器设备

常用实验仪器及下述各项：

6.1 蒸汽蒸馏装置(见图 1)包括:

三颈圆底烧瓶(A),250 mL;

冷凝管(B);

蓄水烧瓶(C);

氮气导入管(D);

气体洗瓶(E 和 F),配有烧结玻璃(孔径 160 μm～250 μm)分散管,用于接收馏出物。

注:其他接收装置在保证足够效率的前提下也可以使用。

单位为毫米

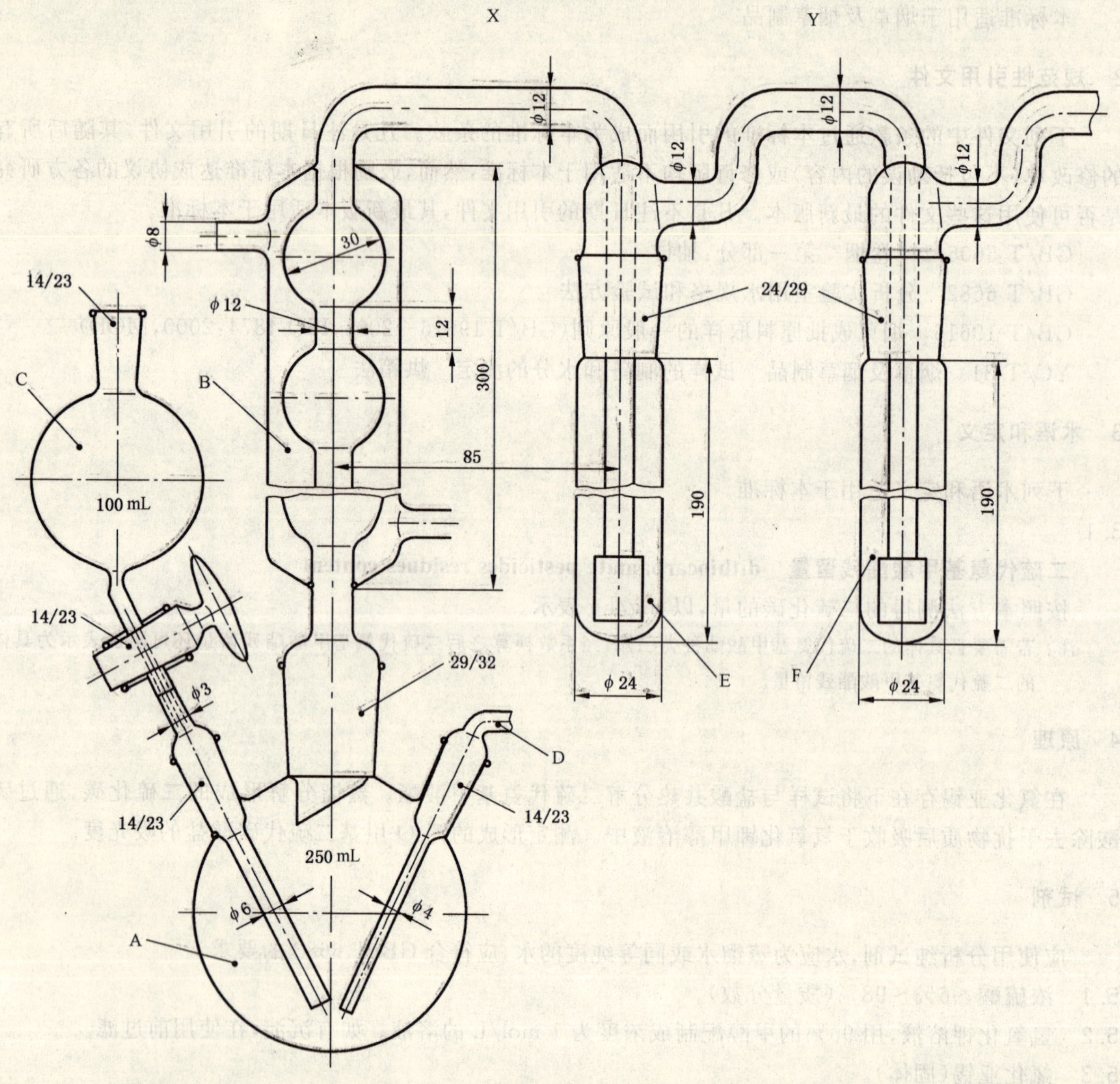

A——三颈圆底烧瓶;

B——冷凝管;

C——蓄水烧瓶;

D——气体导管;

E——气体洗瓶 1;

F——气体洗瓶 2。

图 1 蒸馏装置

6.2 氮气钢瓶,配有流量计和三通阀。

6.3 分光光度计,配 10 mm 石英比色皿,能测定 272 nm、302 nm 和 332 nm 处的吸光度。

7 抽样

按 GB/T 5606.1 或 GB/T 19616 抽取样品。

8 操作步骤

8.1 样品准备

按 YC/T 31 制备试样,测定水分含量。

8.2 称样

称取 5 g 烟末于 250 mL 三颈圆底烧瓶(A)中,精确至 0.01 g。

8.3 蒸馏

加入 2 g 氯化亚锡,50 mL 水,摇动烧瓶使样品完全浸润,立即将烧瓶连接到冷凝管(B)上,冷凝管已预先与装有 20 mL 硫酸(5.1)的气体洗瓶(E)和装有 25 mL 1 mol/L 氢氧化钾(5.2)的气体洗瓶(F)连接。装上蓄水烧瓶(C)和气体导管(D),确保各连接处不漏气。

调节氮气流速为 50 mL/min,通过三通阀和气体导管将氮气通入系统。

加热三颈圆底烧瓶(A)至 30℃～40℃,并至少保持 10 min,以使烧瓶中的试料与氯化亚锡充分混合,并将烧瓶中的氧气赶尽且充满氮气。冷凝应充分,以避免水分进入第一个气体洗瓶(E)中的硫酸中。

向蓄水烧瓶(C)中加入 100 mL 盐酸溶液(5.4)。为避免溶液回冲,调节三通阀使氮气同时与气体导管和蓄水烧瓶相连。调节活塞缓慢地将盐酸溶液加入到三颈圆底烧瓶(A)中。然后调节三通阀使 50 mL/min的氮气全部通入三颈烧瓶。加热三颈烧瓶至沸,并保持微沸 30 min。

蒸馏 30 min 后,停止加热,拆下气体洗瓶,关闭氮气。将气体洗瓶(F)中的溶液转移至 50 mL 容量瓶中,用水冲洗气体洗瓶(F)和分散管,洗涤液并入容量瓶中。用水定容至刻度,摇匀后静止 15 min。

8.4 分光光度法测定

将前述制备好的溶液倒入 10 mm 石英比色皿中。

以 25 mL 1 mol/L 氢氧化钾溶液(5.2)用水稀释至 50 mL 所得溶液为参比,用分光光度计(6.3)测定溶液在 272 nm、302 nm 和 332 nm 处的吸光度。302 nm 处的吸光度不应大于 0.800,也不应小于 0.100。若 302 nm 处的吸光度大于 0.800,则应将溶液稀释,或减少样品量重新测定;若 302 nm 处的吸光度小于 0.100,则应换用较长光程的石英比色皿。

溶液的校正吸收度 A_{corr} 由式(1)得出:

$$A_{corr} = A_{302} - \frac{A_{272} + A_{332}}{2} \qquad \cdots\cdots(1)$$

式中:

A_{272}、A_{302}、A_{332} 分别为溶液在 272 nm、302 nm 和 332 nm 处的吸光度。

每个样品平行测定两次。

8.5 标准曲线

分别移取 4.0 mL、6.0 mL、8.0 mL 、10.0 mL 、12.0 mL 二乙基二硫代氨基甲酸钠标准溶液(5.5),相当于 40 μg～160 μg 的二硫化碳,按 8.3 进行操作,其中烟样用上述标准溶液代替。

按 8.4 测定溶液的吸光度,绘制二硫化碳含量与吸光度的关系曲线。标准曲线重复性较好,所以不必每天绘制,只需每天用一个标准溶液检查即可。

9 结果的计算与表述

9.1 计算方法与公式

从标准曲线读取样品溶液中二硫化碳的含量。

二硫化碳的含量 c，以 mg/kg 表示，由式(2)得出：

$$c=\frac{m}{m_0}\times\frac{1}{1-w} \qquad \cdots\cdots(2)$$

式中：

m——从标准曲线上读取的样品溶液中二硫化碳的质量，单位为毫克(mg)；

m_0——试样的质量，单位为克(g)；

w——样品的水分含量，%(质量分数)。

若进行了稀释(见 8.4)，则计算时应予校正。

结果取两次平行测定的平均值，重复性应满足 9.2 的要求。

9.2 重复性

由同一操作人员同时测定或顺序测定的两个结果之差不应超过平均值的 7.5%。

9.3 换算系数

如果需要，经换算系数换算后，以二硫化碳表示的二硫代氨基甲酸酯类农药残留量也可同时表示为具体的二硫代氨基甲酸酯农药的残留量。换算系数如下：

a) 代森锰：1.74；

b) 代森锌：1.81；

c) 丙森锌：1.90。

10 测试报告

测试报告应说明使用的方法和得到的结果，还应说明本标准未规定的或选项性操作条件，以及可能对结果产生影响的其他条件。

测试报告应包含样品的唯一性资料。

ICS 65.160
X 85

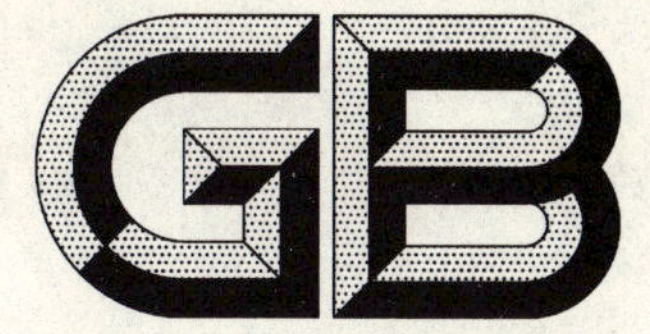

中华人民共和国国家标准

GB/T 21133—2007/ISO 18144:2003

环境烟草烟气　可吸入悬浮颗粒物的估测　茄呢醇法

Environmental tobacco smoke—Estimation of its contribution to respirable suspended particles—Method based on solanesol

(ISO 18144:2003,IDT)

2007-10-16 发布　　2008-01-01 实施

中华人民共和国国家质量监督检验检疫总局
中国国家标准化管理委员会　发布

ICS 65.160
X 85

中华人民共和国国家标准

GB/T 21133—2007/ISO 18144:2003

环境烟草烟气 可吸入悬浮颗粒物的估测 茄尼醇法

Environmental tobacco smoke—Estimation of its contribution to respirable suspended particles—Method based on solanesol

(ISO 18144:2003,IDT)

2007-10-16 发布 2008-01-01 实施

中华人民共和国国家质量监督检验检疫总局
中国国家标准化管理委员会 发布

前　言

本标准等同采用国际标准 ISO 18144:2003《环境烟草烟气　可吸入悬浮颗粒物的估测　茄呢醇法》(英文版)。本标准在技术内容上与 ISO 18144:2003 等同。

本标准的附录 A 为资料性附录。

本标准由国家烟草专卖局提出。

本标准由全国烟草标准化技术委员会(TC 144)归口。

本标准起草单位:国家烟草质量监督检验中心。

本标准主要起草人:唐纲岭、谢复炜、王昇、赵乐、刘惠民。

引　言

环境烟草烟气(ETS)是由气相物和粒相物组成的一种气溶胶。由于气相物和粒相物性质上的差异,导致两者之间缺乏关联性,因而准确评价室内空气中环境烟草烟气的含量水平需要测定对两相都适合的标示物。在理想的环境烟草烟气标记物应具备的所有条件中,最关键的一条是环境条件在一定范围时,标示物必须与某一污染物或某一类污染物(如悬浮颗粒)保持相当稳定的比例关系(见参考文献[1])。

注:参考文献目录给出了引用的所有参考文献。

茄呢醇,一种 C_{45} 类异戊二烯醇,在各种通风条件和采样时间下均与烟草烟气的可吸入悬浮颗粒物保持一恒定的比例关系(见参考文献[2]),因此满足这一要求。依据 ISO 15593 测定的紫外粒相物和荧光粒相物也同样是满足这一要求的标示物或标记物(见参考文献[3])。但大气中茄呢醇的独特性在于它是烟草烟气特有的、且只存在于环境烟草烟气的粒相物中。茄呢醇的高分子量和低挥发性使之不可能从样品采集膜上遗失。茄呢醇约占环境烟草烟气可吸入悬浮颗粒物总质量的 3%(见参考文献[4]~[6]),这样高的含量在实际的人群抽烟比例频次条件下都适合于测定。在可供利用的环境烟草烟气粒相标记物(紫外粒相物、荧光粒相物和茄呢醇)中,三者目前都有使用且可以依赖,而茄呢醇被认为是环境烟草烟气粒相物的一个比较好的标记物,因此也是评价环境烟草烟气粒相物对可吸入悬浮颗粒物影响的最好的量化方法(见参考文献[7]~[15])。

由于可吸入悬浮颗粒物不是烟草烟气特有的,所以用烟草特有的标记物量化环境烟草烟气对可吸入悬浮颗粒物的影响是非常重要的。可吸入悬浮颗粒物是衡量总体空气质量的一个非常必要的指标,美国职业安全与健康管理局(OSHA)曾规定工作场所内可吸入粉尘的最高允许量为 5 000 $\mu g/m^3$。然而,可吸入悬浮颗粒物的来源很多(见参考文献[16]),已经证明其不适合于作为环境烟草烟气的标记物(见参考文献[4],[17]~[19])。用紫外粒相物和荧光粒相物作为标记物估测环境烟草烟气对可吸入悬浮颗粒物的影响具有一定的选择性。但是,由于存在潜在的非烟草燃烧产生的干扰,这两种标记物可能会过高的估测环境烟草烟气对可吸入悬浮颗粒物的影响。虽然紫外粒相物和荧光粒相物对考查室内空气质量有用,但茄呢醇是估测烟草烟气对可吸入悬浮颗粒物影响的一种更好的标记物。本标准描述的测试方法通过测定茄呢醇与总可吸入悬浮颗粒物的质量比,将环境烟草烟气来源与非环境烟草烟气来源的可吸入悬浮颗粒物区分开来(见参考文献[4],[6],[10],[11],[14],[15],[20],[21])。

烟属,其中一个种为烟草,是茄科植物的一属。像烟草一样,这一科中的许多植物,尤其是含有痕量烟碱的植物,均含有茄呢醇。例如,西红柿、马铃薯、茄子和胡椒。烹饪是产生干扰的唯一可能来源,因此这种潜在的干扰可以忽略。但是,如果有这种干扰源的存在,茄呢醇的量会非常高,环境烟草烟气对可吸入悬浮颗粒物影响的测定结果就会偏高。可以预料,室内环境中正常量的茄呢醇的唯一来源是烟草的燃烧。在各种室内环境中,茄呢醇的浓度范围在未检出至 2 $\mu g/m^3$,且大多数情况下在此范围的下限。

环境烟草烟气　可吸入悬浮颗粒物的估测
茄呢醇法

1　范围

本标准规定了环境烟草烟气(ETS)对可吸入悬浮颗粒物(RSP)影响率估测的采样和测定方法。该方法适用于个体采样和区域采样。该方法与重量法测定可吸入悬浮颗粒物的质量、紫外吸收法和荧光法测定紫外粒相物和荧光粒相物来估测 ETS 中 RSP 的方法相同。

注：详细内容见 GB/T 21131。

本标准还规定了环境烟气中可吸入悬浮颗粒组分估测方法——茄呢醇测定法。

2　规范性引用文件

下列文件中的条款通过本标准的引用而成为本标准的条款。凡是注日期的引用文件，其随后所有的修改单(不包括勘误的内容)或修订版均不适用于本标准，然而，鼓励根据本标准达成协议的各方研究是否可使用这些文件的最新版本。凡是不注日期的引用文件，其最新版本适用于本标准。

GB/T 21131　环境烟草烟气　可吸入悬浮颗粒物的估测　用紫外吸收法和荧光法测定粒相物(GB/T 21131—2007,ISO 15593:2001,IDT)

ISO 648　实验室用玻璃器皿　单标吸量管

ISO 1042　实验室用玻璃器皿　单标线容量瓶

3　术语和定义

下列术语和定义适用于本标准。

3.1

环境烟草烟气　environmental tobacco smoke(ETS)

人体呼出的已陈化、被冲淡的主流烟气与已陈化、被冲淡的侧流烟气的混合物。

3.2

可吸入悬浮颗粒物　respirable suspended particles(RSP)

采用粒度选择性采样装置捕集时，符合中位割点的空气动力学直径为 4.0 μm 的捕集效率曲线的粒子。

3.3

环境烟草烟气粒相物　environmental tobacco smoke particulate matter(ETS-PM)

环境烟草烟气的粒相部分。

3.4

茄呢醇粒相物　solanesol particulate matter(Sol-PM)

环境烟草烟气粒相物对可吸入悬浮颗粒物影响率的估测值，由测定烟草特有化合物茄呢醇而得到。

4　原理

将已知体积的空气泵吸，通过惰性碰撞器或旋风集尘器，分离出 4.0 μm 以上的颗粒，从而将可吸入悬浮颗粒物与总悬浮颗粒物分离，然后空气通过装有聚四氟乙烯滤膜的过滤器，茄呢醇作为可吸入悬浮颗粒物的一种成分，被收集在滤膜上。用甲醇萃取滤膜上的茄呢醇，将萃取液注入配有紫外检测器

(波长 205 nm)的高效液相色谱仪，通过与标准液的峰面积比而得出茄呢醇的含量，由茄呢醇的质量和被采集空气的体积计算出茄呢醇的浓度($\mu g/m^3$)。由空气中茄呢醇浓度和茄呢醇与环境烟草烟气可吸入悬浮颗粒物比值的经验值(见参考文献[6]，[24]，[25])，计算出环境烟草烟气可吸入悬浮颗粒物浓度，以茄呢醇粒相物表示。如果需要，可由环境烟草烟气与非环境烟草烟气的可吸入悬浮颗粒物质量分数计算出可吸入悬浮颗粒物的总浓度。

5 检出限与定量限

本标准规定的方法对茄呢醇含量估测值的检出限和定量限如下：采样速率 2 L/min，采样时间 1 h 时，本方法的检出限(LOD)为 0.042 $\mu g/m^3$，定量限(LOQ)为 0.139 $\mu g/m^3$；采样时间为 8 h 时，本方法的检出限(LOD)为 0.005 $\mu g/m^3$，定量限(LOQ)为 0.017 $\mu g/m^3$。

6 试剂

应使用分析纯试剂。

6.1 乙腈，色谱纯。

6.2 甲醇，色谱纯。

6.3 茄呢醇，纯度不低于 90%。

6.4 氦气，纯度不低于 99.995%。

6.5 茄呢醇标准溶液：标准溶液应储存在配有旋塞的低光化硼硅酸盐玻璃旋塞瓶中，不使用时置于 0℃或 0℃以下的冰箱中保存。至少每 12 个月制备一次。

6.5.1 茄呢醇一级标准溶液

直接称取 30 mg 茄呢醇(假设纯度 100%)(6.3)于 100 mL 容量瓶(见 ISO 1042)中，用甲醇(6.2)稀释至刻度，摇动混合均匀，配制成浓度为 300 $\mu g/mL$ 的茄呢醇一级标准溶液。

标准溶液的实际浓度取决于称样量和茄呢醇的纯度(6.3 与 6.5.1)。茄呢醇的纯度由供应商获取，计算标准溶液的准确浓度时应予考虑。

6.5.2 茄呢醇二级标准溶液

移取一级标准溶液(6.5.1)5.00 mL(见 ISO 648)于 100 mL 容量瓶中，用甲醇(6.2)稀释至刻度，摇动混合均匀，配制成浓度约为 15 $\mu g/mL$ 的茄呢醇二级标准溶液。

6.5.3 茄呢醇三级标准溶液

移取一级标准溶液(6.5.1)2.00 mL 于 100 mL 容量瓶中，用甲醇(6.2)稀释至刻度，摇动混合均匀，配制成浓度约为 6 $\mu g/mL$ 的茄呢醇三级标准溶液。

6.5.4 茄呢醇工作标准溶液

分别移取一定量的茄呢醇一级、二级和三级标准溶液于 100 mL 容量瓶中，用甲醇(6.2)稀释至刻度，摇动混合均匀，制备至少 5 个工作标准溶液，其浓度范围应覆盖预计检测到的样品含量。通常做法为：移取三级标准溶液(6.5.3)1 mL；移取二级标准溶液(6.5.2)1 mL、3 mL、7 mL；移取一级标准溶液(6.5.1)1 mL。得到的茄呢醇标准溶液浓度分别为 0.060 $\mu g/mL$、0.150 $\mu g/mL$、0.450 $\mu g/mL$、1.05 $\mu g/mL$、3.00 $\mu g/mL$。

7 仪器设备

常用实验仪器及下述各项：

7.1 样品采集系统

7.1.1 聚四氟乙烯(PTFE)滤膜，孔径 1.0 μm，直径 37 mm。聚四氟乙烯滤膜被粘合在一个高密度聚乙烯垫网上，作为滤膜的支撑，以提高滤膜的耐用性，且方便操作。

7.1.2 滤盒，三件套式结构，由黑色不透明的具传导性的聚丙烯制成，顶部(入口)和底部(出口)之间插入一 12.7 mm 的间隔圈。采样时，滤盒中装入聚四氟乙烯滤膜。与滤盒的所有连接应使用具有弹性的塑料管。

注：不一定均要使用三件套式的滤盒(中部有间隔环式)。

7.1.3 皂膜流量计或质量型流量计，用于采样泵的校准。

7.1.4 个人采样泵，恒流式空气采样泵，按照所用碰撞器或旋风集尘器(7.1.5)的采样流量进行校准。

7.1.5 惰性碰撞器或旋风集尘器，规定流速下的中位割点为 4.0 μm。如采用可吸入悬浮颗粒物的另一种定义(3.2)，应确保碰撞器或旋风集尘器适合该定义。

7.1.6 活塞润滑脂，涂抹于碰撞器金属板上。

7.2 分析系统

7.2.1 高效液相色谱仪(HPLC)，包括泵、带氘灯的紫外检测器、自动进样器、柱温箱(选件)、数据采集和积分系统。

7.2.2 高效液相色谱柱，长 250 mm、内径 3.0 mm 的反相 C_{18} 柱(孔径 30 nm，粒径 5 μm)。研究表明低含碳量的 C_{18} 填料较为合适。

7.2.3 预柱，其填料和尺寸与 7.2.2 的色谱柱相匹配，安装在分析柱前，用于保护和延长色谱柱的使用寿命。

7.2.4 样品瓶，低光化硼硅酸盐玻璃自动进样器样品瓶，容积 4 mL，配有旋盖和聚四氟乙烯隔垫。

7.3 定量加液器，3.00 mL。

7.4 镊子，用于夹取滤膜。

7.5 回旋振荡器，用于溶剂萃取。

7.6 单刻度移液管。

7.7 容量瓶。

8 样品采集步骤

8.1 气泵系统的校准

若重量法测定可吸入悬浮颗粒物，则在气泵系统校准之前按照 GB/T 21131 称取滤片的质量。

根据所用型号碰撞器或旋风集尘器(7.1.5)的要求，调节空气采样泵(7.1.4)电位器得到规定的气流量。

空气采样泵的校准应在采样前和采样结束后立即进行。校准时，应将流量计(7.1.3)连接到碰撞器或旋风集尘器的入口处，测量空气采样泵与碰撞器或旋风集尘器之间通过的气流量。

对于一些型号的旋风集尘器，如不使用特殊装置(见参考文献[13])，就无法测量通过滤盒的气流量。对于它们的校准，可在旋风集尘器安装到滤盒上之前，将流量计直接与准备好的滤盒连接，测量气流量(滤盒位于泵和流量计之间)。

若使用质量型流量计，则记录空气采样泵的体积流速(q_V)；如使用皂膜流量计，测量前应先造几个液膜将其内壁完全润湿，然后再记录测量值。用秒表测量液膜通过一定体积时所用的时间。重复测定五次，计算平均值。

体积流速 q_V，以 L/min 表示，由式(1)得出：

$$q_V = \frac{V}{t} \quad \cdots\cdots(1)$$

式中：

V——测量体积，单位为升(L)；

t——皂膜通过测量体积所用的平均时间，单位为分(min)。

8.2 样品采集

把滤膜插入滤盒(7.1.2),将滤盒固定于空气采样泵与碰撞器或旋风集尘器之间。打开采样泵电源,将开关拨至采样,记录起始时间。

注:一些泵具有微处理功能和/或内置计时器,可预先设置采样时间。

按照所用碰撞器或旋风集尘器要求的气流量采集样品,时间至少1 h。达到预定时间后,关闭采样泵,记录样品采集时间(t)。

本方法的最大采样时间仅取决于滤膜的采集容量(约2 000 μg)。曾对本方法进行过长达24 h采样时间的考察,建议最短采样时间不少于1 h。

采样结束后再次测量采样泵流速,并在计算中使用平均流速$\overline{q_V}$(采样前和采样后泵流速的平均值)。

采样结束后,立即将装有聚四氟乙烯(PTFE)滤膜(7.1.1)的滤盒从采样系统中取下,并用塑料塞塞上滤盒的入口和出口。

按照与样品相同的操作方法(取下塞子,测定流速,再塞上塞子,运输),处理至少6个装有已称量滤膜的滤盒,并予以标记,作为采样地样品空白。

如采集的样品不马上进行分析,则应将滤盒储存于冰箱(0℃或0℃以下)中或在干冰下放置,冷冻运至实验室。冷冻储存直至分析。

样品采集后应在6周之内分析。试验证实,样品在−10℃条件下储存可至少稳定6星期(见参考文献[23])。

9 分析步骤

9.1 样品和空白的制备

若重量法测定可吸入悬浮颗粒物,则在制备样品和空白之前应按照GB/T 21131重新称取滤盒的质量。

将滤膜放入干净的样品瓶(7.2.4)中,贴上标签,加入3 mL甲醇(V_m)。采样地样品空白与样品的处理方法相同。另外,处理和分析两个未称量的滤膜作为实验室空白。

如盛有样品和采样地样品空白的样品瓶在冰箱中储存,则在加入甲醇前应让样品瓶温度回复至室温。

若样品的浓度高,可用较大体积(可达4.00 mL)甲醇萃取,或将萃取液定量稀释。

用带隔垫的样品瓶盖密封样品瓶,放在卡槽中。将卡槽放在振荡器(7.5)上振荡萃取60 min。

9.2 茄呢醇的测定

9.2.1 仪器的分析参数

按照制造商说明书安装和操作仪器。

配紫外检测器的高效液相色谱仪。需要使用配氘灯的紫外检测器,氙灯由于在205 nm处能量不足而无法使用。

高效液相色谱仪的操作条件如下:

——脱气气体:氦气;

——流动相:乙腈:甲醇(95:5,体积分数);

——泵流速:0.5 mL/min;

——进样体积:100 μL;

——运行时间:15 min;

——检测器波长:205 nm。

在上述条件下,使用规定的液相色谱柱和预柱(7.2.2和7.2.3),茄呢醇的保留时间约为9 min。环境烟草烟气样品典型的液相色谱图如图1所示。

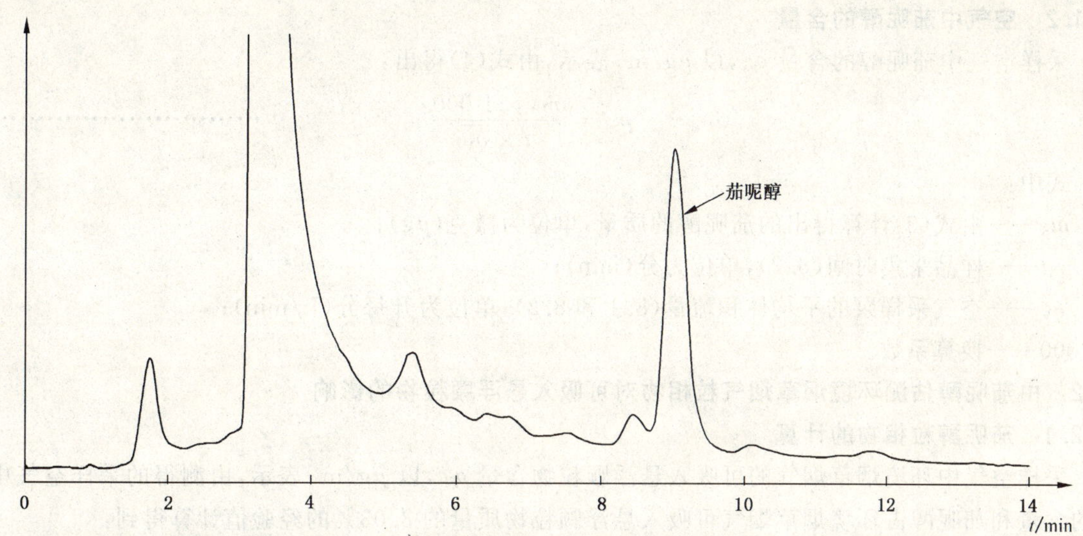

图 1 环境烟草烟气样品的液相色谱图

9.2.2 样品和空白的分析

移取和使用低温存放的标准溶液之前，应先将温度回复至室温，时间一般不少于 1 h。移取足够体积（2 mL～3 mL）的标准溶液至干净的样品瓶（7.2.4）中，用盖子盖紧并密封好样品瓶，用于每日仪器的校准。

将茄呢醇系列工作标准溶液（6.5.4）排在自动进样器序列的开始位置，在工作标准溶液后，依次排列样品、采样地空白和实验室空白（9.1）；最后，再排列茄呢醇系列工作标准溶液。

按照上述排列，依次进样，通过校准曲线校准，计算样品中茄呢醇的浓度。

9.2.3 茄呢醇校正曲线的绘制

根据茄呢醇标准溶液进样所得峰面积的平均值（即 y 轴，）、茄呢醇工作标准溶液的浓度（6.5.4）（即 x 轴，μg/mL），建立线性回归方程，得出斜率和截距。

注：若检测器的非线性程度比较严重，采用加权回归（如，$1/x$ 权重）或二阶多项式回归可能更为合适。

10 结果的计算与表述

10.1 茄呢醇含量的计算

10.1.1 测试溶液中茄呢醇的含量

根据 9.2.3 所得校准曲线，由峰面积得出样品和空白溶液中茄呢醇的浓度（μg/mL）。

茄呢醇的含量 ρ_S，以 μg/mL 表示，由式（2）得出：

$$\rho_S = \rho_{Ss} - \rho_{Sb} \quad \cdots\cdots(2)$$

式中：

ρ_{Ss}——依据 9.2.3 校准曲线得到的样品溶液中茄呢醇含量，单位为微克每毫升（μg/mL）；

ρ_{Sb}——依据 9.2.3 校准曲线得到的所有空白溶液（见 8.2 或 9.1）中茄呢醇的平均含量，单位为微克每毫升（μg/mL）。

视情况而定，既可以使用采样地空白（8.2），也可以使用实验室空白（9.1）。

滤膜中茄呢醇的质量 m_S，以 μg 表示，由式（3）得出：

$$m_S = \rho_S \times V_m \quad \cdots\cdots(3)$$

式中：

ρ_S——由式（2）计算得出的茄呢醇的含量，单位为微克每毫升（μg/mL）；

V_m——萃取滤膜所用的甲醇溶剂的体积（见 9.1），单位为毫升（mL）。

10.1.2 空气中茄呢醇的含量

采样空气中茄呢醇的含量 ρ_{Sa}，以 $\mu g/m^3$ 表示，由式(4)得出：

$$\rho_{Sa}=\frac{m_S\times 1\,000}{t\times \overline{q_V}} \qquad \cdots\cdots(4)$$

式中：

m_S——由式(3)计算得出的茄呢醇的质量，单位为微克(μg)；

t——样品采集时间(8.2)，单位为分(min)；

$\overline{q_V}$——空气采样泵的平均体积流量(8.1 和 8.2)，单位为升每分(L/min)；

1 000——换算系数。

10.2 由茄呢醇估测环境烟草烟气粒相物对可吸入悬浮颗粒物的影响

10.2.1 茄呢醇粒相物的计算

采样空气中环境烟草烟气的可吸入悬浮颗粒物含量 ρ_{SP}，以 $\mu g/m^3$ 表示，由测得的采样空气中茄呢醇的含量和茄呢醇占环境烟草烟气可吸入悬浮颗粒物质量的 3.03%的经验值计算得到：

$$\rho_{SP}=\frac{\rho_{Sa}}{0.030\,3} \qquad \cdots\cdots(5)$$

式中：

ρ_{Sa}——由式(4)计算得出的采样空气中茄呢醇的含量，单位为微克每立方米($\mu g/m^3$)；

0.030 3——茄呢醇占环境烟草烟气可吸入悬浮颗粒物的经验比值。

注：此比值是根据各卷烟牌号市场占有率计算得到的加权平均值。各牌号茄呢醇占环境烟草烟气可吸入悬浮颗粒物的比值是在环境烟草烟气实验舱通过试验实测得到的。在环境烟草烟气实验舱中，可吸入悬浮颗粒物完全来自于卷烟的燃吸。具体比值为：美国销量前 50 位卷烟的平均值为 0.030 3(见参考文献[6])，欧洲 10 国和亚洲销量分别在前 6 位卷烟的平均值为 0.023 0(见参考文献[24])，世界其他地区 8 个国家销量分别在前 6 位卷烟的平均值为 0.025 8(见参考文献[25])。需要注意的是，如果待测的环境烟草烟气颗粒物产生于具有已知比值的某一烟草制品品牌，则应使用已知比值。此比值对不满足 3.1 定义的环境烟草烟气(例如，吸烟机产生的侧流烟气)的适用性尚未测定。

10.2.2 由茄呢醇粒相物估测占可吸入悬浮颗粒物的比例

如果需要，可根据烟草特有标记物茄呢醇粒相物计算采样空气中茄呢醇粒相物占可吸入悬浮颗粒物的百分比，得出环境烟草烟气粒相物对总可吸入悬浮颗粒物的影响率。采样空气中环境烟草烟气粒相物占可吸入悬浮颗粒物的比例 w_{ES}，以质量百分比表示，由式(6)得出：

$$w_{ES}=\frac{\rho_{SP}}{\rho_{Ra}}\times 100 \qquad \cdots\cdots(6)$$

式中：

ρ_{SP}——环境烟草烟气粒相物对可吸入悬浮颗粒物的影响率，由式(5)计算得出，单位为微克每立方米($\mu g/m^3$)；

ρ_{Ra}——采样空气中可吸入悬浮颗粒物的含量(见 GB/T 21131)，单位为微克每立方米($\mu g/m^3$)。

11 实验室操作要求和质量保证

有关实验室应达到的操作要求及质量保证措施方面的指导参见附录 A。

12 重复性和再现性

1998 年，按照 ISO 5725-1(见参考文献[26])的要求组织 11 个实验室、采用 6 个含量水平进行了共同实验研究，经数据分析得到了本标准测定茄呢醇的精度数据。2 个实验室的数据存在离群值，离群数据在计算重复性标准偏差和再现性标准偏差时未被采用。茄呢醇含量在 2.2 μg～7.4 μg 范围内时，精度值与含量水平呈线性相关关系，线性关系式如下。

重复性标准偏差：

$$S_r = a \times m$$

再现性标准偏差：

$$S_R = A \times m$$

式中：

m——样品平均含量水平，单位为微克（μg）；

a 和 A——数值见表 1。

表 1 a 和 A 的数值

分析物	a	A
茄呢醇	0.032	0.168

13 测试报告

测试报告应给出环境中茄呢醇以 μg/m³ 计的浓度，以及可能对结果产生影响的所有条件（如大气压力，采样时间，采样速率等）。还应包含受试大气的唯一性资料。式(5)所使用的质量比率亦应列出。

附 录 A
（资料性附录）
实验室操作要求 质量保证措施

A.1 标准操作方法(SOPs)

A.1.1 本标准使用者应以文件化的形式，描述和规范以下实验室工作：

——采样系统和设备的安装、校准、检漏和操作方法；

——样品的制备、储藏、运输和处置方法；

——所用分析仪器的安装、校准、检漏和操作方法；

——数据记录和数据处理的有关资料，包括使用的计算机软硬件清单。

A.1.2 标准操作方法应提供明晰的分步操作规定，且实验室相关工作人员应易于得到并完全理解。

A.1.3 样品空白中不应检测出茄呢醇，否则表明采样或分析过程中存在污染。

A.1.4 定期将惰性碰撞器的表面擦拭干净，并涂上一薄层润滑脂。若使用旋风集尘器，每次使用前应清空沙壶，采样过程中应确保旋风集尘器保持竖直状态(即倾斜不允许超过水平面)。

A.1.5 若样品的初步分析结果高于校准曲线范围，则应制备附加标准溶液，或将样品稀释后重新分析。

A.2 校准个人采样泵

A.2.1 采样开始前和采样结束后均应校准采样泵。

A.2.2 设置泵流量时，应连接滤盒，在适宜的采样流量下用皂膜流量计或质量型流量计设置(即根据所用碰撞器或旋风集尘器的分离特性确定流量)。

A.3 方法灵敏度、精度和线性

A.3.1 在 1 h 采样时间下，茄呢醇测定的检出限为 0.042 $\mu g/m^3$。

A.3.2 测定的重复性和再现性保证了方法的准确性。

A.3.3 在靠近紫外检测器测定范围的上限，标准曲线会呈现非线性。

A.4 方法修改

A.4.1 只要不超过滤膜容量，该方法的采样时间可以超过 24 h。

A.4.2 只要气流量在粒度分离器规定的范围之内，通过滤膜的气流量可增大到 5 L/min 及其以上。

A.4.3 本方法所得到的测定溶液也可用于紫外粒相物和荧光粒相物的测定(见 GB/T 21131)。它们也被用做环境烟草烟气粒相物的标记物。

A.5 安全

A.5.1 若溶剂或其他任何试剂溅出，要立即采取合适的方法清理(见试剂销售商提供的安全说明)。

A.5.2 制备标准溶液及使用其他化学品时，应避免与皮肤和眼睛接触。

参 考 文 献

[1] National Research Council, *Environmental Tobacco Smoke—Measuring Exposures and Assessing Health Effects*, National Academy Press, Washington, DC, 1986, p. 70.

[2] Nelson, P. R. , Heavner, D. L. , Collie, B. B. , Maiolo, K. C. and Ogden, M. W. Effect of Ventilation and Sampling Time on Environmental Tobacco Smoke Component Ratios, *Environmental Science & Technology*, 26 (10), 1992, pp. 1909-1915.

[3] ISO 15593:2001, Environmental tobacco smoke—Estimation of its contribution to respirable suspended particles—Determination of particulate matter by ultraviolet absorbance and by fluorescence.

[4] Ogden, M. W. , Maiolo, K. C. , Oldaker, G. B. 111, and Conrad, F. W. Jr. Evaluation of Methods for Estimating the. Contribution of ETS to Respirable Suspended Particles. *Indoor Air '90; Precedings of the 5th international Conference on Indoor Air Quality and Climate*, International Conference on Indoor Air Quality and Climate, Ottawa, 1990, Vol. 2, pp. 415-420.

[5] Tang, H. , Richards, G. , Benner, C. L. , Tuominen, J. P. , Lee, M. L. , Lewis, E. A. , Hansen, L. D. and Eatough, D. J. Solanesol—A Tracer for Environmental Tobacco Smoke Particles. Environmental Science and Technology 24,(6), 1990, pp. 848-852.

[6] Heavner, D. L. , Morgan, W. T. and Ogden, M. W. Determination of Volatile Organic Compounds and Respirable Suspended Particulate Matter in New Jersey and Pennsylvania Homes and Workplaces. *Environment International*, 22(2), 1996, pp. 159-183.

[7] Ogden, M. W. and Maiolo, K. C. Comparison of GC and LC for Determining Solanesol in Environmental Tobacco Smoke. *LC-GC Magazine*, 10(6), 1992, pp. 459-462.

[8] Guerin, M. W. and Tomkins, B. A. The Chemistry of Environmental Tobacco Smoke: Composition and Measurement, Lewis Publishers, Chelsea, MI, 1992.

[9] Eatough, D. J. Assessing Exposure to Environmental Tobacco Smoke. Modeling of Indoor Air Quality and Exposure, ASTM STP 1205, N. L. Nagda (ed.), ASTM, 1993, pp. 42-63.

[10] Phillips, K. , Howard, D. A. , Browine, D. and Lewsley, J. M. Assessment of Personal Expossures to Environmental Tobacco Smoke in British Nonsmokers. Environment International, 20 (6), 1994, pp. 693-712.

[11] Phillips, K. , Bentley, M. C. , Howard, D. A. and Alvan, G. Assessment of Air Quality in Stockholm by Personal Monitoring of Nonsmokers for Respirable Suspended Particles and Environmental Tobacco Smoke. Scandinavian Journal of Work, Environment and Health, 22, Supplement 1, 1996, pp. 239-250.

[12] Sterling, E. M. , Collett, C. W. and Ross, J. A. Assessment of Non—Smokers' Exposure to Environmental Tobacco Smoke Using Personal—Exposure and Fixed—Location Monitoring. Indoor Built Environment, 5, 1996, pp. 112-125.

[13] Ogden, M. W. , Heavner, D. L. , Fostor, T. L. , Maiolo, K. C. , Cash, S. L. , Richardson, J. D. , Martin, P. , Simmons, P. S. , Conrad, F. W. , and Nelson, P. R. Personal Monitoring System for Measuring Environmental Tobacco Smoke Exposure. *Environmental Technology*, 17, 1996, pp. 239-250.

[14] Phillips, K., Bentley, M. C., Abrar, M., Howard, D. A/and Cool, J. Low Level Saliva Cotinine Determination and Its Application as a Biomarker for Environmental Tobacco Smoke Exposure. Human and Experimental Toxicology, 18 (4), 1999, pp. 291-296.

[15] Jenkins, R. A., Guerin, M. R. and Tomkins, B. A. The Chemistry of Environmental Tobacco Smoke: Composition and Measurement. Indoor Air Research Series, 2nd Edition, Lewis Publishers, Boca Raton, FL, 2000.

[16] Owen, M. K., Ensor, D. S. and Sparks, L. E. Airborne Particle Sizes and Sources Found in Indoor Air, *Atmospheric Environment*, 26A (12), 1992, pp. 2149-2162.

[17] Spengler, J. D., Treitman, R. D., Tosteson, T. D., Mage, D. T., and Soczek, M. L. Personal Exposures to Respirable Suspended Particulates and Implications for Air Pollution Epidemiology. *Environmental Science & Technology*, 19, 1985, pp. 700-707.

[18] Conner, J. M., Oldaker, G. B. III, and Murphy, J. J. Method for Assessing the Contribution of Environmental Tobacco Smoke to Respirable Suspended Particles in Indoor Environments. *Environmental Technology*, 11, 1990, pp. 189-196.

[19] Proctor, C. J. A Multi-analyte Approach to the Measurement of Environmental Tobacco Smoke. Indoor Air Quality and Ventilation, Selper, London, 1990, pp. 427-436.

[20] Ogden, M. W. and Maiolo, K. C. Collection and Determination of Solanesol as a Tracer of Environmental Tobacco Smoke in Indoor Air. Environmental Science and Technology, 23 (9), 1989, pp. 1148-1154.

[21] Jenkins, R. A., Palausky, A., Counts, R. W., Bayne, C. K., Dindal, A. B. and Guerin, M. R. Exposure to Environmental Tobacco Smoke in Sixteen Cities in the United States as Determined by Personal Breathing Zone Air Sampling. Journal of Exposure Analysis and Environmental Epidemiology, 6 (4), 1996, pp. 473-502.

[22] ISO 7708:1995, Air quality—Particle size fraction definitions for health-related sampling.

[23] Ogden, M. W. and Richardson, J. D. Effect of Lighting and Storage Conditions on the Stability of Ultraviolet Particulate Matter, Fluorescent Particulate Matter, and Solanesol. Tobacco Science, 42, 1998, pp. 10-15.

[24] Nelson, P. R., Conrad, F. W., Kelly, S. P., Maiolo, K. C., Richardson, J. D. and Ogden, M. W. Composition of Environmental Tobacco Smoke (ETS) from International Cigarettes and Determination of ETS-RSP: Particulate Marker Ratios. *Environment International*, 23(1), 1997, pp. 47-52.

[25] Nelson, P. R., Conrad, F. W., Kelly, S. P., Maiolo, K. C., Richardson, J. D. and Ogden, M. W. Composition of Environmental Tobacco Smoke (ETS) from International Cigarettes, Part 2: Nine Country Follow-up. Environment International, 24 (3), 1998, pp. 251-257.

[26] ISO 5725-1:1994, Accuracy (trueness and precision) of measurement methods and results—Part 1: General principles and definitions.

ICS 65.160
X 85

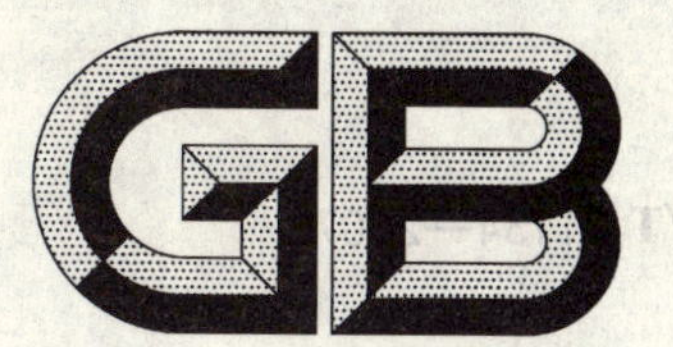

中华人民共和国国家标准

GB/T 21134—2007

烟草及烟草制品　不溶于盐酸的硅酸盐残留物的测定

Tobacco and tobacco products—Determination of silicated residues insoluble in hydrochloric acid

(ISO 2817:1999,MOD)

2007-10-16 发布　　　　2008-01-01 实施

中华人民共和国国家质量监督检验检疫总局
中国国家标准化管理委员会　发布

前　言

本标准修改采用 ISO 2817:1999《烟草及烟草制品　不溶于盐酸的硅酸盐残留物的测定》(英文版)。

本标准根据 ISO 2817:1999 重新起草。

考虑到我国国情,与 ISO 2817:1999 相比,本标准存在少量技术性差异。这些技术性差异已编入正文并在它们所涉及条款的页边空白处用垂直单线标识。在附录 B 中给出了技术性差异及其原因的一览表以供参考。

为便于使用,与 ISO 2817:1999 相比,本标准做了下列编辑性修改:

——删除了 ISO 2817:1999 的前言;

——删除了 ISO 2817:1999 的参考文献;

——增加了附录 B“本标准与 ISO 2817:1999 的对照”。

本标准的附录 A、附录 B 为资料性附录。

本标准由国家烟草专卖局提出。

本标准由全国烟草标准化技术委员会(TC 144)归口。

本标准起草单位:中国烟草标准化研究中心、徐州卷烟厂、郑州烟草研究院。

本标准主要起草人:李栋、宣晓泉、吴洋、丁超、谢复炜。

烟草及烟草制品　不溶于盐酸的硅酸盐残留物的测定

1　范围

本标准规定了烟草(叶片、烟丝、碎烟叶和烟末)及烟草制品中不溶于盐酸的外来硅酸盐颗粒(特别是沙粒)含量的测定方法。

本标准适用于烟草及烟草制品中不溶于盐酸的硅酸盐颗粒含量的测定。

2　规范性引用文件

下列文件中的条款通过本标准的引用而成为本标准的条款。凡是注日期的引用文件,其随后所有的修改单(不包括勘误的内容)或修订版均不适用于本标准,然而,鼓励根据本标准达成协议的各方研究是否可使用这些文件的最新版本。凡是不注日期的引用文件,其最新版本适用于本标准。

GB/T 6005　试验筛　金属丝编制网、穿孔板和电成型薄板筛孔的基本尺寸(GB/T 6005—1997,eqv ISO 565:1997)

GB/T 19616　烟草成批原料取样的一般原则(GB/T 19616—2004,ISO 4874:2000,MOD)

YC/T 31　烟草及烟草制品　试样的制备和水分测定　烘箱法

YC/T 165　烟草　水分的测定　第1部分:卡尔费休法(YC/T 165—2003,ISO 6488-1:1997,MOD)

3　术语和定义

下列术语和定义适用于本标准。

3.1

不溶于盐酸的硅酸盐残留物　hydrochloric-acid-insoluble silicated residues

在本标准规定的条件下,对叶片、烟丝、碎烟叶或烟末进行灰化和盐酸浸提后所残留的物质。

4　原理

在650℃±50℃的温度下灰化试样。灰烬使用盐酸浸提后,在650℃±50℃温度下再次灰化。对残留物进行称量。

5　试剂

使用分析纯试剂。水应为蒸馏水或去离子水,或同等纯度的水。

盐酸 $c(\mathrm{HCl})=4\ \mathrm{mol/L}$

6　仪器

常用实验室仪器以及下述各项:

6.1　马弗炉,放置于通风良好的环境中,温度能控制在350℃±50℃和650℃±50℃。

6.2　广口平底坩埚,瓷制或铂制,容量和尺寸适合于试样的体积。通常,坩埚直径为50 mm～70 mm,高度为30 mm较适宜。

6.3　筛网,孔径2 mm(10目),符合GB/T 6005的要求。

6.4 定量滤纸(快速),无灰,硬质。

6.5 分析天平,感量 0.1 mg。

6.6 粉碎机。

7 取样

依据 GB/T 19616 进行取样。实验室样品的大小应能确保其代表该批样品。

8 样品的制备

如需要,将样品干燥以易于研磨。样品水分质量百分含量应不大于 12%。

研磨实验室样品直到全部样品通过筛网(6.3)。

采用机械方式充分混合研磨后的样品。

如样品在制备后四天内不用于分析,则应在 0℃~5℃温度条件下,存放于密封的广口瓶中。广口瓶的容积应可确保在分析前通过两次翻转而充分混合样品。

9 水分的测定

从第 8 章制备的样品中取出一部分,按照 YC/T 165 进行水分的测定,结果以质量百分含量 w_1 表示。

未使用卡尔·费休法的实验室,应采用 YC/T 31 测定水分,但应在测试报告中予以说明。

10 步骤

10.1 试样

对预先在 650℃±50℃温度下干燥后的洁净坩埚(6.2)进行称量,精确至 0.001 g。

从广口瓶中移取约 10 g 制备好的样品(见第 8 章),均匀铺在坩埚底部。

称量坩埚和试样,精确至 0.001 g。

通过差量法计算得出试样的质量(m_1)。

10.2 测定

将盛有试样的坩埚(10.1)放置至马弗炉(6.1)中,加热至 350℃±50℃,直到试样完全炭化,不再有烟产生。

将马弗炉温度升至 650℃±50℃,保持 30 min。然后,将马弗炉温度降至 350℃±50℃,取出坩埚。冷却至室温后,沿坩埚壁缓慢加入 40 mL 盐酸(5.1)。

注意:加入最初的几毫升盐酸时应小心,以免剧烈产生气泡。

用玻璃棒不断轻轻搅拌约 10 min 后,使用滤纸(6.4)进行过滤,收集滤纸上的残留物。用带橡皮头的玻璃棒去除残附在坩埚壁上的残留物,用约 25 mL 水清洗坩埚,并过滤。使用约 25 mL 水,分多次仔细淋洗滤纸上的残留物,直到洗至中性。

将含有残留物的滤纸放置于坩埚(6.2)中,并转移至马弗炉(6.1)中,此时温度应在 200℃以下。加热至 650℃±50℃,保持 30 min,然后降至 350℃±50℃,取出坩埚,放入硅胶干燥器中,冷却至室温。称量坩埚和残留物,精确至 0.001 g。

计算残留物的质量(m_2)。

11 结果表示

不溶于盐酸的硅酸盐残留物的质量分数 w,可由式(1)计算得出:

$$w = \frac{m_2}{m_1(1-w_1)} \times 100\% \qquad \cdots\cdots(1)$$

式中：

w_1——试样水分质量分数，可根据第 9 章测定得出；

m_1——试样的质量，单位为克(g)；

m_2——残留物的质量，单位为克(g)。

12 精密度

12.1 实验室间试验

本方法精密度的实验室间试验的具体内容参见附录 A。本次实验室间试验得出的数据可能不适用于所列浓度范围和数值之外的情况。

12.2 重复性(r)

在较短的时间间隔内，由同一操作人员，在同一实验室，使用相同仪器，采用同样方法对相同的样品进行测试，两次测试结果的绝对差值大于下列含量水平所对应数值的概率不应超过 5%。

含量水平 0%：$r=0.12$

含量水平 5%：$r=0.35$

含量水平 10%：$r=0.47$

12.3 重现性(R)

由不同的操作人员，在不同的实验室中，使用不同的仪器，采用同样方法对相同的样品进行测试，两次测试结果的绝对差值大于下列含量水平所对应数值的概率不应超过 5%。

含量水平 0%：$R=0.12$

含量水平 5%：$R=0.83$

含量水平 10%：$R=1.73$

13 测试报告

测试报告应说明：

——完全识别样品需要的所有信息；

——取样方法；

——水分的测试方法；

——参照本标准所使用的测试方法；

——非本标准所规定的(特别是灰化温度，如果不是 650℃±50℃)或可选择性的操作条件，以及可能对结果产生影响的其他情况；

——测试结果；

——如果进行了重复性测定，应给出最终结果。

附 录 A
（资料性附录）
实验室间试验

国际标准化组织烟草和烟草制品技术委员会物理和测试分技术委员会 ISO/TC 126/SC 1 于 1996 年组织了一项包括 12 个实验室、4 个样品、5 次重复试验的国际共同合作研究。试验结果按照 ISO 5725-2[1]进行统计分析，在表 A.1 中列出了精密度数据。

表 A.1 实验室间试验的统计结果

（灰化温度为 650℃±50℃）

项 目	在样品中加入的二氧化硅含量		
	0%	5%	10%
剔除离群值后参加的实验室数目/个	7	9	10
硅酸盐残留量平均值(以干物质计)/%	0.51	5.56	10.33
重复性标准差 s_r	0.04	0.12	0.17
重复性变异系数/%	8.21	2.22	1.61
重复性限 $r(2.8s_r)$	0.12	0.35	0.47
再现性标准差 s_R	0.04	0.29	0.61
再现性变异系数/%	8.21	5.30	5.92
再现性限 $R(2.8s_R)$	0.12	0.83	1.73

注：以上结果是在本标准规定的灰化温度 650℃±50℃条件下试验得到的。但是，比较实验室间试验表明在灰化温度 850℃±50℃条件下得到的结果在 95%概率水平时未显示统计差异。

附 录 B
（资料性附录）
本标准与 ISO 2817:1999 的对照

表 B.1 给出了本标准与 ISO 2817:1999 的技术性差异及其原因的一览表。

表 B.1 本标准与 ISO 2817:1999 的技术性差异及其原因

本标准的章条编号	技术性差异	原 因
1	删除了国际标准中该部分的“在……情况下特别有用”，增加了标准的适用范围。	简化并明确了本标准的适用范围。
2	增加引用了规范性文件： YC/T 31《烟草及烟草制品 试样的制备和水分测定 烘箱法》。	引用我国烟草行业常使用的测试水分的方法 YC/T 31，适合我国国情，便于对标准的执行和推广。
3	增加了水分的测试方法“烘箱法”。	结合我国国情，便于标准的执行和推广。
4	报告内容中增加了水分的测试方法。	水分的测试在国际标准规定的“卡尔·费休法”的基础上增加了“烘箱法”，应在报告中说明所采用方法。

附 录 B
（资料性附录）
本标准与ISO 2817:1999的对照

表B.1给出了本标准与ISO 2817:1999的技术性差异及其原因的一览表。

表B.1 本标准与ISO 2817:1999的技术性差异及其原因

本标准的章条编号	技术性差异	原因
1	删除了国际标准中适用部分的"在……情况下特别有用"，增加了标准的适用范围。	简化并明确了本标准的适用范围。
2	增加引用了规范性文件：YC/T 31 烟草及烟草制品 试样的制备和水分测定 烘箱法。	引用我国烟草行业常使用的测试水分的方法YC/T 31，适合我国国情，便于对标准的执行和推广。
3	增加了水分的测试方法"烘箱法"	适合我国国情，便于标准的执行和推广。
4	第5章内容中增加了水分的测试方法	水分的测试在国际标准规定的"卡尔·费休法"的基础上增加了"烘箱法"，应在报告中说明所采用方法。

ICS 65.160
X 85

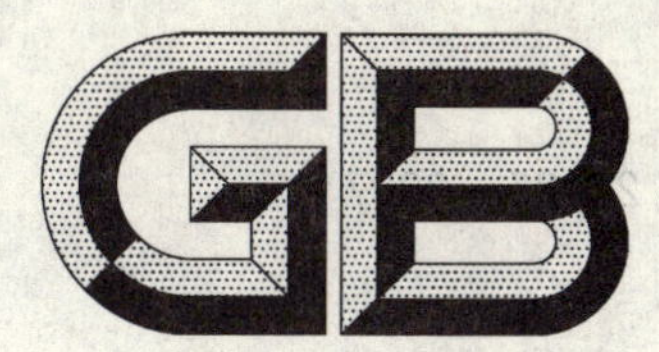

中华人民共和国国家标准

GB/T 21135—2007

烟草及烟草制品　空气中气相烟碱的测定　气相色谱法

Tobacco and tobacco products—Determination of vapour-phase nicotine in air—Gas-chromatographic method

(ISO 11454:1997,MOD)

2007-10-16 发布　　　　2008-01-01 实施

中华人民共和国国家质量监督检验检疫总局
中国国家标准化管理委员会　发布

前言

本标准修改采用 ISO 11454:1997《烟草和烟草制品　空气中气相烟碱的测定　气相色谱法》(英文版)。

考虑到我国国情，与 ISO 11454:1997 相比，本标准存在少量技术性差异，这些技术性差异已编入正文，并在它们所涉及的条款的页边空白处用垂直单线标识。在附录 A 中给出了技术性差异及其原因的一览表以供参考。

本标准与 ISO 11454:1997 相比，做了下列的修改：

——删除 ISO 11454:1997 的前言；

——删除了 ISO 11454:1997 的简介；

——在第 2 章中删去了 ISO 648:1977、ISO 1042:1983、ISO 13276:1997，引用了 GB/T 12806—1991、GB/T 12808—1991 和 YC/T 34—1996；

——在 5.10 中增加了氮气作为载气使用；

——在 7.1 样品采集中增加了采集平行样品的规定；

——在 7.3 中增加了注 5“用氮气作载气时流速略大”，原注 5、注 6 依次顺延为注 6、注 7；

——在 8.3 中大气压的单位由“毫巴”改为国际单位“帕”；

——增加了附录 A“本标准与 ISO 11454:1997 的对照”。

自本标准实施之日起 YC/T 155—2001《烟草和烟草制品　空气中气相烟碱的测定　气相色谱法》废止。

本标准的附录 A 是资料性附录。

本标准由国家烟草专卖局提出。

本标准由全国烟草标准化技术委员会(TC 144)归口。

本标准起草单位：全国烟草质量监督检验中心、郑州烟草研究院。

本标准主要起草人：刘彤、谢复炜、王芳、李荣、杨进、胡清源。

烟草及烟草制品　空气中气相烟碱的测定　气相色谱法

1　范围

本标准规定了测定环境空气中气相烟碱的方法。

本标准适用于烟草及烟草制品。

注1：如果使用此方法测定来源于烟气的烟碱，应认识到空气中存在的烟碱只能作为是否发生吸烟行为的定性示踪物。研究表明，不能由烟碱的含量定量推出其他烟气成分。有关使用限制和应用范围的内容，参见附录A和参考文献[1]。

2　规范性引用文件

下列文件中的条款通过本标准的引用而成为本标准的条款。凡是注日期的引用文件，其随后所有的修改单(不包括勘误的内容)或修订版均不适用于本标准，然而，鼓励根据本标准达成协议的各方研究是否可使用这些文件的最新版本。凡是不注日期的引用文件，其最新版本适用于本标准。

GB/T 12806—1991　实验室玻璃仪器　单标线容量瓶(eqv ISO 1042:1983)

GB/T 12808—1991　实验室玻璃仪器　单标线吸量管(eqv ISO 648:1977)

YC/T 34—1996　烟草及烟草制品　总植物碱的测定　光度法

3　术语和定义

下列术语和定义适用于本标准。

3.1

气相烟碱　vapour-phase nicotine

未附着在烟气粒相物质上的烟碱。

3.2

环境空气　ambient air

特定的室内或室外环境中包含的空气。

4　原理

通过装有专用树脂的样品吸收管，以大约1 L/min的速度抽吸已知的一定体积的空气。将树脂转移到一个玻璃瓶中，加入内标物。将烟碱和内标物溶解在溶剂中。用装有热离子检测器的气相色谱仪检测。

5　试剂

所有试剂均应为分析纯级。

所有容量瓶和移液管都应分别符合GB/T 12806—1991中A级和GB/T 12808—1991中A级规定要求。

5.1　乙酸乙酯：色谱纯。

5.2　三乙胺：纯度不低于99%，用于调节乙酸乙酯溶剂。

5.3　烟碱：纯度不低于99%。使用前，在0℃～4℃下避光保存，其含量应按YC/T 34—1996中附录部分的要求测定。

5.4 喹啉：纯度不低于99%，用作内标物。

5.5 吸收树脂：是由苯乙烯与二乙烯基苯交联共聚形成的微球树脂，比表面积大约725 m^2/g。

5.6 萃取溶剂：用于从吸收树脂(5.5)上解吸烟碱。制备含有0.01%(体积分数)三乙胺(5.2)的乙酸乙酯(5.1)溶液。

5.7 烟碱标准溶液

5.7.1 一级标准溶液

准确称量100 mg左右的烟碱(5.3)，转移到100 mL的容量瓶中，用萃取溶剂(5.6)稀释至刻度。

5.7.2 二级标准溶液

将1 mL一级标准溶液(5.7.1)移入100 mL容量瓶中，用萃取溶剂(5.6)稀释至刻度。

5.8 喹啉标准溶液

5.8.1 一级标准溶液

准确称量100 mg左右的喹啉(5.4)，转移到100 mL容量瓶中，用萃取溶剂(5.6)稀释至刻度。

5.8.2 二级标准溶液

将10.0 mL一级标准溶液(5.8.1)移入100 mL容量瓶中，用萃取溶剂(5.6)稀释至刻度。

5.9 校准溶液

至少准备两组校准溶液，每组包括五个标准校准溶液，以覆盖测试样品的预计浓度范围，将一定量的烟碱二级标准溶液(5.7.2)，例如10 μL、20 μL、50 μL、100 μL和200 μL加至五个2 mL的色谱瓶(6.4)中(每个色谱瓶含有烟碱0.1 μg～2.0 μg)。加入50 μL的喹啉二级标准溶液(5.8.2)和1 mL的萃取溶剂(5.6)至每一个容器中。加盖摇匀。

注2：如果在测试溶液中烟碱/喹啉的比率不变，色谱瓶中的溶液体积是否准确和同一烟碱浓度配制两份溶液的体积是否相同并不重要。

5.10 气体

操作气相色谱使用的气体是氦气或氮气、氢气和压缩空气。

6 仪器

实验室常用仪器及以下各项：

6.1 抽样泵：校准后的空气流速为1 L/min。

6.2 玻璃样品吸收管：两端火封，7 cm×6 mm(外径)，4 mm(内径)，装有两部分20目和40目的吸收树脂，中间用玻璃纤维隔开，两端用玻璃纤维堵上。

6.3 气相色谱仪：具有程序升温功能，热离子检测器(见注3)，数字积分仪和自动进样器(任选的)。

推荐的毛细管柱如下：

a) 30 m×0.32 mm(内径)毛细管柱，涂覆1.0 μm的5%聚苯基甲基硅氧烷膜(首选)；或

b) 30 m×0.53 mm(内径)毛细管柱，涂覆1.5 μm的5%聚苯基甲基硅氧烷膜。

上述柱子需有进行柱上进样或有分流/不分流的毛细管进样口。而且，b)柱能用于填充柱进样口。

注3：热离子检测器是一种专用气相色谱检测器，基于选择性表面增强离子化作用，它对某些化学物质表现出很强的选择性/灵敏度。也称为“碱火焰离子化”检测器和“氮磷”检测器。

6.4 玻璃样品管：容积为2 mL的硅硼玻璃容器，配有聚四氟乙烯(PTFE)覆膜的盖子(例如，自动进样器的色谱瓶)。

6.5 分析天平：感量0.001 g。

6.6 单刻度移液管：规格为1 mL和10 mL。

6.7 容量瓶：规格为100 mL。

6.8 微量移液管：规格为5 μL、10 μL、20 μL和50 μL，或微量加样器，规格为5 μL～200 μL。

6.9 机械振荡器：能达到100%的萃取效率(见7.5)。

7 分析步骤

7.1 样品采集

打开树脂吸收管(6.2)的两端,保证打开部分的直径至少是管内径的一半以上。将吸收管前端对待测空气进行采集,将吸收管后端用管子接在采样泵(6.1)上。调整泵采样速度在 0.5 L/min 和 1.25 L/min 之间,按所需的时间采集空气样品。记录所设的泵采样速度和采样时间,以便计算采集样品体积 V(8.2)。平行采集两份以上样品。

注 4:建议采样时间不少于 1 h。但是,在烟气量较大的环境采样时,容易发生“渗漏”现象(见 8.1),建议平行样品采取措施,降低采样速度或缩短采样时间,防止超过采样管树脂容量,使采样无效。

如果所测浓度需要换算成标准温度和压力(见 8.3)下的浓度,记录采样时的温度和压力的平均值。

样品采集完后,如果不是立即进行检测,用塑料塞子将样品吸收管塞住。室温下避光保存不能超过两星期,或保存于冰箱中;建议采用后者。若保存于冰箱中,样品至少可保存四星期。

7.2 样品制备和试样

7.2.1 测试样品

将每一个样品的玻璃纤维和吸收树脂从吸收管前端(6.2)取出转移到一个 2 mL 的色谱瓶(6.4)中。将吸收管后端的玻璃纤维和树脂转移到另一个色谱瓶中。采样管中部的玻璃纤维不取出。在每一个色谱瓶中加入 50 μL 的二级喹啉标准溶液(5.8.2)和 1 mL 萃取溶剂(5.6)。塞上塞子振荡 30 min。

7.2.2 空白

和样品同时进行,取三个未打开的吸收管,将其两端打开,取出两端的玻璃纤维和树脂分别放入色谱瓶中,管中部的玻璃纤维不取,加入二级内标溶液和萃取溶剂按 7.2.1 所述进行操作。

7.3 气相色谱仪

按照仪器使用说明书对气相色谱仪进行操作。较合适的色谱条件如下:

氦载气流速:柱 a)(6.3)约 2 mL/min 或柱头压 83 kPa;

柱 b)(6.3)约 15 mL/min 或柱头压 103 kPa。

注 5:用氮气作载气时流速略大。

初始炉温(时间):150℃ (0 min)。

程序升温速度:5℃/min 升至 180℃。

进样口温度:250℃。

进样体积:1 μL~2 μL。

进样方式:a) 分流进样(分流比约为 10∶1);

b) 直接进样或柱上进样。

检测器温度:300℃。

检测器灵敏度:0.1 μg/mL 标准校准溶液测烟碱的信噪比大于 50。

分析时间约为 6 min。

注 6:给出压力作为通过测定柱头压设置流速时用。

注 7:不分流进样的方法,参见参考文献[6]。

7.4 测定

用气相色谱测定一系列标准校准溶液和样品,及另一系列校准溶液,得到喹啉和烟碱的积分峰面积。计算每一个烟碱/喹啉峰面积比。分析所有给定浓度的校准溶液,计算平均值,用峰面积比率作纵轴、微克计的烟碱作横轴建立校准曲线。对校正数据进行线性回归或最小二乘法(哪种方式更合适于所有仪器即用哪种,期望 $R^2>0.990$)。从烟碱/喹啉峰面积比率计算每一个样品中的烟碱含量。

7.5 萃取效率的测定

取 20 个未用过的样品吸收管,将两端打开,将前端的玻璃纤维和树脂取出放入 2 mL 的色谱瓶

(6.4)中。在五个色谱瓶中加入 10 μL 烟碱二级标准溶液(5.7.2),五个色谱瓶中加入 20 μL,五个色谱瓶中加入 50 μL,剩余五个用作空白。盖上塞子,将所有色谱瓶与测试样品以相同方式保存。

在所有色谱瓶中加入 50 μL 二级喹啉标准溶液(5.8.2)和 1 mL 萃取溶剂(5.6),分析样品和空白的烟碱,按 7.4 测定样品。

不同浓度的样品的烟碱萃取效率 DE 按式(1)给出:

$$\mathrm{DE} = \frac{m_1 - m_2}{m_3} \times 100 \qquad \cdots\cdots(1)$$

式中:

m_1——样品中所检测到的烟碱平均质量,单位为微克(μg);

m_2——空白中的烟碱平均质量,单位为微克(μg);

m_3——加入样品中的烟碱平均质量,单位为微克(μg)。

通过方差分析或 t 检验来确定是否三种浓度样品($P<0.05$)的 DE 值不同。如果 DE 值不同,以 DE 值对所加入的烟碱质量作图。使用此图可得到 DE 值,用于计算空气样品(见 8.1)中的烟碱质量。当用合并结果进行 t 检验后,如果三种浓度的 DE 值相同但不是 100%,将合并算术平均值作为 DE 值。

至少重复测定两次,直到取得一致的结果(t 检验,P 不小于 0.05)。

8 结果的表示

8.1 计算样品中烟碱的总质量

样品中烟碱总质量 m,以微克计,按式(2)计算:

$$m = \frac{(m_4 - m_5) + (m_6 - m_7)}{\mathrm{DE}} \qquad \cdots\cdots(2)$$

式中:

m_4——样品吸收管前端的树脂中所含的烟碱质量,单位为微克(μg);

m_5——所有空白管(7.2 中所述)前端所含的烟碱平均质量,单位为微克(μg);

m_6——样品吸收管后端的树脂中所含的烟碱质量,单位为微克(μg);

m_7——所有空白管(7.2 中所述)后端所含的烟碱平均质量,单位为微克(μg);

DE——按 7.5 测定的萃取效率。

如果样品管后端采集的烟碱数量超过总量的 5%,则说明发生了渗漏,整个样品视作无效。在这种情况下,应降低采样速度或缩短采样时间重新采集样品,或者两种措施同时采用,以达到不超过样品吸收管树脂容量的目的。

8.2 计算空气中烟碱含量

采集的空气中的烟碱含量 c,以微克/立方米计,按式(3)计算:

$$c = \frac{m \times 1\,000}{V} \qquad \cdots\cdots(3)$$

式中:

m——样品中烟碱总质量,单位为微克(μg);

V——采集样品体积,单位为升(L);

1 000——是将升转换为立方米的转换系数。

8.3 计算转换为标准温度、压力条件时的空气中烟碱的含量

如果想要或因为泵的特性的需要,将样品烟碱含量换算为标准温度、压力条件下的含量 $c_{标准}$,以微克/立方米计,按式(4)计算:

$$c_{标准} = c \times \frac{1.013 \times 10^5}{p} \times \frac{(t_1 + 273)}{298} \quad \cdots\cdots(4)$$

式中：

c——按8.2得到的烟碱含量，单位为微克每立方米（$\mu g/m^3$）；

p——采集样品时的大气压，单位为帕（Pa）；

t_1——采集样品时的温度，单位为摄氏度（℃）；

1.013×10^5——标准压力的约整数，单位为帕（Pa）；

298——标准温度的约整数，单位为开尔文（K）。

9 精密度

1991年，七个实验室参与对六个样品进行了共同研究试验（见参考文献[5]），得到表1中的重复性（r）和再现性（R）的极限值。

表1 重复性（r）和再现性（R）的极限值

烟碱平均浓度/（$\mu g/m^3$）	重复性极限值 r	再现性极限值 R
4.0	0.5	1.3
13.2	2.4	2.8
34.7	4.0	5.8

10 可能存在的干扰

在发生吸烟行为的环境空气中，虽然含有约为烟碱浓度的1%的喹啉，但在大多数的环境中使用本方法，以喹啉作内标（IS）是合适的。在实地试验中，所采集的空气中通常有0 μg～2 μg的烟碱存在于吸收树脂上。样品浓度在此范围内时，收集在树脂上的喹啉质量在检测限之下，对作为内标加入的5 μg喹啉不产生干扰。

如果本方法用于所采集的烟碱含量很大的情况下（>10 μg），应对其进行修改。建议作如下修改：

a） 降低采样速度或缩短采样时间；

b） 将吸收树脂放入较大体积的溶剂中萃取，将规定数量的内标加入到1 mL的萃取液中；

c） 增加内标喹啉的量；

d） 用 *N*-乙基降烟碱作内标（见参考文献[3]）。

11 试验报告

试验报告应给出每立方米空气中烟碱的含量，应包括所有影响结果的条件（例如：空气条件、采样时间和采样速度）。还应给出确认试验空气所需的所有细节。

附 录 A
（资料性附录）
本标准与 ISO 11454：1997 的对照

表 A.1 给出了本标准与 ISO 11454：1997 的技术性差异及其原因的一览表。

表 A.1 本标准与 ISO 11454：1997 的技术性差异及其原因

本标准的章条编号	技术性差异	原 因
2	引用了规范性文件： GB/T 12806—1991《实验室玻璃仪器 单标线容量瓶》； GB/T 12808—1991《实验室玻璃仪器 单标线吸量管》； YC/T 34—1996《烟草及烟草制品 总植物碱的测定 光度法》。	引用我国制定和经国际标准转化的标准，适合我国国情，便于对标准的理解和执行。
5.5	删去了注 1）。	与本标准无直接关系。
5.10	增加了氮气作为载气使用。	使用氮磷检测器时氮气也可用作载气。
6.2	删去了注 2）。	与本标准无直接关系。
7.1	增加了采集平行样品的规定。	结合标准执行中的实际操作，方便试验和测试。
7.3	增加了注 5“用氮气作载气时流速略大”，原注 5、注 6 依次顺延为注 6、注 7。	结合标准执行中的实际操作，方便试验和测试。
8.3	大气压的单位由“毫巴”改为国际单位“帕”。	根据 GB/T 1.1 的标准编写规定应采用压力的国际单位。

参 考 文 献

[1] CORESTA Recommended Method №14—Determination of nicotine in ambient air by gas chromatographic analysis (September 1993).

[2] Manual of Analytical Methods: National Institute for Occupational Safety and Health: Cincinnati, Ohio, USA, 1977, Part 11, Vol. 3; Method No S293.

[3] M W Ogden, L. W. Eudy, D L Heavner, F W Conrad, Jr. and C R Green, "Improved Gas Chromatographic Determination of Nicotine in Environmental Tobacco Smoke", Analyst, September 1989, Vol. 114, pp 1005-1008.

[4] M W Ogden, "Gas Chromatographic Determination of Nicotine in Environmental Tobacco Smoke: Collaborative Study", J. Assoc. Off. Anal . Chem. , November/December 1989, Vol. 72, pp 1002-1006.

[5] M W Ogden, "Equivalency of Gas Chromatograph5c Conditions in Determination of Nicotine in Environmental Tobacco Smoke: Minicollaborative Study", J. Assoc. Off. Anal. Chem. Int. , 1992, Vol. 75, No 4, pp 729-733.

[6] M W Ogden, "Use of Capillary Chromatography in the Analysis of Environmental Tobacco Smoke", In Capillary Chromatography—The Applications, W G Jennings and J G Nikelly, Eds. , Hüthig Buch Verlag, Heidelberg, 1991, pp 67-82.

[7] L W Eudy, F A Thome, D L Heavner, C R Green and B 3 Ingebrethsen, "Studies on the Vapor-Particulate Phase Distribution of Environmental Nicotine by Selective Trapping and Detection Methods", Proceedings of the 79th Annual Meeting of the Air Pollution Control Association, Air Pollution Control Association, Pittsburgh, Pennsylvania, USA, 1986, Paper 86-38. 7.

[8] D J Eatough, C L Benner, J M Bayona, F M Caka, H. Tang, L. Lewis, 3. D. Lamb, M L Lee, E A Lewis and L D Hansen, "Sampling for Gas Phase Nicotine in Environmental Tobacco Smoke With a Diffusion Denuder and a Passive Sampler", Proceedings of the 1987 EPA/APCA Symposium on Measurement of Toxic Related Air Pollutants. Air Pollution Control Association, Pittsburgh, Pennsylvania, USA, 1987, pp 132-139.

[9] P R Nelson, D L Heavner, B B Collie, K C Maiolo and M W Ogden, "Effect of Ventilation and Sampling Time on Environmental Tobacco Smoke Component Ratios" Environ. Sci. Technol. , 1992, Vol. 26, pp 1909-1915.

[10] M R Guerin, R A Jenkins and B A Tomkins, The Chemistry of Environmental Tobacco Smoke: Composition and Measurement, Lewis Publishers, Chelsea, Michigan, USA, 1992.

ICS 65.160
X 85

中华人民共和国国家标准

GB/T 21136—2007

打叶烟叶 叶中含梗率的测定

Threshed tobacco—Determination of stem content

(ISO 12195:1995,MOD)

2007-10-16 发布　　　　2008-01-01 实施

中华人民共和国国家质量监督检验检疫总局
中国国家标准化管理委员会　发布

前　言

本标准修改采用 ISO 12195:1995《打叶烟叶　含梗率的测定》(英文版)。

考虑到我国国情，与 ISO 12195:1995 相比，本标准存在少量技术性差异，这些技术性差异已编入正文，并在它们所涉及的条款的页边空白处用垂直单线标识。在附录 E 中给出了技术性差异及其原因的一览表以供参考。

本标准与 ISO 12195:1995 相比，做了下列的修改：

——删除 ISO 12195:1995 的目录；

——删除 ISO 12195:1995 的前言；

——本标准的范围中增加了注，删去了国际标准中测定雪茄烟类的相关内容，适用烟叶类型增加了晾晒烟类；

——将 3.1.10 中压力的单位改为国际单位“帕”；

——将 4.2.3 中的“烟梗出料时间”由“60 s”改为“不少于 20 s”；

——增加了附录 E“本标准与 ISO 12195:1995 的对照”。

自本标准实施之日起 YC/T 136—1998《打叶烟叶　叶中含梗率的测定》废止。

本标准的附录 A 是规范性附录，附录 B、附录 C、附录 D、附录 E 是资料性附录。

本标准由国家烟草专卖局提出。

本标准由全国烟草标准化技术委员会(TC 144)归口。

本标准起草单位：全国烟草质量监督检验中心、郑州烟草研究院。

本标准主要起草人：胡清源、刘彤、崔文品、夏正林、罗登山。

打叶烟叶　叶中含梗率的测定

1　范围

本标准规定了烟叶叶片中含梗率的术语和定义，以及烟叶叶片的抽样和叶中含梗率的测定方法。

本标准适用于烤烟、白肋烟等打叶或手工撕叶后的烟叶。

注：本标准也适用于晾晒烟、雪茄烟等。不同类型的烟叶所需的叶梗分离气流速度不同，可通过校准盘调整风分箱中的气流速度，见附录A。

2　术语和定义

下列术语和定义适用于本标准。

2.1

烟梗　stem

烟叶主脉。

2.2

叶片　lamina

烟叶主脉之间的部分。

2.3

去梗叶片　strips

打叶或撕叶后的叶片。

2.4

打叶　threshing

用机械方式分离烟叶的烟梗和侧梗等的过程。

2.5

撕叶　stripping

从烟叶中撕去烟梗，得到烟片的过程。

2.6

叶中含梗测定仪　stem tester

小型打叶机和风分箱以可控方式打叶并从叶片中分选烟梗。

2.7

多层振动筛分器　stacked sieve shaker

模拟以均匀不变方式进行筛分和振动的筛分器。

3　仪器设备

3.1　叶中含梗测定仪

叶中含梗测定仪主要操作性能在3.1.1～3.1.11给出，见图1。

3.1.1　静态压力传感器和压力表

压力传感器应装在法兰上254 mm处，直接装在风分箱门上，尽可能和内壁平齐。这样可避免空气涡流和由此产生的不稳定读数。压力传感器在图2举例说明。

一个合适的、刻度范围在0～5 mm水柱的压力表连接在压力传感器上，并回零。它指示风分箱中气流速度。

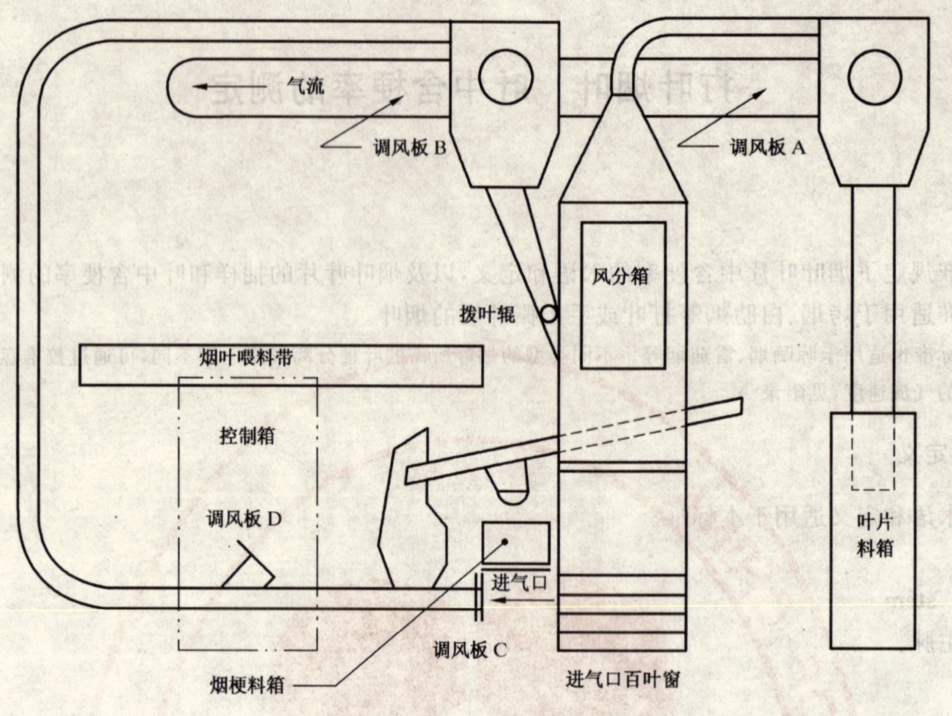

图 1　叶中含梗率测定仪

单位为毫米

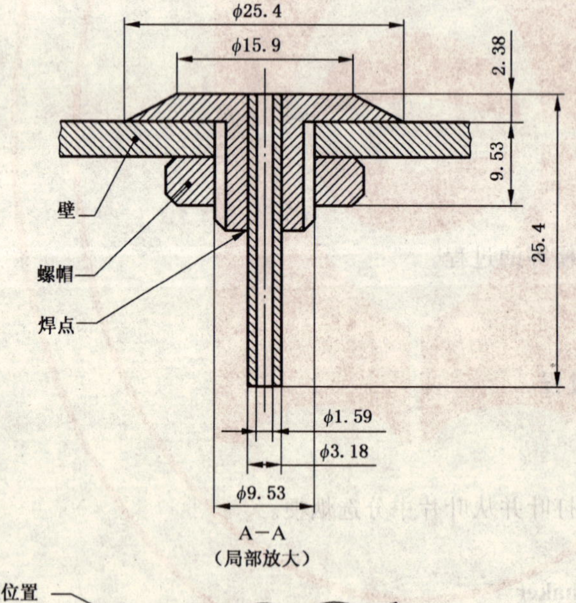

图 2　标准静态压力传感器

3.1.2　**烟梗挡板**

有两块导向板挡住跳出打叶机的烟梗。第一块板安装在打叶机喂料口振动输送机出料端;第二块板安装在打叶机底部(见图 3 和图 4)。

装在打叶机下部的气流进口处的调风板 C,是可打开的(见 3.1.8)。

3.1.3　**打叶机**

打叶机具有下列指标。

打钉列数:4;

每列打钉数:31;

打钉的尺寸:96.8 mm×25.4 mm×3.2 mm;

打钉间距:3.2 mm。

详细内容参见图 B.1 和表 B.1。

3.1.4　**框栏**

框栏具有下列指标。

孔的大小:打孔直径为 19 mm;

孔的分布状态:参见图 B.2;

框栏尺寸:470.3 mm×263.5 mm×3.2 mm;

外径长度:154 mm。

详细内容参见图 B.2 和表 B.2。

3.1.5　**打辊**

打辊速度需按下列规定。

打叶机:(1 150±20)r/min;

振动输送机轴:(450±20)r/min;

拨叶辊:(950±20)r/min;

两个切向分离器旋转气塞:(70± 5)r/min。

单位为毫米

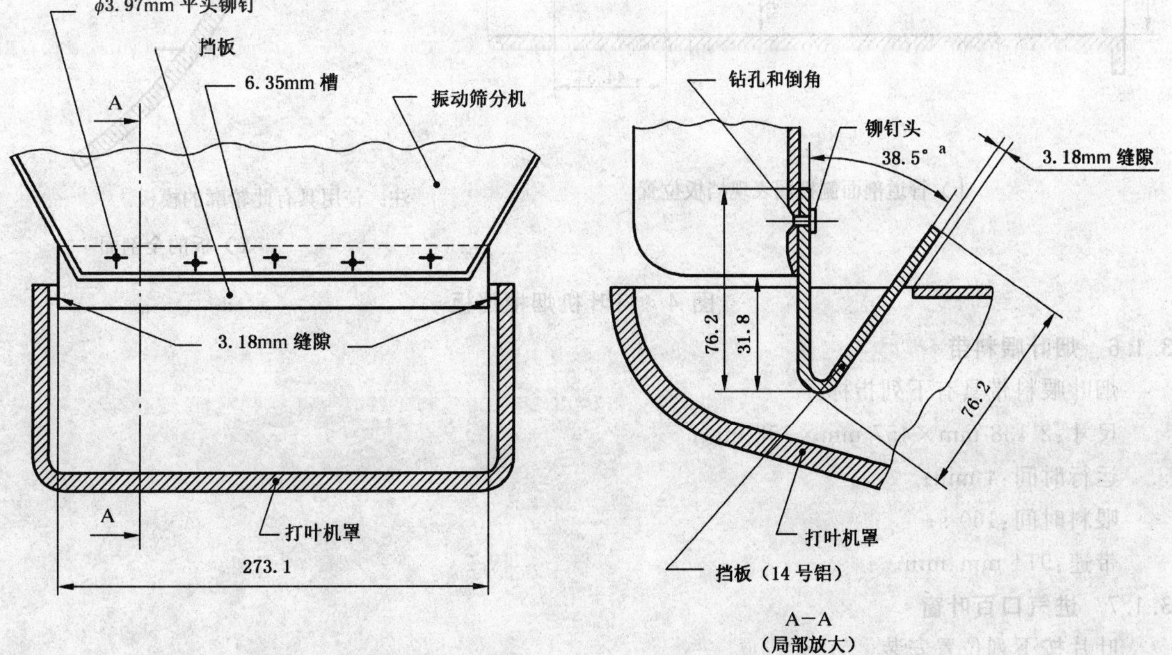

a 这个角或许要改变以适应某些机器。

图 3　打叶机烟梗挡板

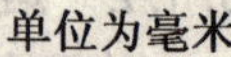

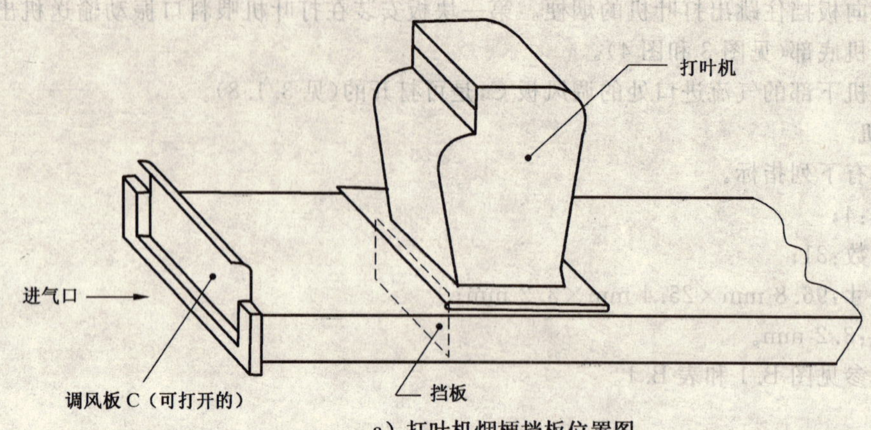

a）打叶机烟梗挡板位置图

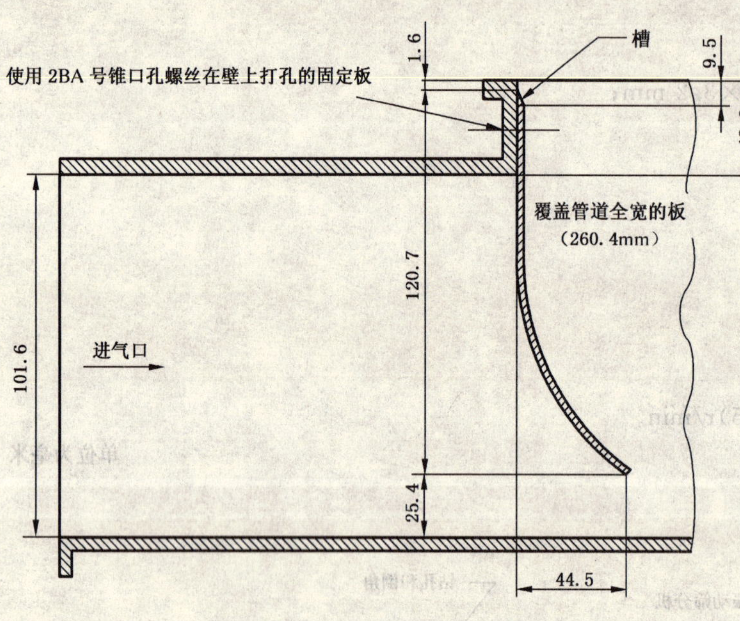

b）管道剖面侧视图表现挡板位置

16 号低碳钢

注：使用具有此轮廓的模板。

c）板的全剖面

图 4 打叶机烟梗挡板

3.1.6 烟叶喂料带

烟叶喂料带具有下列指标。

尺寸：2 438 mm×457 mm×152 mm；

运行时间：4 min；

喂料时间：160 s；

带速：914 mm/min。

3.1.7 进气口百叶窗

叶片按下列位置安装。

顶部叶片：与水平面夹角 34°；

中部叶片：与水平面夹角 34°；

底部叶片:与水平面夹角29°。

3.1.8 **调风板**

调风板按下述安装使用。

调风板A,安装在14/24叶片切向分离器的下游,用于调节风分箱中的气流速度。

调风板B,安装在14/18烟梗切向分离器的下游,应保持完全开启,防止烟梗堆积在切向分离器中。

调风板C,安装在打叶机下部的通风管进口,应可打开,防止烟梗跳出以及粗梗在关闭或部分关闭的调风板后堆积;在打叶机底部安装一块烟梗挡板(见3.1.2)。如果需要,可在通风管末端安装一块筛孔较大的网筛捕集由气流挟带的杂质;如果安装了,应保持筛孔洁净。

调风板D,安装在通风管中打叶机后面,并保持关闭。

这些调风板的位置见图5。

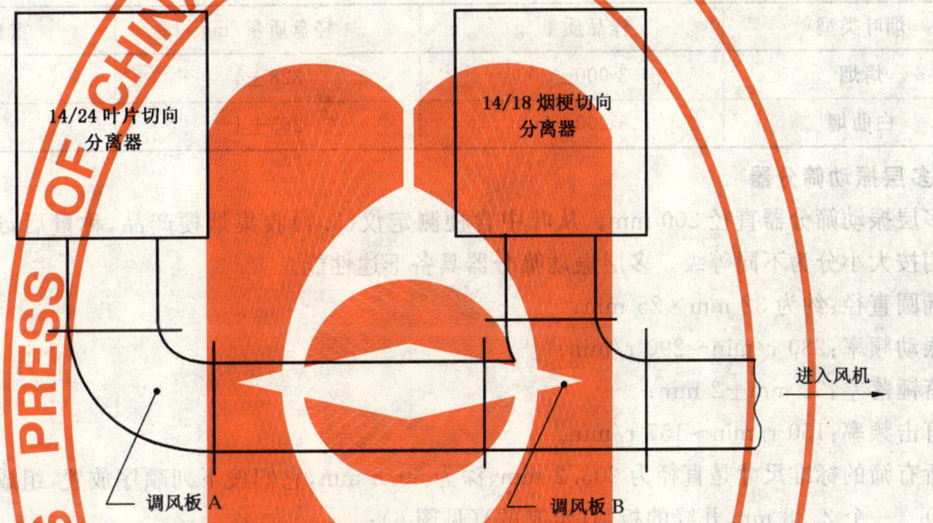

a) 平面图

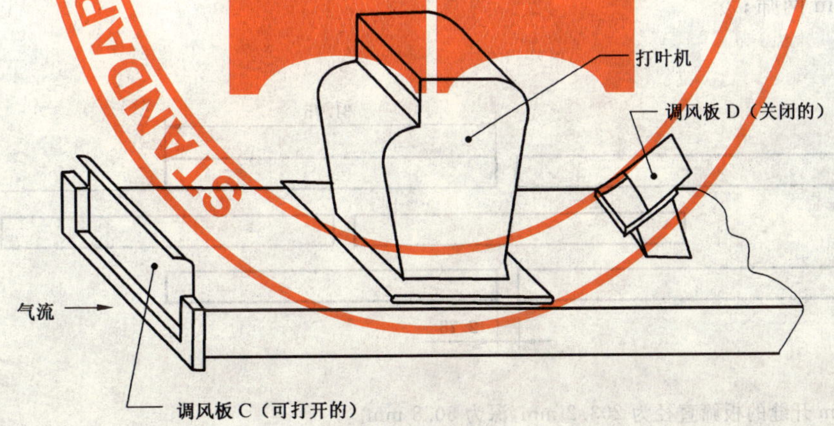

b) 挡风板安装位置图

图5 挡风板的安装

3.1.9 **风分箱**

振动输送机网筛应为20目,金属丝直径0.36 mm,空隙面积占51%。网筛用金属丝框支撑。

振动输送机网筛在风分箱出口处应有一25.4 mm的间隙,使烟梗通过,进入打叶机。

拨叶辊边缘距风分箱外壳约 6.4 mm～9.5 mm。

3.1.10 风机

风机可提供压力为 1 245 Pa 时，大于 119 m³/min 的气流速度，在海拔较高时它的速度需要调节，以补偿空气密度的变化。

3.1.11 校准盘

不同类型烟叶的去梗叶片有不同的蓬松度，因此以每种类型烟叶取样量的不同，来保证通过叶中含梗测定仪相同体积的样品。这样可避免打叶机和风分箱超载，产生不稳定和错误的结果。

不同类型烟叶所需的分离烟梗和叶片的气流速度也不同，要为这些烟叶设置不同的风分箱气流速度。

气流速度用校准盘的方式校准。在第 C.1 章中给出了校准盘的详细说明，参见图 C.1。在表 1 中推荐了两种类型烟叶的抽样量、校准盘的质量及允差。

表 1 烟草样品质量和校准盘的质量

烟叶类型	样品质量/g	轻盘质量/mg	重盘质量/mg
烤烟	3 000±300	328±4	420±4
白肋烟	3 000±300	265±4	328±4

3.2 多层振动筛分器

多层振动筛分器直径 200 mm。从叶中含梗测定仪(3.1)收集烟梗产品，称量后，通过振动筛分器将它们按大小分为不同等级。多层振动筛分器具备下述性能。

椭圆直径：约为 32 mm×25 mm；

振动频率：280 r/min～290 r/min；

落锤落差：33 mm±2 mm；

打击频率：150 r/min～157 r/min。

所有筛的标准尺寸是直径为 203.2 mm、深为 50.8 mm，它们按下列顺序放置，组成多层筛：

a） 一个 2.38 mm 开缝的板筛(定制的)(见图 6)；

b） 2.80 mm 网筛；

c） 1.70 mm 网筛；

d） 盘。

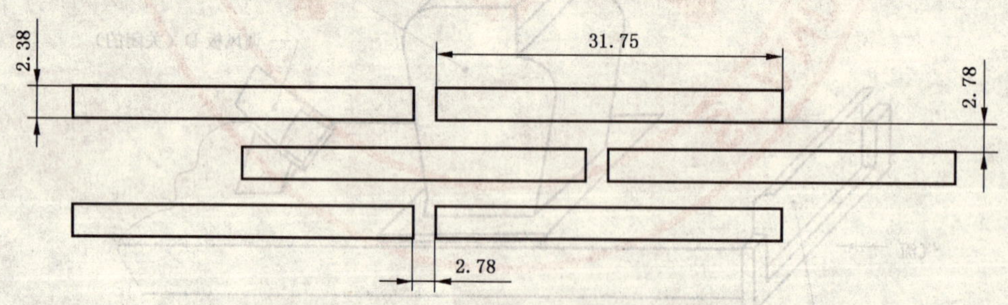

注：此 2.38 mm 开缝的板筛直径为 203.2 mm，深为 50.8 mm。

图 6 开缝为 2.38 mm 用于多振动筛分器的板筛

4 测试方法

去梗烟叶样品平稳通过喂料带(3.1.6)，以均匀的速度进入打叶机(3.1.3)，经打叶后的样品由气流送入风分箱(3.1.9)，叶片以一定可控的流速从打叶后的物质中分出，进入叶片料箱。分离出的烟梗返回打叶机重新进行打叶。操作持续 4 min 后，烟梗出料门自动开启，烟梗进入烟梗料箱，称量。

不同类型烟叶的去梗叶片具有不同的蓬松度,因此以每种类型烟叶取样量的不同,来保证通过叶中含梗测定仪相同体积的样品,而且在打叶机和风分箱中的气流速度也不同,以达到所需的叶梗分离。

4.1 抽样

保证按附录A对通过风分箱的气流速度进行调节。在表1中给出了不同类型烟叶所需的抽样量。如果拿取的样品超过限量,应重新取样。样品可另取,也可把尺寸测试后的去梗叶片重新组合、抽样。

取样方法参见本标准第C.3章。

4.2 步骤

4.2.1 称样,把样品均匀地铺满喂料带,保证梗出料门和风分箱的各个门都关闭。

4.2.2 打开电源,然后按下列顺序打开仪器:

a) 风机;

b) 14/18烟梗切向分离器;

c) 14/24叶片切向分离器;

d) 打叶机;

e) 振动输送机;

f) 拨叶辊。

4.2.3 将自动定时器准确设置为4 min(样品喂入打叶机用160 s,打叶机清理烟梗用80 s)。等压力表读数稳定且检查它的读数是否和设置步骤相同。如果不同,按附录A和附录D中给出的可能的原因进行检查,然后重复附录A中的设置步骤。

按喂料输送机启动钮开始测试,秒表自动启动。在样品全部喂入打叶机后,将残留的叶片从喂料带扫入打叶机。测试4 min后,烟梗出料口自动打开,烟梗从出料口中落下,收集在烟梗料箱中。待烟梗完全落在烟梗料箱,出料时间不少于20 s。少量留在风分箱中的细梗可忽略。

4.2.4 把收集在叶片料箱中的轻小叶片放回喂料带,均匀铺满其上,过第二遍。关闭烟梗出料门,从4.2.2开始重复测试步骤。收集第二次分离出的梗,加入第一次分离出的梗中。称量烟梗,精确至±1 g.关掉电源。

4.2.5 当频繁检测样品时,为了质量控制等目的,在检测空档仍运转机器会更方便。在这种情况下,只有振动输送机和喂料带需要在测试空档开或关。喂料带停止输送,秒表自动回零,出料门重新活动。出料门应该在每次测试前关闭。

4.3 用多层振动筛分器进行梗含量分类

对所有产自叶中含梗测定仪的梗产品进行称量,以“总含梗量”计,将其放在顶部网筛内(通常50 g～150 g)。用从动锤开动振动筛分器,同时开动限时钟或电子定时器,让筛分器准确运行5 min,移开每层筛盘,记录每层筛盘中的烟梗的质量。

5 结果的表示

5.1 含梗率的计算

按式(1)计算总含梗率w,以百分数计:

$$w = \frac{m \times 100}{m_1} \qquad \cdots\cdots(1)$$

式中:

m——每层烟梗的质量,单位为克(g);

m_1——所取样品的质量,单位为克(g)。

5.2 烟梗分类计算

如下计算按4.3分类的烟梗的百分数:

a) 大于2.38 mm的烟梗:

$$\text{大于 2.38 mm 的烟梗} = \text{2.38 mm 板筛上梗质量} \times \frac{100}{M} \quad \cdots\cdots\cdots\cdots(2)$$

b) 小于 2.38 mm 烟梗；无烟末：

$$\text{小于 2.38 mm 烟梗} = (\text{2.80 mm 网筛上梗质量} + \text{1.70 mm 网筛上梗质量}) \times \frac{100}{M} \quad \cdots\cdots(3)$$

c) 烟末：

$$\text{烟末} = \text{盘中烟末质量} \times \frac{100}{M} \quad \cdots\cdots\cdots\cdots(4)$$

6 测试报告

检测报告要详细说明所得结果。应说明本标准中没有规定的所有操作细节，并说明可能影响检测结果的所有细节。

检测报告应包括样品说明。

附　录　A
（规范性附录）
设置风分箱气流标准条件

叶中含梗测定仪按 3.1.1～3.1.11 设置。关掉电源，压力表读数设为零。用塑料胶带把一铝板(457 mm 宽、356 mm 高、3 mm 厚)固定并密封在风分箱的出口壁上，在振动筛和铝板底边之间留 13 mm间隙。在振动筛中央固定一片 50 mm 宽、180 mm 长的塑料胶带，距对面壁 50 mm。见图 A.1。打开烟梗出料门。

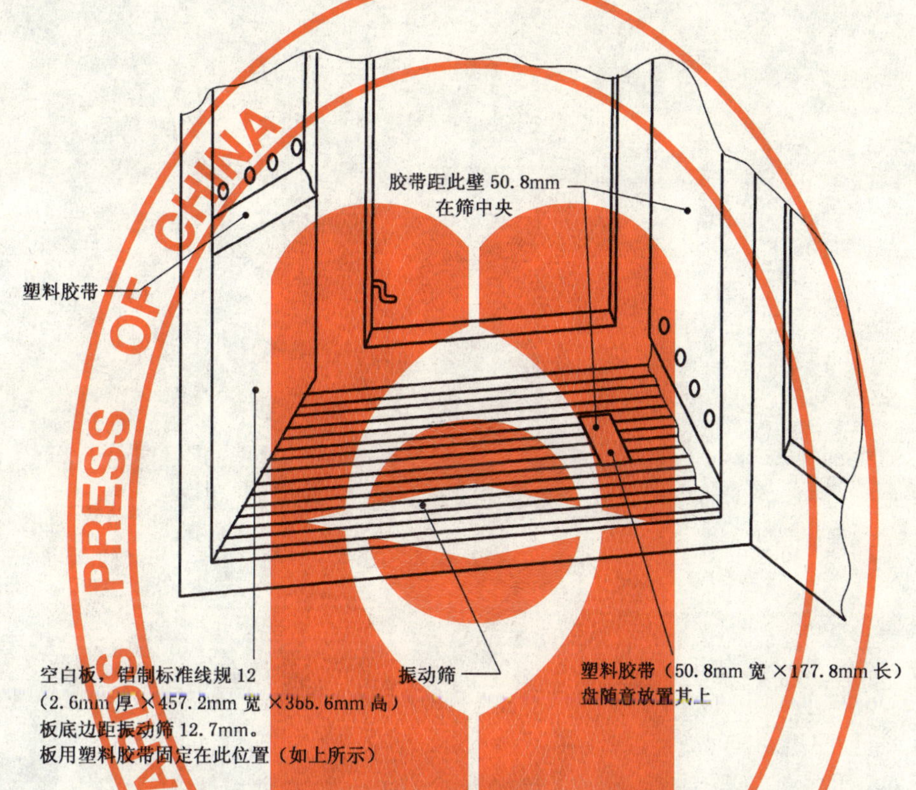

注：标准网筛尺寸为每 25.4 mm 20 目，金属丝直径 0.36 mm，开缝 0.91 mm，缝隙面积占 51.8%。

图 A.1　在风分箱中设置标准气流速度

打开风分箱门，在塑料胶带上随意放置 10 个重的和 10 个轻的盘(如 3.1.11 所述，按烟叶类型选择盘质量)。打开电源。启动风机和 14/24 叶片切向分离器气塞。关闭风分箱门。40 s 后气流和压力计稳定，然后记录它的读数。

启动振动输送机，同时打开限时钟。轻的盘收集在叶片料箱，重的盘收集在烟梗料箱。准确控制在 30 s 后，打开风分箱门。留在塔中的盘通过烟梗出料门出来。在打开门时不要把盘丢掉。

收集并分别清点在叶片料箱和烟梗料箱中的盘。替换塑料胶带上的 20 个盘，关上塔门，按下面所述调节调风板 A(装在 14/24 切向叶片分离器下部，见 3.1.8)：

1)　如果落入烟梗出料门的轻盘多于一个，打开调风板 A 增加静压；

2)　如果带入叶片料箱的重盘多于一个，关闭调风板 A 降低静压。

重复上述步骤直到至少有 9 个重盘落入烟梗出料口，或至少有 9 个轻盘收集在叶片料箱。对同一调风板位置的设定，至少需重复三次以确认上述分离性能。记录压力表读数，拧紧调风板旋钮，从风分箱移走塑料胶带和空的铝盘。

上述盘法的设计，可保证不管空气密度、海拔及温度变化，风分箱仍能达到标准的分离性能。多数情况下，当风分箱处于标准气流条件时，操作者预期可看到 10 个轻盘和 10 个重盘被干净利落地分开。上述的 20 个盘中允许出现一个盘的误差的情况是轻盘被粘缚于风分箱中，或风分箱中气流分布不均匀引起重盘被轻盘带走。

如果调风板 A 完全打开，还没有足够的气流把轻盘带走，应查看调风板 B 是否完全打开，是否被系统中的烟草残余物堵塞，并且，风机运行速度应适当。

附　录　B
（资料性附录）
打　叶　机

B.1　打叶机标准构成见表 B.1。

表 B.1　打叶机标准构成

打钉排数	4
每排打钉数	31
打钉总数	124
隔板总数	31
转板总数	32

B.2　机箱标准尺寸见表 B.2。

表 B.2　机箱标准尺寸

单位为毫米

符号[a]	参　　数	标准尺寸和允差	英式仪器尺寸	美式仪器尺寸
A	装配板总长	228.6±2.38	230.19	227.0
B	打钉轴 PCD	123.8±0.794	230.19	227.0
C	打钉尖部间距	289.0±0.794	289	289
D	隔板厚度	4.11±0.25	4.064	4.176
E	转板厚度	3.15±0.305	3.251	3.038
F	转板直径	152.4±0.794	3.251	3.038
G	机箱外半径	154.0±0.794	153.99	153.99
H	机箱厚度	3.15±0.305	3.251	3.038
I	打钉和机箱的间隙	6.35±0.794	6.460	6.502
J	打钉尺寸	0.794	6.460	6.502

[a] 见图 B.1。

B.3　打叶机装配举例见图 B.1。

单位为毫米

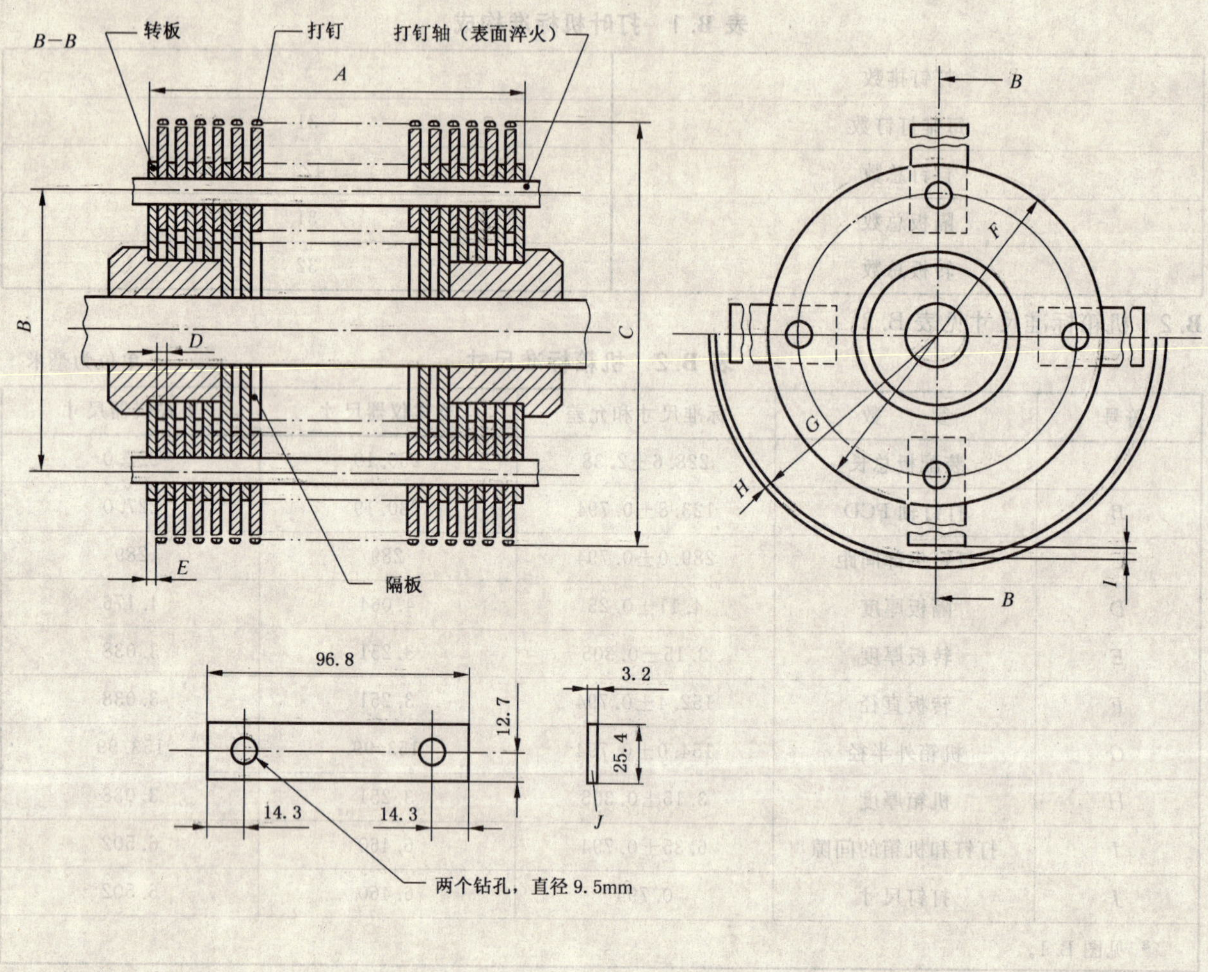

注：尺寸见表 B.2。

图 B.1 打叶机装配举例

B.4 打叶机箱举例见图 B.2。

单位为毫米

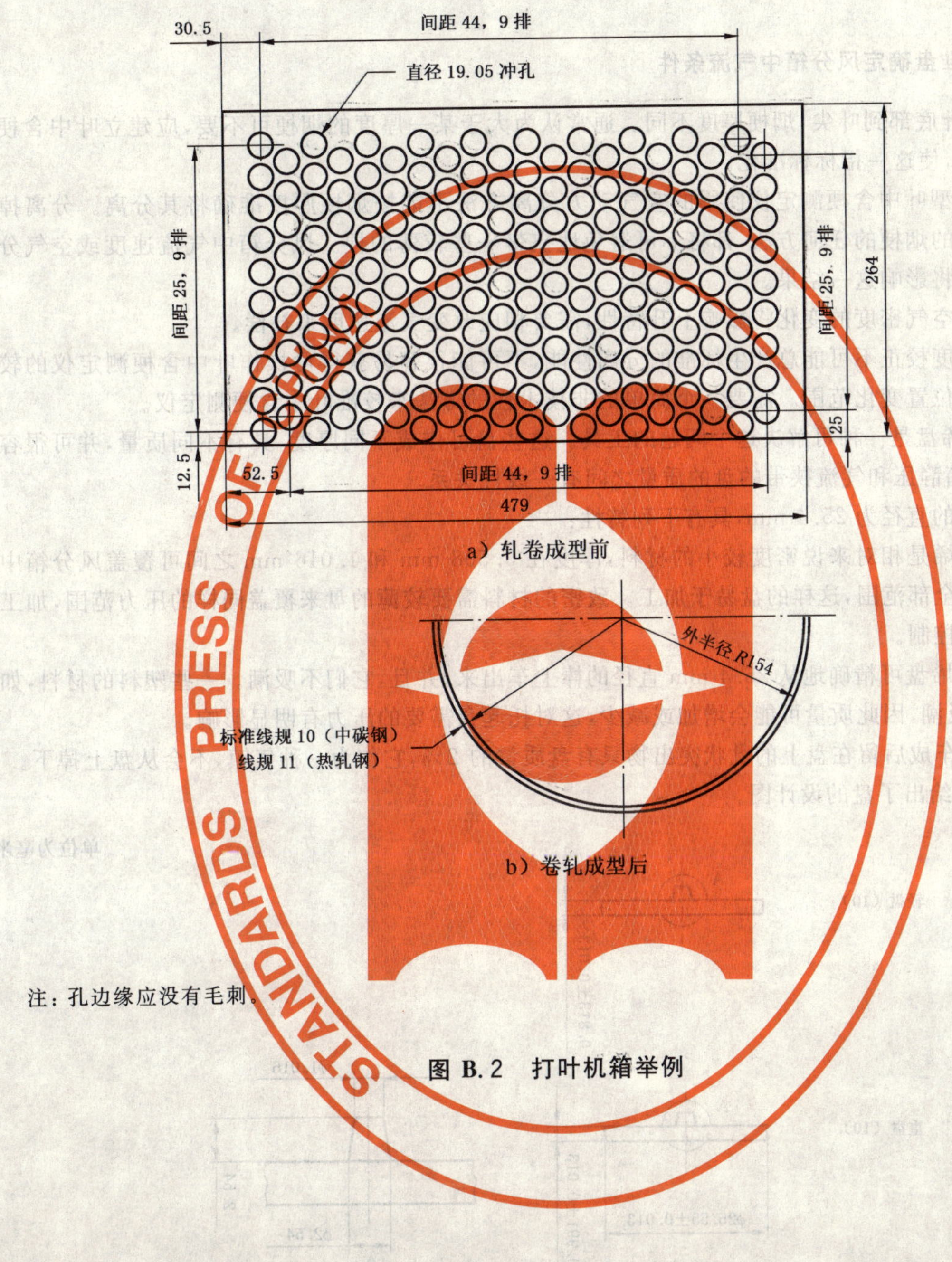

a）轧卷成型前

b）卷轧成型后

注：孔边缘应没有毛刺。

图 B.2　打叶机箱举例

附　录　C
（资料性附录）
操作注意事项

C.1　使用校准盘确定风分箱中气流条件

C.1.1　从烟叶底部到叶尖，烟梗厚度不同。通常认为大于某一厚度的烟梗可不要，应建立叶中含梗的仪器测定方法，使这一指标标准化。

Cardwell 型叶中含梗测定仪使用的空气动力分离方法不能按烟梗厚度准确将其分离。分离掉相对较厚的不要的烟梗的任何方法，都将不可避免地挟带一些较薄的梗。风分箱中气流速度或空气分布的微小差异也将影响这一结果。

风分箱中空气密度的变化将影响上升特性，需要相应改变气流速度来补偿。

简单的速度校正不可能总产生标准的分离性能，不可能很容易获得可操作叶中含梗测定仪的较宽的气候、海拔、位置变化范围。需要一个简单的非技术性的方法来校准叶中含梗测定仪。

C.1.2　聚丙烯盘是一种可解决这个问题的工具。这些盘可作成不同厚度，具有不同质量，并可很容易看到，在风分箱静压和气流挟带的盘的质量之间有一线性关系。

聚丙烯盘的直径为 25.4 mm，具有下列特性：

a）聚丙烯是相对来说密度较小的材料，厚度在 0.508 mm 和 1.016 mm 之间可覆盖风分箱中静压的全部范围，这样的盘易于加工。致密的材料需要较薄的盘来覆盖同样的压力范围，加工中不好控制。

b）聚丙烯盘可精确地从 25.4 mm 直径的棒上车出来，并且，它们不吸潮。一些塑料的材料，如尼龙，吸潮，因此质量可能会增加或减少，这对托起盘需要的压力有明显影响。

c）盘被车成后留在盘上的乳状突出物只有盘质量的 2%，它作为一种气镇，不会从盘上掉下。

图 C.1 中给出了盘的设计图。

单位为毫米

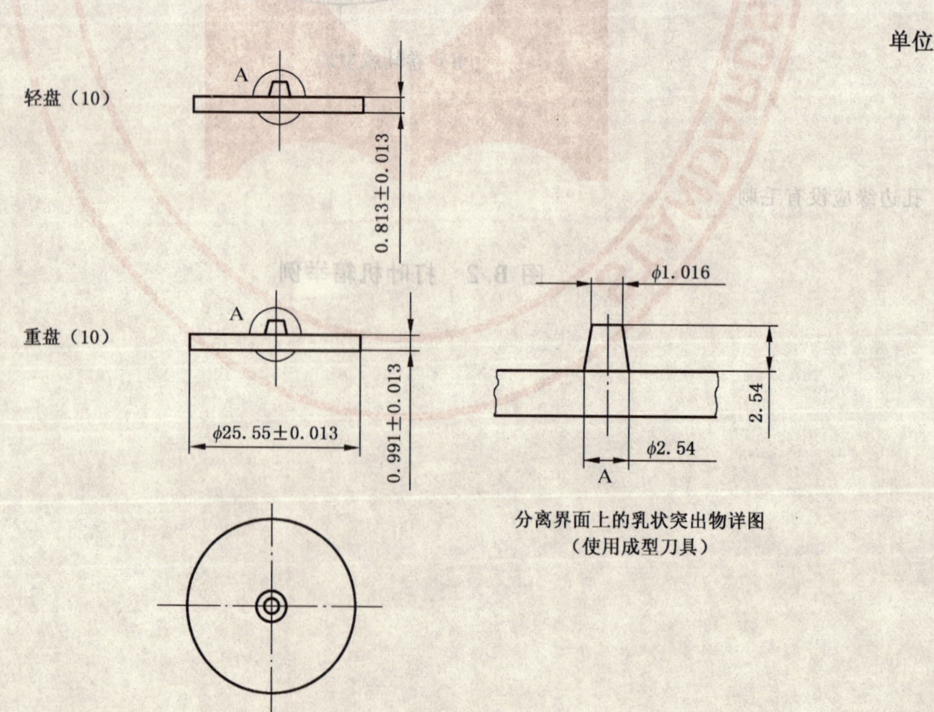

图 C.1　盘的设计

C.1.3 盘的质量和风分箱静压之间的关系：

——所有的盘从风分箱中分出；

——所有的盘留在风分箱中。

见图 C.2。这种相关关系能为风分箱中所需的任何静压范围规定一套轻盘和重盘。

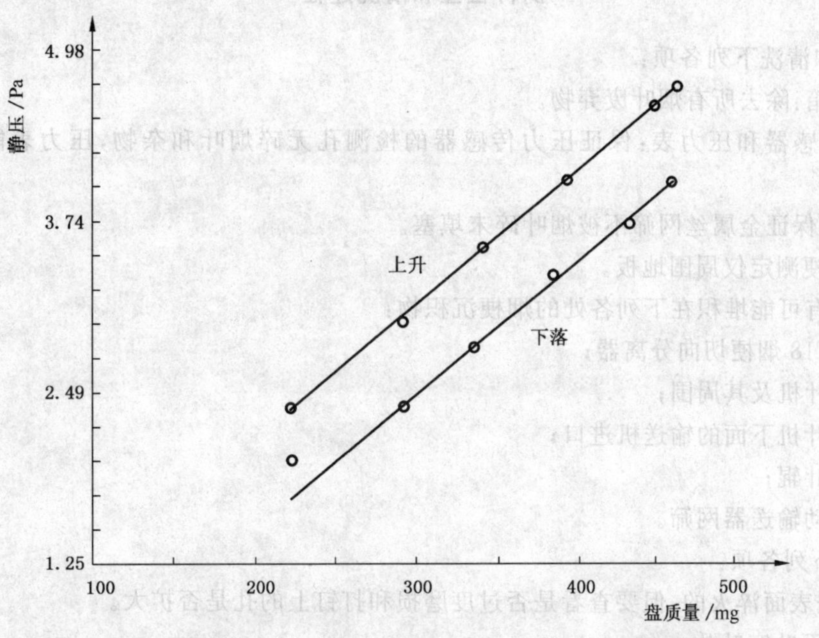

图 C.2 风分箱状况和直径 25.4 mm 聚丙烯盘质量

C.2 不要的烟梗的主观和客观评估

含梗率不同的几种等级的烟草叶片，应该在风分箱的一定静压范围内测定，并收集烟梗。这些测定产生的烟梗应该进行 f 检验，以决定哪些烟梗是不要的。由部门内的烟叶和质量控制人员决定。这些将取决于只包括大梗的高静压范围收集的烟梗，和包括大梗、薄梗以及叶脉的低静态压范围收集的梗之间。记录下分离出上述被选样品时的风分箱静压，运用在 C.1.3 中描述的根据风分箱静压和相关轻盘、重盘的质量之间关系加工出一套盘。

对需要测定含梗率的每种类型的烟叶，应该重复上述步骤。不同类型的烟叶的样品质量和叶片含梗率也可能不同。

C.3 取样点

作为一种质量控制检测，在打叶线末端，抽取检测所需样品。通常，这些样品的含水率范围是16%～20%。

烟草叶片样品也常在重烘干机出口抽取，或在打包后立即从包装箱或大桶内取出。也在卷烟加工过程中，叶片混合之前或之后取样检测。对叶片进行取样和处理时应该小心，避免造碎。

一些样品含水率为 10%～14%，测定前应该回潮，含水率至少达到 15%～16%。

应该认识到，尽管从所有测定点所取样品的总含梗率可能相似，但不能保证这一点。只能对来自一个取样点的测试数据进行比较分类。

不仅含水率影响测定结果，在重烘干和打包过程中叶片和烟梗出现物理性能变化也会影响测定结果。这可能影响样品的疏松程度和空气动力学特性。

附 录 D
（资料性附录）
例行检查和清洗过程

D.1 每日检查和清洗下列各项：

a) 打叶机箱：除去所有烟叶废弃物。

b) 压力传感器和压力表：保证压力传感器的检测孔无碎烟叶和杂物，压力表能正确满刻度、回零。

c) 振动筛：保证金属丝网筛不被烟叶碎末填塞。

d) 叶中含梗测定仪周围地板。

e) 除去所有可能堆积在下列各处的烟梗沉积物：

——14/18 烟梗切向分离器；

——打叶机及其周围；

——打叶机下面的输送机进口；

——拨叶辊；

——振动输送器网筛。

D.2 每周检查下列各项：

a) 打钉：是表面淬火的，但要查看是否过度磨损和打钉上的孔是否扩大。

b) 进气口百叶窗叶片。

D.3 一年至少将所有输送管道拆卸一次，并全面清洗。

D.4 按照厂家的手册维护叶中含梗率测定仪。

附 录 E
（资料性附录）
本标准与 ISO 12195:1995 的对照

表 E.1 给出了本标准与 ISO 12195:1995 的技术性差异及其原因的一览表。

表 E.1 本标准与 ISO 12195:1995 的技术性差异及其原因

本标准的章条编号	技术性差异	原 因
1	本标准的范围中增加了注，删去了国际标准中测定雪茄烟类的相关内容，适用烟叶类型增加了晾晒烟类。	结合我国烟草行业生产实际情况予以调整。
3.1.10	将压力的单位改为国际单位“帕”。	根据 GB/T 1.1 的标准编写规定应采用压力的国际单位。
3.2	删去了注 1)。	与本标准无直接关系。
4.1	删去了注 2)。	与本标准无直接关系。
4.2.3	“烟梗出料时间”由“60 s”改为“不少于 20 s”	根据测试试验，烟梗已可完全落在烟梗料箱。

ICS 65.160
X 85

中华人民共和国国家标准

GB/T 21137—2007/ISO 12194:1995

烟叶 片烟大小的测定

Leaf tobacco—Determination of strip particle size

(ISO 12194:1995,IDT)

2007-10-16 发布 2008-01-01 实施

中华人民共和国国家质量监督检验检疫总局
中国国家标准化管理委员会 发布

前　言

本标准等同采用ISO 12194:1995《烟叶　片烟大小的测定》(英文版)。

为便于使用,与ISO 12194:1995相比,本标准做了下列编辑性修改:

——删除了ISO 12194:1995的前言;

——删除了ISO 12194:1995的引言;

——第2章规范性引用文件中的ISO 3310:1990改为GB/T 6003.1《金属丝编织网试验筛》。

本标准的附录A、附录B、附录C为资料性附录。

本标准由全国烟草标准化技术委员会卷烟分技术委员会提出。

本标准由全国烟草标准化技术委员会(TC 144)归口。

本标准起草单位:中国烟草标准化研究中心、中国烟叶生产购销公司、北京长征高科技公司、许昌天昌国际烟草有限公司。

本标准主要起草人:冯茜、李小红、李青常、杜阅光、马明、梁德清、洪川。

烟叶　片烟大小的测定

1　范围

本标准规定了测量片烟大小的方法。

本标准适用于由机械打叶和手工撕叶的片烟，也适用于任何类型的烟叶，包括烤烟、白肋烟和雪茄烟叶。

本测试方法由片烟的取样和样品通过一个四盘质量控制振动筛检测组成。

2　规范性引用文件

下列文件中的条款通过本标准的引用而成为本标准的条款。凡是注日期的引用文件，其随后所有的修改单(不包括勘误的内容)或修订版均不适用于本标准，然而，鼓励根据本标准达成协议的各方研究是否可使用这些文件的最新版本。凡是不注日期的引用文件，其最新版本适用于本标准。

GB/T 6003.1　金属丝编织网试验筛(GB/T 6003.1—1997,eqv ISO 3310:1990)

3　术语和定义

下列术语和定义适用于本标准。

3.1

烟片　lamina

烟叶叶脉之间的部分。

3.2

片烟　strips

打叶或撕叶后的烟片。

3.3

打叶　threshing

通过机械方法除去烟叶的烟梗和侧脉。

3.4

撕叶　striping

除去烟叶的烟梗，撕下的两个半片烟叶大致无损。

3.5

质量控制振动筛　quality-control shaker

用四种规格的筛网将片烟分离成五种尺寸的仪器。

4　仪器设备

4.1　质量控制振动筛

质量控制振动筛由喂料输送带，四个筛分盘和一个筛屑收集箱组成。它们都被安装在一个坚固的框架上。通过振动四个筛分盘进行分离。各个筛分盘的筛网孔径不同。这些筛分盘上下交错排列应使穿过一层筛网掉落的片烟至少要在下层筛网上露出 660 mm。在每层振动筛网的出口端，都有一个分离箱自动地收集从网上通过的片烟。图 1 给出了质量控制振动筛的设计图。

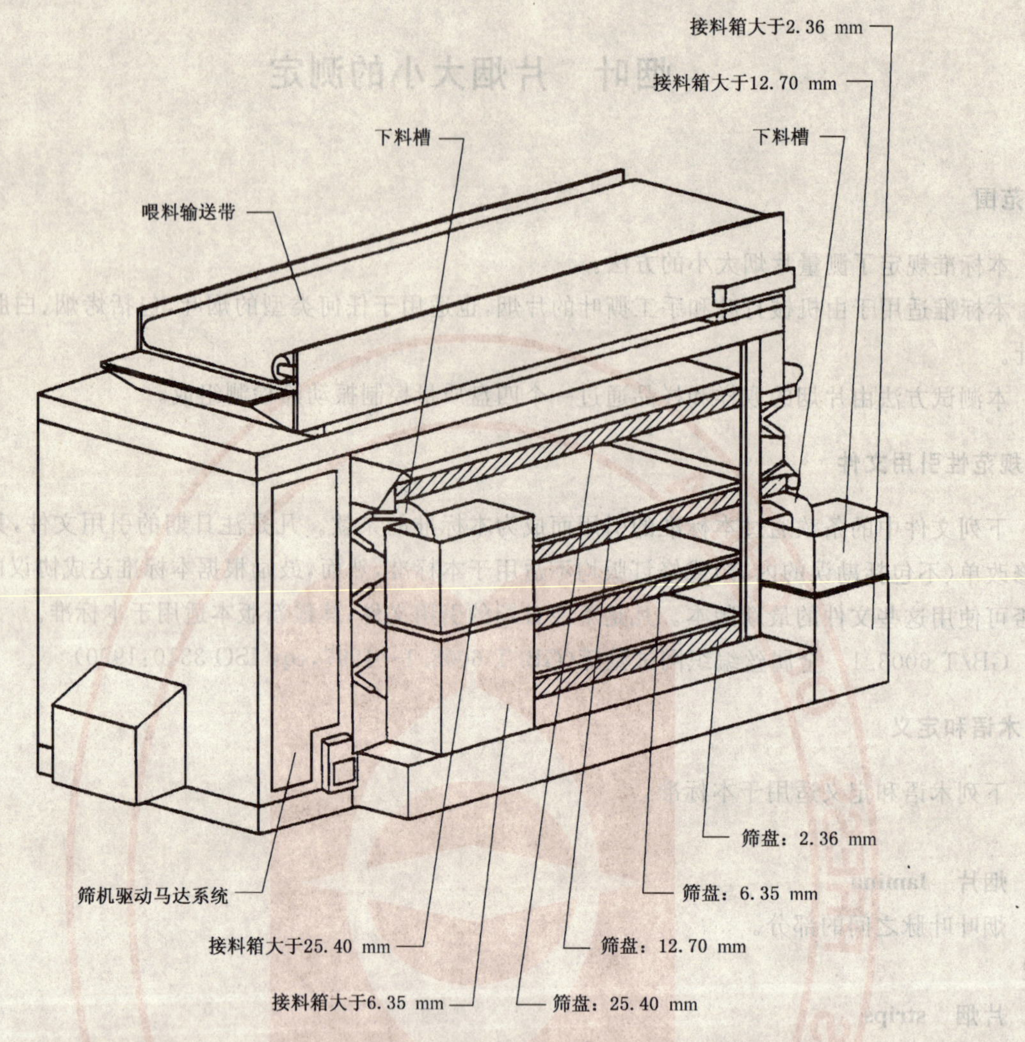

图 1　质量控制振动筛的设计图

4.2　筛网

4.2.1　筛网尺寸：固定在质量控制振动筛上的四个筛网应为编制网，是按照 GB/T 6003.1 规定，采用不锈钢材料制成的。网的尺寸由表 1 给出。筛网的装配图在附录 A 中给出。

表 1　筛网尺寸

规格/mm	筛孔/mm	丝径/mm	开孔面积/%
25.40×25.40	25.40	3.80	75.9
12.70×12.70	12.70	2.67	68.3
6.35×6.35	6.35	1.82	60.3
2.36×2.36	2.36	1.00	49.0
注：除了 2.36 mm×2.36 mm 的筛网是平织网，其他筛网均为单方向弯曲。			

4.2.2　筛网的振动频率为(525±5)r/min。这可以通过改变电机上的皮带轮或改变偏心驱动轴使之产生驱动轴速为(525±5)r/min。应在驱动轴运转时使用测速仪检测。

4.2.3　用振幅图测定每层筛网的振幅为(13.1±1.2)mm，在附录 B 中描述了测定方法。应在驱动轴速度为(525±5)r/min 的条件下进行测定。

对测定片烟大小的任何仪器来讲，振幅应保持恒定。如果发现所测振幅超出容许误差范围，那么检查传动机构是否松动并检查悬挂装置是否牢固(一个键的非常小的松动都会导致显著的运动误差)。

振幅误差也可能由筛盘质量或弹片刚度不当引起。

4.3 喂料带

调整喂料带使带上的烟草样品在(450±5)s内卸完。

4.4 收集箱

保证每个收集箱有相同的净质量。

4.5 松散钉

质量控制振动筛(4.1)应装有松散钉,可以耙散从喂料带上落下的片烟团块。附录C给出了这些耙钉的图例。

5 取样

5.1 每个烤烟和白肋烟片烟的样品质量为(3 000±300)g。每个雪茄烟片烟样品的质量为(1 000±100)g。

如果样品的质量超出相应范围,那么废弃该样品重取新样品。如果样品在范围内,那么记录该样品质量并用于测试。

5.2 大部分片烟大小测试样品是在打叶线的出口端作为质量控制的措施而进行抽取的,样品的水分含量通常在16%~20%范围内。

测试用的烟草片烟可以从复烤机的出口端和烟箱或烟桶中取样,还可以在卷制过程中混叶前后取样和测试。

干烟片的取样和处理要小心进行以避免造碎。

6 步骤

保证筛网(4.2)上不含烟片,标出皮重的收集箱正确地放置在出料口下端。

将样品均匀分散在整个输送带表面,启动振动筛,然后启动喂料带(4.3)。

当全部样品从顶层筛网上通过后,用一个软刷刷松散钉(4.5),然后刷顶层筛网,清除滞留的烟草片烟并使之通过剩余的筛网,对所有的筛网重复上述的操作,当所有片烟被收集到已标出皮重的箱内时,关闭振动筛和喂料带。

将收集到的样品称量并精确至克,按下列项目记录每个质量:

——在25.40 mm筛网上;

——在12.70 mm筛网上;

——在6.35 mm筛网上;

——在2.36 mm筛网上;

——在2.36 mm筛网以下。

检查各层筛网所收集烟片的质量之和应不超出原始样品质量±50 g。如果超出,本次试验作废,并重新取样进行测试。

各层筛网所收集烟片的质量以各层筛网所收集烟片质量之和的百分含量表示,不要用样品的原始质量计算百分含量。

7 结果表示

各层筛网所收集到的片烟质量的百分含量按式(1)进行计算:

$$片烟质量含量 = \frac{m_i}{\Sigma m_i} \times 100\% \qquad \cdots\cdots(1)$$

式中：

m_i——各层筛网所收集片烟的质量，单位为克(g)；

Σm_i——各层筛网所收集片烟质量的总和，单位为克(g)。

8 试验报告

试验报告应详细记录所测结果，也应该说明非本标准规定或被认为是可供选择的所有操作细节以及可能影响测试结果的任何细节。

试验报告应包括确认样品所需要的所有资料。

附 录 A
(资料性附录)
典型筛网装置图

A.1 典型筛网装置图

图 A.1～图 A.3 和表 A.1～表 A.2 为典型的筛网装配图和表。

图中提供了 OCT/W.S.Tyler 筛转换件清单,Cardwell 型实验室振动筛[1]的更改。

1) 本资料是为本标准的使用者提供的信息,它不属于本标准所述仪器规定的部分。

单位为毫米

表 A.1

部件号	件号	零件号	数量/个	零件描述
107101	1	REP	8	张紧轨
	2	107107	8	折角板
	3	107241	8	螺丝
	4	ZA11082	8	六角螺母
	5	ZA11092	8	弹簧垫圈
	6	ZA11053	16	托架螺钉
	7	ZA11055	16	加重六角螺母
	8	ZA11114	16	平垫圈
	9	ZA11096	16	弹簧垫圈
©	10	108280	1	筛网装置
©M	11	107437	1	底部部件
©M	12	107438	1	装料斗延长部分

注：M 在图中未表示

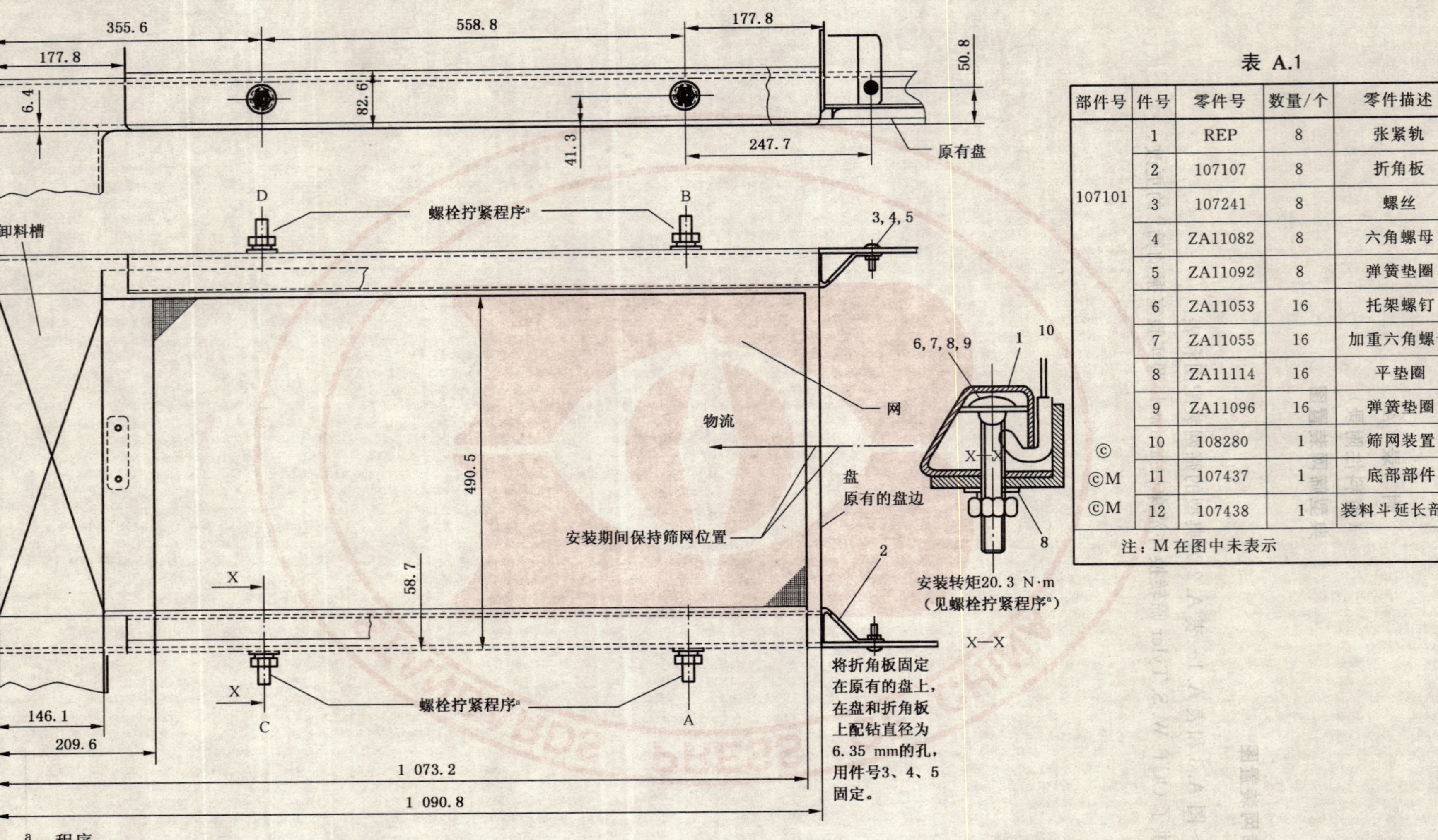

a 程序

1 定出件号 10 筛网的中心以及长度。

2 用手拧上标有 A、B、C、D 的螺栓，并保持中心位置不变。

3 交替拧紧件号 7 六角螺母 A-B、C-D、A-B、C-D 等等，直至各螺栓的张力为 20.3 N·m。

图 A.1 转换件安装（适合所有四层筛）

单位为毫米

表 A.2

步骤	装配顺序	组件号
1	卸去更换筛布	
2	更换底层	2
3	更换所有四层;为泰勒转换件设置安装孔	3
4	泰勒筛布定位,标出中心	1
5	装配泰勒转换件	3

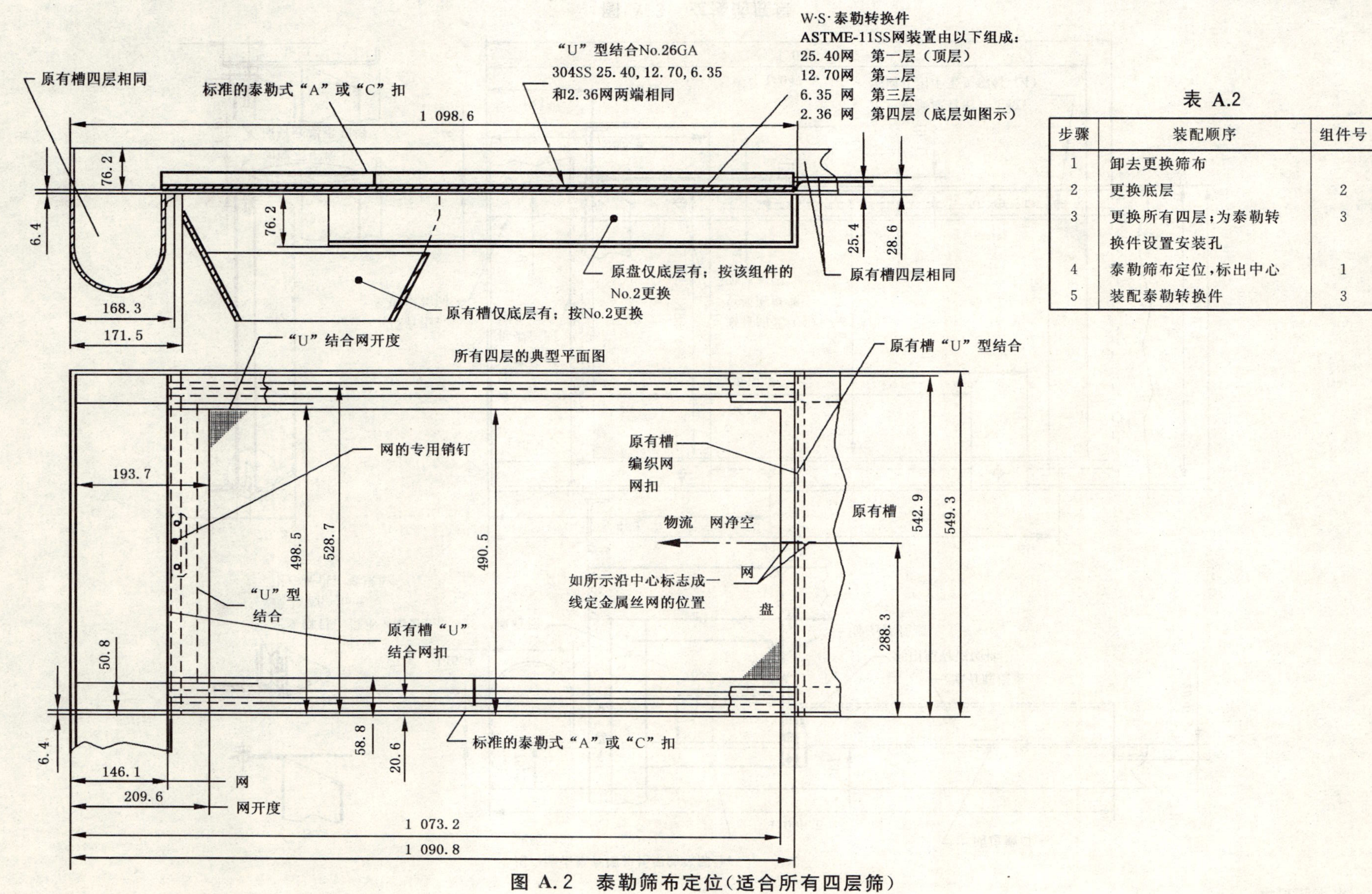

图 A.2 泰勒筛布定位(适合所有四层筛)

单位为毫米

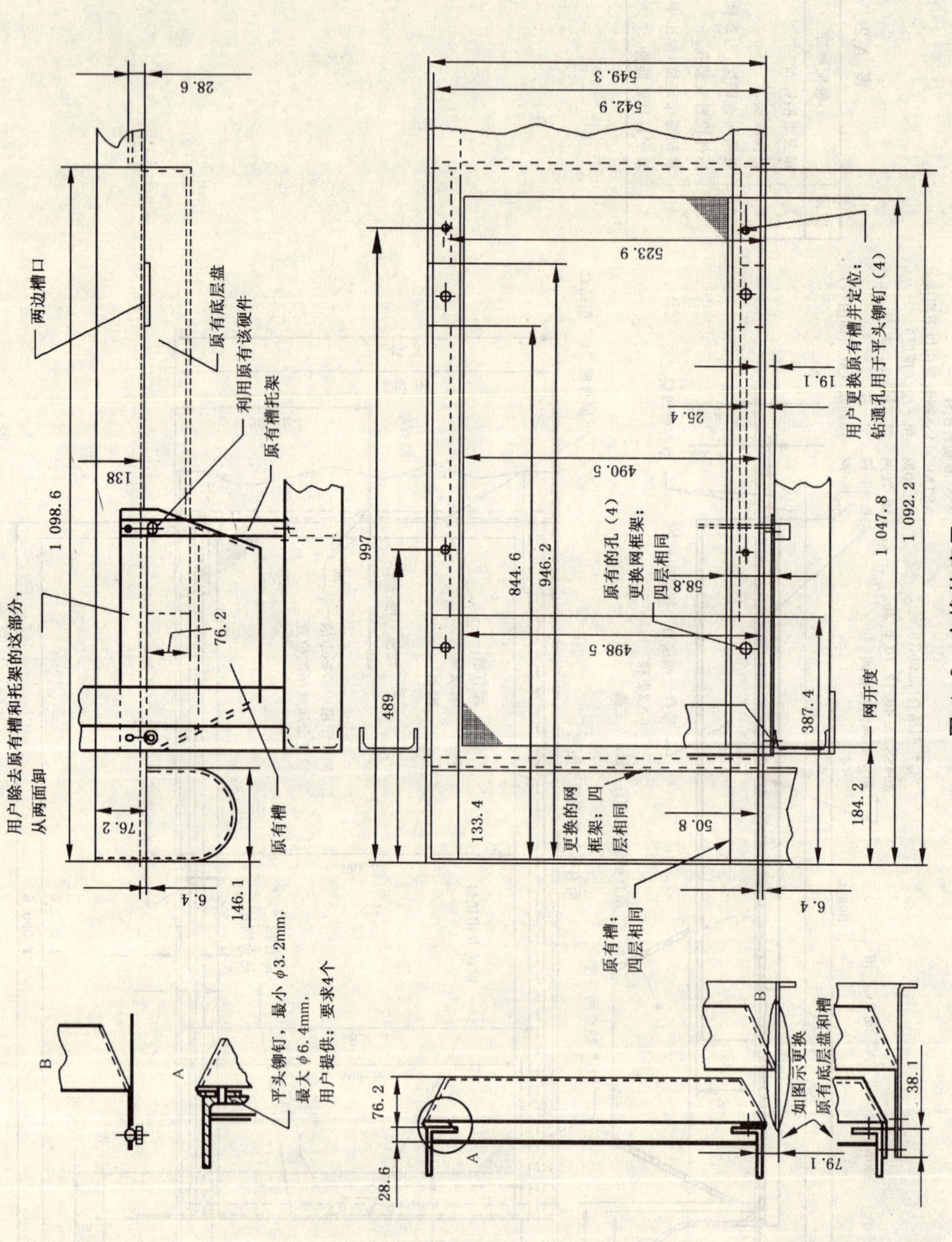

图 A.3 交换的底层

附 录 B
（资料性附录）
检查筛网振幅的方法

B.1 步骤

振幅指示器被安装在每层筛网侧边的中部。仪器运转每分钟振动(525±5)次时，观察圆(见图B.1)。仪器运转期间，在每个位置上观察到两个以不同程度重叠的圆。在圆的一对圆周线刚好接触但没有重叠时，注意该圆的读数。正确操作时应为(13.1±1.2)mm的读数。如果仪器工作超出这个范围，检查驱动机构松动情况、筛网质量或弹片刚度。

B.2 常规检查

每日检查一次每层筛网的振幅是否正常。

每日检查一次偏心驱动轴是否为(525±5)r/min。

每日检查一次筛网有没有任何变形。一旦有磨损或损坏的明显痕迹，应立即换上符合GB/T 6003.1的筛网。

每日检查一次烟草出料时间是否为(450±5)s。

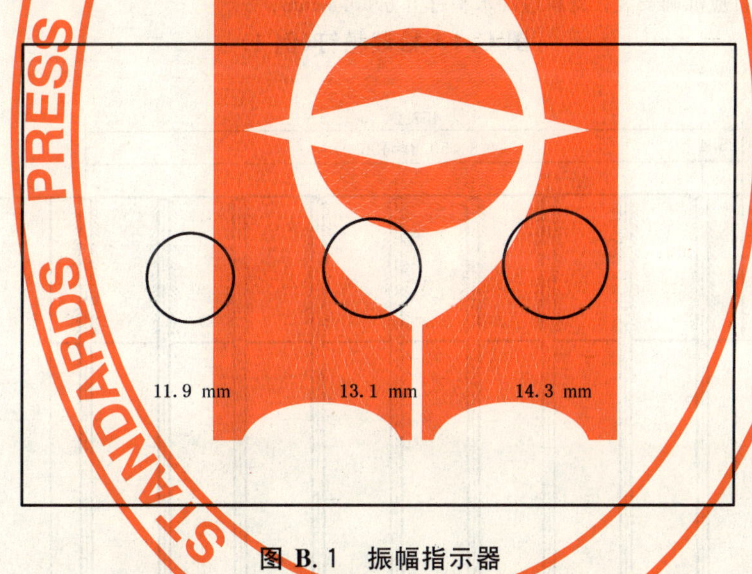

图 B.1 振幅指示器

附 录 C
（资料性附录）
松散耙钉设计图

C.1 松散耙钉设计图示例见图 C.1 和图 C.2。

单位为毫米

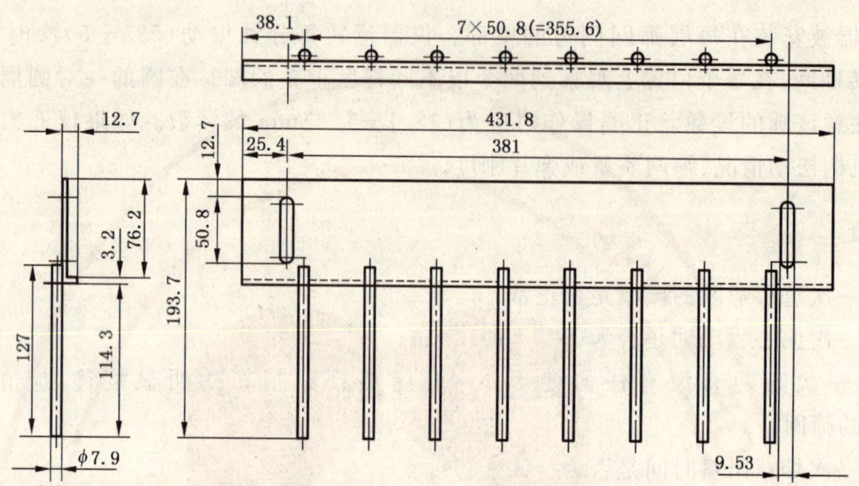

注：该单元的竖直钉应准确安装在铺料组件水平钉上方 50.8 mm。

图 C.1 松散耙钉(例 1)

单位为毫米

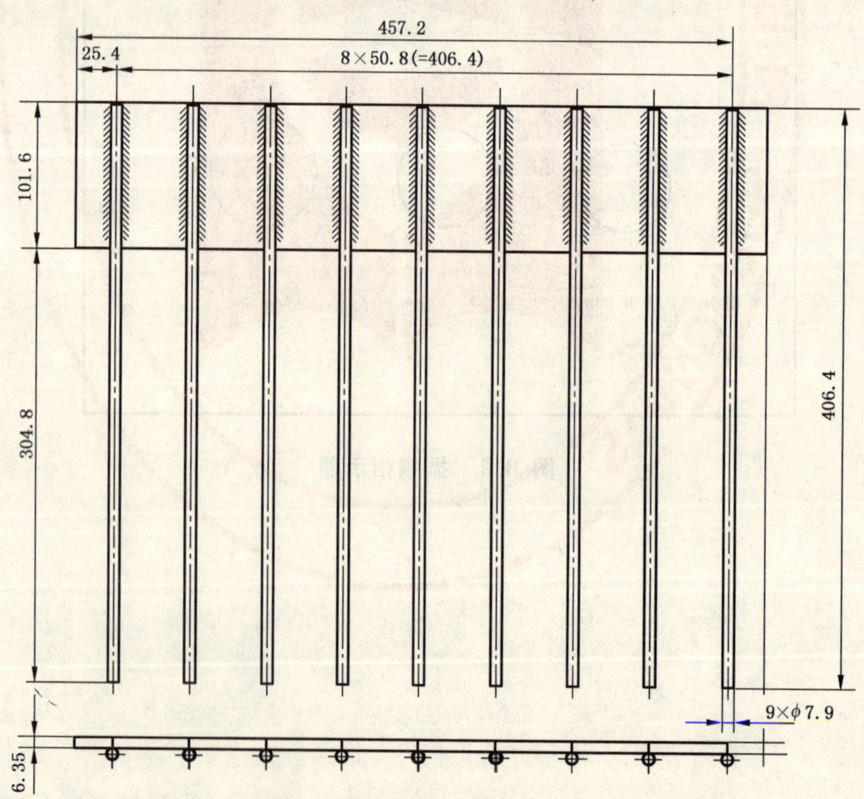

注：辅料组件装在顶层原有角铁之间和后边相平。

图 C.2 松散耙钉(例 2)

ICS 65.160
B 35

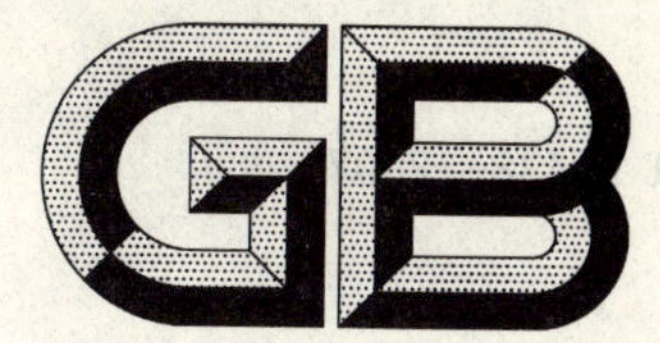

中华人民共和国国家标准

GB/T 21138—2007

烟 草 种 子

Tobacco seeds

2007-10-16 发布　　　　2008-01-01 实施

中华人民共和国国家质量监督检验检疫总局
中国国家标准化管理委员会　发布

前言

本标准由国家烟草专卖局提出。

本标准由全国烟草标准化技术委员会(TC 144)归口。

本标准起草单位:中国烟草总公司青州烟草所。

本标准主要起草人:王志德、刘艳华、牟建民、戴培刚、贾兴华、罗成刚。

烟草种子

1 范围

本标准规定了烟草种子的分级、质量指标及检测方法。

本标准适用于烟草种子的生产和销售。

2 规范性引用文件

下列文件中的条款通过本标准的引用而成为本标准的条款。凡是注日期的引用文件，其随后所有的修改单(不包括勘误的内容)或修订版均不适用于本标准，然而，鼓励根据本标准达成协议的各方研究是否可使用这些文件的最新版本。凡是不注日期的引用文件，其最新版本适用于本标准。

YC/T 20　烟草种子检验规程

YC/T 21　烟草种子包装

YC/T 22　烟草种子贮藏与运输

3 术语和定义

下列术语和定义适用于本标准。

3.1

烟草种子　tobacco seed

各种烟草类型品种的种子。

3.2

育种家种子　breeder's seed

育种家育成的遗传性状稳定、具有特异性、一致性的品种的最初一批种子。

3.3

原种　foundation seed

用育种家种子繁殖的第一代或按原种生产技术规程生产的达到原种质量标准的种子。

3.4

良种　certified seed

用原种繁殖的第一代或杂交种达到良种质量标准的种子。

3.5

品种纯度　varietal purity

品种在特征、特性方面典型一致的程度。

3.6

种子净度　seed cleanliness

样品中去掉杂质(石块、泥块等)及其他有生命杂质(杂草、异作物种子、病菌、害虫)后，净种子与试样的质量百分比。又叫种子的清洁度。

3.7

发芽率　germination rate

在规定的条件和时间内长成的正常幼苗数占供检种子数的百分率。

3.8

含水量 moisture content

种子中所含水分的量。测定种子含水量就是测定种子干燥后失去的质量。用失去的质量占种子湿重的百分率表示。

4 烟草种子分级

常规种是指通过自交方式生产的种子，分原种、良种；杂交种是指通过杂交方式生产的种子，分一级良种、二级良种；用于杂交制种的亲本(含不育系、保持系)为原种。

以品种纯度指标为划分种子质量级别的依据。常规种纯度达不到原种指标降为良种种子，达不到良种指标即为不合格种子。杂交种纯度达不到一级良种指标降为二级良种种子，达不到二级良种指标即为不合格种子，其亲本达不到质量指标即为不合格种子。

净度、发芽率、水分其中一项达不到指标的即为不合格种子。

5 烟草种子质量指标

见表1。

表1 烟草种子质量指标

项目	级别	纯度/%	净度/%	发芽率/%	水分/%	色泽	饱满度
常规种	原种	≥99.9	≥99.0	≥90.0	≤7.0	深褐、油亮、色泽一致	饱满、均匀
	良种	≥99.0					
杂交亲本	原种	≥99.9	≥99.0	≥90.0	≤7.0	深褐、油亮、色泽一致	饱满、均匀
杂交种	一级良种	≥98.0	≥99.0	≥90.0	≤7.0	深褐、油亮、色泽一致	饱满、均匀
	二级良种	≥96.0					

6 烟草种子检测

按照YC/T 20检测。

7 烟草种子包装

依据YC/T 21执行。

8 烟草种子贮藏与运输

依据YC/T 22执行。

参 考 文 献

GB 4404.1～4404.2—1996 农作物种子质量标准。

ICS 07.040
A 75

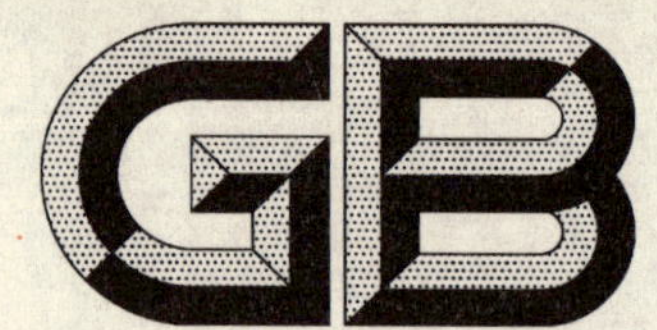

中华人民共和国国家标准

GB 21139—2007

基础地理信息标准数据基本规定

Basic requirements for standard data of fundamental geographic information

2007-08-30 发布　　2008-03-01 实施

中华人民共和国国家质量监督检验检疫总局
中国国家标准化管理委员会　发布

前 言

本标准的全部技术内容为强制性。

本标准由国家测绘局提出并归口。

本标准起草单位:中国测绘科学研究院、国家测绘局测绘标准化研究所、北京市测绘设计研究院、国家基础地理信息中心、建设综合勘察研究设计院、国家测绘产品质量监督检验测试中心、中国土地勘测规划院、浙江省测绘局和南京市测绘勘察研究院。

本标准主要起草人:李成名、肖学年、印洁、陈倬、李莉、王丹、曾衍伟、徐建新、陈少勤、刘东琴、储征伟。

本标准为首次发布。

引　言

为了贯彻法律法规的规定，保障地理信息平台及有关信息系统建设的可靠性和规范性，促进信息的共享与集成，维护基础地理信息数据生产者和使用者的利益，特制定本标准。

基础地理信息标准数据基本规定

1 范围

本标准从数学基础、数据内容、生产过程和数据认定4个方面规定了基础地理信息标准数据的基本要求。

本标准适用于基础地理信息标准数据的生产、认定和使用。

2 规范性引用文件

下列文件中的条款通过本标准的引用而成为本标准的条款。凡是注日期的引用文件，其随后所有的修改单(不包括勘误的内容)或修订版均不适用于本标准，然而，鼓励根据本标准达成协议的各方研究是否可使用这些文件的最新版本。凡是不注日期的引用文件，其最新版本适用于本标准。

GB/T 13016—1991 标准体系表编制原则和要求

GB/T 13989 国家基本比例尺地形图分幅和编号

GB/T 20257.1 国家基本比例尺地图图式 第1部分：1∶500 1∶1 000 1∶2 000地形图图式

GB/T 13923 国土基础信息数据分类与代码

3 术语和定义

下列术语和定义适用于本标准。

3.1

基础地理信息数据 fundamental geographic information data

作为统一的空间定位框架和空间分析基础的地理信息数据，该数据反映和描述了地球表面测量控制点、水系、居民地及设施、交通、管线、境界与政区、地貌、植被与土质、地籍、地名等有关自然和社会要素的位置、形态和属性等信息。

3.2

基础标准 basic standard

在一定范围内作为其他标准的基础并普遍使用，具有广泛指导意义的标准。

[GB/T 13016—1991,1.7]

3.3

产品标准 product standard

为保证产品的适用性，对产品必须达到的某些或全部要求所制定的标准。其范围包括：品种规格、技术性能、试验方法、检验规则、包装、贮存、运输等。

[GB/T 13016—1991,1.9]

4 数学基础的要求

4.1 平面坐标系应采用国家规定的统一坐标系；确有必要时，可采用依法批准的独立坐标系。

4.2 高程系应采用1985国家高程基准或1956年黄海高程系；确有必要时，可采用与国家高程基准建立联系的独立高程系。深度基准应采用理论最低潮面。

4.3 比例尺系列应为：1∶500、1∶1 000、1∶2 000、1∶5 000、1∶10 000、1∶25 000、1∶50 000、1∶100 000、1∶250 000、1∶500 000、1∶1 000 000。

4.4 地图投影方式应为：1∶1 000 000采用正轴等角割圆锥投影；1∶25 000～1∶500 000采用高斯-克

吕格投影，按6°分带；1∶500～1∶10 000采用高斯-克吕格投影，按3°分带，确有必要时，按1.5°分带。

4.5 若以图幅为单元，1∶500～1∶2 000分幅与编号按GB/T 20257.1执行；1∶5000～1∶1 000 000分幅与编号按GB/T 13989执行。

5 数据内容的要求

5.1 概述

基础地理信息标准数据必须是5.2～5.13中的一条或多条的组合，并应采用国家标准或测绘行业标准建立元数据。

5.2 测量控制点数据

测量控制点数据应包括平面控制点、高程控制点、天文点、重力点、卫星定位控制点和其他测量控制点的位置、属性及点之记。

其中，平面控制点包括大地原点，一、二、三、四等三角点，一、二、三、四等导线点；高程控制点包括水准原点，一、二、三、四等水准点；天文点包括天文主点，一、二、三、四等天文点；重力点包括基准点，基本点，一等、二等重力点，加密点；卫星定位控制点包括AA级(连续运行站)，A、B、C、D、E级点；其他测量控制点包括城市等级测量控制点、像控点等。

5.3 水系数据

水系数据应包括河流、沟渠、湖泊、水库、海洋要素、其他水系要素和水利及附属设施的位置及属性。

5.4 居民地及设施数据

居民地及设施数据应包括居民地、工矿及其设施、农业及其设施、公共服务及其设施、名胜古迹、宗教设施、科学观测站和其他建筑物及其设施的位置及属性。

5.5 交通数据

交通数据应包括铁路、城际公路、城市道路、乡村道路、道路构造物及附属设施、水运设施、航道、空运设施和其他交通设施的位置及属性。

5.6 管线数据

管线数据应包括输电线、通信线、油(气、水)输送主管道和城市管线的位置及属性。其中，1∶2 000以小比例尺可以不含城市管线数据，1∶100 000以小比例尺可以不含输电线数据。

5.7 境界与政区数据

境界与政区数据应包括国界、未定国界、国内各级行政区划界线(省级行政区、地级行政区、县级行政区和乡级行政区)和其他区域界线(村界、特殊地区界和自然保护区界等)的位置及属性。

5.8 地貌数据

地貌数据应包括等高线、高程点注记、数字高程模型、水域等值线、水下注记点、自然地貌和人工地貌的位置及属性。

5.9 植被与土质数据

植被数据应包括天然和人工植被的位置及属性。土质数据应包括沙地、戈壁、盐碱地、裸土地、荒漠和苔原的位置及属性。

5.10 地名数据

地名数据应包括自然的和人文的地理实体的名称、位置及属性。

5.11 数字正射影像数据

数字正射影像数据是经过辐射校正和几何校正，并进行投影差改正处理的影像；影像可以是全色的或彩色的，也可以是多光谱的，有时附之以主要居民地、地名和境界等矢量数据。

5.12 地籍测量数据

地籍测量数据应包括地籍(子)区、界址线、界址点和其他重要界标设施的位置以及含有座落、土地使用者或所有者和土地等级信息等的属性。1∶2 000以小比例尺可以不含地籍测量数据。

5.13 其他数据

依法公布的重要地理信息数据和国务院测绘行政主管部门依法组织施测的其他基础地理信息数据。

6 生产过程的要求

6.1 设计书应依据充分、格式规范，并经项目主管部门审批认可。设计书内容应包括项目来源、目标、工作内容、资料收集与分析利用、技术路线及工艺流程、采用的标准、提交的成果及主要技术指标、质量保障措施和组织实施方案等。

6.2 利用的资料和数据源应符合设计书的要求，有国家标准、行业标准或地方标准的，应符合相应的标准。

6.3 生产过程中采用的技术方法应符合设计书的要求。其中，采用的基础标准和产品标准应符合现行的相关国家标准。有明确要求的作业方法，应遵循相关规定。

6.4 生产质量控制应严格执行过程检查、最终检查和验收制度，以及设计书规定的其他质量控制要求。

6.5 质量检查由生产单位完成，验收由项目主管部门组织或委托有关单位实施。

6.6 使用的仪器设备应按照国家有关规定进行检定或校准。

7 数据认定的要求

7.1 基础地理信息标准数据必须按照7.2～7.5的要求进行认定。

7.2 数据认定时，被认定的单位应提供数据生产单位相应的测绘资质证明文件、数据生产设计书、数据经注册测绘师签字认可的证明文件和依照6.5的要求进行验收的完整文档。

7.3 大地原点，一、二等平面控制点数据，水准原点，一、二等水准点数据，天文点数据，重力点数据，AA级、A级和B级卫星定位控制点数据，1∶25 000、1∶50 000、1∶100 000、1∶250 000、1∶500 000和1∶1 000 000基础地理信息数据（不含测量控制点数据），重要地理信息数据和国务院测绘行政主管部门依法组织施测的其他基础地理信息数据，由国务院测绘行政主管部门委托的机构认定，或依法律法规规定的程序审核批准。

7.4 第7.3条以外的其他等级测量控制点数据，1∶500、1∶1 000、1∶2000、1∶5 000、1∶10 000基础地理信息数据（不含测量控制点数据），由数据表现地的省级测绘行政主管部门委托的机构认定。

7.5 认定的过程与方法应遵照相应国家标准执行。

ICS 79.080
B 69

中华人民共和国国家标准

GB/T 21140—2007

指接材　非结构用

Finger-jointed lumber—Non-structural

2007-10-16 发布　　2008-05-01 实施

中华人民共和国国家质量监督检验检疫总局
中国国家标准化管理委员会　发布

前　言

本标准是对 LY/T 1351—1999《指接材》和 LY/T 1350—1999《指接材物理力学性能试验方法》两项标准的整合修订。

本标准纳入并调整了 LY/T 1351—1999 和 LY/T 1350—1999 的适用部分，与 LY/T 1351—1999 和 LY/T 1350—1999 相比主要技术变化为：

——将 LY/T 1351—1999 和 LY/T 1350—1999 两项标准整合为一项标准；

——增加了指接材和指榫的术语和定义；

——增加了分类 1 章，对指接材进行分类；

——将前版标准 LY/T 1351—1999 中 3.2～3.8 的内容改为指榫结构及代号；

——将前版标准 LY/T 1351—1999 第 4 章中表 1 和表 2 整合为资料性附录；

——删除了前版标准 LY/T 1351—1999 第 5 章中原料尺寸、胶的质量、涂胶、纵向加压、刀具等内容，将节子和其他缺陷整合；

——删除了前版标准 LY/T 1351—1999 第 6 章中顺纹抗压强度、冲击韧性、顺纹抗拉强度，增加浸渍剥离性能要求，将本章内容与第 5 章合并；

——修改了前版标准 LY/T 1351—1999 第 7 章；

——将前版标准 LY/T 1350—1999 中的抗弯强度、含水率及密度的试验方法编入本标准第 8 章，删除其他试验方法；

——修改了前版标准 LY/T 1351—1999 第 8 章检验规则、第 9 章产品标志、第 10 章包装、贮存；

——删除了前版标准 LY/T 1351—1999 中所有附录。

本标准中附录 A 为资料性附录。

本标准由国家林业局提出。

本标准由全国人造板标准化技术委员会归口，中国木材标准化技术委员会参与。

本标准负责起草单位：黑龙江省森林工业总局。

本标准参加起草单位：中国龙江森林工业(集团)总公司，东北林业大学，国营哈尔滨木器制造厂。

本标准主要起草人：孙立人、白云起、孙平、陈莲梅、孟祥彬、王炼、骆希明、李立华。

指接材　非结构用

1　范围

本标准规定了指接材的术语和定义、分类、要求、试验方法、检验规则以及标志、包装、运输和贮存等。

本标准适用于以指接胶合方法接长的非结构用木质部件或构件。

2　规范性引用文件

下列文件中的条款通过本标准的引用而成为本标准的条款。凡是注日期的引用文件，其随后所有的修改单(不包括勘误的内容)或修订版均不适用于本标准，然而，鼓励根据本标准达成协议的各方研究是否可使用这些文件的最新版本。凡是不注日期的引用文件，其最新版本适用于本标准。

GB/T 153—1995　针叶树锯材

GB/T 1931—1991　木材含水率测定方法

GB/T 1933—1991　木材密度测定方法

GB/T 1936.1—1991　木材抗弯强度试验方法

GB/T 2828.1—2003　计数抽样检验程序　第1部分:按接收质量限(AQL)检索的逐批检验抽样计划(ISO 2859-1:1999,IDT)

GB/T 4817—1995　阔叶树锯材

GB/T 4822—1999　锯材检验

GB/T 6491—1999　锯材干燥质量

GB/T 17657—1999　人造板及饰面人造板理化性能试验方法

3　术语和定义

下述术语和定义适用于本标准。

3.1

指接材　finger-jointed lumber

以锯材为原料经指榫加工、胶合接长制成的板方材。

3.2

指榫　finger tenon

利用切削和加压的方法，在木材端部加工形成的指形(锯齿形)榫接头。

3.3

Ⅰ类指接材　type Ⅰ finger-jointed lumber

耐气候指接材，可在室外条件下使用，能通过Ⅰ类浸渍剥离试验。

3.4

Ⅱ类指接材　type Ⅱ finger-jointed lumber

耐潮指接材，可在潮湿条件下使用，能通过Ⅱ类浸渍剥离试验。

3.5

Ⅲ类指接材　type Ⅲ finger-jointed lumber

不耐潮指接材，只能在干燥条件下使用，能通过Ⅲ类浸渍剥离试验。

4 分类

4.1 按耐水性能分：

a) Ⅰ类指接材；

b) Ⅱ类指接材；

c) Ⅲ类指接材。

4.2 按指榫在指接材中见指面的位置分：

a) 水平型(H型)，见图1a)；

b) 垂直型(V型)，见图1b)。

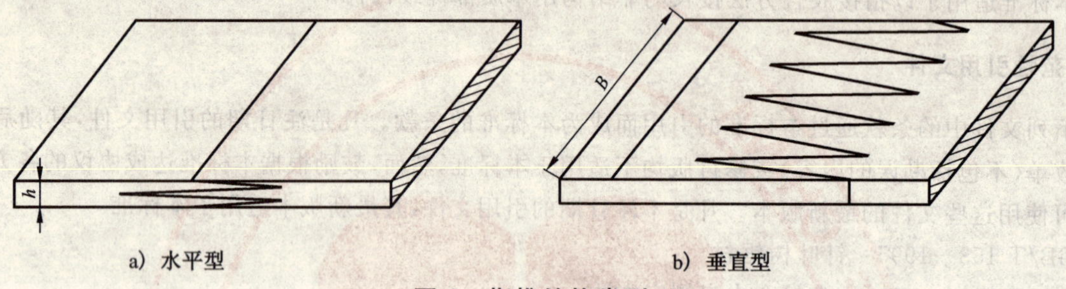

图1 指榫结构类型

5 指榫结构及代号

5.1 指榫结构类型

指榫结构类型见图1。

a) 水平型(H型)：指接材侧面可见指榫；

b) 垂直型(V型)：指接材正面可见指榫。

5.2 指榫结构

指榫结构见图2。

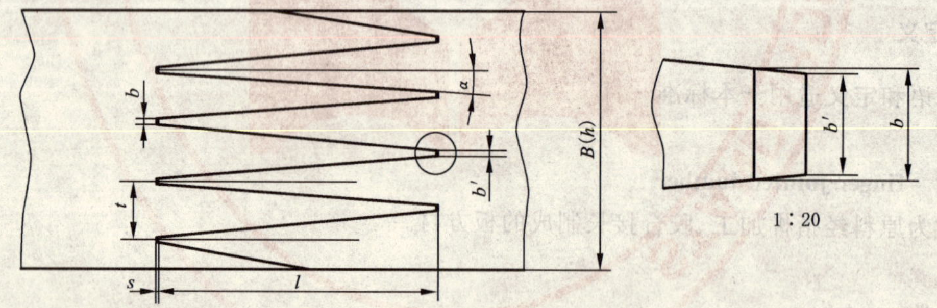

l——长：榫底部至指榫顶部的距离；

t——距(节距)：两相邻指榫中心线之间的距离；

b——顶宽：榫顶部的宽度；

b'——底宽：两相邻指榫的指底之间的底平面宽度；

s——顶隙：两指榫对接件对接后，顶与对应指底平面之间的间隙；

α——斜角：按式(1)计算；

$$\alpha = \arctan \frac{t-b-b'}{2l} \qquad (1)$$

q——宽距比：$q=\frac{b}{t}$，顶宽与指距之比。

图2 指榫的结构

6 指榫尺寸系列

指榫尺寸系列参见附录 A。

7 要求

7.1 指接材原材料

7.1.1 指接用材

7.1.1.1 指接材生产可使用针叶材和阔叶材，锯材等级不应低于二等(针叶材锯材按 GB/T 153—1995，阔叶材锯材按 GB/T 4817—1995)。

7.1.1.2 同一指接材部件原则上应使用同一树种木材；需要由两种或两种以上木材进行指接时，其木材性质应相近。

7.1.1.3 在指榫全长范围内，不得有节子、树脂囊、腐朽、变色、涡纹、乱纹、斜纹等缺陷，且节子必须位于距指底三倍节子直径以外的部位。

7.1.1.4 指接材所用木材的含水率应满足胶接工艺要求，按 GB/T 6491—1999 中指接材要求平均 12%，范围 8%～15%；指接材相互对接的两块木材的含水率差值不得超过 3%，各生产或使用地区的具体选定值应符合 GB/T 6491—1999 中 3.4 的规定。

7.1.2 指接用胶粘剂

指接用胶粘剂应根据指接材的使用要求、环境条件和胶合性能选用。

7.2 指接材外观质量

指接材外观质量分为优等品、一等品和合格品三个等级。各等级外观质量应符合表 1 中要求。

表 1 指接材外观质量要求

序号	评等指标	优等品	一等品	合格品
1	外观要求	树种相同，纹理一致，色泽相近，表面光洁，无死节、虫眼、孔洞、腐朽、夹皮等缺陷。	树种基本相同，纹理相近，色泽差异轻微；允许表面粗糙；无死节、虫眼、孔洞、腐朽、夹皮等缺陷。	树种相近，纹理、色泽允许有明显差异，其他材质缺陷不影响使用。
2	加工要求	指接部位接缝均匀一致，无指榫间隙；无指底劈裂；无划痕、裂纹、断榫。	指接部位接缝均匀一致，间隙不明显；无指底劈裂；无划痕、裂纹、断榫。	指接部位接缝均匀一致，无松动，允许个别指底裂纹。

7.3 指接材物理力学性能

指接材的物理力学性能应符合表 2 规定。

表 2 指接材物理力学性能要求

项目		单位	各项性能指标要求
抗弯强度	气干密度[a]≤0.30	MPa	10
	0.30<气干密度≤0.47		20
	气干密度>0.47		22
含水率		%	≤15
浸渍剥离		—	指接材试件横断面上任一胶层的剥离长度不超过该胶层长度的 1/3，且横断面胶层总剥离长度小于或等于胶层总长度的 10%。
a 气干密度单位为 g/cm^3。气干密度用于指接材抗弯强度性能要求的木材密度分级。			

8 试验方法

8.1 物理力学性能试验

8.1.1 试件制作、试件尺寸和数量的规定

8.1.1.1 试样及试样应在生产后存放 72 h 以上的产品中制取。

8.1.1.2 浸渍剥离、含水率和密度测定试件制取位置、尺寸规格及数量按图 3 和表 3 的要求进行锯制，抗弯强度试件制取位置、尺寸规格及数量按表 3 中的有关规定进行。

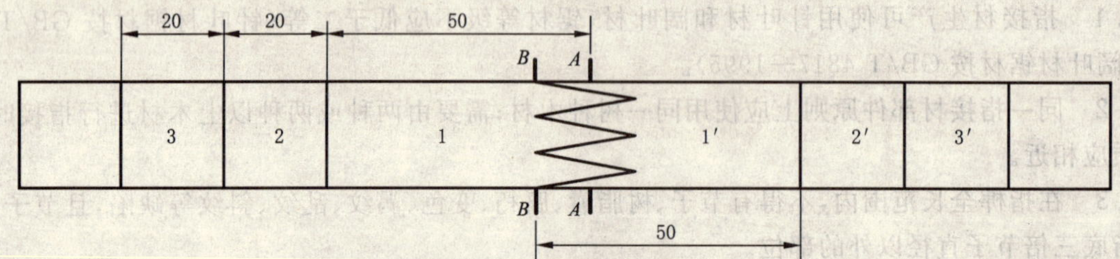

图 3 试件制取示意图

表 3 指接材物理力学性能试件的尺寸和数量

检验项目		试件尺寸/mm	试件数量/块	编号
抗弯强度	见指面宽度 a	至少 $3\times t$，且$\geqslant 12$	6	
	不见指面的厚度 b	试材厚度且$\leqslant 20$	6	
	试件长度 L	12×垂直厚度+60 且$\geqslant 180$	—	—
	$\frac{l+s}{2}$处距试件端部	$L/2$	—	
浸渍剥离	指长≥10 mm，按 A—A 截面锯制	50	6	1
	指长<10 mm，按 B—B 截面锯制			1′
含水率		长度：20 宽度：≤20 厚度：≤20	12	2，2′
密度		长度：20 宽度：≤20 厚度：≤20	6	3，3′

注：指榫接合部位处于试件长度 1/2 处；垂直厚度是指加荷方向试件的厚度。

8.1.2 抗弯强度

8.1.2.1 原理

对指接试件等速施加静曲荷载，测定引起指接破坏所需的最大载荷，计算出抗弯强度。

8.1.2.2 试验设备

木材万能力学试验机。

8.1.2.3 试验方法

试验前以卡尺测量试件中间部位尺寸 a（见指面宽度）及 b（不见指面厚度），精确至 0.1 mm，然后将试件置于试验机净跨为试件垂直厚度 12 倍的支座正中，净跨最小为 120 mm，支座及荷头均须具有 30 mm曲率半径，两点加荷，荷头中心线间距为 1/3 净跨。先以试件的见指面向上进行试验，然后再取同批同类试件的不见指面向上进行试验，分别以每分钟 5 kN±20％等速施加荷载，直至试件破坏，记录最大荷载，精确至 10 N，取见指面向上和不见指面向上的抗弯强度算术平均值作为试验结果。

8.1.2.4　结果计算

试验结果按式(2)计算，精确至 1 MPa：

$$\sigma_b=\frac{\sigma_{b_1}+\sigma_{b_2}}{2},\sigma_{b_1}=\frac{P_{max1}l_{01}}{a\cdot b^2},\sigma_{b_2}=\frac{P_{max2}l_{02}}{b\cdot a^2} \quad\cdots\cdots\cdots(2)$$

式中：

σ_b——试件含水率为 $W\%$ 时见指面向上和不见指面向上的抗弯强度算术平均值，单位为兆帕(MPa)；

σ_{b_1}——见指面向上抗弯强度，单位为兆帕(MPa)；

σ_{b_2}——不见指面向上抗弯强度，单位为兆帕(MPa)；

P_{max1}——见指面向上时，试件承受最大荷载，单位为牛顿(N)；

P_{max2}——不见指面向上时，试件承受最大荷载，单位为牛顿(N)；

l_{01}——见指面向上时，支座净跨，单位为毫米(mm)；

l_{02}——不见指面向上时，支座净跨，单位为毫米(mm)；

a——见指面宽度，单位为毫米(mm)；

b——不见指面的厚度，单位为毫米(mm)。

注：试材厚度小于 10 mm 的指接材只测定指接材宽面的抗弯强度。

8.1.3　浸渍剥离性能

8.1.3.1　原理

试件经浸渍、干燥，由于湿胀与干缩给胶层以应力，根据胶层是否发生剥离及剥离的程度判断其胶合性能。

8.1.3.2　仪器和量具

恒温水浴槽，精度±1℃。

空气对流干燥箱，精度±2℃。

游标卡尺，精度 0.02 mm。

8.1.3.3　试件

按 8.1.1.2 的规定制取。

8.1.3.4　检验方法

按 GB/T 17657—1999 中的 4.17 规定进行。其中，Ⅰ类指接材采用 4.17.4.1a) 中规定进行；Ⅱ类指接材采用 4.17.4.1b) 中规定进行；Ⅲ类指接材采用 4.17.4.1c) 中规定进行。

8.1.4　含水率

8.1.4.1　试件按 8.1.1.2 中的规定锯制。

8.1.4.2　分别编号对应位置的指接材(见图 3 中编号 2 及 2′)，计算出含水率及含水率差。

8.1.4.3　检验方法：按 GB/T 1931—1991 的规定进行。

8.1.5　密度

8.1.5.1　试件按 8.1.1.2 中的规定锯制。

8.1.5.2　分别编号对应位置的指接材(见图 3 中编号 3 及 3′)。

8.1.5.3　检验方法：按 GB/T 1933—1991 中的规定进行，计算结果精确至 0.01 g/cm³。

9　检验规则

9.1　检验分类

产品检验分出厂检验和型式检验。

9.1.1　出厂检验

出厂检验包括：

a） 外观质量检验；

b） 物理力学性能中的浸渍剥离、含水率检验。

9.1.2 型式检验

9.1.2.1 有下列情况之一时，应进行型式检验：

a） 当原辅材料及生产工艺发生较大变动时；

b） 长期停产恢复生产时；

c） 正常生产时，每月检验不少于一次。

9.1.2.2 型式检验包括抗弯强度、密度和所有出厂检验项目。

9.2 组批

同一规格、同一类产品叫做一批。

9.3 抽样方案

9.3.1 外观质量检验应在同批产品中按规定抽取试样，并对所抽取试样逐一检验，指接材厚度小于20 mm时，试样以12倍厚度长为一件，最短不小于180 mm；指接材厚度大于等于20 mm时，试样至少以300 mm长为一件，试件中部至少应有一处指榫接合，试样均按件计数。

9.3.2 外观质量抽样检验

采用GB/T 2828.1—2003中的正常二次抽样方案，检查水平为Ⅱ，接收质量限AQL为4.0，见表4。

表4 外观质量抽样方案

批量范围	样本	样本大小	累计样本大小	接收 Ac	拒收 Re
≤150	第一	13	13	0	3
	第二	13	26	3	4
151～280	第一	20	20	1	3
	第二	20	40	4	5
281～500	第一	32	32	2	5
	第二	32	64	6	7
501～1 200	第一	50	50	3	6
	第二	50	100	9	10
1 201～3 200	第一	80	80	5	9
	第二	80	160	12	13
＞3 201	第一	125	125	7	11
	第二	125	250	18	19

9.3.3 物理力学性能检验

9.3.4 物理力学性能检验抽样方案见表5

物理性能检验采用复检抽样方案见表5。第一次抽样的样本检验结果如有某项指标不合格时，则按复检样本量抽取样本，对不合格项目进行检验。抽样时应在检验批中随机抽取。

表5 物理力学性能抽样方案

单位为米

提交检查批的指接材延长米	初检抽样延长米	复检抽样延长米
≤500	6	12
501～1 000	12	24
≥1 001	18	36
注：每6延长米中应满足锯制18个试件的要求，试件锯制参见8.1.1.2中表3；如果不能满足，可适当增加延长米。		

9.4 判定规则

9.4.1 外观质量判定

第一次检验的样品数量应等于该方案给出的第一样本量。如果第一样本中发现的不合格品数小于或等于第一接收数,应认为该批是可接收的;如果第一样本中发现的不合格品数大于或等于第一拒收数,应认为该批是不可接收的。如果第一样本中发现的不合格品数介于第一接收数与第一拒收数之间,应检验由方案给出样本量的第二样本并累计在第一样本和第二样本中发现的不合格品数。如果不合格品累计数小于或等于第二接收数,则判定批是可接收的;如果不合格品累计数大于或等于第二拒收数,则判定该批是不可接收的。

9.4.2 物理性能结果判定

9.4.2.1 样本的含水率均符合指标值时判该批产品的含水率为合格,否则应进行复检。复检样本的含水率均符合指标值时判为合格。

9.4.2.2 样本中抗弯强度和浸渍剥离试验符合指标值的试件数量分别等于或大于该项试件总数的80%时判为合格,小于80%时应对不合格项进行复检。复检样本的合格试件数等于或大于复检项试件总数的80%时方可判为合格。

9.4.2.3 当含水率、抗弯强度和浸渍剥离试验检验均合格时,该批产品物理性能判为合格,否则判为不合格。

9.4.3 综合判定

经外观等级、物理力学性能检验均符合相应要求和级别时,判定该批产品为合格和符合某级别;否则判定为不合格和不符合某级别。

复检后全部合格,判为合格;若有一项不合格,判为不合格。

10 标志、包装、运输和贮存

10.1 标志

10.1.1 产品标记

产品入库前,应在产品适当的部位标记制造厂名称、厂址、产品名称、产品树种、型号、商标、生产日期及产品类别、等级、规格等。

10.1.2 包装标签

包装标签上应有生产厂家名称、地址、出厂日期、产品名称、木材名称、数量、标准编号及防潮、防晒等标记。

10.2 包装

产品出厂时应按产品类别、规格、等级分别包装。包装要做到产品免受磕碰、划伤和污损。包装要求亦可由供需双方商定。

10.3 运输和贮存

产品在运输和贮存过程中应平整堆放,防止污损,不得受潮、雨淋和曝晒。

贮存时应按类别、规格、等级分别堆放,每堆应有相应的标记。

附　录　A
（资料性附录）
指榫尺寸系列

指榫尺寸系列见表 A.1。

表 A.1　指榫尺寸系列

宽距比(q)	l/mm	t/mm	b/mm	q	α/°
$q \leqslant 0.17$	4.0	1.5	0.15	0.10	8.53
	5.0	2.0	0.30	0.15	7.97
	10.0	4.0	0.60	0.15	7.99
	12.0	4.0	0.40	0.10	7.61
	15.0	6.0	0.90	0.15	7.98
	20.0	8.0	1.20	0.15	7.98
	25.0	10.0	1.50	0.15	7.98
	30.0	12.0	1.80	0.15	7.98
	35.0	12.0	1.80	0.15	6.85
	40.0	12.0	2.00	0.17	5.71
	45.0	12.0	2.00	0.17	5.08
	50.0	15.0	2.50	0.17	5.71
	60.0	15.0	2.50	0.17	4.76
$0.18 \leqslant q \leqslant 0.25$	5.0	1.5	0.30	0.20	5.14
	10.0	3.5	0.70	0.20	6.01
	15.0	6.0	1.50	0.25	5.72
	20.0	8.0	1.60	0.20	6.85
	25.0	9.0	1.80	0.20	6.17
	30.0	10.0	2.00	0.20	5.72

ICS 65.020.40
B 64

中华人民共和国国家标准

GB/T 21141—2007

防沙治沙技术规范

Technical regulations for sandification prevention and control

2007-10-16 发布 2008-05-01 实施

中华人民共和国国家质量监督检验检疫总局
中国国家标准化管理委员会 发布

前　言

本标准中的附录B、附录D为规范性附录，附录A、附录C为资料性附录。

本标准由国家林业局提出并归口。

本标准由国家林业局防治荒漠化管理中心负责解释。

本标准主要起草单位：国家林业局防治荒漠化管理中心、北京林业大学。

本标准参加起草单位：内蒙古农业大学、新疆维吾尔自治区林业科学研究院、陕西省治沙研究所、国家林业局西北林业调查规划设计院。

本标准主要起草人：杨维西、赵廷宁、张利明、王俊中、漆建忠、郭连生、刘钰华、彭继平、戴晟懋、赵振兴、江天法、丁国栋、王贤、姜英、齐宗庆。

防沙治沙技术规范

1 范围

本标准主要规定了防沙治沙的技术措施及其要求。

本标准适用于各类沙化土地的预防与治理。

除特别指明外，本标准规定的内容均指无灌溉条件下的方法和技术要求。

2 规范性引用文件

下列文件中的条款通过本标准的引用而成为本标准的条款。凡是注日期的引用文件，其随后所有的修改单(不包括勘误的内容)或修订版均不适用于本标准，然而，鼓励根据本标准达成协议的各方研究是否可使用这些文件的最新版本。凡是不注日期的引用文件，其最新版本适用于本标准。

GB 6000—1999 主要造林树种苗木质量分级

GB 7908 林木种子质量分级

GB/T 15776—1995 造林技术规程

3 术语与定义

下列术语和定义适用于本标准。

3.1

沙化 sandification

在各种气候条件下，由于多种原因形成地表呈现以沙(砾)物质为主要特征的土地退化过程。

3.2

沙化土地 sandified land

具有明显沙化特征的退化土地。

3.3

流动沙地 shifting sandy land

植被盖度小于10%，风沙活动强烈，地表沙物质流动性强的沙地。

3.4

固定沙地 fixed sandy land

植被盖度大于30%，地面具有明显结皮，风沙活动较弱，地表沙物质基本不流动的沙地。

3.5

半固定沙地 semi-fixed sandy land

植被盖度介于10%～30%，地面常有薄层结皮，风沙活动比较强烈，局部沙物质流动的沙地。

3.6

植物治沙措施 vegetative measures for sandification control

通过保护、恢复天然植被和建设人工植被，防止风蚀、阻挡和固定流沙的技术措施。

3.7

封沙育林育草 sandification control by enclosure

对于具备植物繁衍和生长发育条件的沙化土地，通过采取封禁保护或人工促进等手段，恢复植被的技术措施。

3.8

防沙林带　forest shelterbelts for sand control

为阻挡流沙侵袭或减轻风沙危害，对难以控制的流动沙地(丘)前沿，以及流动沙地腹地需要保护的基础设施周边营造的带状林分。

3.9

防护林带　forest shelterbelts

为防止风沙危害，保护农、牧业生产安全和其他设施，而营造的带状林分。

3.10

防护林网　forest shelterbelts nets

由防护林带交织而成的网格状林分。

3.11

固沙林　sand fixation forest

为控制风沙活动、固定流沙而营造的灌草类或乔灌类林分。

3.12

林粮间作　interplanting of trees and crops

为提高沙化耕地光、热、水、土等资源的利用效率，获得较高的经济、生态效益，在耕地内配置一定数量的经济或用材林木，形成复合的农林经营模式。

3.13

飞播造林种草　aerial seeding for sandification control

在需要治理且具备植物自然繁衍、生长发育条件的大面积沙化土地上，采用飞机撒播适生植物种子的措施。

3.14

物理治沙措施　mechanical measures for sandification control

在各种沙化土地类型区的适宜地段建设构造物，利用风蚀沙埋规律，控制风沙流活动，防止风沙危害或为植物生长创造条件的措施。

3.15

机械沙障　mechanical sand barrier

为控制地表风沙运动，防止风沙危害，采用柴草、树枝、秸秆、板条、粘土、卵石及其他材料，在流动沙面上设置各种形式的障蔽物。

3.16

植物沙障　vegetative barrier for sandification control

为控制地表风沙运动，防止风沙危害，采用具有生命力的植物材料，在沙地表面设置各种形式的障蔽物。

3.17

化学治沙措施　chemical measures for sand stabilization

通过喷洒具有一定胶结性的化学物质，在流沙表面形成具有一定强度的固结层而固定流沙的措施。

3.18

保护性耕作措施　conservation tillage

通过改变传统的农业耕作方式，采取免耕、留茬或秸秆覆盖等技术，防止土壤风蚀沙化的措施。

4　沙化土地类型区划分

4.1　极端干旱、干旱沙化土地类型区

干旱多大风，年均降水量小于 200 mm，无植被或以荒漠植被为主，植被极其稀疏、矮小，植物种类

简单，以旱生或超旱生灌木或小乔木为主。

4.2 北方干旱、半干旱沙化土地类型区

年均降水量 200 mm～500 mm；植被类型为荒漠草原、干草原、典型草原、草甸草原、森林草原，沙化土地类型有半固定沙地、固定沙地、流动沙地，以及沙化草原、沙化耕地等。

4.3 高原高寒沙化土地类型区

气候寒冷而干燥，平均海拔 3 000 m 以上，年均降水量 100 mm～400 mm，局部地区年均降水量大于 400 mm 或小于 100 mm；主要植被类型为高山草甸、高寒草原、高寒荒漠，植被以低矮丛生的草本或灌丛植物群落为主。沙化土地类型主要为荒漠、戈壁、沙化草原、湖泊周围以及河谷地带河流洪水冲积物形成的沙化土地等。

4.4 黄淮海平原半干旱、半湿润沙化土地类型区

气候冬季寒冷干燥，夏季高温多雨，年平均降水量 600 mm～1 000 mm。地带性植被为暖温带落叶阔叶林。沙化土地多为河流冲积而成，或在冲积后又经风力再塑形成的沙地。

4.5 南方湿润沙化土地类型区

气候终年温暖湿润，偶有季节性干旱，绝大部分地区的年均降水量介于 1 000 mm～2 500 mm。沙化土地主要以沿海、沿湖、沿河沙地为主。

5 植物治沙措施

5.1 封沙育林育草

5.1.1 适用条件

本措施适用于具备植物自然繁育材料和自然生长发育条件的沙化土地的植被恢复与沙害治理。

5.1.2 封育方式

5.1.2.1 全封

在地处偏远、生态系统脆弱、风沙危害严重，以及恢复植被较困难的地段，禁止一切不利于林草植被生长繁育的人畜活动。

5.1.2.2 半封

在林草植被覆盖较好、具有一定植被自然恢复和生长条件的地段，林草植被返青、生长与结实季节，禁止不利于其生长繁育的人畜活动。

5.1.2.3 轮封

在土地沙化较轻的地段，根据植物生长发育规律，按地块轮流封育，禁止不利于林草植被生长繁育的人畜活动。

5.1.3 封育期限

5.1.3.1 封育期限

分 3 年～5 年和 5 年～8 年。

5.1.3.2 适用条件

极端干旱、干旱沙化土地类型区、高原高寒沙化土地类型区主要封育类型为灌草型、灌木型，封育期限为 5 年～8 年。

北方干旱、半干旱沙化土地类型区封育乔灌型封育期限 5 年～8 年，灌草型 3 年～5 年。

黄淮海平原半干旱、半湿润沙化土地类型区、南方湿润沙化土地类型区乔灌、灌草型植被封育均在 3 年～5 年。

5.1.4 封育类型

极端干旱、干旱沙化土地类型区宜选择灌草型或灌木型。

北方干旱、半干旱沙化土地类型区宜选择灌草型或乔灌型。

高原高寒沙化土地类型区宜选择灌草型或灌木型。

黄淮海半干旱、半湿润沙化土地类型区宜选择乔木型或乔灌型。

南方湿润沙化土地类型区宜选择乔木型。

5.1.5 封育方法

分围栏封育和人工巡护封育两种。

5.1.5.1 围栏封育

5.1.5.1.1 围栏类型

根据材料性质,围栏可分为机械围栏和生物围栏两大类。机械围栏包括刺丝(铁丝)围栏、网围栏、枝条围栏及石墙围栏等。生物围栏包括通过密集栽植灌木或灌木状小乔木构成的围栏。

5.1.5.1.2 围栏规格

刺丝(铁丝)围栏:由水泥桩(或木桩、角铁)和刺丝两部分组成。水泥桩高 1.5 m～1.8 m,地下埋深 40 cm～50 cm,桩间距 4 m～10 m,地上部分横向均匀布设 5～8 道刺丝,挂牢,拉紧,必要时配置斜拉刺丝。

网围栏:由水泥桩(或木桩、角铁)和网两部分组成,桩高 1.8 m～2.0 m,地下埋深 50 cm～60 cm,桩间距 5 m～10 m,地上部分由铁丝网或尼龙网类组成。

枝条围栏:用 1.8 m～2.0 m 长的木桩作立柱,每隔 3 m～4 m 埋设一根,埋深 50 cm,用树枝、柴草等将立桩的地上部分编成 1.5 m～1.8 m 高的紧密结构篱笆,中间再用三条横带加固。

石墙围栏:用块石筑成高 1 m、宽 60 cm 的围墙。

生物围栏:栽植适生灌木或灌木状小乔木 2 行～3 行,形成紧密结构的生物篱。

5.1.5.1.3 封育区出入口设置

在邻近道路、村庄等适当位置设置出入口,以便人、畜、车辆出入。

5.1.5.1.4 封育区警示牌

在围栏显要位置设立相对固定的警示牌,以醒目文字注明封育项目名称、封育方式、封育期限、注意事项和责任单位等内容。

5.1.5.1.5 封育区管护

设兼职或专职护林人员进行管护、维修。

5.1.5.2 人工巡护封育

5.1.5.2.1 按 5.1.5.1.4 要求制作并设立封育区警示牌。

5.1.5.2.2 设专职或兼职护林员进行巡护,防止人畜进入封育区破坏植被。

5.1.5.2.3 建立健全封育区巡护制度,加强管护。

5.1.6 植被培育

对封育区采取补植、补播、移密补稀等培育措施,促进植被恢复,提高植被质量。

5.1.7 解封

5.1.7.1 当封育期满,且植被恢复到设计目标,即可解封;虽然没有到达封育年限,但已实现封育目标的,可以提前解封。

5.1.7.2 已达到封育年限,但没有达到封育目标的,应该继续封育;虽已达到封育年限,并实现封育目标,但根据需要可以继续封育。

5.2 人工造林

5.2.1 适用条件

适用于具备植物生长条件的各类沙化土地的治理。

5.2.2 树种选择

5.2.2.1 遵循适地适树的原则,优先选用乡土树种,特别是灌木树种;若采用新品种树种,必须是经过品种鉴定的树种;若采用外来树种时,应选择经过引种并已获得成功的优良树种。

防沙林带:选用具有深根性,枝叶繁茂,抗逆性强的树种。

农田防护林网：选择生长迅速，树高、根深、冠窄，根蘖能力弱，不易风折、风倒，寿命较长，抗病虫害能力强，并与被保护的农作物没有共同病虫害或病虫害寄主的树种。在立地条件较好的沙区，可适当选配经济树种。

农林间作：选用经济价值高的用材或经济树种。间作树种应选择胁地少，不与间种作物有共同病虫害或为作物病虫害的中间寄主树种。

固沙林：选用根系发达、易分蘖，耐风蚀沙埋、抗病能力强的树种。

草牧场防护林：应选择无毒、萌蘖性强、耐啃食、繁殖更新容易的树种。

5.2.2.2 各沙化土地类型区主要造林树种见表 A.1～表 A.5。

5.2.3 配置

5.2.3.1 林带结构

分为紧密结构、透风结构和疏透结构三种类型。

紧密结构林带：带幅较宽，由乔木、亚乔木和灌木构成的具有复层林冠的林带，透光度＜0.3，透风系数＜0.3。风速降幅较大，但防护距离较短。适宜用于阻截流沙前移的地区配置使用。

透风结构林带：行数少、林带窄，由乔木构成的具有单层林冠的林带，透光度 0.4～0.6，透风系数＞0.5。风速降幅较小，防护距离较长。适宜在风沙危害较轻的地区配置使用。

疏透结构林带：行数较少，带幅较窄，由乔木、亚乔木和灌木构成的具有复层林冠的林带，透光度 0.3～0.4，透风系数 0.3～0.5。防护距离介于紧密和透风结构两者之间。适用于风沙危害较重的地区配置使用。

5.2.3.2 防沙林带的配置

5.2.3.2.1 树种配置

防沙林带一般由灌木或小乔木组成，在条件较好的地方，可以采用乔木树种，林带一般由两行灌木或小乔木(乔木)组成。

5.2.3.2.2 配置类型

单带式防沙林带：由 1 条林带构成，一般由乔木或灌木组成，若有灌木，将灌木配置于迎风面。

多带式防沙林带：由 2 条或 2 条以上单带构成，林带间距为成熟龄林树高的 4 倍～5 倍。

5.2.3.2.3 宽度与密度

林带宽度：风沙危害严重的地区，应由多带式防沙林带组成，单带宽 4 m～10 m；一般沙区，由单带式或多带式防沙林带组成，单带宽 3 m～5 m 或 4 m～10 m。

株行距：株距 1.5 m～2 m，行距 2 m～3 m。

5.2.3.3 农田防护林网的配置

5.2.3.3.1 树种配置

用单一树种组成的林带。

由 2 个或 2 个以上乔灌木树种带状或株间混交，形成乔灌混交型林带。一般灌木配置在林带的一侧或两侧，乔木树种行间混交。

由 2 个或 2 个以上针、阔叶树种行间或行内混交，构成针阔混交型林带，针叶树配置在林带的向阳面。

有条件的地区，可在主林带背风向阳的一侧，或在林带的向阳面一侧，配置 1 行～2 行经济树种。

5.2.3.3.2 宽度与密度

林带宽度：农牧场周围和绿洲边缘的基干林带，5 行～10 行，宽 8 m～20 m；农牧场和绿洲内部林网，主林带 3 行～6 行，宽 4.5 m～12 m；副林带植树 2 行～4 行，宽 3 m～8 m。

株行距：一般农区和绿洲，行距 1.5 m～2 m，株距 1 m～2 m；在小径材短缺的农区，一般采用窄冠形的杨树，主、副林带的株行距均可为 1 m×1 m 或 1 m×2 m。

5.2.3.3.3 **配置与规格**

主林带应垂直于主害风方向,偏角一般小于45°。林带尽可能与道路、河流、渠道的走向一致设置。不同沙化土地类型区的农田防护林网规格见表1和表2。

表1 灌溉条件下不同沙化土地类型区农田防护林网适宜规格

类型区	风沙危害	主林带间距/m	副林带间距/m	网格面积/hm^2
极端干旱、干旱沙化土地类型区	严重	100～250	300～400	3～10
	较轻	200～250	400～500	8～12.5
北方干旱、半干旱沙化土地类型区	严重	100～300	400～500	4～15
	较轻	200～250	400～500	8～12.5
高原高寒沙化土地类型区	严重	100～150	400～500	4～7.5
	较轻	150～200	400～500	6～10
黄淮海平原半干旱、半湿润沙化土地类型区	严重	100～300	400～500	4～15
	较轻	200～250	400～500	8～12.5
南方湿润沙化土地类型区	严重	100～250	400～500	4～12.5
	较轻	200～250	400～500	8～12.5

5.2.3.4 **农林间作配置**

5.2.3.4.1 **均匀配置**

在林网内株行距按(8 m×8 m)～(5 m×5 m),每公顷150株～400株配置用材树种或经济树种。

5.2.3.4.2 **用材树种配置**

单行式间作:单行林木与作物间作,株距4 m～8 m,行距30 m～50 m;

条带式间作:每带2行～4行;株行距(0.5 m～1.0 m)×(1.5 m～2.0 m);带距20 m～40 m。

表2 无灌溉条件下不同沙化土地类型区农田防护林网适宜规格

类型区	风沙危害程度和灾害性质	主林带间距/m	副林带间距/m	网格面积/hm^2
极端干旱、干旱沙化土地类型区	—	—	—	—
北方干旱、半干旱沙化土地类型区	严重	250～300	400～500	10～15
	较轻	300～400	400～500	12～20
高原高寒沙化土地类型区	—	—	—	—
黄淮海平原半干旱、半湿润沙化土地类型区	严重	300～350	400～500	12～17.5
	较轻	300～350	400～500	12～17.5
南方湿润沙化土地类型区	严重	100～250	400～500	4～12.5
	较轻	200～250	400～500	8～12.5

5.2.3.4.3 **经济树种配置**

经济树种、药材与作物等间作时,配置形式多为单行式间作,一般株距2 m～8 m,行距10 m～30 m;也可与灌渠相结合,在毛渠内侧各栽植一行经济树种。

果用经济林必须配置授粉树,授粉树与主栽品种的比例一般为1:8～1:2。

5.2.3.5 **固沙林的配置**

5.2.3.5.1 **树种混交**

混交类型:根据立地条件和实际需要,因地制宜地选择混交类型,分乔灌混交、乔灌草混交和灌草混交。

混交方式：分株间混交、行间混交、带状混交和块状混交。

5.2.3.5.2 初植密度

根据沙地水分条件，合理选择造林密度(见表3)。

表3 不同沙化土地类型区固沙林初植密度

沙化土地类型区	树种类型	株行距/(m×m)	密度/(株/hm²)
极端干旱、干旱沙化土地类型区	灌木类	(3×5)～(2×3)	666～1 666
北方干旱、半干旱沙化土地类型区	灌木类	(2×4)～(2×3)	1 250～1 666
	乔木类	(3×5)～(2×4)	666～1 250
高原高寒沙化土地类型区	灌木类	(2×4)～(2×3)	1 250～1 666
	乔木类	(3×5)～(3×4)	666～833
黄淮海平原半干旱、半湿润沙化土地类型区	针叶乔木	(2×3)～(2×2)	1 666～2 500
	阔叶乔木	(3×4)～(2×4)	833～1 250
	灌木	(1×3)～(1×2)	3 333～5 000
南方湿润沙化土地类型区	乔木	(2×4)～(2×2)	1 250～2 500
	灌木	(1×2)～(1×1.5)	5 000～6 666

5.2.3.5.3 配置形式与规格

可带状、片状、块状配置，根据治理需要和立地条件，选择合适的配置规格。生物沙障可网格状或行带状配置，网格规格(2 m×2 m)～(4 m×4 m)，带状间距3 m～5 m。

5.2.3.6 草牧场防护林的配置

可用带状、网状、环状及十字、岛状、多角形等多种配置形式。

5.2.4 造林整地

5.2.4.1 整地原则

根据区域气候、土壤、植被及有无灌溉条件，尽可能减少破坏原生植被或土壤结皮为原则，合理选择整地时间与方式。在风蚀严重的地区可不整地，风蚀较轻时可适当整地。

5.2.4.2 整地时间

极端干旱、干旱与高原高寒沙化土地类型区，一般应在造林时整地；积沙造林可提前一年开沟整地。

干旱、半干旱沙化土地类型区，秋季造林需在雨季前整地；春季造林一般应随造林随整地；无风蚀地段可在秋季整地。

黄淮海平原半干旱、半湿润及南方湿润沙化土地类型区，可提前整地，或随整地随造林。

灌溉造林的沙化土地，不提倡预整地，可直接造林。

5.2.4.3 整地方式

一般分为带状整地、穴状整地、畦状整地三种方式。

5.2.4.3.1 穴状整地

适宜各种沙化类型区。穴的规格长、宽分别为30 cm～50 cm，深30 cm～40 cm以上。整地时把杂草翻埋于穴内。

在灌溉条件下造林，穴的规格一般为长、宽分别为50 cm～100 cm，深60 cm～100 cm。

5.2.4.3.2 带状整地

适宜半干旱沙化土地类型区风蚀较轻的地段。畜力或机带单铧犁、双铧犁隔带翻耕，耕深23 cm～30 cm，保留间隔带的自然植被。

5.2.4.3.3 畦状整地

适宜地形平缓、有灌溉条件的地段。人工或机械修筑畦埂，每隔15 m～30 m筑一拦水埂，畦大小控制在 200 m^2，畦内平整，高差不超过 5 cm。埂宽 30 cm～50 cm，埂高 20 cm～30 cm。

5.2.5 造林方法

5.2.5.1 植苗造林

5.2.5.1.1 苗木

苗木规格：采用 GB 6000—1999 中规定的Ⅰ、Ⅱ级苗木。防沙林带主要造林树种的苗木规格见表 B.1，农田防护林网主要造林树种的苗木规格见表 B.2。

苗木保护：在苗木起苗、分级、包装、运输、栽植过程中，防止苗木失水和针叶树树苗顶芽受损；苗木运抵造林地后，应及时假植。运输容器苗时，应注意根系与容器内的土壤保持密实，防止松散。

苗木处理：根据树种可进行剪梢、截干、修枝、修根、苗根浸水、蘸泥浆等处理；也可采用生根粉、菌根剂等处理苗木。

跨区域调运苗木时，要有“一签两证”：苗木标签、质量检验合格证和检疫合格证。

5.2.5.1.2 植苗技术

采用 GB/T 15776—1995 中 10.1 的有关规定。流动沙丘（地）上，造林前根据需要设置机械或生物沙障；风蚀严重的地区造林，为防止沙打沙割对幼树的危害，用柴草或枝条等将地面以上 40 cm～50 cm 的幼树树干包扎。

穴植：植苗时要扶正苗干，舒展根系，分层埋土，踩实。干沙层深厚和风蚀严重的地区，应适当深栽。

缝隙栽植：栽植直根型小苗时，先用锹开缝，后放入苗木，踩实土壤。苗木不窝根，栽植深度略超过苗木的根颈部。

5.2.5.2 插干、插条造林

在地下水埋深小于 3 m 的沙地，杨柳类乔木树种可插干造林；沙柳、黄柳、柽柳、沙拐枣、杨柴、紫穗槐等树种可插条造林。

插干一般用截根苗干或萌生枝，要求长 2 m～3.5 m，干径 3 cm 以上。埋植深度 80 cm～100 cm。

插条造林用 1 年～2 年生的健壮萌生条，插条长 30 cm～80 cm，直径 1.5 cm～2.0 cm。造林时应深埋少露。

5.2.5.3 直播造林

适宜条件：干旱、半干旱、湿润、半湿润沙化土地类型区。

树种：易发芽、生根，并有一定抗旱性的适生乡土树种，均可播种造林。适宜播种造林的植物种有梭梭、花棒、杨柴、柠条、锦鸡儿、沙蒿、籽蒿等。种子质量参照 GB 7908 中的有关规定。跨区域调种时须有种苗标签以及检疫证、检验证。

播种方法：条播、点播或撒播。大粒种子可直接播种；小粒种子应拌沙播种。播后覆土、镇压，大粒种子覆土 3 cm～4 cm，小粒种子 1 cm～2 cm。撒播时，种子要散布均匀。

播种量：根据立地条件、种子质量和造林密度等确定。花棒、杨柴、柠条、锦鸡儿的播量一般为 7 kg/hm^2～15 kg/hm^2；沙蒿、籽蒿的播量为 5 kg/hm^2～8 kg/hm^2。

5.2.6 造林季节

5.2.6.1 春季造林

针阔叶树种植苗造林均在春季进行，北方土壤解冻后即可开始，应在树木发芽前完成；南方可冬季和早春造林。土壤墒情好时，可播种造林。

5.2.6.2 雨季造林

适用于播种造林，以及容器苗和带土坨苗造林。

5.2.6.3 秋季造林

一般针阔叶树种的植苗、播种造林也适于秋季进行。

5.2.6.4 冬季造林

个别地区梭梭等树种播种造林时应雪播。

5.2.7 抚育管理

5.2.7.1 松土除草

在风沙活动比较强烈的地段，造林后禁止松土除草，但可以割草留茬，茬高不得低于10 cm。

在风沙活动较弱的地段，每年松土除草1次～3次，也可用化学除草剂除草。退耕地造林后的前3年，可适当间作豆科作物，以耕代抚。

5.2.7.2 灌溉

有灌溉条件的地段可适当浇水。

5.2.7.3 补植

对造林密度、成活率达不到要求的造林地，应及时进行补植。补植时一般采用适当树种的苗木。

5.2.7.4 平茬复壮

对于具有萌蘖能力的灌木树种，应适时平茬复壮。

5.2.8 更新

防沙林带、农田防护林网、草牧场防护林以及农林间作的主要树种达到防护成熟后，应合理更新。

5.3 飞播造林种草

5.3.1 适用范围

多适用于年均降水量250 mm以上，或年均降水量虽少于250 mm但冬季有稳定积雪的沙化土地类型区。

5.3.2 播区选择

5.3.2.1 集中成片，不小于飞机一架次的作业面积，宜播面积占播区面积70%以上。

5.3.2.2 有适宜种子发芽、生长和发育的自然条件，包括气候、水文、地形、土壤、植被等。

5.3.2.3 有适宜飞播的地理条件，包括播区的净空条件，播区附近有符合使用机型要求的机场等。

5.3.2.4 有适宜飞播的社会经济条件，包括播区土地权属明确，县、乡、村领导重视，播后管护任务落实等。

5.3.3 植物种选择

飞播植物宜以灌草为主，优先选用种源丰富、抗风蚀、耐沙埋、自繁能力强、有一定经济价值的乡土植物种。引进植物种必须是在当地已经推广成功的优良植物种。不同沙化土地类型区适宜的飞播植物种见表A.6。

5.3.4 植物种配置

为了提高防风固沙效益，增强抵御病虫害的能力，应采取全播区或航带状混播的方式进行播种。飞播植物种的配置一般有乔灌混播、灌灌混播、灌草混播和乔灌草混播。不同沙化土地类型区适宜飞播的植物种配置见表C.1。

5.3.5 播量确定

5.3.5.1 确定播种量的原则，既要保证播后的成苗率，使播后能成林、成草，又要节省种子。

5.3.5.2 根据设计的沙地植被盖度、种子发芽率、种子净度、种子损失率等参数，合理确定播种量，其计算方法见式(1)：

$$S = NW/[1\,000ERF(1-A)(1-Q)] \qquad (1)$$

式中：

S——每 hm^2 的播种量，单位为千克(kg)；

N——每 hm^2 的设计出苗株数，单位为株每公顷/(株/hm^2)；

W——种子千粒重，单位为克(g)；

E——种子发芽率，%；

R——种子净度，%；

F——每 m^2 播区面积上的实际落种粒数与设计数(N)的百分比,%;

A——种子的鼠、鸟、虫害损失率,%;

Q——种子的其他意外损失率,%。

不同沙化土地类型区的适宜播量见表 C.1。

5.3.6 播期确定

5.3.6.1 应根据当地的历年气象资料及近期的天气预报,按照适时早播、播后等雨的原则,选择和确定具体播期。所选播期应能满足播后的 7 d~15 d 内有种子发芽必须的温度、有效降水、种子自然覆沙,以及当年苗木生长能木质化;干旱区雪播,要在积雪开始融化时或积雪融化前播种。

5.3.6.2 不同类型区的适宜播期见表 C.2。

5.3.7 飞播种子准备与处理

5.3.7.1 种子准备

飞播前组织好种子的采集、收购、调运、检疫、检验和保管工作。外调种子必须具有检疫证、检验证和使用证。

5.3.7.2 种子质量

飞播用种子的质量等级执行 GB 7908 中关于林木种子的规定标准,经筛选后的种子质量标准见表 B.3。

5.3.7.3 种子处理

根据种子的特点选用下列方法中的一种或几种进行处理:

——脱翅、脱毛、脱壳、除蜡处理:有果翅、刺毛、荚壳和蜡质包裹的种子,需进行脱翅、脱毛、脱壳、除蜡;

——种子大粒化、胶化处理:易漂移、易滚动的种子,应在其外表裹上比种子质量多 2 倍~3 倍的粘土,制成表面光滑的种子丸;外被绒毛的种子应先用牛皮胶水粘裹,再粘裹约为种子质量 0.6 倍~0.8 倍的沙粒,晒干后备用;

——种子的丸衣化处理:可选用根瘤菌(豆科植物种子)、吸水剂、稀土元素、植物生长调节剂等材料对种子进行丸衣化处理,使种子质量增加 0.6 倍~1 倍,各种丸衣化材料的用法用量应参照产品说明书或相关资料确定,在批量处理种子前,应先在实验室进行有关生理指标试验;

——种子的防鸟兽害处理:用各种驱避剂,优先选用无公害产品。

有条件时,应尽量使用专业化工厂生产的经过综合处理过的种子。

5.3.8 飞播作业技术要点

5.3.8.1 地表处理:对于地表沙物质流动强烈的播区,播前应设置平铺式沙障,控制风蚀。

5.3.8.2 天气要求:云高不低于 300 m,能见度不小于 5 km。播小粒种子时,顺、逆风速不得大于 6 m/s,侧风角不得大于 25°,侧风速不得大于 4 m/s;播大粒种子时,顺、逆风速不得大于 8 m/s,侧风角不得大于 40°,侧风速不得大于 6 m/s。

5.3.8.3 航向与作业方式:南北航向,可全天候作业;不宜东西航向作业。可采用的作业方式有穿梭式、单程式、复程式和自由式四种,多用穿梭式。

5.3.8.4 航高:根据飞播植物的种子大小、千粒重以及风速和侧风角确定航高,一般 30 m~80 m。

5.3.8.5 地空密切配合,提高飞播质量,同时填写飞播作业记录表,格式见表 D.1。

5.3.9 播种质量

根据附录表 D.2 中的要求,按附录表 D.3 或表 D.4 给出的方法和表格调查播种质量,要求达到下述指标:实际播幅应比设计播幅宽 20%~30%;单位面积上的落种粒数应达到设计落种粒数的 60%以上;漏播面积不得超过设计飞播面积的 10%。

5.3.10 播区管护与利用

5.3.10.1 播区封禁

播后全封5年~7年,严禁人畜破坏。

5.3.10.2 播区管护

播后加强管护,责任落实到人。

5.3.10.3 病虫害防治

经常巡视病虫害情况,及早发现,综合防治。

5.3.10.4 播区利用

播区郁闭后,根据灌丛植被的生长情况,可对林草植被进行适度利用。

5.4 人工种草

5.4.1 适用条件

一般适用于年均降水量300 mm以上,或年均降水量不足300 mm,但有灌溉条件的沙化土地。

5.4.2 人工种草的形式

5.4.2.1 一般有单纯种草、林草结合两种形式。

5.4.2.2 可设置天然植被隔离带隔带混交;也可配合灌木隔离带建设,隔带混交。

5.4.2.3 可条带状或网格状播种,快速形成生物沙障,为后期造林治沙、恢复植被创造条件。

5.4.3 草种选择

不同沙化土地类型区适宜的固沙草种见表A.7。

5.4.4 种子质量

成熟饱满、净度在95%以上、发芽率在90%以上。

5.4.5 播种量

参照5.3.5.2的式(1)计算播种量。经验播种量一般为:小粒种子7.5 kg/hm^2~15 kg/hm^2;大粒种子30 kg/hm^2~45 kg/hm^2。

5.4.6 种子处理

5.4.6.1 使用根瘤菌、植物生长调节剂、吸水剂、磷肥、稀土肥料等对种子进行丸衣化处理。

5.4.6.2 带芒的禾草种子,用去芒器或碾压法去芒。

5.4.6.3 硬实率高的种子,采用温水浸种或化学处理的方法打破休眠。

5.4.6.4 播前暴晒30 h~120 h,以加速种子的后熟,提高发芽率。

5.4.6.5 用各种驱避剂、灭鼠剂进行拌种处理,防止虫、鸟、兽等危害。最好采用无公害产品。

5.4.7 整地措施

地表较紧实且风蚀较轻的沙化土地,播种前可带状耙地,疏松土壤;风蚀严重的地区,不整地,以减少对原生植被的破坏。

5.4.8 播种期

5.4.8.1 选定的播种期须能满足植物种子发芽所需的温度和土壤水分条件。对于流沙地撒播,播期应能保证种子在播后7 d~15 d内自然覆沙,当年幼苗能安全越冬。

5.4.8.2 春季土壤含水量适宜、风沙危害较轻的地区,宜春播;容易发生春旱的沙化土地,应在雨季播种。南方湿润地区的沙化土地,一年四季均可播种。有灌溉条件的地区,宜早春播种。

5.4.9 播种方式

5.4.9.1 纯播

只播撒一种草种,一般用于所选草种不宜混播或根据需要必需单播的草种。

5.4.9.2 混播

可以选择混播类型有四种:

——一年生草种与多年生草种混播;

——豆科、禾本科与菊科草种混播；

——直根型、须根型、根茎型或根蘖型草种混播；

——草种与灌木树种混播。

5.4.10 播种方法

5.4.10.1 撒(喷)播

大粒种子直接撒播或喷播；小粒种子用干沙均匀拌种，撒播或喷播，也可条播。

5.4.10.2 条播

小粒种子的播深一般为 1 cm～2 cm；大粒种子一般为 2 cm～4 cm。

播后及时镇压。

5.4.11 管护

播种后加强管护，一般沙化土地，3 年内禁止放牧；流动沙地，5 年内禁止放牧。禁牧期间可以适当割草，风蚀严重地段，留茬高度不得低于 10 cm。

6 物理治沙措施

6.1 适用条件

适用于风沙危害严重、植物措施难以实施的地区或地段的居民点、基础设施、重要工矿基地等的保护，以及为实施植物治沙措施提供保护，或促进植被的自然恢复。

6.2 沙障类型

分机械沙障和植物沙障两类。

6.3 机械沙障

6.3.1 沙障形式

6.3.1.1 根据对流沙的作用目的和高出地表的高度，可分为：

——高立式沙障：沙面以上高度＞50 cm 的沙障；

——低立式沙障：沙面以上高度为 20 cm～50 cm 的沙障，也称半隐蔽式沙障；

——平铺式沙障：在沙表带状或全面铺设抗风蚀材料，高度在 20 cm 左右的沙障。

6.3.1.2 根据平面布置形式，可分为：

——条带状沙障：排列方向大致与主风向垂直的沙障；

——网格状沙障：由 2 个不同方向的带状沙障交织而成的沙障。

6.3.2 沙障材料

尼龙网类、枝条、板条、高秆作物的秸秆、芦苇、麦秆、稻草、草绳、沙袋、石块、粘土等。

6.3.3 沙障结构

根据孔隙度，可将高立式沙障区分为 3 种。

透风结构：沙障的孔隙度大于 50％，适用于输沙。

紧密结构：沙障的孔隙度少于 10％，适用于阻沙。

疏透结构：沙障的孔隙度一般 10％～50％，常用 25％～50％。

6.3.4 沙障配置与用途

6.3.4.1 高立式沙障，可按条带状配置，主要用于单向或反向风地区的阻沙。

6.3.4.2 低立式沙障，可按网格状配置，主要用于多风向地区的固沙。

6.3.5 沙障间距

6.3.5.1 条带间隔

在坡度小于 4°的平缓沙地进行条带状配置时，相邻两条沙障的距离应为沙障高度的 10 倍～20 倍；在沙丘迎风坡配置时，下一列沙障的顶端应与上一列沙障的基部等高。沙障间距可参照式(2)计算：

$$D = H \times \operatorname{ctg}\alpha \qquad (2)$$

式中：

D——沙障间距，单位为米(m)；

H——沙障高度，单位为米(m)；

α——沙面坡度，单位为度(°)。

6.3.5.2 网格大小

网格状配置时，网格边长为沙障出露高度的6倍～8倍，根据风沙危害的程度选择1 m×1 m、1 m×2 m、2 m×2 m等不同规格。麦草、稻草、芦苇等常用方格沙障以1 m×1 m为主。

6.4 植物沙障

6.4.1 沙障材料

一般用沙柳、黄柳、柽柳、紫穗槐、沙拐枣、花棒、杨柴的枝条和沙蒿植株等。

6.4.2 沙障配置

6.4.2.1 条带状

灌木类一般单行配置，均匀密植，行距2 m～6 m。

蒿草类行距1 m～2 m。

6.4.2.1 网格状

风沙活动较强的地段，灌木类选择(2 m×2 m)～(3 m×3 m)等不同规格；蒿草类1 m×1 m。

风沙活动较轻的地段，灌木类选择(3 m×3 m)～(5 m×5 m)等不同规格；蒿草类2 m×2 m。

6.4.3 施工技术

扦插一般于晚秋或早春进行，灌木类扦插深度50 cm～80 cm；蒿草类根系要置于湿沙层中。

6.5 沙障应用

6.5.1 植被恢复型

机械沙障主要为植被恢复创造生长条件；生物沙障既可为植被恢复创造生长条件，本身的萌蘖繁育也是恢复植被。

6.5.2 防风固沙型

6.5.2.1 阻沙型

一般应用于防沙体系外围风沙流动性强的地方，拦截、阻滞风沙运动。

6.5.2.2 固沙型

隔绝风沙流与沙表的直接接触，固定地表，大面积设置在道路两侧、重要基础设施和其他需要保护的地方。

6.5.2.3 输导型

多用于防治道路积沙或改变风沙流运动方向，一般设置于迎风面、路肩、弯曲转折地段。

6.6 沙障维护

沙障建成后，要加强巡护，防止人畜破坏。机械沙障损坏时，应及时修复；当破损面积比例达到60％时，需重新设置沙障。重设时应充分利用原有沙障的残留效应，沙障规格可适当加大。柴草沙障应注意防火。

7 化学治沙措施

7.1 适用条件

多用于水资源匮乏、植物难以生长、急需治理的流动沙地。具备植物生长条件的地区，化学固沙可与物理治沙、植物治沙相结合。

7.2 化学固沙材料

常见的有土壤凝结剂、沥青乳液、沥青化合物、乳化原油、泥炭胶液等。选用的材料应尽可能无毒、无污染。

7.3 化学固沙设备

7.3.1 制备设备

包括锅炉、乳化机和各种贮料罐等，固沙液的适宜粘度一般为 12 Pa·s～15 Pa·s。

7.3.2 喷洒设备

包括贮存罐、喷洒管道、喷嘴及接头等。

7.4 喷洒方法

分全面喷洒和局部喷洒 2 种。

7.4.1 全面喷洒

直接将固沙材料喷洒在沙面上。

7.4.2 局部喷洒

把沙子堆成格状或带状，然后在沙埂上喷洒固沙材料，为植被恢复创造条件。

7.5 喷涂厚度

在沙地表面形成 0.2 cm～0.5 cm 的稳定固结层，且具备 100 kPa 以上的抗压强度。

7.6 施工技术要点

7.6.1 在全面喷洒地块的外围，如有风蚀、非风蚀的过渡带，也应喷洒，防止因局部风蚀导致化学固沙层的全面破坏。

7.6.2 喷洒应在风速小于 3 m/s 的天气条件下进行，避免逆风或顺风喷洒。

7.6.3 喷洒前先用水或乳化剂的稀溶液湿润沙面，以提高固沙液的渗透度。

7.6.4 喷洒时应控制喷洒量及喷洒速度，使喷头与沙面保持适当的距离和角度，匀速喷洒，以形成厚度均匀的固结层。

7.6.5 如果配合植物治沙，应在栽种植物后喷洒。

7.7 管护

作业区应严格保护，防止破坏固结层。固结层发生局部破坏的地段，应该及时补喷；破坏严重的，应全面补喷。

8 保护性耕作措施

8.1 适用条件

主要用于干旱、半干旱地区风蚀严重农田的保护，防止土壤侵蚀。

8.2 技术内容

8.2.1 免耕或少耕

用免耕播种机一次完成破茬开沟、施肥、播种、覆土和镇压作业；作物生长期内，不再进行或减少松土除草作业次数。

8.2.2 秸杆覆盖

在农作物收割后，用作物秸杆覆盖地表。

8.2.3 作物留茬

作物收割时留高茬，茬高不得低于 20 cm，翌年播种前不再翻垦耕地。

9 成效调查

9.1 植物治沙措施

9.1.1 封沙育林育草

9.1.1.1 调查时间

成效调查在封育期满后进行。

9.1.1.2 合格指标

表 4 封沙育林育草合格指标

类 型 区	郁闭度	灌木盖度/%	林草总盖度/%	备 注
极端干旱、干旱沙化土地类型区[a]		15～30	30～50	分布均匀
北方干旱、半干旱沙化土地类型区[b]	≥0.20	30～45	45～70	分布均匀
高原高寒沙化土地类型区		15～30	30～50	分布均匀
黄淮海半干旱、半湿润沙化土地类型区	≥0.80		≥95	分布均匀
南方湿润沙化土地类型区	≥0.80		≥95	分布均匀

a 极端干旱区取下限值，干旱区取上限值。

b 干旱区取下限值，半干旱区上限值。

9.1.2 防沙林带、农田防护林

9.1.2.1 调查时间

造林 1 年后检查成活率，第 3 年检查保存率。

9.1.2.2 合格标准

表 5 林带（网）合格标准

类 型 区	成活率/%	保存率/%
极端干旱、干旱沙化土地类型区（有灌溉条件）	≥85	≥80
北方干旱、半干旱沙化土地类型区	≥70	≥65
高原高寒沙化土地类型区（有灌溉条件）	≥80	≥75
黄淮海半干旱、半湿润沙化土地类型区	≥85	≥80
南方湿润沙化土地类型区	≥90	≥85

9.1.3 农林间作

9.1.3.1 调查时间

造林 1 年后检查成活率，第 3 年检查保存率。

9.1.3.2 合格标准

表 6 农林间作合格指标

类 型 区	成活率/%	保存率/%	备 注
极端干旱、干旱沙化土地类型区（有灌溉条件）	≥95	≥90	—
北方干旱、半干旱沙化土地类型区[a]	70～85	≥80	—
高原高寒沙化土地类型区	—	—	—
黄淮海半干旱、半湿润沙化土地类型区	≥95	≥90	—
南方湿润沙化土地类型区	≥95	≥90	

a 降水量 400 mm 以上地区取上限值，400 mm 以下地区取下限值。

9.1.4 固沙林

9.1.4.1 调查时间

造林 1 年后检查成活率，第 3 年检查保存率。

9.1.4.2 合格标准

表7 固沙林合格指标

类型区	成活率/%	保存率/%	林草总盖度/%	备注
极端干旱、干旱沙化土地类型区	≥70	≥65	25～50	分布均匀
北方干旱、半干旱沙化土地类型区	70～85[a]	65～80	40～65	分布均匀
高原高寒沙化土地类型区	≥70	≥65	25～50	分布均匀
黄淮海半干旱、半湿润沙化土地类型区	≥90	≥85	≥95	分布均匀
南方湿润沙化土地类型区	≥90	≥85	≥95	分布均匀

[a] 降水量 400 mm 以上地区取上限值，400 mm 以下地区取下限值。

9.1.5 草牧场防护林

9.1.5.1 调查时间

造林 1 年后检查成活率，第 3 年检查保存率。

9.1.5.2 合格标准

表8 草牧场防护林合格标准

类型区	成活率/%	保存率/%
极端干旱、干旱沙化土地类型区	—	—
北方干旱、半干旱沙化土地类型区[a]	75～85	≥70
高原高寒沙化土地类型区	—	—
黄淮海半干旱、半湿润沙化土地类型区	—	—
南方湿润沙化土地类型区	—	—

[a] 降水量 400 mm 以上地区取上限值，400 mm 以下地区取下限值。

9.1.6 飞播造林种草

9.1.6.1 调查时间

飞播成效调查在 3 年～5 年后进行。

9.1.6.2 合格标准

表9 飞播成效标准

类型	立地条件类型	当年有苗面积率/%	第三年保存面积率/%	备注
北方干旱、半干旱沙化土地类型区	平缓沙地	31～50	25～34	分布均匀
	中高大沙丘群	31～40	21～30	分布均匀
	半流动沙丘和半固定沙地	40～49	30～44	分布均匀

9.1.7 人工种草

9.1.7.1 调查时间

种草 1 年后检查成活率，2 年～3 年后检查保存率。

9.1.7.2 合格标准

表 10 人工种草合格标准

类 型 区	出苗率/%	保存面积率/%	备 注
极端干旱、干旱沙化土地类型区(有灌溉条件)	≥90	≥90	分布均匀
北方干旱、半干旱沙化土地类型区[a]	70～85	≥70	分布均匀
高原高寒沙化土地类型区(有灌溉条件)	≥85	≥85	分布均匀
黄淮海半干旱、半湿润沙化土地类型区	≥90	≥85	分布均匀
南方湿润沙化土地类型区	≥90	≥85	分布均匀

[a] 降水量 400 mm 以上地区取上限值,400 mm 以下地区取下限值。

9.2 物理治沙措施

9.2.1 调查时间

沙障建成 1 年后进行成效调查。

9.2.2 合格标准

表 11 沙障合格标准

项 目	完好率/%	保苗率/%	备 注
机械沙障	70～85	—	—
生物沙障	—	≥40	—

9.3 化学治沙措施

9.3.1 调查时间

施工 1 年后进行成效调查。

9.3.2 合格标准

厚度 0.2 cm～0.5 cm,均匀度 90%,完好率应在 98%以上。

9.4 保护性耕作措施

9.4.1 调查时间

措施完成后进行。

9.4.2 合格标准

面积核实率达到 95%。

9.5 成效调查报告

根据调查结果,编制成效调查报告,内容包括调查时间、地点、方法、样地数量和结果,分析与评价、存在问题与建议等。

10 技术档案管理

所有项目均应建立技术档案,建档的主要内容包括:项目可行性研究报告,规划设计资料,施工监理,经营管护的年度总结,治理成效调查、检查资料,投资与效益的调查统计资料,请示报告及批示文件,合同文本,突发性事件与严重灾害的记载等。

附 录 A
（资料性附录）
防沙治沙植物材料

表 A.1 防沙林带主要造林树种

类 型 区	适宜造林树种	
	乔 木	灌 木
极端干旱、干旱沙化土地类型区	胡杨、新疆杨、箭杆杨、二白杨、小黑杨、小叶杨、俄罗斯杨、白榆、沙枣	柽柳、沙拐枣、柠条、花棒、沙棘、紫穗槐、梭梭[b]
北方干旱、半干旱沙化土地类型区	新疆杨、小黑杨、小钻杨、樟子松、油松、河北杨、合作杨、群众杨、白榆、刺槐、刺榆	柠条、花棒、杨柴、沙柳、黄柳、紫穗槐、小叶锦鸡儿、胡枝子、沙棘、四翅滨藜、荆条、酸枣、籽蒿[a]、差巴戈蒿[a]、油蒿[a]
高原高寒沙化土地类型区	小叶杨、青杨、新疆杨、沙枣	乌柳、甘蒙锦鸡儿、枸杞、西藏沙棘、柽柳、梭梭、柠条、白刺、沙拐枣
黄淮海平原半干旱、半湿润沙化土地类型区	毛白杨、沙兰杨、I-214 杨等杨树类，旱柳，榆树，刺槐，臭椿，兰考泡桐、白花泡桐等泡桐类，白蜡，枫杨，侧柏，日本黑松等	火炬树、紫穗槐、荆条、酸枣、杞柳、葛藤
南方湿润沙化土地类型区	湿地松，水杉，池杉，落羽杉，柠檬桉、直干桉、隆缘桉等桉类，沙椤，台湾相思、马占相思、直杆相思等相思类，水松，木麻黄类等	露兜、胡枝子等

[a] 为半灌木。

[b] 为小乔木。

表 A.2 固沙林主要造林树种

类 型 区	适 宜 树 种	
	无灌溉条件	有灌溉条件
极端干旱、干旱沙化土地类型区	白梭梭、梭梭、沙拐枣、花棒、柽柳、柠条、白刺、白沙蒿等。	新疆杨、二白杨、刺槐、樟子松、紫穗槐、沙枣、国槐、旱柳、胡杨、桑、侧柏、云杉、黄柳等
北方干旱、半干旱沙化土地类型区	花棒、沙枣、柠条、柽柳、沙柳、褐沙蒿、油蒿、籽蒿、杨柴、沙地柏、白榆、樟子松、油松、华北落叶松、褐沙蒿、达乌里胡枝子、沙棘、山杏、胡枝子、差巴戈蒿、紫穗槐、刺槐、旱柳、小叶杨、河北杨、沙木蓼、四翅滨藜、木地肤、杜梨、云杉、山杨、桦、荆条、酸枣、国槐、合欢、色木、泡桐、臭椿、桑、黄柳、小叶锦鸡儿、山竹子、沙竹、火炬树、白茅、葛藤	新疆杨、苹果、梨、杏、李、葡萄、枣、桃、小美旱、枸杞、旱柳、河北杨、小青杨、白城杨、赤峰杨、毛白杨、沙兰杨、小叶杨、泡桐、楸木、国槐、合欢、色木、臭椿、白腊

表 A.2(续)

类型区	适宜树种	
	无灌溉条件	有灌溉条件
高原高寒沙化土地类型区	梭梭、沙拐枣、麻黄、木蓼、柠条、柽柳、乌柳、沙棘、青杨等。	藏川杨、青杨、小叶杨、旱柳、白榆、白柠条、乌柳、西藏沙棘、柽柳、枸杞
黄淮海平原半干旱、半湿润沙化土地类型区	油松、侧柏、桧柏、毛白杨、群众杨、沙兰杨、旱柳、刺槐、国槐、泡桐、楸树、枣、杏、桑、紫穗槐、合欢、梨、李、苹果、葡萄、桃、黑松、白腊、绒毛白腊、色木、榆树、单叶蔓菁、火炬树等。	
南方湿润沙化类型区	刺槐、泡桐、法桐、榉树、楸树、杜仲、乌柏、银杏、桑、紫穗槐、木麻黄、桉树类、湿地松、加勒比松、相思类、露兜、胡枝子、华山松、马尾松、云杉、柏木、桦木、单叶蔓菁、合欢、银合欢、葛藤、火炬松、榆、杨、柳、竹子等。	

表 A.3 农田防护林主要造林树种

类型区	适宜造林树种	
	无灌溉条件	有灌溉条件
极端干旱、干旱沙化土地类型区	—	新疆杨、箭杆杨、二白杨、小黑杨、小叶杨、合作杨、俄罗斯杨、白柳、旱柳、白榆、核桃、杏、桃、梨、苹果、枣、海棠、山楂、桑树、石榴、胡杨、沙枣、柽柳、沙拐枣、梭梭、柠条
北方干旱、半干旱沙化土地类型区	小黑杨、小钻杨、北京杨、白榆、旱柳、刺槐、樟子松、油松、华北落叶松、杏、桃、梨、枣、苹果、海棠、山楂、葡萄、沙柳、黄柳、紫穗槐、柠条、国槐、毛白杨、沙兰杨等。	
高原高寒沙化土地类型区	白榆、沙枣、乌柳、西藏沙棘、柽柳、枸杞	青杨、新疆杨、二白杨、黑杨
黄淮海平原半干旱、半湿润沙化土地类型区	刺槐、毛白杨、三倍体毛白杨、沙兰杨、白榆、旱柳、臭椿、紫穗槐、杞柳、白蜡、梨、桃、黑松、杏、枣、苹果、柿树、桑树、山楂、泡桐	
南方湿润沙化土地类型区	木麻黄、相思类、窿缘桉、桉树类、琼州海棠、湿地松、加勒比松、紫穗槐、刺槐、杨、榆、槐、柳、竹、银合欢	

表 A.4 主要农林间作树种

类型区	适宜间作树种	
	无灌溉条件	有灌溉条件
极端干旱、干旱沙化土地类型区	—	枣、核桃、石榴、杏、桑
北方干旱、半干旱沙化土地类型区	桑、杏、枣	杨、桑、杏、枣、梨、李、苹果、山楂、白腊、臭椿
高原高寒沙化土地类型区	—	
黄淮海平原半干旱、半湿润沙化土地类型区	梨、苹果、桑、杨、杏、李、枣、柿、泡桐、白腊条、杞柳、杜仲、核桃、桃	
南方湿润沙化土地类型区	—	

表 A.5 草牧场防护林主要造林树种

类 型 区	适 宜 造 林 树 种	
	无灌溉条件	有灌溉条件
极端干旱、干旱沙化土地类型区	—	胡杨、白榆、沙枣、柽柳、沙棘、新疆杨、箭杆杨、二白杨、小黑杨、小叶杨、合作杨、108杨、俄罗斯杨、白柳、旱柳
北方干旱、半干旱沙化土地类型区	小黑杨、小钻杨、白榆、旱柳、刺槐、樟子松、沙柳、黄柳、乌柳、紫穗槐、小叶锦鸡儿、柠条、枸杞、杨柴、沙棘、青杨、银中杨、沙地云杉	小黑杨、小钻杨、白榆、旱柳、刺槐、樟子松、青杨、银中杨、沙地云杉
高原高寒沙化土地类型区	乌柳、甘蒙锦鸡儿、西藏沙棘、柽柳、白柠条、枸杞、沙拐枣	—
黄淮海平原半干旱、半湿润沙化土地类型区	—	
南方湿润沙化土地类型区	—	

表 A.6 不同沙化土地类型区的适宜飞播植物种

类型区	适宜飞播植物种
极端干旱、干旱沙化土地类型区	梭梭、沙拐枣、花棒、籽蒿、沙蒿、苦豆子、木地肤
北方干旱、半干旱沙化土地类型区	小叶锦鸡儿、山竹子、胡枝子、差把嘎蒿、白榆、杨柴、花棒、白沙蒿、锦鸡儿、沙打旺、甘草、草木樨状黄芪
高原高寒沙化土地类型区	白刺、籽蒿、沙打旺、沙棘

表 A.7 不同类型区适宜固沙草种

类 型 区	适宜固沙草种
极端干旱、干旱沙化土地类型区	籽蒿、沙米、虫实、骆驼刺、芨芨草、草木樨状黄芪、草木樨、沙竹、草麻黄、白沙蒿、沙打旺、甘草、木地肤
北方干旱、半干旱沙化土地类型区	差把嘎蒿、沙打旺、草木樨状黄芪、紫花苜蓿、草木樨、鹰咀紫云英、扁蓿豆、白茅、达乌里胡枝子、铁扫帚、沙竹、冰草、籽蒿、油蒿、褐沙蒿、披碱草、冰草、蒙古冰草
黄淮海平原半干旱、半湿润沙化土地类型区	沙打旺、紫花苜蓿、黄花苜蓿、白花草木樨、鹰咀紫云英、小冠花、白茅、狗尾草、马唐、虎尾草
高原高寒沙化土地类型区	白沙蒿、沙打旺、披碱草、芨芨草、草木樨
南方湿润沙化土地类型区	沙钻苔草、海边香豌豆、小冠花、鹰咀紫云英、草木樨、葛藤、马唐、狗尾草

附 录 B
（规范性附录）
防沙治沙用苗木、种子规格

表 B.1 防沙林带主要造林树种苗木规格

苗木类别	苗龄/年	级别	苗高/m	地径/cm	根幅/cm
杨树扦插苗	1～2	Ⅰ	2～3.5	≥1.5	30～40
		Ⅱ	1.5～2	≥1	20～30
乔木播种苗	1～2	Ⅰ	≥1.5	≥1	20～30
		Ⅱ	1～1.5	≥0.6	20～30
灌木播种、扦插苗	1～2	Ⅰ	1～1.3	≥0.8	20～30
		Ⅱ	0.6～1	0.4～0.8	20～30

表 B.2 防护林网林带主要造林树种苗木规格

苗木类别	苗龄/年	级别	苗高/m	地径/cm	根幅/cm
杨树扦插苗	1～3	Ⅰ	4.5～6	≥3	≥40
		Ⅱ	1.5～4.5	≥1	20～40
乔木播种苗	1～2	Ⅰ	≥1.5	≥1	20～30
		Ⅱ	1～1.5	≥0.6	20～30
灌木播种、扦插苗	1～2	Ⅰ	1～1.3	≥0.8	20～30
		Ⅱ	0.6～1	0.4～0.8	20～30
针叶树播种苗	5～7	Ⅰ	1～1.5	≥1.5	≥60
		Ⅱ	0.6～1	1～1.5	50～60
经济树种营养繁殖苗	2～3	Ⅰ	≥1.5	≥2	≥40
		Ⅱ	1～1.5	0.8～2	30～40

表 B.3 飞播造林种草固沙种子质量表

植物种	千粒重/g	净度/%	发芽率/%	种子含水率/%
花棒	26～32	≥85	≥65	≥10
杨柴、山竹子	14～16	≥85	≥50	≥10
沙拐枣	40～52	≥90	≥70	≥10
梭梭	1.8～2.4	≥95	≥85	≥10
小叶锦鸡儿	20～34	≥95	≥75	≥10
沙棘	7～9	≥95	≥80	≥9
胡枝子	8.9～15.1	≥90	≥80	≥10
白沙蒿	0.7～0.9	≥95	≥80	≥10

表 B.3(续)

植物种	千粒重/g	净度/%	发芽率/%	种子含水率/%
差把嘎蒿	0.5	≥90	≥85	≥10
沙打旺	1.8～2.5	≥95	≥85	≥10
甘草	6.7～8.2	≥95	≥85	≥9
苦豆子	21.9～3.9	≥95	≥85	≥8
柠条锦鸡儿	50～60	≥95	≥90	≥10
沙米	0.59～1.0	≥90	≥80	≥10

附 录 C
（资料性附录）
飞机播种的播种量与播种期

表 C.1 不同沙化土地类型区的植物种配置与播种量

类型区		植物种配置	播量/(kg/hm²)
极端干旱、干旱沙化土地类型区	干旱区	花棒＋籽蒿	6.0＋5.25
		沙拐枣＋籽蒿	7.5＋5.25
		梭梭	3.5～3.75
		苦豆子	7.5
		木地肤	7.0
北方干旱、半干旱沙化土地类型区	干旱区	花棒＋沙打旺＋白沙蒿	6.0＋3.75＋3.75
		踏郎＋白沙蒿	(4.5～5.25)＋3.5
		柠条锦鸡儿＋白沙蒿	7.5＋3.5
		甘草	7.5
	半干旱区	小叶锦鸡儿＋差把嘎蒿	(3.75～4.05)＋3.75
		山竹子＋沙打旺	6.0＋3.75
		沙打旺＋差把嘎蒿	3.75＋3.75
		沙打旺＋白榆	3.75＋6.0
		胡枝子	7.5

表 C.2 不同沙化类型区的适宜飞机播种期

沙区		播期	最佳播期
极端干旱、干旱沙化土地类型区	腾格里沙漠(东南缘)	6 月下旬～7 月中旬	7 月上旬
北方干旱、半干旱沙化土地类型区	库布齐沙漠	5 月下旬～6 月中旬	6 月中旬
	宁夏河东沙地	6 月上旬～6 月中旬	6 月上旬
	毛乌素沙地	5 月中旬～6 月中旬	5 月下旬～6 月上旬
	浑善达克沙地	6 月上旬～6 月中旬	6 月上旬
	呼伦贝尔沙地	6 月中旬～6 月下旬	6 月中旬
	科尔沁沙地	6 月上旬～6 月中旬	6 月上旬

附 录 D
（规范性附录）
记录与检查表格

表 D.1 飞机播种机场作业记录表

时间：

日期	播区	架次	应播带号	植物种类	播种量/（kg/hm^2）	每架次装种量/kg	航高/m	实播带数	每架次飞行时间/h	备注

表 D.2 飞播质量检查表

播区	播期	架次	播带号	植物种	落种粒数/（粒/m^2）	落种位置		重播/m	漏播/m	提前延伸落种距离/m	航高/m	风速/（m/s）	风向
						偏前/m	偏后/m						

表 D.3 路线调查记录表

序号	航带号	沙丘部位	植物种	株数/（株/m^2）	株高/cm	地径/cm	冠幅/cm	风蚀（－）沙埋（＋）/cm	天然植物种	植被盖度/%	播区危害	其他

表 D.4 样圆调查记录表

调查线号	样圆号	飞播苗木				天然植物				生长部位				
		植物种	株数	株高/cm	地径/cm	植物种	株数	株高/cm	地径/cm	迎风坡	背风坡	丘间地	副梁	丘顶

参 考 文 献

[1] GB/T 15162—2005　飞播造林技术规程
[2] GB/T 15163—2004　封山(沙)育林技术规程
[3] GB/T 18337.1—2001　生态公益林建设　导则
[4] GB/T 18337.3—2001　生态公益林建设　技术规程
[5] GB/T 8822.1～8822.13　中国林木种子区
[6] GB/T 15783—1995　主要造林树种林地化学除草技术规程

ICS 67.080.10
B 31

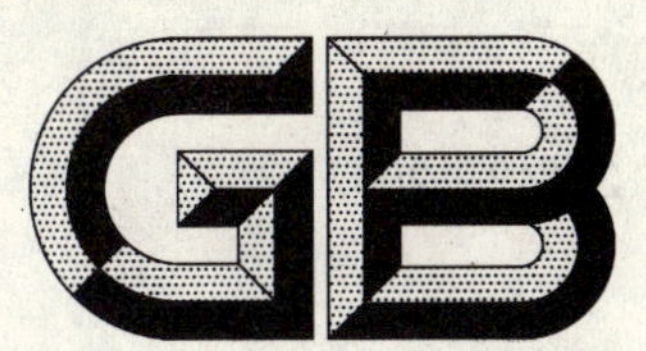

中华人民共和国国家标准

GB/T 21142—2007

地理标志产品　泰兴白果

Product of geographical indication—Taixing ginkgo nut

2007-11-12 发布　　2008-05-01 实施

中华人民共和国国家质量监督检验检疫总局
中国国家标准化管理委员会　发布

前 言

本标准的附录 A 为规范性附录，附录 B 为资料性附录。

本标准由全国原产地域产品标准化工作组提出并归口。

本标准起草单位：泰州市泰兴质量技术监督局、泰兴市林业局。

本标准主要起草人：黄备战、朱宏全、李群、陆苏华、石萍、闻波。

地理标志产品　泰兴白果

1　范围

本标准规定了泰兴白果的地理标志产品保护范围、术语和定义、自然环境、栽培和采收、质量要求、试验方法、检验规则、标志、包装、运输、贮存。

本标准适用于国家质量监督检验检疫行政主管部门根据《地理标志产品保护规定》批准保护的泰兴白果。

2　规范性引用文件

下列文件中的条款通过本标准的引用而成为本标准的条款。凡是注日期的引用文件，其随后所有的修改单(不包括勘误的内容)或修订版均不适用于本标准，然而，鼓励根据本标准达成协议的各方研究是否可使用这些文件的最新版本。凡是不注日期的引用文件，其最新版本适用于本标准。

GB/T 5009.3　食品中水分的测定

GB/T 5009.5　食品中蛋白质的测定

GB/T 5009.7　食品中还原糖的测定

GB/T 5009.8　食品中蔗糖的测定

GB/T 5009.9　食品中淀粉的测定

GB/T 5009.11　食品中总砷及无机砷的测定方法

GB/T 5009.12　食品中铅的测定方法

GB/T 5009.17　食品中总汞及有机汞的测定方法

GB/T 5009.20　食品中有机磷农药残留量的测定

GB/T 5009.36—2003　粮食卫生标准的分析方法

GB/T 5009.110　植物性食品中氯氰菊酯、氰戊菊酯和溴氰菊酯残留量的测定

GB/T 5009.188　蔬菜、水果中甲基托布津、多菌灵的测定

GB 5491　粮食、油料检验　扦样、分样法

GB/T 18407.2—2001　农产品安全质量　无公害水果产地环境要求

《中华人民共和国药典》2005年版第一部

3　地理标志产品保护范围

泰兴白果地理标志保护范围限于国家质量监督检验检疫行政主管部门根据《地理标志产品保护规定》批准的范围，即江苏省泰兴市的泰兴镇、七圩镇、蒋华镇、滨江镇、马甸镇、张桥镇、曲霞镇、广陵镇、姚王镇、河失镇、溪桥镇、刘陈镇、新街镇、根思乡、宣堡镇、胡庄镇、黄桥镇、分界镇、珊瑚镇、横垛镇、古溪镇、元竹镇共22个乡镇现辖行政区域(今后行政区域划分若有变化，以政府行文为准)，见附录A。

4　术语和定义

下列术语和定义适用于本标准。

4.1

泰兴白果　Taixing ginkgo nut

在地理标志产品保护范围内生长的银杏种核。

4.2

出仁率 percentage of kernel production

银杏种仁质量占银杏种核(俗称白果)质量的百分率。

4.3

核形指数 index of nut shape

种核长度、宽度、厚度的相互比例。

4.4

纵横轴线正交点 right intersection point of length to width

种核的纵座相交于种核最大横径的中点。

4.5

胚乳萎缩度 percentage of endosperm shriveling

胚乳萎缩体积与银杏种核体积的百分比。

4.6

最佳授粉期 optimal pollination period

银杏雌树胚珠发育成熟时,授粉室分泌的液体(俗称性水)也随之增多,并吐出孔口,当该水珠在孔外的直径大于孔口张开度,成一饱满圆形水珠,即为胚珠完全成熟,当树上有 50%～80%的胚珠完全成熟时,开始人工授粉,此后 3 d 内均为最佳授粉期。

5 自然环境、栽培和采收

5.1 自然环境

5.1.1 地形

应在海拔 5.0 m 以上,坡度不大于 15°的地域种植。

5.1.2 土壤

壤土或沙壤土,土层深度 1.0 m 以上,地下水位 1.0 m 以下,pH 值 6.0～8.5,有机质含量 1%以上,含盐量低于 0.1%,排水良好。土壤质量应符合 GB/T 18407.2—2001 中 3.2.3 的要求。

5.1.3 气候

栽培区域的年平均气温 14℃～18℃,年降水 1 000 mm 左右,年日照 2 000 h 左右,无霜期 220 d～230 d。

5.1.4 灌溉水

应符合 GB/T 18407.2—2001 的要求。

5.1.5 空气

空气质量应符合 GB/T 18407.2—2001 的要求。

5.2 栽培

5.2.1 种苗

选用泰兴大佛指种苗。

5.2.2 栽培技术

参见附录 B。

5.3 采收

5.3.1 采收时间

当银杏种实的外种皮由青转黄,由硬变软,外被较多白粉时采收。

5.3.2 处理方法

种实采收后将其放于缸或池中用水沤制,也可进行堆制,堆放高度不超过 60 cm,经 5 d～10 d,待外种皮腐烂后,人工脱去外种皮,并将种核洗净晾干。

6 质量要求

6.1 感官特征

应符合表1的规定。

表1 感官特征

项目		要求
外形特征	核形、仁形	长卵圆形，成佛指状
	纵横轴线正交点	近珠孔端纵轴全长的1/3处
	其他特征	种核充实，种仁饱满，种核两侧上部有明显棱；内种皮纸质细薄，热水烫后易剥
色泽	种壳	汉白玉色，具光泽，贮后略泛黄
	种仁	采后黄中泛绿，呈翡翠色，贮后渐成乳黄色
种仁质地		质地细腻，有韧性，糯性强
种仁口感		味甘清甜，略有苦感，具银杏特有香味
核形指数		长：宽：厚＝(1.49～1.75)：1：(0.81～0.87)

6.2 理化指标

泰兴白果按千克粒数不同分为特级、Ⅰ级、Ⅱ级、Ⅲ级，理化指标应符合表2规定。

表2 理化指标

等级	千克粒数/(粒数/kg)	出仁率/%	种仁							
			壳厚/mm	水分/%	蛋白质/%	淀粉/%	可溶性糖(以蔗糖和还原糖总计)/%	总黄酮醇苷/(mg/kg)	银杏萜内酯/(mg/kg)	氢氰酸/(μg/g)
特级	≤300	78～85	0.30～0.47	≤56.0	≥4.0	≥30.0	≥1.5	≥10	≥12	≤5.0
Ⅰ级	301～360									
Ⅱ级	361～440									
Ⅲ级	441～520									

6.3 卫生指标

卫生指标应符合表3的规定。

表3 卫生指标

项目		指标
砷(以As计)/(mg/kg)	≤	0.5
汞(以Hg计)/(mg/kg)	≤	0.01
铅(以Pb计)/(mg/kg)	≤	0.2
多菌灵/(mg/kg)	≤	0.5
溴氰菊酯/(mg/kg)	≤	0.1
敌百虫/(mg/kg)	≤	0.1

7 试验方法

7.1 感官特征

目测、品尝。

7.2 核形指数

任取10粒种核，用通用量具在种核最长、最宽、最厚处测量，以宽为1进行计算。

7.3 理化指标

7.3.1 千克粒数

按GB 5491扦样4 kg混合均匀后，用四分法分各1 kg，分别计数核数，取平均值。

7.3.2 壳厚

于种核中部取大小为0.5 cm×1.0 cm的种壳，用游标卡尺测量其厚度，重复10次，取平均值。

7.3.3 出仁率

随机抽取100粒种核，取出种仁，用最小分度值10 mg的天平称量种核总量和种仁总质量，重复两次，取测定结果的平均值，计算出仁率。

7.3.4 水分

按GB/T 5009.3规定的方法进行。

7.3.5 蛋白质

按GB/T 5009.5规定的方法进行。

7.3.6 淀粉

按GB/T 5009.9规定的方法进行。

7.3.7 可溶性糖

还原糖按GB/T 5009.7规定的方法进行，蔗糖按GB/T 5009.8规定的方法进行。

7.3.8 银杏总黄酮醇苷、银杏萜内酯的测定

按《中华人民共和国药典》2005版附录Ⅵ D法测定。

7.3.9 氢氰酸

按GB/T 5009.36—2003中4.4的规定进行。

7.4 卫生指标

7.4.1 砷

按GB/T 5009.11的规定进行。

7.4.2 汞

按GB/T 5009.17的规定进行。

7.4.3 铅

按GB/T 5009.12的规定进行。

7.4.4 多菌灵

按GB/T 5009.188的规定进行。

7.4.5 溴氢菊酯

按GB/T 5009.110的规定进行。

7.4.6 敌百虫

按GB/T 5009.20的规定进行。

8 检验规则

8.1 组批

以同一等级、同一时间交收的白果为同一批货，以包装后的件数为一个货批量。

8.2 抽样方法

从每批产品抽样按 GB 5491 的规定进行，每批抽样量不低于 4 kg，分成两份，其中一份作为检验用，另一份作为备样待查。

8.3 检验分类

白果检验分交收检验、型式检验两类。

8.3.1 交收检验

每批产品应经检验合格，并附合格证方可出货。交收检验项目为感官特征、千克粒数、水分、包装、质量。

8.3.2 型式检验

检验项目为第 6 章规定的所有项目。有下列情况之一时，应进行型式检验：

a） 每年收成时；

b） 国家质量监督检验检疫行政主管部门提出型式检验要求时。

8.4 判定规则

感官特征、理化指标检验如有不合格项目时，允许加倍抽样复检；卫生指标检验不合格的，则判该批产品不合格。

9 标志、包装、运输、贮存

9.1 标志

在包装上应标明品名、等级、净含量、产地、生产日期。

9.2 包装

种核用纸质盒作小包装，麻袋作大包装。

9.3 运输

可用一般运输工具运输。

9.4 贮藏

可用麻袋或透气的容器进行常温下贮藏，或在 1℃～5℃的温度、80％～90％湿度条件下冷藏，或用(100～150)弋瑞剂量的$^{60}C_0$ 辐射后，在 1℃～5℃的温度、80％～90％湿度条件下冷藏。

9.5 保质期

在温度 1℃～5℃，湿度 80％～90％的条件下，贮藏 24 个月。常温下贮藏 6 个月。

附 录 A
(规范性附录)
泰兴白果地理标志产品保护范围图

泰兴白果地理标志产品保护范围见图 A.1。

图 A.1 泰兴白果地理标志产品保护范围图

附　录　B
（资料性附录）
泰兴白果栽培技术

B.1　栽植技术

B.1.1　苗木质量

根系完整，主侧根发育良好，不劈不裂，品种纯正，无病虫害的健壮苗木。

B.1.2　栽植时间

落叶后至翌年萌芽前除封冻期外均可栽植，以11月中旬至12月中旬效果较好。

B.1.3　栽植规格

常规园：株距8 m，行距8 m～10 m；密植园：株距4 m，行距4 m～5 m。平地或土壤肥力较好的园地宜稀植，坡度较大或土质瘠薄的园地可适当密植。

B.1.4　栽植要求

苗木定植时，穴坑不小于0.8 m×0.8 m×0.8 m，挖穴时将表土和心土分别堆放，回填时混以绿肥、秸秆、腐熟的人畜粪尿、家杂灰、饼肥等有机及过磷酸钙等，每穴施有机肥40 kg～50 kg，过磷酸钙2 g～3 g，饼肥2 kg～3 kg，有机肥及过磷酸钙等置于定植穴的下层或中层，先填表土，后将心土覆盖于定植穴的上层。将苗木置于穴中间，根茎结合部与地面平齐或稍高于地面，扶正、填土，所填土壤必须敲碎，填土一半时，将苗木轻轻提动，以使根系自然舒展，与土密接。然后再覆土，并在树苗四周做成直径0.8 m～1 m的树盘，浇足定根水，待水渗下后再扶正、覆土、踩实。

B.2　施肥技术

B.2.1　土壤施肥

B.2.1.1　施肥时间

B.2.1.1.1　基肥（养体肥）

自果实采收后至翌年萌芽前均可施用，以采果后至落叶前施用效果较好。

B.2.1.1.2　长叶肥

在授粉前1个半月至授粉后1个月进行。具体的施肥时间、种类及数量应根据上年树体的结果、长势、落叶等情况加以推断，如上年是结果大年、树势较弱、落叶较早，则施肥时间应在授粉前进行，反之应在授粉后进行。

B.2.1.1.3　长果肥

6月中旬至7月中旬之间，宜早不宜迟。

B.2.1.2　施肥种类

基肥以迟效的有机肥（如绿肥、秸秆、人畜粪尿、厩肥、家杂灰、饼肥等）为主，配施一定量的速效氮肥和磷肥或氮磷复合肥；长叶肥以腐熟的有机肥（如人畜粪尿、饼肥等）为主，可配施适量的氮肥或复合肥；长果肥以腐熟的有机肥（如人畜粪尿、饼肥等）为主，可配施适量的氮肥、钾肥、磷肥或氮磷钾复合肥。

B.2.1.3　施用量

一般每产50 kg白果，全年需施优质有机肥（以优质猪粪为例）400 kg～500 kg、尿素5 kg～10 kg、过磷酸钙、氯化钾各2 kg～3 kg。基肥、长叶果、长果肥的用量依次为全年施肥量的3/5、1/5、1/5。

B.2.1.4　施肥方法

成年树施肥要离主干基部0.6 m～1 m向外到树缘下开放射沟、条沟或环状沟进行施肥，也可在整个树盘下进行撒施。施肥深度以见细根为宜。幼树应根据树体的长势、根系的水平分布而确定施肥范围，施肥深度应比根系分布层略深，以利引根下扎。

B.2.2 根外追肥

全年4次～5次，根据植株生长状况而定，选用的肥料种类和浓度分别为：尿素0.3%～0.5%、新鲜草木灰澄清水2%～3%、磷酸二氢钾0.2%～0.3%、过磷酸钙浸出液0.5%～1%、硼砂0.1%～0.2%，在展叶1个月后开始使用，最后一次叶面施肥在采果前30 d进行。

B.3 水分管理

B.3.1 灌水

全年重点浇灌好三次水，分别在3月～4月、6月～8月、9月逢天气干旱时各浇灌一次水，每次浇透浇足。

B.3.2 排水

多雨季节、土壤湿度过大或果园积水时，应及时排水降渍。

B.4 土壤管理

B.4.1 扩穴改土

种植1年～2年后，每年的10月～11月份，于植株树冠边缘的滴水线位置向外挖(60～80) cm×(60～80)cm的环形深沟，回填时每株混施绿肥、秸秆、落叶等40 kg～50 kg，人畜粪尿40 kg～50 kg，饼肥3.0 kg～5.0 kg，过磷酸钙2.0 kg～3.0 kg，表土放在底层，心土填在表层。

B.4.2 中耕松土

雨后、灌水后或结合除草进行中耕松土，中耕深度为5 cm～10 cm。

B.4.3 间种

可间种豆科等矮秆养地作物，不能种植高杆、藤蔓作物。

B.4.4 除草

生长季节及时进行人工除草。

B.5 人工授粉

B.5.1 雄花的采集与选择

从生长健壮、无病虫害树上采集雄花，选择花序大、花粉囊饱满、淡黄色、无变质的雄花。

B.5.2 花粉的处理和保存

采集下来的雄花可用晾晒干燥法或石灰干燥法进行处理，使散出花粉。散出的花粉用洁净纸包好后放在阴凉干燥处备用。

B.5.3 授粉时间

在最佳授粉期时实施人工授粉。如逢结果大年，授粉时间可偏早一些，当树上有50%～60%的胚珠完全成熟时即可进行；如逢结果小年，授粉时间可晚些，当树上有70%～80%的胚珠完全成熟时进行授粉。

B.5.4 授粉方法

花粉水溶液进行树冠喷雾。按每产50 kg白果用0.15 kg雄花序散出的花粉对24 kg～30 kg清水计算每株的用花量和用水量。

B.5.5 注意事项

授粉要选择晴天露水干后进行，如果授粉后2 h内下雨要进行补授粉；授粉所用的器械和水都要清洁、无毒、无碱、无农药等有害物质；花粉液要随配随喷，配好的花粉液不能超过2 h；喷雾时要求雾点细，喷得匀，速度快，以银杏树冠的中、下部为主；应根据树龄、树冠、树势及管理水平的高低来确定授粉时间和授粉量，做到适时、适量授粉。

B.6 整形与修剪

B.6.1 幼树和初果树

以整形为主，树形采用多主枝自然开心形。从嫁接的接穗上选取 3 根～5 根分布比较匀、生长健壮、着生角度在 45°左右、生长势基本一致的分枝培养成主枝。接穗上抽生的其他枝条一般从基部疏除。在培养主枝的同时，要去除侧枝的竞争枝、密生枝、直立旺枝。

B.6.2 成年挂果树

疏除树上的密生枝、竞争枝、内膛徒长枝、病虫枝、枯枝等，对其他的旺枝可留 3 芽～5 芽进行短截，促生分枝，加以控制与利用，对过长的单轴延生枝可适度回缩。

B.6.3 衰老树

对病虫枝、枯枝等进行疏除，对衰弱的主枝和侧枝进行回缩更新，更新的强度应视树体衰弱的程度而定，主侧枝越弱，回缩的强度越大。

B.7 疏果

当幼果达豌豆大小时进行人工疏果，留果量为果树负载量的 150%，银杏六月生理落果之后进行定果，留果量约为果树负载量的 110%。果树负载量因树体的生长、发育情况而不同，以奶枝：果为 1：(1.0～1.5)计算。

B.8 病虫害防治

B.8.1 农业防治措施

B.8.1.1 栽植无病虫的壮苗，加强肥、水、土壤管理，控制结果量，增强树势，提高抗病虫害能力。

B.8.1.2 彻底清园

主要清除树上的病虫危害枝、虫茧、枯枝落叶、刮除老翘皮，并集中烧毁；冬天用白涂剂涂抹树干、主枝干，减少越冬虫源、菌源。

B.8.1.3 修剪时剪平切口，减少伤口，防止“串皮”和病菌从伤口侵入。

B.8.1.4 加强病虫害的预测预报，人工捕捉幼虫和成虫，清除虫卵，摘除病虫危害枝叶，并及时烧毁或深埋。

B.8.2 生物防治

严禁捕杀害虫天敌，保持生物多样性和农业生态系统的平衡。利用有益微生物及其代谢物，如利用昆虫性外激素诱杀。

B.8.3 物理防治

采用诱虫灯等诱杀害虫。

B.8.4 药剂防治

B.8.4.1 科学地选择不同类型、不同作用机理的农药轮换使用，严格按照药剂推荐使用浓度进行使用，最后一次用药与采果的时间间隔应不少于 30 d。

B.8.4.2 加强病虫预测，根据病虫发生动态，在害虫 1 龄～2 龄幼虫期，适时防治；叶枯病可用 50%的多菌灵可湿性粉剂 500 倍～800 倍液进行树冠喷雾；超小卷叶蛾可用 2.5%的溴氰菊酯 3 000 倍～4 000 倍液，刺蛾可用 2.5%溴氰菊酯 3 000 倍～4 000 倍液或 90%晶体敌百虫 800 倍～1 000 倍液进行树冠喷雾。

ICS 77.040.10
H 22

中华人民共和国国家标准

GB/T 21143—2007
代替 GB/T 2038—1991，GB/T 2358—1994

金属材料 准静态断裂韧度的统一试验方法

Metallic materials—Unified method of test for determination of quasistatic fracture toughness

(ISO 12135:2002，MOD)

2007-09-11 发布　　2008-02-01 实施

中华人民共和国国家质量监督检验检疫总局
中国国家标准化管理委员会　发布

前　言

本标准修改采用国际标准 ISO 12135:2002《金属材料准静态断裂韧度的统一试验方法》(英文版)。

本标准根据 ISO 12135:2002(E)重新起草,为了方便比较,在附录 K 中列出了本标准章条编号与 ISO 12135:2002(E)章条编号的对照一览表。

考虑到我国国情,本标准在采用 ISO 12135:2002(E)国际标准时进行了修改,有关技术性差异已编入正文中在它们所涉及的条款的页边空白处用垂直单线标识。在附录 L 中给出了技术性差异及其原因的一览表以供参考。

本标准代替 GB/T 2038—1991《金属材料延性断裂韧度 J_{IC} 试验方法》和 GB/T 2358—1994《金属材料裂纹尖端张开位移试验方法》,与 GB/T 2038—1991 和 GB/T 2358—1994 相比对以下方面的内容进行了较大修改和补充:

——阻力曲线及特征值的测定以及数据点的分布;

——钝化线斜率的计算;

——数据有效性的判定;

——测定结果的数值修约。

本标准规定的 $J_{0.2BL}$ 相当于原国家标准中的 J_{IC};本标准规定的 $\delta_{0.2BL}$ 相当于原国家标准中的 δ_i;本标准对 δ_i 另有定义应与原国家标准定义的 δ_i 严格区分。

本标准的附录 A、附录 B 和附录 C 为规范性附录。

本标准的附录 D、附录 E、附录 F、附录 G、附录 H、附录 I、附录 J、附录 K 和附录 L 为资料性附录。

本标准由中国钢铁工业协会提出。

本标准由全国钢标准化技术委员会归口。

本标准起草单位:钢铁研究总院、国营红岗机械厂、武汉钢铁公司、宝山钢铁股份有限公司、冶金工业信息标准研究院。

本标准起草人:刘涛、高怡斐、李颖、青映德、李荣峰、丁富连、董莉。

本标准所代替标准的历次版本发布情况为:

——GB/T 2038—1980,GB/T 2038—1991;

——GB/T 2358—1980,GB/T 2358—1994。

金属材料　准静态断裂韧度的统一试验方法

1　范围

本标准规定了均匀金属材料在承受准静态加载时断裂韧度、裂纹尖端张开位移、J 积分和阻力曲线的试验方法。试样有缺口，采用疲劳的方法预制裂纹，在缓慢增加位移量的条件下进行试验。

2　规范性引用文件

下列文件中的条款通过本标准的引用而成为本标准的条款。凡是注日期的引用文件，其随后所有的修改单或修订版均不适用于本标准，然而，鼓励根据本标准达成协议的各方研究是否可使用这些文件的最新版本。凡是不注日期的引用文件，其最新版本适用于本标准。

GB/T 8170　数值修约规则

GB/T 12160　单轴试验用引伸计的标定(GB/T 12160—2002,idt ISO 9513:1999)

GB/T 16825.1　静力单轴试验机的检验　第1部分：拉力和(或)压力试验机测力系统的检验与核准(GB/T 16825.1—2002,idt ISO 7500-1:1986)

GB/T 20832　金属材料　试样轴线相对于产品织构的标识(GB/T 20832—2007,ISO 3785:2006,IDT)

3　术语和定义

本标准采用下列术语和定义。

3.1

应力强度因子　stress intensity factor

K

对于均匀线弹性体的弹性应力场的大小。

注：应力强度因子是施加力、试样尺寸、几何形状和裂纹长度的函数。

3.2

裂纹尖端张开位移　crack-tip opening displacement

δ

在预制疲劳裂纹尖端，裂纹两表面相对于原始未变形的裂纹平面的垂直位移。

3.3

J 积分　J-integral

围绕裂纹前缘，从裂纹的一侧表面到另一侧表面的线积分或面积分，用以表征裂纹前缘地区的应力-应变场。

3.4

J

加载参数，相当于 J 积分，通过本标准方法测定其特征值(J_c,J_i,J_u 等)，用于表征不可忽略的裂纹尖端塑性变形条件下的断裂韧度。

3.5

稳定裂纹扩展　stable crack extension

在位移控制的试验条件下，位移保持恒定时，裂纹扩展停止或将停止时的裂纹扩展量。

3.6

非稳定裂纹扩展 unstable crack extension

失稳的裂纹扩展，之前可能有或者没有稳定裂纹扩展。

3.7

pop-in

在力-位移曲线上的突然不连续性，通常表现为位移的突然增加伴随力降低。

注1：位移和力的数值在发生 pop-in 之后仍会增加且会超过发生 pop-in 之前的数值。

注2：当利用本标准进行试验时，预裂纹平面的非稳定裂纹扩展可导致 pop-in 的发生，应将其与1)垂直裂纹平面的分层和撕裂；2)在三点弯曲试验中的支撑辊滑动或紧凑拉伸试验加力链中的销子滑动；3)引伸计安装不当；4)在低温试验下裂纹表面冰的破碎；5)力和位移的测量与记录设备的电子干扰等区分开。

3.8

裂纹扩展阻力曲线(*R* 曲线) crack extension resistance curves(*R*-curves)

δ 或 J 随裂纹稳定扩展量的变化曲线。

4 符号和说明

本标准所采用的符号和说明见表1。

表1 符号和说明

符号	单位	说明
a	mm	标称裂纹长度
a_f	mm	终止裂纹长度($a_f=a_0+\Delta a$)
a_i	mm	即时裂纹长度
a_m	mm	机械加工切口长度
a_0	mm	初始裂纹长度
Δa	mm	包括钝化区的稳定裂纹扩展量
Δa_{max}	mm	δ 或 J 控制的裂纹扩展极限
B	mm	试样厚度
B_N	mm	两侧槽之间的试样净厚度
C	m/N	试样的弹性柔度
E	GPa	试验温度下的弹性模量
F	kN	施加的力
F_c	kN	当 Δa 小于 0.2 mm 钝化偏置线时出现非稳定裂纹扩展或 pop-in 时的力
F_f	kN	预制疲劳裂纹时的最大力
J	kJ/m²	J 积分的试验当量
$J_{c(B)}$	kJ/m²	当 Δa 小于 0.2 mm 钝化偏置线时出现非稳定裂纹扩展或 pop-in 时的尺寸敏感断裂抗力 J 值(B 为试样厚度)
J_g	kJ/m²	J 控制裂纹扩展的上极限
J_i	kJ/m²	稳定裂纹扩展开始时的 J 值
$J_{m(B)}$	kJ/m²	对于全塑性特性的第一个最大力平台对应的尺寸敏感断裂抗力 J 值(B 为试样厚度)
J_{max}	kJ/m²	本标准方法定义的 J-R 材料特性的极限值

表 1(续)

符号	单位	说　明
$J_{u(B)}$	kJ/m^2	当 Δa 等于或大于 0.2 mm 钝化偏置线时出现非稳定裂纹扩展或 pop-in 时的尺寸敏感断裂抗力 J 值(B 为试样厚度)
$J_{uc(B)}$	kJ/m^2	当稳定裂纹扩展无法测量时出现非稳定裂纹扩展或 pop-in 时的尺寸敏感断裂抗力 J 值(B 为试样厚度)
J_0	kJ/m^2	稳定裂纹扩展对应的未修正的 J 值
$J_{0.2BL}$	kJ/m^2	稳定裂纹扩展为 0.2 mm 钝化偏置线时对应的非尺寸敏感断裂抗力 J 值
$J_{Q0.2BL}$	kJ/m^2	拟合阻力曲线与 0.2 mm 钝化偏置线的交点
$J_{0.2BL(B)}$	kJ/m^2	稳定裂纹扩展为 0.2 mm 钝化偏置线时对应的尺寸敏感断裂抗力(B 为试样厚度)
K	$MPam^{1/2}$	应力强度因子
K_f	$MPam^{1/2}$	预制疲劳裂纹最后阶段的应力强度因子 K 的最大值
K_{IC}	$MPam^{1/2}$	平面应变断裂韧度
K_Q	$MPam^{1/2}$	K_{IC} 的条件值
q	mm	施力点位移
R_m	MPa	在试验温度下材料在垂直于裂纹平面的抗拉强度
$R_{p0.2}$	MPa	在试验温度下材料在垂直于裂纹平面方向 0.2%的规定非比例延伸强度
S	mm	跨距
T	℃	试验温度
U	J	力和施力点位移曲线下的面积
U_e	J	U 的弹性分量
U_p	J	U 的塑性分量
A_p	J	力和缺口张开位移曲线下面积的塑性分量
V	mm	缺口张开位移
V_g	mm	总缺口张开位移
V_e	mm	V 的弹性分量
V_p	mm	V 的塑性分量
W	mm	试样宽度
Z	mm	用于测定缺口张开位移的引伸计装卡位置距离试样表面之间的距离
δ	mm	裂纹尖端张开位移 CTOD
$\delta_{c(B)}$	mm	当 Δa 小于 0.2 mm 钝化偏置线时出现非稳定裂纹扩展或 pop-in 时的尺寸敏感断裂抗力 δ(B 为试样厚度)
δ_g	mm	δ 控制裂纹扩展的极限值
δ_i	mm	稳定裂纹扩展开始时的断裂抗力 δ
$\delta_{m(B)}$	mm	对于全塑性特性的第一个最大力平台对应的尺寸敏感断裂抗力 δ(B 为试样厚度)
δ_{max}	mm	本标准方法定义的 δ-R 材料特性的极限值
$\delta_{u(B)}$	mm	当 Δa 大于 0.2 mm 钝化偏置线时出现非稳定裂纹扩展或 pop-in 时的尺寸敏感断裂抗力 δ 值(B 为试样厚度)

表 1(续)

符号	单位	说　明
$\delta_{uc(B)}$	mm	当稳定裂纹扩展无法测量时出现非稳定裂纹扩展或 pop-in 时的尺寸敏感断裂抗力 δ 值(B 为试样厚度)
δ_0	mm	裂纹稳定扩展的未修正的 δ 值
$\delta_{0.2BL}$	mm	稳定裂纹扩展为 0.2 mm 钝化偏置线时对应的非尺寸敏感断裂抗力 δ
$\delta_{0.2BL(B)}$	mm	稳定裂纹扩展为 0.2 mm 钝化偏置线时对应的尺寸敏感断裂抗力 δ(B 为试样厚度)
$\delta_{Q0.2BL}$	mm	拟合阻力曲线与 0.2 mm 钝化偏置线的交点
υ	—	泊松比
注 1：本表格只列举了主要用到的参数符号，其他参数符号将在相应的章节中予以说明。 注 2：除非特别说明，本表格所列举的各参数符号的数值均为试验温度下的测量或计算值。		

5　一般要求

5.1　总则

金属材料的断裂韧度可以表征为特征(单点)值(见第 6 章)或在有限的裂纹扩展范围内的连续曲线(见第 7 章)。用于测量断裂韧度的程序和参数随着试验过程中试样的塑性水平而发生变化。在试验过程中通过对试样塑性水平的逐步了解选用确定材料断裂韧度的试验程序和参数。在任何情况下，试验都是对试样缓慢地增加位移，测量试验过程中的力和位移，然后利用力和位移之间的关系通过特征化的裂纹扩展下的材料抗力测定断裂韧度。本标准提供了与所有断裂参数测定相关的试样的全部信息。本标准方法的使用流程图如图 1 所示。力随位移变化的特征曲线类型如图 2 所示。

5.2　断裂参数

断裂韧度的特征值是由单一试样定义的非稳定裂纹扩展或稳定裂纹扩展开始时的值。

注：K_{IC} 表征尖裂纹的扩展阻力，并应满足：1)裂纹前缘附近处于平面应变状态；2)裂纹尖端的塑性区与试样裂纹尺寸、厚度和裂纹前缘韧带相比要足够小。

K_{IC} 是上述条件下的断裂韧度非尺寸敏感的测量值。满足一定的有效性判据才能得到 K_{IC} 的测量值。

δ_c、δ_u、δ_{uc}、J_c、J_u 和 J_{uc} 也是材料阻止尖裂纹非稳定扩展抗力的特征值。然而，这些参数的测量值是尺寸敏感的，都与试样的厚度有关。因此在标注上述参数时都应以符号右下标的形式、以毫米为单位注明试样厚度。

当稳定裂纹扩展量很大时，试验程序和断裂韧度的测量应当按照第 7 章进行。稳定裂纹扩展特性可以用裂纹尖端张开位移 $\delta_{0.2BL}$ 或断裂韧度 $J_{0.2BL}$ 表征，也可以用连续的 δ 或 J 阻力曲线表征。$\delta_{0.2BL}$ 和 $J_{0.2BL}$ 是非尺寸敏感的，并作为稳定裂纹扩展开始的工程估计值，不应与实际的启裂韧度值 δ_i 和 J_i 混淆。δ_i 和 J_i 的测量参见附录 D。

测定 $\delta_{0.2BL}$ 和 $J_{0.2BL}$ 可以选用两种试验方法。多试样法试验需要几个标称尺寸相同的试样进行单调加载，每个试样对应不同的位移量，需同时测量并记录力和位移。试样裂纹前缘在试验后应进行标记(着色或二次疲劳)，之后将每个试样破断成两半，在试样断口上测量稳定裂纹扩展量。铁素体钢试样的冷脆化特性有益于试样破断时裂纹前缘断口的保存。

多试样法需要至少 6 个试样。当试样数量受限时，也可通过基于卸载柔度法或电位法的单试样法进行试验。如果能够保证足够的试验精度单试样法的采用是不受限制的，但应保持足够数量的试样。在任何情况下，$\delta_{0.2BL}$ 或 $J_{0.2BL}$ 和 δ 或 J 阻力曲线满足本标准规定的有效性判据，则试验结果是有效的。

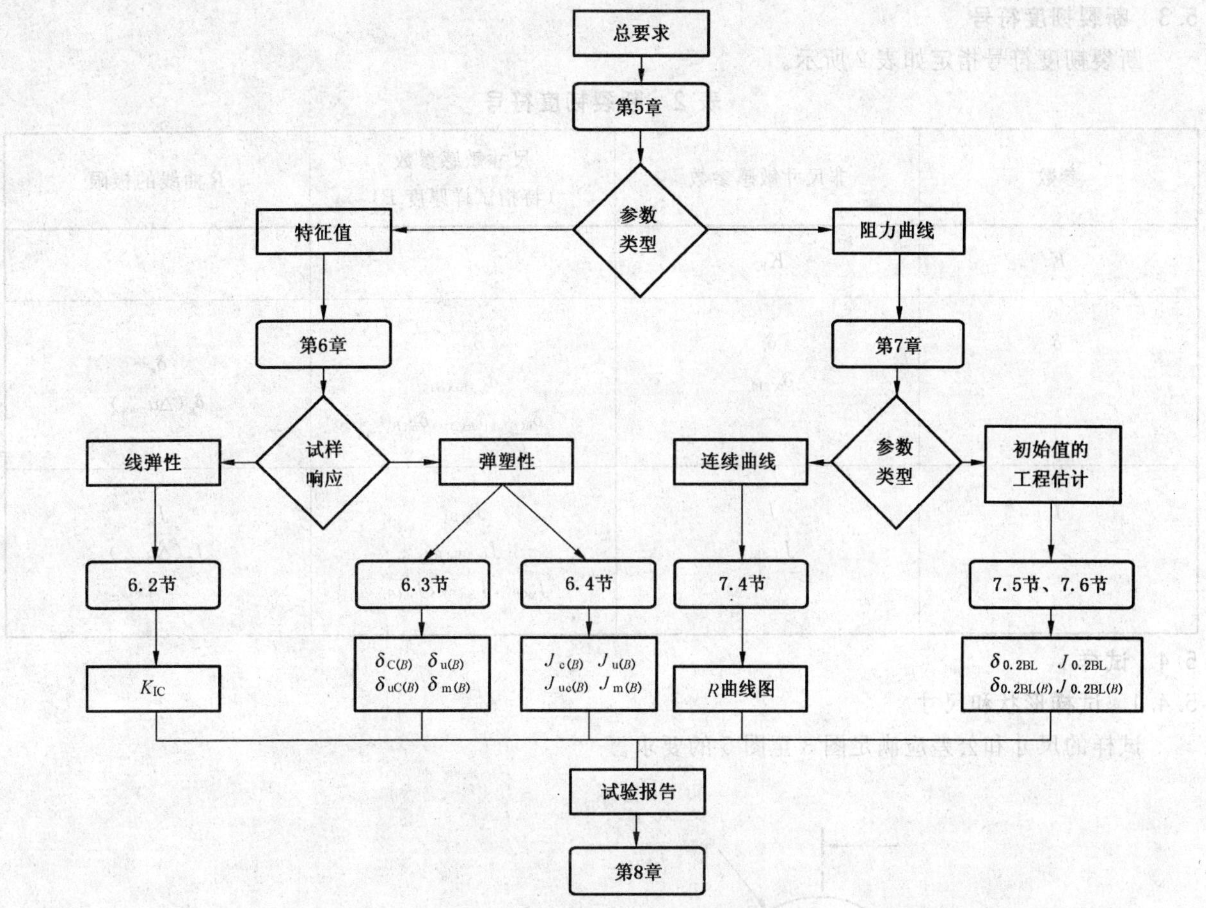

图 1　本标准方法的总流程图

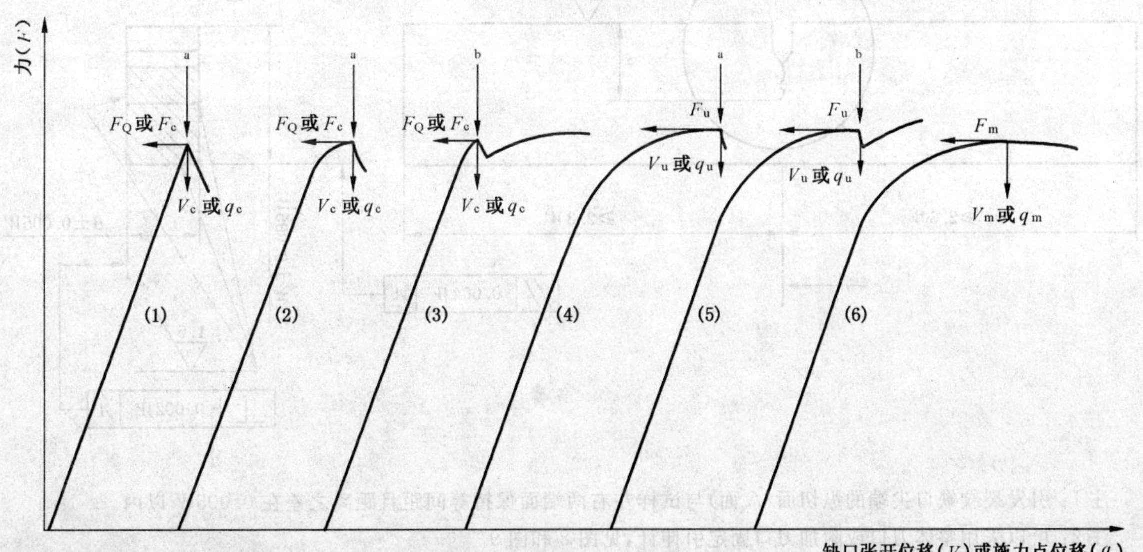

注 1：F_Q 是最大力，用于测定 K_{IC}的条件值(见图 16)。

注 2：F_C、F_u 和 F_m 分别对应于 δ_C、δ_u 和 δ_m 或 J_C、J_u 和 J_m。

注 3：pop-in 特性与试验机或试样柔度和记录仪的响应速率成函数关系。

[a] 断裂。

[b] pop-in。

图 2　断裂试验中力与位移记录曲线的特征类型

5.3 断裂韧度符号

断裂韧度符号指定如表 2 所示。

表 2 断裂韧度符号

参数	非尺寸敏感参数	尺寸敏感参数（特指试样厚度 B）	R 曲线的极限
K	K_{IC}		
δ	δ_i $\delta_{0.2BL}$	$\delta_{c(B)}$ $\delta_{0.2BL(B)}$ $\delta_{u(B)}, \delta_{uc(B)}, \delta_{m(B)}$	δ_g $\delta_g(\Delta a_{max})$
J	J_i $J_{0.2BL}$	$J_{c(B)}$ $J_{0.2BL(B)}$ $J_{u(B)}, J_{uc(B)}, J_{m(B)}$	J_g $J_g(\Delta a_{max})$

5.4 试样

5.4.1 试样形状和尺寸

试样的尺寸和公差应满足图 3 至图 5 的要求。

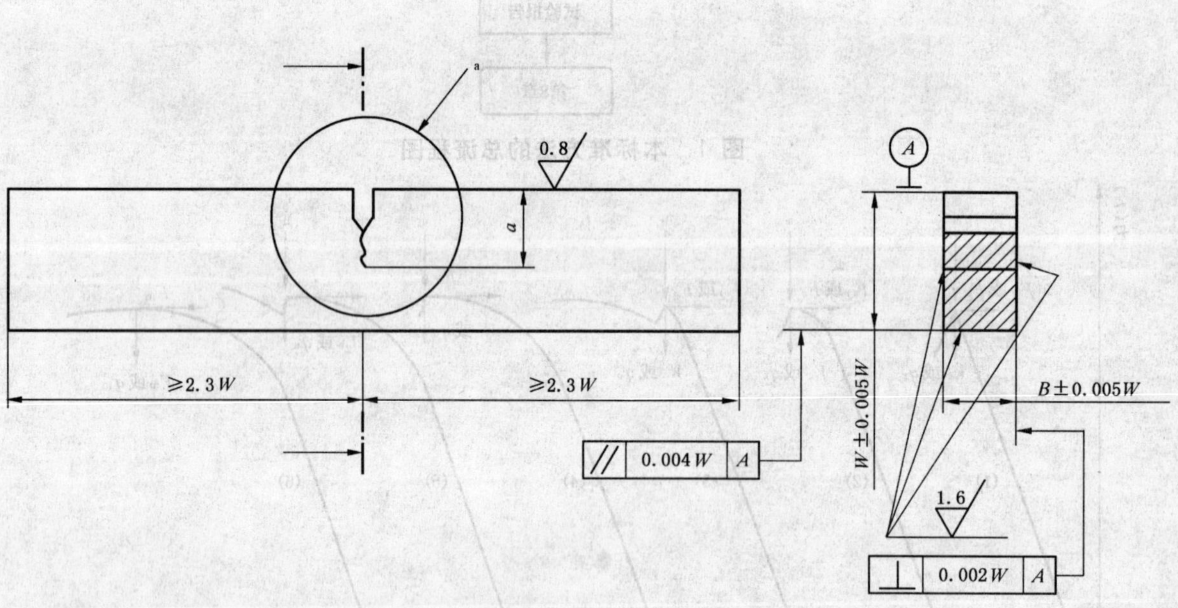

注 1：引发裂纹缺口尖端的纵切面（A 面）与试样左右两端面保持等间距且距离之差在 0.005W 以内。

注 2：可以采用整体刀口或附加刀口固定引伸计，见图 8 和图 9。

注 3：初始引发缺口和疲劳裂纹的形状见图 6。

注 4：$1.0 = W/B = 4.0$（推荐 $W/B = 2$）。

注 5：$0.45 = a/W = 0.70$。

[a] 见图 6、图 7、图 8 和 5.4.2.3。

图 3 三点弯曲试样的尺寸比例和公差

注 1：引发裂纹缺口尖端的纵切面(A 面)与试样左右两端面保持等间距且距离之差在 0.005W 以内。

注 2：可以采用整体刀口或附加刀口固定引伸计，见图 8 和图 9。

注 3：初始引发缺口和疲劳裂纹的形状见图 6。

注 4：0.8=W/B=4.0(推荐 W/B=2)。

注 5：0.45=a/W=0.70。

注 6：可以选择的销孔直径为 $\phi 0.188W^{+0.004W}_{0}$。

[a] 见图 6、图 7、图 8 和 5.4.2.3。

图 4 直通型缺口紧凑拉伸试样的尺寸比例和公差

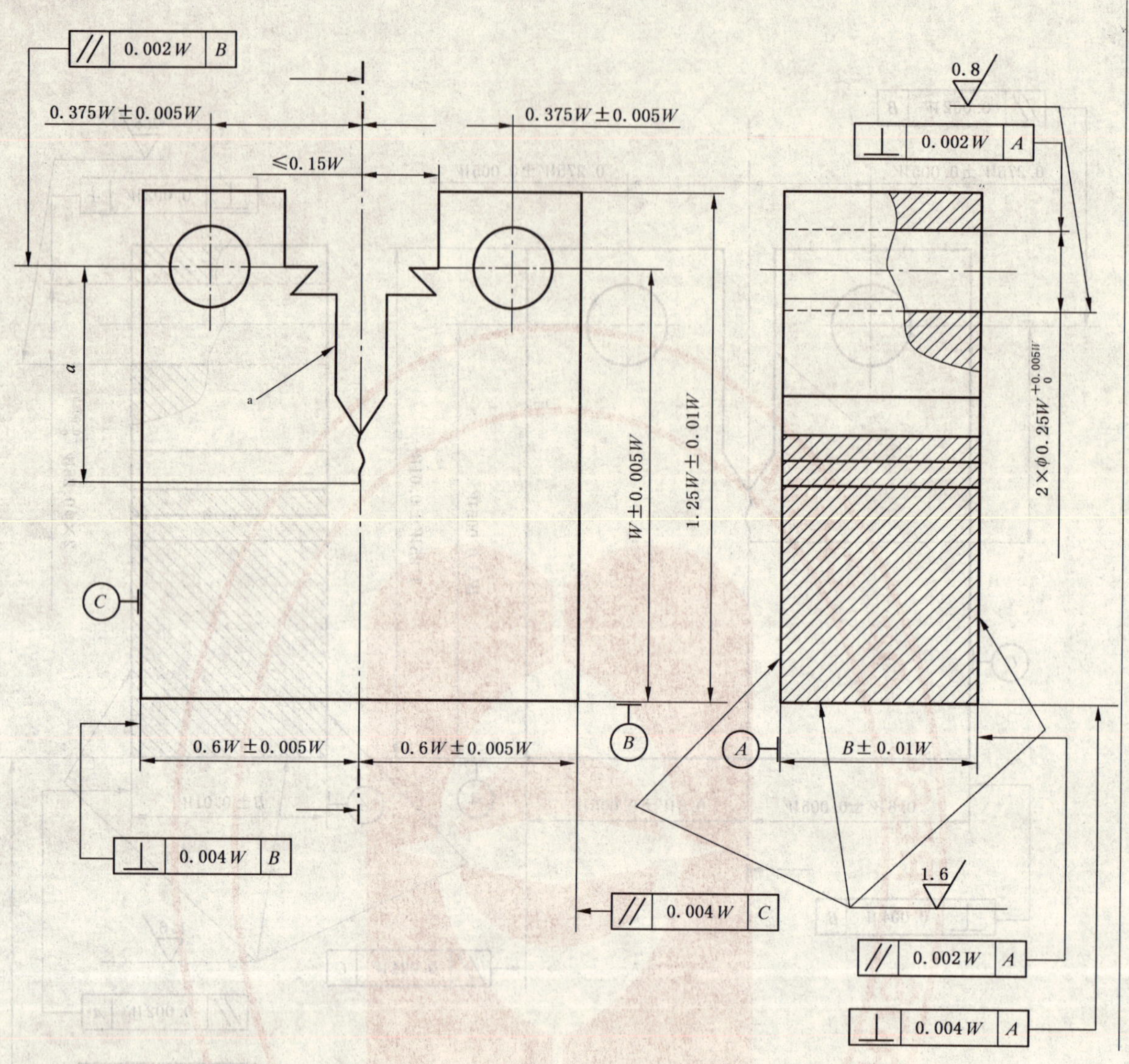

注 1：引发裂纹缺口尖端的纵切面（A 面）与试样左右两端面保持等间距且距离之差在 0.005W 以内。

注 2：可以采用整体刀口或附加刀口固定引伸计，见图 8 和图 9。

注 3：初始引发缺口和疲劳裂纹的形状见图 6。

注 4：0.8＝W/B＝4.0（推荐 W/B＝2）。

注 5：0.45＝a/W＝0.70。

注 6：第二个台阶对于一些引伸计是没必要的；图 6 显示了疲劳裂纹前端缺口的包迹线图。

注 7：可以选择的销孔直径为 $\phi 0.188W^{+0.004W}_{0}$。当使用这个尺寸的销子时，最大缺口张开位移应增加到 0.21W。

[a] 见图 6 到图 8。

图 5　台阶型缺口紧拉试样的尺寸比例和公差

试样形状尺寸的设计应当考虑可能的试验结果（见图 1）、δ 或 J 断裂韧度值、裂纹平面的取向（见附录 A）及被测材料取样的尺寸限制。

注 1：尽管对于 J 值需要特殊的测量步骤即测量施力点的位移，所有试样的设计（图 3 到图 5）对于 K_{IC}、δ 和 J 值的测定都是适用的。表 3 提供了 K_{IC}测定所需的试样尺寸。

注 2：当在施力点测量缺口张开位移时，对于台阶缺口紧凑拉伸试样 $V=q$（见图 5）。这样的台阶缺口紧凑拉伸试样同样可以用于测定 K_{IC}、δ 和 J。

注 3：对于三点弯曲和紧凑拉伸试样，推荐试样的宽厚比（W/B）为 2，对于三点弯曲试样宽厚比可以为 1～4 之间，对于紧凑拉伸试样为 0.8～4 之间。数据表明 W/B＝4 的试样 R 曲线的屈服略高于 W/B＝2 的试样。

表 3　K_{IC}试验的最小推荐厚度

非比例延伸强度/弹性模量/(MPa/MPa)	厚度/mm
＝0.005 0～＜0.005 7	75
＝0.005 7～＜0.006 2	63
＝0.006 2～＜0.006 5	50
＝0.006 5～＜0.006 8	44
＝0.006 8～＜0.007 1	38
＝0.007 1～＜0.007 5	32
＝0.007 5～＜0.008 0	25
＝0.008 0～＜0.008 5	20
＝0.008 5～＜0.010 0	13
＝0.010 0	7

5.4.2　试样制备

5.4.2.1　材料状态

试样应当从最终热处理状态和(或)机械加工状态下的材料上截取。

注 1：当试样不能从其最终热处理状态下截取时，最终热处理可以在机械加工后满足了试样的尺寸、公差、形状和表面光洁度要求时，并充分考虑了由于特殊的热处理(例如钢的水淬)而带来的试样尺寸变化等影响后进行。

注 2：残余应力可能影响准静态断裂韧度的测量。当试件从具有明显残余应力的区域截取时，影响是显著的。例如焊接件、形状复杂的型钢(如热模锻、阶段式挤压、铸造)等，它们不可能完全释放应力或有局部感应残余应力。从有残余应力的产品上截取的试样可能也有残余应力。在试样的截取过程中可能部分释放或重新分配残余应力，残余应力的存在仍然可能导致试验数据的重大偏差。残余应力叠加到外加应力上，作用于裂纹尖端应力场，明显不同于单纯的外加力或位移。试样机械加工中的变形，试样几何形状的依赖性及在预制疲劳裂纹过程中的不规则裂纹扩展(例如裂纹前缘过渡弯曲或偏离扩展平面)经常是受残余应力的影响所致。在外加力为零时的缺口张开位移(裂纹闭合效应)表征残余应力的存在，并可能影响随后的断裂韧度测定。

5.4.2.2　裂纹面取向

在机械加工之前确定裂纹平面取向，并应与附录 A 和 ISO 3785 标识保持一致，同时要记录试样和材料的其他信息，如试验报告 E.1 示例：试样、材料和试验环境(见附录 E)。

注：断裂韧度值与机械加工的主变形方向、各向异性(晶粒流变)、裂纹平面取向和裂纹扩展方向有关。

5.4.2.3　机械加工

a)　试样的缺口外形不应超过图 6 所示的包迹线。通过铣床加工的缺口底径不应大于 0.10 mm。通过锯、磨或火花腐蚀加工的缺口宽度不应大于 0.15 mm。试样缺口平面应垂直于试样表面，偏差在 2°以内。

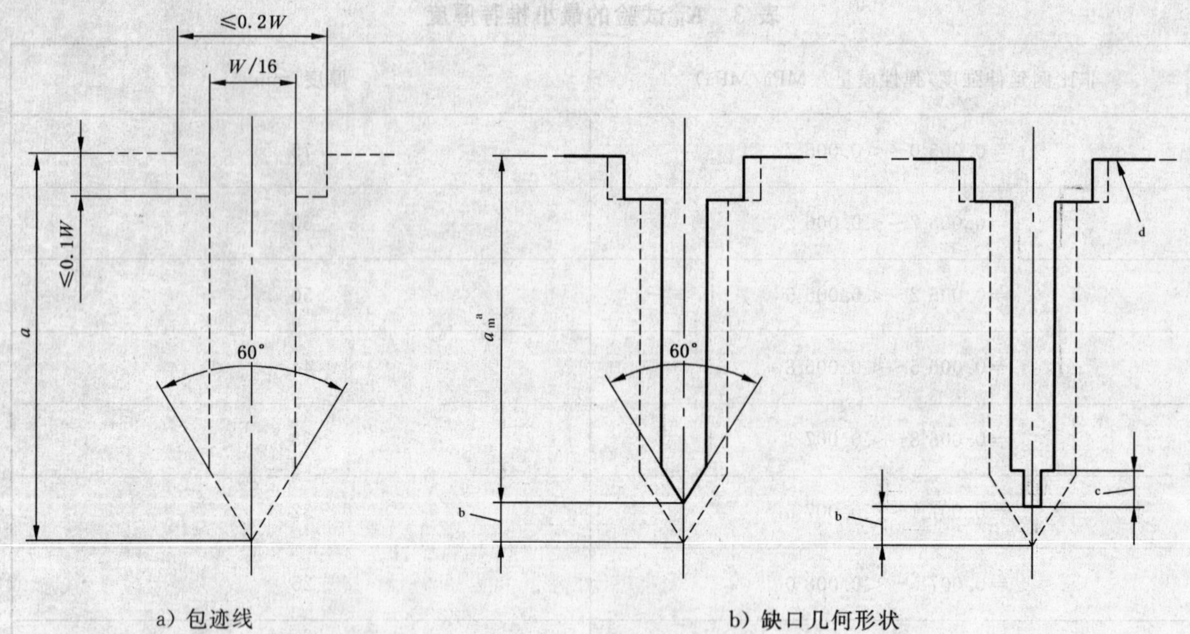

注：如果疲劳裂纹萌生和(或)扩展很困难，可以使用图7的山形缺口。

a 机械加工缺口。

b 疲劳预制裂纹。

c 火花腐蚀或机械加工的狭缝。

d 三点弯曲试样的边沿或紧凑拉伸试样的加力线。

图6 疲劳裂纹包迹和裂纹引发缺口

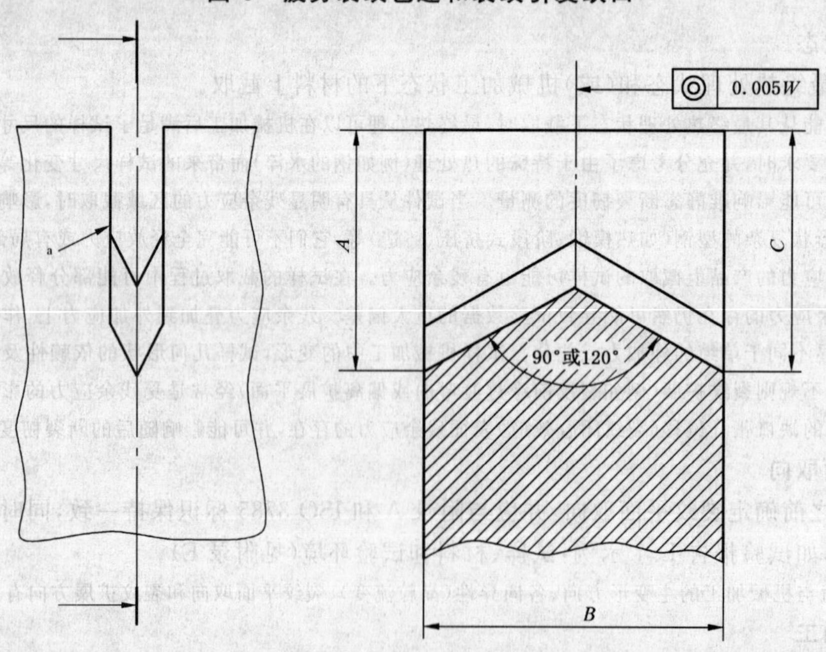

注1：$A=C\pm0.010W$。

注2：山形缺口底径不应大于0.25 mm。

注3：切口尖端的角度最大为90°。

注4：为了8.2.2条的目的，a_m 应大于 A 和 C。

a 见图6。

图7 山形缺口

b) 试样刀口可以是整体的，也可以是附加的。设计如图8和图9所示。图8和图9中的$2x$尺寸应当在引伸计的工作范围以内，刀口边沿与试样表面成直角，并且应保持相互平行偏差在0.5°以内。对于两种类型图对应的引伸计，应保证引伸计与刀口接触点之间能自由转动。因此，当使用内置刀口或钢性很好的刀片时，应使用放大尺寸的缺口，参见图5、图6和图9所示。也可以使用其他能满足试验精确度和测量要求的刀口或引伸计测量位移。当需要使用侧槽时(见5.4.2.5)，建议在预制疲劳裂纹之后再开侧槽。

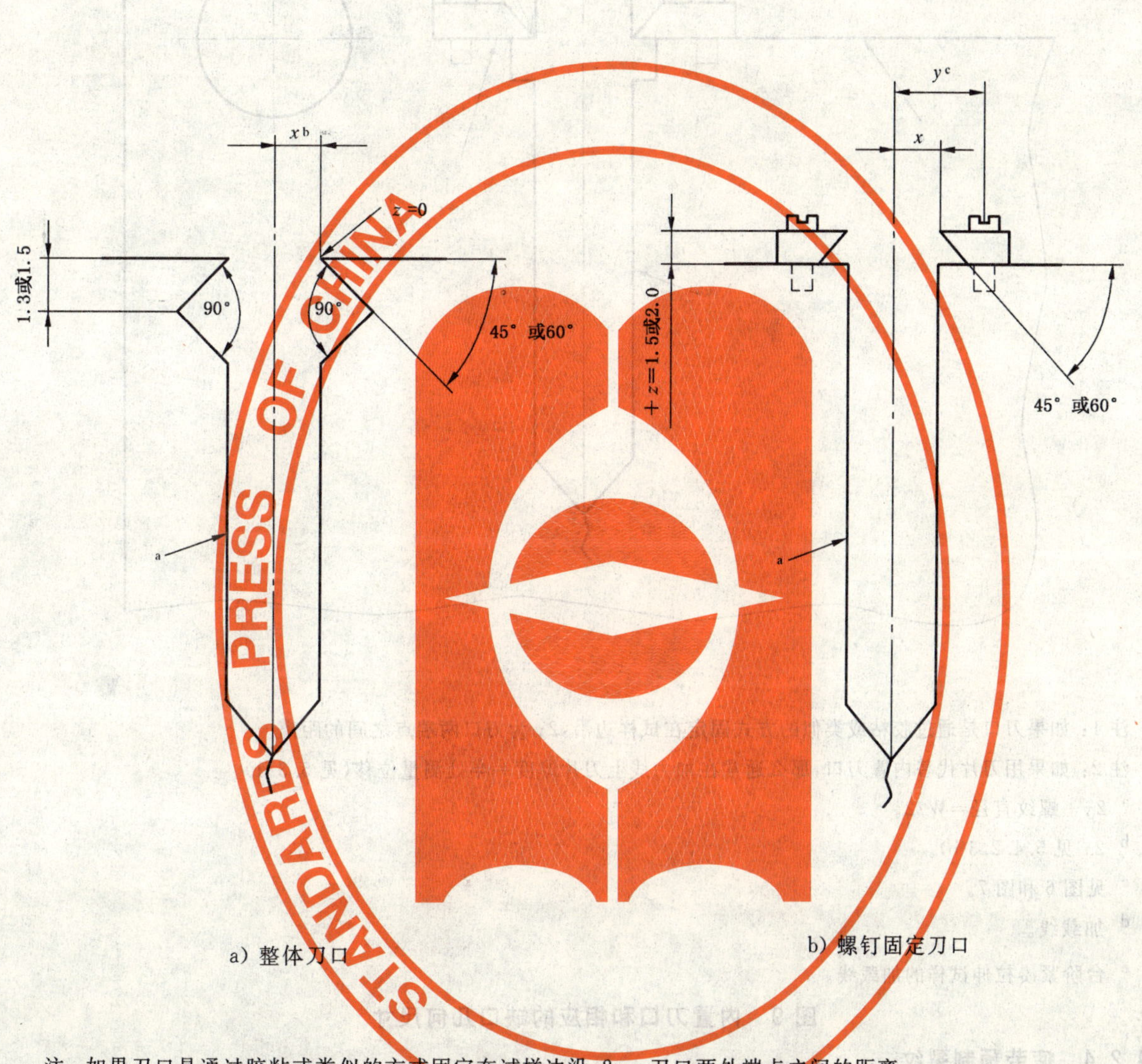

注：如果刀口是通过胶粘或类似的方式固定在试样边沿，$2y$=刀口两外端点之间的距离。

[a] 见图6。

[b] $2x$ 见5.4.2.3 b)。

[c] $2y$+螺纹直径=$W/2$。

图8 外置刀口和相应的缺口几何尺寸

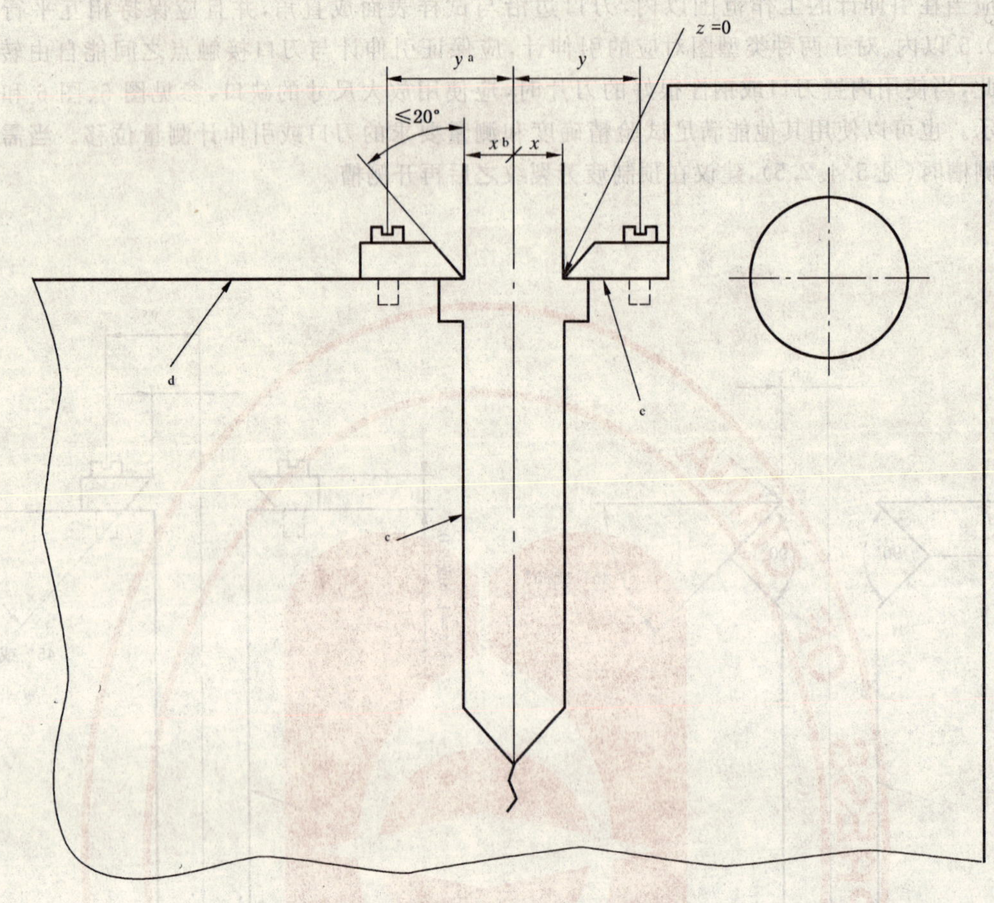

注 1：如果刀口是通过胶粘或类似的方式固定在试样边沿，$2y$ 为刀口两端点之间的距离。

注 2：如果用刀片代替内置刀口，那么通常在加力线上刀片厚度一半处测量位移(见 5.3.1)。

[a] $2y$＋螺纹直径＝$W/2$。

[b] $2x$ 见 5.4.2.3 b)。

[c] 见图 6 和图 7。

[d] 加载线。

[e] 台阶紧凑拉伸试样的加载线。

图 9 内置刀口和相应的缺口几何尺寸

5.4.2.4 疲劳预制裂纹

5.4.2.4.1 总则

疲劳预制裂纹应在试样最终热处理及机械加工后或特定环境条件下进行。疲劳预制裂纹后，断裂试验前的中间处理仅在需要模拟特殊的结构应用时才是必要的。这一处理应在试验报告中注明。

在整个预制疲劳裂纹过程中最大疲劳裂纹预制力应准确至±2.5％。

试样厚度 B 和宽度 W 应按照 5.5.1 测量并应记录，根据 5.4.2.4.3 和 5.4.2.4.4 计算预制疲劳裂纹最大力。

疲劳过程中的最小力与最大力之比应该在 0 到 0.1 之间。

5.4.2.4.2 设备和装置

疲劳预制裂纹的装置应仔细地对中，以保证施加的力在整个试样厚度上保持一致，且相对于预期的裂纹平面对称地分布。

5.4.2.4.3 三点弯曲试样

对于三点弯曲试样，在最后的 1.3 mm 或 50%的预裂纹扩展量时的最大疲劳预制裂纹力应当取式(1)和式(2)的低值。

$$F_f = 0.8 \times \frac{B(W-a_0)^2}{S} \times R_{p0.2} \quad \cdots\cdots(1)$$

$$和\ F_f = \xi \times E\left[\frac{(W \times B \times B_N)^{0.5}}{g_1\left(\frac{a_0}{W}\right)}\right]\left(\frac{W}{S}\right) \quad \cdots\cdots(2)$$

式中：

$\xi = 1.6 \times 10^{-4} m^{1/2}$

注 1：对于无侧槽试样，$B_N = B$。

注 2：附录 B 给出了 $g_1\left(\frac{a_0}{W}\right)$ 值。

5.4.2.4.4 紧凑拉伸试样

对于紧凑拉伸试样，在最后的 1.3 mm 或 50%的预裂纹扩展量时的最大疲劳预制裂纹力应当取式(3)和式(4)的低值。

$$F_f = \frac{0.6B(W-a_0)^2}{(2W+a_0)} \times R_{p0.2} \quad \cdots\cdots(3)$$

$$和\ F_f = \xi \times E\left[\frac{(W \times B \times B_N)^{0.5}}{g_2\left(\frac{a_0}{W}\right)}\right] \quad \cdots\cdots(4)$$

式中：

$\xi = 1.6 \times 10^{-4} m^{1/2}$

注 1：对于无侧槽试样，$B_N = B$。

注 2：附录 B 给出了 $g_2\left(\frac{a_0}{W}\right)$ 值。

5.4.2.4.5 温度调整

当疲劳预制裂纹在温度 T_1 下进行，试验在温度 T_2 下进行。F_f 应在式(2)或式(4)的基础上乘以修正因子 $(R_{p0.2})_1/(R_{p0.2})_2$，这里的 $(R_{p0.2})_1$ 和 $(R_{p0.2})_2$ 分别是温度 T_1 和 T_2 下的非比例延伸强度。应当取两温度下非比例延伸强度的低值代入式(1)或式(3)得到 F_f。

5.4.2.5 试样侧面开槽

用于测定断裂韧性特征点(如 K_{IC}、δ_C、J_C)的试样可以是无侧槽试样或开侧槽试样。测定 R 曲线的全部试样都应当开侧槽。两侧槽应该深度相等，侧槽角度为 30°～90°之间(含 30°、90°)，底部半径为 (0.4±0.2)mm。侧槽深度 $(B-B_N)$ 应该为 $0.2B \pm 1\%$。

注 1：考虑到全塑性稳定裂纹扩展，开侧槽试样与相同尺寸的无侧槽试样相比，R 曲线要低要平。

注 2：对于一些材料，为了协助预制疲劳裂纹，允许在开始预制疲劳裂纹之前开一个浅侧槽(低于全尺寸的 5%)。预制完疲劳裂纹，再将浅侧槽开到全深度尺寸。

注 3：推荐奥氏体钢的侧槽角度为 90°，因为在试样背面产生的较大位移，可能导致侧槽部分或完全闭合。

5.5 预试验的要求

5.5.1 预试验的测量

试样尺寸应符合图 3 至图 5 的要求。测量厚度 B、B_N 和 W 应精确至 ±0.02 mm 或 ±0.2%，取其中较大值。

试样厚度的测量，应在试验前，沿着预期的裂纹扩展路径，至少在三个等间距位置处测量，取测量平均值为厚度 B。对于带侧槽试样，试样净厚度应沿裂纹扩展路径在侧槽内至少三个等间距位置测量，取测量平均值为净厚度 B_N。

试样宽度的测量应沿厚度方向（裂纹平面）至少三个等间距位置测量。测量的平均值为宽度 W。当使用直通型缺口紧凑拉伸试样时，应当测量试样前端与试样末端之间的距离（例如 $1.25W$）。

当使用图 8b）所示的附加刀口时，应当测量刀口厚度 Z。如果使用刀片之类的刀口，应取一半厚度作为 Z。如果 Z 小于 $0.002a$ 时，可以忽略不计。

注：当使用图 8a）和图 9 所示的整体或附加刀口时，Z 等于 0。

5.5.2 裂纹形状与长度要求

从试样的机械加工缺口根部形成疲劳裂纹的过程如下。对于所有形状的试样（见图 3～图 5），a_0/W 应为 0.45～0.7 之间。最小的预制疲劳裂纹扩展量应大于 1.3 mm 或 2.5%W，取其中较大者。缺口加上疲劳裂纹应当在图 6 所示的包迹线之内。

5.6 试验装置

5.6.1 校准

所有测量装置的检定应当直接或间接溯源到有证校准试验室。

5.6.2 力的施加

力传感器和记录装置应符合 GB/T 16825—1997 的要求。

试验机应在恒定的位移速率下操作。

试验机的标称测量能力应该超过 $1.2F_L$：

对于三点弯曲试样

$$F_L = \left(\frac{4}{3}\right)\frac{B(W-a_0)^2}{S} \times R_m \qquad \cdots\cdots (5)$$

对于紧凑拉伸试样

$$F_L = \frac{B(W-a_0)^2}{(2W-a_0)} \times R_m \qquad \cdots\cdots (6)$$

5.6.3 位移的测量

引伸计应当有表征缺口张开位移 V（裂纹嘴间相对位移）的电信号输出。引伸计（或适当的位移传感器）的设计应保证引伸计与刀口接触点之间能自由转动。

注：附录 F 描述了施力点位移 q 的测量（见 5.7.1.3）。

用于测定缺口张开位移和施力点位移的引伸计应按照 GB/T 12160—2002 进行校准，并应至少达到一级；在用的引伸计，至少每周进行一次校验。

引伸计的校准应在试验温度±5℃范围之内进行。引伸计的响应应当在位移达到 0.3 mm 时准确到±0.003 mm，而之后的准确度达到±1%。

5.6.4 试验装置

三点弯曲试样使用的加载装置，在加载过程中允许支承辊自由向外移动（见图 10），并保持整个试验过程中辊的接触，以减少摩擦力的影响。辊的直径应为 $W/2$～W 之间。加载装置受力面的硬度应大于 40HRC（400HV）或试样硬度，取其大者。

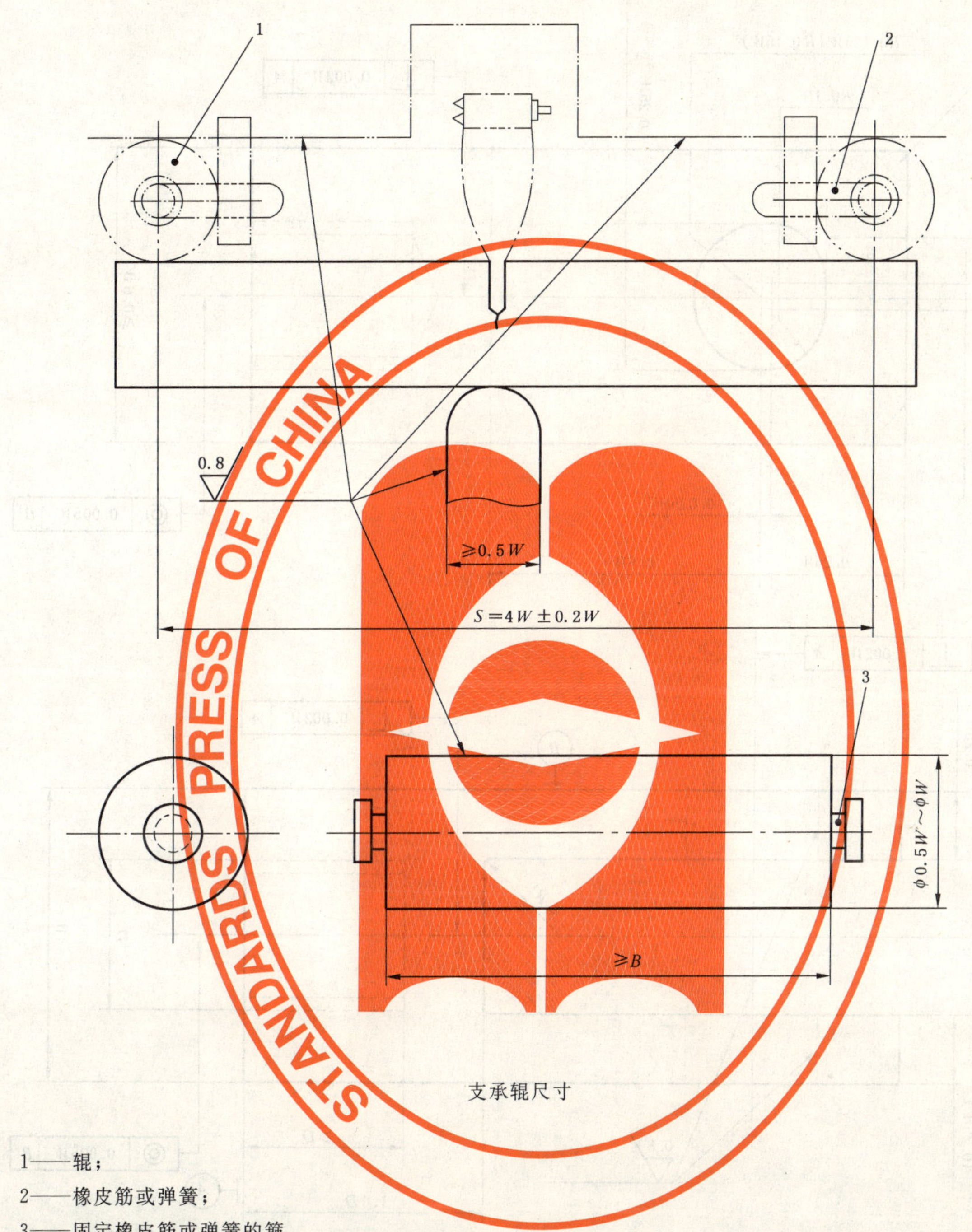

1——辊；

2——橡皮筋或弹簧；

3——固定橡皮筋或弹簧的箍。

注1：两辊及上压头与试样的接触面应互相平行，且平行度达到±0.002W。

注2：试验装置和辊的硬度不小于40HRC或试样硬度，取其大者。

图10 三点弯曲试验装置

紧凑拉伸试样加载时使用的U型钩和加载销应尽量减小摩擦。试样在受拉力作用时，试验装置应保证同轴。用于测定阻力曲线的U型钩的销孔应是平底的（见图11）以保证加载销在整个加载过程能自由转动。圆底销孔的U型钩（见图12）不允许用于单试样法（卸载柔度）的试验。

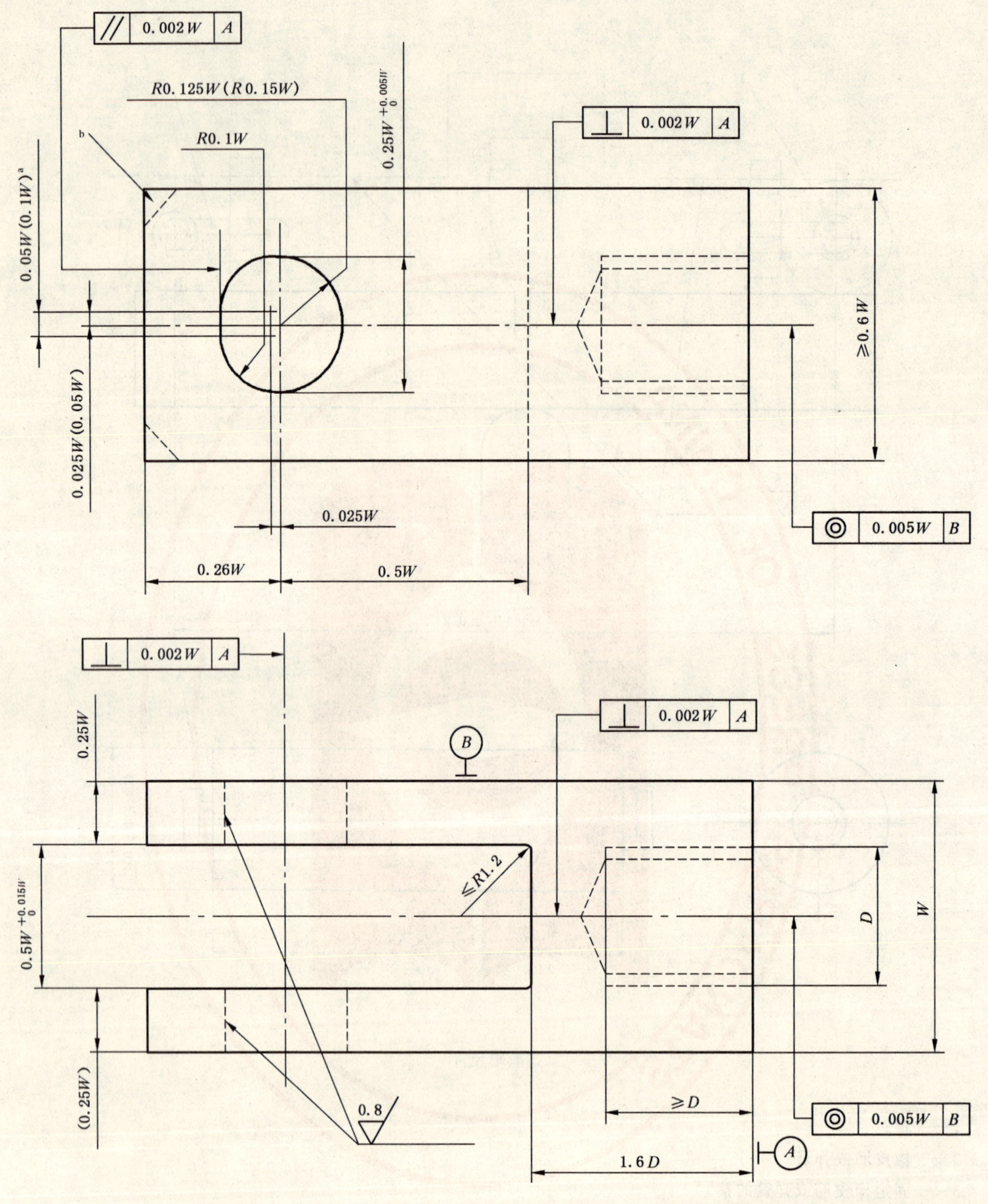

注 1：加载销的直径＝$0.24W_{-0.005W}^{\ 0}$。

注 2：U 型钩和加载销的硬度不小于 40HRC 或试样硬度，取其大者。

注 3：对于大位移量的试样，U 型钩销孔的直径应放大到括号内的尺寸。

[a] 加载平面。

[b] 为便于安装引伸计可以将 U 型钩的角去掉。

图 11　用于紧凑拉伸试样的平底加载销孔 U 型钩的典型设计

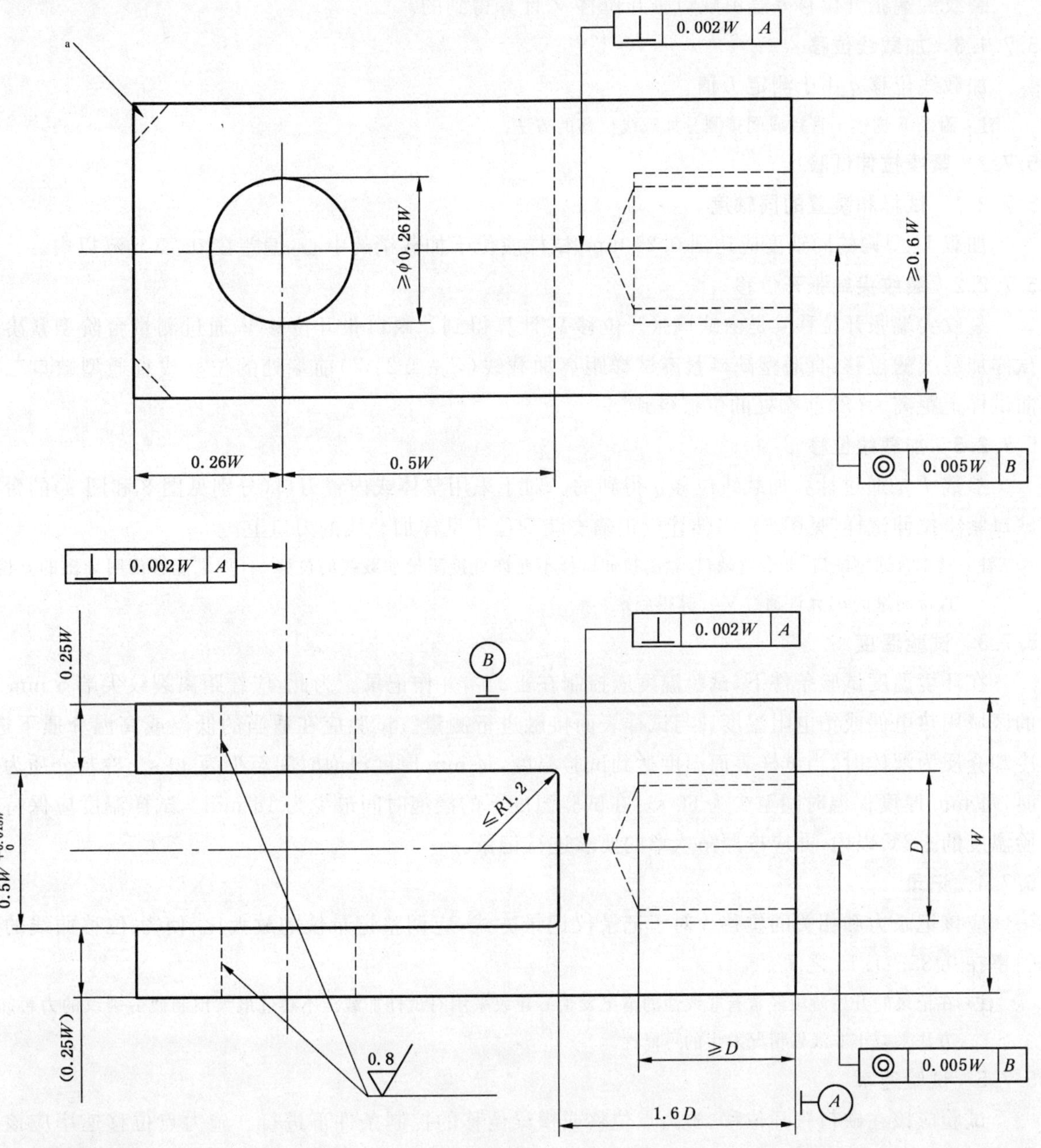

注 1：加载销的直径＝$0.24W_{-0.005W}^{\ 0}$。

注 2：U 型钩和加载销的硬度不小于 40HRC 或试样硬度，取其大者。

[a] 为便于安装引伸计可以将 U 型钩的角去掉。

图 12　用于紧凑拉伸试样的圆底加载销孔 U 型钩的典型设计

5.7　试验要求

5.7.1　三点弯曲试验

5.7.1.1　试验装置的同轴度

加载装置应同轴，加载线应与两辊中心的间距相等，且距离之差小于两辊间距的 1%。跨距 S 应当是 $4W\pm1\%$。两辊的轴线保持相互平行，且偏差在 ±1° 以内。试样的放置位置，应使裂纹顶端位于两辊正中，准确到 $\pm1\%S$，同时试样应与支承辊垂直，偏差在 ±2° 以内。

5.7.1.2 裂纹尖端张开位移

裂纹尖端张开位移 δ 是由缺口张开位移 V 计算得到的。

5.7.1.3 加载线位移

加载线位移 q 用于测定 J 值。

注：附录 F 描述了直接或间接测量加载线位移的方法。

5.7.2 紧凑拉伸试验

5.7.2.1 试样和装置的同轴度

加载 U 型钩的同轴度应达到 0.25 mm，试样应位于加载销的中心，偏差在 0.75 mm 以内。

5.7.2.2 裂纹尖端张开位移

裂纹尖端张开位移 δ 是由缺口张开位移 V 计算得到。缺口张开位移 V 通过测量台阶型紧凑拉伸试样加载线的位移、直通型缺口紧凑试样距离加载线($Z+0.25W$)前端处的位移或直通型缺口三点弯曲试样上距离为(Z)前端处的位移得到。

5.7.2.3 加载线位移

参数 J 是通过计算加载线位移 q 得到的。对于采用整体或内置刀口(分别见图 8 和图 9)的台阶型缺口紧凑拉伸试样(见图 5)，引伸计应正确安装到位于试样加载线的刀口上。

注：对于直通型缺口(非台阶缺口)紧凑拉伸试样不允许直接测量加载线的位移 q。如果能够证明导出的 q 相当于直接测量的 q，允许通过 V 计算得到 q。

5.7.3 试验温度

在环境温度试验条件下，试验温度应控制在±2℃，并作记录。为此，应在距离裂纹尖端 5 mm 以内的区域用热电偶或铂电阻温度计与试样表面接触进行测量。试验应在适当的低温或高温介质下进行。冷却介质为液体时，当试样表面温度达到试验温度，每 mm 厚度浸泡时间至少为 30 s。冷却介质为气体时，每 mm 厚度保温时间至少为 60 s。在试验温度下的浸泡时间最少为 15 min。试样温度应保持在试验温度的±2℃以内，并应按照第八章的要求进行记录。

5.7.4 记录

应该记录力和相关的位移。对于记录仪记录方式，应调整记录仪的放大比，使力-位移曲线的初始斜率在 0.85～1.15 之间。

注：在记录的开始阶段经常有非线性的情况发生。建议采用对试样加载至不超过最大预制疲劳裂纹的力再卸载的方法来减小非线性情况发生的可能性。

5.7.5 试验速率

试验应该在缺口张开位移、施力点位移或横梁位移的控制条件下进行。施力点位移速率应该保证在线弹性区，应力强度因子速率在 0.2 $MPam^{1/2}s^{-1}$～3 $MPam^{1/2}s^{-1}$ 之间。对于同一组试验，所有试样都应在同一标称速率下加载。

5.7.6 试验分析

第 6 章给出了断裂韧性特征点的分析，第 7 章给出了阻力曲线的测定(见图 1)。

5.8 试验后的裂纹测量

5.8.1 总则

试样在试验后应被打断，进行断口检查测定原始裂纹长度 a_0 及在试验过程中发生的稳定裂纹扩展量 Δa。

注：对于某些试验，有必要在试样打断之前标记出稳定裂纹扩展的范围。稳定裂纹扩展量可以通过着色或试验后二次疲劳的方法标记。注意尽量减小试验后试样的变形。对于铁素体钢通过冷却脆化的方法有助于试样打断时试样变形的减小。

5.8.2 初始裂纹长度 a_0

测量初始裂纹长度 a_0 时，应该测量到疲劳裂纹的尖端，测量仪器的准确度应不低于±0.1%或0.025 mm，取其大者。图 13 和图 14 显示了九点测量位置。a_0 值是通过先对距离两侧表面 0.01B 位置(对于开侧槽试样，从侧槽根部算)取平均值，再和内部等间距的七点测量长度取平均值得到的。

$$a_0 = \frac{1}{8}\left[\left(\frac{a_1 + a_9}{2}\right) + \sum_{j=2}^{j=8} a_j\right] \qquad (7)$$

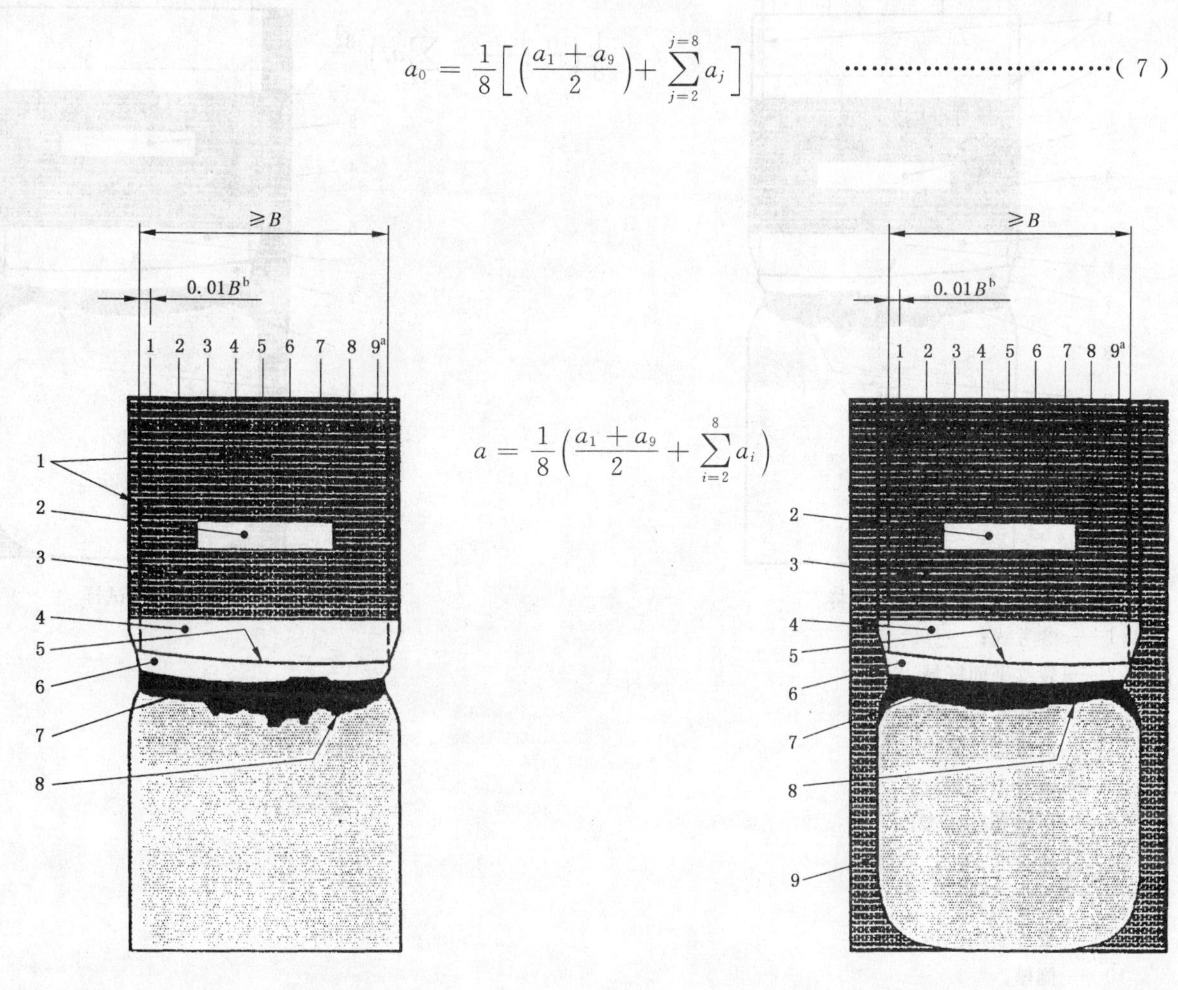

a) 普通试样　　b) 开侧槽试样

1——参考线；

2——裂纹平面区域；

3——机械加工缺口；

4——疲劳预制裂纹；

5——初始裂纹前缘；

6——伸张区；

7——裂纹扩展区；

8——最终裂纹前缘；

9——侧槽。

[a] 在 1 到 9 的位置测量初始和最终裂纹长度。

[b] 未按比例。

图 13　三点弯曲试样裂纹长度的测量

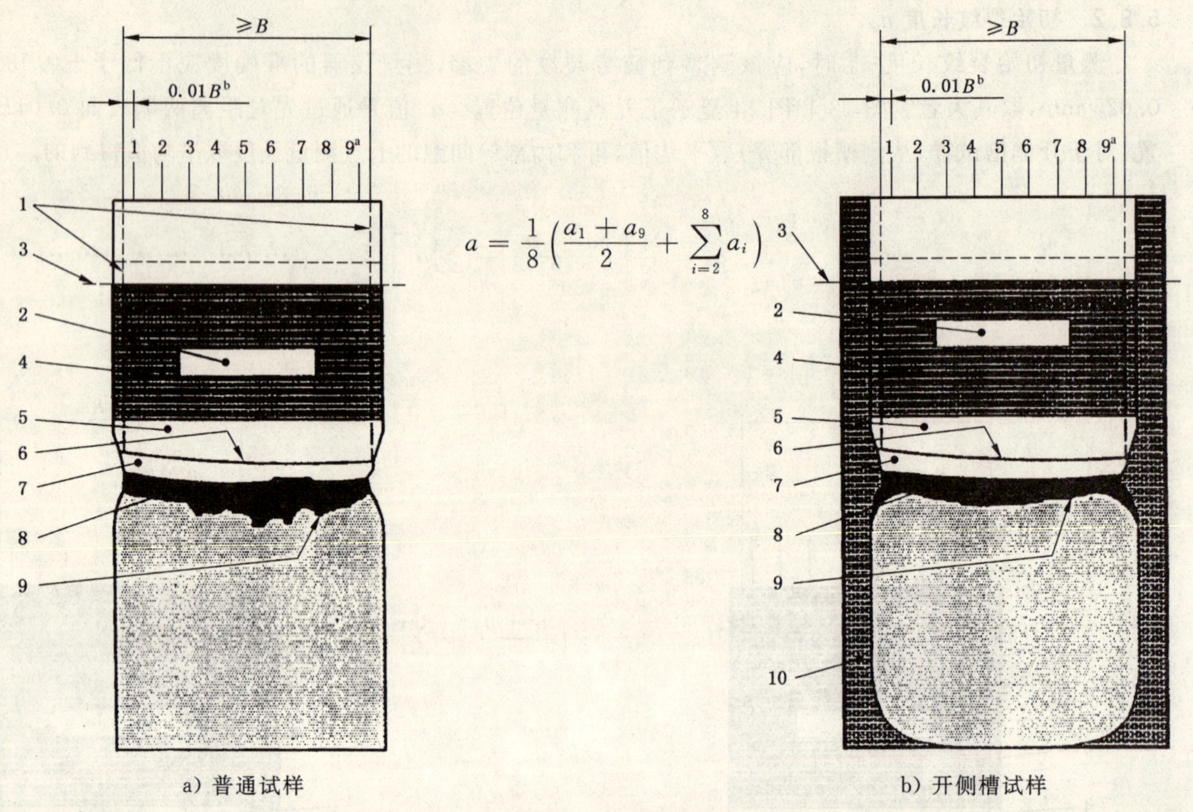

a）普通试样　　　　b）开侧槽试样

1——参考线；

2——裂纹平面区域；

3——销孔的中心线；

4——机械加工缺口；

5——疲劳预制裂纹；

6——初始裂纹前缘；

7——伸张区；

8——裂纹扩展区；

9——最终裂纹前缘；

10——侧槽。

[a] 在1到9的位置测量初始和最终裂纹长度。

[b] 未按比例。

图14　紧拉试样裂纹长度的测量

初始裂纹长度应满足下列要求：

a）a_0/W 应当在0.45～0.70之间；

b）试样中心七点任一点的裂纹长度与九点平均值之差不应超过 $0.1a_0$；

c）预制裂纹长度应超过1.3 mm或2.5%W中的大者；

d）疲劳预制裂纹应在图6所示的包迹线之内。

如果上述要求不能满足，那么初始裂纹长度就不满足本方法的要求，在试验结果中应明确注明。

5.8.3　稳定裂纹扩展 Δa

裂纹扩展量（包括任何的裂纹尖端钝化）Δa，应借助测量准确度±0.025 mm的仪器按照5.8.2描述的九点平均值方法测量初始和终止裂纹长度。诸如星状和孤立的岛状等不规则形状的裂纹扩展，应当按照第8章的要求在报告中注明。

注：忽略星状扩展区域或主观地平均裂纹扩展区域对于估算不规则裂纹长度是唯一可行的办法。由高度不规则裂纹得到的试验结果应反复斟酌。在试验报告中注明裂纹的不规则性和提供附加的照片都是很有用的。

所有的试验前和试验后的测量都应记录并按照第6章和第7章进行计算。

5.8.4 非稳定裂纹扩展

当有证据表明不稳定裂纹的止裂和pop-in特性(见图15)有联系时,在每一个pop-in之前的整个扩展量Δa都应按照5.8.3进行记录。

注:Δa量包括全部的疲劳预制裂纹前的稳定裂纹扩展和特定的pop-in发生之前的与pop-in相关的或断裂事件记录的稳定裂纹扩展的总和。

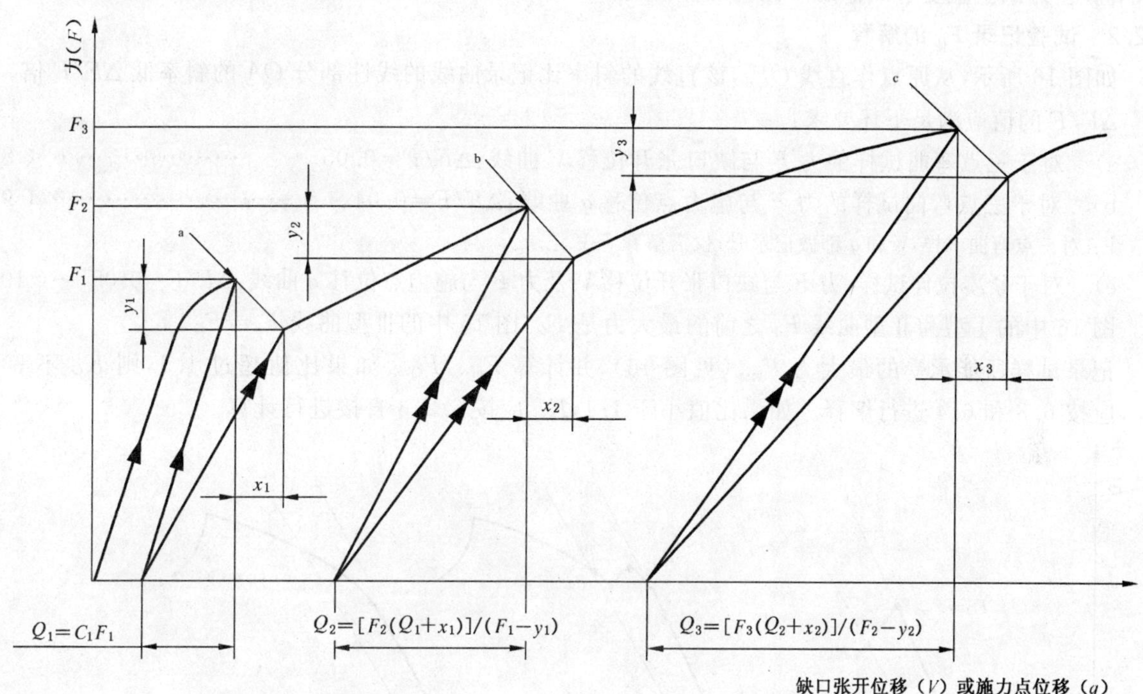

注1:C是初始柔度。

注2:Q_1代表V或q。

注3:为了清晰将pop-in夸张。

[a] pop-in 1。

[b] pop-in 2。

[c] pop-in 3。

图15 pop-in特性的估计

6 稳定和非稳定裂纹扩展下的断裂韧度测定

6.1 总则

本条款描述了对应于图1左半部分的断裂韧度(单点)特征值的测定,图2显示了力-位移特性。

断裂韧度值考虑下列两种情况:

a) 非尺寸敏感性,相应的符号K_{IC}、$\delta_{0.2BL}$和$J_{0.2BL}$;

b) 尺寸敏感性,相应的符号$\delta_{C(b)}$、$\delta_{0.2BL(b)}$、$\delta_{u(b)}$、$\delta_{uc(b)}$、$\delta_{m(b)}$、$J_{C(b)}$、$J_{0.2BL(b)}$、$J_{u(b)}$、$J_{uc(b)}$和$J_{m(b)}$,其中b代表试样厚度。

试验记录的不连续性包括力的突然下降和相应的位移增加,如果变化量小于1%,可以忽略。其他的突然不连续性可以用pop-in现象来解释。产生pop-in的原因应该进行研究和记录。当pop-in与预裂纹平面的非稳定裂纹扩展无关时,利用pop-in点来测定的断裂韧度是不合适的。当某一pop-in与预裂纹平面的不稳定裂纹扩展有关或者可以排除其他产生pop-in的原因时,按照下述条款进行评估pop-in:

a） 按照 6.2 测定 K_{IC}；

b） 分别按照 6.3 和 6.4 测定 δ 和 J 韧度值。

6.2 平面应变断裂韧度 K_{IC} 的测定

6.2.1 总则

试验记录应按照 6.2.2 进行解释，按照 6.2.3 计算得到条件值 K_Q。试样尺寸的检查应与 6.2.4 一致，$R_{p0.2}$ 应为试验温度下试样的非比例延伸强度。

6.2.2 试验记录 F_Q 的解释

如图 16 所示，从原点作直线 OF_d，该直线的斜率比记录曲线的线性部分 OA 的斜率低 $\Delta F/F$ 倍。$\Delta F/F$ 的值应满足下述要求：

a） 对于三点弯曲试样的力 F 与缺口张开位移 V 曲线：$\Delta F/F=0.05$ …………………（8）

b） 对于三点弯曲试样的力 F 与施力点位移 q 曲线：$\Delta F/F=0.04$ …………………………（9）

注：对三点弯曲试样，V 和 q 都做记录时，仅需解释 F-V 记录。

c） 对于紧凑拉伸试样，力 F 与缺口张开位移 V 及力 F 与施力点位移 q 曲线：$\Delta F/F=0.05$ …（10）

图 16 中的Ⅰ型和Ⅱ型曲线 F_d 之前的最大力是 F_Q，图 16 中的Ⅲ型曲线 $F_d=F_Q$。

记录试样所能承受的最大力 F_{max}（见图 16），并计算 F_{max}/F_Q。如果比值超过 1.1，则 K_Q 不等于 K_{IC}，应按 6.3 和 6.4 进行解释。如果比值小于 1.1，K_Q 应按 6.2.3 直接进行计算。

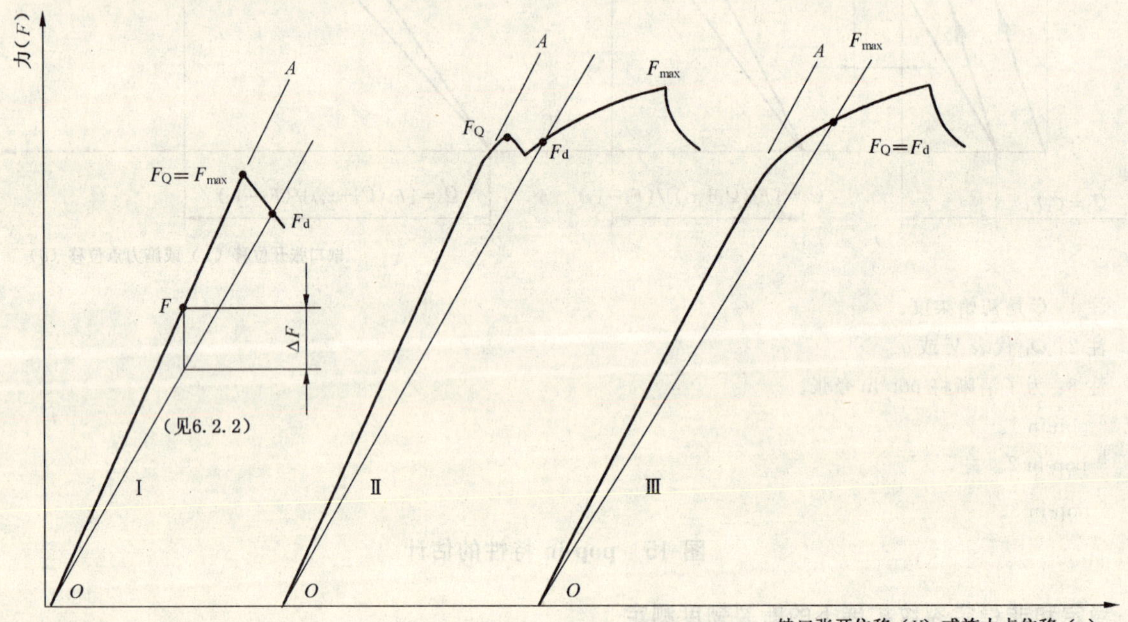

注：为了清晰将 $\Delta F/F$ 的斜率夸张了。

图 16 F_Q 的定义（用于测定 K_Q）

6.2.3 K_Q 的计算

K_Q 值用按照 5.5.1、5.8.2、6.2.2 测定的 B、B_N、W、a_0、F_Q 来计算。

三点弯曲试样 K_Q 的计算公式如下：

$$K_Q=\left[\left(\frac{S}{W}\right)\frac{F_Q}{(BB_NW)^{0.5}}\right]\left[g_1\left(\frac{a_0}{W}\right)\right] \qquad (11)$$

式中 S 是按 5.7.1.1 条定义的跨距（见图 10）。

注 1：对于无侧槽试样，$B_N=B$。

注 2：附录 B 给出了 $g_1\left(\frac{a_0}{W}\right)$ 的关系。

注 3：应注意根据式(11)计算 K_Q 的单位。如果 B 和 W 用 m 为单位，F 用 MN 为单位，那么 K_Q 的单位就应是

MPam$^{1/2}$。如果 B 和 W 用 mm 为单位，F 用 kN 为单位，那么为了保证 K_Q 的单位还是 MPam$^{1/2}$ 就应在式右边乘以 $10^{3/2}$。

紧凑拉伸试样 K_Q 的计算公式如下：

$$K_Q=\left[\frac{F_Q}{(BB_N W)^{0.5}}\right]\left[g_2\left(\frac{a_0}{W}\right)\right] \quad \cdots\cdots(12)$$

注 1：对无侧槽试样，$B_N=B$。

注 2：附录 B 给出了 $g_2\left(\frac{a_0}{W}\right)$ 的关系。

注 3：应注意根据式(12)计算 K_Q 的单位。如果 B 和 W 用 m 为单位，F 用 MN 为单位，那么 K_Q 的单位就应是 MPam$^{1/2}$。如果 B 和 W 用 mm 为单位，F 用 kN 为单位，那么为了保证 K_Q 的单位还是 MPam$^{1/2}$ 就应在式右边乘以 $10^{3/2}$。

6.2.4 K_{IC}的有效性判定

如果满足本标准下列两个条件的要求，K_Q 就是 K_{IC}。

$$a_0=2.5\left(\frac{K_Q}{R_{p0.2}}\right)^2 \text{ 且 } B=2.5\left(\frac{K_Q}{R_{p0.2}}\right) \text{且} (W-a_0)=2.5\left(\frac{K_Q}{R_{p0.2}}\right)^2 \quad \cdots\cdots(13)$$

注：必须注意式(13)使用的单位。K_Q 必须用 MPam$^{1/2}$ 为单位；$R_{p0.2}$ 用 MPa 为单位；a_0、B、$(W-a_0)$ 用 m 为单位，并且

$$K_f=0.6K_Q\left[\frac{(R_{p0.2})_p}{(R_{p0.2})_t}\right] \quad \cdots\cdots(14)$$

$(R_{p0.2})_p$ 和 $(R_{p0.2})_t$ 分别是预裂纹和试验温度下偏置 0.2% 对应的非比例延伸强度。

如果不能满足式(13)和式(14)的要求及本方法的其他要求，结果就不是有效的 K_{IC}，并应根据 6.3 或 6.4 对可能的 δ 或 J 值进行计算。

6.3 断裂韧度 δ_0 的测定

6.3.1 F_c 和 V_c、F_u 和 V_u 或 F_{uc} 和 V_{uc} 的测定

常见的 F-V 记录曲线类型(1)～(5)（见图 2）：

a) 在图 2 的(1)、(2)和(4)型的情况下，取断裂点的值为 F_c、F_u 或 F_{uc}；

b) 在图 2 的(3)、(5)型和图 15（见附录 F）的情况下，并且

$$P=\frac{\Delta F}{F} \quad \cdots\cdots(15a)$$

则取断裂点之前的第一个 pop-in 值为 F_C、F_u 或 F_{uc}。

c) 当 pop-ins 发生在断裂之前，并且

$$P<\frac{\Delta F}{F} \quad \cdots\cdots(15b)$$

取断裂点的值为 F_C、F_u 或 F_{uc}。

式(15a)和式(15b)中的 P 按式(16)计算（见附录 G）：

$$P=1-\frac{Q_1}{F_1}\left(\frac{F_n-y_n}{Q_n+x_n}\right) \quad \cdots\cdots(16)$$

式中：

$\frac{\Delta F}{F}$——根据式(8)～(10)得到的计算值，对三点弯曲或紧凑拉伸试样均适用；

P——裂纹尺寸的增加和所有 pop-in 包括第 n 级 pop-in 柔度叠加的因子；

Q_1——pop-in 1 处的弹性位移（见图 15）；

F_n——第 n 级 pop-in 处的力；

Q_n——第 n 级 pop-in 处的弹性位移量；

y_n——第 n 级 pop-in 处的力下降；

x_n——第 n 级 pop-in 处的位移增量；

n——被考虑的最后一个 pop-in 的系列号(见图 15)。

注 1：当只有一个 pop-in 发生时，$n=1$。当有多个 pop-ins 发生时，取 $n=1,2,3$ 等按式(15)进行连续计算是必要的。

注 2：Q_n 可以通过图解或解析方法得到(见图 15)。另外，(Q_n+x_n) 可以通过对试样卸载得到。

注 3：F 和 V 被用于按照 6.3.4 测定的 δ_0 值。

当 F 和 V 对应于稳定裂纹扩展(5.8.3)后的裂纹失稳(5.8.4)时，且

$$\Delta a < 0.2\ \text{mm} + \left(\frac{\delta}{1.87}\right)\left(\frac{R_{p0.2}}{R_m}\right) \quad \cdots\cdots(17)$$

应将其记录为 F_c 和 V_c。

当 F 和 V 对应于稳定裂纹扩展(5.8.3)后的裂纹失稳(5.8.4)时，且

$$\Delta a = 0.2\ \text{mm} + \left(\frac{\delta}{1.87}\right)\left(\frac{R_{p0.2}}{R_m}\right) \quad \cdots\cdots(18)$$

应将其记录为 F_u 和 V_u。

当不可能测定失稳(见 5.8.3)之前的稳定裂纹扩展量 Δa 时，F 和 V 应记录为 F_{uc} 和 V_{uc}。

6.3.2 F_m 和 V_m 的测定

当试验记录在断裂之前没有 pop-in 而出现最大力平台(见 6.3.1)，F_m 和 V_m 的值应通过试验记录的首个最大力点来计算[见图 2，试验记录类型(6)]。

6.3.3 V_p 的测定

对应于缺口张开位移 V_c、V_u、V_{uc} 和 V_m(按 6.3.1 和 6.3.2 测定，见图 17)的缺口张开位移塑性分量 V_p 可以通过对试验记录进行手工计算或计算机自动计算得到。

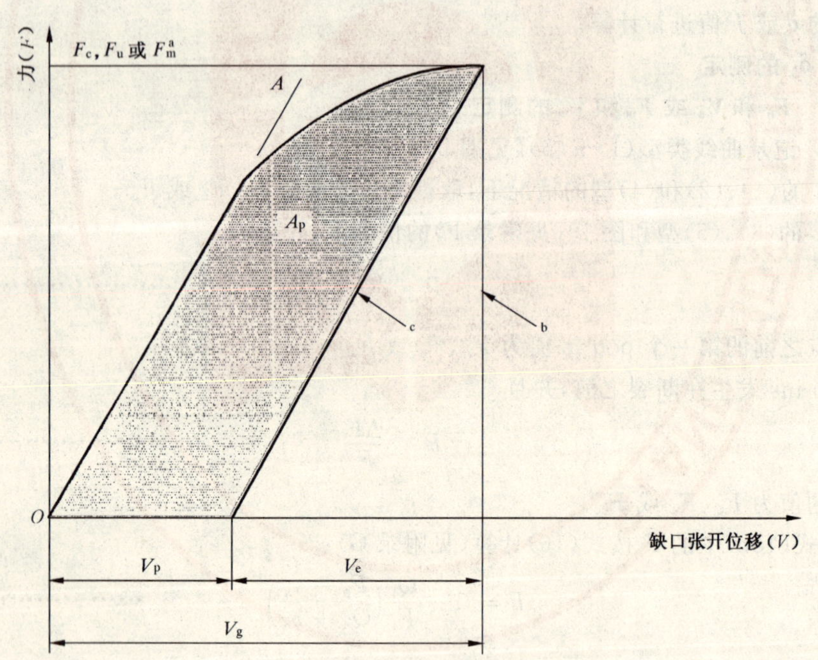

a 见图 2。

b V_c、V_u 和 V_m 对应于 F_c、F_u 和 F_m。

c 平行于 OA。

图 17 V_p 的测定(用于 CTOD 的测定)

注 1：可以用基于柔度关系的分析方法来计算 V_p，应从 H.1 中规定的总的缺口张开位移 V_g 中扣除理论弹性缺口张开位移 V_e。

注 2：对于 $F=F_m$ 的情况(见图 2)，V_p 的测定忽略了在该力值范围以外的稳定裂纹扩展或 pop-in 引起的裂纹扩展的影响。

6.3.4 δ_0 的计算

δ_0 值用按照 5.5.1、5.8.2、6.3.1、6.3.2、6.3.3 测定的 B、B_N、W、a_0、F 和 V_p 来计算。

注 1：δ_0 值不因裂纹扩展量 Δa 而进行修正。

注 2：对无侧槽试样，$B_N=B$。

注 3：当 V_p 的测量位置在试样缺口边缘以外(见图 8b)时，z 是正值；当 V_p 的测量位置在试样缺口边缘以内时，z 是负值。

对于三点弯曲试样，δ_0 按下式计算：

$$\delta_0=\left[\left(\frac{S}{W}\right)\frac{F}{(BB_NW)^{0.5}}\times g_1\left(\frac{a_0}{W}\right)\right]^2\left[\frac{(1-\upsilon^2)}{2R_{p0.2}E}\right]+\frac{0.4(W-a_0)V_p}{0.6a_0+0.4W+z} \quad \cdots\cdots(19)$$

式中 S 是 5.7.1.1 中定义的跨距(见图 10)。

注 4：系数 $g_1(a_0/W)$ 在附录 B 中给出。

对于直通型缺口紧凑拉伸试样，δ_0 按下式计算：

$$\delta_0=\left[\frac{F}{(BB_NW)^{0.5}}\times g_2\left(\frac{a_0}{W}\right)\right]^2\left[\frac{(1-\upsilon^2)}{2R_{p0.2}E}\right]+\frac{0.46(W-a_0)V_p}{0.54a_0+0.71W+z} \quad \cdots\cdots(20)$$

注 5：系数 $g_2(a_0/W)$ 在附录 B 中给出。

对于台阶型缺口紧凑拉伸试样，δ_0 按下式计算：

$$\delta_0=\left[\frac{F}{(BB_NW)^{0.5}}\times g_2\left(\frac{a_0}{W}\right)\right]^2\left[\frac{(1-\upsilon^2)}{2R_{p0.2}E}\right]+\frac{0.46(W-a_0)V_p}{0.54a_0+0.46W+z} \quad \cdots\cdots(21)$$

注 6：系数 $g_2(a_0/W)$ 与式(20)的直通型缺口紧凑拉伸试样相同。

6.3.5 断裂韧度 δ_0 的判定

按照 6.3 计算的断裂韧度 δ_0 值是尺寸敏感的，与试样厚度直接相关。厚度应以 mm 为单位，在断裂韧度符号的右下标括号中注明：

利用 F_c 和 V_c 计算 δ_0，得到 $\delta_{c(B)}$；

利用 F_u 和 V_u 计算 δ_0，得到 $\delta_{u(B)}$；

利用 F_{uc}和 V_{uc}计算 δ_0，得到 $\delta_{uc(B)}$；

利用 F_m 和 V_m 计算 δ_0，得到 $\delta_{m(B)}$。

注：例如对于试样厚度 $B=25$ mm 的试验，断裂韧度值 $\delta_{c(B)}$ 应标为 $\delta_{c(25)}$。

6.4 断裂韧度 J_0 值的测定

6.4.1 F_c 和 q_c，F_u 和 q_u 或 F_{uc}和 q_{uc}的测定

用和 6.3.1 相同的方法测定 F 和 q，按照 6.4.4 计算 J_0 值。

当 F 和 q 对应于较小的稳定裂纹扩展量时(见 5.8.2)，例如

$$\Delta a<0.2\ \text{mm}+\left(\frac{J}{3.75R_m}\right) \quad \cdots\cdots(22)$$

应记录为 F_c 和 q_c。

当 F 和 q 对应于较大的稳定裂纹扩展量时(见 5.8.3)，例如

$$\Delta a\geqslant 0.2\ \text{mm}+\left(\frac{J}{3.75R_m}\right) \quad \cdots\cdots(23)$$

应记录为 F_u 和 q_u。

当不能测定 Δa 时(见 5.8.3)，F 和 q 应记录为 F_{uc}和 q_{uc}。

6.4.2 F_m 和 q_m 的测定

当试验记录在断裂之前没有 pop-in 而展示了最大力平台(见 6.3.1)，F_m 和 V_m 的值应当通过试验记录的首个最大力点来计算[见图 2，试验记录类型(6)]。

6.4.3 U_p 的测定

通过试验记录适当的施力点位移 q_c、q_u 和 q_m(见 6.4.1 和 6.4.2)，从 H.3 中规定的总面积中减去理论的弹性面积 U_e 得到塑性分量 U_p。有多种计算方法可以使用，例如通过求积仪得到，或利用计算机的数字积分技术，还可以利用后面叙述的弹性柔度分析方法得到(见图 18)。

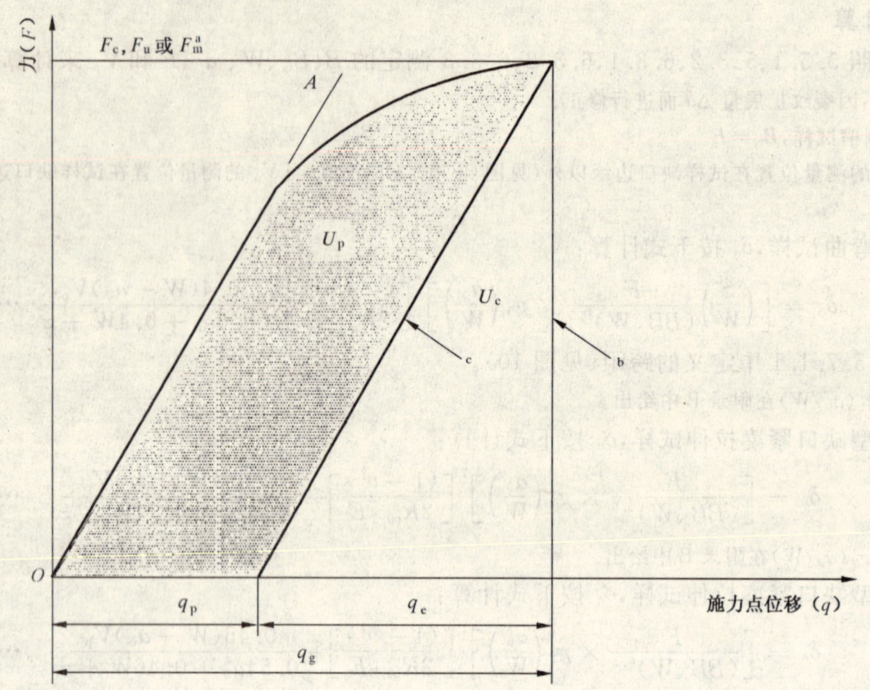

[a] 见图 2。

[b] q_c、q_u 和 q_m 对应于 F_c、F_u 和 F_m。

[c] 平行于 OA。

图 18 U_p 的测定(用于 J 的测定)

注:对于 $F=F_m$ 的情况(见图 2),V_p 的测定忽略了在该力值范围以外的稳定裂纹扩展或 pop-in 引起的裂纹扩展的影响。

6.4.4 J_0 的计算

对于三点弯曲和紧凑拉伸试样的 J_0 值,可以借助下列关系和 5.5.1 中确定的 B、B_N、W,5.8.2 中确定的 a_0 以及相应的 6.4.3 中确定的 U_p 值和 6.4.1 或 6.4.2 中确定的试验记录上的适当力值计算得到。

注 1:J_0 值不因裂纹扩展量 Δa 而进行修正。

注 2:对无侧槽试样,$B_N=B$。

注 3:当 V_p 的测量位置在试样缺口边缘以外(见图 8b)时,Z 是正值;当 V_p 的测量位置在试样缺口边缘以内时,Z 是负值。

对于三点弯曲试样,J_0 按下式来计算:

$$J_0=\left[\frac{FS}{(BB_N)^{0.5}W^{1.5}}\times g_1\left(\frac{a_0}{W}\right)\right]^2\left[\frac{(1-\upsilon^2)}{E}\right]+\frac{2U_p}{B_N(W-a_0)} \qquad \cdots\cdots\cdots\cdots(24)$$

其中 S 是 5.7.1.1 定义的跨距(见图 10)。

注 4:系数 $g_1(a_0/W)$在附录 B 中给出。

对于台阶型缺口紧凑拉伸试样,J_0 按下式来计算:

$$J_0=\left[\frac{F}{(BB_NW)^{0.5}}\times g_2\left(\frac{a_0}{W}\right)\right]^2\left[\frac{(1-\upsilon^2)}{E}\right]+\frac{\eta_pU_p}{B_N(W-a_0)} \qquad \cdots\cdots\cdots\cdots(25)$$

$$\text{式中}\ \eta_p=2+0.522(1-a_0/W) \qquad \cdots\cdots\cdots\cdots(26)$$

注 5:系数 $g_2(a_0/W)$在附录 B 中给出。

注 6:对于直通型缺口紧凑拉伸试样,倘若确立了 U_p 与 A_p 之间的对应关系,那么 U_p 可以通过图 17 中的 A_p 得到;而 J_0 的计算则与台阶型缺口紧凑拉伸试样由式(25)给出。

6.4.5 断裂韧度 J_0 的判定

按照 6.4 计算的断裂韧度 J_0 值是尺寸敏感的,与试样厚度直接相关。厚度应以 mm 为单位,在断裂韧度符号的右下标括号中注明:

利用 F_c 和 q_c 计算 J_0,得到 $J_{c(B)}$;

利用 F_u 和 q_u 计算 J_0,得到 $J_{u(B)}$;

利用 F_{uc} 和 q_{uc} 计算 J_0，得到 $J_{uc(B)}$；

利用 F_m 和 q_m 计算 J_0，得到 $J_{m(B)}$。

注：例如对于试样厚度 $B=25$ mm 的试验，断裂韧度值 $J_{c(B)}$ 应标为 $J_{c(25)}$。

7 δ-Δa 和 J-Δa 阻力曲线和稳定裂纹扩展下的启裂韧度 $\delta_{0.2BL}$、$J_{0.2BL}$、δ_i 和 J_i 的测定

7.1 总则

本条款描述了对应于图 1 右半部分显示的具有稳定裂纹扩展和非线性力-位移试样的断裂行为的测定，根据 δ 或 J 与 Δa 的关系曲线取特征值。本方法给出了利用 δ-Δa 和 J-Δa 阻力曲线测定工程启裂韧度 $\delta_{0.2BL}$ 和 $J_{0.2BL}$ 的方法。

分析步骤适用于多试样或单试样的 δ 或 J 测定。

7.2 试验步骤

7.2.1 概述

按照 5.7 对试样加力，按照 5.8 测量产生的裂纹扩展量。

注：δ 和 J 值按稳定裂纹扩展量 Δa 进行修正。

7.2.2 多试样法

对一系列标称尺寸相同的试样加载到预先选定的不同位移水平，并测定相应的裂纹扩展量。每个试样都成为 δ-Δa 或 J-Δa 阻力曲线上的一个点(后面通称 R 曲线)。

注：构成一条 R 曲线(见 7.4)需要 6 个或更多个合适位置的点，在稳定裂纹开始附近处测量断裂韧度 $\delta_{0.2BL}$ 或 $J_{0.2BL}$(见 7.6)。对第 1 个试样加载到刚刚超过最大力，测量相应的稳定裂纹扩展量，并根据此时位移量来估计其他合适位置的数据点。

7.2.3 单试样法

单试样法是利用弹性柔度或其他技术通过一个试样的试验得到阻力曲线上的多个点的方法。附录 I 描述了单试样法。

当 $\Delta a=0.2(W-a_0)$ 时，利用直接法估计的最终裂纹扩展量 Δa 与测量的裂纹扩展量之差应当不超过后者的 15% 或 0.15 mm，取其大者；当 $\Delta a>0.2(W-a_0)$ 时，这一差值应在 $0.03(W-a_0)$ 以内。为了后续的裂纹扩展量的测定需要对初始裂纹长度 a_0 作一个估计，可以采用卸载柔度技术，a_0 的估计值与试验后测量 a_0 值的差应控制在试验后测量 a_0 值的 ±2% 以内。

间接测量技术需要将第一个试样用于建立试验输出与裂纹扩展量之间的关系。附加试验至少需要再做一次从而运用第一次的试验结果估计裂纹扩展量。

估计值与实际 Δa 测量值之差应不超过后者的 15% 或 0.15 mm，取其大者；否则试验结果无效。

7.2.4 最终裂纹前缘的平直度

最终裂纹长度定义为按照 5.8.2 和 5.8.3 描述的九点平均值法测定的初始裂纹长度加上稳定裂纹扩展量。中间七点的裂纹长度与九点平均值之差不应大于 $0.1a_0$；否则试验结果无效。

7.3 δ 和 J 的计算

7.3.1 δ 的计算

对于三点弯曲试样，δ 按下式计算：

$$\delta=\left[\left(\frac{S}{W}\right)\frac{F}{(BB_NW)^{0.5}}\times g_1\left(\frac{a_0}{W}\right)\right]^2\left[\frac{(1-\upsilon^2)}{2R_{p0.2}E}\right]+\frac{0.6\Delta a+0.4(W-a_0)V_p}{0.6(a_0+\Delta a)+0.4W+z} \quad \cdots\cdots(27)$$

式中 S 是 5.7.1.1 定义的跨距(见图 10)。

注 1：对无侧槽试样，$B_N=B$。

注 2：系数 $g_1(a_0/W)$ 在附录 B 中给出。

对于台阶型缺口紧凑拉伸试样，δ 按下式来计算：

$$\delta=\left[\frac{F}{(BB_NW)^{0.5}}\times g_2\left(\frac{a_0}{W}\right)\right]^2\left[\frac{(1-\upsilon^2)}{2R_{p0.2}E}\right]+\frac{0.54\Delta a+0.46(W-a_0)V_p}{0.54(a_0+\Delta a)+0.46W+z} \quad \cdots\cdots(28)$$

注 3：对于台阶型缺口紧凑拉伸试样，V_p 等于施力点位移 q_p。

注 4：系数 $g_2(a_0/W)$ 在附录 B 中给出。

注 5：对于直通型缺口紧凑拉伸试样直接测量加载线位移量 q 是不可能的，但是可以通过 V 的计算得到；如果能够证实计算得到的 q 与直接测量的 q 相差在 1%以内，δ 可以按式(28)计算。

7.3.2 J 的计算

对于三点弯曲试样，J 按下式来计算：

$$J=\left[\frac{FS}{(BB_N)^{0.5}W^{1.5}}\times g_1\left(\frac{a_0}{W}\right)\right]^2\left[\frac{(1-\upsilon^2)}{E}\right]+\left[\frac{2U_p}{B_N(W-a_0)}\right]\left[1-\left(\frac{\Delta a}{2(W-a_0)}\right)\right] \cdots(29)$$

式中 S 是 5.7.1.1 定义的跨距(见图 10)。

注 1：对无侧槽试样，$B_N=B$。

注 2：系数 $g_1(a_0/W)$ 在附录 B 中给出。

对于台阶型缺口紧凑拉伸试样，J 按下式来计算：

$$J=\left[\frac{F}{(BB_NW)^{0.5}}\times g_2\left(\frac{a_0}{W}\right)\right]^2\left[\frac{(1-\upsilon^2)}{E}\right]+\left[\frac{\eta_p U_p}{B_N(W-a_0)}\right]\left[1-\left(\frac{(0.75\eta_p-1)\Delta a}{W-a_0}\right)\right] \cdots(30)$$

式中 η_p 由公式(26)给定。

注 3：系数 $g_2(a_0/W)$ 在附录 B 中给出。

注 4：对于直通型缺口紧凑拉伸试样直接测量加载线位移量 q 是不可能的，但是可以通过 V 的计算得到；如果能够证实计算得到的 q 与直接测量的 q 相差在 1%以内，J 可以按式(30)计算。

7.4 R 曲线图

注：δ 或 J 与 Δa 的点组成了 R 曲线(例如图 I.1)。数据可以用表格或图形的形式表达。为了便于分析也可以将数据拟合成方程或将拟合的方程以曲线的形式作出来。

7.4.1 图的结构

7.4.1.1 δ 或 J 与 Δa 的断裂阻力曲线由 7.2 和 7.3 得到的数据点组成(见图 19)。

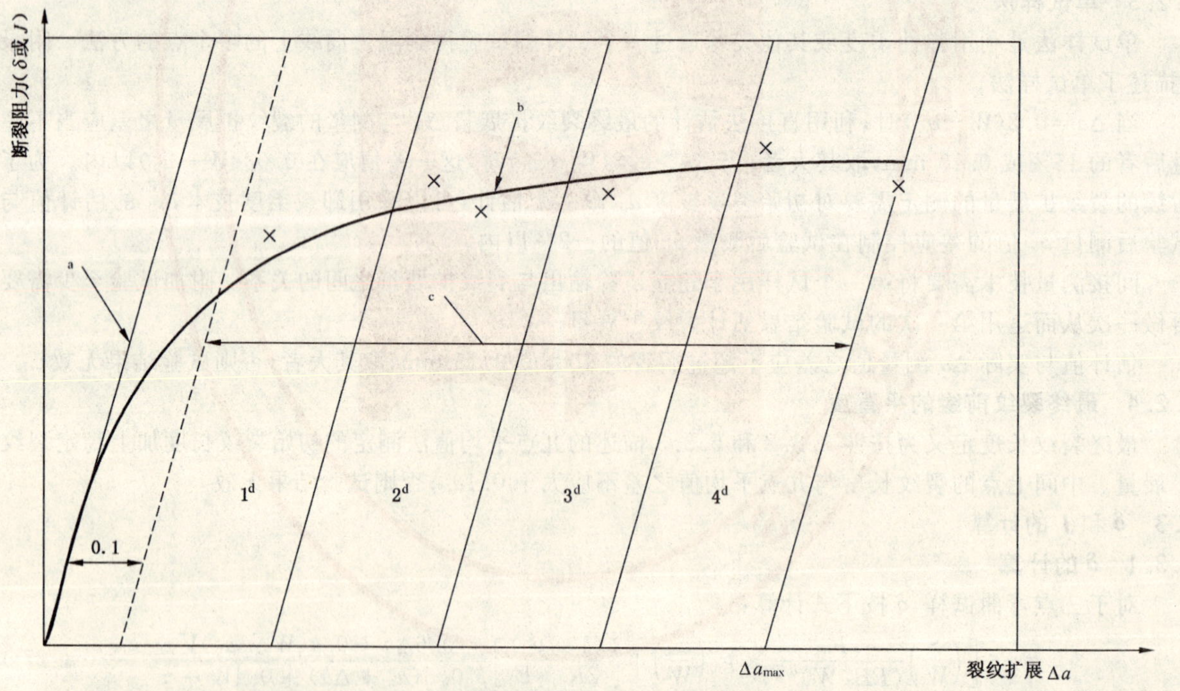

注：至少需要六个数据点。每一个区间应至少包含一个数据点。如果需要方程，可以使用 7.4.2.2 确定的偏置指数方程。

[a] 钝化线。

[b] 拟合曲线。

[c] 左、右边界线。

[d] 不同的裂纹长度区间。

×——试验数据。

图 19 用于测定 R 曲线的数据间隔

7.4.1.2 过 Δa 最大数据点作钝化线的平行线与横坐标轴交于一点，此点的横坐标值定义为 Δa_{max}。Δa_{max}应满足下面两式的要求：

$$\text{对于 } \delta \quad 0.5 \leqslant \Delta a_{max} \leqslant 0.25(W - a_0) \qquad (31)$$

$$\text{对于 } J \quad 0.5 \leqslant \Delta a_{max} \leqslant 0.10(W - a_0) \qquad (32)$$

7.4.1.3 根据 7.4.1.1 的描述，用下面两种方法之一来确定钝化线：

$$\delta = 1.87(R_m / R_{p0.2})\Delta a \qquad (33)$$

$$\text{或 } J = 3.75 R_m \Delta a \qquad (34)$$

式中 R_m 和 $R_{p0.2}$应在试验温度下测定。

注：式(33)是由式(34)导出的，对于 δ 钝化线的估计取 $\delta = J/2R_{p0.2}$。

7.4.1.4 按照 7.4.1.2(见图 19)得到 Δa_{max}，过 Δa_{max} 作钝化线的平行线定义为有效裂纹扩展量的右边界线。

7.4.1.5 过 Δa=0.1 mm(见图 19)处作钝化线的平行线定义为有效裂纹扩展量的左边界线。

7.4.1.6 当发生非稳定裂纹扩展时试验应终止，如果在断口上可以测量稳定裂纹扩展量，该数据点应包括在 R 曲线图上。不稳定断裂数据点应在 R 曲线上清晰地标明，并应在试验报告中注明(见附录 E)。

注：非稳定断裂点依赖于试样的几何尺寸。

7.4.2 数据间隔和曲线拟合

7.4.2.1 至少需要六个数据点定义 R 曲线。

7.4.2.2 拟合 R 曲线时，在四个等间距的裂纹扩展区内，至少有一个数据点，如图 19 所示。对 0.1 mm和 Δa_{max}边界线之间的数据点按指数方程(35)进行拟合。

$$\delta(\text{或 } J) = \alpha + \beta \Delta a^{\gamma} \qquad (35)$$

式中 α 和 $\beta \geqslant 0$，$0 \leqslant \gamma \leqslant 1$。

注 1：估算 α、β 和 γ 常数的方法见附录 C。

注 2：如果从附录 C 线性拟合得到的 α 或 β 小于 0，那么结果无效。这种情况下，建议作补充试验或用附录 I 的单试样法。

如果使用单试样法，所有位于 0.1 mm 偏置线以右的数据点都应参加曲线拟合。但是，只有达到 δ_g 或 J_g 时，R 曲线才有效(见图 20)。

7.5 阻力曲线的判定

7.5.1 δ-Δa 阻力曲线的判定

7.5.1.1 每个试样的 δ_{max}值按以下三个公式计算，取其中的最小值：

$$\delta_{max} = B/30 \qquad (36)$$

$$\delta_{max} = a_0/30 \qquad (37)$$

$$\delta_{max} = (W - a_0)/30 \qquad (38)$$

注：应优先采用上述公式确定阻力曲线的上边界线如果不能满足，也可用公式 $\delta_{max} = (W - a_0)/20$ 确定。

7.5.1.2 按照 7.5.1.1 计算的最小 δ_{max} 作 δ-Δa 阻力曲线的上边界线(见图 20)。

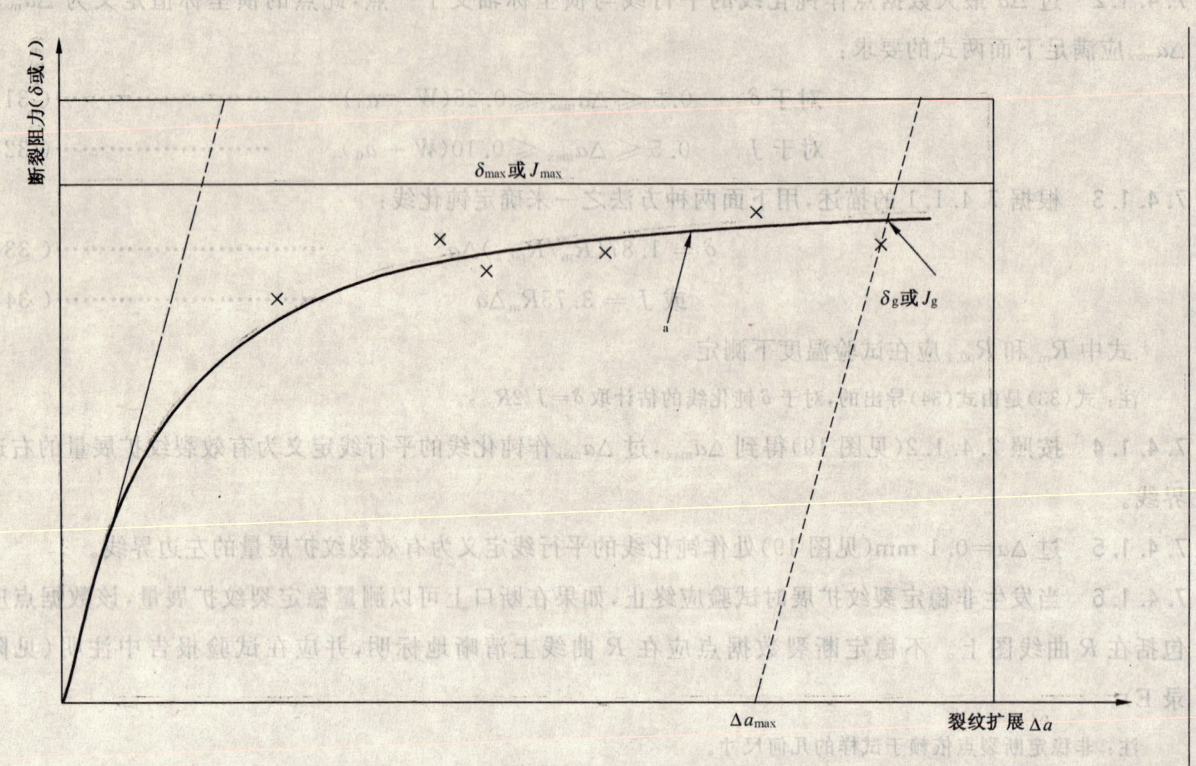

注：如果 R 曲线与 δ_{max} 或 J_{max} 极限值在 Δa_{max} 极限以内相交，那么 δ_{max} 或 J_{max} 等于 d_g 或 J_g。

[a] 拟合曲线。

×——试验数据。

图 20 δ_g 或 J_g 的定义和极限判定

7.5.1.3 δ 与拟合曲线在 δ_{max} 或 Δa_{max}（由式(31)得到）边界线的交点定义为 δ_g（见图 20）。δ_g 应作为被测试样尺寸 δ 控制的裂纹扩展行为的上极限。

7.5.2 J-Δa 阻力曲线的判定

7.5.2.1 每个试样的 J_{max} 按以下三个公式计算，取其中的最小值：

$$J_{max}=a_0[(R_{p0.2}+R_m)/40] \quad \cdots\cdots(39)$$

$$J_{max}=B[(R_{p0.2}+R_m)/40] \quad \cdots\cdots(40)$$

$$J_{max}=(W-a_0)[(R_{p0.2}+R_m)/40] \quad \cdots\cdots(41)$$

注：应优先采用上述公式确定阻力曲线的上边界线如果不能满足，也可用公式 $J_{max}=(W-a_0)[(R_{p0.2}+R_m)/30]$ 确定。

7.5.2.2 按照 7.5.2.1 计算的最小 J_{max} 作 J-Δa 阻力曲线的上边界线（见图 20）。

7.5.2.3 J 与拟合曲线在 J_{max} 或 Δa_{max}（由式(32)得到）边界线的交点定义为 J_g（见图 20）。J_g 应作为被测试样尺寸 J 控制的裂纹扩展行为的上极限。

7.6 $\delta_{0.2BL}$ 和 $J_{0.2BL}$ 的测定和判定

7.6.1 $\delta_{0.2BL}$ 的测定

7.6.1.1 按照 7.4 绘制拟合 R 曲线，要求在 0.1 mm 和 0.30 mm 钝化线偏置线之间至少有一个数据点，在 0.1 mm 和 0.50 mm 钝化线偏置线之间至少有两个数据点（见图 21）。按照式(35)拟合的曲线应至少通过六个数据点。

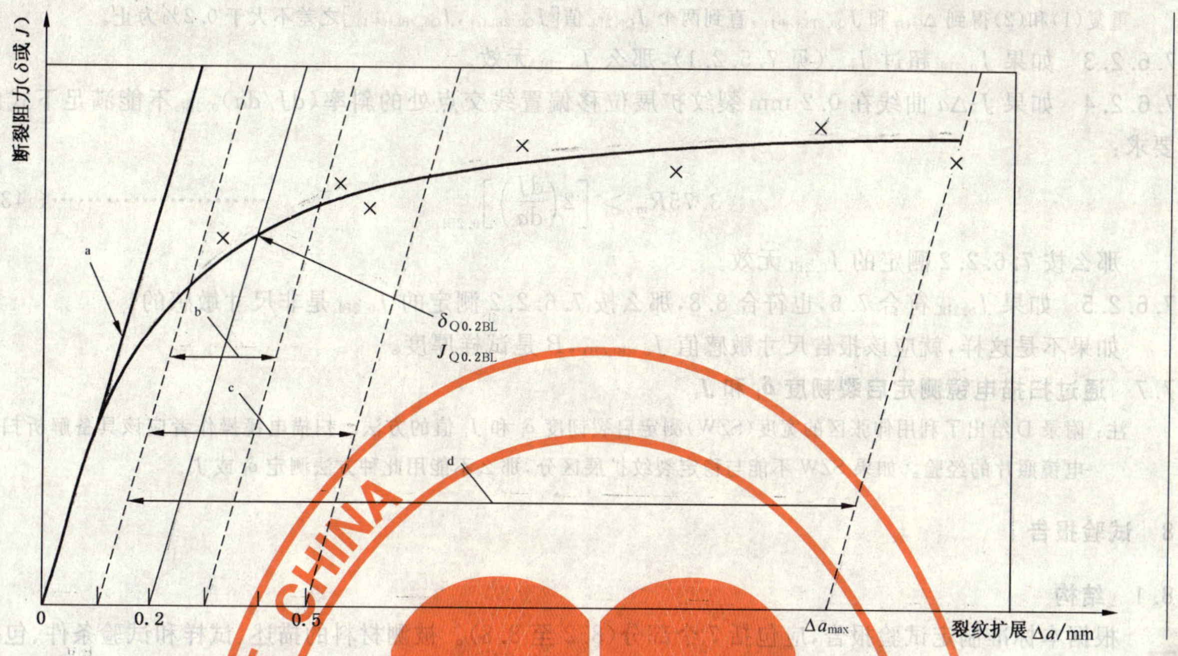

注：要求至少六个数据点。

a 钝化线。

b 至少一个点。

c 至少两个点。

d 按照图 19 的数据分散区域。

×——试验数据。

图 21 $\delta_{0.2BL}$ 或 $J_{0.2BL}$ 的数据间隔

7.6.1.2 在图上偏置 0.2 mm 处作钝化线的平行线，见图 21。

注：拟合曲线与 0.2 mm 偏置线的交点定义为 $\delta_{Q0.2BL}$。为确定该交点，可采用如下步骤：

(1) 从图 21 上的数据点估计一个 $\delta_{Q0.2BL(1)}$ 值。按下式计算 $\Delta a_{(1)}$：$\Delta a_{(1)}=\dfrac{\delta_{Q0.2BL(1)}}{1.87R_m/R_{p0.2}}+0.2$；

(2) 根据幂乘关系计算 $\delta_{Q0.2BL(2)}$：$\delta_{Q0.2BL(2)}=\alpha+\beta\Delta a_{(1)}{}^{\gamma}$。

重复(1)和(2)得到 $\Delta a_{(i)}$ 和 $\delta_{Q0.2BL(i+1)}$，直到两个 $\delta_{Q0.2BL}$ 值[$\delta_{Q0.2BL(i)}$，$\delta_{Q0.2BL(i+1)}$]之差不大于 0.2%为止。

7.6.1.3 如果 $\delta_{0.2BL}$ 超过 δ_{max}（见 7.5.1.1），那么 $\delta_{0.2BL}$ 无效。

7.6.1.4 如果 δ-Δa 曲线在 0.2 mm 偏置线交点处的斜率$(\mathrm{d}\delta/\mathrm{d}a)_{0.2BL}$不能满足下式的要求：

$$1.87\left(\frac{R_m}{R_{p0.2}}\right)>\left[2\left(\frac{\mathrm{d}\delta}{\mathrm{d}a}\right)\right]_{0.2BL} \qquad \cdots\cdots\cdots\cdots\cdots\cdots\cdots\cdots (42)$$

那么按 7.6.1.2 确定的 $\delta_{0.2BL}$ 无效。

7.6.1.5 如果 $\delta_{0.2BL}$ 符合 7.6，也符合 8.7，那么按照 7.6.1.2 测定的 $\delta_{0.2BL}$ 是非尺寸敏感的。如果不是这样，就应该报告尺寸敏感值 $\delta_{0.2BL(B)}$，B 是试样厚度。

7.6.2 $J_{0.2BL}$ 的测定

7.6.2.1 按照 7.4 绘制拟合 R 曲线，要求在 0.1 mm 和 0.30 mm 钝化线偏置线之间至少有一个数据点，在 0.1 mm 和 0.50 mm 钝化线偏置线之间至少有两个数据点（见图 21）。按照式(35)拟合的曲线应至少通过六个数据点。

7.6.2.2 在图上偏置 0.2 mm 处作钝化线的平行线，见图 21。

注：拟合曲线与 0.2 mm 偏置线的交点定义为 $J_{Q0.2BL}$。为确定该交点，可采用如下步骤：

(1) 从图 21 上的数据点估计一个 $J_{Q0.2BL(1)}$ 值。按下式计算 $\Delta a_{(1)}$：$\Delta a_{(1)}=\dfrac{J_{Q0.2BL(1)}}{3.75R_m}+0.2$；

(2) 根据式(35)计算 $J_{Q0.2BL(2)}$：$J_{Q0.2BL(2)}=\alpha+\beta\Delta a_{(1)}{}^{\gamma}$。

重复(1)和(2)得到 $\Delta a_{(i)}$ 和 $J_{Q0.2BL(i+1)}$，直到两个 $J_{Q0.2BL}$ 值[$J_{Q0.2BL(i)}$，$J_{Q0.2BL(i+1)}$]之差不大于 0.2%为止。

7.6.2.3　如果 $J_{0.2BL}$ 超过 J_{max}(见 7.5.2.1)，那么 $J_{0.2BL}$ 无效。

7.6.2.4　如果 J-Δa 曲线在 0.2 mm 裂纹扩展位移偏置线交点处的斜率$(\mathrm{d}J/\mathrm{d}a)_{0.2BL}$不能满足下式的要求：

$$3.75R_m > \left[2\left(\frac{\mathrm{d}J}{\mathrm{d}a}\right)\right]_{0.2BL} \quad \cdots\cdots(43)$$

那么按 7.6.2.2 测定的 $J_{0.2BL}$ 无效。

7.6.2.5　如果 $J_{0.2BL}$ 符合 7.6，也符合 8.8，那么按 7.6.2.2 测定的 $J_{0.2BL}$ 是非尺寸敏感的。

如果不是这样，就应该报告尺寸敏感值 $J_{0.2BL(B)}$，B 是试样厚度。

7.7　通过扫描电镜测定启裂韧度 δ_i 和 J_i

注：附录 D 给出了利用伸张区的宽度(SZW)测定启裂韧度 δ_i 和 J_i 值的方法。扫描电镜操作者应该具备解析扫描电镜照片的经验。如果 SZW 不能与稳定裂纹扩展区分，那么不能用此种方法测定 δ_i 或 J_i。

8　试验报告

8.1　结构

根据本标准制定试验报告，应包括 7 个部分(8.2 至 8.8)。被测材料的描述、试样和试验条件、包括试验环境都应按照 8.2 注明。机械加工、疲劳裂纹、裂纹前缘的平直度和裂纹长度数据都应符合 8.3。导出的断裂参数应该符合 8.4 到 8.8。

8.2　试样、材料和试验环境(见 E.1)。

8.2.1　试样描述

——试样编号；

——类型；

——裂纹面取向；

——取样位置。

8.2.2　试样尺寸

——厚度 B 和净厚度 B_N(mm)；

——宽度 W(mm)；

——初始相对裂纹长度 a_0/W。

8.2.3　材料描述

——材料的成分和标识编号；

——产品形状(板，锻造，铸造等)和状态；

——在预制裂纹温度下的拉伸性能，参考的或测量的；

——在试验温度下的拉伸性能，参考的或测量的。

8.2.4　辅助尺寸

——跨距 S(mm)；

——刀口厚度 Z(见 5.5.1)。

8.2.5　试验环境

——温度(℃)；

——加载位移速率(mm/min)；

——位移控制的类型。

8.2.6　预制疲劳裂纹的条件

——K_f(MPam$^{1/2}$)；

——F_f(kN)；

——预制疲劳裂纹温度(℃)。

8.3 试验数据的判定

8.3.1 限定条件

所有满足特定要求的数据都应按照本方法进行判定,只有合格的数据才能用以定义断裂韧度。建议按照表 E.2 编排 8.3.2 至 8.3.4 中描述的数据。

力-位移的记录应满足 5.7.4 的要求。

8.3.2 裂纹长度的测量

按照图 13 和图 14 所示,在等间隔的 9 点上测量裂纹长度。下述值应该在报告中注明:

——机械加工缺口长度(a_m);

——初始裂纹长度(a_0);

——预制疲劳裂纹长度(a_0-a_m);

——最终裂纹长度(a_f);

——平均的裂纹扩展量($\Delta a=a_f-a_0$)。

8.3.3 断口的形貌

——记录断口特殊形貌的信息;

——记录非稳定裂纹扩展的信息。

8.3.4 pop-in

——力-位移记录上的每一个 pop-in 对应的 F,x,y 和 Q;

——发生明显 pop-in 的数量;

——第一个明显 pop-in 的位置和表 E.2 中注明的信息。

8.3.5 阻力曲线

——表 E.3 单试样试验阻力曲线的数据。

8.3.6 数据判定的检查表

如果符合下述要求,则数据有效:

a) 试样应满足 5.4.1 尺寸和误差的要求;

b) 试验装置应满足 5.7 误差和同轴度的要求;

c) 试验机和引伸计应符合 5.6 的准确度要求;

d) 平均初始裂纹长度 a_0 应在 $0.45W\sim0.7W$ 之间;

e) 预制疲劳裂纹的长度(从机械加工缺口的根部算起)应不小于 1.3 mm 或 2.5%W,取其中大者;

f) 试样两表面的疲劳预制裂纹应在包迹线之内(见图 6);

g) 预制疲劳裂纹的应力强度因子应满足 5.4.2.4 的要求;

h) 中间 7 点的初始裂纹长度与 9 点初始裂纹平均值之差应不超过 $0.10a_0$;

i) 中间 7 点的最终裂纹长度与 9 点最终裂纹平均值之差应不超过 $0.10(a_0+\Delta a)$;

j) 力-位移记录的初始斜率应在 0.85 和 1.5 之间(便于手工记录的分析);

k) 对于单试样法直接计算的裂纹扩展量,当裂纹扩展量小于 $0.2(W-a_0)$ 时,计算的最终裂纹扩展量与 9 点平均测量的裂纹长度之差应小于后者的 15% 或 0.15 mm,取其大者;当裂纹扩展量大于 $0.2(W-a_0)$ 时,这一差值应小于 $0.03(W-a_0)$;

l) 单试样法估计的初始裂纹长度 a_0/W 与测量的初始裂纹长度 a_0/W 之差应小于后者的 2%;

m) 对于单试样法间接计算裂纹扩展量,当裂纹扩展量小于 $0.2(W-a_0)$ 时,计算的最终裂纹扩展量与 9 点平均测量的裂纹长度之差小于后者的 15% 或 0.15 mm,取其大者;当裂纹扩展量大于 $0.2(W-a_0)$ 时,这一差值应小于 $0.03(W-a_0)$;

n) 7.4.2 和 7.6.1 中要求的数据点数量和间隔应满足 δ-Δa 曲线和 $\delta_{0.2BL}$ 的测定要求;

o) 7.4.2 和 7.6.2 中要求的数据点数量和间隔应满足 J-Δa 曲线和 $J_{0.2BL}$ 的测定要求。

8.4 K_{IC} 的判定

如果 K_Q（按照 6.2.3 计算得到的）满足下列有效性判据，则 K_Q 等于 K_{IC}，建议按照 E.4 的格式报告：

a) 满足 8.3 的全部要求；

b) $2.5(K_Q/R_{p0.2})^2 = a_0$；

c) $2.5(K_Q/R_{p0.2})^2 = B$；

d) $2.5(K_Q/R_{p0.2})^2 = (W - a_0)$；

e) $F_{max}/F_Q = 1.10$，式中 F_{max} 是试样承受的最大力。

8.5 δ-R 曲线的判定

按照 7.4.2 对数据进行幂乘拟合，拟合 δ-R 曲线。应满足下述要求：

a) 按 8.3 判定合格的数据；

b) 按 7.5.1.3 设定 δ-R 曲线的极限 δ_g。

8.6 J-R 曲线的判定

按照 7.4.2 对数据进行幂乘拟合，拟合 J-R 曲线。应满足下述要求：

a) 按 8.2 判定合格的数据；

b) 按 7.5.1.3 设定 J-R 曲线的极限 J_g。

8.7 $\delta_{0.2BL(B)}$ 判定为 $\delta_{0.2BL}$ 的条件

按照 7.6.1 计算得到的 $\delta_{0.2BL(B)}$ 如果符合下述条件，则判定为 $\delta_{0.2BL}$：

a) 满足 8.3 的全部要求；

b) 幂乘拟合线与 0.2 mm 偏置钝化线交点的切线斜率 $d\delta/da$ 小于 $0.935(R_m/R_{p0.2})$；

c) $30\delta_{0.2BL} = a_0$；

d) $30\delta_{0.2BL} = B$；

e) $30\delta_{0.2BL} = (W - a_0)$。

8.8 $J_{0.2BL(B)}$ 判定为 $J_{0.2BL}$ 的条件

按照 7.6.2 计算得到的 $J_{0.2BL(B)}$ 如果符合下述条件，就判定为 $J_{0.2BL}$：

a) 满足 8.3 的全部要求；

b) dJ/da 幂乘拟合线在 0.2 mm 偏置钝化线交点的切线斜率小于 $1.875R_m$；

c) $40J_{0.2BL}/(R_{p0.2} + R_m) = a_0$；

d) $40J_{0.2BL}/(R_{p0.2} + R_m) = B$；

e) $40J_{0.2BL}/(R_{p0.2} + R_m) = (W - a_0)$。

9 测定结果的数值修约

试验测定的性能结果数值应按照相关产品标准的要求进行修约。如未规定具体要求，应按照以下要求进行修约。对于 K_{IC}，K_Q 以及 $J_{c(B)}$，J_i，$J_{m(B)}$，$J_{u(B)}$，$J_{uc(B)}$，$J_{0.2BL}$，$J_{0.2BL(B)}$ 应保留三位有效数字；对于 $\delta_{c(B)}$，δ_i，$\delta_{m(B)}$，$\delta_{u(B)}$，$\delta_{uc(B)}$，$\delta_{0.2BL}$，$\delta_{0.2BL(B)}$ 应准确到 0.001 mm。修约的方法按照 GB/T 8170。

附 录 A
（规范性附录）
裂纹面的取向

下列各项符号将用来使裂纹面和扩展方向的选取符合产品的特性方向。我们使用一串带有连字符的字母，在连字符前的字母表示常规的裂纹面的方向，连字符后面的字母表示预期的裂纹扩展方向（见图 A.1）。对于锻造金属字母 X 表示主变形（最大晶粒流动）的方向；字母 Z 表示最小变形的方向；字母 Y 表示垂直于 X-Z 平面的方向。如果试样的取向与产品的特性方向不一致，那么将使用二个字母来表示裂纹面和（或者）预期的裂纹扩展方向（见图 A.1b）。如果没有晶粒流的方向（比如说铸件），可以任意指定参考轴但是必须能够清晰的识别它们。

a）与晶粒流动方向一致

b）与晶粒流动方向不一致

c）径向晶粒流动，轴向加工方向

d）轴向晶粒流动，径向加工方向

a 晶粒流动。

图 A.1 断裂平面的确定

附　录　B
（规范性附录）
应力强度因子和柔度关系

B.1　应力强度因子

B.1.1　三点弯曲试样

对于三点弯曲试样，应力强度因子系数 $g_1(a_0/W)$ 由式 B.1 给出。

$$g_1\left(\frac{a_0}{W}\right)=\frac{3\left(\frac{a_0}{W}\right)^{0.5}\left[1.99-\left(\frac{a_0}{W}\right)\left(1-\frac{a_0}{W}\right)\left(2.15-\frac{3.93a_0}{W}+\frac{2.7a_0^{\,2}}{W^2}\right)\right]}{2\left(1+\frac{2a_0}{W}\right)\left(1-\frac{a_0}{W}\right)^{1.5}} \quad\cdots\cdots(\text{B.1})$$

注：为了简化 K 的计算，在表 B.1 中给出了对应 a_0/W 的 $g_1(a_0/W)$ 的值。

B.1.2　紧凑拉伸试样

对于紧凑拉伸试样，应力强度因子系数 $g_2(a_0/W)$ 由式 B.2 给出。

$$g_2\left(\frac{a_0}{W}\right)=\frac{\left(2+\frac{a_0}{W}\right)\left[0.886+4.64\frac{a_0}{W}-13.32\left(\frac{a_0}{W}\right)^2+14.72\left(\frac{a_0}{W}\right)^3-5.6\left(\frac{a_0}{W}\right)^4\right]}{\left(1-\frac{a_0}{W}\right)^{1.5}} \quad\cdots(\text{B.2})$$

注：为了简化 K 的计算，在表 B.2 中给出了对应 a_0/W 的 $g_1(a_0/W)$ 的值。

表 B.1　三点弯曲试样的 $g_1(a_0/W)$ 值

a/W	$g_1(a_0/W)$	a/W	$g_1(a_0/W)$
0.450	2.29	0.575	3.43
0.455	2.32	0.580	3.50
0.460	2.35	0.585	3.56
0.465	2.39	0.590	3.63
0.470	2.43	0.595	3.70
0.475	2.46	0.600	3.77
0.480	2.50	0.605	3.85
0.485	2.54	0.610	3.92
0.490	2.58	0.615	4.00
0.495	2.62	0.620	4.08
0.500	2.66	0.625	4.16
0.505	2.70	0.630	4.25
0.510	2.75	0.635	4.34
0.515	2.79	0.640	4.43
0.520	2.84	0.645	4.53
0.525	2.89	0.650	4.63
0.530	2.94	0.655	4.73
0.535	2.99	0.660	4.84
0.540	3.04	0.665	4.95
0.545	3.09	0.670	5.06
0.550	3.14	0.675	5.18
0.555	3.20	0.680	5.30
0.560	3.25	0.685	5.43
0.565	3.31	0.690	5.57
0.570	3.37	0.695	5.71
		0.700	5.85

表 B.2 紧凑拉伸试样的 $g_2(a_0/W)$ 值

a/W	$g_2(a_0/W)$	a/W	$g_2(a_0/W)$
0.450	8.34	0.575	12.42
0.455	8.46	0.580	12.65
0.460	8.58	0.585	12.89
0.465	8.70	0.590	13.14
0.470	8.83	0.595	13.39
0.475	8.96	0.600	13.65
0.480	9.09	0.605	13.93
0.485	9.23	0.610	14.21
0.490	9.37	0.615	14.50
0.495	9.51	0.620	14.80
0.500	9.66	0.625	15.11
0.505	9.81	0.630	15.44
0.510	9.96	0.635	15.77
0.515	10.12	0.640	16.12
0.520	10.29	0.645	16.48
0.525	10.45	0.650	16.86
0.530	10.63	0.655	17.25
0.535	10.80	0.660	17.65
0.540	10.98	0.665	18.07
0.545	11.17	0.670	18.52
0.550	11.36	0.675	18.97
0.555	11.56	0.680	19.44
0.560	11.77	0.685	19.94
0.565	11.98	0.690	20.45
0.570	12.20	0.695	20.99
		0.700	21.55

B.2 弹性柔度关系

B.2.1 三点弯曲试样力 F 与缺口张开位移 V_{M1} 关系的公式

对于三点弯曲试样力 F 与缺口张开位移 V_{M1}，其弹性柔度关系 V_{M1}/F 由式 B.3 给出。

$$\frac{V_{M1}}{F}=\frac{S(1-\upsilon^2)}{EB_eW}\times g_3\left(\frac{a}{W}\right) \qquad \cdots\cdots(B.3)$$

式中：

$$B_e=B-\frac{(B-B_N)^2}{B}$$

$$g_3\left(\frac{a}{W}\right)=6\left(\frac{a}{W}\right)\left[0.76-2.28\left(\frac{a}{W}\right)+3.87\left(\frac{a}{W}\right)^2-2.04\left(\frac{a}{W}\right)^3+\frac{0.66}{(1-a/W)^2}\right]$$

B.2.2 直通型缺口紧凑拉伸试样力 F 与缺口张开位移 V_{M2} 关系的公式

对于直通型缺口紧凑拉伸试样力 F 与缺口张开位移 V_{M2}，其弹性柔度关系 V_{M2}/F 由式 B.4 给出。

$$\frac{V_{M2}}{F}=\frac{(1-\upsilon^2)}{EB_e}\times g_4\left(\frac{a}{W}\right) \qquad \text{(B.4)}$$

式中：

$$B_e=B-\frac{(B-B_N)^2}{B}$$

$$g_4\left(\frac{a}{W}\right)=\left[\frac{19.75}{1-\left(\frac{a}{W}\right)^2}\right]\left[0.5+0.192\left(\frac{a}{W}\right)+1.385\left(\frac{a}{W}\right)^2-2.919\left(\frac{a}{W}\right)^3+1.842\left(\frac{a}{W}\right)^4\right]$$

B.2.3 三点弯曲试样力 F 与施力点位移 q_{e1} 关系的公式

对于三点弯曲试样力 F 与施力点位移 q_{e1}，其弹性柔度关系 q_{e1}/F 由式 B.5 给出。

$$\frac{q_{e1}}{F}=\frac{(1-\upsilon^2)}{EB_e}\left(\frac{S}{W-a}\right)^2\times g_5\left(\frac{a}{W}\right) \qquad \text{(B.5)}$$

式中：

$$B_e=B-\frac{(B-B_N)^2}{B}$$

$$g_5\left(\frac{a}{W}\right)=\left[1.193-1.980\left(\frac{a}{W}\right)+4.478\left(\frac{a}{W}\right)^2-4.443\left(\frac{a}{W}\right)^3+1.739\left(\frac{a}{W}\right)^4\right]$$

B.2.4 台阶型缺口紧凑拉伸试样力 F 与施力点位移 q_{e2} 关系的公式

对于台阶型缺口紧凑拉伸试样力 F 与施力点位移 q_{e2}，其弹性柔度关系 q_{e2}/F 由式 B.6 给出。

$$\frac{q_{e2}}{F}=\frac{(1-\upsilon^2)}{EB_e}\times g_6\left(\frac{a}{W}\right) \qquad \text{(B.6)}$$

式中：

$$B_e=B-\frac{(B-B_N)^2}{B}$$

$$g_6\left(\frac{a}{W}\right)=\left(\frac{W+a}{W-a}\right)^2\left[2.163+12.219\left(\frac{a}{W}\right)-20.065\left(\frac{a}{W}\right)^2-0.992\,5\left(\frac{a}{W}\right)^3+20.609\left(\frac{a}{W}\right)^4-9.931\,4\left(\frac{a}{W}\right)\right]$$

附 录 C
（规范性附录）
裂纹扩展数据的拟合

对于裂纹扩展数据 y_i 与 Δa_i 满足下式

$$y = c + m\Delta a^n \quad \text{(C.1)}$$

上式等同于正文中提到的幂乘拟合方程

$$\text{例如：}\delta \text{ 或 } J = \alpha + \beta(\Delta a)^{\gamma} \quad \text{(C.2)}$$

式中 y 即为 δ 或 J，Δa 即为裂纹扩展量，而常数 $m=\beta$，$n=\gamma$，$c=\alpha$。

将 $x=\Delta a^n$ 代入式即可通过线性拟合法使用分析软件或手动确定 m 及 c。

n 值的确定应使式的相关系数达到最高。

更详细的算法如下：

n 值的选择是从 0 到 1，步长值为 0.001。对于每一个有效的 n，$x=\Delta a^n$ 的相关系数 r 由下式计算：

$$r = \frac{S_{xy}}{\sqrt{S_{xx}S_{yy}}} \quad \text{(C.3)}$$

式中：

$$S_{xx} = \sum x^2 - \frac{(\sum x)^2}{N} \quad \text{(C.4)}$$

$$S_{yy} = \sum y^2 - \frac{(\sum y)^2}{N} \quad \text{(C.5)}$$

$$S_{xy} = \sum xy - \frac{\sum x \sum y}{N} \quad \text{(C.6)}$$

当能使 r 最大化的 n 值确定后，由下式计算相应的 m 及 c 值：

$$m = \frac{S_{xy}}{S_{xx}} \text{ 和 } c = \bar{y} - m\bar{x} \quad \text{(C.7)}$$

式中：

$$\bar{x} = \frac{\sum x}{N} \text{ 和 } \bar{y} = \frac{\sum y}{N} \quad \text{(C.8)}$$

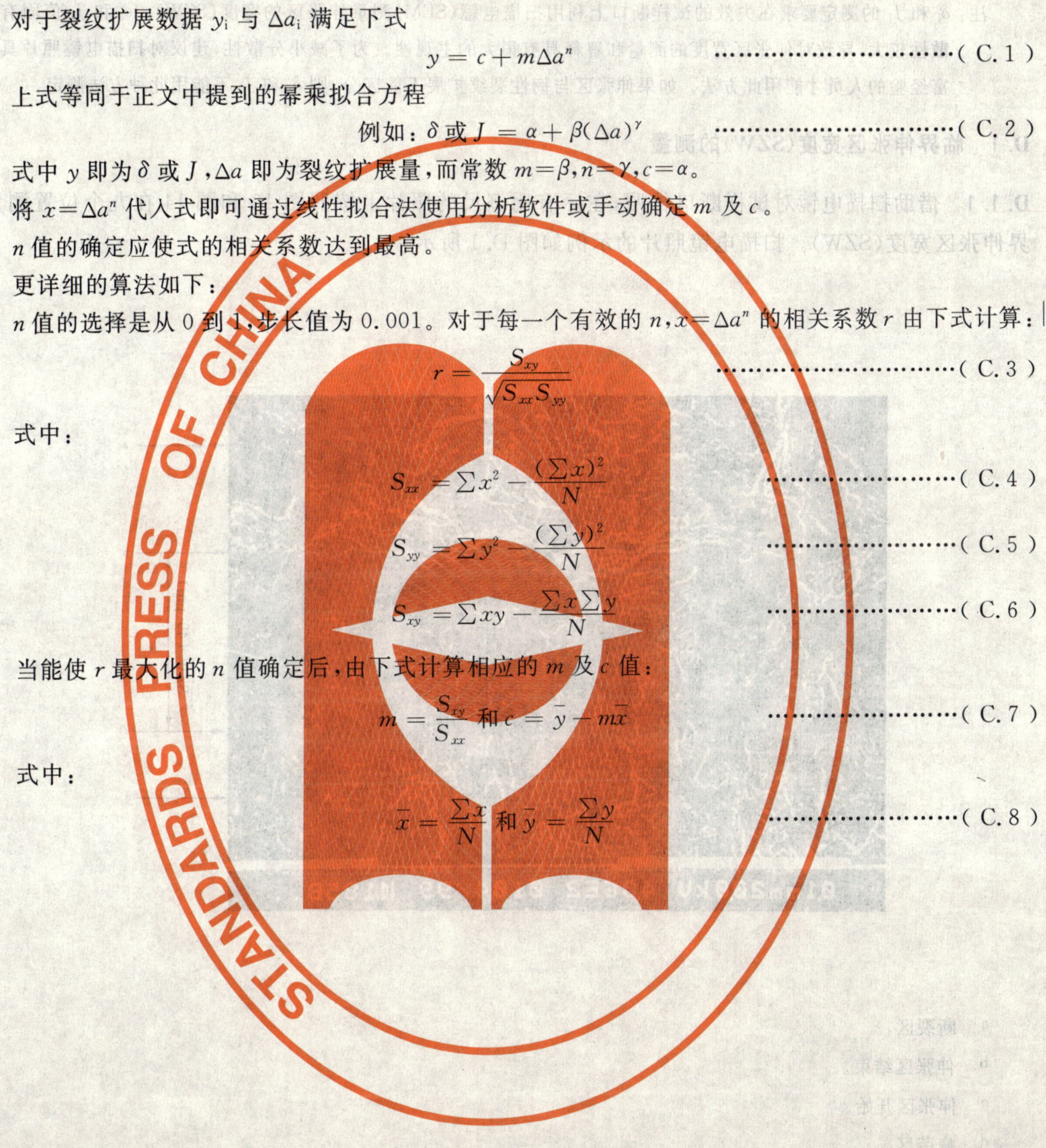

附　录　D
（资料性附录）
δ_i 和 J_i 的测定

注：δ_i 和 J_i 的测定要求在失效的试样断口上利用扫描电镜（SEM）测量伸张区的宽度（SZW）。δ_i 和 J_i 值固有的分散性较大，导致对伸张区宽度的测量和解释具有很大的主观性。为了减小分散性，建议对扫描电镜照片具有丰富经验的人员才能用此方法。如果伸张区与韧性裂纹扩展不能区分，则 δ_i 和 J_i 不能用此种方法测定。

D.1　临界伸张区宽度（SZW）的测量

D.1.1　借助扫描电镜对试样断口拍照，在标有比例尺的照片上按照图 13 和图 14 在九个位置测量临界伸张区宽度（SZW）。扫描电镜照片的示例如图 D.1 所示。

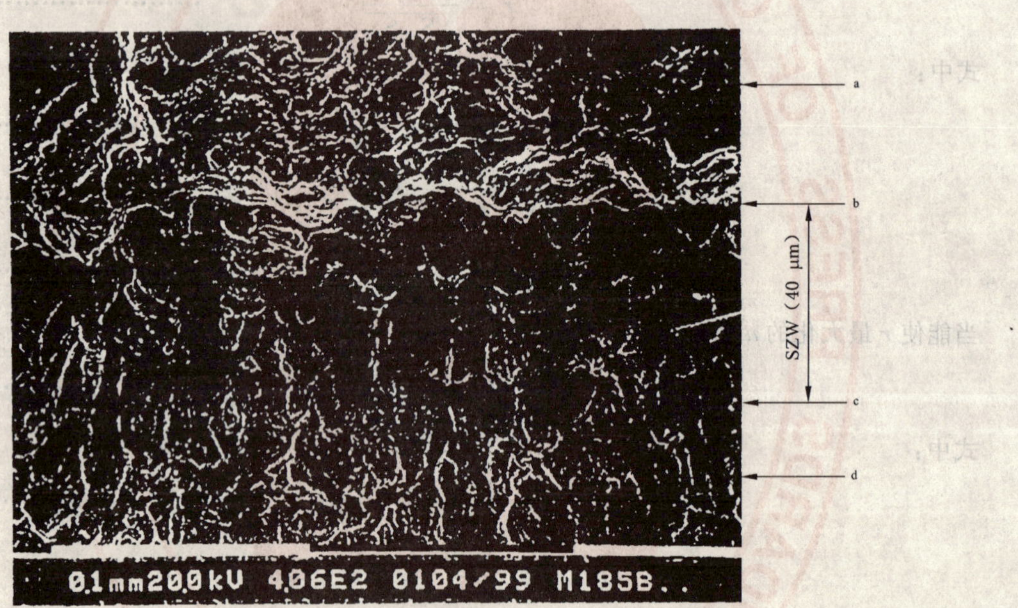

a　断裂区。

b　伸张区结束。

c　伸张区开始。

d　疲劳区。

图 D.1　典型伸张区宽度的测量

扫描电镜照片的放大倍数应适当调整，使得在一个独立的视场里能够看清楚伸张区的开始和结束（见图 D.2）。

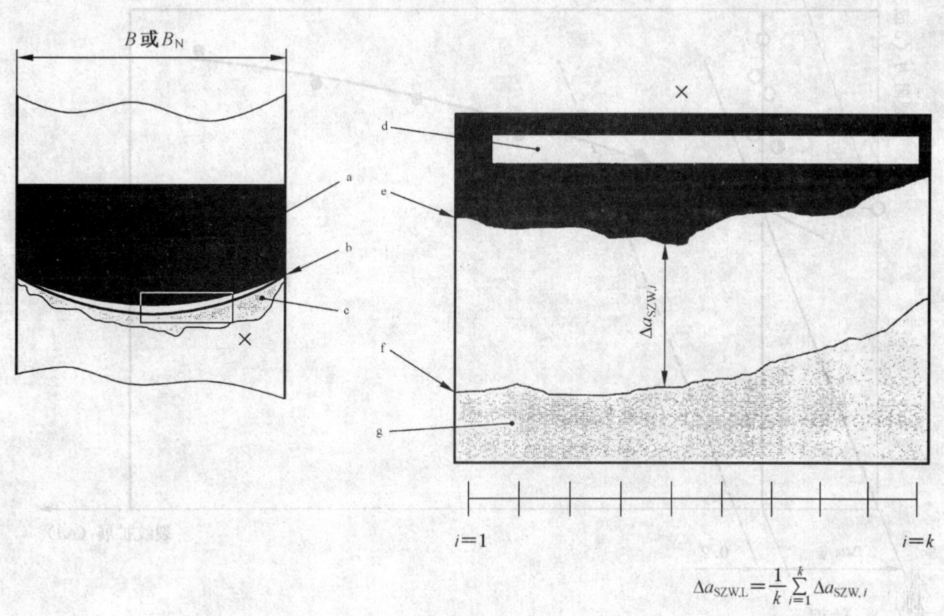

a 疲劳裂纹。

b 伸张区。

c 稳定裂纹扩展。

d 与疲劳裂纹平面平行的图像平面。

e 伸张区开始。

f 伸张区结束。

g 断口裂纹。

图 D.2 Δa_{SZW}的测定

在九点测量每点的伸张区宽度，并至少重复测量五次，取五次的平均值。

$$\Delta a_{SZW,L}=\frac{1}{k}\sum_{i=1}^{k}\Delta a_{SZW,i} \qquad \cdots\cdots(D.1)$$

其中 $k=5$。

D.1.2 临界伸张区的宽度为九点测量值的平均值；因此

$$\Delta a_{SZW}=\frac{1}{9}\times\sum_{L=1}^{9}\Delta a_{SZW,L} \qquad \cdots\cdots(D.2)$$

D.1.3 根据5.8.3测量的裂纹扩展量 Δa 应大于($\Delta a_{SZW}+0.2$ mm)。不满足该项要求的数据点不能用于临界伸张区宽度 Δa_{SZW}的计算。建立 Δa_{SZW}至少需要三个数据点；因此：

$$\Delta a_{SZW}=\frac{1}{j}\times\sum_{N=1}^{j}\Delta a_{SZW,N} \qquad \cdots\cdots(D.3)$$

其中 $J=3$。

D.2 δ_i 的测定

D.2.1 临界伸张区宽度 Δa_{SZW}应叠加于δ-Δa 数据图(按7.3.1和5.8.3得到的)上，如图 D.3 所示。

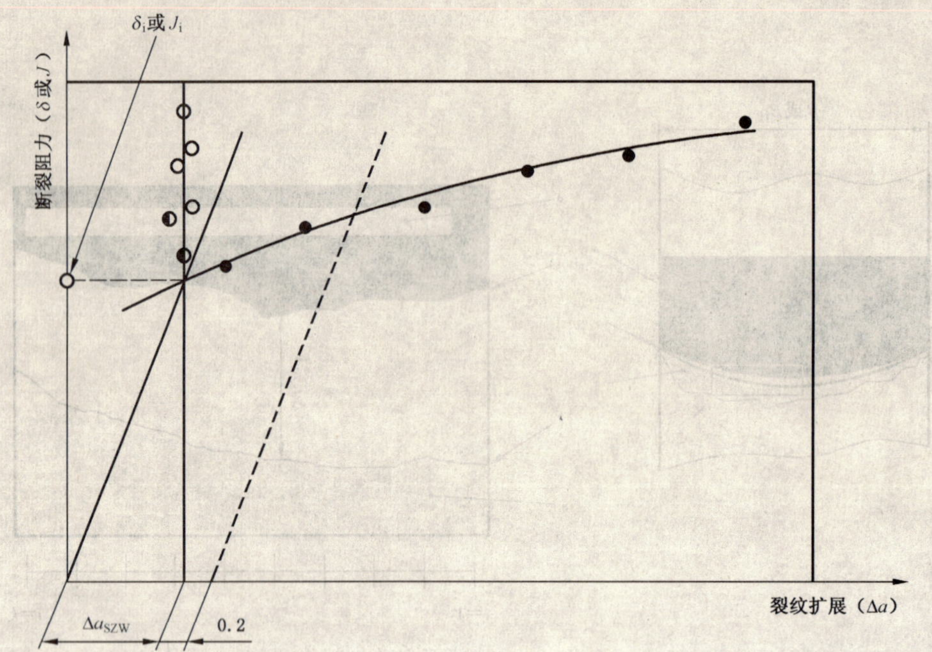

● δ-Δa 或 J-Δa 数据

○ 有效的伸张区宽度数据

◐ 无效的伸张区宽度数据

图 D.3 δ_i 和 J_i 的测定

D.2.2 平行于 δ 轴通过临界伸张区宽度的平均值作一条直线，如图 D.3 所示。按照 7.4.2.2 描述的方法，用所有横坐标大于 Δa_{SZW} 的 δ-Δa 数据点拟合最佳曲线。拟合得到的曲线与平行线的交点定义为 δ_i。

D.2.3 通过原点和 δ_i 点作一条直线（见图 D.3）。至少应有一个点位于（$\Delta a_{SZW}+0.2$ mm）偏置线以内。如果 δ_i 超过了按 7.5.1.1 定义的 δ_{max}，则按照附录 D 方法测定的 δ_i 无效。

D.2.4 计算按照附录 C 确定的拟合方程在交点 δ_i 的斜率。如果按 D.2.3 得到的钝化线的斜率 $(d\delta/da)_L < 2(d\delta/da)_i$。则按照本方法得到的 δ_i 无效。

D.3 J_i 的测定

D.3.1 临界伸张区宽度 Δa_{SZW} 应叠加于 J-Δa 数据图（按 7.3.1 和 5.6.2 得到的）上，如图 D.3 所示。

D.3.2 平行于 J 轴通过临界伸张区宽度的平均值作一条直线，如图 D.3 所示。按照 7.4.2.2 描述的方法，用所有横坐标大于 Δa_{SZW} 的 J-Δa 数据点拟合最佳曲线。拟合得到的曲线与平行线的交点定义为 J_i。

D.3.3 通过原点和 J_i 点作一条直线（见图 D.3）。至少应有一个点位于（$\Delta a_{SZW}+0.2$ mm）偏置线以内。如果 J_i 超过了按 7.5.1.1 测定的 J_{max}，则按照附录 D 方法测定的 J_i 无效。

D.3.4 计算按照附录 C 确定的拟合方程在交点 J_i 的斜率。如果按 D.3.3 得到的钝化线的斜率 $(dJ/da)_L < 2(dJ/da)_i$。则按照本方法得到的 J_i 无效。

附 录 E
（资料性附录）
试验报告实例

注：重要的是试验报告实例的内容而不是格式。

E.1 试样、材料和试验环境

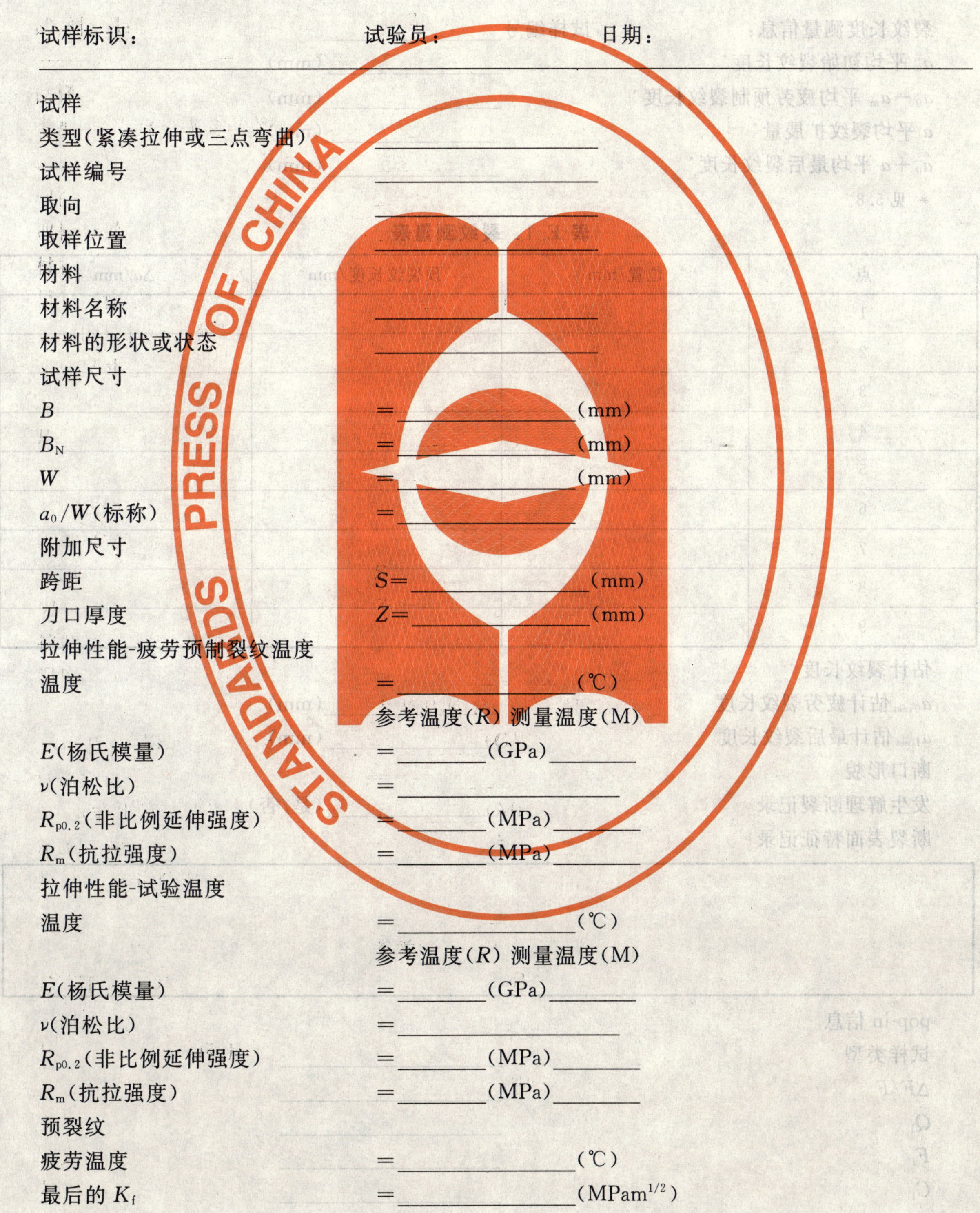

试样标识：　　　　　　　试验员：　　　　　日期：

试样

类型（紧凑拉伸或三点弯曲）______

试样编号 ______

取向 ______

取样位置 ______

材料

材料名称 ______

材料的形状或状态 ______

试样尺寸

B = ______ (mm)

B_N = ______ (mm)

W = ______ (mm)

a_0/W（标称）= ______

附加尺寸

跨距 S= ______ (mm)

刀口厚度 Z= ______ (mm)

拉伸性能-疲劳预制裂纹温度

温度 = ______ (℃)

参考温度（R） 测量温度（M）

E（杨氏模量） = ______ (GPa) ______

ν（泊松比） = ______

$R_{p0.2}$（非比例延伸强度） = ______ (MPa) ______

R_m（抗拉强度） = ______ (MPa) ______

拉伸性能-试验温度

温度 = ______ (℃)

参考温度（R） 测量温度（M）

E（杨氏模量） = ______ (GPa) ______

ν（泊松比） = ______

$R_{p0.2}$（非比例延伸强度） = ______ (MPa) ______

R_m（抗拉强度） = ______ (MPa) ______

预裂纹

疲劳温度 = ______ (℃)

最后的 K_f = ______ (MPam$^{1/2}$)

最后的 F_f = ________________(kN)

最后的 K_f/E = ________________($m^{1/2}$)

试验信息

位移控制类型 ________________(行程/ 缺口张开量)

位移速率 ________________(mm/min)

试验温度 ________________(℃)

E.2 数据条件

裂纹长度测量信息： 试样编号________________

a_0 平均初始裂纹长度* ________________(mm)

a_0-a_m 平均疲劳预制裂纹长度* ________________(mm)

a 平均裂纹扩展量* ________________(mm)

a_0+a 平均最后裂纹长度* ________________(mm)

* 见 5.8。

表 E.1 裂纹测量表

点	位置/mm	预裂纹长度/mm	Δa/mm
1			
2			
3			
4			
5			
6			
7			
8			
9			

估计裂纹长度

$a_{0,est}$ 估计疲劳裂纹长度 ________________(mm)

$a_{f,est}$ 估计最后裂纹长度 ________________(mm)

断口形貌

发生解理断裂记录 ________________(是/否)

断裂表面特征记录

pop-in 信息

试样类型 ________________

$\Delta F/F$ ________________

Q_1 ________________

F_i ________________

C_1 ________________

表 E.2 pop-in 信息表

pop-in 数	F_n	x_n	y_n	Q_n	P	有效性 (是/否)
1						
2						
3						
4						
5						
6						
7						
8						
9						

有效的 pop-in 数 ______

第一个有效的 pop-in 的序号 ______

E.3 阻力曲线数据

表 E.3 阻力曲线数据

试样编号：　　　　日期：

阻力曲线方式：

(单一/多)：(直接/间接)：(UC/ACPD/DCPD/其他)[a]

试验记录信息：　　　　试验员：

事件	F kN	q mm	ν mm	a mm	Δa mm	δ_0 mm	J kJm^{-2}

[a] UC——卸载柔度；

ACPD——交流压降；

DCPD——直流压降。

E.4 K_Q 成为 K_{Ic} 的判定条件

F_{max} = ________________(kN)

$R_{p0.2}$ = ________________(MPa)

F_Q = ________________(kN)

K_Q = ________________($MPam^{1/2}$)

a_0 = ________________(mm)

B = ________________(mm)

$W-a_0$ = ________________(mm)

$2.5(K_Q/R_{p0.2})^2$ = ________________(mm)

要求（见 8.3）：

a) 数据需要符合 8.2 的要求；

b) $2.5(K_Q/R_{P0.2})=a_0$；

c) $2.5(K_Q/R_{P0.2})=B$；

d) $2.5(K_Q/R_{P0.2})=(W-a_0)$；

e) $F_{max}/F_Q=1.10F_{max}$ 为试样所受的最大力；

f) $K_f<0.6K_Q$（预裂纹温度下的 $R_{p0.2}$/试验温度下的 $R_{p0.2}$）；

如果满足所有条件：$K_{IC}=$ 　　($MPam^{1/2}$)

E.5 δ-R 曲线的判定条件

a_0 = ________________(mm)

B = ________________(mm)

$W-a_0$ = ________________(mm)

幂乘拟合方程 $\delta=\alpha+\beta\Delta a^{\gamma}$ 系数： $\alpha=$________

$\beta=$________

$\gamma=$________

$\delta_{max}=B/30$、$a_0/30$ 或 $(W-a_0)/30$ 取其中最小者________________(mm)

$\Delta a_{max}=0.25(W-a_0)$ ________________(mm)

δ_g（由 δ_{max} 及 Δa_{max} 决定的有效范围）________________(mm)

测量的最后裂纹扩展量

（使用单试样法时）________________(mm)

计算的最后裂纹扩展量

（使用单试样法时）________________(mm)

计算最后裂纹长度的误差百分率________________(%)

要求（见 8.6）：

a) 数据需要符合 8.2 的要求；

b) δ-R 曲线的适用边界由 δ_g 决定。

如果满足所有的要求，则用本方法拟合的 δ-R 曲线在 δ_g 范围内有效。

E.6 J-R 曲线的判定条件

a_0 ________________(%)

B ________________(mm)

$W-a_0$ ________________(mm)

幂乘拟合方程 $J=\alpha+\beta\Delta a^{\gamma}$ 系数：　　$\alpha=$________

$\beta=$________

$\gamma=$________

$J_{max}=a_0[(R_{p0.2}+R_m)/40]$、$B[(R_{p0.2}+R_m)/40]$、$(W-a_0)[(R_{p0.2}+R_m)/40]$取其中最小者

____________(kJ/m²)

$\Delta a_{max}=0.1(W-a_0)$　____________(mm)

J_g(由 J_{max} 及 Δa_{max} 决定的有效范围)　____________(kJ/m²)

测量的最后裂纹扩展量

(使用单试样法时)　____________(mm)

估计的最后裂纹扩展量

(使用单试样法时)　____________(mm)

计算最后裂纹长度的误差百分率　____________(%)

要求(见 8.7)：

a) 数据需要符合 8.2 的要求；

b) J-R 曲线的适用边界由 J_g 决定。

如果满足所有的要求，则用本方法拟合的 J-R 曲线在 J_g 范围内有效。

E.7 $\delta_{Q0.2BL(B)}$ 成为 $\delta_{0.2BL}$ 的判定条件

$R_{p0.2}$　____________(MPa)

R_m　____________(MPa)

$\delta_{Q0.2BL(B)}$　____________(mm)

$30\delta_{Q0.2BL(B)}$　____________(mm)

拟合线在 Δa_Q 点的斜率　____________(MPa)

$(W-a_0)$　____________(mm)

测量的最后裂纹扩展量

(使用单试样法时)　____________(mm)

估计的最后裂纹扩展量

(使用单试样法时)　____________(mm)

试样数或数据点(使用单试样法时)　____________

指数规律的拟合公式 $J=\alpha+\beta\Delta a^{\gamma}$ 系数：　　$\alpha=$________

$\beta=$________

$\gamma=$________

要求(见 7.6.1)：

a) 数据要求满足 8.2 的要求；

b) 钝化线 0.2 mm 偏置线与曲线交点的切线斜率 $d\delta/da$ 应小于 $0.935(R_m/R_{p0.2})$；

c) $30\delta_{0.2BL}\leqslant a_0$；

d) $30\delta_{0.2BL}\leqslant B$；

e) $30\delta_{0.2BL}\leqslant(W-a_0)$。

如果满足所有的要求：$\delta_{0.2BL}=$　　(mm)

E.8 $J_{Q0.2BL}$ 成为 $J_{0.2BL}$ 的判定条件

a_0　____________(mm)

B　____________(mm)

$(W-a_0)$ ________ (mm)

$R_{p0.2}$ ________ (MPa)

R_m ________ (MPa)

$J_{Q0.2BL}$ ________ (kJ/m^2)

$(R_{p0.2}+R_m)/2$ ________ (MPa)

拟合线在 Δa_Q 点的斜率 ________ (MPa)

$40J_Q(R_{p0.2}+R_m)$ ________ (mm)

测量的最后裂纹扩展量

(使用单试样法时) ________ (mm)

估计的最后裂纹扩展量

(使用单试样法时) ________ (mm)

试样数或数据点(使用单试样法时) ________

幂乘拟合方程 $J=\alpha+\beta\Delta a^{\gamma}$ 系数：

$\alpha=$ ________

$\beta=$ ________

$\gamma=$ ________

要求(见 7.6.2)：

a) 数据需要满足 8.2 的要求；

b) 钝化线 0.2 mm 偏置线与曲线交点的切线斜率 dJ/da 应小于 $1.875R_m$；

c) $40J_{0.2BL}/(R_{p0.2}+R_m)\leqslant a_0$；

d) $40J_{0.2BL}/(R_{p0.2}+R_m)\leqslant B$；

e) $40J_{0.2BL}/(R_{p0.2}+R_m)\leqslant(W-a_0)$。

如果满足所有的要求：$J_{0.2BL}=$ (kJ/m^2)

附 录 F
(资料性附录)
在三点弯曲试验中的施力点位移 q 的测量

有一种确定 K_{IC} 值的方法(见 6.2)及确定 J 值的一般方法(见 6.4)中需要用到施力点位移 q 的测量;然而,对于三点弯曲试样想要直接获得施力点位移量是很困难的。困难来源于将试样的真实施力点位移与在三点弯曲加载中试样的弹性位移及试验夹具的弹性位移区分开来。这些外来的位移量是附加的。所以设备的内部位移、横梁位移或其他的测量试样和试验机之间的位移量,全部高于真实的施力点位移量。多出来的部分与试样的材料、试验条件和温度、加载速率、试样的尺寸、夹具及试验机等因素有关。

获得施力点位移的唯一方法是直接测量试样上适当点的位移量。藉由测量试样加载点之上的中性轴处的固定点与试样裂纹顶端点之间的垂直距离可以达到这一目的。在试验中这种做法是相反的。将水平比较器做成的棒用于测量其与裂纹缺口或顶端点的垂直距离,如图 F.1 所示。

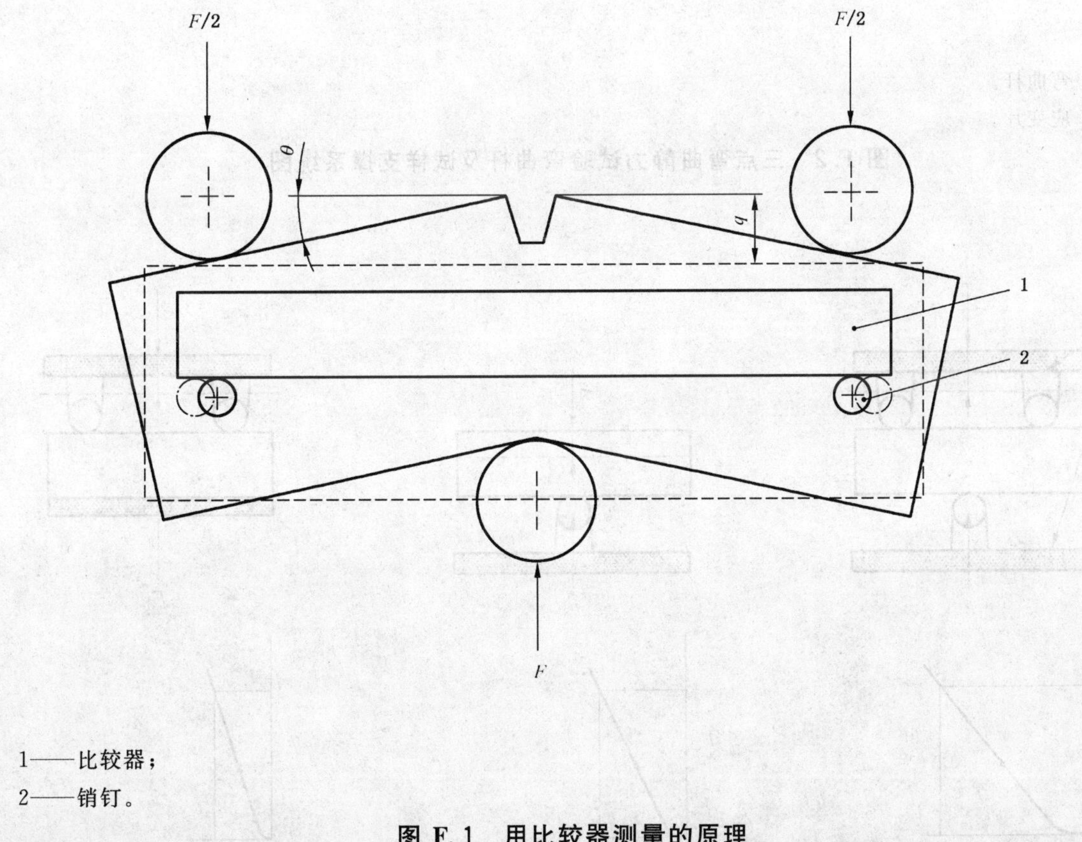

1——比较器;
2——销钉。

图 F.1 用比较器测量的原理

注:采用上述测量结果(见图 F.1)表示施力点位移 q 时其准确度应高于±2%且 q 应不大于 $0.14W$ 以保证裂纹的总张开角度 θ 不大于 8°。

一种用于直接测量施力点位移的可选设备弯曲杆如图 F.2 所示。四臂桥式应变片安装于厚度为 0.50 mm 到 0.75 mm 的弯曲杆上保证传感器给出准确度为±2%且不大于 $0.14W$ 的 q 值。

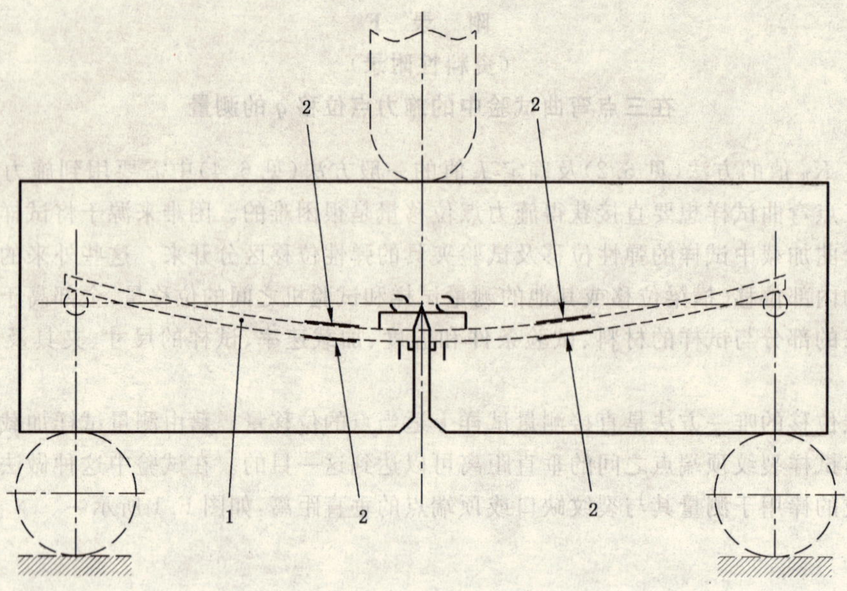

1——弯曲杆。

2——应变片。

图 F.2 三点弯曲静力试验弯曲杆及试样支撑系统图

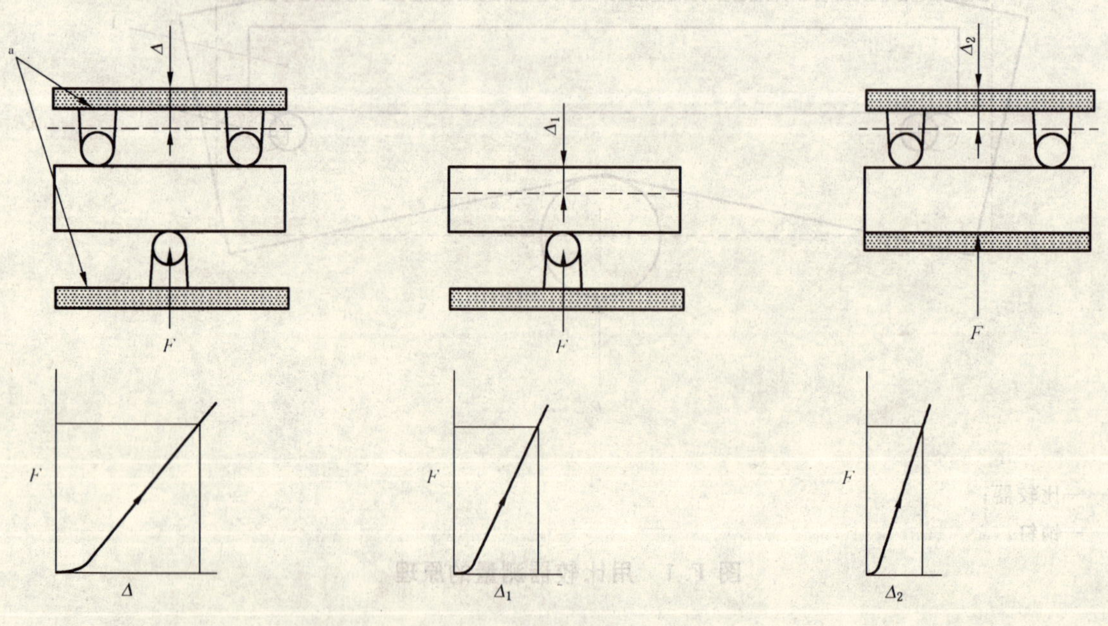

a) 横梁位移(Δ)　b) 试样的弹塑性位移和中心压头及其支撑部分的位移($Δ_1$)　c) 试样的弹塑性位移和两辊及其支撑部分的位移($Δ_2$)

a 参考面。

图 F.3 三点弯曲试样的相关位移

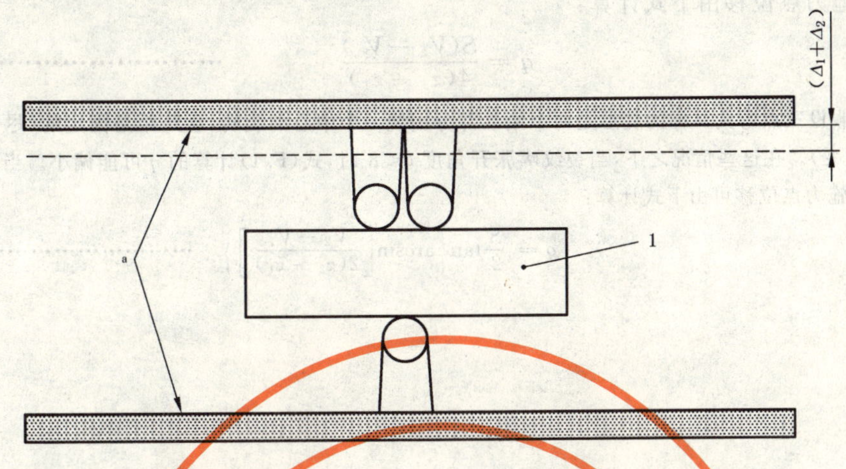

1——无裂纹试样。

a 参考面。

图 F.4 同时发生的附加位移的测定($\Delta_1+\Delta_2$)

对于试验结束于最大力点或在此之前的情况,可按如下步骤间接测量施力点位移:

a) 分别测量外来位移量,然后在总的位移量中将其扣除。因此,根据图 F.3,在任意力 F 下施力点位移 $q=\Delta-\Delta_1-\Delta_2$。附加位移 $\Delta_1+\Delta_2$ 的测定方法为将受力点靠在一起测量,如图 F.4 所示。

b) 加载的无裂纹试样应与预裂纹试样有着相同的几何尺寸及材料,为了从间接施力点位移测量中确定系统柔度,加载大小应高于预期的试样断裂力。无裂纹试样柔度的计算应利用弹性公式,等于总施力点柔度减去机架及夹具的柔度。机架及夹具的柔度是由后来断裂试验中的间接施力点柔度减去断裂试验中获得的施力点柔度 q/F,于是得到施力点位移。

注:当超过最大力时,上述的间接方法需要对测量的 q 进行修正。

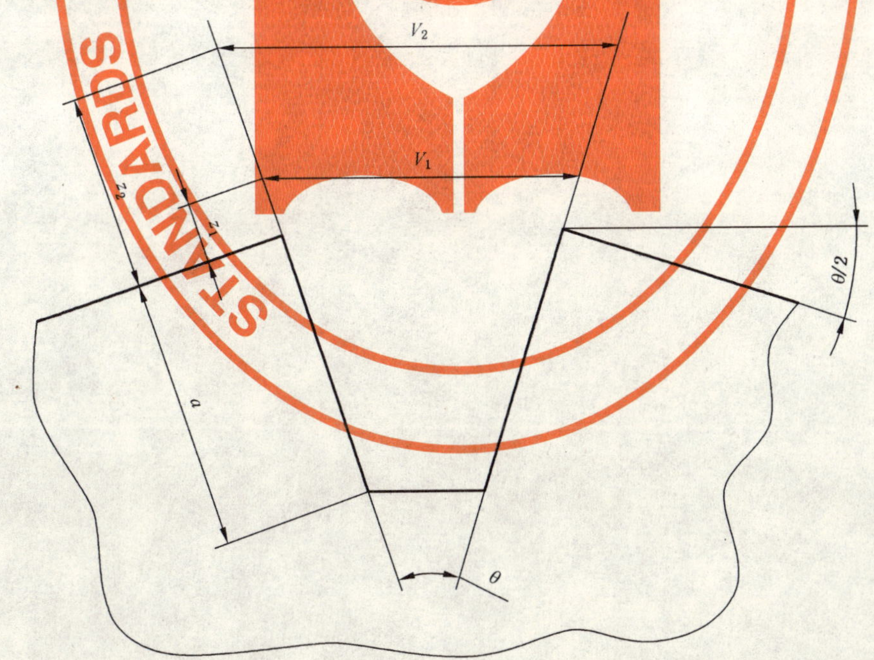

图 F.5 确定施力点位移的二种缺口张开位移测量(V_1 和 V_2)位置

另外,可以选择间接测量施力点位移的方法,这一方法适用于达到最大力前后施力点位移的测算。分两部分独立且同时测量缺口张开位移,将一引伸计置于靠近裂纹嘴的位置,另一个置于裂纹嘴上方

（见图 F.5），则施力点位移由下式计算：

$$q=\frac{S(V_2-V_1)}{4(z_2-z_1)} \quad \cdots\cdots(\text{F.1})$$

注：式（F.1）假设三点弯曲试样的变形是两个刚性部分围绕一个中心的旋转，且跨距是固定的（尽管它在试验过程中可能改变）。在这些情况之下，当裂纹嘴张开角度 $\theta<8°$ 时，式（F.1）计算的 q 可能偏小。当裂纹嘴张开角度 $\theta \geqslant 8°$ 时，施力点位移可由下式计算：

$$q=\frac{S}{2}\tan\left\{\arcsin\left[\frac{V_2-V_1}{2(z_2-z_1)}\right]\right\} \quad \cdots\cdots(\text{F.2})$$

附　录　G
(资料性附录)
pop-in 方程的推导

根据图 G.1,及相似三角形 OAD 和 OBC,可以得到下式:

$$AD = BC \times \frac{OD}{OC} = \frac{Q_1(F_n - y_n)}{(Q_n + x_n)} \quad \cdots\cdots(G.1)$$

而且

$$\Delta F_n = F_1 - AD = F_1 - \frac{Q_1(F_n - y_n)}{(Q_n + x_n)} \quad \cdots\cdots(G.2)$$

因此

$$\frac{\Delta F_n}{F_1} = 1 - \frac{Q_1(F_n - y_n)}{F_1(Q_n + x_n)} \quad \cdots\cdots(G.3)$$

如果

$$\frac{\Delta F_n}{F_1} = P \quad \cdots\cdots(G.4)$$

那么

$$P = 1 - \frac{Q_1(F_n - y_n)}{F_1(Q_n + x_n)} \quad \cdots\cdots(G.5)$$

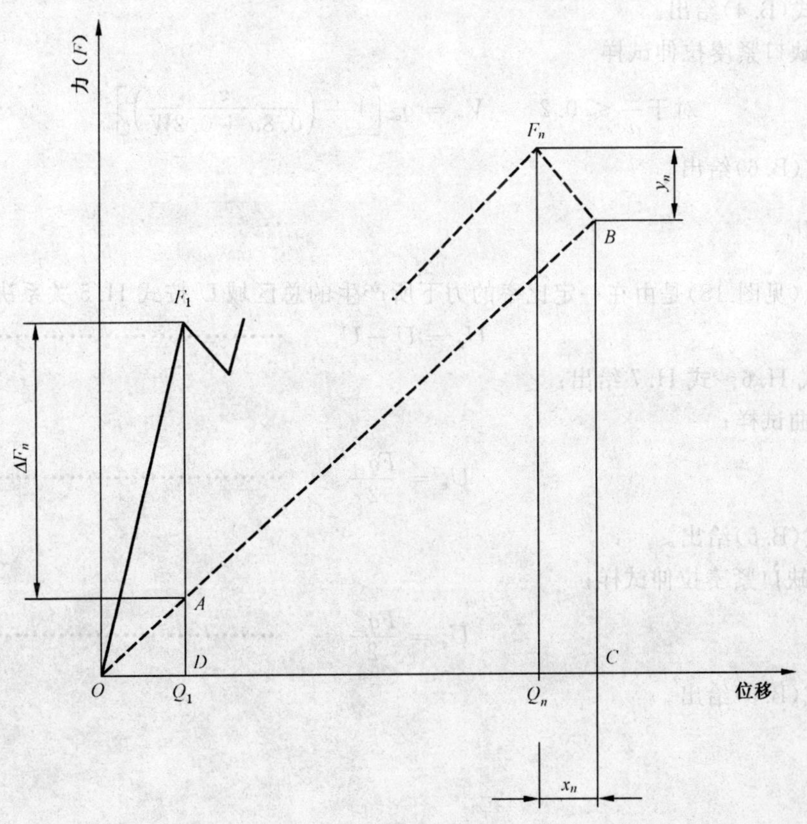

图 G.1　力与多个 pop-in 弹性位移的曲线

附　录　H
（资料性附录）
确定 V_p 及 U_p 的分析方法

H.1　概述

这一分析方法建立在弹性柔度理论的基础上。

H.2　塑性位移 V_p

塑性位移 V_p（见图 17）是由在一定的力 F 下所产生的总缺口张开位移 V_g 按式 H.1 关系决定：

$$V_p = V_g - V_e \quad \text{(H.1)}$$

式中 V_e 由式 H.2～式 H.4 给出：

a)　三点弯曲单边裂纹试样，且 $S=4W$

$$\text{对于}\frac{z}{a} \leqslant 0.2 \qquad V_e = V_{M1}\left[1+\left(\frac{z}{0.8a+0.2W}\right)\right] \quad \text{(H.2)}$$

式中 V_{M1} 由式(B.3)给出。

b)　直通型缺口紧凑拉伸试样

$$\text{对于}\frac{z}{a} \leqslant 0.2 \qquad V_e = V_{M2}\left[1+\left(\frac{z}{0.8a+0.2W}\right)\right] \quad \text{(H.3)}$$

式中 V_{M2} 由式(B.4)给出。

c)　台阶型缺口紧凑拉伸试样

$$\text{对于}\frac{z}{a} \leqslant 0.2 \qquad V_e = q_{e2}\left[1+\left(\frac{z}{0.8a+0.2W}\right)\right] \quad \text{(H.4)}$$

式中 q_{e2} 由式(B.6)给出。

H.3　塑性区域 U_p

塑性区域 U_p（见图 18）是由在一定比率的力下所产生的总区域 U 按式 H.5 关系决定：

$$U_p = U - U_e \quad \text{(H.5)}$$

式中 U_e 由式 H.6～式 H.7 给出：

a)　三点弯曲试样；

$$U_e = \frac{Fq_{e1}}{2} \quad \text{(H.6)}$$

式中 q_{e1} 由式(B.5)给出。

b)　台阶型缺口紧凑拉伸试样；

$$U_e = \frac{Fq_{e2}}{2} \quad \text{(H.7)}$$

式中 q_{e2} 由式(B.6)给出。

附 录 I
（资料性附录）
单试样法指南

I.1 概述

本附录指导的对试样裂纹扩展的测量是建立在卸载柔度和电压降技术的基础上的。

借助卸载柔度技术，试验过程中在特定的时间间隔，试样部分卸载然后再加载。卸载线的斜率趋于线性并且不受先前的塑性变形的影响，通过分析弹性柔度，该斜率用于估算每次卸载时的裂纹长度。试样的柔度取决于缺口张开柔度或施力点柔度，裂纹长度的计算公式如下所示。如果在其他适当点测量位移，那么要使用相应的柔度系数。对于三点弯曲试样，用施力点位移测量的柔度被用于计算 J 积分值。建议使用安装在裂纹嘴张开位置的引伸计计算裂纹长度。传感器的非线性可能导致柔度测量的错误。通过标定数据对曲线函数最低级多项式的调整可以显著改进测量准确度。

电势技术是建立在当裂纹扩展时裂纹附近的电压分布会发生变化的事实上的。通过适当的仪器，可以监测和校准电压的变化用来计算裂纹长度的增加。应用的电压是直流的或交流的分别用 D.C 或 A.C 来表示。

这两种技术都适用于计算机控制以及随后的试验数据分析。因而，要注意的是要想充分了解这两种技术就必须依靠详细的试验方法及成熟的试验设备。

通过准确的试验设备测定的有效试验数据点可以组成一条裂纹扩展阻力曲线。数据点的分布如 7.4.2 中所述。

I.2 卸载柔度技术

以下提供了几种裂纹长度计算所用到的卸载柔度技术。

弹性柔度 C 由在试验过程中每次（第 k 次）卸载/再加载的数据通过下式计算出来：

$$C_k = \left(\frac{\Delta q}{\Delta F}\right)_k \qquad \text{(I.1)}$$

式中 q 指适当的位移。

每次卸载的裂纹长度 a_k 通过测量的柔度 C_k 利用理论或经验公式确定。

$$(a/W)_k = f(C_k) \qquad \text{(I.2)}$$

数据的记录和部分卸载的计算需要通过计算机或记录仪完成。

I.3 试验建议

注：下列附加的项目有助于获得高质量的单试样数据。

I.3.1 柔度测量

传感器的非线性可能导致柔度测量的误差。通过标定数据对曲线函数最低级多项式的调整可以显著改进测量精度。

I.3.2 数字信号的分辨力

对于卸载柔度的测量，数字位移量的分辨力 Δq 应高于：

$$\Delta q = \frac{W'R_{p0.2}}{500E} \qquad \text{(I.3)}$$

式中 W' 为 50 mm 或是试样的宽度取其中小者。

相关的数字力的分辨力 ΔF 应高于：

$$\Delta F=\frac{BW'R_{p0.2}}{15\ 000} \quad \cdots\cdots(\text{I}.4)$$

对于绝大多数的试验一个16位的模拟-数字转换器就可以达到试验要求了。它可以对数字化的力和位移信号进行放大从而获得满意的水平。

在试验期间，数字化的力和位移信号的波动要在 $4\Delta F$ 和 $4\Delta q$ 之内。最大的干扰信号应小于 $\pm 2\Delta F$ 和 $\pm 2\Delta q$。

I.3.3 记录信号的分辨力

当从 X-Y 图直接测量卸载柔度时，记录笔在两个轴向上的最大位移量均应大于100 mm。在试验期间，记录笔的波动应在±3 mm之内。

I.4 程序

I.4.1 预循环

建议在试验开始之前，在试验温度下，在试样的弹性段内对试样循环加载几次以消除间隙。在此过程中施加力的最大值不能超过预制疲劳裂纹最后阶段的力值。

用低于5.4.2.4.3或5.4.2.4.4中规定的允许最大疲劳预制裂纹力的力测量卸载柔度，至少3次。计算的裂纹长度与平均值的偏差不能大于 $0.002W$。循环卸载/再加载的最大范围不能超出用于测量的前3次卸载实际最大力的50%。

在低载条件下，由于裂纹的闭合效应而引起的力-位移记录的非线性将被排除在柔度计算之外。

I.4.2 加载速率

在卸载/再加载时的加载速率应尽可能的快，以使时间效应减到最小，但是要能够采集充足的数据以保证试样柔度计算的精确度。如果可能，在卸载/再加载循环时的加载速率应不低于试验阶段的加载速率。建议在每次卸载前，位移应保持一定的时间直到由时间效应引起的塑性力松弛的影响消失。

I.4.3 裂纹长度的测量

在选定的位移间隔对试样进行部分卸载再加载，确保获取数据的位置点均匀。通常对于确定裂纹扩展的断裂阻力行为，为了满足7.4.2中提出的数据间隔的要求，30次卸载就足够了。建议卸载范围尽可能的大，但不能超过按照5.6.2计算的最大力 F_L 的25%或目前力的50%，取其中小者。

每次卸载，裂纹长度 a 和 J 都要按照I.5和7.3给出的公式进行计算。对于计算机试验系统，对已记录数据进行拟合分析得到柔度。

I.4.4 试验的终止

在最后一次卸载后，试验力应当降到零，确保位移没有进一步的增加。按照5.8的方法确定稳定裂纹扩展长度。

试样在等于或低于室温的温度下打开用于观察断裂表面，测量初始裂纹长度 a_0，按照5.8的方法测量总裂纹扩展量。

I.5 裂纹长度计算

I.5.1 三点弯曲试样：试样表面缺口张开位移(CMOD)柔度

可以根据试样表面测量的缺口张开位移通过下式计算试样的柔度 C 对应的裂纹长度：

$$a/W=0.999\ 748-3.950\ 4\mu+2.982\ 1\mu^2-3.214\ 08\mu^3+51.515\ 6\mu^4-113.031\mu^5 \quad \cdots\cdots(\text{I}.5)$$

式中：

$$\mu=\frac{1}{\left[\left(\frac{4W}{S}\right)B_e\lambda EC\right]^{1/2}+1} \quad \cdots\cdots(\text{I}.6)$$

$$B_e=B-(B-B_N)^2/B;$$

$$系数\ \lambda = \frac{g_3(a_0/W)}{g_3(a_{0,est}/W)} \qquad \cdots\cdots(I.7)$$

式中：

a_0——按照5.8.2测量的原始裂纹长度；

$a_{0,est}$——按照式(I.5)计算的原始裂纹长度。

系数 $g_3(a/W)$ 由附录B获得。

系数 λ 用于纠正在卸载柔度试验过程中发生的不确定性。系数 λ 与1的差值不能大于试样卸载柔度的10%，否则试验无效。

I.5.2 三点弯曲试样：施力点位移柔度

对于 $S/W=4$ 可以根据施力点位移通过下式计算试样的柔度 C 对应的裂纹长度：

$$a/W = 0.9874 - 3.625\mu - 13.98\mu^2 + 94.52\mu^3 - 327.8\mu^4 \qquad \cdots\cdots(I.8)$$

式中：

$$\mu = \frac{1}{[B_e \lambda EC]^{1/2} + 1};$$

$$B_e = B - (B - B_N)^2/B;$$

$$系数\ \lambda = \frac{g_5(a_0/W)}{g_5(a_{0,est}/W)} \qquad \cdots\cdots(I.9)$$

式中：

a_0——按照5.8.2测量的原始裂纹长度；

$a_{0,est}$——按照公式(I.8)计算的原始裂纹长度。

系数 $g_5(a/W)$ 由附录B获得。

系数 λ 用于纠正在卸载柔度试验过程中发生的不确定性。系数 λ 与1的差值不能大于试样卸载柔度的10%，否则试验无效。

I.5.3 紧凑拉伸试样：施力点位移柔度

可以根据施力点位移通过下式计算试样的柔度 C 对应的裂纹长度：

$$a/W = 1.000196 - 4.06319\mu + 11.242\mu^2 - 106.043\mu^3 + 464.335\mu^4 - 650.677\mu^5 \qquad \cdots\cdots(I.10)$$

式中：

$$\mu = \frac{1}{[B_e \lambda EC]^{1/2} + 1}; \qquad \cdots\cdots(I.11)$$

$$B_e = B - (B - B_N)^2/B;$$

$$系数\ \lambda = \frac{g_6(a_0/W)}{g_6(a_{0,est}/W)} \qquad \cdots\cdots(I.12)$$

式中：

a_0——按照5.8.2测量的原始裂纹长度；

$a_{0,est}$——按照公式(I.10)计算的原始裂纹长度。

系数 $g_6(a/W)$ 由附录B获得。

系数 λ 用于纠正在卸载柔度试验过程中发生的不确定性。系数 λ 与1的差值不能大于试样卸载柔度的10%，否则试验无效。

I.5.4 紧凑拉伸试样的旋转修正

为了计算在加载过程中发生的试样几何形状的变化，对测量的施力点柔度进行旋转修正公式如下：

$$C_c = \frac{C}{\left[\left(\frac{h}{r}\sin\theta - \cos\theta\right)\left(\frac{D}{r}\sin\theta - \cos\theta\right)\right]} \qquad \cdots\cdots(I.13)$$

式中：

C_c——旋转修正后的柔度；

C——测量的柔度；

h——两销孔中心(见图4和图5)原始距离的一半；

r——由公式 $r=\dfrac{W+a}{2}$ 计算的旋转半径，式中 a 为当前的裂纹长度；

θ——由公式 $\theta=\arcsin\left[\left(\dfrac{q}{2}+D\right)/(D^2+r^2)^{1/2}\right]-\arctan\left(\dfrac{D}{r}\right)$ 计算的旋转角度；

D——测量点原始位移距离的一半；

q——总的施力点位移。

I.6 裂纹扩展的阻力

I.6.1 概述

在理想状态下，裂纹扩展时对应的阻力是裂纹长度的单调递增函数(见图I.1)。然而，卸载柔度技术不总是出现这种理想化的结果。差异包括原始裂纹长度计算的正、负偏差、数据的分散，明显的裂纹负增长。试验夹具的问题、传感器引伸计的固定、杂波以及信号的非线性都会使得试验结果变差。

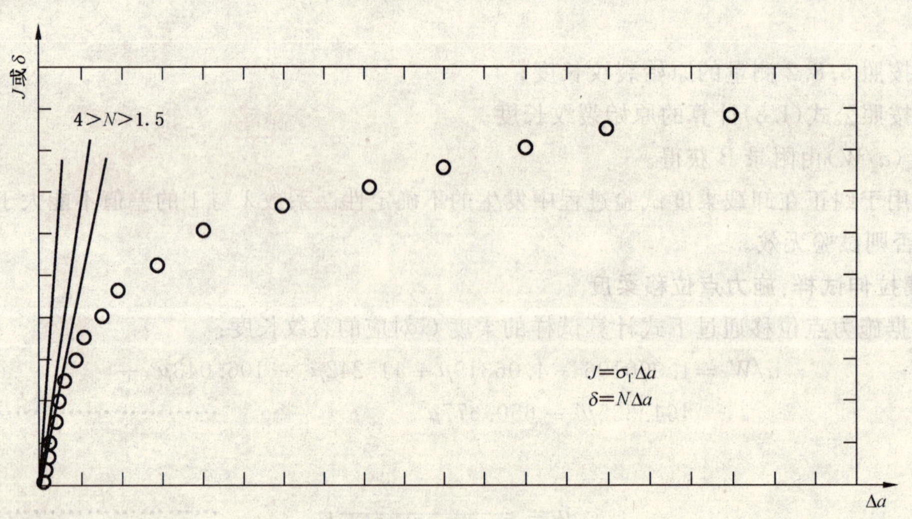

图 I.1 理想的裂纹扩展断裂阻力图

I.6.2 初始裂纹长度的估计

估计的裂纹长度 a 与 δ 或 J 的曲线图如图I.2所示。

按照式

$$a_k=A_0+A_1\delta_k+A_2\delta_k^2+A_3\delta_k^3 \qquad (\text{I.14})$$

其中 $0\leqslant A_1\leqslant 1/1.4$ 或

$$a_k=A_0+A_1J_k+A_2J_k^2+A_3J_k^3 \qquad (\text{I.15})$$

其中 $0\leqslant A_1\leqslant 1/(R_m+R_{p0.2})$

将最小 a_k 到最小 a_k+2 mm的估计值带入上式并用最小二乘法进行处理，如果得到的 $A_1<0$，则取 $A_1=0$ 并重新进行处理；如果得到的 $A_1>1/1.4$(对于 δ)或 $A_1>1/(R_m+R_{p0.2})$(对于 J)，则取 $A_1=1/1.4$(对于 δ)或 $A_1=1/(R_m+R_{p0.2})$(对于 J)并重新进行处理。经过上述处理，得到初始裂纹长度的估计值 $a_{0,est}=A_0$。如果这一初始裂纹长度 $a_{0,est}$ 与用于计算 δ 或 J 的初始裂纹长度的偏差大于2%，则 δ 或 J 的值需要按照7.3式带入新的初始裂纹长度 $a_{0,est}$ 重新计算。

图 I.2 在单试样断裂试验中计算裂纹长度 a 与 δ 或 J 的典型图（用式(I.14)及(I.15)计算）

I.6.3 裂纹扩展的计算

用下式计算第 k 次卸载时的裂纹扩展量 Δa_k：

$$\Delta a_k = a_k - a_{0,\text{est}} \qquad \text{(I.16)}$$

I.6.4 阻力曲线

建立计算裂纹扩展量 Δa_k 和 δ 或 J 的曲线图。

I.7 电位法

I.7.1 交流电压法

典型的交流电压试验系统见图 I.3。这是一种间接的技术。在这种系统中试验试样压降的测定需要与具有相同几何尺寸的参考试样相对比。

本方法只能用于最小电压变化也能被测试到的情况(见图 I.4),这个最小的电压对应初始裂纹长度 a_0。

按照 5.7 和 5.8 中所述对试样进行加载,试验同时记录力和施力点或缺口张开位移所对应的电压。通常的试验记录形式如图 I.4 所示。

在试验的完成阶段,应在试样破断前,对稳定裂纹伸长区按照 5.8 所述进行标记。

按照 5.8 所述测量初始裂纹长度 a_0 和总裂纹扩展量 Δa。

依据 7.3 在图 I.4 标记 F_i 点的位置确定 δ_i 或 J_i 的值。

确定临界伸长区的宽度,Δa_{SZW}。见附录 D。

或者用扫描电镜测定临界伸长区的宽度。

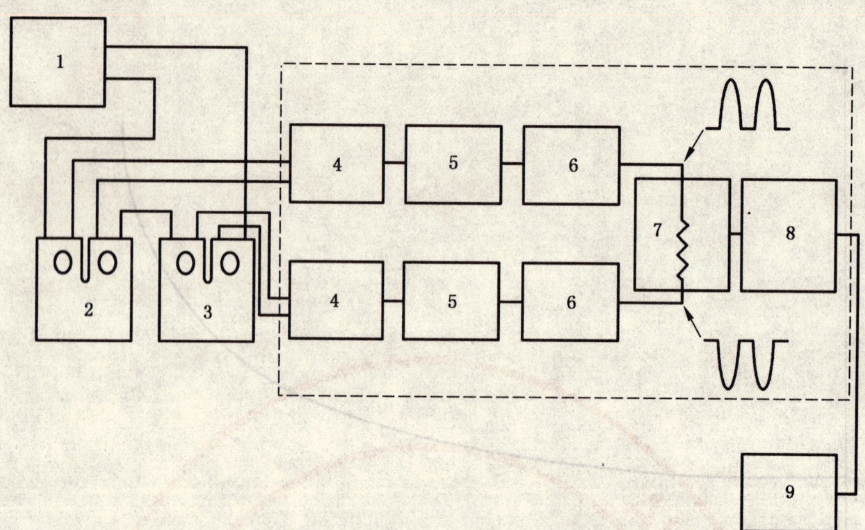

1——可调电流源；F=50 Hz，I=20 A；

2——参考试样；

3——试验试样；

4——微分放大器；

5——双向可选放大滤波器；

6——线性探测器；

7——计数器；

8——输出可调的直流放大器；

9——模拟信号记录仪（X-Y 记录仪）。

图 I.3 典型交流压降试验系统

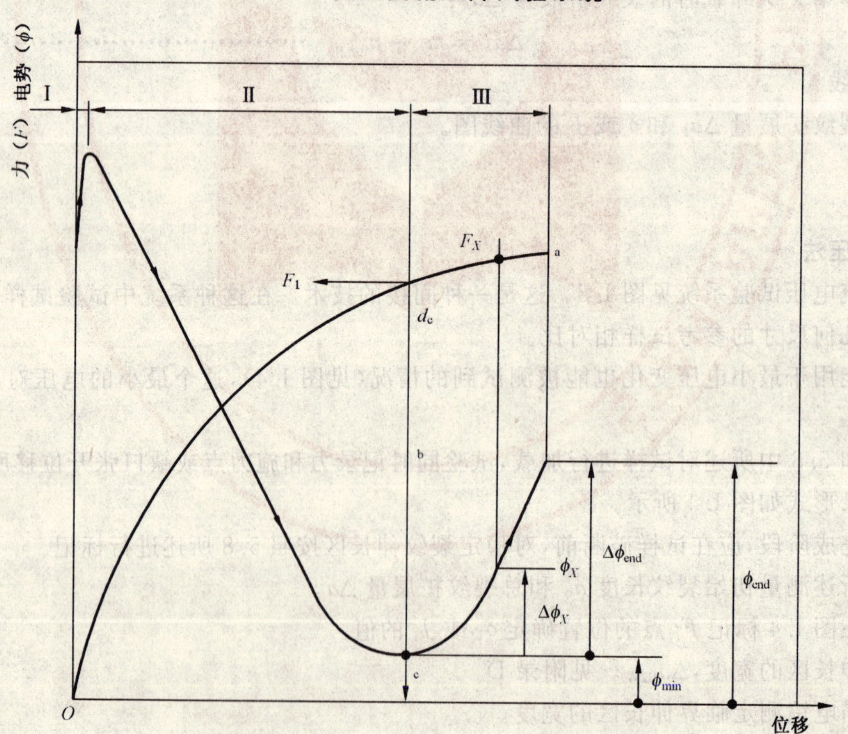

a 加载终止点。

b 计算的初始点。

c 裂纹扩展量。

图 I.4 典型的交流压降试验记录

I.7.2 试验记录的解释

在电压对位移的记录中确定最小能够识别的电压 f_{min}。

在 f_{min} 以及试验结束时的电压 f_{end} 之间的电压变化范围 Δf_{end} 应当被测量。

应建立如图 I.5 所示的总裂纹扩展量与电压变化范围的曲线。

点(Δa_{SZW},$\Delta f=0$)和(Δa,Δf_{end})应在图中标出，在二者间用直线连接(见图 I.5)。它是试样的基准线。

为了在力-位移记录上确定点 F_X 对应的总裂纹扩展量，应记录 f_{min} 与 f_X 之间的电压变化范围，如图 I.4 所示。利用图 I.5 所示的校准线计算总裂纹扩展量 Δf_X。

利用 7.3 给出的公式计算力 F_X 对应的 δ 或 J 值。应建立 δ 或 J 值与计算裂纹扩展量之间的曲线图。

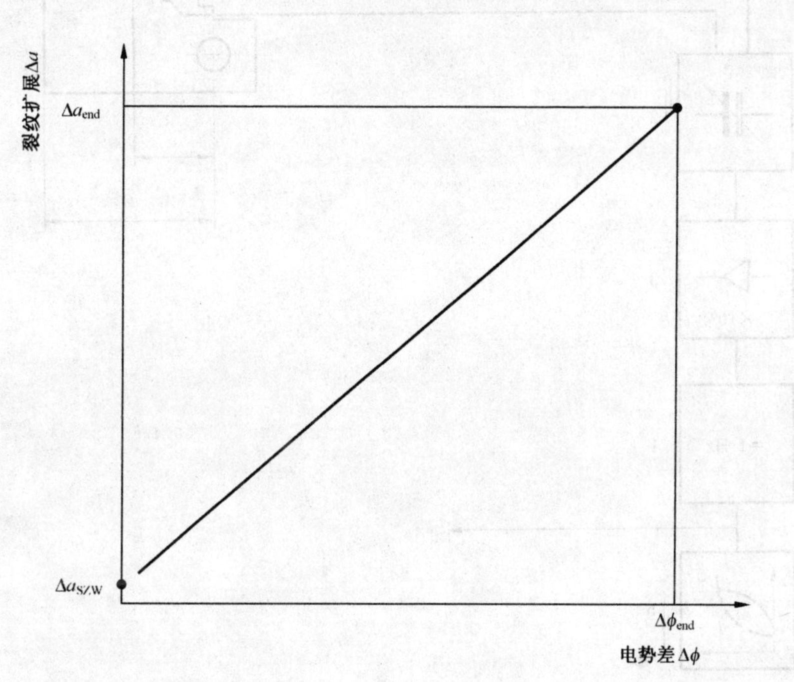

图 I.5 裂纹扩展与电势差对应图

I.8 直流电位法

I.8.1 方法 1

I.8.1.1 程序

典型的应用方法 1 的直流压降试验系统如图 I.6 所示。它是一种间接的测量技术。

按照 5.6 和 5.7 中所述对试样进行加载，试验同时记录力和施力点或缺口张开位移所对应的电压。通常的试验记录形式如图 I.7 所示。

在试验的完成阶段，应在试样破断前，对稳定裂纹伸长区按照 5.8 所述进行标记。

按照 5.8 所述测量初始裂纹长度 a_0 和总裂纹扩展量 Δa。

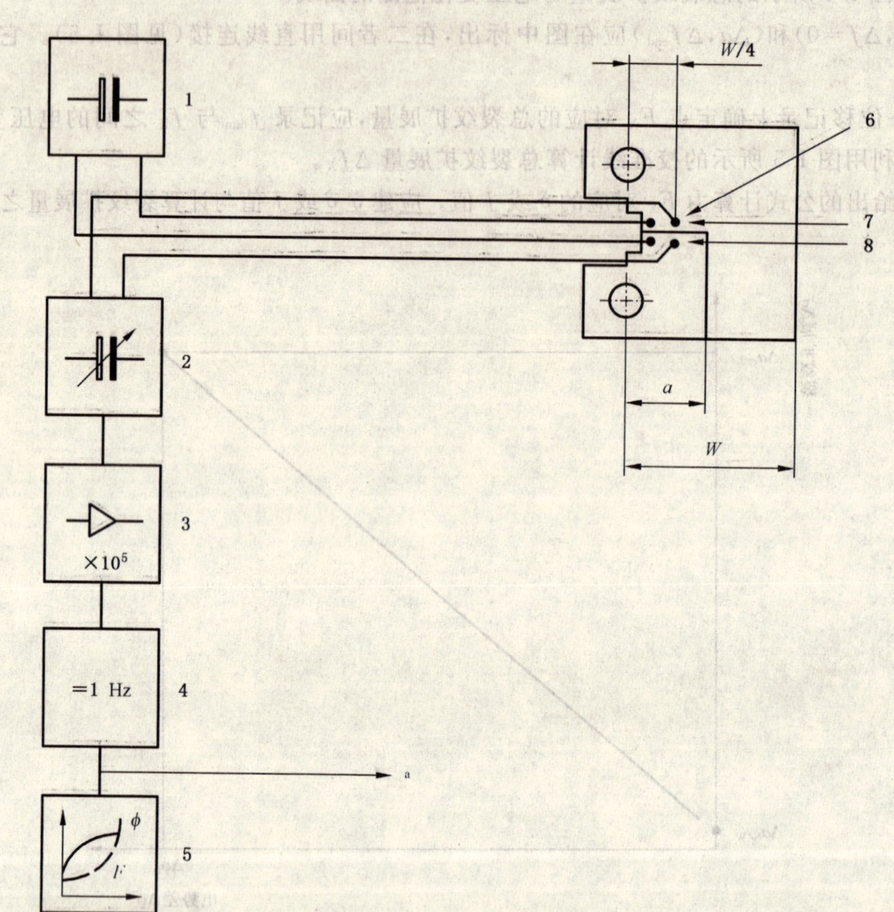

1——直流恒流电源；

2——零漂抑制；

3——纳伏放大器；

4——滤波器；

5——记录仪；

6——电极；

7——前方；

8——后方。

a 数据采集。

图 I.6 典型直流压降试验系统

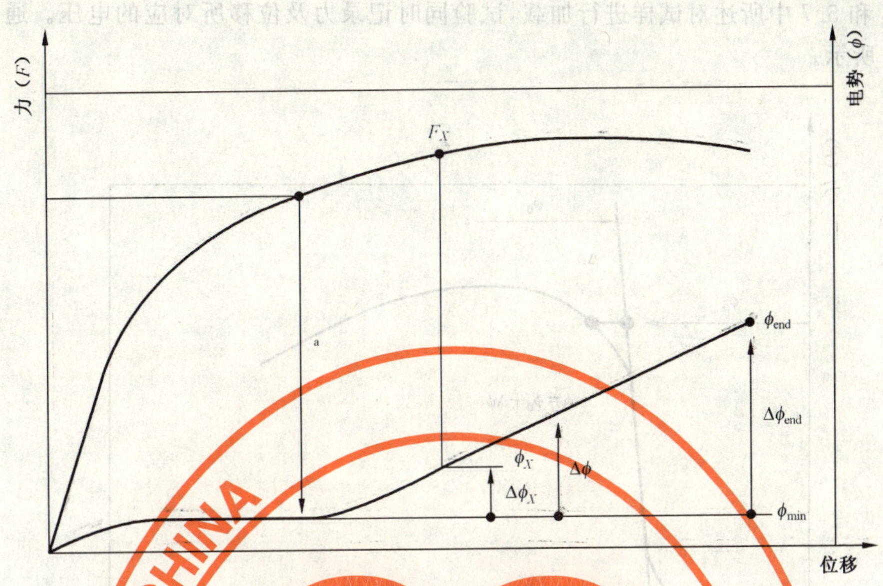

a 稳定裂纹扩展初始点。

图 I.7 典型直流压降的试验记录系统

I.8.1.2 试验记录的解释

在记录中电压对位移曲线上的斜率的突进点是计算裂纹扩展量的原始点。

如 I.2.1 所述的临界伸长区的宽度 Δa_{SZW} 需要测量出来。

在 Δa_{min} 以及试验结束时的电压 Δa_{end} 之间的电压变化范围 Δf_{end} 应当被测量。

应建立如图 I.5 所示的总裂纹扩展量与电压变化范围的曲线。

点(Δa_{SZW},$\Delta f=0$)和(Δa_{end},Δf_{end})应在图中标出,在二者间用直线连接(见图 I.5)。它是试样的校准线。

为了在力-位移记录上测定点 F_X 所对应的总裂纹扩展量的值,应记录 f_{min} 与 f_X 之间的电压变化范围,如图 I.7 所示。利用图 I.5 所示的校准线计算总裂纹扩展量对应的 Δf_X。

利用 7.3 给出的公式计算力 F_X 对应的 δ 或 J 值。应建立 δ 或 J 值与计算裂纹扩展量之间的曲线图。

I.8.2 方法 2

I.8.2.1 程序

典型的应用方法 2 的直流压降试验系统如图 I.8 所示。它是一种直接计算裂纹长度的技术。

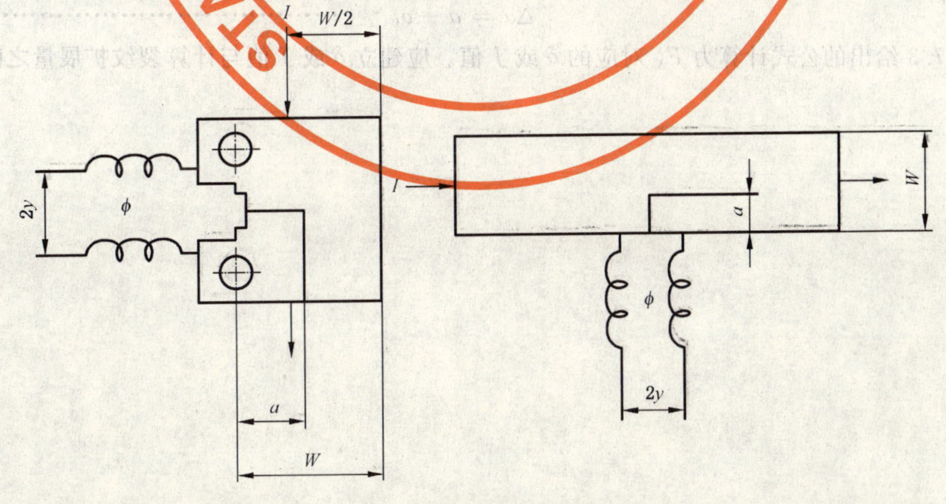

图 I.8 直流压降试验系统

按照5.6和5.7中所述对试样进行加载，试验同时记录力及位移所对应的电压。通常的试验记录形式如图I.9所示。

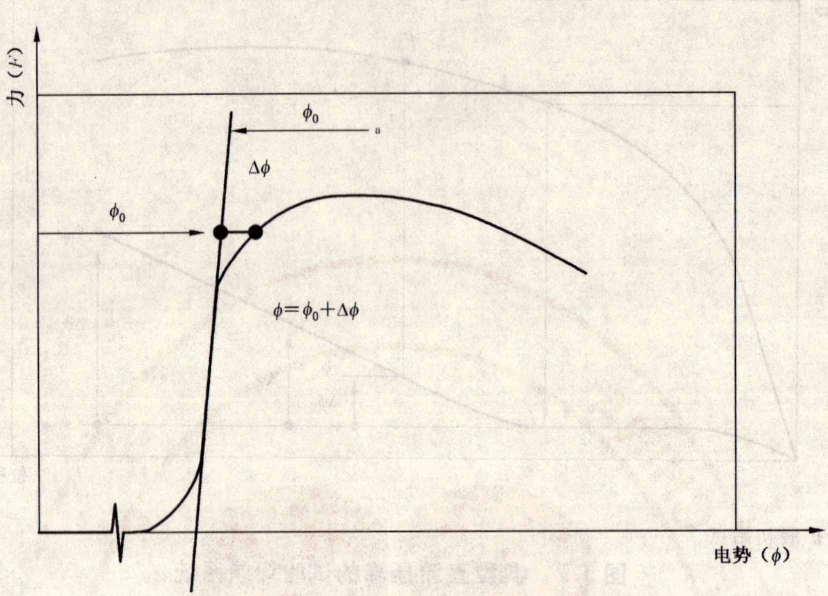

a 基准线。

图 I.9 典型直流压降试验记录系统

在试验的完成阶段，应在试样破断前，对稳定裂纹伸长区按照5.8所述进行标记。

按照5.8所述测量初始裂纹长度 a_0 和总裂纹扩展量 Δa。

I.8.2.2 试验记录的解释

在力与电压记录上，过直线上升部分做一直线如图I.9所示。

对于任意的力，应测量出 ϕ_0 与 $\Delta\phi$，如图I.9所示。且有下式：

$$\phi = \phi_0 + \Delta\phi \quad \cdots\cdots (I.17)$$

所选力对应的裂纹长度由下式计算：

$$a = \frac{2W}{\pi}\cos^{-1}\frac{\cosh(\pi y/2W)}{\cosh[(\varphi/\varphi_0)\cosh^{-1}\{\cosh(\pi y/2W)/\cos(\pi a_0/2W)\}]} \quad \cdots\cdots (I.18)$$

式中 y 由图I.8给出。

对应的裂纹扩展量 Δa 由下式给出

$$\Delta a = a - a_0 \quad \cdots\cdots (I.19)$$

利用7.3给出的公式计算力 F_X 对应的 δ 或 J 值。应建立 δ 或 J 值与计算裂纹扩展量之间的曲线图。

附 录 J
（资料性附录）
剖面法测定CTOD值

J.1 术语

J.1.1 伸张区

裂纹尖端钝化所形成的塑性变形区。

J.1.2 剖面

本方法中专指垂直于裂纹面而且包括裂纹在内的试样纵剖面。

J.1.3 δ_{is}

以饱和伸张区高度加上 δ_{is} 所表示的CTOD特征值。

J.1.4 δ_{e}

根据试验力计算的CTOD弹性分量：

$$\delta_{e}=\frac{F^{2}(1-\mu^{2})g^{2}}{2WB^{2}R_{p0.2}E} \qquad \text{(J.1)}$$

式中：

g——应力强度因子系数，由附录B给出（根据试样类型不同选用 g_1 或 g_2）。

J.2 测试原理

剖面法的基本原理是把启裂CTOD与伸张区高度联系起来，见图J.1。由于卸载过程中裂纹尖端的塑性区要受到周围弹性区的压缩，从而使得裂纹尖端的塑性张开位移缩小。只有当裂纹启裂后继续加载到某一裂纹扩展量以后卸载。由于此时新的裂纹尖端已距原始尖端有一定距离，原始尖端所受到的“卸载效应”影响才可能完全或部分消除。图J.1(a)适用于裂纹面对称的情况。大多数情况下，裂纹面不完全对称，如图J.1(b)，但饱和伸张区的高度只要能测准仍可给出 δ_{is} 值。

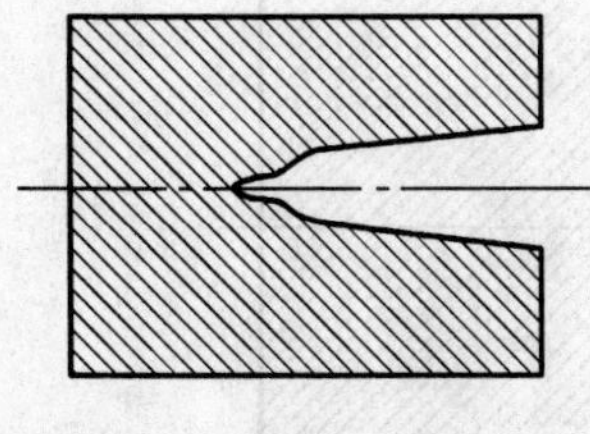

a) 裂纹面对称

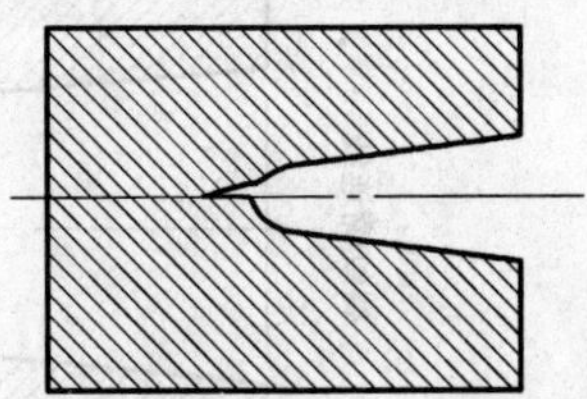

b) 裂纹面不完全对称

图J.1 剖面示意图

J.3 试样

J.3.1 试样形状，尺寸和预制裂纹应符合本方法正文中第5章的规定。

J.3.2 试样数量，可以采用单试样，按图J.2预制裂纹及切取试片，试样切取试片数不少于5个。

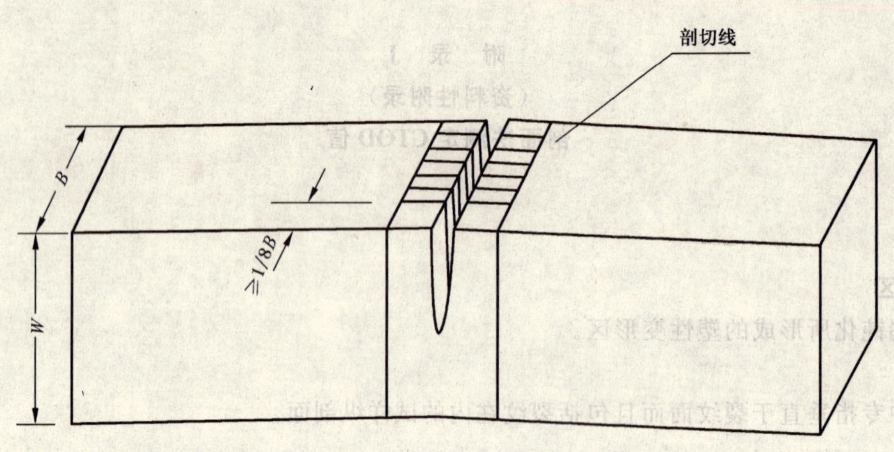

图 J.2 试样剖切位置示意图

J.4 试验程序

J.4.1 试验按本方法正文中第五章规定进行，过最大力点后停机，记录加载中的最大力，试样不得断裂。

J.4.2 卸载后将试样用线切割机切片，剖切位置可定在距试样表面大于 $B/8$ 的位置处，见图 J.2。

J.4.3 切割好的试片应用丙酮或乙醇清洗干净，但不得在裂纹尖端产生倒角或脱落，以避免裂纹尖端轮廓的改变。

J.5 测量

J.5.1 测量工具采用工具显微镜或能保证测量精度的其他仪器。目镜和物镜的总放大倍数一般以(30～50)倍为宜，测量应精确到 0.01 mm。

J.5.2 测量时以裂纹嘴的连线方向作为裂纹的法线方向，经裂纹面切点 D_1 和 D_2 作为裂纹原始尖端，以裂纹扩展面与伸张区交点作为 T_1 和 T_2 测量点，以 A 点作为裂纹新尖端点，见图 J.3。

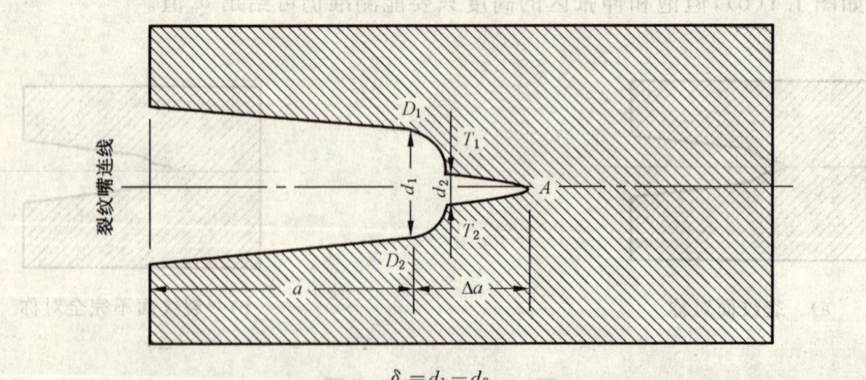

图 J.3 δ_s 的测量点选取位置

J.5.3 对于裂纹轮廓线不规则的试片，测量点可参照图 J.4 选取。

J.5.4 每个试片测量(2～3)次，取其平均值。

J.5.5 裂纹开裂点超出 2 处时，该试片无效，如图 J.5(a)。

J.5.6 裂纹面产生不对称或 $D_1(D_2)$ 与 $T_1(T_2)$ 在同一连线上时，该试片无效，如图 J.5(b)。

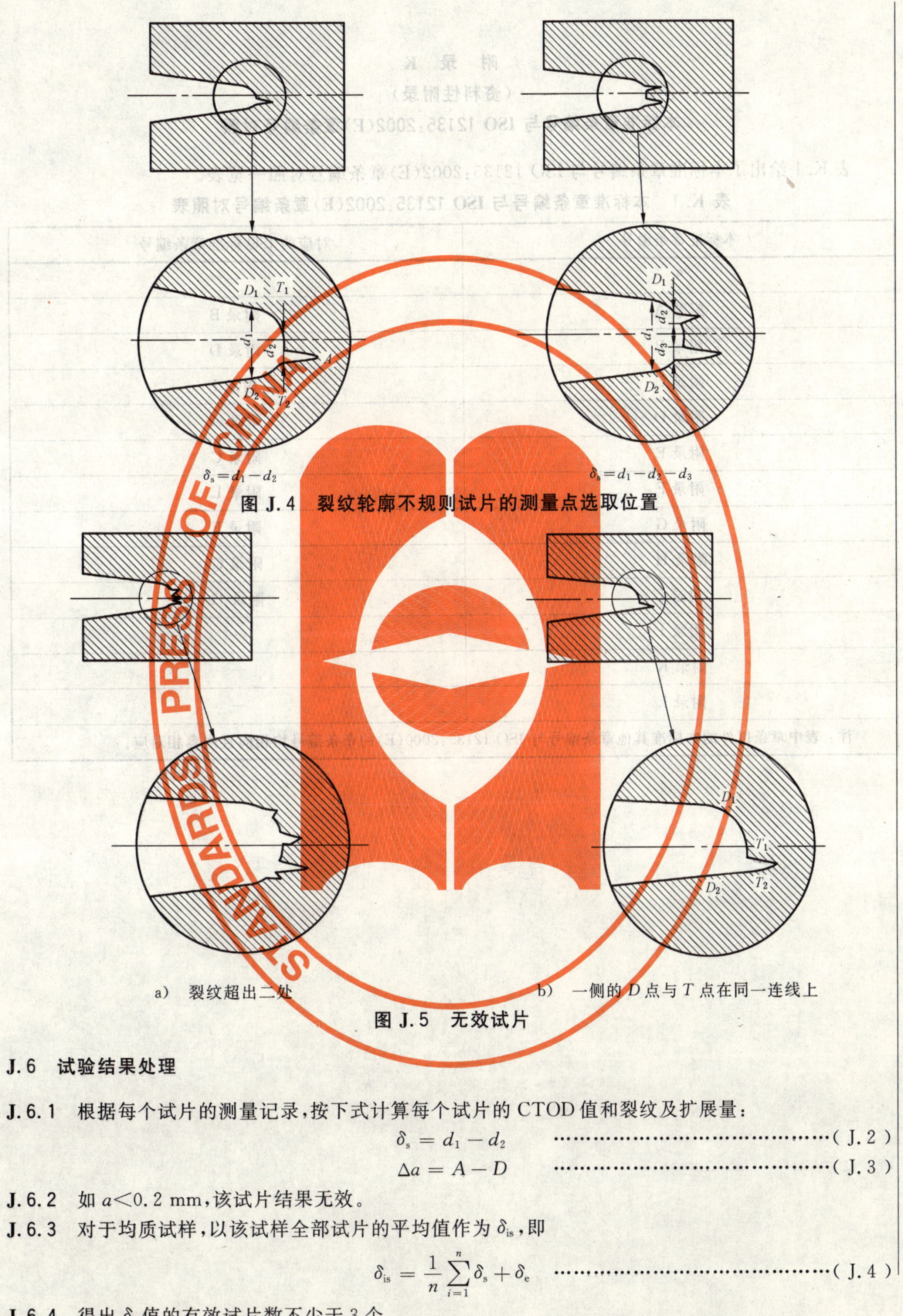

图 J.4　裂纹轮廓不规则试片的测量点选取位置

a)　裂纹超出二处　　　b)　一侧的 D 点与 T 点在同一连线上

图 J.5　无效试片

J.6　试验结果处理

J.6.1　根据每个试片的测量记录，按下式计算每个试片的 CTOD 值和裂纹及扩展量：

$$\delta_s = d_1 - d_2 \qquad \text{(J.2)}$$

$$\Delta a = A - D \qquad \text{(J.3)}$$

J.6.2　如 $a<0.2$ mm，该试片结果无效。

J.6.3　对于均质试样，以该试样全部试片的平均值作为 δ_{is}，即

$$\delta_{is} = \frac{1}{n}\sum_{i=1}^{n}\delta_s + \delta_e \qquad \text{(J.4)}$$

J.6.4　得出 δ_{is} 值的有效试片数不少于 3 个。

附　录　K
（资料性附录）
本标准章条编号与 ISO 12135:2002(E)章条编号对照

表 K.1 给出了本标准章条编号与 ISO 12135:2002(E)章条编号对照一览表。

表 K.1　本标准章条编号与 ISO 12135:2002(E)章条编号对照表

本标准章条编号	对应的 ISO 标准章条编号
9	—
附录 A	附录 B
附录 B	附录 D
附录 C	附录 I
附录 D	附录 A
附录 E	附录 C
附录 F	附录 E
附录 G	附录 F
附录 H	附录 G
附录 I	附录 H
附录 J	—
附录 K	—
附录 L	—

注：表中章条以外的本标准其他章条编号与 ISO 12135:2000(E)的章条编号均相同且内容相对应。

附 录 L
（资料性附录）
本标准与 ISO 12135:2002(E)技术性差异及其原因

表 L.1 给出了本标准与 ISO 12135:2002(E)技术性差异及其原因的一览表。

表 L.1 本标准与 ISO 12135:2002(E)技术性差异及其原因

本标准的章条编号	技术性差异	原 因
2	引用与 ISO 标准相对应的我国标准，保留一项国际标准。 增加引用了 GB/T 8170—1987。	以符合我国国情。 与后续增加内容保持一致。
4	增加 V_g、A_p、$\delta_{Q0.2BL}$、$J_{Q0.2BL}$ 的定义。	明确符号的名称定义，使后续的图例和公式计算更清晰。
图 5	修改台阶位置，增加燕尾槽。	便于实际操作。
5.6.3	删除注 1、注 3。	两项注释引用了国际标准的参考文献及说法，不适用于国标。
图 10、11、12	在注中增加装置硬度应大于试样硬度。	增加标准的可操作性，以适用于硬度更高的材料。
图 19、20、21	移动图中数据点的位置。	与文中右边界定义的修改相对应。
7.4.1.2	重新定义 Δa_{max}。	增加标准的可操作性，便于标准的执行。
7.5.1.1	增加 δ-Δa 阻力曲线上边界线的定义方法。	增加标准的可操作性，便于标准的执行。
7.5.2.1	增加 J-Δa 阻力曲线上边界线的定义方法。	增加标准的可操作性，便于标准的执行。
7.6.1.2	明确 $\delta_{Q0.2BL}$ 的定义，增加其确定方法。	增加标准的可操作性，便于标准的执行。
7.6.2.2	明确 $J_{Q0.2BL}$ 的定义，增加其确定方法。	增加标准的可操作性，便于标准的执行。
9	增加性能测定结果数值的修约。	增加标准的可操作性，便于标准的执行。
附录 C	改变数值计算的步长值。	提高数据的准确度。
I.6.2	改变初始裂纹长度的计算公式。	提高数据的准确度。
附录 J	增加剖面法测定 CTOD。	增加试验的可操作性，便于标准的执行。

ICS 91.100.30
Q 14

中华人民共和国国家标准

GB/T 21144—2007

混凝土实心砖

Solid concrete brick

2007-11-01 发布　　2008-06-01 实施

中华人民共和国国家质量监督检验检疫总局
中国国家标准化管理委员会　发布

前言

本标准参考美国 ASTM C55—03《混凝土砖》标准制定。

本标准的附录 A、附录 B 和附录 C 为规范性附录。

本标准由中国建筑材料联合会提出。

本标准由全国墙体屋面及道路用建筑材料标准化技术委员会(TC 285)归口。

本标准负责起草单位:中国建材西安墙体材料研究设计院、中国建筑砌块协会。

本标准参加起草单位:中国建材西安墙体材料研究设计院、中国建筑砌块协会、南京市产品质量监督检验所、浙江省建筑材料科技有限公司建材质量检测中心、上海苏科建筑技术发展有限公司、河南省建筑材料研究设计院有限责任公司、福建泉州鸿昌机械制造有限公司、福建泉州鸿益机械制造有限公司、江苏腾宇机械制造有限公司、西安东方福星机械有限公司、河北省保定市方正机械厂、浙江省桐乡市同德墙体建材有限公司、深圳珠江均安水泥制品有限公司

本标准主要起草人:王保财、杜建东、周皖宁、蔡小兵、杜保平、周炫、袁运法、盛强敏、付志昌、沈林昌、田先春、李仰水、蒋宝群、金立虎、师军。

本标准为首次发布。

混凝土实心砖

1 范围

本标准规定了混凝土实心砖的术语和定义、规格、等级和标记、原材料、技术要求、试验方法、检验规则、标志、产品合格证、运输等。

本标准适用于建筑物和构筑物用的混凝土实心砖。

2 规范性引用文件

下列文件中的条款通过本标准的引用而成为本标准的条款。凡是注日期的引用文件，其随后所有的修改单(不包括勘误的内容)或修订版均不适用于本标准，然而，鼓励根据本标准达成协议的各方研究是否可使用这些文件的最新版本。凡是不注日期的引用文件，其最新版本适用于本标准。

GB 175 通用硅酸盐水泥

GB/T 1596 用于水泥和混凝土中的粉煤灰

GB/T 2542 砌墙砖试验方法

GB/T 4111 混凝土小型空心砌块试验方法

GB 6566 建筑材料放射性核素限量

GB 8076 混凝土外加剂

GB/T 14684 建筑用砂

GB/T 14685 建筑用卵石、碎石

GB/T 17431.1 轻集料及其试验方法 第1部分:轻集料

GB/T 18046 用于水泥和混凝土中的粒化高炉矿渣粉

GB/T 18968 墙体材料术语

JGJ 63 混凝土用水标准

JC/T 466 砌墙砖检验规则

YBJ 20584 混凝土用高炉重矿渣碎石技术条件

3 术语和定义

GB/T 18968 和 JC/T 466 确立的以及下列术语和定义适用于本标准。

混凝土实心砖 solid concrete brick

以水泥、骨料，以及根据需要加入的掺合料、外加剂等，经加水搅拌、成型、养护制成的混凝土实心砖(以下简称砖)。砖的各部位名称见示意图1。

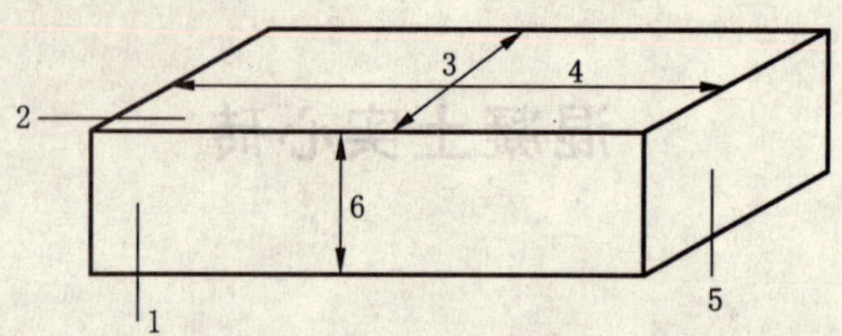

1——条面；
2——大面；
3——宽度(*B*)；
4——长度(*L*)；
5——顶面；
6——高度(*H*)。

图1 混凝土实心砖

4 规格、等级、代号和标记

4.1 规格

砖主规格尺寸为：240 mm×115 mm×53 mm。其他规格由供需双方协商确定。

4.2 密度等级

按混凝土自身的密度分为A级（≥2 100 kg/m^3）、B级（1 681 kg/m^3～2 099 kg/m^3）和C级（≤1680 kg/m^3）三个密度等级。

4.3 强度等级

砖的抗压强度分为MU40、MU35、MU30、MU25、MU20、MU15六个等级。

4.4 代号和标记

4.4.1 混凝土实心砖的代号为SCB。

4.4.2 产品按下列顺序进行标记：代号、规格尺寸、强度等级、密度等级和标准编号。

标记示例：

规格为240 mm×115 mm×53 mm、抗压强度等级MU25、密度等级B级、合格的混凝土砖：

SCB 240×115×53 MU25 B GB/T 21144—2007

5 原材料

5.1 水泥

应符合GB 175的规定。

5.2 细骨料

应符合GB/T 14684的规定。

5.3 粗骨料

5.3.1 碎石、卵石应符合GB/T 14685的规定，其最大粒径不宜大于15 mm。

5.3.2 轻骨料应符合GB/T 17431.1的规定。

5.3.3 重矿渣应符合YBJ 20584的规定。

5.4 掺合料

粉煤灰应符合GB/T 1596的规定，矿渣微粉应符合GB/T 18046的规定。

5.5 外加剂

应符合GB 8076的规定。

5.6 水

应符合JGJ 63的规定。

5.7 放射性核素限量

所用原料均应符合GB 6566的要求。

6 要求

6.1 尺寸偏差

尺寸偏差应符合表1规定。

表1 尺寸允许偏差

单位为毫米

项目名称	标准值
长度	−1～+2
宽度	−2～+2
高度	±1～+2

6.2 外观质量

外观质量应符合表2的规定。

表2 外观质量

单位为毫米

项目名称		标准值
成形面高度差	不大于	2
弯曲	不大于	2
缺棱掉角的三个方向投影尺寸	不得同时大于	10
裂纹长度的投影尺寸	不大于	20
完整面[a]	不得少于	一条面和一顶面

[a] 凡有下列缺陷之一者，不得称为完整面：

1) 缺损在条面或顶面上造成的破坏尺寸同时大于10 mm×10 mm；

2) 条面或顶面上裂纹宽度大于1 mm，其长度超过30 mm。

6.3 密度等级

密度等级应符合表3的规定。

表3 密度等级

单位为千克每立方米

密度等级	3块平均值
A级	≥2 100
B级	1 681～2 099
C级	≤1 680

6.4 强度等级

6.4.1 强度等级应符合表4的规定。

表4 抗压强度

单位为兆帕

强度等级	抗压强度	
	平均值≥	单块最小值≥
MU 40	40.0	35.0
MU 35	35.0	30.0
MU 30	30.0	26.0
MU 25	25.0	21.0
MU 20	20.0	16.0
MU 15	15.0	12.0

6.4.2 密度等级为B级和C级的砖，其强度等级应不小于MU 15；密度等级为A级的砖，其强度等级

应不小于 MU 20。

6.5 最大吸水率

根据混凝土砖密度等级，吸水率应符合表 5 的规定。

表 5 最大吸水率

%

不同密度级混凝土砖的最大吸水率(3 块平均值)		
≥2 100 kg/m³(A 级)	(1 681～2 099) kg/m³(B 级)	≤1 680 kg/m³(C 级)
≤11	≤13	≤17

6.6 干燥收缩率和相对含水率

干燥收缩率和相对含水率应符合表 6 的规定。

表 6 干燥收缩率和相对含水率

%

干燥收缩率	相对含水率平均值		
	潮湿	中等	干燥
≤0.050	≤40	≤35	≤30

注 1：相对含水率即混凝土实心砖的含水率与吸水率之比：$w=100\times w_1/w_2$

式中：w——混凝土实心砖的相对含水率，%；

w_1——混凝土实心砖的含水率，%；

w_2——混凝土实心砖的吸水率，%。

注 2：使用地区的湿度条件

潮湿——系指年平均相对湿度大于 75%的地区；

中等——系指年平均相对湿度 50%～75%的地区；

干燥——系指年平均相对湿度小于 50%的地区。

6.7 抗冻性

抗冻性能应符合表 7 的规定。

表 7 抗冻性

%

使用条件	抗冻指标	质量损失	强度损失
夏热冬暖地区	F15	≤5	≤25
夏热冬冷地区	F25		
寒冷地区	F35		
严寒地区	F50		

6.8 碳化系数和软化系数

碳化系数应不小于 0.80；软化系数应不小于 0.80。

7 试验方法

7.1 尺寸偏差和外观质量

尺寸偏差和外观质量按 GB/T 2542 进行。

7.2 密度级

密度试验按 GB/T 4111 进行。

7.3 强度

强度试验按附录 A 的规定进行。

7.4 干燥收缩率、相对含水率

试验方法按 GB/T 4111 进行。干燥收缩率试验的测定标距为 150 mm。

7.5 最大吸水率

试验方法按 GB/T 4111 进行。

7.6 碳化系数

试验方法按附录 B 进行。

7.7 软化系数

试验方法按附录 C 进行。

7.8 抗冻性

试验方法按 GB/T 4111 进行。与对比试样一起按附录 A 进行冻后强度对比试验。

8 检验规则

8.1 检验分类

产品检验分出厂检验和型式检验。

8.1.1 出厂检验

出厂检验项目为:尺寸偏差、外观质量、强度等级、密度等级、最大吸水率和相对含水率。

8.1.2 型式检验

型式检验项目包括本标准技术要求的全部项目。有下列之一情况者,应进行型式检验。

a) 新厂生产试制定型检验;

b) 正式生产后,原材料、工艺等发生较大的改变,可能影响产品性能时;

c) 正常生产时,每半年进行一次;

d) 产品停产三个月以上恢复生产时;

e) 出厂检验结果与上次型式检验结果有较大差异时;

f) 国家质量监督机构提出进行型式检验时。

8.2 组批规则

检验批的构成原则和批量大小按 JC/T 466 规定,用同一种原材料、同一工艺生产、相同质量等级的 10 万块为一批,不足 10 万块亦按一批计。

8.3 抽样

8.3.1 尺寸偏差和外观质量检验的试样采用随机抽样法,在检验批的产品堆垛中抽取 50 块进行检验。

8.3.2 其他检验项目的样品用随机抽样法从外观质量检验合格的样品中抽取如下数量的砖进行其他项目检验,如样品数量不足时,再在该批砖中补抽砖样(外观质量和尺寸偏差检验合格)进行项目检验。

a) 强度 10 块

b) 密度 3 块

c) 干燥收缩率、相对含水率 3 块

d) 最大吸水率 3 块

e) 抗冻性能 10 块

f) 碳化系数 10 块

g) 软化系数 10 块

8.4 判定规则

8.4.1 尺寸偏差和外观质量

尺寸偏差和外观质量采用 JC/T 466 二次抽样方案,根据表 1、表 2 规定的质量指标,检查出其中不合格品数 d_1,按下列规则判定:

$d_1 \leqslant 7$ 时,尺寸偏差和外观质量合格;

$d_1 \geqslant 11$ 时,尺寸偏差和外观质量不合格;

$d_1 > 7$,且 $d_1 < 11$ 时,需再次从该产品批中抽样 50 块检验,检查出不合格品数 d_2,按下列规则

判定：

$(d_1+d_2)\leqslant 18$ 时，尺寸偏差和外观质量合格；

$(d_1+d_2)\geqslant 19$ 时，尺寸偏差和外观质量不合格。

8.4.2 密度、强度、干燥收缩率和相对含水率、抗冻性、碳化系数、软化系数检验结果，分别符合第 6 章中表 3、表 4、表 5、表 6、表 7 及 6.8 的技术要求指标时，则判该批产品相应等级合格；其中有一项不合格，则判该批产品相应等级不合格。

9 产品合格证、堆放和运输

9.1 砖出厂时，宜适当包装，并提供产品质量合格证书，内容包括：

a) 厂名和商标；

b) 批量编号和砖数量(块)；

c) 产品标记和检验结果；

d) 产品质量合格证书编号；

e) 生产日期；

f) 检验部门和检验人员签章。

9.2 砖应按规格、等级分批分别堆放，不得混堆。

9.3 砖在堆放、运输时，应采取防雨措施。

9.4 装卸时，严禁碰撞、扔摔，应轻码轻放，禁止翻斗倾卸。

9.5 产品养护、堆放龄期不足 28 d 不得出厂。

附 录 A
(规范性附录)
混凝土砖抗压强度试验方法

A.1 仪器设备

A.1.1 材料试验机

试验机的示值相对误差不大于±1%,其下加压板应为球绞支座,预期最大破坏荷载应在量程的20%~80%之间。

A.1.2 试样制备平台

试样制备平台必须平整水平,可用金属或其他材料制作。

A.1.3 水平尺

规格为 250 mm~300 mm。

A.1.4 钢直尺

分度值为 1 mm。

A.1.5 玻璃平板或不透钢平板

厚度不小于 6 mm。

A.2 试样

试样数量 10 块。

A.3 试样制备

A.3.1 高度≥40 mm、<90 mm 的混凝土砖试样制备

a) 将试样切断或锯成两个半截砖,断开的半截砖长不得小于 90mm,如图 A.1 所示。如果不足 90 mm,应另取备用试样补足。

b) 在试样制备平台上,将已断开的两个半截砖的坐浆面用不滴水的湿抹布擦拭后,以断口相反方向叠放,两者中间抹以厚度不超过 3 mm、用 42.5 级的普通硅酸盐水泥调制成稠度适宜的水泥净浆粘结,水、灰比不大于 0.3,上下两面用厚度不超过 3 mm 的同种水泥浆抹平。制成的试件上下两面须相互平行,并垂直于侧面,如图 A.2 所示。

单位为毫米

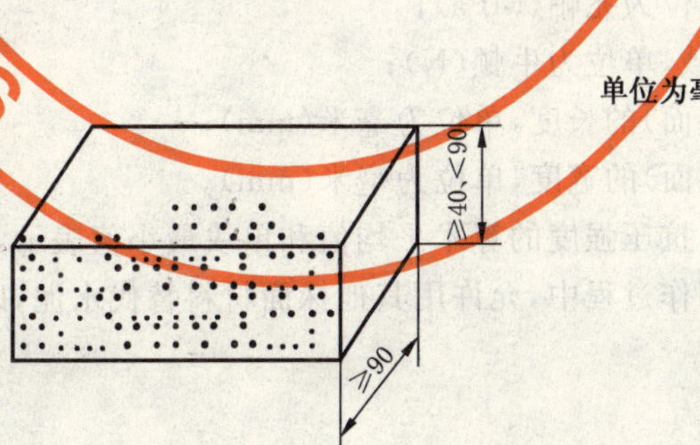

图 A.1 半截砖长度示意图

单位为毫米

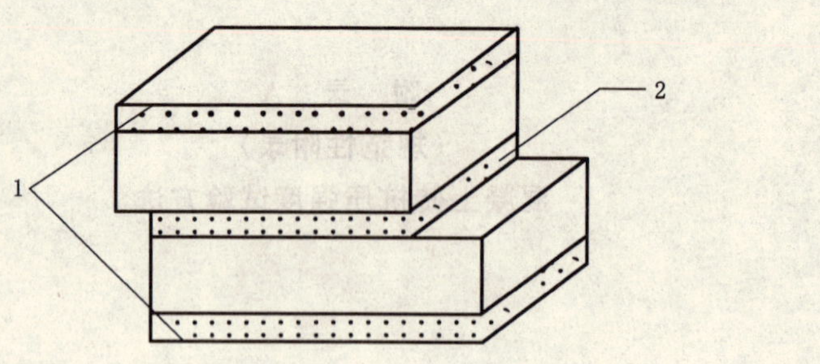

1——净浆层厚≤3 mm；

2——净浆层厚≤5 mm。

图 A.2 水泥净浆层厚度示意图

A.3.2 高度≥90 mm 的混凝土砖的试样制备

试样制作采用坐浆法操作。即将玻璃板置于试样制备平台上，其上铺一张湿的垫纸，纸上铺一层厚度不超过 3 mm 的 42.5 级的普通硅酸盐水泥调制成稠度适宜的水泥净浆，再将试样的坐浆面用湿抹布湿润后，将受压面平稳地坐放在水泥浆上，在另一受压面上稍加压力，使整个水泥层与砖受压面相互粘结，砖的侧面应垂直于玻璃板。待水泥浆适当凝固后，连同玻璃板翻放在另一铺纸放浆的玻璃板上，再进行坐浆，用水平尺校正好玻璃板的水平。

A.4 试样养护

制成的抹面试样应置于不低于 20℃±5℃ 的不通风室内养护不少于 3 d 再进行试验。

A.5 试验步骤

A.5.1 测量每个试样连接面或受压面的长、宽尺寸各两个，分别取其平均值，精确至 1 mm。

A.5.2 将试样平放在加压板的中央，垂直于受压面加荷，应均匀平稳，不得发生冲击或振动。加荷速度以 4 kN/s～6 kN/s 为宜，直至试样破坏为止，记录最大破坏荷载 P。

A.6 结果计算与评定

A.6.1 每块试样的抗压强度(R_P)按式(A.1)计算，精确至 0.01 MPa。

$$R_P=\frac{P}{LB} \qquad \text{(A.1)}$$

式中：

R_P——抗压强度，单位为兆帕(MPa)；

P——最大破坏荷载，单位为牛顿(N)；

L——受压面(连接面)的长度，单位为毫米(mm)；

B——受压面(连接面)的宽度，单位为毫米(mm)。

A.6.2 试验结果以试样抗压强度的算术平均值和单块最小值表示，精确至 0.1 MPa。

A.7 在抗压强度试块制作过程中，允许用其他抹面材料替代水泥，以缩短试块养护周期。

附 录 B
（规范性附录）
碳化系数试验方法

B.1 设备、仪器和试剂

碳化试验箱：容积至少放一组以上试样；箱内环境条件为二氧化碳浓度（体积分数）在20%±3%范围内，相对湿度在70%±5%范围内，温度在20℃±5℃范围内。

1%酚酞乙醇溶液：用浓度（质量浓度）为70%的乙醇配制。

B.2 试样

试样数量为两组共10块砖。一组5块为对比试件；一组5块为碳化试件。

B.3 试验步骤

B.3.1 将7个碳化试件放入碳化箱内，试件间距不得小于20 mm；5块对比试件放在温度为15℃～25℃试验室养护。

B.3.2 将已完全碳化、或已碳化28 d仍未完全碳化的5个试件，与5个对比试件同时按规定进行抗压强度测试。

B.4 结果计算与评定

砖的碳化系数按式（B.1）计算，精确至0.01。

$$K_c = R_c / R \qquad \text{(B.1)}$$

式中：

K_C——砖的碳化系数；

R_C——5个碳化后试件的平均抗压强度，单位为兆帕（MPa）；

R——5个对比试件的平均抗压强度，单位为兆帕（MPa）。

附 录 C
（规范性附录）
软化系数试验方法

C.1 仪器设备

C.1.1 试验机等仪器设备应满足 A.1 的要求。

C.1.2 水池或水箱。

C.2 试样

C.2.1 试样数量为两组 10 个试件。

C.2.2 试验用砖的龄期大于 28 d。

C.3 试件制作

C.3.1 先将试验用的一组 5 块砖，在水池或水箱中浸泡至饱和状态。水温 15℃～25℃，水面高出砖试件 20 cm 以上。

C.3.2 分别将未浸水、气干状态的一组 5 块砖、浸水的饱和面干一组 5 块砖，再按 A.3 和 A.4 要求进行砖抗压强度试件制作与养护。不得用其他抹面材料粉替代水泥。

C.3.3 试件制作时所用水泥，应为强度标号大于 42.5 级或更高的早强型水泥。

C.4 试验步骤

C.4.1 将泡水的一组试件再放入水池或水箱中浸泡至饱和状态。浸泡时间不超 4 h，取出后在铁丝网架上滴水 1 min。

C.4.2 用干布擦拭试件。立即对两组试件分别按 A.4 进行抗压强度测试，记录每个试件的最大破坏荷载。

C.5 结果计算与评定

C.5.1 每个试件的抗压强度值均按 A.6.1 计算得到；未浸水试件组的抗压强度平均值 R、饱和面干组的抗压强度平均值 R_f，均取五块试件的算术平均值，精确至 0.1 MPa。

C.5.2 混凝土砖的软化系数按式(C.1)计算，精确至 0.01。

$$K_f=\frac{R_f}{R} \qquad \text{(C.1)}$$

式中：

K_f——混凝土砖的软化系数；

R_f——5 个饱和面干砖试件的平均抗压强度，单位为兆帕(MPa)；

R——5 个气干状态对比砖试件的平均抗压强度，单位为兆帕(MPa)。

C.5.3 在测试中，发现任何一个饱和面干砖试件的单块抗压强度≤0.5 R 时，直接判定本批次砖的软化系数不合格。

ICS 27.200
J 73

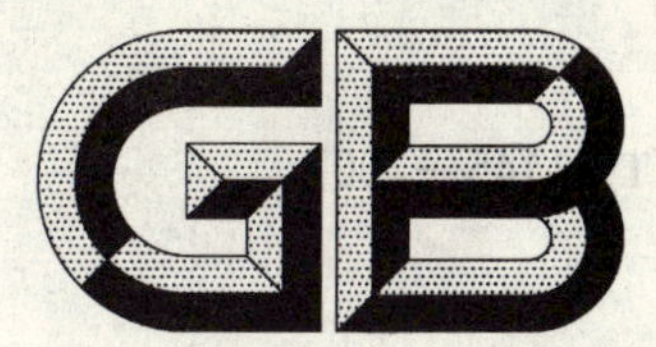

中华人民共和国国家标准

GB/T 21145—2007

运输用制冷机组

Mechanical transport refrigeration units

2007-11-05 发布　　　　2008-02-01 实施

中华人民共和国国家质量监督检验检疫总局
中国国家标准化管理委员会　发布

前言

本标准附录A、附录B为规范性附录。

本标准由中国机械工业联合会提出。

本标准由全国冷冻空调设备标准化技术委员会(SAC/TC 238)归口。

本标准起草单位:深圳大冷王运输制冷有限公司、合肥通用机械研究院、开利运输冷冻空调设备公司。

本标准主要起草人:钟国辉、史敏、文琛、逄云茂。

本标准由全国冷冻空调设备标准化技术委员会负责解释。

本标准为首次制定。

运输用制冷机组

1 范围

本标准规定了运输用制冷机组(以下简称"机组")的术语和定义、型式、技术要求、试验方法、检验规则、标志、包装、运输和贮存等。

本标准适用于汽车运输用制冷机组,列车和相应的集装箱制冷机组可参考本标准。

2 规范性引用文件

下列文件中的条款通过本标准的引用而成为本标准的条款。凡是注日期的引用文件,其随后所有的修改单(不包括勘误的内容)或修订版均不适用于本标准,然而,鼓励根据本标准达成协议的各方研究是否可使用这些文件的最新版本。凡是不注日期的引用文件,其最新版本适用于本标准。

GB/T 191 包装储运图示标志(GB/T 191—2000,eqv ISO 780:1997)

GB/T 1771 色漆和清漆 耐中性盐雾性能的测定(GB/T 1771—1991,eqv ISO 7253:1984)

GB 4706.1 家用和类似用途电器的安全 第1部分:通用要求(GB/T 4760.1—2005,IEC 60335-1:2001,IDT)

GB 5226.1 机械安全 机械电气设备 第1部分:通用技术要求(GB/T 5226.1—2002,IEC 60204-1:2001,IDT)

GB 5296.1 消费品使用说明 总则

GB/T 6388 运输包装收发货标志

GB 9237 制冷和供热用机械制冷系统安全要求(GB 9237—2001,ISO 5149:1993,EQV)

GB/T 13306 标牌

JB/T 4330—1999 制冷和空调设备噪声的测定

JB/T 7249 制冷设备术语

JB 8890 往复式内燃机 安全要求

3 术语和定义

JB/T 7249 中确立的以及下列术语和定义适用于本标准。

3.1

运输用制冷机组 mechanical transport refrigeration units

一种机械式制冷系统,用以运输途中货物的温度控制。主要包括:压缩机、动力装置、风冷冷凝器组件、风冷蒸发器组件、制冷管路及电气、控制系统等。

3.2

量热计 calorimeter

由绝热性能较好的墙壁围成的试验装置,内部有加热、通风和温度测量等设备,通过测量平衡内部温度和外部环境温度所需的热量,来测定制冷设备的制冷量。

3.3

性能系数(COP) coefficient of performance

在规定的制冷能力试验条件下,机组制冷量与机组能耗之比,其值用 W/W 表示。

4 型式

4.1 按冷凝器安装位置分为:

a） 前置式——机组的冷凝器组件等安装在冷冻厢体的前面；

b） 底置式——机组的冷凝器组件等安装在冷冻厢体的底部；

c） 顶置式——机组的冷凝器组件等安装在冷冻厢体的顶部。

4.2 按结构形式分为：

a） 整体式——机组的蒸发器组件和冷凝器组件为一体式结构；

b） 分体式——机组的蒸发器组件和冷凝器组件为分体式结构。

4.3 按驱动方式分为：

a） 发动机驱动——机组以发动机作为驱动动力工作；

b） 电力(电机)驱动——机组以电力作为驱动动力工作。

4.4 按是否使用车辆发动机的动力驱动可分为：

a） 独立式——机组使用独立的动力作驱动，不使用车辆发动机动力；

b） 非独立式——机组使用车辆发动机的动力驱动。

4.5 按温度控制分为：

a） 单温机组——机组只对厢体内的单个空间进行温度控制；

b） 多温机组——机组对厢体内多个相互隔离的空间进行不同温度的控制 。

5 技术要求

5.1 一般要求

机组应符合本标准的规定，并按经规定程序批准的图纸及技术文件制造。

5.2 零、部件及材料要求

5.2.1 机组所有零、部件和材料应分别符合各有关标准的规定，满足使用性能要求并保证安全。

5.2.2 机组的电气系统一般应具有电机短路、过载、缺相等保护以及高压、低压、逆相保护等必要的保护功能或器件。

5.2.3 机组的电器元件选择及安装应符合 GB/T 5226.1 的要求。

5.2.4 机组用电线电缆的外敷绝缘层应采用阻燃、低烟、无卤型材料 。电线电缆的载流量应满足使用要求。

5.2.5 机组涂装件表面不应有明显的气泡、流痕、漏涂、底漆外露、皱纹和损伤。所用油漆需通过 GB/T 1771中规定的耐中性盐雾性能的试验。

5.3 结构要求

5.3.1 机组的排水结构应可靠，在运行中凝结水和雨水不应渗漏到厢内，机组出风口不应喷雾带水。

5.3.2 机组蒸发器出风口如装有风门装置，其调节阀动作应灵敏、可靠。

5.4 装配要求

5.4.1 机组的制冷系统各部件在装配前应保持清洁、干燥。

5.4.2 机组内各管路、部件应定位牢固，确保在运行中不发生摩擦、撞击。各部件的电气线路、电器设备以及自控器件的安装布置应安全、牢固、整齐。电气线路要采取防护措施，防止摩擦和鼠咬。

5.5 性能要求

5.5.1 密封性能

按 6.3.1 方法试验时，机组制冷系统和部件制冷剂泄漏量应不大于 14 g/a。

5.5.2 运转

按 6.3.2 方法试验，机组应能正常运转、安全保护装置应灵敏可靠，温度、电器等控制元件的动作应正常，所有测检项目应符合设计要求。

5.5.3 制冷量

按 6.3.3 方法试验时，机组实测制冷量应不小于名义制冷量的 95%。

5.5.4 低温工况运行

按 6.3.4 方法试验时，机组在低温工况下应能正常运行，机组出风口不应有冰屑或水滴吹出。

5.5.5 除霜

装有自动除霜装置的机组，按 6.3.5 方法试验时，除霜过程所需时间不应超过试验总时间的 20%。

5.5.6 噪声

按 6.3.6 方法测量机组的噪声(声压级)，卡车机组测量值应不超过 72 dB(A)，拖车机组应不超过 80 dB(A)。

5.5.7 耐振性能

按 6.3.7 方法试验后，机组不应有破损、裂缝、渗漏。零部件应不受损坏，紧固件无松动，性能符合要求。

5.5.8 性能系数(COP)

按 6.3.3 方法实测制冷量与测试所用总功率(所耗燃油总低热值)之比不应小于表 1 规定值的 95%。

表 1 名义工况下的能效比

机组型式	名义制冷工况/℃		名义制冷量/kW	COP/(W/W)
	冷凝器进口温度	蒸发器回风温度		
独立式	37.8	1.7	<3 000	0.17
			3 000～4 500	0.21
			4 500～8 500	0.23
			8 500～20 000	0.27
			>20 000	0.36
		−17.8	<3 000	0.13
			3 000～4 500	0.17
			4 500～8 500	0.21
			8 500～20 000	0.23
			>20 000	0.33
非独立式	37.8	1.7	<1 500	0.70
			1 500～2 500	0.75
			2 500～4 500	0.78
			>4 500	0.85
		−17.8	<1 500	0.65
			1 500～2 500	0.71
			2 500～4 500	0.74
			>4 500	0.79

注 1：不包含备电系统能效比。

注 2：压缩机转速 1 400±50 r/min。

注 3：对于使用柴油机驱动的机组，柴油标号为−10#，燃油能耗按照低热值 42.7 MJ/kg 计算。

注 4：油耗通过测量制冷量试验过程中单位时间所耗柴油重量确定，测量精度为±1%。

5.6 安全要求

5.6.1 制冷系统安全性能

机组的机械制冷系统安全性能应符合 GB 9237 的有关规定。

5.6.2 发动机安全性能

发动机安全性能应符合 JB 8890 的规定。

5.6.3 控制器件安全性能

机组应有防止运行参数(如温度、压力等)超过规定范围的安全保护措施或器件,保护器件设置应符合设计要求并灵敏可靠。

5.6.4 机械安全性能

机组的设计应保证在安装和使用时具有可靠的稳定性。机组应有足够的机械强度,其结构应确保在车辆正常运行时,其零部件应不受损坏,紧固件无松动,性能符合要求。

5.6.5 电器安全性能

5.6.5.1 电气强度

按 6.3.8.1 方法试验,绝缘应能承受电气强度试验,在 1 min 内,应无击穿和闪络。

5.6.5.2 接地电阻

机组应有可靠的接地装置,按 6.3.8.2 方法试验时,其接地电阻不得超过 0.1 Ω。

5.6.5.3 安全标识

机组应在明显位置设置永久性安全标识(如接地标识、警告标识等)。

5.7 电源要求

机组在电力驱动下,其所用的电源为:主电路额定电压为三相交流 380 V/3/50 Hz,或单相交流 220 V/1/50 Hz;控制电路电源为直流 12 V 或 24 V 或制造商规定的电压。

6 试验方法

6.1 试验条件

6.1.1 机组制冷量的试验装置见附录 A。

6.1.2 试验工况按表 2 的规定。

表 2 试验工况

单位为摄氏度

<table>
<tr><th>温度条件</th><th>低温工况</th><th colspan="2">名义制冷工况</th><th>最大负荷工况</th></tr>
<tr><td>蒸发器回风温度</td><td>−29</td><td>−17.8</td><td>1.7</td><td>1.7</td></tr>
<tr><td>冷凝器进口温度</td><td>−20</td><td colspan="2">37.8</td><td>45</td></tr>
<tr><td colspan="5">注:测试用压缩机最大转速由生产厂商推荐值±50 r/min。</td></tr>
</table>

6.1.3 机组进行制冷量试验时,试验工况参数的读数允差应符合表 3 的规定。

表 3 制冷量试验工况参数的读数允差

单位为摄氏度

项　目	蒸发器侧	冷凝器侧
最大变动幅	±0.5	±0.5
平均变动幅	±0.3	±0.3

6.1.4 仪器仪表的型式及准确度

试验用仪器仪表的型式及准确度应符合表 4 的规定。

表 4 仪器仪表的型式及准确度

类 别	型 式	准 确 度	
温度测量仪表	铂电阻温度计 水银玻璃温度计	±0.1℃	制冷剂温度±1.0℃
	热电偶	±0.5℃	
制冷剂压力测量仪表	压力表，变送器	±2.0 %	
电量测量仪表	指示式	±0.5%	
	积算式	±1.0%	
空气压力测量仪表	气压表,气压变送器	风管静压±2.45 Pa	
转速仪表	转速表,闪频仪	±1.0%	
质量测量仪表	—	±1.0%	

注 1：噪声测量应使用Ⅰ型或Ⅰ型以上的精密级声压计。

注 2：时间测量仪表的准确度为±0.2%。

注 3：大气压力测量用气压测量仪表，其准确度为±0.1%。

6.2 一般要求

6.2.1 机组所有试验应按铭牌上规定的工作参数进行。

6.2.2 分体式机组的冷凝器与蒸发器之间连接管应按设计管长进行试验。隔热和安装要求按产品说明书进行。

6.3 试验方法

6.3.1 制冷系统密封性能试验

制冷系统和部件在正常的制冷剂充灌量下,使用灵敏度为 2.0×10^{-5} mbar·L/s 的电子式泄漏检测仪进行检测。

6.3.2 运转试验

机组应在接近名义制冷工况的条件下运行,检查制冷机组的运转状况、安全保护装置的灵敏度和可靠性,检验温度、电器等控制元件的动作是否正常。

6.3.3 制冷量试验

按表 2 规定的名义制冷工况及附录 A 所规定的两种试验方法中的一种进行试验。其中 A.2.1 标定型量热计法是主要试验方法或仲裁试验方法。A.2.2 可被用作日常的工厂试验。

6.3.4 低温工况运行试验

机组分别在发动机驱动和电力驱动模式下,按表 2 规定的低温工况连续运转 4 h。

6.3.5 除霜试验

6.3.5.1 除霜试验应在完成制冷量测定之后进行。控制蒸发器的进风温度为－10℃±2℃,此时量热箱外的环境温度允许自然波动。

6.3.5.2 水蒸气应以机组名义制冷量每瓦每小时 0.2 g 左右的速率输向量热箱内,但应防止结雾。试验持续 8 h 后,如机组还不能自动融霜,则以手动停止试验。

6.3.5.3 在量热箱内,用来抵消机组制冷量及箱体漏热量的加热器功率,在融霜试验过程中应逐步减少,以避免当蒸发器结霜时机组制冷量的减少而可能使箱内温度升高。

6.3.5.4 对具有定时融霜装置的机组,应在 6.3.5.1 的条件下试验机组定时融霜装置的功能。

6.3.6 噪声试验

按 JB/T 4330—1999 附录 B 中 B1 的试验方法测量机组噪声。

6.3.7 振动试验

机组按附录B规定的方法进行振动试验。

6.3.8 电器安全性能试验

6.3.8.1 电气强度试验

机组按表5规定的试验电压进行电气强度试验。

表5 电气强度试验电压

供电电源	电网供电	逆变器供电	DC110V	DC110V 以下
试验电压	AC1 500 V/50 Hz	AC2 500 V/50 Hz	AC1 000 V/50 Hz	AC500 V/50 Hz

6.3.8.2 接地电阻试验

机组按GB 4706.1—1998中27.5的方法进行试验。

7 检验规则

7.1 出厂检验

7.1.1 每台机组应经制造厂质量检验部门检验合格后方能出厂。

7.1.2 出厂检验项目、技术要求和试验方法按表6的规定。

7.2 抽样检验

应从出厂检验合格的产品中按企业规定抽样一台，并按表6规定的检验项目检验。抽检不合格时再抽检两台，如果再有一台不合格，则进行逐台检验。

7.3 型式检验

7.3.1 新产品或定型产品作重大改进，产品应作型式检验，检验项目按表6的规定。

7.3.2 型式检验运行时，如有故障应在故障排除后重新检验。

表6 检验项目

<table>
<tr><th>序号</th><th>项　目</th><th>出厂检验</th><th>抽样检验</th><th>型式检验</th><th>技术要求</th><th>试验方法</th></tr>
<tr><td>1</td><td>一般检查</td><td rowspan="8">√</td><td rowspan="11">√</td><td rowspan="13">√</td><td>5.1 ～ 5.4</td><td rowspan="3">视检</td></tr>
<tr><td>2</td><td>标志</td><td>8.1</td></tr>
<tr><td>3</td><td>包装</td><td>8.2</td></tr>
<tr><td>4</td><td>电气强度</td><td>5.6.5.1</td><td>6.3.8.1</td></tr>
<tr><td>5</td><td>接地电阻</td><td>5.6.5.2</td><td>6.3.8.2</td></tr>
<tr><td>6</td><td>安全标识</td><td>5.6.5.3</td><td>视检</td></tr>
<tr><td>7</td><td>制冷系统密封</td><td>5.5.1</td><td>6.3.1</td></tr>
<tr><td>8</td><td>运转</td><td>5.5.2</td><td>6.3.2</td></tr>
<tr><td>9</td><td>制冷量</td><td rowspan="5">—</td><td>5.5.3</td><td>6.3.3</td></tr>
<tr><td>10</td><td>噪声</td><td>5.5.6</td><td>6.3.6</td></tr>
<tr><td>11</td><td>振动</td><td>5.5.7</td><td>6.3.7</td></tr>
<tr><td>12</td><td>低温工况</td><td rowspan="2">—</td><td>5.5.4</td><td>6.3.4</td></tr>
<tr><td>13</td><td>自动除霜</td><td>5.5.5</td><td>6.3.5</td></tr>
<tr><td colspan="7">注：“√”应做试验，“—”不做试验。</td></tr>
</table>

8 标志、包装、运输和贮存

8.1 标志

8.1.1 每台机组应在明显位置设置永久性铭牌，铭牌应符合 GB/T 13306 的规定，内容应包括：

a) 制造厂的名称；

b) 产品型号和名称；

c) 主要技术性能参数(制冷剂代号及其充注量、电压、频率、相数、最大工作电流)；

d) 产品出厂编号；

e) 生产日期。

8.1.2 机组上应标有运行状态的标志，如风机旋转方向的箭头、指示仪表和接地标志等。

8.1.3 出厂文件

每台制冷机组应随带下列技术文件：

8.1.3.1 产品合格证，内容包括：

a) 产品型号和名称；

b) 产品出厂编号；

c) 检验日期。

8.1.3.2 产品使用说明书应符合 GB 5296.1，内容包括：

a) 产品型号和名称、适用范围；

b) 产品的结构示意图、制冷系统图、电气原理及接线图；

c) 备件目录和必要的易损件零件图；

d) 安装说明和要求；

e) 使用说明、维修和保养注意事项。使用过程中的安全要求。

8.1.3.3 产品规格书

产品规格书上应标注名义制冷量、质量等。

8.1.3.4 装箱单

8.1.4 应在相应地方(如铭牌、产品说明书等)标注产品执行标准编号。

8.2 包装

8.2.1 机组在包装前应进行清洁处理。独立式机组应充注额定量制冷剂，分体式机组也可充入干燥氮气，压力可控制在 0.03 MPa～0.1 MPa 表压范围内。各部件应清洁、干燥，易锈部件应涂防锈剂。

8.2.2 机组包装箱上应有下列标志：

a) 制造单位名称；

b) 产品型号和名称；

c) 净重、毛重；

d) 外形尺寸；

e) “小心轻放”、“向上”、“怕湿”和堆放层数等。有关包装、储运标志应符合 GB/T 6388 和 GB/T 191的有关规定。

8.3 运输和贮存

8.3.1 机组在运输和贮存过程中不应碰撞、倾倒、雨淋。

8.3.2 机组应贮存在干燥和通风良好的仓库中。

附 录 A
（规范性附录）
运输用制冷机组制冷量的试验方法

A.1 试验方法

A.1.1 本标准规定的试验方法：

a) 标定型量热计法；

b) 平衡环境型量热计法。

A.2 试验装置与要求

A.2.1 标定型量热计法

A.2.1.1 标定型量热计测定输入量热计的总热量，包括输入的电功与漏热量之和，来测定制冷系统的制冷量的方法。制冷量试验或校准试验时，量热计应安装在有一定尺寸的试验室内，使在标定室的各侧面、顶面和底面留有适当的空隙。标定型量热计的漏热量不得大于 600 W；大于 600 W 时，必须低于被测机组名义制冷量的 30%。

A.2.1.2 用来测量标定室外四周环境空间以及标定室内环境空间的仪表按图 A.3 布置，测量时的温度要求见表 A.1。标定室外不要求模拟装有该制冷设备的车辆处于运动时的风或气流的状态。必须具备使空气循环的手段。

表 A.1 稳定状态的温度要求

单位为摄氏度

温度读数		标定漏热系数过程	测定制冷量过程
标定室内	测点间温差	1.5	3.0
	平均温度波动	1.0	1.0
标定室外	测点间温差	1.5	3.0
	平均温度波动	2.0	2.0
蒸发器回风温度波动	测点间温差	—	1.5[a]
	平均温度波动		0.5
冷凝器进风温度波动	平均温度波动		1.0

a 采用取样器测量时不适用。

A.2.1.3 回风必须用一块挡板导向，以使送风和回风分开。挡板必须在送风口处开孔，从箱体的一侧延伸至另一侧，并从箱顶延伸至离开底面距离 d 不大于 450 mm 处（见图 A.1）。测量进入被测机组蒸发器的空气温度测点不少于 8 个测点，并按面积在与适当靠近进风口的平行截面上均匀分布，或采用取样器在适当靠近进风口的平行截面上测温。

A.2.1.4 在标定室内应安装一台加热设备，既可用来校准量热计又可以用来平衡试验机组的制冷量。加热设备应予以屏蔽，或采用其他方法，以防止对试验机组盘管表面、量热计壁或任何测温仪表的热辐射。

A.2.1.5 标定型量热计法的布置原理图见图 A.1。

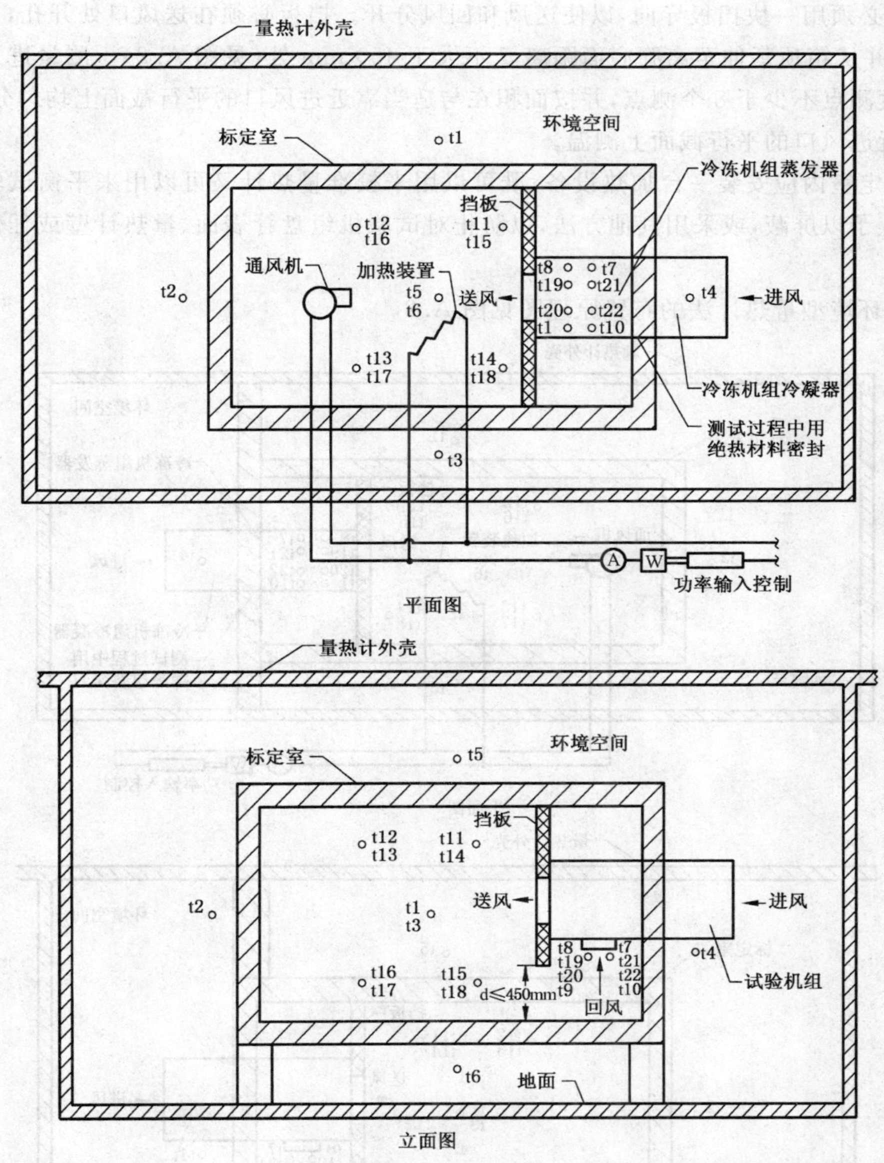

注：上图(平面图、立面图)中的 t7、t8、t9、t10、t19、t20、t21、t22 8 个空气温度测点可用取样器代替测量。

图 A.1　标定型量热计法原理图

量热计室的内表面应采用无孔材料，全部接缝必须密封，量热计室的门应采用衬垫或适当的方法密封，空气温度测点状态各温度点的要求见表 A.1。

A.2.1.6　采用标定型量热计法进行制冷量试验之前，必须按 A.5 进行校准试验，取得量热计的漏热系数。进行校准试验时，稳定状态各温度点的要求见表 A.1。

A.2.1.7　采用标定型量热计法进行制冷量试验，按 A.6 进行，稳定状态时各温度点的要求见表 A.1。

A.2.2　平衡环境型量热计法

A.2.2.1　平衡环境型量热计测定输入量热计的总热量，包括输入的电功与漏热量之和，来测定制冷系统的制冷量的方法。制冷量试验或校准试验时，量热计应安装在有一定尺寸的试验室内，使在标定室的各侧面、顶面和底面留有适当的空隙。平衡环境型量热计的漏热量不得大于 120 W；大于 120 W 时，必须低于被测机组名义制冷量的 5%。

A.2.2.2　用来测量标定室外四周环境空间以及标定室内环境空间的仪表按图 A.3 布置，测量时的温度要求见表 A.1。标定室外不要求模拟装有该制冷设备的车辆处于运动时的风或气流的状态。必须具备使空气循环的手段。

A.2.2.3 回风必须用一块挡板导向，以使送风和回风分开。挡板必须在送风口处开孔，从箱体的一侧延伸至另一侧，并从箱顶延伸至离开底面距离 d 不大于 450 mm 处(见图 A.2)。测量进入被测机组蒸发器的空气温度测点不少于 8 个测点，并按面积在与适当靠近进风口的平行截面上均匀分布，或采用取样器在适当靠近进风口的平行截面上测温。

A.2.2.4 在标定室内应安装一台加热设备，既可以用来校准量热计又可以用来平衡试验机组的制冷量。加热设备应予以屏蔽，或采用其他方法，以防止对试验机组盘管表面、量热计壁或任何测温仪表的热辐射。

A.2.2.5 平衡环境型量热计法的布置原理图见图 A.2。

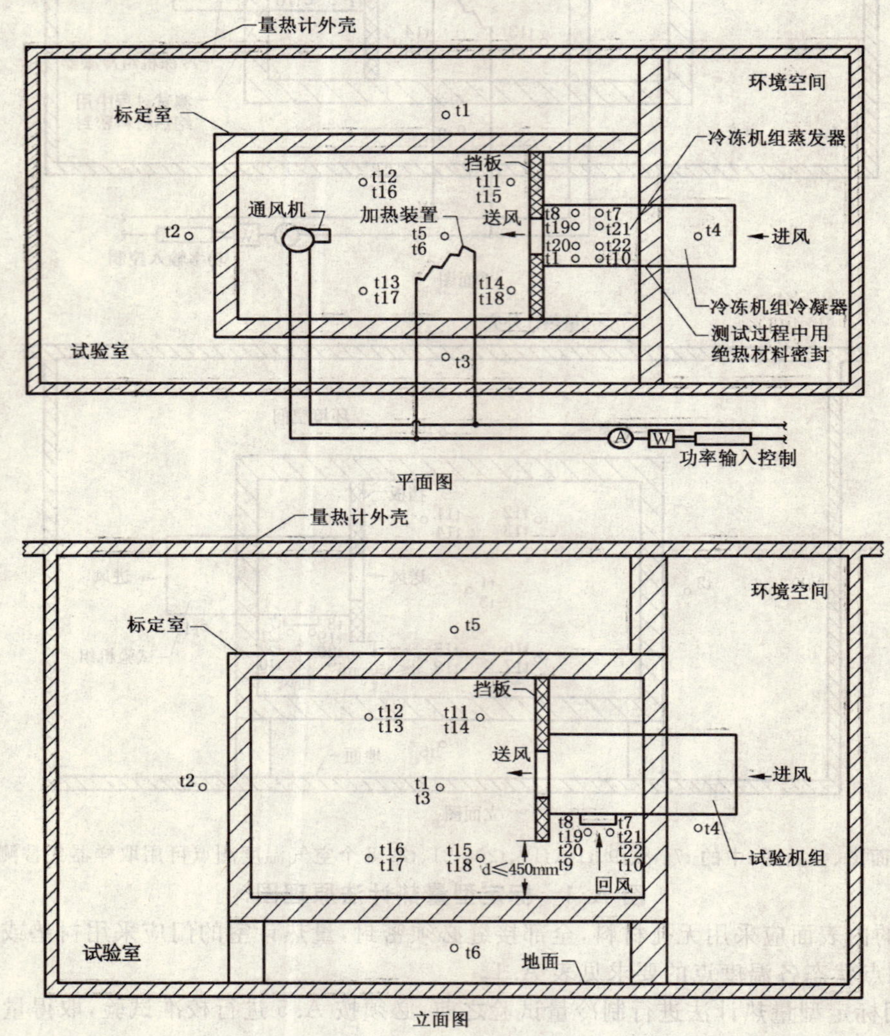

注：上图(平面图、立面图)中的 t7、t8、t9、t10、t19、t20、t21、t22 8 个空气温度测点可用取样器代替测量。

图 A.2 平衡环境型量热计法原理图

量热计室的内表面应采用无孔材料，全部接缝必须密封，量热计室的门应采用衬垫或适当的方法密封，空气温度测点状态各温度点的要求见表 A.1。

A.2.2.6 采用平衡环境型量热计法进行制冷量试验之前，必须按 A.5 进行校准试验，取得量热计的漏热系数。进行校准试验时，稳定状态各温度点的要求见表 A.1。

A.2.2.7 采用平衡环境型量热计法进行制冷量试验，按 A.6 进行，稳定状态时各温度点的要求见表 A.1。

A.3 温度测量

A.3.1 测量环境温度或周围空间温度

测点的布置见图 A.3，测点分布在标定室的外表面中心位置向外 150 mm。用以测量的温度敏感元件必须予以屏蔽以防热辐射和防止潮气影响测量。

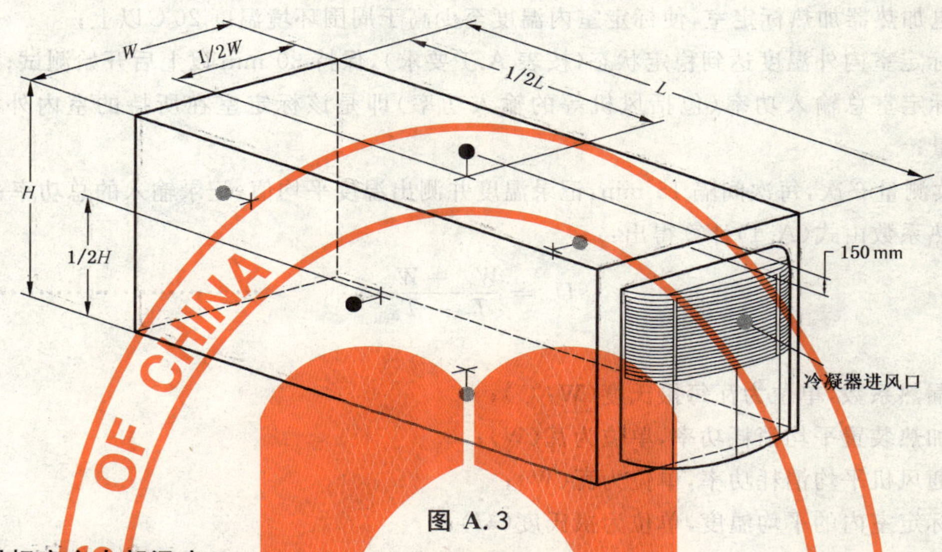

图 A.3

A.3.2 测量标定室内部温度

测点的布置见图 A.4，共 8 个测点，从标定室的每个表面向内 1/4 长、1/4 宽、1/4 高的位置。用以测量的温度敏感元件必须予以屏蔽以防热辐射和防止潮气影响测量。

图 A.4

A.3.3 回风温度测点与冷凝器进口温度测点的要求

A.3.3.1 标定型量热计法回风温度测点的要求见 A.2.1.3，布置见图 A.1。

A.3.3.2 平衡环境型量热计法回风温度测点的要求见 A.2.2.3，布置见图 A.2。

A.3.3.3 冷凝器进口温度需 4 个测点取其平均值。4 点均布置在与冷凝器盘管进风口平行的平面上，以冷凝器盘管中心点向 X 和 Y 方向各间隔 150 mm 固定。

A.4 测试条件

按表 1 试验工况。

A.5 校准试验(漏热系数的标定)

量热计的漏热量和漏热系数的标定方法：

a) 关闭所有量热计标定室的开口；

b) 按图示位置布置温度测点；

c) 用电加热器加热标定室，使标定室内温度至少高于周围环境温度20℃以上；

d) 当标定室内外温度达到稳定状态(按表A.1要求)，保持30 min以上后开始测试；

e) 该标定室总输入功率(包括风机等的输入功率)即是该标定室在所持的室内外温差下的漏热量；

f) 连续测量6次，每次间隔15 min，记录温度并测出温度平均值，记录输入的总功率；

g) 漏热系数由式(A.1)计算得出：

$$U_c = \frac{W_{c1} + W_{c2}}{T_{ci} - T_{co}} \qquad \cdots\cdots(A.1)$$

式中：

U_c——漏热系数，单位为瓦每摄氏度(W/℃)；

W_{c1}——加热装置平均消耗功率，单位为瓦(W)；

W_{c2}——通风机平均消耗功率，单位为瓦(W)；

T_{ci}——标定室内的平均温度，单位为摄氏度(℃)；

T_{co}——标定室外的平均温度，单位为摄氏度(℃)。

A.6 制冷量的测定

制冷量的测定：

a) 按图A.1或图A.2所示，安装好机组；

b) 按图示位置布置温度测点；

c) 启动制冷机组、加热装置和通风机，使量热计标定室内部温度及周围环境温度稳定在表1规定的试验条件下；

d) 当量热计标定室内外温度达到稳定状态(按表A.1要求)，保持30 min以上后开始测试；

e) 连续测量6次，每次间隔15 min，记录温度并测出温度平均值，记录输入的总功率；

f) 制冷量由式(A.2)计算得出：

$$Q_n = W_1 + W_2 + U_c(T_o - T_i) \qquad \cdots\cdots(A.2)$$

式中：

Q_n——制冷机组的制冷量，单位为瓦(W)；

W_1——加热装置平均消耗功率，单位为瓦(W)；

W_2——通风机平均消耗功率，单位为瓦(W)；

T_i——标定室内的平均温度，单位为摄氏度(℃)；

T_o——标定室外的平均温度，单位为摄氏度(℃)。

A.7 试验记录及试验结果

A.7.1 制冷机组制冷量试验应记录的试验数据如表A.2。

表 A.2 制冷机组制冷量试验应记录的数据

序号	记录项目	单位
1	试验日期	
2	试验人员	
3	测试方法	
4	试验机组的型号和出厂编号	
5	试验机组的额定参数	
6	发动机型号	
7	压缩机型号	
8	电动机型号	
9	制冷剂	
10	大气压力	kPa
11	电压和频率	V,Hz
12	试验时间	h
13	压缩机转速	r/min
14	输入功率(加热装置、通风装置)	W
15	标定室内侧温度	℃
16	标定式外侧温度	℃
17	机组冷凝器进风温度	℃
18	机组蒸发器送风温度	℃
19	机组蒸发器回风温度	℃

附 录 B
（规范性附录）
振动测试方法

B.1 范围

本附录规定了运输用制冷机组的振动测试方法。

B.2 试验条件

B.2.1 谐振频率

机组的谐振频率按表 B.1 的规定。

表 B.1 谐振频率

部件谐振情况	谐振频率/Hz
谐振	部件固有的谐振频率[a]
无谐振	33 或 67

a 按 B.3.1 谐振频率探测试验方法进行测试的结果。

B.2.2 振动加速度

机组的振动加速度按表 B.2 的规定。

表 B.2 振动加速度

振动加速度阶段	振动加速度/(m/s²)
1	5
2	20
3	30

B.3 试验方法

B.3.1 谐振频率探测试验方法

机组的谐振频率应该在一定频率范围内选择与被测试部件一致的频率，按固定的速率连续递增和递减频率 5 Hz～200 Hz 的频率来探测。

B.3.2 振动耐久性试验方法

机组的振动耐久试验应该考虑与汽车类型、在实际设备中的位置以及表 B.2 中 3 个测试阶段的一致来进行。试验应分为有、无谐振两种情况来进行。

原则上说来，表 B.2 通常应用于振动条件的分类。不过必要时，振动方向和测试时间可根据参与传输各方之间的一致性来决定。

a） 无谐波时振动耐久试验应参照表 B.3 来进行。

表 B.3 无谐波时振动耐久试验要求

阶段	频率/Hz	振动加速度/(m/s²)	测试时间/h		
			垂直	横向	纵向
1	33 或 67	5	4	2	2
2		20			
3		30			

b） 有谐波时振动持久性试验应先参照表 B.4 来进行，后再参照表 B.5 来进行。

表 B.4 有谐波时振动持久性试验(1)

阶段	频率/Hz	振动加速度/(m/s²)	测试时间/h		
			垂直	横向	纵向
1	谐振频率	5	1	0.5	0.5
2		20			
3		30			

表 B.5 有谐波时振动持久性试验(2)

阶段	频率/Hz	振动加速度/(m/s²)	测试时间/h		
			垂直	横向	纵向
1	33 或 67	5	3	1.5	1.5
2		20			
3		30			

B.4 路面试验

B.4.1 路面试验的试验要求

表 B.6 路面试验的试验要求

路面试验	路面要求	试验时间
试验要求	国家规定第二等级公路	连续运行 6 h

ICS 13.340.50
C 73

中华人民共和国国家标准

GB 21146—2007
代替 GB 4385—1995
GB 16756—1997

个体防护装备 职业鞋

Personal protective equipment—Occupational footwear

(ISO 20347:2004,MOD)

2007-11-01 发布 2008-06-01 实施

中华人民共和国国家质量监督检验检疫总局
中国国家标准化管理委员会 发布

前　言

本标准的5.3.1.2、5.3.2、5.4.3、5.4.4、5.4.5、5.5.1、5.5.2、5.8.1、5.8.2、5.8.3、5.8.4、5.8.5、5.8.6为强制性条款；如果职业鞋有适用的附加要求，则第6章中所适用的附加要求条款为强制性的；其余为推荐性的。

本标准修改采用ISO 20347:2004《个体防护装备　职业鞋》(英文版)。本标准根据ISO 20347:2004重新起草。

本标准与ISO 20347:2004相比，存在如下差异：

——将国际标准的格式和表述转化为我国标准的格式和表述，根据汉语习惯进行了编辑性修改，有些专业术语和定义按国内专业习惯用语进行了修改。

——删除了ISO前言和EN前言。

——在范围中，增加了规定内容、适用和不适用范围。

——国际标准中引用的ISO 20344:2004，在本标准中均改为GB/T 20991—2007。

——凡ISO 20347:2004文中涉及到的国外鞋号，本标准均转为相应国际鞋号，简称为鞋号。

——在3.13导电鞋的定义中，将“电阻值位于0 Ω～100 kΩ范围内”改为“电阻值小于100 kΩ”。

——在防静电鞋的定义中，将“电阻值位于100 kΩ以上……”改为“电阻值大于或等于100 kΩ……”。

——删除了国际标准中的术语3.18。

——5.7.4.1中将“磨擦损坏不应比同类材料标准试样描述的更严重”改为“不应有严重磨损”。

——6.2.1.2中删除了“防刺穿垫不应位于安全或防护包头卷边上方也不应与之接触”。

——6.2.1.5.2中，将国际标准引用的EN 12568:1998的内容直接纳入本标准，并为此增加了附录A。

——6.2.2.1中，将“电阻值不应大于100 kΩ”改为“电阻值应小于100 kΩ”。

——6.2.2.2中，将“电阻值应大于100 kΩ……”改为“电阻值应大于或等于100 kΩ……”。

——6.2.3.1中，在“内底上表面的温度升高……”前增加了“30 min后”。

——6.4.1中删除了“除保护包头卷边下方区域外”。

——删除了国际标准中的8.1b)。

——8.2.1中，将“……100 kΩ的电阻上限值”改为“……电阻值小于100 kΩ”。

——8.2.3中，将c)中的“电阻”改为“电性能”，删除了d)的分项2)，将分项1)取消序号，成为d)的直接内容。

——根据本标准编制情况增加了参考文献的内容。

本标准自实施之日起，同时代替GB 4385—1995、GB 16756—1997。

本标准的附录A为规范性附录。

本标准由国家安全生产监督管理总局提出。

本标准由全国个体防护装备标准化技术委员会(CSBTS/TC 112)归口。

本标准起草单位：中钢集团武汉安全环保研究院、国家劳动保护用品质量监督检验中心(武汉)、广州职安健安全科技有限公司、浙江赛纳集团有限公司、天津双安劳保橡胶公司。

本标准主要起草人：程钧、佘启元、刘宏斌、张元虎、刘钜源、陈铁。

个体防护装备　职业鞋

1　范围

本标准规定了职业鞋的术语和定义、分类、基本要求和附加要求、标识和提供的信息。

本标准适用于保护穿着者足腿部免遭作业区域危害的职业鞋。

本标准不适用于没有内底和鞋垫或没有内底但有可移动鞋垫的职业鞋。

2　规范性引用文件

下列文件中的条款通过本标准的引用而成为本标准的条款。凡是注日期的引用文件，其随后所有的修改单(不包括勘误的内容)或修订版均不适用于本标准，然而，鼓励根据本标准达成协议的各方研究是否可使用这些文件的最新版本。凡是不注日期的引用文件，其最新版本适用于本标准。

GB/T 20991—2007　个体防护装备　鞋的测试方法(ISO 20344:2004,MOD)

3　术语和定义

下列术语和定义适用于本标准。

注：鞋部件在图1～图3中说明。

3.1

职业鞋　occupational footwear

具有保护特征、未装有保护包头的鞋，用于保护穿着者免受意外事故引起的伤害。

3.2　皮革

3.2.1

全粒面革　full grain leather

经过鞣制不会腐烂、保存有全部粒面层的皮革。

3.2.2

修饰面革　corrected grain leather

经过鞣制不会腐烂、通过机械打磨修饰了粒面结构的皮革。

3.2.3

剖层皮革　leather split

经过鞣制不会腐烂、通过剖开一层厚皮革而获得的头层或中间层皮革。

3.3

橡胶　rubber

本标准指硫化橡胶。

3.4

聚合材料　polymeric materials

例如聚氨酯或聚乙烯(氯乙烯)。

3.5

内底　insole

用于构成鞋底部、制鞋过程中通常与鞋连接的非移动部件。

3.6

鞋垫　insock

用于覆盖部分或全部内底的可移动的或固定的鞋部件。

3.7

衬里　lining

覆盖鞋帮内表面的材料。

注1：穿着者的脚直接与衬里接触。

注2：在装有保护包头的前部鞋帮被剖开处，或一个外部材料缝在鞋帮上形成一个袋装入保护包头，保护包头下方材料起衬里作用。

3.7.1

前帮衬里　vamp lining

覆盖鞋帮前部内表面的材料。

3.7.2

后帮衬里　quarter lining

覆盖鞋帮后侧部内表面的材料。

3.8

花纹　cleat(s)

鞋底外表面凸出部分。

3.9

刚性外底　rigid outsole

当整只鞋按照 GB/T 20991—2007 中 8.4.1 测试时，30 N 负荷下弯曲达不到 45°的鞋底。

3.10

发泡外底　cellular outsole

0.9 g/cm^2 或较小密度、在 10 倍放大镜下可看见多孔结构的外底。

3.11

防刺穿垫　peneteation-resistant insert

为提供穿透保护而放在鞋底组合体中的鞋底部件。

3.12

鞋座区域　seat region

鞋的后部(帮和底)。

3.13

导电鞋　conductive footwear

按照 GB/T 20991—2007 中 5.10 测量时电阻值小于 100 kΩ 的鞋。

3.14

防静电鞋　antistatic footwear

按照 GB/T 20991—2007 中 5.10 测量时电阻值大于或等于 100 kΩ 和小于或等于 1 000 MΩ 的鞋。

3.15

电绝缘鞋　electrically insulating footwear

通过阻断经由脚穿过身体的危险电流的通路保护穿着者免受电击的鞋。

3.16

燃料油　fuel oil

石油的脂肪族烃成分。

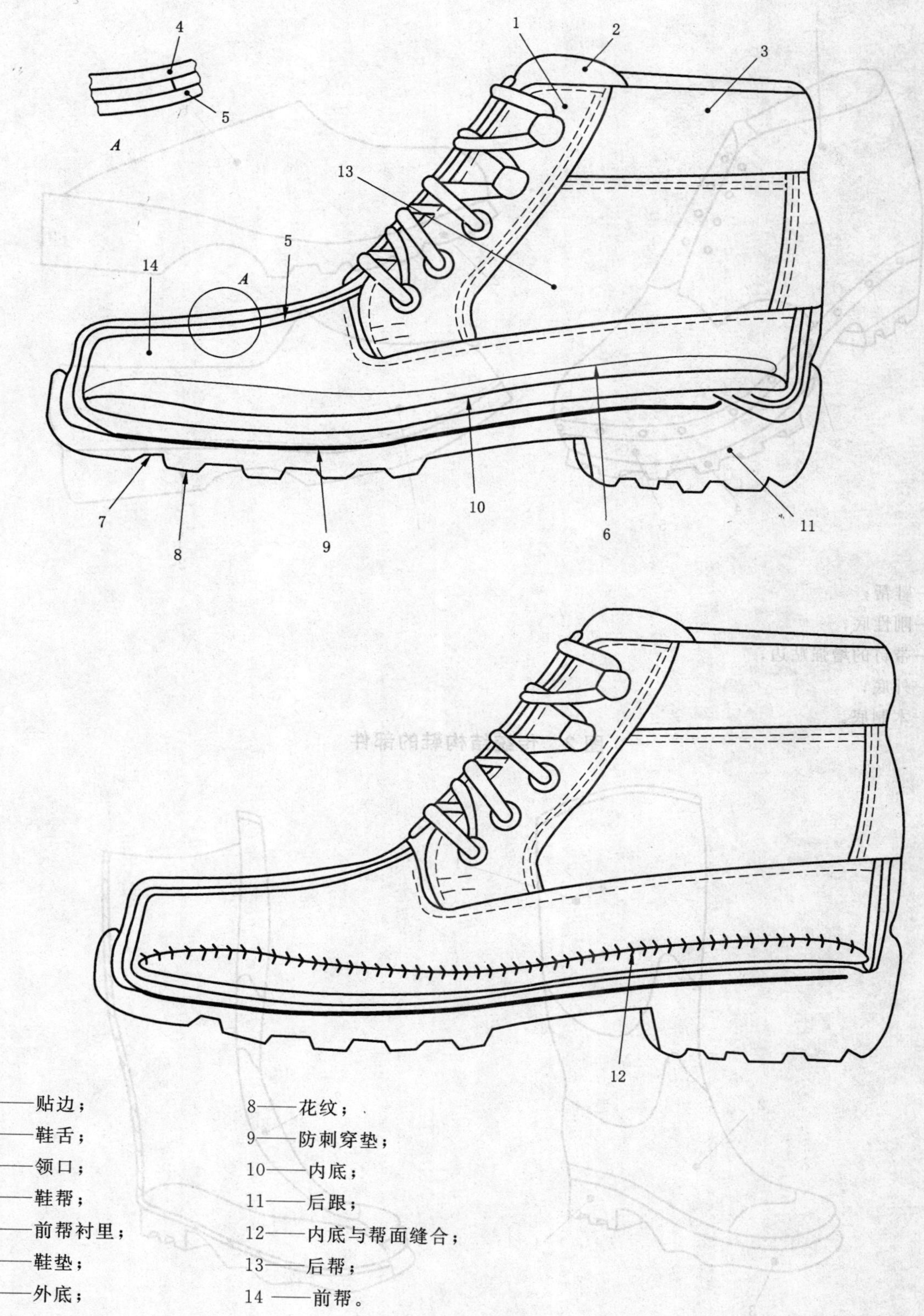

1——贴边；
2——鞋舌；
3——领口；
4——鞋帮；
5——前帮衬里；
6——鞋垫；
7——外底；
8——花纹；
9——防刺穿垫；
10——内底；
11——后跟；
12——内底与帮面缝合；
13——后帮；
14 ——前帮。

图 1　内底与帮面为缝合结构鞋的部件

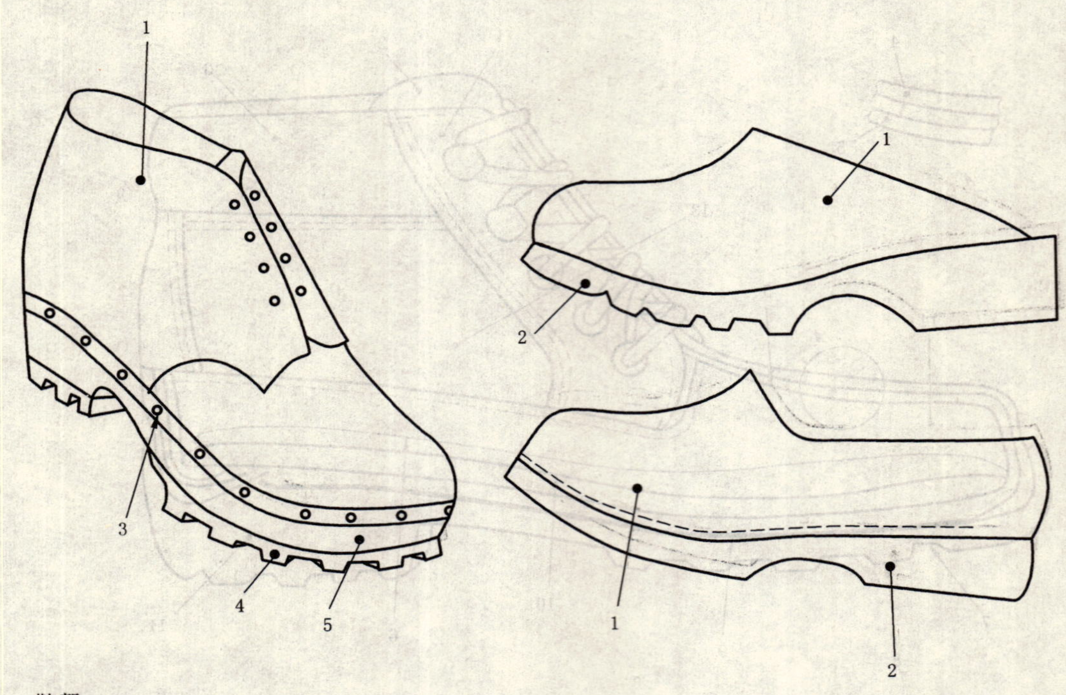

1——鞋帮；

2——刚性底；

3——带钉的增强贴边；

4——外底；

5——木制底。

图 2　传统结构鞋的部件

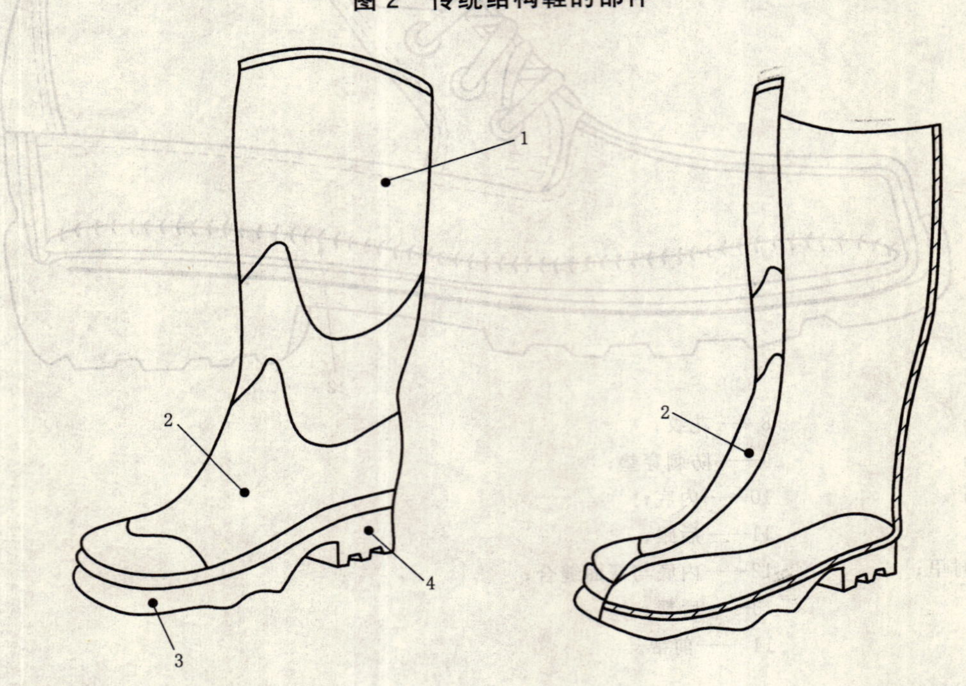

1——鞋帮；

2——前帮；

3——外底；

4——后跟。

图 3　全橡胶(即完全硫化的)或全聚合材料(即完全模制的)鞋

4 分类

鞋应按表1分类。

表1 鞋的分类

规定代号	分类
Ⅰ	用皮革和其他材料制成的鞋，全橡胶或全聚合材料鞋除外
Ⅱ	全橡胶(即完全硫化的)或全聚合材料(即完全模制的)鞋

5 职业鞋的基本要求

5.1 一般要求

职业鞋应符合表2给出的基本要求，及表3给出的5个选择项之一和至少加上表12给出的成鞋基本要求之一。

表2 职业鞋的基本要求

要求		条款	分类	
			Ⅰ	Ⅱ
式样	鞋帮高度	5.2.1	×	×
	鞋座区域：	5.2.2		
	式样A			×
	式样B、C、D、E		×	×
成鞋	鞋底性能：	5.3.1		
	结构	5.3.1.1	×	
	鞋帮/外底结合强度	5.3.1.2	×	
	防漏性	5.3.2		×
	特定的工效学特征	5.3.3	×	×
鞋帮	一般要求	5.4.1	×	×
	厚度	5.4.2		×
	撕裂强度	5.4.3	×	
	拉伸性能	5.4.4	×	×
	耐折性	5.4.5		×
	水蒸气渗透性和系数	5.4.6	×	
	pH值	5.4.7	×	
	水解	5.4.8		×
	六价铬含量	5.4.9	×	
前帮衬里	撕裂强度	5.5.1	○	
	耐磨性	5.5.2	○	
	水蒸气渗透性和系数	5.5.3	○	
	pH值	5.5.4	○	
	六价铬含量	5.5.5	○	
后帮衬里	撕裂强度	5.5.1	○	
	耐磨性	5.5.2	○	
	水蒸气渗透性和系数	5.5.3	○	
	pH值	5.5.4	○	
	六价铬含量	5.5.5	○	

表 2(续)

要　求		条　款	分类 I	分类 II
鞋舌	撕裂强度	5.6.1	○	
	pH 值	5.6.2	○	
	六价铬含量	5.6.3	○	
外底	非防滑外底厚度	5.8.1	×	×
	撕裂强度	5.8.2	×	
	耐磨性	5.8.3	×	×
	耐折性	5.8.4	×	×
	水解	5.8.5	×	×
	中间层结合强度	5.8.6	○	○

注：本表中对特定分类要求的适用性说明如下：

× 要求应符合。某些情况下，要求仅与分类范围内的特定材料相关(例如皮革部件的 pH 值，这不表明其他材料不可用)。

○ 如果部件存在，要求应符合。

无×或○表示没有要求。

表 3　内底和(或)鞋垫的基本要求

选择项			所评价的部件	厚度 5.7.1	pH 值[a] 5.7.2	吸水性和水解吸性 5.7.3	磨损(内底) 5.7.4.1	六价铬含量[a] 5.7.5	磨损(鞋垫) 5.7.4.2
1	无内底或有但不符合要求	非移动鞋垫	鞋垫	×	×	×		×	×
2	有内底	无鞋垫 有鞋座垫	内底	×	×	×	×	×	
3		非移动的全鞋垫	鞋垫和内底一起	×		×			
			鞋垫		×			×	×
4		可移动的和水能透过[b]的全鞋垫	内底	×	×	×	×	×	
			鞋垫		×			×	×
5		可移动的和水不能透过的[b]全鞋垫	内底	×	×	×	×	×	
			鞋垫		×	×		×	×

× 表示要求应符合。

注：可移动鞋垫见 8.3。

[a] 仅适用皮革。

[b] 水能透过的鞋垫是指按照 GB/T 20991—2007 中 7.2 测试时，在 60 s 或较少时间内水透过。

5.2 式样

鞋应符合图 4 给出的式样之一。

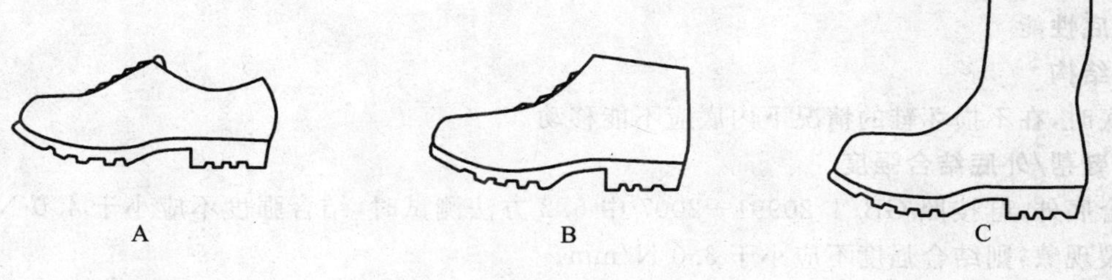

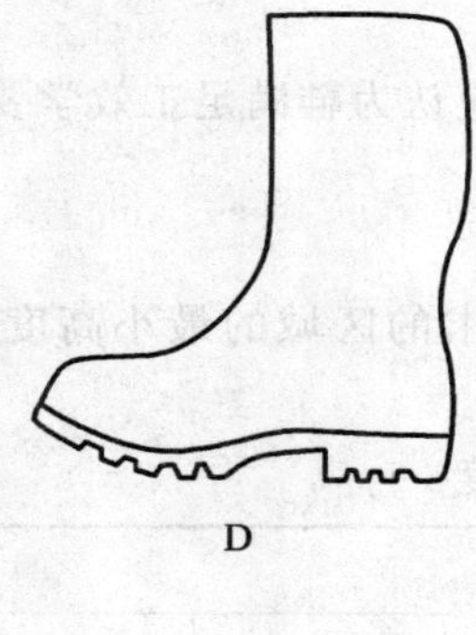

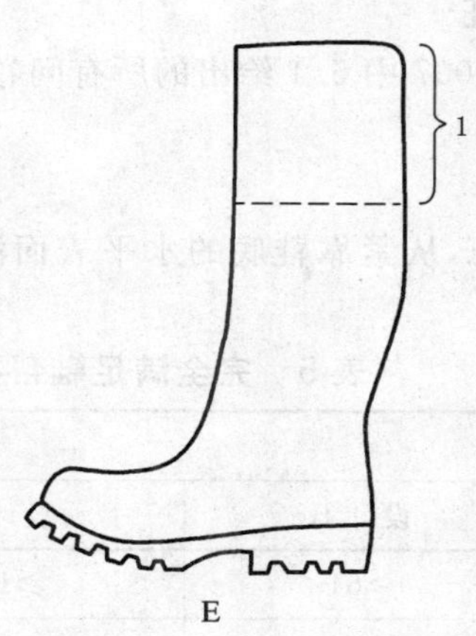

1——能适合穿着者的各种延长部分；

A——低帮鞋；

B——高腰靴；

C——半筒靴；

D——高筒靴；

E——长靴。

注：式样 E 是在高筒靴(D 型)上装一种薄的、能延长帮面的不渗水材料，且该材料能裁剪以适合穿着者。

图 4　鞋的式样

5.2.1　鞋帮高度

按照 GB/T 20991—2007 中 6.2 方法测量，鞋帮高度应符合表 4 要求。

表 4　鞋帮高度

鞋　号	高度/mm			
	式样 A	式样 B	式样 C	式样 D
≤225	＜103	≥103	≥162	≥255
230～240	＜105	≥105	≥165	≥260
245～250	＜109	≥109	≥172	≥270
255～265	＜113	≥113	≥178	≥280
270～280	＜117	≥117	≥185	≥290
≥285	＜121	≥121	≥192	≥300

5.2.2　鞋座区域

鞋座区域应封闭。

5.3 成鞋

5.3.1 鞋底性能

5.3.1.1 结构

有内底时，在不损坏鞋的情况下内底应不能移动。

5.3.1.2 鞋帮/外底结合强度

除缝合底外，鞋按照 GB/T 20991—2007 中 5.2 方法测试时，结合强度不应小于 4.0 N/mm；如果鞋底有撕裂现象，则结合强度不应小于 3.0 N/mm。

5.3.2 防漏性

按照 GB/T 20991—2007 中 5.7 方法测试时，应没有空气泄漏。

5.3.3 特定的工效学特征

如果 GB/T 20991—2007 中 5.1 给出的所有问卷回答是肯定的，应认为鞋满足工效学要求。

5.4 鞋帮

5.4.1 一般要求

对于式样 B、C、D 和 E，从紧靠鞋底的水平表面测量满足鞋帮要求的区域的最小高度应符合表 5 要求。

表 5 完全满足鞋帮要求处的最小高度

鞋　　号	最小高度/mm			
	设计 B	设计 C	设计 D	设计 E
≤225	≥64	≥113	≥172	≥265
230～240	≥66	≥115	≥175	≥270
245～250	≥68	≥119	≥182	≥280
255～265	≥70	≥123	≥188	≥290
270～280	≥72	≥127	≥195	≥300
≥285	≥73	≥131	≥202	≥310

当领口和垫材料在超出表 5 高度的地方时，这类材料应符合 5.5.1 和 5.5.2 的要求。皮革材料应另外符合 5.4.7 和 5.4.9 的要求。

5.4.2 厚度

按照 GB/T 20991—2007 中 6.1 方法测定时，Ⅱ类鞋的鞋帮任何一处厚度应符合表 6 要求。

表 6 鞋帮最小厚度

材　料　种　类	厚度/mm
橡胶	≥1.50
聚合材料	≥1.00

5.4.3 撕裂强度

按照 GB/T 20991—2007 中 6.3 方法测定时，Ⅰ类鞋的鞋帮撕裂强度应符合表 7 要求。

表 7 鞋帮撕裂强度

材　料　种　类	最小力/N
皮革	120
涂覆织物/纺织品	60

5.4.4 拉伸性能

按照 GB/T 20991—2007 中 6.4 方法测试时，拉伸性能应符合表 8 要求。

表 8 拉伸性能

材料种类	抗张强度/(N/mm²)	扯断强力/N	100%定伸应力/(N/mm²)	扯断伸长率/%
剖层皮革	≥15	—	—	—
橡胶	—	≥180	—	—
聚合材料	—	—	1.3～4.6	≥250

5.4.5 耐折性

按照 GB/T 20991—2007 中 6.5 方法测试时，耐折性应符合表 9 要求。

表 9 耐折性

材 料 种 类	耐 折 性
橡胶	连续屈挠 125 000 次，应无裂纹
聚合材料	连续屈挠 150 000 次，应无裂纹

5.4.6 水蒸气渗透性和系数

按照 GB/T 20991—2007 中 6.6 和 6.8 方法测试时，水蒸气渗透率不应小于 0.8 mg/(cm²·h)，水蒸气系数不应小于 15 mg/cm²。

5.4.7 pH 值

皮革鞋帮按照 GB/T 20991—2007 中 6.9 方法测试时，pH 值不应小于 3.2；如果 pH 值小于 4，则稀释差应小于 0.7。

5.4.8 水解

聚氨酯鞋帮按照 GB/T 20991—2007 中 6.10 方法测试时，连续屈挠 150 000 次，应无裂纹产生。

5.4.9 六价铬含量

皮革鞋帮按照 GB/T 20991—2007 中 6.11 方法测试时，六价铬含量应没有检出。

5.5 衬里

下列要求适用于前帮衬里和后帮衬里。

5.5.1 撕裂强度

按照 GB/T 20991—2007 中 6.3 方法测定时，衬里撕裂强度应符合表 10 要求。

表 10 衬里撕裂强度

材 料 种 类	最小力/N
皮革	≥30
涂覆织物/纺织品	≥15

5.5.2 耐磨性

按照 GB/T 20991—2007 中 6.12 方法测试时，在完成下列转数前，衬里不应产生任何破洞：

——干式测试：25 600 转；

——湿式测试：12 800 转。

5.5.3 水蒸气渗透性和系数

按照 GB/T 20991—2007 中 6.6 和 6.8 方法测试时，水蒸气渗透率不应小于 2.0 mg/(cm²·h)，水蒸气系数不应小于 20 mg/cm²。

注：对无线纹的硬衬没有要求。

5.5.4 pH 值

皮革衬里按照 GB/T 20991—2007 中 6.9 方法测试时，pH 值不应小于 3.2；如果 pH 值小于 4，则稀释差应小于 0.7。

5.5.5 六价铬含量

皮革衬里按照 GB/T 20991—2007 中 6.11 方法测试时,六价铬含量应没有检出。

5.6 鞋舌

仅当制作鞋舌的材料或厚度与鞋帮不同时,才对鞋舌进行测试。

5.6.1 撕裂强度

按照 GB/T 20991—2007 中 6.3 方法测定时,鞋舌撕裂强度应符合表 11 要求。

表 11 鞋舌撕裂强度

材料种类	最小力/N
皮革	≥36
涂覆织物/纺织品	≥18

5.6.2 pH 值

皮革鞋舌按照 GB/T 20991—2007 中 6.9 方法测试时,pH 值不应小于 3.2;如果 pH 值小于 4,则稀释差应小于 0.7。

5.6.3 六价铬含量

皮革鞋舌按照 GB/T 20991—2007 中 6.11 方法测试时,六价铬含量应没有检出。

5.7 内底和鞋垫

5.7.1 厚度

按照 GB/T 20991—2007 中 7.1 方法测定时,内底厚度不应小于 2.0 mm。

5.7.2 pH 值

皮革内底或皮革鞋垫按照 GB/T 20991—2007 中 6.9 方法测试时, pH 值不应小于 3.2;如果 pH 值小于 4,则稀释差应小于 0.7。

5.7.3 吸水性和水解吸性

按照 GB/T 20991—2007 中 7.2 方法测试时,吸水性不应小于 70 mg/cm^2,水解吸性不应小于水吸收的 80 %。

5.7.4 耐磨性

5.7.4.1 内底

非皮革内底按照 GB/T 20991—2007 中 7.3 方法测试时,完成 400 次前,不应有严重磨损。

5.7.4.2 鞋垫

非皮革鞋垫按照 GB/T 20991—2007 中 6.12 方法测试时,完成下列次数前,磨擦表面不应产生任何破洞。

——干燥:25 600 次;

——潮湿:12 800 次。

5.7.5 六价铬含量

皮革内底按照 GB/T 20991—2007 中 6.11 方法测试时,六价铬含量应没有检出。

5.8 外底

5.8.1 非防滑外底厚度

按照 GB/T 20991—2007 中 8.1 方法测试时,非防滑外底的任何一处总厚度不应小于 6 mm。

5.8.2 撕裂强度

非皮革外底按照 GB/T 20991—2007 中 8.2 方法测试时,撕裂强度不应小于:

——8 kN/m,适用密度大于 0.9 g/cm^3 的材料;

——5 kN/m,适用密度小于或等于 0.9 g/cm^3 的材料。

5.8.3 耐磨性

除全橡胶和全聚合材料鞋外的非皮革外底按照 GB/T 20991—2007 中 8.3 方法测试时，密度等于或小于 0.9 g/mL 材料的相应体积磨耗量不应大于 250 mm^3，密度大于 0.9 g/mL 材料的相应体积磨耗量不应大于 150 mm^3。

全橡胶或全聚合材料外底按照 GB/T 20991—2007 中 8.3 方法测试时，相对体积磨耗量不应大于 250 mm^3。

5.8.4 耐折性

非皮革外底按照 GB/T 20991—2007 中 8.4 方法测试时，连续屈挠 30 000 次，切口增长不应大于 4 mm。

5.8.5 水解

聚氨酯外底和外层由聚氨酯组成的鞋底按照 GB/T 20991—2007 中 8.5 方法测试时，连续屈挠 150 000 次，切口增长不应大于 6 mm。

5.8.6 中间层结合强度

按照 GB/T 20991—2007 中 5.2 方法测试时，外层或防滑层与相邻层之间的结合强度不应小于 4.0 N/mm；如果鞋底有撕裂现象，则结合强度不应小于 3.0 N/mm。

6 职业鞋的附加要求

6.1 一般要求

根据工作场所遇到的危险，适合使用的职业鞋应符合表 12 中给出的适用的附加要求和对应标记。

表 12 有合适标记符号的特殊用途的附加要求

要求		条款	分类		符号
			Ⅰ	Ⅱ	
成鞋	抗刺穿性	6.2.1	×	×	P
	电性能：	6.2.2			
	导电鞋	6.2.2.1	×	×	C
	防静电鞋	6.2.2.2	×	×	A
	电绝缘鞋	6.2.2.3		×	I
	耐恶劣环境性能：	6.2.3			
	鞋底隔热性	6.2.3.1	×	×	HI
	鞋底防寒性	6.2.3.2	×	×	CI
	鞋座区域能量吸收	6.2.4	×	×	E
	防水性	6.2.5	×		WR
	踝保护	6.2.6	×	×	AN
鞋帮	透水性和吸水性	6.3.1	×		WRU
	结构	6.3.2、	×		
外底	防滑区域：	6.4.1	×		
	防滑外底厚度	6.4.2	×		
	花纹高度	6.4.3	×		
	耐热接触性	6.4.4	×		HRO
	耐油性	6.4.5	×		FO
注：本表中对特殊分类要求的适用性说明如下： × 如果有此特性则要求应符合。					

6.2 **成鞋**

6.2.1 **抗刺穿性**

6.2.1.1 **刺穿力**

按照 GB/T 20991—2007 中 5.8.2 方法测试时,穿透鞋底所需的力不应小于 1 100 N。

6.2.1.2 **结构**

防刺穿垫应装在鞋底中,在不损坏鞋的情况下应不能移动垫。

6.2.1.3 **尺寸**

按照 GB/T 20991—2007 中 5.8.1 方法测量防刺穿垫尺寸。

除鞋座区域外,在代表楦底边缘的曲线和防刺穿垫边缘之间的最大距离(X)为 6.5 mm。在鞋座区域,在代表楦底边缘的曲线和垫之间的最大距离(Y)应为 17 mm(见图 5)。

将防刺穿垫固定于鞋底的最大直径为 3 mm 的开孔不应超过 3 个。

孔不应位于阴影区域 1 中(见图 5)。

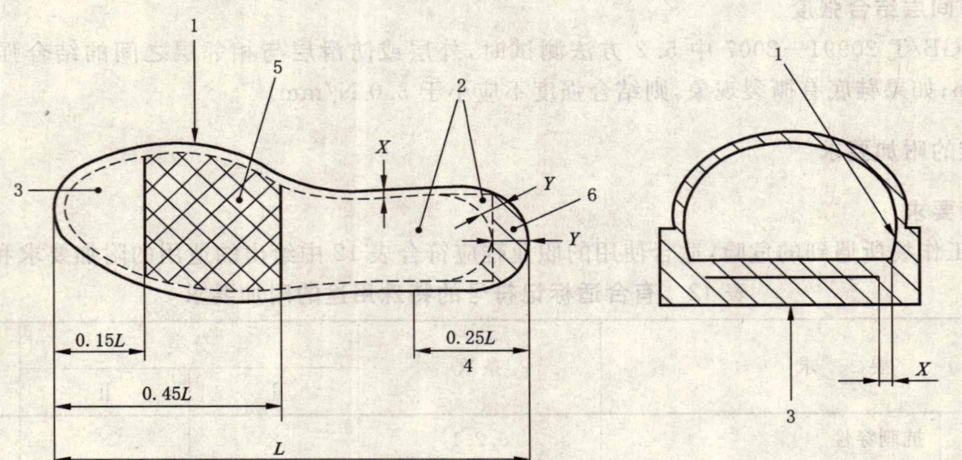

1——楦底边缘留下的曲线;

2——防刺穿垫可选择的形状;

3——防刺穿垫;

4——鞋座区域;

5——阴影区域 1;

6——阴影区域 2。

L——鞋底内部长度。

图 5 防刺穿垫的位置

阴影区域 2 中的孔应忽略(见图 5)。

6.2.1.4 **防刺穿垫耐折性**

防刺穿垫按照 GB/T 20991—2007 中 5.9 方法测试时,经受 1×10^6 屈挠后不应出现看得见的裂缝痕迹。

6.2.1.5 **防刺穿垫特性**

6.2.1.5.1 **金属防刺穿垫的耐腐蚀性**

全橡胶鞋按照 GB/T 20991—2007 中 5.6.1 方法测试时,金属防刺穿垫的腐蚀区域不应超过 5 处,每处面积不应超过 2.5 mm²。用在其他类型鞋中的金属防刺穿垫按照 GB/T 20991—2007 中 5.6.3 方法测试时,腐蚀区域不应超过 5 处,每处面积不应超过 2.5 mm²。

6.2.1.5.2 **非金属防刺穿垫抗刺穿性**

非金属防刺穿垫经过附录 A 中 A.1 的温度和化学处理后,再按照附录 A 中 A.2 方法测试,穿透防刺穿垫所需的力不应小于 1 100 N。

6.2.2　电性能

6.2.2.1　导电鞋

按照GB/T 20991—2007中5.10方法测量时，在干燥环境（GB/T 20991—2007，5.10.3.3a)）中调节后，电阻值应小于100 kΩ。

6.2.2.2　防静电鞋

按照GB/T 20991—2007中5.10方法测量时，在干燥和潮湿环境（GB/T 20991—2007，5.10.3.3a)和b)）中调节后，电阻值应大于或等于100 kΩ和小于或等于1 000 MΩ。

6.2.2.3　电绝缘鞋

按照GB/T 20991—2007中5.11方法测量时，鞋应符合0类或00类要求。

6.2.3　耐恶劣环境性能

6.2.3.1　鞋底的隔热性

按照GB/T 20991—2007中5.12方法测试时，30 min后内底上表面的温度升高不应超过22 ℃，同时应没有鞋底的变形或脆化使之功能降低。

在不损坏鞋的情况下，安装在鞋内的隔热层应不能移动。

6.2.3.2　鞋底的防寒性

按照GB/T 20991—2007中5.13方法测试时，内底上表面的温度降低不应超过10℃。

在不损坏鞋的情况下，安装在鞋内的隔冷层应不能移动。

6.2.4　鞋座区域的能量吸收

按照GB/T 20991—2007中5.14方法测试时，鞋座区域的能量吸收不应小于20 J。

6.2.5　防水性

按照GB/T 20991—2007中5.15.1方法测试时，100槽长后透入的总面积不应超过3 cm^2 或按照GB/T 20991—2007中5.15.2方法测试时，15 min后应没有水透入发生。

6.2.6　踝保护

按照GB/T 20991—2007中5.17方法测试时，测试结果的平均值不应超过20 kN和单个值不应超过30 kN。

6.3　鞋帮

6.3.1　透水性和吸水性

按照GB/T 20991—2007中6.13方法测试时，透水量（表示为60 min后吸水布的质量增加）不应高于0.2 g，吸水率不应高于30 %。

6.3.2　结构

非功能性的及装饰性的缝缀和穿孔不应用在要求鞋帮防水的鞋上。

6.4　外底

6.4.1　防滑区域

至少图6所示的阴影部分应有向侧边开口的花纹。

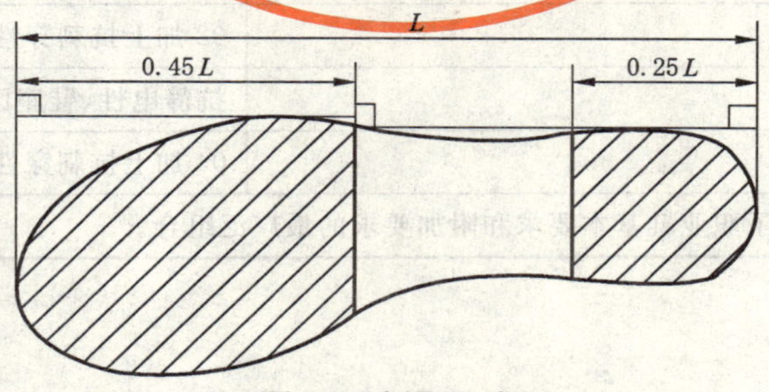

图6　防滑区域

6.4.2 防滑外底厚度

按照 GB/T 20991—2007 中 8.1 方法测试时，对于直接注压、硫化或胶粘外底厚度 d_1 不应小于 4 mm，对于多层外底，厚度 d_1 不应小于 4 mm。对于全橡胶和全聚合材料鞋，厚度 d_1 不应小于 3 mm，厚度 d_3 不应小于 6 mm。

6.4.3 花纹高度

按照 GB/T 20991—2007 中 8.1 方法测试时，对于直接注压、硫化或胶粘外底花纹高度 d_2 不应小于 2.5 mm；对于多层外底花纹高度 d_2 不应小于 2.5 mm；对于全橡胶和全聚合材料鞋花纹高度 d_2 不应小于 4 mm。

注：花纹高度小于 2.5 mm 的外底被认为不防滑。

6.4.4 耐热接触性

按照 GB/T 20991—2007 中 8.7 方法测试时，橡胶和聚合材料外底应无熔融和沿圆轴弯曲时应无任何龟裂。用相同方法对皮革外底测试时，应无龟裂或沿圆轴弯曲时碳化延伸至真皮层。

6.4.5 耐油性

按照 GB/T 20991—2007 中 8.6.1 方法测试时，体积增大不应超过 12 %。

如果按照 GB/T 20991—2007 中 8.6.1 方法测试后，试样体积收缩超过 0.5 %，或者硬度增加超过 10 个邵尔 A 单位，则按照 GB/T 20991—2007 中 8.6.2 方法进一步取样和测试，连续屈挠 150 000 次，切口增长不应超过 6 mm。

7 标识

应清晰持久地标记下列各项，例如压印或烙印：

a) 鞋号；

b) 制造商名称；

c) 生产日期（年、月）；

d) 本标准号和年代，即 GB 20991—2007；

e) 表 12 规定的符合提供保护的符号或，如果适用，与表 13 描述一样的合适的类别（0B，01，…，05）。

注：d）和 e）的标识宜彼此相邻。

表 13 职业鞋的标识类别

类别	基本要求（表 2 和表 3）	附加要求
0B	Ⅰ或Ⅱ	加上表 12 中给出的成鞋要求之一
01	Ⅰ	封闭的鞋座区域 抗静电性 鞋座区域能量吸收
02	Ⅰ	01 加上吸水性和水解吸性
03	Ⅰ	02 加上抗刺穿性、防滑外底
04	Ⅱ	抗静电性、鞋座区域能量吸收
05	Ⅱ	04 加上抗刺穿性、防滑外底
注：为便于标识，本表归类了职业鞋基本要求和附加要求的最广泛组合。		

8 提供的信息

8.1 一般要求

应给出下列信息：

a) 制造商和(或)他的全权代表的名称和完整地址。

b) 标准号和年代。

c) 任何象形文字、标识和性能水平的说明。适用于鞋的测试的基本说明(如果适用)。

d) 使用说明:

1) 如果必需,使用前通过穿着者进行测试;

2) 如果有关,穿上和脱下鞋的方法;

3) 涉及可能用途的基本信息,及详细信息来源;

4) 使用限制(例如温度范围,等等);

5) 储存和维护说明,维护检查的最长周期(如果重要,详细说明干燥过程);

6) 清洗和(或)消毒说明;

7) 报废最终期限或报废周期;

8) 如果适合,对可能遇到的问题提出警告(更改能使认可的类型无效,例如整形外科的鞋);

9) 如果有帮助,附加例子和部分数字等等。

e) 参考零件和备用件(如果有关)。

f) 适于运输的包装类型(如果有关)。

8.2 电性能

8.2.1 导电鞋

每双导电鞋应提供有下列文字的说明书。

"如果必须在尽可能的最短时间内将静电荷减至最小,例如处理炸药,则必须使用导电鞋。如果来自任何电器或带电部件的电击危险已经完全消除,则不必使用导电鞋。为确保鞋是导电的,规定在鞋的全新状态下电阻值小于 100 kΩ。

在使用期间,由于屈挠和污染,导电材料制成的鞋的电阻值可能会发生显著变化,那么必须确保导电鞋在整个使用期限内能履行消散静电荷的设计功能。因此,在需要的场所,建议使用者建立一个内部电阻测试并定期使用它。这项测试以及下面提到的测试应成为工作场所事故预防程序的例行部分。

如果鞋在鞋底材料可能被增加鞋电阻的物质所污染的场所穿用,穿着者每次进入危险区域前必须经常检查所穿鞋的电阻值。

在使用导电鞋的场所,地面电阻不应使鞋提供的防护失效。

在使用中,除了一般的袜子,鞋内底与穿着者的脚之间不得有绝缘部件。如果内底和脚之间有鞋垫,则应检查鞋/鞋垫组合体的电阻值。"

8.2.2 防静电鞋

每双防静电鞋应提供有下列文字的说明书。

"如果必须通过消散静电荷来使静电积累减至最小,从而避免诸如易燃物质和蒸气的火花引燃危险,同时,如果来自任何电器或带电部件的电击危险尚未完全消除,则必须使用防静电鞋。然而,要注意由于防静电鞋仅仅是在脚和地面之间加入一个电阻,不能保证对电击有足够的防护。如果电击的危险尚未完全消除,避免这种危险的附加措施是必要的。这类措施与下面提到的附加测试一样应成为工作场所事故预防程序的例行部分。

经验表明,对于防静电用途,在鞋的整个使用期限内的任何时间,通过产品的放电路径通常应有小于 1 000 MΩ 的电阻。在电压达到 250 V 操作时,万一出现任何电器故障,为确保对电击或引燃危险提供一些有限的保护,新鞋的电阻最低限值规定为 100 kΩ。然而在某些情况下,使用者应知道鞋可能提供不充分的保护且应始终采取附加措施以保护穿着者。

这类鞋的电阻会由于屈挠、污染或潮湿而发生显著变化。如果在潮湿条件下穿用,鞋将不能实现其预定的功能。因而必须确保产品在整个使用期限内能实现其消散静电荷的设计功能并同时提供一些保护。建议使用者建立一个内部电阻测试并定期经常地使用它。

如果延长穿用周期，Ⅰ类鞋能吸潮并在潮湿条件下导电。

如果在鞋底材料被污染的场所穿用鞋，穿着者每次进入危险区域前应经常检查鞋的电阻值。

在使用防静电鞋的场所，地面电阻不应使鞋提供的防护无效。

在使用中，除了一般的袜子，鞋内底与穿着者的脚之间不得有绝缘部件。如果内底和脚之间有鞋垫，则应检查鞋/鞋垫组合体的电阻值。”

8.2.3 电绝缘鞋

带绝缘特性的鞋为不小心接触坏电器提供有限保护，因此每双鞋应提供有下列文字的说明书。

a) 如果有电击危险应穿电绝缘鞋，例如来自损坏的带电仪器。

b) 电绝缘鞋不能保证100 %防护电击且避免这种危险的附加测试是必需的。这类测试与下面提到的附加测试一样，应成为日常危险评价程序的一部分。

c) 在使用期限内鞋电性能应随时符合6.2.2.3要求。

d) 使用期间防护水平可能受到鞋被刻痕、切割、磨损或化学污染而损坏的影响，应定期检查，损坏的鞋不能穿。

e) 如果在污染鞋底材料的场所穿用，例如化学药品，进入这类危险区域时应警告这里能影响鞋的电性能。

f) 穿用时建议使用者建立一个适合的鞋的电绝缘性能检查和测试手段。

8.3 鞋垫

如果鞋提供了可移动鞋垫，则应在说明书上解释测试是鞋垫在适当的位置时进行的。应给出警告，鞋只在适当位置使用鞋垫及鞋垫最好由原鞋制造商提供的同等鞋垫代替。

如果鞋未提供鞋垫，则应在说明书上解释测试是在没有鞋垫时进行的。应给出警告，装鞋垫能影响鞋的防护性能。

附　录　A
（规范性附录）
非金属防刺穿垫经过温度处理和化学处理后抗刺穿性的测定

A.1　温度处理和化学处理

A.1.1　高温处理

取一只防刺穿垫，将精度为±0.5 ℃的热电偶粘在垫的表面，再将垫放入温度(60±2)℃烘箱中，4 h后取出，冷却至(40±2)℃，立即按照A.2方法测试。

A.1.2　低温处理

取一只防刺穿垫，将精度为±0.5 ℃的热电偶粘在垫的表面，再将垫放入温度(－20±2)℃低温箱中，4 h后取出，温度达到(－1±1)℃时，立即按照A.2方法测试。

A.1.3　酸处理

将一只防刺穿垫完全浸入浓度为1 mol/L的硫酸溶液中，在(20±2)℃放置，24 h后取出垫，用流水洗净酸液，然后在(20±2)℃中存放24 h，再按照A.2方法测试。

A.1.4　碱处理

将一只防刺穿垫完全浸入浓度为1 mol/L的氢氧化钠溶液中，在(20±2)℃放置，24 h后取出垫，用流水洗净碱液，然后在(20±2)℃存放24 h，再按照A.2方法测试。

A.1.5　油处理

将一只防刺穿垫完全浸入2,2,4-三甲基戊烷(异辛烷)试液中，在(20±2)℃放置，24 h后取出垫，用流水洗净试液，在(20±2)℃存放24 h，再按照A.2方法测试。

A.2　抗刺穿性的测定

A.2.1　装置

A.2.1.1　测试设备

能测量的压力至少为2 000 N。

A.2.1.1.1　测试钉

同GB/T 20991—2007中5.8.2.1.2。

A.2.1.1.2　夹持装置

由一个在适当的位置夹住试样并引导测试钉的夹具组成(见图A.1)。测试钉安装在直径$24.8^{+0.00}_{-0.05}$ mm的实心金属圆柱里，试样夹在两平板间，板上有直径(25.00±0.05)mm的圆孔。一个夹板装有内直径为(25.00±0.05)mm的圆柱形套环，圆柱在套环中滑行，使测试钉前端顶住试样中心。

A.2.1.2　步骤

按图A.1所示，在两板之间夹住试样，再将装置放入测试设备。开动设备，使测试钉以(10±3) mm/min速度穿透试样，记录防刺穿垫穿透所需的最大力，单位为牛顿。不应让测试钉的整个长度穿透试样。

测试分别在防刺穿垫的4个不同点处进行，任何两个穿透点之间应至少相距30 mm。

A.2.1.3　结果表示

取每只垫四次测量的最小值作为该垫的测试结果。

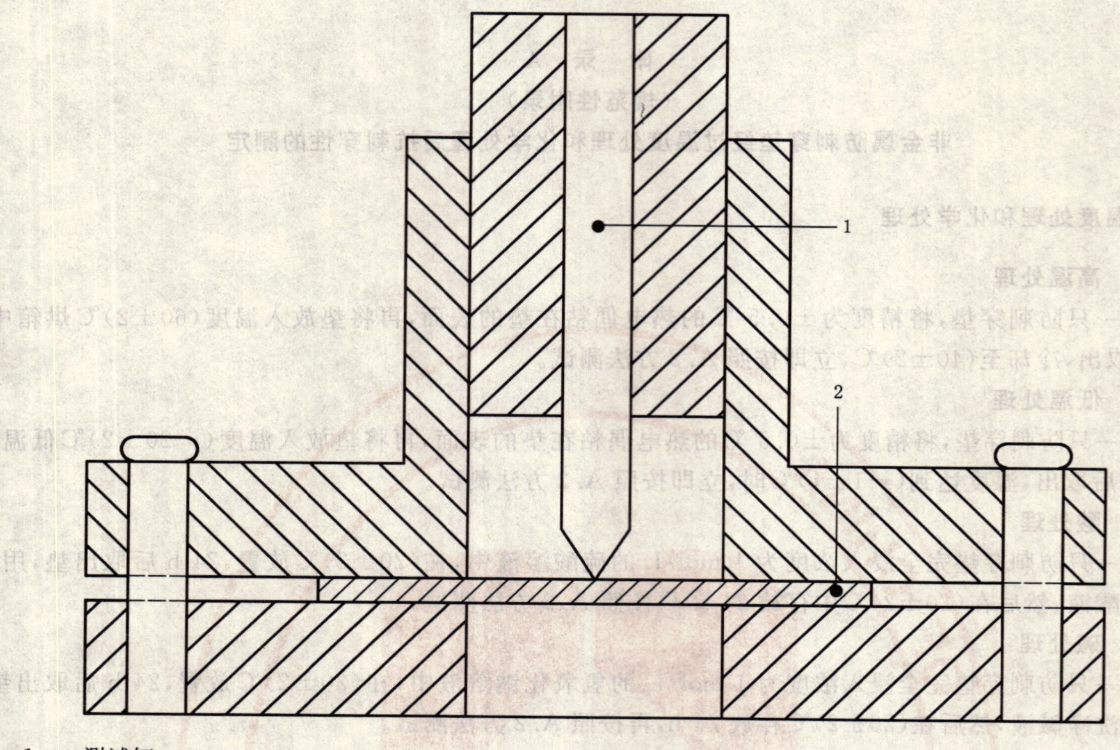

1——测试钉；

2——试样。

图 A.1 夹持装置

参 考 文 献

[1] prEN ISO 19952 Footwear—Vocabulary
[2] EN ISO 20345:2004 Personal protective equipment—Safety footwear
[3] EN 12568:1998 Foot and leg protectors—Requirements and test methods for toecaps and metal penetration resistant inserts
[4] EN 50321:2000 Electrically insulating footwear for working on low voltage installations

ICS 13.340.50
C 73

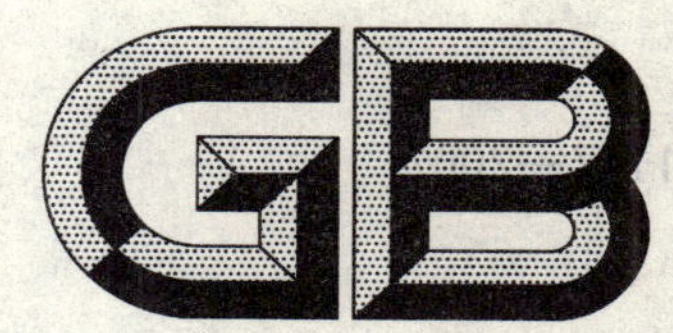

中华人民共和国国家标准

GB 21147—2007

个体防护装备 防护鞋

Personal protective equipment—Protective footwear

(ISO 20346:2004,MOD)

2007-11-01 发布 2008-06-01 实施

中华人民共和国国家质量监督检验检疫总局
中国国家标准化管理委员会 发布

前　言

本标准的5.3.1.2、5.3.2、5.3.3、5.4.3、5.4.4、5.4.5、5.5.1、5.5.2、5.8.1、5.8.2、5.8.3、5.8.4、5.8.5、5.8.6、5.8.7为强制性条款;如果防护鞋有适用的附加要求,则第6章中所适用的附加要求条款为强制性的;其余为推荐性的。

本标准修改采用ISO 20346:2004《个体防护装备　防护鞋》(英文版)。本标准根据ISO 20346:2004重新起草。

本标准与ISO 20346:2004相比,存在如下差异:

——将国际标准的格式和表述转化为我国标准的格式和表述,根据汉语习惯进行了编辑性修改,有些专业术语和定义按国内专业习惯用语进行了修改。

——删除了ISO前言和EN前言。

——在范围中,增加了规定内容、适用和不适用范围。

——国际标准中引用的ISO 20344:2004,在本标准中均改为GB/T 20991—2007。

——凡ISO 20346:2004文中涉及到的国外鞋号,本标准均转为相应国际鞋号,简称为鞋号。

——将3.11的"safety toecap"改为"protective toecap",中文术语为"防护鞋保护包头"。

——在3.14导电鞋的定义中,将"电阻值位于0 Ω～100 kΩ范围内"改为"电阻值小于100 kΩ"。

——在3.15防静电鞋的定义中,将"电阻值位于100 kΩ以上……"改为"电阻值大于或等于100 kΩ……"。

——删除了国际标准中的术语3.18。

——5.3.2.5.2和6.2.1.5.2中,将国际标准引用的EN 12568:1998的内容直接纳入本标准,并为此增加了表7、附录A和附录B。

——5.7.4.1中将"磨擦损坏不应比同类材料标准试样描述的更严重"改为"不应有严重磨损"。

——6.2.2.1中,将"电阻值不应大于100 kΩ"改为"电阻值应小于100 kΩ"。

——6.2.2.2中,将"电阻值应大于100 kΩ……"改为"电阻值应大于或等于100 kΩ……"。

——6.2.3.1中,在"内底上表面的温度升高……"前增加了"30 min后"。

——删除了国际标准的7b)。

——删除了国际标准中的8.1b)。

——8.2.1中,将"……100 kΩ的电阻上限值"改为"……电阻值小于100 kΩ"。

——8.2.3中,将c)中的"电阻"改为"电性能",删除了d)的分项2),将分项1)取消序号,成为d)的直接内容。

——根据本标准编制情况增加了参考文献的内容。

本标准的附录A、附录B为规范性附录。

本标准由国家安全生产监督管理总局提出。

本标准由全国个体防护装备标准化技术委员会(CSBTS/TC 112)归口。

本标准起草单位:总后勤部军需装备研究所、中钢集团武汉安全环保研究院、广州职安健安全科技有限公司、武钢北湖金属制品厂。

本标准主要起草人:张华、程钧、梁高愚、余启元、王宏升、张元虎、权美子、刘钜源、李坤跃。

个体防护装备　防护鞋

1　范围

本标准规定了防护鞋的术语和定义、分类、基本要求和附加要求、标识和提供的信息。

本标准适用于保护穿着者足腿部免遭作业区域危害的防护鞋。

本标准不适用于没有内底和鞋垫或没有内底但有可移动鞋垫的防护鞋。

2　规范性引用文件

下列文件中的条款通过本标准的引用而成为本标准的条款。凡是注日期的引用文件，其随后所有的修改单(不包括勘误的内容)或修订版均不适用于本标准，然而，鼓励根据本标准达成协议的各方研究是否可使用这些文件的最新版本。凡是不注日期的引用文件，其最新版本适用于本标准。

GB/T 20991—2007　个体防护装备　鞋的测试方法(ISO 20344:2004,MOD)

3　术语和定义

下列术语和定义适用于本标准。

注：鞋部件在图1～图3中说明。

3.1

防护鞋　protective footwear

具有保护特征的鞋，用于保护穿着者免受意外事故引起的伤害，装有保护包头，能提供至少100 J能量测试时的抗冲击保护和至少10 kN压力测试时的耐压力保护。

3.2　皮革

3.2.1

全粒面革　full grain leather

经过鞣制不会腐烂、保存有全部粒面层的皮革。

3.2.2

修饰面革　corrected grain leather

经过鞣制不会腐烂、通过机械打磨修饰了粒面结构的皮革。

3.2.3

剖层皮革　leather split

经过鞣制不会腐烂、通过剖开一层厚皮革而获得的头层或中间层皮革。

3.3

橡胶　rubber

本标准指硫化橡胶。

3.4

聚合材料　polymeric materials

例如聚氨酯或聚乙烯(氯乙烯)。

3.5

内底　insole

用于构成鞋底部、制鞋过程中通常与鞋连接的非移动部件。

3.6

鞋垫　insock

用于覆盖部分或全部内底的可移动的或固定的鞋部件。

3.7

衬里 lining

覆盖鞋帮内表面的材料。

注 1：穿着者的脚直接与衬里接触。

注 2：在装有保护包头的前部鞋帮被剖开处，或一个外部材料缝在鞋帮上形成一个袋装入保护包头，保护包头下方材料起衬里作用。

3.7.1

前帮衬里 vamp lining

覆盖鞋帮前部内表面的材料。

3.7.2

后帮衬里 quarter lining

覆盖鞋帮后侧部内表面的材料。

3.8

花纹 cleat(s)

鞋底外表面凸出部分。

3.9

刚性外底 rigid outsole

当整只鞋按照 GB/T 20991—2007 中 8.4.1 测试时，30 N 负荷下弯曲达不到 45°的鞋底。

3.10

发泡外底 cellular outsole

0.9 g/cm^3 或较小密度、在 10 倍放大镜下可看见多孔结构的外底。

3.11

防刺穿垫 penetration-resistant insert

为提供穿透保护而放在鞋底组合体中的鞋底部件。

3.12

防护鞋保护包头 protective toecap

装在鞋内、用于保护穿着者的脚趾免受至少 100 J 能量冲击和至少 10 kN 压力伤害的鞋部件。

3.13

鞋座区域 seat region

鞋的后部(帮和底)

3.14

导电鞋 conductive footwear

按照 GB/T 20991—2007 中 5.10 测量时电阻值小于 100 kΩ 的鞋。

3.15

防静电鞋 antistatic footwear

按照 GB/T 20991—2007 中 5.10 测量时电阻值大于或等于 100 kΩ 和小于或等于 1 000 MΩ 的鞋。

3.16

电绝缘鞋 electrically insulating footwear

通过阻断经由脚穿过身体的危险电流的通路来保护穿着者免受电击的鞋。

3.17

燃料油 fuel oil

石油的脂肪族烃成分。

图 1 内底与帮面为缝合结构鞋的部件

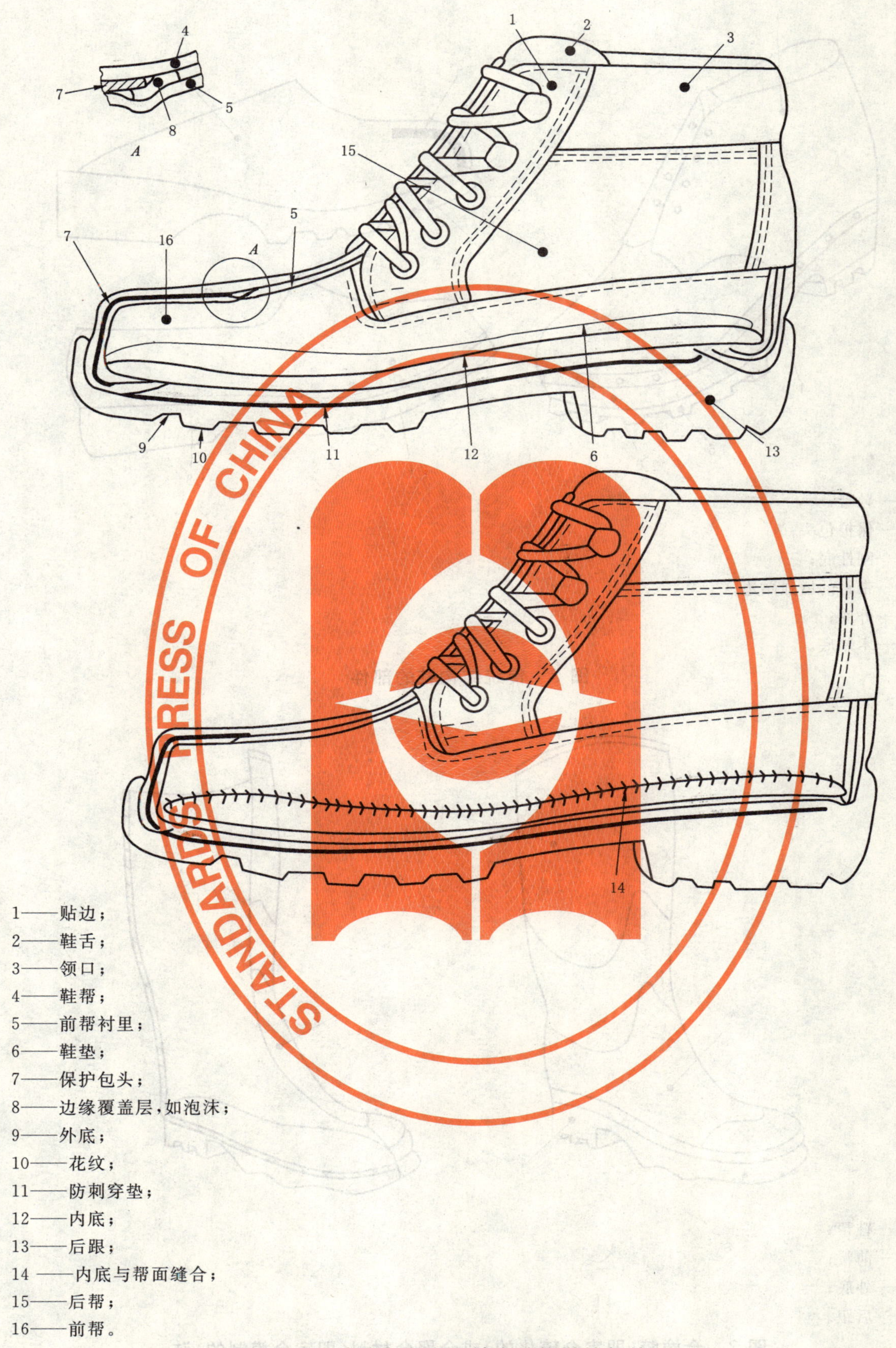

1——贴边；
2——鞋舌；
3——领口；
4——鞋帮；
5——前帮衬里；
6——鞋垫；
7——保护包头；
8——边缘覆盖层，如泡沫；
9——外底；
10——花纹；
11——防刺穿垫；
12——内底；
13——后跟；
14 ——内底与帮面缝合；
15——后帮；
16——前帮。

图 1 内底与帮面为缝合结构鞋的部件

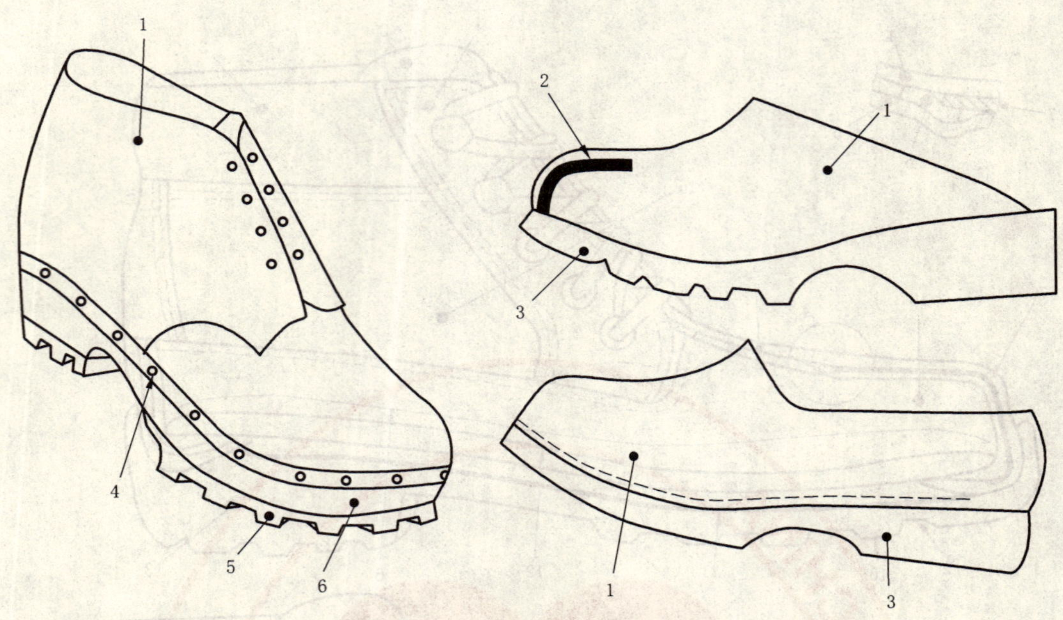

1——鞋帮；

2——保护包头；

3——刚性底；

4——带钉的增强贴边；

5——外底；

6——木制底。

图 2 传统结构鞋的部件

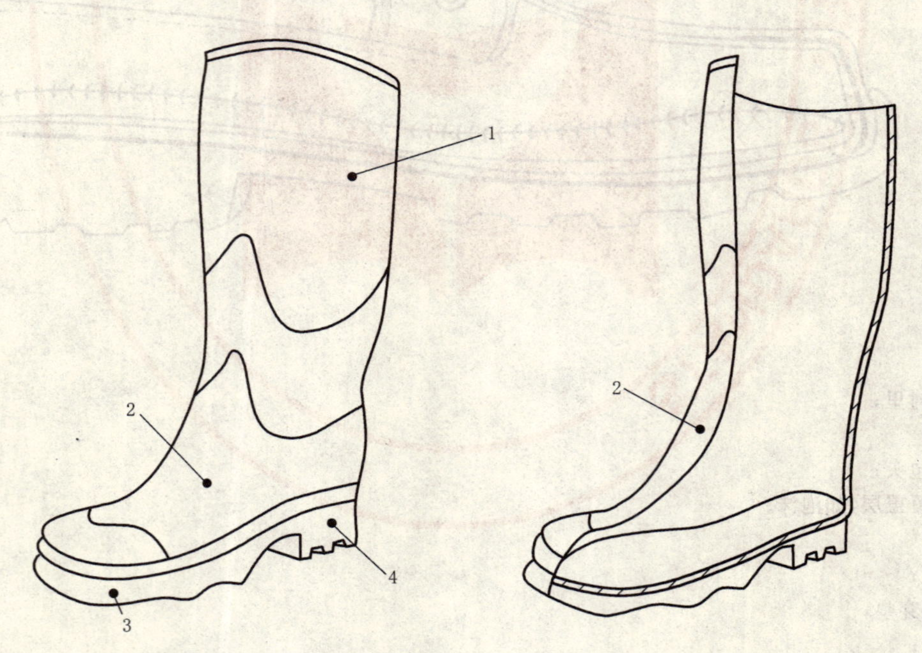

1——鞋帮；

2——前帮；

3——外底；

4——后跟。

图 3 全橡胶(即完全硫化的)或全聚合材料(即完全模制的)鞋

4 分类

鞋应按表1分类。

表1 鞋的分类

规定代号	分　　类
Ⅰ	用皮革和其他材料制成的鞋，全橡胶或全聚合材料鞋除外
Ⅱ	全橡胶(即完全硫化的)或全聚合材料(即完全模制的)鞋

5 防护鞋的基本要求

5.1 一般要求

防护鞋应符合表2给出的基本要求和表3给出的5个选择项之一。

表2 防护鞋的基本要求

要　　求		条　　款	分　类	
			Ⅰ	Ⅱ
设计	鞋帮高度	5.2.1	×	×
	鞋座区域：	5.2.2		
	式样A			×
	式样B、C、D、E		×	×
成鞋	鞋底性能：	5.3.1		
	结构	5.3.1.1	×	
	鞋帮/外底结合强度	5.3.1.2	×	
	足趾保护：	5.3.2		
	一般要求	5.3.2.1	×	×
	保护包头内部长度	5.3.2.2	×	×
	抗冲击性	5.3.2.3	×	×
	耐压力性	5.3.2.4	×	×
	保护包头的特性	5.3.2.5	×	×
	防漏性	5.3.3		×
	特定的工效学特征	5.3.4	×	×
鞋帮	一般要求	5.4.1	×	×
	厚度	5.4.2		×
	撕裂强度	5.4.3	×	
	拉伸性能	5.4.4	×	×
	耐折性	5.4.5		×
	水蒸气渗透性和系数	5.4.6	×	
	pH值	5.4.7	×	
	水解	5.4.8		×
	六价铬含量	5.4.9	×	
前帮衬里	撕裂强度	5.5.1	×	
	耐磨性	5.5.2	×	
	水蒸气渗透性和系数	5.5.3	×	
	pH值	5.5.4	×	
	六价铬含量	5.5.5	×	

表 2(续)

要求		条款	分类 I	分类 II
后帮衬里	撕裂强度	5.5.1	○	
	耐磨性	5.5.2	○	
	水蒸气渗透性和系数	5.5.3	○	
	pH 值	5.5.4	○	
	六价铬含量	5.5.5	○	
鞋舌	撕裂强度	5.6.1	○	
	pH 值	5.6.2	○	
	六价铬含量	5.6.3	○	
外底	非防滑外底厚度	5.8.1	×	×
	撕裂强度	5.8.2	×	
	耐磨性	5.8.3	×	×
	耐折性	5.8.4	×	×
	水解	5.8.5	×	×
	中间层结合强度	5.8.6	○	○
	耐油性	5.8.7	×	×

注：本表中对特定分类要求的适用性说明如下：

× 要求应符合。某些情况下，要求仅与分类范围内的特定材料相关(例如皮革部件的 pH 值，这不表明其他材料不可用)。

○ 如果部件存在，要求应符合。

无×或○表示没有要求。

表 3　内底和(或)鞋垫的基本要求

选择项			所评价的部件	符合的要求：厚度 5.7.1	pH 值[a] 5.7.2	吸水性和水解吸性 5.7.3	磨损(内底) 5.7.4.1	六价铬含量[a] 5.7.5	磨损(鞋垫) 5.7.4.2
1	无内底或有但不符合要求	非移动鞋垫	鞋垫	×	×	×		×	×
2	有内底	无鞋垫 有鞋座垫	内底	×	×	×	×	×	
3		非移动的全鞋垫	鞋垫和内底一起	×		×			
			鞋垫		×			×	×
4		可移动的和水能透过[b]的全鞋垫	内底	×	×		×	×	
			鞋垫		×			×	×
5		可移动的和水不能透过[b]的全鞋垫	内底	×	×	×	×	×	
			鞋垫		×	×		×	×

× 表示要求应符合。

注：可移动鞋垫见 8.3。

[a] 仅适用皮革。

[b] 水能透过的鞋垫是指按照 GB/T 20991—2007 中 7.2 测试时，在 60 s 或较少时间内水透过。

5.2 式样

鞋应符合图 4 给出的式样之一。

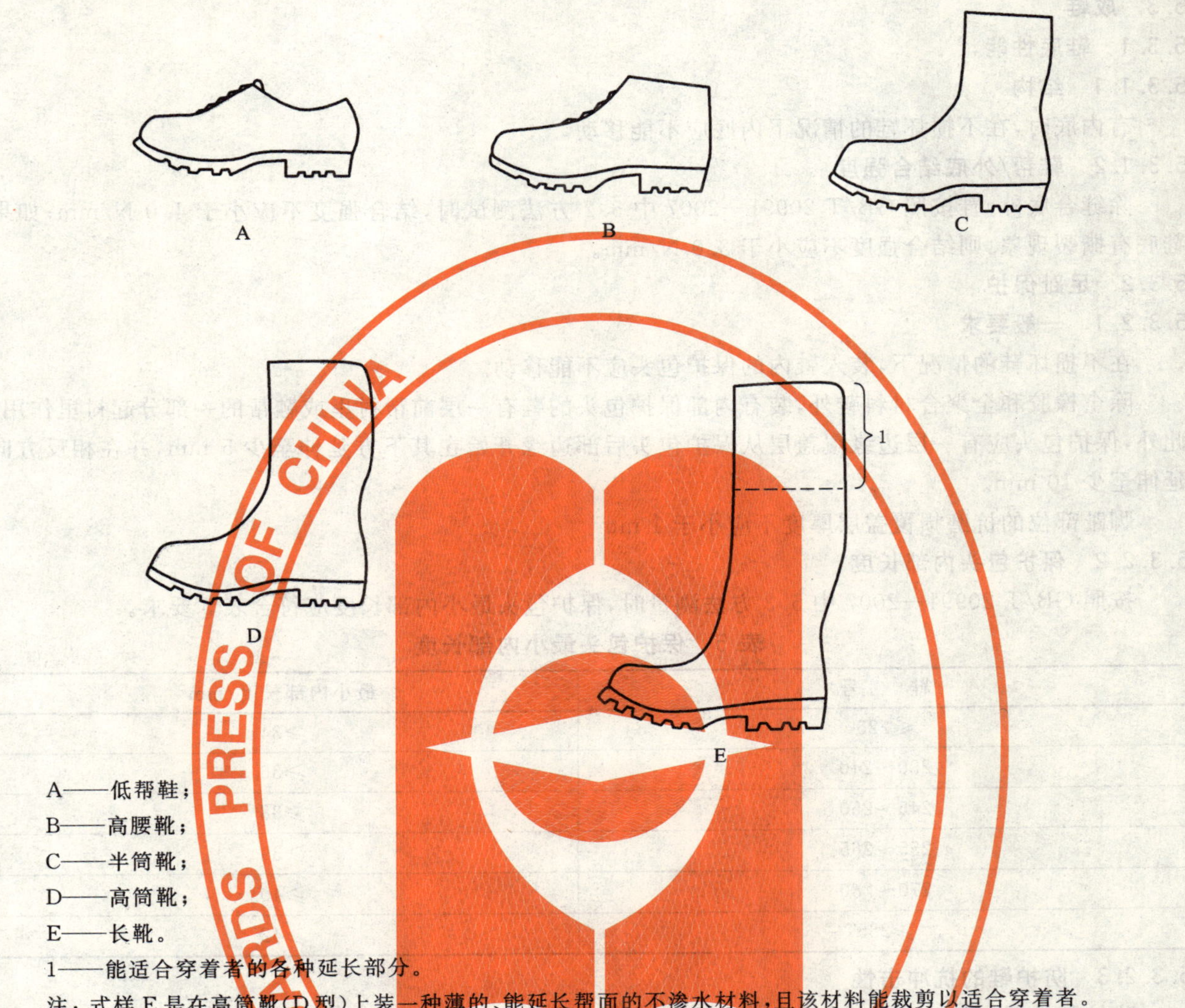

A——低帮鞋；

B——高腰靴；

C——半筒靴；

D——高筒靴；

E——长靴。

1——能适合穿着者的各种延长部分。

注：式样 E 是在高筒靴(D 型)上装一种薄的、能延长帮面的不渗水材料，且该材料能裁剪以适合穿着者。

图 4 鞋的式样

5.2.1 鞋帮高度

按照 GB/T 20991—2007 中 6.2 方法测量，鞋帮高度应符合表 4 要求。

表 4 鞋帮高度

鞋号	高度/mm			
	式样 A	式样 B	式样 C	式样 D
≤225	<103	≥103	≥162	≥255
230～240	<105	≥105	≥165	≥260
245～250	<109	≥109	≥172	≥270
255～265	<113	≥113	≥178	≥280
270～280	<117	≥117	≥185	≥290
≥285	<121	≥121	≥192	≥300

5.2.2 鞋座区域

鞋座区域应封闭。

5.3 成鞋

5.3.1 鞋底性能

5.3.1.1 结构

有内底时,在不损坏鞋的情况下内底应不能移动。

5.3.1.2 鞋帮/外底结合强度

除缝合底外,鞋按照 GB/T 20991—2007 中 5.2 方法测试时,结合强度不应小于 4.0 N/mm;如果鞋底有撕裂现象,则结合强度不应小于 3.0 N/mm。

5.3.2 足趾保护

5.3.2.1 一般要求

在不损坏鞋的情况下,装入鞋内的保护包头应不能移动。

除全橡胶和全聚合材料鞋外,装有内部保护包头的鞋有一层前帮衬里或鞋帮的一部分起衬里作用。此外,保护包头应有一层边缘覆盖层从保护包头后部边缘开始在其下方延伸至少 5 mm,并在相反方向延伸至少 10 mm。

脚趾部位的抗磨损覆盖层厚度不应小于 1 mm。

5.3.2.2 保护包头内部长度

按照 GB/T 20991—2007 中 5.3 方法测量时,保护包头最小内部长度应符合表 5 要求。

表 5 保护包头最小内部长度

鞋 号	最小内部长度/mm
≤225	≥34
230～240	≥36
245～250	≥38
255～265	≥39
270～280	≥40
≥285	≥42

5.3.2.3 防护鞋的抗冲击性

防护鞋按照 GB/T 20991—2007 中 5.4 方法测试时,在至少(100±2)J 冲击能量冲击后,保护包头内的最小间距应符合表 6 要求。此外,在保护包头的测试轴线上不应产生任何贯穿材料的裂缝,即光线能透过裂缝。

5.3.2.4 防护鞋的耐压力性

防护鞋按照 GB/T 20991—2007 中 5.5 方法测试时,在(10±0.1)kN 压力下保护包头内的最小间距应符合表 6 要求。

表 6 冲击后保护包头内的最小间距

鞋 号	最小间距/mm
≤225	≥12.5
230～240	≥13.0
245～250	≥13.5
255～265	≥14.0
270～280	≥14.5
≥285	≥15.0

5.3.2.5 保护包头的特性

5.3.2.5.1 金属保护包头的耐腐蚀性

Ⅱ类鞋按照 GB/T 20991—2007 中 5.6.1 方法测试和评估时，金属保护包头腐蚀区域不应超过 5 处，且每处面积不应超过 2.5 mm^2。

Ⅰ类鞋按照 GB/T 20991—2007 中 5.6.2 方法测试和评估时，金属保护包头腐蚀区域不应超过 5 处，且每处面积不应超过 2.5 mm^2。

5.3.2.5.2 非金属保护包头

用于防护鞋的非金属保护包头经过附录 A 中 A.1 的温度处理和化学处理后，再按附录 A 中 A.2 方法测试，保护包头内的最小间距应符合表 7 要求。

表 7 冲击后非金属保护包头内的最小间距

包 头 号	最小间距/mm
≤5	≥19.5
6	≥20.0
7	≥20.5
8	≥21.0
9	≥21.5
≥10	≥22.0

5.3.3 防漏性

按照 GB/T 20991—2007 中 5.7 方法测试时，应没有空气泄漏。

5.3.4 特定的工效学特征

如果 GB/T 20991—2007 中 5.1 给出的所有问卷回答是肯定的，应认为鞋满足工效学要求。

5.4 鞋帮

5.4.1 一般要求

对于式样 B、C、D 和 E，从紧靠鞋底的水平表面测量满足鞋帮要求的区域的最小高度应符合表 8 要求。

表 8 完全满足鞋帮要求处的最小高度

鞋 号	最小高度/mm			
	式样 B	式样 C	式样 D	式样 E
≤225	≥64	≥113	≥172	≥265
230～240	≥66	≥115	≥175	≥270
245～250	≥68	≥119	≥182	≥280
255～265	≥70	≥123	≥188	≥290
270～280	≥72	≥127	≥195	≥300
≥285	≥73	≥131	≥202	≥310

当领口和垫材料在超出表 8 高度的地方时，这类材料应符合 5.5.1 和 5.5.2 的要求。皮革材料应另外符合 5.4.7 和 5.4.9 的要求。

5.4.2 厚度

按照 GB/T 20991—2007 中 6.1 方法测定时，Ⅱ类鞋的鞋帮任何一处厚度应符合表 9 要求。

表 9 鞋帮最小厚度

材料种类	厚度/mm
橡胶	≥1.50
聚合材料	≥1.00

5.4.3 撕裂强度

按照 GB/T 20991—2007 中 6.3 方法测定时，Ⅰ类鞋的鞋帮撕裂强度应符合表 10 要求。

表 10 鞋帮撕裂强度

材料种类	最小力/N
皮革	≥120
涂覆织物/纺织品	≥60

5.4.4 拉伸性能

按照 GB/T 20991—2007 中 6.4 方法测试时，拉伸性能应符合表 11 要求。

表 11 拉伸性能

材料种类	抗张强度/(N/mm²)	扯断强力/N	100%定伸应力/(N/mm²)	扯断伸长率/(%)
剖层皮革	≥15	—	—	—
橡胶	—	≥180	—	—
聚合材料	—	—	1.3～4.6	≥250

5.4.5 耐折性

按照 GB/T 20991—2007 中 6.5 方法测试时，耐折性应符合表 12 要求。

表 12 耐折性

材料种类	耐折性
橡胶	连续屈挠 125 000 次，应无裂纹
聚合材料	连续屈挠 150 000 次，应无裂纹

5.4.6 水蒸气渗透性和系数

按照 GB/T 20991—2007 中 6.6 和 6.8 方法测试时，水蒸气渗透率不应小于 0.8 mg/(cm²・h)，水蒸气系数不应小于 15 mg/cm²。

5.4.7 pH 值

皮革鞋帮按照 GB/T 20991—2007 中 6.9 方法测试时，pH 值不应小于 3.2；如果 pH 值小于 4，则稀释差应小于 0.7。

5.4.8 水解

聚氨酯鞋帮按照 GB/T 20991—2007 中 6.10 方法测试时，连续屈挠 150 000 次，应无裂纹产生。

5.4.9 六价铬含量

皮革鞋帮按照 GB/T 20991—2007 中 6.11 方法测试时，六价铬含量应没有检出。

5.5 衬里

注：下列要求适用于前帮衬里和后帮衬里。

5.5.1 撕裂强度

按照 GB/T 20991—2007 中 6.3 方法测定时，衬里撕裂强度应符合表 13 要求。

表 13 衬里撕裂强度

材料种类	最小力/N
皮革	≥30
涂覆织物/纺织品	≥15

5.5.2 耐磨性

按照 GB/T 20991—2007 中 6.12 方法测试时，在完成下列转数前，衬里不应产生任何破洞：

——干式测试：25 600 转；

——湿式测试：12 800 转。

5.5.3 水蒸气渗透性和系数

按照 GB/T 20991—2007 中 6.6 和 6.8 方法测试时，水蒸气渗透率不应小于 2.0 mg/(cm² · h)，水蒸气系数不应小于 20 mg/cm²。

注：对无线纹的硬衬没有要求。

5.5.4 pH 值

皮革衬里按照 GB/T 20991—2007 中 6.9 方法测试时，pH 值不应小于 3.2；如果 pH 值小于 4，则稀释差应小于 0.7。

5.5.5 六价铬含量

皮革衬里按照 GB/T 20991—2007 中 6.11 方法测试时，六价铬含量应没有检出。

5.6 鞋舌

仅当制作鞋舌的材料或厚度与鞋帮不同时，才对鞋舌进行测试。

5.6.1 撕裂强度

按照 GB/T 20991—2007 中 6.3 方法测定时，鞋舌撕裂强度应符合表 14。

表 14 鞋舌撕裂强度

材料种类	最小力/N
皮革	≥36
涂覆织物/纺织品	≥18

5.6.2 pH 值

皮革鞋舌按照 GB/T 20991—2007 中 6.9 方法测试时，pH 值不应小于 3.2；如果 pH 值小于 4，则稀释差应小于 0.7。

5.6.3 六价铬含量

皮革鞋舌按照 GB/T 20991—2007 中 6.11 方法测试时，六价铬含量应没有检出。

5.7 内底和鞋垫

5.7.1 厚度

按照 GB/T 20991—2007 中 7.1 方法测定时，内底厚度不应小于 2.0 mm。

5.7.2 pH 值

皮革内底或皮革鞋垫按照 GB/T 20991—2007 中 6.9 方法测试时，pH 值不应小于 3.2；如果 pH 值小于 4，则稀释差应小于 0.7。

5.7.3 吸水性和水解吸性

按照 GB/T 20991—2007 中 7.2 方法测试时，吸水性不应小于 70 mg/cm²，水解吸性不应小于水吸收的 80%。

5.7.4 耐磨性

5.7.4.1 内底

非皮革内底按照 GB/T 20991—2007 中 7.3 方法测试时，完成 400 次前，不应有严重磨损。

5.7.4.2 鞋垫

非皮革鞋垫按照 GB/T 20991—2007 中 6.12 方法测试时，完成下列次数前，磨擦表面不应产生任何破洞。

——干式测试：25 600 次；

——湿式测试：12 800 次。

5.7.5 六价铬含量

皮革内底按照 GB/T 20991—2007 中 6.11 方法测试时，六价铬含量应没有检出。

5.8 外底

5.8.1 非防滑外底厚度

按照 GB/T 20991—2007 中 8.1 方法测试时，非防滑外底的任何一处总厚度不应小于 6 mm。

5.8.2 撕裂强度

非皮革外底按照 GB/T 20991—2007 中 8.2 方法测试时，撕裂强度不应小于：

——8 kN/m，适用密度大于 0.9 g/cm^3 的材料；

——5 kN/m，适用密度小于或等于 0.9 g/cm^3 的材料。

5.8.3 耐磨性

除全橡胶和全聚合材料鞋外的非皮革外底按照 GB/T 20991—2007 中 8.3 方法测试时，密度等于或小于 0.9 g/cm^3 材料的相应体积磨耗量不应大于 250 mm^3，密度大于 0.9 g/cm^3 材料的相应体积磨耗量不应大于 150 mm^3。

全橡胶或全聚合材料外底按照 GB/T 20991—2007 中 8.3 方法测试时，相对体积磨耗量不应大于 250 mm^3。

5.8.4 耐折性

非皮革外底按照 GB/T 20991—2007 中 8.4 方法测试时，连续屈挠 30 000 次，切口增长不应大于 4 mm。

5.8.5 水解

聚氨酯外底和外层由聚氨酯组成的鞋底按照 GB/T 20991—2007 中 8.5 方法测试时，连续屈挠 150 000 次，切口增长不应大于 6 mm。

5.8.6 中间层结合强度

按照 GB/T 20991—2007 中 5.2 方法测试时，外层或防滑层与相邻层之间的结合强度不应小于 4.0 N/mm；如果鞋底有撕裂现象，则结合强度不应小于 3.0 N/mm。

5.8.7 耐油性

按照 GB/T 20991—2007 中 8.6.1 方法测试时，体积增大不应超过 12%。

如果按照 GB/T 20991—2007 中 8.6.1 方法测试后，试样体积收缩超过 0.5%，或者硬度增加超过 10 个邵尔 A 单位，则按照 GB/T 20991—2007 中 8.6.2 方法进一步取样和测试，连续屈挠 150 000 次，切口增长不应超过 6 mm。

6 防护鞋的附加要求

6.1 一般要求

根据工作场所遇到的危险，适合使用的防护鞋应符合表 15 给出的适用的附加要求和对应标记。

表 15　有合适标记符号的特殊用途的附加要求

要　　求		条　　款	分　　类		符　号
			Ⅰ	Ⅱ	
成鞋	抗刺穿性	6.2.1	×	×	P
	电性能：	6.2.2			
	导电鞋	6.2.2.1	×	×	C
	防静电鞋	6.2.2.2	×	×	A
	绝缘鞋	6.2.2.3		×	I
	耐恶劣环境性能：	6.2.3			
	鞋底隔热性	6.2.3.1	×	×	HI
	鞋底防寒性	6.2.3.2	×	×	CI
	鞋座区域能量吸收	6.2.4	×	×	E
	防水性	6.2.5	×		WR
	跖骨保护	6.2.6	×	×	M
	踝保护	6.2.7	×	×	AN
鞋帮	透水性和吸水性	6.3.1	×		WRU
	结构	6.3.2	×		
	抗切割性	6.3.3	×	×	CR
外底	防滑区域：	6.4.1	×	×	
	防滑外底厚度	6.4.2	×	×	
	花纹高度	6.4.3	×	×	
	耐热接触性	6.4.4	×	×	HRO
注：本表中对特殊分类要求的适用性说明如下： × 如果有此特性则要求应符合。					

6.2　成鞋

6.2.1　抗刺穿性

6.2.1.1　刺穿力

按照 GB/T 20991—2007 中 5.8.2 方法测试时，穿透鞋底所需的力不应小于 1 100 N。

6.2.1.2　结构

防刺穿垫应装在鞋底中，在不损坏鞋的情况下应不能移动垫。防刺穿垫不应位于保护包头卷边上方也不应与之接触。

6.2.1.3　尺寸

按照 GB/T 20991—2007 中 5.8.1 方法测量防刺穿垫尺寸。

除鞋座区域外，在代表楦底边缘的曲线和防刺穿垫边缘之间的最大距离(X)应为 6.5 mm。在鞋座区域，在代表楦底边缘的曲线和垫之间的最大距离(Y)应为 17 mm(见图 5)。

将防刺穿垫固定于鞋底的最大直径为 3 mm 的开孔不应超过 3 个。

孔不应位于阴影区域 1 中(见图 4)。

阴影区域 2 中的孔应忽略(见图 4)。

6.2.1.4　防刺穿垫耐折性

防刺穿垫按照 GB/T 20991—2007 中 5.9 方法测试时，经受 1×10^6 屈挠后不应出现看得见的裂缝痕迹。

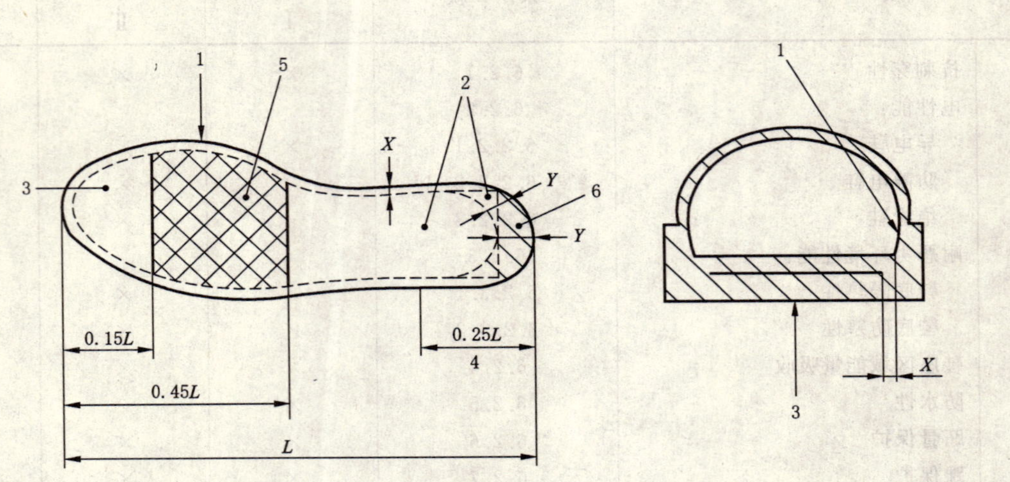

1——楦底边缘留下的曲线；

2——防刺穿垫可选择的形状；

3——防刺穿垫；

4——鞋座区域；

5——阴影区域 1；

6——阴影区域 2。

L——鞋底内部长度。

图 5　防刺穿垫的位置

6.2.1.5　防刺穿垫特性

6.2.1.5.1　金属防刺穿垫的耐腐蚀性

全橡胶鞋按照 GB/T 20991—2007 中 5.6.1 方法测试时，金属防刺穿垫的腐蚀区域不应超过 5 处，每处面积不应超过 2.5 mm^2。用在其他类型鞋中的金属防刺穿垫按照 GB/T 20991—2007 中 5.6.3 方法测试时，腐蚀区域不应超过 5 处，每处面积不应超过 2.5 mm^2。

6.2.1.5.2　非金属防刺穿垫抗刺穿性

非金属防刺穿垫经过附录 B 中 B.1 的温度和化学处理后，再按照附录 B 中 B.2 方法测试，穿透防刺穿垫所需的力不应小于 1 100 N。

6.2.2　电性能

6.2.2.1　导电鞋

按照 GB/T 20991—2007 中 5.10 方法测量时，在干燥环境（GB/T 20991—2007，5.10.3.3a)）中调节后，电阻值应小于 100 kΩ。

6.2.2.2　防静电鞋

按照 GB/T 20991—2007 中 5.10 方法测量时，在干燥和潮湿环境（GB/T 20991—2007，5.10.3.3a)和 b)）中调节后，电阻值应大于或等于 100 kΩ 和小于或等于 1 000 MΩ。

6.2.2.3　电绝缘鞋

按照 GB/T 20991—2007 中 5.11 方法测量时，鞋应符合 0 类或 00 类要求。

6.2.3 耐恶劣环境性能

6.2.3.1 鞋底的隔热性

按照 GB/T 20991—2007 中 5.12 方法测试时，30 min 后内底上表面的温度升高不应超过 22 ℃，同时应没有鞋底的变形或脆化使之功能降低。

在不损坏鞋的情况下，安装在鞋内的隔热层应不能移动。

6.2.3.2 鞋底的防寒性

按照 GB/T 20991—2007 中 5.13 方法测试时，内底上表面的温度降低不应超过 10 ℃。

在不损坏鞋的情况下，安装在鞋内的隔冷层应不能移动。

6.2.4 鞋座区域的能量吸收

按照 GB/T 20991—2007 中 5.14 方法测试时，鞋座区域的能量吸收不应小于 20 J。

6.2.5 防水性

按照 GB/T 20991—2007 中 5.15.1 方法测试时，走完 100 槽长后透入的总面积不应超过 3 cm^2 或按照 GB/T 20991—2007 中 5.15.2 方法测试时，15 min 后应没有水透入发生。

6.2.6 跖骨保护

6.2.6.1 结构

跖骨保护装置应由合适的材料制成并应有合适的形状，使冲击时产生的作用力分配在鞋底、保护包头和与脚表面尽可能一样大的区域上。

在不损坏鞋的情况下，装在鞋上的跖骨保护装置应不能移动。

在脚的内侧和外侧，跖骨保护装置应与鞋形状相适应，同时应设计使之不妨碍正常的脚移动。

6.2.6.2 跖骨保护装置的抗冲击性

按照 GB/T 20991—2007 中 5.16 方法测试时，冲击后的最小间距应符合表 16 要求。

表 16 冲击后的最小间距

鞋 号	冲击后的最小间距/mm
≤225	≥37.0
230～240	≥38.0
245～250	≥39.0
255～265	≥40.0
270～280	≥40.5
≥285	≥41.0

6.2.7 踝保护

按照 GB/T 20991—2007 中 5.17 方法测试时，测试结果的平均值不应超过 20 kN 和单个值不应超过 30 kN。

6.3 鞋帮

6.3.1 透水性和吸水性

按照 GB/T 20991—2007 中 6.13 方法测试时，透水量(表示为 60 min 后吸水布的质量增加)不应高于 0.2 g，吸水率不应高于 30%。

6.3.2 结构

非功能性的及装饰性的缝缀和穿孔不应用在要求鞋帮防水的鞋上。

6.3.3 抗切割性和抗刺穿性

6.3.3.1 设计

鞋不应为第 4 章中的式样 A(式样见图 4)。

6.3.3.2 结构

鞋应有从帮脚边缘到它上方至少 30 mm 和从保护包头到鞋后跟末端延伸的保护区域。该区域应延伸超过帮脚边缘至少 10 mm。

在保护包头和保护材料之间应没有缝隙。保护材料应永久地附于鞋上。如果不同的材料用于切割保护，它们应相互连接或重叠(见图 6)。

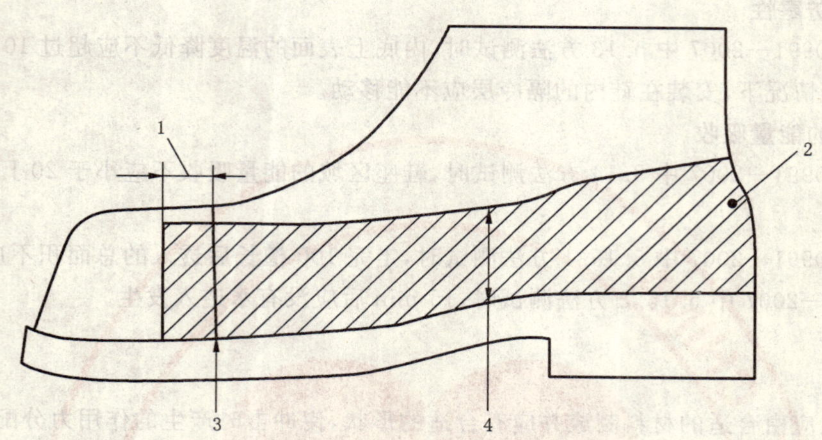

1——保护包头上方 10 mm 重叠；

2——保护区域；

3——保护包头后边缘；

4——帮脚线上方 30 mm 最小高度。

图 6 保护区域的范围

6.3.3.3 抗切割性

按照 GB/T 20991—2007 中 6.14 方法测试时，防割指数Ⅰ不应小于 2.5。

6.3.3.4 抗刺穿性

鞋也应符合 6.2.1 的要求。

6.4 外底

6.4.1 防滑区域

除保护包头卷边下方区域外，至少图 7 所示的阴影部分应有向侧边开口的花纹。

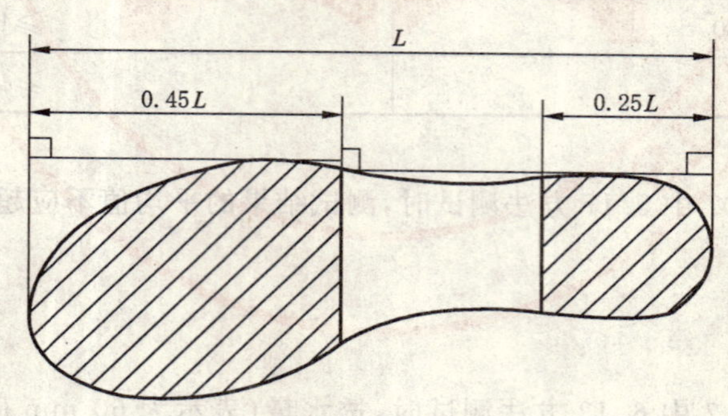

图 7 防滑区域

6.4.2 防滑外底厚度

按照 GB/T 20991—2007 中 8.1 方法测试时，对于直接注压、硫化或胶粘外底厚度 d_1 不应小于 4 mm，对于多层外底，厚度 d_1 不应小于 4 mm。对于全橡胶和全聚合材料鞋，厚度 d_1 不应小于 3 mm，厚度 d_3 不应小于 6 mm。

6.4.3 花纹高度

按照 GB/T 20991—2007 中 8.1 方法测试时，对于直接注压、硫化或胶粘外底花纹高度 d_2 不应小于 2.5 mm；对于多层外底花纹高度 d_2 不应小于 2.5 mm；对于全橡胶和全聚合材料鞋花纹高度 d_2 不应小于 4 mm。

注：花纹高度小于 2.5 mm 的外底被认为不防滑。

6.4.4 耐热接触性

按照 GB/T 20991—2007 中 8.7 方法测试时，橡胶和聚合材料外底应无熔融和沿圆轴弯曲时应无任何龟裂。用相同方法对皮革外底测试时，应无龟裂或沿圆轴弯曲时碳化延伸至真皮层。

7 标识

应清晰持久地标记下列各项，如压印或烙印：

a) 鞋号；

b) 制造商名称；

c) 生产日期(年、月)；

d) 本标准号和年代，即 GB 21147—2007；

e) 表 15 规定的符合提供保护的符号或，如果适用，与表 17 描述一样的合适的类别(PB,P1,…,P5)。

注：d)和 e)的标识宜彼此相邻。

表 17 防护鞋的标识类别

类　别	基本要求(表 2 和表 3)	附加要求
PB	Ⅰ或Ⅱ	
P1	Ⅰ	封闭的鞋座区域 抗静电性 鞋座区域能量吸收
P2	Ⅰ	P1 加上吸水性和水解吸性
P3	Ⅰ	P2 加上抗刺穿性、防滑外底
P4	Ⅱ	抗静电性、鞋座区域能量吸收
P5	Ⅱ	P4 加上抗刺穿性、防滑外底
注：为便于标识，本表归类了防护鞋基本要求和附加要求的最广泛组合。		

8 提供的信息

8.1 一般要求

应给出下列信息：

a) 制造商和/或他的全权代表的名称和完整地址。

b) 标准号和年代。

c) 任何象形文字、标识和性能水平的说明。适用于鞋的测试的基本说明(如果适用)。

d) 使用说明：

1) 如果必需，使用前通过穿着者进行测试；

2) 如果有关，穿上和脱下鞋的方法；

3) 涉及可能用途的基本信息，及详细信息来源；

4) 使用限制(例如温度范围，等等)；

5) 储存和维护说明，维护检查的最长周期(如果重要，详细说明干燥过程)；

6) 清洗和/或消毒说明；

7） 报废最终期限或报废周期；

8） 如果适合，对可能遇到的问题提出警告(更改能使认可的类型无效，例如整形外科的鞋)；

9） 如果有帮助，附加例子和部分数字等等。

e） 参考零件和备用件(如果有关)。

f） 适于运输的包装类型(如果有关)。

8.2 电性能

8.2.1 导电鞋

每双导电鞋应提供有下列文字的说明书。

“如果必须在尽可能的最短时间内将静电荷减至最小，例如处理炸药，则必须使用导电鞋。如果来自任何电器或带电部件的电击危险已经完全消除，则不必使用导电鞋。为确保鞋是导电的，规定在鞋的全新状态下电阻值小于 100 kΩ。

在使用期间，由于屈挠和污染，导电材料制成的鞋的电阻值可能会发生显著变化，那么必须确保导电鞋在整个使用期限内能履行消散静电荷的设计功能。因此，在需要的场所，建议使用者建立一个内部电阻测试并定期使用它。这项测试以及下面提到的测试应成为工作场所事故预防程序的例行部分。

如果鞋在鞋底材料可能被增加鞋电阻的物质所污染的场所穿用，穿着者每次进入危险区域前必须经常检查所穿鞋的电阻值。

在使用导电鞋的场所，地面电阻不应使鞋提供的防护失效。

在使用中，除了一般的袜子，鞋内底与穿着者的脚之间不得有绝缘部件。如果内底和脚之间有鞋垫，则应检查鞋/鞋垫组合体的电阻值。”

8.2.2 防静电鞋

每双防静电鞋应提供有下列文字的说明书。

“如果必须通过消散静电荷来使静电积累减至最小，从而避免诸如易燃物质和蒸气的火花引燃危险，同时，如果来自任何电器或带电部件的电击危险尚未完全消除，则必须使用防静电鞋。然而，要注意由于防静电鞋仅仅是在脚和地面之间加入一个电阻，不能保证对电击有足够的防护。如果电击的危险尚未完全消除，避免这种危险的附加措施是必要的。这类措施与下面提到的附加测试一样应成为工作场所事故预防程序的例行部分。

经验表明，对于防静电用途，在鞋的整个使用期限内的任何时间，通过产品的放电路径通常应有小于 1 000 MΩ 的电阻。在电压达到 250 V 操作时，万一出现任何电器故障，为确保对电击或引燃危险提供一些有限的保护，新鞋的电阻最低限值规定为 100 kΩ。然而在某些情况下，使用者应知道鞋可能提供不充分的保护且应始终采取附加措施以保护穿着者。

这类鞋的电阻会由于屈挠、污染或潮湿而发生显著变化。如果在潮湿条件下穿用，鞋将不能实现其预定的功能。因而必须确保产品在整个使用期限内能实现其消散静电荷的设计功能并同时提供一些保护。建议使用者建立一个内部电阻测试并定期经常地使用它。

如果延长穿用周期，Ⅰ类鞋能吸潮并在潮湿条件下导电。

如果在鞋底材料被污染的场所穿用鞋，穿着者每次进入危险区域前应经常检查鞋的电阻值。

在使用防静电鞋的场所，地面电阻不应使鞋提供的防护无效。

在使用中，除了一般的袜子，鞋内底与穿着者的脚之间不得有绝缘部件。如果内底和脚之间有鞋垫，则应检查鞋/鞋垫组合体的电阻值。”

8.2.3 电绝缘鞋

带绝缘特性的鞋为不小心接触坏电器提供有限保护，因此每双鞋应提供有下列文字的说明书。

a） 如果有电击危险应穿电绝缘鞋，例如来自损坏的带电仪器。

b） 电绝缘鞋不能保证 100%防护电击，且避免这种危险的附加测试是必需的。这类测试与下面提到的附加测试一样，应成为日常危险评价程序的一部分。

c） 在使用期限内鞋电性能应随时符合6.2.2.3要求。

d） 使用期间防护水平可能受到鞋被刻痕、切割、磨损或化学污染而损坏的影响，应定期检查，损坏的鞋不能穿。

e） 如果在污染鞋底材料的场所穿用，例如化学药品，进入这类危险区域时应警告该区域会影响鞋的电性能。

f） 穿用时建议使用者建立一个适合的鞋的电绝缘性能检查和测试手段。

8.3 鞋垫

如果鞋提供了可移动鞋垫，则应在说明书上解释测试是鞋垫在适当的位置时进行的。应给出警告，鞋只在适当位置使用鞋垫及鞋垫最好由原鞋制造商提供的同等鞋垫代替。

如果鞋未提供鞋垫，则应在说明书上解释测试是在没有鞋垫时进行的。应给出警告，装鞋垫能影响鞋的防护性能。

附 录 A
（规范性附录）
非金属保护包头经过温度处理和化学处理后抗冲击性的测定

A.1 温度处理和化学处理

A.1.1 高温处理

取一只保护包头，将精度为±0.5℃的热电偶粘在保护包头上表面，再将保护包头放入温度(60±2)℃烘箱中，4 h后取出，冷却至(40±2)℃，立即按照A.2方法测试。

A.1.2 低温处理

取一只保护包头，将精度为±0.5 ℃的热电偶粘在保护包头上表面，再将保护包头放入温度(−20±2)℃低温箱中，4 h后取出，温度达到(−1±1)℃时，立即按照A.2方法测试。

A.1.3 酸处理

将一只保护包头完全浸入浓度为1 mol/L的硫酸溶液中，在(20±2)℃放置，24 h后取出保护包头，用流水洗净酸液，然后在(20±2)℃存放24 h，再按照A.2方法测试。

A.1.4 碱处理

将一只保护包头完全浸入浓度为1 mol/L的氢氧化钠溶液中，在(20±2)℃放置，24 h后取出保护包头，用流水洗净碱液，然后在(20±2)℃存放24 h，再按照A.2方法测试。

A.1.5 油处理

将一只保护包头完全浸入2,2,4-三甲基戊烷(异辛烷)试液中，在(20±2)℃放置，24 h后取出保护包头，用流水洗净试液，在(20±2)℃存放24 h，再按照A.2方法测试。

A.2 抗冲击性的测定

A.2.1 装置

A.2.1.1 冲击测试仪

同GB/T 20991—2007中5.4.1.1。

A.2.1.2 夹持装置

由厚度至少19 mm、面积150 mm×150 mm、硬度至少60 HRC的钢板组成。有一个能夹住保护包头的装置，冲击测试时不会限制保护包头的任何侧向扩展，合适的夹持装置见图A.1。

保护包头前端用叉状夹具控制，依据保护包头的尺寸大小，在四个螺纹孔之一插入螺钉以固定叉状夹具。保护包头后边缘用圆角板固定，圆角板用螺钉固定在滑轨上。圆角板压于保护包头后端的卷边上，将保护包头紧靠着叉状夹具。滑轨支在弹簧上，当保护包头受到冲击锤打击时，滑轨可以沿轴线弹回。更换保护包头时，应松开夹持柄，缩回圆角板。

A.2.1.3 圆柱体

直径(25±2)mm的雕塑粘土。用于不大于5号的保护包头时，高度为(25±2)mm；用于大于5号的保护包头时，高度为(30±2)mm。

A.2.1.4 千分表

带有半径(3.0±0.2)mm的半球形测足和一个平坦的底座，施力不超过250 mN。

A.2.2 步骤

按照GB/T 20991—2007中5.3.2方法确定测试轴线。

用夹持装置(A.2.1.2)固定试样，并调节使冲击锤能冲击到保护包头的前部和后部。将圆柱体(A.2.1.3)放入保护包头内，圆柱体中心位于测试轴线上，圆柱体后边缘与保护包头后边缘水平(见图 A.2)。使冲击锤从适当高度落至测试轴线上,达到(100±2)J 的冲击能量。

在保护包头后边缘压痕的 10 mm 范围内,用千分表(A.2.1.4)测量圆柱体受压后的最低高度,精确到 0.5 mm。此高度即冲击后的间距。

单位为毫米

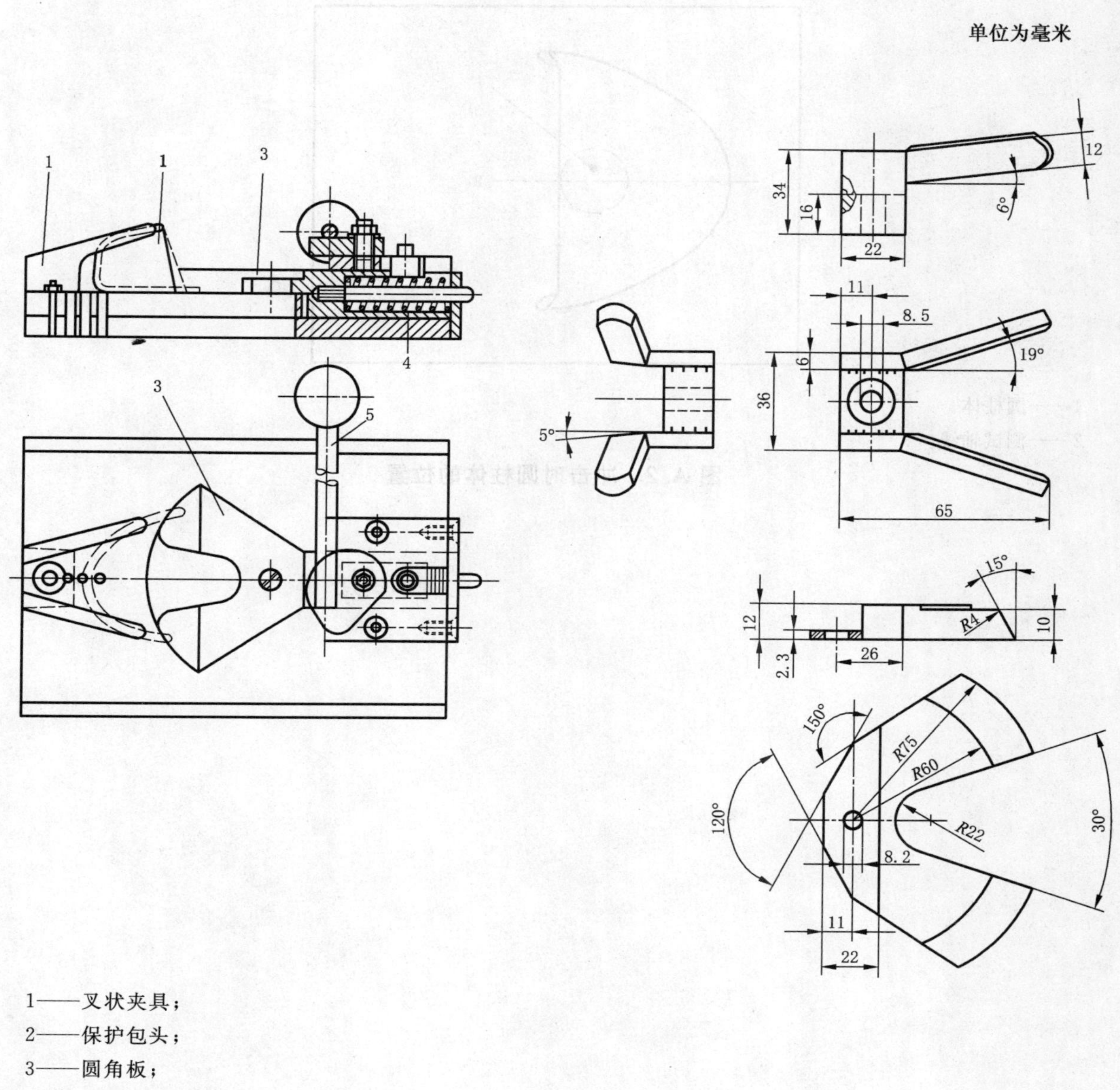

1——叉状夹具;
2——保护包头;
3——圆角板;
4——弹簧;
5——夹持柄。

图 A.1 夹持装置

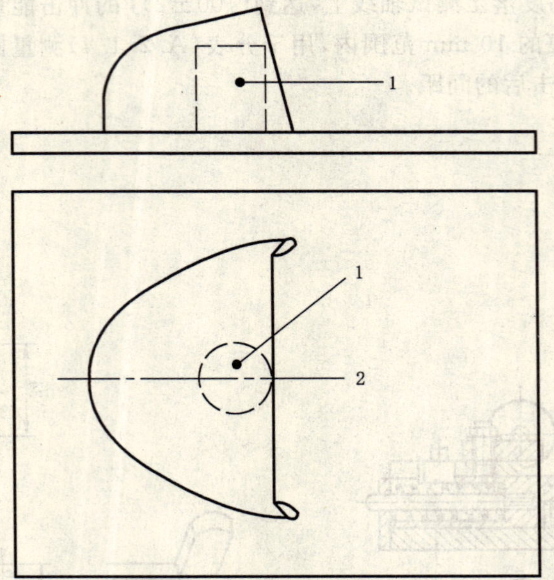

1——圆柱体；

2——测试轴线。

图 A.2　冲击时圆柱体的位置

附　录　B
（规范性附录）
非金属防刺穿垫经过温度处理和化学处理后抗刺穿性的测定

B.1　温度处理和化学处理

B.1.1　高温处理

取一只防刺穿垫，将精度为±0.5℃的热电偶粘在垫的表面，再将垫放入温度(60±2)℃烘箱中，4 h后取出，冷却至(40±2)℃，立即按照B.2方法测试。

B.1.2　低温处理

取一只防刺穿垫，将精度为±0.5℃的热电偶粘在垫的表面，再将垫放入温度(−20±2)℃低温箱中，4 h后取出，温度达到(−1±1)℃时，立即按照B.2方法测试。

B.1.3　酸处理

将一只防刺穿垫完全浸入浓度为1 mol/L的硫酸溶液中，在(20±2)℃放置，24 h后取出垫，用流水洗净酸液，然后在(20±2)℃中存放24 h，再按照B.2方法测试。

B.1.4　碱处理

将一只防刺穿垫完全浸入浓度为1 mol/L的氢氧化钠溶液中，在(20±2)℃放置，24 h后取出垫，用流水洗净碱液，然后在(20±2)℃存放24 h，再按照B.2方法测试。

B.1.5　油处理

将一只防刺穿垫完全浸入2,2,4-三甲基戊烷（异辛烷）试液中，在(20±2)℃放置，24 h后取出垫，用流水洗净试液，在(20±2)℃存放24 h，再按照B.2方法测试。

B.2　抗刺穿性的测定

B.2.1　装置

B.2.1.1　测试设备

能测量的压力至少为2 000 N。

B.2.1.1.1　测试钉

同GB/T 20991—2007中5.8.2.1.2。

B.2.1.1.2　夹持装置

由一个在适当的位置夹住试样并引导测试钉的夹具组成（见图B.1）。测试钉安装在直径$24.8^{+0.00}_{-0.05}$mm的实心金属圆柱里，试样夹在两平板间，板上有直径(25.00±0.05)mm的圆孔。一个夹板装有内直径为(25.00±0.05)mm的圆柱形套环，圆柱在套环中滑行，使测试钉前端顶住试样中心。

B.2.1.2　步骤

按图B.1所示，在两板之间夹住试样，再将装置放入测试设备。开动设备，使测试钉以(10±3)mm/min速度穿透试样，记录防刺穿垫穿透所需的最大力，单位为牛顿。不应让测试钉的整个长度穿透试样。

测试分别在防刺穿垫的4个不同点处进行，任何两个穿透点之间应至少相距30 mm。

B.2.1.3　结果表示

取每只垫四次测量的最小值作为该垫的测试结果。

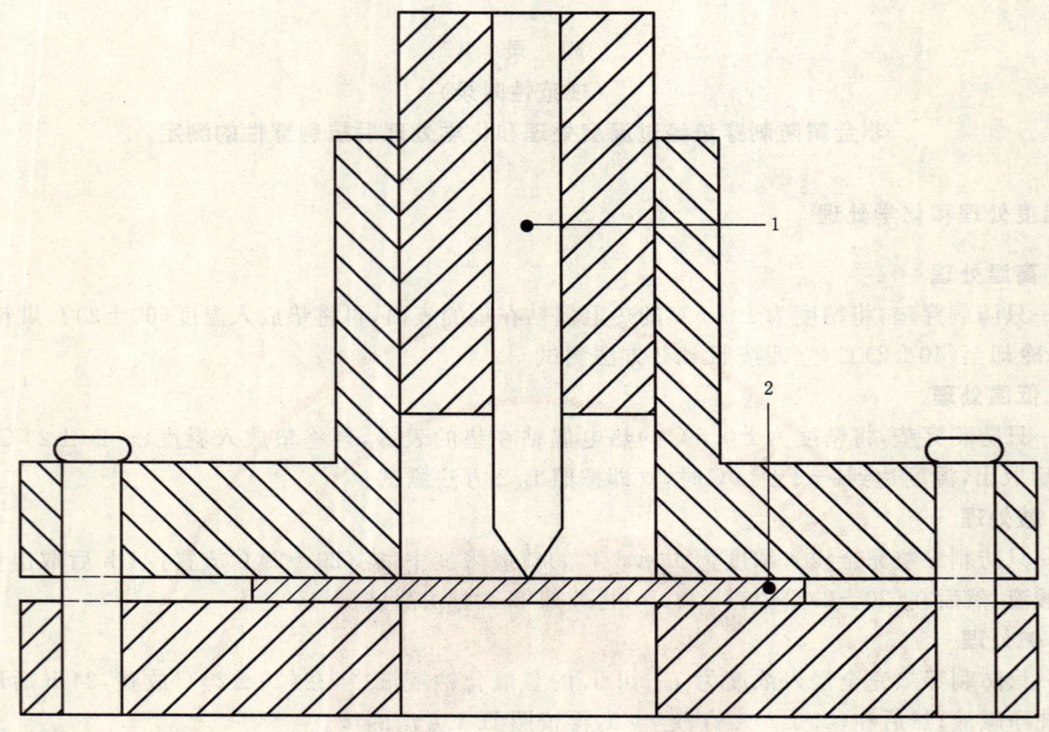

1——测试钉；

2——试样。

图 B.1 夹持装置

参 考 文 献

[1] prEN ISO 19952 Footwear—Vocabulary

[2] EN 12568:1998 Foot and leg protectors—Requirements and test methods for toecaps and metal penetration resistant inserts

[3] EN 50321:2000 Electrically insulating footwear for working on low voltage installations

ICS 13.340.50
C 73

中华人民共和国国家标准

GB 21148—2007

个体防护装备 安全鞋

Personal protective equipment—Safety footwear

(ISO 20345:2004,MOD)

2007-11-01 发布 2008-06-01 实施

中华人民共和国国家质量监督检验检疫总局
中国国家标准化管理委员会 发布

前言

本标准的5.3.1.2、5.3.2、5.3.3、5.4.3、5.4.4、5.4.5、5.5.1、5.5.2、5.8.1、5.8.2、5.8.3、5.8.4、5.8.5、5.8.6、5.8.7为强制性条款；如果安全鞋有适用的附加要求，则第6章中所适用的附加要求条款为强制性的；其余为推荐性的。

本标准修改采用ISO 20345:2004《个体防护装备　安全鞋》(英文版)。本标准根据ISO 20345:2004重新起草。

本标准与ISO 20345:2004相比，存在如下差异：

——将国际标准的格式和表述转化为我国标准的格式和表述，根据汉语习惯进行了编辑性修改，有些专业术语和定义按国内专业习惯用语进行了修改。

——删除了ISO前言和EN前言。

——在范围中，增加了规定内容、适用和不适用范围。

——国际标准中引用的ISO 20344:2004，在本标准中均改为GB/T 20991—2007。

——凡ISO 20345:2004文中涉及到的国外鞋号，本标准均转为相应国际鞋号，简称为鞋号。

——在3.14导电鞋的定义中，将“电阻值位于0 Ω～100 kΩ范围内”改为“电阻值小于100 kΩ”。

——在3.15防静电鞋的定义中，将“电阻值位于100 kΩ以上……”改为“电阻值大于或等于100 kΩ……”。

——删除了国际标准中的术语3.18。

——5.3.2.5.2和6.2.1.5.2中，将国际标准引用的EN 12568:1998的内容直接纳入本标准，并为此增加了表7、附录A和附录B。

——5.7.4.1中，将“磨擦损坏不应比同类材料标准试样描述的更严重”改为“不应有严重磨损”。

——6.2.2.1中，将“电阻值不应大于100 kΩ”改为“电阻值应小于100 kΩ”。

——6.2.2.2中，将“电阻值应大于100 kΩ……”改为“电阻值应大于或等于100 kΩ……”。

——6.2.3.1中，在“内底上表面的温度升高……”前增加了“30 min后”。

——删除了国际标准的7b)。

——删除了国际标准的8.1b)。

——8.2.1中，将“……100 kΩ的电阻上限值”改为“……电阻值小于100 kΩ”。

——8.2.3中，将c)中的“电阻”改为“电性能”，删除了d)的分项2)，将分项1)取消序号，成为d)的直接内容。

——根据本标准编制情况增加了参考文献的内容。

本标准的附录A、附录B为规范性附录。

本标准由国家安全生产监督管理总局提出。

本标准由全国个体防护装备标准化技术委员会(CSBTS/TC 112)归口。

本标准起草单位：中钢集团武汉安全环保研究院、国家劳动保护用品质量监督检验中心(武汉)、广州职安健安全科技有限公司、浙江赛纳集团有限公司、江苏省金湖县国祥工贸有限公司、荣光集团有限公司、东莞尊荣鞋业有限公司。

本标准主要起草人：张元虎、程钧、佘启元、刘钜源、朱国侯、黎钦华。

个体防护装备　安全鞋

1　范围

本标准规定了安全鞋的术语和定义、分类、基本要求和附加要求、标识和提供的信息。

本标准适用于保护穿着者足腿部免遭作业区域危害的安全鞋。

本标准不适用于没有内底和鞋垫或没有内底但有可移动鞋垫的安全鞋。

2　规范性引用文件

下列文件中的条款通过本标准的引用而成为本标准的条款。凡是注日期的引用文件，其随后所有的修改单(不包括勘误的内容)或修订版均不适用于本标准，然而，鼓励根据本标准达成协议的各方研究是否可使用这些文件的最新版本。凡是不注日期的引用文件，其最新版本适用于本标准。

GB/T 20991—2007　个体防护装备　鞋的测试方法(ISO 20344:2004，MOD)

3　术语和定义

下列术语和定义适用于本标准。

注：鞋部件在图1～图3中说明。

3.1

安全鞋　safety footwear

具有保护特征的鞋，用于保护穿着者免受意外事故引起的伤害，装有保护包头，能提供至少200 J能量测试时的抗冲击保护和至少15 kN压力测试时的耐压力保护。

3.2　皮革

3.2.1

全粒面革　full grain leather

经过鞣制不会腐烂、保存有全部粒面层的皮革。

3.2.2

修饰面革　corrected grain leather

经过鞣制不会腐烂、通过机械打磨修饰了粒面结构的皮革。

3.2.3

剖层皮革　leather split

经过鞣制不会腐烂、通过剖开一层厚皮革而获得的头层或中间层皮革。

3.3

橡胶　rubber

本标准指硫化橡胶。

3.4

聚合材料　polymeric materials

例如聚氨酯或聚乙烯(氯乙烯)。

3.5

内底　insole

用于构成鞋底部、制鞋过程中通常与鞋帮连接的非移动部件。

3.6

鞋垫 insock

用于覆盖部分或全部内底的可移动的或固定的鞋部件。

3.7

衬里 lining

覆盖鞋帮内表面的材料。

注 1：穿着者的脚直接与衬里接触。

注 2：在装有保护包头的前部鞋帮被剖开处，或一个外部材料缝在鞋帮上形成一个袋装入保护包头，保护包头下方材料起衬里作用。

3.7.1

前帮衬里 vamp lining

覆盖鞋帮前部内表面的材料。

3.7.2

后帮衬里 quarter lining

覆盖鞋帮后侧部内表面的材料。

3.8

花纹 cleat(s)

鞋底外表面凸出部分。

3.9

刚性外底 rigid outsole

当整只鞋按照 GB/T 20991—2007 中 8.4.1 测试时，30 N 负荷下弯曲达不到 45°的鞋底。

3.10

发泡外底 cellular outsole

0.9 g/cm³ 或较小密度、在 10 倍放大镜下可看见多孔结构的外底。

3.11

防刺穿垫 penetration-resistant insert

为提供穿透保护而放在鞋底组合体中的鞋底部件。

3.12

安全鞋保护包头 safety toecap

装在鞋内、用于保护穿着者的脚趾免受至少 200 J 能量冲击和至少 15 kN 压力伤害的鞋部件。

3.13

鞋座区域 seat region

鞋的后部(帮和底)

3.14

导电鞋 conductive footwear

按照 GB/T 20991—2007 中 5.10 测量时电阻值小于 100 kΩ 的鞋。

3.15

防静电鞋 antistatic footwear

按照 GB/T 20091—2007 中 5.10 测量时电阻值大于或等于 100 kΩ 和小于或等于 1 000 MΩ 的鞋。

3.16

电绝缘鞋 electrically insulating footwear

通过阻断经由脚穿过身体的危险电流的通路来保护穿着者免受电击的鞋。

3.17

燃料油 fuel oil

石油的脂肪族烃成分。

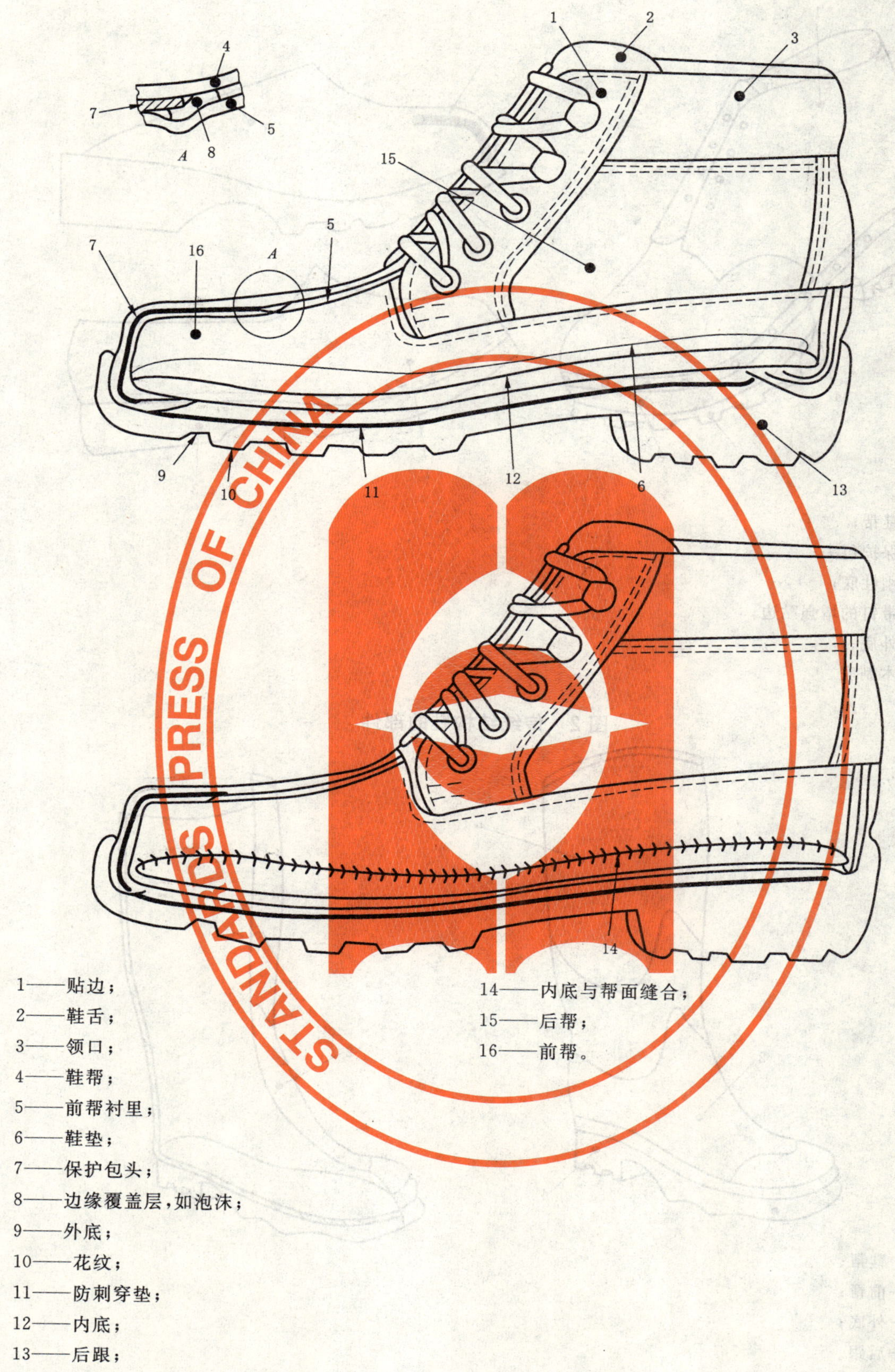

1——贴边；
2——鞋舌；
3——领口；
4——鞋帮；
5——前帮衬里；
6——鞋垫；
7——保护包头；
8——边缘覆盖层，如泡沫；
9——外底；
10——花纹；
11——防刺穿垫；
12——内底；
13——后跟；
14——内底与帮面缝合；
15——后帮；
16——前帮。

图1　内底与帮面为缝合结构鞋的部件

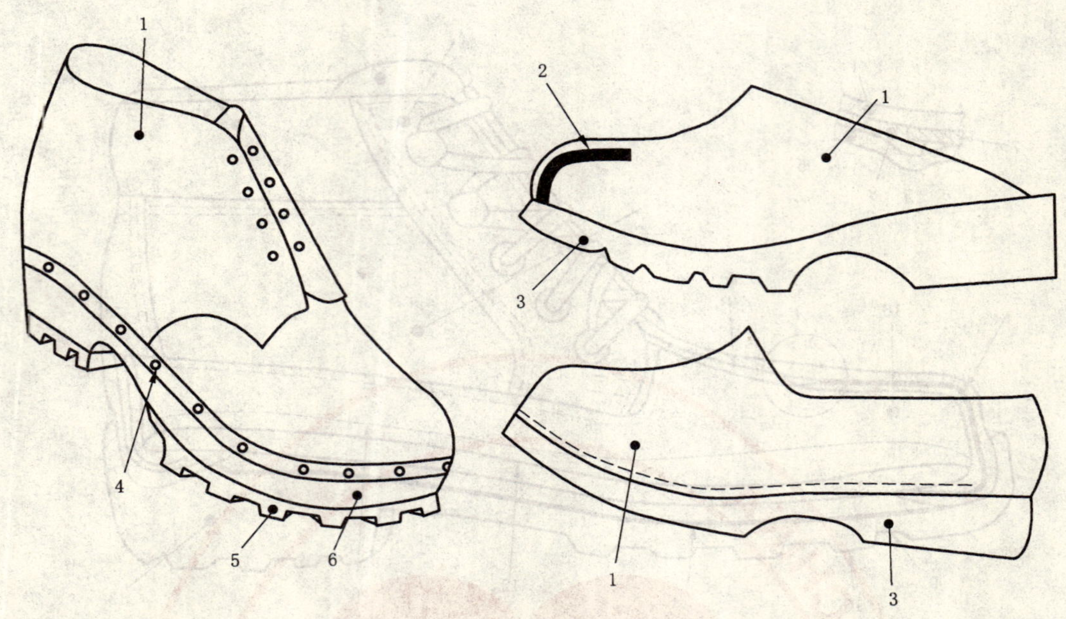

1——鞋帮；

2——保护包头；

3——刚性底；

4——带钉的增强贴边；

5——外底；

6——木制底。

图 2 传统结构鞋的部件

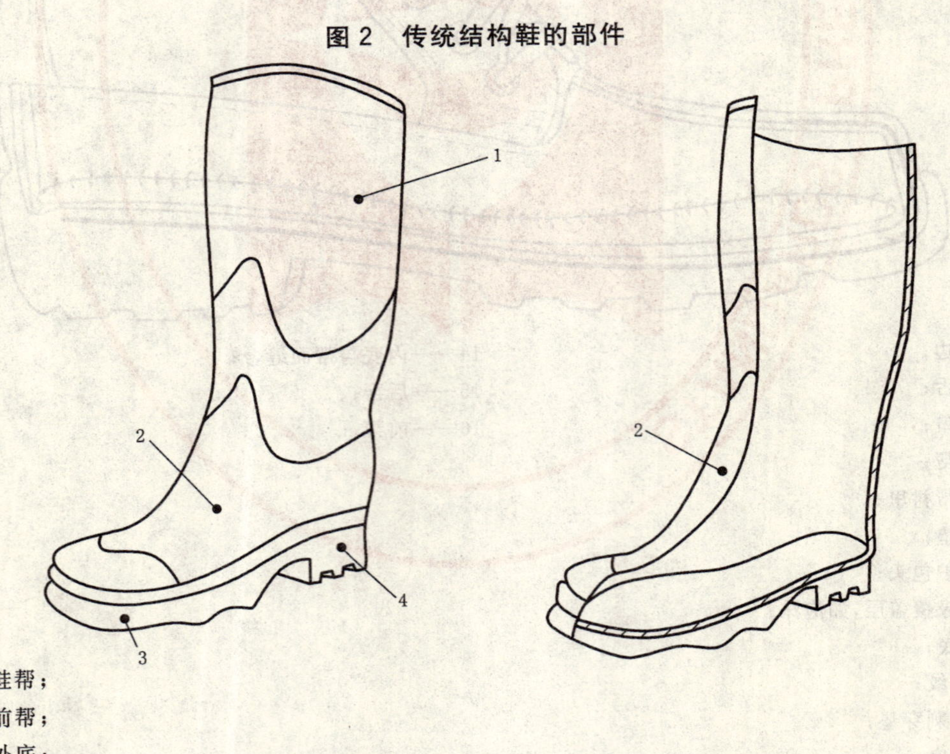

1——鞋帮；

2——前帮；

3——外底；

4——后跟。

图 3 全橡胶(即完全硫化的)或全聚合材料(即完全模制的)鞋

4 分类

鞋应按表1分类。

表1 鞋的分类

规定代号	分　类
Ⅰ	用皮革和其他材料制成的鞋，全橡胶或全聚合材料鞋除外
Ⅱ	全橡胶(即完全硫化的)或全聚合材料(即完全模制的)鞋

5 安全鞋的基本要求

5.1 一般要求

安全鞋应符合表2给出的基本要求和表3给出的5个选择项之一。

表2 安全鞋的基本要求

要　求		条　款	分　类	
			Ⅰ	Ⅱ
式样	鞋帮高度	5.2.1	×	×
	鞋座区域：	5.2.2		
	式样 A			×
	式样 B、C、D、E		×	×
成鞋	鞋底性能：	5.3.1		
	结构	5.3.1.1	×	
	鞋帮/外底结合强度	5.3.1.2	×	
	足趾保护：	5.3.2		
	一般要求	5.3.2.1	×	×
	保护包头内部长度	5.3.2.2	×	×
	抗冲击性	5.3.2.3	×	×
	耐压力性	5.3.2.4	×	×
	保护包头的特性	5.3.2.5	×	×
	防漏性	5.3.3		×
	特定的工效学特征	5.3.4	×	×
鞋帮	一般要求	5.4.1	×	×
	厚度	5.4.2		×
	撕裂强度	5.4.3	×	
	拉伸性能	5.4.4	×	×
	耐折性	5.4.5	×	×
	水蒸气渗透性和系数	5.4.6	×	
	pH 值	5.4.7	×	
	水解	5.4.8		×
	六价铬含量	5.4.9	×	
前帮衬里	撕裂强度	5.5.1	×	
	耐磨性	5.5.2	×	
	水蒸气渗透性和系数	5.5.3	×	
	pH 值	5.5.4	×	
	六价铬含量	5.5.5	×	

表 2(续)

要求		条款	分类	
			Ⅰ	Ⅱ
后帮衬里	撕裂强度	5.5.1	○	
	耐磨性	5.5.2	○	
	水蒸气渗透性和系数	5.5.3	○	
	pH 值	5.5.4	○	
	六价铬含量	5.5.5	○	
鞋舌	撕裂强度	5.6.1	○	
	pH 值	5.6.2	○	
	六价铬含量	5.6.3	○	
外底	非防滑外底厚度	5.8.1	×	×
	撕裂强度	5.8.2	×	
	耐磨性	5.8.3	×	×
	耐折性	5.8.4	×	×
	水解	5.8.5	×	×
	中间层结合强度	5.8.6	○	○
	耐油性	5.8.7	×	×

注：本表中对特定分类要求的适用性说明如下：

× 要求应符合。某些情况下，要求仅与分类范围内的特定材料相关(例如皮革部件的 pH 值，这不表明其他材料不可用)。

○ 如果部件存在，要求应符合。

无×或○表示没有要求。

表 3 内底和/或鞋垫的基本要求

选择项			所评价的部件	符合的要求					
				厚度 5.7.1	pH 值[a] 5.7.2	吸水性和水解吸性 5.7.3	磨损(内底) 5.7.4.1	六价铬含量[a] 5.7.5	磨损(鞋垫) 5.7.4.2
1	无内底或有但不符合要求	非移动鞋垫	鞋垫	×	×	×		×	×
2	有内底	无鞋垫	内底	×	×	×	×	×	
		有鞋座垫							
3		非移动的全鞋垫	鞋垫和内底一起	×		×			
			鞋垫		×			×	×
4		可移动的和水能透过[b]的全鞋垫	内底	×	×	×	×	×	
			鞋垫		×			×	×
5		可移动的和水不能透过[b]的全鞋垫	内底	×	×	×	×	×	
			鞋垫		×	×		×	×

× 表示要求应符合。

注：可移动鞋垫见 8.3。

a 仅适用皮革。

b 水能透过的鞋垫是指按照 GB/T 20991—2007 中 7.2 测试时，在 60 s 或较少时间内水透过。

5.2 式样

鞋应符合图 4 给出的式样之一。

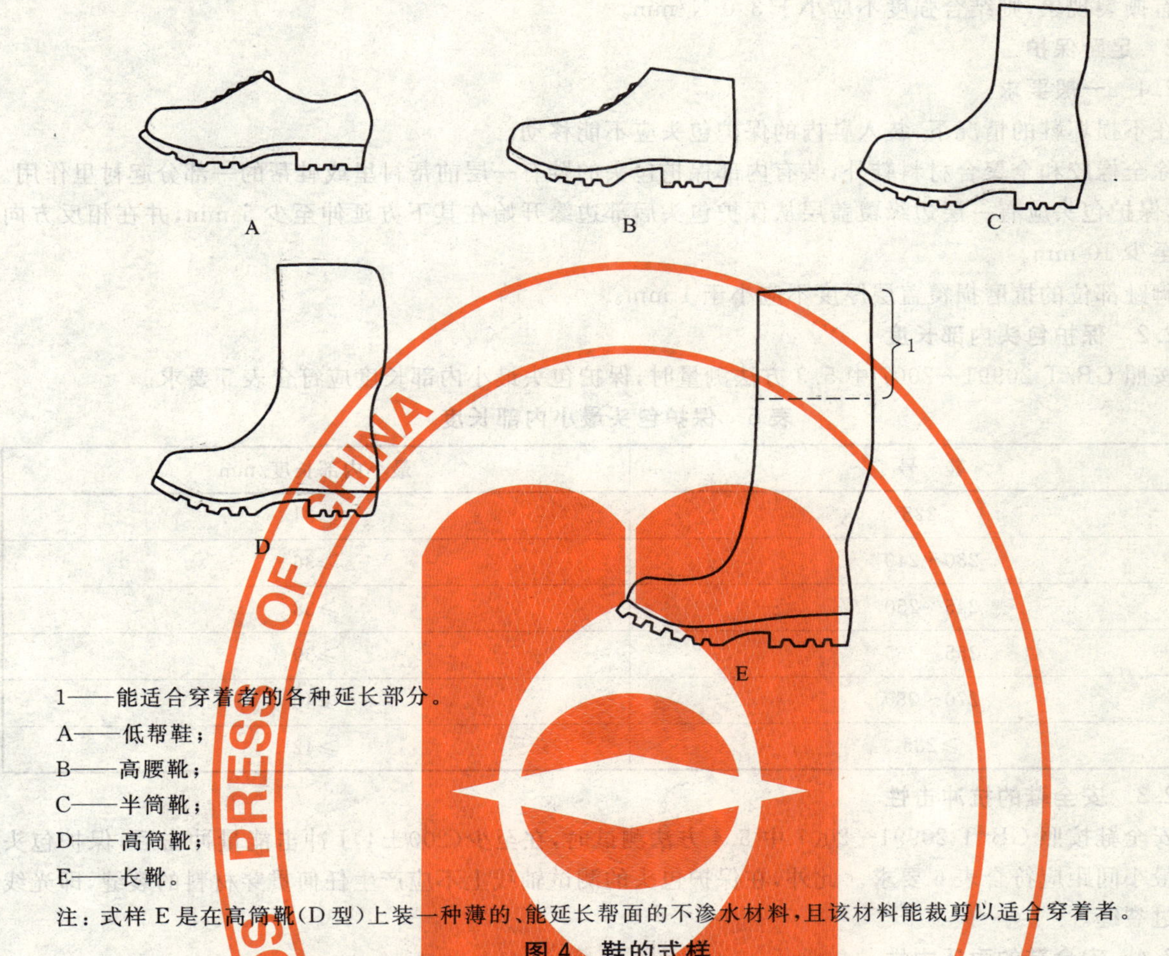

1——能适合穿着者的各种延长部分。

A——低帮鞋；

B——高腰靴；

C——半筒靴；

D——高筒靴；

E——长靴。

注：式样 E 是在高筒靴(D 型)上装一种薄的、能延长帮面的不渗水材料，且该材料能裁剪以适合穿着者。

图 4　鞋的式样

5.2.1　鞋帮高度

按照 GB/T 20991—2007 中 6.2 方法测量，鞋帮高度应符合表 4 要求。

表 4　鞋帮高度

鞋　号	高度/mm			
	式样 A	式样 B	式样 C	式样 D
≤225	<103	≥103	≥162	≥255
230～240	<105	≥105	≥165	≥260
245～250	<109	≥109	≥172	≥270
255～265	<113	≥113	≥178	≥280
270～280	<117	≥117	≥185	≥290
≥285	<121	≥121	≥192	≥300

5.2.2　鞋座区域

鞋座区域应封闭。

5.3　成鞋

5.3.1　鞋底性能

5.3.1.1　结构

有内底时，在不损坏鞋的情况下内底应不能移动。

5.3.1.2 鞋帮/外底结合强度

除缝合底外，鞋按照 GB/T 20991—2007 中 5.2 方法测试时，结合强度不应小于 4.0 N/mm；如果鞋底有撕裂现象，则结合强度不应小于 3.0 N/mm。

5.3.2 足趾保护

5.3.2.1 一般要求

在不损坏鞋的情况下 装入鞋内的保护包头应不能移动。

除全橡胶和全聚合材料鞋外，装有内部保护包头的鞋有一层前帮衬里或鞋帮的一部分起衬里作用。此外，保护包头应有一层边缘覆盖层从保护包头后部边缘开始在其下方延伸至少 5 mm，并在相反方向延伸至少 10 mm。

脚趾部位的抗磨损覆盖层厚度不应小于 1 mm。

5.3.2.2 保护包头内部长度

按照 GB/T 20991—2007 中 5.3 方法测量时，保护包头最小内部长度应符合表 5 要求。

表 5 保护包头最小内部长度

鞋 号	最小内部长度/mm
≤225	≥34
230～240	≥36
245～250	≥38
255～265	≥39
270～280	≥40
≥285	≥42

5.3.2.3 安全鞋的抗冲击性

安全鞋按照 GB/T 20991—2007 中 5.4 方法测试时，在至少(200±4)J 冲击能量冲击后，保护包头内的最小间距应符合表 6 要求。此外，在保护包头的测试轴线上不应产生任何贯穿材料的裂缝，即光线能透过裂缝。

5.3.2.4 安全鞋的耐压力性

安全鞋按照 GB/T 20991—2007 中 5.5 方法测试时，在(15±0.1)kN 压力下保护包头内的最小间距应符合表 6 要求。

表 6 冲击后保护包头内的最小间距

鞋 号	最小间距/mm
≤225	≥12.5
230～240	≥13.0
245～250	≥13.5
255～265	≥14.0
270～280	≥14.5
≥285	≥15.0

5.3.2.5 保护包头的特性

5.3.2.5.1 金属保护包头的耐腐蚀性

Ⅱ类鞋按照 GB/T 20991—2007 中 5.6.1 方法测试和评估时，金属保护包头腐蚀区域不应超过 5 处，且每处面积不应超过 2.5 mm²。

Ⅰ类鞋按照 GB/T 20991—2007 中 5.6.2 方法测试和评估时，金属保护包头腐蚀区域不应超过

5处，且每处面积不应超过2.5 mm^2。

5.3.2.5.2 非金属保护包头

用于安全鞋的非金属保护包头经过附录A中A.1的温度处理和化学处理后，再按附录A中A.2方法测试，保护包头内的最小间距应符合表7要求。

表7 冲击后非金属保护包头内的最小间距

包头号	最小间距/mm
≤5	≥19.5
6	≥20.0
7	≥20.5
8	≥21.0
9	≥21.5
≥10	≥22.0

5.3.3 防漏性

按照GB/T 20991—2007中5.7方法测试时，应没有空气泄漏。

5.3.4 特定的工效学特征

如果GB/T 20991—2007中5.1给出的所有问卷回答是肯定的，应认为鞋满足工效学要求。

5.4 鞋帮

5.4.1 一般要求

对于式样B、C、D和E，从紧靠鞋底的水平表面测量满足鞋帮要求的区域的最小高度应符合表8要求。

表8 完全满足鞋帮要求处的最小高度

鞋号	最小高度/mm			
	式样B	式样C	式样D	式样E
≤225	≥64	≥113	≥172	≥265
230～240	≥66	≥115	≥175	≥270
245～250	≥68	≥119	≥182	≥280
255～265	≥70	≥123	≥188	≥290
270～280	≥72	≥127	≥195	≥300
≥285	≥73	≥131	≥202	≥310

当领口和垫材料在超出表8高度的地方时，这类材料应符合5.5.1和5.5.2要求。皮革材料应另外符合5.4.7和5.4.9要求。

5.4.2 厚度

按照GB/T 20991—2007中6.1方法测定时，Ⅱ类鞋的鞋帮任何一处厚度应符合表9要求。

表9 鞋帮最小厚度

材料种类	厚度/mm
橡胶	≥1.50
聚合材料	≥1.00

5.4.3 撕裂强度

按照GB/T 20991—2007中6.3方法测定时，Ⅰ类鞋的鞋帮撕裂强度应符合表10要求。

表 10 鞋帮撕裂强度

材料种类	最小力/N
皮革	≥120
涂覆织物和纺织品	≥60

5.4.4 拉伸性能

按照 GB/T 20991—2007 中 6.4 方法测试时，拉伸性能应符合表 11 要求。

表 11 拉伸性能

材料种类	抗张强度/(N/mm²)	扯断强力/N	100%定伸应力/(N/mm²)	扯断伸长率/%
剖层皮革	≥15	—	—	—
橡胶	—	≥180	—	—
聚合材料	—	—	1.3～4.6	≥250

5.4.5 耐折性

按照 GB/T 20991—2007 中 6.5 方法测试时，耐折性应符合表 12 要求。

表 12 耐折性

材料种类	耐折性
橡胶	连续屈挠 125 000 次，应无裂纹
聚合材料	连续屈挠 150 000 次，应无裂纹

5.4.6 水蒸气渗透性和系数

按照 GB/T 20991—2007 中 6.6 和 6.8 方法测试时，水蒸气渗透率不应小于 0.8 mg/(cm²·h)，水蒸气系数不应小于 15 mg/cm²。

5.4.7 pH 值

皮革鞋帮按照 GB/T 20991—2007 中 6.9 方法测试时，pH 值不应小于 3.2；如果 pH 值小于 4，则稀释差应小于 0.7。

5.4.8 水解

聚氨酯鞋帮按照 GB/T 20991—2007 中 6.10 方法测试时，连续屈挠 150 000 次，应无裂纹产生。

5.4.9 六价铬含量

皮革鞋帮按照 GB/T 20991—2007 中 6.11 方法测试时，六价铬含量应没有检出。

5.5 衬里

下列要求适用于前帮衬里和后帮衬里。

5.5.1 撕裂强度

按照 GB/T 20991—2007 中 6.3 方法测定时，衬里撕裂强度应符合表 13 要求。

表 13 衬里撕裂强度

材料种类	最小力/N
皮革	≥30
涂覆织物和纺织品	≥15

5.5.2 耐磨性

按照 GB/T 20991—2007 中 6.12 方法测试时，在完成下列转数前，衬里不应产生任何破洞：

——干式测试：25 600 转；

——湿式测试：12 800 转。

5.5.3　水蒸气渗透性和系数

按照 GB/T 20991—2007 中 6.6 和 6.8 方法测试时，水蒸气渗透率不应小于 2.0 mg/(cm^2·h)，水蒸气系数不应小于 20 mg/cm^2。

注：对无线纹的硬衬没有要求。

5.5.4　pH 值

皮革衬里按照 GB/T 20991—2007 中 6.9 方法测试时，pH 值不应小于 3.2；如果 pH 值小于 4，则稀释差应小于 0.7。

5.5.5　六价铬含量

皮革衬里按照 GB/T 20991—2007 中 6.11 方法测试时，六价铬含量应没有检出。

5.6　鞋舌

仅当制作鞋舌的材料或厚度与鞋帮不同时，才对鞋舌进行测试。

5.6.1　撕裂强度

按照 GB/T 20991—2007 中 6.3 方法测定时，鞋舌撕裂强度应符合表 14。

表 14　鞋舌撕裂强度

材料种类	最小力/N
皮革	≥36
涂覆织物和纺织品	≥18

5.6.2　pH 值

皮革鞋舌按照 GB/T 20991—2007 中 6.9 方法测试时，pH 值不应小于 3.2；如果 pH 值小于 4，则稀释差应小于 0.7。

5.6.3　六价铬含量

皮革鞋舌按照 GB/T 20991—2007 中 6.11 方法测试时，六价铬含量应没有检出。

5.7　内底和鞋垫

5.7.1　厚度

按照 GB/T 20991—2007 中 7.1 方法测定时，内底厚度不应小于 2.0 mm。

5.7.2　pH 值

皮革内底或皮革鞋垫按照 GB/T 20991—2007 中 6.9 方法测试时，pH 值不应小于 3.2；如果 pH 值小于 4，则稀释差应小于 0.7。

5.7.3　吸水性和水解吸性

按照 GB/T 20991—2007 中 7.2 方法测试时，吸水性不应小于 70 mg/cm^2，水解吸性不应小于水吸收的 80%。

5.7.4　耐磨性

5.7.4.1　内底

非皮革内底按照 GB/T 20991—2007 中 7.3 方法测试时，完成 400 次前，不应有严重磨损。

5.7.4.2　鞋垫

非皮革鞋垫按照 GB/T 20991—2007 中 6.12 方法测试时，完成下列次数前，磨擦表面不应产生任何破洞。

——干式测试：25 600 次；

——湿式测试：12 800 次。

5.7.5　六价铬含量

皮革内底按照 GB/T 20991—2007 中 6.11 方法测试时，六价铬含量应没有检出。

5.8 外底

5.8.1 非防滑外底厚度

按照 GB/T 20991—2007 中 8.1 方法测试时，非防滑外底的任何一处总厚度不应小于 6 mm。

5.8.2 撕裂强度

非皮革外底按照 GB/T 20991—2007 中 8.2 方法测试时，撕裂强度不应小于：

——8 kN/m，适用密度大于 0.9 g/cm^3 的材料；

——5 kN/m，适用密度小于或等于 0.9 g/cm^3 的材料。

5.8.3 耐磨性

除全橡胶和全聚合材料鞋外的非皮革外底按照 GB/T 20991—2007 中 8.3 方法测试时，密度等于或小于 0.9 g/cm^3 材料的相应体积磨耗量不应大于 250 mm^3，密度大于 0.9 g/cm^3 材料的相应体积磨耗量不应大于 150 mm^3。

全橡胶或全聚合材料外底按照 GB/T 20991—2007 中 8.3 方法测试时，相对体积磨耗量不应大于 250 mm^3。

5.8.4 耐折性

非皮革外底按照 GB/T 20991—2007 中 8.4 方法测试时，连续屈挠 30 000 次，切口增长不应大于 4 mm。

5.8.5 水解

聚氨酯外底和外层由聚氨酯组成的鞋底按照 GB/T 20991—2007 中 8.5 方法测试时，连续屈挠 150 000 次，切口增长不应大于 6 mm。

5.8.6 中间层结合强度

按照 GB/T 20991—2007 中 5.2 方法测试时，外层或防滑层与相邻层之间的结合强度不应小于 4.0 N/mm；如果鞋底有撕裂现象，则结合强度不应小于 3.0 N/mm。

5.8.7 耐油性

按照 GB/T 20991—2007 中 8.6.1 方法测试时，体积增大不应超过 12%。

如果按照 GB/T 20991—2007 中 8.6.1 方法测试后，试样体积收缩超过 0.5%，或者硬度增加超过 10 个邵尔 A 单位，则按照 GB/T 20991—2007 中 8.6.2 方法进一步取样和测试，连续屈挠 150 000 次，切口增长不应超过 6 mm。

6 安全鞋的附加要求

6.1 一般要求

根据工作场所遇到的危险，适合使用的安全鞋应符合表 15 给出的适用的附加要求和对应标记。

表 15 有合适标记符号的特殊用途的附加要求

要求		条款	分类		符号
			Ⅰ	Ⅱ	
成鞋	抗刺穿性	6.2.1	×	×	P
	电性能：	6.2.2			
	导电鞋	6.2.2.1	×	×	C
	防静电鞋	6.2.2.2	×	×	A
	绝缘鞋	6.2.2.3		×	I
	耐恶劣环境性能：	6.2.3			
	鞋底隔热性	6.2.3.1	×	×	HI
	鞋底防寒性	6.2.3.2	×	×	CI

表 15(续)

要求		条款	分类		符号
			Ⅰ	Ⅱ	
成鞋	鞋座区域能量吸收	6.2.4	×	×	E
	防水性	6.2.5	×		WR
	跖骨保护	6.2.6	×	×	M
	踝保护	6.2.7	×	×	AN
鞋帮	透水性和吸水性	6.3.1	×		WRU
	结构	6.3.2	×		
	抗切割性	6.3.3	×	×	CR
外底	防滑区域：	6.4.1	×	×	
	防滑外底厚度	6.4.2	×	×	
	花纹高度	6.4.3	×	×	
	耐热接触性	6.4.4	×	×	HRO

注：本表中对特殊分类要求的适用性说明如下：
× 如果有此特性则要求应符合。

6.2 成鞋

6.2.1 抗刺穿性

6.2.1.1 刺穿力

按照 GB/T 20991—2007 中 5.8.2 方法测试时，穿透鞋底所需的力不应小于 1 100 N。

6.2.1.2 结构

防刺穿垫应装在鞋底中，在不损坏鞋的情况下应不能移动垫。防刺穿垫不应位于保护包头卷边上方也不应与之接触。

6.2.1.3 尺寸

按照 GB/T 20991—2007 中 5.8.1 方法测量防刺穿垫尺寸。

除鞋座区域外，在代表楦底边缘的曲线和防刺穿垫边缘之间的最大距离(X)应为 6.5 mm。在鞋座区域，在代表楦底边缘的曲线和垫之间的最大距离(Y)应为 17 mm(见图 5)。

将防刺穿垫固定于鞋底的最大直径为 3 mm 的开孔不应超过 3 个。

孔不应位于阴影区域 1 中(见图 5)。

阴影区域 2 中的孔应忽略(见图 5)。

6.2.1.4 防刺穿垫耐折性

防刺穿垫按照 GB/T 20991—2007 中 5.9 方法测试时，经受 1×10^6 屈挠后不应出现看得见的裂缝痕迹。

6.2.1.5 防刺穿垫特性

6.2.1.5.1 金属防刺穿垫的耐腐蚀性

全橡胶鞋按照 GB/T 20991—2007 中 5.6.1 方法测试时，金属防刺穿垫的腐蚀区域不应超过 5 处，每处面积不应超过 2.5 mm^2。用在其他类型鞋中的金属防刺穿垫按照 GB/T 20991—2007 中 5.6.3 方法测试时，腐蚀区域不应超过 5 处，每处面积不应超过 2.5 mm^2。

6.2.1.5.2 非金属防刺穿垫抗刺穿性

非金属防刺穿垫经过附录 B 中 B.1 的温度和化学处理后，再按照附录 B 中 B.2 方法测试，穿透防刺穿垫所需的力不应小于 1 100 N。

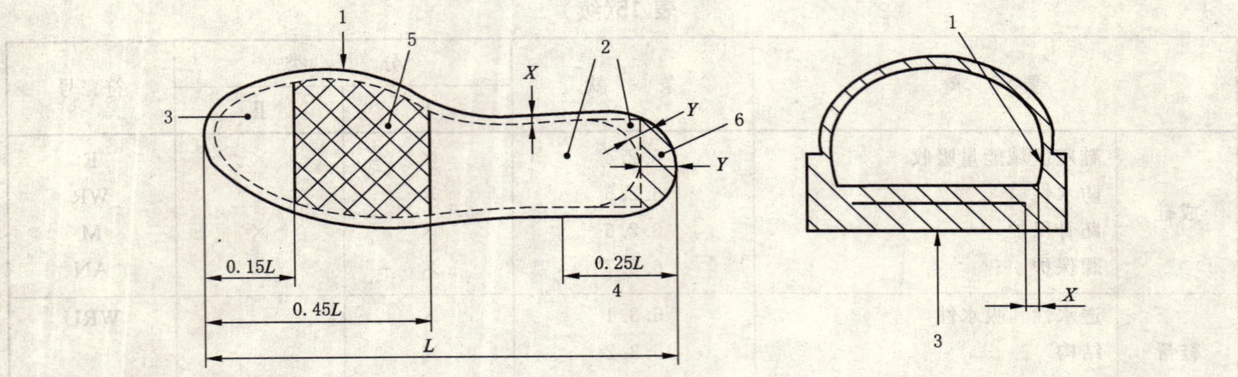

1——楦底边缘留下的曲线；

2——防刺穿垫可选择的形状；

3——防刺穿垫；

4——鞋座区域；

5——阴影区域 1；

6——阴影区域 2。

L——鞋底内部长度。

图 5 防刺穿垫的位置

6.2.2 电性能

6.2.2.1 导电鞋

按照 GB/T 20991—2007 中 5.10 方法测量时，在干燥环境（GB/T 20991—2007，5.10.3.3a））中调节后，电阻值应小于 100 kΩ。

6.2.2.2 防静电鞋

按照 GB/T 20991—2007 中 5.10 方法测量时，在干燥和潮湿环境（GB/T 20991—2007，5.10.3.3a）和 b））中调节后，电阻值应大于或等于 100 kΩ 和小于或等于 1 000 MΩ。

6.2.2.3 电绝缘鞋

按照 GB/T 20991—2007 中 5.11 方法测量时，鞋应符合 0 类或 00 类要求。

6.2.3 耐恶劣环境性能

6.2.3.1 鞋底的隔热性

按照 GB/T 20991—2007 中 5.12 方法测试时，30 min 后内底上表面的温度升高不应超过 22 ℃，同时应没有鞋底的变形或脆化使之功能降低。

在不损坏鞋的情况下，安装在鞋内的隔热层应不能移动。

6.2.3.2 鞋底的防寒性

按照 GB/T 20991—2007 中 5.13 方法测试时，内底上表面的温度降低不应超过 10 ℃。

在不损坏鞋的情况下，安装在鞋内的隔冷层应不能移动。

6.2.4 鞋座区域的能量吸收

按照 GB/T 20991—2007 中 5.14 方法测试时，鞋座区域的能量吸收不应小于 20 J。

6.2.5 防水性

按照 GB/T 20991—2007 中 5.15.1 方法测试时，走完 100 槽长后透入的总面积不应超过 3 cm^2 或按照 GB/T 20991—2007 中 5.15.2 方法测试时，15 min 后应没有水透入发生。

6.2.6 跖骨保护

6.2.6.1 结构

跖骨保护装置应由合适的材料制成并应有合适的形状，使冲击时产生的作用力分配在鞋底、保护包头和与脚表面尽可能一样大的区域上。

在不损坏鞋的情况下，装在鞋上的跖骨保护装置应不能移动。

在脚的内侧和外侧，跖骨保护装置应与鞋形状相适应，同时应设计使之不妨碍正常的脚移动。

6.2.6.2 跖骨保护装置的抗冲击性

按照 GB/T 20991—2007 中 5.16 方法测试时，冲击后的最小间距应符合表 16 要求。

表 16 冲击后的最小间距

鞋 号	冲击后的最小间距/mm
≤225	≥37.0
230～240	≥38.0
245～250	≥39.0
255～265	≥40.0
270～280	≥40.5
≥285	≥41.0

6.2.7 踝保护

按照 GB/T 20991—2007 中 5.17 方法测试时，测试结果的平均值不应超过 20 kN 和单个值不应超过 30 kN。

6.3 鞋帮

6.3.1 透水性和吸水性

按照 GB/T 20991—2007 中 6.13 方法测试时，透水量(表示为 60 min 后吸水布的质量增加)不应高于 0.2 g，吸水率不应高于 30%。

6.3.2 结构

非功能性的及装饰性的缝缀和穿孔不应用在要求鞋帮防水的鞋上。

6.3.3 抗切割性和抗刺穿性

6.3.3.1 式样

鞋不应为第 4 章中的式样 A(式样见图 4)。

6.3.3.2 结构

鞋应有从帮脚边缘到它上方至少 30 mm 和从保护包头到鞋后跟末端延伸的保护区域。该区域应延伸超过帮脚边缘至少 10 mm。

在保护包头和保护材料之间应没有缝隙。保护材料应永久地附于鞋上。如果不同的材料用于切割保护，它们应相互连接或重叠(见图 6)。

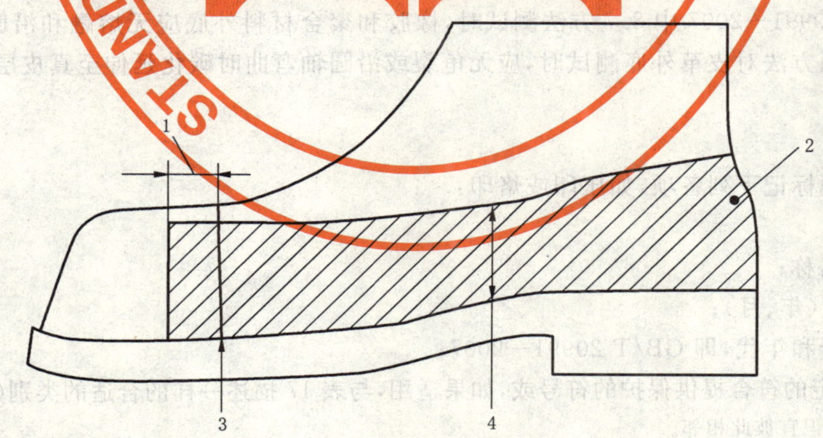

1——保护包头上方 10 mm 重叠；
2——保护区域；
3——保护包头后边缘；
4——帮脚线上方 30 mm 最小高度。

图 6 保护区域的范围

6.3.3.3 抗切割性

按照 GB/T 20991—2007 中 6.14 方法测试时，防割指数 I 不应小于 2.5。

6.3.3.4 抗刺穿性

鞋也应符合 6.2.1 的要求。

6.4 外底

6.4.1 防滑区域

除保护包头卷边下方区域外，至少图 7 所示的阴影部分应有向侧边开口的花纹。

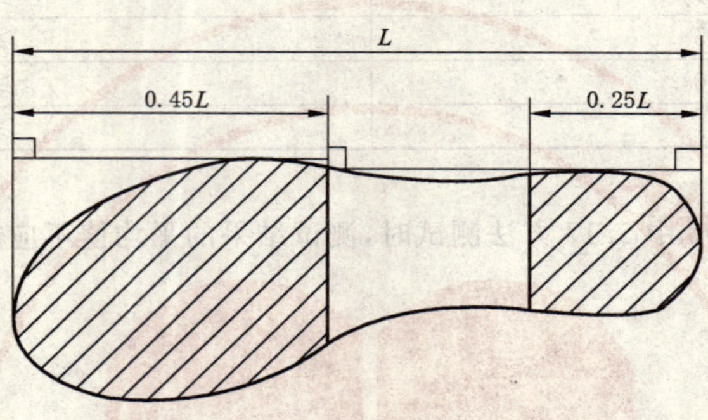

图 7 防滑区域

6.4.2 防滑外底厚度

按照 GB/T 20991—2007 中 8.1 方法测试时，对于直接注压、硫化或胶粘外底厚度 d_1 不应小于 4 mm，对于多层外底，厚度 d_1 不应小于 4 mm。对于全橡胶和全聚合材料鞋，厚度 d_1 不应小于 3 mm，厚度 d_3 不应小于 6 mm。

6.4.3 花纹高度

按照 GB/T 20991—2007 中 8.1 方法测试时，对于直接注压、硫化或胶粘外底花纹高度 d_2 不应小于 2.5 mm；对于多层外底花纹高度 d_2 不应小于 2.5 mm；对于全橡胶和全聚合材料鞋花纹高度 d_2 不应小于 4 mm。

注：花纹高度小于 2.5 mm 的外底被认为不防滑。

6.4.4 耐热接触性

按照 GB/T 20991—2007 中 8.7 方法测试时，橡胶和聚合材料外底应无熔融和沿圆轴弯曲时应无任何龟裂。用相同方法对皮革外底测试时，应无龟裂或沿圆轴弯曲时碳化延伸至真皮层。

7 标识

应清晰耐久地标记下列各项，如压印或烙印：

a) 鞋号；

b) 制造商名称；

c) 生产日期(年、月)；

d) 本标准号和年代，即 GB/T 20991—2007；

e) 表 15 规定的符合提供保护的符号或，如果适用，与表 17 描述一样的合适的类别(SB,S1,…,S5)。

注：d)和 e)的标识宜彼此相邻。

表 17 安全鞋的标识类别

类　别	基本要求(表 2 和表 3)	附加要求
SB	Ⅰ或Ⅱ	
S1	Ⅰ	封闭的鞋座区域 抗静电性 鞋座区域能量吸收
S2	Ⅰ	S1 加上吸水性和水解吸性
S3	Ⅰ	S2 加上抗刺穿性、防滑外底
S4	Ⅱ	抗静电性、鞋座区域能量吸收
S5	Ⅱ	S4 加上抗刺穿性、防滑外底
注：为便于标识，本表归类了安全鞋基本要求和附加要求的最广泛组合。		

8 提供的信息

8.1 一般要求

应给出下列信息：

a) 制造商和/或他的全权代表的名称和完整地址；

b) 标准号和年代；

c) 任何象形文字、标识和性能水平的说明。适用于鞋的测试的基本说明(如果适用)。

d) 使用说明：

1) 如果必需，使用前通过穿着者进行测试；

2) 如果有关，穿上和脱下鞋的方法；

3) 涉及可能用途的基本信息，及详细信息来源；

4) 使用限制(如温度范围，等等)；

5) 储存和维护说明，维护检查的最长周期(如果重要，详细说明干燥过程)；

6) 清洗和/或消毒说明；

7) 报废最终期限或报废周期；

8) 如果适合，对可能遇到的问题提出警告(更改能使认可的类型无效，例如整形外科的鞋)；

9) 如果有帮助，附加例子和部分数字等等。

e) 参考零件和备用件(如果有关)；

f) 适于运输的包装类型(如果有关)。

8.2 电性能

8.2.1 导电鞋

每双导电鞋应提供有下列文字的说明书。

“如果必须在尽可能的最短时间内将静电荷减至最小，例如处理炸药，则必须使用导电鞋。如果来自任何电器或带电部件的电击危险已经完全消除，则不必使用导电鞋。为确保鞋是导电的，规定在鞋的全新状态下电阻值小于 100 kΩ。

在使用期间，由于屈挠和污染，导电材料制成的鞋的电阻值可能会发生显著变化，那么必须确保导电鞋在整个使用期限内能履行消散静电荷的设计功能。因此，在需要的场所，建议使用者建立一个内部电阻测试并定期使用它。这项测试以及下面提到的测试应成为工作场所事故预防程序的例行部分。

如果鞋在鞋底材料可能被增加鞋电阻的物质所污染的场所穿用，穿着者每次进入危险区域前必须经常检查所穿鞋的电阻值。

在使用导电鞋的场所，地面电阻不应使鞋提供的防护失效。

在使用中，除了一般的袜子，鞋内底与穿着者的脚之间不得有绝缘部件。如果内底和脚之间有鞋垫，则应检查鞋/鞋垫组合体的电阻值。”

8.2.2 **防静电鞋**

每双防静电鞋应提供有下列文字的说明书。

“如果必须通过消散静电荷来使静电积累减至最小，从而避免诸如易燃物质和蒸气的火花引燃危险，同时，如果来自任何电器或带电部件的电击危险尚未完全消除，则必须使用防静电鞋。然而，要注意由于防静电鞋仅仅是在脚和地面之间加入一个电阻，不能保证对电击有足够的防护。如果电击的危险尚未完全消除，避免这种危险的附加措施是必要的。这类措施与下面提到的附加测试一样应成为工作场所事故预防程序的例行部分。

经验表明，对于防静电用途，在鞋的整个使用期限内的任何时间，通过产品的放电路径通常应有小于1 000 MΩ 的电阻。在电压达到 250 V 操作时，万一出现任何电器故障，为确保对电击或引燃危险提供一些有限的保护，新鞋的电阻最低限值规定为 100 kΩ。然而在某些情况下，使用者应知道鞋可能提供不充分的保护且应始终采取附加措施以保护穿着者。

这类鞋的电阻会由于屈挠、污染或潮湿而发生显著变化。如果在潮湿条件下穿用，鞋将不能实现其预定的功能。因而必须确保产品在整个使用期限内能实现其消散静电荷的设计功能并同时提供一些保护。建议使用者建立一个内部电阻测试并定期经常地使用它。

如果延长穿用周期，Ⅰ类鞋能吸潮并在潮湿条件下导电。

如果在鞋底材料被污染的场所穿用鞋，穿着者每次进入危险区域前应经常检查鞋的电阻值。

在使用防静电鞋的场所，地面电阻不应使鞋提供的防护无效。

在使用中，除了一般的袜子，鞋内底与穿着者的脚之间不得有绝缘部件。如果内底和脚之间有鞋垫，则应检查鞋/鞋垫组合体的电阻值。”

8.2.3 **电绝缘鞋**

带绝缘特性的鞋为不小心接触坏电器提供有限保护，因此每双鞋应提供有下列文字的说明书。

a) 如果有电击危险应穿电绝缘鞋，如来自损坏的带电仪器。

b) 电绝缘鞋不能保证 100%防护电击，且避免这种危险的附加测试是必需的。这类测试与下面提到的附加测试一样，应成为日常危险评价程序的一部分。

c) 在使用期限内鞋电性能应随时符合 6.2.2.3 要求。

d) 使用期间防护水平可能受到鞋被刻痕、切割、磨损或化学污染而损坏的影响，应定期检查，损坏的鞋不能穿。

e) 如果在污染鞋底材料的场所穿用，例如化学药品，进入这类危险区域时应警告该区域会影响鞋的电性能。

f) 穿用时建议使用者建立一个适合的鞋的电绝缘性能检查和测试手段。

8.3 **鞋垫**

如果鞋提供了可移动鞋垫，则应在说明书上解释测试是鞋垫在适当的位置时进行的。应给出警告，鞋只在适当位置使用鞋垫及鞋垫最好由原鞋制造商提供的同等鞋垫代替。

如果鞋未提供鞋垫，则应在说明书上解释测试是在没有鞋垫时进行的。应给出警告，装鞋垫能影响鞋的防护性能。

附 录 A
（规范性附录）
非金属保护包头经过温度处理和化学处理后抗冲击性的测定

A.1 温度处理和化学处理

A.1.1 高温处理

取一只保护包头，将精度为±0.5℃的热电偶粘在保护包头上表面，再将保护包头放入温度(60±2)℃烘箱中，4 h后取出，冷却至(40±2)℃，立即按照A.2方法测试。

A.1.2 低温处理

取一只保护包头，将精度为±0.5 ℃的热电偶粘在保护包头上表面，再将保护包头放入温度(−20±2)℃低温箱中，4 h后取出，温度达到(−1±1)℃时，立即按照A.2方法测试。

A.1.3 酸处理

将一只保护包头完全浸入浓度为1 mol/L的硫酸溶液中，在(20±2)℃放置，24 h后取出保护包头，用流水洗净酸液，然后在(20±2)℃存放24 h，再按照A.2方法测试。

A.1.4 碱处理

将一只保护包头完全浸入浓度为1 mol/L的氢氧化钠溶液中，在(20±2)℃放置，24 h后取出保护包头，用流水洗净碱液，然后在(20±2)℃存放24 h，再按照A.2方法测试。

A.1.5 油处理

将一只保护包头完全浸入2,2,4-三甲基戊烷(异辛烷)试液中，在(20±2)℃放置，24 h后取出保护包头，用流水洗净试液，在(20±2)℃存放24 h，再按照A.2方法测试。

A.2 抗冲击性的测定

A.2.1 装置

A.2.1.1 冲击测试仪

同GB/T 20991—2007中5.4.1.1。

A.2.1.2 夹持装置

由厚度至少19 mm、面积150 mm×150 mm、硬度至少60 HRC的钢板组成。有一个能夹住保护包头的装置，冲击测试时不会限制保护包头的任何侧向扩展，合适的夹持装置见图A.1。

保护包头前端用叉状夹具控制，依据保护包头的尺寸大小，在四个螺纹孔之一插入螺钉以固定叉状夹具。保护包头后边缘用圆角板固定，圆角板用螺钉固定在滑轨上。圆角板压于保护包头后端的卷边上，将保护包头紧靠着叉状夹具。滑轨支在弹簧上，当保护包头受到冲击锤打击时，滑轨可以沿轴线弹回。更换保护包头时，应松开夹持柄，缩回圆角板。

A.2.1.3 圆柱体

直径(25±2)mm的雕塑粘土。用于不大于5号的保护包头时，高度为(25±2)mm；用于大于5号的保护包头时，高度为(30±2)mm。

A.2.1.4 千分表

带有半径(3.0±0.2)mm的半球形测足和一个平坦的底座，施力不超过250 mN。

A.2.2 步骤

按照GB/T 20991—2007中5.3.2方法确定测试轴线。

用夹持装置(A.2.1.2)固定试样，并调节使冲击锤能冲击到保护包头的前部和后部。将圆柱体(A.2.1.3)放入保护包头内，圆柱体中心位于测试轴线上，圆柱体后边缘与保护包头后边缘水平(见图

A.2)。使冲击锤从适当高度落至测试轴线上，达到(200±4)J 的冲击能量。

在保护包头后边缘压痕的 10 mm 范围内，用千分表(A.2.1.4)测量圆柱体受压后的最低高度，精确到 0.5 mm。此高度即冲击后的间距。

单位为毫米

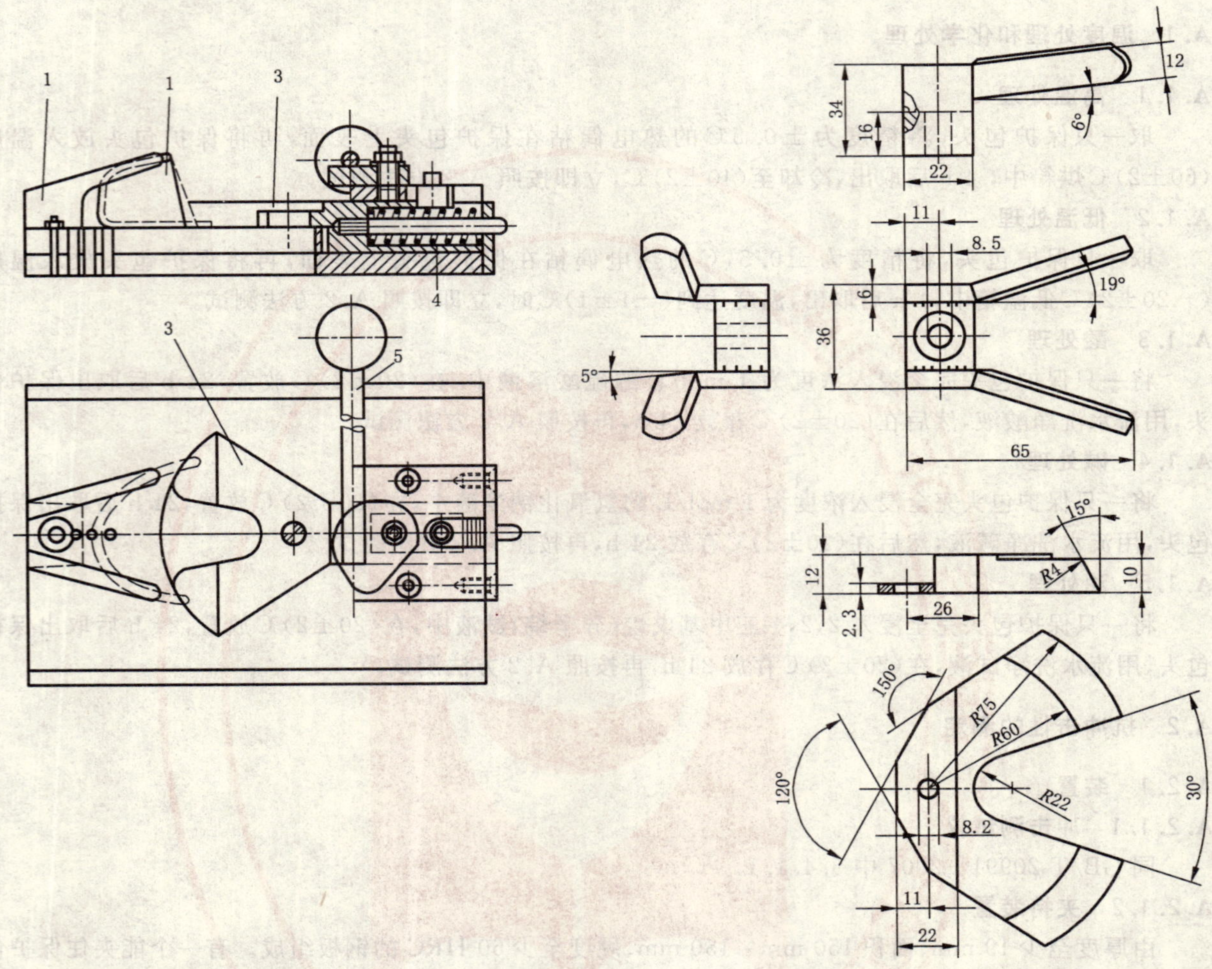

1——叉状夹具；

2——保护包头；

3——圆角板；

4——弹簧；

5——夹持柄。

图 A.1 夹持装置

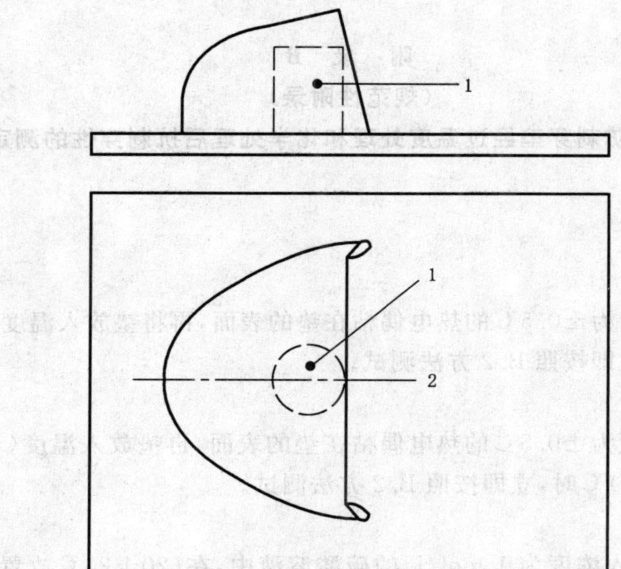

1——圆柱体；

2——测试轴线。

图 A.2 冲击时圆柱体的位置

附 录 B
（规范性附录）
非金属防刺穿垫经过温度处理和化学处理后抗刺穿性的测定

B.1 温度处理和化学处理

B.1.1 高温处理

取一只防刺穿垫，将精度为±0.5℃的热电偶粘在垫的表面，再将垫放入温度(60±2)℃烘箱中，4 h后取出，冷却至(40±2)℃，立即按照B.2方法测试。

B.1.2 低温处理

取一只防刺穿垫，将精度为±0.5℃的热电偶粘在垫的表面，再垫放入温度(－20±2)℃低温箱中，4 h后取出，温度达到(－1±1)℃时，立即按照B.2方法测试。

B.1.3 酸处理

将一只防刺穿垫完全浸入浓度为1 mol/L的硫酸溶液中，在(20±2)℃放置，24 h后取出垫，用流水洗净酸液，然后在(20±2)℃中存放24 h，再按照B.2方法测试。

B.1.4 碱处理

将一只防刺穿垫完全浸入浓度为1 mol/L的氢氧化钠溶液中，在(20±2)℃放置，24 h后取出垫，用流水洗净碱液，然后在(20±2)℃存放24 h，再按照B.2方法测试。

B.1.5 油处理

将一只防刺穿垫完全浸入2,2,4-三甲基戊烷(异辛烷)试液中，在(20±2)℃放置，24 h后取出垫，用流水洗净试液，在(20±2)℃存放24 h，再按照B.2方法测试。

B.2 抗刺穿性的测定

B.2.1 装置

B.2.1.1 测试设备

能测量的压力至少为2 000 N。

B.2.1.1.1 测试钉

同GB/T 20991—2007中5.8.2.1.2。

B.2.1.1.2 夹持装置

由一个在适当的位置夹住试样并引导测试钉的夹具组成(见图B.1)。测试钉安装在直径$24.8^{+0.00}_{-0.05}$mm的实心金属圆柱里，试样夹在两平板间，板上有直径(25.00±0.05)mm的圆孔。一个夹板装有内直径为(25.00±0.05)mm的圆柱形套环，圆柱在套环中滑行，使测试钉前端顶住试样中心。

B.2.1.2 步骤

按图B.1所示，在两板之间夹住试样，再将装置放入测试设备。开动设备，使测试钉以(10±3)mm/min速度穿透试样，记录防刺穿垫穿透所需的最大力，单位为牛顿。不应让测试钉的整个长度穿透试样。

测试分别在防刺穿垫的4个不同点处进行，任何两个穿透点之间应至少相距30 mm。

B.2.1.3 结果表示

取每只垫四次测量的最小值作为该垫的测试结果。

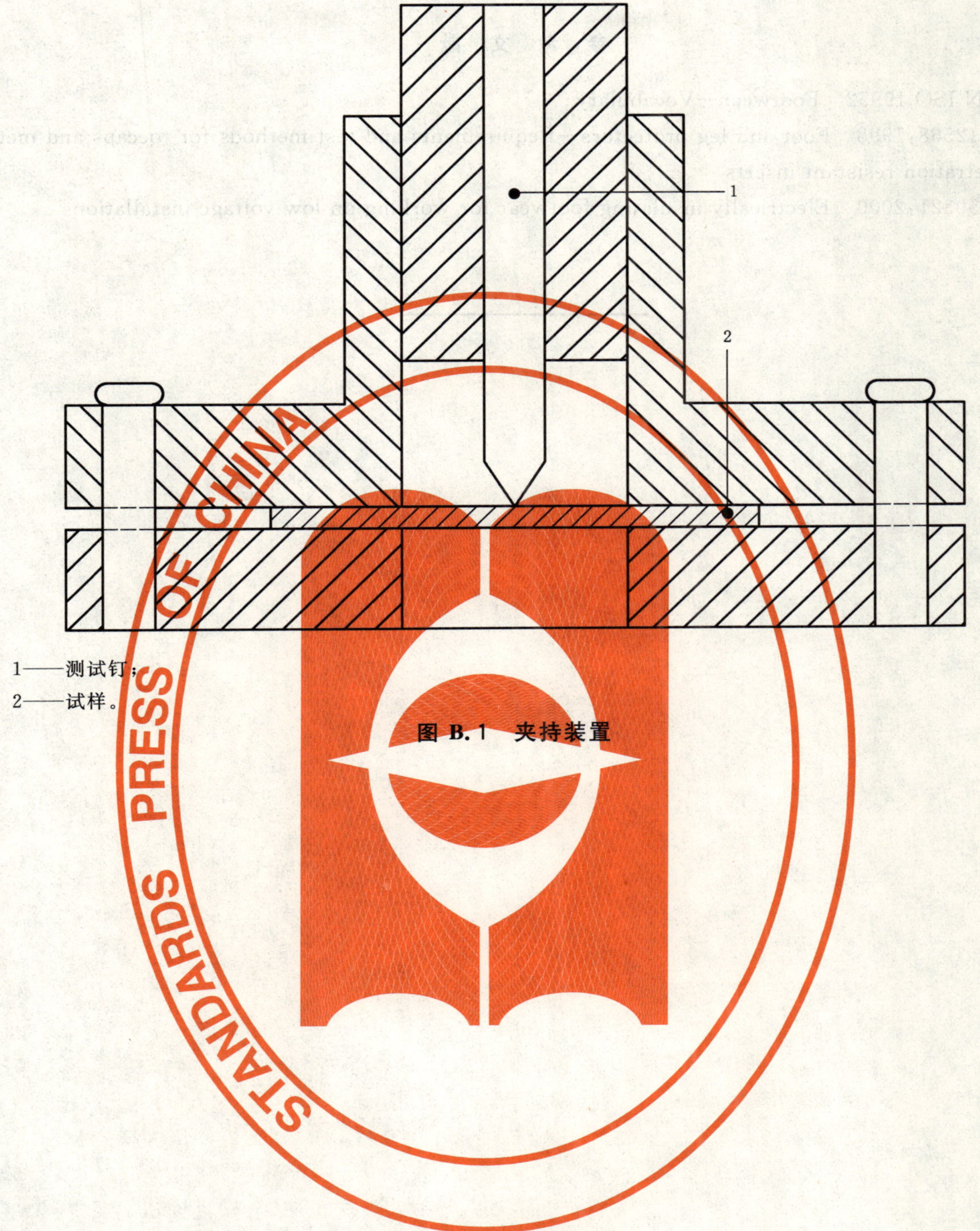

1——测试钉；
2——试样。

图 B.1 夹持装置

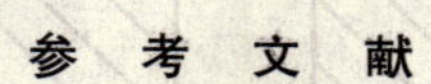

参 考 文 献

[1] prEN ISO 19952 Footwear—Vocabulary

[2] EN 12568:1998 Foot and leg protectors—Requirements and test methods for toecaps and metal penetration resistant inserts

[3] EN 50321:2000 Electrically insulating footwear for working on low voltage installations

ICS 91.100.30
Q 14

中华人民共和国国家标准

GB/T 21149—2007

烧结瓦

Fired roofing tiles

2007-11-01 发布 2008-06-01 实施

中华人民共和国国家质量监督检验检疫总局
中国国家标准化管理委员会 发布

前　言

本标准是在烧结瓦产品相关行业标准的基础上，结合目前我国烧结瓦类产品技术发展的趋势进行总结、归纳制定的。

本标准的附录A为资料性附录。

本标准由中国建筑材料联合会提出。

本标准由全国墙体屋面及道路用建筑材料标准化技术委员会(SAC/TC 285)归口。

本标准负责起草单位：中国建材西安墙体材料研究设计院、咸阳陶瓷研究设计院。

本标准参加起草单位：嘉泰陶瓷(广州)有限公司、江苏省宜兴市敦煌陶瓷有限公司、陕西省乔山建材琉璃工艺有限公司、南京市产品质量监督检验所、贵州省建材行业产品质量监督检验站、大连市建材产品质量监督检验站、浙江省建筑材料科技有限公司建材质量检测中心。

本标准主要起草人：路晓斌、周景华、周皖宁、钱洪盘、蒋德勇、王结斌、徐小社、蔡小兵、周炫、刘幼红、王博。

本标准为首次发布。

本标准自实施之日起，JC 709—1998《烧结瓦》同时废止。

烧结瓦

1 范围

本标准规定了烧结瓦的分类、技术要求、试验方法、检验规则、标志、包装、运输和贮存。

本标准适用于建筑物屋面覆盖及装饰用的烧结瓦类产品(以下简称瓦)。

2 规范性引用文件

下列文件中的条款通过本标准的引用而成为本标准的条款。凡是注日期的引用文件,其随后所有的修改单(不包括勘误的内容)或修订版均不适用于本标准,然而,鼓励根据本标准达成协议的各方研究是否可使用这些文件的最新版本。凡是不注日期的引用文件,其最新版本适用于本标准。

GB/T 3810.1—2006 陶瓷砖试验方法 第1部分:抽样和接收条件

GB/T 9195 陶瓷砖和卫生陶瓷分类及术语

3 术语和定义

GB/T 9195 中确定的以及下列术语和定义适用于本标准。

3.1

烧结瓦 fired roofing tiles

由粘土或其他无机非金属原料,经成型、烧结等工艺处理,用于建筑物屋面覆盖及装饰用的板状或块状烧结制品。通常根据形状、表面状态及吸水率不同来进行分类和具体产品命名。

注:根据吸水率不同分为Ⅰ类瓦(≥6%)、Ⅱ类瓦(6%～10%)、Ⅲ类瓦(10%～18%)、青瓦(≤21%)。

3.2

青瓦 blue roofing tiles;grey roofing tiles

在还原气氛中烧成的青灰色的烧结瓦。

3.3

起包 bulking

出现在产品表面的鼓包和/或喷口。

3.4

分层 lamination

坯体里有夹层或有上下分离的现象。

3.5

图案缺陷 pattern defect

图案装饰方面明显的缺点。

3.6

光泽差 lustre difference

单件产品或同批产品之间表面光泽不一致。

3.7

石灰爆裂 lime bloating;lime popping

原料中夹杂着石灰质,焙烧时被烧成生石灰,吸水后体积膨胀而发生的爆裂现象。

3.8

欠火　underfire

因未达到烧结温度或保持温度时间不够而造成的缺陷。

4　分类

4.1　品种

根据形状分为平瓦、脊瓦、三曲瓦、双筒瓦、鱼鳞瓦、牛舌瓦、板瓦、筒瓦、滴水瓦、沟头瓦、J形瓦、S形瓦、波形瓦和其他异形瓦及其配件、饰件。

根据表面状态可分为有釉(含表面经加工处理形成装饰薄膜层)瓦和无釉瓦。

根据吸水率不同分为Ⅰ类瓦、Ⅱ类瓦、Ⅲ类瓦、青瓦。

4.2　规格

4.2.1　产品规格及结构尺寸由供需双方协定,规格以长和宽的外形尺寸表示。

通常瓦形见图1～图13所示。

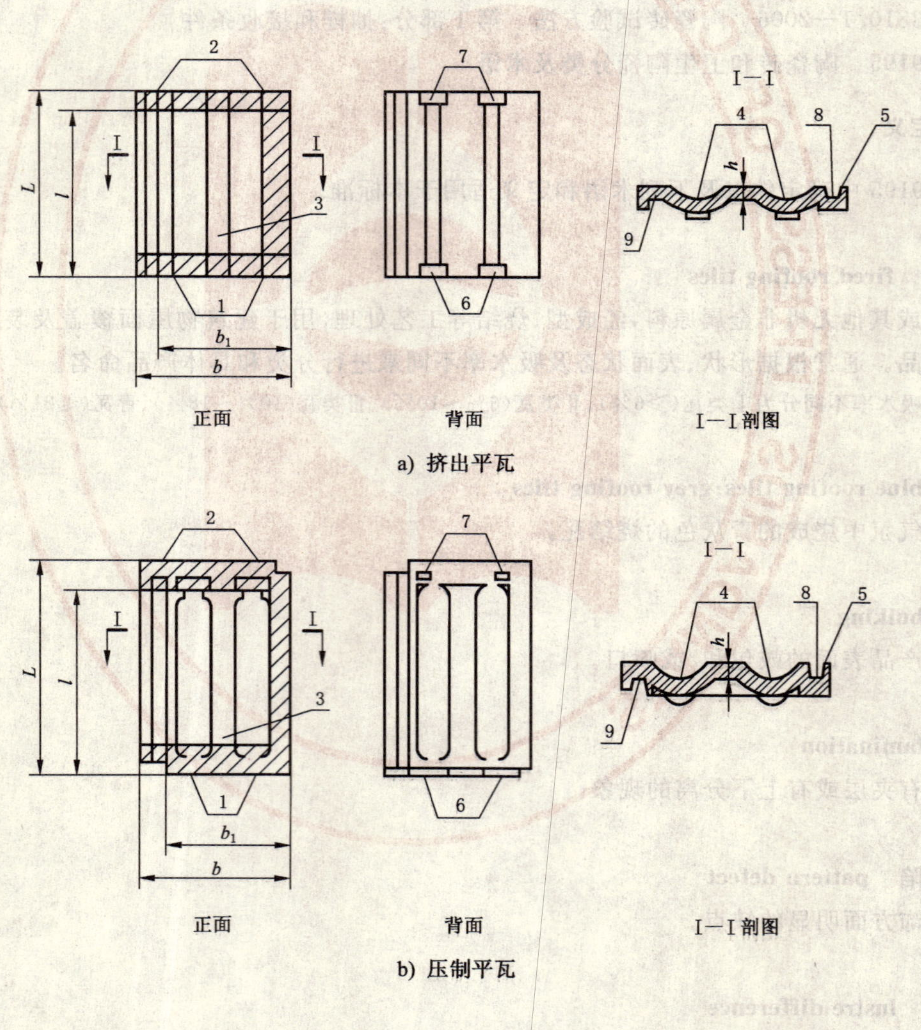

a) 挤出平瓦

b) 压制平瓦

图1　平瓦类

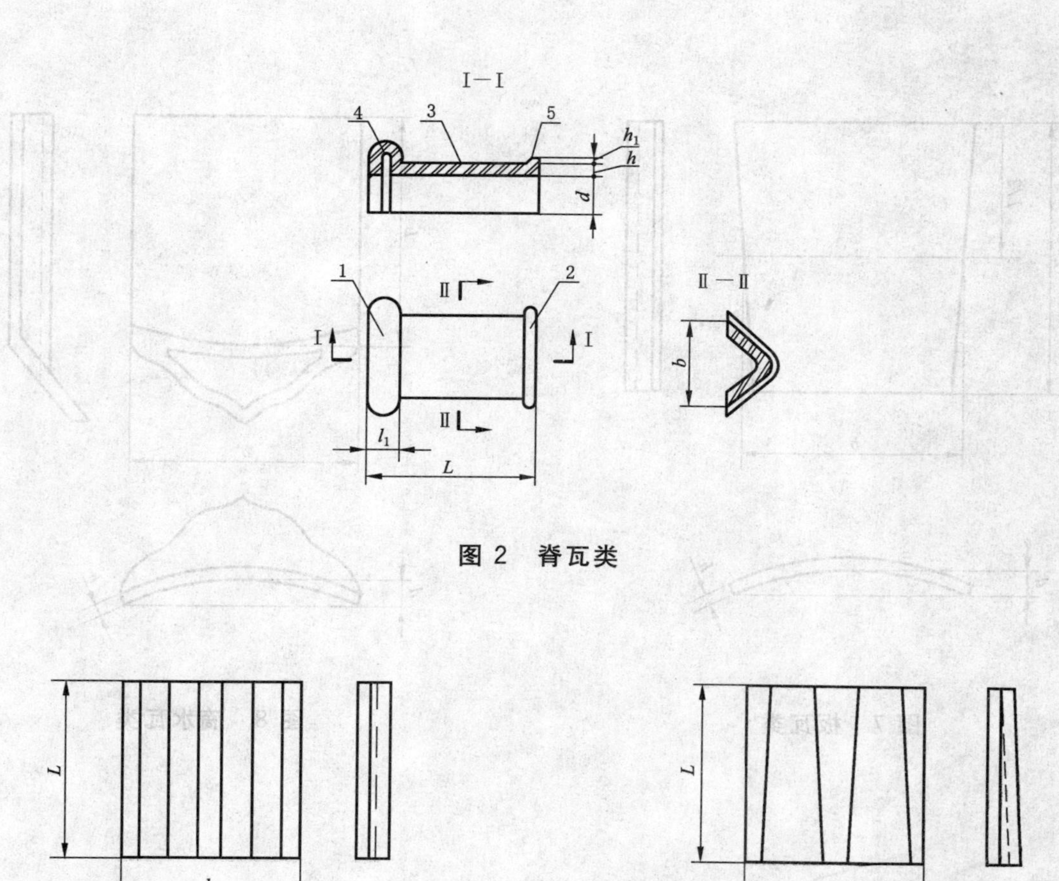

图 2　脊瓦类

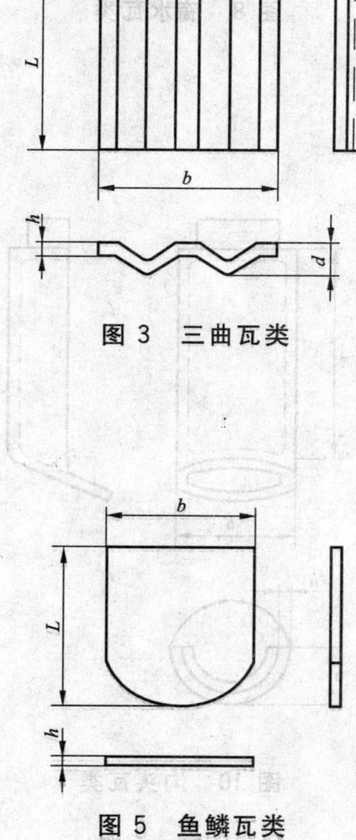

图 3　三曲瓦类

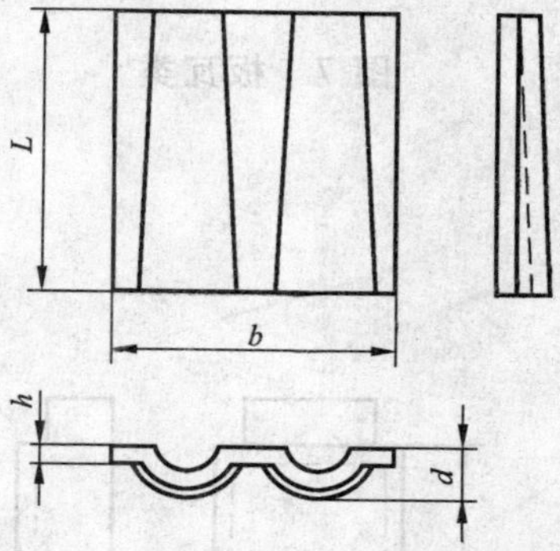

图 4　双筒瓦类

图 5　鱼鳞瓦类

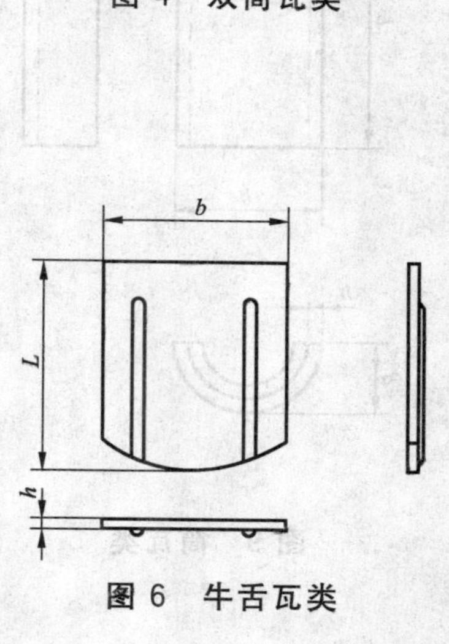

图 6　牛舌瓦类

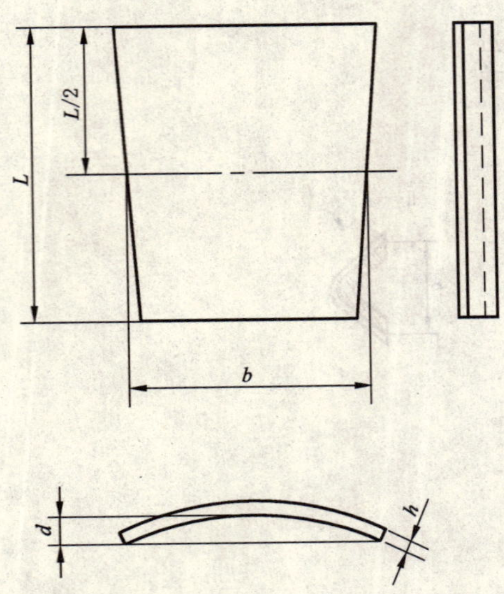

图 7 板瓦类

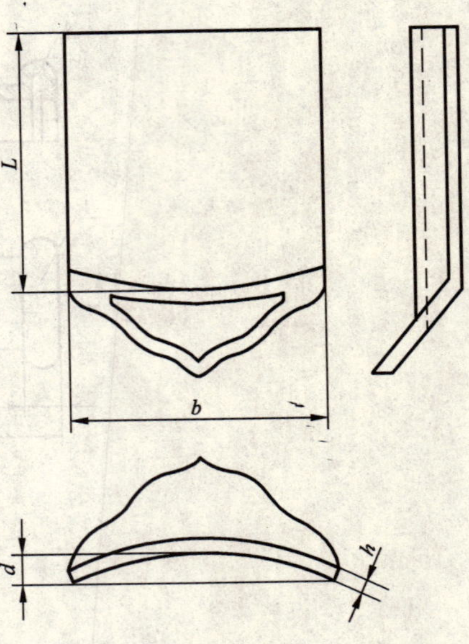

图 8 滴水瓦类

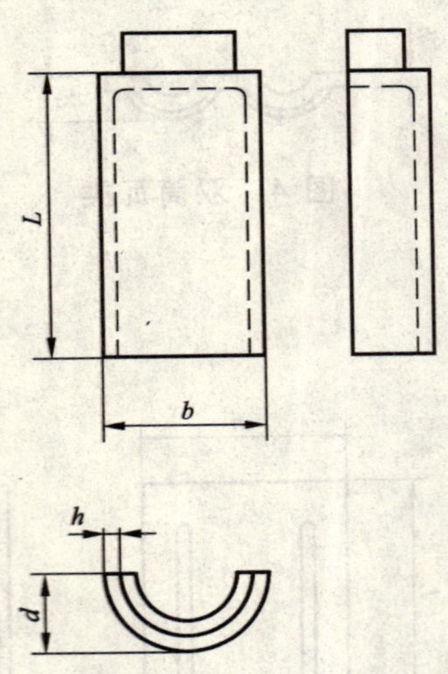

图 9 筒瓦类

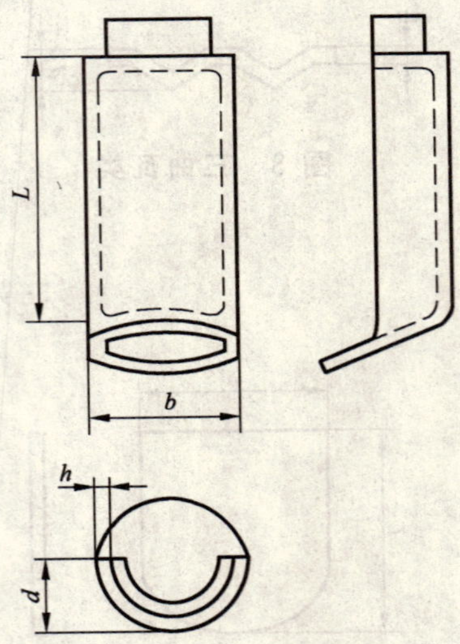

图 10 沟头瓦类

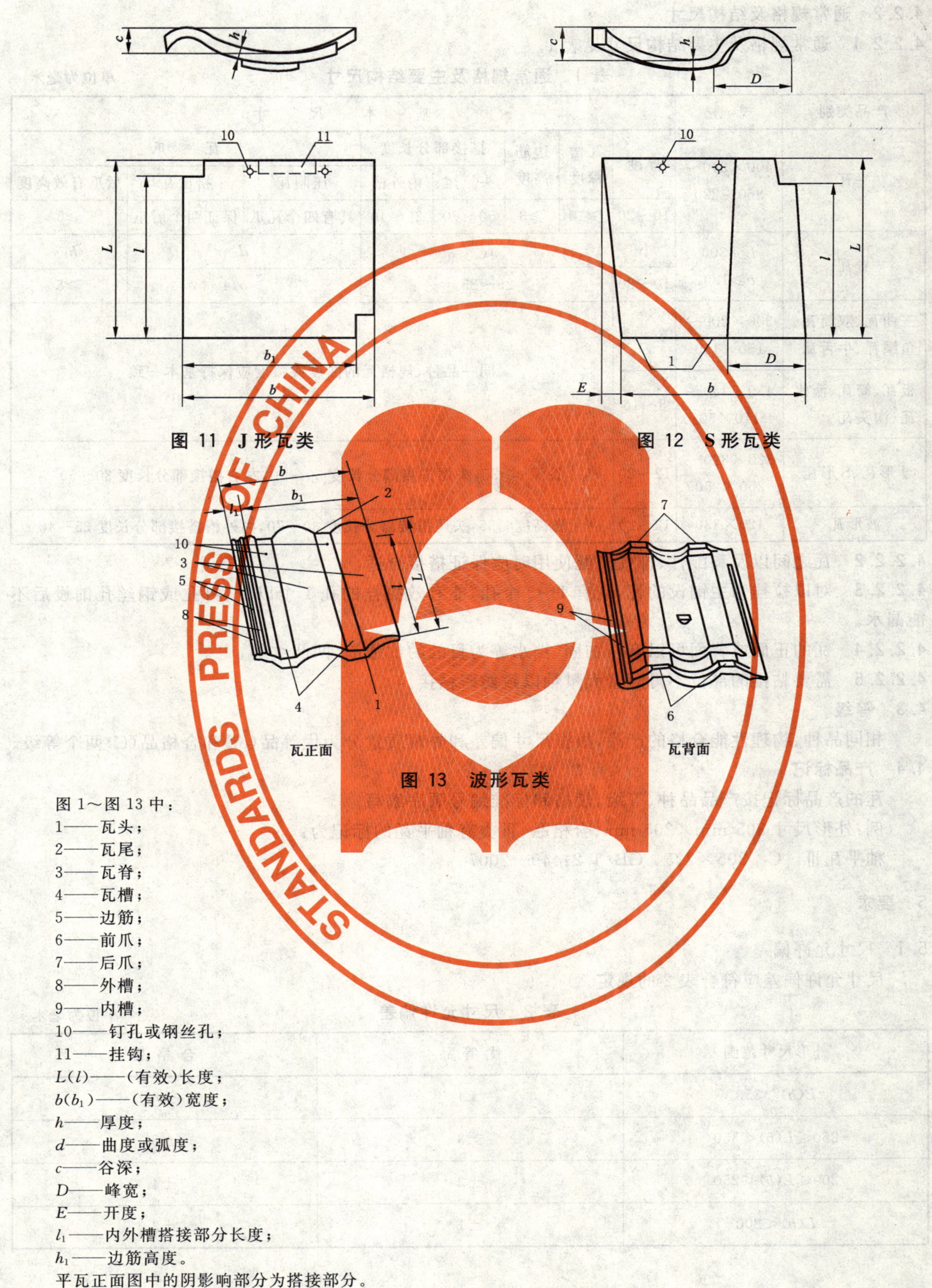

图 11 J形瓦类

图 12 S形瓦类

图 13 波形瓦类

图 1～图 13 中：

1——瓦头；
2——瓦尾；
3——瓦脊；
4——瓦槽；
5——边筋；
6——前爪；
7——后爪；
8——外槽；
9——内槽；
10——钉孔或钢丝孔；
11——挂钩；
$L(l)$——(有效)长度；
$b(b_1)$——(有效)宽度；
h——厚度；
d——曲度或弧度；
c——谷深；
D——峰宽；
E——开度；
l_1——内外槽搭接部分长度；
h_1——边筋高度。

平瓦正面图中的阴影响部分为搭接部分。

4.2.2 通常规格及结构尺寸

4.2.2.1 通常规格及主要结构尺寸见表 1。

表 1 通常规格及主要结构尺寸

单位为毫米

<table>
<tr><td>产品类别</td><td>规 格</td><td colspan="8">基 本 尺 寸</td></tr>
<tr><td rowspan="3">平瓦</td><td rowspan="3">400×240～
360～220</td><td rowspan="2">厚度</td><td rowspan="2">瓦槽
深度</td><td rowspan="2">边筋
高度</td><td colspan="2">搭接部分长度</td><td colspan="3">瓦 爪</td></tr>
<tr><td>头 尾</td><td>内外槽</td><td>压制瓦</td><td>挤出瓦</td><td>后爪有效高度</td></tr>
<tr><td>10～20</td><td>≥10</td><td>≥3</td><td>50～70</td><td>25～40</td><td>具有四个瓦爪</td><td>保证两个后爪</td><td>≥5</td></tr>
<tr><td rowspan="2">脊瓦</td><td rowspan="2">L≥300
b≥180</td><td>h</td><td colspan="4">l_1</td><td colspan="2">d</td><td>h_1</td></tr>
<tr><td>10～20</td><td colspan="4">25～35</td><td colspan="2">>b/4</td><td>≥5</td></tr>
<tr><td>三曲瓦、双筒瓦、
鱼鳞瓦、牛舌瓦</td><td>300×200～
150×150</td><td>8～12</td><td colspan="7" rowspan="2">同一品种、规格瓦的曲度或弧度应保持基本一致</td></tr>
<tr><td>板瓦、筒瓦、滴水
瓦、沟头瓦</td><td>430×350～
110×50</td><td>8～16</td></tr>
<tr><td>J形瓦、S形瓦</td><td>320×320～
250×250</td><td>12～20</td><td colspan="7">谷深 c≥35,头尾搭接部分长度 50～70,左右搭接部分长度 30～50</td></tr>
<tr><td>波形瓦</td><td>420×330</td><td>12～20</td><td colspan="7">瓦脊高度≤35,头尾搭接部分长度 30～70,内外槽搭接部分长度 25～40</td></tr>
</table>

4.2.2.2 瓦之间以及和配件、饰件搭配使用时应保证搭接合适。

4.2.2.3 对以拉挂为主铺设的瓦,应有 1～2 个孔,能有效拉挂的孔 1 个以上,钉孔或钢丝孔铺设后不能漏水。

4.2.2.4 瓦的正面或背面可以有以加固、挡水等为目的的加强筋、凹凸纹等。

4.2.2.5 需要粘接的部位不得附着大量釉以致妨碍粘接。

4.3 等级

相同品种、物理性能合格的产品,根据尺寸偏差和外观质量分为优等品(A)和合格品(C)两个等级。

4.4 产品标记

瓦的产品标记按产品品种、等级、规格和标准编号顺序编写。

例:外形尺寸 305 mm×205 mm、合格品、Ⅲ类有釉平瓦的标记为:

釉平瓦Ⅲ C 305×205 GB/T 21449—2007

5 要求

5.1 尺寸允许偏差

尺寸允许偏差应符合表 2 的规定。

表 2 尺寸允许偏差

单位为毫米

外形尺寸范围	优 等 品	合 格 品
$L(b)$≥350	±4	±6
250≤$L(b)$<350	±3	±5
200≤$L(b)$<250	±2	±4
$L(b)$<200	±1	±3

5.2 外观质量

5.2.1 表面质量

表面质量应符合表3的规定。

表3 表面质量

缺陷项目		优等品	合格品
有釉类瓦	无釉类瓦		
缺釉、斑点、落脏、棕眼、熔洞、图案缺陷、烟熏、釉缕、釉泡、釉裂	斑点、起包、熔洞、麻面、图案缺陷、烟熏	距1 m处目测不明显	距2 m处目测不明显
色差、光泽差	色差	距2 m处目测不明显	

5.2.2 变形

最大允许变形应符合表4的规定。

表4 最大允许变形

单位为毫米

产品类别				优等品	合格品
平瓦、波形瓦			≤	3	4
三曲瓦、双筒瓦、鱼鳞瓦、牛舌瓦			≤	2	3
脊瓦、板瓦、筒瓦、滴水瓦、沟头瓦、J形瓦、S形瓦	≤	最大外形尺寸	$L \geqslant 350$	5	7
			$250 < L < 350$	4	6
			$L \leqslant 250$	3	5

5.2.3 裂纹

裂纹长度允许范围应符合表5的规定。

表5 裂纹长度允许范围

单位为毫米

产品类别	裂纹分类	优等品	合格品
平瓦、波形瓦	未搭接部分的贯穿裂纹	不允许	
	边筋断裂	不允许	
	搭接部分的贯穿裂纹	不允许	不得延伸至搭接部分的1/2处
	非贯穿裂纹	不允许	≤30
脊瓦	未搭接部分的贯穿裂纹	不允许	
	搭接部分的贯穿裂纹	不允许	不得延伸至搭接部分的1/2处
	非贯穿裂纹	不允许	≤30
三曲瓦、双筒瓦、鱼鳞瓦、牛舌瓦	贯穿裂纹	不允许	
	非贯穿裂纹	不允许	不得超过对应边长的6%
板瓦、筒瓦、滴水瓦、沟头瓦、J形瓦、S形瓦	未搭接部分的贯穿裂纹	不允许	
	搭接部分的贯穿裂纹	不允许	
	非贯穿裂纹	不允许	≤30

5.2.4 磕碰、釉粘

磕碰、釉粘的允许范围应符合表6的规定。

表 6　磕碰、釉粘的允许范围　　单位为毫米

产品类别	破坏部位	优等品	合格品
平瓦、脊瓦、板瓦、筒瓦、滴水瓦、沟头瓦、J形瓦、S形瓦、波形瓦	可见面	不允许	破坏尺寸不得同时大于10×10
	隐蔽面	破坏尺寸不得同时大于12×12	破坏尺寸不得同时大于18×18
三曲瓦、双筒瓦、鱼鳞瓦、牛舌瓦	正　面	不允许	
	背　面	破坏尺寸不得同时大于5×5	破坏尺寸不得同时大于10×10
平瓦、波形瓦	边　筋	不允许	
	后　爪	不允许	

5.2.5　石灰爆裂

石灰爆裂允许范围应符合表7的规定。

表 7　石灰爆裂允许范围　　单位为毫米

缺陷项目	优等品	合格品
石灰爆裂	不允许	破坏尺寸不大于5

5.2.6　欠火、分层

各等级的瓦均不允许有欠火、分层缺陷存在。

5.3　物理性能

5.3.1　抗弯曲性能

平瓦、脊瓦、板瓦、筒瓦、滴水瓦、沟头瓦类的弯曲破坏荷重不小于1 200 N,其中青瓦类的弯曲破坏荷重不小于850 N;J形瓦、S形瓦、波形瓦类的弯曲破坏荷重不小于1 600 N;三曲瓦、双筒瓦、鱼鳞瓦、牛舌瓦类的弯曲强度不小于8.0 MPa。

5.3.2　抗冻性能

经15次冻融循环不出现剥落、掉角、掉棱及裂纹增加现象。

5.3.3　耐急冷急热性

经10次急冷急热循环不出现炸裂、剥落及裂纹延长现象。

此项要求只适用于有釉瓦类。

5.3.4　吸水率

Ⅰ类瓦不大于6.0%,Ⅱ类瓦大于6.0%、不大于10.0%,Ⅲ类瓦大于10.0%、不大于18.0%,青瓦类不大于21.0%。

5.3.5　抗渗性能

经3 h瓦背面无水滴产生。

此项要求只适用于无釉瓦类。若其吸水率不大于10.0%时,取消抗渗性能要求,否则必须进行抗渗试验并符合本条规定。

5.4　其他异形瓦类和配件、饰件的技术要求参照本标准执行。

6　试验方法

6.1　尺寸偏差和外观质量检验

6.1.1　量具:钢板尺,精度为1 mm。

6.1.2　测量方法及结果评定

6.1.2.1　尺寸偏差

6.1.2.1.1　在瓦正面的中间处分别测量长度(L)和宽度(b),其中S形瓦在瓦头处测量宽度(b)。当被测处有磕碰、釉粘或凸出时,可在其旁边测量。

6.1.2.1.2 测量结果以每件试样测量的长度、宽度与其规格长度、宽度的偏差值表示。

6.1.2.2 表面质量

6.1.2.2.1 将试样按长度方向五件、宽度方向四件整齐排列在平坦的地面上，在自然光照下目测检验。检查距离从检验者脚尖至瓦底边计算，检验者身体不应倾斜。检查需两人进行，铺放试样者不参与检验。

6.1.2.2.2 试验结果以每件试样在不同检查距离下表面质量缺陷的明显程度表示。

6.1.2.3 变形

6.1.2.3.1 将瓦的基准平面放置在平板上，用直尺测量瓦边、角翘离平板的最大距离。

6.1.2.3.2 平瓦、三曲瓦、双筒瓦、鱼鳞瓦、牛舌瓦类还要检查瓦侧宽度方向的弯曲。测量时，将直尺的边与瓦侧长度方向的两端点平齐，用另一直尺测量瓦侧与直尺边之间的最大弯曲距离。

6.1.2.3.3 测量结果以每件试样的变形最大值表示。

6.1.2.4 裂纹

6.1.2.4.1 测量裂纹两端点之间最大直线距离。贯穿裂纹长度测量时，应包括连续的非贯穿部分裂纹长度。

6.1.2.4.2 测量结果以每件试样的最大裂纹长度表示。

6.1.2.5 磕碰、釉粘

6.1.2.5.1 测量磕碰、釉粘处对瓦相应棱边的长、宽投影尺寸。如果破坏处从一个面延伸至其他面上时，则累计其延伸的投影尺寸。边缘部分的破坏处分别测量其在可见面和隐蔽面或正面和背面上的投影尺寸。平瓦边筋和后爪的破坏处，其残留高度分别从瓦边筋和瓦背面的基准平面底部量起。

6.1.2.5.2 测量结果以每件试样最大破坏处的尺寸表示。

6.1.2.6 石灰爆裂

6.1.2.6.1 测量石灰爆裂处的最大直径尺寸。

6.1.2.6.2 测量结果以每件试样最大破坏处的尺寸表示。

6.1.2.7 欠火、分层

6.1.2.7.1 人工敲击试样，依声音差异来辨别，或观察试样侧面进行检验。

6.1.2.7.2 试验结果以每件试样欠火、分层缺陷的明显程度表示。

6.1.3 测量精度

测量尺寸精确至 1 mm，不足 1 mm 按 1 mm 计。

6.2 物理性能试验

6.2.1 抗弯曲性能

6.2.1.1 仪器设备

a) 弯曲强度试验机：试验机的相对误差不大于±1%，能够均匀加荷。支座由放置后互相平行、直径为 25 mm 的金属棒及下面的支承架构成。其中一根可以绕中心轻微上下摆动，另一根可以绕它的轴心稍作旋转，支承架高度约 50 mm，并能使上面的金属棒间距可调。压头是一直径为 25 mm 的金属棒，也可以绕中心上下轻微摆动。支座金属棒和压头与试样接触部分均垫上厚度为 5mm、硬度为邵尔 A 45 度～60 度的普通橡胶板。

b) 钢直尺，精度为 1 mm。

c) 秒表，精度为 0.1 s。

6.2.1.2 试样准备

以自然干燥状态下的整件瓦作为试样，试样数量为五件。

6.2.1.3 试验步骤

6.2.1.3.1 将试样放在支座上，调整支座金属棒间距，并使压头位于支座金属棒的正中，如图 14～图 19所示。对于按图示跨距要求搭接不足的瓦(J 形瓦、S 形瓦先保证一个支座金属棒位于瓦峰宽的中央），调整间距使支座金属棒中心以外瓦的长度为 15 mm±2 mm。其中对于波形瓦类，要在压头和瓦之间放置与瓦上表面波浪形状相吻合的平衡物，平衡物由硬质木块或金属制成，宽度约为 20 mm。

单位为毫米

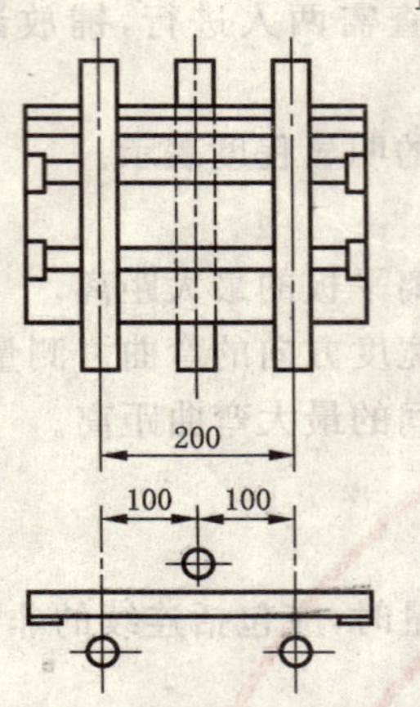

图 14　平瓦、波形瓦类弯曲试验装置

单位为毫米

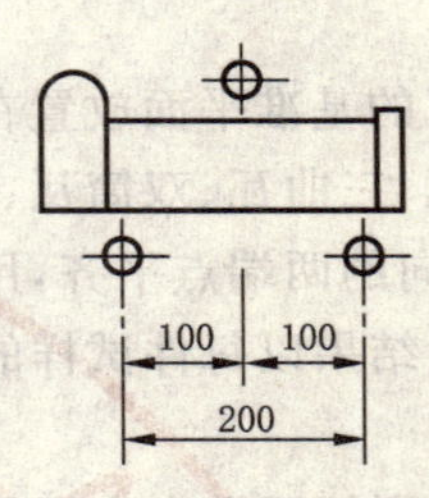

图 15　脊瓦、筒瓦、沟头瓦类弯曲试验装置

单位为毫米

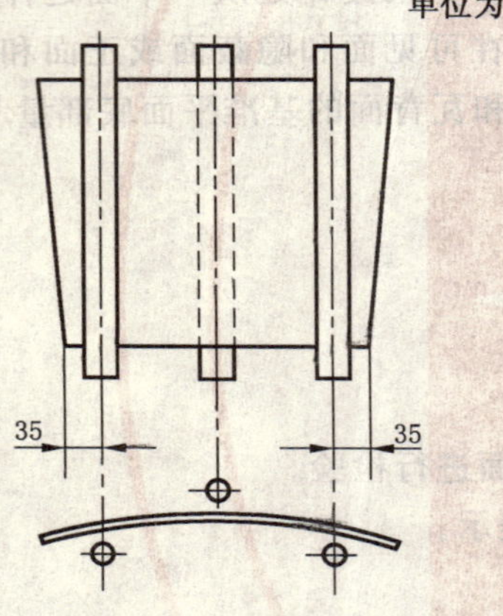

图 16　板瓦、滴水瓦类弯曲试验装置

单位为毫米

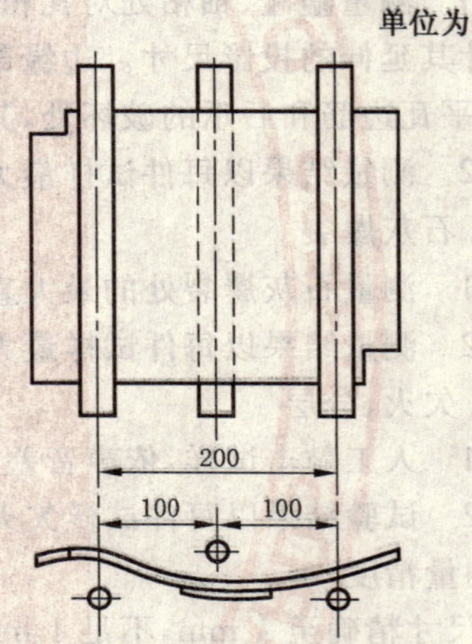

图 17　J 形瓦、S 形瓦类弯曲试验装置

单位为毫米

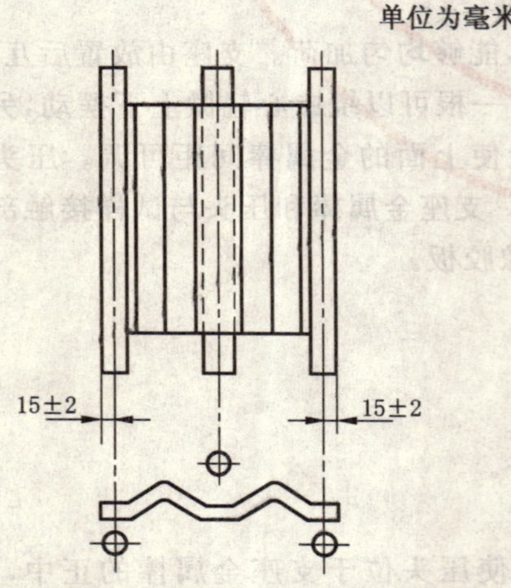

图 18　三曲瓦、双筒瓦类弯曲试验装置

单位为毫米

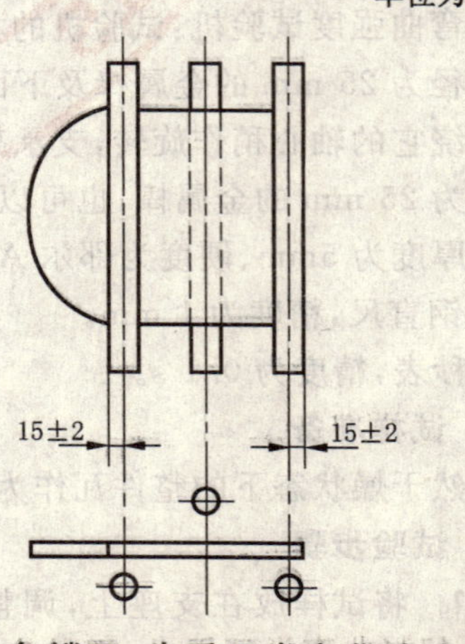

图 19　鱼鳞瓦、牛舌瓦类弯曲试验装置

6.2.1.3.2 试验前先校正试验机零点，启动试验机，压头接触试样时不得冲击，以50 N/s～100 N/s的速度均匀加荷，直至断裂，记录断裂时的最大载荷P。

6.2.1.4 结果计算与评定

6.2.1.4.1 平瓦、板瓦、脊瓦、滴水瓦、沟头瓦、S形瓦、J形瓦、波形瓦的试验结果以每件试样断裂时的最大载荷表示，精确至10 N。

6.2.1.4.2 三曲瓦、双筒瓦、鱼鳞瓦、牛舌瓦的弯曲强度按式(1)计算：

$$R=\frac{3PL}{2bh^2} \qquad (1)$$

式中：

R——试样的弯曲强度，单位为兆帕(MPa)；

P——试样断裂时的最大载荷，单位为牛顿(N)；

L——跨距，单位为毫米(mm)；

b——试样的宽度，单位为毫米(mm)；

h——试样断裂面上的最小厚度，单位为毫米(mm)。

6.2.1.4.3 三曲瓦、双筒瓦、鱼鳞瓦、牛舌瓦的试验结果以每件试样的弯曲强度表示，精确至0.1 MPa。

6.2.2 抗冻性能

6.2.2.1 仪器设备

a) 低温箱或冷冻室：放入试样后箱(室)内温度可调至－20℃或－20℃以下；

b) 水槽；

c) 试样架。

6.2.2.2 试样准备

以自然干燥状态下的整件瓦作为试样，试样数量为五件。

6.2.2.3 试验步骤

6.2.2.3.1 检查外观，将磕碰、釉粘、缺釉和裂纹(含釉裂)处作标记，并记录其情况。

6.2.2.3.2 将试样浸入15℃～25℃的水中，24 h后取出，放入预先降温至－20℃±3℃的冷冻箱中的试样架上。试样之间、试样与箱壁之间应有不小于20 mm的间距。关上冷冻箱门。

6.2.2.3.3 当箱内温度再次降至－20℃±3℃时，开始计时，在此温度下保持3 h。打开冷冻箱门，取出试样放入15℃～25℃的水中融化3 h。如此为一次冻融循环。

6.2.2.3.4 15次冻融循环结束后，检查并记录每件试样冻融过程出现的破坏情况，如剥落、掉角、掉棱及裂纹增加的破坏处数和破坏尺寸。

6.2.2.4 试验结果

以每件试样的外观破坏程度表示。

6.2.3 耐急冷急热性

6.2.3.1 仪器设备

a) 烘箱：能升温至200℃；

b) 试样架；

c) 能通过流动冷水的水槽；

d) 温度计。

6.2.3.2 试样准备

以自然干燥状态下的整件瓦作为试样，试样数量为五件。

6.2.3.3 试验步骤

6.2.3.3.1 测量冷水温度，保持15℃±5℃为宜。

6.2.3.3.2 检查外观，将裂纹(含釉裂)、磕碰、釉粘和缺釉处作标记，并记录其缺陷情况。

6.2.3.3.3 将试样放入预先加热到温度比冷水高130℃±2℃的烘箱中的试样架上。试样之间、试样与箱壁之间应有不小于20 mm的间距。关上烘箱门。

6.2.3.3.4 在5 min内使烘箱重新达到预先加热的温度，开始计时。在此温度下保持45 min。打开烘箱门，取出试样立即浸没于装有流动冷水的水槽中，急冷5 min。如此为一次急冷急热循环。

6.2.3.3.5 10次急冷急热循环结束后，检查并记录每件试样急冷急热循环过程出现的破坏情况，如炸裂、剥落及裂纹延长的破坏处数和破坏尺寸。

6.2.3.4 试验结果

以每件试样的外观破坏程度表示。

6.2.4 吸水率

6.2.4.1 仪器设备

a) 鼓风干燥箱；

b) 台秤，精度为5 g；

c) 水槽。

6.2.4.2 试样准备

以自然干燥状态下的整件瓦或抗弯曲性能试验后的每件样品的一半作为试样，试样数量为五件(块)。

6.2.4.3 试验步骤

6.2.4.3.1 将试样擦拭干净后放入烘箱，使温度保持在110℃，24 h后关闭温控装置，打开烘箱门，冷却至略高于室温时取出，称量其质量作为干燥时质量m_0。

6.2.4.3.2 将试样置于温度为15℃～25℃的清水中，浸泡24 h，试验过程中应保持水面高出试样50 mm。

6.2.4.3.3 取出试样，用湿毛巾拭去表面水分，立即称量，所得质量作为吸水后质量m_1。

6.2.4.4 结果计算与评定

6.2.4.4.1 吸水率按式(2)计算：

$$w = \frac{m_1 - m_0}{m_0} \times 100 \quad \cdots\cdots (2)$$

式中：

w——吸水率，%；

m_0——干燥时质量，单位为克(g)；

m_1——吸水后质量，单位为克(g)。

6.2.4.4.2 试验结果以每件(块)试样的吸水率表示，精确至0.1%。

6.2.5 抗渗性能

6.2.5.1 设备和材料

a) 试样架；

b) 水泥砂浆或沥青与砂子的混合料；

c) 70%石蜡与30%松香的熔化剂；

d) 油灰刀。

6.2.5.2 试样准备

以自然干燥状态下的整件瓦作为试样，试样数量为三件。

6.2.5.3 试验步骤

6.2.5.3.1 将试样擦拭干净，用水泥砂浆或沥青与砂子的混合料在瓦的正面四周筑起一圈高度为25 mm的密封挡，作为围水框；或在瓦头、瓦尾处筑密封挡，与两瓦边形成围水槽。再用70%石蜡和30%松香的熔化剂密封接缝处，须保证密封挡不漏水。形成的围水面积应接近于瓦的实用面积。

6.2.5.3.2 将制作好的试样放置在便于观察的试样架上，并使其保持水平。待平稳后，缓慢地向围水框注入清洁的水，水位高度距瓦面最浅处不小于 15 mm。

6.2.5.4 试验结果以每件试样的渗水程度表示。

7 检验规则

7.1 检验分类

产品检验分出厂检验和型式检验。

7.1.1 出厂检验

产品出厂必须进行出厂检验。出厂检验项目包括尺寸偏差、外观质量、抗弯曲性能、吸水率。产品经出厂检验合格后方可出厂。

7.1.2 型式检验

型式检验项目包括本标准技术要求的全部项目。有下列情况之一者，也应进行型式检验：

a) 新老产品转厂生产的试制定型鉴定；

b) 正式生产后，如材料、设备、工艺等有较大改变，可能影响产品性能时；

c) 正常生产时，每半年进行一次；

d) 产品长期停产，恢复生产时；

e) 出厂检验结果与上次型式检验结果有较大差异时；

f) 国家质量监督机构提出型式检验要求时。

7.2 批量

同类别、同规格、同色号、同等级的瓦，每 10 000 件～35 000 件为一检验批。不足该数量时，也按一批计。

7.3 抽样

抽样方法按 GB/T 3810.1—2006 中第 6 章的规定进行。

单项检验的样品按表 8 中规定的样本大小直接在检验批中抽取。出厂检验和型式检验的物理性能试验的样品，从尺寸偏差和外观质量检查后的样品中抽取。非破坏性试验项目的试样，可用于其他项目检验。

7.4 判定规则

7.4.1 单件试样质量等级的判定

以该件试样测量或试验结果和相应检测项目的技术要求来判定。

7.4.2 单项检验质量等级的判定

按表 8 判定。

表 8 抽样与判定

单位为件

检验项目	样本大小 n		第一次抽样		第一次抽样与第二次抽样和	
	第一次 n_1	第二次 n_2	合格判定数 Ac_1	不合格判定数 Re_1	合格判定数 Ac_1	不合格判定数 Re_1
尺寸偏差	20	20	2	4	4	5
外观质量	20	20	2	4	4	5
抗弯曲性能	5	5	0	2	1	2
抗冻性能	5	—	0	1	—	—
耐急冷急热性	5	5	0	2	1	2
吸水率	5	5	0	2	1	2
抗渗性能	3	—	0	1	—	—

7.4.3 **批检验等级的判定**

7.4.3.1 **型式检验质量等级的判定**

抗弯曲性能、抗冻性能、耐急冷急热性能、吸水率、抗渗性能合格，按尺寸偏差、外观质量检验的最低质量等级判定等级。其中有一项不合格则判为不合格。

7.4.3.2 **出厂检验质量等级的判定**

按出厂检验项目和在时效范围内最近一次型式检验中其他检验项目的检验结果进行综合判定。

8 标志、包装、运输及贮存

8.1 标志

8.1.1 产品上应有商标，图案应清晰、牢固。

8.1.2 包装箱上应有生产厂名、产品标记、商标、色号、数量、易碎等标志。

8.1.3 产品出厂时，必须提供产品质量合格证。产品质量合格证主要内容包括生产厂名、产品标记、商标、批量编号、证书编号等，并由检验员或承检单位签章。

8.2 包装

8.2.1 产品按品种、规格尺寸、质量等级、色号分别包装。

8.2.2 包装应牢固、捆紧，保证运输时不会摇晃碰坏。特殊产品可按照用户需求包装。

8.3 运输

产品装卸时要轻拿轻放，严禁摔扔。运输时应避免碰撞。

8.4 贮存

产品应按品种、规格、质量等级、色号分别整齐堆放。

附 录 A
（资料性附录）
使 用

为方便使用，供方应按 GB 50345—2004、00J202-1、00(03)J202-1、01J 202-2 和 03J203 的规定提供所生产瓦的使用说明书，说明其铺设方式、粘结及固定材料和标准屋面的坡度、坡长、单件瓦的重量、每平方米参考使用数量等。必要时可协商有偿或无偿的技术服务。屋面工程质量按 GB 50207—2002 的规定进行验收。

参考文献

[1] GB 50207—2002　屋面工程质量验收规范
[2] GB 50345—2004　屋面工程技术规范
[3] JC/T 765—2006　建筑琉璃制品(瓦类部分)
[4] 00J202-1、00(03)J202-1　坡屋面建筑构造(一)
[5] 01J202-2　坡屋面建筑构造(有檩体系)
[6] 03J203　平屋面改坡屋面建筑构造
[7] JIS A 5208:1996　粘土瓦(日本工业标准)

ICS 27.180
F 11

中华人民共和国国家标准

GB/T 21150—2007

失速型风力发电机组

Stall regulation wind turbine generator system

2007-11-01 发布 2008-01-01 实施

中华人民共和国国家质量监督检验检疫总局
中国国家标准化管理委员会 发布

前　言

本标准的附录B为规范性附录,附录A为资料性附录。

本标准由中国机械工业联合会提出。

本标准由全国风力机械标准化技术委员会归口。

本标准起草单位:新疆金风科技股份有限公司。

本标准主要起草人:王相明、张彩华。

失速型风力发电机组

1 范围

本标准规定了以失速功率控制调节为特征的水平轴风力发电机组的技术要求、试验方法、检验规则、包装、储存、运输与标志。

本标准适用于风轮扫掠面积等于或大于 40 m^2 的失速型风力发电机组(以下简称机组)。

2 规范性引用文件

下列文件中的条款通过本标准的引用而成为本标准的条款。凡是注日期的引用文件,其随后所有的修改单(不包括勘误的内容)或修订版均不适用于本标准,然而,鼓励根据本标准达成协议的各方研究是否可使用这些文件的最新版本。凡是不注日期的引用文件,其最新版本适用于本标准。

GB/T 191 包装储运图示标志(GB/T 191—2000,eqv ISO 780:1997)

GB/T 1413 系列1集装箱 分类、尺寸和额定质量

GB/T 2900.53 电工术语 风力发电机组(GB/T 2900.53—2001,idt IEC 60050-415:1999)

GB/T 3785 声级计的电、声性能及测试方法

GB/T 6388 运输包装收发货标志

GB/T 13924 渐开线圆柱齿轮精度检验规范

GB 16895.3 建筑物电气装置 第5-54部分:电气设备的选择和安装 接地配置、保护导体和保护联结导体(GB 16895.3—2004,IEC 60364-5-54:2002,IDT)

GB 18451.1 风力发电机组 安全要求(GB 18451.1—2001,idt IEC 61400-1:1999)

GB/T 18451.2 风力发电机组 功率特性试验(GB/T 18451.2—2003,IEC 61400-12:1998,IDT)

GB/T 19069 风力发电机组 控制器 技术条件

GB/T 19071.1 风力发电机组 异步发电机 第1部分:技术条件

GB/T 19071.2 风力发电机组 异步发电机 第2部分:试验方法

GB/T 19072 风力发电机组 塔架

GB/T 19073 风力发电机组 齿轮箱

GB/T 20320 风力发电机组电能质量测量和评估方法(GB/T 20320—2006,IEC 61400-21:2001,IDT)

JB/T 10194 风力发电机组 风轮叶片

JB/T 10300 风力发电机组 设计要求

IEC 61400-11:2002 风力发电机组 第11部分 噪声测量方法

IEC 61400-13:2001 风力发电机组 第13部分 机械载荷测量

3 术语和定义

GB/T 2900.53 确立的以及下列术语和定义适用于本标准。

3.1

失速 stall

气流流过翼面发生分离的现象。失速引起气动升力下降但阻力上升,限制了风轮翼面从风能所获

取的能量。

3.2

主动失速 active stall

通过主动控制或操纵叶片桨距，使通过叶轮翼面的气流处于或避免出现失速状态。

3.3

安全保护功能 safety protection function

当超过安全限值或控制系统不能使机组保持在正常运行范围内时，安全系统的动作结果。

3.4

控制功能 control function

控制系统对风力发电机组进行控制、调节以及监测所实施的动作结果。

3.5

最佳功率系数 C_{pmax} Max. power coefficient

在切入风速和切出风速之间，风力发电机组输送到电网的电功率值与风轮扫掠面上自由来流的功率之比的最大值。

注：该值由测量功率曲线进行推算。

4 产品技术要求

4.1 总则

4.1.1 机组应符合本标准的有关规定，并按规定程序批准的图样和技术文件生产制造。

4.1.2 风轮叶片应符合 JB/T 10194 的有关规定和要求。

4.1.3 增速齿轮箱应符合 GB/T 19073 的有关规定和要求。

4.1.4 异步发电机应符合 GB/T 19071.1 和 GB/T 19071.2 的有关规定和要求。

4.1.5 控制器应符合 GB/T 19069 的有关规定和要求。

4.1.6 塔架应符合 GB/T 19072 的有关规定和要求。

4.1.7 本标准未规定的其他零部件、总成等，应符合该产品的有关技术要求。特殊要求应在产品的技术文件中予以明确说明。

4.2 整机

4.2.1 机组的基本安全应符合 GB 18451.1 的规定要求。

4.2.2 机组的设计应符合 JB/T 10300 的要求。

4.2.3 机组设计工况下的最佳功率系数 C_{pmax} 应等于或大于 0.4。

4.2.4 机组正常运行期间的可利用率应大于或等于 95%。可利用率计算方法参见公式(1)：

$$可利用率(\%) = \frac{T_t - T_{cm}}{T_t} \times 100 \qquad \cdots\cdots(1)$$

式中：

T_t——规定时期的总小时数；

T_{cm}——因维护或故障情况导致风力发电机组不能运转的小时数。因外部环境条件原因导致不能执行规定功能的情况不作为故障处理。

4.2.5 机组输出功率为 1/3 额定功率时的噪声(等效声功率级)应小于或等于 110 dB(A)。在噪声有要求和限制的区域，机组的噪声应符合国家对环境保护方面的有关规定。

4.2.6 机组并网运行所输出的电能质量应符合 GB/T 20320 的规定。

4.2.7 机组应按照使用寿命等于或大于 20 年进行设计制造。

4.3 总装配

4.3.1 一般要求

4.3.1.1 装配所用的零部件(包括外购件、标准件、外协件)均应有产品合格证，并经质量检验部门检验合格后，方可进行装配。

4.3.1.2 装配前应将零件的尖角和锐边倒钝，特殊要求除外。

4.3.1.3 装配前应按照产品说明书的要求对零部件进行必要的保养与清理。零部件的润滑处，装配后必须加注适量的润滑油(或脂)。

4.3.1.4 装配过程中应注意对零部件表面进行有效防护，不允许磕碰、划伤和锈蚀。

4.3.1.5 风力发电机组的装配应完整，符合工艺要求；联接部位应牢固可靠；铭牌、标志齐全，外观整洁。

4.3.2 装配联接方法

4.3.2.1 各零部件的装配联接应严格按照产品的工艺文件和技术要求执行。

4.3.2.2 螺栓联接、销联接、键联接、铆钉联接、粘接、过盈联接的一般要求参见附录A。

4.3.3 典型部件装配要求

4.3.3.1 偏航轴承与偏航驱动采用齿轮啮合传动的情况，齿轮副装配后应检查齿侧间隙和齿面接触斑点，并符合设计或工艺文件要求。对于圆柱齿轮，要求沿齿高方向接触斑点应不小于20%，沿齿长方向接触斑点应不小于30%。接触斑点的分布位置应趋近于齿面中部，齿顶和齿端棱边不允许有接触。

4.3.3.2 主轴承(滚动轴承)装配时应检查轴承的轴向游隙应符合设计要求。装配后应注入相当于轴承空腔容积约50%的符合规定的清洁润滑脂(采取稀油润滑的轴承不准加润滑脂)。轴承装配完成后用手转动应灵活、平稳。

4.3.3.3 联轴器同轴度(对中)要求，应按照产品设计和图样的有关要求执行。如无特别规定，可参照下述要求：

a) 刚性联轴器装配时，两轴线的径向位移应小于0.03 mm；

b) 挠性、齿式、轮胎联轴器装配时，其装配精度同轴度允许偏差不大于0.2 mm，角度偏差不大于0.25°。

4.3.3.4 液压缸、密封件、润滑系统和管路配装后应进行密封及动作试验，并满足如下要求：

a) 行程符合要求；

b) 运行平稳，无卡阻和爬行现象；

c) 无外部渗漏现象，内部渗漏应符合产品技术要求。

4.3.3.5 制动器在自由状态时，用塞尺检查制动块与制动盘之间的间隙，应符合设计要求。摩擦片与制动盘的工作表面必须干燥、清洁。试车时试验制动器的功能，要求制动可靠，无任何卡阻现象。

4.3.3.6 电气接线所采用的配线电缆、母线铜排、线缆端头等材料，必须是经过国家电工产品强制性安全认证的产品。接线应按照相关工艺文件和规程执行，并满足以下要求：

a) 布线整齐，设计合理，排布形式有利于减少电磁干扰；

b) 柜内每根连线两端必须标识线号(接地线除外，接地线必须选用黄绿双色线)，线缆接头应使用合适的专业压接工具压接，线号管符合线径且长度整齐，线号字迹清晰，与图样文件一致；

c) 接线端子、插接头、延伸铜排及联接螺栓应保证元件安装强度和可靠性，应能承受最大25 m/s^2 的振动冲击(至少60 min)而不损坏；

d) 电网进线侧须安装绝缘防护罩，电压等级高于24 V以上的元器件，均应有明显的防触电标识；

e) 电气装置须可靠接地。不同电压等级回路中元件不能串联接地，应单独连接至接地排。有接地点并预留接线端子；接地装置的选择应符合GB 16895.3的有关内容和规定。

4.3.4 拖动试验要求

4.3.4.1 机组总装后应按产品技术标准和有关技术文件的规定进行拖动试验。

4.3.4.2 机组机舱部分总装完成后，出厂前应进行拖动试验。制造厂可根据自己的条件及产品标准、技术文件或合同的规定选择进行负荷及工艺性试验。

4.3.4.3 拖动试验过程中，对连续运转的设备，试验时间应大于 2 h；对间歇往返运动的设备如偏航系统，应至少进行 1 次全行程的往复，运行应平稳、无异常噪声。对间歇运转或工作的设备，功能性试验应重复 3 次以上。

4.3.4.4 试验过程中记录设备的振动、噪声以及轴承温度等参数，测量值应在设计允许范围之内。

4.3.4.5 有压力要求的设备，应对密封及系统进行密封耐压试验。试验压力为工作压力的 100%～125%，保压时间为 5 min～10 min，不得出现渗漏。

4.3.4.6 拖动试验时机组的运转方向必须与工作方向一致，试验转速与机组的工作转速允许偏差为 ±10%。

5 试验方法

5.1 一般要求

试验的目的是为了验证风力发电机组及其零部件设计的正确性、可靠性和制造工艺的合理性，并对机组产品质量的合格评定提供依据。

试验仪器、仪表及量具应满足测量精度要求。

5.2 齿轮副接触斑点的检测

渐开线圆柱齿轮接触斑点的检验按 GB/T 13924 的相关规定执行。

5.3 齿轮副侧隙检验

渐开线圆柱齿轮副侧隙的检验按 GB/T 13924 的相关规定执行。

5.4 联轴器装配精度（同轴度）检查

5.4.1 千分表法

千分表法成本较低，适用于单件和小批量生产。具体方法如下：

a) 将测量工具架及千分表分别固定在联轴器两端的法兰上，如图 1 所示；

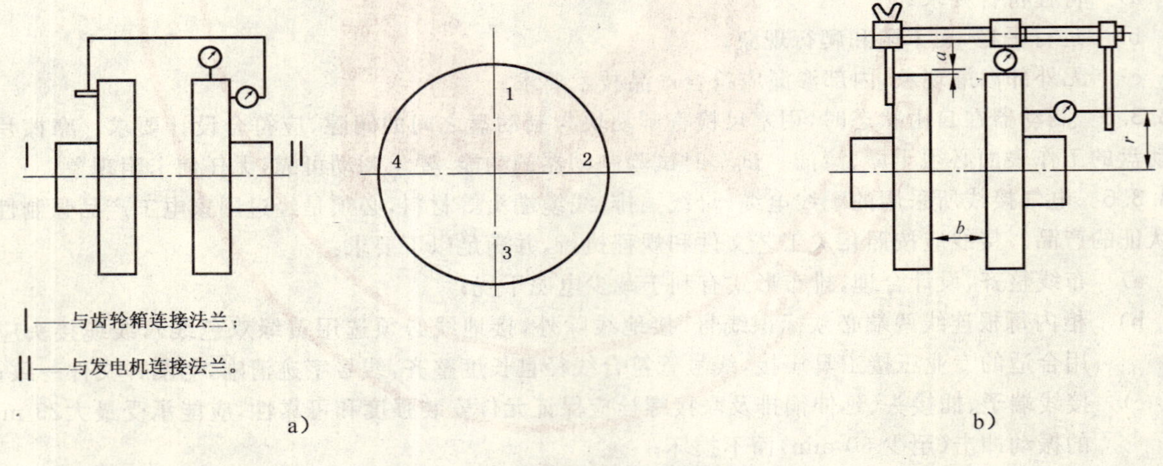

图 1 千分表支架安装示意图

b) 使径向千分表和端面千分表分别对准法兰顶部位置并归零，并将起始位置定为 0°；

c) 同时转动两根转轴，依次记下 0°，90°，180°，270°四个位置上径向圆跳动量 a_1、a_2、a_3、a_4 和端面圆跳动量 b_1、b_2、b_3、b_4；

d) 对中（同轴度）偏差计算方法如下：

1) 径向位移（垂直方向）$\Delta' = a_3 - a_1$；

2) 径向位移（水平方向）$\Delta'' = a_4 - a_2$；

3) 角度偏差（垂直方向）$\sin\theta' = (b_3 - b_1)/r$；

4) 角度偏差(水平方向)$\sin\theta''=(b_4-b_2)/r$。

注：实际测量中，因位置所限使下方数值 a_3、b_3 无法直接测量时，则可用下式得出：

$a_3=(a_2+a_4)-a_1$；$b_3=(b_2+b_4)-b_1$。

5.4.2 激光对中仪检查调整

利用激光对中仪检查调整对中误差具有操作简单、效率高、精度好等优点，因此推荐在批量生产条件下采用该方法。具体方法可参照激光对中仪的产品使用说明。

5.5 控制功能试验

机组电控系统的控制功能试验按照 GB/T 19069 的相关规定执行。

5.6 拖动试验

5.6.1 场地准备

试验场地设施等条件应符合安全要求和设计要求，试验场地与其他区域应采取有效隔离措施。

5.6.2 试验设备准备

——试验台架应具备足够的支撑刚度，试验装置不应引起任何主要共振频率的实质变化；

——所使用的仪器性能正常，完全适应试验的环境条件；

——试验电源符合要求，电源变压器容量、电压等级符合需要；

——必要的试验用具。

5.6.3 试验准备

机组拖动试验前，随机的液压和润滑管路应进行单独通油清洗，选择适当的压力和流量，使管内液体达到紊流状态。清洗时间应大于 60 min，然后用干净的玻璃杯采集 100 mL 的清洗液在光线明亮的场所静置 30 min 后，目测确认无杂质后为合格。清洁度高于此要求的系统，应在相关的技术文件和图样上明确标注，并规定检验方法。做好以下工作：

——将机组安装于试验台上，并按规定力矩拧紧联接螺栓；

——按规定连接电气线路；

——复查传动系统各总成部件底脚螺栓、动力传动件螺栓紧固情况；

——检查液压油量、润滑油量；

——检查制动器的调整情况；

——接通动力电源，检查相序、主断路器及各电机保护整定值。

5.6.4 空载拖动

将机组拖动至额定转速(允许±10%的偏差)，连续运行 2h 以上并且在各温度测量点的温升达到稳定状态时。检查各系统的工作和功能，并进行以下测试：

——电网参数测量；

——软并网功能(或软启动功能)；

——振动与噪声测量；

——发电机绕组温度、齿轮箱轴承温度、润滑油温度和环境温度；

——控制功能试验；

——安全保护功能试验。

5.6.5 拖动状态下的振动测量和噪声测量

拖动状态下的振动测量和噪声测量遵照附录 B 的规定。

5.7 软并网功能试验

机组电控系统的软并网功能试验按 GB/T 19069 的相关规定执行。

5.8 安全保护功能试验

机组电控系统的安全保护功能试验按照 GB/T 19069 的相关规定执行。

5.9　功率特性测试

机组功率特性测试按照 GB/T 18451.2 的规定执行。

5.10　噪声测试

并网运行机组的噪声测试按照 IEC 61400-11 的规定执行。

5.11　电能质量测试

并网运行机组的电能品质测试按照 GB/T 20320 的规定执行。

5.12　载荷测试

并网运行机组的载荷测试按照 IEC 61400-13 的规定执行。

5.13　试验结果处理

将试验所得的数据进行整理，并进行数据分析；将试验结果与风力发电机组的技术条件进行比较得出试验结论并编制试验报告。试验报告应包括以下内容：

——试验目的；

——试验机组概况；

——试验仪器仪表及精度一览表；

——参加试验人员及日期；

——试验方法；

——试验条件；

——试验结果；

——评价和结论。

6　检验规则

6.1　检验类别

机组检验分为出厂检验、现场检验和型式试验。

6.2　检验规定

每台机组均应进行出厂检验，产品检验合格后才能出厂。若有一项不合格，则判定为不合格产品。机组在现场安装调试运行后，在规定的时期内进行现场检验，现场检验合格后机组才能进行验收。有下列情况之一时应进行型式检验：

——新产品定型鉴定时；

——产品的设计、工艺等方面有重大改变时；

——出厂检验的结果与上次型式检验有较大差异时；

——国家质量监督机构要求进行型式检验时。

6.3　检验项目

除另有规定外，风力发电机组的检验项目和检验方法应符合表 1 的规定。

表 1　风力发电机组的检验项目和检验方法

检验项目	出厂检验	现场检验	型式检验	要　求	检验方法
材质	△	—	△	4.3.1.1	4.3.1.1
外观检查	△	△	△	4.3	目测
产品制造与装配质量检查	△	—	△	4.3	4.3、5
控制功能试验	△	△	△	4.2.1	5.5
拖动试验	△	—	△	4.3.4	5.6.4

表 1(续)

检验项目	出厂检验	现场检验	型式检验	要　求	检验方法
安全保护功能试验	△	△	△	4.2.1	5.8
功率特性测试	—	※	△	4.2.3	5.9
噪声测试	—	※	△	4.2.5	5.10
电能质量测试	—	※	△	4.2.6	5.11
载荷测试	—	—	△	4.2.2	5.12
注：标有“△”者为必检项目，标有“—”者为不作规定的检验项目，标有“※”者为供需双方协商进行的项目。					

7 包装、储存、运输与标志

7.1 包装

7.1.1 基本要求

7.1.1.1 应根据产品的特点及储运条件采用不同的包装型式和防护方法，做到包装紧凑、防护周密、安全可靠。

7.1.1.2 在正常储运条件下，应保证产品自制造厂包装之日起12个月内不至因包装不善而产生锈蚀、长霉、降低精度、残缺或散失等现象。特殊情况按供需双方协议执行。

7.1.1.3 采用集装箱运输的产品，应符合集装箱的要求。集装箱外部尺寸、额定质量和最小内部尺寸要求按GB/T 1413的有关规定。

7.1.1.4 包装箱或产品零部件的最大外形尺寸、质量应符合国内外运输方面有关超限超重的规定；特大、特重零部件，以铁路运输需用特殊车辆时，应绘出装车加固结构图，并注明最大外形尺寸、重心位置。

7.1.1.5 焊、铸件可采用裸装的包装形式，应将产品与包装架或托盘固定在一起(卡压或螺栓联接等)。

7.1.1.6 设备上有特殊防护要求的零部件应尽可能拆下，按特殊要求另行包装。

7.1.1.7 包装箱内每一单体零部件均应系有识别标签；产品应按装箱单进行装箱，装箱时应有人监装，以防漏装、错装。

7.1.2 包装标志

7.1.2.1 产品所有发货件必须喷涂或系挂相应的发货标志和储运标志。发货标志遵照GB/T 6388的规定，储运标志按GB/T 191的规定执行。

7.1.2.2 对于质量超过3 t或接近3 t偏重的物件，需喷涂起吊位置和重心。

7.1.3 随机文件

7.1.3.1 每台产品均应有随机文件(产品合格证、说明书、安装图、易损件目录、装箱单等)并用塑料袋封装好。

7.1.3.2 产品可多箱包装，应有一份总装箱单，用塑料袋封装后放在第一箱内。

7.1.3.3 每个包装单元均应带一份本箱所包装零部件的装箱单，用塑料袋包装好后，装入装箱单罩内，然后将罩钉在箱的端壁上方。无箱壁的包装可钉在滑木侧面或其他方木上。

7.1.4 机组应提供的技术文件

机组交付时应提供的技术文件如下：

a) 文件目录；

b) 整机合格证；

c) 设备配置清单及合格证；

d) 安装手册；

e) 运行维护手册；

f） 地面试验报告；

g） 安装调试报告；

h） 试运行检验记录；

i） 用户要求的其他文件(应在合同中规定)。

7.2 储存、运输

机组的储存运输应符合以下要求：

a） 机舱在储存、运输过程中不得受沙尘雨水侵袭；无论采用何种方式运输都应固定牢靠；

b） 塔架的储存、运输遵照 GB/T 19072 的有关规定进行；

c） 风轮叶片的储存、运输遵照 JB/T 10194 的有关规定进行。

7.3 标志

每台机组均应有铭牌，可固定在塔架底部内侧人眼目视高度处，其上应标明：

a） 生产厂名、地址；

b） 机组型号名称、商标；

c） 风轮直径、轮毂高度；

d） 发电机型号；

e） 额定输出功率、额定电压；

f） 产品执行标准编号；

g） 出厂日期和编号；

h） 产品执行标准编号。

附 录 A
（资料性附录）
装配联接方法

A.1 螺栓、螺钉联接

A.1.1 螺栓、螺钉和螺母紧固时，严禁打击或使用不合适的旋具和扳手。紧固后的螺钉槽、螺母和螺钉、螺栓头部不得损坏。

A.1.2 有规定拧紧力矩要求的紧固件，必须采用力矩扳手，并按规定的拧紧力矩紧固；未规定拧紧力矩的紧固件，其拧紧力矩可参见表 A.1。

表 A.1 一般联接螺栓的拧紧力矩

螺栓性能等级	螺栓公称直径/mm										
	6	8	10	12	16	20	24	30	36	42	48
	拧紧力矩/(N·m)										
5.6	3.3	8.5	16.5	28.7	70	136.3	235	472	822	1 319	1 991
8.8	7	18	35	61	149	290	500	1 004	1 749	2 806	4 236
10.9	9.9	25.4	49.4	86	210	409	705	1 416	2 466	3 957	5 973
12.9	11.8	30.4	59.2	103	252	490	845	1 697	2 956	4 742	7 159

注 1：适用于粗牙螺栓、螺钉。

注 2：拧紧力矩允许偏差为±5%。

注 3：预载荷按材料屈服强度的 70%取。

注 4：摩擦系数 $\mu=0.125$。

注 5：所给数值为使用润滑剂的螺栓，对于无润滑剂的螺栓的拧紧力矩应为表中值的 133%。

A.1.3 同一零件用多件螺钉(螺栓)紧固时，各螺钉(螺栓)需交叉、对称、逐步、均匀、拧紧。如有定位销，应从靠近该销的螺钉(螺栓)开始。

A.1.4 螺钉、螺栓和螺母拧紧后，其支撑面应与被紧固零件贴合。

A.1.5 螺母拧紧后，螺栓、螺钉头部应露出螺母端面 2 个～3 个螺距。

A.1.6 沉头螺钉紧固后，沉头不得高出沉孔端面。

A.1.7 严格按照图样及技术文件上规定等级的紧固件装配，不允许用低性能紧固件替代高性能紧固件。

A.2 销联接

A.2.1 圆锥销装配时应与孔进行涂色检查，其接触率不应小于配合长度的 60%，并应分布均匀。

A.2.2 定位销的端面应突出零件表面，带螺尾圆锥销装入相关零件后，其大端应沉入孔内。

A.2.3 开口销装入相关件后，其尾部需分开，其扩角为 60°～90°。

A.3 键联接

A.3.1 平键联接时，不得制配成阶梯形。

A.3.2 平键与轴上键槽两侧面应均匀接触，其配合面不得有间隙。钩头键、楔键装配后，其接触面积应不小于工作面积的 70%，且不接触面不得集中于一段。外露部分应为斜面的 10%～15%。

A.3.3 花键装配时,同时接触的齿数应不少于三分之二,接触率在键齿的长度和高度方向不得低于50%。

A.3.4 滑动配合的平键(或花键)装配后,相配件须移动自如,不得有松紧不均现象。

A.4 铆钉联接

A.4.1 铆接时不得损坏被铆接零件的表面,也不得使被铆接的零件变形。

A.4.2 除特殊要求外,一般铆接后不得出现松动现象,铆钉头部必须与被铆零件紧密接触,并应光滑圆整。

A.5 粘合联接

A.5.1 粘接剂牌号应符合设计和工艺要求,并采用有效期内的产品。

A.5.2 被粘接的表面应做好表面处理,彻底清除油污、水膜、锈迹等杂质。

A.5.3 粘接时,粘接剂应涂抹均匀,固化的温度、压力、时间等应符合工艺或粘接剂使用说明书的规定。

A.5.4 粘接完成后应清除流出的多余粘结剂。

A.6 热装过盈联接

A.6.1 热装过盈联接,宜采用感应加热的方法。

A.6.2 热装零件的加热温度根据零件材质、结合直径、过盈量及热装的最小间隙等确定。热装时包容件的加热温度可按公式(A.1)计算:

$$t_n = e_{ot}/\alpha d_f + t = (\Delta_1 + \Delta_2)/\alpha d_f + t \qquad \text{(A.1)}$$

式中:

t_n——包容件加热温度,单位为摄氏度(℃);

e_{ot}——包容件内径的热胀量(等于过盈量 Δ_1 与热装时的最小间隙 Δ_2 之和),单位为毫米(mm);

α——材料的线膨胀系数(1/℃),参见表 A.2;

d_f——结合直径,单位为毫米(mm);

t——环境温度,单位为摄氏度(℃)。

表 A.2 泊松系数表

材料	弹性模量 E/(kN/mm²)	泊松系数 γ	线膨胀系数 α/(10^{-6}/℃)
			加热
碳钢、低合金钢、合金结构钢	200～235	0.30～0.31	11
灰口铸铁 HT150、HT200	70～80	0.24～0.25	11
灰口铸铁 HT250、HT300	105～130	0.24～0.26	
可锻铸铁	90～100	0.25	10
非合金球墨铸铁	160～180	0.28～0.29	
青铜	85	0.35	17
黄铜	80	0.36～0.37	18
铝合金	69	0.32～0.36	21
镁铝合金	40	0.25～0.30	25.5

A. 6. 3　热装时所需的最小间隙 Δ_2 参见表 A. 3。

表 A. 3　热装最小间隙选用表

单位为毫米

结合直径 d	＞80～100	＞100～120	＞120～150	＞150～180	＞180～220	＞220～260	＞260～310	＞310～360	＞360～440	＞440～500	＞500～560
装配间隙 Δ	0. 1	0. 12	0. 20	0. 25	0. 30	0. 38	0. 46	0. 54	0. 66	0. 75	0. 84
结合直径 d	＞560～630	＞630～710	＞710～800	＞800～900	＞900～1 000	＞1 000～1 120	＞1 120～1 250	＞1 250～1 400	＞1 400～1 600	＞1 600～1 800	＞1 800～2 000
装配间隙 Δ	0. 94	1. 10	1. 20	1. 40	1. 60	1. 80	2. 00	2. 20	2. 60	2. 90	3. 20

A. 6. 4　加热和保温时间，一般按厚度每 10 mm 需要 10 min 的加热时间，厚度每 40 mm 需要 10 min 的保温时间来确定。

A. 7　胀套联接

A. 7. 1　胀套表面和结合件表面必须干净，无污物、无腐蚀、无损伤。装配前均匀涂一层不含二硫化钼等添加剂的润滑油。

A. 7. 2　胀套螺栓必须使用扭力扳手，并对称、交叉、均匀拧紧。

A. 7. 3　螺栓的拧紧力矩值按设计图样或工艺规定，亦可参照表 A. 1，分三次拧紧，分别以三分之一的拧紧力矩值、二分之一的拧紧力矩值、全部拧紧力矩值拧紧。

附 录 B
（规范性附录）
拖动状态下的振动测量和噪声测量

B.1 振动测量

B.1.1 仪器要求

振动测量仪器应具有测量振动宽频带均方根的能力，通频响应范围至少为 2 Hz～1 000 Hz。按照不使其降低测量精度的方式，正确地固定振动传感器。

B.1.2 测量位置

通常在容易接近的机器外表部分轴承盖或轴承座处进行测量。振动测量的位置和方向必须对测量机器的动态力有足够的灵敏度，一般在水平和垂直方向两个相互正交的径向位置进行测量。

如果对机器振动幅值情况充分了解，可在轴承盖或轴承座上用单个传感器代替典型的一对正交放置的传感器。但应注意观察评价单个的传感器测量面上的振动，因为此测量方位未必接近振动最大值。

B.1.3 测量结果

应将速度及位移二者的宽频带测量都作为基础进行评价，测量结果以振动速度及位移总的均方根值(rms)作为主要的评估量。

B.2 噪声测量

B.2.1 仪器要求

仪器应采用符合 GB/T 3785 规定的、其准确度不低于Ⅱ型的声级计或准确度相当的其他声学仪器。仪器的检定状态应在有效期内。

B.2.2 测点配置

噪声测点的配置按照图 B.1 的规定，水平面测点高度为轴中心高(但不应低于 250 mm)，测点与机器外壳的距离为 1 m，沿图 B.1 虚线上相邻测点的距离应等于或小于 1 m。如果相邻两测点 A 计权声压级的差值为 5 dB 及以上时，应在该两测点间的测量面上增加测点。

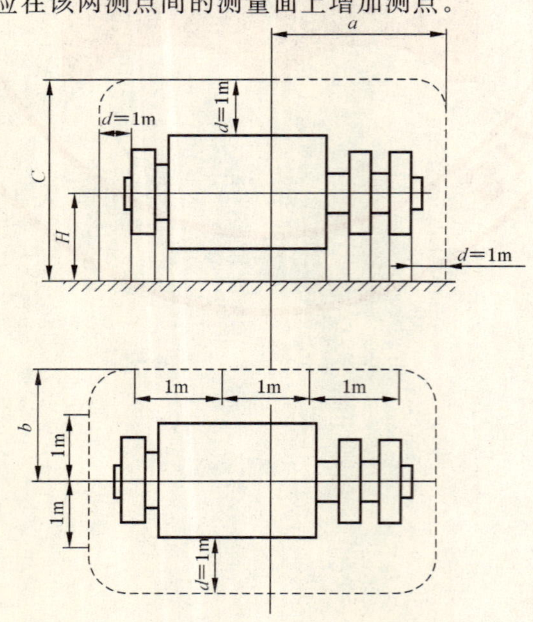

图 B.1 机组噪声测点分布图

B.2.3 平均声压级的计算

测量面上的平均声压级按式(B.1)计算。在所有测点中,任何相邻两点的声压级之差小于 5 dB 时,允许用算术平均值计算平均声压级 $\overline{L}_{PA}$。如有异议,则以式(B.1)计算的结果为准。

$$\overline{L}_{PA} = 10\lg\left[1/N\sum_{i=1}^{N}10^{0.1(L_{PAi}-K_{1i})}\right]-K_2 \quad \text{(B.1)}$$

式中:

$\overline{L}_{PA}$——A 计权平均声压级,单位为分贝[dB(A)],基准值为 20 μPa;

L_{PAi}——第 i 点声压级,单位为分贝[dB(A)];

K_{1i}——第 i 点背景噪声修正值(参见表 B.1);

N——总测点数;

K_2——环境反射修正值,单位为分贝[dB(A)];K_2 一般为 0 dB~7 dB,如无条件测 K_2 时,取 K_2=4 dB。

表 B.1 背景噪声修正

单位为分贝

电机运转时测得的噪声级与背景噪声级之差	3	4	5	6	7	8	9	10	>10
修正值 K_1	3	2	2	1	1	1	0.5	0.5	0

B.2.4 声功率级的计算

电机噪声的 A 计权声功率级应按式(B.2)计算:

$$L_W = \overline{L}_{PA} + 10\lg\frac{S}{S_0} \quad \text{(B.2)}$$

式中:

L_W——A 计权声功率级,单位为分贝[dB(A)];

$\overline{L}_{PA}$——按式(B.1)计算的 A 计权平均声压级,单位为分贝[dB(A)];

S_0——基准面积,单位为平方米(m^2),S_0=1 m^2;

S——测量面面积,单位为平方米(m^2),按式(B.3)计算:

$$S = 4(ab+bc+ca)(a+b+c)/(a+b+c+2d) \quad \text{(B.3)}$$

ICS 73.100.20
D 98

中华人民共和国国家标准

GB/T 21151—2007

煤矿用轴流主通风机　技术条件

Technical specification of main axial fan-mine

2007-09-06 发布　　2008-01-01 实施

中华人民共和国国家质量监督检验检疫总局
中国国家标准化管理委员会　发布

前　言

本标准的附录 A 为资料性附录。

本标准由中国机械工业联合会提出。

本标准由全国风机标准化技术委员会归口。

本标准负责起草单位：煤炭科学研究总院重庆分院、上海鼓风机厂有限公司。

本标准参加起草单位：山西省运城安瑞节能风机有限公司、运城市安运风机有限公司、湘潭平安电气集团有限公司。

本标准主要起草人：巨广刚、徐三民、郑玉培、吴月红、刘沪明、郭建民、李文洲、陈重新。

本标准为首次制定。

煤矿用轴流主通风机　技术条件

1　范围

本标准规定了煤矿用轴流主通风机的技术要求、检验方法、检验规则、标志、包装、运输及贮存。

本标准适用于海拔不超过 1 000 m，输送的气体介质温度为－20℃～40℃、相对湿度不超过 95％(25℃时)，由三相电动机驱动的煤矿地面用主要通风机(以下简称通风机)。其他矿井地面用主通风机也可参照使用。

2　规范性引用文件

下列文件中的条款通过本标准的引用而成为本标准的条款，凡是注日期的引用文件，共随后所有的修改单(不包括勘误的内容)或修订版均不适用于本标准，然而，鼓励根据本标准达成协议的各方研究是否可使用这些文件的最新版本。凡是不注日期的引用文件，其最新版本适用于本标准。

GB/T 1236　工业通风机　用标准化风道进行性能试验(GB/T 1236—2000，idt ISO 5801:1997)

GB/T 2888　风机和罗茨鼓风机噪声测量方法

GB/T 3235　通风机基本型式、尺寸参数及性能曲线

GB 3836.1　爆炸性气体环境用电气设备　第 1 部分：通用要求(GB 3836.1—2000，eqv IEC 60079-0:1998)

GB 3836.2　爆炸性气体环境用电气设备　第 2 部分：隔爆型“d”(GB 3836.2—2000，eqv IEC 60079-1:1990)

GB/T 9438　铝合金铸件(GB/T 9438—1999，neq ASTM B26/B26M:1992)

GB 9969.1　工业产品使用说明书　总则

GB/T 10178　工业通风机　现场性能试验(GB/T 10178—2006，ISO 5802:2001，IDT)

GB/T 13306　标牌

GB/T 13813—2001　煤矿用金属材料摩擦火花安全性试验方法和判定规则

JB/T 6444　风机包装　通用技术条件

JB/T 6886　通风机涂装技术条件

JB/T 6887　风机用铸铁件技术条件

JB/T 6891　风机用消声器技术条件

JB/T 8689　通风机振动检测及其限值

JB/T 8690　工业通风机噪声限值

JB/T 9101—1999　通风机　转子平衡

JB/T 10213　通风机　焊接质量检验技术条件

JB/T 10214　通风机　铆焊件技术条件

MT 113　煤矿井下用聚合物制品阻燃抗静电性通用试验方法和判定规则

煤矿安全规程

3　技术要求

3.1　一般要求

3.1.1　通风机应符合本标准的要求，并按规定程序批准的图样、技术文件或供需双方签订的技术协议或合同制造。

3.1.2 通风机所用材料、配套件应符合相应标准的规定。外购、外协件应经检验合格后才可用于装配。

3.1.3 通风机一般按水平安装设计，通风机转子直径不大于 3 150 mm 时，其设计使用年限为 15 年；大于 3 150 mm 时，设计使用年限为 20 年。通风机在第一次大修前，安全运行时间应大于 13 000 h。

3.1.4 通风机的结构型式、规格尺寸及性能参数应符合 GB/T 3235 的规定。若用户有特殊要求，可按合同执行。

3.1.5 通风机应在机壳设置起吊挂安装用的孔、钩、吊耳或轨道，在机壳的底部设置底脚。有联轴器的应设有保护罩。

3.1.6 通风机的集流器、机壳、叶轮、叶片、扩散器、消声器等铆焊结构件应有足够的刚度，铆、焊件质量应符合 JB/T 10213 和 JB/T 10214 的规定。

3.1.7 通风机用铸铁件应符合 JB/T 6887 的规定，铸铝件应符合 GB/T 9438 的规定。

3.1.8 通风机应进行机械运转试验，试验中通风机应运转平稳且无异常声响。

3.1.9 通风机主轴承，推荐采用滚动轴承。滚动轴承的正常工作温度不得高于 70℃，最高温度不得超过 95℃，轴承温升不得超过 60℃。采用滑动轴承的工作温度不得超过 75℃。直联式通风机配套电动机轴承、定子温度和温升应符合相应电动机标准的要求。

3.1.10 通风机采用消声器结构时，其结构、连接和质量等应符合 JB/T 6891 的规定。

3.1.11 通风机调节方式可分为运行中动叶可调、静叶可调、停车动叶可调及改变转速等。采用动叶可调或静叶可调控制流量时，通风机应带有叶片角度锁紧装置。调节性能应适应矿井风量、风压的累进式变化。

3.1.12 在通风机安装时，应在进气段(或进气集流器)和扩散器设置便于检修进、出的，密封性好和可拆卸的人孔门。

3.1.13 在通风机机壳的最低点处应装设排水用直径大于 50 mm 的疏水管或螺塞。

3.1.14 按通风机用户要求，可在通风机上增设电动机定子绕组、轴承测温的监测仪表或元件、轴承注油装置或降噪装置等。

3.1.15 与通风机叶片相邻的机壳部位的保护圈材料厚度不应小于 3 mm，固定保护圈的所用材料必须与保护圈材料一致。

3.1.16 通风机主轴承箱、液压润滑供油装置及连接管路，不允许有液压油或润滑油泄漏。

3.1.17 通风机动叶片的固有频率不允许在 1～3 倍转速及叶片传输频率的±10%以内。

3.1.18 基础设计时，应保证风机基础的固有频率在 0.7 r/min～1.3 r/min 或 1.6 r/min～2.4 r/min 转速范围外。

3.1.19 通风机机壳与进气段接管、机壳与扩压器之间(或通风机进出口和机壳与进气箱之间)应尽量采用挠性连接。

3.1.20 通风系统设计应合理布置通风机进口前、出口后的弯头及管道。需改变通风机进口前气流方向时，应加导向装置。

3.1.21 通风机使用说明书按 GB 9969.1 编写。

3.2 安全要求

3.2.1 当通风机配套电动机处于流道内，其电气防爆性能应符合 GB 3836.1 及 GB 3836.2 的规定。防爆电气设备应经检验合格并附合格证和安全标志准用证，证件应在有效期内。

3.2.2 通风机配套电动机的最大输出功率不应超过电动机额定功率。

3.2.3 通风机配套电动机定子绕组的冷态绝缘电阻应不小于 50 MΩ。

3.2.4 抽出式通风机叶轮的叶片和机壳(或保护圈)配对金属材料的摩擦火花安全性能，应符合 GB/T 13813—2001中通风机旋转摩擦火花安全性试验的规定，并取得检验合格证。

3.2.5 当通风机的集流器、机壳、隔流腔、叶轮、扩散器等主要零部件为非金属聚合物时，其抗静电和阻燃性应符合 MT 113 的规定，并取得检验合格证。

3.2.6 通风机在额定转速运行时，隔流腔内压力应大于通风机隔流腔处流道内的压力 100 Pa 以上。

3.2.7 通风机旋转部件应安装牢固，轴端应有紧固措施，在叶轮旋转中不得松动。

3.2.8 通风机叶片安装角度可调时，单片可调方式的通风机应设置叶片最大安装角限位机构。

3.2.9 通风机应有永久性的接地装置和接地标志。

3.3 质量要求

3.3.1 外观质量要求

3.3.1.1 通风机铸件的内、外表面不应有气孔、裂纹、缩孔及厚度显著不均的缺陷。

3.3.1.2 通风机机壳外表面应清洁、平整、无明显磕碰、划伤等缺陷，焊缝应整齐，无焊瘤、弧坑、飞溅物等。外表面应涂防锈涂料和装饰性涂料，或按用户要求作防锈处理或外部装饰。

3.3.1.3 通风机机壳内表面应涂防锈涂料。

3.3.1.4 通风机涂装应符合 JB/T 6886 的规定。

3.3.1.5 在装运前，通风机内、外应清洁。

3.3.2 技术指标要求

3.3.2.1 通风机叶轮的叶片与机壳(或保护圈)之间的间隙应均匀，其径向单侧间隙应不小于叶轮公称直径的 1‰～2‰，且最小值不小于 2.5 mm。

3.3.2.2 抽出式通风机最高通风机的静效率和压入式通风机最高通风机的叶轮效率应不小于 75%。在给定转速的前提下，工况点实际效率与给定效率之间允差为：接近最高效率处为 3%；在大于或等于 75%等效率区域内为 5%；小于 75%等效率区域内的工况点不作考核。

3.3.2.3 通风机应有稳定的空气动力性能，并给出通风机不同叶片安装角下的性能曲线，其性能曲线在工作区域内应平滑，无断裂和突变。通风机在额定转速和经济工作区域内，实测空气动力性能曲线与产品设计说明书给定的性能曲线之间，实测压力值与给定的性能曲线在相同风量下所给定压力值相比，允许偏差为 −5%～+8%。

3.3.2.4 通风机应进行噪声测量，并绘制出 A 声级噪声特性曲线，其最高通风机静效率工况点的比 A 声级应符合 JB/T 8690 的规定。

3.3.2.5 通风机转子在加工后应进行平衡校正，总装后转子动平衡等级应不低于 JB/T 9101—1999 中的 G5.6 级。

3.3.2.6 通风机的振动精度用振动速度有效值来表示，通风机振动速度有效值应符合 JB/T 8689 标准的规定，刚性基础时为≤4.6 mm/s，挠性基础时为≤7.1 mm/s。

3.3.2.7 通风机反风时的流量不应小于正风流量的 40%，实现反风的时间不大于 10 min。达不到反风量的轴流通风机，用户应按《煤矿安全规程》的规定，设置反风设施。

3.3.2.8 通风机动叶片和导叶片安装角偏差不得超过名义值的 ±1°。

3.3.2.9 叶柄、叶片、轮毂、主轴、中间轴及联轴器等转动零部件，应符合有关标准和图样规定，材料应有质量证明，必要时应进行力学性能试验和无损探伤检查。

3.3.2.10 应对通风机每个叶片称重，同一叶轮上的任意两叶片质量差最大不应超过 5%，并按照平衡程序依次排列叶片的周向位置，保证平衡精度。

3.3.2.11 动叶片所用材料的化学成分、力学性能及内在质量应符合图样和技术文件的规定。

3.3.2.12 主轴承箱及液压调节装置，应单独进行全负载、满转速的功能试验，运行正常后的试验时间不得少于 1 h。

3.3.2.13 通风机主要零部件之间的连接螺栓或螺钉，应在图样上给出拧紧力矩。

4 检验方法

4.1 按 3.2.1、3.2.4、3.2.5 的规定检查通风机的相关配套件安全合格证书。

4.2 试验前应对通风机配套电动机定子绕组的冷态绝缘电阻进行测量，兆欧表准确度不应低于 10 级。

4.3　用目测法检查通风机的焊缝、标志、紧固件、标牌、铭牌、警告牌、安全标志牌、油漆等外观质量、安全性措施和成套性。

4.4　叶轮直径不大于2.0 m的通风机装配完工后，应在生产单位进行机械运转试验，其试验应在额定工作转速下进行，连续运行时间不应少于30 min。记录机械运转的各项功能情况，在试车条件不具备时，允许降低转速进行机械运转试验。叶轮直径大于2.0 m时，机械运转试验由供需双方协商进行。

4.5　在通风机进行试运转试验前后，应对叶片与机壳(或保护圈)径向间隙进行测量，在圆周上布置的测点应不少于4个，量具分度值应不大于0.1 mm。

4.6　在通风机机壳中分面法兰或轴承箱体或电动机的撑板中部，分别在垂直、水平和轴向方向测定振动值，并按3个方向测量的最大值考核。

4.7　通风机的空气动力性能用标准化风道试验时，应按GB/T 1236中规定的进行；实验室条件不满足时，通风机空气动力性能试验可在安装使用现场按GB/T 10178标准规定进行。

4.8　通风机噪声测量应按GB/T 2888的规定进行。如购货方对噪声测量有特殊要求时供需双方按协议执行。

4.9　通风机的隔流腔内、外压差用皮托管和压差计进行测量。

4.10　通风机叶轮的平衡校正按JB/T 9101的规定进行。

4.11　通风机轴承温升应在轴承温度稳定20 min后测量，电动机外置时，用分度值0.5℃的温度计在轴承座或轴承附近的机壳上测量。如电动机配置有电子测温装置，则用相应的温度测量仪表测量轴承和定子温升。

4.12　静态时检验叶片安装角位置和最小与最大角度调节范围应符合3.3.2.8及图样的规定。

4.13　检查液压调节装置和执行机构的调节力，应满足叶片角度调节范围的要求。

4.14　静态时检验叶片角度指示刻度与叶片实际角度的一致性和重复性。

5　检验规则

5.1　检验分类

检验分为出厂检验和型式检验。检验项目见表1。

5.2　出厂检验

通风机常规项目检验应逐台进行，检验合格并签发合格证后方可出厂。

表1　检验项目表

序号	检验项目	技术要素或要求	检验方法	出厂检验	型式检验
1	证件审查	3.2.1,3.2.4,3.2.5	4.1	A[a]	B[b]
2	外观检查	3.1.5,3.1.6,3.3.1,7.1	4.3	A	A
3	机械运转试验	3.1.8	4.4	A	A
4	电动机绕组冷态绝缘电阻值	3.2.3	4.2	A	B
5	叶片与机壳径向单侧间隙	3.3.2.1	4.5	A	A
6	振动速度有效值	3.3.2.6	4.6	A	A
7	电动机最大输出功率	3.2.2	4.7	C	B
8	风量和压力偏差	3.3.2.3	4.7	C[c]	B
9	噪声	3.3.2.4	4.8	C	B
10	效率及偏差	3.3.2.2	4.7	C	B
11	反风风量/正风风量	3.3.2.7	4.7	C	A

表 1(续)

序号	检验项目	技术要素或要求	检验方法	出厂检验	型式检验
12	隔流腔压差	3.2.6	4.9	C	B
13	转子动平衡品质	3.3.2.5	4.10	A	B
14	轴承和定子温升	3.1.9	4.11	A	B
15	安全性检查	3.1.11,3.2.7,3.2.8,3.2.9,3.3.2.9	4.3	A	B
16	成套性检查	6	4.3	A	A

[a] 应检的检验项目。

[b] 型式检验中的主要检验项目。

[c] 不检的项目。

5.3 型式检验

5.3.1 有下列情况之一时,应进行型式检验:

a) 结构、材料和工艺有较大改变时;

b) 产品停产 3 年后,恢复生产时;

c) 质量监督检验部门或安全监察部门提出要求时。

5.3.2 通风机应按表 1 所列的型式检验项目由国家授权委托的检验机构进行检验。

5.3.3 抽样及判定

型式检验的样品,从近 6 个月出厂检验合格的产品中抽取一台样品检验,也可按上级或有关部门的抽样方案抽取。若是样机型式检验可以送样。

抽样检验结果如表 1 中的 A 类检验有 1 项不合格或 B 类检验项目有 2 项不合格则判定产品不合格。

6 成套范围

6.1 通风机供货、成套范围与备件的项目、数量,应由供需双方在合同中明确。

6.2 通风机本体一般应包括:进气段(或进气集流器)、机壳、整流导叶环(罩)、转子、主轴承箱、中间轴、联轴器及其罩壳、叶片机械调节机构(或叶片液压调节机构)、扩压器、制动器、挠性接头和地脚螺栓,必要时包括弯道(或带叶片的弯道)、进口闸门、装置扩压器等。

6.3 辅助设备一般包括:润滑油站(或液压润滑油站)、喘振报警装置、压力及温度测量一次元件、轴承箱和液压调节装置的油管路、叶轮装拆专用工具等。其中液压调节油站和润滑油站可以分开,也可以组合成同一单元。

6.4 通风机配套的驱动电动机或其他原动机。

6.5 通风机配套的出口(或进口)消声器本体。

7 标志、包装及运输

7.1 标志

7.1.1 在通风机外壳(或独立部件)的明显位置上应固定永久性产品标牌,标牌应符合 GB/T 13306 的规定,标牌材质应为不锈钢或铜材,其内容应包括:

a) 生产厂名(出口产品应有国名);

b) 产品名称、型号;

c) 风机或独立部件的主要性能参数;

d) 摩擦火花安全性检验合格证和安全标证准用证号;

e） 防爆合格证号（若配套电动机置于通风机壳体内）；

f） 电动机相关参数；

g） 介质温度；

h） 介质密度；

i） 产品编号及制造日期等；

j） 产品执行标准号。

7.1.2 在通风机（或独立部件）壳体的明显位置上，应标有旋转方向、风流方向、接地标志，根据需要叶片角度位置的指示牌。

7.1.3 油站中液压、润滑系统及阀门等的油进出口处，均应有流动方向和油位指示标记。

7.2 包装及运输

7.2.1 通风机包装应符合 JB/T 6444 的规定，并应符合水路、公路和铁路等运输的有关规定。运输方式供需双方可协议商定。

7.2.2 随机文件应放入通风机本体的包装箱内，文件应有防潮袋。随机文件应包括：

a） 合格证；

b） 使用说明书；

c） 装箱单；

d） 成套供应清单等。

7.2.3 通风机转子、主轴承箱、电动机、油站、联轴器和仪表等的包装应防水、防潮和防振，在运输中应避免碰撞和冲击。

7.2.4 已装上转子的通风机，在机壳两端开口处，应用木盖或代用物进行封闭。

7.2.5 位于联轴器侧的木盖或代用物上，应设置一个可以开盖的手孔，以便随时能用手拨动转子。

7.2.6 通风机零部件外露不涂漆的部位，均需涂上防锈油或加上油纸布带保护。

7.2.7 所有螺纹接头应用管塞塞住或用帽盖封闭。

7.2.8 为了便于运输应尽可能使风机以装配好的组件交货。

8 贮存及保养

8.1 贮存

8.1.1 通风机应贮存在干燥、通风和无腐蚀性气体的环境中。

8.1.2 机械加工面外露的零部件单独存放时，应涂防锈油或油脂，并用油纸或塑料膜保护好。需长期贮存时，应采取相应的防护措施，并定期检查加工面的腐蚀情况。

8.1.3 通风机带有叶轮、轴承箱等主要部件及仪表等，应贮存在无振动、干燥、温差小的室内。

8.1.4 钢结构部件可在露天下存放，每隔 3 个月应检查一次涂层，必要时对其进行修补。

8.1.5 消声器的消声片和膨胀节在露天存放时要加覆盖物，应注意防水、防潮和防尘，有条件应放在室内。

8.2 保养

8.2.1 通风机轴承箱用防锈油（液压设备防锈油）充油至最高油位。液压调节装置需用防锈油充满。对轴承箱和液压调节装置的油位，每隔 1 个月检查一次，必要时将所缺的油补满，并按月用手盘动叶轮多次。

8.2.2 在贮存前还应检查加工表面的防锈措施是否完善。

8.2.3 对带联轴器的中间轴，若联轴器与中间轴和主轴组装在一起，其加工表面应事先涂防锈油。

8.2.4 供油装置应充满防锈油，贮存在保持干燥、温差小的室内。供油装置应逐月检查油和油位，必要时放出油中沉淀的冷凝水和油箱补满油。

附　录　A
（资料性附录）
煤矿用轴流主通风机型号及含义

通风机型号建议如下：

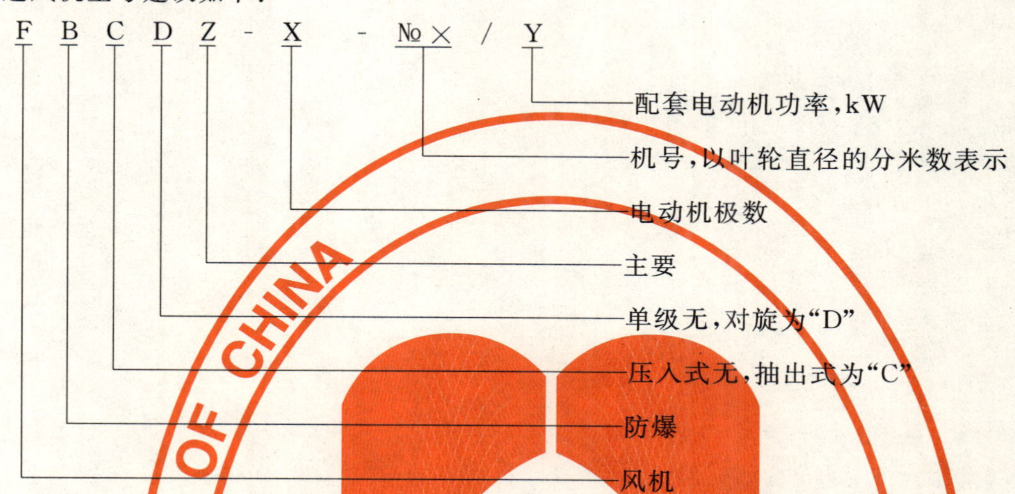

示例：

1. FBCZ-6-№ 18/90 表示：煤矿地面用防爆抽出式轴流主通风机，电动机极数：6 极，叶轮直径：ϕ1 800 mm，装机功率：90 kW。

2. FBCDZ-6-№ 18/2×90 表示：煤矿地面用防爆抽出式对旋轴流主通风机，电动机极数：6 极，叶轮直径：ϕ1 800 mm，电动机台数：2 台，单台电动机装机功率：90 kW。

3. FBZ-6-№ 18/90 表示：煤矿地面用防爆压入式轴流主通风机，电动机极数：6 极，叶轮直径：ϕ1 800 mm，装机功率：90 kW。

4. FBDZ-6-№ 18/2×90 表示：煤矿地面用防爆压入式对旋轴流主通风机，电动机极数：6 极，叶轮直径：ϕ1 800 mm，电动机台数：2 台，单台电动机装机功率：90 kW。

ICS 53.100
P 97

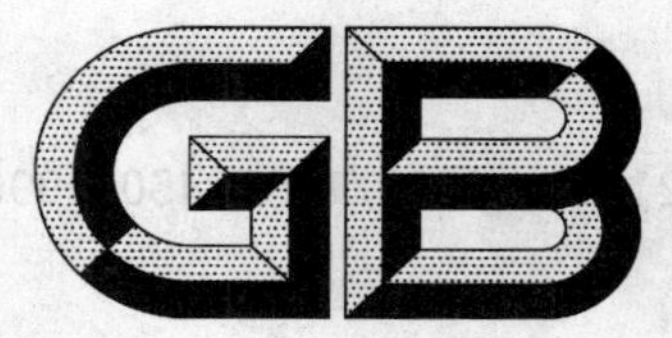

中华人民共和国国家标准

GB/T 21152—2007/ISO 3450:1996

土方机械 轮胎式机器制动系统的性能要求和试验方法

Earth-moving machinery—Braking systems of rubber-tyred machines—Systems and performance requirements and test procedures

(ISO 3450:1996,IDT)

2007-11-01 发布 2008-01-01 实施

中华人民共和国国家质量监督检验检疫总局
中国国家标准化管理委员会 发布

前　言

本标准等同采用ISO 3450:1996《土方机械　轮胎式机器制动系统　系统性能要求和试验方法》(英文版)。

本标准等同翻译ISO 3450:1996。

为了使用方便,本标准作了下列编辑性修改:

——“本国际标准”一词改为“本标准”;

——删除ISO 3450:1996的前言;

——对ISO 3450:1996中引用的国际标准,用已被采用为我国的标准代替对应的国际标准;

——将7.6.2.3和7.6.2.4中引用的3.4改为3.5;

——将“附录A”改为“参考文献”,保留其内容。

本标准由中国机械工业联合会提出。

本标准由中国机械工业联合会归口。

本标准负责起草单位:北京建筑机械化研究院、天津工程机械研究院、厦门工程机械股份有限公司。

本标准参加起草单位:山东福田重工股份有限公司、广西柳工机械股份有限公司。

本标准主要起草人:张梅嘉、吴润才、李蔚苹、李静、刘政、黄建兵。

本标准所代替标准的历次版本发布情况为:

——GB/T 8532—1987;

——JG/T 48—1999。

土方机械　轮胎式机器
制动系统的性能要求和试验方法

1　范围

本标准规定了轮胎式机器行车制动系统、辅助制动系统、停车制动系统以及限速器的最低性能要求和试验方法，以便能够对在工地上作业或在道路上行驶的土方机械的制动性能进行统一的评定。

本标准适用于GB/T 8498定义的自行轮胎式装载机、推土机、平地机、挖掘装载机、铲运机、挖掘机和自卸车。

2　规范性引用文件

下列文件中的条款通过本标准的引用而成为本标准的条款。凡是注日期的引用文件，其随后所有的修改单(不包括勘误的内容)或修订版均不适用于本标准，然而，鼓励根据本标准达成协议的各方研究是否可使用这些文件的最新版本。凡是不注日期的引用文件，其最新版本适用于本标准。

GB/T 8498　土方机械　基本类型　术语(GB/T 8498－1999,eqv ISO 6165:1997)

GB/T 10913　土方机械　行驶速度测定(GB/T 10913－2005,ISO 6014:1986,MOD)

GB/T 21153　土方机械　尺寸、性能和参数的单位与测量准确度(GB/T 21153—2007,ISO 9248:1992,MOD)

GB/T 21154　土方机械　整机及其工作装置和部件的质量测量方法(GB/T 21154—2007,ISO 6016:1998,IDT)

ISO 7132:1990　土方机械　自卸车　术语和商业规格

3　术语和定义

下列术语和定义适用于本标准。

3.1

土方机械　earth-moving machinery

由GB/T 8498定义的自行轮胎式机械，可在工地上进行作业，也可在道路上行驶。

3.2

制动系统　brake system

使机器制动和(或)停车的所有零部件的组合。包括操纵机构、制动传动装置、制动器，如装备了限速器，也应包括在内。

3.2.1

行车制动系统　service brake system

用于将机器制动并停车的主制动系统。

3.2.2

辅助制动系统　secondary brake system

在行车制动系统失效时，使机器制动的系统。

3.2.3

停车制动系统　parking brake system

使已制动住的机器保持原地不动状态的系统。

3.2.4 制动系统零部件

3.2.4.1

制动操纵机构 brake control

由司机直接操作的机构,其产生一个传递给制动器的作用力。

3.2.4.2

制动传动系统 brake actuation system

位于操纵机构与制动器之间,并将两者功能连接起来的所有零部件。

3.2.4.3

制动器 brake(s)

直接施加一个力来阻止机器运动的装置。制动器可以是摩擦式、电动式、液压式或其他流体的型式。

3.2.4.4

限速器 retarder

通常用于控制机器速度的能量吸收装置。

3.3

共用部件 common component

在两个或多个制动系统中执行同一种功能的部件。

3.4

机器质量 machine mass

机器的工作质量,包括下列各项的最重的组合:司机室、机棚、带有其全部组件和安装件的 ROPS 和 FOPS、制造商规定的工作装置、司机及符合 GB/T 21154 充满液体的各系统。

3.5

制动距离 stopping distance

s

从制动操纵机构动作开始到完全停车时止,机器在试验道路上驶过的距离。

3.6

平均减速度 mean deceleration

a

从制动操纵机构动作开始的瞬间到完全停车时止,机器速度变化率的平均值。

注:平均减速度可由公式(1)确定。

$$a=\frac{v^2}{2s} \qquad \cdots\cdots(1)$$

式中:

a——平均减速度,单位为米每二次方秒(m/s^2);

v——制动器动作前的瞬间机器的速度,单位为米每秒(m/s);

s——制动距离,单位为米(m)。

3.7

磨合 burnish

使机器制动器摩擦表面达到良好状态的处理方法。

3.8

制动系统压力 brake system pressure

制动操纵机构处的流体压力。

3.9

制动器工作压力　brake application pressure

在制动器上测定的流体压力。

3.10

可控制动　modulated braking

可通过操作制动操纵机构，连续地或渐进地增、减制动力的性能。

3.11

试验道路　test course

机器进行试验的路面(见6.2)。

3.12

冷制动　cold brake

表明所指制动器处于下述一种状态：

——制动器不工作已超过1 h，6.9的情况除外；

——在测量制动盘或制动鼓外表面温度时，制动器已冷却到100℃以下；

——对于全封闭制动器，包括油浸制动器，在最靠近制动器的壳体外表面所测得的温度低于50℃，或在制造商规定的范围内。

3.13

机器最大水平速度　maximum machine level surface speed

机器速度按GB/T 10913或相当的标准确定。

4　仪器准确度

测试仪器应具有GB/T 21153规定的准确度。

5　一般要求

5.1　制动系统

机器应具备下列制动系统：

a）　行车制动系统；

b）　辅助制动系统；

c）　停车制动系统。

制动系统不应包含如离合器或变速器等的可脱开部件，因为他们会导致制动器失效。

用于在寒冷天气启动和制动系统失效情况下的动力脱开部件，在脱开之前应使停车制动器工作。

5.2　共用部件

制动系统可以使用共用部件。但是，轮胎以外的任一零部件失效或任一共用部件失效，都不应导致机器制动性能低于5.4和表2、表3、表4中对辅助制动系统的性能要求。下述情况除外：一个共用的操纵机构(手柄、踏板、开关等)可用来操纵行车制动系统与辅助制动系统的联合工作，只要具有另一种高效的制动性能，即机器在表2、表3、表4中所示辅助制动系统制动距离的120%以内制动停车，这种制动性能可以自动产生，而不是可控的。

5.3　行车制动系统

5.3.1　所有机器都应满足7.5、7.6和7.7中对行车制动系统的性能要求。

如果其他系统由行车制动系统提供动力，则在该系统中的任何故障都应视为行车制动系统的故障。

5.3.2　所有机器至少在一根轴的每个车轮上装有相同规格和性能的制动器。带半挂车的机器，在牵引车的至少一根轴上装有制动器,并在半挂车的一根轴上也装有制动器。

5.3.3 行车制动系统应是3.10定义的可控制动。

5.4 辅助制动系统

所有机器都应满足7.6和7.7规定的对辅助制动系统的性能要求。

辅助制动系统应是3.10定义的可控制动。

5.5 停车制动系统

对已制动机器进行移动的停车制动器脱开装置,应设置在司机座位的外侧,除非停车制动器能直接重新进行操纵控制。

所有机器都应满足7.5对停车制动系统的性能要求。

制动以后,该系统不应依靠一个可耗尽的能源。如果符合7.5的要求,停车制动系统可以与其他制动系统一起使用共用部件。

5.6 储能器报警装置

如果储备的能量用于行车制动系统,则该系统应设置报警装置。当系统能量减少到制造商规定的最大工作能量的50%时,或减少到满足辅助制动系统性能要求所必需的数值时,报警装置应报警,并取两者中数值较高者为报警点。

报警装置应通过发出连续不断的可视报警和(或)声讯报警信号,并能有效地引起司机的注意。该项要求对指示压力或真空度的仪表不适用。

6 试验条件

6.1 在进行性能试验时,应遵守制造商规定的注意事项。

6.2 试验道路应是充分压实的坚硬、干燥的地面。地面的湿度不应对制动试验有不良影响。

试验道路的横向坡度不应大于3%,纵向坡度应符合试验要求。

进入试验道路前的引导路段应具有足够的长度,并应平整、坡度均匀,以便保证机器在制动之前达到需要的速度。

6.3 机器的质量和轴荷分配应符合6.3.1和6.3.2的相应规定。

6.3.1 除自卸车和铲运机外,所有机器的试验质量应符合3.4的规定,不包含有效载荷,并在制造商规定的轴荷分配范围内。

6.3.2 自卸车和铲运机的试验质量应符合3.4的规定,并包含有效载荷。机器试验质量应符合制造商对总质量(机器质量与有效载荷之和)和轴荷分配的规定。

6.4 涉及制动系统的所有参数,即轮胎尺寸和压力、制动器调整、报警点等都应在制造商规定的范围内。所有制动系统的压力,都应在制造商规定的范围内。在任一性能试验当中,都不应对制动系统进行人工调整。

6.5 如果机器传动系统可以选择变速比,应选择与规定的试验速度相应的变速挡位进行制动试验。在完全停车之前可将动力脱开。

6.6 在行车制动系统性能试验中,不应使用限速器,但在辅助制动系统性能试验中可以使用。

6.7 对具有可选多轴驱动的机器,在进行制动系统性能试验时,应使不制动的可选驱动轴脱挡。

6.8 工作装置(铲刀、铲斗、推土板等)应置于制造商规定的运输位置上。

6.9 试验前允许对制动器进行磨合与调整。磨合应按机器使用说明书和(或)机器维修手册的规定进行,并应咨询机器的制造商进行核实。

6.10 在试验前,机器应运转直到机器中的液体,即发动机油和传动箱油达到制造商规定的正常工作温度。

6.11 机器的试验速度应当是制动操纵机构动作之前的瞬间测定的速度。

6.12 平均减速度可按 3.6 规定计算。

6.13 对第 8 章中试验报告所需的全部数据都应做记录。

7 性能试验

7.1 制动操纵机构

7.1.1 满足 3.2 定义的制动系统,其操作力不应大于表 1 中的数值。

表 1 性能试验时制动操纵机构最大操作力

操纵机构类型		施加的最大操作力/N
手指操作(轻触手柄和开关)		20
手操作	向　上	400
	向下、侧向、前后	300
脚踏板(腿控制)		700
脚踏板(脚踝控制)		350

7.1.2 所有制动系统操纵机构应能由司机在其座位处进行操纵。辅助制动系统和停车制动系统操纵机构应设置为其一经制动就不能脱开,除非对其重新进行操纵控制。

7.2 行车制动系统的能力(储能系统)

发动机速度控制机构应使发动机达到最大的转速或频率,制动器工作压力应在靠近制动器处测定。行车制动系统按下述方法操作以后,能够供给的压力不应低于第一次制动操作时测得压力的 70%(见 7.4):

a) 对自卸车、铲运机和挖掘机:以每分钟 4 次的速率操作 12 次;

b) 对装载机、平地机、推土机和挖掘装载机:以每分钟 6 次的速率操作 20 次。

7.3 辅助制动系统的能力(储能系统)

如果行车制动系统储能器用于操作辅助制动系统,那么在切断能源且机器停车情况下,行车制动系统储能器在供给行车制动器进行全制动 5 次后所剩余的能量,还应满足 7.6.2.4 或 7.7.2.2 中对辅助制动系统的要求。

7.4 储能器报警装置

行车制动系统的能量将以某种方式减少,报警装置应在系统能量低于制造商规定的最大储备能量的 50%时,或低于 7.6.2.4 或 7.7.2.2 中对辅助制动系统要求的所需储备能量时报警,取二者中之较高者。报警装置应在辅助制动系统自动动作前报警。

7.5 保持性能

所有机器都应按第 6 章规定的试验条件进行前进和后退两个方向的试验。

7.5.1 除 7.7 规定的机器外,在切断动力(除使用静液压系统)情况下,行车制动系统应能使机器在 25%坡道上保持停车不动。

7.5.2 停车制动系统在切断动力时,应能使机器在下述情况下保持停车不动:

a) 对于按 6.3.2 规定携带试验质量的刚性车架自卸车、铰接车架自卸车和铲运机,坡度为 15%;

b) 对于按 6.3.1 规定携带试验质量的所有其他机器,坡度为 20%。

7.5.3 如果 7.5.1 或 7.5.2 规定的试验不能实现,则可用下述方法之一进行试验:

a) 在一个有防滑表面的倾斜平台上。

b) 在纵向坡度不大于1 %的试验跑道上，对已制动停车、变速箱空挡的机器施加一接近地面的水平拉力。其最小拉力等效于7.5.1或7.5.2规定坡度所产生的力：

——当坡度为25%时，以牛顿为单位的该等效拉力，数值上等于以千克为单位的机器质量的2.38倍；

——当坡度为20%时，以牛顿为单位的该等效拉力，数值上等于以千克为单位的机器质量的1.92倍；

——当坡度为15%时，以牛顿为单位的该等效拉力，数值上等于以千克为单位的机器质量的1.46倍。

7.6 除7.7中以外的机器制动性能

本条还包括ISO 7132:1990中图3、图8和图11所示的半拖挂自卸车。

7.6.1 试验条件

7.6.1.1 应以80% 机器最大水平速度(见3.13)或32 km/h进行制动性能试验。如果机器最大水平速度小于32 km/h，则以最大的速度进行试验。试验速度与上述规定速度的偏差不应大于3 km/h。

7.6.1.2 应按第6章规定的试验条件进行试验。

7.6.1.3 试验道路的纵向坡度不应大于1%。

7.6.2 冷态试验

7.6.2.1 行车及辅助制动系统制动距离试验应从冷制动开始，在机器向前方行驶时进行，即沿试验道路的正、反方向各进行一次，两次制动的时间间隔最少为10 min。

7.6.2.2 在记录试验结果时(见第8章)，制动距离和机器速度应取7.6.2.1中两次试验(在试验道路的正、反方向各进行一次)的平均值。

7.6.2.3 行车制动系统应在表2或表3规定的相应制动距离内使机器制动停车(见3.5和5.3)。

7.6.2.4 辅助制动系统应在表2或表3规定的相应制动距离内使机器制动停车(见3.5和5.4)。

如果机器装有限速器，可在本试验之前和试验中间使用。如果采用限速器，制造商应在使用说明书中说明机器沿规定坡度下行时的最大速度和变速挡位。司机室内应设有指示牌，并能让司机容易查看。

表2 制动距离特性(试验机器不带有效载荷)

行车制动系统制动距离/ m	辅助制动系统制动距离/ m
$\frac{v^2}{150}+0.2(v+5)$	$\frac{v^2}{75}+0.4(v+5)$
注：$v>0$，单位为千米每小时(km/h)，见7.6.1.1。	

表3 制动距离特性(试验机器带有效载荷，不包括机器质量超过32 000 kg的刚性车架或铰接车架自卸车)

行车制动系统制动距离/ m	辅助制动系统制动距离/ m
$\frac{v^2}{44}+0.1(32-v)$	$\frac{v^2}{30}+0.1(32-v)$
注1：$v>0$，单位为千米每小时(km/h)，见7.6.1.1。 注2：速度超过32 km/h时，从公式中删去$0.1(32-v)$项。	

7.6.3 热衰减试验

7.6.3.1 机器应符合7.6.1的规定。

7.6.3.2 机器轮胎不抱死，在最接近机器最大减速度时，行车制动系统连续制动4次，在每次制动之后，机器应以最大加速度迅速恢复到初始试验速度。应对连续的第5次制动进行测定，制动距离不应大于7.6.2.2中所记录制动距离的125%。

7.7 32 000 kg以上刚性车架或铰接车架自卸车的制动性能

本条适用于ISO 7132:1990中图1、图2、图4、图5、图6、图7、图9和图10所示的自卸车。

7.7.1 试验条件

7.7.1.1 应按第6章规定的试验条件进行试验。

7.7.1.2 试验道路的纵向向下坡度为(9±1)%。

7.7.1.3 变速挡位应使发动机转速不超过制造商规定的最大转速。

7.7.2 制动试验

7.7.2.1 行车制动系统应以(50±3)km/h的机器速度，如低于此值时，则以其最大速度，进行5次制动停车试验。每次制动的时间间隔为(10～20)min，每次制动距离均不应超过表4的规定。

表4 制动距离特性(机器质量超过32 000 kg的刚性车架或铰接车架自卸车)

行车制动系统制动距离/m	辅助制动系统制动距离/m
$\frac{v^2}{48-2.6\alpha}$	$\frac{v^2}{34-2.6\alpha}$
注1：$v>0$，单位为千米每小时(km/h)，见7.7.2.1。 注2：α是以百分数表示的坡度。	

7.7.2.2 辅助制动系统应以(25±2)km/h的机器速度进行单次制动停车试验。如果机器装有限速器，可在本试验之前和试验中间使用。制动距离不应超过表4的规定。

7.7.3 操作指示和标牌

制造商应在使用说明书中说明负载的自卸车沿规定坡度下行时的最大速度和变速挡位。司机室内应设有指示牌，并能让司机容易查看。

8 试验报告

试验报告应包含以下内容：

a) 参考的标准。

b) 机器类型。

c) 机器制造商。

d) 机器型号和编号。

e) 制动系统的状态(例如：新的、已运转1 000 h等)。

f) 试验机器的质量和轴荷分配。

g) 制造商认可的机器最大质量和轴荷分配。

h) 轮胎尺寸、标定层数、花纹型式和压力。

i) 制动器种类(例如：盘式或鼓式、手控或脚控)。

j) 制动系统形式(例如：机械式或液压式)。

k) 使用限速器进行哪些试验和限速器种类(例如：液压式或电动式)。

l) 试验道路的路面(例如：沥青的、混凝土的或泥土的)。

m) 试验道路的纵向坡度和横向坡度。

n) 全部制动和停车试验的结果。

o) 在进行制动试验后，行车制动系统储备能量(见 7.2)的百分比按公式(2)计算：

$$p = \frac{p_2}{p_1} \times 100 \qquad \cdots\cdots(2)$$

式中：

p——用百分比表示的剩余压力，%；

p_1——第一次制动时制动系统压力；

p_2——其后制动时测定的制动系统最低压力。

p) 操作力大小(见 7.1.1)。

q) 机器最大水平速度。

r) 辅助制动系统的能力(见 7.3)。

参 考 文 献

[1] GB/T 7920.8—2003 土方机械 铲运机 术语和商业规格(ISO 7133:1994,MOD)
[2] JB/T 8812—1998 装载机 术语(idt ISO 7131:1984)

ICS 53.100
P 97

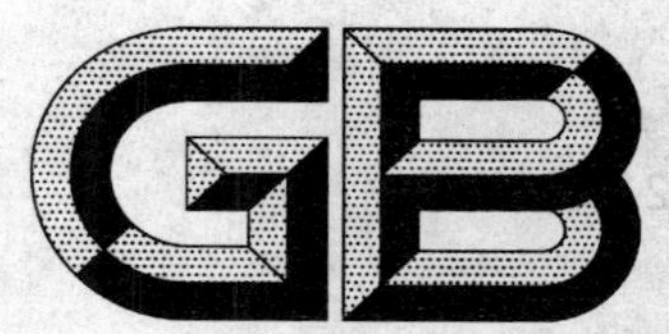

中华人民共和国国家标准

GB/T 21153—2007

土方机械　尺寸、性能和参数的单位与测量准确度

Earth-moving machinery—Units for dimensions, performance and capacities, and their measurement accuracies

(ISO 9248:1992, MOD)

2007-11-01 发布　　2008-01-01 实施

中华人民共和国国家质量监督检验检疫总局
中国国家标准化管理委员会　发布

前言

本标准修改采用 ISO 9248:1992《土方机械　尺寸、性能和参数的单位与测量准确度》(英文版)。

本标准根据 ISO 9248:1992 重新起草。

本标准根据实际应用情况及考虑到我国国情，在采用 ISO 9248:1992 时进行了一些修改。这些技术性差异用垂直单线标识在它们所涉及条款的页边空白处。本标准与 ISO 9248:1992 存在的技术性差异如下：

——第 2 章中增加了引用标准 GB/T 8170；

——对 ISO 9248:1992 中引用的 ISO 6165:1987，用已被等同采用为我国的 GB/T 8498—1999 代替；

——删除了表 1 中的"注 1"内容；

——ISO 9248:1992 表 1 中的角度、摄氏温度和频率为基本单位，本标准按 GB 3100—1993《国际单位制及其应用》(eqv ISO 1000:1992)的规定列为导出单位。

为便于使用，本标准还做了下列编辑性修改：

——"本国际标准"一词改为"本标准"；

——用小数点"."代替作为小数点的","；

——删除了国际标准前言。

本标准自实施之日起，JB/T 7690—1995《工程机械　尺寸和性能的单位与测量精度》同时废止。

本标准由中国机械工业联合会提出。

本标准由中国机械工业联合会归口。

本标准负责起草单位：天津工程机械研究院。

本标准参加起草单位：福田雷沃国际重工股份有限公司。

本标准主要起草人：吴润才、王军伟。

土方机械　尺寸、性能和参数的单位与测量准确度

1　范围

本标准规定了测量 GB/T 8498 所定义的土方机械的机器尺寸、性能和参数时所用的基准单位、符号和准确度。

本标准不包括具体的测量方法和所用的仪器。

2　规范性引用文件

下列文件中的条款通过本标准的引用而成为本标准的条款。凡是注日期的引用文件，其随后所有的修改单(不包括勘误的内容)或修订版均不适用于本标准，然而，鼓励根据本标准达成协议的各方研究是否可使用这些文件的最新版本。凡是不注日期的引用文件，其最新版本适用于本标准。

GB/T 8498　土方机械　基本类型　术语(GB/T 8498—1999，eqv ISO 6165:1997)

GB/T 8170　数值修约规则

3　单位

土方机械所用的基本单位和导出单位应符合表 1 的规定。

4　准确度

测量准确度应符合表 1 的规定。

5　圆整

测量数据应按 GB/T 8170 规定的数值修约规则圆整，圆整后测量值的准确度应符合表 1 的规定。

表 1　测量准确度

量的名称	单位名称	单位符号	准确度[a]
基本单位			
长度	米	m	±0.5%
质量	千克	kg	±2%
时间	秒	s	±1%
导出单位			
摄氏温度	摄氏度	℃	≤200℃:±1℃ >200℃:±2%
角度	弧度	rad	±0.02rad
频率	赫兹	Hz	±1%
面积	平方米	m^2	±2%
体积	立方米 升[b]	m^3 L	±3%

表 1（续）

量的名称	单位名称	单位符号	准确度[a]
力	牛顿	N	±1%
压力	帕斯卡	Pa	±2%
功率	瓦特	W	±2%
角速度	弧度每秒	rad/s	±2%
速度	米每秒	m/s	±2%
加速度	米每二次方秒	m/s^2	±2%
扭矩	牛顿米	N·m	±2%
能量	焦耳	J	±2%
流量	立方米每秒	m^3/s	±2%
声压级	分贝（参考值 20 μPa）	dB	±1 dB

a　相同特征量的其他单位也可采用表中所列的准确度。

在本标准中没有规定大刻度或小刻度特征量的准确度或精密测量值的准确度，应在需要这些准确度的其他标准中给予规定。

b　1 L=1 dm^3。

ICS 53.100
P 97

中华人民共和国国家标准

GB/T 21154—2007/ISO 6016:1998

土方机械　整机及其工作装置和部件的质量测量方法

Earth-moving machinery—Methods of measuring the masses of whole machines, their equipment and components

(ISO 6016:1998,IDT)

2007-11-01 发布　　　　2008-01-01 实施

中华人民共和国国家质量监督检验检疫总局
中国国家标准化管理委员会　发布

前 言

本标准等同采用 ISO 6016:1998《土方机械　整机及其工作装置和部件的质量测量方法》(英文版)。

本标准等同翻译 ISO 6016:1998。

为便于使用,本标准做了下列编辑性修改:

——“本国际标准”一词改为“本标准”;

——用小数点“.”代替作为小数点的“,”;

——删除了国际标准前言;

——5.3 下的悬置段内容加编号“5.3.1　一般规定”,以下两条编号顺延。

本标准的附录 A 为资料性附录。

本标准由中国机械工业联合会提出。

本标准由中国机械工业联合会归口。

本标准负责起草单位:天津工程机械研究院。

本标准参加起草单位:厦门工程机械股份有限公司、广西柳工机械股份有限公司。

本标准主要起草人:吴润才、李蔚苹、何周雄。

本标准是首次制定。

土方机械　整机及其工作装置和部件的质量测量方法

1　范围

本标准规定了使用地磅、压力测力计(测力传感器)或拉力测力计对整机及其工作装置、附属装置或部件的质量测量方法。

本标准适用于 GB/T 8498 定义的土方机械。

2　规范性引用文件

下列文件中的条款通过本标准的引用而成为本标准的条款。凡是注日期的引用文件,其随后所有的修改单(不包括勘误的内容)或修订版均不适用于本标准,然而,鼓励根据本标准达成协议的各方研究是否可使用这些文件的最新版本。凡是不注日期的引用文件,其最新版本适用于本标准。

GB/T 8498　土方机械　基本类型　术语(GB/T 8498—1999,eqv ISO 6165:1997)

GB/T 21153　土方机械　尺寸、性能和参数的单位与测量准确度(GB/T 21153—2007,ISO 9248:1992,MOD)

3　术语和定义

下列术语和定义适用于本标准。

3.1　一般定义

3.1.1

主机　base machine

机器不带有工作装置或附属装置,但配备有安装工作装置或附属装置所必需的连接件,如需要,可配备司机室或机棚和司机保护结构。见图 1。

3.1.2

工作装置　equipment

为执行基本的设计功能,安装在主机(允许有附属装置)上的一组零部件,见图 1。

3.1.3

可选的工作装置　optional equipment

安装到主机上的可选工作装置,例如,增加的容量、柔性、舒适和安全。

3.1.4

附属装置(器具)　attachment (tool)

为特定用途,可安装在主机或工作装置上的一组零件总成,见图 1。

3.1.5

部件　component

主机、工作装置或附属装置的零件或零件总成。

3.1.6

机器的“左侧”和“右侧”　“left-hand” and “right-hand” side of a machine

指面向机器主要行驶方向时所确定的左侧和右侧。

3.1.7

机器的"前桥"和"后桥"　"front axle" and "rear axle" of a machine

按主要行驶方向所确定的轴桥。

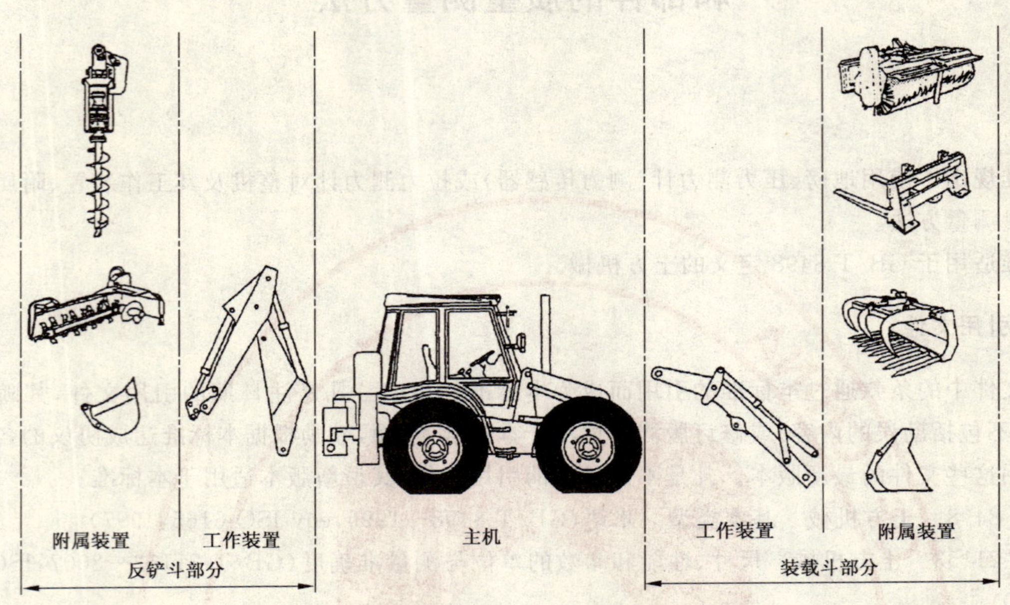

注：这是一个举例。对于不同的机器，工作装置和附属装置是不同的。某些主机可能直接配备有附属装置，例如，配备推土铲的平地机。

图1　主机、工作装置和附属装置的定义图示

3.2　质量

3.2.1

工作质量(OM)　operating mass(OM)

主机带有包括制造商规定的工作装置和无载的附属装置、司机(75 kg)、燃油箱加足燃油、其他液体系统加到制造商规定液位时的质量。

3.2.2

额定有效质量(有效载荷)(PM)　rated paymass (payload) (PM)

制造商规定的机器所能承载的额定质量。

3.2.3

机器总质量(GMM)　gross machinery mass (GMM)

机器的工作质量(OM)和额定有效质量(PM)的质量之和。

3.2.4

轮胎式机器质量的各轴桥分配　axle distribution of masses of wheeled machines

3.2.4.1

轴桥载荷　axle load

每个轴桥上承载的工作质量(见3.2.1)。

注：单位为千克(kg)。

3.2.4.2

最大许用轴桥载荷　maximum permissible axle load

由制造商规定的每个轴桥上最大载荷。

注：单位为千克(kg)。

3.2.5

运输质量(SM)　shipping mass (SM)

不包括司机的主机质量,但包括燃油箱加注10%的燃油,其他液体系统按制造商的加注规定,工作装置、附属装置、司机室、机棚、ROPS(翻车保护结构)和(或)FOPS(落物保护结构)、车轮和配重的安装与否,均按制造商的规定。

注:如果机器为了运输需要进行分解,则制造商应对所拆卸的部件质量给予说明。

3.2.6

司机室、机棚、ROPS和(或)FOPS质量　cab, canopy, ROPS and/or FOPS mass

包括司机室、机棚、ROPS和(或)FOPS本身的质量和将它们固定在主机上所需要的装配附件的质量。

3.3　测量

3.3.1

直接测量　simple measurement

这种测量由一台测量装置所测得的读数,或同时由几台测量装置所测得的读数之和作为结果。

3.3.2

间接测量　complex measurement

这种测量是由依次起作用的几台测量装置所测得的读数之和作为测量结果。

3.3.3

仪器　apparatus

为测量机器或其工作装置或部件的质量所要用的成套测试设备和装置。

4　测试准备

应将机器清洗干净,并按照制造商的说明书装备好。

在间接测量时,应保证在所有测量中,工作装置相对应于主机有同样的固定位置。

铰接式机器一般应处于直线状态下进行测试。

测试轮胎式机器时应松开制动器。为使履带式机器各侧接地履刺保持水平状态,必要时可对机器进行运转操纵调整。

应保证在水平方向的地面反作用力为零。

5　质量的测量方法

5.1　一般规定

本标准规定了两种测量方法:直接测量和间接测量。直接测量方法是基本测量方法,应优先采用。只有在无法避免的情况时,也就是说当机器或其工作装置、附属装置或部件的质量和体积很大,在所配备的仪器条件下不可能采用直接测量方法时,方可采用间接测量方法。

5.2　测量仪器

5.2.1　直接测量

直接测量方法需要下列仪器:

——地磅;

——压力或拉力测力计;

——刀口支承(简便的可采用轧制的角钢);

——垫板;

——起重机或支承结构;

——钢索(链条或绳子)。

5.2.2 间接测量

间接测量方法需要下列仪器：

——地磅；

——压力测力计；

——刀口支承(简便的可采用轧制的角钢)；

——垫板；

——水平仪。

5.2.3 准确度

对于5.2.1和5.2.2中，地磅、压力测力计或拉力测力计应精确到GB/T 21153规定的准确度。

5.3 直接测量方法

5.3.1 一般规定

这种方法是测量同时作用在机器支承轴线上的地面反作用力，如图2、图3 a)或图3 b)；或将机器悬空吊离地面进行测量时(如图4)，测其作用在拉力测力计上的力。

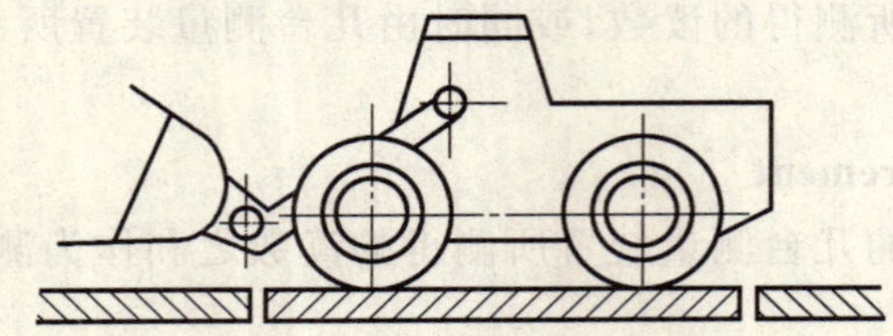

图2 地磅

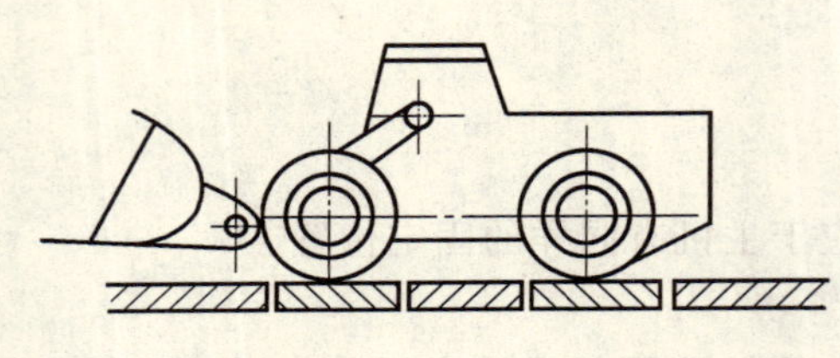

a) 轮胎式车辆

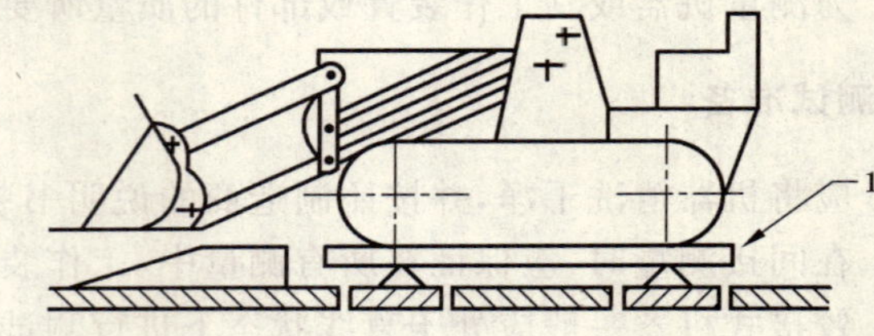

1——垫板。

b) 履带式车辆

图3 地磅或压力测力计

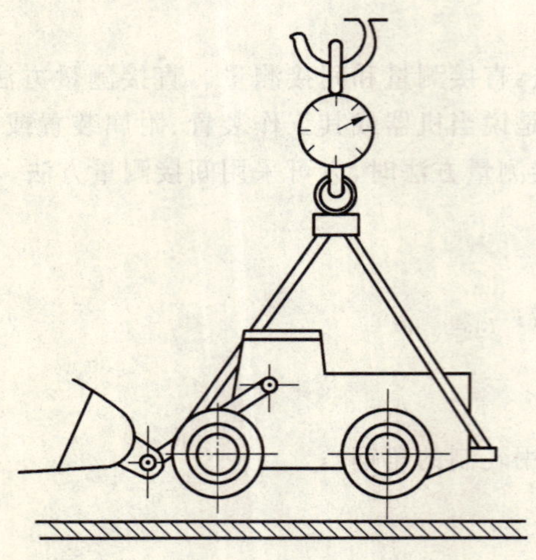

图4 起重机吊钩-拉力测力计

5.3.2 测量程序

当采用一台地磅或压力测力计时，应将机器放在中央(见图 2)。

当采用几台地磅或压力测力计时，机器的轮胎或履带应尽可能地放在这些地磅或压力测力计平台的中央〔见图 3a)〕。对于履带式机器应采用垫板和刀口支承，以保证由机器质量施加的载荷能准确地传递到地磅或压力测力计上〔见图 3b)〕。

当采用一台拉力测力计时，钢索的一端悬挂在机器的起吊点，另一端悬挂在测力计上，然后提起机器或降低机器的支承(见图 4)。

测量不应少于 3 次。

5.3.3 测量结果

每次测量结果应扣除那些垫板、刀口支承或钢索的质量。

最后结果应取不少于 3 次测量值的算术平均值。

5.4 间接测量方法

5.4.1 一般规定

此方法包括依次测量作用在机器支承轴线上的地面反作用力(即前桥或后桥轴线，左侧或右侧轮胎或履带轴线)，此时机器应按照图 5a)、图 5b)、图 6a)或图 6b)进行布置。

应采用地磅或压力测力计。

不推荐采用拉力测力计，如果必须采用时，按附录 A 的方法进行测量。

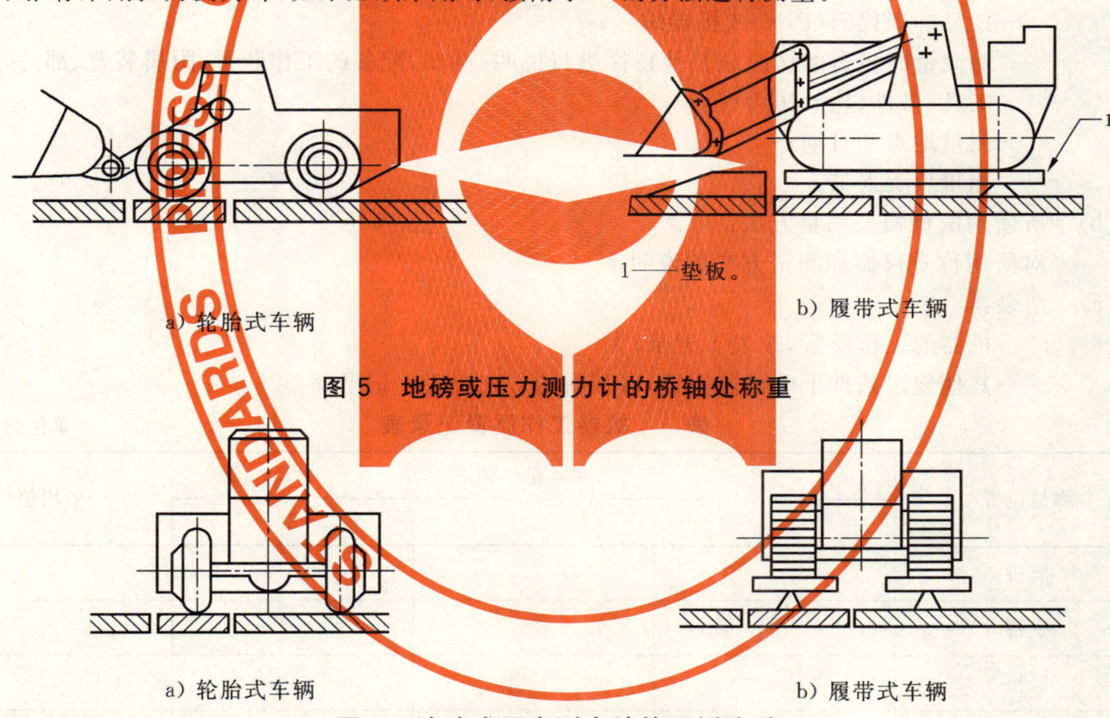

图 5 地磅或压力测力计的桥轴处称重

图 6 地磅或压力测力计的两侧称重

5.4.2 测量程序

当采用一台地磅或压力测力计时，机器应依次逐桥地放在平台上〔见图 5a)和图 5b)〕或依次逐侧地放在平台上(左侧和右侧)〔见图 6a)和图 6b)〕，而另外的桥(侧)则支承在靠近地磅的硬表面上，此时测出的结果为机器的部分质量。

当采用几台压力测力计时，它们应依次放在每个支承轴的轴线下(前、中或后)或放在左侧或右侧的轮胎或履带的中线下，同时使机器保持水平位置。

测量不应少于 3 次。

5.4.3 测量结果

每次测量结果应扣除垫板、刀口支承和钢索的质量。最后的测试结果应取不少于3次测量值的算术平均值。

如果出现前桥和后桥或左侧和右侧的总的质量,由于地磅平台与周围地面之间的水平差别,或由于测量仪器的准确度所限,其结果并不等于机器的工作质量时,可计算:

——轮胎式机器总的质量,应采用前后质量之和;

——履带式机器总的质量,应采用左侧和右侧质量之和。

5.5 测量工作装置、附属装置或部件的质量

可采用两种方法中的任何一种来测量工作装置、附属装置或部件的质量,但应优先采用直接测量方法。为此,可根据工作装置、附属装置或部件的质量和体积来选用5.2给出的任何测量仪器。

6 测量结果报告

测量报告应至少包括下列内容。

a) 有关被测机器方面:

——制造商名称;

——形式;

——型号;

——产品标识代码(PIN)或机器编号;

——对测量时机器的情况和其他特性进行说明(例如,配备的工作装置/附属装置、部件、配重、工具、备件、轮胎压力等);

——测量地点和日期;

——测量负责人员。

b) 所使用的仪器及测量方法:

对所用称重仪器和测量方法的说明。

c) 结果:

——机器的工作质量,按表1记录;

——其他规定条件下的机器质量,以相同的方式按表1记录。

表1 机器工作质量记录表

单位为千克

测量位置	测量值			平均值
	1	2	3	
前桥				
中桥				
后桥				
总计				
或 左侧				
右侧				
总计				

附　录　A
（资料性附录）
采用拉力测力计的测量方法

不推荐采用拉力测力计(见5.4.1),但如果采用时,按下列方法进行测量。

当在机器的前桥或后桥称重时,测力计的悬挂点应准确地位于:由所给定的前桥或后桥所决定的垂直面与整机主纵轴轴线所决定的垂直平面的交线上,见图A.1 a)和图A.1 b);

当在机器的一侧称重时,测力计的悬挂点应准确地位于:由左侧或右侧的车轮或履带相应的纵轴轴线所决定的垂直平面与整机主横轴轴线所决定的垂直平面上,见图A.2 a)和图A.2 b)。

上述两种情况中,机器应保持在水平位置。

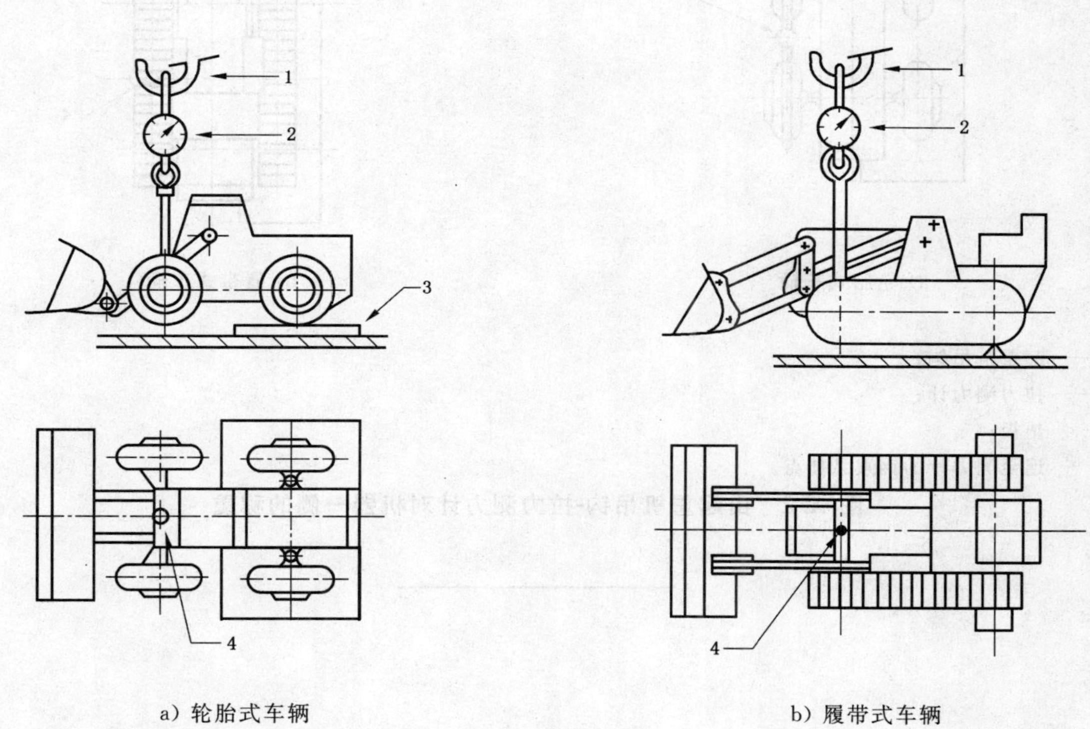

a) 轮胎式车辆　　　　b) 履带式车辆

1——起重机吊钩;

2——拉力测力计;

3——垫板;

4——连至测力计的钢索悬挂点。

图A.1　由起重机吊钩-拉力测力计对机器前桥或后桥的称重

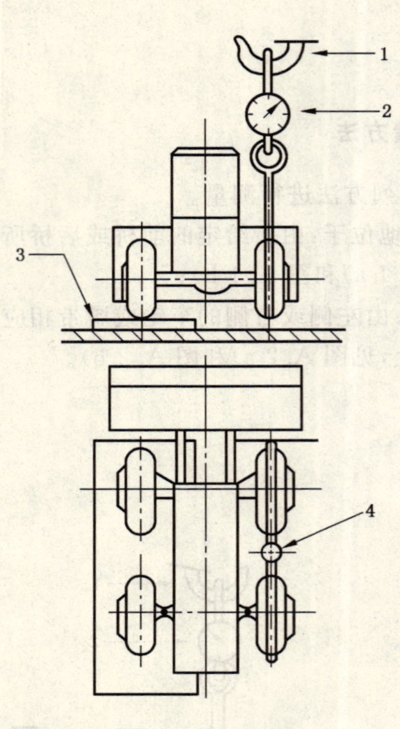

a) 轮胎式车辆

b) 履带式车辆

1——起重机吊钩；

2——拉力测力计；

3——垫板；

4——连至测力计的钢索悬挂点。

图 A.2　由起重机吊钩-拉力测力计对机器一侧的称重

ICS 53.100
P 97

中华人民共和国国家标准

GB/T 21155—2007/ISO 9533:1989

土方机械
前进和倒退音响报警 声响试验方法

Earth-moving machinery—Machine-mounted forward and reverse audible warning alarm—Sound test method

(ISO 9533:1989,IDT)

2007-11-01 发布 2008-01-01 实施

中华人民共和国国家质量监督检验检疫总局
中国国家标准化管理委员会 发布

前　言

本标准等同采用 ISO 9533:1989《土方机械　前进和倒退音响报警　声响试验方法》(英文版)。

本标准等同翻译 ISO 9533:1989。

为便于使用,本标准做了下列编辑性修改:

——将“本国际标准”一词改为“本标准”;

——用小数点“.”代替作为小数点的“,”;

——删除了国际标准前言;

——ISO 9533:1989 引用的 IEC 651:1979《声级计》,用我国的 GB/T 3785—1983 代替;

——对 ISO 9533:1989 中引用的其他国际标准,用已被采用为我国的标准代替对应的国际标准。

本标准自实施之日起,JB/T 8410—1996《土方机械　前进和倒退音响报警装置　声响试验方法》同时废止。

本标准的附录 A 为规范性附录。

本标准由中国机械工业联合会提出。

本标准由中国机械工业联合会归口。

本标准负责起草单位:天津工程机械研究院。

本标准参加起草单位:福田雷沃国际重工股份有限公司、厦门工程机械股份有限公司。

本标准主要起草人:吴润才、丁建福、李蔚苹。

土方机械
前进和倒退音响报警 声响试验方法

1 范围

本标准规定了土方机械用报警器的音响性能、试验方法和评定准则,以防止人员受到自行式机器运动(前进或倒退)时潜在危险的伤害。本试验在机器定置工况下进行。

有关机器的报警性能是报警器的设计、周围条件、报警电压及相对于机器零件在机器上的布置的综合功能,本试验方法检验这些综合因素产生的音响报警。

本标准适用于 GB/T 8498 定义的土方机械。

2 规范性引用文件

下列文件中的条款通过本标准的引用而成为本标准的条款。凡是注日期的引用文件,其随后所有的修改单(不包括勘误的内容)或修订版均不适用于本标准,然而,鼓励根据本标准达成协议的各方研究是否可使用这些文件的最新版本。凡是不注日期的引用文件,其最新版本适用于本标准。

GB/T 3785—1983 声级计的电、声性能及测试方法

GB/T 8498 土方机械 基本类型 术语(GB/T 8498—1999,eqv ISO 6165:1997)

GB/T 8591 土方机械 司机座椅标定点(GB/T 8591—2000,eqv ISO 5353:1995)

GB/T 13325 机器和设备辐射的噪声 操作者位置噪声测量的基本准则(工程级)(GB/T 13325—1991,neq ISO 6081:1986)

GB/T 13802 工程机械辐射噪声测量的通用方法(GB/T 13802—1992,neq ISO 4872:1978)

GB/T 16710.2 工程机械 定置试验条件下机外辐射噪声的测定(GB/T 16710.2—1996,eqv ISO/DIS 6393:1995)

GB/T 16710.3 工程机械 定置试验条件下司机位置处噪声的测定(GB/T 16710.3—1996,eqv ISO/DIS 6394:1995)

3 术语和定义

GB/T 13325 和 GB/T 13802 确立的以及下列术语和定义适用于本标准。

3.1

机器基准体 machine reference box

假想的一只包含主机的矩形空间体,不包括所有工作装置和附属装置,例如铲斗、推土铲、反铲斗、松土器和支腿等。

3.2

前进和倒退报警器 forward and reverse warning alarm

装在土方机械主机上的报警器,目的是为防止人员受到自行式机器运动时潜在危险的伤害,同时其声响对司机不能产生不舒适感和刺激性。

4 仪器

4.1 电容传声器噪声测量仪(或具有同等精度、稳定性和频率响应的噪声测量仪):传声器外径不得超过 13 mm,以减少可能产生的指向性偏差。传声器和其连接电缆的选择应在试验中所处的温度范围

内,其综合灵敏度没有明显变化。仪器应符合 GB/T 3785—1983 规定的 Ⅰ 型要求。

4.2 声学校准器:精度为±0.5 dB。

4.3 风罩:在某些试验条件下需要用风罩。如果在风速为零的条件下,风罩对被测声源 A 计权级的影响不超过±0.5 dB 时,则可选择使用。

4.4 风速计(或其他测量环境风速和风向的装置):在推荐的最大试验风速情况下,精度为±10%。

4.5 发动机转速指示计:精度为所显示的发动机转速的±2%。

4.6 测量环境温度的温度计:精度为±1℃。

注:检查试验环境还需用的仪器见 5.1。

5 试验环境

5.1 试验区域

在试验区域内的反射面之上应为自由场。传声器或被测机器周围 30 m 以内不得有像建筑物的反射物或反射面存在。安置传声器的试验区域应没有大面积损坏的混凝土或沥青地面。具体见 GB/T 13802和 GB/T 16710.2 的规定。

湿度、温度、大气压、振动和杂散磁场等都应符合仪器制造商规定的限值。

5.2 背景噪声

测试时,被测土方机械以外声源的声级(包括风的作用),应比所测声源的最低声级至少低 10 dB(A)。

5.3 气候条件

下雨、下雪、下冰雹或地面有积雪时不应进行测试。

5.4 风

试验场地的风速应小于 8 m/s。若风速超过 1 m/s,传声器应使用风罩,并允许对风罩造成的影响予以适当补偿作为校准。

6 机器试验准备

6.1 发动机

一般情况下,在机器的本机噪声试验中,机器的温度应稳定,发动机以最高空载转速运转,变速器挂空挡。进行报警试验时,允许发动机低怠速运转或关闭。

6.2 附件

应配备主要工作装置,并处于试验场地平面以上 300 mm±50 mm 的正常工作位置。

7 试验方法

7.1 概述

按附录 A 中表 A.1 的规定,在机器有关的各规定位置(图 A.1 中点 1～点 8,加点 9)进行测量并记录。

测量时应使传声器沿着附录 A 规定的 9 个位置中心作圆弧运动。

7.2 机器外部各位置的报警测量

7.2.1 对于每个测试位置,用适当的手动或自动装置沿半径 260 mm±25 mm 的圆周移动传声器(长轴垂直于转动平面),其转动平面与机器前方或后方伸出的水平轴线垂直的垂直平面(通过传声器位置)成 20°±25°,记录测得的最高值[1]。为简化人工转动传声器,本标准推荐在垂直面内(0°)移动。最佳转

1) 该方法就像一个人在试验时面对机器,手臂水平向前伸出,沿着规定半径转动,该半径就是移动手臂所划出的一个垂直平面圆弧的半径。

动速度为 1 r/min±0.25 r/min。在图 A.1 中所示传声器各位置的转动中心应距基准地平面(GRP)以上 1.2 m±0.05 m 处。

7.2.2　对图 A.1 中所给出的每个位置的报警试验，按下列两种状态测试和记录其最大声级：

a)　主机

——声级计快档加权——A 计权；

——发动机处于最高空载转速；

——报警器关闭。

b)　报警器

——声级计快档加权——A 计权；

——发动机处于怠速-空载或关闭(检验有足够的电压)；

——报警器打开。

c)　计算 b)项最大值与 a)项最大值的差。

7.3　司机位置的报警测量方法(只用于倒退报警)

测量并记录主机和倒退报警的最大声级，声级计置于快档加权——A 计权，通过沿半径 260 mm±25 mm 的水平圆周移动传声器(其长轴垂直于转动平面)。其转动平面是按 GB/T 8591 规定的 SIP(司机座椅标定点)之上 635 mm±20 mm 处的水平面。传声器可以由在司机位置的试验人员手持，或由装在司机位置的机械式转动装置沿圆形路线转动传声器。最佳转动速度为 1 r/min±0.25 r/min。见 GB/T 16710.3 的规定。

7.4　评定准则

按 7.1～7.3 进行试验时，应满足 7.4.1～7.4.3 规定的准则。

7.4.1　倒退报警——外部试验

在任何给定的试验位置(见图 A.1)报警试验的 A 计权声压级应等于或大于机器最大空载转速无报警时同样各点处的 A 计权声压级[见 7.2.2 a)]。

7.4.2　倒退报警——司机位置试验

报警试验中司机位置测得的 A 计权声压级不得大于机器定置工况最大空载转速无报警时测得的 A 计权声压级 3 dB。

7.4.3　前进报警——外部试验

在图 A.1 中位置 8 处前进报警的 A 计权声压级应比机器最大空载转速无报警时的 A 计权声压级至少大 10 dB。

附 录 A
（规范性附录）
试验数据表

A.1 报警器

	倒退报警器	前进报警器
报警器制造商：	______	______
型号：	______	______
类型：	______	______
在机器上的安装位置：	______	______

A.2 土方机械

类型：______

型号：______

机器编号：______

发动机最大转速：______ r/min

工作装置：______

A.3 司机室或翻车保护结构(ROPS)[2)]：有或无[3)]

如有：

OROPS[2)]：是或否[3)]

EROPS[2)]或司机室：是或否[3)]

门：敞开或关闭[3)]

窗：敞开或关闭[3)]

A.4 试验详细情况

传声器高度：基准地平面(GRP)以上 1.2 m±0.05 m（见 7.2.1）。

传声器的移动半径为 260 mm±25 mm 时，与垂直面的角度______°（见 7.2.1）。

---

2) ROPS：翻车保护结构；
OROPS：开式翻车保护结构；
EROPS：闭式翻车保护结构。

3) 可按应用删减。

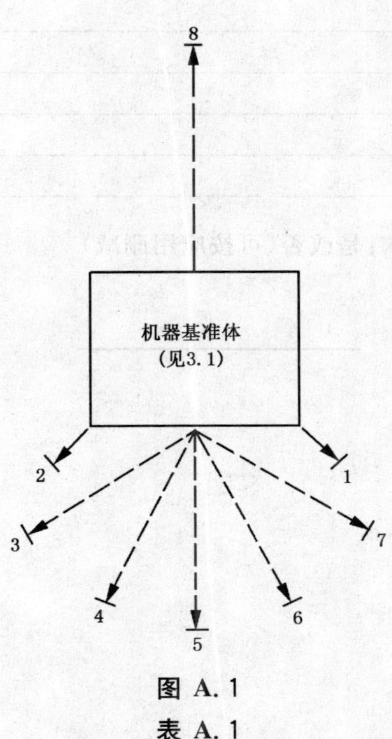

图 A.1

表 A.1

报警试验类型	报警试验位置(见图 A.1)	方向和距离/m		测试位置	声级/dB(A)		
					报警器关闭最高空载转速[见 7.2.2 a)]	报警器打开最低空载转速[见 7.2.2 b)]	两者之差[见 7.2.2 c)]
倒退报警	1	右侧 0.7	后方 0.7	箱体右后角			
	2	左侧 0.7	后方 0.7	箱体左后角			
	3	左侧 4.9	后方 4.9	左后侧			
	4	左侧 2.7	后方 6.5	后中心左			
	5	0	后方 7	后中心			
	6	右侧 2.7	后方 6.5	后中心右			
	7	右侧 4.9	后方 4.9	右后侧			
前进报警	8	0	前方 7	前中心			
司机位置倒退报警	9	即司机位置,半径 260 mm±25 mm (见 7.3)		耳边高度			

A.5 试验条件

试验区域和反射面的描述:____________________

____

温度:____________________℃

环境风速:____________________m/s

备注:____________________

____

____

仪器的描述：____

____

____

日期：____

试验人员：____

A.6 报警器符合 GB/T 21155 的要求：是或否(可按应用删减)

____

ICS 53.100
P 97

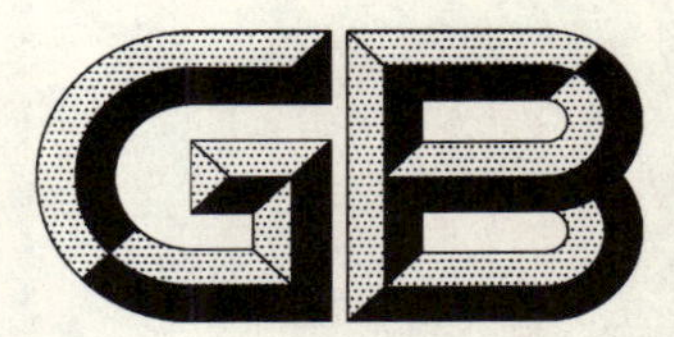

中华人民共和国国家标准

GB/T 21156.1—2007

特殊环境条件　沙漠机械
第1部分：干热沙漠内燃动力机械

Special environmental condition—Machinery for desert—
Part 1: Internal combustion engines on dry heat-desert condition

2007-11-01 发布　　2008-01-01 实施

中华人民共和国国家质量监督检验检疫总局
中国国家标准化管理委员会　发布

ICS 53.100
P 97

中华人民共和国国家标准

GB/T 21156.1—2007

特殊环境条件 沙漠机械
第1部分：干热沙漠内燃动力机械

Special environmental condition—Machinery for desert—
Part 1: Internal combustion engines on dry heat-desert condition

2007-11-01发布　　2008-01-01实施

中华人民共和国国家质量监督检验检疫总局
中国国家标准化管理委员会　发布

前　　言

GB/T 21156《特殊环境条件　沙漠机械》分为两个部分：

——第1部分：干热沙漠内燃动力机械；

——第2部分：干热沙漠工程机械。

本部分为GB/T 21156的第1部分。

本部分的附录A、附录B和附录C为规范性附录，附录D和附录E为资料性附录。

本部分由中国机械工业联合会提出。

本部分由中国机械工业联合会归口。

本部分负责起草单位：天津工程机械研究院。

本部分参加起草单位：机械工业北京电工技术经济研究所。

本部分主要起草人：尚海波、吴润才、冯辉生、郭丽萍。

本标准为首次制定。

引　言

GB/T 21156.1—2007《特殊环境条件　沙漠机械　第1部分：干热沙漠内燃动力机械》是在国家科技部社会公益研究专项"干热沙漠机电环境技术标准及测试方法研究"支持下研究制定的。

干热沙漠环境是我国西部地区主要的自然地理特征之一，高温干热、强烈的太阳辐射、沙尘是沙漠环境的最主要特征。恶劣的地理气候环境条件，对机电设备产生较大影响。因此要求在干热沙漠特殊环境条件下使用的机电产品必须具有良好的环境适应性。

本部分的制定，目的在于增强内燃动力机械在干热沙漠环境下的适应能力，提高工作效率和可靠性水平，规范沙漠型内燃动力机械和用于干热沙漠地区的基本型内燃动力机械生产、配套和使用。

本部分所针对的干热沙漠环境条件参数以塔克拉玛干沙漠为样本，其他沙漠与之有一定差别，但就其特殊环境的典型性、代表性而言，极端和严酷程度超过其他沙漠。我国的干热沙漠主要处于海拔500 m～2 000 m地域。塔克拉玛干沙漠位于塔里木盆地的中央，平均海拔高度为1 000 m～1 400 m。因此，选择塔克拉玛干沙漠环境条件作为沙漠型工程机械和沙漠专用型工程机械技术发展的基本依据符合我国实际。本部分所针对的干热沙漠气候条件严酷等级为4K4S(见附录C)、海拔高度≤2 000 m。

本部分是针对工程机械用柴油机在干热沙漠特殊环境条件下的共性和基础性技术而制定的基础性标准，为有别于柴油机产品标准，术语采用"内燃动力机械"，并予以定义。

本部分为简化表述，统一将干热沙漠型内燃动力机械简称为沙漠型内燃动力机械。

"干热沙漠机电环境技术标准及测试方法研究"项目，通过对沙漠、干热沙漠特殊环境因素、主要工程基础材料、机电设备的研究，制定了若干项国家标准。它们是：

(1)《干热沙漠环境条件　电工电子设备通用技术要求》

(2)《特殊环境条件　沙漠机械　第1部分　干热沙漠内燃动力机械》

(3)《特殊环境条件　沙漠机械　第2部分　干热沙漠工程机械》

(4)《特殊环境条件　干热沙漠对内燃机电站系统的技术要求及试验方法》

除了上述标准外，我国已发布或正在报批的，与沙漠、干热沙漠机电设备环境适应性相关的标准还有：

(1) GB/T 19607—2004　特殊环境条件防护类型及代号

(2) GB/T 19608.1—2004　特殊环境条件分级　第1部分：干热

(3) GB/T 19608.2—2004　特殊环境条件分级　第2部分：干热沙漠

(4) GB/T 20625—2006　特殊环境条件　术语

(5) GB/T 20643.1—2006　特殊环境条件　环境试验方法　第1部分：总则

(6) GB/T 20643.3—2006　特殊环境条件　环境试验方法　第3部分：人工模拟试验方法及导则高分子材料

(7) GB/T 20644.1—2006　特殊环境条件　选用导则　第1部分：金属表面防护

(8) GB/T 20644.2—2006　特殊环境条件　选用导则　第2部分：高分子材料

(9)《特殊环境条件　环境试验方法　第2部分：人工模拟试验方法及导则电工电子产品(含通信产品)》

特殊环境条件　沙漠机械
第1部分：干热沙漠内燃动力机械

1　范围

GB/T 21156 的本部分规定了干热沙漠地区使用的沙漠型内燃动力机械和用于干热沙漠地区的基本型内燃动力机械的术语和定义、环境条件、要求、试验方法、标识、包装、运输和贮存。

本部分适用于干热沙漠型工程机械配套用的内燃动力机械。

以内燃机为配套动力的其他专用机械可以参照使用。

2　规范性引用文件

下列文件中的条款通过本部分的引用而成为本部分的条款。凡是注日期的引用文件，其随后所有的修改单(不包括勘误的内容)或修订版均不适用于本部分，然而，鼓励根据本部分达成协议的各方研究是否可使用这些文件的最新版本。凡是不注日期的引用文件，其最新版本适用于本部分。

GB 252　轻柴油

GB/T 1883.1　往复式内燃机　词汇　第1部分：发动机设计和运行术语(GB/T 1883.1—2005，ISO 2710-1:2000，IDT)

GB/T 1883.2　往复式内燃机　词汇　第2部分：发动机维修术语(GB/T 1883.2—2005，ISO 2710-2:1999，IDT)

GB/T 6072.1—2000　往复式内燃机　性能　第1部分：标准基准状况，功率、燃料消耗和机油消耗的标定及试验方法(idt ISO 3046-1:1995)

GB/T 7631.3　内燃机油分类(GB/T 7631.3—1995，neq SAE J183:1991)

GB/T 8190.4　往复式内燃机　排放测量　第4部分：不同用途发动机的试验循环(GB/T 8190.4—1999，idt ISO 8178-4:1996)

GB 9486　柴油机稳态排气烟度及测定方法(GB 9486—1988，neq ГОСТ 19025:1973)

GB/T 11804　电工电子产品环境条件术语

GB/T 13306　标牌

GB 14097 中小功率柴油机噪声限值

JB/T 4198.1—2001　工程机械用柴油机　技术条件

JB/T 4198.2—1999　工程机械用柴油机　性能试验方法

JB 8891　中小功率柴油机　排气污染物排放限值

JB/T 50188　工程机械用柴油机　可靠性、耐久性试验方法

3　术语和定义

GB/T 1883.1、GB/T 1883.2、GB/T 11804、JB/T 4198.2—1999 中确立的以及下列术语和定义适用于本部分。

3.1

标准环境条件　standard environmental condition

标准环境条件应符合 GB/T 6072.1—2000 中第6章或 JB/T 4198.2—1999 中3.1的规定，其主要内容为：

——大气压力　p_r = 100 kPa；

——空气温度　T_r = 298 K（t_r = 25℃）；

——相对湿度　ϕ_r = 30%。

3.2

内燃动力机械　internal combustion engines

往复、压燃式四冲程内燃机。

3.3

基本型内燃动力机械　basic-type internal combustion engines

符合 GB/T 6072.1—2000 或 JB/T 4198.1—2001、JB/T 4198.2—1999 规定的自然吸气型或普通增压型内燃动力机械。

3.4

普通增压型内燃动力机械　general turbocharge-type internal combustion engines

以标准环境条件为依据，在自然吸气型内燃动力机械的基础上采取涡轮增压措施，以强化功率为目的，设计制造的内燃动力机械。

3.5

沙漠型内燃动力机械　dry heat-desert type internal combustion engines

在基本型内燃动力机械的基础上，针对干热沙漠环境条件，对标准环境条件下的设计和结构进行调整和改进，使之达到本部分规定的内燃动力机械。

4　干热沙漠环境条件参数

4.1　干热沙漠环境气候条件：

——大气压力：92 kPa～85 kPa；

——极端最高气温：50℃；

——极端日温差：40℃；

——冬季最低气温：−30℃；

——最低相对湿度：5%；

——地表最高温度：75℃；

——最大风速：30 m/s；

——最大沙尘浓度：4 000 mg/m^3；

——最大飘尘浓度：20 mg/m^3。

4.2　干热沙漠环境条件特征分布：

——环境条件特征代号见附录 A；

——干热沙漠环境海拔高度条件等级见附录 B；

——干热沙漠环境气候条件严酷等级见附录 C；

——沙漠沙粒粒径的分布参见附录 D；

——风尘条件等级参见附录 E。

5　要求

5.1　基本要求

5.1.1　产品基本要求

沙漠型内燃动力机械和用于干热沙漠地区的基本型内燃动力机械应符合 GB/T 6072.1—2000 或 JB/T 4198.1—2001 及本部分的规定。

5.1.2 型号、标称能力和工作状态

同类型沙漠型内燃动力机械在干热沙漠自然环境条件下和基本型内燃动力机械在标准环境条件下的型号(干热沙漠适应类型标识除外)、标称能力和工作状态应保持一致。

5.1.3 产品图样、技术文件和制造标准

沙漠型内燃动力机械及其零部件产品图样、技术文件和制造标准应符合 JB/T 4198.1—2001 中3.1的规定。

5.1.4 互换性

沙漠型内燃动力机械与同型的基本型内燃动力机械,除针对干热沙漠使用要求所进行的特殊设计的零部件及装置外,其他零部件或总成的互换性应符合 JB/T 4198.1—2001 中 3.2 的规定。

5.1.5 标定功率的允差

应符合 GB/T 6072.1—2000 或 JB/T 4198.1—2001 的规定。

5.1.6 海拔适应类型

不同海拔的干热沙漠地区内燃动力机械适应性如下:

——自然吸气型:0 m～1 000 m;

——普通增压型:0 m～2 000 m。

5.2 工作能力和状态的要求

沙漠型内燃动力机械和用于干热沙漠地区的基本型内燃动力机械,在不同海拔的干热沙漠环境条件下,与标准环境条件相比,标定功率、燃油消耗率、排气温度、增压器转速等参数的变化应满足表 1、表 2的规定。

表 1 自然吸气型内燃动力机械参数海拔 0 m～1 000 m 变化的要求

海拔高度/m	标定功率下降	燃油消耗率上升	机油温度/℃	排温许用值/℃
1 000	≤4%	≤2%	80～120	≤600
注:以上各项指标的上升或下降是针对标准环境条件检验值而言。				

表 2 普通增压型内燃动力机械参数海拔 0 m～2 000 m 变化的要求

海拔高度/m	标定功率下降	燃油消耗率上升	机油温度/℃	涡前排温许用值/℃	增压器转速上升
1 000	0	0	80～120	≤650	0
2 000	≤6%	≤3%		≤680	≤5%
注:以上各项指标的上升或下降是针对标准环境条件检验值而言。					

5.3 起动性能

沙漠型内燃动力机械和用于干热沙漠地区的基本型内燃动力机械,不同措施起动要求见表 3。

表 3 不同起动措施下起动性能的基本要求

措 施	要求达到的环境温度/℃	预热时间/min	起动时间(电机拖动时间)/s
无措施起动	≤0	—	≤25
起动液喷注	≤−15	—	
进气预热	≤−15	—	
机油预热	≤−20	≤25	

表 3(续)

措 施	要求达到的环境温度/℃	预热时间/min	起动时间(电机拖动时间)/s
液循环加热	≤－30	≤25	≤25
PTC 进气预热	≤－20	≤25	
注：PTC 为 positive temperature coefficient 的缩写，指正温系数(陶瓷材料)。			

5.4 发电机与电器

根据沙漠机械配套需求，应考虑适当增加发电机的功率，并适当提高电子、电器容量等级。

5.5 冷却系统

沙漠型内燃动力机械和用于干热沙漠地区的基本型内燃动力机械，冷却系统的冷却能力应大于基本型在标准环境条件下配置的 1.3 倍以上，应配置水、油温度自动控制和其他调节装置。

5.6 水冷却系统预压力

沙漠型内燃动力机械和用于干热沙漠地区的基本型内燃动力机械，水冷却系统的预压力应选择 0.05 MPa。

5.7 外接启动预热装置的接口

沙漠型内燃动力机械和用于干热沙漠地区的基本型内燃动力机械，应设置有方便于外接启动预热装置的备用接口。

5.8 气缸进气温度

沙漠型内燃动力机械和用于干热沙漠地区的基本型内燃动力机械，对于中、高增压、稳定高负荷运行的内燃动力机械可考虑采用中冷等技术措施，其中间冷却能力在干热沙漠环境条件下，应能使气缸进气温度控制在 90℃以下。

5.9 防沙尘性能

沙漠型内燃动力机械和用于干热沙漠地区的基本型内燃动力机械，所有管路接口、运动部件轴端油封、加油口、透气孔均应设置防尘罩和具有密封防沙尘措施；进油管处应加设滤油装置。

5.10 空气滤清器

沙漠型内燃动力机械和用于干热沙漠地区的基本型内燃动力机械，应配置具有离心旋流功能、较强滤清能力、二级以上过滤结构的空气滤清器。

滤清器应符合如下要求：

——空气滤清器的过滤效率应达到 99%；

——干式滤清器的一次使用寿命(保养周期)应＞400 h；

——油浴式滤清器一次使用寿命(保养周期)应≥50 h，总使用寿命≥1 500 h；

——沙漠用空气滤清器在严酷等级处于 4K4S 条件下工作，应具有连续 8 h 以上不需保养的最小使用周期。

5.11 密封性

应符合 JB/T 4198.1—2001 中 3.24 的规定，所有加油口、通气孔都应有强化的防沙尘措施和两级以上滤清装置。

5.12 燃油

燃油的选择按 GB 252 规定，冬季宜采用－20 号或－35 号，夏季宜采用－10 号。

5.13 润滑油

沙漠型内燃动力机械和用于干热沙漠地区的基本型内燃动力机械，选择润滑油类别按照 GB/T 7631.3 的规定。

冬、夏季定期更换的润滑油，应满足冬季－30℃～0℃、夏季－10℃～50℃的正常使用要求。

冬、夏季使用同一种油料时，应满足－30℃～50℃的正常使用要求。

根据配套机型的不同，推荐使用CD级及以上级别的油品。

5.14 材料和结构

各类非金属材料及管路在材料选用及结构的设计和选用上应考虑采取紫外线防护、耐沙尘磨蚀、耐高温和耐寒的措施，应满足－30℃～150℃的工作温度下正常使用的要求。

5.15 涂装

涂装应符合JB/T 4198.1—2001中3.25的规定。

5.16 可靠性

沙漠型内燃动力机械和用于干热沙漠地区的基本型内燃动力机械可靠性应符合下列要求：

——有效度不低于95%；

——平均无故障工作时间不少于基本型相应产品标准规定的95%；

——在JB/T 4198.1—2001、JB/T 4198.2—1999规定的可靠性试验期内，机体、缸盖、曲轴、连杆、活塞、机油泵、高压油泵、传动齿轮等主要零部件不应出现致命缺陷。

5.17 第一次大修间隔期

沙漠型内燃动力机械和用于干热沙漠地区的基本型内燃动力机械第一次大修间隔期应不低于JB/T 4198.1—2001规定的90%。

5.18 排气烟度

应符合GB 9486的规定。

5.19 气态和微粒污染物排放限值

应符合JB 8891的规定。

5.20 噪声

应符合GB 14097的规定。

5.21 产品使用说明书

应在基本型产品使用说明书的基础上增加补充沙漠型内燃动力机械的机型配置、性能、使用、维护、注意事项等内容。

6 试验方法

6.1 检测仪器设备的要求

6.1.1 仪器设备的精度

仪器仪表、量具、传感器等及其组成的系统在干热沙漠自然环境下的(高温、高沙尘、强静电条件下)测量精度应满足相应产品试验标准的规定。

6.1.2 仪器设备的防护要求

检测仪器设备及其组成系统应满足干热沙漠自然环境条件的正常检测运行，并具有防高温、防振动、防沙尘、防静电、耐低温等防护措施。

6.2 性能试验

沙漠型内燃动力机械和用于干热沙漠地区的基本型内燃动力机械性能试验方法按JB/T 4198.2—1999的规定在标准环境条件下进行，其防尘、防沙、热平衡性能可在试验室以人工模拟的方式进行。也可以在上述基础上，在完全配置的状态下在干热沙漠环境自然条件下进行内燃动力机械的台架试验。

6.3 污染物排放测定

按GB/T 8190.4的规定。

6.4 可靠性和耐久性试验

6.4.1 沙漠型内燃动力机械和用于干热沙漠地区的基本型内燃动力机械，可靠性和耐久性试验按JB/T 50188的规定在标准环境条件下进行。其防尘、防沙、热平衡性能可采用试验室人工模拟的方式，也可以在干热沙漠环境自然条件下随配套主机在整机工作状态下进行试验。

6.4.2 试验中有效度应符合 5.16 的规定；试验考核时间应≥1 000 h，其中满负荷工况≥70%。

6.4.3 在干热沙漠环境自然条件下随配套主机在整机工作状态下，试验过程气候条件严酷等级处于 4K4S 的时间应不少于 20%。

6.4.4 沙漠型内燃动力机械和用于干热沙漠地区的基本型内燃动力机械可靠性和耐久性试验结果的量化评定指标应达到基本型相应产品标准规定的 95%以上。

7 标识、包装、运输与贮存

7.1 标识

7.1.1 标识

沙漠型内燃动力机械应予以标识，满足本部分规定的沙漠型内燃动力机械，应在产品型号之后加注代码“M”。

7.1.2 标牌

标牌应符合 GB/T 13306 规定，并包含以下内容：

a) 型号(沙漠型含标识代码 M)；

b) 标定功率、标定转速；

c) 净质量；

d) 制造商名称；

e) 出厂编号和日期；

f) 产品执行标准编号。

7.2 包装、运输与贮存

按 JB/T 4198.1—2001 中 6.2～6.11 的规定。

附 录 A
（规范性附录）
环境条件特征代号

环境条件特征代号由使用场所、环境条件类型、严酷等级和使用地区四部分组成。代号用数字和英文字母排列表示。

第1位用数字表示使用场所：

2——运输；

3——有气候防护场所固定使用；

4——无气候防护场所固定使用。

第2位用字母表示环境条件类型：

K——气候条件；

Z——特殊气候条件(Zh——热辐射，Za——周围空气运动，Zw——除雨外的其他水源)；

B——生物条件(Bt——沙漠生物条件)；

C——化学活性物质条件；

S——机械活性物质条件；

M——机械条件。

第3位用数字表示环境条件的严酷等级，数字越大，条件越严酷。

第4位用T或S表示，分别代表沙漠边缘地区或腹地。

示例：3K6T——表示在沙漠边缘地区有气候防护场所固定使用的气候条件。

附 录 B
（规范性附录）
干热沙漠海拔高度等级

表B.1 海拔高度等级

环境参数	H1	H2
海拔高度/m	≤1 000	≤2 000

附 录 C
(规范性附录)
干热沙漠气候条件严酷等级

表 C.1 气候条件严酷等级

环境参数		3K2	3K6T	3K6S	4K4T	4K4S
低温/℃		15	−30	−30	−30	−30
高温/℃	极端最高[a]	30	50	50	50	50
	年最高[b]	25	45	45	45	45
	最热月平均最高[c]	25	40	40	40	40
平均温度/℃		20	15	15	12	12
最大日温差/℃		10	30	35	40	40
温度变化率		—	0.5%	0.5%	0.5%	0.5%
低相对湿度		15%	15%	10%	5%	5%
平均相对湿度		50%	50%	40%	50%	30%
低绝对湿度/(g/m³)		0.4	0.4	0.3	0.1	0
低气压/kPa		85	85	85	85	85
高气压/kPa		92	92	92	92	92
太阳辐射/(W/m²)		700	700	700	1 120	1 120
风速/(m/s)		5.0	5.0	5.0	30	30
凝露		无	有	有	有	有
降水(包括雨雪雹等)		无	无	无	有	有
地表最高沙土温度/℃		30	40	40	75	80
地表最低沙土温度/℃		15	−25	−25	−35	−35

a 极端最高温度是指十几或几十年出现一次的最高空气温度,持续约 10 min。

b 年最高温度是指每年出现的最高温度的多年平均值,平均持续约 10 min。

c 最热月平均最高温度是指夏季最热月中每天出现的最高温度的平均值。

表 C.2 各环境代号所示的条件及场所

环境代号	气候条件	设备工作场所
3K2	沙漠地区有空调的户内条件	有空调的生活区
3K6T	沙漠边缘地区户内条件	无空调的室内生活区
3K6S	沙漠腹地的户内条件	无空调的室内生活区
4K4T	沙漠边缘地区户外条件	沙漠边缘野外地区
4K4S	沙漠腹地的户外条件	沙漠腹地野外地区

附　录　D
（资料性附录）
沙漠沙粒粒径的分布

表 D.1　沙漠沙粒粒径的分布

<table>
<tr><td>粒径数学平均值/mm</td><td colspan="2">0.19</td><td colspan="2">0.18</td><td colspan="2">0.17</td><td colspan="2">0.16</td><td colspan="2">0.15</td><td colspan="2">0.14</td><td colspan="2">0.13</td><td colspan="2">0.12</td><td colspan="2">0.11</td><td colspan="2">0.10</td><td colspan="2">0.09</td><td colspan="2">0.08</td><td colspan="2">0.07</td><td colspan="2">0.06</td></tr>
<tr><td>颗粒含量百分比/%</td><td colspan="3">1.6</td><td colspan="2">3.2</td><td colspan="2">—</td><td colspan="2">3.2</td><td colspan="2">6.4</td><td colspan="2">8.1</td><td colspan="2">8.1</td><td colspan="2">4.9</td><td colspan="2">14.5</td><td colspan="2">22.5</td><td colspan="2">12.9</td><td colspan="2">6.4</td><td colspan="3">8.1</td></tr>
</table>

附　录　E
（资料性附录）
风尘条件等级

表 E.1　风尘条件等级

环境参数	离地高度/m	等级			
		4S3T		4S4S	
		风速 30 m/s 时	最大值	风速 30 m/s 时	最大值
空气中含沙尘量/(mg/m^3)	2	53	1 000	212	4 000
	4	22	615	89	2 460
	6	12	475	48	1 900
	8	7	410	28	1 640
	10	4	370	15	1 480
降尘量/[$mg/(m^2 \cdot d)$]	—	—	1 000	—	2 000
尘(飘浮)/(mg/m^3)	—	—	15	—	20
注：最大值是指瞬时出现的极端最高值。					

ICS 53.100
P 97

中华人民共和国国家标准

GB/T 21156.2—2007

特殊环境条件　沙漠机械
第2部分：干热沙漠工程机械

Special environmental condition—Machinery for desert—
Part 2: Construction machinery on dry heat-desert condition

2007-11-01 发布　　2008-01-01 实施

中华人民共和国国家质量监督检验检疫总局
中国国家标准化管理委员会　发布

前　言

GB/T 21156《特殊环境条件　沙漠机械》分为两个部分：

——第1部分：干热沙漠内燃动力机械；

——第2部分：干热沙漠工程机械。

本部分为GB/T 21156的第2部分。

本部分的附录A为资料性附录。

本部分由中国机械工业联合会提出。

本部分由中国机械工业联合会归口。

本部分负责起草单位：天津工程机械研究院。

本部分参加起草单位：机械工业北京电工技术经济研究所。

本部分主要起草人：吴润才、尚海波、冯辉生、方晓燕。

引　言

GB/T 21156.2—2007《特殊环境条件　沙漠机械　第2部分：干热沙漠工程机械》是在国家科技部社会公益研究专项“干热沙漠机电环境技术标准及测试方法研究”支持下研究制定的。

干热沙漠环境是我国西部地区主要的自然地理特征之一，高温干热、强烈的太阳辐射、沙尘是沙漠环境的最主要特征。恶劣的地理气候环境条件，对机电设备产生较大影响。因此要求在干热沙漠特殊环境条件下使用的机电产品必须具有良好的环境适应性。

本部分的制定，目的在于增强沙漠型工程机械和沙漠专用型工程机械在干热沙漠环境下的适应能力，提高工作效率和可靠性水平，规范生产、配套和使用行为。

本部分所针对的干热沙漠环境条件参数以塔克拉玛干沙漠为样本，其他沙漠与之有一定差别，但就其特殊环境的典型性、代表性而言，极端和严酷程度超过其他沙漠。我国的干热沙漠主要处于海拔500 m～2 000 m地域，塔克拉玛干沙漠位于塔里木盆地的中央，平均海拔高度为1 000 m～1 400 m。因此，选择塔克拉玛干沙漠环境条件作为沙漠型工程机械和沙漠专用型工程机械技术发展的基本依据符合我国实际。本部分所针对的干热沙漠气候条件严酷等级为4K4S(见GB/T 21156.1附录C)、海拔高度≤2 000 m。

本部分规定的试验方法，在现场不具备条件的情况下，可以以公认的、经技术判断理论上成立的其他方法替代。

本部分为简化表述，统一将干热沙漠型工程机械和干热沙漠专用型工程机械简称为沙漠型工程机械和沙漠专用型工程机械。

“干热沙漠机电环境技术标准及测试方法研究”项目，通过对沙漠、干热沙漠特殊环境因素、主要工程基础材料、机电设备的研究，制定了若干项国家标准。它们是：

(1)《干热沙漠环境条件　电工电子设备通用技术要求》

(2)《特殊环境条件　沙漠机械　第1部分　干热沙漠内燃动力机械》

(3)《特殊环境条件　沙漠机械　第2部分　干热沙漠工程机械》

(4)《特殊环境条件　干热沙漠对内燃机电站系统的技术要求及试验方法》

除了上述标准外，我国已发布或正在报批的，与沙漠、干热沙漠机电设备环境适应性相关的标准还有：

(1) GB/T 19607—2004　特殊环境条件防护类型及代号

(2) GB/T 19608.1—2004　特殊环境条件分级　第1部分：干热

(3) GB/T 19608.2—2004　特殊环境条件分级　第2部分：干热沙漠

(4) GB/T 20625—2006　特殊环境条件　术语

(5) GB/T 20643.1—2006　特殊环境条件　环境试验方法　第1部分：总则

(6) GB/T 20643.3—2006　特殊环境条件　环境试验方法　第3部分：人工模拟试验方法及导则　高分子材料

(7) GB/T 20644.1—2006　特殊环境条件　选用导则　第1部分：金属表面防护

(8) GB/T 20644.2—2006　特殊环境条件　选用导则　第2部分：高分子材料

(9)《特殊环境条件　环境试验方法　第2部分：人工模拟试验方法及导则电工电子产品(含通信产品)》

特殊环境条件　沙漠机械
第2部分:干热沙漠工程机械

1　范围

GB/T 21156的本部分规定了干热沙漠地区使用的沙漠型工程机械和沙漠专用型工程机械的术语和定义、环境条件、技术要求、试验方法、标识、包装、运输、防护与贮存技术要求。

本部分适用于以内燃机为配套动力的、在干热沙漠环境下使用的沙漠型工程机械和沙漠专用型工程机械。

干热沙漠环境使用的其他专用机械可参照使用。

2　规范性引用文件

下列文件中的条款通过本部分的引用而成为本部分的条款。凡是注日期的引用文件,其随后所有的修改单(不包括勘误的内容)或修订版均不适用于本部分,然而,鼓励根据本部分达成协议的各方研究是否可使用这些文件的最新版本。凡是不注日期的引用文件,其最新版本适用于本部分。

GB/T 3821　中小功率内燃机清洁度测定方法

GB 3847　车用压燃式发动机和压燃式发动机汽车排气烟度排放限值及测量方法

GB/T 6072.1—2000　往复式内燃机　性能　第1部分:标准基准状况,功率、燃料消耗和机油消耗的标定及试验方法(idt ISO 3046-1:1995)

GB/T 8498　土方机械　基本类型　术语(GB/T 8498—1999,eqv ISO 6165:1997)

GB 9486　柴油机稳态排气烟度及测定方法(GB 9486—1988,neq ГОСТ 19025:1973)

GB/T 11804　电工电子产品环境条件术语

GB/T 13306　标牌

GB 16710.1　工程机械　噪声限值

GB/T 16710.2　工程机械　定置试验条件下机外辐射噪声的测定(GB/T 16710.2—1996,eqv ISO/DIS 6393:1995)

GB/T 16710.3　工程机械　定置试验条件下司机位置处噪声的测定(GB/T 16710.3—1996,eqv ISO/DIS 6394:1995)

GB/T 16710.4　工程机械　动态试验条件下机外辐射噪声的测定(GB/T 16710.4—1996,eqv ISO 6395:1988)

GB/T 16710.5　工程机械　动态试验条件下司机位置处噪声的测定(GB/T 16710.5—1996,eqv ISO 6396:1996)

GB/T 19933.2　土方机械　司机室环境　第2部分:空气滤清器的试验(GB/T 19933.2—2005,ISO 10263-2:1994,IDT)

GB/T 19933.3　土方机械　司机室环境　第3部分:司机室增压试验方法(GB/T 19933.3—2005,ISO 10263-3:1994,IDT)

GB/T 19933.4　土方机械　司机室环境　第4部分:司机室的换气、采暖和(或)换气试验方法(GB/T 19933.4—2005,ISO 10263-4:1994,MOD)

GB/T 19933.5—2005　土方机械　司机室环境　第5部分:风窗玻璃除霜系统的试验方法(ISO 10263-5:1994,MOD)

GB/T 20625 特殊环境条件 术语

GB/T 21156.1—2007 特殊环境条件 沙漠机械 第1部分:干热沙漠内燃动力机械

JB/T 4198.2—1999 工程机械用柴油机 性能试验方法

JB/T 7157 工程机械 燃油箱清洁度测定方法

JB/T 7158 工程机械 零部件清洁度测定方法

JB/T 9737.1 汽车起重机和轮胎起重机 液压油固体颗粒污染等级

JB/T 9737.2 汽车起重机和轮胎起重机 液压油固体颗粒污染测量方法

JB/T 10223 工程机械液力变矩器清洁度 检测方法及指标

JG/T 32 土方机械 防护与贮存(JG/T 32—1999,eqv ISO 6749:1984)

3 术语和定义

GB/T 8498、GB/T 11804 和 GB/T 20625 中确立的以及下列术语和定义适用于本部分。

3.1

标准环境条件 standard environmental condition

标准环境条件应符合 GB/T 6072.1—2000 中第6章或 JB/T 4198.2—1999 中 3.1 的规定,其主要内容为:

——大气压力 $p_r=100$ kPa;

——空气温度 $T_r=298$ K($t_r=25$℃);

——相对湿度 $\phi_r=30\%$。

3.2

基本型工程机械 basic-type construction machinery

以标准环境条件为依据设计、制造的工程机械。

3.3

沙漠型工程机械 desert type construction machinery

在基本型工程机械的基础上,针对干热沙漠环境条件,对标准环境条件下的设计进行调整和改进,使之达到本部分规定的工程机械。

3.4

沙漠专用型工程机械 desert special type construction machinery

针对干热沙漠环境条件专门设计和配置的,符合本部分规定的,以沙漠石油、地质、物理勘探等为主要用途的工程机械、沙漠多功能工程车、沙漠道路养护车及全路面工程作业车等。

4 干热沙漠环境条件参数

4.1 干热沙漠环境气候条件:

——大气压力:92 kPa~85 kPa;

——极端最高气温:50℃;

——极端日温差:40℃;

——冬季最低气温:-30℃;

——最低相对湿度:5%;

——太阳辐射强度:1 120 W/m^2;

——地表最高温度:75℃;

——最大风速:30 m/s;

——最大沙尘浓度:4 000 mg/m^3;

——最大飘尘浓度:20 mg/m^3。

4.2 地表沙土特性：

——地表最高温度：75℃；

——沙土粒径：0.06 mm～0.19 mm；

——内摩擦角：29°；

——剪切变形模量：4.2 MPa/cm；

——压缩模量 E：2.3 kg/cm³～2.5 kg/cm³；

——承压系数：0.008 cm²/kg。

4.3 干热沙漠环境条件特征分布见 GB/T 21156.1—2007 的 4.2。

5 要求

5.1 基本要求

5.1.1 产品基本要求

沙漠型工程机械各项性能指标在符合基本型工程机械相应标准规定的基础上，还应符合本部分的规定。

沙漠专用型工程机械各项性能指标应符合该产品设计和制造标准的规定。

5.1.2 型号、标称能力和工作状态

同类型的基本型和沙漠型工程机械在干热沙漠环境条件下使用，其型号(沙漠适应类型标识除外)、标称能力应保持一致。

沙漠专用型工程机械在干热沙漠环境条件下使用，其型号、标称能力应符合该产品设计和制造标准的规定。

5.1.3 产品图样、技术文件和制造标准

沙漠型工程机械应符合基本型相应产品标准的规定，并符合本部分的规定。

沙漠专用型工程机械应符合国家相应的设计制造标准及本部分规定。

5.1.4 互换性

同类型的沙漠型工程机械与基本型工程机械，除针对功率储备、三滤系统、冷却系统、低温启动、防辐射降温、增加地面附着措施和生存保障系统所进行的装置调整外，其他相应零部件或总成应保证互换性。

同类型沙漠专用型工程机械，其相应零部件或总成应保证互换性。

5.2 配套动力对应要求

沙漠型工程机械和沙漠专用型工程机械配套动力应符合 GB/T 21156.1—2007 的规定。

沙漠型工程机械和沙漠专用型工程机械配套动力的标定功率，应在基本型工程机械配套动力的标定功率的基础上增大储备 1.3 倍以上。

5.3 适应干热沙漠环境能力要求

5.3.1 越野能力

沙漠型工程机械和沙漠专用型工程机械应具有比功率大、爬坡性能好、全轮驱动和涉越沼泽地的能力。

5.3.2 附着能力

沙漠型工程机械和沙漠专用型工程机械行走装置需有足够的附着力，推荐采用低压无内胎复合型子午线可自动控制气压轮胎或橡胶履带，轮胎宜采用沙漠专用型，以增强附着力(参见附录 A)。

5.3.3 拖拽能力

沙漠型工程机械和沙漠专用型工程机械以干热沙漠石油、地质、物理勘探为主要用途时，在必要的情况下应配备有拖拽装置(如安装液压绞盘)，其拖拽力应达到机械本身或载货后总重量的 1.5 倍以上。

5.3.4 通讯系统

沙漠型工程机械和沙漠专用型工程机械小规模和单车野外作业时，应配备 GPS 定位系统及性能可靠的通讯系统，一般要求通信半径≥300 km。

5.3.5 低温起动性能

沙漠型工程机械和沙漠专用型工程机械低温起动性能应满足表 1 的要求。

表 1 低温起动性能基本要求

措 施	要求达到的环境温度/℃		预热时间/ min	起动时间/ s
	液力机械型	机械、液压型		
无措施起动	≤5	≤0	—	≤25
起动液喷注	≤−10	≤−15	—	
进气预热	≤−10	≤−15	—	
机油预热	≤−20	≤−25	≤25	
液循环加热	≤−20	≤−25	≤25	
PTC 进气预热	≤−20	≤−25	≤25	

注 1：同时采取两种以上措施时，应低于上述指标。

注 2：PTC 为 positive temperature coefficient 的缩写，指正温系数(陶瓷材料)。

5.3.6 水冷却系统

——水冷却系统冷却能力应充分兼顾柴油机、液力与整机其他系统的热量交换，满足整机在干热沙漠环境下的使用要求；

——水冷却系统防冻指标应满足冬季气温−30℃的要求。

5.3.7 密封性能

整机的所有润滑部位及油杯、通气孔应有强化的防沙尘措施，并推荐采用集中润滑系统。液压、液力系统的进油应设两级以上滤清装置。

5.3.8 蓄电池性能

蓄电池应具有标称的稳定工作能力和充放电性能，最低放电电流应能满足干热沙漠环境条件下起动所需的最小电流要求，应选用低温或低温免维护电瓶，并加强保温防护。

5.3.9 液压橡胶管件

液压系统的各类橡胶管件应具有紫外线防护、耐沙尘磨蚀、耐高温和耐寒等性能，应满足作业环境和系统工作温度的要求。

5.3.10 橡胶密封件

应满足第一次大修间隔期内的正常使用。

5.3.11 防静电

应采取抗静电、沙尘防护措施，消除静电和沙尘对机械和车载电子设备的影响。

5.3.12 涂装

应选用抗热辐射、紫外线防护性能强、耐高温干燥、耐风沙磨蚀和耐低温的涂装和材料。

5.3.13 结构和材料

结构设计应考虑满足沙漠自然环境条件下的主要功能和状态的实现，如：配套内燃动力机械进气结构的密封和空气滤清器前进气口的位置应布置在尽可能高的位置等。

材料选用应考虑日夜温差大、太阳辐射老化和低温条件下的使用要求。

5.3.14 操作、维护性能

操作应轻便、灵活，便于维护、保养。

5.3.15　**可靠性**

沙漠型工程机械和沙漠专用型工程机械，在干热沙漠条件下可靠性应符合下列要求：

——有效度不低于90%；

——沙漠型工程机械平均无故障工作时间不少于基本型相应产品标准规定的90%；

——沙漠专用型工程机械平均无故障工作时间应达到产品设计指标。

5.3.16　**排气烟度**

应符合GB 9486的规定。

5.3.17　**噪声**

应符合GB 16710.1的规定。

5.3.18　**清洁度**

应分别符合JB/T 7157、JB/T 7158、JB/T 9737.1、JB/T 10223的规定。

5.4　**工作状态要求**

5.4.1　**热平衡性能**

沙漠型工程机械和沙漠专用型工程机械在干热沙漠条件下正常工作时，其水冷却系统、风冷却系统、液力、液压油冷却系统的冷却性能指标应符合表2的规定。

表2　热平衡性能指标

单位为摄氏度

冷却水温	机油温度	液力油温度	液压油温度
70～100	80～115	70～110	60～90

5.4.2　**司机室环境**

5.4.2.1　司机室应是封闭的形式，具有较强的防紫外线辐射功能和密封防尘能力。配备的司机室空气滤清器应具有较强的过滤效率，空调系统应保证在高低温条件下的正常工作，并应达到以下性能要求：

——空调系统应能在最高环境温度时，司机室温度保持在≤30℃；

——采暖系统应能在最低环境温度为－20℃时，司机室温度保持在≥0℃；

——换气系统对司机室内部提供过滤的新鲜空气最少为35 m^3/h。

5.4.2.2　风窗玻璃除霜系统除霜性能应达到GB/T 19933.5—2005第7章的规定。

5.4.2.3　司机室涂装应选用紫外线防护性能强、耐高温耐风沙磨蚀的材料，颜色宜采用白色。

5.4.2.4　司机室可根据用户需要配备有必要的生存保障设备（如能储存饮水与食品冷藏等），其储存量应能达到二人三天的最小用量。

5.5　**产品使用说明书**

沙漠型工程机械产品使用说明书应在基本型产品使用说明书的基础上增加补充使用说明书。补充使用说明书应包含干热沙漠型机型配置、性能、使用、维护、注意事项等特殊信息。

沙漠专用型工程机械产品使用说明书除全面介绍机械性能参数、结构原理、使用方法、备件配置外，要突出干热沙漠环境、适应能力、机型配置、性能、使用、维护、注意事项等特殊信息。

6　试验方法

6.1　**检测仪器设备的要求**

6.1.1　**仪器设备的精度**

仪器仪表、量具、传感器等及其组成的系统在干热沙漠自然环境（高温、高沙尘、强静电条件）下的测量精度应满足相应产品试验标准的规定。

6.1.2　**仪器设备的防护要求**

检测仪器设备及其组成系统应满足干热沙漠自然环境条件下的正常检测运行，并具有防高温、防振动、防沙尘、防静电、耐低温等防护措施。

6.2 性能试验

6.2.1 沙漠型工程机械试验方法和试验项目

6.2.1.1 试验方法

在基本型相应产品标准规定方法的基础上进行试验，在达到产品设计规定的技术指标后，再进行干热沙漠环境自然条件的试验。

干热沙漠环境自然条件的试验结果与标准环境试验中的几何尺寸、定位参数等结果，共同组成沙漠型工程机械型式试验报告。

6.2.1.2 型式试验项目

沙漠型工程机械在干热沙漠自然环境条件下的型式试验项目，应在基本型相应产品标准规定的试验项目中，重点进行以下项目：

——牵引性能；

——速度性能；

——越野性能；

——附着性能；

——爬坡性能；

——内燃机及整机的热平衡性能；

——司机室环境试验；

——低温启动试验。

6.2.2 沙漠专用型工程机械试验方法和试验项目

6.2.2.1 试验方法

在相应产品标准、产品设计规定的试验方法的基础上进行试验，在达到产品设计规定的技术指标后，再进行干热沙漠环境自然条件下的试验。

干热沙漠环境自然条件的试验结果与标准环境试验中的几何尺寸、定位参数等结果，共同组成沙漠专用型工程机械型式试验报告。

6.2.2.2 型式试验项目

沙漠专用型工程机械在干热沙漠自然环境条件下的定型试验项目，应在产品标准、产品设计规定的试验项目中，重点进行以下项目：

——牵引性能；

——越野性能；

——附着性能；

——拖拽性能；

——爬坡性能；

——内燃机及整机的热平衡性能；

——司机室环境试验；

——通讯能力；

——低温启动试验；

——生存保障措施检验。

6.2.3 司机室环境试验

6.2.3.1 司机室的空气滤清器试验

按 GB/T 19933.2 的规定。

6.2.3.2 司机室的增压试验

按 GB/T 19933.3 的规定。

6.2.3.3 司机室的空调、采暖和换气试验

按 GB/T 19933.4 的规定。

6.2.3.4 司机室的风窗玻璃除霜试验

按 GB/T 19933.5 的规定。

6.2.4 排气烟度测定

按 GB 3847 的规定。

6.2.5 噪声测定

按 GB/T 16710.2～16710.5 的规定。

6.2.6 清洁度的测定

按 GB/T 3821、JB/T 7157、JB/T 7158、JB/T 9737.2、JB/T 10223 的规定。

6.3 可靠性试验

6.3.1 沙漠型工程机械可靠性试验方法

干热沙漠环境自然条件下的可靠性试验应在基本型相应产品标准规定的试验方法的基础上进行，强化对环境因素相关的性能参数的检测。

6.3.2 沙漠专用型工程机械可靠性试验方法

6.3.2.1 沙漠专用型工程机械的可靠性试验应首先在标准大气环境条件下进行。

6.3.2.2 试验依据产品标准或产品设计规定的试验方法进行。

6.3.2.3 试验方法标准和规范应综合和借鉴相应的车辆底盘、内燃机及主要部件及系统的可靠性试验方法，强化对环境因素相关的性能参数的检测。

6.3.2.4 干热沙漠环境自然条件下的可靠性试验应在标准大气环境条件下试验的基础上，选择具有代表性的沙漠地区进行实地试验，试验时间应≥1 000 h 或行驶距离≥6 000 km，其中满负荷作业和运行时间总计≥70％。

试验过程气候条件严酷等级处于 4K4S 的时间不应少于 20 ％。

6.3.3 可靠性试验季节要求

可靠性试验季节应选在六月～九月，低温试验宜选择十二月～次年二月进行。

7 标识、包装、运输、防护与贮存

7.1 标识

沙漠型工程机械应予以相应的标识，满足本部分规定的工程机械，应在产品型号之后加注代码“M”。

沙漠专用型工程机械符合本部分规定，应在产品型号之后加注代码“MZ”。

7.2 标牌

标牌应符合 GB/T 13306 规定。

标牌中应加注以下内容：

a) 型号(沙漠型工程机械加注标识代码 M；沙漠专用型工程机械加注标识代码 MZ)；

b) 整机质量；

c) 制造厂名称；

d) 出厂编号和日期。

7.3 包装

按相应产品标准规定。

7.4 运输、防护与贮存

运输按相应产品标准规定。

防护与贮存按 JG/T 32 的规定。

附　录　A
（资料性附录）
干热沙漠条件下不同充气压力轮胎附着系数、牵引效率和滑转率的关系

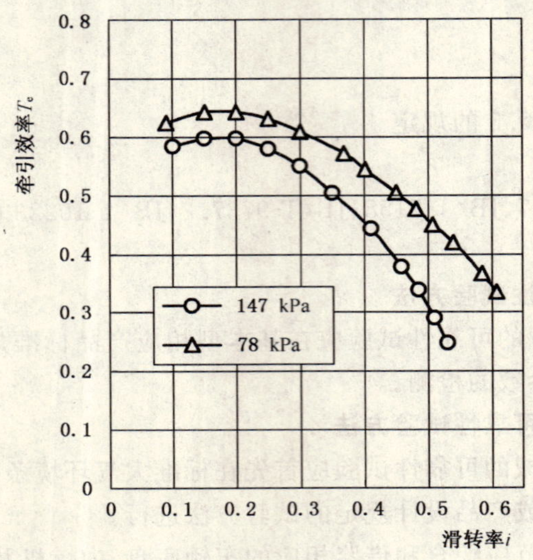

图 A.1　24-21 菱形块状花纹轮胎的牵引效率

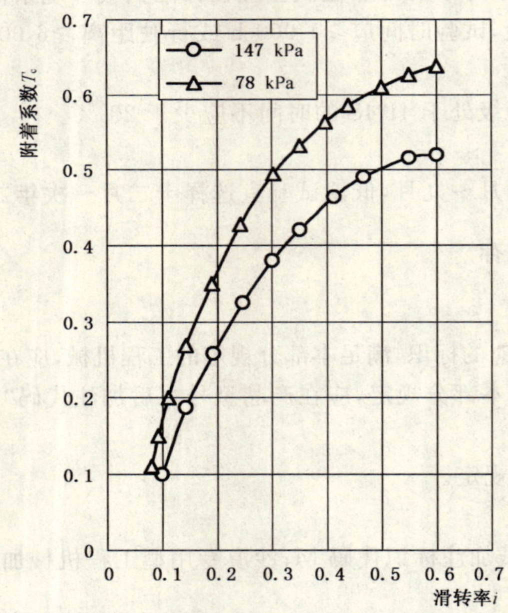

图 A.2　24-21 菱形块状花纹轮胎的附着系数

ICS 65.060.40
B 91

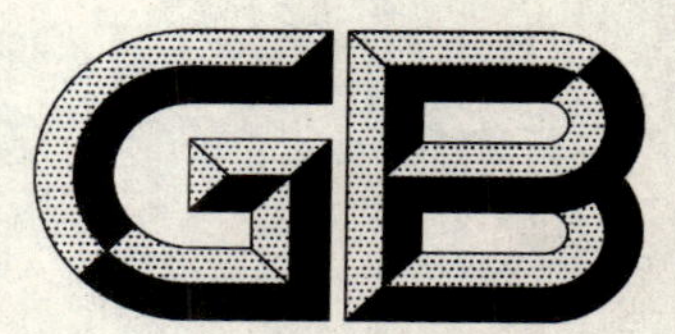

中华人民共和国国家标准

GB/T 21157—2007/ISO 8524:1986

颗粒杀虫剂或除草剂撒布机试验方法

Equipment for distributing granulated pesticides or herbicides—Test method

(ISO 8524:1986,IDT)

2007-11-01 发布

2008-01-01 实施

中华人民共和国国家质量监督检验检疫总局
中国国家标准化管理委员会 发布

ICS 65.060.40
B 91

中华人民共和国国家标准

GB/T 21157—2007/ISO 8524:1986

颗粒杀虫剂除草剂撒布机试验方法

Equipment for distributing granulated pesticides or herbicides—Test method

(ISO 8524:1986,IDT)

2007-11-01 发布　　2008-01-01 实施

中华人民共和国国家质量监督检验检疫总局
中国国家标准化管理委员会　发布

前 言

本标准等同采用ISO 8524:1986《颗粒杀虫剂或除草剂撒布机 试验方法》(英文版)。

本标准等同翻译ISO 8524:1986。

本标准与ISO 8524:1986相比,编辑性修改内容如下:

——将"本国际标准"一词改为"本标准";

——删除了国际标准前言;

——将引言独立成页;

——将ISO 8524:1986中引用的ISO 3435-1:1993用已被等同采用为我国国家标准的GB/T 3358.1—1993代替;

——对标准中涉及的公式进行编号,并用R表示试验参数的相对偏差。

本标准的附录A、附录B是规范性附录,附录C是资料性附录。

本标准由中国机械工业联合会提出。

本标准由全国农业机械标准化技术委员会归口。

本标准起草单位:中国农业机械化科学研究院、农业部南京农业机械化研究所。

本标准主要起草人:严荷荣、傅锡敏、陈俊宝、薛新宇。

本标准为首次制定。

引　言

本标准的目的是规范颗粒杀虫剂或除草剂撒布机的试验，通过可重复的标准化试验，以曲线图和表格的形式对试验结果进行描述和比较。

通过试验确定颗粒杀虫剂或除草剂的种类、粒箱中的粒剂量、撒布量的设定值和前进速度对流量、流量均匀性和分布均匀性的影响。

选择性试验(见附录B)可使评价体系完善。

注：这些试验可以和挂接撒布机的主机的试验结合进行，这样的试验称为组合性试验。

颗粒杀虫剂或除草剂撒布机 试验方法

1 范围

本标准规定了颗粒杀虫剂或除草剂撒布机,包括挂接在主机上的撒布机的试验室试验方法。

2 规范性引用文件

下列文件中的条款通过本标准的引用而成为本标准的条款。凡是注日期的引用文件,其随后所有的修改单(不包括勘误的内容)或修订版均不适用于本标准,然而,鼓励根据本标准达成协议的各方研究是否可使用这些文件的最新版本。凡是不注日期的引用文件,其最新版本适用于本标准。

GB/T 3358.1—1993(2004 年确认) 统计学术语 第一部分 一般统计术语(ISO/DIS 3435-1~3435-3:2004,NEQ)

3 定义

下列术语和定义适用于本标准。

3.1

颗粒杀虫剂或除草剂(粒剂) granule pesticides or herbicides(granules)

颗粒形的植物保护用药剂。例如由有效物质和载体制成,颗粒尺寸在 0.15 mm~2.00 mm 之间的产品。

3.2

粒剂撒布机 granule distributors

成片、成行、成条或点状地撒布 3.1 定义的颗粒剂的机具。

3.3

主机 basic machine

用于安装附属设备(如:粒剂撒布机)的机具(如:单粒播种机)。

3.4

(粒剂)排粒机构 feed machine(of granules)

按设定的流量,将粒剂从粒箱中排出并输送到地面上(如:成片或成条撒布)或土壤中(如:通过输送管进入种子沟)的机构。

3.5

(粒剂)流量 flow rate(of granules)

单位时间内撒布的粒剂质量或体积。

3.6

(粒剂)撒布量 application rate(of granules)

单位长度、单位面积或每个点上撒布的粒剂的质量或体积。

3.7

粒箱容量 hopper capacity

粒箱盛满粒剂的总量。

确定粒箱容量时,粒剂的上表面应平整。如果没有满箱标志或制造厂的说明书中没有说明,粒剂应加至粒箱顶部最低边缘下面2 cm处。

4 通用试验条件

4.1 粒剂撒布机

4.1.1 抽样

试验用撒布机可以由制造厂同意的试验机构的代表抽取。样机应为完整的多行机组或三组带有全部附件的独立单元。

撒布机应完全符合制造厂提交给试验机构的书面技术文件。

试验报告(见附录C)中应说明试验用撒布机的抽样方法。对于与主机配套进行组合性试验的撒布机,抽取的撒布机应挂接在主机上进行试验。

制造厂或其代表应有权利参与试验。

4.1.2 制造厂的使用说明书[1)]

应按制造厂使用说明书规定操作撒布机。使用说明书中应至少包括下列内容:

a) 作业速度范围,km/h;

b) 排粒机构型式及每种排粒机构可撒布的粒剂种类(如果排粒机构配有几种可以互换的排粒装置);

c) 撒布机可撒布的粒剂种类;

d) 撒布特定种类粒剂时的附属装置要求;

e) 每种排粒机构的排出装置排放各种粒剂的最大和最小流量;

f) 主机装有充气轮胎时,应给出充气压力值,kPa[2)]。

4.1.3 技术规格的审查

应审查制造厂提供的相关技术数据,并记入试验报告中。当将试验室试验结果与制造厂提供的撒布量和流量数据进行比较时,应当注意到制造厂的数据可能已按轮子滑转率进行了修正。

4.2 粒剂

4.2.1 种类

应使用撒布机制造厂规定的三种不同粒剂材料进行试验。出于安全原因,必须使用模拟粒剂产品进行试验时,则应最多使用下列种类中的3种:

a) 浮石(普通级)

——流动特性差、表面粗糙、粒度粗、硬度高;

——体积密度:约0.4 g/cm^3;

——颗粒尺寸:1.0 mm~1.6 mm颗粒的质量百分比在85%以上。

b) 石英

——流动特性好、表面圆滑、粒度细、硬度高、密度大;

——体积密度:约1.4 g/cm^3;

——颗粒尺寸:0.5 mm~1.0 mm颗粒的质量百分比在85%以上。

c) 方解石

——颗粒尺寸分布广、硬度低、密度大;

——体积密度:约1.4 g/cm^3;

——颗粒尺寸:0.4 mm~1.0 mm颗粒的质量百分比在85%以上。

---

1) 说明书应附在试验报告中。

2) 1 kPa=10^3 Pa=10^{-2} bar(准确值)

d) 石膏粉

——流动特性好、表面圆滑、硬度低;

——体积密度:约 0.9 g/cm³;

——颗粒尺寸:0.4 mm～0.9 mm 颗粒的质量百分比在85%以上。

e) 试验机构和制造厂认为十分重要的其他颗粒剂,且其物理特性不同于上面所列颗粒剂。

使用的颗粒剂应记入试验报告中。

4.2.2 物理特性

应确定试验用粒剂的下列物理特性:颗粒尺寸分布、体积密度、含水率、休止角。如果使用了适当的模拟产品,也应记录其特性。

4.3 环境条件

试验期间的空气湿度和温度应记入试验报告中。

5 规定性试验[3)]

5.1 试验的性质(见附录A)

这些试验将确定流量均匀性和撒布均匀性,包括静态试验和动态试验。

5.1.1 静态试验

撒布机处于静止状态,如果有驱动轮,应将其与传动机构连接。驱动轮或其他动力输入机构应按撒布机实际作业速度,即没有滑转的理轮前进速度下运转。

5.1.2 动态试验

撒布机应以恒定速度在坚实、平整的地面上行驶。

5.2 排粒机构和粒剂收集面之间的距离

应注意使排粒机构排粒口和粒剂收集面(如集粒盒)的平均距离与实际作业状态时一致。

5.3 试验项目

5.3.1 流量均匀性

试验应在机器处于稳定状态下进行,至少同时测定3个排粒机构。粒剂应收集在位于排粒机构管路或尾槽下方的集粒盒内。

注:风送式撒布机不需要3个排粒机构。

5.3.2 分布均匀性

5.3.2.1 试验条件

试验应在行进状态,且至少有3个排粒机构的撒布机上进行,粒剂应收集到地面上的集粒盒内。

集粒盒外形尺寸约 100 mm×100 mm、深度约 30 mm。

集粒盒应由抗静电材料制成,其结构应能避免由于弹跳造成的损失;盒壁应倾斜以便粒剂能全部倒入称量器皿中,又能防止外来杂物落入器皿。试验证明涂覆塑料层的纤维板盒能满足要求。

为保证仅将被试排粒机构的粒剂导入集粒盒,应将其他排粒机构的粒剂偏向引导,但不应停止流动,否则会影响粒剂排出的准确性。

注:风送式撒布机不需要3个排粒机构。

5.3.2.2 集粒盒的布置

5.3.2.2.1 点状撒布时集粒盒的布置

应沿运行方向在粒剂将沉积的每一点上布置30个集粒盒。每一点上的集粒盒数量(或集粒盒排)应根据该点的面积选定。

5.3.2.2.2 成行撒布时集粒盒的布置

应沿运行方向在一行上连续布置50个集粒盒。

---

3) 选择性试验见附录B。

5.3.2.2.3 成条撒布时集粒盒的布置

应沿运行方向成行地连续布置50个(或一组)集粒盒。集粒盒行宽度应与条的宽度相匹配。

5.3.2.2.4 成片撒布时集粒盒的布置

应按图1所示布置集粒盒。试验宽度和长度至少为3 m。

试验报告中应记录集粒盒的布置情况。

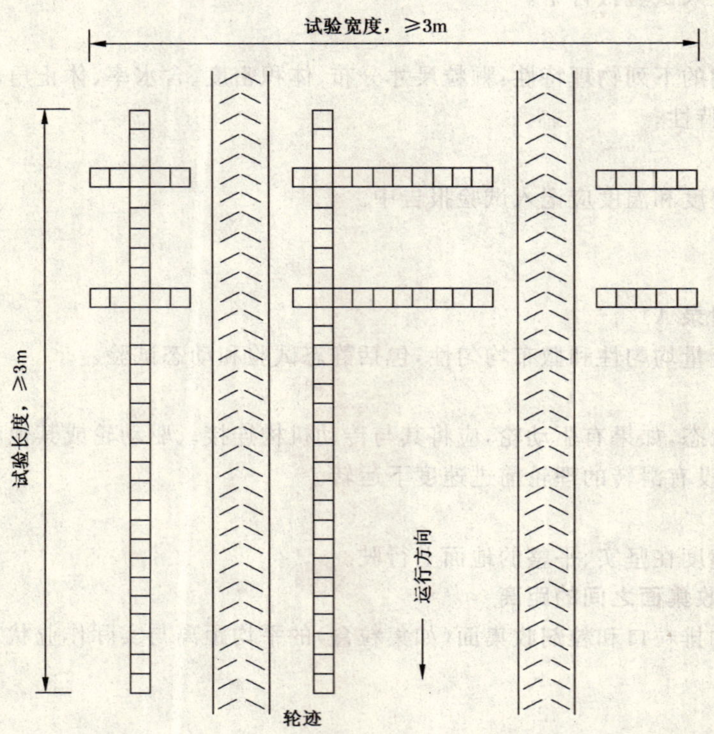

注：计算 n 时(见7.2.1),交叉点上的集粒盒应计两次。

图1 成片撒布时集粒盒的布置

5.4 调节和测量

5.4.1 排粒机构的选择

流量和分布试验应同时或依次连续进行。

5.4.2 粒箱加粒剂

按使用说明书的要求往粒箱中添加粒剂后应立即进行试验,以避免粒剂沉积或受潮结块。

5.4.3 前进速度

由地轮驱动的撒布机,前进速度应分别为制造厂推荐的最大、最小和算术平均速度。

对于静态试验,地轮的理论转速应按式(1)确定:

$$\omega = \frac{v}{2\pi R} \qquad \cdots\cdots(1)$$

式中:

v——前进速度,单位为米每秒(m/s);

R——平均载荷下轮胎的半径,单位为米(m)。

由动力输出轴驱动的撒布机,动力输出轴或其他动力输入机构的转速应按制造厂规定选择,并记入试验报告中。

5.4.4 撒布量的调节

对每种粒剂,试验应在制造厂推荐的最大、最小撒布量以及算术平均值下进行。

如果在撒布机的调节范围内无法设定为平均撒布量或平均速度值，允许在调节范围内设定最接近平均值的撒布量或速度值，并将该情况记入试验报告中。

5.4.5 试验持续时间

每次记时前应允许有足够的持续时间，以避免开始时流动不均匀，并使得粒剂由粒箱自由地进入排粒机构。

5.4.5.1 流量试验

每个试验应有两次至少 15 s 的持续时间。

5.4.5.2 分布试验

在设定的前进速度和撒布量下，撒布机应匀速通过每个集粒盒上方。

5.4.6 测量

应称出每个集粒盒(或每组集粒盒)收集到的粒剂量。

6 试验规程

试验规程和内容应符合附录 A。

6.1 前进速度、撒布量的调节、粒剂种类的影响(第 1 号试验)

确定前进速度、撒布量的调节、粒剂种类是否对流量和分布有任何影响。

6.2 粒箱中粒剂量的影响(第 2 号试验)

确定粒箱中粒剂量是否由于沉积或架空而对流量和流量均匀性有影响。

7 试验结果

注：本章中使用的统计学术语由 GB/T 3358.1 规定。

应分别给出各项试验的结果，并根据需要给出按 7.1 和 7.2 计算的结果。

7.1 流量试验

7.1.1 计算每项试验的两组数据的平均值，作为每个排粒机构的流量值 D_i。

7.1.2 按式(2)计算每个排粒机构的流量偏差 R，%

$$R = \frac{D_i - \overline{D}}{\overline{D}} \times 100 \qquad \cdots\cdots(2)$$

式中：

$$\overline{D} = \frac{1}{n}\sum D_i \qquad \cdots\cdots(3)$$

7.1.3 按式(4)计算记录的所有排粒机构的 D_i 相对于平均值的相对偏差 R_i，%

$$R_i = \frac{D_{i,\max} - D_{i,\min}}{\overline{D}} \times 100 \qquad \cdots\cdots(4)$$

7.1.4 不均匀程度用变异系数 CV 表示，按式(5)计算：

$$CV = \frac{s}{\overline{D}} \qquad \cdots\cdots(5)$$

式中：

s——标准偏差，按式(6)计算：

$$s = \sqrt{\frac{1}{n-1}\sum (D_i - \overline{D})^2} \qquad \cdots\cdots(6)$$

式中：

n——排粒机构数量或粒箱中粒剂量影响试验的次数。

7.2 分布试验

7.2.1 计算每个纵向集粒盒行或每排集粒盒收集到粒剂的平均质量 $\overline{M_n}$，n 为每行中集粒盒的数量或集粒盒排数。

7.2.2 计算每行集粒盒的变异系数 CV_n，按式(7)计算：

$$CV_n = \frac{s}{\overline{M_n}} \qquad (7)$$

式中：

s——标准偏差，按式(8)计算：

$$s = \sqrt{\frac{1}{n-1}\sum (M_i - \overline{M_n})^2} \qquad (8)$$

式中：

M_i——每个集粒盒或每排集粒盒收集到的粒剂质量；

$\overline{M_n}$按式(9)计算：

$$\overline{M_n} = \frac{1}{n}\sum M_i \qquad (9)$$

7.2.3 按式(10)计算每行的相对偏差 R_n，%：

$$R_n = \frac{M_{i,\max} - M_{i,\min}}{\overline{M_n}} \times 100 \qquad (10)$$

7.2.4 对点状、成行、成条撒布的，计算每个集粒盒或每排集粒盒收集到的粒剂质量 M_i 相对于$\overline{M_n}$的百分数；对成片撒布的，计算每个集粒盒或每排集粒盒收集到的粒剂质量 M_i 相对于$\overline{M_N}$的百分数，其中 n（或 N）为集粒盒总数。

7.2.5 对成片撒布，应按式(11)～式(14)计算并记录下列指标值：

a)
$$\overline{M_N} = \frac{1}{N}\sum M_i \qquad (11)$$

b)
$$CV_N = \frac{s}{\overline{M_N}} \qquad (12)$$

式中：

$$s = \sqrt{\frac{1}{N-1}\sum (M_i - \overline{M_N})^2} \qquad (13)$$

N——所有集粒盒总数。

c) 所有集粒盒的相对偏差 R_N，%：

$$R_N = \frac{M_{i,\max} - M_{i,\min}}{\overline{M_N}} \times 100 \qquad (14)$$

8 试验报告

附录C给出了试验报告的示例。

附　录　A
（规范性附录）
规定性试验

表 A.1　规定性试验内容

试验项目		试验类型	试验编号	试验程序			
				加粒剂量	理论前进速度	撒布量调节	粒剂种类
第 1 号试验：前进速度、撒布量的调节和粒剂种类的影响	流量和流量均匀性	静态	100	1/2	最小值	最小值	最多为符合 4.2.1 的 3 种粒剂
			101		最小值	平均值	
			102		最小值	最大值	
			103		平均值	最小值	
			104		平均值	平均值	
			105		平均值	最大值	
			106		最大值	最小值	
			107		最大值	平均值	
			108		最大值	最大值	
	分布均匀性	动态	110	1/2	最小值	最小值	
			111		最小值	平均值	
			112		最小值	最大值	
			113		平均值	最小值	
			114		平均值	平均值	
			115		平均值	最大值	
			116		最大值	最小值	
			117		最大值	平均值	
			118		最大值	最大值	
第 2 号试验：粒箱中粒剂量的影响[a]	流量和流量均匀性	静态	201	1/1	平均值	平均值	
			202[b]	1/2	平均值	平均值	
			203	1/4	平均值	平均值	
			204	最小量[c]	平均值	平均值	

[a] 对有多个粒箱的情况，应选择其一进行试验。

[b] 该试验与 104 号试验一致。

[c] 制造厂推荐的最小量(记入试验报告)。

附　录　B
（规范性附录）
选择性试验

引言

选择性试验是否进行由试验机构确定。试验时应注意观察有无明显的操作错误情况。与耐久性相关的试验应不受环境的影响。

B.1　操作方便性

B.1.1　装载和挂接

评价装载、挂接、分离和调节的方便性，以及安装撒布机后可能对主机操作方便性造成的影响。

B.1.2　调节

应特别注意能够使操作者得到撒布量和确定最佳调节量的操纵装置的调节方便性，并注意调节之后可能对分布均匀性和撒布量准确性产生影响的所有控制机构或调节装置的调节方便性。还应确定在撒布机使用地区内减轻操作者工作量的保养手册内容范围以及所用的印刷文种。

B.1.3　维修和清洗方便性

确定进行日常和定期维修的方便性。同时记录日常和定期清洗的方便性，以及进入工作部件的维修空间、排放畅通性和耐腐蚀性等方面的特性。

B.2　粒剂的更换

确定粒剂是否在撒布机行进中直接更换。

B.3　倾斜的影响

确定撒布机在倾斜地面作业时是否影响流量均匀性和成片撒布作业的分布均匀性。

试验程序和内容应符合表B.1。

表 B.1　倾 斜 试 验

试验项目		试验类型	试验编号	试验程序				
				倾斜程度	加粒剂量	理论前进速度	撒布量的调节	粒剂种类
倾斜的影响	流量和流量均匀性	静态	310	20%上倾	1/2	平均值	最大值	最多为符合4.2.1的3种粒剂
			311	20%[a] 下倾	1/2	平均值	最大值	
			312	20%右倾	1/2	平均值	最大值	
			313	20%[a] 左倾	1/2	平均值	最大值	
	成片撒布情况下的分布均匀性	动态	320	20%上倾	1/2	平均值	最大值	
			321	20%[a] 下倾	1/2	平均值	最大值	
			322	20%右倾	1/2	平均值	最大值	
			323	20%[a] 左倾	1/2	平均值	最大值	

[a] 根据排粒机构的型式，并由试验机构确定是否进行这些试验。

B.4 排粒机构的适用性检查

检查排粒机构对各类粒剂产品的适用性。

B.5 耐候性检查

检查撒布机的耐候性,如耐潮湿或耐雨淋性。

B.6 结构强度

记录试验期间撒布机出现的任何结构损坏或变形情况。

附　录　C
（资料性附录）
颗粒杀虫剂或除草剂撒布机
试验报告示例

制造厂/进口商名称和地址：

撒布机试验人员：

撒布机抽样方法：

试验日期和地点：

C.1　撒布机技术规格

特征

注册商标：……………………………………

型号：……………………………………

编号：……………………………………

牵引式、半悬挂式或悬挂式：……………………………………

整机尺寸

宽度

——工作状态下：…………………………………… m

——道路运输状态下：…………………………………… m

道路运输状态下的高度：…………………………………… m

道路运输状态下的长度：…………………………………… m

净质量：…………………………………… kg

技术规格

作业速度

——最小：…………………………………… km/h

——最大：…………………………………… km/h

排粒机构转速

——最小：…………………………………… min^{-1}

——最大：…………………………………… min^{-1}

排粒机构振动频率

——最小：…………………………………… Hz

——最大：…………………………………… Hz

加料高度：…………………………………… m

粒箱

容量(体积或质量)：…………………………………… L 或 kg

尺寸：…………………………………… mm

材料：……………………………………

加料口直径：…………………………………… mm

排空装置(型式、尺寸)：…………………………………… mm

搅拌装置

型式：……………………………………

材料：..

尺寸：..mm

转速：..min^{-1}

搅动频率：..Hz

位置：..

排粒机构

型式：..

材料：..

出口尺寸：..mm

位置：..

设定撒布调节量的方式：..

驱动方式：..

截流装置

型式：..

位置：..

输送管

材料：..

尺寸：..mm

撒布装置

型式：..

材料：..

尺寸：..mm

排粒机构的其他部件

列举描述：..

特殊装置和撒布机附件：..

C.2 粒剂特征（见表 C.1）

表 C.1 粒剂特征

项目		粒剂的种类		
		通过筛网的百分率		
方形筛网孔的尺寸[a]/mm	0.250 0.500 0.800 (0.840 或 0.853)[b] 1.000 1.600 (1.680 或 1.676)[b] 2.000 2.500 (2.830 或 2.812)[b]			

表 C.1(续)

项　目	粒剂的种类		
	通过筛网的百分率		
体积密度/(kg/m³)			
含水率/%(质量分数)			
休止角/(°)			
试验期间空气湿度/%			
试验日期和地点:			
试验人员姓名:			
[a] 略去不用的尺寸。 对模拟产品,应使用6种连续尺寸的筛网。 [b] 按ASTM标准或BSI标准取值。			

C.3　试验结果

C.3.1　规定性试验

C.3.1.1　表C.1中指定的粒剂种类对流量均匀性的影响:

100～108号试验(表C.2)。

C.3.1.2　前进速度对流量和流量均匀性的影响:

100～108号试验(表C.2和图C.1)。

表 C.2　100～108号试验

粒剂名称:……………… 撒布量调节机构的设定:………………

试验类型和编号:………………

加粒剂量:……………… 空气湿度:……………… %

速度:………………

排粒机构的编号	流量的测定值/(mg/s)		每个排粒机构的平均流量 D_i/(mg/s)	D_i 相对于 $\overline{D}$ 的偏差
	1	2		
所有排粒机构的平均流量 $\overline{D}$/(mg/s)				
流量均匀性	变异系数/%			
	相对偏差/%			
试验日期和地点:				
试验人员名单:				

C.3.1.3 撒布量调节机构的设定对流量和流量均匀性的影响：

100～108号试验(表C.2和图C.1)。

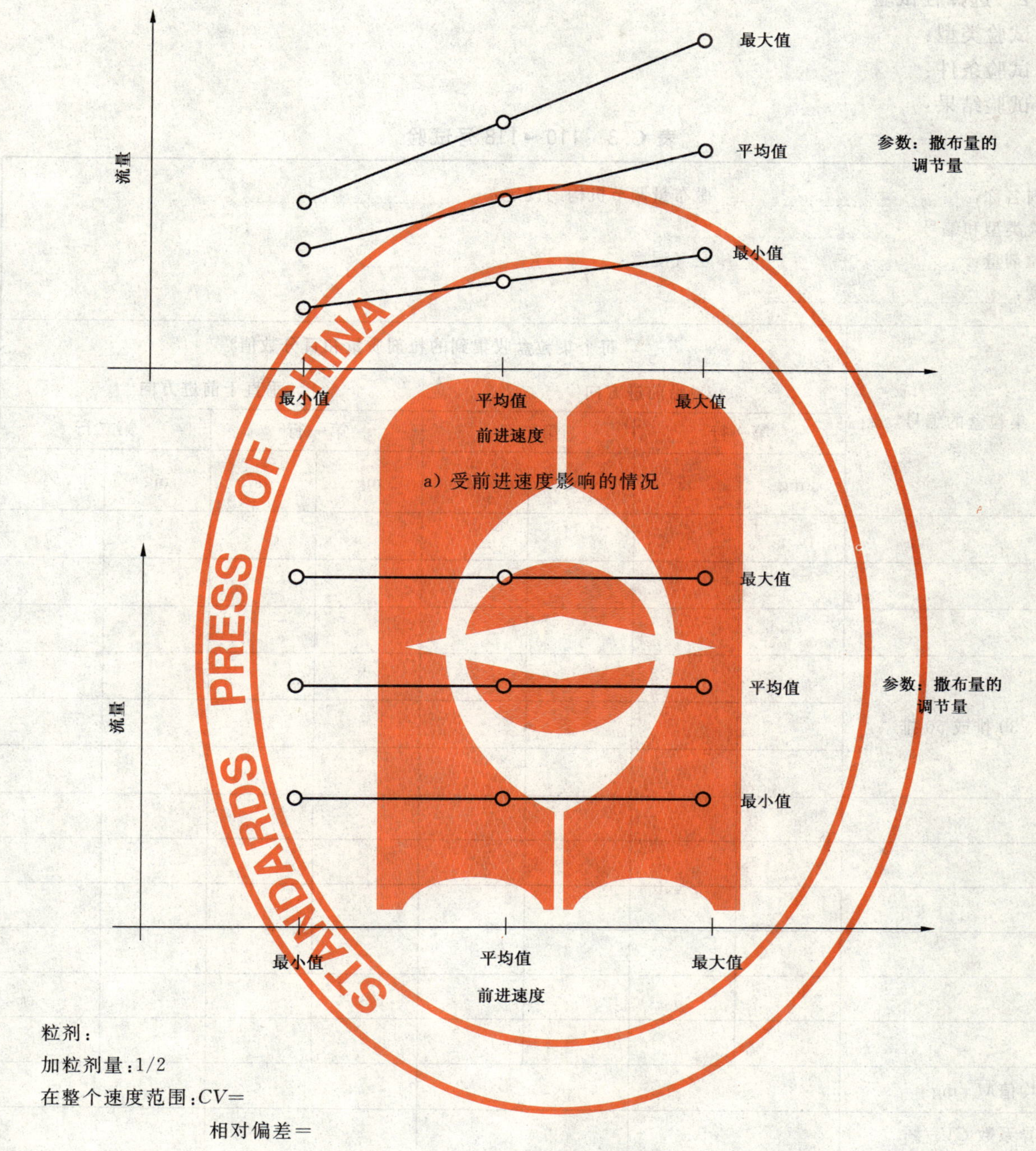

a) 受前进速度影响的情况

粒剂：

加粒剂量：1/2

在整个速度范围：$CV=$

相对偏差＝

b) 不受前进速度影响的情况

图C.1 速度和撒布量调节对流量的影响

C.3.1.4 粒剂种类对分布均匀性的影响：

110～118号试验(表C.3)。

C.3.1.5 前进速度对分布均匀性的影响：

110～118号试验(表C.3)。

C.3.1.6 撒布量调节机构的设定对分布均匀性的影响：

110～118号试验(表C.3)。

C.3.1.7　粒箱中粒剂量对流量和流量均匀性的影响：

201～204 号试验(表 C.4)。

C.3.2　选择性试验

试验类型：

试验条件：

试验结果：

表 C.3　110～118 号试验

粒剂名称：………… 撒布量调节机构的设定：………… 试验类型和编号：………… 加粒剂量：………… 空气湿度：………… % 速度：…………								
集粒盒的编号[a]	每个集粒盒收集到的粒剂质量和百分数值[b]							
	沿前进方向				垂直于前进方向			
	第一行		第二行		第一行		第二行	
	mg	%	mg	%	mg	%	mg	%
30 排或 50 排								
平均值$\overline{M_n}$/mg								
变异系数 CV_n/%								
相对偏差 R_n/%								
试验日期和地点：								
试验人员姓名：								
成片撒布时，$\overline{M_n}$，CV_n 和 R_n 应替换为$\overline{M_N}$，CV_N 和 R_N。								

[a] 或集粒盒排的编号。

[b] 相对于$\overline{M_n}$或$\overline{M_N}$的质量百分数值。

表 C.4 201～204 号试验

粒剂名称：…………………………撒布量设定调节机构：…………………………

试验类型和编号：…………………………

加粒剂量：…………………………空气湿度：…………………………%

速度：…………………………

粒箱中粒剂量	流量测定值/(mg/s)		每个排粒机构的平均流量 D_i/(mg/s)	D_i 相对于 $\overline{D}$ 的偏差
	1	2		
1/1				
1/2				
1/4				
最小量[a]				
所有排粒机构的平均流量 $\overline{D}$/(mg/s)				
流量均匀性	变异系数/%			
	相对偏差/%			
试验日期和地点：				
试验人员姓名：				
[a] 制造厂推荐的最小量。				

C.4 观测结果

对于实际情况下撒布机无法设定为流量或速度的算术平均值，应如下说明：

“由于下列原因无法获得流量或速度的算术平均值：”

ICS 65.060.99
B 91

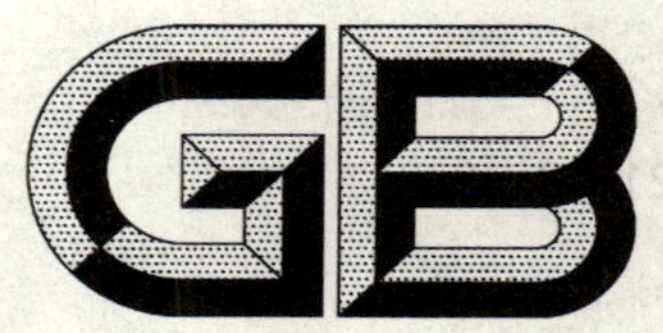

中华人民共和国国家标准

GB/T 21158—2007

种子加工成套设备

Seed processing complete equipment

2007-11-01 发布　　　　　　　　　　　　2008-01-01 实施

中华人民共和国国家质量监督检验检疫总局
中国国家标准化管理委员会　发布

前　言

本标准的附录A为规范性附录。

本标准由中国机械工业联合会提出。

本标准由全国农业机械标准化技术委员会归口。

本标准起草单位：黑龙江省农副产品加工机械化研究所、农业部南京农业机械化研究所。

本标准主要起草人：王亦南、胡志超、孙鹏、田立佳、毕吉福、赵妍、赵承圃。

种子加工成套设备

1 范围

本标准规定了种子加工成套设备术语和定义、型式和型号及主参数系列、技术要求、试验方法、检验规则、标志和包装及运输等。

本标准适用于：

——小麦、水稻、玉米、大豆种子加工成套设备；

——蔬菜种子加工成套设备；

——棉花种子(光籽，以下相同)、油菜、甜菜加工成套设备。

其他农作物种子加工成套设备(以下简称成套设备)可参照执行。

2 规范性引用文件

下列文件中的条款通过本标准的引用而成为本标准的条款。凡是注日期的引用文件，其随后所有的修改单(不包括勘误的内容)或修订版均不适用于本标准，然而，鼓励根据本标准达成协议的各方研究是否可使用这些文件的最新版本。凡是不注日期的引用文件，其最新版本适用于本标准。

GB/T 3543.2 农作物种子检验规程 扦样

GB/T 3543.3 农作物种子检验规程 净度分析

GB/T 3797—2005 电气控制设备

GB 4404.1—1996 粮食作物种子 禾谷类

GB 4404.2—1996 粮食作物种子 豆类

GB/T 5748—1985 作业场所空气中粉尘测定方法

GB/T 5983—2001 种子清选机试验方法

GB/T 9480—2001 农林拖拉机和机械、草坪和园艺动力机械 使用说明书编写规则(eqv ISO 3600:1996)

GB 9969.1 工业产品使用说明书 总则

GB 10395.1—2001 农林拖拉机和机械 安全技术要求 第1部分:总则(eqv ISO 4254-1:1989)

GB 10396—2006 农林拖拉机和机械、草坪和园艺动力机械 安全标志和危险图形 总则(ISO 11684:1995,MOD)

GB/T 12138—1989 袋式除尘器性能测试方法

GB/T 12994—1991 种子加工机械术语

GB/T 13306 标牌

GB 16297 大气污染物综合排放标准

GB 16715.2～16715.5 瓜菜作物种子

GB 19176 糖用甜菜种子

GBZ 2—2002 工作场所有害因素职业接触限值

GBZ 159—2004 工作场所空气中有害物质监测的采样规范

HJ/T 286 环境保护产品技术要求 工业锅炉多管旋风除尘器

JB/T 5673 农林拖拉机及机具涂漆 通用技术条件

JB/T 10200 种子加工和粮食处理设备产品型号编制规则

LS/T 3501.12 粮油加工机械通用技术条件 产品包装

NY/T 374　种子加工成套设备安装验收规程

NY/T 611—2002　农作物种子定量包装

WS/T 69—1996　作业场所噪声测量规范

3　术语和定义

GB/T 12994 确定的及下列术语和定义适用于本标准。

3.1

长杂　large impurities

形状与被加工作物种子相似，最大尺寸大于被加工农作物种子长度尺寸的杂质及其他植物种子(如小麦种子中的燕麦种子)。

3.2

短杂　small impurities

形状与被加工作物种子相似，最大尺寸小于被加工农作物种子长度尺寸的杂质及其他品种种子(如水稻种子中的整粒糙米)。

3.3

异形杂质　different shape impurities

最大尺寸与被加工农作物种子相近，而形状明显不同的杂质(如大豆种子的并肩石、异形粒及破损粒)。

3.4

形状分选　separating by shape

根据被加工农作物种子与异形杂质在斜面上运动速度和轨迹的差异，将其分离的方法。

3.5

发芽粒　sprouted kernel

已长出芽或幼根的种子籽粒(如芽或幼根已突出稻壳的水稻种子)。

3.6

破损粒　broken kernel

籽粒残缺或已被压扁，或裂口并改变形状的种子籽粒。

4　型式和型号及主参数系列

4.1　型式

4.1.1　成套设备按加工的农作物种子不同划分型式和命名，如小麦种子加工成套设备、蔬菜种子加工成套设备、棉花种子加工成套设备等。

4.1.2　加工三种及以上农作物种子的成套设备，可称通用型种子加工成套设备。

4.2　型号

按 JB/T 10200 规定编制各种型式成套设备产品型号。

4.3　主参数系列

以生产率为成套设备主参数。主要农作物种子加工成套设备主参数系列应符合表 1 规定。

表 1　主要农作物种子加工成套设备主参数系列

序号	型　式	主参数系列/(t/h)
1	小麦种子加工成套设备	1.0、1.5、3、5、(7)、10、15
2	水稻种子加工成套设备	1.0、1.5、3、5、(7)、10
3	玉米种子加工成套设备	3、5、(7)、10、15、20

表 1(续)

序号	型　式	主参数系列/(t/h)
4	大豆种子加工成套设备	3、5、(7)、10
5	蔬菜种子加工成套设备	0.2、0.3、0.5、1.0
6	棉花种子加工成套设备	0.5、1.0、1.5、3、5
7	油菜种子加工成套设备	0.5、1.0、1.5、3、5
8	甜菜种子加工成套设备	0.5、1.0、1.5、3、5
注：括号内的数字为保留机型主参数。		

5　技术要求

5.1　一般技术要求

5.1.1　成套设备应符合本标准规定，并按规定程序批准的图样和技术文件制造。

5.1.2　从原料种子接收到成品种子包装全过程作业应连续完成。杂质应能被机械清理或人工辅助清理。

5.1.3　加工工序齐全，工艺流程可灵活选择，能适应不同原料种子质量及成品种子等级变化需要。

5.1.4　按表 2 配置的设备和辅助设备提升机、输送机应是符合相关标准的合格产品。

5.1.5　各工序加工量平衡，成套设备生产稳定。

5.1.6　设备布置合理，使用维修方便，便于清理。

5.2　工艺流程和设备配置

主要农作物种子加工成套设备加工工艺流程和设备配置应符合表 2 规定。

表 2　工艺流程和设备配置

序号	型　式	一般加工工艺流程	设备配置
1	小麦种子加工成套设备	进料→基本清选→重力分选→长度分选→包衣→包装	风筛式清选机、重力式分选机、窝眼筒分选机、包衣机、定量包装机
2	水稻种子加工成套设备[a]	进料→基本清选→重力分选→长度分选或重力分选→包衣→包装	风筛式清选机、重力式分选机、窝眼筒分选机或谷糙分离机、包衣机、定量包装机
3	玉米种子加工成套设备	进料→基本清选→重力分选→尺寸分级→包衣→包装	风筛式清选机、重力式分选机、平面分级机或圆筒筛分级机、包衣机、定量包装机
4	大豆种子加工成套设备	进料→基本清选→重力分选→形状分选→包衣→包装	风筛式清选机、重力式分选机、带式分选机或螺旋分选机、包衣机、定量包装机
5	蔬菜种子加工成套设备	进料→基本清选→重力分选→重力分选(去石)→包衣→包装	风筛式清选机、重力式分选机、去石机、包衣机、定量包装机
6	棉花种子加工成套设备	进料→基本清选→重力分选→包衣→包装	风筛式清选机、重力式分选机、包衣机、定量包装机
7	油菜种子加工成套设备	进料→基本清选→重力分选→包衣→包装	风筛式清选机、重力式分选机、包衣机、定量包装机
8	甜菜种子加工成套设备	进料→基本清选→重力分选→包衣或丸化→包装	风筛式清选机、重力式分选机、包衣机或制丸机、定量包装机
a　水稻种子加工成套设备生产率＞3 t/h，除短杂宜采用重力分选及重力谷糙分离机。			

5.3 性能指标

5.3.1 小麦、水稻、玉米及大豆种子加工成套设备性能指标应符合表3规定。

表3 小麦、水稻、玉米及大豆种子加工成套设备性能指标

序号	性能指标	小麦种子 加工成套设备	水稻种子 加工成套设备	玉米种子 加工成套设备	大豆种子 加工成套设备
1	生产率/(t/h)	符合表1规定			
2	净度/%	≥98			
3	获选率/%	≥97	≥97	≥98	≥97
4	除长杂率/%	≥95	—	—	—
5	除短杂率/%	—	≥90	—	—
6	发芽粒清除率/%	—	≥85	—	—
7	异形杂质清除率/%	—	—	—	≥90
8	分级合格率/%	—	—	≥90	—
9	包衣合格率/%	≥95	≥92	≥93	≥92
10	包装成品合格率/%	≥98			
11	提升机(单机)破损率/%	≤0.10	≤0.12	≤0.10	≤0.12
12	吨种子耗电量/(kW·h/t)	符合相关标准			
注：种子原始净度94%～96%，其他指标参见GB 4404.1～4404.2。					

5.3.2 蔬菜种子加工成套设备性能指标应符合表4规定。

表4 蔬菜种子加工成套设备性能指标

序号	性能指标	白菜、甘蓝	茄子、辣椒、蕃茄	芹菜、菠菜
1	生产率/(t/h)	符合表1规定		
2	净度/%	≥98	≥98	芹菜≥95、菠菜≥97
3	获选率/%	≥96	≥92	≥93
4	去石率/%	≥96	≥95	≥95
5	包衣合格率/%	≥95	≥90	≥90
6	包装成品合格率/%	≥98		
7	提升机(单机)破损率/%	≤0.10	≤0.12	≤0.10
8	吨种子耗电量/(kW·h/t)	符合相关标准		
注：种子原始净度白菜、甘蓝、茄子、辣椒、蕃茄94%～96%，芹菜、菠菜91%～93%。其他指标参见GB 16715.2～16715.5。				

5.3.3 棉花、油菜及甜菜种子加工成套设备性能指标应符合表5规定。

表5 棉花、油菜及甜菜种子加工成套设备性能指标

序号	性能指标	棉花种子 加工成套设备	油菜种子加工成套设备		甜菜种子 加工成套设备
			杂交种子	常规种子	
1	生产率/(t/h)	符合表1规定			
2	净度/%	≥99	≥97	≥98	≥98
3	获选率/%	≥97			
4	包衣(丸化)合格率/%	≥90	≥95	≥95	≥90

表 5(续)

序号	性能指标	棉花种子加工成套设备	油菜种子加工成套设备		甜菜种子加工成套设备
			杂交种子	常规种子	
5	健籽率/%	≥95	—	—	—
6	包装成品合格率/%	≥98			
7	提升机(单机)破损率/%	≤0.12	≤0.10	≤0.10	≤0.12
8	吨种子耗电量/(kW·h/t)	符合相关标准			
注:种子原始净度棉花 95%~97%,油菜、甜菜 95%~96%。其他指标参见 GB 4404.1~4404.2 及 GB 19176。					

5.4 使用有效度

5.4.1 小麦、水稻、玉米、大豆种子加工成套设备和棉花、油菜、甜菜种子加工成套设备使用有效度应大于或等于 93%。

5.4.2 蔬菜种子加工成套设备使用有效度应大于或等于 92%。

5.5 除尘设备

5.5.1 卸料坑进料口、提升机和输送机出料口、缓冲仓和分级仓及成膜仓进料口均应设置除尘吸风口和吸风截止阀。

5.5.2 除尘管道连接应密封,无粉尘泄漏。

5.5.3 除尘器除尘效率:

——旋风除尘器除尘效率应大于或等于 85%;

——布袋除尘器除尘效率应大于或等于 95%。

5.5.4 除尘设备排放气体中颗粒物浓度及速率应符合 GB 16297 规定。

5.6 电气控制设备

5.6.1 电气控制设备所装用的元器件、印制板、控制单元及操作件应是符合相关标准的合格产品。

5.6.2 电气控制设备应具备的功能:

——应具有短路、过载、零电压、欠压及过压保护作用;

——顺序启动和顺序停机、单机启动和停机及各设备连锁功能;

——每台设备运行和停止、缓冲仓和分级仓及成膜仓的上下料位均应有指示信号。

5.6.3 控制柜(台)设计、安装及布线应符合 GB/T 3797—2005 中 4.12 的规定。

5.7 外观质量

5.7.1 成套设备的清选机械、包衣机、定量包装机及辅助设备涂漆颜色应相谐调。涂漆质量应符合 JB/T 5673 的规定。

5.7.2 提升机溜管和除尘管道空间布置应整齐排列有序。

5.7.3 安装工艺允许的现场焊接应焊缝均匀,无烧穿及焊点外溢。焊后补漆应符合 5.7.1 的规定。

5.8 工作场所职业卫生要求

5.8.1 加工车间空气中含粉尘浓度不大于 8 mg/m³,包装车间和控制室不大于 4 mg/m³。

5.8.2 加工车间工作地点噪声不大于 85 dB(A),包装车间和控制室不大于 75 dB(A)。

5.8.3 包衣车间空气中含有毒物质容许浓度应符合 GBZ 2—2002 中表 1 的规定。

5.9 环境条件适应性

5.9.1 环境空气相对湿度不大于 80%,包衣车间温度不低于 10℃,成套设备应能正常工作。

5.9.2 额定电源电压变化±10%,额定频率变化±2%,成套设备应能正常工作。

5.10 安全技术要求

5.10.1 外露的传动件和风机进风口应安装防护装置。防护装置的结构、安全距离应符合 GB 10395.1—2001 第 6 章、第 7 章的规定。

5.10.2 对加防护装置仍不能消除或充分限制的危险部位，应装有指示危险用的安全标志，并符合GB 10396的规定。

5.10.3 控制柜和所有电动机驱动的设备应装设安全接地保护，并应符合GB/T 3797—2005中4.10.6的规定。

5.10.4 电气控制设备中电压超过50 V的带电件应具有防止意外触电保护措施，并符合GB/T 3797—2005中4.10.1的规定。

5.10.5 集尘设备宜放置室外，需要放置室内时，应装置直接通往室外的泄爆管道。

5.11 使用说明书

5.11.1 成套设备使用说明书应按GB/T 9480的规定编写。

5.11.2 成套设备的清选机械、包衣机、定量包装机、提升机及输送机使用说明书应按GB/T 9480或GB 9969.1的规定编写。

6 试验方法

6.1 试验要求

6.1.1 成套设备性能试验一般进行三次，每次不少于30 min。试验测定结果取平均值。

6.1.2 应按6.5规定的测试程序完成试验项目全部数据的测定，除包衣机外不得单机或单项试验测定。

6.1.3 以标准作物种子小麦种子加工成套设备为例进行性能试验。其他型式成套设备性能试验参照本章及GB/T 5983的规定执行。

6.2 试验准备

6.2.1 试验测定用仪器、仪表应校验合格。现场测试用仪器、仪表及准确度要求见附录A。

6.2.2 试验用小麦种子应是同一产地、同一品种、同一收获期质量基本一致的种子。种子原始净度94%～96%，水分应符合GB 4404.1规定。

6.2.3 试验用种衣剂应是符合相关标准的合格产品，按5.9.1规定的环境条件，成膜时间应小于20 min。

6.2.4 试验用成套设备应按NY/T 374规定安装，并通过验收，能正常作业。

6.2.5 成套设备全线空运行10 min，喂入准备好的小麦种子，调试到设计生产率运行20 min。

6.3 取样

6.3.1 基本清选前取样：在风筛式清选机喂入口接取，一次试验取样三次，在试验期间等间隔进行，每次取样质量不少于1 kg。

6.3.2 长度分选后取样：在窝眼筒分选机主排出口接取，一次试验取样三次，在试验期间等间隔进行，每次取样质量不少于1 kg。

6.3.3 包衣种子取样：在成膜仓出料口接取，一次试验取样三次，在试验期间等间隔进行，每次取样质量不少于0.5 kg。

6.3.4 包装成品取样：在定量包装机成品输送带上抽取，一次试验取样三次，在试验期间等间隔进行，每次取样数量不少于10个包装件。

6.3.5 同类提升机破损率测定取样：分别在提升机进、出料口接收，一次试验取样三次，在试验期间等间隔进行，每次取样质量不少于0.5 kg。

6.4 样品处理

6.4.1 将6.3.1、6.3.2三次接取的样品，按GB/T 3543.2规定分别配制成混合样品和送检样品。再按GB/T 3543.3规定分析计算出清选前后小麦种子的净度和每千克种子含长杂的粒数。要求在做净度分析分离样品时，应将未成熟的、瘦小的、皱缩的、破损的、带病的及发过芽的净种子全按杂质处理。

6.4.2 将6.3.3三次接取的样品，按GB/T 3543.2规定配制成混合样品，从中分捡出300粒，称量出其质量。从中分选出符合相关标准的包衣合格种子，称量出其质量。

6.4.3　将6.3.4三次抽取的包装件，按NY/T 611—2002中5.2的规定，分选出净含量和封缄合格的包装件。

6.4.4　将6.3.5每次在提升机进、出料口接取的样品，按GB/T 3543.2规定配制成混合样品，从中各分捡出100 g送检样品，从送检样品中分选出破损粒，称量出其质量。

6.5　测试程序

6.5.1　顺序起动成套设备，全线达到设计生产率之后，开始测定：

——记录开始时间；

——开始记录耗电量；

——开始计量风筛式清选机喂入量和窝眼筒分选机主排出口排出种子质量；

——开始记录包装件数量；

——按6.3规定取样；

——按GB/T 5748规定采样测定加工车间、包装车间及控制室空气中粉尘浓度；

——按WS/T 69—1996规定测定加工车间工作地点、包装车间及控制室噪声；

——按GBZ 159—2004规定在包衣车间采样测定空气中有毒物质浓度；

——按GB/T 12138、HJ/T 286规定测定除尘器除尘效率；

——按GB 16297规定采样测定除尘设备排放气体中颗粒物浓度及速率；

——测定记录环境温度及湿度。

6.5.2　完成上述程序试验测定结束，记录结束时间及耗电量，准备第二次试验。

6.6　试验测定结果计算

6.6.1　纯工作小时生产率：

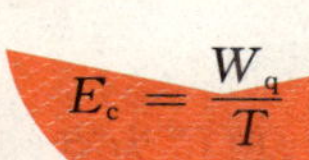

$$E_c = \frac{W_q}{T} \qquad \cdots\cdots(1)$$

式中：

E_c——纯工作小时生产率，单位为吨每小时(t/h)；

W_q——测定时间内，风筛式清选机喂入种子质量，单位为吨(t)；

T——测定时间间隔数值，单位为小时(h)。

6.6.2　加工每吨种子耗电量：

$$E_d = \frac{Q}{W_q} \qquad \cdots\cdots(2)$$

式中：

E_d——吨种子耗电量，单位为千瓦小时每吨(kW·h/t)；

Q——测定时间间隔内成套设备耗电量，单位为千瓦小时(kW·h)。

6.6.3　获选率：

$$\alpha = \frac{W \times \mu}{W_q \times \mu_q} \times 100 \qquad \cdots\cdots(3)$$

式中：

α——获选率，%；

W——测定时间间隔内窝眼筒分选机主排出口排出种子质量，单位为吨(t)；

μ_q——清选前种子净度，%；

μ——清选后种子净度，%。

6.6.4　除长杂率：

$$\beta = \frac{H_q - H}{H_q} \times 100 \qquad \cdots\cdots(4)$$

式中：

β——除长杂率，%；

H_q——清选前每千克种子含长杂粒数；

H——清选后每千克种子含长杂粒数。

6.6.5 包衣合格率：

$$\gamma = \frac{Z_h}{Z} \times 100 \qquad \cdots\cdots(5)$$

式中：

γ——包衣合格率，%；

Z_h——包衣合格种子质量，单位为克(g)；

Z——送检样品(300 粒)质量，单位为克(g)。

6.6.6 包装成品合格率：

$$\delta = \frac{B_h}{B} \times 100 \qquad \cdots\cdots(6)$$

式中：

δ——包装成品合格率，%；

B_h——抽检样品中净含量和封缄合格的包装件件数；

B——抽检样品件数。

6.6.7 提升机(单机)破损率：

$$\varepsilon = \left(\frac{S}{G} - \frac{S_q}{G_q}\right) \times 100 \qquad \cdots\cdots(7)$$

式中：

ε——提升机(单机)破损率，%；

S——提升机出料送检样品中破损粒质量，单位为克(g)；

S_q——提升机进料送检样品中破损粒质量，单位为克(g)；

G——提升机出料送检样品质量，单位为克(g)；

G_q——提升机进料送检样品质量，单位为克(g)。

6.7 使用有效度测定计算

6.7.1 成套设备全线作业至少连续三个班次，准确记录每班纯作业时间，故障停机时间。

6.7.2 使用有效度：

$$\theta = \frac{\sum T_z}{\sum T_z + \sum T_g} \times 100 \qquad \cdots\cdots(8)$$

式中：

θ——使用有效度，%；

T_z——测定时间间隔内每班纯作业时间，单位为小时(h)；

T_g——测定时间间隔内每班故障停机时间，单位为小时(h)。

6.8 电气控制设备性能测定

按 GB/T 3797—2005 中 5.2 的规定执行。

6.9 试验报告

试验报告应包括以下内容，必要时应以图表形式加以说明：

——试验目的、时间、地点及相关说明；

——成套设备简介；

——试验条件及作业状态；

——试验结果及分析；

——试验结论；

——试验负责单位及参加人员。

7 检验规则

7.1 型式检验

7.1.1 成套设备的清选机械、包衣机、定量包装机、提升机及输送机产品具有下列情况之一时，应进行型式检验：

——新设计的产品；

——按用户要求增加生产能力或增加使用功能的产品；

——第一次使用的外购产品；

——交收检验发现有质量问题的产品；

——停产一年以上再生产的产品。

7.1.2 型式检验内容和方法按 GB/T 5983 及相关标准执行。

7.1.3 成套设备如需型式检验按第 5 章、第 6 章规定执行。

7.2 交收检验

成套设备交收检验应按 5.3、5.5、5.6、5.8 规定的项目和第 6 章规定的方法执行。可按用户要求增减检验项目。

8 标志、包装、运输及贮存

8.1 标志

在成套设备产品明显部位设置符合 GB/T 13306 规定的产品标牌。产品标牌内容包括：

——制造厂名称；

——产品型号、名称；

——制造日期及出厂编号；

——产品执行标准编号。

8.2 包装

成套设备的清选机械、包衣机、定量包装机及控制柜应采用防雨封闭箱包装；提升机、输送机分解件及仓体，宜采用花格箱包装；台架类可裸装。包装技术要求按 LS/T 3501.12 的规定执行。

8.3 运输

成套设备包装件应符合公路、水路或铁路运输规定。

8.4 贮存

成套设备安装前应在库房内贮存，地面应干燥，空气相对湿度不大于 85%。

附 录 A
（规范性附录）
测试用仪器仪表

A.1 现场测试用仪器、仪表(不包括引用标准中所使用的仪器、仪表)及准确度要求，如表 A.1 所示。

表 A.1 测试用仪器仪表

序号	名 称	准确度要求
1	温度计	±1℃
2	湿度计	±3%
3	秒表	±0.5 s/d
4	快速水分测定仪	±0.5%
5	天平	0.01 g
6	度盘秤(2 kg)	±0.2%
7	台秤(500 kg)	±0.5%
8	电子皮带秤	±0.25%
9	动态称量流量计	±1%
10	功率表	1.0 级

ICS 65.060.30
B 91

中华人民共和国国家标准

GB/T 21159.1—2007/ISO 4002-1:1979

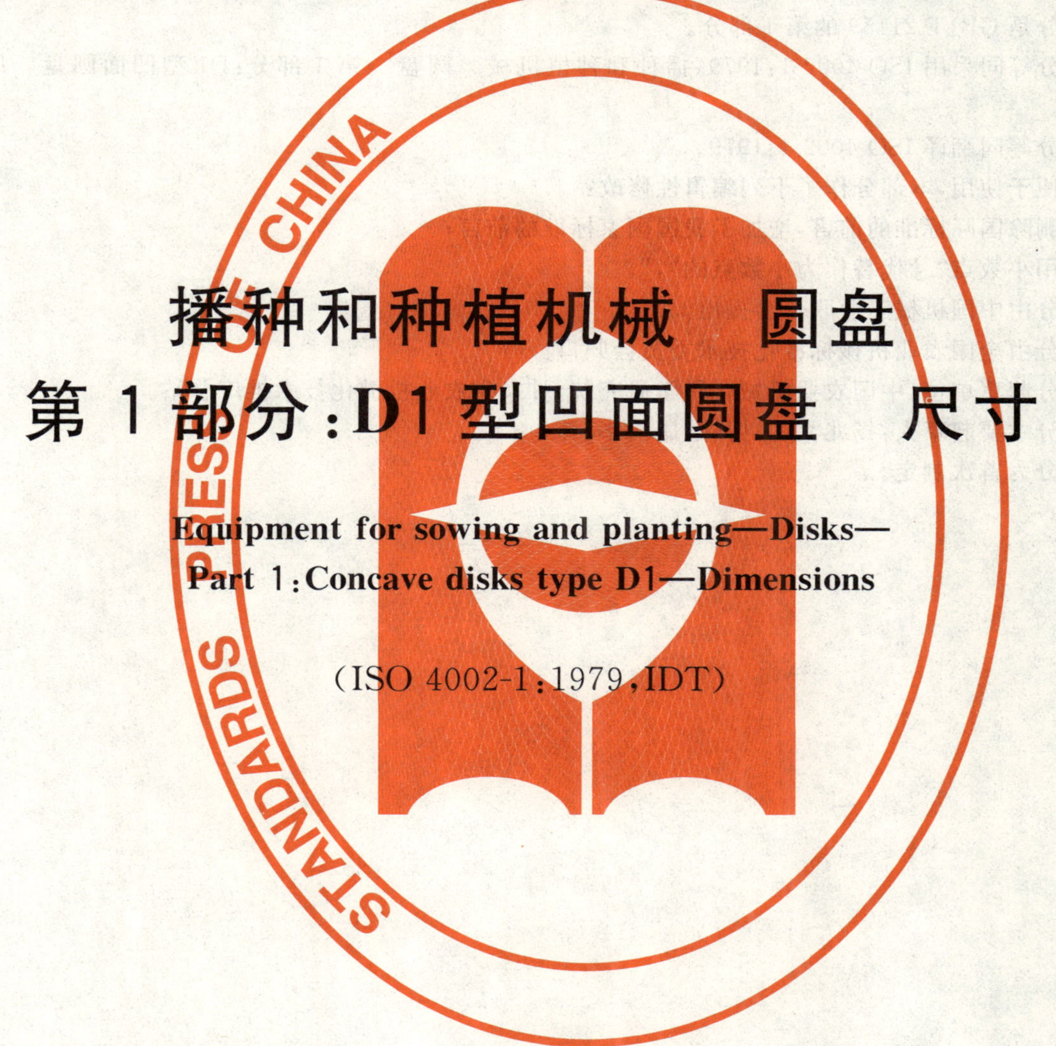

播种和种植机械　圆盘
第1部分:D1型凹面圆盘　尺寸

Equipment for sowing and planting—Disks—
Part 1:Concave disks type D1—Dimensions

(ISO 4002-1:1979,IDT)

2007-11-01 发布　　　　2008-01-01 实施

中华人民共和国国家质量监督检验检疫总局
中国国家标准化管理委员会　发布

前　言

GB/T 21159《播种和种植机械　圆盘》分为两部分：

——第1部分:《播种和种植机械　圆盘　第1部分:D1型凹面圆盘　尺寸》;

——第2部分:《播种和种植机械　圆盘　第2部分:D2型单边倒角的平面圆盘　尺寸》。

本部分是GB/T 21159的第1部分。

本部分等同采用ISO 4002-1:1979《播种和种植机械　圆盘　第1部分:D1型凹面圆盘　尺寸》(英文版)。

本部分等同翻译ISO 4002-1:1979。

为了便于使用,本部分作了下列编辑性修改:

——删除国际标准的前言,增加了我国国家标准的前言;

——用小数点“.”代替作为小数点的“,”。

本部分由中国机械工业联合会提出。

本部分由全国农业机械标准化技术委员会归口。

本部分起草单位:中国农业机械化科学研究院、甘肃省农业机械化技术推广总站。

本部分主要起草人:杨兆文、王博炜、康清华。

本部分为首次制定。

播种和种植机械　圆盘
第1部分:D1型凹面圆盘　尺寸

1　适用范围

本部分规定了播种和种植机械带有或不带有中心孔的凹面圆盘尺寸。

2　尺寸

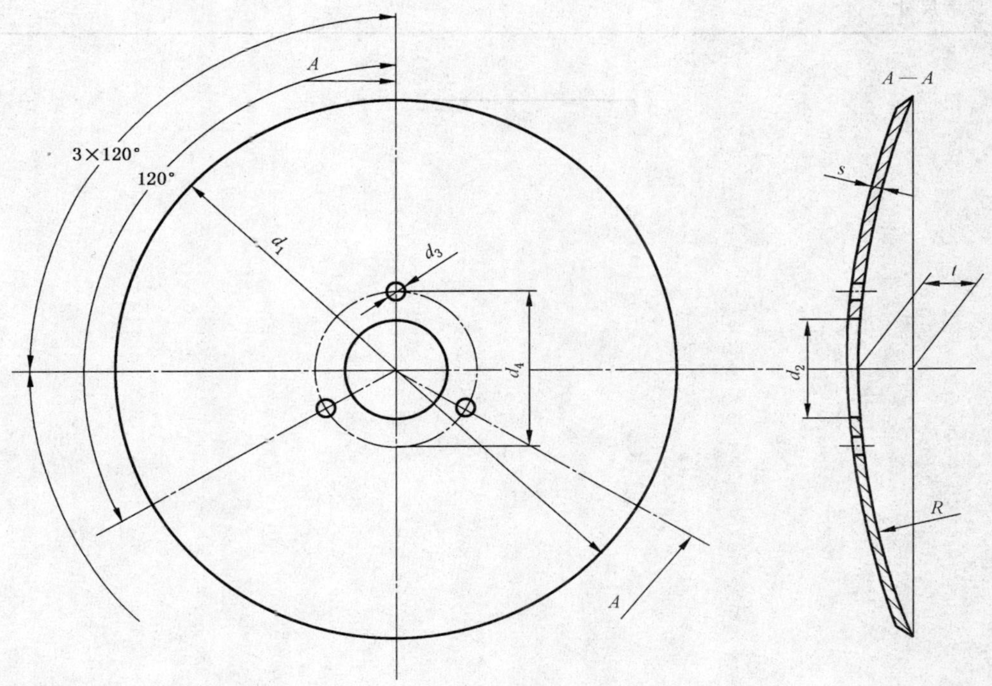

d_1——外径尺寸;

d_2——中心孔直径(如果有);

d_3——安装孔直径;

d_4——安装孔中心圆直径;

t——凹面高度;

R——凹面曲率半径;

s——圆盘厚度。

图1　D1型凹面圆盘

表 1　圆盘和安装孔尺寸

单位为毫米

分类	尺寸						
	$d_1 \pm 2$	$d_2{}^{+0.5}_{0}$	d_3	d_4[a]	s	R	t[b]
Ⅰ	300	55	9	85	2.5	550	20.85
Ⅱ	350						28.44
Ⅲ	400	65	11	90	3	600	34.44
Ⅳ	450				4		43.68

注：凹面曲率半径公差为凹面曲率半径值 R 的±5%。

a　安装孔中心公差应位于以其理论正确位置为圆心的直径为 0.2 mm 圆内。

b　t 为参考尺寸。

ICS 65.060.30
B 91

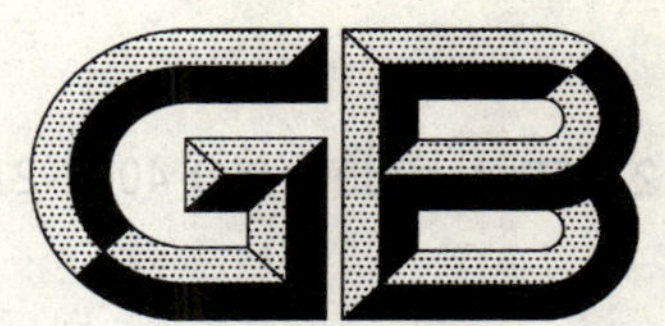

中华人民共和国国家标准

GB/T 21159.2—2007/ISO 4002-2:1977

播种和种植机械 圆盘
第2部分:D2型单边倒角的平面圆盘 尺寸

Equipment for sowing and planting—Disk—
Part 2:Flat disks type D2 with single bevel—Dimensions

(ISO 4002-2:1977,IDT)

2007-11-01 发布　　　　2008-01-01 实施

中华人民共和国国家质量监督检验检疫总局
中国国家标准化管理委员会　发布

前 言

GB/T 21159《播种和种植机械　圆盘》分为两部分:

——第1部分:《播种和种植机械　圆盘　第1部分:D1型凹面圆盘　尺寸》

——第2部分:《播种和种植机械　圆盘　第2部分:D2型单边倒角的平面圆盘　尺寸》

本部分是GB/T 21159的第2部分;

本部分等同采用ISO 4002-2:1977《播种和种植机械　圆盘　第2部分:D2型单边倒角的平面圆盘　尺寸》(英文版)。

本标准等同翻译ISO 4002-2:1977。

为了便于使用,本标准作了下列编辑性修改:

——删除国际标准的前言,增加了我国国家标准的前言;

——用小数点“.”代替作为小数点的“,”。

本部分由中国机械工业联合会提出。

本部分由全国农业机械标准化技术委员会归口。

本部分起草单位:中国农业机械化科学研究院、甘肃省农业机械鉴定站。

本部分主要起草人:杨兆文、石林雄。

本部分为首次制定。

播种和种植机械　圆盘 第2部分:D2型单边倒角的 平面圆盘　尺寸

1　适用范围

本部分规定了播种和种植机械的具有滑动或滚珠(滚柱)轴承的圆盘尺寸。

2　尺寸

2.1　圆盘的尺寸和安装孔尺寸。

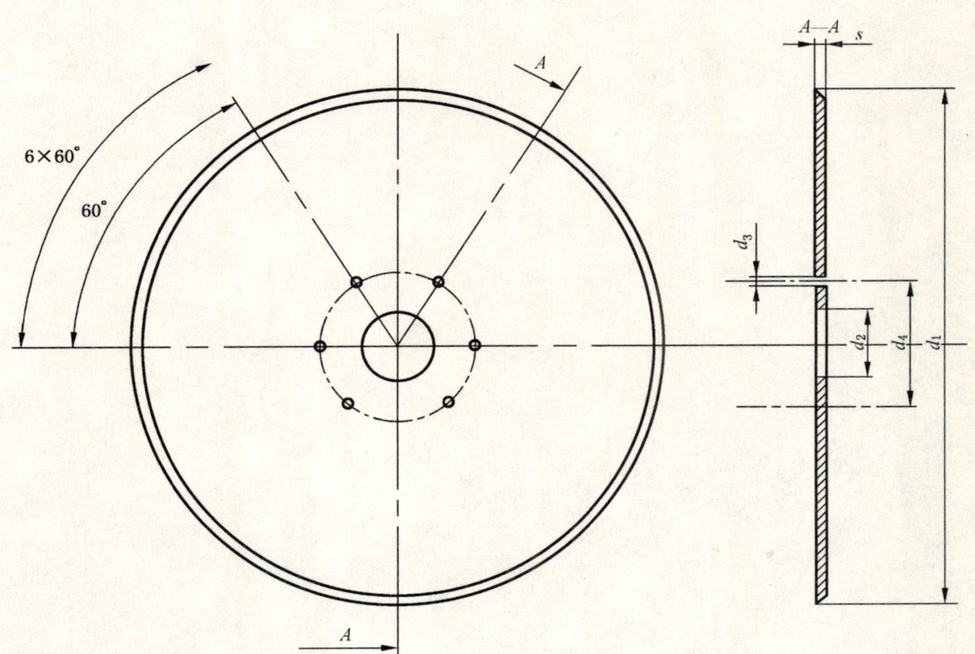

d_1——外径;

d_2——中心孔直径;

d_3——安装孔直径;

d_4——安装孔中心圆直径;

s——圆盘厚度。

图1　D2型单边倒角的平面圆盘

表 1　平面圆盘和安装孔尺寸

单位为毫米

$d_1 \pm 1$	$d_2{}^{+0.5}_{0}$		d_3[a]	d_4[b]		s
	滑动轴承	滚珠(滚柱)轴承		滑动轴承	滚珠(滚柱)轴承	
300	40	40	6.5	85	63.5	2
325	40					
350	45					

a　用空心铆钉。

b　安装孔中心公差应位于以其理论正确位置为圆心的直径为 0.2 mm 圆内。

2.2　平面度

圆盘的平面度公差应不大于 2 mm。

ICS 65.060.01
T 54

中华人民共和国国家标准

GB/T 21160—2007/ISO 17900:2002

农用挂车 全挂车和半挂车 有效载荷、垂直静态载荷和轴载荷的测定

Agricultural trailers—Balanced and semi-mounted trailers—Determination of payload, vertical static load and axle load

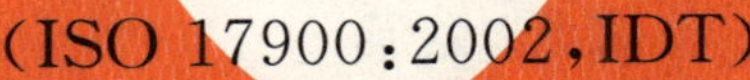

(ISO 17900:2002,IDT)

2007-11-01 发布 2008-01-01 实施

中华人民共和国国家质量监督检验检疫总局
中国国家标准化管理委员会 发布

前 言

本标准等同采用 ISO 17900:2002《农用挂车　全挂车和半挂车　有效载荷、垂直静态载荷和轴载荷的测定》(英文版)。

本标准等同翻译 ISO 17900:2002。

为了便于使用,本标准作了下列编辑性修改:

——将“本国际标准”一词改为本标准;

——删除国际标准的前言;

——对 ISO 17900:2002 中 2.8 条的注中引用的 ISO 12140:1998,用已被等同采用为我国国家标准 GB/T 20340—2006 代替。

本标准由中国机械工业联合会提出。

本标准由全国农业机械标准化技术委员会归口。

本标准起草单位:中国农业机械化科学研究院、黑龙江省农垦科学院农机鉴定站。

本标准主要起草人:杨兆文、李志庆、修德龙。

本标准为首次制定。

农用挂车 全挂车和半挂车 有效载荷、垂直静态载荷和轴载荷的测定

1 范围

本标准规定了农业全挂车和半挂车，借助于无载荷称重和计算方法完成有效载荷、牵引杆垂直静态载荷和轴载荷的测定方法。

2 规范性引用文件

下列文件中的条款通过本标准的引用而成为本标准的条款。凡是注日期的引用文件，其随后所有的修改单(不包括勘误的内容)或修订版均不适用于本标准，然而，鼓励根据本标准达成协议的各方研究是否可使用这些文件的最新版本。凡是不注日期的引用文件，其最新版本适用于本标准。

GB/T 20340—2006 农业机械 农业挂车和被牵引设备 牵引杆用千斤顶(ISO 12140:1998, IDT)

3 术语和定义

下列术语和定义适用于本标准。

3.1

半挂车 semi-mounted trailer

装备有一个或一组轮轴的被牵引车辆，其牵引装置(牵引杆)相对于被牵引车辆不能相对移动，且允许通过牵引杆向牵引车辆传递垂直力。

注1：固定牵引杆可发生一些微小移动。

注2：液压控制的连接牵引杆可认为是固定牵引杆。

3.2

全挂车 balanced trailer

至少装备两个轮轴，而且有一个轮轴是可转动方向的被牵引车辆，其牵引装置(牵引杆)允许垂直移动，以便于垂直力不被传递到牵引车辆。

3.3

轴载荷 axle load

m_a

挂车质量的一部分，由一组特定挂车轮轴承受的有效载荷，或在多轴情况下轴载荷的组合。

注：最大许可轴载荷由制造商规定。

3.4

垂直静态载荷 vertical static load

m_s

垂直静态载荷是指半挂车在静止状态下，由半挂车质量产生且作用在牵引杆连接点中心的力。

注：最大许可垂直静载荷由制造商规定。

3.5

最大质量 maximum mass

m_{max}

由制造商规定，技术上允许的挂车最大质量和许可有效载荷。

注：这个质量相当于技术上可能的最大轴载荷总和，对于半挂车为垂直静载荷。

3.6

空载质量 empty mass

m_{empty}

在挂车处于空载且不在运输作业的情况下轴载荷的总和，对于半挂车为垂直静载荷。

3.7

有效载荷 payload

m_p

最大质量 m_{max} 和空载质量 m_{empty} 的差：

$$m_p = m_{max} - m_{empty} \quad \cdots\cdots (1)$$

3.8

支撑载荷 support load

m_b

挂车处于水平和静止位置时，由挂车质量引起，通过固定牵引杆中心作用于地平面的垂直载荷。

注：牵引杆式千斤顶见 GB/T 20340—2006。

3.9

半挂车轴距 semi-mounted trailer wheel space

S_s

连接点中心至通过半挂车轮轴轴心线的水平距离，在多轴情况下轴距为轴载荷作用中心的水平距离。

注：见图 1 和图 2。

3.10

全挂车的轴距 balanced trailer wheel space

s_b

前轮轴中心至后轮轴中心的水平距离，在多轴情况下，轴距为前轮轴至轴载荷作用中心的水平距离。

注：见图 3。

3.11

支撑距离 supporting distance

d_s

对于半挂车，同一平面内支撑装置垂直中心线与轮轴中心之间的距离，在多轴情况下为支撑装置中心至轴载荷作用中心的水平距离。

3.12

载荷台长度 load platform length

l_p

在车辆行驶方向上载荷台内部尺寸。

3.13

牵引杆长度 drawbar length

l_d

半挂车连接点中心（挂接环）至载荷台的前边缘的水平距离。

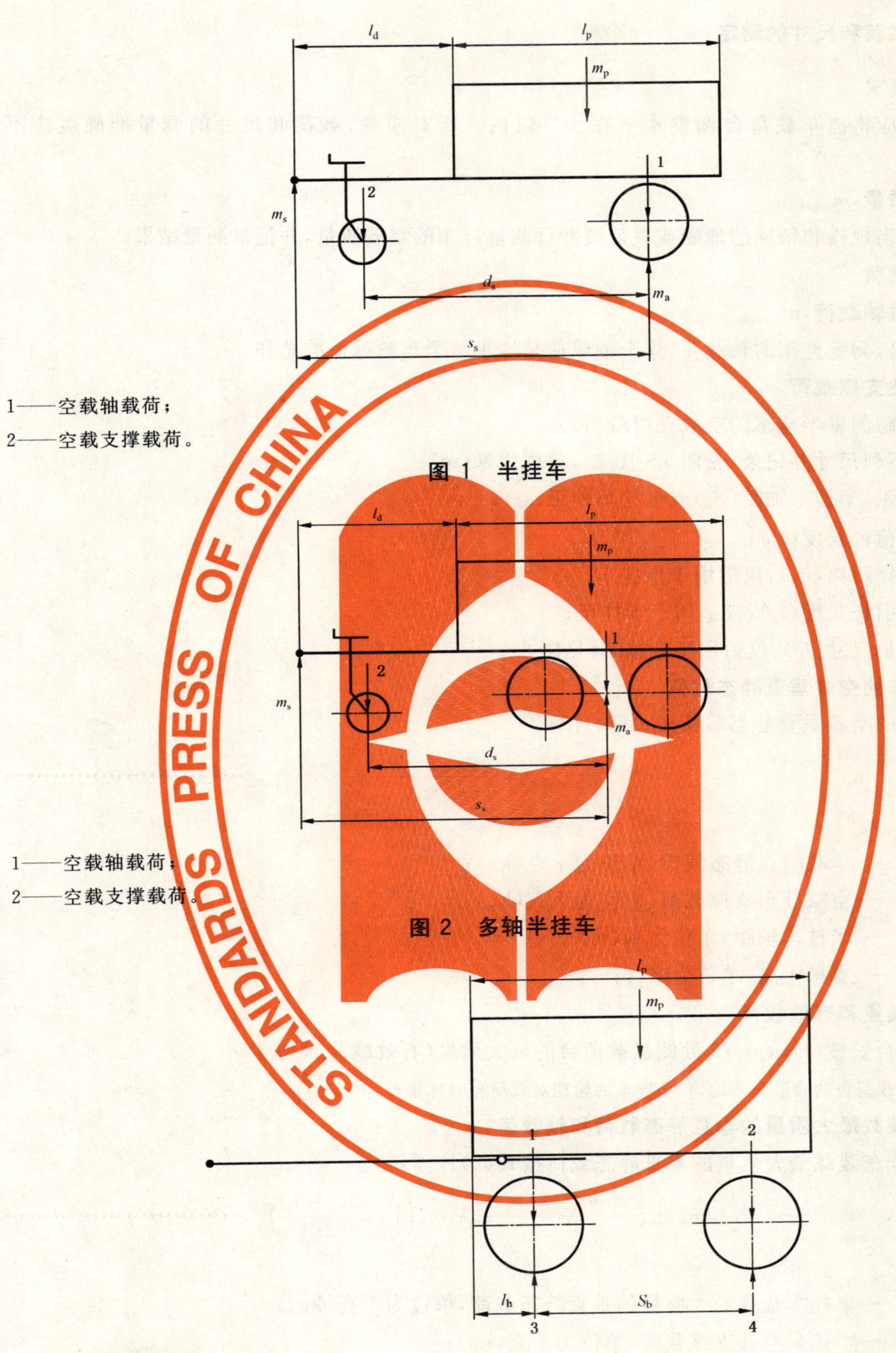

1——空载轴载荷；

2——空载支撑载荷。

图 1 半挂车

1——空载轴载荷；

2——空载支撑载荷。

图 2 多轴半挂车

1——空载前轴载荷；

2——空载后轴载荷；

3——前轴载荷；

4——后轴载荷。

图 3 全挂车

4 质量 载荷和尺寸的测定

4.1 一般要求

测定前应将挂车载荷台调整水平在±2°以内。所有质量、载荷和尺寸的测量准确度应不低于±5%。

4.2 空载质量,m_{empty}

使用适当规格和精确的地磅或载荷缓冲秤测量挂车的空载质量,并记录测量结果。

4.3 空载载荷

4.3.1 空载轴载荷,$m_{a.\ empty}$

使用地磅测定挂车的轴载荷,这个轴载荷是挂车每个车轮载荷的总和。

4.3.2 空载支撑载荷,$m_{b.\ empty}$

使用地磅测量半挂车的空载支撑载荷。

4.4 测量下列尺寸并记录(见图1~图3),单位为米(m):

——轮距,半挂车轴距(S_s)或全挂车轴距(s_b);

——载荷台长度(l_p);

——支撑距离(d_s),仅适用于半挂车;

——牵引杆长度(l_d),仅适用于半挂车;

——附加尺寸(l_h),仅适用于全挂车(见图3)。

4.5 半挂车的空载垂直静态载荷

半挂车的空载垂直静态载荷按式(2)计算。

$$m_{s.\ empty} = \frac{m_{b.\ empty} \times d_s}{s_s} \qquad \cdots\cdots(2)$$

式中:

$m_{s.\ empty}$——空载垂直静态载荷,单位为千克(kg);

$m_{b.\ empty}$——空载挂车支撑载荷,单位为千克(kg);

s_s——半挂车轴距,单位为米(m);

d_s——支撑距离,单位为米(m)。

4.6 最大质量和有效载荷

在载荷台长度(l_p)的 $l_p/2$ 处测量载荷台的最大质量(有效载荷 m_p)。

注:假定载荷台的质量分布均匀,全挂车的轮轴对载荷台对称排列。

4.7 挂车装载最大质量的垂直静态载荷和轴载荷

4.7.1 半挂车装载最大质量的垂直静态载荷按式(3)计算:

$$m_{s.\ laden} = \frac{m_{b.\ empty} \times d_s}{s_s} + m_p\left(1 - \frac{2l_d + l_p}{2s_s}\right) \qquad \cdots\cdots(3)$$

式中:

$m_{s.\ laden}$——半挂车装载最大质量的垂直静态载荷,单位为千克(kg);

$m_{b.\ empty}$——半挂车空载支撑载荷,单位为千克(kg);

m_p——有效载荷,单位为千克(kg);

l_p——载荷台长度,单位为米(m);

l_d——牵引杆长度,单位为米(m)。

4.7.2 半挂车装载至最大质量的轴载荷按式(4)计算:

$$m_{\text{a. laden}} = m_{\text{a. empty}} + m_{\text{p}}\left(\frac{2l_{\text{d}} + l_{\text{p}}}{2s_{\text{s}}}\right) \qquad \cdots\cdots(4)$$

式中：

$m_{\text{a. laden}}$——半挂车装载至最大质量的轴载荷，单位为千克(kg)；

$m_{\text{a. empty}}$——半挂车空载轴载荷，按 4.3.1 进行测定，单位为千克(kg)。

4.7.3 全挂车装载至最大质量的前轴载荷按式(5)计算：

$$m_{\text{a. front laden}} = m_{\text{a. front empty}} + m_{\text{p}}\left[\frac{2(s_{\text{b}} + l_{\text{h}}) - l_{\text{p}}}{2s_{\text{b}}}\right] \qquad \cdots\cdots(5)$$

式中：

$m_{\text{a. front laden}}$——全挂车装载至最大质量的前轴载荷，单位为千克(kg)；

$m_{\text{a. front empty}}$——全挂车前轴空载轴载荷，按 4.3.1 进行测定，单位为千克(kg)；

s_{b}——全挂车的轴距，单位为米(m)；

l_{h}——附加尺寸(前轴中心至载荷台前边缘的尺寸)，单位为米(m)。

4.7.4 全挂车装载至最大质量的后轴载荷按式(6)计算：

$$m_{\text{a. rear laden}} = m_{\text{a. rear empty}} + m_{\text{p}}\left(\frac{l_{\text{p}} - 2l_{\text{h}}}{2s_{\text{b}}}\right) \qquad \cdots\cdots(6)$$

式中：

$m_{\text{a. rear laden}}$——全挂车装载至最大质量的后轴载荷，单位为千克(kg)；

$m_{\text{a. rear empty}}$——全挂车后轴空载轴载荷，按 4.3.1 进行测定，单位为千克(kg)。

ICS 65.060.01
T 54

中华人民共和国国家标准

GB/T 21161—2007/ISO 5670:1984

农用挂车　单作用套筒伸缩油缸 25 MPa(250 bar)　系列Ⅰ型、Ⅱ型和Ⅲ型 互换尺寸

Agricultural trailers—Single-acting telescopic tipping cylinders—25 MPa(250 bar) series—Types 1,2 and 3—Interchangeability dimensions

(ISO 5670:1984,IDT)

2007-11-01 发布　　　　2008-01-01 实施

中华人民共和国国家质量监督检验检疫总局
中国国家标准化管理委员会　发布

前言

本标准等同采用ISO 5670:1984《农用挂车　单作用套筒伸缩油缸　25 MPa(250 bar)　系列Ⅰ型、Ⅱ型和Ⅲ型　互换尺寸》(英文版)。

本标准等同翻译ISO 5670:1984。

为了便于使用,本标准作了下列编辑性修改:

——国际标准的“本部分”一词改为“本标准”;

——删除国际标准的前言和引言,增加了我国国家标准的前言;

——用小数点“.”代替作为小数点的“,”;

——对ISO 5670:1984中引用的其他国际标准,有被采用为我国标准的,用我国的标准代替对应的国际标准;

——将第2章的内容合并到第1章叙述。

本标准由中国机械工业联合会提出。

本标准由全国农业机械标准化技术委员会归口。

本标准起草单位:中国农业机械化科学研究院。

本标准主要起草人:李志庆、杨兆文、吕树胜。

本标准为首次制定。

农用挂车 单作用套筒伸缩油缸 25 MPa(250 bar) 系列Ⅰ型、Ⅱ型和Ⅲ型 互换尺寸

1 范围

本标准规定了自卸式农用挂车常用自卸油缸的尺寸和试验压力,为制造商按工程要求选择合适油缸时,提供尺寸范围。

本标准适用于自卸式农用挂车配套使用且工作压力为 25 MPa 的单作用套筒伸缩油缸。

2 规范性引用文件

下列文件中的条款通过本标准的引用而成为本标准的条款。凡是注日期的引用文件,其随后所有的修改单(不包括勘误的内容)或修订版均不适用于本标准,然而,鼓励根据本标准达成协议的各方研究是否可使用这些文件的最新版本。凡是不注日期的引用文件,其最新版本适用于本标准。

GB/T 2348—1993 液压气动系统及元件 缸内径及活塞杆外径(neq ISO 3320:1987)

GB/T 2878—1993 液压元件螺纹连接 油口型式和尺寸(neq ISO 6149:1980)

ISO 228-1 非螺纹密封的管螺纹 第 1 部分:标记、尺寸和公差

ISO 965-2 一般用途公制螺纹 公差 第 2 部分:一般用途螺母和螺栓的极限尺寸 中等质量

3 术语和定义

下列术语和定义适用于本标准。

3.1

单作用油缸 single-acting cylinder

通过一次动力作用后,活塞产生强制性直线运动的油缸。

3.2

单作用多级油缸 single-acting telescopic cylinder

通过连续多级动力作用使单作用油缸的活塞产生多级强制性直线运动。

4 分类

按油缸的结构、连接方法和几何形状的不同,将油缸分为三种类型:Ⅰ型、Ⅱ型和Ⅲ型。

Ⅰ型油缸仅有二级结构;Ⅱ型和Ⅲ型可有二级和三级结构。

5 尺寸要求

5.1 Ⅰ型油缸

Ⅰ型油缸结构应符合图 1 规定,尺寸和公差应符合表 1 规定。

5.2 Ⅱ型油缸

Ⅱ型油缸结构应符合图 2 规定,尺寸和公差应符合表 2 规定。

5.3 Ⅲ型油缸

Ⅲ型油缸结构应符合图 3 规定,尺寸和公差应符合表 3 规定。

6 额定压力

6.1 工作压力

油缸最大设计工作压力应为 25 MPa。

6.2 试验压力

每个油缸应承受的试验压力为最大工作压力的 1.5 倍。

7 进油孔

进油孔尺寸应符合 8.1 或 8.2 给定的尺寸之一。

7.1 管螺纹

螺纹尺寸应符合 ISO 228-1 规定的 G3/8。

7.2 公制螺纹

螺纹尺寸应符合 ISO 965-2 和 GB/T 2878—1993 规定的 M18×1.5。

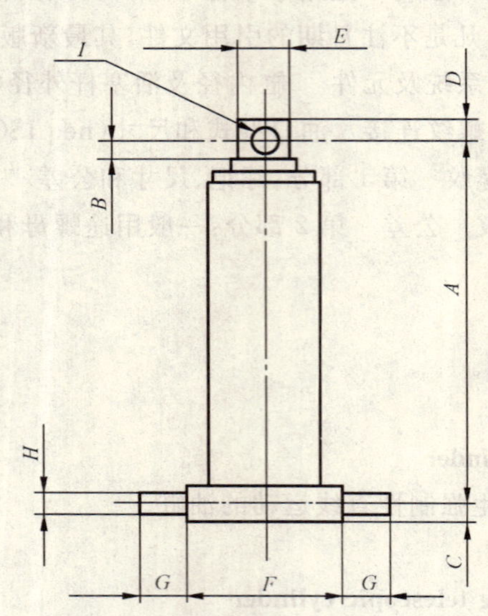

A——有效闭合长度；
B——油缸上法兰处至活塞连接孔中心的距离；
C——油缸安装中心至油缸底部的长度；
D——活塞杆安装中心至活塞顶部的长度；
E——活塞杆直径；连接到车辆上油缸总装连接点的有效直径(见 GB/T 2348—1993)；
F——支撑销轴间距；
G——支撑销轴长度；
H——支撑销轴直径；
I——油缸与车辆连接时，活塞杆上连接孔直径。

图 1 Ⅰ型油缸

表1　Ⅰ型油缸尺寸要求

单位为毫米

设计值[a]	行程 min	*A* max	*B* min	*C* max	*D* max	*E* +5 −5	*F* 0 −5	*G* min	*H* d10	*I* H12
70×90	900	670	37	25	28	70	130	45	45	37
90×110	900 1 050 1 200	690 765 840	37	25	28	90	160	45	45	37
110×130	1 050 1 200 1 350 1 500	800 875 950 1 025	52	30	35	110	180	50	50	52

a　设计值仅供参考其数据与尺寸要求无关。

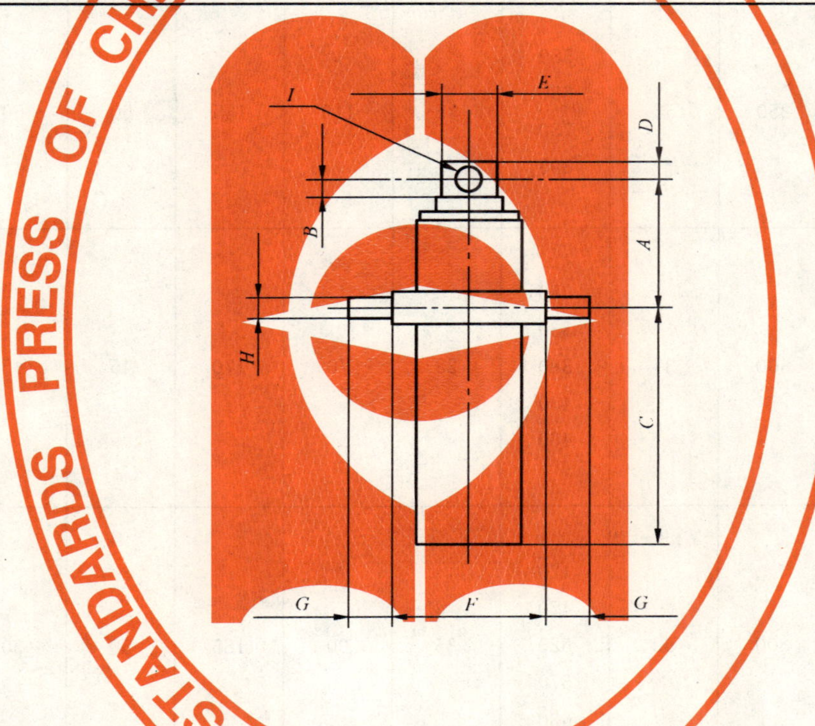

A——有效闭合长度；

B——油缸上法兰处至活塞连接孔中心的距离；

C——油缸安装中心至油缸底部的长度；

D——活塞杆安装中心至活塞顶部的长度；

E——活塞杆直径；连接到车辆上油缸总成连接点的有效直径(见 GB/T 2348—1993)；

F——支撑销轴间距；

G——支撑销轴长度；

H——支撑销轴直径；

I——油缸与车辆连接时，活塞杆上连接孔直径。

图2　Ⅱ型油缸

表 2 Ⅱ型油缸尺寸要求

单位为毫米

设计值[a]	行程 min	*A* max	*B* min	*C* max	*D* max	*E* +5 −5	*F* 0 −5	*G* min	*H* d10	*I* H12
70×90	900	250	37	425	28	70	155	45	45	37
90×110	900 1 050 1 200	250	37	465 540 615	28	90	170	45	45	37
110×130	1 050 1 200 1 350 1 500	250	52	580 655 730 805	35	110	185	50	50	52
70×90×110	900 1 050 1 200 1 350 1 500	300	37	280 330 380 430 480	28	70	170	45	45	37
90×110×130	1 200 1 350 1 500 1 700 2 000	300	52	420 470 520 570 630	35	90	185	50	50	52

a 设计值仅供参考且数据与尺寸要求无关。

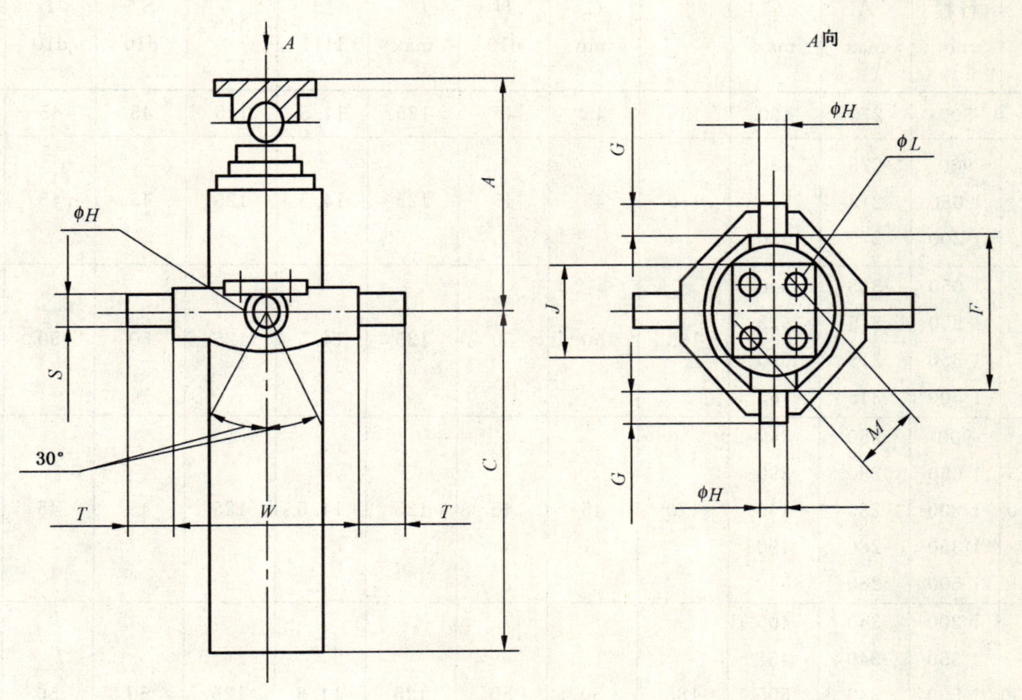

油缸：

A——有效闭合长度；

C——油缸安装中心至油缸底部的长度；

F——支撑销轴间距；

G——支撑销轴长度；

H——支撑销轴直径。

连接法兰：

J——法兰边长；

L——安装孔直径；

M——连接孔中心直径。

辅助十字连接销轴：

S——支撑销轴直径；

T——支撑销轴长度；

W——支撑销轴间距。

图 3 Ⅲ型油缸

表 3 Ⅲ型油缸尺寸要求

单位为毫米

设计值[a]	行程 min	A max	C max	F 0 −5	G min	H d10	J[b,c] max	L[d] H11	M[d]	S[e] d10	T d10	W 0 −5
70×90	900	275	460	155	45	45	125	14.5	125	45	45	230
90×110	900 1 050 1 200	275 275 275	480 555 630	170	45	45	125	14.5	125	45	45	230
110×130	1 050 1 200 1 350 1 500	315 315 315 315	540 615 690 765	185	50	50	125	14.5	125	50	50	280
70×90×110	900 1 050 1 200 1 350 1 500	280 280 280 280 280	340 390 440 490 540	170	45	45	125	14.5	125	45	45	230
90×110×130	1 200 1 350 1 500 1 700 2 000	340 340 340 340 340	405 455 505 555 645	185	50	50	125	14.5	125	50	50	280

a 设计值仅供参考且数据与尺寸要求无关。

b 在平面法兰盘全部方形尺寸 J 以内。

c 法兰盘与油缸活塞杆的连接容许法兰盘安装在与油缸轴线垂直位置的任意平面至 30°活动连接。

d 有 4 个安装孔尺寸 M 等距圆形分布，规定位置在方形法兰盘的对角线上，位置度为 0.2 mm。

e 设计和安装销轴的方法：连接销的基准轴线 S 应与油缸轴线垂直的规定位置至少±30°活动连接。

ICS 65.060.99
B 91

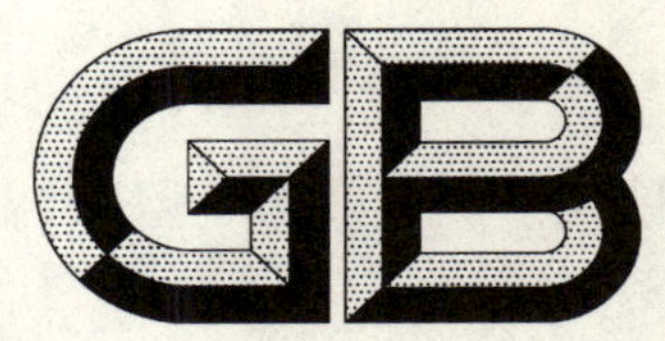

中华人民共和国国家标准

GB/T 21162—2007

顺流粮食干燥机单位耗热量与处理量折算规则

Conversion rule for specific heat consumption and throughput of concurrent—Flow grain dryer

2007-11-01 发布　　　　2008-01-01 实施

中华人民共和国国家质量监督检验检疫总局
中国国家标准化管理委员会　发布

前　言

本标准的附录 A 和附录 B 为规范性附录。

本标准由中国机械工业联合会提出。

本标准由全国农业机械标准化技术委员会归口。

本标准负责起草单位:农业部干燥机械设备质量监督检验测试中心。

本标准参加起草单位:农业部规划设计研究院。

本标准主要起草人:尹晓慧、潘九君、邢佐群、谢奇珍、陈海军、郝文录、王亦南、于淑芳。

本标准为首次制定。

顺流粮食干燥机单位耗热量与处理量折算规则

1 范围

本标准规定了用于顺流粮食干燥机的单位耗热量与处理量的术语和符号、标准条件、现场试验条件、折算系数表和折算方法。

本标准规定的系数适用于3级以上连续式顺流粮食干燥机在不同条件下干燥玉米、水稻和小麦过程中的单位耗热量与处理量的折算。

2 术语、定义和符号

下列术语和定义适用于本标准。

2.1

处理量 throughput

单位时间内通过干燥机1次干燥降到所需水分的湿谷物质量。

2.2

热风表观风速 volumetric heated airflow

单位时间内干燥机干燥段通过名义单位体积粮层的热风体积风量。

2.3 本标准所用公式中的符号含义如表1所示。

表1 术语和符号

符号	含义	单位
K_c	处理量折算系数	—
K_r	单位耗热量折算系数	—
M_1	进机粮食湿基含水率	%
M_2	出机粮食湿基含水率	%
p	现场试验条件环境大气压力	Pa
RH	现场试验条件环境相对湿度	%
t_h	现场试验条件环境温度	℃
t_r	现场试验条件热风温度	℃
v_r	现场试验条件热风表观风速	$m^3/(m^3 \cdot s)$

3 标准条件

粮食干燥机折算标准条件如表2所示。

表2 粮食干燥机折算标准条件

粮食种类	环境温度 t_h/℃	环境相对湿度 RH/%	环境大气压力 p/Pa	热风温度 t_r/℃	热风表观风速 v_r/$[m^3/(m^3 \cdot s)]$	进机粮食湿基含水率 M_1/%	出机粮食湿基含水率 M_2/%
玉米	0	50	101 325	120	0.4	20	15
水稻	10	70	101 325	70	0.4	20	15
小麦	20	70	101 325	90	0.4	20	15

4 现场试验条件

干燥机现场试验应对环境温度 t_h、环境相对湿度 RH、环境大气压力 p、热风温度 t_r、热风表观风速 v_r、进机粮食湿基含水率 M_1、出机粮食湿基含水率 M_2 进行测定。单位耗热量折算系数 K_r 为现场试验条件下的单位耗热量与标准条件下的单位耗热量的比值,处理量折算系数 K_c 为现场试验条件下的处理量与标准条件下的处理量的比值。

5 折算系数表

5.1 K_r 系数表

系数表(附录 A)分别列出用于玉米、水稻、小麦在环境大气压力 p 同为 101 325 Pa、不同的环境温度 t_h、环境相对湿度 RH、热风温度 t_r、热风表观风速 v_r、进机粮食湿基含水率 M_1、出机粮食湿基含水率 M_2 条件下的单位耗热量折算系数。标准条件下的单位耗热量折算系数 K_r 为 1.0。

5.2 K_c 系数表

系数表(附录 B)分别列出用于玉米、水稻、小麦在环境大气压力 p 同为 101 325 Pa、不同的环境温度 t_h、环境相对湿度 RH、热风温度 t_r、热风表观风速 v_r、进机粮食湿基含水率 M_1、出机粮食湿基含水率 M_2 条件下的处理量折算系数。标准条件下的处理量折算系数 K_c 为 1.0。

5.3 二节点间的系数

对环境温度 t_h、环境相对湿度 RH、热风温度 t_r、热风表观风速 v_r、进机粮食湿基含水率 M_1、出机粮食湿基含水率 M_2 的测定值,其中有不在折算系数表给定的节点时,可在与测定值相临的二节点对应的系数值间,以二节点线性插值法计算相应的系数值。

6 折算方法

6.1 标准条件单位耗热量的计算

$$Q_b = \frac{Q_x}{K_r} \qquad \cdots\cdots (1)$$

式中:

Q_b——标准条件工况下单位耗热量的折算值,单位为千焦每千克水(kJ/kg·H_2O);

Q_x——现场试验条件工况下单位耗热量的测定值,单位为千焦每千克水(kJ/kg·H_2O)。

6.2 标准条件处理量的计算

$$P_b = P_x \times K_c \qquad \cdots\cdots (2)$$

式中:

P_b——标准条件工况下处理量的折算值,单位为千克每小时(kg/h);

P_x——现场试验条件工况下处理量的测定值,单位为千克每小时(kg/h)。

6.3 使用示例

顺流干燥机间接加热干燥玉米,环境温度 t_h=-15 ℃、环境相对湿度 RH=40%、环境大气压力 p=98 700 Pa、热风温度 t_r=140 ℃、热风表观风速 v_r=0.5 $m^3/(m^3 \cdot s)$、进机粮食湿基含水率 M_1=28.5%、出机粮食湿基含水率 M_2=15.3%,现场试验条件下的单位耗热量测定值 Q_x=8 050 kJ/kg·H_2O、处理量测定值 P_x=14.3 t/h。现将现场试验条件下的指标折算为标准条件指标。

第一步,在附录 A 单位耗热量折算系数 K_r 表的玉米中,根据参数值所在区间的两端节点值,采用线性插值法分步递推,计算出最终折算系数 K_r 值;同理,在附录 B 处理量折算系数 K_c 表的玉米中,计算出最终折算系数 K_c 值。K_c 值与 K_r 值求解过程相同。以 K_r 值为例,求解过程如表 3 所示。

求得:K_r=0.9672,K_c=1.7646。

第二步，因环境大气压力 p 值在正常范围内变化时，对折算系数值影响微乎其微，可忽略不计。故直接将求得的 K_r 和 K_c 值分别带入式(1)和式(2)。

求得：$Q_b = Q_x / K_r = 8\ 050/0.9672 = 8\ 323.0$ kJ/kg · H_2O

$P_b = P_x \times K_c = 14.3 \times 1.7646 = 25.23$ t/h

计算结果表明，上例中的顺流干燥机的单位耗热量和处理量指标，在环境温度 $t_h=0$℃、环境相对湿度 RH=50%、环境大气压力 p=101 325 Pa、热风温度 t_r=120 ℃、热风表观风速 v_r=0.4 $m^3/(m^3 \cdot s)$、进机粮食湿基含水率 M_1=20%、出机粮食湿基含水率 M_2=15%的标准条件下的折算值分别为 8 323.0 kJ/kg · H_2O和 25.23 t/h。

表 3　单位耗热量折算系数 K_r 值求解过程示意表

a) 确定区间，查找节点值

环境温度 t_h/℃	环境相对湿度 RH/%	热风温度 t_r/℃	热风表观风速 v_r/[$m^3/(m^3 \cdot s)$]	进机粮食湿基含水率 M_1/%	出机粮食湿基含水率 M_2/%	折算系数表节点值
−15	30	120	0.4	28	15	0.9300
					17	0.9331
				30	15	0.9042
					17	0.9020
			0.6	28	15	1.0348
					17	1.0272
				30	15	0.9994
					17	0.9880
		150	0.4	28	15	0.9106
					17	0.9160
				30	15	0.8816
					17	0.8820
			0.6	28	15	1.0233
					17	1.0204
				30	15	0.9846
					17	0.9768
	60	120	0.4	28	15	0.9320
					17	0.9353
				30	15	0.9060
					17	0.9040
			0.6	28	15	1.0368
					17	1.0294
				30	15	1.0013
					17	0.9899
		150	0.4	28	15	0.9120
					17	0.9174
				30	15	0.8831
					17	0.8832
			0.6	28	15	1.0247
					17	1.0218
				30	15	0.9860
					17	0.9780

表 3(续)

<table>
<tr><td colspan="7">b) 线性插值，分步递推</td></tr>
<tr><td>环境温度
t_h/
℃</td><td>环境相对
湿度 RH/
%</td><td>热风温度
t_r/
℃</td><td>热风表观风速
v_r/
[m^3/(m^3·s)]</td><td>进机粮食湿基
含水率 M_1/
%</td><td>出机粮食湿基
含水率 M_2/
%</td><td>折算系数表节点值</td></tr>
<tr><td>出机粮食湿基含水率 M_2 为 15.3% 时的系数值</td><td>进机粮食湿基含水率 M_1 为 28.5%、出机粮食湿基含水率 M_2 为 15.3% 时的系数值</td><td>热风表观风速 v_r 为 0.5 m^3/(m^3·s)、进机粮食湿基含水率 M_1 为 28.5%、出机粮食湿基含水率 M_2 为 15.3% 时的系数值</td><td>热风温度 t_r 为 140℃、热风表观风速 v_r 为 0.5 m^3/(m^3·s)、进机粮食湿基含水率 M_1 为 28.5%、出机粮食湿基含水率 M_2 为 15.3% 时的系数值</td><td>环境相对湿度 RH 为 40%、热风温度 t_r 为 140℃、热风表观风速 v_r 为 0.5 m^3/(m^3·s)、进机粮食湿基含水率 M_1 为 28.5%、出机粮食湿基含水率 M_2 为 15.3% 时的系数值</td><td>环境温度 t_h 为 −15℃、环境相对湿度 RH 为 40%、热风温度 t_r 为 140 ℃、热风表观风速 v_r 为 0.5 m^3/(m^3·s)、进机粮食湿基含水率 M_1 为 28.5%、出机粮食湿基含水率 M_2 为 15.3% 时的系数值</td></tr>
<tr><td>0.9305</td><td rowspan="2">0.9239</td><td rowspan="4">0.9743</td><td rowspan="8">0.9667</td><td rowspan="16">0.9672</td><td rowspan="16">0.9672</td></tr>
<tr><td>0.9039</td></tr>
<tr><td>1.0337</td><td rowspan="2">1.0247</td></tr>
<tr><td>0.9977</td></tr>
<tr><td>0.9114</td><td rowspan="2">0.9051</td><td rowspan="4">0.9591</td></tr>
<tr><td>0.8861</td></tr>
<tr><td>1.0229</td><td rowspan="2">1.0130</td></tr>
<tr><td>0.9834</td></tr>
<tr><td>0.9325</td><td rowspan="2">0.9258</td><td rowspan="4">0.9763</td><td rowspan="8">0.9681</td></tr>
<tr><td>0.9057</td></tr>
<tr><td>1.0357</td><td rowspan="2">1.0267</td></tr>
<tr><td>0.9996</td></tr>
<tr><td>0.9128</td><td rowspan="2">0.9054</td><td rowspan="4">0.9599</td></tr>
<tr><td>0.8831</td></tr>
<tr><td>1.0243</td><td rowspan="2">1.0144</td></tr>
<tr><td>0.9848</td></tr>
</table>

附 录 A
（规范性附录）
单位耗热量折算系数 K_r 表

表 A.1 单位耗热量折算系数 K_r 表

粮食种类：玉米　　环境温度 t_h：－20℃　　环境相对湿度 RH：30%

降水范围 (M_1-M_2)/%	热风温度 t_r/℃								
	90			120			150		
	热风表观风速 v_r/[m^3/(m^3·s)]								
	0.2	0.4	0.6	0.2	0.4	0.6	0.2	0.4	0.6
20-13	1.1763	1.2554	1.4077	1.1153	1.2227	1.3943	1.0793	1.2055	1.3822
20-15	1.2553	1.3165	1.4537	1.2027	1.2955	1.4565	1.1731	1.2866	1.4582
22-13	1.1024	1.1685	1.3063	1.0386	1.1295	1.2859	1.0010	1.1078	1.2687
22-15	1.1393	1.1880	1.3107	1.0817	1.1571	1.3024	1.0470	1.1422	1.2958
22-17	1.2274	1.2600	1.3672	1.1787	1.2373	1.3712	1.1509	1.2272	1.3754
24-13	1.0540	1.1108	1.2353	0.9886	1.0671	1.2099	0.9503	1.0421	1.1892
24-15	1.0721	1.1123	1.2219	1.0119	1.0746	1.2060	0.9751	1.0549	1.1939
24-17	1.1181	1.1428	1.2376	1.0631	1.1098	1.2301	1.0297	1.0942	1.2261
24-19	1.2116	1.2248	1.3030	1.1663	1.1967	1.3059	1.1407	1.1846	1.3106
26-13	1.0199	1.0696	1.1824	0.9534	1.0222	1.1528	0.9147	0.9949	1.1295
26-15	1.0280	1.0627	1.1607	0.9662	1.0195	1.1386	0.9288	0.9961	1.1228
26-17	1.0545	1.0750	1.1593	0.9970	1.0350	1.1429	0.9607	1.0144	1.1332
26-19	1.1052	1.1147	1.1835	1.0533	1.0775	1.1751	1.0221	1.0594	1.1716
26-21	1.2003	1.2066	1.2551	1.1584	1.1713	1.2539	1.1342	1.1549	1.2575
28-13	0.9939	1.0390	1.1416	0.9273	0.9882	1.1081	0.8879	0.9588	1.0826
28-15	0.9966	1.0280	1.1171	0.9341	0.9806	1.0886	0.8958	0.9539	1.0696
28-17	1.0133	1.0306	1.1064	0.9533	0.9860	1.0837	0.9162	0.9618	1.0689
28-19	1.0430	1.0518	1.1116	0.9879	1.0077	1.0954	0.9537	0.9856	1.0863
28-21	1.0952	1.1003	1.1429	1.0465	1.0572	1.1304	1.0166	1.0347	1.1273
28-23	1.1910	1.2003	1.2222	1.1520	1.1600	1.2142	1.1284	1.1386	1.2134
30-15	0.9738	1.0022	1.0841	0.9104	0.9521	1.0510	0.8713	0.9227	1.0283
30-17	0.9840	0.9998	1.0679	0.9227	0.9515	1.0408	0.8855	0.9246	1.0226
30-19	1.0035	1.0111	1.0639	0.9456	0.9623	1.0411	0.9100	0.9369	1.0281
30-21	1.0353	1.0392	1.0772	0.9821	0.9909	1.0559	0.9495	0.9649	1.0472
30-23	1.0890	1.0949	1.1145	1.0402	1.0473	1.0962	1.0121	1.0196	1.0892
30-25	1.1821	1.1951	1.2026	1.1466	1.1559	1.1838	1.1234	1.1332	1.1813
35-20	0.9488	0.9550	0.9927	0.8911	0.9004	0.9568	0.8539	0.8699	0.9373
35-22	0.9632	0.9694	0.9920	0.9085	0.9129	0.9584	0.8731	0.8816	0.9391
35-24	0.9848	0.9935	1.0046	0.9331	0.9381	0.9685	0.8991	0.9042	0.9528
35-26	1.0180	1.0292	1.0319	0.9671	0.9779	0.9943	0.9373	0.9454	0.9783
35-28	1.0718	1.0840	1.0883	1.0288	1.0389	1.0455	1.0006	1.0109	1.0279
35-30	1.1663	1.1825	1.1908	1.1270	1.1475	1.1519	1.1089	1.1238	1.1305
40-25	0.9353	0.9434	0.9511	0.8788	0.8850	0.9055	0.8433	0.8496	0.8823
40-27	0.9465	0.9592	0.9625	0.8954	0.9061	0.9158	0.8638	0.8709	0.8909
40-29	0.9696	0.9820	0.9887	0.9194	0.9301	0.9345	0.8872	0.8970	0.9102
40-31	1.0028	1.0186	1.0237	0.9552	0.9695	0.9738	0.9255	0.9368	0.9430
40-33	1.0557	1.0729	1.0795	1.0113	1.0292	1.0349	0.9836	0.9998	1.0051
40-35	1.1457	1.1676	1.1782	1.1092	1.1313	1.1411	1.0815	1.1126	1.1185

表 A.2 单位耗热量折算系数 K_r 表

粮食种类:玉米　　环境温度 t_h:−20℃　　环境相对湿度 RH:60%

降水范围 (M_1-M_2)/%	热风温度 t_r/℃								
	90			120			150		
	热风表观风速 v_r/[m^3/(m^3·s)]								
	0.2	0.4	0.6	0.2	0.4	0.6	0.2	0.4	0.6
20-13	1.1797	1.2591	1.4119	1.1173	1.2250	1.3969	1.0805	1.2071	1.3840
20-15	1.2589	1.3207	1.4585	1.2049	1.2983	1.4597	1.1746	1.2884	1.4605
22-13	1.1053	1.1716	1.3097	1.0403	1.1314	1.2879	1.0021	1.1091	1.2701
22-15	1.1424	1.1913	1.3144	1.0834	1.1592	1.3047	1.0481	1.1437	1.2974
22-17	1.2308	1.2639	1.3716	1.1807	1.2397	1.3741	1.1523	1.2288	1.3775
24-13	1.0566	1.1136	1.2383	0.9902	1.0687	1.2116	0.9512	1.0432	1.1903
24-15	1.0748	1.1152	1.2249	1.0136	1.0763	1.2078	0.9761	1.0561	1.1952
24-17	1.1210	1.1459	1.2410	1.0648	1.1118	1.2322	1.0308	1.0955	1.2276
24-19	1.2150	1.2285	1.3071	1.1684	1.1989	1.3086	1.1421	1.1861	1.3125
26-13	1.0223	1.0721	1.1850	0.9548	1.0237	1.1543	0.9156	0.9958	1.1305
26-15	1.0305	1.0653	1.1634	0.9677	1.0210	1.1402	0.9297	0.9971	1.1238
26-17	1.0571	1.0777	1.1622	0.9984	1.0367	1.1446	0.9617	1.0155	1.1344
26-19	1.1079	1.1177	1.1866	1.0549	1.0793	1.1771	1.0232	1.0605	1.1731
26-21	1.2035	1.2103	1.2589	1.1604	1.1734	1.2564	1.1356	1.1563	1.2593
28-13	0.9962	1.0413	1.1441	0.9288	0.9896	1.1094	0.8889	0.9597	1.0835
28-15	0.9990	1.0304	1.1195	0.9354	0.9819	1.0900	0.8968	0.9548	1.0706
28-17	1.0155	1.0331	1.1089	0.9547	0.9876	1.0852	0.9170	0.9628	1.0699
28-19	1.0456	1.0544	1.1143	0.9895	1.0094	1.0970	0.9547	0.9866	1.0874
28-21	1.0982	1.1032	1.1460	1.0480	1.0588	1.1322	1.0176	1.0357	1.1287
28-23	1.1942	1.2039	1.2257	1.1542	1.1620	1.2164	1.1296	1.1400	1.2149
30-15	0.9760	1.0043	1.0863	0.9115	0.9535	1.0523	0.8721	0.9237	1.0291
30-17	0.9861	1.0020	1.0701	0.9239	0.9530	1.0422	0.8862	0.9255	1.0234
30-19	1.0056	1.0133	1.0662	0.9469	0.9638	1.0424	0.9108	0.9377	1.0289
30-21	1.0376	1.0417	1.0797	0.9834	0.9927	1.0574	0.9503	0.9658	1.0483
30-23	1.0914	1.0981	1.1175	1.0420	1.0488	1.0979	1.0131	1.0207	1.0902
30-25	1.1858	1.1985	1.2060	1.1487	1.1579	1.1858	1.1245	1.1346	1.1832
35-20	0.9507	0.9577	0.9946	0.8921	0.9016	0.9582	0.8545	0.8711	0.9379
35-22	0.9674	0.9713	0.9943	0.9099	0.9140	0.9594	0.8738	0.8823	0.9398
35-24	0.9870	0.9960	1.0066	0.9342	0.9393	0.9702	0.8998	0.9050	0.9535
35-26	1.0200	1.0314	1.0344	0.9685	0.9793	0.9956	0.9384	0.9463	0.9794
35-28	1.0740	1.0869	1.0917	1.0300	1.0406	1.0470	1.0019	1.0120	1.0289
35-30	1.1693	1.1853	1.1935	1.1289	1.1499	1.1542	1.1098	1.1251	1.1325
40-25	0.9369	0.9449	0.9535	0.8797	0.8860	0.9064	0.8446	0.8502	0.8828
40-27	0.9514	0.9609	0.9644	0.8964	0.9070	0.9167	0.8644	0.8714	0.8918
40-29	0.9714	0.9846	0.9913	0.9204	0.9312	0.9369	0.8877	0.8979	0.9112
40-31	1.0045	1.0210	1.0271	0.9561	0.9705	0.9754	0.9261	0.9379	0.9437
40-33	1.0573	1.0747	1.0816	1.0138	1.0303	1.0361	0.9843	1.0007	1.0060
40-35	1.1508	1.1719	1.1826	1.1103	1.1329	1.1426	1.0824	1.1140	1.1196

表 A.3 单位耗热量折算系数 K_r 表

粮食种类:玉米　　　　环境温度 t_h:−20℃　　　　环境相对湿度 RH:90%

降水范围 $(M_1\text{-}M_2)$/%	热风温度 t_r/℃								
	90			120			150		
	热风表观风速 v_r/[$m^3/(m^3 \cdot s)$]								
	0.2	0.4	0.6	0.2	0.4	0.6	0.2	0.4	0.6
20-13	1.1830	1.2627	1.4160	1.1192	1.2272	1.3994	1.0817	1.2086	1.3858
20-15	1.2626	1.3249	1.4633	1.2070	1.3010	1.4628	1.1761	1.2901	1.4627
22-13	1.1082	1.1747	1.3131	1.0420	1.1332	1.2900	1.0031	1.1104	1.2715
22-15	1.1455	1.1946	1.3181	1.0851	1.1613	1.3070	1.0492	1.1451	1.2990
22-17	1.2343	1.2678	1.3759	1.1827	1.2421	1.3770	1.1537	1.2304	1.3796
24-13	1.0592	1.1163	1.2413	0.9917	1.0703	1.2133	0.9521	1.0443	1.1915
24-15	1.0775	1.1180	1.2280	1.0151	1.0780	1.2097	0.9770	1.0572	1.1964
24-17	1.1239	1.1490	1.2443	1.0666	1.1137	1.2343	1.0319	1.0967	1.2291
24-19	1.2182	1.2321	1.3111	1.1704	1.2012	1.3114	1.1435	1.1876	1.3143
26-13	1.0247	1.0746	1.1877	0.9562	1.0251	1.1558	0.9164	0.9968	1.1314
26-15	1.0330	1.0678	1.1661	0.9691	1.0224	1.1418	0.9305	0.9982	1.1249
26-17	1.0597	1.0804	1.1650	0.9999	1.0383	1.1463	0.9626	1.0166	1.1356
26-19	1.1106	1.1208	1.1897	1.0565	1.0811	1.1791	1.0243	1.0616	1.1745
26-21	1.2067	1.2137	1.2626	1.1625	1.1756	1.2588	1.1370	1.1579	1.2609
28-13	0.9985	1.0436	1.1466	0.9303	0.9909	1.1108	0.8900	0.9605	1.0844
28-15	1.0016	1.0327	1.1221	0.9367	0.9832	1.0914	0.8979	0.9557	1.0715
28-17	1.0177	1.0357	1.1113	0.9562	0.9891	1.0868	0.9178	0.9639	1.0708
28-19	1.0481	1.0570	1.1170	0.9911	1.0109	1.0986	0.9557	0.9875	1.0886
28-21	1.1015	1.1061	1.1489	1.0495	1.0604	1.1341	1.0186	1.0367	1.1300
28-23	1.1974	1.2071	1.2293	1.1570	1.1640	1.2186	1.1309	1.1414	1.2164
30-15	0.9782	1.0065	1.0888	0.9127	0.9548	1.0538	0.8729	0.9246	1.0299
30-17	0.9882	1.0043	1.0723	0.9252	0.9542	1.0435	0.8869	0.9263	1.0242
30-19	1.0077	1.0156	1.0684	0.9482	0.9652	1.0439	0.9116	0.9385	1.0299
30-21	1.0398	1.0444	1.0822	0.9847	0.9942	1.0588	0.9512	0.9666	1.0495
30-23	1.0937	1.1012	1.1202	1.0438	1.0504	1.0999	1.0141	1.0217	1.0914
30-25	1.1896	1.2023	1.2093	1.1511	1.1599	1.1878	1.1256	1.1359	1.1847
35-20	0.9529	0.9595	0.9966	0.8932	0.9031	0.9593	0.8551	0.8723	0.9386
35-22	0.9692	0.9732	0.9964	0.9127	0.9150	0.9605	0.8744	0.8830	0.9405
35-24	0.9893	0.9980	1.0088	0.9353	0.9410	0.9716	0.9007	0.9059	0.9542
35-26	1.0219	1.0337	1.0368	0.9700	0.9806	0.9975	0.9395	0.9472	0.9802
35-28	1.0762	1.0893	1.0940	1.0311	1.0427	1.0484	1.0026	1.0132	1.0305
35-30	1.1733	1.1884	1.1962	1.1308	1.1514	1.1560	1.1106	1.1267	1.1343
40-25	0.9387	0.9465	0.9550	0.8806	0.8871	0.9074	0.8464	0.8509	0.8834
40-27	0.9531	0.9627	0.9671	0.8974	0.9079	0.9177	0.8651	0.8720	0.8923
40-29	0.9734	0.9880	0.9930	0.9215	0.9324	0.9378	0.8883	0.8992	0.9118
40-31	1.0063	1.0227	1.0289	0.9571	0.9715	0.9768	0.9267	0.9395	0.9445
40-33	1.0589	1.0766	1.0855	1.0167	1.0315	1.0373	0.9851	1.0019	1.0070
40-35	1.1551	1.1740	1.1848	1.1116	1.1352	1.1442	1.0833	1.1155	1.1208

表 A.4 单位耗热量折算系数 K_r 表

粮食种类:玉米　　　　环境温度 t_h:—15℃　　　　环境相对湿度 RH:30%

降水范围 (M_1-M_2)/%	热风温度 t_r/℃								
	90			120			150		
	热风表观风速 v_r/[m^3/(m^3·s)]								
	0.2	0.4	0.6	0.2	0.4	0.6	0.2	0.4	0.6
20-13	1.0970	1.1733	1.3192	1.0499	1.1541	1.3197	1.0236	1.1452	1.3168
20-15	1.1647	1.2231	1.3551	1.1270	1.2158	1.3719	1.1061	1.2164	1.3827
22-13	1.0313	1.0950	1.2270	0.9805	1.0687	1.2197	0.9520	1.0550	1.2111
22-15	1.0617	1.1088	1.2267	1.0180	1.0906	1.2314	0.9922	1.0834	1.2332
22-17	1.1386	1.1689	1.2721	1.1036	1.1596	1.2894	1.0838	1.1594	1.3022
24-13	0.9882	1.0429	1.1623	0.9353	1.0114	1.1495	0.9052	0.9939	1.1370
24-15	1.0023	1.0412	1.1464	0.9549	1.0157	1.1430	0.9268	1.0034	1.1390
24-17	1.0416	1.0653	1.1564	1.0003	1.0448	1.1615	0.9751	1.0374	1.1656
24-19	1.1236	1.1351	1.2104	1.0922	1.1208	1.2256	1.0738	1.1175	1.2385
26-13	0.9578	1.0057	1.1138	0.9037	0.9703	1.0967	0.8724	0.9502	1.0813
26-15	0.9634	0.9969	1.0908	0.9139	0.9655	1.0810	0.8846	0.9494	1.0729
26-17	0.9856	1.0054	1.0860	0.9408	0.9772	1.0818	0.9132	0.9642	1.0800
26-19	1.0298	1.0385	1.1046	0.9908	1.0136	1.1076	0.9669	1.0037	1.1116
26-21	1.1130	1.1179	1.1643	1.0846	1.0961	1.1760	1.0683	1.0884	1.1886
28-13	0.9347	0.9779	1.0763	0.8799	0.9391	1.0551	0.8480	0.9170	1.0374
28-15	0.9359	0.9658	1.0508	0.8853	0.9300	1.0348	0.8546	0.9106	1.0233
28-17	0.9490	0.9662	1.0386	0.9016	0.9331	1.0272	0.8725	0.9160	1.0204
28-19	0.9755	0.9830	1.0408	0.9328	0.9509	1.0356	0.9062	0.9362	1.0335
28-21	1.0216	1.0247	1.0654	0.9845	0.9938	1.0650	0.9619	0.9794	1.0693
28-23	1.1056	1.1120	1.1329	1.0786	1.0846	1.1371	1.0637	1.0719	1.1457
30-15	0.9152	0.9431	1.0209	0.8634	0.9042	0.9994	0.8322	0.8816	0.9846
30-17	0.9227	0.9387	1.0041	0.8740	0.9020	0.9880	0.8441	0.8820	0.9768
30-19	0.9395	0.9470	0.9978	0.8949	0.9101	0.9864	0.8669	0.8916	0.9802
30-21	0.9687	0.9708	1.0074	0.9267	0.9346	0.9977	0.9013	0.9160	0.9961
30-23	1.0133	1.0194	1.0383	0.9791	0.9840	1.0314	0.9581	0.9652	1.0326
30-25	1.0984	1.1071	1.1140	1.0719	1.0812	1.1084	1.0587	1.0661	1.1142
35-20	0.8912	0.8967	0.9334	0.8445	0.8551	0.9086	0.8164	0.8305	0.8959
35-22	0.9058	0.9088	0.9316	0.8601	0.8639	0.9085	0.8316	0.8407	0.8959
35-24	0.9261	0.9302	0.9415	0.8819	0.8876	0.9163	0.8555	0.8603	0.9065
35-26	0.9526	0.9610	0.9643	0.9160	0.9213	0.9381	0.8908	0.8973	0.9289
35-28	0.9971	1.0102	1.0141	0.9673	0.9761	0.9829	0.9460	0.9552	0.9731
35-30	1.0778	1.0963	1.1014	1.0601	1.0717	1.0773	1.0422	1.0590	1.0655
40-25	0.8789	0.8869	0.8937	0.8340	0.8398	0.8588	0.8051	0.8106	0.8424
40-27	0.8908	0.9021	0.9044	0.8524	0.8570	0.8673	0.8248	0.8295	0.8492
40-29	0.9093	0.9211	0.9253	0.8740	0.8804	0.8827	0.8460	0.8536	0.8659
40-31	0.9390	0.9511	0.9571	0.9025	0.9141	0.9181	0.8813	0.8902	0.8947
40-33	0.9851	0.9983	1.0047	0.9515	0.9671	0.9722	0.9306	0.9480	0.9507
40-35	1.0624	1.0823	1.0906	1.0414	1.0615	1.0672	1.0291	1.0478	1.0544

表 A.5 单位耗热量折算系数 K_r 表

粮食种类:玉米　　环境温度 t_h:−15℃　　环境相对湿度 RH:60%

降水范围 (M_1-M_2)/%	热风温度 t_r/℃								
	90			120			150		
	热风表观风速 v_r/[m^3/(m^3·s)]								
	0.2	0.4	0.6	0.2	0.4	0.6	0.2	0.4	0.6
20-13	1.1020	1.1787	1.3253	1.0529	1.1574	1.3235	1.0254	1.1476	1.3194
20-15	1.1703	1.2293	1.3621	1.1302	1.2198	1.3765	1.1083	1.2193	1.3861
22-13	1.0356	1.0996	1.2320	0.9830	1.0715	1.2228	0.9536	1.0569	1.2132
22-15	1.0663	1.1136	1.2320	1.0207	1.0936	1.2348	0.9940	1.0856	1.2355
22-17	1.1438	1.1746	1.2783	1.1067	1.1634	1.2936	1.0860	1.1619	1.3053
24-13	0.9922	1.0470	1.1667	0.9376	1.0138	1.1521	0.9067	0.9955	1.1387
24-15	1.0064	1.0454	1.1509	0.9574	1.0182	1.1457	0.9283	1.0051	1.1408
24-17	1.0461	1.0699	1.1613	1.0030	1.0477	1.1646	0.9768	1.0394	1.1678
24-19	1.1285	1.1405	1.2162	1.0953	1.1242	1.2295	1.0760	1.1198	1.2415
26-13	0.9614	1.0094	1.1177	0.9057	0.9725	1.0989	0.8737	0.9516	1.0828
26-15	0.9670	1.0006	1.0947	0.9162	0.9678	1.0834	0.8859	0.9510	1.0744
26-17	0.9895	1.0094	1.0902	0.9432	0.9797	1.0844	0.9147	0.9658	1.0818
26-19	1.0340	1.0428	1.1092	0.9933	1.0163	1.1106	0.9685	1.0055	1.1137
26-21	1.1179	1.1232	1.1698	1.0875	1.0995	1.1797	1.0709	1.0908	1.1912
28-13	0.9384	0.9816	1.0799	0.8820	0.9412	1.0571	0.8493	0.9182	1.0387
28-15	0.9398	0.9695	1.0544	0.8871	0.9320	1.0368	0.8562	0.9120	1.0247
28-17	0.9524	0.9699	1.0423	0.9037	0.9353	1.0294	0.8741	0.9174	1.0218
28-19	0.9791	0.9868	1.0446	0.9354	0.9533	1.0380	0.9075	0.9379	1.0352
28-21	1.0260	1.0290	1.0698	0.9876	0.9965	1.0678	0.9635	0.9813	1.0714
28-23	1.1101	1.1170	1.1382	1.0814	1.0880	1.1406	1.0656	1.0741	1.1479
30-15	0.9182	0.9462	1.0245	0.8651	0.9060	1.0013	0.8336	0.8831	0.9860
30-17	0.9258	0.9421	1.0074	0.8759	0.9040	0.9899	0.8453	0.8832	0.9780
30-19	0.9428	0.9504	1.0015	0.8968	0.9122	0.9885	0.8681	0.8931	0.9815
30-21	0.9722	0.9748	1.0113	0.9288	0.9372	0.9999	0.9027	0.9177	0.9976
30-23	1.0175	1.0240	1.0425	0.9819	0.9865	1.0342	0.9602	0.9668	1.0345
30-25	1.1024	1.1120	1.1193	1.0755	1.0841	1.1116	1.0604	1.0682	1.1167
35-20	0.8939	0.9006	0.9364	0.8467	0.8568	0.9102	0.8174	0.8318	0.8969
35-22	0.9085	0.9132	0.9349	0.8618	0.8657	0.9101	0.8327	0.8423	0.8976
35-24	0.9290	0.9336	0.9444	0.8842	0.8895	0.9186	0.8566	0.8616	0.9082
35-26	0.9556	0.9656	0.9677	0.9176	0.9243	0.9400	0.8922	0.8986	0.9308
35-28	1.0005	1.0141	1.0180	0.9694	0.9784	0.9851	0.9489	0.9574	0.9746
35-30	1.0821	1.1019	1.1069	1.0622	1.0744	1.0811	1.0438	1.0608	1.0673
40-25	0.8819	0.8895	0.8974	0.8352	0.8425	0.8611	0.8060	0.8125	0.8432
40-27	0.8931	0.9045	0.9071	0.8536	0.8591	0.8687	0.8256	0.8314	0.8502
40-29	0.9160	0.9242	0.9287	0.8752	0.8822	0.8846	0.8469	0.8559	0.8671
40-31	0.9417	0.9540	0.9598	0.9039	0.9157	0.9199	0.8822	0.8913	0.8957
40-33	0.9877	1.0038	1.0084	0.9532	0.9688	0.9752	0.9321	0.9492	0.9525
40-35	1.0654	1.0856	1.0962	1.0431	1.0638	1.0724	1.0301	1.0492	1.0560

表 A.6 单位耗热量折算系数 K_r 表

粮食种类：玉米　　　　环境温度 t_h：−15℃　　　　环境相对湿度 RH：90%

降水范围 (M_1-M_2)/%	热风温度 t_r/℃								
	90			120			150		
	热风表观风速 v_r/[m^3/(m^3·s)]								
	0.2	0.4	0.6	0.2	0.4	0.6	0.2	0.4	0.6
20-13	1.1069	1.1840	1.3314	1.0559	1.1608	1.3273	1.0272	1.1499	1.3220
20-15	1.1758	1.2354	1.3690	1.1334	1.2239	1.3811	1.1105	1.2223	1.3894
22-13	1.0399	1.1041	1.2370	0.9856	1.0742	1.2258	0.9552	1.0587	1.2152
22-15	1.0709	1.1185	1.2373	1.0234	1.0967	1.2382	0.9956	1.0877	1.2379
22-17	1.1489	1.1802	1.2846	1.1100	1.1671	1.2978	1.0882	1.1644	1.3084
24-13	0.9960	1.0510	1.1710	0.9399	1.0162	1.1547	0.9083	0.9971	1.1404
24-15	1.0105	1.0496	1.1553	0.9598	1.0208	1.1485	0.9298	1.0069	1.1427
24-17	1.0506	1.0745	1.1661	1.0057	1.0506	1.1677	0.9784	1.0414	1.1700
24-19	1.1334	1.1459	1.2220	1.0982	1.1276	1.2335	1.0782	1.1220	1.2444
26-13	0.9650	1.0132	1.1216	0.9078	0.9747	1.1012	0.8751	0.9531	1.0842
26-15	0.9708	1.0044	1.0986	0.9183	0.9700	1.0857	0.8872	0.9524	1.0760
26-17	0.9933	1.0134	1.0943	0.9455	0.9821	1.0869	0.9161	0.9675	1.0835
26-19	1.0382	1.0473	1.1137	0.9958	1.0191	1.1136	0.9702	1.0074	1.1158
26-21	1.1232	1.1284	1.1753	1.0904	1.1027	1.1834	1.0729	1.0930	1.1938
28-13	0.9420	0.9850	1.0835	0.8842	0.9432	1.0592	0.8506	0.9195	1.0400
28-15	0.9431	0.9729	1.0581	0.8890	0.9340	1.0388	0.8574	0.9132	1.0261
28-17	0.9558	0.9735	1.0460	0.9060	0.9375	1.0316	0.8757	0.9188	1.0232
28-19	0.9829	0.9908	1.0485	0.9375	0.9557	1.0404	0.9089	0.9394	1.0369
28-21	1.0297	1.0332	1.0742	0.9898	0.9992	1.0705	0.9652	0.9830	1.0733
28-23	1.1147	1.1225	1.1435	1.0843	1.0910	1.1442	1.0675	1.0761	1.1505
30-15	0.9213	0.9495	1.0278	0.8669	0.9078	1.0032	0.8353	0.8842	0.9871
30-17	0.9290	0.9456	1.0107	0.8778	0.9058	0.9919	0.8466	0.8845	0.9793
30-19	0.9462	0.9541	1.0049	0.8987	0.9143	0.9906	0.8692	0.8944	0.9829
30-21	0.9756	0.9792	1.0150	0.9310	0.9395	1.0023	0.9040	0.9193	0.9994
30-23	1.0220	1.0284	1.0468	0.9841	0.9895	1.0367	0.9616	0.9685	1.0364
30-25	1.1066	1.1177	1.1243	1.0784	1.0873	1.1152	1.0622	1.0704	1.1191
35-20	0.8967	0.9039	0.9404	0.8489	0.8584	0.9122	0.8184	0.8328	0.8979
35-22	0.9114	0.9165	0.9378	0.8635	0.8683	0.9118	0.8338	0.8433	0.8987
35-24	0.9319	0.9371	0.9475	0.8876	0.8913	0.9202	0.8579	0.8629	0.9092
35-26	0.9590	0.9703	0.9717	0.9191	0.9266	0.9426	0.8948	0.9008	0.9326
35-28	1.0045	1.0182	1.0222	0.9719	0.9810	0.9880	0.9508	0.9589	0.9762
35-30	1.0871	1.1058	1.1122	1.0643	1.0777	1.0842	1.0456	1.0628	1.0693
40-25	0.8879	0.8929	0.8999	0.8365	0.8439	0.8631	0.8070	0.8134	0.8441
40-27	0.8955	0.9070	0.9110	0.8548	0.8609	0.8713	0.8265	0.8328	0.8516
40-29	0.9188	0.9275	0.9329	0.8764	0.8847	0.8873	0.8477	0.8572	0.8688
40-31	0.9456	0.9578	0.9635	0.9054	0.9181	0.9220	0.8831	0.8924	0.8969
40-33	0.9905	1.0093	1.0128	0.9549	0.9706	0.9772	0.9341	0.9505	0.9547
40-35	1.0685	1.0894	1.1022	1.0447	1.0683	1.0746	1.0311	1.0507	1.0589

表 A.7　单位耗热量折算系数 K_r 表

粮食种类：玉米　　　　环境温度 t_h：−10℃　　　　环境相对湿度 RH：30%

降水范围 $(M_1\text{-}M_2)$/%	热风温度 t_r/℃								
	90			120			150		
	热风表观风速 v_r/[m^3/(m^3·s)]								
	0.2	0.4	0.6	0.2	0.4	0.6	0.2	0.4	0.6
20-13	1.0204	1.0940	1.2337	0.9860	1.0875	1.2473	0.9688	1.0865	1.2529
20-15	1.0763	1.1331	1.2599	1.0530	1.1385	1.2898	1.0409	1.1471	1.3092
22-13	0.9625	1.0237	1.1500	0.9239	1.0096	1.1552	0.9033	1.0034	1.1547
22-15	0.9865	1.0321	1.1453	0.9554	1.0259	1.1622	0.9383	1.0261	1.1719
22-17	1.0519	1.0810	1.1804	1.0306	1.0841	1.2102	1.0192	1.0923	1.2312
24-13	0.9245	0.9769	1.0912	0.8835	0.9572	1.0906	0.8607	0.9469	1.0859
24-15	0.9347	0.9723	1.0732	0.8993	0.9583	1.0816	0.8793	0.9531	1.0851
24-17	0.9675	0.9904	1.0779	0.9388	0.9816	1.0949	0.9217	0.9815	1.1067
24-19	1.0379	1.0484	1.1210	1.0194	1.0464	1.1478	1.0092	1.0517	1.1685
26-13	0.8977	0.9436	1.0471	0.8551	0.9197	1.0418	0.8307	0.9065	1.0340
26-15	0.9008	0.9329	1.0229	0.8627	0.9130	1.0248	0.8409	0.9038	1.0240
26-17	0.9187	0.9379	1.0149	0.8858	0.9210	1.0226	0.8660	0.9150	1.0281
26-19	0.9562	0.9645	1.0282	0.9299	0.9513	1.0420	0.9142	0.9487	1.0533
26-21	1.0283	1.0318	1.0768	1.0122	1.0228	1.1002	1.0034	1.0235	1.1203
28-13	0.8776	0.9186	1.0127	0.8339	0.8913	1.0033	0.8091	0.8758	0.9930
28-15	0.8767	0.9055	0.9864	0.8369	0.8807	0.9822	0.8138	0.8680	0.9780
28-17	0.8873	0.9037	0.9728	0.8514	0.8815	0.9723	0.8298	0.8708	0.9730
28-19	0.9089	0.9164	0.9719	0.8781	0.8957	0.9773	0.8593	0.8878	0.9819
28-21	0.9486	0.9513	0.9904	0.9246	0.9322	1.0012	0.9090	0.9254	1.0124
28-23	1.0205	1.0266	1.0466	1.0074	1.0117	1.0620	0.9986	1.0071	1.0795
30-15	0.8586	0.8850	0.9595	0.8182	0.8572	0.9491	0.7938	0.8414	0.9420
30-17	0.8644	0.8797	0.9421	0.8270	0.8535	0.9364	0.8040	0.8404	0.9322
30-19	0.8783	0.8851	0.9339	0.8444	0.8593	0.9329	0.8239	0.8475	0.9331
30-21	0.9016	0.9048	0.9398	0.8731	0.8797	0.9410	0.8551	0.8683	0.9461
30-23	0.9417	0.9463	0.9646	0.9195	0.9227	0.9682	0.9047	0.9119	0.9775
30-25	1.0135	1.0220	1.0284	1.0015	1.0086	1.0351	0.9936	1.0014	1.0484
35-20	0.8364	0.8412	0.8760	0.7999	0.8094	0.8615	0.7783	0.7917	0.8554
35-22	0.8484	0.8513	0.8728	0.8139	0.8174	0.8600	0.7949	0.7997	0.8542
35-24	0.8633	0.8683	0.8796	0.8336	0.8368	0.8656	0.8140	0.8177	0.8619
35-26	0.8892	0.8955	0.8981	0.8623	0.8674	0.8830	0.8455	0.8504	0.8813
35-28	0.9279	0.9373	0.9409	0.9084	0.9162	0.9216	0.8953	0.9027	0.9194
35-30	0.9949	1.0125	1.0180	0.9857	0.9996	1.0046	0.9812	0.9937	1.0014
40-25	0.8234	0.8304	0.8378	0.7938	0.7953	0.8142	0.7693	0.7730	0.8035
40-27	0.8342	0.8437	0.8467	0.8040	0.8090	0.8200	0.7831	0.7889	0.8078
40-29	0.8499	0.8607	0.8647	0.8244	0.8321	0.8338	0.8059	0.8121	0.8225
40-31	0.8722	0.8871	0.8910	0.8517	0.8606	0.8634	0.8352	0.8441	0.8478
40-33	0.9168	0.9259	0.9338	0.8946	0.9076	0.9109	0.8815	0.8942	0.8987
40-35	0.9777	1.0008	1.0070	0.9766	0.9910	0.9945	0.9638	0.9855	0.9911

表 A.8 单位耗热量折算系数 K_r 表

粮食种类:玉米　　环境温度 t_h:−10℃　　环境相对湿度 RH:60%

降水范围 (M_1-M_2)/%	热风温度 t_r/℃								
	90			120			150		
	热风表观风速 v_r/[m^3/(m^3·s)]								
	0.2	0.4	0.6	0.2	0.4	0.6	0.2	0.4	0.6
20-13	1.0275	1.1017	1.2424	0.9904	1.0923	1.2528	0.9717	1.0900	1.2567
20-15	1.0845	1.1419	1.2699	1.0580	1.1444	1.2965	1.0443	1.1514	1.3140
22-13	0.9687	1.0303	1.1572	0.9277	1.0137	1.1596	0.9058	1.0062	1.1577
22-15	0.9932	1.0391	1.1530	0.9595	1.0303	1.1671	0.9410	1.0293	1.1754
22-17	1.0597	1.0891	1.1894	1.0353	1.0895	1.2163	1.0223	1.0963	1.2357
24-13	0.9301	0.9828	1.0976	0.8869	0.9607	1.0943	0.8629	0.9492	1.0883
24-15	0.9406	0.9783	1.0796	0.9028	0.9620	1.0856	0.8816	0.9556	1.0879
24-17	0.9740	0.9970	1.0849	0.9427	0.9858	1.0994	0.9243	0.9845	1.1099
24-19	1.0455	1.0562	1.1293	1.0239	1.0516	1.1535	1.0124	1.0553	1.1728
26-13	0.9029	0.9490	1.0527	0.8582	0.9229	1.0451	0.8329	0.9087	1.0361
26-15	0.9062	0.9383	1.0286	0.8660	0.9162	1.0282	0.8432	0.9060	1.0263
26-17	0.9247	0.9437	1.0209	0.8893	0.9246	1.0262	0.8682	0.9174	1.0307
26-19	0.9628	0.9709	1.0347	0.9337	0.9553	1.0463	0.9167	0.9515	1.0563
26-21	1.0360	1.0395	1.0846	1.0169	1.0277	1.1056	1.0066	1.0269	1.1243
28-13	0.8825	0.9237	1.0179	0.8369	0.8942	1.0063	0.8108	0.8777	0.9950
28-15	0.8818	0.9105	0.9916	0.8401	0.8836	0.9852	0.8158	0.8701	0.9800
28-17	0.8922	0.9088	0.9780	0.8543	0.8847	0.9755	0.8320	0.8730	0.9752
28-19	0.9143	0.9220	0.9775	0.8821	0.8991	0.9808	0.8619	0.8902	0.9844
28-21	0.9551	0.9576	0.9967	0.9280	0.9362	1.0053	0.9116	0.9282	1.0153
28-23	1.0275	1.0339	1.0542	1.0115	1.0162	1.0672	1.0020	1.0103	1.0831
30-15	0.8632	0.8900	0.9646	0.8208	0.8599	0.9520	0.7956	0.8435	0.9438
30-17	0.8689	0.8843	0.9468	0.8297	0.8564	0.9395	0.8059	0.8421	0.9340
30-19	0.8831	0.8905	0.9391	0.8475	0.8622	0.9360	0.8257	0.8497	0.9352
30-21	0.9069	0.9109	0.9454	0.8764	0.8833	0.9443	0.8570	0.8707	0.9483
30-23	0.9477	0.9526	0.9709	0.9229	0.9267	0.9724	0.9077	0.9142	0.9800
30-25	1.0206	1.0297	1.0357	1.0065	1.0131	1.0399	0.9968	1.0049	1.0522
35-20	0.8424	0.8461	0.8811	0.8023	0.8129	0.8638	0.7799	0.7934	0.8573
35-22	0.8524	0.8561	0.8777	0.8162	0.8201	0.8623	0.7963	0.8018	0.8557
35-24	0.8677	0.8739	0.8842	0.8361	0.8401	0.8682	0.8157	0.8200	0.8640
35-26	0.8936	0.9005	0.9045	0.8651	0.8705	0.8858	0.8471	0.8529	0.8832
35-28	0.9335	0.9430	0.9476	0.9121	0.9193	0.9250	0.8984	0.9053	0.9226
35-30	1.0032	1.0205	1.0249	0.9893	1.0046	1.0090	0.9844	0.9976	1.0045
40-25	0.8270	0.8346	0.8414	0.7955	0.7977	0.8164	0.7723	0.7750	0.8048
40-27	0.8382	0.8479	0.8519	0.8061	0.8127	0.8230	0.7865	0.7905	0.8093
40-29	0.8574	0.8650	0.8692	0.8275	0.8355	0.8364	0.8073	0.8148	0.8246
40-31	0.8800	0.8911	0.8966	0.8537	0.8643	0.8665	0.8368	0.8460	0.8503
40-33	0.9206	0.9328	0.9399	0.8968	0.9118	0.9153	0.8832	0.8965	0.9016
40-35	0.9883	1.0100	1.0140	0.9789	0.9965	1.0007	0.9674	0.9875	0.9943

表 A.9 单位耗热量折算系数 K_r 表

粮食种类:玉米　　　　环境温度 t_h:－10℃　　　　环境相对湿度 RH:90%

降水范围 (M_1-M_2)/%	热风温度 t_r/℃								
	90			120			150		
	热风表观风速 v_r/[$m^3/(m^3\cdot s)$]								
	0.2	0.4	0.6	0.2	0.4	0.6	0.2	0.4	0.6
20-13	1.0345	1.1094	1.2509	0.9948	1.0972	1.2582	0.9745	1.0934	1.2604
20-15	1.0926	1.1506	1.2796	1.0629	1.1502	1.3030	1.0476	1.1557	1.3189
22-13	0.9748	1.0368	1.1644	0.9314	1.0176	1.1640	0.9084	1.0089	1.1606
22-15	0.9999	1.0460	1.1605	0.9637	1.0347	1.1720	0.9435	1.0324	1.1788
22-17	1.0674	1.0972	1.1982	1.0401	1.0949	1.2223	1.0255	1.1002	1.2401
24-13	0.9358	0.9887	1.1038	0.8902	0.9642	1.0980	0.8652	0.9516	1.0907
24-15	0.9465	0.9843	1.0860	0.9064	0.9657	1.0895	0.8839	0.9582	1.0906
24-17	0.9804	1.0035	1.0918	0.9466	0.9900	1.1039	0.9269	0.9874	1.1130
24-19	1.0528	1.0640	1.1375	1.0284	1.0567	1.1591	1.0155	1.0587	1.1769
26-13	0.9080	0.9544	1.0584	0.8613	0.9261	1.0484	0.8351	0.9107	1.0383
26-15	0.9116	0.9438	1.0342	0.8694	0.9195	1.0315	0.8452	0.9082	1.0285
26-17	0.9302	0.9494	1.0268	0.8929	0.9281	1.0298	0.8704	0.9199	1.0332
26-19	0.9690	0.9773	1.0412	0.9375	0.9593	1.0505	0.9190	0.9544	1.0593
26-21	1.0430	1.0472	1.0924	1.0219	1.0325	1.1109	1.0098	1.0303	1.1282
28-13	0.8872	0.9288	1.0231	0.8400	0.8971	1.0092	0.8126	0.8796	0.9968
28-15	0.8867	0.9156	0.9969	0.8429	0.8866	0.9882	0.8181	0.8721	0.9820
28-17	0.8972	0.9142	0.9834	0.8573	0.8878	0.9787	0.8339	0.8752	0.9773
28-19	0.9200	0.9278	0.9830	0.8854	0.9026	0.9843	0.8644	0.8926	0.9868
28-21	0.9607	0.9639	1.0030	0.9313	0.9400	1.0094	0.9141	0.9307	1.0182
28-23	1.0348	1.0414	1.0617	1.0157	1.0212	1.0723	1.0055	1.0136	1.0866
30-15	0.8679	0.8948	0.9693	0.8234	0.8630	0.9546	0.7981	0.8451	0.9454
30-17	0.8735	0.8891	0.9517	0.8324	0.8594	0.9422	0.8083	0.8439	0.9360
30-19	0.8879	0.8955	0.9440	0.8505	0.8655	0.9389	0.8276	0.8517	0.9373
30-21	0.9127	0.9161	0.9506	0.8806	0.8865	0.9475	0.8589	0.8730	0.9507
30-23	0.9542	0.9592	0.9770	0.9263	0.9305	0.9761	0.9100	0.9167	0.9827
30-25	1.0282	1.0369	1.0432	1.0104	1.0178	1.0447	1.0006	1.0078	1.0552
35-20	0.8461	0.8513	0.8850	0.8058	0.8152	0.8665	0.7815	0.7958	0.8586
35-22	0.8567	0.8612	0.8817	0.8186	0.8232	0.8649	0.7976	0.8034	0.8577
35-24	0.8733	0.8785	0.8896	0.8386	0.8432	0.8711	0.8172	0.8217	0.8662
35-26	0.8982	0.9073	0.9096	0.8694	0.8749	0.8892	0.8489	0.8559	0.8860
35-28	0.9400	0.9501	0.9538	0.9146	0.9226	0.9296	0.9004	0.9078	0.9246
35-30	1.0101	1.0273	1.0320	0.9935	1.0097	1.0138	0.9880	1.0003	1.0070
40-25	0.8308	0.8386	0.8473	0.7972	0.8010	0.8194	0.7735	0.7769	0.8068
40-27	0.8451	0.8518	0.8562	0.8106	0.8152	0.8258	0.7889	0.7930	0.8117
40-29	0.8619	0.8704	0.8746	0.8303	0.8375	0.8395	0.8113	0.8161	0.8268
40-31	0.8847	0.8972	0.9020	0.8561	0.8670	0.8707	0.8395	0.8486	0.8527
40-33	0.9291	0.9412	0.9444	0.8991	0.9144	0.9195	0.8851	0.8993	0.9044
40-35	0.9939	1.0145	1.0217	0.9814	0.9995	1.0057	0.9713	0.9895	0.9965

表 A.10　单位耗热量折算系数 K_r 表

粮食种类：玉米　　　　环境温度 t_h：−5℃　　　　环境相对湿度 RH：30％

降水范围 (M_1-M_2)/％	热风温度 t_r/℃								
	90			120			150		
	热风表观风速 v_r/[m^3/(m^3·s)]								
	0.2	0.4	0.6	0.2	0.4	0.6	0.2	0.4	0.6
20-13	0.9466	1.0176	1.1514	0.9243	1.0230	1.1775	0.9146	1.0296	1.1911
20-15	0.9915	1.0467	1.1687	0.9806	1.0640	1.2106	0.9774	1.0801	1.2380
22-13	0.8961	0.9550	1.0756	0.8691	0.9524	1.0927	0.8554	0.9533	1.0998
22-15	0.9142	0.9582	1.0668	0.8946	0.9633	1.0952	0.8855	0.9705	1.1123
22-17	0.9682	0.9966	1.0926	0.9595	1.0112	1.1339	0.9559	1.0266	1.1625
24-13	0.8629	0.9132	1.0224	0.8332	0.9045	1.0331	0.8170	0.9011	1.0358
24-15	0.8696	0.9058	1.0025	0.8452	0.9026	1.0219	0.8324	0.9040	1.0326
24-17	0.8961	0.9183	1.0024	0.8787	0.9205	1.0305	0.8695	0.9271	1.0494
24-19	0.9553	0.9652	1.0351	0.9489	0.9744	1.0731	0.9463	0.9872	1.1012
26-13	0.8394	0.8834	0.9823	0.8078	0.8705	0.9883	0.7902	0.8639	0.9877
26-15	0.8404	0.8711	0.9573	0.8132	0.8619	0.9701	0.7980	0.8592	0.9762
26-17	0.8543	0.8728	0.9464	0.8323	0.8666	0.9651	0.8199	0.8671	0.9776
26-19	0.8856	0.8935	0.9545	0.8704	0.8910	0.9787	0.8620	0.8950	0.9973
26-21	0.9466	0.9492	0.9929	0.9421	0.9513	1.0270	0.9412	0.9602	1.0536
28-13	0.8218	0.8611	0.9509	0.7889	0.8446	0.9528	0.7702	0.8357	0.9496
28-15	0.8198	0.8469	0.9240	0.7904	0.8329	0.9310	0.7740	0.8268	0.9337
28-17	0.8272	0.8432	0.9089	0.8020	0.8314	0.9193	0.7872	0.8271	0.9270
28-19	0.8453	0.8522	0.9054	0.8254	0.8420	0.9206	0.8136	0.8406	0.9320
28-21	0.8778	0.8806	0.9184	0.8653	0.8723	0.9396	0.8572	0.8726	0.9569
28-23	0.9402	0.9439	0.9637	0.9370	0.9405	0.9898	0.9367	0.9441	1.0146
30-15	0.8032	0.8293	0.8999	0.7735	0.8116	0.9005	0.7558	0.8022	0.9003
30-17	0.8070	0.8221	0.8817	0.7804	0.8065	0.8863	0.7644	0.7992	0.8892
30-19	0.8183	0.8257	0.8723	0.7955	0.8100	0.8810	0.7818	0.8045	0.8873
30-21	0.8388	0.8412	0.8745	0.8200	0.8266	0.8860	0.8093	0.8216	0.8971
30-23	0.8718	0.8763	0.8939	0.8600	0.8630	0.9072	0.8534	0.8595	0.9232
30-25	0.9351	0.9401	0.9462	0.9318	0.9379	0.9636	0.9325	0.9381	0.9839
35-20	0.7837	0.7879	0.8212	0.7570	0.7658	0.8158	0.7406	0.7537	0.8162
35-22	0.7907	0.7954	0.8156	0.7681	0.7717	0.8125	0.7544	0.7601	0.8134
35-24	0.8050	0.8100	0.8204	0.7848	0.7887	0.8159	0.7727	0.7752	0.8183
35-26	0.8272	0.8320	0.8350	0.8109	0.8150	0.8294	0.8005	0.8046	0.8341
35-28	0.8588	0.8673	0.8707	0.8489	0.8564	0.8624	0.8431	0.8503	0.8667
35-30	0.9184	0.9312	0.9355	0.9209	0.9299	0.9337	0.9205	0.9312	0.9380
40-25	0.7699	0.7781	0.7841	0.7484	0.7513	0.7697	0.7318	0.7363	0.7660
40-27	0.7818	0.7890	0.7920	0.7583	0.7656	0.7744	0.7457	0.7509	0.7684
40-29	0.7919	0.8044	0.8060	0.7749	0.7824	0.7851	0.7640	0.7708	0.7807
40-31	0.8111	0.8249	0.8285	0.7992	0.8091	0.8114	0.7894	0.7982	0.8020
40-33	0.8461	0.8603	0.8635	0.8401	0.8494	0.8532	0.8332	0.8438	0.8469
40-35	0.9015	0.9224	0.9267	0.9074	0.9202	0.9280	0.9066	0.9236	0.9263

表 A.11 单位耗热量折算系数 K_r 表

粮食种类:玉米　　　　环境温度 t_h:−5℃　　　　环境相对湿度 RH:60%

降水范围 (M_1-M_2)/%	热风温度 t_r/℃								
	90			120			150		
	热风表观风速 v_r/[m^3/(m^3·s)]								
	0.2	0.4	0.6	0.2	0.4	0.6	0.2	0.4	0.6
20-13	0.9566	1.0285	1.1635	0.9306	1.0300	1.1851	0.9190	1.0345	1.1964
20-15	1.0029	1.0590	1.1824	0.9880	1.0723	1.2199	0.9824	1.0862	1.2448
22-13	0.9049	0.9643	1.0857	0.8745	0.9581	1.0989	0.8591	0.9573	1.1040
22-15	0.9237	0.9681	1.0775	0.9005	0.9696	1.1021	0.8895	0.9751	1.1172
22-17	0.9792	1.0080	1.1049	0.9665	1.0189	1.1424	0.9606	1.0323	1.1688
24-13	0.8709	0.9215	1.0313	0.8380	0.9095	1.0385	0.8203	0.9045	1.0393
24-15	0.8779	0.9143	1.0115	0.8504	0.9079	1.0275	0.8359	0.9077	1.0365
24-17	0.9052	0.9276	1.0121	0.8844	0.9265	1.0368	0.8734	0.9314	1.0539
24-19	0.9660	0.9761	1.0466	0.9556	0.9817	1.0810	0.9512	0.9926	1.1071
26-13	0.8468	0.8911	0.9904	0.8124	0.8750	0.9930	0.7932	0.8669	0.9907
26-15	0.8479	0.8788	0.9653	0.8178	0.8666	0.9749	0.8012	0.8624	0.9795
26-17	0.8625	0.8810	0.9548	0.8374	0.8716	0.9703	0.8232	0.8706	0.9812
26-19	0.8944	0.9025	0.9636	0.8760	0.8967	0.9847	0.8657	0.8991	1.0016
26-21	0.9573	0.9600	1.0038	0.9490	0.9585	1.0345	0.9458	0.9652	1.0593
28-13	0.8287	0.8684	0.9583	0.7932	0.8488	0.9570	0.7732	0.8385	0.9524
28-15	0.8266	0.8542	0.9314	0.7952	0.8370	0.9353	0.7768	0.8296	0.9365
28-17	0.8343	0.8506	0.9165	0.8064	0.8360	0.9238	0.7905	0.8302	0.9300
28-19	0.8530	0.8603	0.9133	0.8301	0.8469	0.9256	0.8171	0.8439	0.9354
28-21	0.8871	0.8895	0.9272	0.8704	0.8779	0.9453	0.8612	0.8766	0.9610
28-23	0.9502	0.9545	0.9743	0.9430	0.9475	0.9969	0.9411	0.9489	1.0200
30-15	0.8110	0.8358	0.9069	0.7773	0.8158	0.9045	0.7583	0.8051	0.9027
30-17	0.8141	0.8293	0.8886	0.7844	0.8107	0.8903	0.7674	0.8022	0.8918
30-19	0.8259	0.8327	0.8794	0.8002	0.8143	0.8853	0.7848	0.8075	0.8904
30-21	0.8461	0.8492	0.8822	0.8247	0.8315	0.8907	0.8125	0.8247	0.9005
30-23	0.8811	0.8848	0.9024	0.8660	0.8687	0.9130	0.8569	0.8631	0.9271
30-25	0.9437	0.9509	0.9566	0.9392	0.9452	0.9705	0.9366	0.9433	0.9891
35-20	0.7901	0.7937	0.8267	0.7621	0.7691	0.8192	0.7433	0.7566	0.8183
35-22	0.7989	0.8016	0.8223	0.7728	0.7763	0.8164	0.7566	0.7632	0.8160
35-24	0.8112	0.8178	0.8273	0.7889	0.7928	0.8200	0.7765	0.7782	0.8212
35-26	0.8334	0.8400	0.8431	0.8156	0.8200	0.8341	0.8029	0.8079	0.8373
35-28	0.8670	0.8763	0.8794	0.8552	0.8627	0.8680	0.8460	0.8544	0.8704
35-30	0.9291	0.9425	0.9454	0.9255	0.9367	0.9408	0.9250	0.9366	0.9423
40-25	0.7754	0.7837	0.7907	0.7513	0.7558	0.7736	0.7361	0.7384	0.7678
40-27	0.7876	0.7942	0.7972	0.7654	0.7686	0.7786	0.7481	0.7529	0.7708
40-29	0.7989	0.8105	0.8136	0.7799	0.7868	0.7898	0.7660	0.7734	0.7829
40-31	0.8177	0.8304	0.8356	0.8052	0.8145	0.8169	0.7917	0.8028	0.8060
40-33	0.8556	0.8667	0.8719	0.8431	0.8532	0.8593	0.8367	0.8478	0.8509
40-35	0.9125	0.9312	0.9362	0.9112	0.9272	0.9325	0.9115	0.9285	0.9314

表 A.12　单位耗热量折算系数 K_r 表

粮食种类：玉米　　　　环境温度 t_h：－5℃　　　　环境相对湿度 RH：90％

降水范围 $(M_1\text{-}M_2)$/％	热风温度 t_r/℃								
	90			120			150		
	热风表观风速 v_r/[m^3/(m^3·s)]								
	0.2	0.4	0.6	0.2	0.4	0.6	0.2	0.4	0.6
20-13	0.9666	1.0392	1.1753	0.9368	1.0368	1.1925	0.9234	1.0393	1.2015
20-15	1.0143	1.0712	1.1959	0.9953	1.0805	1.2290	0.9871	1.0923	1.2515
22-13	0.9136	0.9735	1.0957	0.8798	0.9638	1.1050	0.8628	0.9612	1.1082
22-15	0.9331	0.9778	1.0880	0.9064	0.9759	1.1089	0.8935	0.9795	1.1220
22-17	0.9902	1.0193	1.1171	0.9733	1.0265	1.1507	0.9653	1.0380	1.1750
24-13	0.8790	0.9298	1.0401	0.8428	0.9145	1.0438	0.8236	0.9079	1.0428
24-15	0.8863	0.9228	1.0203	0.8555	0.9132	1.0331	0.8395	0.9114	1.0403
24-17	0.9144	0.9368	1.0217	0.8902	0.9323	1.0431	0.8771	0.9356	1.0584
24-19	0.9767	0.9870	1.0580	0.9622	0.9890	1.0888	0.9558	0.9978	1.1129
26-13	0.8542	0.8988	0.9983	0.8168	0.8795	0.9977	0.7962	0.8700	0.9937
26-15	0.8556	0.8865	0.9731	0.8224	0.8713	0.9796	0.8042	0.8656	0.9827
26-17	0.8705	0.8891	0.9630	0.8422	0.8766	0.9754	0.8264	0.8741	0.9848
26-19	0.9035	0.9114	0.9727	0.8816	0.9024	0.9906	0.8695	0.9031	1.0058
26-21	0.9677	0.9707	1.0146	0.9554	0.9655	1.0419	0.9502	0.9701	1.0650
28-13	0.8357	0.8755	0.9657	0.7975	0.8529	0.9612	0.7759	0.8412	0.9550
28-15	0.8335	0.8613	0.9387	0.7992	0.8414	0.9395	0.7796	0.8325	0.9393
28-17	0.8416	0.8580	0.9239	0.8108	0.8404	0.9283	0.7937	0.8334	0.9330
28-19	0.8611	0.8682	0.9211	0.8352	0.8518	0.9306	0.8201	0.8473	0.9389
28-21	0.8959	0.8985	0.9358	0.8756	0.8835	0.9509	0.8649	0.8804	0.9652
28-23	0.9605	0.9652	0.9849	0.9493	0.9546	1.0042	0.9454	0.9535	1.0253
30-15	0.8179	0.8429	0.9137	0.7812	0.8196	0.9083	0.7610	0.8075	0.9054
30-17	0.8224	0.8361	0.8956	0.7886	0.8149	0.8945	0.7708	0.8049	0.8944
30-19	0.8339	0.8404	0.8863	0.8046	0.8187	0.8896	0.7882	0.8106	0.8935
30-21	0.8546	0.8573	0.8898	0.8300	0.8362	0.8955	0.8155	0.8281	0.9038
30-23	0.8889	0.8941	0.9109	0.8710	0.8745	0.9183	0.8607	0.8671	0.9312
30-25	0.9533	0.9613	0.9671	0.9463	0.9515	0.9776	0.9410	0.9478	0.9940
35-20	0.7955	0.8006	0.8331	0.7653	0.7734	0.8234	0.7465	0.7588	0.8207
35-22	0.8050	0.8096	0.8284	0.7781	0.7801	0.8204	0.7592	0.7661	0.8181
35-24	0.8200	0.8245	0.8337	0.7937	0.7977	0.8244	0.7790	0.7814	0.8236
35-26	0.8394	0.8474	0.8503	0.8191	0.8249	0.8389	0.8055	0.8109	0.8405
35-28	0.8737	0.8855	0.8884	0.8618	0.8673	0.8737	0.8491	0.8581	0.8739
35-30	0.9376	0.9522	0.9565	0.9329	0.9430	0.9476	0.9298	0.9418	0.9471
40-25	0.7837	0.7900	0.7961	0.7562	0.7606	0.7779	0.7391	0.7405	0.7703
40-27	0.7926	0.8012	0.8042	0.7680	0.7732	0.7824	0.7511	0.7550	0.7735
40-29	0.8083	0.8158	0.8201	0.7832	0.7912	0.7939	0.7698	0.7771	0.7864
40-31	0.8264	0.8390	0.8442	0.8082	0.8177	0.8207	0.7965	0.8051	0.8083
40-33	0.8632	0.8753	0.8815	0.8464	0.8605	0.8646	0.8390	0.8503	0.8548
40-35	0.9263	0.9407	0.9474	0.9172	0.9338	0.9388	0.9169	0.9315	0.9372

表 A.13 单位耗热量折算系数 K_r 表

粮食种类:玉米　　　　环境温度 t_h:0℃　　　　环境相对湿度 RH:30%

降水范围 (M_1-M_2)/%	热风温度 t_r/℃								
	90			120			150		
	热风表观风速 v_r/[m^3/(m^3·s)]								
	0.2	0.4	0.6	0.2	0.4	0.6	0.2	0.4	0.6
20-13	0.8758	0.9443	1.0726	0.8647	0.9608	1.1103	0.8617	0.9744	1.1315
20-15	0.9103	0.9641	1.0815	0.9105	0.9925	1.1346	0.9155	1.0154	1.1692
22-13	0.8322	0.8888	1.0040	0.8161	0.8970	1.0323	0.8088	0.9047	1.0468
22-15	0.8448	0.8873	0.9913	0.8359	0.9029	1.0303	0.8335	0.9168	1.0544
22-17	0.8881	0.9159	1.0085	0.8902	0.9411	1.0605	0.8947	0.9629	1.0959
24-13	0.8036	0.8516	0.9558	0.7844	0.8535	0.9773	0.7746	0.8567	0.9869
24-15	0.8069	0.8417	0.9342	0.7930	0.8487	0.9639	0.7865	0.8564	0.9813
24-17	0.8275	0.8491	0.9299	0.8205	0.8615	0.9682	0.8184	0.8744	0.9937
24-19	0.8759	0.8856	0.9531	0.8803	0.9051	1.0016	0.8853	0.9245	1.0365
26-13	0.7832	0.8253	0.9196	0.7621	0.8226	0.9362	0.7506	0.8223	0.9423
26-15	0.7821	0.8115	0.8938	0.7650	0.8124	0.9169	0.7562	0.8158	0.9296
26-17	0.7923	0.8102	0.8806	0.7805	0.8139	0.9095	0.7746	0.8207	0.9284
26-19	0.8174	0.8252	0.8836	0.8128	0.8327	0.9180	0.8115	0.8427	0.9432
26-21	0.8678	0.8701	0.9127	0.8743	0.8825	0.9563	0.8802	0.8982	0.9890
28-13	0.7678	0.8056	0.8911	0.7454	0.7993	0.9036	0.7328	0.7965	0.9071
28-15	0.7643	0.7903	0.8639	0.7452	0.7864	0.8812	0.7347	0.7863	0.8904
28-17	0.7696	0.7848	0.8472	0.7541	0.7829	0.8680	0.7461	0.7847	0.8820
28-19	0.7838	0.7905	0.8412	0.7739	0.7901	0.8658	0.7685	0.7946	0.8840
28-21	0.8107	0.8128	0.8492	0.8076	0.8145	0.8797	0.8072	0.8210	0.9029
28-23	0.8622	0.8650	0.8844	0.8697	0.8718	0.9206	0.8761	0.8825	0.9517
30-15	0.7508	0.7748	0.8421	0.7307	0.7673	0.8532	0.7190	0.7640	0.8595
30-17	0.7524	0.7671	0.8234	0.7362	0.7609	0.8375	0.7262	0.7595	0.8473
30-19	0.7611	0.7679	0.8124	0.7486	0.7623	0.8306	0.7408	0.7625	0.8428
30-21	0.7772	0.7801	0.8116	0.7691	0.7750	0.8327	0.7647	0.7759	0.8495
30-23	0.8048	0.8088	0.8256	0.8033	0.8055	0.8488	0.8031	0.8079	0.8706
30-25	0.8568	0.8616	0.8673	0.8645	0.8697	0.8947	0.8724	0.8764	0.9209
35-20	0.7295	0.7355	0.7668	0.7147	0.7227	0.7712	0.7053	0.7168	0.7772
35-22	0.7378	0.7415	0.7606	0.7244	0.7281	0.7663	0.7157	0.7214	0.7735
35-24	0.7477	0.7538	0.7628	0.7389	0.7413	0.7677	0.7327	0.7338	0.7755
35-26	0.7659	0.7710	0.7741	0.7608	0.7634	0.7779	0.7567	0.7603	0.7882
35-28	0.7939	0.8009	0.8034	0.7926	0.8002	0.8055	0.7959	0.8009	0.8153
35-30	0.8409	0.8538	0.8569	0.8513	0.8638	0.8656	0.8598	0.8700	0.8767
40-25	0.7218	0.7259	0.7326	0.7067	0.7103	0.7272	0.6975	0.6997	0.7289
40-27	0.7258	0.7349	0.7366	0.7173	0.7211	0.7297	0.7069	0.7115	0.7298
40-29	0.7374	0.7448	0.7497	0.7272	0.7364	0.7389	0.7258	0.7295	0.7390
40-31	0.7523	0.7638	0.7680	0.7508	0.7581	0.7610	0.7468	0.7554	0.7584
40-33	0.7800	0.7931	0.7988	0.7837	0.7938	0.7961	0.7850	0.7937	0.7963
40-35	0.8259	0.8451	0.8503	0.8426	0.8546	0.8597	0.8485	0.8636	0.8672

表 A.14 单位耗热量折算系数 K_r 表

粮食种类：玉米　　环境温度 t_h：0℃　　环境相对湿度 RH：60%

降水范围 $(M_1\text{-}M_2)$/%	热风温度 t_r/℃								
	90			120			150		
	热风表观风速 v_r/[m³/(m³·s)]								
	0.2	0.4	0.6	0.2	0.4	0.6	0.2	0.4	0.6
20-13	0.8894	0.9590	1.0887	0.8733	0.9703	1.1205	0.8679	0.9811	1.1386
20-15	0.9257	0.9806	1.0996	0.9207	1.0037	1.1469	0.9226	1.0238	1.1784
22-13	0.8442	0.9014	1.0176	0.8235	0.9049	1.0407	0.8141	0.9102	1.0525
22-15	0.8577	0.9007	1.0057	0.8441	0.9116	1.0396	0.8394	0.9230	1.0611
22-17	0.9030	0.9312	1.0250	0.9000	0.9515	1.0719	0.9013	0.9708	1.1045
24-13	0.8145	0.8630	0.9679	0.7911	0.8604	0.9846	0.7792	0.8614	0.9918
24-15	0.8183	0.8533	0.9464	0.8001	0.8560	0.9716	0.7915	0.8615	0.9867
24-17	0.8399	0.8616	0.9429	0.8285	0.8696	0.9768	0.8239	0.8803	0.9999
24-19	0.8904	0.9003	0.9684	0.8899	0.9151	1.0122	0.8919	0.9320	1.0445
26-13	0.7934	0.8358	0.9305	0.7683	0.8289	0.9427	0.7548	0.8266	0.9466
26-15	0.7924	0.8221	0.9046	0.7715	0.8189	0.9235	0.7605	0.8203	0.9341
26-17	0.8034	0.8213	0.8918	0.7873	0.8209	0.9165	0.7792	0.8255	0.9332
26-19	0.8295	0.8374	0.8959	0.8205	0.8405	0.9261	0.8166	0.8484	0.9490
26-21	0.8822	0.8846	0.9272	0.8837	0.8923	0.9665	0.8865	0.9054	0.9967
28-13	0.7773	0.8154	0.9012	0.7515	0.8051	0.9094	0.7366	0.8005	0.9109
28-15	0.7739	0.8003	0.8739	0.7514	0.7922	0.8871	0.7390	0.7904	0.8943
28-17	0.7794	0.7950	0.8575	0.7607	0.7890	0.8741	0.7504	0.7890	0.8862
28-19	0.7942	0.8013	0.8519	0.7804	0.7970	0.8726	0.7737	0.7993	0.8888
28-21	0.8230	0.8249	0.8610	0.8154	0.8223	0.8876	0.8122	0.8267	0.9087
28-23	0.8757	0.8793	0.8986	0.8787	0.8817	0.9302	0.8834	0.8894	0.9591
30-15	0.7600	0.7843	0.8516	0.7361	0.7728	0.8586	0.7229	0.7679	0.8630
30-17	0.7626	0.7764	0.8328	0.7415	0.7669	0.8432	0.7298	0.7635	0.8510
30-19	0.7708	0.7782	0.8221	0.7542	0.7684	0.8366	0.7449	0.7667	0.8470
30-21	0.7876	0.7909	0.8220	0.7755	0.7820	0.8391	0.7692	0.7807	0.8543
30-23	0.8179	0.8207	0.8370	0.8111	0.8132	0.8562	0.8081	0.8138	0.8763
30-25	0.8715	0.8761	0.8814	0.8742	0.8791	0.9043	0.8795	0.8833	0.9281
35-20	0.7387	0.7445	0.7754	0.7200	0.7285	0.7761	0.7097	0.7204	0.7808
35-22	0.7468	0.7507	0.7691	0.7308	0.7328	0.7719	0.7202	0.7260	0.7766
35-24	0.7600	0.7629	0.7724	0.7439	0.7475	0.7735	0.7370	0.7384	0.7798
35-26	0.7767	0.7836	0.7849	0.7661	0.7706	0.7842	0.7607	0.7643	0.7929
35-28	0.8038	0.8125	0.8159	0.8019	0.8071	0.8126	0.7999	0.8053	0.8206
35-30	0.8526	0.8671	0.8711	0.8630	0.8718	0.8752	0.8652	0.8766	0.8838
40-25	0.7285	0.7350	0.7411	0.7108	0.7146	0.7327	0.7013	0.7028	0.7314
40-27	0.7338	0.7424	0.7466	0.7211	0.7263	0.7359	0.7119	0.7159	0.7331
40-29	0.7490	0.7561	0.7597	0.7350	0.7414	0.7445	0.7285	0.7336	0.7437
40-31	0.7645	0.7745	0.7802	0.7552	0.7667	0.7670	0.7510	0.7586	0.7624
40-33	0.7931	0.8034	0.8088	0.7917	0.8003	0.8029	0.7881	0.8001	0.8017
40-35	0.8440	0.8576	0.8633	0.8515	0.8635	0.8676	0.8530	0.8696	0.8739

表 A.15 单位耗热量折算系数 K_r 表

粮食种类:玉米　　环境温度 t_h:0℃　　环境相对湿度 RH:90%

降水范围 (M_1-M_2)/%	热风温度 t_r/℃								
	90			120			150		
	热风表观风速 v_r/[m^3/(m^3·s)]								
	0.2	0.4	0.6	0.2	0.4	0.6	0.2	0.4	0.6
20-13	0.9030	0.9734	1.1043	0.8819	0.9796	1.1304	0.8740	0.9877	1.1455
20-15	0.9411	0.9969	1.1174	0.9308	1.0148	1.1590	0.9295	1.0321	1.1873
22-13	0.8562	0.9139	1.0309	0.8309	0.9126	1.0488	0.8192	0.9155	1.0580
22-15	0.8704	0.9138	1.0197	0.8522	0.9200	1.0488	0.8451	0.9291	1.0676
22-17	0.9178	0.9464	1.0411	0.9097	0.9618	1.0830	0.9080	0.9786	1.1129
24-13	0.8256	0.8743	0.9797	0.7978	0.8672	0.9918	0.7838	0.8661	0.9966
24-15	0.8297	0.8648	0.9582	0.8072	0.8632	0.9791	0.7964	0.8666	0.9919
24-17	0.8523	0.8740	0.9557	0.8364	0.8776	0.9852	0.8294	0.8861	1.0060
24-19	0.9050	0.9149	0.9834	0.8993	0.9249	1.0226	0.8983	0.9393	1.0523
26-13	0.8037	0.8463	0.9412	0.7745	0.8351	0.9490	0.7591	0.8307	0.9508
26-15	0.8031	0.8326	0.9152	0.7778	0.8253	0.9300	0.7650	0.8247	0.9385
26-17	0.8145	0.8323	0.9028	0.7943	0.8277	0.9234	0.7841	0.8303	0.9381
26-19	0.8419	0.8495	0.9080	0.8283	0.8483	0.9339	0.8222	0.8540	0.9548
26-21	0.8964	0.8991	0.9416	0.8927	0.9019	0.9764	0.8931	0.9124	1.0044
28-13	0.7876	0.8253	0.9111	0.7572	0.8109	0.9152	0.7409	0.8042	0.9146
28-15	0.7840	0.8102	0.8837	0.7571	0.7981	0.8929	0.7428	0.7944	0.8982
28-17	0.7896	0.8052	0.8676	0.7668	0.7952	0.8802	0.7550	0.7931	0.8903
28-19	0.8055	0.8122	0.8625	0.7876	0.8036	0.8793	0.7781	0.8041	0.8934
28-21	0.8343	0.8371	0.8726	0.8226	0.8299	0.8952	0.8172	0.8322	0.9143
28-23	0.8896	0.8940	0.9126	0.8876	0.8911	0.9398	0.8891	0.8962	0.9662
30-15	0.7690	0.7939	0.8609	0.7422	0.7786	0.8639	0.7264	0.7714	0.8664
30-17	0.7717	0.7859	0.8421	0.7472	0.7723	0.8488	0.7339	0.7674	0.8545
30-19	0.7812	0.7882	0.8317	0.7607	0.7742	0.8425	0.7494	0.7711	0.8511
30-21	0.7988	0.8014	0.8323	0.7831	0.7887	0.8455	0.7740	0.7854	0.8587
30-23	0.8283	0.8330	0.8488	0.8179	0.8210	0.8635	0.8139	0.8191	0.8815
30-25	0.8849	0.8900	0.8955	0.8826	0.8888	0.9137	0.8851	0.8901	0.9352
35-20	0.7501	0.7533	0.7842	0.7261	0.7336	0.7814	0.7126	0.7240	0.7840
35-22	0.7552	0.7602	0.7783	0.7353	0.7386	0.7770	0.7251	0.7292	0.7803
35-24	0.7678	0.7728	0.7821	0.7509	0.7536	0.7792	0.7410	0.7427	0.7836
35-26	0.7868	0.7927	0.7953	0.7715	0.7782	0.7910	0.7653	0.7689	0.7974
35-28	0.8166	0.8245	0.8274	0.8094	0.8145	0.8204	0.8038	0.8105	0.8259
35-30	0.8693	0.8818	0.8851	0.8721	0.8823	0.8845	0.8721	0.8836	0.8904
40-25	0.7348	0.7439	0.7493	0.7170	0.7209	0.7371	0.7040	0.7065	0.7351
40-27	0.7477	0.7545	0.7551	0.7269	0.7322	0.7414	0.7162	0.7200	0.7365
40-29	0.7556	0.7655	0.7692	0.7427	0.7488	0.7511	0.7332	0.7373	0.7473
40-31	0.7752	0.7859	0.7885	0.7620	0.7710	0.7747	0.7543	0.7630	0.7664
40-33	0.8005	0.8154	0.8200	0.7961	0.8073	0.8120	0.7916	0.8047	0.8076
40-35	0.8574	0.8725	0.8787	0.8573	0.8736	0.8780	0.8609	0.8756	0.8796

表 A.16 单位耗热量折算系数 K_r 表

粮食种类:玉米　　环境温度 t_h:5℃　　环境相对湿度 RH:30%

降水范围 (M_1-M_2)/%	热风温度 t_r/℃								
	90			120			150		
	热风表观风速 v_r/[m³/(m³·s)]								
	0.2	0.4	0.6	0.2	0.4	0.6	0.2	0.4	0.6
20-13	0.8076	0.8737	0.9969	0.8071	0.9008	1.0458	0.8105	0.9208	1.0742
20-15	0.8325	0.8850	0.9981	0.8431	0.9236	1.0617	0.8544	0.9530	1.1031
22-13	0.7706	0.8249	0.9349	0.7648	0.8434	0.9742	0.7637	0.8574	0.9957
22-15	0.7781	0.8191	0.9187	0.7792	0.8447	0.9678	0.7829	0.8647	0.9985
22-17	0.8113	0.8386	0.9279	0.8233	0.8735	0.9896	0.8345	0.9015	1.0314
24-13	0.7462	0.7921	0.8912	0.7372	0.8041	0.9230	0.7333	0.8136	0.9396
24-15	0.7465	0.7799	0.8681	0.7424	0.7965	0.9076	0.7418	0.8102	0.9313
24-17	0.7615	0.7825	0.8601	0.7642	0.8045	0.9079	0.7682	0.8232	0.9395
24-19	0.7997	0.8094	0.8747	0.8139	0.8385	0.9330	0.8258	0.8639	0.9740
26-13	0.7288	0.7690	0.8587	0.7178	0.7761	0.8854	0.7120	0.7818	0.8980
26-15	0.7257	0.7539	0.8324	0.7185	0.7644	0.8651	0.7153	0.7736	0.8840
26-17	0.7327	0.7497	0.8170	0.7302	0.7629	0.8555	0.7302	0.7755	0.8803
26-19	0.7519	0.7596	0.8153	0.7568	0.7764	0.8596	0.7617	0.7922	0.8908
26-21	0.7923	0.7943	0.8357	0.8083	0.8164	0.8881	0.8210	0.8380	0.9267
28-13	0.7155	0.7516	0.8329	0.7032	0.7552	0.8555	0.6963	0.7584	0.8655
28-15	0.7108	0.7357	0.8055	0.7014	0.7412	0.8328	0.6967	0.7471	0.8481
28-17	0.7137	0.7284	0.7876	0.7081	0.7357	0.8182	0.7054	0.7433	0.8382
28-19	0.7245	0.7310	0.7792	0.7236	0.7400	0.8130	0.7249	0.7499	0.8375
28-21	0.7456	0.7478	0.7826	0.7521	0.7586	0.8219	0.7577	0.7710	0.8505
28-23	0.7867	0.7894	0.8083	0.8042	0.8057	0.8539	0.8177	0.8224	0.8906
30-15	0.6996	0.7225	0.7859	0.6888	0.7244	0.8072	0.6826	0.7270	0.8196
30-17	0.6996	0.7133	0.7669	0.6924	0.7167	0.7903	0.6877	0.7210	0.8064
30-19	0.7059	0.7122	0.7546	0.7024	0.7160	0.7816	0.7007	0.7218	0.8001
30-21	0.7186	0.7209	0.7507	0.7196	0.7254	0.7810	0.7212	0.7318	0.8031
30-23	0.7403	0.7438	0.7599	0.7479	0.7497	0.7923	0.7544	0.7581	0.8197
30-25	0.7817	0.7865	0.7917	0.8001	0.8035	0.8285	0.8141	0.8167	0.8602
35-20	0.6796	0.6850	0.7143	0.6736	0.6817	0.7281	0.6689	0.6813	0.7397
35-22	0.6856	0.6888	0.7075	0.6810	0.6843	0.7218	0.6792	0.6838	0.7346
35-24	0.6937	0.6980	0.7076	0.6927	0.6955	0.7218	0.6930	0.6939	0.7345
35-26	0.7065	0.7126	0.7159	0.7110	0.7148	0.7278	0.7136	0.7152	0.7437
35-28	0.7275	0.7364	0.7389	0.7392	0.7440	0.7502	0.7456	0.7503	0.7659
35-30	0.7690	0.7791	0.7817	0.7903	0.7978	0.7995	0.8044	0.8115	0.8172
40-25	0.6713	0.6769	0.6813	0.6652	0.6687	0.6856	0.6625	0.6634	0.6921
40-27	0.6776	0.6827	0.6842	0.6729	0.6777	0.6871	0.6720	0.6747	0.6923
40-29	0.6834	0.6918	0.6951	0.6858	0.6903	0.6936	0.6870	0.6895	0.6993
40-31	0.6957	0.7062	0.7100	0.7019	0.7083	0.7116	0.7054	0.7119	0.7144
40-33	0.7163	0.7287	0.7334	0.7324	0.7397	0.7416	0.7379	0.7462	0.7471
40-35	0.7555	0.7715	0.7771	0.7793	0.7902	0.7952	0.7930	0.8039	0.8089

表 A.17 单位耗热量折算系数 K_r 表

粮食种类:玉米　　　　环境温度 t_h:5℃　　　　环境相对湿度 RH:60%

降水范围 (M_1-M_2)/%	热风温度 t_r/℃								
	90			120			150		
	热风表观风速 v_r/[m^3/(m^3·s)]								
	0.2	0.4	0.6	0.2	0.4	0.6	0.2	0.4	0.6
20-13	0.8253	0.8926	1.0172	0.8184	0.9130	1.0587	0.8186	0.9296	1.0832
20-15	0.8523	0.9060	1.0208	0.8563	0.9381	1.0773	0.8643	0.9639	1.1147
22-13	0.7863	0.8413	0.9522	0.7746	0.8537	0.9848	0.7706	0.8646	1.0028
22-15	0.7947	0.8363	0.9368	0.7899	0.8559	0.9797	0.7906	0.8729	1.0069
22-17	0.8304	0.8582	0.9487	0.8361	0.8870	1.0041	0.8438	0.9117	1.0424
24-13	0.7606	0.8069	0.9067	0.7460	0.8131	0.9325	0.7395	0.8198	0.9458
24-15	0.7613	0.7949	0.8837	0.7518	0.8061	0.9176	0.7485	0.8169	0.9383
24-17	0.7776	0.7986	0.8766	0.7747	0.8151	0.9190	0.7758	0.8309	0.9476
24-19	0.8185	0.8282	0.8940	0.8266	0.8514	0.9464	0.8348	0.8736	0.9843
26-13	0.7422	0.7828	0.8728	0.7259	0.7844	0.8939	0.7178	0.7874	0.9037
26-15	0.7392	0.7676	0.8462	0.7270	0.7729	0.8737	0.7212	0.7795	0.8899
26-17	0.7470	0.7641	0.8313	0.7394	0.7720	0.8646	0.7366	0.7819	0.8868
26-19	0.7679	0.7753	0.8310	0.7671	0.7866	0.8698	0.7691	0.7997	0.8984
26-21	0.8110	0.8130	0.8542	0.8207	0.8289	0.9011	0.8298	0.8475	0.9366
28-13	0.7286	0.7645	0.8459	0.7111	0.7628	0.8632	0.7017	0.7635	0.8705
28-15	0.7233	0.7487	0.8184	0.7095	0.7490	0.8404	0.7019	0.7524	0.8532
28-17	0.7266	0.7416	0.8007	0.7166	0.7439	0.8262	0.7115	0.7490	0.8438
28-19	0.7384	0.7449	0.7929	0.7328	0.7488	0.8217	0.7312	0.7561	0.8437
28-21	0.7611	0.7633	0.7976	0.7621	0.7688	0.8320	0.7650	0.7785	0.8580
28-23	0.8045	0.8080	0.8264	0.8161	0.8183	0.8664	0.8257	0.8317	0.9001
30-15	0.7114	0.7349	0.7981	0.6959	0.7315	0.8142	0.6879	0.7319	0.8242
30-17	0.7124	0.7258	0.7790	0.6998	0.7244	0.7976	0.6933	0.7262	0.8114
30-19	0.7195	0.7253	0.7670	0.7104	0.7240	0.7892	0.7066	0.7275	0.8053
30-21	0.7330	0.7350	0.7643	0.7282	0.7343	0.7894	0.7273	0.7379	0.8093
30-23	0.7556	0.7593	0.7749	0.7581	0.7603	0.8019	0.7620	0.7657	0.8267
30-25	0.7991	0.8044	0.8098	0.8123	0.8157	0.8408	0.8221	0.8260	0.8695
35-20	0.6915	0.6963	0.7256	0.6800	0.6892	0.7345	0.6748	0.6854	0.7440
35-22	0.6967	0.7012	0.7192	0.6900	0.6920	0.7288	0.6838	0.6895	0.7390
35-24	0.7068	0.7116	0.7195	0.7016	0.7042	0.7286	0.6983	0.6996	0.7397
35-26	0.7215	0.7261	0.7292	0.7204	0.7232	0.7362	0.7198	0.7224	0.7498
35-28	0.7442	0.7522	0.7545	0.7486	0.7543	0.7595	0.7523	0.7580	0.7725
35-30	0.7874	0.7977	0.8008	0.8005	0.8105	0.8125	0.8132	0.8206	0.8259
40-25	0.6805	0.6867	0.6929	0.6741	0.6766	0.6924	0.6661	0.6687	0.6965
40-27	0.6866	0.6938	0.6972	0.6804	0.6857	0.6941	0.6771	0.6805	0.6971
40-29	0.6969	0.7050	0.7083	0.6914	0.6990	0.7005	0.6915	0.6951	0.7045
40-31	0.7089	0.7189	0.7231	0.7099	0.7176	0.7205	0.7117	0.7183	0.7202
40-33	0.7336	0.7431	0.7493	0.7380	0.7478	0.7506	0.7454	0.7527	0.7541
40-35	0.7770	0.7882	0.7930	0.7921	0.8024	0.8066	0.8015	0.8151	0.8169

表 A.18 单位耗热量折算系数 K_r 表

粮食种类:玉米　　环境温度 t_h:5℃　　环境相对湿度 RH:90%

降水范围 (M_1-M_2)/%	热风温度 t_r/℃								
	90			120			150		
	热风表观风速 v_r/[m^3/(m^3·s)]								
	0.2	0.4	0.6	0.2	0.4	0.6	0.2	0.4	0.6
20-13	0.8428	0.9111	1.0368	0.8296	0.9250	1.0712	0.8266	0.9382	1.0919
20-15	0.8721	0.9267	1.0429	0.8694	0.9522	1.0924	0.8739	0.9746	1.1260
22-13	0.8018	0.8573	0.9690	0.7842	0.8637	0.9951	0.7774	0.8716	1.0098
22-15	0.8112	0.8531	0.9545	0.8005	0.8668	0.9912	0.7983	0.8808	1.0152
22-17	0.8495	0.8775	0.9689	0.8488	0.9002	1.0182	0.8528	0.9217	1.0531
24-13	0.7749	0.8215	0.9218	0.7548	0.8220	0.9417	0.7456	0.8258	0.9520
24-15	0.7761	0.8097	0.8989	0.7610	0.8154	0.9272	0.7550	0.8235	0.9451
24-17	0.7936	0.8146	0.8928	0.7851	0.8254	0.9297	0.7832	0.8385	0.9555
24-19	0.8373	0.8468	0.9129	0.8391	0.8640	0.9595	0.8434	0.8832	0.9943
26-13	0.7558	0.7963	0.8865	0.7341	0.7925	0.9021	0.7233	0.7929	0.9091
26-15	0.7530	0.7812	0.8598	0.7354	0.7812	0.8821	0.7270	0.7853	0.8957
26-17	0.7613	0.7783	0.8453	0.7486	0.7809	0.8735	0.7430	0.7883	0.8931
26-19	0.7837	0.7909	0.8465	0.7775	0.7967	0.8799	0.7762	0.8070	0.9057
26-21	0.8292	0.8315	0.8723	0.8330	0.8413	0.9139	0.8383	0.8568	0.9463
28-13	0.7411	0.7773	0.8587	0.7185	0.7703	0.8707	0.7068	0.7685	0.8754
28-15	0.7365	0.7616	0.8309	0.7172	0.7566	0.8479	0.7076	0.7577	0.8583
28-17	0.7403	0.7547	0.8137	0.7244	0.7520	0.8340	0.7169	0.7545	0.8491
28-19	0.7525	0.7589	0.8065	0.7420	0.7575	0.8302	0.7374	0.7623	0.8496
28-21	0.7767	0.7792	0.8125	0.7724	0.7788	0.8418	0.7717	0.7855	0.8653
28-23	0.8230	0.8266	0.8444	0.8279	0.8308	0.8786	0.8342	0.8408	0.9095
30-15	0.7241	0.7471	0.8103	0.7040	0.7388	0.8210	0.6927	0.7367	0.8287
30-17	0.7245	0.7382	0.7911	0.7083	0.7318	0.8049	0.6986	0.7313	0.8161
30-19	0.7316	0.7383	0.7795	0.7192	0.7319	0.7968	0.7126	0.7329	0.8104
30-21	0.7457	0.7489	0.7776	0.7374	0.7428	0.7977	0.7336	0.7440	0.8152
30-23	0.7709	0.7747	0.7896	0.7682	0.7702	0.8114	0.7686	0.7727	0.8338
30-25	0.8178	0.8233	0.8279	0.8245	0.8283	0.8528	0.8314	0.8348	0.8786
35-20	0.7041	0.7083	0.7364	0.6874	0.6954	0.7409	0.6788	0.6902	0.7485
35-22	0.7100	0.7138	0.7302	0.6960	0.6991	0.7355	0.6895	0.6944	0.7438
35-24	0.7191	0.7243	0.7317	0.7094	0.7119	0.7362	0.7046	0.7051	0.7449
35-26	0.7341	0.7403	0.7427	0.7286	0.7319	0.7449	0.7262	0.7284	0.7556
35-28	0.7600	0.7669	0.7708	0.7598	0.7641	0.7694	0.7595	0.7653	0.7793
35-30	0.8029	0.8146	0.8183	0.8110	0.8222	0.8252	0.8204	0.8289	0.8350
40-25	0.6917	0.6990	0.7039	0.6788	0.6840	0.6989	0.6722	0.6747	0.7007
40-27	0.6991	0.7067	0.7097	0.6885	0.6931	0.7011	0.6819	0.6853	0.7013
40-29	0.7111	0.7174	0.7215	0.6986	0.7069	0.7091	0.6951	0.7008	0.7099
40-31	0.7238	0.7339	0.7373	0.7179	0.7265	0.7294	0.7157	0.7237	0.7255
40-33	0.7468	0.7616	0.7636	0.7447	0.7581	0.7618	0.7517	0.7595	0.7625
40-35	0.7925	0.8071	0.8117	0.8027	0.8141	0.8178	0.8067	0.8210	0.8251

表 A.19 单位耗热量折算系数 K_r 表

粮食种类:玉米　　　　环境温度 t_h:10℃　　　　环境相对湿度 RH:30%

降水范围 $(M_1\text{-}M_2)$/%	热风温度 t_r/℃								
	90			120			150		
	热风表观风速 v_r/[m³/(m³·s)]								
	0.2	0.4	0.6	0.2	0.4	0.6	0.2	0.4	0.6
20-13	0.7427	0.8064	0.9249	0.7520	0.8431	0.9842	0.7611	0.8692	1.0194
20-15	0.7587	0.8099	0.9192	0.7787	0.8579	0.9926	0.7956	0.8932	1.0403
22-13	0.7118	0.7638	0.8690	0.7155	0.7919	0.9186	0.7201	0.8118	0.9467
22-15	0.7145	0.7541	0.8495	0.7249	0.7888	0.9082	0.7341	0.8147	0.9451
22-17	0.7384	0.7653	0.8514	0.7593	0.8091	0.9221	0.7761	0.8426	0.9697
24-13	0.6913	0.7351	0.8290	0.6917	0.7565	0.8711	0.6935	0.7718	0.8943
24-15	0.6887	0.7207	0.8046	0.6939	0.7463	0.8533	0.6987	0.7657	0.8831
24-17	0.6987	0.7190	0.7933	0.7103	0.7497	0.8498	0.7197	0.7738	0.8871
24-19	0.7274	0.7370	0.8004	0.7502	0.7749	0.8673	0.7678	0.8058	0.9140
26-13	0.6766	0.7149	0.7998	0.6749	0.7312	0.8361	0.6749	0.7426	0.8550
26-15	0.6716	0.6986	0.7732	0.6736	0.7181	0.8150	0.6758	0.7327	0.8397
26-17	0.6755	0.6919	0.7561	0.6822	0.7139	0.8033	0.6874	0.7319	0.8337
26-19	0.6897	0.6971	0.7503	0.7030	0.7224	0.8035	0.7134	0.7436	0.8402
26-21	0.7203	0.7225	0.7626	0.7449	0.7531	0.8233	0.7635	0.7801	0.8678
28-13	0.6654	0.6996	0.7767	0.6624	0.7125	0.8088	0.6610	0.7212	0.8249
28-15	0.6594	0.6831	0.7494	0.6594	0.6976	0.7857	0.6596	0.7090	0.8068
28-17	0.6605	0.6743	0.7302	0.6637	0.6903	0.7701	0.6662	0.7034	0.7957
28-19	0.6675	0.6740	0.7197	0.6758	0.6916	0.7625	0.6820	0.7066	0.7925
28-21	0.6834	0.6857	0.7191	0.6984	0.7051	0.7662	0.7099	0.7229	0.8008
28-23	0.7150	0.7177	0.7360	0.7408	0.7426	0.7902	0.7600	0.7645	0.8318
30-15	0.6498	0.6718	0.7317	0.6486	0.6827	0.7625	0.6476	0.6910	0.7807
30-17	0.6491	0.6618	0.7124	0.6507	0.6740	0.7449	0.6512	0.6833	0.7667
30-19	0.6526	0.6592	0.6990	0.6579	0.6714	0.7341	0.6617	0.6823	0.7587
30-21	0.6618	0.6644	0.6927	0.6715	0.6774	0.7310	0.6785	0.6893	0.7582
30-23	0.6787	0.6816	0.6973	0.6954	0.6964	0.7380	0.7068	0.7101	0.7702
30-25	0.7107	0.7148	0.7200	0.7369	0.7400	0.7649	0.7568	0.7586	0.8024
35-20	0.6325	0.6360	0.6637	0.6340	0.6418	0.6864	0.6348	0.6461	0.7029
35-22	0.6341	0.6387	0.6562	0.6388	0.6426	0.6785	0.6423	0.6476	0.6965
35-24	0.6415	0.6459	0.6542	0.6484	0.6513	0.6761	0.6546	0.6552	0.6946
35-26	0.6518	0.6577	0.6592	0.6636	0.6671	0.6801	0.6719	0.6734	0.7006
35-28	0.6675	0.6747	0.6775	0.6869	0.6913	0.6966	0.6995	0.7026	0.7179
35-30	0.7007	0.7074	0.7108	0.7296	0.7353	0.7370	0.7489	0.7549	0.7593
40-25	0.6235	0.6276	0.6339	0.6255	0.6297	0.6455	0.6285	0.6296	0.6574
40-27	0.6267	0.6322	0.6357	0.6324	0.6375	0.6452	0.6368	0.6387	0.6557
40-29	0.6295	0.6396	0.6432	0.6434	0.6475	0.6501	0.6479	0.6511	0.6602
40-31	0.6410	0.6506	0.6544	0.6542	0.6620	0.6648	0.6664	0.6691	0.6728
40-33	0.6583	0.6690	0.6720	0.6801	0.6867	0.6882	0.6917	0.6979	0.6998
40-35	0.6898	0.7023	0.7050	0.7222	0.7283	0.7326	0.7392	0.7483	0.7498

表 A.20　单位耗热量折算系数 K_r 表

粮食种类:玉米　　环境温度 t_h:10℃　　环境相对湿度 RH:60%

降水范围 (M_1-M_2)/%	热风温度 t_r/℃								
	90			120			150		
	热风表观风速 v_r/[m^3/(m^3·s)]								
	0.2	0.4	0.6	0.2	0.4	0.6	0.2	0.4	0.6
20-13	0.7652	0.8302	0.9499	0.7665	0.8587	1.0003	0.7717	0.8805	1.0306
20-15	0.7837	0.8362	0.9470	0.7956	0.8762	1.0117	0.8084	0.9071	1.0545
22-13	0.7317	0.7845	0.8905	0.7282	0.8050	0.9319	0.7291	0.8210	0.9557
22-15	0.7356	0.7757	0.8718	0.7386	0.8031	0.9229	0.7441	0.8251	0.9556
22-17	0.7625	0.7897	0.8769	0.7757	0.8261	0.9399	0.7884	0.8556	0.9833
24-13	0.7097	0.7539	0.8485	0.7032	0.7681	0.8829	0.7015	0.7799	0.9020
24-15	0.7076	0.7397	0.8242	0.7060	0.7585	0.8658	0.7074	0.7743	0.8918
24-17	0.7191	0.7393	0.8139	0.7238	0.7632	0.8637	0.7295	0.7837	0.8974
24-19	0.7511	0.7606	0.8241	0.7665	0.7912	0.8841	0.7799	0.8182	0.9269
26-13	0.6939	0.7324	0.8177	0.6856	0.7419	0.8469	0.6822	0.7499	0.8622
26-15	0.6891	0.7161	0.7906	0.6846	0.7290	0.8259	0.6836	0.7404	0.8473
26-17	0.6938	0.7101	0.7740	0.6940	0.7256	0.8149	0.6958	0.7402	0.8420
26-19	0.7098	0.7169	0.7698	0.7163	0.7355	0.8164	0.7231	0.7532	0.8498
26-21	0.7437	0.7458	0.7855	0.7612	0.7691	0.8393	0.7752	0.7922	0.8801
28-13	0.6821	0.7163	0.7933	0.6728	0.7225	0.8187	0.6680	0.7280	0.8314
28-15	0.6762	0.6995	0.7656	0.6695	0.7077	0.7956	0.6669	0.7159	0.8136
28-17	0.6769	0.6913	0.7468	0.6742	0.7008	0.7802	0.6738	0.7108	0.8027
28-19	0.6853	0.6918	0.7370	0.6879	0.7029	0.7734	0.6906	0.7148	0.8003
28-21	0.7033	0.7054	0.7379	0.7116	0.7180	0.7791	0.7195	0.7324	0.8099
28-23	0.7382	0.7411	0.7585	0.7569	0.7586	0.8058	0.7716	0.7765	0.8439
30-15	0.6665	0.6876	0.7474	0.6581	0.6921	0.7716	0.6546	0.6973	0.7866
30-17	0.6651	0.6779	0.7278	0.6602	0.6838	0.7542	0.6588	0.6903	0.7730
30-19	0.6698	0.6756	0.7147	0.6684	0.6816	0.7440	0.6693	0.6899	0.7655
30-21	0.6803	0.6821	0.7097	0.6828	0.6888	0.7417	0.6867	0.6972	0.7660
30-23	0.6984	0.7014	0.7160	0.7079	0.7095	0.7502	0.7164	0.7197	0.7794
30-25	0.7326	0.7379	0.7428	0.7531	0.7562	0.7803	0.7688	0.7711	0.8141
35-20	0.6458	0.6512	0.6782	0.6425	0.6505	0.6947	0.6418	0.6524	0.7088
35-22	0.6515	0.6548	0.6704	0.6493	0.6525	0.6877	0.6502	0.6543	0.7029
35-24	0.6566	0.6622	0.6701	0.6605	0.6623	0.6861	0.6620	0.6630	0.7014
35-26	0.6679	0.6738	0.6768	0.6747	0.6791	0.6908	0.6795	0.6819	0.7087
35-28	0.6877	0.6941	0.6973	0.6989	0.7052	0.7096	0.7080	0.7127	0.7266
35-30	0.7226	0.7304	0.7344	0.7429	0.7515	0.7528	0.7605	0.7658	0.7711
40-25	0.6366	0.6435	0.6474	0.6348	0.6391	0.6539	0.6360	0.6368	0.6624
40-27	0.6395	0.6474	0.6513	0.6415	0.6466	0.6551	0.6436	0.6461	0.6617
40-29	0.6485	0.6557	0.6592	0.6505	0.6577	0.6591	0.6565	0.6581	0.6674
40-31	0.6587	0.6693	0.6709	0.6688	0.6735	0.6755	0.6716	0.6774	0.6798
40-33	0.6765	0.6873	0.6915	0.6911	0.6980	0.7017	0.7007	0.7067	0.7090
40-35	0.7128	0.7232	0.7292	0.7312	0.7431	0.7479	0.7466	0.7599	0.7630

表 A.21 单位耗热量折算系数 K_r 表

粮食种类:玉米　　环境温度 t_h:10℃　　环境相对湿度 RH:90%

降水范围 (M_1-M_2)/%	热风温度 t_r/℃								
	90			120			150		
	热风表观风速 v_r/[m^3/(m^3·s)]								
	0.2	0.4	0.6	0.2	0.4	0.6	0.2	0.4	0.6
20-13	0.7875	0.8534	0.9740	0.7808	0.8738	1.0156	0.7820	0.8914	1.0414
20-15	0.8086	0.8620	0.9738	0.8122	0.8939	1.0301	0.8208	0.9205	1.0683
22-13	0.7516	0.8047	0.9112	0.7406	0.8177	0.9446	0.7379	0.8300	0.9643
22-15	0.7566	0.7968	0.8935	0.7522	0.8169	0.9370	0.7540	0.8352	0.9657
22-17	0.7866	0.8138	0.9017	0.7920	0.8427	0.9573	0.8004	0.8683	0.9966
24-13	0.7280	0.7723	0.8674	0.7145	0.7794	0.8942	0.7094	0.7876	0.9096
24-15	0.7265	0.7585	0.8431	0.7179	0.7704	0.8780	0.7159	0.7827	0.9004
24-17	0.7394	0.7594	0.8340	0.7371	0.7764	0.8772	0.7392	0.7934	0.9073
24-19	0.7747	0.7840	0.8474	0.7825	0.8071	0.9004	0.7914	0.8304	0.9394
26-13	0.7111	0.7496	0.8349	0.6961	0.7523	0.8574	0.6894	0.7570	0.8692
26-15	0.7065	0.7334	0.8076	0.6954	0.7397	0.8365	0.6913	0.7478	0.8547
26-17	0.7122	0.7282	0.7915	0.7057	0.7369	0.8261	0.7042	0.7483	0.8500
26-19	0.7298	0.7366	0.7890	0.7296	0.7483	0.8290	0.7326	0.7626	0.8591
26-21	0.7673	0.7692	0.8080	0.7769	0.7848	0.8551	0.7866	0.8041	0.8921
28-13	0.6987	0.7325	0.8093	0.6823	0.7321	0.8281	0.6747	0.7345	0.8377
28-15	0.6922	0.7160	0.7814	0.6796	0.7176	0.8050	0.6742	0.7227	0.8199
28-17	0.6942	0.7078	0.7631	0.6850	0.7113	0.7900	0.6813	0.7179	0.8096
28-19	0.7035	0.7096	0.7541	0.6990	0.7141	0.7840	0.6989	0.7228	0.8079
28-21	0.7228	0.7252	0.7565	0.7246	0.7309	0.7914	0.7284	0.7416	0.8189
28-23	0.7609	0.7644	0.7808	0.7722	0.7745	0.8210	0.7831	0.7883	0.8558
30-15	0.6811	0.7032	0.7625	0.6677	0.7015	0.7802	0.6610	0.7036	0.7925
30-17	0.6812	0.6935	0.7429	0.6704	0.6933	0.7633	0.6652	0.6969	0.7790
30-19	0.6868	0.6921	0.7303	0.6793	0.6918	0.7537	0.6765	0.6967	0.7718
30-21	0.6973	0.7002	0.7266	0.6950	0.6999	0.7522	0.6953	0.7050	0.7736
30-23	0.7181	0.7214	0.7347	0.7202	0.7228	0.7622	0.7256	0.7292	0.7884
30-25	0.7555	0.7610	0.7652	0.7689	0.7721	0.7956	0.7798	0.7826	0.8256
35-20	0.6622	0.6662	0.6921	0.6527	0.6599	0.7030	0.6476	0.6589	0.7143
35-22	0.6654	0.6705	0.6854	0.6593	0.6617	0.6965	0.6567	0.6609	0.7084
35-24	0.6746	0.6790	0.6858	0.6703	0.6726	0.6953	0.6699	0.6703	0.7074
35-26	0.6855	0.6919	0.6948	0.6854	0.6897	0.7014	0.6882	0.6899	0.7157
35-28	0.7073	0.7149	0.7169	0.7122	0.7171	0.7216	0.7175	0.7218	0.7357
35-30	0.7426	0.7531	0.7571	0.7583	0.7652	0.7684	0.7703	0.7774	0.7823
40-25	0.6491	0.6579	0.6615	0.6455	0.6490	0.6630	0.6410	0.6424	0.6683
40-27	0.6553	0.6632	0.6661	0.6506	0.6566	0.6637	0.6494	0.6517	0.6681
40-29	0.6628	0.6719	0.6752	0.6626	0.6681	0.6695	0.6630	0.6663	0.6742
40-31	0.6765	0.6843	0.6888	0.6765	0.6840	0.6867	0.6788	0.6847	0.6874
40-33	0.6939	0.7081	0.7118	0.7011	0.7113	0.7148	0.7084	0.7169	0.7188
40-35	0.7302	0.7481	0.7514	0.7489	0.7601	0.7638	0.7594	0.7722	0.7736

表 A.22 单位耗热量折算系数 K_r 表

粮食种类:玉米　　环境温度 t_h:15℃　　环境相对湿度 RH:30%

降水范围 (M_1-M_2)/%	热风温度 t_r/℃								
	90			120			150		
	热风表观风速 v_r/[m^3/(m^3·s)]								
	0.2	0.4	0.6	0.2	0.4	0.6	0.2	0.4	0.6
20-13	0.6812	0.7425	0.8565	0.6993	0.7882	0.9255	0.7138	0.8197	0.9670
20-15	0.6890	0.7391	0.8450	0.7174	0.7955	0.9273	0.7394	0.8361	0.9808
22-13	0.6557	0.7055	0.8062	0.6684	0.7424	0.8655	0.6782	0.7677	0.8998
22-15	0.6541	0.6924	0.7840	0.6730	0.7355	0.8518	0.6872	0.7666	0.8944
22-17	0.6696	0.6960	0.7794	0.6985	0.7479	0.8584	0.7201	0.7865	0.9113
24-13	0.6389	0.6805	0.7697	0.6482	0.7108	0.8216	0.6551	0.7316	0.8510
24-15	0.6337	0.6642	0.7439	0.6474	0.6983	0.8017	0.6572	0.7229	0.8374
24-17	0.6391	0.6586	0.7295	0.6589	0.6974	0.7942	0.6730	0.7264	0.8367
24-19	0.6591	0.6687	0.7301	0.6896	0.7144	0.8047	0.7119	0.7502	0.8563
26-13	0.6267	0.6630	0.7432	0.6339	0.6880	0.7885	0.6389	0.7049	0.8136
26-15	0.6201	0.6457	0.7163	0.6306	0.6736	0.7665	0.6378	0.6932	0.7968
26-17	0.6211	0.6368	0.6978	0.6359	0.6670	0.7531	0.6461	0.6898	0.7887
26-19	0.6304	0.6377	0.6886	0.6519	0.6708	0.7497	0.6668	0.6971	0.7914
26-21	0.6525	0.6546	0.6933	0.6846	0.6930	0.7621	0.7081	0.7246	0.8117
28-13	0.6174	0.6498	0.7225	0.6233	0.6713	0.7636	0.6270	0.6853	0.7855
28-15	0.6103	0.6327	0.6953	0.6189	0.6558	0.7403	0.6242	0.6722	0.7669
28-17	0.6093	0.6226	0.6754	0.6207	0.6467	0.7236	0.6285	0.6650	0.7544
28-19	0.6134	0.6197	0.6628	0.6300	0.6453	0.7139	0.6407	0.6651	0.7491
28-21	0.6247	0.6268	0.6585	0.6476	0.6539	0.7133	0.6635	0.6767	0.7533
28-23	0.6475	0.6500	0.6676	0.6808	0.6823	0.7293	0.7053	0.7090	0.7752
30-15	0.6025	0.6234	0.6795	0.6098	0.6426	0.7194	0.6140	0.6560	0.7429
30-17	0.6008	0.6127	0.6599	0.6100	0.6328	0.7011	0.6163	0.6471	0.7282
30-19	0.6022	0.6083	0.6457	0.6154	0.6284	0.6886	0.6242	0.6444	0.7187
30-21	0.6087	0.6107	0.6373	0.6257	0.6315	0.6831	0.6377	0.6482	0.7155
30-23	0.6208	0.6228	0.6377	0.6438	0.6456	0.6860	0.6607	0.6639	0.7226
30-25	0.6432	0.6472	0.6522	0.6775	0.6799	0.7042	0.7021	0.7031	0.7474
35-20	0.5858	0.5899	0.6159	0.5952	0.6034	0.6461	0.6010	0.6123	0.6674
35-22	0.5879	0.5915	0.6069	0.6008	0.6031	0.6369	0.6080	0.6124	0.6600
35-24	0.5917	0.5955	0.6036	0.6071	0.6100	0.6332	0.6177	0.6176	0.6562
35-26	0.5994	0.6033	0.6061	0.6181	0.6219	0.6341	0.6320	0.6331	0.6592
35-28	0.6089	0.6158	0.6192	0.6359	0.6411	0.6461	0.6538	0.6566	0.6718
35-30	0.6324	0.6404	0.6440	0.6721	0.6747	0.6773	0.6947	0.6984	0.7046
40-25	0.5766	0.5817	0.5865	0.5873	0.5920	0.6064	0.5946	0.5965	0.6233
40-27	0.5778	0.5855	0.5873	0.5936	0.5965	0.6051	0.6019	0.6039	0.6202
40-29	0.5835	0.5917	0.5928	0.6000	0.6051	0.6082	0.6109	0.6138	0.6226
40-31	0.5891	0.5982	0.6007	0.6097	0.6159	0.6192	0.6256	0.6285	0.6315
40-33	0.6017	0.6107	0.6137	0.6301	0.6359	0.6389	0.6479	0.6517	0.6537
40-35	0.6221	0.6362	0.6393	0.6628	0.6699	0.6727	0.6850	0.6942	0.6963

表 A.23 单位耗热量折算系数 K_r 表

粮食种类:玉米　　　　环境温度 t_h:15℃　　　　环境相对湿度 RH:60%

降水范围 (M_1-M_2)/%	热风温度 t_r/℃								
	90			120			150		
	热风表观风速 v_r/[m^3/(m^3·s)]								
	0.2	0.4	0.6	0.2	0.4	0.6	0.2	0.4	0.6
20-13	0.7092	0.7718	0.8867	0.7177	0.8075	0.9450	0.7272	0.8339	0.9805
20-15	0.7199	0.7712	0.8780	0.7386	0.8180	0.9502	0.7556	0.8533	0.9979
22-13	0.6808	0.7312	0.8322	0.6844	0.7588	0.8817	0.6897	0.7795	0.9108
22-15	0.6804	0.7190	0.8108	0.6904	0.7533	0.8694	0.7001	0.7797	0.9071
22-17	0.6994	0.7259	0.8097	0.7191	0.7690	0.8797	0.7357	0.8027	0.9275
24-13	0.6620	0.7040	0.7934	0.6628	0.7254	0.8359	0.6654	0.7417	0.8605
24-15	0.6574	0.6880	0.7678	0.6627	0.7136	0.8168	0.6683	0.7338	0.8478
24-17	0.6646	0.6838	0.7548	0.6759	0.7143	0.8112	0.6856	0.7389	0.8493
24-19	0.6884	0.6977	0.7588	0.7101	0.7347	0.8253	0.7274	0.7658	0.8723
26-13	0.6487	0.6850	0.7653	0.6475	0.7015	0.8021	0.6484	0.7141	0.8224
26-15	0.6421	0.6676	0.7379	0.6446	0.6873	0.7803	0.6478	0.7030	0.8064
26-17	0.6441	0.6594	0.7198	0.6510	0.6816	0.7675	0.6569	0.7003	0.7991
26-19	0.6555	0.6623	0.7123	0.6688	0.6872	0.7657	0.6793	0.7091	0.8034
26-21	0.6814	0.6835	0.7212	0.7050	0.7129	0.7816	0.7234	0.7399	0.8268
28-13	0.6382	0.6707	0.7431	0.6362	0.6839	0.7759	0.6360	0.6940	0.7937
28-15	0.6312	0.6534	0.7154	0.6319	0.6686	0.7526	0.6336	0.6809	0.7752
28-17	0.6309	0.6437	0.6958	0.6346	0.6600	0.7363	0.6383	0.6742	0.7633
28-19	0.6360	0.6422	0.6842	0.6446	0.6596	0.7275	0.6517	0.6755	0.7589
28-21	0.6490	0.6514	0.6818	0.6644	0.6703	0.7288	0.6758	0.6886	0.7646
28-23	0.6761	0.6790	0.6952	0.7014	0.7025	0.7487	0.7201	0.7243	0.7905
30-15	0.6226	0.6431	0.6989	0.6226	0.6546	0.7307	0.6229	0.6642	0.7506
30-17	0.6211	0.6326	0.6793	0.6230	0.6454	0.7128	0.6251	0.6559	0.7361
30-19	0.6230	0.6293	0.6653	0.6292	0.6415	0.7010	0.6336	0.6535	0.7272
30-21	0.6306	0.6332	0.6582	0.6407	0.6460	0.6965	0.6489	0.6584	0.7250
30-23	0.6441	0.6476	0.6609	0.6605	0.6622	0.7014	0.6727	0.6761	0.7342
30-25	0.6716	0.6757	0.6803	0.6977	0.7002	0.7236	0.7170	0.7185	0.7617
35-20	0.6045	0.6086	0.6337	0.6082	0.6150	0.6567	0.6097	0.6205	0.6744
35-22	0.6075	0.6112	0.6254	0.6117	0.6153	0.6484	0.6170	0.6211	0.6677
35-24	0.6122	0.6166	0.6231	0.6206	0.6229	0.6452	0.6266	0.6276	0.6644
35-26	0.6188	0.6257	0.6278	0.6337	0.6358	0.6477	0.6412	0.6434	0.6688
35-28	0.6356	0.6403	0.6437	0.6544	0.6571	0.6615	0.6656	0.6689	0.6828
35-30	0.6627	0.6691	0.6721	0.6883	0.6950	0.6969	0.7092	0.7145	0.7191
40-25	0.5958	0.6006	0.6045	0.5999	0.6043	0.6178	0.6051	0.6050	0.6300
40-27	0.5969	0.6041	0.6074	0.6041	0.6098	0.6173	0.6099	0.6123	0.6283
40-29	0.6046	0.6108	0.6139	0.6129	0.6178	0.6203	0.6223	0.6236	0.6318
40-31	0.6114	0.6202	0.6235	0.6244	0.6316	0.6341	0.6352	0.6402	0.6417
40-33	0.6234	0.6350	0.6372	0.6451	0.6520	0.6556	0.6574	0.6645	0.6659
40-35	0.6524	0.6607	0.6677	0.6796	0.6896	0.6916	0.6998	0.7084	0.7114

表 A.24　单位耗热量折算系数 K_r 表

粮食种类:玉米　　　　环境温度 t_h:15℃　　　　环境相对湿度 RH:90%

降水范围 $(M_1\text{-}M_2)$/%	热风温度 t_r/℃								
	90			120			150		
	热风表观风速 v_r/[m^3/(m^3·s)]								
	0.2	0.4	0.6	0.2	0.4	0.6	0.2	0.4	0.6
20-13	0.7370	0.8002	0.9156	0.7356	0.8261	0.9635	0.7403	0.8474	0.9935
20-15	0.7507	0.8026	0.9100	0.7594	0.8398	0.9721	0.7713	0.8699	1.0141
22-13	0.7057	0.7562	0.8573	0.7001	0.7746	0.8971	0.7009	0.7907	0.9213
22-15	0.7066	0.7450	0.8369	0.7075	0.7704	0.8864	0.7126	0.7923	0.9193
22-17	0.7292	0.7555	0.8394	0.7394	0.7894	0.9004	0.7511	0.8184	0.9434
24-13	0.6851	0.7269	0.8165	0.6771	0.7395	0.8496	0.6755	0.7515	0.8696
24-15	0.6811	0.7113	0.7910	0.6778	0.7284	0.8315	0.6791	0.7444	0.8581
24-17	0.6899	0.7087	0.7792	0.6926	0.7307	0.8277	0.6979	0.7510	0.8616
24-19	0.7177	0.7265	0.7868	0.7301	0.7544	0.8451	0.7426	0.7809	0.8877
26-13	0.6704	0.7065	0.7866	0.6608	0.7146	0.8148	0.6577	0.7230	0.8311
26-15	0.6642	0.6891	0.7588	0.6584	0.7007	0.7934	0.6576	0.7124	0.8156
26-17	0.6673	0.6819	0.7413	0.6657	0.6958	0.7814	0.6676	0.7106	0.8091
26-19	0.6804	0.6868	0.7356	0.6852	0.7033	0.7811	0.6915	0.7209	0.8149
26-21	0.7104	0.7123	0.7486	0.7250	0.7324	0.8006	0.7380	0.7547	0.8414
28-13	0.6589	0.6911	0.7630	0.6490	0.6963	0.7877	0.6445	0.7024	0.8017
28-15	0.6519	0.6739	0.7350	0.6446	0.6808	0.7644	0.6425	0.6895	0.7833
28-17	0.6523	0.6646	0.7160	0.6480	0.6731	0.7484	0.6481	0.6833	0.7719
28-19	0.6590	0.6643	0.7052	0.6597	0.6736	0.7405	0.6621	0.6856	0.7683
28-21	0.6742	0.6762	0.7046	0.6804	0.6863	0.7441	0.6879	0.7002	0.7756
28-23	0.7048	0.7078	0.7226	0.7204	0.7223	0.7673	0.7347	0.7392	0.8051
30-15	0.6425	0.6626	0.7180	0.6342	0.6666	0.7416	0.6310	0.6720	0.7579
30-17	0.6407	0.6523	0.6981	0.6355	0.6574	0.7239	0.6339	0.6643	0.7437
30-19	0.6444	0.6496	0.6846	0.6425	0.6544	0.7131	0.6433	0.6625	0.7353
30-21	0.6528	0.6557	0.6791	0.6548	0.6602	0.7096	0.6590	0.6682	0.7344
30-23	0.6692	0.6725	0.6840	0.6768	0.6787	0.7161	0.6845	0.6877	0.7454
30-25	0.6989	0.7045	0.7081	0.7174	0.7200	0.7423	0.7321	0.7338	0.7760
35-20	0.6249	0.6282	0.6513	0.6190	0.6266	0.6666	0.6185	0.6282	0.6816
35-22	0.6258	0.6309	0.6439	0.6256	0.6275	0.6596	0.6251	0.6299	0.6752
35-24	0.6333	0.6370	0.6433	0.6336	0.6362	0.6571	0.6360	0.6368	0.6725
35-26	0.6412	0.6474	0.6501	0.6457	0.6507	0.6614	0.6519	0.6539	0.6781
35-28	0.6566	0.6651	0.6683	0.6678	0.6733	0.6774	0.6779	0.6808	0.6941
35-30	0.6881	0.6984	0.7006	0.7063	0.7140	0.7167	0.7227	0.7287	0.7333
40-25	0.6131	0.6198	0.6228	0.6115	0.6151	0.6284	0.6111	0.6131	0.6375
40-27	0.6161	0.6240	0.6271	0.6183	0.6227	0.6293	0.6192	0.6214	0.6355
40-29	0.6229	0.6295	0.6344	0.6258	0.6316	0.6339	0.6283	0.6330	0.6405
40-31	0.6322	0.6413	0.6451	0.6413	0.6452	0.6484	0.6452	0.6505	0.6516
40-33	0.6455	0.6584	0.6614	0.6583	0.6671	0.6712	0.6696	0.6769	0.6781
40-35	0.6728	0.6890	0.6951	0.6978	0.7075	0.7121	0.7121	0.7238	0.7260

表 A.25 单位耗热量折算系数 K_r 表

粮食种类:玉米　　　　环境温度 t_h:20℃　　　　环境相对湿度 RH:30%

降水范围 (M_1-M_2)/%	热风温度 t_r/℃								
	90			120			150		
	热风表观风速 v_r/[m^3/(m^3·s)]								
	0.2	0.4	0.6	0.2	0.4	0.6	0.2	0.4	0.6
20-13	0.6230	0.6821	0.7915	0.6493	0.7360	0.8696	0.6685	0.7727	0.9167
20-15	0.6234	0.6725	0.7751	0.6593	0.7366	0.8658	0.6859	0.7818	0.9246
22-13	0.6026	0.6501	0.7464	0.6234	0.6951	0.8148	0.6380	0.7254	0.8548
22-15	0.5971	0.6339	0.7220	0.6237	0.6848	0.7982	0.6425	0.7206	0.8462
22-17	0.6049	0.6309	0.7120	0.6409	0.6901	0.7988	0.6667	0.7332	0.8565
24-13	0.5890	0.6285	0.7132	0.6066	0.6670	0.7743	0.6182	0.6928	0.8094
24-15	0.5816	0.6106	0.6863	0.6031	0.6525	0.7528	0.6175	0.6819	0.7939
24-17	0.5828	0.6015	0.6692	0.6099	0.6476	0.7419	0.6285	0.6812	0.7895
24-19	0.5950	0.6044	0.6638	0.6323	0.6572	0.7455	0.6585	0.6971	0.8015
26-13	0.5792	0.6134	0.6887	0.5947	0.6465	0.7431	0.6044	0.6685	0.7743
26-15	0.5711	0.5953	0.6617	0.5896	0.6309	0.7200	0.6014	0.6553	0.7559
26-17	0.5696	0.5844	0.6421	0.5920	0.6221	0.7048	0.6065	0.6494	0.7452
26-19	0.5748	0.5815	0.6300	0.6033	0.6217	0.6982	0.6223	0.6525	0.7445
26-21	0.5889	0.5908	0.6282	0.6276	0.6360	0.7043	0.6548	0.6717	0.7582
28-13	0.5717	0.6020	0.6703	0.5857	0.6317	0.7198	0.5941	0.6506	0.7472
28-15	0.5634	0.5845	0.6434	0.5799	0.6156	0.6964	0.5900	0.6366	0.7279
28-17	0.5610	0.5733	0.6229	0.5801	0.6050	0.6789	0.5921	0.6279	0.7145
28-19	0.5624	0.5681	0.6086	0.5862	0.6011	0.6674	0.6014	0.6253	0.7071
28-21	0.5691	0.5711	0.6011	0.5989	0.6053	0.6633	0.6191	0.6323	0.7077
28-23	0.5840	0.5864	0.6034	0.6238	0.6255	0.6715	0.6520	0.6561	0.7221
30-15	0.5576	0.5768	0.6294	0.5728	0.6040	0.6775	0.5818	0.6222	0.7063
30-17	0.5541	0.5654	0.6096	0.5715	0.5934	0.6591	0.5819	0.6125	0.6910
30-19	0.5538	0.5596	0.5946	0.5748	0.5874	0.6452	0.5876	0.6076	0.6801
30-21	0.5575	0.5597	0.5846	0.5823	0.5877	0.6370	0.5982	0.6089	0.6746
30-23	0.5646	0.5675	0.5812	0.5962	0.5972	0.6364	0.6164	0.6199	0.6771
30-25	0.5799	0.5836	0.5886	0.6211	0.6229	0.6472	0.6498	0.6500	0.6944
35-20	0.5417	0.5452	0.5690	0.5590	0.5661	0.6072	0.5696	0.5798	0.6328
35-22	0.5419	0.5450	0.5599	0.5621	0.5648	0.5972	0.5742	0.5788	0.6246
35-24	0.5432	0.5477	0.5552	0.5663	0.5698	0.5918	0.5808	0.5818	0.6194
35-26	0.5491	0.5533	0.5553	0.5759	0.5782	0.5903	0.5923	0.5937	0.6191
35-28	0.5553	0.5618	0.5639	0.5884	0.5930	0.5971	0.6112	0.6130	0.6277
35-30	0.5723	0.5784	0.5801	0.6146	0.6193	0.6203	0.6443	0.6465	0.6516
40-25	0.5321	0.5380	0.5428	0.5510	0.5556	0.5691	0.5624	0.5652	0.5904
40-27	0.5340	0.5403	0.5422	0.5561	0.5588	0.5666	0.5679	0.5705	0.5863
40-29	0.5355	0.5435	0.5457	0.5608	0.5662	0.5677	0.5749	0.5776	0.5869
40-31	0.5394	0.5473	0.5509	0.5673	0.5733	0.5763	0.5878	0.5900	0.5929
40-33	0.5482	0.5564	0.5595	0.5821	0.5887	0.5910	0.6052	0.6084	0.6105
40-35	0.5636	0.5742	0.5764	0.6072	0.6139	0.6165	0.6370	0.6414	0.6447

表 A.26　单位耗热量折算系数 K_r 表

粮食种类：玉米　　　　环境温度 t_h：20℃　　　　环境相对湿度 RH：60%

降水范围 (M_1-M_2)/%	热风温度 t_r/℃								
	90			120			150		
	热风表观风速 v_r/[m^3/(m^3·s)]								
	0.2	0.4	0.6	0.2	0.4	0.6	0.2	0.4	0.6
20-13	0.6573	0.7173	0.8273	0.6721	0.7595	0.8929	0.6854	0.7899	0.9332
20-15	0.6611	0.7109	0.8137	0.6855	0.7637	0.8927	0.7060	0.8027	0.9446
22-13	0.6335	0.6813	0.7774	0.6434	0.7153	0.8342	0.6525	0.7400	0.8682
22-15	0.6294	0.6661	0.7536	0.6453	0.7065	0.8192	0.6586	0.7368	0.8613
22-17	0.6412	0.6668	0.7472	0.6663	0.7156	0.8236	0.6862	0.7530	0.8755
24-13	0.6177	0.6572	0.7414	0.6248	0.6850	0.7914	0.6313	0.7055	0.8210
24-15	0.6108	0.6395	0.7146	0.6222	0.6713	0.7707	0.6315	0.6955	0.8064
24-17	0.6140	0.6322	0.6991	0.6311	0.6683	0.7617	0.6443	0.6966	0.8040
24-19	0.6306	0.6394	0.6977	0.6575	0.6819	0.7698	0.6780	0.7164	0.8205
26-13	0.6062	0.6404	0.7156	0.6116	0.6633	0.7591	0.6165	0.6801	0.7847
26-15	0.5985	0.6222	0.6880	0.6071	0.6480	0.7367	0.6140	0.6674	0.7671
26-17	0.5979	0.6122	0.6687	0.6107	0.6401	0.7225	0.6202	0.6626	0.7580
26-19	0.6052	0.6116	0.6584	0.6241	0.6419	0.7177	0.6381	0.6675	0.7591
26-21	0.6241	0.6258	0.6612	0.6525	0.6604	0.7276	0.6741	0.6906	0.7765
28-13	0.5976	0.6278	0.6955	0.6018	0.6475	0.7351	0.6055	0.6615	0.7576
28-15	0.5892	0.6101	0.6678	0.5966	0.6314	0.7116	0.6016	0.6477	0.7385
28-17	0.5873	0.5993	0.6476	0.5973	0.6215	0.6944	0.6047	0.6395	0.7256
28-19	0.5907	0.5956	0.6346	0.6047	0.6189	0.6840	0.6152	0.6382	0.7192
28-21	0.5992	0.6014	0.6291	0.6195	0.6255	0.6818	0.6346	0.6472	0.7217
28-23	0.6188	0.6215	0.6364	0.6489	0.6501	0.6949	0.6711	0.6751	0.7398
30-15	0.5828	0.6016	0.6532	0.5883	0.6191	0.6916	0.5928	0.6326	0.7157
30-17	0.5790	0.5902	0.6333	0.5875	0.6089	0.6732	0.5936	0.6233	0.7007
30-19	0.5805	0.5853	0.6188	0.5917	0.6036	0.6601	0.6002	0.6192	0.6906
30-21	0.5847	0.5871	0.6101	0.6006	0.6057	0.6537	0.6119	0.6216	0.6864
30-23	0.5944	0.5980	0.6093	0.6161	0.6181	0.6550	0.6320	0.6351	0.6911
30-25	0.6142	0.6186	0.6226	0.6455	0.6479	0.6703	0.6691	0.6693	0.7122
35-20	0.5647	0.5692	0.5913	0.5734	0.5810	0.6202	0.5800	0.5904	0.6419
35-22	0.5673	0.5699	0.5826	0.5781	0.5806	0.6112	0.5859	0.5897	0.6343
35-24	0.5689	0.5744	0.5794	0.5835	0.5862	0.6067	0.5934	0.5943	0.6297
35-26	0.5762	0.5807	0.5827	0.5929	0.5964	0.6068	0.6061	0.6073	0.6312
35-28	0.5856	0.5921	0.5936	0.6094	0.6130	0.6173	0.6252	0.6283	0.6413
35-30	0.6045	0.6124	0.6155	0.6384	0.6437	0.6450	0.6617	0.6661	0.6701
40-25	0.5544	0.5609	0.5648	0.5665	0.5708	0.5830	0.5742	0.5760	0.5999
40-27	0.5580	0.5653	0.5663	0.5689	0.5741	0.5818	0.5815	0.5819	0.5960
40-29	0.5599	0.5671	0.5711	0.5777	0.5818	0.5838	0.5880	0.5907	0.5978
40-31	0.5638	0.5741	0.5778	0.5859	0.5915	0.5944	0.5988	0.6031	0.6050
40-33	0.5797	0.5853	0.5901	0.6019	0.6087	0.6109	0.6178	0.6240	0.6256
40-35	0.5942	0.6077	0.6105	0.6301	0.6383	0.6401	0.6525	0.6613	0.6638

表 A.27 单位耗热量折算系数 K_r 表

粮食种类:玉米　　　　环境温度 t_h:20℃　　　　环境相对湿度 RH:90%

降水范围 (M_1-M_2)/%	热风温度 t_r/℃								
	90			120			150		
	热风表观风速 v_r/[m^3/(m^3·s)]								
	0.2	0.4	0.6	0.2	0.4	0.6	0.2	0.4	0.6
20-13	0.6915	0.7516	0.8614	0.6943	0.7819	0.9147	0.7017	0.8063	0.9486
20-15	0.6986	0.7484	0.8509	0.7111	0.7898	0.9182	0.7254	0.8228	0.9638
22-13	0.6642	0.7117	0.8071	0.6629	0.7346	0.8526	0.6666	0.7538	0.8808
22-15	0.6615	0.6976	0.7843	0.6664	0.7274	0.8391	0.6742	0.7522	0.8757
22-17	0.6775	0.7024	0.7818	0.6912	0.7402	0.8476	0.7052	0.7720	0.8939
24-13	0.6461	0.6852	0.7691	0.6426	0.7023	0.8076	0.6439	0.7176	0.8317
24-15	0.6399	0.6680	0.7424	0.6409	0.6893	0.7879	0.6450	0.7084	0.8184
24-17	0.6451	0.6625	0.7283	0.6518	0.6884	0.7813	0.6596	0.7114	0.8182
24-19	0.6663	0.6743	0.7309	0.6822	0.7058	0.7935	0.6969	0.7349	0.8391
26-13	0.6331	0.6668	0.7415	0.6283	0.6795	0.7748	0.6281	0.6911	0.7949
26-15	0.6254	0.6486	0.7133	0.6242	0.6645	0.7527	0.6262	0.6791	0.7783
26-17	0.6262	0.6397	0.6946	0.6292	0.6576	0.7392	0.6337	0.6752	0.7703
26-19	0.6357	0.6415	0.6864	0.6446	0.6616	0.7362	0.6534	0.6819	0.7731
26-21	0.6593	0.6609	0.6940	0.6770	0.6842	0.7501	0.6929	0.7089	0.7941
28-13	0.6232	0.6530	0.7197	0.6176	0.6627	0.7497	0.6166	0.6719	0.7673
28-15	0.6153	0.6352	0.6917	0.6126	0.6467	0.7261	0.6132	0.6583	0.7486
28-17	0.6135	0.6250	0.6721	0.6144	0.6378	0.7093	0.6169	0.6508	0.7361
28-19	0.6181	0.6230	0.6600	0.6231	0.6362	0.6997	0.6285	0.6508	0.7307
28-21	0.6294	0.6317	0.6568	0.6400	0.6453	0.7001	0.6501	0.6616	0.7350
28-23	0.6532	0.6568	0.6694	0.6730	0.6746	0.7175	0.6894	0.6934	0.7577
30-15	0.6073	0.6258	0.6765	0.6037	0.6339	0.7049	0.6036	0.6427	0.7250
30-17	0.6039	0.6150	0.6564	0.6037	0.6241	0.6868	0.6047	0.6337	0.7102
30-19	0.6064	0.6112	0.6423	0.6086	0.6197	0.6750	0.6120	0.6305	0.7007
30-21	0.6119	0.6152	0.6356	0.6185	0.6232	0.6696	0.6253	0.6340	0.6975
30-23	0.6241	0.6279	0.6376	0.6360	0.6381	0.6729	0.6467	0.6496	0.7048
30-25	0.6486	0.6541	0.6562	0.6695	0.6722	0.6931	0.6870	0.6880	0.7293
35-20	0.5877	0.5918	0.6128	0.5890	0.5950	0.6327	0.5908	0.6002	0.6508
35-22	0.5901	0.5945	0.6056	0.5930	0.5955	0.6251	0.5962	0.6000	0.6433
35-24	0.5933	0.5999	0.6037	0.5994	0.6028	0.6213	0.6051	0.6064	0.6395
35-26	0.6001	0.6077	0.6101	0.6112	0.6145	0.6234	0.6191	0.6204	0.6430
35-28	0.6128	0.6213	0.6234	0.6288	0.6328	0.6364	0.6410	0.6428	0.6550
35-30	0.6358	0.6467	0.6501	0.6613	0.6679	0.6694	0.6788	0.6834	0.6878
40-25	0.5768	0.5859	0.5872	0.5817	0.5853	0.5970	0.5849	0.5859	0.6082
40-27	0.5806	0.5884	0.5914	0.5856	0.5904	0.5955	0.5898	0.5922	0.6059
40-29	0.5838	0.5927	0.5969	0.5928	0.5986	0.6004	0.6005	0.6024	0.6092
40-31	0.5930	0.6017	0.6052	0.6010	0.6102	0.6118	0.6127	0.6166	0.6176
40-33	0.6037	0.6148	0.6180	0.6201	0.6283	0.6306	0.6340	0.6388	0.6405
40-35	0.6243	0.6414	0.6450	0.6518	0.6614	0.6644	0.6698	0.6788	0.6808

表 A.28 单位耗热量折算系数 K_r 表

粮食种类:水稻　　　　环境温度 t_h:−20℃　　　　环境相对湿度 RH:30%

降水范围 $(M_1$-$M_2)$/%	热风温度 t_r/℃								
	50			70			90		
	热风表观风速 v_r/[m^3/(m^3·s)]								
	0.2	0.4	0.6	0.2	0.4	0.6	0.2	0.4	0.6
16-13	2.1440	2.1442	2.1477	2.0204	2.0226	2.0334	1.9472	1.9520	1.9731
16-14	2.3720	2.3774	2.3800	2.2868	2.2908	2.2955	2.2410	2.2448	2.2524
16-15	3.0214	3.0483	3.0578	3.0198	3.0414	3.0509	3.0349	3.0539	3.0632
18-13	1.8566	1.8572	1.8622	1.7199	1.7216	1.7351	1.6359	1.6405	1.6663
18-14	1.9107	1.9115	1.9128	1.7918	1.7929	1.7979	1.7195	1.7212	1.7333
18-15	2.0227	2.0262	2.0271	1.9267	1.9291	1.9310	1.8692	1.8715	1.8756
18-16	2.2577	2.2670	2.2705	2.1975	2.2055	2.2079	2.1668	2.1735	2.1755
18-17	2.8713	2.9160	2.9328	2.8985	2.9354	2.9489	2.9322	2.9614	2.9737
20-15	1.7665	1.7687	1.7698	1.6501	1.6525	1.6548	1.5783	1.5804	1.5862
20-16	1.8315	1.8368	1.8383	1.7307	1.7355	1.7369	1.6696	1.6734	1.6750
20-17	1.9489	1.9604	1.9634	1.8699	1.8788	1.8817	1.8239	1.8309	1.8337
20-18	2.1848	2.2027	2.2107	2.1435	2.1569	2.1638	2.1242	2.1346	2.1401
20-19	2.7528	2.8228	2.8496	2.7990	2.8620	2.8849	2.8446	2.9027	2.9232
22-17	1.7111	1.7206	1.7225	1.6087	1.6154	1.6178	1.5443	1.5505	1.5521
22-18	1.7814	1.7931	1.7984	1.6960	1.7034	1.7068	1.6394	1.6480	1.6510
22-19	1.9003	1.9189	1.9273	1.8339	1.8497	1.8549	1.7959	1.8089	1.8130
22-20	2.1257	2.1588	2.1722	2.1052	2.1249	2.1355	2.0912	2.1094	2.1185
22-21	2.6630	2.7512	2.7831	2.7093	2.8037	2.8334	2.7644	2.8497	2.8803
24-19	1.6728	1.6895	1.6958	1.5830	1.5930	1.5979	1.5255	1.5320	1.5364
24-20	1.7437	1.7647	1.7726	1.6639	1.6808	1.6889	1.6177	1.6322	1.6368
24-21	1.8630	1.8887	1.9016	1.8102	1.8268	1.8408	1.7798	1.7936	1.8015
24-22	2.0916	2.1297	2.1503	2.0590	2.1015	2.1164	2.0642	2.0922	2.1007
24-23	2.5417	2.6881	2.7411	2.6437	2.7368	2.7888	2.6988	2.8016	2.8399
26-21	1.6434	1.6699	1.6777	1.5604	1.5790	1.5833	1.5078	1.5194	1.5258
26-22	1.7131	1.7434	1.7524	1.6460	1.6698	1.6768	1.5995	1.6211	1.6258
26-23	1.8344	1.8704	1.8858	1.7893	1.8059	1.8232	1.7589	1.7780	1.7881
26-24	2.0434	2.0996	2.1215	2.0474	2.0764	2.1051	2.0380	2.0741	2.0930
26-25	2.4660	2.6063	2.6856	2.5140	2.6679	2.7276	2.6329	2.7568	2.7992
28-23	1.6129	1.6450	1.6643	1.5437	1.5624	1.5736	1.4855	1.5115	1.5205
28-24	1.6882	1.7222	1.7435	1.6417	1.6483	1.6643	1.5953	1.6162	1.6191
28-25	1.8033	1.8548	1.8639	1.7697	1.7946	1.8092	1.7423	1.7653	1.7811
28-26	2.0069	2.0762	2.1011	2.0046	2.0515	2.0764	2.0059	2.0612	2.0773
28-27	2.4157	2.5693	2.6389	2.4645	2.6160	2.6923	2.4981	2.6682	2.7600
30-25	1.6126	1.6372	1.6412	1.5213	1.5532	1.5630	1.4750	1.5045	1.5060
30-26	1.6755	1.7016	1.7255	1.6209	1.6415	1.6502	1.5713	1.6017	1.6108
30-27	1.7896	1.8191	1.8476	1.7298	1.7858	1.8012	1.7151	1.7568	1.7684
30-28	1.9412	2.0654	2.0682	1.9697	2.0225	2.0617	1.9970	2.0307	2.0742
30-29	2.3121	2.4661	2.5807	2.3599	2.5695	2.6446	2.4585	2.6248	2.6984

表 A.29 单位耗热量折算系数 K_r 表

粮食种类:水稻　　　　环境温度 t_h:－20℃　　　　环境相对湿度 RH:60%

降水范围 (M_1-M_2)/%	热风温度 t_r/℃								
	50			70			90		
	热风表观风速 v_r/[m^3/(m^3·s)]								
	0.2	0.4	0.6	0.2	0.4	0.6	0.2	0.4	0.6
16-13	2.1615	2.1619	2.1657	2.0303	2.0330	2.0443	1.9539	1.9589	1.9806
16-14	2.3928	2.3981	2.4013	2.2996	2.3038	2.3087	2.2499	2.2537	2.2621
16-15	3.0547	3.0826	3.0921	3.0420	3.0647	3.0743	3.0514	3.0707	3.0799
18-13	1.8701	1.8706	1.8758	1.7274	1.7293	1.7430	1.6407	1.6454	1.6716
18-14	1.9250	1.9258	1.9271	1.8000	1.8012	1.8064	1.7246	1.7265	1.7391
18-15	2.0386	2.0420	2.0431	1.9355	1.9384	1.9407	1.8752	1.8779	1.8819
18-16	2.2777	2.2868	2.2897	2.2102	2.2174	2.2198	2.1758	2.1818	2.1841
18-17	2.9016	2.9472	2.9638	2.9188	2.9577	2.9719	2.9475	2.9791	2.9906
20-15	1.7784	1.7811	1.7821	1.6570	1.6595	1.6619	1.5831	1.5848	1.5911
20-16	1.8443	1.8504	1.8516	1.7385	1.7432	1.7449	1.6750	1.6783	1.6802
20-17	1.9632	1.9751	1.9787	1.8785	1.8877	1.8907	1.8298	1.8368	1.8400
20-18	2.2017	2.2209	2.2295	2.1543	2.1682	2.1754	2.1323	2.1428	2.1486
20-19	2.7815	2.8522	2.8802	2.8202	2.8820	2.9052	2.8595	2.9186	2.9380
22-17	1.7224	1.7318	1.7340	1.6151	1.6221	1.6249	1.5487	1.5555	1.5565
22-18	1.7929	1.8059	1.8110	1.7025	1.7120	1.7149	1.6440	1.6526	1.6556
22-19	1.9152	1.9349	1.9412	1.8426	1.8592	1.8636	1.8019	1.8149	1.8185
22-20	2.1418	2.1776	2.1903	2.1152	2.1361	2.1468	2.0986	2.1173	2.1261
22-21	2.6915	2.7780	2.8129	2.7297	2.8239	2.8548	2.7787	2.8657	2.8960
24-19	1.6859	1.7001	1.7066	1.5893	1.5993	1.6048	1.5291	1.5365	1.5413
24-20	1.7552	1.7761	1.7850	1.6705	1.6878	1.6976	1.6221	1.6368	1.6417
24-21	1.8749	1.9022	1.9157	1.8173	1.8346	1.8483	1.7877	1.7988	1.8069
24-22	2.1080	2.1453	2.1659	2.0700	2.1135	2.1300	2.0707	2.1009	2.1111
24-23	2.5682	2.7135	2.7717	2.6620	2.7557	2.8062	2.7180	2.8149	2.8578
26-21	1.6533	1.6797	1.6881	1.5655	1.5846	1.5896	1.5116	1.5233	1.5297
26-22	1.7294	1.7574	1.7641	1.6533	1.6756	1.6837	1.6040	1.6268	1.6306
26-23	1.8458	1.8834	1.8977	1.7975	1.8142	1.8343	1.7643	1.7835	1.7936
26-24	2.0581	2.1131	2.1360	2.0553	2.0913	2.1158	2.0456	2.0821	2.1018
26-25	2.5006	2.6376	2.7107	2.5297	2.6855	2.7469	2.6437	2.7698	2.8125
28-23	1.6229	1.6554	1.6732	1.5485	1.5684	1.5793	1.4895	1.5152	1.5252
28-24	1.6966	1.7316	1.7527	1.6464	1.6544	1.6701	1.6027	1.6196	1.6254
28-25	1.8137	1.8697	1.8847	1.7805	1.8067	1.8169	1.7462	1.7707	1.7871
28-26	2.0216	2.0894	2.1146	2.0246	2.0603	2.0867	2.0116	2.0706	2.0852
28-27	2.4307	2.5960	2.6617	2.4798	2.6331	2.7246	2.5105	2.6828	2.7760
30-25	1.6306	1.6441	1.6512	1.5287	1.5619	1.5702	1.4791	1.5078	1.5099
30-26	1.6817	1.7112	1.7344	1.6252	1.6466	1.6564	1.5746	1.6052	1.6153
30-27	1.8005	1.8320	1.8571	1.7376	1.7925	1.8080	1.7196	1.7693	1.7771
30-28	1.9557	2.0749	2.0854	1.9768	2.0333	2.0711	2.0011	2.0397	2.0792
30-29	2.3250	2.4818	2.5972	2.3754	2.5833	2.6611	2.4678	2.6461	2.7172

表 A.30　单位耗热量折算系数 K_r 表

粮食种类:水稻　　　　环境温度 t_h:−20℃　　　　环境相对湿度 RH:90%

降水范围 $(M_1\text{-}M_2)$/%	热风温度 t_r/℃								
	50			70			90		
	热风表观风速 v_r/[m^3/(m^3·s)]								
	0.2	0.4	0.6	0.2	0.4	0.6	0.2	0.4	0.6
16-13	2.1791	2.1799	2.1837	2.0403	2.0433	2.0551	1.9607	1.9658	1.9878
16-14	2.4136	2.4189	2.4222	2.3124	2.3168	2.3215	2.2589	2.2627	2.2711
16-15	3.0875	3.1158	3.1267	3.0640	3.0880	3.0974	3.0676	3.0889	3.0985
18-13	1.8836	1.8841	1.8895	1.7350	1.7369	1.7508	1.6455	1.6504	1.6769
18-14	1.9394	1.9401	1.9416	1.8082	1.8094	1.8148	1.7297	1.7320	1.7447
18-15	2.0547	2.0579	2.0591	1.9443	1.9476	1.9499	1.8813	1.8842	1.8885
18-16	2.2974	2.3055	2.3090	2.2231	2.2292	2.2325	2.1846	2.1902	2.1927
18-17	2.9320	2.9779	2.9946	2.9388	2.9785	2.9934	2.9626	2.9964	3.0102
20-15	1.7903	1.7936	1.7946	1.6640	1.6667	1.6691	1.5879	1.5894	1.5958
20-16	1.8573	1.8634	1.8651	1.7465	1.7512	1.7526	1.6806	1.6833	1.6854
20-17	1.9777	1.9895	1.9935	1.8871	1.8964	1.8999	1.8358	1.8430	1.8460
20-18	2.2186	2.2391	2.2476	2.1649	2.1797	2.1868	2.1398	2.1504	2.1563
20-19	2.8109	2.8819	2.9106	2.8416	2.9021	2.9273	2.8749	2.9332	2.9551
22-17	1.7339	1.7431	1.7457	1.6215	1.6291	1.6316	1.5532	1.5596	1.5611
22-18	1.8045	1.8192	1.8239	1.7091	1.7189	1.7223	1.6488	1.6572	1.6606
22-19	1.9319	1.9490	1.9554	1.8519	1.8672	1.8722	1.8081	1.8202	1.8246
22-20	2.1580	2.1982	2.2085	2.1251	2.1476	2.1584	2.1057	2.1254	2.1346
22-21	2.7199	2.8050	2.8438	2.7500	2.8428	2.8742	2.7925	2.8837	2.9103
24-19	1.6957	1.7110	1.7175	1.5961	1.6060	1.6115	1.5328	1.5423	1.5458
24-20	1.7668	1.7879	1.7993	1.6773	1.6951	1.7041	1.6264	1.6415	1.6467
24-21	1.8869	1.9161	1.9287	1.8244	1.8424	1.8559	1.7927	1.8037	1.8135
24-22	2.1256	2.1612	2.1813	2.0824	2.1236	2.1420	2.0776	2.1121	2.1198
24-23	2.5955	2.7384	2.8088	2.6807	2.7746	2.8262	2.7449	2.8268	2.8751
26-21	1.6636	1.6899	1.6993	1.5707	1.5903	1.5963	1.5157	1.5271	1.5343
26-22	1.7432	1.7674	1.7765	1.6629	1.6814	1.6907	1.6087	1.6309	1.6351
26-23	1.8579	1.8989	1.9100	1.8071	1.8231	1.8416	1.7703	1.7890	1.7991
26-24	2.0729	2.1266	2.1507	2.0630	2.1000	2.1270	2.0553	2.0909	2.1087
26-25	2.5710	2.6779	2.7374	2.5452	2.7038	2.7689	2.6544	2.7835	2.8266
28-23	1.6341	1.6731	1.6828	1.5536	1.5767	1.5868	1.4939	1.5198	1.5288
28-24	1.7051	1.7413	1.7621	1.6511	1.6606	1.6759	1.6061	1.6231	1.6294
28-25	1.8245	1.8876	1.8951	1.7858	1.8168	1.8266	1.7500	1.7764	1.7922
28-26	2.0421	2.1034	2.1286	2.0312	2.0693	2.0970	2.0171	2.0821	2.0932
28-27	2.4446	2.6213	2.6862	2.4956	2.6519	2.7445	2.5229	2.6914	2.7789
30-25	1.6387	1.6512	1.6684	1.5430	1.5665	1.5783	1.4837	1.5111	1.5145
30-26	1.6880	1.7246	1.7445	1.6297	1.6519	1.6631	1.5779	1.6087	1.6192
30-27	1.8135	1.8467	1.8671	1.7495	1.7995	1.8159	1.7241	1.7728	1.7871
30-28	1.9713	2.0847	2.1031	1.9838	2.0535	2.0808	2.0051	2.0546	2.0842
30-29	2.3370	2.4975	2.6141	2.3949	2.6105	2.6778	2.4773	2.6671	2.7632

表 A.31 单位耗热量折算系数 K_r 表

粮食种类：水稻　　　　环境温度 t_h：－15℃　　　　环境相对湿度 RH：30％

降水范围 $(M_1\text{-}M_2)$/％	热风温度 t_r/℃								
	50			70			90		
	热风表观风速 v_r/[m^3/(m^3·s)]								
	0.2	0.4	0.6	0.2	0.4	0.6	0.2	0.4	0.6
16-13	1.9314	1.9311	1.9343	1.8468	1.8479	1.8575	1.7969	1.8007	1.8199
16-14	2.1203	2.1236	2.1252	2.0741	2.0769	2.0809	2.0516	2.0538	2.0616
16-15	2.6622	2.6784	2.6850	2.6997	2.7149	2.7222	2.7398	2.7544	2.7608
18-13	1.6865	1.6870	1.6916	1.5845	1.5860	1.5985	1.5208	1.5251	1.5492
18-14	1.7282	1.7287	1.7299	1.6443	1.6447	1.6493	1.5925	1.5936	1.6048
18-15	1.8197	1.8219	1.8223	1.7584	1.7604	1.7616	1.7220	1.7243	1.7274
18-16	2.0139	2.0214	2.0242	1.9891	1.9957	1.9978	1.9801	1.9855	1.9874
18-17	2.5257	2.5563	2.5702	2.5880	2.6145	2.6265	2.6446	2.6665	2.6781
20-15	1.6021	1.6047	1.6056	1.5186	1.5207	1.5228	1.4663	1.4678	1.4732
20-16	1.6547	1.6595	1.6607	1.5874	1.5910	1.5918	1.5460	1.5482	1.5497
20-17	1.7526	1.7611	1.7638	1.7066	1.7135	1.7156	1.6816	1.6853	1.6875
20-18	1.9440	1.9622	1.9690	1.9351	1.9501	1.9560	1.9358	1.9488	1.9534
20-19	2.4175	2.4757	2.4961	2.5038	2.5475	2.5666	2.5763	2.6094	2.6277
22-17	1.5497	1.5586	1.5613	1.4790	1.4864	1.4882	1.4348	1.4393	1.4409
22-18	1.6083	1.6202	1.6234	1.5507	1.5609	1.5641	1.5168	1.5246	1.5266
22-19	1.7072	1.7246	1.7301	1.6723	1.6857	1.6905	1.6529	1.6640	1.6675
22-20	1.8991	1.9245	1.9343	1.8960	1.9216	1.9302	1.9061	1.9269	1.9333
22-21	2.3207	2.4093	2.4454	2.4138	2.4995	2.5238	2.5095	2.5610	2.5899
24-19	1.5179	1.5302	1.5350	1.4536	1.4650	1.4693	1.4132	1.4220	1.4258
24-20	1.5744	1.5922	1.6010	1.5320	1.5397	1.5466	1.4999	1.5093	1.5142
24-21	1.6720	1.6964	1.7083	1.6412	1.6650	1.6747	1.6322	1.6471	1.6553
24-22	1.8555	1.8910	1.9080	1.8718	1.8974	1.9142	1.8862	1.9079	1.9194
24-23	2.2770	2.3474	2.3895	2.3331	2.4585	2.4820	2.4169	2.5252	2.5622
26-21	1.4868	1.5099	1.5189	1.4324	1.4498	1.4565	1.3999	1.4100	1.4159
26-22	1.5462	1.5729	1.5818	1.5094	1.5274	1.5341	1.4782	1.4985	1.5053
26-23	1.6422	1.6804	1.6879	1.6153	1.6532	1.6594	1.6182	1.6430	1.6451
26-24	1.8279	1.8613	1.8821	1.8476	1.8759	1.8955	1.8584	1.8933	1.9058
26-25	2.1518	2.2821	2.3365	2.2982	2.4089	2.4523	2.3751	2.4752	2.5166
28-23	1.4755	1.4989	1.5051	1.4183	1.4389	1.4480	1.3876	1.4036	1.4102
28-24	1.5178	1.5497	1.5682	1.4891	1.5140	1.5239	1.4730	1.4859	1.4983
28-25	1.6407	1.6624	1.6712	1.6179	1.6400	1.6518	1.6026	1.6233	1.6401
28-26	1.7988	1.8463	1.8802	1.8215	1.8671	1.8847	1.8658	1.8712	1.8975
28-27	2.0375	2.2157	2.2916	2.1955	2.3292	2.3871	2.2986	2.4322	2.4792
30-25	1.4480	1.4750	1.4886	1.4029	1.4252	1.4343	1.3761	1.3925	1.3987
30-26	1.5075	1.5369	1.5505	1.4809	1.5004	1.5136	1.4510	1.4874	1.4883
30-27	1.6091	1.6370	1.6555	1.5858	1.6218	1.6350	1.5814	1.6145	1.6343
30-28	1.7223	1.8133	1.8507	1.7733	1.8462	1.8705	1.8234	1.8778	1.8922
30-29	1.9952	2.1649	2.2656	2.0750	2.2683	2.3270	2.2401	2.3538	2.4474

表 A.32　单位耗热量折算系数 K_r 表

粮食种类:水稻　　环境温度 t_h:−15℃　　环境相对湿度 RH:60%

降水范围 (M_1-M_2)/%	热风温度 t_r/℃								
	50			70			90		
	热风表观风速 v_r/[$m^3/(m^3 \cdot s)$]								
	0.2	0.4	0.6	0.2	0.4	0.6	0.2	0.4	0.6
16-13	1.9567	1.9564	1.9599	1.8617	1.8631	1.8732	1.8068	1.8110	1.8309
16-14	2.1504	2.1537	2.1558	2.0922	2.0953	2.0997	2.0642	2.0672	2.0748
16-15	2.7083	2.7255	2.7339	2.7333	2.7477	2.7555	2.7648	2.7784	2.7871
18-13	1.7058	1.7063	1.7112	1.5954	1.5971	1.6099	1.5280	1.5324	1.5570
18-14	1.7486	1.7492	1.7504	1.6561	1.6567	1.6615	1.6005	1.6017	1.6133
18-15	1.8425	1.8447	1.8452	1.7716	1.7741	1.7755	1.7312	1.7334	1.7370
18-16	2.0405	2.0494	2.0519	2.0061	2.0130	2.0154	1.9924	1.9977	2.0001
18-17	2.5688	2.6015	2.6145	2.6176	2.6453	2.6583	2.6668	2.6909	2.7020
20-15	1.6194	1.6223	1.6233	1.5288	1.5311	1.5331	1.4734	1.4746	1.4801
20-16	1.6736	1.6785	1.6798	1.5993	1.6022	1.6033	1.5531	1.5560	1.5574
20-17	1.7746	1.7830	1.7854	1.7203	1.7263	1.7289	1.6898	1.6945	1.6966
20-18	1.9706	1.9891	1.9955	1.9520	1.9679	1.9726	1.9483	1.9617	1.9654
20-19	2.4567	2.5232	2.5410	2.5302	2.5802	2.5983	2.5967	2.6336	2.6515
22-17	1.5661	1.5761	1.5784	1.4891	1.4960	1.4978	1.4423	1.4461	1.4477
22-18	1.6254	1.6382	1.6424	1.5614	1.5730	1.5749	1.5243	1.5315	1.5345
22-19	1.7272	1.7451	1.7509	1.6839	1.6975	1.7034	1.6610	1.6723	1.6764
22-20	1.9272	1.9488	1.9618	1.9169	1.9369	1.9487	1.9197	1.9384	1.9470
22-21	2.3571	2.4491	2.4862	2.4394	2.5270	2.5580	2.5279	2.5876	2.6154
24-19	1.5321	1.5457	1.5525	1.4621	1.4743	1.4787	1.4206	1.4298	1.4321
24-20	1.5897	1.6103	1.6182	1.5434	1.5514	1.5587	1.5066	1.5177	1.5211
24-21	1.6906	1.7171	1.7275	1.6535	1.6780	1.6876	1.6405	1.6558	1.6633
24-22	1.8784	1.9168	1.9310	1.8849	1.9124	1.9300	1.8956	1.9189	1.9332
24-23	2.3054	2.3835	2.4308	2.3739	2.4823	2.5143	2.4367	2.5519	2.5822
26-21	1.5081	1.5249	1.5333	1.4461	1.4583	1.4659	1.4087	1.4159	1.4223
26-22	1.5610	1.5885	1.5997	1.5178	1.5364	1.5446	1.4851	1.5045	1.5126
26-23	1.6638	1.6979	1.7118	1.6301	1.6663	1.6737	1.6261	1.6505	1.6550
26-24	1.8475	1.8913	1.9083	1.8640	1.8909	1.9104	1.8682	1.9059	1.9155
26-25	2.1896	2.3136	2.3714	2.3149	2.4346	2.4866	2.3959	2.4938	2.5398
28-23	1.4880	1.5137	1.5189	1.4250	1.4498	1.4587	1.3920	1.4089	1.4158
28-24	1.5322	1.5728	1.5863	1.5035	1.5249	1.5324	1.4783	1.4928	1.5065
28-25	1.6513	1.6766	1.6933	1.6256	1.6506	1.6619	1.6172	1.6323	1.6507
28-26	1.8125	1.8742	1.8972	1.8313	1.8913	1.9019	1.8771	1.8778	1.9083
28-27	2.0925	2.2689	2.3344	2.2229	2.3488	2.4130	2.3100	2.4462	2.4974
30-25	1.4663	1.4913	1.5084	1.4088	1.4319	1.4477	1.3832	1.3987	1.4082
30-26	1.5191	1.5491	1.5733	1.4907	1.5160	1.5265	1.4565	1.4917	1.4940
30-27	1.6309	1.6596	1.6782	1.5930	1.6381	1.6442	1.5887	1.6204	1.6414
30-28	1.7428	1.8341	1.8713	1.7833	1.8663	1.8827	1.8308	1.8842	1.8999
30-29	2.0290	2.1929	2.3097	2.0967	2.3022	2.3508	2.2687	2.3682	2.4641

表 A.33 单位耗热量折算系数 K_r 表

粮食种类：水稻　　环境温度 t_h：−15℃　　环境相对湿度 RH：90%

降水范围 (M_1-M_2)/%	热风温度 t_r/℃								
	50			70			90		
	热风表观风速 v_r/[m³/(m³·s)]								
	0.2	0.4	0.6	0.2	0.4	0.6	0.2	0.4	0.6
16-13	1.9822	1.9820	1.9857	1.8765	1.8783	1.8888	1.8167	1.8211	1.8419
16-14	2.1798	2.1838	2.1865	2.1101	2.1139	2.1185	2.0767	2.0803	2.0881
16-15	2.7537	2.7729	2.7815	2.7635	2.7801	2.7890	2.7885	2.8023	2.8121
18-13	1.7253	1.7259	1.7309	1.6064	1.6081	1.6213	1.5353	1.5397	1.5649
18-14	1.7693	1.7697	1.7711	1.6680	1.6687	1.6737	1.6082	1.6097	1.6215
18-15	1.8651	1.8677	1.8682	1.7850	1.7877	1.7895	1.7406	1.7430	1.7466
18-16	2.0676	2.0764	2.0797	2.0233	2.0302	2.0333	2.0047	2.0104	2.0125
18-17	2.6121	2.6476	2.6598	2.6474	2.6768	2.6882	2.6896	2.7137	2.7261
20-15	1.6369	1.6402	1.6412	1.5392	1.5414	1.5435	1.4800	1.4815	1.4871
20-16	1.6929	1.6978	1.6990	1.6103	1.6135	1.6148	1.5602	1.5636	1.5651
20-17	1.7962	1.8039	1.8071	1.7324	1.7394	1.7421	1.6982	1.7040	1.7058
20-18	1.9988	2.0159	2.0217	1.9697	1.9853	1.9895	1.9608	1.9746	1.9782
20-19	2.4963	2.5621	2.5853	2.5566	2.6135	2.6302	2.6164	2.6585	2.6762
22-17	1.5834	1.5924	1.5954	1.5006	1.5059	1.5077	1.4487	1.4533	1.4544
22-18	1.6435	1.6574	1.6606	1.5727	1.5832	1.5863	1.5329	1.5385	1.5415
22-19	1.7477	1.7645	1.7716	1.6958	1.7097	1.7164	1.6692	1.6808	1.6861
22-20	1.9509	1.9734	1.9861	1.9350	1.9525	1.9641	1.9347	1.9492	1.9588
22-21	2.3957	2.4914	2.5258	2.4650	2.5546	2.5866	2.5464	2.6135	2.6433
24-19	1.5469	1.5625	1.5685	1.4710	1.4858	1.4885	1.4265	1.4356	1.4392
24-20	1.6053	1.6308	1.6375	1.5518	1.5629	1.5685	1.5131	1.5239	1.5279
24-21	1.7115	1.7386	1.7476	1.6672	1.6927	1.6991	1.6489	1.6664	1.6720
24-22	1.9005	1.9466	1.9554	1.8980	1.9280	1.9447	1.9051	1.9302	1.9458
24-23	2.3334	2.4207	2.4756	2.4021	2.5063	2.5401	2.4571	2.5804	2.6018
26-21	1.5229	1.5400	1.5486	1.4538	1.4671	1.4765	1.4136	1.4223	1.4304
26-22	1.5768	1.6049	1.6218	1.5266	1.5459	1.5574	1.4946	1.5106	1.5207
26-23	1.6832	1.7189	1.7294	1.6470	1.6759	1.6877	1.6356	1.6592	1.6638
26-24	1.8686	1.9184	1.9352	1.8850	1.9148	1.9264	1.8788	1.9162	1.9264
26-25	2.2346	2.3472	2.4099	2.3311	2.4575	2.5080	2.4248	2.5118	2.5698
28-23	1.5031	1.5252	1.5343	1.4319	1.4576	1.4661	1.3967	1.4153	1.4218
28-24	1.5619	1.5872	1.6039	1.5160	1.5384	1.5415	1.4838	1.5044	1.5129
28-25	1.6621	1.6923	1.7095	1.6334	1.6635	1.6751	1.6288	1.6442	1.6570
28-26	1.8344	1.8925	1.9151	1.8413	1.9012	1.9191	1.8828	1.8975	1.9260
28-27	2.1405	2.2999	2.3725	2.2567	2.3696	2.4443	2.3212	2.4603	2.5185
30-25	1.4806	1.5077	1.5250	1.4152	1.4393	1.4545	1.3870	1.4063	1.4135
30-26	1.5352	1.5633	1.5927	1.5019	1.5227	1.5414	1.4631	1.4961	1.5027
30-27	1.6491	1.6852	1.7027	1.6006	1.6511	1.6542	1.5974	1.6266	1.6502
30-28	1.7675	1.8626	1.8974	1.7942	1.8750	1.8974	1.8394	1.8907	1.9078
30-29	2.1391	2.2706	2.3435	2.1292	2.3512	2.3812	2.2957	2.3836	2.4836

表 A.34 单位耗热量折算系数 K_r 表

粮食种类:水稻　　环境温度 t_h:－10℃　　环境相对湿度 RH:30%

降水范围 (M_1-M_2)/%	热风温度 t_r/℃								
	50			70			90		
	热风表观风速 v_r/[m^3/(m^3·s)]								
	0.2	0.4	0.6	0.2	0.4	0.6	0.2	0.4	0.6
16-13	1.7287	1.7283	1.7314	1.6797	1.6802	1.6891	1.6513	1.6540	1.6719
16-14	1.8806	1.8816	1.8821	1.8698	1.8716	1.8744	1.8687	1.8711	1.8774
16-15	2.3164	2.3302	2.3350	2.3915	2.4044	2.4097	2.4548	2.4674	2.4734
18-13	1.5237	1.5242	1.5284	1.4541	1.4555	1.4671	1.4097	1.4135	1.4363
18-14	1.5541	1.5544	1.5554	1.5020	1.5023	1.5065	1.4697	1.4705	1.4807
18-15	1.6258	1.6272	1.6274	1.5971	1.5981	1.5989	1.5805	1.5818	1.5844
18-16	1.7824	1.7885	1.7899	1.7904	1.7953	1.7969	1.8016	1.8055	1.8069
18-17	2.1955	2.2215	2.2303	2.2886	2.3130	2.3210	2.3647	2.3867	2.3947
20-15	1.4455	1.4476	1.4485	1.3922	1.3940	1.3957	1.3577	1.3590	1.3639
20-16	1.4863	1.4901	1.4912	1.4490	1.4518	1.4526	1.4256	1.4275	1.4286
20-17	1.5646	1.5716	1.5735	1.5489	1.5542	1.5560	1.5405	1.5454	1.5467
20-18	1.7223	1.7343	1.7394	1.7426	1.7533	1.7574	1.7618	1.7717	1.7747
20-19	2.1087	2.1493	2.1664	2.2114	2.2544	2.2691	2.2938	2.3367	2.3503
22-17	1.3981	1.4048	1.4075	1.3561	1.3610	1.3631	1.3293	1.3322	1.3332
22-18	1.4418	1.4538	1.4571	1.4153	1.4236	1.4264	1.3999	1.4049	1.4071
22-19	1.5217	1.5381	1.5427	1.5172	1.5288	1.5326	1.5150	1.5246	1.5284
22-20	1.6758	1.6983	1.7086	1.7073	1.7258	1.7337	1.7344	1.7498	1.7565
22-21	2.0304	2.0907	2.1179	2.1540	2.2049	2.2303	2.2470	2.2952	2.3171
24-19	1.3647	1.3794	1.3834	1.3313	1.3413	1.3450	1.3082	1.3160	1.3189
24-20	1.4114	1.4290	1.4361	1.3923	1.4054	1.4112	1.3805	1.3905	1.3945
24-21	1.4939	1.5130	1.5215	1.4971	1.5107	1.5179	1.4999	1.5115	1.5165
24-22	1.6329	1.6786	1.6854	1.6734	1.7059	1.7167	1.7092	1.7335	1.7420
24-23	1.9621	2.0364	2.0769	2.0728	2.1525	2.1897	2.1940	2.2464	2.2798
26-21	1.3446	1.3628	1.3688	1.3150	1.3267	1.3334	1.2929	1.3044	1.3102
26-22	1.3966	1.4105	1.4221	1.3752	1.3905	1.3986	1.3676	1.3805	1.3849
26-23	1.4628	1.4934	1.5050	1.4732	1.4946	1.5058	1.4788	1.4997	1.5090
26-24	1.6167	1.6493	1.6691	1.6474	1.6842	1.7054	1.6844	1.7157	1.7305
26-25	1.9066	1.9982	2.0495	2.0371	2.1170	2.1616	2.0970	2.2067	2.2555
28-23	1.3243	1.3459	1.3549	1.2980	1.3177	1.3262	1.2795	1.2965	1.3033
28-24	1.3701	1.3969	1.4060	1.3574	1.3827	1.3880	1.3608	1.3717	1.3780
28-25	1.4580	1.4825	1.4922	1.4454	1.4819	1.4998	1.4575	1.4921	1.5019
28-26	1.5882	1.6145	1.6453	1.6221	1.6657	1.6881	1.6825	1.7057	1.7251
28-27	1.7905	1.9075	1.9841	1.9571	2.0818	2.1291	2.0593	2.2066	2.2200
30-25	1.3001	1.3225	1.3439	1.2886	1.3012	1.3135	1.2727	1.2854	1.2943
30-26	1.3418	1.3807	1.3985	1.3468	1.3681	1.3835	1.3385	1.3669	1.3703
30-27	1.4436	1.4695	1.4764	1.4356	1.4806	1.4822	1.4467	1.4778	1.4898
30-28	1.5288	1.5970	1.6286	1.5990	1.6543	1.6768	1.6578	1.6953	1.7068
30-29	1.7485	1.8909	1.9386	1.8990	2.0063	2.0835	2.0143	2.1357	2.1975

表 A.35 单位耗热量折算系数 K_r 表

粮食种类：水稻　　环境温度 t_h：−10℃　　环境相对湿度 RH：60%

降水范围 (M_1-M_2)/%	热风温度 t_r/℃								
	50			70			90		
	热风表观风速 v_r/[m^3/(m^3·s)]								
	0.2	0.4	0.6	0.2	0.4	0.6	0.2	0.4	0.6
16-13	1.7640	1.7637	1.7671	1.7009	1.7017	1.7112	1.6659	1.6688	1.6877
16-14	1.9223	1.9240	1.9249	1.8956	1.8982	1.9019	1.8871	1.8896	1.8969
16-15	2.3814	2.3958	2.4009	2.4365	2.4513	2.4555	2.4892	2.5026	2.5075
18-13	1.5509	1.5514	1.5559	1.4697	1.4713	1.4834	1.4200	1.4241	1.4475
18-14	1.5825	1.5829	1.5841	1.5191	1.5194	1.5238	1.4811	1.4821	1.4928
18-15	1.6574	1.6590	1.6592	1.6162	1.6176	1.6187	1.5940	1.5953	1.5984
18-16	1.8206	1.8267	1.8288	1.8158	1.8202	1.8222	1.8202	1.8235	1.8249
18-17	2.2566	2.2822	2.2922	2.3317	2.3567	2.3652	2.3976	2.4220	2.4289
20-15	1.4699	1.4726	1.4734	1.4067	1.4086	1.4104	1.3677	1.3688	1.3740
20-16	1.5128	1.5168	1.5179	1.4655	1.4679	1.4687	1.4360	1.4386	1.4397
20-17	1.5939	1.6013	1.6036	1.5667	1.5730	1.5750	1.5530	1.5584	1.5603
20-18	1.7563	1.7719	1.7767	1.7658	1.7776	1.7816	1.7791	1.7888	1.7925
20-19	2.1670	2.2055	2.2254	2.2595	2.2941	2.3113	2.3301	2.3684	2.3843
22-17	1.4234	1.4289	1.4311	1.3714	1.3758	1.3771	1.3379	1.3414	1.3430
22-18	1.4693	1.4786	1.4825	1.4319	1.4396	1.4426	1.4095	1.4158	1.4178
22-19	1.5520	1.5662	1.5724	1.5380	1.5461	1.5509	1.5295	1.5373	1.5411
22-20	1.7086	1.7333	1.7448	1.7287	1.7493	1.7578	1.7502	1.7668	1.7735
22-21	2.0758	2.1469	2.1733	2.1943	2.2462	2.2694	2.2749	2.3317	2.3510
24-19	1.3897	1.4027	1.4067	1.3469	1.3546	1.3593	1.3199	1.3256	1.3286
24-20	1.4336	1.4556	1.4599	1.4072	1.4226	1.4258	1.3900	1.4012	1.4058
24-21	1.5177	1.5412	1.5501	1.5114	1.5276	1.5355	1.5123	1.5233	1.5282
24-22	1.6751	1.7099	1.7198	1.6951	1.7293	1.7407	1.7277	1.7522	1.7607
24-23	2.0225	2.0917	2.1369	2.1045	2.1985	2.2344	2.2278	2.2764	2.3147
26-21	1.3638	1.3841	1.3894	1.3286	1.3399	1.3475	1.3008	1.3140	1.3185
26-22	1.4213	1.4356	1.4440	1.3894	1.4074	1.4137	1.3776	1.3904	1.3973
26-23	1.4862	1.5237	1.5347	1.4865	1.5109	1.5260	1.4912	1.5121	1.5231
26-24	1.6462	1.6766	1.7044	1.6736	1.7072	1.7252	1.7009	1.7307	1.7482
26-25	1.9374	2.0362	2.1056	2.0633	2.1552	2.1992	2.1314	2.2553	2.2928
28-23	1.3553	1.3633	1.3772	1.3100	1.3286	1.3374	1.2888	1.3046	1.3125
28-24	1.3921	1.4204	1.4312	1.3707	1.3965	1.4024	1.3676	1.3824	1.3885
28-25	1.4812	1.5124	1.5143	1.4610	1.5039	1.5134	1.4699	1.5110	1.5118
28-26	1.6262	1.6557	1.6836	1.6549	1.6853	1.7094	1.6942	1.7179	1.7386
28-27	1.8199	1.9483	2.0398	1.9980	2.1069	2.1681	2.0797	2.2268	2.2514
30-25	1.3229	1.3493	1.3672	1.3078	1.3192	1.3292	1.2803	1.2981	1.3051
30-26	1.3598	1.4016	1.4214	1.3557	1.3785	1.4008	1.3468	1.3757	1.3833
30-27	1.4601	1.4880	1.5087	1.4637	1.4945	1.5040	1.4579	1.4905	1.5020
30-28	1.5548	1.6354	1.6677	1.6243	1.6709	1.6947	1.6676	1.7081	1.7245
30-29	1.8161	1.9557	1.9907	1.9123	2.0289	2.1347	2.0237	2.1657	2.2129

表 A.36 单位耗热量折算系数 K_r 表

粮食种类：水稻　　环境温度 t_h：−10℃　　环境相对湿度 RH：90%

降水范围 (M_1-M_2)/%	热风温度 t_r/℃								
	50			70			90		
	热风表观风速 v_r/[m^3/(m^3·s)]								
	0.2	0.4	0.6	0.2	0.4	0.6	0.2	0.4	0.6
16-13	1.7998	1.7995	1.8032	1.7222	1.7231	1.7333	1.6801	1.6838	1.7033
16-14	1.9636	1.9666	1.9681	1.9216	1.9246	1.9287	1.9059	1.9084	1.9164
16-15	2.4471	2.4609	2.4660	2.4814	2.4957	2.5019	2.5231	2.5375	2.5428
18-13	1.5784	1.5790	1.5838	1.4855	1.4871	1.4997	1.4303	1.4346	1.4586
18-14	1.6114	1.6119	1.6131	1.5360	1.5364	1.5411	1.4927	1.4937	1.5048
18-15	1.6894	1.6911	1.6914	1.6355	1.6373	1.6385	1.6074	1.6088	1.6122
18-16	1.8589	1.8653	1.8678	1.8396	1.8449	1.8469	1.8370	1.8415	1.8433
18-17	2.3156	2.3426	2.3538	2.3763	2.3989	2.4102	2.4308	2.4541	2.4634
20-15	1.4949	1.4976	1.4986	1.4215	1.4233	1.4252	1.3775	1.3786	1.3839
20-16	1.5402	1.5437	1.5448	1.4808	1.4841	1.4850	1.4467	1.4496	1.4508
20-17	1.6228	1.6316	1.6340	1.5850	1.5915	1.5938	1.5658	1.5715	1.5730
20-18	1.7911	1.8075	1.8132	1.7882	1.8009	1.8058	1.7956	1.8059	1.8105
20-19	2.2172	2.2635	2.2835	2.3031	2.3345	2.3534	2.3678	2.3998	2.4166
22-17	1.4460	1.4528	1.4553	1.3849	1.3894	1.3915	1.3465	1.3510	1.3523
22-18	1.4935	1.5055	1.5090	1.4469	1.4551	1.4578	1.4193	1.4259	1.4287
22-19	1.5796	1.5943	1.6011	1.5551	1.5643	1.5694	1.5416	1.5505	1.5543
22-20	1.7443	1.7714	1.7795	1.7507	1.7750	1.7810	1.7656	1.7850	1.7914
22-21	2.1223	2.2058	2.2345	2.2259	2.2851	2.3096	2.3042	2.3605	2.3827
24-19	1.4158	1.4277	1.4306	1.3622	1.3697	1.3736	1.3276	1.3350	1.3375
24-20	1.4592	1.4792	1.4868	1.4234	1.4373	1.4415	1.4005	1.4108	1.4154
24-21	1.5430	1.5675	1.5790	1.5259	1.5458	1.5536	1.5227	1.5350	1.5409
24-22	1.7037	1.7424	1.7556	1.7259	1.7513	1.7659	1.7428	1.7689	1.7801
24-23	2.0691	2.1442	2.1856	2.1377	2.2417	2.2779	2.2494	2.3087	2.3543
26-21	1.3859	1.4092	1.4133	1.3402	1.3560	1.3603	1.3096	1.3242	1.3283
26-22	1.4423	1.4639	1.4691	1.4014	1.4248	1.4313	1.3859	1.4020	1.4069
26-23	1.5130	1.5544	1.5616	1.5005	1.5306	1.5418	1.5032	1.5237	1.5341
26-24	1.6828	1.7068	1.7345	1.6949	1.7296	1.7475	1.7207	1.7478	1.7630
26-25	1.9707	2.0792	2.1492	2.0954	2.1914	2.2379	2.1731	2.3005	2.3234
28-23	1.3784	1.3845	1.4003	1.3292	1.3408	1.3514	1.3019	1.3126	1.3205
28-24	1.4089	1.4443	1.4579	1.3853	1.4121	1.4199	1.3750	1.3923	1.3983
28-25	1.5171	1.5379	1.5442	1.4828	1.5165	1.5301	1.4841	1.5191	1.5224
28-26	1.6532	1.6950	1.7233	1.6704	1.7088	1.7299	1.7113	1.7306	1.7537
28-27	1.8545	1.9996	2.0826	2.0322	2.1380	2.2058	2.1104	2.2538	2.2983
30-25	1.3384	1.3767	1.3835	1.3142	1.3299	1.3434	1.2891	1.3103	1.3149
30-26	1.3844	1.4344	1.4416	1.3663	1.3920	1.4172	1.3563	1.3849	1.3913
30-27	1.4908	1.5218	1.5275	1.4805	1.5082	1.5178	1.4723	1.5046	1.5160
30-28	1.5891	1.6679	1.6999	1.6517	1.7057	1.7254	1.6795	1.7276	1.7422
30-29	1.8347	1.9930	2.0477	1.9266	2.0559	2.1557	2.0713	2.2080	2.2519

表 A.37 单位耗热量折算系数 K_r 表

粮食种类：水稻　　环境温度 t_h：−5℃　　环境相对湿度 RH：30%

降水范围 (M_1-M_2)/%	热风温度 t_r/℃								
	50			70			90		
	热风表观风速 v_r/[m^3/(m^3·s)]								
	0.2	0.4	0.6	0.2	0.4	0.6	0.2	0.4	0.6
16-13	1.5373	1.5370	1.5399	1.5202	1.5206	1.5291	1.5113	1.5135	1.5304
16-14	1.6537	1.6536	1.6537	1.6754	1.6757	1.6777	1.6942	1.6952	1.7008
16-15	1.9974	2.0055	2.0084	2.1046	2.1120	2.1160	2.1883	2.1960	2.1983
18-13	1.3690	1.3694	1.3733	1.3295	1.3308	1.3416	1.3028	1.3065	1.3278
18-14	1.3887	1.3891	1.3901	1.3664	1.3665	1.3704	1.3516	1.3522	1.3619
18-15	1.4423	1.4432	1.4433	1.4428	1.4433	1.4439	1.4446	1.4448	1.4471
18-16	1.5644	1.5682	1.5689	1.6016	1.6050	1.6057	1.6308	1.6333	1.6343
18-17	1.8884	1.9079	1.9143	2.0100	2.0286	2.0345	2.1040	2.1210	2.1273
20-15	1.2964	1.2984	1.2992	1.2714	1.2727	1.2743	1.2534	1.2544	1.2589
20-16	1.3260	1.3297	1.3305	1.3163	1.3189	1.3196	1.3098	1.3113	1.3123
20-17	1.3864	1.3920	1.3936	1.3983	1.4027	1.4038	1.4066	1.4106	1.4116
20-18	1.5078	1.5196	1.5234	1.5564	1.5660	1.5697	1.5926	1.6014	1.6037
20-19	1.8054	1.8437	1.8576	1.9398	1.9746	1.9886	2.0458	2.0742	2.0876
22-17	1.2526	1.2592	1.2613	1.2370	1.2420	1.2435	1.2256	1.2286	1.2298
22-18	1.2884	1.2955	1.2987	1.2879	1.2932	1.2948	1.2845	1.2897	1.2918
22-19	1.3509	1.3608	1.3652	1.3698	1.3789	1.3827	1.3827	1.3913	1.3942
22-20	1.4695	1.4873	1.4953	1.5268	1.5415	1.5479	1.5700	1.5811	1.5866
22-21	1.7404	1.7972	1.8170	1.8753	1.9347	1.9546	1.9824	2.0419	2.0563
24-19	1.2249	1.2356	1.2392	1.2154	1.2234	1.2260	1.2086	1.2138	1.2167
24-20	1.2552	1.2734	1.2785	1.2634	1.2758	1.2793	1.2669	1.2760	1.2800
24-21	1.3237	1.3402	1.3468	1.3420	1.3633	1.3678	1.3629	1.3796	1.3834
24-22	1.4304	1.4660	1.4746	1.4960	1.5232	1.5320	1.5459	1.5671	1.5739
24-23	1.6817	1.7449	1.7808	1.8400	1.8991	1.9281	1.9496	2.0044	2.0354
26-21	1.1966	1.2177	1.2250	1.1947	1.2099	1.2146	1.1942	1.2021	1.2074
26-22	1.2356	1.2572	1.2652	1.2510	1.2631	1.2686	1.2549	1.2654	1.2708
26-23	1.3054	1.3244	1.3333	1.3327	1.3469	1.3557	1.3520	1.3665	1.3742
26-24	1.4119	1.4417	1.4614	1.4729	1.5057	1.5243	1.5230	1.5520	1.5638
26-25	1.6137	1.6871	1.7429	1.7867	1.8452	1.8907	1.8939	1.9569	2.0076
28-23	1.1807	1.2069	1.2142	1.1849	1.2013	1.2068	1.1864	1.1959	1.1993
28-24	1.2108	1.2416	1.2557	1.2302	1.2524	1.2621	1.2394	1.2559	1.2646
28-25	1.2841	1.3094	1.3190	1.3193	1.3413	1.3482	1.3461	1.3609	1.3692
28-26	1.3687	1.4282	1.4490	1.4386	1.4889	1.5052	1.5018	1.5414	1.5541
28-27	1.5663	1.6888	1.7025	1.6972	1.8017	1.8477	1.8514	1.9214	1.9753
30-25	1.1539	1.1928	1.2006	1.1670	1.1933	1.1985	1.1767	1.1897	1.1944
30-26	1.1990	1.2307	1.2456	1.2217	1.2381	1.2545	1.2320	1.2523	1.2579
30-27	1.2683	1.2981	1.3054	1.2927	1.3298	1.3378	1.3211	1.3545	1.3611
30-28	1.3704	1.3937	1.4279	1.4152	1.4870	1.5007	1.4704	1.5269	1.5452
30-29	1.5019	1.6351	1.6759	1.6475	1.7976	1.8184	1.7623	1.8921	1.9432

表 A.38 单位耗热量折算系数 K_r 表

粮食种类:水稻　　　　环境温度 t_h:−5℃　　　　环境相对湿度 RH:60%

降水范围 (M_1-M_2)/%	热风温度 t_r/℃								
	50			70			90		
	热风表观风速 v_r/[m^3/(m^3·s)]								
	0.2	0.4	0.6	0.2	0.4	0.6	0.2	0.4	0.6
16-13	1.5854	1.5851	1.5884	1.5497	1.5502	1.5596	1.5317	1.5343	1.5525
16-14	1.7106	1.7109	1.7113	1.7118	1.7131	1.7155	1.7204	1.7222	1.7285
16-15	2.0828	2.0926	2.0964	2.1648	2.1748	2.1780	2.2346	2.2440	2.2471
18-13	1.4064	1.4069	1.4112	1.3513	1.3528	1.3643	1.3174	1.3213	1.3436
18-14	1.4278	1.4281	1.4293	1.3899	1.3901	1.3944	1.3678	1.3685	1.3788
18-15	1.4853	1.4863	1.4865	1.4698	1.4704	1.4712	1.4634	1.4641	1.4665
18-16	1.6164	1.6206	1.6216	1.6356	1.6397	1.6409	1.6553	1.6586	1.6601
18-17	1.9659	1.9885	1.9958	2.0663	2.0872	2.0950	2.1484	2.1675	2.1749
20-15	1.3299	1.3325	1.3334	1.2915	1.2930	1.2948	1.2672	1.2683	1.2730
20-16	1.3624	1.3659	1.3669	1.3391	1.3414	1.3420	1.3250	1.3268	1.3278
20-17	1.4262	1.4327	1.4345	1.4236	1.4286	1.4300	1.4249	1.4290	1.4303
20-18	1.5562	1.5696	1.5734	1.5892	1.5993	1.6033	1.6178	1.6255	1.6287
20-19	1.8811	1.9226	1.9354	1.9929	2.0321	2.0445	2.0870	2.1201	2.1323
22-17	1.2846	1.2916	1.2936	1.2565	1.2616	1.2630	1.2380	1.2422	1.2435
22-18	1.3218	1.3302	1.3342	1.3075	1.3145	1.3168	1.2986	1.3051	1.3068
22-19	1.3880	1.4002	1.4046	1.3926	1.4032	1.4079	1.4004	1.4090	1.4122
22-20	1.5158	1.5372	1.5448	1.5569	1.5748	1.5805	1.5916	1.6063	1.6112
22-21	1.8206	1.8664	1.8934	1.9423	1.9859	2.0122	2.0278	2.0823	2.1015
24-19	1.2535	1.2661	1.2708	1.2325	1.2414	1.2455	1.2200	1.2263	1.2296
24-20	1.2911	1.3083	1.3133	1.2884	1.2982	1.3015	1.2819	1.2914	1.2945
24-21	1.3616	1.3769	1.3869	1.3674	1.3887	1.3932	1.3806	1.3955	1.4014
24-22	1.4789	1.5081	1.5223	1.5231	1.5537	1.5667	1.5664	1.5911	1.5999
24-23	1.7451	1.8181	1.8502	1.8907	1.9469	1.9758	2.0053	2.0544	2.0781
26-21	1.2340	1.2502	1.2558	1.2160	1.2302	1.2356	1.2086	1.2165	1.2215
26-22	1.2709	1.2926	1.2971	1.2666	1.2861	1.2896	1.2681	1.2813	1.2860
26-23	1.3392	1.3615	1.3729	1.3510	1.3732	1.3829	1.3657	1.3862	1.3918
26-24	1.4590	1.4885	1.5062	1.4976	1.5422	1.5517	1.5446	1.5805	1.5854
26-25	1.6815	1.7842	1.8141	1.8348	1.8914	1.9465	1.9204	2.0022	2.0478
28-23	1.2109	1.2318	1.2452	1.2032	1.2179	1.2268	1.1969	1.2077	1.2133
28-24	1.2481	1.2748	1.2828	1.2572	1.2692	1.2831	1.2547	1.2708	1.2800
28-25	1.3097	1.3457	1.3562	1.3338	1.3600	1.3718	1.3563	1.3752	1.3880
28-26	1.4293	1.4596	1.4923	1.4671	1.5208	1.5397	1.5303	1.5594	1.5766
28-27	1.6275	1.7240	1.7866	1.7408	1.8846	1.9081	1.9040	1.9664	2.0135
30-25	1.1913	1.2190	1.2341	1.1807	1.2125	1.2214	1.1869	1.2031	1.2094
30-26	1.2319	1.2627	1.2773	1.2348	1.2613	1.2740	1.2449	1.2706	1.2726
30-27	1.2972	1.3434	1.3428	1.3190	1.3473	1.3626	1.3366	1.3656	1.3793
30-28	1.3909	1.4394	1.4699	1.4714	1.5042	1.5303	1.4946	1.5434	1.5714
30-29	1.5529	1.6824	1.7396	1.7135	1.8542	1.8865	1.8048	1.9595	1.9853

表 A.39 单位耗热量折算系数 K_r 表

粮食种类：水稻 环境温度 t_h：－5℃ 环境相对湿度 RH：90％

降水范围 $(M_1\text{-}M_2)$/%	热风温度 t_r/℃								
	50			70			90		
	热风表观风速 v_r/[m^3/(m^3·s)]								
	0.2	0.4	0.6	0.2	0.4	0.6	0.2	0.4	0.6
16-13	1.6344	1.6342	1.6380	1.5791	1.5799	1.5901	1.5520	1.5551	1.5743
16-14	1.7679	1.7692	1.7698	1.7479	1.7499	1.7533	1.7459	1.7483	1.7561
16-15	2.1681	2.1795	2.1844	2.2242	2.2359	2.2397	2.2801	2.2915	2.2961
18-13	1.4446	1.4452	1.4499	1.3732	1.3748	1.3870	1.3320	1.3361	1.3592
18-14	1.4676	1.4680	1.4693	1.4136	1.4138	1.4184	1.3839	1.3847	1.3955
18-15	1.5292	1.5302	1.5305	1.4966	1.4977	1.4986	1.4822	1.4830	1.4861
18-16	1.6676	1.6734	1.6750	1.6690	1.6737	1.6755	1.6799	1.6837	1.6851
18-17	2.0472	2.0704	2.0781	2.1240	2.1461	2.1535	2.1933	2.2129	2.2203
20-15	1.3649	1.3673	1.3682	1.3121	1.3136	1.3154	1.2811	1.2820	1.2871
20-16	1.3991	1.4030	1.4040	1.3608	1.3638	1.3645	1.3403	1.3424	1.3434
20-17	1.4675	1.4742	1.4761	1.4498	1.4544	1.4561	1.4432	1.4475	1.4488
20-18	1.6058	1.6192	1.6242	1.6219	1.6322	1.6366	1.6418	1.6501	1.6536
20-19	1.9639	1.9987	2.0153	2.0492	2.0879	2.1029	2.1290	2.1648	2.1771
22-17	1.3166	1.3244	1.3267	1.2752	1.2812	1.2829	1.2509	1.2554	1.2569
22-18	1.3552	1.3667	1.3699	1.3280	1.3364	1.3390	1.3135	1.3199	1.3221
22-19	1.4255	1.4405	1.4454	1.4165	1.4291	1.4330	1.4170	1.4274	1.4308
22-20	1.5604	1.5839	1.5931	1.5898	1.6056	1.6133	1.6134	1.6283	1.6354
22-21	1.8820	1.9435	1.9688	2.0016	2.0403	2.0644	2.0844	2.1219	2.1476
24-19	1.2839	1.2985	1.3031	1.2504	1.2617	1.2660	1.2322	1.2400	1.2431
24-20	1.3257	1.3403	1.3490	1.3061	1.3175	1.3232	1.2950	1.3049	1.3099
24-21	1.3956	1.4181	1.4258	1.3946	1.4122	1.4197	1.3999	1.4125	1.4199
24-22	1.5211	1.5589	1.5690	1.5538	1.5853	1.5967	1.5883	1.6124	1.6235
24-23	1.8195	1.8950	1.9333	1.9382	1.9937	2.0294	2.0405	2.0974	2.1173
26-21	1.2653	1.2797	1.2861	1.2375	1.2507	1.2531	1.2207	1.2296	1.2336
26-22	1.3112	1.3207	1.3316	1.2848	1.3045	1.3119	1.2839	1.2947	1.3015
26-23	1.3731	1.3924	1.4083	1.3728	1.3952	1.4045	1.3801	1.4030	1.4084
26-24	1.5100	1.5344	1.5576	1.5263	1.5699	1.5898	1.5673	1.6058	1.6093
26-25	1.7574	1.8550	1.8929	1.8958	1.9538	2.0029	1.9493	2.0451	2.0872
28-23	1.2451	1.2660	1.2749	1.2197	1.2393	1.2428	1.2112	1.2226	1.2253
28-24	1.2787	1.3148	1.3188	1.2735	1.2929	1.3041	1.2713	1.2861	1.2954
28-25	1.3519	1.3847	1.3932	1.3500	1.3858	1.3993	1.3673	1.3942	1.4060
28-26	1.4715	1.5011	1.5269	1.5061	1.5475	1.5706	1.5526	1.5867	1.6004
28-27	1.6566	1.7665	1.8368	1.7943	1.9302	1.9709	1.9411	2.0195	2.0693
30-25	1.2222	1.2515	1.2651	1.2058	1.2278	1.2379	1.1985	1.2114	1.2212
30-26	1.2661	1.2943	1.3135	1.2568	1.2831	1.2901	1.2607	1.2792	1.2858
30-27	1.3437	1.3625	1.3872	1.3414	1.3756	1.3873	1.3572	1.3887	1.3918
30-28	1.4299	1.4908	1.5104	1.4864	1.5267	1.5549	1.5290	1.5630	1.5867
30-29	1.6168	1.7483	1.7940	1.7789	1.8745	1.9412	1.8272	2.0050	2.0284

表 A.40 单位耗热量折算系数 K_r 表

粮食种类:水稻　　　　环境温度 t_h:0℃　　　　环境相对湿度 RH:30%

降水范围 $(M_1\text{-}M_2)$/%	热风温度 t_r/℃								
	50			70			90		
	热风表观风速 v_r/[m³/(m³·s)]								
	0.2	0.4	0.6	0.2	0.4	0.6	0.2	0.4	0.6
16-13	1.3570	1.3568	1.3595	1.3690	1.3694	1.3776	1.3774	1.3796	1.3958
16-14	1.4404	1.4400	1.4403	1.4908	1.4902	1.4922	1.5275	1.5274	1.5323
16-15	1.6991	1.7039	1.7047	1.8329	1.8379	1.8400	1.9332	1.9382	1.9408
18-13	1.2220	1.2224	1.2260	1.2106	1.2118	1.2220	1.2004	1.2039	1.2240
18-14	1.2324	1.2327	1.2336	1.2372	1.2373	1.2410	1.2386	1.2392	1.2483
18-15	1.2693	1.2700	1.2700	1.2962	1.2965	1.2970	1.3142	1.3141	1.3162
18-16	1.3595	1.3617	1.3620	1.4225	1.4246	1.4246	1.4678	1.4694	1.4694
18-17	1.6024	1.6166	1.6203	1.7476	1.7617	1.7658	1.8567	1.8703	1.8741
20-15	1.1550	1.1568	1.1574	1.1559	1.1570	1.1585	1.1535	1.1542	1.1584
20-16	1.1746	1.1777	1.1785	1.1902	1.1925	1.1930	1.1986	1.2002	1.2009
20-17	1.2180	1.2228	1.2241	1.2552	1.2584	1.2593	1.2787	1.2816	1.2824
20-18	1.3083	1.3180	1.3208	1.3809	1.3890	1.3913	1.4325	1.4390	1.4412
20-19	1.5353	1.5611	1.5713	1.6882	1.7135	1.7233	1.8053	1.8285	1.8383
22-17	1.1163	1.1202	1.1222	1.1233	1.1278	1.1294	1.1265	1.1295	1.1308
22-18	1.1393	1.1463	1.1491	1.1622	1.1675	1.1698	1.1754	1.1794	1.1812
22-19	1.1855	1.1945	1.1985	1.2272	1.2362	1.2394	1.2570	1.2632	1.2658
22-20	1.2718	1.2889	1.2956	1.3538	1.3659	1.3717	1.4069	1.4204	1.4251
22-21	1.4645	1.5179	1.5371	1.6356	1.6769	1.6936	1.7618	1.7962	1.8099
24-19	1.0885	1.0980	1.1021	1.1019	1.1099	1.1138	1.1098	1.1154	1.1180
24-20	1.1153	1.1263	1.1319	1.1436	1.1536	1.1565	1.1589	1.1669	1.1702
24-21	1.1594	1.1738	1.1814	1.2113	1.2209	1.2262	1.2403	1.2533	1.2558
24-22	1.2388	1.2698	1.2788	1.3299	1.3504	1.3566	1.3875	1.4066	1.4142
24-23	1.4228	1.4757	1.5023	1.5864	1.6363	1.6684	1.7054	1.7695	1.7896
26-21	1.0690	1.0823	1.0889	1.0879	1.0993	1.1028	1.0982	1.1060	1.1101
26-22	1.0887	1.1076	1.1159	1.1244	1.1411	1.1449	1.1468	1.1586	1.1614
26-23	1.1421	1.1605	1.1696	1.1907	1.2091	1.2155	1.2239	1.2413	1.2464
26-24	1.2253	1.2499	1.2679	1.3118	1.3357	1.3481	1.3695	1.3997	1.4041
26-25	1.3560	1.4602	1.4780	1.5345	1.6221	1.6394	1.6848	1.7473	1.7621
28-23	1.0441	1.0683	1.0774	1.0744	1.0921	1.0971	1.0836	1.0970	1.1022
28-24	1.0713	1.0985	1.1089	1.1105	1.1297	1.1380	1.1442	1.1499	1.1556
28-25	1.1288	1.1431	1.1530	1.1743	1.1962	1.2099	1.2129	1.2358	1.2415
28-26	1.1883	1.2315	1.2508	1.2798	1.3195	1.3365	1.3661	1.3809	1.3975
28-27	1.3106	1.4102	1.4431	1.4875	1.5760	1.6144	1.6200	1.7033	1.7395
30-25	1.0337	1.0568	1.0679	1.0729	1.0836	1.0896	1.0791	1.0914	1.0962
30-26	1.0636	1.0927	1.1014	1.1015	1.1204	1.1319	1.1260	1.1460	1.1480
30-27	1.1068	1.1344	1.1508	1.1593	1.1881	1.2017	1.2059	1.2222	1.2380
30-28	1.1622	1.2079	1.2458	1.2550	1.3036	1.3293	1.3361	1.3694	1.3923
30-29	1.2589	1.3665	1.3930	1.4494	1.5388	1.5912	1.5815	1.6594	1.7180

表 A.41 单位耗热量折算系数 K_r 表

粮食种类:水稻　　环境温度 t_h:0℃　　环境相对湿度 RH:60%

降水范围 (M_1-M_2)/%	热风温度 t_r/℃								
	50			70			90		
	热风表观风速 v_r/[m^3/(m^3·s)]								
	0.2	0.4	0.6	0.2	0.4	0.6	0.2	0.4	0.6
16-13	1.4200	1.4197	1.4231	1.4080	1.4087	1.4179	1.4049	1.4075	1.4254
16-14	1.5143	1.5139	1.5143	1.5395	1.5395	1.5417	1.5630	1.5638	1.5695
16-15	1.8084	1.8151	1.8175	1.9122	1.9188	1.9216	1.9959	2.0024	2.0050
18-13	1.2718	1.2722	1.2764	1.2399	1.2414	1.2524	1.2202	1.2240	1.2453
18-14	1.2839	1.2842	1.2853	1.2687	1.2689	1.2730	1.2605	1.2612	1.2710
18-15	1.3255	1.3262	1.3263	1.3321	1.3326	1.3332	1.3398	1.3399	1.3424
18-16	1.4265	1.4295	1.4299	1.4677	1.4705	1.4710	1.5011	1.5035	1.5044
18-17	1.7047	1.7197	1.7250	1.8245	1.8379	1.8428	1.9187	1.9314	1.9359
20-15	1.1996	1.2019	1.2026	1.1828	1.1843	1.1860	1.1719	1.1729	1.1775
20-16	1.2227	1.2256	1.2264	1.2203	1.2224	1.2230	1.2197	1.2212	1.2220
20-17	1.2704	1.2759	1.2774	1.2886	1.2931	1.2940	1.3036	1.3066	1.3076
20-18	1.3727	1.3823	1.3858	1.4242	1.4333	1.4361	1.4649	1.4720	1.4746
20-19	1.6274	1.6592	1.6709	1.7607	1.7878	1.7992	1.8611	1.8872	1.8981
22-17	1.1566	1.1629	1.1652	1.1494	1.1544	1.1558	1.1441	1.1477	1.1491
22-18	1.1834	1.1926	1.1953	1.1897	1.1970	1.1989	1.1954	1.2001	1.2020
22-19	1.2335	1.2458	1.2504	1.2594	1.2697	1.2733	1.2803	1.2875	1.2905
22-20	1.3305	1.3523	1.3591	1.3958	1.4089	1.4156	1.4401	1.4536	1.4581
22-21	1.5534	1.6155	1.6316	1.6981	1.7485	1.7663	1.8197	1.8522	1.8710
24-19	1.1266	1.1398	1.1439	1.1273	1.1361	1.1392	1.1265	1.1331	1.1357
24-20	1.1543	1.1717	1.1771	1.1686	1.1822	1.1854	1.1786	1.1874	1.1905
24-21	1.2084	1.2250	1.2324	1.2380	1.2544	1.2592	1.2621	1.2752	1.2799
24-22	1.3010	1.3333	1.3407	1.3773	1.3926	1.4016	1.4231	1.4416	1.4466
24-23	1.5165	1.5739	1.6002	1.6632	1.7085	1.7387	1.7643	1.8251	1.8437
26-21	1.1032	1.1258	1.1287	1.1096	1.1229	1.1286	1.1142	1.1233	1.1266
26-22	1.1339	1.1558	1.1621	1.1544	1.1707	1.1747	1.1691	1.1790	1.1810
26-23	1.1885	1.2078	1.2186	1.2228	1.2424	1.2507	1.2500	1.2644	1.2709
26-24	1.2824	1.3097	1.3280	1.3461	1.3746	1.3881	1.3961	1.4290	1.4347
26-25	1.4509	1.5206	1.5716	1.6160	1.6736	1.7125	1.7208	1.8046	1.8199
28-23	1.0923	1.1119	1.1175	1.0945	1.1141	1.1206	1.1025	1.1150	1.1220
28-24	1.1157	1.1445	1.1494	1.1372	1.1572	1.1665	1.1588	1.1671	1.1748
28-25	1.1702	1.1970	1.2091	1.2147	1.2287	1.2418	1.2423	1.2546	1.2662
28-26	1.2405	1.2999	1.3078	1.3230	1.3588	1.3787	1.3842	1.4193	1.4276
28-27	1.3982	1.5026	1.5236	1.5569	1.6363	1.6770	1.6890	1.7496	1.7979
30-25	1.0699	1.0980	1.1066	1.0852	1.1045	1.1127	1.0956	1.1080	1.1161
30-26	1.1091	1.1244	1.1406	1.1225	1.1484	1.1568	1.1485	1.1638	1.1698
30-27	1.1525	1.1798	1.1917	1.1890	1.2245	1.2360	1.2304	1.2473	1.2542
30-28	1.2463	1.2655	1.2955	1.2817	1.3569	1.3692	1.3633	1.4061	1.4140
30-29	1.3555	1.4515	1.4968	1.4797	1.6141	1.6476	1.6284	1.7107	1.7540

表 A.42 单位耗热量折算系数 K_r 表

粮食种类:水稻　　环境温度 t_h:0℃　　环境相对湿度 RH:90%

降水范围 (M_1-M_2)/%	热风温度 t_r/℃								
	50			70			90		
	热风表观风速 v_r/[m^3/(m^3·s)]								
	0.2	0.4	0.6	0.2	0.4	0.6	0.2	0.4	0.6
16-13	1.4849	1.4848	1.4888	1.4473	1.4482	1.4585	1.4322	1.4353	1.4545
16-14	1.5902	1.5902	1.5908	1.5878	1.5889	1.5916	1.5977	1.5996	1.6065
16-15	1.9190	1.9274	1.9308	1.9907	1.9988	2.0014	2.0574	2.0648	2.0674
18-13	1.3230	1.3236	1.3282	1.2694	1.2711	1.2829	1.2399	1.2441	1.2665
18-14	1.3369	1.3373	1.3386	1.3004	1.3007	1.3052	1.2823	1.2831	1.2936
18-15	1.3834	1.3842	1.3844	1.3682	1.3688	1.3695	1.3653	1.3656	1.3684
18-16	1.4949	1.4990	1.5000	1.5129	1.5160	1.5173	1.5343	1.5371	1.5384
18-17	1.8043	1.8237	1.8305	1.8965	1.9137	1.9203	1.9751	1.9908	1.9973
20-15	1.2461	1.2483	1.2492	1.2106	1.2119	1.2137	1.1907	1.1916	1.1965
20-16	1.2711	1.2749	1.2757	1.2499	1.2525	1.2532	1.2405	1.2421	1.2430
20-17	1.3249	1.3306	1.3323	1.3229	1.3278	1.3290	1.3277	1.3314	1.3327
20-18	1.4361	1.4484	1.4523	1.4666	1.4771	1.4804	1.4961	1.5049	1.5078
20-19	1.7211	1.7603	1.7718	1.8290	1.8614	1.8733	1.9165	1.9462	1.9579
22-17	1.2015	1.2072	1.2095	1.1764	1.1810	1.1826	1.1629	1.1661	1.1673
22-18	1.2327	1.2399	1.2426	1.2202	1.2263	1.2285	1.2167	1.2209	1.2226
22-19	1.2853	1.2993	1.3033	1.2944	1.3037	1.3071	1.3042	1.3122	1.3150
22-20	1.3941	1.4155	1.4231	1.4382	1.4523	1.4590	1.4723	1.4850	1.4914
22-21	1.6613	1.7077	1.7309	1.7686	1.8206	1.8405	1.8691	1.9149	1.9297
24-19	1.1715	1.1819	1.1875	1.1551	1.1627	1.1654	1.1460	1.1512	1.1536
24-20	1.2023	1.2155	1.2223	1.1965	1.2082	1.2135	1.1994	1.2063	1.2112
24-21	1.2566	1.2747	1.2840	1.2672	1.2873	1.2935	1.2857	1.2995	1.3048
24-22	1.3566	1.3881	1.4034	1.4094	1.4312	1.4431	1.4501	1.4692	1.4783
24-23	1.5907	1.6566	1.6883	1.7370	1.7836	1.8103	1.8244	1.8758	1.9076
26-21	1.1463	1.1617	1.1732	1.1321	1.1492	1.1539	1.1301	1.1407	1.1441
26-22	1.1774	1.2003	1.2080	1.1825	1.1960	1.2035	1.1888	1.1968	1.2024
26-23	1.2414	1.2589	1.2707	1.2570	1.2736	1.2836	1.2767	1.2853	1.2955
26-24	1.3408	1.3702	1.3840	1.3853	1.4176	1.4313	1.4258	1.4557	1.4667
26-25	1.5356	1.6239	1.6584	1.6713	1.7377	1.7804	1.7921	1.8435	1.8752
28-23	1.1230	1.1499	1.1579	1.1199	1.1377	1.1455	1.1239	1.1340	1.1382
28-24	1.1712	1.1827	1.1958	1.1673	1.1831	1.1926	1.1718	1.1877	1.1943
28-25	1.2015	1.2434	1.2593	1.2401	1.2629	1.2708	1.2590	1.2808	1.2875
28-26	1.3122	1.3411	1.3701	1.3522	1.4015	1.4156	1.4059	1.4471	1.4579
28-27	1.4848	1.5749	1.6335	1.5927	1.7145	1.7332	1.7459	1.7964	1.8492
30-25	1.1130	1.1404	1.1508	1.1038	1.1294	1.1366	1.1121	1.1223	1.1317
30-26	1.1504	1.1695	1.1790	1.1569	1.1730	1.1884	1.1712	1.1779	1.1907
30-27	1.1991	1.2324	1.2394	1.2138	1.2494	1.2652	1.2483	1.2712	1.2788
30-28	1.2881	1.3282	1.3474	1.3348	1.3946	1.4125	1.3826	1.4390	1.4498
30-29	1.4112	1.5269	1.5880	1.5473	1.6829	1.7177	1.6518	1.7795	1.8134

表 A.43 单位耗热量折算系数 K_r 表

粮食种类:水稻　　　　环境温度 t_h:5℃　　　　环境相对湿度 RH:30%

降水范围 (M_1-M_2)/%	热风温度 t_r/℃								
	50			70			90		
	热风表观风速 v_r/[m^3/(m^3·s)]								
	0.2	0.4	0.6	0.2	0.4	0.6	0.2	0.4	0.6
16-13	1.1863	1.1861	1.1888	1.2252	1.2258	1.2335	1.2495	1.2518	1.2674
16-14	1.2399	1.2395	1.2398	1.3157	1.3152	1.3169	1.3679	1.3674	1.3723
16-15	1.4209	1.4221	1.4218	1.5775	1.5800	1.5802	1.6923	1.6953	1.6959
18-13	1.0817	1.0821	1.0854	1.0968	1.0981	1.1076	1.1021	1.1054	1.1244
18-14	1.0837	1.0839	1.0848	1.1140	1.1142	1.1176	1.1305	1.1310	1.1396
18-15	1.1056	1.1062	1.1063	1.1570	1.1571	1.1576	1.1895	1.1892	1.1913
18-16	1.1664	1.1679	1.1680	1.2526	1.2537	1.2536	1.3120	1.3126	1.3125
18-17	1.3371	1.3458	1.3477	1.5023	1.5108	1.5130	1.6243	1.6322	1.6345
20-15	1.0198	1.0215	1.0221	1.0452	1.0465	1.0478	1.0572	1.0580	1.0620
20-16	1.0309	1.0334	1.0341	1.0703	1.0720	1.0725	1.0926	1.0938	1.0945
20-17	1.0585	1.0629	1.0641	1.1182	1.1214	1.1222	1.1563	1.1586	1.1591
20-18	1.1207	1.1285	1.1307	1.2151	1.2212	1.2228	1.2796	1.2846	1.2862
20-19	1.2794	1.2991	1.3060	1.4509	1.4694	1.4767	1.5759	1.5948	1.6019
22-17	0.9831	0.9880	0.9897	1.0155	1.0190	1.0203	1.0316	1.0346	1.0355
22-18	0.9989	1.0045	1.0070	1.0437	1.0486	1.0507	1.0705	1.0743	1.0757
22-19	1.0276	1.0373	1.0406	1.0932	1.1009	1.1034	1.1348	1.1416	1.1434
22-20	1.0881	1.1032	1.1084	1.1887	1.2004	1.2054	1.2575	1.2678	1.2712
22-21	1.2333	1.2638	1.2779	1.4034	1.4381	1.4506	1.5336	1.5666	1.5797
24-19	0.9558	0.9674	0.9705	0.9956	1.0025	1.0057	1.0160	1.0213	1.0230
24-20	0.9751	0.9868	0.9903	1.0255	1.0340	1.0377	1.0561	1.0619	1.0652
24-21	1.0051	1.0190	1.0248	1.0760	1.0871	1.0912	1.1204	1.1304	1.1332
24-22	1.0598	1.0833	1.0933	1.1694	1.1870	1.1925	1.2397	1.2560	1.2619
24-23	1.1840	1.2309	1.2517	1.3557	1.4122	1.4300	1.5079	1.5460	1.5600
26-21	0.9416	0.9525	0.9567	0.9803	0.9905	0.9951	1.0037	1.0115	1.0149
26-22	0.9594	0.9715	0.9782	1.0139	1.0231	1.0285	1.0460	1.0533	1.0581
26-23	0.9914	1.0038	1.0174	1.0565	1.0744	1.0840	1.1052	1.1199	1.1263
26-24	1.0355	1.0708	1.0820	1.1454	1.1716	1.1833	1.2276	1.2450	1.2542
26-25	1.1386	1.1978	1.2296	1.3105	1.3809	1.4103	1.4697	1.5187	1.5431
28-23	0.9263	0.9410	0.9473	0.9672	0.9838	0.9867	0.9931	1.0046	1.0075
28-24	0.9425	0.9586	0.9669	0.9971	1.0146	1.0188	1.0370	1.0470	1.0505
28-25	0.9759	0.9952	1.0041	1.0441	1.0682	1.0738	1.0977	1.1130	1.1183
28-26	1.0407	1.0503	1.0638	1.1288	1.1605	1.1729	1.2117	1.2312	1.2462
28-27	1.0947	1.1796	1.2012	1.2780	1.3442	1.3850	1.4158	1.4818	1.5168
30-25	0.9054	0.9303	0.9379	0.9561	0.9741	0.9834	0.9856	0.9940	1.0039
30-26	0.9265	0.9505	0.9596	0.9917	1.0057	1.0125	1.0290	1.0415	1.0453
30-27	0.9517	0.9860	0.9998	1.0316	1.0579	1.0708	1.0876	1.1039	1.1125
30-28	0.9942	1.0317	1.0540	1.1386	1.1511	1.1639	1.1933	1.2252	1.2343
30-29	1.0522	1.1437	1.1933	1.2564	1.3172	1.3531	1.3654	1.4722	1.4963

表 A.44 单位耗热量折算系数 K_r 表

粮食种类：水稻　　环境温度 t_h：5℃　　环境相对湿度 RH：60%

降水范围 (M_1-M_2)/%	热风温度 t_r/℃								
	50			70			90		
	热风表观风速 v_r/[m³/(m³·s)]								
	0.2	0.4	0.6	0.2	0.4	0.6	0.2	0.4	0.6
16-13	1.2644	1.2643	1.2678	1.2745	1.2752	1.2845	1.2846	1.2874	1.3050
16-14	1.3302	1.3297	1.3303	1.3767	1.3762	1.3786	1.4134	1.4134	1.4192
16-15	1.5525	1.5562	1.5570	1.6757	1.6800	1.6818	1.7710	1.7747	1.7777
18-13	1.1442	1.1447	1.1487	1.1343	1.1358	1.1463	1.1276	1.1314	1.1519
18-14	1.1479	1.1482	1.1493	1.1540	1.1542	1.1582	1.1585	1.1592	1.1688
18-15	1.1750	1.1757	1.1758	1.2022	1.2024	1.2031	1.2223	1.2221	1.2245
18-16	1.2484	1.2504	1.2506	1.3096	1.3110	1.3111	1.3549	1.3563	1.3564
18-17	1.4575	1.4692	1.4723	1.5937	1.6049	1.6086	1.6979	1.7086	1.7124
20-15	1.0759	1.0780	1.0787	1.0799	1.0813	1.0828	1.0814	1.0822	1.0865
20-16	1.0901	1.0929	1.0937	1.1079	1.1098	1.1104	1.1195	1.1207	1.1215
20-17	1.1234	1.1286	1.1299	1.1611	1.1650	1.1658	1.1877	1.1904	1.1911
20-18	1.1985	1.2072	1.2098	1.2691	1.2762	1.2786	1.3209	1.3270	1.3288
20-19	1.3924	1.4158	1.4251	1.5393	1.5603	1.5688	1.6492	1.6693	1.6770
22-17	1.0363	1.0416	1.0434	1.0482	1.0526	1.0540	1.0553	1.0579	1.0591
22-18	1.0536	1.0624	1.0645	1.0795	1.0855	1.0875	1.0958	1.1005	1.1021
22-19	1.0922	1.1009	1.1041	1.1369	1.1434	1.1460	1.1662	1.1729	1.1749
22-20	1.1648	1.1800	1.1852	1.2429	1.2548	1.2595	1.2999	1.3087	1.3134
22-21	1.3298	1.3754	1.3910	1.4940	1.5276	1.5401	1.6078	1.6420	1.6534
24-19	1.0115	1.0185	1.0238	1.0257	1.0362	1.0383	1.0366	1.0444	1.0464
24-20	1.0297	1.0420	1.0458	1.0615	1.0698	1.0739	1.0797	1.0877	1.0913
24-21	1.0618	1.0790	1.0865	1.1129	1.1291	1.1329	1.1506	1.1608	1.1644
24-22	1.1308	1.1596	1.1695	1.2152	1.2402	1.2470	1.2778	1.2977	1.3037
24-23	1.2865	1.3353	1.3632	1.4308	1.4965	1.5185	1.5594	1.6115	1.6331
26-21	0.9904	1.0044	1.0113	1.0102	1.0220	1.0282	1.0247	1.0336	1.0387
26-22	1.0041	1.0269	1.0330	1.0451	1.0609	1.0651	1.0662	1.0787	1.0829
26-23	1.0464	1.0653	1.0734	1.0990	1.1171	1.1266	1.1357	1.1517	1.1591
26-24	1.1155	1.1436	1.1567	1.1989	1.2248	1.2351	1.2684	1.2841	1.2942
26-25	1.2212	1.3267	1.3359	1.3916	1.4633	1.4861	1.5382	1.5854	1.6130
28-23	0.9690	0.9917	0.9981	1.0018	1.0122	1.0207	1.0158	1.0265	1.0311
28-24	1.0024	1.0146	1.0228	1.0333	1.0498	1.0546	1.0579	1.0724	1.0768
28-25	1.0251	1.0527	1.0635	1.0830	1.1048	1.1182	1.1261	1.1435	1.1504
28-26	1.0809	1.1208	1.1379	1.1782	1.2131	1.2263	1.2524	1.2701	1.2849
28-27	1.1832	1.2664	1.3031	1.3289	1.4359	1.4712	1.4794	1.5683	1.5911
30-25	0.9706	0.9780	0.9902	0.9851	1.0062	1.0114	1.0071	1.0175	1.0243
30-26	0.9848	1.0059	1.0108	1.0274	1.0399	1.0518	1.0529	1.0648	1.0689
30-27	1.0069	1.0365	1.0506	1.0725	1.0995	1.1100	1.1171	1.1330	1.1432
30-28	1.0712	1.1072	1.1310	1.1575	1.1959	1.2193	1.2313	1.2610	1.2746
30-29	1.1438	1.2328	1.2596	1.3383	1.3926	1.4399	1.4099	1.5314	1.5764

表 A.45 单位耗热量折算系数 K_r 表

粮食种类:水稻　　　　环境温度 t_h:5℃　　　　环境相对湿度 RH:90%

降水范围 (M_1-M_2)/%	热风温度 t_r/℃								
	50			70			90		
	热风表观风速 v_r/[m^3/(m^3·s)]								
	0.2	0.4	0.6	0.2	0.4	0.6	0.2	0.4	0.6
16-13	1.3463	1.3463	1.3505	1.3242	1.3252	1.3358	1.3195	1.3228	1.3423
16-14	1.4248	1.4243	1.4252	1.4380	1.4379	1.4410	1.4582	1.4591	1.4659
16-15	1.6877	1.6937	1.6963	1.7724	1.7776	1.7806	1.8474	1.8525	1.8557
18-13	1.2096	1.2102	1.2148	1.1721	1.1738	1.1853	1.1531	1.1573	1.1791
18-14	1.2151	1.2155	1.2168	1.1943	1.1946	1.1991	1.1864	1.1873	1.1977
18-15	1.2477	1.2484	1.2486	1.2479	1.2481	1.2490	1.2549	1.2549	1.2576
18-16	1.3339	1.3368	1.3371	1.3662	1.3687	1.3691	1.3969	1.3993	1.3999
18-17	1.5822	1.5963	1.6010	1.6865	1.6985	1.7029	1.7731	1.7833	1.7880
20-15	1.1348	1.1370	1.1379	1.1152	1.1165	1.1182	1.1055	1.1063	1.1109
20-16	1.1519	1.1550	1.1559	1.1458	1.1480	1.1487	1.1461	1.1476	1.1484
20-17	1.1916	1.1970	1.1985	1.2046	1.2088	1.2100	1.2191	1.2224	1.2230
20-18	1.2786	1.2889	1.2923	1.3241	1.3320	1.3346	1.3622	1.3686	1.3712
20-19	1.5079	1.5360	1.5479	1.6251	1.6505	1.6606	1.7206	1.7428	1.7513
22-17	1.0907	1.0973	1.0997	1.0821	1.0865	1.0880	1.0789	1.0814	1.0827
22-18	1.1121	1.1215	1.1243	1.1161	1.1227	1.1250	1.1219	1.1272	1.1287
22-19	1.1535	1.1662	1.1711	1.1761	1.1863	1.1896	1.1955	1.2040	1.2065
22-20	1.2388	1.2577	1.2654	1.2956	1.3088	1.3145	1.3366	1.3496	1.3547
22-21	1.4358	1.4937	1.5092	1.5724	1.6125	1.6302	1.6699	1.7112	1.7274
24-19	1.0614	1.0733	1.0776	1.0596	1.0687	1.0717	1.0600	1.0677	1.0698
24-20	1.0836	1.1007	1.1055	1.0967	1.1070	1.1103	1.1056	1.1130	1.1168
24-21	1.1260	1.1454	1.1539	1.1570	1.1703	1.1768	1.1805	1.1913	1.1959
24-22	1.2093	1.2358	1.2459	1.2740	1.2939	1.2995	1.3192	1.3360	1.3442
24-23	1.3990	1.4507	1.4765	1.5257	1.5782	1.5995	1.6197	1.6915	1.7019
26-21	1.0393	1.0576	1.0625	1.0427	1.0551	1.0609	1.0503	1.0574	1.0613
26-22	1.0623	1.0860	1.0907	1.0812	1.0959	1.1006	1.0934	1.1038	1.1096
26-23	1.1055	1.1279	1.1369	1.1429	1.1601	1.1658	1.1640	1.1816	1.1877
26-24	1.1935	1.2201	1.2281	1.2468	1.2757	1.2864	1.2990	1.3283	1.3337
26-25	1.3392	1.3990	1.4510	1.4807	1.5485	1.5764	1.6023	1.6586	1.6897
28-23	1.0252	1.0435	1.0510	1.0303	1.0455	1.0521	1.0325	1.0481	1.0547
28-24	1.0430	1.0740	1.0781	1.0632	1.0834	1.0910	1.0869	1.0962	1.1032
28-25	1.0780	1.1158	1.1281	1.1250	1.1435	1.1576	1.1553	1.1750	1.1788
28-26	1.1492	1.1985	1.2152	1.2214	1.2590	1.2781	1.2949	1.3096	1.3250
28-27	1.2762	1.4000	1.4098	1.4432	1.5059	1.5541	1.5384	1.6311	1.6534
30-25	1.0090	1.0318	1.0387	1.0212	1.0353	1.0459	1.0321	1.0448	1.0466
30-26	1.0390	1.0571	1.0664	1.0538	1.0803	1.0859	1.0681	1.0946	1.0961
30-27	1.0738	1.1015	1.1153	1.1031	1.1397	1.1508	1.1551	1.1671	1.1757
30-28	1.1590	1.1910	1.1976	1.1873	1.2491	1.2611	1.2670	1.3003	1.3144
30-29	1.2527	1.3463	1.3859	1.3660	1.4782	1.5270	1.5036	1.5760	1.6344

表 A.46 单位耗热量折算系数 K_r 表

粮食种类:水稻　　环境温度 t_h:10℃　　环境相对湿度 RH:30%

降水范围 $(M_1$-$M_2)$/%	热风温度 t_r/℃								
	50			70			90		
	热风表观风速 v_r/[m^3/(m^3·s)]								
	0.2	0.4	0.6	0.2	0.4	0.6	0.2	0.4	0.6
16-13	1.0268	1.0267	1.0293	1.0903	1.0909	1.0985	1.1287	1.1311	1.1462
16-14	1.0545	1.0541	1.0545	1.1524	1.1519	1.1539	1.2177	1.2173	1.2222
16-15	1.1659	1.1657	1.1655	1.3409	1.3406	1.3405	1.4670	1.4671	1.4673
18-13	0.9491	0.9495	0.9526	0.9893	0.9905	0.9994	1.0086	1.0119	1.0299
18-14	0.9440	0.9442	0.9450	0.9979	0.9981	1.0013	1.0279	1.0285	1.0367
18-15	0.9529	0.9533	0.9534	1.0263	1.0264	1.0269	1.0716	1.0714	1.0733
18-16	0.9877	0.9889	0.9890	1.0939	1.0946	1.0945	1.1653	1.1654	1.1654
18-17	1.0939	1.0989	1.0997	1.2742	1.2793	1.2801	1.4051	1.4099	1.4109
20-15	0.8921	0.8938	0.8943	0.9409	0.9419	0.9432	0.9661	0.9667	0.9703
20-16	0.8955	0.8978	0.8984	0.9567	0.9584	0.9589	0.9918	0.9929	0.9936
20-17	0.9101	0.9139	0.9149	0.9902	0.9929	0.9936	1.0401	1.0421	1.0426
20-18	0.9480	0.9534	0.9552	1.0598	1.0644	1.0658	1.1352	1.1392	1.1403
20-19	1.0466	1.0601	1.0645	1.2300	1.2439	1.2484	1.3631	1.3780	1.3829
22-17	0.8591	0.8628	0.8647	0.9122	0.9161	0.9174	0.9416	0.9441	0.9451
22-18	0.8655	0.8717	0.8738	0.9320	0.9364	0.9383	0.9706	0.9743	0.9756
22-19	0.8831	0.8908	0.8933	0.9678	0.9736	0.9759	1.0211	1.0262	1.0277
22-20	0.9189	0.9309	0.9352	1.0352	1.0461	1.0493	1.1167	1.1233	1.1269
22-21	1.0072	1.0322	1.0416	1.1965	1.2207	1.2271	1.3319	1.3554	1.3635
24-19	0.8341	0.8442	0.8469	0.8941	0.9004	0.9033	0.9268	0.9315	0.9329
24-20	0.8446	0.8538	0.8585	0.9158	0.9233	0.9261	0.9572	0.9626	0.9652
24-21	0.8592	0.8749	0.8789	0.9494	0.9608	0.9649	1.0063	1.0149	1.0185
24-22	0.8960	0.9151	0.9221	1.0150	1.0347	1.0397	1.0983	1.1126	1.1179
24-23	0.9641	1.0149	1.0200	1.1576	1.1962	1.2089	1.2851	1.3317	1.3468
26-21	0.8163	0.8311	0.8357	0.8803	0.8895	0.8938	0.9151	0.9239	0.9257
26-22	0.8238	0.8416	0.8478	0.9004	0.9112	0.9173	0.9466	0.9540	0.9590
26-23	0.8471	0.8618	0.8700	0.9411	0.9519	0.9560	0.9969	1.0081	1.0125
26-24	0.8861	0.9036	0.9106	1.0049	1.0225	1.0293	1.0878	1.1052	1.1091
26-25	0.9348	0.9823	0.9961	1.1239	1.1690	1.1907	1.2648	1.3086	1.3357
28-23	0.7992	0.8200	0.8261	0.8684	0.8789	0.8863	0.9039	0.9149	0.9186
28-24	0.8163	0.8344	0.8410	0.8852	0.9036	0.9090	0.9363	0.9475	0.9528
28-25	0.8245	0.8562	0.8599	0.9220	0.9449	0.9473	0.9837	0.9974	1.0051
28-26	0.8596	0.8844	0.8976	0.9877	1.0101	1.0217	1.0812	1.0890	1.1036
28-27	0.9066	0.9657	0.9828	1.0792	1.1505	1.1741	1.2360	1.2938	1.3177
30-25	0.7960	0.8148	0.8223	0.8559	0.8714	0.8791	0.8974	0.9083	0.9144
30-26	0.8016	0.8196	0.8281	0.8861	0.8954	0.9056	0.9296	0.9394	0.9455
30-27	0.8249	0.8384	0.8486	0.9142	0.9326	0.9475	0.9810	0.9946	1.0025
30-28	0.8425	0.8756	0.8894	0.9745	0.9981	1.0104	1.0604	1.0901	1.0998
30-29	0.8585	0.9263	0.9650	1.0633	1.1217	1.1475	1.1899	1.2540	1.2984

表 A.47 单位耗热量折算系数 K_r 表

粮食种类:水稻　　环境温度 t_h:10℃　　环境相对湿度 RH:60%

降水范围 $(M_1\text{-}M_2)$/%	热风温度 t_r/℃								
	50			70			90		
	热风表观风速 v_r/[m^3/(m^3·s)]								
	0.2	0.4	0.6	0.2	0.4	0.6	0.2	0.4	0.6
16-13	1.1218	1.1218	1.1254	1.1512	1.1521	1.1614	1.1726	1.1756	1.1931
16-14	1.1623	1.1619	1.1625	1.2267	1.2262	1.2288	1.2740	1.2739	1.2802
16-15	1.3199	1.3208	1.3204	1.4587	1.4607	1.4605	1.5630	1.5657	1.5664
18-13	1.0262	1.0267	1.0306	1.0361	1.0376	1.0478	1.0410	1.0448	1.0645
18-14	1.0226	1.0228	1.0239	1.0476	1.0479	1.0518	1.0632	1.0639	1.0733
18-15	1.0369	1.0374	1.0376	1.0821	1.0822	1.0829	1.1126	1.1124	1.1149
18-16	1.0855	1.0870	1.0871	1.1634	1.1642	1.1642	1.2187	1.2192	1.2193
18-17	1.2341	1.2420	1.2436	1.3843	1.3919	1.3937	1.4965	1.5032	1.5053
20-15	0.9614	0.9632	0.9639	0.9843	0.9854	0.9868	0.9964	0.9972	1.0013
20-16	0.9681	0.9704	0.9711	1.0035	1.0054	1.0060	1.0256	1.0268	1.0275
20-17	0.9887	0.9929	0.9942	1.0433	1.0465	1.0472	1.0797	1.0820	1.0826
20-18	1.0394	1.0468	1.0490	1.1258	1.1318	1.1335	1.1869	1.1919	1.1933
20-19	1.1768	1.1957	1.2017	1.3332	1.3520	1.3588	1.4518	1.4680	1.4745
22-17	0.9244	0.9289	0.9307	0.9538	0.9580	0.9593	0.9709	0.9741	0.9748
22-18	0.9354	0.9410	0.9436	0.9762	0.9824	0.9842	1.0029	1.0076	1.0088
22-19	0.9570	0.9664	0.9700	1.0187	1.0258	1.0286	1.0597	1.0652	1.0670
22-20	1.0071	1.0214	1.0265	1.0997	1.1124	1.1162	1.1652	1.1749	1.1790
22-21	1.1337	1.1600	1.1731	1.2909	1.3236	1.3356	1.4139	1.4430	1.4540
24-19	0.8983	0.9076	0.9111	0.9365	0.9411	0.9442	0.9552	0.9600	0.9629
24-20	0.9113	0.9238	0.9270	0.9617	0.9668	0.9710	0.9875	0.9953	0.9979
24-21	0.9331	0.9488	0.9538	1.0038	1.0119	1.0168	1.0440	1.0534	1.0578
24-22	0.9823	1.0019	1.0114	1.0813	1.0983	1.1027	1.1475	1.1643	1.1686
24-23	1.0849	1.1277	1.1483	1.2501	1.2969	1.3138	1.3871	1.4225	1.4369
26-21	0.8790	0.8926	0.8976	0.9189	0.9296	0.9334	0.9403	0.9510	0.9546
26-22	0.8924	0.9098	0.9145	0.9449	0.9580	0.9612	0.9761	0.9854	0.9909
26-23	0.9159	0.9370	0.9426	0.9858	1.0018	1.0086	1.0319	1.0436	1.0503
26-24	0.9572	0.9919	0.9993	1.0603	1.0880	1.0915	1.1297	1.1539	1.1591
26-25	1.0366	1.1003	1.1280	1.2053	1.2687	1.3002	1.3432	1.3976	1.4151
28-23	0.8707	0.8786	0.8886	0.9132	0.9217	0.9273	0.9338	0.9431	0.9487
28-24	0.8825	0.8968	0.9031	0.9340	0.9483	0.9540	0.9674	0.9778	0.9847
28-25	0.9029	0.9191	0.9330	0.9698	0.9913	1.0003	1.0205	1.0367	1.0429
28-26	0.9439	0.9721	0.9882	1.0327	1.0772	1.0855	1.1140	1.1401	1.1511
28-27	0.9890	1.0723	1.0933	1.1801	1.2255	1.2708	1.2922	1.3626	1.3952
30-25	0.8598	0.8723	0.8776	0.8979	0.9107	0.9190	0.9253	0.9377	0.9439
30-26	0.8628	0.8897	0.8924	0.9201	0.9386	0.9479	0.9621	0.9735	0.9796
30-27	0.8772	0.9126	0.9249	0.9576	0.9864	0.9878	1.0157	1.0323	1.0360
30-28	0.9349	0.9565	0.9704	1.0507	1.0644	1.0762	1.1086	1.1318	1.1421
30-29	0.9713	1.0423	1.0859	1.1392	1.2142	1.2470	1.2754	1.3366	1.3770

表 A.48 单位耗热量折算系数 K_r 表

粮食种类:水稻　　环境温度 t_h:10℃　　环境相对湿度 RH:90%

降水范围 (M_1-M_2)/%	热风温度 t_r/℃								
	50			70			90		
	热风表观风速 v_r/[m^3/(m^3·s)]								
	0.2	0.4	0.6	0.2	0.4	0.6	0.2	0.4	0.6
16-13	1.2235	1.2236	1.2281	1.2129	1.2142	1.2251	1.2163	1.2199	1.2397
16-14	1.2777	1.2773	1.2783	1.3022	1.3017	1.3053	1.3301	1.3302	1.3381
16-15	1.4825	1.4867	1.4885	1.5759	1.5802	1.5824	1.6565	1.6601	1.6627
18-13	1.1084	1.1090	1.1136	1.0837	1.0855	1.0968	1.0733	1.0775	1.0988
18-14	1.1063	1.1066	1.1080	1.0981	1.0984	1.1029	1.0984	1.0993	1.1097
18-15	1.1265	1.1271	1.1273	1.1386	1.1389	1.1397	1.1534	1.1534	1.1563
18-16	1.1900	1.1920	1.1923	1.2336	1.2351	1.2352	1.2714	1.2728	1.2731
18-17	1.3827	1.3942	1.3976	1.4947	1.5053	1.5080	1.5853	1.5953	1.5984
20-15	1.0350	1.0371	1.0379	1.0282	1.0295	1.0312	1.0267	1.0277	1.0321
20-16	1.0447	1.0476	1.0485	1.0510	1.0532	1.0538	1.0592	1.0606	1.0614
20-17	1.0719	1.0773	1.0787	1.0974	1.1010	1.1019	1.1192	1.1218	1.1225
20-18	1.1374	1.1464	1.1493	1.1929	1.2002	1.2023	1.2376	1.2439	1.2457
20-19	1.3155	1.3400	1.3488	1.4421	1.4612	1.4695	1.5399	1.5579	1.5653
22-17	0.9938	0.9985	1.0009	0.9961	1.0005	1.0020	1.0007	1.0035	1.0046
22-18	1.0075	1.0147	1.0178	1.0225	1.0286	1.0307	1.0357	1.0406	1.0421
22-19	1.0382	1.0481	1.0520	1.0718	1.0801	1.0820	1.0991	1.1044	1.1063
22-20	1.1024	1.1177	1.1246	1.1651	1.1781	1.1834	1.2169	1.2256	1.2307
22-21	1.2499	1.2969	1.3163	1.3944	1.4304	1.4428	1.5034	1.5299	1.5422
24-19	0.9641	0.9767	0.9794	0.9739	0.9840	0.9864	0.9829	0.9895	0.9918
24-20	0.9801	0.9928	0.9992	1.0041	1.0128	1.0168	1.0204	1.0279	1.0310
24-21	1.0138	1.0287	1.0344	1.0506	1.0649	1.0690	1.0812	1.0921	1.0954
24-22	1.0772	1.0965	1.1043	1.1398	1.1628	1.1692	1.1943	1.2125	1.2203
24-23	1.2065	1.2602	1.2813	1.3358	1.4028	1.4204	1.4609	1.5010	1.5236
26-21	0.9429	0.9571	0.9646	0.9583	0.9695	0.9760	0.9713	0.9801	0.9832
26-22	0.9600	0.9759	0.9855	0.9891	1.0017	1.0075	1.0063	1.0184	1.0240
26-23	0.9815	1.0125	1.0223	1.0339	1.0517	1.0602	1.0727	1.0821	1.0879
26-24	1.0516	1.0775	1.0915	1.1206	1.1510	1.1563	1.1860	1.1995	1.2101
26-25	1.1735	1.2255	1.2621	1.2992	1.3663	1.3944	1.4249	1.4686	1.5007
28-23	0.9192	0.9459	0.9555	0.9480	0.9591	0.9686	0.9609	0.9729	0.9760
28-24	0.9361	0.9645	0.9754	0.9799	0.9965	1.0012	0.9957	1.0117	1.0169
28-25	0.9778	0.9971	1.0064	1.0154	1.0426	1.0533	1.0560	1.0748	1.0814
28-26	1.0127	1.0626	1.0773	1.1004	1.1342	1.1464	1.1749	1.1904	1.2038
28-27	1.1162	1.1885	1.2230	1.2400	1.3394	1.3736	1.3739	1.4583	1.4798
30-25	0.9063	0.9339	0.9447	0.9351	0.9565	0.9627	0.9505	0.9669	0.9715
30-26	0.9221	0.9479	0.9671	0.9654	0.9830	0.9914	0.9907	1.0057	1.0131
30-27	0.9618	0.9868	0.9985	1.0123	1.0312	1.0411	1.0448	1.0675	1.0766
30-28	1.0009	1.0548	1.0661	1.0766	1.1157	1.1430	1.1538	1.1829	1.1916
30-29	1.0972	1.1607	1.2009	1.2386	1.2988	1.3430	1.3136	1.4201	1.4672

表 A.49 单位耗热量折算系数 K_r 表

粮食种类：水稻　　环境温度 t_h：15℃　　环境相对湿度 RH：30%

降水范围 (M_1-M_2)/%	热风温度 t_r/℃								
	50			70			90		
	热风表观风速 v_r/[m³/(m³·s)]								
	0.2	0.4	0.6	0.2	0.4	0.6	0.2	0.4	0.6
16-13	0.8783	0.8783	0.8809	0.9644	0.9651	0.9725	1.0153	1.0177	1.0326
16-14	0.8840	0.8837	0.8841	1.0012	1.0009	1.0030	1.0774	1.0773	1.0824
16-15	0.9360	0.9357	0.9356	1.1234	1.1229	1.1226	1.2572	1.2564	1.2567
18-13	0.8240	0.8243	0.8273	0.8879	0.8891	0.8975	0.9203	0.9234	0.9405
18-14	0.8129	0.8131	0.8138	0.8890	0.8892	0.8923	0.9312	0.9318	0.9397
18-15	0.8109	0.8112	0.8113	0.9044	0.9044	0.9049	0.9609	0.9607	0.9627
18-16	0.8237	0.8247	0.8247	0.9469	0.9473	0.9474	1.0279	1.0280	1.0278
18-17	0.8745	0.8773	0.8778	1.0651	1.0675	1.0678	1.2022	1.2045	1.2042
20-15	0.7719	0.7733	0.7738	0.8423	0.8434	0.8446	0.8795	0.8802	0.8837
20-16	0.7687	0.7708	0.7713	0.8506	0.8519	0.8523	0.8970	0.8979	0.8985
20-17	0.7724	0.7754	0.7763	0.8707	0.8731	0.8738	0.9312	0.9330	0.9333
20-18	0.7880	0.7930	0.7944	0.9156	0.9195	0.9207	1.0002	1.0034	1.0042
20-19	0.8358	0.8451	0.8479	1.0278	1.0375	1.0403	1.1668	1.1768	1.1797
22-17	0.7416	0.7455	0.7466	0.8157	0.8191	0.8203	0.8567	0.8588	0.8596
22-18	0.7424	0.7469	0.7488	0.8267	0.8314	0.8329	0.8765	0.8800	0.8813
22-19	0.7477	0.7543	0.7569	0.8494	0.8551	0.8571	0.9127	0.9177	0.9190
22-20	0.7626	0.7730	0.7771	0.8939	0.9028	0.9058	0.9820	0.9891	0.9914
22-21	0.8028	0.8218	0.8294	0.9944	1.0170	1.0237	1.1384	1.1577	1.1650
24-19	0.7203	0.7281	0.7308	0.7996	0.8050	0.8070	0.8418	0.8464	0.8485
24-20	0.7221	0.7314	0.7350	0.8118	0.8187	0.8212	0.8636	0.8695	0.8712
24-21	0.7276	0.7398	0.7436	0.8351	0.8430	0.8472	0.9003	0.9066	0.9108
24-22	0.7443	0.7579	0.7640	0.8761	0.8898	0.8951	0.9663	0.9798	0.9838
24-23	0.7753	0.8034	0.8161	0.9757	1.0013	1.0082	1.1239	1.1406	1.1515
26-21	0.7032	0.7146	0.7198	0.7877	0.7951	0.7980	0.8311	0.8380	0.8400
26-22	0.7040	0.7207	0.7260	0.8006	0.8087	0.8128	0.8556	0.8608	0.8642
26-23	0.7136	0.7299	0.7334	0.8288	0.8341	0.8390	0.8911	0.8987	0.9040
26-24	0.7276	0.7454	0.7530	0.8699	0.8803	0.8866	0.9537	0.9704	0.9760
26-25	0.7473	0.7807	0.7971	0.9446	0.9765	0.9973	1.0824	1.1194	1.1367
28-23	0.6884	0.7060	0.7106	0.7783	0.7875	0.7911	0.8266	0.8313	0.8337
28-24	0.6979	0.7123	0.7152	0.7891	0.8004	0.8079	0.8417	0.8547	0.8586
28-25	0.7034	0.7234	0.7270	0.8063	0.8259	0.8316	0.8789	0.8916	0.8999
28-26	0.7159	0.7340	0.7470	0.8489	0.8741	0.8798	0.9485	0.9633	0.9728
28-27	0.7165	0.7667	0.7863	0.9170	0.9613	0.9811	1.0551	1.1097	1.1258
30-25	0.6845	0.6981	0.7045	0.7629	0.7770	0.7867	0.8149	0.8272	0.8295
30-26	0.6860	0.7022	0.7122	0.7837	0.7952	0.8014	0.8346	0.8506	0.8572
30-27	0.6917	0.7124	0.7163	0.8043	0.8158	0.8289	0.8789	0.8861	0.8950
30-28	0.7054	0.7315	0.7403	0.8460	0.8578	0.8723	0.9388	0.9537	0.9651
30-29	0.6956	0.7446	0.7760	0.8913	0.9380	0.9775	1.0328	1.0938	1.1076

表 A.50 单位耗热量折算系数 K_r 表

粮食种类:水稻　　环境温度 t_h:15℃　　环境相对湿度 RH:60%

降水范围 $(M_1\text{-}M_2)$/%	热风温度 t_r/℃								
	50			70			90		
	热风表观风速 v_r/[m^3/(m^3·s)]								
	0.2	0.4	0.6	0.2	0.4	0.6	0.2	0.4	0.6
16-13	0.9916	0.9917	0.9953	1.0381	1.0392	1.0487	1.0692	1.0724	1.0901
16-14	1.0098	1.0095	1.0103	1.0897	1.0894	1.0924	1.1456	1.1457	1.1524
16-15	1.1093	1.1090	1.1088	1.2612	1.2608	1.2609	1.3722	1.3722	1.3726
18-13	0.9172	0.9177	0.9215	0.9456	0.9471	0.9569	0.9605	0.9643	0.9835
18-14	0.9071	0.9073	0.9084	0.9497	0.9499	0.9538	0.9749	0.9756	0.9848
18-15	0.9103	0.9108	0.9109	0.9717	0.9718	0.9725	1.0111	1.0110	1.0135
18-16	0.9374	0.9386	0.9387	1.0295	1.0301	1.0301	1.0928	1.0929	1.0928
18-17	1.0326	1.0370	1.0376	1.1934	1.1979	1.1988	1.3107	1.3151	1.3158
20-15	0.8552	0.8569	0.8575	0.8957	0.8967	0.8981	0.9173	0.9182	0.9221
20-16	0.8551	0.8574	0.8581	0.9074	0.9092	0.9097	0.9387	0.9397	0.9404
20-17	0.8647	0.8687	0.8699	0.9351	0.9378	0.9385	0.9798	0.9818	0.9821
20-18	0.8952	0.9010	0.9030	0.9950	0.9996	1.0011	1.0630	1.0669	1.0681
20-19	0.9821	0.9963	1.0011	1.1492	1.1635	1.1674	1.2713	1.2842	1.2884
22-17	0.8190	0.8247	0.8259	0.8666	0.8703	0.8717	0.8930	0.8959	0.8967
22-18	0.8236	0.8296	0.8320	0.8822	0.8868	0.8888	0.9171	0.9211	0.9224
22-19	0.8352	0.8441	0.8475	0.9117	0.9181	0.9206	0.9611	0.9654	0.9674
22-20	0.8670	0.8773	0.8823	0.9711	0.9812	0.9845	1.0431	1.0514	1.0544
22-21	0.9393	0.9674	0.9770	1.1141	1.1379	1.1478	1.2413	1.2620	1.2708
24-19	0.7946	0.8045	0.8079	0.8484	0.8545	0.8572	0.8770	0.8831	0.8849
24-20	0.7991	0.8121	0.8159	0.8674	0.8736	0.8763	0.9050	0.9093	0.9118
24-21	0.8160	0.8263	0.8329	0.8952	0.9056	0.9091	0.9467	0.9547	0.9582
24-22	0.8404	0.8629	0.8683	0.9515	0.9692	0.9735	1.0289	1.0416	1.0450
24-23	0.9026	0.9416	0.9555	1.0816	1.1180	1.1295	1.1985	1.2477	1.2549
26-21	0.7779	0.7893	0.7947	0.8339	0.8426	0.8482	0.8682	0.8739	0.8766
26-22	0.7902	0.7994	0.8050	0.8522	0.8618	0.8677	0.8929	0.9010	0.9041
26-23	0.7981	0.8122	0.8203	0.8845	0.8945	0.9004	0.9420	0.9470	0.9519
26-24	0.8247	0.8442	0.8549	0.9366	0.9581	0.9618	1.0198	1.0304	1.0365
26-25	0.8640	0.9198	0.9397	1.0449	1.0913	1.1152	1.1711	1.2197	1.2416
28-23	0.7628	0.7781	0.7852	0.8241	0.8336	0.8403	0.8529	0.8692	0.8715
28-24	0.7743	0.7846	0.7933	0.8414	0.8569	0.8609	0.8794	0.8933	0.8993
28-25	0.7827	0.8011	0.8107	0.8665	0.8889	0.8928	0.9252	0.9403	0.9459
28-26	0.8031	0.8332	0.8451	0.9186	0.9430	0.9581	1.0013	1.0202	1.0324
28-27	0.8235	0.8837	0.9173	1.0048	1.0688	1.0931	1.1475	1.2121	1.2273
30-25	0.7555	0.7677	0.7781	0.8140	0.8309	0.8323	0.8455	0.8589	0.8661
30-26	0.7510	0.7718	0.7883	0.8299	0.8469	0.8522	0.8767	0.8882	0.8936
30-27	0.7700	0.7940	0.8054	0.8639	0.8831	0.8874	0.9218	0.9328	0.9427
30-28	0.7887	0.8174	0.8365	0.9022	0.9322	0.9474	0.9923	1.0143	1.0242
30-29	0.7977	0.8639	0.8967	0.9965	1.0398	1.0686	1.1002	1.1740	1.2036

表 A.51 单位耗热量折算系数 K_r 表

粮食种类:水稻

环境温度 t_h:15℃ 环境相对湿度 RH:90%

降水范围 $(M_1\text{-}M_2)$/%	热风温度 t_r/℃								
	50			70			90		
	热风表观风速 v_r/[m³/(m³·s)]								
	0.2	0.4	0.6	0.2	0.4	0.6	0.2	0.4	0.6
16-13	1.1164	1.1166	1.1213	1.1137	1.1152	1.1264	1.1229	1.1270	1.1471
16-14	1.1490	1.1486	1.1499	1.1807	1.1804	1.1844	1.2138	1.2141	1.2226
16-15	1.3019	1.3047	1.3048	1.4008	1.4039	1.4057	1.4843	1.4875	1.4898
18-13	1.0194	1.0201	1.0245	1.0044	1.0063	1.0173	1.0007	1.0051	1.0259
18-14	1.0102	1.0106	1.0119	1.0117	1.0121	1.0165	1.0184	1.0194	1.0297
18-15	1.0195	1.0201	1.0203	1.0408	1.0409	1.0418	1.0614	1.0613	1.0643
18-16	1.0627	1.0643	1.0645	1.1144	1.1153	1.1154	1.1575	1.1580	1.1580
18-17	1.2074	1.2158	1.2183	1.3249	1.3325	1.3346	1.4185	1.4249	1.4274
20-15	0.9460	0.9482	0.9490	0.9499	0.9513	0.9528	0.9551	0.9560	0.9603
20-16	0.9489	0.9521	0.9530	0.9659	0.9678	0.9684	0.9801	0.9814	0.9822
20-17	0.9666	0.9711	0.9725	1.0006	1.0040	1.0049	1.0281	1.0305	1.0311
20-18	1.0124	1.0204	1.0230	1.0759	1.0821	1.0839	1.1258	1.1304	1.1318
20-19	1.1449	1.1653	1.1726	1.2733	1.2927	1.2987	1.3745	1.3915	1.3971
22-17	0.9040	0.9108	0.9124	0.9186	0.9227	0.9243	0.9296	0.9325	0.9334
22-18	0.9108	0.9199	0.9229	0.9383	0.9439	0.9461	0.9577	0.9622	0.9634
22-19	0.9320	0.9424	0.9462	0.9747	0.9829	0.9859	1.0080	1.0134	1.0156
22-20	0.9785	0.9924	0.9986	1.0493	1.0613	1.0658	1.1036	1.1139	1.1172
22-21	1.0908	1.1306	1.1421	1.2359	1.2632	1.2748	1.3410	1.3658	1.3770
24-19	0.8787	0.8880	0.8910	0.8984	0.9060	0.9090	0.9126	0.9183	0.9215
24-20	0.8855	0.8988	0.9042	0.9185	0.9291	0.9327	0.9433	0.9497	0.9521
24-21	0.9035	0.9219	0.9289	0.9574	0.9685	0.9727	0.9916	1.0017	1.0059
24-22	0.9535	0.9732	0.9810	1.0308	1.0447	1.0522	1.0867	1.1013	1.1077
24-23	1.0502	1.0930	1.1202	1.1849	1.2341	1.2521	1.3125	1.3467	1.3576
26-21	0.8541	0.8721	0.8777	0.8844	0.8951	0.8989	0.8993	0.9086	0.9127
26-22	0.8596	0.8836	0.8905	0.9080	0.9173	0.9228	0.9291	0.9420	0.9445
26-23	0.8849	0.9046	0.9163	0.9410	0.9547	0.9643	0.9780	0.9940	0.9998
26-24	0.9281	0.9557	0.9662	1.0039	1.0311	1.0417	1.0710	1.0920	1.0993
26-25	0.9975	1.0702	1.0836	1.1470	1.2070	1.2370	1.2621	1.3229	1.3437
28-23	0.8329	0.8600	0.8652	0.8718	0.8847	0.8905	0.8918	0.9003	0.9070
28-24	0.8497	0.8698	0.8797	0.8913	0.9080	0.9150	0.9234	0.9336	0.9386
28-25	0.8662	0.8930	0.9059	0.9296	0.9453	0.9553	0.9720	0.9878	0.9924
28-26	0.8957	0.9344	0.9559	0.9976	1.0186	1.0309	1.0526	1.0787	1.0893
28-27	0.9718	1.0277	1.0665	1.1033	1.1793	1.2072	1.2361	1.2888	1.3211
30-25	0.8325	0.8482	0.8571	0.8635	0.8755	0.8843	0.8818	0.8947	0.9006
30-26	0.8312	0.8645	0.8682	0.8765	0.9024	0.9079	0.9096	0.9254	0.9345
30-27	0.8544	0.8785	0.9016	0.9154	0.9412	0.9488	0.9571	0.9828	0.9844
30-28	0.8783	0.9169	0.9388	0.9772	1.0111	1.0201	1.0432	1.0774	1.0804
30-29	0.9148	1.0026	1.0381	1.0748	1.1464	1.1885	1.1997	1.2719	1.3012

表 A.52 单位耗热量折算系数 K_r 表

粮食种类:水稻　　　　环境温度 t_h:20℃　　　　环境相对湿度 RH:30%

降水范围 (M_1-M_2)/%	热风温度 t_r/℃								
	50			70			90		
	热风表观风速 v_r/[m^3/(m^3·s)]								
	0.2	0.4	0.6	0.2	0.4	0.6	0.2	0.4	0.6
16-13	0.7401	0.7402	0.7427	0.8474	0.8482	0.8556	0.9093	0.9119	0.9266
16-14	0.7278	0.7276	0.7281	0.8622	0.8619	0.8642	0.9474	0.9474	0.9527
16-15	0.7319	0.7316	0.7316	0.9272	0.9267	0.9268	1.0650	1.0643	1.0644
18-13	0.7056	0.7060	0.7087	0.7927	0.7938	0.8018	0.8370	0.8401	0.8564
18-14	0.6899	0.6900	0.6908	0.7872	0.7874	0.7904	0.8405	0.8410	0.8487
18-15	0.6790	0.6793	0.6794	0.7912	0.7912	0.7918	0.8576	0.8574	0.8593
18-16	0.6739	0.6747	0.6747	0.8118	0.8122	0.8121	0.9007	0.9007	0.9006
18-17	0.6798	0.6815	0.6818	0.8757	0.8770	0.8771	1.0157	1.0167	1.0166
20-15	0.6584	0.6595	0.6600	0.7501	0.7509	0.7520	0.7982	0.7988	0.8021
20-16	0.6500	0.6518	0.6522	0.7512	0.7525	0.7529	0.8079	0.8087	0.8093
20-17	0.6443	0.6472	0.6479	0.7601	0.7621	0.7626	0.8296	0.8310	0.8313
20-18	0.6429	0.6465	0.6477	0.7834	0.7865	0.7875	0.8749	0.8775	0.8782
20-19	0.6478	0.6548	0.6567	0.8438	0.8511	0.8532	0.9862	0.9926	0.9941
22-17	0.6311	0.6343	0.6354	0.7258	0.7281	0.7291	0.7759	0.7786	0.7792
22-18	0.6251	0.6302	0.6319	0.7293	0.7332	0.7348	0.7888	0.7920	0.7929
22-19	0.6230	0.6283	0.6304	0.7397	0.7452	0.7472	0.8119	0.8160	0.8177
22-20	0.6217	0.6294	0.6321	0.7643	0.7708	0.7737	0.8593	0.8638	0.8662
22-21	0.6238	0.6366	0.6416	0.8197	0.8337	0.8384	0.9654	0.9779	0.9812
24-19	0.6114	0.6185	0.6212	0.7094	0.7150	0.7169	0.7617	0.7664	0.7681
24-20	0.6074	0.6160	0.6192	0.7158	0.7211	0.7240	0.7748	0.7814	0.7834
24-21	0.6052	0.6149	0.6188	0.7284	0.7332	0.7371	0.7998	0.8071	0.8092
24-22	0.6056	0.6173	0.6204	0.7483	0.7601	0.7637	0.8454	0.8557	0.8587
24-23	0.5981	0.6229	0.6301	0.8006	0.8175	0.8287	0.9413	0.9627	0.9717
26-21	0.6002	0.6073	0.6111	0.6971	0.7053	0.7092	0.7550	0.7579	0.7609
26-22	0.5954	0.6053	0.6108	0.7041	0.7132	0.7168	0.7660	0.7737	0.7767
26-23	0.5927	0.6056	0.6094	0.7176	0.7261	0.7302	0.7941	0.8008	0.8026
26-24	0.5904	0.6057	0.6141	0.7374	0.7551	0.7571	0.8330	0.8463	0.8526
26-25	0.5712	0.6072	0.6191	0.7772	0.8039	0.8126	0.9239	0.9525	0.9610
28-23	0.5919	0.6013	0.6038	0.6854	0.6988	0.7025	0.7441	0.7524	0.7552
28-24	0.5833	0.6001	0.6037	0.6977	0.7073	0.7105	0.7574	0.7655	0.7716
28-25	0.5848	0.5972	0.6043	0.7067	0.7190	0.7228	0.7828	0.7935	0.7970
28-26	0.5742	0.6007	0.6048	0.7237	0.7458	0.7509	0.8242	0.8397	0.8467
28-27	0.5754	0.5942	0.6098	0.7574	0.7935	0.8083	0.8975	0.9298	0.9488
30-25	0.5742	0.5905	0.5984	0.6798	0.6931	0.6962	0.7344	0.7444	0.7499
30-26	0.5723	0.5921	0.5941	0.6875	0.6982	0.7058	0.7462	0.7648	0.7696
30-27	0.5671	0.5912	0.5988	0.6967	0.7134	0.7197	0.7797	0.7923	0.7949
30-28	0.5715	0.5912	0.5981	0.7148	0.7376	0.7438	0.8132	0.8318	0.8409
30-29	0.5303	0.5731	0.5971	0.7298	0.7748	0.7994	0.8807	0.9168	0.9344

表 A.53 单位耗热量折算系数 K_r 表

粮食种类：水稻　　环境温度 t_h：20℃　　环境相对湿度 RH：60％

降水范围 $(M_1\text{-}M_2)$/%	热风温度 t_r/℃								
	50			70			90		
	热风表观风速 v_r/[m^3/(m^3·s)]								
	0.2	0.4	0.6	0.2	0.4	0.6	0.2	0.4	0.6
16-13	0.8723	0.8726	0.8763	0.9352	0.9365	0.9461	0.9743	0.9779	0.9958
16-14	0.8716	0.8713	0.8723	0.9656	0.9654	0.9688	1.0283	1.0286	1.0360
16-15	0.9203	0.9199	0.9198	1.0821	1.0814	1.0815	1.1976	1.1967	1.1974
18-13	0.8161	0.8166	0.8201	0.8623	0.8639	0.8733	0.8863	0.8901	0.9087
18-14	0.8004	0.8006	0.8017	0.8599	0.8602	0.8640	0.8935	0.8943	0.9034
18-15	0.7942	0.7947	0.7948	0.8711	0.8712	0.8719	0.9180	0.9179	0.9205
18-16	0.8029	0.8039	0.8040	0.9081	0.9085	0.9085	0.9775	0.9776	0.9775
18-17	0.8508	0.8537	0.8541	1.0207	1.0230	1.0231	1.1415	1.1436	1.1435
20-15	0.7565	0.7580	0.7586	0.8140	0.8152	0.8164	0.8444	0.8452	0.8489
20-16	0.7507	0.7530	0.7536	0.8195	0.8209	0.8214	0.8584	0.8594	0.8601
20-17	0.7511	0.7549	0.7559	0.8360	0.8385	0.8392	0.8878	0.8895	0.8900
20-18	0.7636	0.7688	0.7706	0.8757	0.8797	0.8809	0.9500	0.9527	0.9536
20-19	0.8066	0.8179	0.8213	0.9820	0.9925	0.9952	1.1064	1.1162	1.1188
22-17	0.7217	0.7274	0.7286	0.7866	0.7901	0.7910	0.8214	0.8235	0.8242
22-18	0.7200	0.7267	0.7290	0.7947	0.7999	0.8014	0.8379	0.8413	0.8425
22-19	0.7235	0.7319	0.7345	0.8140	0.8200	0.8222	0.8697	0.8738	0.8756
22-20	0.7366	0.7479	0.7515	0.8531	0.8625	0.8651	0.9307	0.9383	0.9408
22-21	0.7735	0.7937	0.8010	0.9475	0.9719	0.9778	1.0785	1.0966	1.1031
24-19	0.6990	0.7081	0.7119	0.7678	0.7748	0.7775	0.8069	0.8106	0.8126
24-20	0.6991	0.7098	0.7133	0.7785	0.7853	0.7898	0.8249	0.8302	0.8323
24-21	0.7043	0.7159	0.7200	0.7967	0.8085	0.8112	0.8563	0.8631	0.8673
24-22	0.7198	0.7306	0.7370	0.8381	0.8498	0.8556	0.9173	0.9279	0.9320
24-23	0.7434	0.7689	0.7823	0.9236	0.9543	0.9618	1.0661	1.0795	1.0927
26-21	0.6838	0.6940	0.6986	0.7551	0.7640	0.7675	0.7943	0.8021	0.8049
26-22	0.6871	0.6972	0.7023	0.7653	0.7750	0.7795	0.8154	0.8225	0.8254
26-23	0.6879	0.7044	0.7100	0.7825	0.7989	0.8018	0.8474	0.8565	0.8602
26-24	0.6963	0.7201	0.7250	0.8228	0.8407	0.8471	0.9052	0.9211	0.9267
26-25	0.7073	0.7487	0.7682	0.8969	0.9361	0.9525	1.0242	1.0678	1.0767
28-23	0.6677	0.6870	0.6904	0.7439	0.7556	0.7605	0.7898	0.7965	0.8002
28-24	0.6704	0.6882	0.6923	0.7573	0.7694	0.7738	0.8048	0.8156	0.8211
28-25	0.6699	0.6946	0.7061	0.7757	0.7882	0.7950	0.8392	0.8493	0.8548
28-26	0.6800	0.7051	0.7155	0.8105	0.8301	0.8371	0.8944	0.9115	0.9200
28-27	0.6696	0.7245	0.7507	0.8567	0.9143	0.9393	0.9951	1.0475	1.0654
30-25	0.6560	0.6731	0.6850	0.7388	0.7507	0.7539	0.7782	0.7911	0.7954
30-26	0.6558	0.6795	0.6873	0.7406	0.7640	0.7687	0.7924	0.8091	0.8159
30-27	0.6595	0.6852	0.6949	0.7620	0.7848	0.7884	0.8298	0.8416	0.8484
30-28	0.6664	0.6965	0.7073	0.7896	0.8214	0.8308	0.8901	0.9003	0.9161
30-29	0.6612	0.7135	0.7314	0.8401	0.8991	0.9209	0.9916	1.0372	1.0459

表 A.54 单位耗热量折算系数 K_r 表

粮食种类:水稻　　环境温度 t_h:20℃　　环境相对湿度 RH:90%

降水范围 (M_1-M_2)/%	热风温度 t_r/℃								
	50			70			90		
	热风表观风速 v_r/[m^3/(m^3·s)]								
	0.2	0.4	0.6	0.2	0.4	0.6	0.2	0.4	0.6
16-13	1.0243	1.0247	1.0295	1.0262	1.0280	1.0395	1.0392	1.0438	1.0645
16-14	1.0376	1.0373	1.0388	1.0735	1.0734	1.0779	1.1096	1.1102	1.1197
16-15	1.1445	1.1451	1.1451	1.2461	1.2479	1.2485	1.3308	1.3328	1.3347
18-13	0.9420	0.9427	0.9469	0.9341	0.9361	0.9467	0.9354	0.9399	0.9602
18-14	0.9263	0.9267	0.9280	0.9351	0.9355	0.9399	0.9464	0.9475	0.9578
18-15	0.9258	0.9264	0.9266	0.9540	0.9541	0.9551	0.9787	0.9786	0.9817
18-16	0.9513	0.9528	0.9529	1.0088	1.0094	1.0094	1.0549	1.0551	1.0552
18-17	1.0530	1.0597	1.0611	1.1739	1.1795	1.1812	1.2680	1.2730	1.2749
20-15	0.8679	0.8697	0.8704	0.8800	0.8815	0.8830	0.8905	0.8914	0.8956
20-16	0.8649	0.8679	0.8687	0.8902	0.8918	0.8924	0.9090	0.9101	0.9109
20-17	0.8727	0.8776	0.8790	0.9150	0.9180	0.9188	0.9463	0.9485	0.9490
20-18	0.9017	0.9096	0.9120	0.9726	0.9774	0.9789	1.0250	1.0287	1.0298
20-19	0.9939	1.0123	1.0183	1.1290	1.1425	1.1479	1.2302	1.2417	1.2467
22-17	0.8255	0.8317	0.8340	0.8498	0.8535	0.8552	0.8652	0.8683	0.8692
22-18	0.8286	0.8362	0.8387	0.8630	0.8684	0.8703	0.8871	0.8911	0.8924
22-19	0.8392	0.8494	0.8533	0.8904	0.8972	0.8999	0.9266	0.9317	0.9338
22-20	0.8659	0.8825	0.8885	0.9463	0.9577	0.9615	1.0043	1.0124	1.0160
22-21	0.9517	0.9766	0.9894	1.0889	1.1162	1.1255	1.1963	1.2199	1.2280
24-19	0.7964	0.8096	0.8136	0.8293	0.8366	0.8397	0.8493	0.8544	0.8570
24-20	0.8013	0.8157	0.8201	0.8435	0.8543	0.8572	0.8736	0.8787	0.8819
24-21	0.8133	0.8299	0.8364	0.8718	0.8835	0.8873	0.9118	0.9208	0.9242
24-22	0.8444	0.8635	0.8710	0.9323	0.9441	0.9502	0.9906	1.0024	1.0062
24-23	0.8961	0.9510	0.9632	1.0577	1.0961	1.1059	1.1640	1.1986	1.2145
26-21	0.7768	0.7943	0.7986	0.8160	0.8253	0.8290	0.8367	0.8455	0.8486
26-22	0.7841	0.7991	0.8072	0.8316	0.8438	0.8482	0.8613	0.8728	0.8752
26-23	0.7959	0.8184	0.8240	0.8544	0.8726	0.8784	0.9003	0.9114	0.9165
26-24	0.8189	0.8435	0.8538	0.9124	0.9320	0.9405	0.9781	0.9908	0.9993
26-25	0.8532	0.9174	0.9395	1.0162	1.0672	1.0895	1.1304	1.1817	1.1956
28-23	0.7657	0.7831	0.7867	0.8052	0.8140	0.8239	0.8312	0.8381	0.8431
28-24	0.7706	0.7863	0.7967	0.8169	0.8332	0.8387	0.8519	0.8652	0.8700
28-25	0.7759	0.8031	0.8138	0.8520	0.8624	0.8722	0.8898	0.9052	0.9122
28-26	0.7975	0.8294	0.8433	0.8881	0.9180	0.9323	0.9617	0.9835	0.9921
28-27	0.8120	0.8928	0.9175	0.9891	1.0383	1.0663	1.1002	1.1588	1.1847
30-25	0.7491	0.7648	0.7773	0.7915	0.8088	0.8153	0.8206	0.8326	0.8357
30-26	0.7448	0.7732	0.7869	0.8085	0.8229	0.8329	0.8407	0.8587	0.8652
30-27	0.7611	0.7883	0.8017	0.8311	0.8530	0.8630	0.8840	0.9001	0.9042
30-28	0.7702	0.8105	0.8328	0.8876	0.9145	0.9244	0.9405	0.9716	0.9827
30-29	0.7802	0.8614	0.8924	0.9449	1.0199	1.0494	1.0705	1.1197	1.1599

表 A.55 单位耗热量折算系数 K_r 表

粮食种类：小麦　　　　环境温度 t_h：0℃　　　　环境相对湿度 RH：30%

降水范围 (M_1-M_2)/%	热风温度 t_r/℃								
	60			90			120		
	热风表观风速 v_r/[m^3/(m^3·s)]								
	0.2	0.4	0.6	0.2	0.4	0.6	0.2	0.4	0.6
18-13	1.4363	1.4297	1.4422	1.3534	1.3983	1.4059	1.0955	1.2859	1.3594
18-14	1.4568	1.4498	1.4603	1.3616	1.4381	1.4518	1.0141	1.2516	1.4043
20-13	1.3434	1.3353	1.3435	1.2686	1.2977	1.2975	1.0900	1.2032	1.2546
20-14	1.3408	1.3326	1.3390	1.2673	1.3091	1.3110	1.0310	1.2026	1.2700
20-15	1.3520	1.3437	1.3479	1.2706	1.3332	1.3398	0.9648	1.1846	1.2979
20-16	1.3806	1.3742	1.3761	1.2670	1.3798	1.3908	0.8931	1.1002	1.3419
22-13	1.2889	1.2795	1.2852	1.2153	1.2370	1.2351	1.0700	1.1490	1.1904
22-14	1.2786	1.2699	1.2740	1.2076	1.2404	1.2374	1.0285	1.1419	1.1971
22-15	1.2771	1.2684	1.2707	1.2053	1.2483	1.2477	0.9762	1.1383	1.2069
22-16	1.2845	1.2762	1.2767	1.2051	1.2647	1.2682	0.9210	1.1240	1.2261
22-17	1.3024	1.2961	1.2950	1.2045	1.2948	1.3029	0.8613	1.0559	1.2557
22-18	1.3363	1.3341	1.3319	1.1553	1.3458	1.3558	0.7946	0.9805	1.2924
24-14	1.2395	1.2309	1.2336	1.1685	1.1959	1.1923	1.0149	1.0995	1.1489
24-15	1.2333	1.2244	1.2260	1.1610	1.1994	1.1951	0.9745	1.0933	1.1533
24-16	1.2326	1.2242	1.2245	1.1587	1.2050	1.2038	0.9296	1.0872	1.1603
24-17	1.2387	1.2309	1.2298	1.1552	1.2172	1.2200	0.8811	1.0714	1.1746
24-18	1.2494	1.2457	1.2437	1.1520	1.2384	1.2456	0.8310	1.0137	1.1949
24-19	1.2704	1.2710	1.2691	1.1249	1.2723	1.2818	0.7757	0.9514	1.2183
24-20	1.3063	1.3135	1.3120	1.0295	1.3212	1.3379	0.7123	0.8844	1.2385
26-16	1.1971	1.1915	1.1918	1.1240	1.1683	1.1642	0.9280	1.0541	1.1187
26-17	1.1970	1.1931	1.1922	1.1215	1.1730	1.1721	0.8894	1.0436	1.1249
26-18	1.2040	1.1985	1.1973	1.1153	1.1823	1.1857	0.8454	1.0251	1.1356
26-19	1.2113	1.2096	1.2086	1.1103	1.1978	1.2057	0.8020	0.9747	1.1492
26-20	1.2240	1.2285	1.2276	1.0897	1.2216	1.2319	0.7550	0.9217	1.1647
26-21	1.2516	1.2571	1.2565	1.0172	1.2542	1.2693	0.7016	0.8662	1.1800
26-22	1.2835	1.3008	1.3019	0.9276	1.3005	1.3275	0.6448	0.8022	1.1573
28-18	1.1781	1.1696	1.1690	1.0899	1.1472	1.1491	0.8527	1.0058	1.0963
28-19	1.1763	1.1756	1.1737	1.0816	1.1549	1.1604	0.8138	0.9837	1.1043
28-20	1.1807	1.1842	1.1834	1.0741	1.1668	1.1757	0.7751	0.9392	1.1134
28-21	1.1889	1.1983	1.1984	1.0556	1.1851	1.1958	0.7343	0.8929	1.1230
28-22	1.2116	1.2176	1.2186	0.9997	1.2086	1.2217	0.6881	0.8459	1.1325
28-24	1.2603	1.2924	1.2945	0.8436	1.2821	1.3172	0.5886	0.7318	1.0698
30-20	1.1504	1.1540	1.1551	1.0521	1.1340	1.1390	0.7868	0.9476	1.0778
30-21	1.1528	1.1655	1.1642	1.0421	1.1426	1.1516	0.7504	0.9082	1.0826
30-22	1.1643	1.1720	1.1761	1.0252	1.1557	1.1676	0.7143	0.8656	1.0887
30-23	1.1786	1.1915	1.1912	0.9801	1.1757	1.1862	0.6737	0.8252	1.0942
30-24	1.1996	1.2062	1.2116	0.9129	1.1976	1.2149	0.6318	0.7813	1.0850
30-26	1.2458	1.2826	1.2883	0.7734	1.2581	1.3079	0.5411	0.6725	0.9918

表 A.56 单位耗热量折算系数 K_r 表

粮食种类:小麦　　环境温度 t_h:0℃　　环境相对湿度 RH:60%

降水范围 (M_1-M_2)/%	热风温度 t_r/℃								
	60			90			120		
	热风表观风速 v_r/[m^3/(m^3·s)]								
	0.2	0.4	0.6	0.2	0.4	0.6	0.2	0.4	0.6
18-13	1.4838	1.4766	1.4883	1.3717	1.4191	1.4292	1.0987	1.2936	1.3705
18-14	1.5049	1.4992	1.5091	1.3796	1.4613	1.4773	1.0169	1.2544	1.4171
20-13	1.3843	1.3755	1.3831	1.2839	1.3174	1.3170	1.0939	1.2107	1.2648
20-14	1.3821	1.3733	1.3791	1.2832	1.3274	1.3315	1.0337	1.2093	1.2796
20-15	1.3944	1.3859	1.3896	1.2856	1.3529	1.3621	0.9673	1.1869	1.3086
20-16	1.4227	1.4196	1.4211	1.2809	1.4020	1.4129	0.8949	1.1024	1.3526
22-13	1.3261	1.3160	1.3212	1.2294	1.2549	1.2525	1.0746	1.1556	1.1993
22-14	1.3157	1.3063	1.3098	1.2214	1.2578	1.2552	1.0311	1.1486	1.2057
22-15	1.3146	1.3052	1.3070	1.2196	1.2649	1.2663	0.9788	1.1446	1.2155
22-16	1.3220	1.3141	1.3141	1.2183	1.2823	1.2881	0.9229	1.1269	1.2354
22-17	1.3386	1.3360	1.3346	1.2164	1.3140	1.3226	0.8633	1.0578	1.2649
22-18	1.3744	1.3774	1.3750	1.1628	1.3665	1.3775	0.7955	0.9821	1.3029
24-14	1.2739	1.2643	1.2669	1.1811	1.2125	1.2086	1.0179	1.1054	1.1572
24-15	1.2664	1.2582	1.2594	1.1737	1.2146	1.2119	0.9766	1.0997	1.1609
24-16	1.2649	1.2586	1.2582	1.1717	1.2204	1.2212	0.9316	1.0923	1.1684
24-17	1.2708	1.2660	1.2645	1.1671	1.2333	1.2383	0.8827	1.0739	1.1830
24-18	1.2824	1.2821	1.2798	1.1646	1.2556	1.2640	0.8323	1.0154	1.2030
24-19	1.3083	1.3097	1.3076	1.1334	1.2911	1.3006	0.7766	0.9526	1.2272
24-20	1.3436	1.3559	1.3540	1.0354	1.3408	1.3600	0.7131	0.8856	1.2461
26-16	1.2260	1.2234	1.2233	1.1357	1.1822	1.1802	0.9300	1.0605	1.1258
26-17	1.2317	1.2247	1.2243	1.1329	1.1872	1.1885	0.8913	1.0479	1.1326
26-18	1.2324	1.2312	1.2297	1.1261	1.1973	1.2027	0.8469	1.0270	1.1433
26-19	1.2420	1.2443	1.2423	1.1211	1.2144	1.2228	0.8032	0.9764	1.1567
26-20	1.2570	1.2644	1.2628	1.0989	1.2392	1.2490	0.7558	0.9228	1.1725
26-21	1.2822	1.2951	1.2946	1.0226	1.2733	1.2891	0.7023	0.8670	1.1864
26-22	1.3168	1.3414	1.3432	0.9324	1.3210	1.3484	0.6455	0.8024	1.1608
28-18	1.2035	1.2011	1.1983	1.0999	1.1617	1.1638	0.8540	1.0098	1.1032
28-19	1.2017	1.2052	1.2048	1.0918	1.1696	1.1764	0.8153	0.9857	1.1113
28-20	1.2070	1.2168	1.2164	1.0840	1.1828	1.1921	0.7762	0.9413	1.1198
28-20	1.2203	1.2308	1.2311	1.0641	1.2030	1.2112	0.7350	0.8939	1.1299
28-22	1.2410	1.2510	1.2523	1.0047	1.2261	1.2404	0.6888	0.8466	1.1393
28-24	1.2929	1.3292	1.3373	0.8476	1.2965	1.3389	0.5892	0.7319	1.0742
30-20	1.1746	1.1876	1.1852	1.0620	1.1499	1.1555	0.7879	0.9494	1.0837
30-21	1.1844	1.1927	1.1951	1.0519	1.1605	1.1681	0.7515	0.9109	1.0886
30-22	1.1911	1.2054	1.2057	1.0339	1.1724	1.1826	0.7150	0.8665	1.0951
30-23	1.2082	1.2189	1.2240	0.9846	1.1885	1.2044	0.6743	0.8258	1.1001
30-24	1.2296	1.2447	1.2476	0.9170	1.2111	1.2321	0.6324	0.7815	1.0878
30-26	1.2723	1.3179	1.3266	0.7767	1.2731	1.3258	0.5416	0.6727	0.9931

表 A.57 单位耗热量折算系数 K_r 表

粮食种类:小麦　　环境温度 t_h:0℃　　环境相对湿度 RH:90%

降水范围 (M_1-M_2)/%	热风温度 t_r/℃								
	60			90			120		
	热风表观风速 v_r/[m^3/(m^3·s)]								
	0.2	0.4	0.6	0.2	0.4	0.6	0.2	0.4	0.6
18-13	1.5320	1.5242	1.5352	1.3897	1.4399	1.4525	1.1015	1.3008	1.3814
18-14	1.5505	1.5494	1.5586	1.3970	1.4843	1.5000	1.0192	1.2564	1.4296
20-13	1.4260	1.4164	1.4232	1.2989	1.3350	1.3364	1.0978	1.2182	1.2747
20-14	1.4236	1.4147	1.4198	1.2987	1.3456	1.3520	1.0365	1.2158	1.2892
20-15	1.4334	1.4289	1.4320	1.3003	1.3726	1.3833	0.9696	1.1893	1.3191
20-16	1.4642	1.4658	1.4667	1.2942	1.4242	1.4348	0.8965	1.1046	1.3630
22-13	1.3628	1.3531	1.3576	1.2433	1.2727	1.2698	1.0788	1.1620	1.2080
22-14	1.3525	1.3432	1.3462	1.2349	1.2738	1.2731	1.0334	1.1554	1.2140
22-15	1.3501	1.3426	1.3438	1.2335	1.2815	1.2850	0.9812	1.1501	1.2242
22-16	1.3565	1.3526	1.3522	1.2311	1.2999	1.3077	0.9246	1.1291	1.2446
22-17	1.3758	1.3765	1.3748	1.2277	1.3332	1.3416	0.8647	1.0598	1.2740
22-18	1.4128	1.4215	1.4188	1.1691	1.3868	1.3994	0.7965	0.9838	1.3121
24-14	1.3048	1.2986	1.3006	1.1933	1.2290	1.2248	1.0209	1.1113	1.1654
24-15	1.2977	1.2927	1.2932	1.1861	1.2297	1.2286	0.9787	1.1062	1.1684
24-16	1.2995	1.2930	1.2925	1.1843	1.2360	1.2386	0.9337	1.0969	1.1765
24-17	1.3022	1.3011	1.2997	1.1786	1.2498	1.2563	0.8843	1.0759	1.1913
24-18	1.3152	1.3186	1.3164	1.1753	1.2733	1.2810	0.8336	1.0174	1.2112
24-19	1.3428	1.3488	1.3468	1.1412	1.3107	1.3202	0.7774	0.9540	1.2361
24-20	1.3799	1.3987	1.3970	1.0404	1.3613	1.3807	0.7139	0.8873	1.2536
26-16	1.2564	1.2560	1.2555	1.1472	1.1967	1.1961	0.9321	1.0657	1.1329
26-17	1.2602	1.2573	1.2561	1.1444	1.2023	1.2048	0.8927	1.0521	1.1398
26-18	1.2622	1.2649	1.2627	1.1366	1.2140	1.2193	0.8485	1.0289	1.1509
26-19	1.2706	1.2779	1.2765	1.1318	1.2315	1.2387	0.8044	0.9785	1.1640
26-20	1.2921	1.2996	1.2985	1.1053	1.2572	1.2671	0.7566	0.9239	1.1802
26-21	1.3152	1.3340	1.3332	1.0271	1.2916	1.3074	0.7031	0.8679	1.1928
26-22	1.3529	1.3826	1.3849	0.9364	1.3386	1.3685	0.6462	0.8026	1.1628
28-18	1.2282	1.2299	1.2294	1.1094	1.1783	1.1798	0.8553	1.0137	1.1099
28-19	1.2281	1.2390	1.2375	1.1015	1.1870	1.1921	0.8171	0.9878	1.1180
28-20	1.2339	1.2470	1.2472	1.0943	1.1998	1.2073	0.7774	0.9447	1.1262
28-21	1.2520	1.2656	1.2643	1.0714	1.2178	1.2287	0.7357	0.8949	1.1368
28-22	1.2685	1.2888	1.2887	1.0088	1.2421	1.2565	0.6895	0.8473	1.1448
28-24	1.3303	1.3693	1.3757	0.8509	1.3129	1.3561	0.5898	0.7321	1.0756
30-20	1.2004	1.2149	1.2163	1.0709	1.1627	1.1704	0.7889	0.9506	1.0896
30-21	1.2124	1.2246	1.2249	1.0621	1.1726	1.1820	0.7527	0.9117	1.0945
30-22	1.2182	1.2372	1.2392	1.0394	1.1868	1.1994	0.7156	0.8675	1.1015
30-23	1.2355	1.2532	1.2575	0.9884	1.2041	1.2195	0.6749	0.8264	1.1054
30-24	1.2475	1.2765	1.2791	0.9204	1.2233	1.2461	0.6330	0.7817	1.0911
30-26	1.3078	1.3587	1.3699	0.7794	1.2845	1.3440	0.5421	0.6729	0.9946

表 A.58 单位耗热量折算系数 K_r 表

粮食种类:小麦　　　　环境温度 t_h: 5℃　　　　环境相对湿度 RH:30%

降水范围 (M_1-M_2)/%	热风温度 t_r/℃								
	60			90			120		
	热风表观风速 v_r/[m^3/(m^3·s)]								
	0.2	0.4	0.6	0.2	0.4	0.6	0.2	0.4	0.6
18-13	1.2891	1.2837	1.2952	1.2555	1.2873	1.2903	1.0326	1.2104	1.2714
18-14	1.2993	1.2936	1.3034	1.2640	1.3179	1.3248	0.9559	1.1886	1.3067
20-13	1.2128	1.2060	1.2136	1.1829	1.1980	1.1982	1.0291	1.1366	1.1767
20-14	1.2060	1.1991	1.2050	1.1788	1.2075	1.2065	0.9730	1.1338	1.1909
20-15	1.2105	1.2034	1.2074	1.1834	1.2271	1.2276	0.9104	1.1210	1.2124
20-16	1.2303	1.2231	1.2250	1.1840	1.2626	1.2681	0.8424	1.0468	1.2520
22-13	1.1677	1.1597	1.1650	1.1365	1.1464	1.1449	1.0123	1.0879	1.1210
22-14	1.1558	1.1482	1.1520	1.1285	1.1469	1.1444	0.9714	1.0802	1.1248
22-15	1.1506	1.1435	1.1456	1.1236	1.1543	1.1507	0.9231	1.0765	1.1343
22-16	1.1534	1.1464	1.1469	1.1252	1.1679	1.1657	0.8693	1.0622	1.1488
22-17	1.1656	1.1590	1.1581	1.1216	1.1905	1.1928	0.8132	1.0053	1.1751
22-18	1.1920	1.1855	1.1837	1.0907	1.2304	1.2379	0.7521	0.9340	1.2060
24-14	1.1233	1.1160	1.1188	1.0932	1.1094	1.1063	0.9603	1.0429	1.0832
24-15	1.1159	1.1085	1.1097	1.0864	1.1108	1.1068	0.9232	1.0354	1.0869
24-16	1.1127	1.1054	1.1058	1.0820	1.1172	1.1124	0.8794	1.0287	1.0929
24-17	1.1138	1.1082	1.1075	1.0810	1.1269	1.1243	0.8331	1.0150	1.1033
24-18	1.1232	1.1177	1.1162	1.0754	1.1427	1.1444	0.7849	0.9655	1.1217
24-19	1.1400	1.1357	1.1339	1.0580	1.1689	1.1755	0.7341	0.9056	1.1416
24-20	1.1675	1.1661	1.1649	0.9748	1.2099	1.2215	0.6743	0.8441	1.1607
26-16	1.0846	1.0799	1.0799	1.0529	1.0839	1.0798	0.8795	0.9986	1.0567
26-17	1.0813	1.0783	1.0779	1.0490	1.0894	1.0852	0.8414	0.9891	1.0607
26-18	1.0851	1.0814	1.0808	1.0453	1.0967	1.0951	0.8009	0.9761	1.0691
26-19	1.0927	1.0885	1.0878	1.0387	1.1083	1.1106	0.7589	0.9285	1.0818
26-20	1.1039	1.1017	1.1011	1.0228	1.1267	1.1335	0.7153	0.8774	1.0947
26-21	1.1179	1.1226	1.1221	0.9630	1.1536	1.1652	0.6646	0.8250	1.1071
26-22	1.1480	1.1548	1.1548	0.8781	1.1921	1.2108	0.6104	0.7689	1.0920
28-18	1.0626	1.0596	1.0580	1.0223	1.0684	1.0646	0.8089	0.9551	1.0351
28-19	1.0667	1.0611	1.0616	1.0149	1.0741	1.0731	0.7710	0.9374	1.0421
28-20	1.0710	1.0669	1.0670	1.0079	1.0825	1.0854	0.7347	0.8946	1.0499
28-21	1.0739	1.0768	1.0786	0.9917	1.0955	1.1033	0.6964	0.8516	1.0580
28-22	1.0868	1.0937	1.0930	0.9463	1.1139	1.1265	0.6522	0.8049	1.0653
28-24	1.1252	1.1445	1.1475	0.7985	1.1710	1.2019	0.5571	0.7013	1.0117
30-20	1.0472	1.0459	1.0461	0.9881	1.0557	1.0558	0.7447	0.9027	1.0189
30-21	1.0465	1.0515	1.0513	0.9787	1.0602	1.0667	0.7116	0.8636	1.0235
30-22	1.0559	1.0590	1.0600	0.9648	1.0700	1.0807	0.6777	0.8267	1.0278
30-23	1.0563	1.0688	1.0706	0.9233	1.0835	1.0965	0.6388	0.7848	1.0314
30-24	1.0786	1.0833	1.0859	0.8640	1.0997	1.1184	0.5988	0.7444	1.0257
30-26	1.1126	1.1377	1.1407	0.7319	1.1493	1.1950	0.5122	0.6446	0.9405

表 A.59　单位耗热量折算系数 K_r 表

粮食种类：小麦　　　　环境温度 t_h：5℃　　　　环境相对湿度 RH：60％

降水范围 $(M_1\text{-}M_2)$/%	热风温度 t_r/℃								
	60			90			120		
	热风表观风速 v_r/[m³/(m³·s)]								
	0.2	0.4	0.6	0.2	0.4	0.6	0.2	0.4	0.6
18-13	1.3492	1.3430	1.3536	1.2793	1.3160	1.3204	1.0373	1.2226	1.2861
18-14	1.3622	1.3557	1.3646	1.2870	1.3478	1.3581	0.9594	1.1933	1.3236
20-13	1.2650	1.2573	1.2640	1.2037	1.2239	1.2233	1.0340	1.1465	1.1902
20-14	1.2585	1.2508	1.2559	1.1995	1.2337	1.2329	0.9773	1.1446	1.2039
20-15	1.2645	1.2568	1.2601	1.2029	1.2525	1.2561	0.9135	1.1285	1.2266
20-16	1.2879	1.2801	1.2814	1.2016	1.2911	1.3000	0.8451	1.0492	1.2663
22-13	1.2155	1.2065	1.2110	1.1549	1.1696	1.1675	1.0181	1.0973	1.1327
22-14	1.2027	1.1946	1.1977	1.1466	1.1706	1.1675	0.9761	1.0891	1.1371
22-15	1.1984	1.1903	1.1918	1.1422	1.1781	1.1749	0.9263	1.0844	1.1460
22-16	1.2019	1.1944	1.1944	1.1425	1.1906	1.1914	0.8722	1.0705	1.1613
22-17	1.2170	1.2092	1.2080	1.1400	1.2151	1.2207	0.8157	1.0074	1.1882
22-18	1.2428	1.2398	1.2377	1.1026	1.2582	1.2666	0.7535	0.9366	1.2197
24-14	1.1672	1.1593	1.1614	1.1105	1.1311	1.1276	0.9650	1.0508	1.0942
24-15	1.1603	1.1515	1.1523	1.1030	1.1328	1.1285	0.9260	1.0436	1.0979
24-16	1.1555	1.1489	1.1487	1.0990	1.1386	1.1350	0.8824	1.0359	1.1034
24-17	1.1587	1.1526	1.1515	1.0965	1.1478	1.1480	0.8363	1.0225	1.1148
24-18	1.1693	1.1635	1.1618	1.0916	1.1648	1.1695	0.7873	0.9674	1.1331
24-19	1.1841	1.1839	1.1822	1.0706	1.1930	1.2016	0.7360	0.9093	1.1532
24-20	1.2145	1.2188	1.2176	0.9819	1.2349	1.2490	0.6754	0.8458	1.1721
26-16	1.1258	1.1211	1.1206	1.0683	1.1048	1.1006	0.8821	1.0062	1.0665
26-17	1.1251	1.1192	1.1186	1.0647	1.1093	1.1065	0.8440	0.9957	1.0707
26-18	1.1293	1.1239	1.1222	1.0594	1.1164	1.1172	0.8028	0.9791	1.0800
26-19	1.1350	1.1314	1.1311	1.0532	1.1288	1.1341	0.7614	0.9303	1.0920
26-20	1.1433	1.1462	1.1456	1.0352	1.1485	1.1571	0.7167	0.8811	1.1049
26-21	1.1662	1.1693	1.1697	0.9695	1.1767	1.1889	0.6656	0.8281	1.1175
26-22	1.1903	1.2049	1.2071	0.8838	1.2158	1.2380	0.6113	0.7692	1.0965
28-18	1.1059	1.0970	1.0972	1.0372	1.0859	1.0846	0.8105	0.9622	1.0453
28-19	1.1027	1.1024	1.1014	1.0281	1.0917	1.0940	0.7729	0.9398	1.0516
28-20	1.1046	1.1075	1.1077	1.0202	1.1011	1.1075	0.7362	0.8963	1.0589
28-21	1.1114	1.1207	1.1206	1.0032	1.1149	1.1260	0.6973	0.8538	1.0672
28-22	1.1266	1.1327	1.1365	0.9522	1.1355	1.1474	0.6531	0.8074	1.0752
28-24	1.1714	1.1952	1.1995	0.8032	1.1954	1.2299	0.5579	0.7016	1.0145
30-20	1.0784	1.0834	1.0851	1.0006	1.0721	1.0773	0.7471	0.9056	1.0272
30-21	1.0844	1.0895	1.0913	0.9904	1.0807	1.0874	0.7130	0.8654	1.0318
30-22	1.0883	1.0972	1.0997	0.9744	1.0898	1.1015	0.6786	0.8278	1.0360
30-23	1.0910	1.1093	1.1118	0.9330	1.1028	1.1178	0.6396	0.7872	1.0399
30-24	1.1176	1.1242	1.1278	0.8688	1.1222	1.1390	0.5996	0.7465	1.0303
30-26	1.1593	1.1815	1.1907	0.7358	1.1719	1.2193	0.5128	0.6448	0.9421

表 A.60　单位耗热量折算系数 K_r 表

粮食种类：小麦　　　　环境温度 t_h：5℃　　　　环境相对湿度 RH：90%

降水范围 $(M_1\text{-}M_2)$/%	热风温度 t_r/℃								
	60			90			120		
	热风表观风速 v_r/[m^3/(m^3·s)]								
	0.2	0.4	0.6	0.2	0.4	0.6	0.2	0.4	0.6
18-13	1.4108	1.4037	1.4132	1.3027	1.3428	1.3502	1.0421	1.2326	1.3005
18-14	1.4251	1.4193	1.4272	1.3094	1.3773	1.3910	0.9630	1.1973	1.3403
20-13	1.3184	1.3097	1.3155	1.2233	1.2496	1.2484	1.0390	1.1563	1.2035
20-14	1.3122	1.3037	1.3079	1.2198	1.2575	1.2592	0.9813	1.1533	1.2165
20-15	1.3198	1.3115	1.3140	1.2218	1.2778	1.2846	0.9166	1.1333	1.2407
20-16	1.3415	1.3384	1.3391	1.2184	1.3193	1.3287	0.8479	1.0518	1.2804
22-13	1.2643	1.2543	1.2580	1.1729	1.1927	1.1900	1.0232	1.1060	1.1444
22-14	1.2511	1.2421	1.2445	1.1643	1.1942	1.1906	0.9801	1.0979	1.1493
22-15	1.2467	1.2382	1.2391	1.1604	1.1996	1.1990	0.9296	1.0921	1.1574
22-16	1.2515	1.2435	1.2430	1.1591	1.2132	1.2170	0.8753	1.0763	1.1738
22-17	1.2635	1.2607	1.2590	1.1578	1.2396	1.2470	0.8183	1.0096	1.2003
22-18	1.2937	1.2953	1.2930	1.1108	1.2853	1.2943	0.7547	0.9383	1.2334
24-14	1.2123	1.2035	1.2050	1.1278	1.1527	1.1487	0.9699	1.0586	1.1051
24-15	1.2029	1.1954	1.1958	1.1193	1.1547	1.1502	0.9288	1.0517	1.1083
24-16	1.1996	1.1934	1.1927	1.1157	1.1585	1.1574	0.8849	1.0433	1.1139
24-17	1.2032	1.1980	1.1965	1.1115	1.1685	1.1716	0.8384	1.0260	1.1263
24-18	1.2109	1.2105	1.2088	1.1074	1.1868	1.1937	0.7901	0.9694	1.1439
24-19	1.2322	1.2333	1.2318	1.0796	1.2169	1.2257	0.7371	0.9107	1.1647
24-20	1.2620	1.2729	1.2715	0.9878	1.2609	1.2767	0.6764	0.8470	1.1819
26-16	1.1637	1.1615	1.1619	1.0834	1.1246	1.1210	0.8848	1.0139	1.0759
26-17	1.1678	1.1618	1.1602	1.0802	1.1277	1.1276	0.8469	1.0034	1.0806
26-18	1.1679	1.1653	1.1645	1.0731	1.1355	1.1393	0.8047	0.9815	1.0901
26-19	1.1720	1.1749	1.1747	1.0670	1.1492	1.1565	0.7629	0.9322	1.1016
26-20	1.1833	1.1921	1.1916	1.0462	1.1700	1.1795	0.7177	0.8824	1.1150
26-21	1.2071	1.2182	1.2179	0.9749	1.1983	1.2133	0.6665	0.8299	1.1274
26-22	1.2327	1.2581	1.2599	0.8886	1.2390	1.2658	0.6121	0.7695	1.1010
28-18	1.1381	1.1379	1.1366	1.0496	1.1046	1.1052	0.8123	0.9674	1.0543
28-19	1.1378	1.1404	1.1415	1.0410	1.1101	1.1153	0.7750	0.9424	1.0608
28-20	1.1396	1.1497	1.1497	1.0320	1.1202	1.1283	0.7376	0.8981	1.0683
28-21	1.1521	1.1602	1.1623	1.0134	1.1358	1.1459	0.6982	0.8550	1.0762
28-22	1.1671	1.1810	1.1815	0.9571	1.1545	1.1698	0.6540	0.8107	1.0838
28-24	1.2142	1.2444	1.2505	0.8071	1.2174	1.2546	0.5586	0.7018	1.0184
30-20	1.1133	1.1221	1.1250	1.0128	1.0887	1.0965	0.7495	0.9075	1.0357
30-21	1.1192	1.1278	1.1292	1.0012	1.0967	1.1083	0.7145	0.8675	1.0394
30-22	1.1207	1.1386	1.1419	0.9841	1.1080	1.1210	0.6794	0.8290	1.0440
30-23	1.1413	1.1493	1.1525	0.9375	1.1225	1.1376	0.6405	0.7909	1.0481
30-24	1.1477	1.1679	1.1744	0.8729	1.1415	1.1624	0.6003	0.7494	1.0338
30-26	1.1969	1.2403	1.2440	0.7390	1.1970	1.2437	0.5135	0.6450	0.9437

表 A.61 单位耗热量折算系数 K_r 表

粮食种类:小麦　　　　环境温度 t_h:10℃　　　　环境相对湿度 RH:30%

降水范围 (M_1-M_2)/%	热风温度 t_r/℃								
	60			90			120		
	热风表观风速 v_r/[m^3/(m^3·s)]								
	0.2	0.4	0.6	0.2	0.4	0.6	0.2	0.4	0.6
18-13	1.1501	1.1457	1.1562	1.1615	1.1772	1.1804	0.9712	1.1355	1.1832
18-14	1.1512	1.1465	1.1555	1.1682	1.2025	1.2043	0.8976	1.1243	1.2130
20-13	1.0888	1.0832	1.0901	1.0979	1.1029	1.1033	0.9699	1.0715	1.1017
20-14	1.0784	1.0727	1.0780	1.0936	1.1075	1.1068	0.9158	1.0664	1.1116
20-15	1.0769	1.0711	1.0747	1.0945	1.1229	1.1209	0.8559	1.0552	1.1302
20-16	1.0870	1.0811	1.0829	1.0952	1.1511	1.1505	0.7916	0.9915	1.1612
22-13	1.0521	1.0456	1.0504	1.0569	1.0598	1.0586	0.9563	1.0270	1.0539
22-14	1.0386	1.0324	1.0358	1.0502	1.0576	1.0555	0.9158	1.0204	1.0551
22-15	1.0311	1.0249	1.0269	1.0448	1.0613	1.0582	0.8690	1.0146	1.0625
22-16	1.0292	1.0236	1.0241	1.0436	1.0722	1.0681	0.8190	1.0017	1.0745
22-17	1.0350	1.0296	1.0289	1.0412	1.0905	1.0877	0.7652	0.9520	1.0942
22-18	1.0512	1.0460	1.0445	1.0244	1.1208	1.1224	0.7085	0.8856	1.1227
24-14	1.0124	1.0069	1.0093	1.0206	1.0266	1.0240	0.9071	0.9875	1.0196
24-15	1.0037	0.9975	0.9989	1.0141	1.0257	1.0223	0.8707	0.9793	1.0212
24-16	0.9978	0.9927	0.9928	1.0080	1.0292	1.0251	0.8300	0.9730	1.0268
24-17	0.9975	0.9920	0.9914	1.0060	1.0376	1.0331	0.7855	0.9585	1.0347
24-18	1.0002	0.9965	0.9955	1.0011	1.0507	1.0477	0.7403	0.9144	1.0484
24-19	1.0102	1.0075	1.0064	0.9882	1.0706	1.0715	0.6922	0.8594	1.0670
24-20	1.0293	1.0279	1.0268	0.9204	1.1027	1.1091	0.6369	0.8013	1.0838
26-16	0.9773	0.9729	0.9731	0.9838	1.0027	0.9986	0.8319	0.9454	0.9955
26-17	0.9724	0.9699	0.9694	0.9787	1.0063	1.0016	0.7950	0.9361	0.9992
26-18	0.9729	0.9696	0.9692	0.9772	1.0130	1.0085	0.7558	0.9223	1.0045
26-19	0.9746	0.9742	0.9734	0.9690	1.0230	1.0201	0.7159	0.8801	1.0146
26-20	0.9835	0.9814	0.9810	0.9566	1.0360	1.0375	0.6747	0.8327	1.0266
26-21	0.9916	0.9943	0.9948	0.9090	1.0566	1.0630	0.6281	0.7846	1.0375
26-22	1.0147	1.0162	1.0176	0.8288	1.0865	1.0997	0.5765	0.7319	1.0279
28-18	0.9532	0.9523	0.9535	0.9541	0.9881	0.9842	0.7637	0.9044	0.9761
28-19	0.9544	0.9548	0.9532	0.9502	0.9928	0.9905	0.7292	0.8871	0.9805
28-20	0.9583	0.9566	0.9569	0.9417	1.0010	1.000	0.6941	0.8513	0.9883
28-21	0.9582	0.9618	0.9638	0.9282	1.0101	1.0130	0.6575	0.8070	0.9950
28-22	0.9710	0.9729	0.9738	0.8871	1.0241	1.0309	0.6168	0.7660	1.0008
28-24	1.0020	1.0071	1.0090	0.7534	1.0721	1.0923	0.5261	0.6709	0.9559
30-20	0.9396	0.9398	0.9411	0.9261	0.9788	0.9763	0.7043	0.8557	0.9615
30-21	0.9376	0.9465	0.9454	0.9174	0.9833	0.9841	0.6735	0.8219	0.9650
30-22	0.9460	0.9467	0.9488	0.9043	0.9910	0.9931	0.6416	0.7829	0.9683
30-23	0.9484	0.9528	0.9579	0.8655	1.0007	1.0064	0.6045	0.7471	0.9706
30-24	0.9553	0.9633	0.9675	0.8152	1.0134	1.0249	0.5662	0.7098	0.9673
30-26	0.9839	0.9965	1.0044	0.6904	1.0512	1.0843	0.4836	0.6166	0.8901

表 A.62 单位耗热量折算系数 K_r 表

粮食种类:小麦　　环境温度 t_h:10℃　　环境相对湿度 RH:60%

降水范围 (M_1-M_2)/%	热风温度 t_r/℃								
	60			90			120		
	热风表观风速 v_r/[m³/(m³·s)]								
	0.2	0.4	0.6	0.2	0.4	0.6	0.2	0.4	0.6
18-13	1.2248	1.2193	1.2286	1.1920	1.2162	1.2183	0.9769	1.1516	1.2047
18-14	1.2287	1.2231	1.2309	1.1990	1.2414	1.2461	0.9028	1.1307	1.2346
20-13	1.1542	1.1474	1.1531	1.1260	1.1358	1.1353	0.9761	1.0848	1.1192
20-14	1.1437	1.1371	1.1414	1.1202	1.1419	1.1403	0.9209	1.0803	1.1304
20-15	1.1439	1.1372	1.1399	1.1227	1.1580	1.1569	0.8608	1.0670	1.1486
20-16	1.1579	1.1512	1.1522	1.1223	1.1873	1.1907	0.7958	0.9959	1.1827
22-13	1.1124	1.1043	1.1082	1.0828	1.0894	1.0875	0.9634	1.0402	1.0693
22-14	1.0978	1.0906	1.0931	1.0746	1.0878	1.0850	0.9216	1.0320	1.0711
22-15	1.0900	1.0834	1.0846	1.0687	1.0927	1.0889	0.8740	1.0269	1.0791
22-16	1.0896	1.0832	1.0831	1.0686	1.1039	1.1006	0.8229	1.0120	1.0907
22-17	1.0977	1.0917	1.0906	1.0645	1.1224	1.1230	0.7695	0.9560	1.1125
22-18	1.1179	1.1126	1.1108	1.0384	1.1558	1.1616	0.7110	0.8886	1.1404
24-14	1.0683	1.0612	1.0628	1.0427	1.0543	1.0511	0.9128	0.9983	1.0340
24-15	1.0596	1.0516	1.0523	1.0356	1.0540	1.0501	0.8753	0.9899	1.0362
24-16	1.0531	1.0469	1.0467	1.0299	1.0583	1.0538	0.8343	0.9821	1.0413
24-17	1.0516	1.0474	1.0464	1.0286	1.0670	1.0632	0.7889	0.9678	1.0495
24-18	1.0583	1.0534	1.0522	1.0218	1.0796	1.0797	0.7432	0.9187	1.0647
24-19	1.0703	1.0671	1.0661	1.0058	1.1011	1.1061	0.6947	0.8621	1.0825
24-20	1.0918	1.0922	1.0914	0.9288	1.1359	1.1457	0.6382	0.8037	1.0980
26-16	1.0272	1.0239	1.0237	1.0039	1.0296	1.0252	0.8353	0.9553	1.0090
26-17	1.0243	1.0212	1.0205	0.9989	1.0333	1.0291	0.7980	0.9448	1.0120
26-18	1.0242	1.0216	1.0214	0.9954	1.0398	1.0370	0.7595	0.9277	1.0182
26-19	1.0296	1.0278	1.0264	0.9879	1.0490	1.0497	0.7189	0.8855	1.0295
26-20	1.0386	1.0364	1.0369	0.9726	1.0636	1.0689	0.6773	0.8353	1.0402
26-21	1.0491	1.0525	1.0540	0.9166	1.0867	1.0954	0.6294	0.7866	1.0497
26-22	1.0706	1.0783	1.0808	0.8356	1.1176	1.1349	0.5776	0.7347	1.0341
28-18	1.0056	1.0013	1.0019	0.9739	1.0136	1.0099	0.7679	0.9120	0.9883
28-19	1.0094	1.0033	1.0028	0.9668	1.0192	1.0172	0.7315	0.8918	0.9940
28-20	1.0083	1.0076	1.0081	0.9592	1.0260	1.0277	0.6969	0.8532	1.0006
28-21	1.0105	1.0150	1.0155	0.9438	1.0364	1.0419	0.6602	0.8095	1.0069
28-22	1.0194	1.0253	1.0273	0.9000	1.0512	1.0607	0.6179	0.7679	1.0118
28-24	1.0528	1.0690	1.0718	0.7589	1.1014	1.1257	0.5270	0.6713	0.9590
30-20	0.9881	0.9887	0.9901	0.9415	1.0023	1.0025	0.7068	0.8622	0.9731
30-21	0.9910	0.9917	0.9937	0.9316	1.0063	1.0106	0.6752	0.8238	0.9761
30-22	0.9909	0.9994	0.9986	0.9173	1.0129	1.0213	0.6427	0.7858	0.9792
30-23	0.9906	1.0034	1.0090	0.8765	1.0232	1.0355	0.6055	0.7489	0.9805
30-24	1.0087	1.0167	1.0189	0.8209	1.0366	1.0540	0.5672	0.7111	0.9744
30-26	1.0450	1.0606	1.0642	0.6950	1.0781	1.1167	0.4845	0.6170	0.8920

表 A.63　单位耗热量折算系数 K_r 表

粮食种类:小麦　　　　环境温度 t_h:10℃　　　　环境相对湿度 RH:90%

降水范围 (M_1-M_2)/%	热风温度 t_r/℃								
	60			90			120		
	热风表观风速 v_r/[m^3/(m^3·s)]								
	0.2	0.4	0.6	0.2	0.4	0.6	0.2	0.4	0.6
18-13	1.3020	1.2955	1.3034	1.2218	1.2532	1.2559	0.9828	1.1672	1.2242
18-14	1.3089	1.3023	1.3089	1.2273	1.2788	1.2876	0.9081	1.1363	1.2560
20-13	1.2217	1.2137	1.2183	1.1521	1.1685	1.1672	0.9822	1.0977	1.1364
20-14	1.2113	1.2036	1.2069	1.1461	1.1756	1.1737	0.9263	1.0937	1.1477
20-15	1.2131	1.2056	1.2073	1.1481	1.1904	1.1927	0.8652	1.0751	1.1666
20-16	1.2302	1.2237	1.2239	1.1463	1.2229	1.2304	0.7999	1.0006	1.2020
22-13	1.1741	1.1650	1.1678	1.1074	1.1188	1.1162	0.9696	1.0525	1.0844
22-14	1.1587	1.1506	1.1523	1.0981	1.1179	1.1144	0.9266	1.0435	1.0869
22-15	1.1514	1.1437	1.1441	1.0921	1.1232	1.1195	0.8795	1.0370	1.0943
22-16	1.1518	1.1449	1.1441	1.0913	1.1332	1.1330	0.8265	1.0206	1.1068
22-17	1.1623	1.1560	1.1544	1.0872	1.1535	1.1581	0.7726	0.9609	1.1303
22-18	1.1833	1.1815	1.1794	1.0512	1.1905	1.1979	0.7138	0.8921	1.1579
24-14	1.1263	1.1172	1.1182	1.0645	1.0818	1.0781	0.9186	1.0084	1.0482
24-15	1.1159	1.1073	1.1075	1.0565	1.0823	1.0778	0.8801	1.0004	1.0507
24-16	1.1100	1.1029	1.1023	1.0513	1.0868	1.0824	0.8375	0.9912	1.0551
24-17	1.1103	1.1045	1.1030	1.0480	1.0936	1.0932	0.7927	0.9736	1.0641
24-18	1.1159	1.1125	1.1109	1.0419	1.1077	1.1114	0.7462	0.9229	1.0801
24-19	1.1286	1.1291	1.1279	1.0199	1.1314	1.1389	0.6975	0.8652	1.0973
24-20	1.1538	1.1590	1.1580	0.9357	1.1677	1.1802	0.6395	0.8068	1.1126
26-16	1.0801	1.0761	1.0761	1.0233	1.0558	1.0513	0.8387	0.9651	1.0220
26-17	1.0777	1.0742	1.0730	1.0187	1.0593	1.0559	0.8013	0.9529	1.0248
26-18	1.0816	1.0755	1.0749	1.0130	1.0645	1.0648	0.7620	0.9326	1.0321
26-19	1.0821	1.0822	1.0820	1.0058	1.0744	1.0793	0.7224	0.8876	1.0425
26-20	1.0882	1.0939	1.0938	0.9870	1.0914	1.0989	0.6795	0.8383	1.0533
26-21	1.1098	1.1131	1.1141	0.9230	1.1150	1.1267	0.6306	0.7891	1.0624
26-22	1.1300	1.1451	1.1462	0.8412	1.1493	1.1689	0.5787	0.7363	1.0397
28-18	1.0547	1.0528	1.0520	0.9926	1.0381	1.0357	0.7701	0.9199	1.0006
28-19	1.0531	1.0533	1.0553	0.9834	1.0415	1.0438	0.7340	0.8980	1.0065
28-20	1.0530	1.0612	1.0598	0.9736	1.0491	1.0549	0.6988	0.8553	1.0122
28-21	1.0613	1.0664	1.0706	0.9566	1.0604	1.0698	0.6614	0.8131	1.0187
28-22	1.0669	1.0818	1.0827	0.9058	1.0780	1.0901	0.6191	0.7701	1.0233
28-24	1.1112	1.1331	1.1357	0.7636	1.1276	1.1607	0.5280	0.6716	0.9625
30-20	1.0315	1.0366	1.0392	0.9572	1.0228	1.0274	0.7103	0.8651	0.9840
30-21	1.0351	1.0411	1.0440	0.9448	1.0288	1.0375	0.6771	0.8258	0.9870
30-22	1.0333	1.0485	1.0510	0.9297	1.0380	1.0477	0.6438	0.7910	0.9899
30-23	1.0494	1.0574	1.0611	0.8869	1.0501	1.0614	0.6066	0.7510	0.9923
30-24	1.0536	1.0736	1.0747	0.8257	1.0661	1.0809	0.5682	0.7129	0.9786
30-26	1.0923	1.1172	1.1315	0.6989	1.1033	1.1508	0.4853	0.6173	0.8940

表 A.64 单位耗热量折算系数 K_r 表

粮食种类:小麦　　环境温度 t_h:15℃　　环境相对湿度 RH:30%

降水范围 (M_1-M_2)/%	热风温度 t_r/℃								
	60			90			120		
	热风表观风速 v_r/[m^3/(m^3·s)]								
	0.2	0.4	0.6	0.2	0.4	0.6	0.2	0.4	0.6
18-13	1.0193	1.0157	1.0251	1.0698	1.0731	1.0763	0.9090	1.0616	1.0980
18-14	1.0125	1.0087	1.0167	1.0713	1.0885	1.0905	0.8387	1.0516	1.1227
20-13	0.9715	0.9669	0.9729	1.0142	1.0126	1.0131	0.9099	1.0052	1.0293
20-14	0.9580	0.9533	0.9580	1.0104	1.0128	1.0123	0.8581	0.9993	1.0350
20-15	0.9513	0.9465	0.9498	1.0082	1.0216	1.0199	0.8008	0.9889	1.0503
20-16	0.9530	0.9481	0.9498	1.0094	1.0426	1.0396	0.7388	0.9349	1.0739
22-13	0.9423	0.9370	0.9412	0.9804	0.9773	0.9763	0.9000	0.9660	0.9888
22-14	0.9277	0.9225	0.9255	0.9725	0.9727	0.9709	0.8603	0.9595	0.9879
22-15	0.9175	0.9127	0.9144	0.9685	0.9731	0.9704	0.8156	0.9525	0.9921
22-16	0.9124	0.9076	0.9081	0.9646	0.9792	0.9756	0.7676	0.9408	1.0024
22-17	0.9123	0.9080	0.9074	0.9637	0.9929	0.9885	0.7164	0.8979	1.0171
22-18	0.9193	0.9155	0.9142	0.9508	1.0158	1.0129	0.6633	0.8345	1.0406
24-14	0.9071	0.9026	0.9048	0.9475	0.9476	0.9454	0.8555	0.9307	0.9584
24-15	0.8969	0.8923	0.8935	0.9416	0.9450	0.9419	0.8200	0.9223	0.9580
24-16	0.8896	0.8854	0.8856	0.9366	0.9458	0.9420	0.7797	0.9158	0.9616
24-17	0.8853	0.8821	0.8815	0.9324	0.9506	0.9464	0.7377	0.9019	0.9682
24-18	0.8857	0.8823	0.8815	0.9294	0.9604	0.9561	0.6946	0.8633	0.9782
24-19	0.8891	0.8872	0.8864	0.9170	0.9757	0.9729	0.6499	0.8100	0.9933
24-20	0.8989	0.8983	0.8977	0.8662	0.9999	1.0004	0.6001	0.7543	1.0098
26-16	0.8749	0.8709	0.8715	0.9172	0.9251	0.9213	0.7829	0.8914	0.9354
26-17	0.8683	0.8664	0.8660	0.9108	0.9258	0.9220	0.7492	0.8827	0.9382
26-18	0.8659	0.8643	0.8638	0.9066	0.9299	0.9262	0.7113	0.8699	0.9427
26-19	0.8651	0.8647	0.8643	0.9016	0.9371	0.9340	0.6742	0.8324	0.9494
26-20	0.8684	0.8685	0.8684	0.8885	0.9478	0.9463	0.6355	0.7851	0.9589
26-21	0.8720	0.8746	0.8755	0.8489	0.9643	0.9648	0.5922	0.7403	0.9695
26-22	0.8865	0.8874	0.8884	0.7797	0.9870	0.9933	0.5430	0.6923	0.9631
28-18	0.8516	0.8524	0.8522	0.8893	0.9102	0.9074	0.7201	0.8563	0.9192
28-19	0.8543	0.8507	0.8517	0.8843	0.9143	0.9117	0.6877	0.8400	0.9217
28-20	0.8521	0.8516	0.8522	0.8779	0.9212	0.9175	0.6535	0.8024	0.9264
28-21	0.8493	0.8545	0.8553	0.8634	0.9272	0.9270	0.6194	0.7614	0.9327
28-22	0.8579	0.8580	0.8602	0.8299	0.9389	0.9403	0.5819	0.7229	0.9380
28-24	0.8694	0.8790	0.8819	0.7085	0.9720	0.9864	0.4956	0.6406	0.8969
30-20	0.8436	0.8400	0.8414	0.8658	0.9030	0.9000	0.6648	0.8093	0.9038
30-21	0.8399	0.8422	0.8426	0.8568	0.9065	0.9042	0.6359	0.7752	0.9071
30-22	0.8452	0.8437	0.8454	0.8412	0.9128	0.9117	0.6043	0.7420	0.9112
30-23	0.8384	0.8449	0.8487	0.8107	0.9194	0.9221	0.5706	0.7054	0.9115
30-24	0.8435	0.8514	0.8558	0.7664	0.9284	0.9359	0.5342	0.6710	0.9074
30-26	0.8619	0.8682	0.8765	0.6491	0.9604	0.9820	0.4555	0.5887	0.8367

表 A.65 单位耗热量折算系数 K_r 表

粮食种类：小麦　　环境温度 t_h：15℃　　环境相对湿度 RH：60%

降水范围 $(M_1\text{-}M_2)$/%	热风温度 t_r/℃ 60			90			120		
	热风表观风速 v_r/[m^3/(m^3·s)] 0.2	0.4	0.6	0.2	0.4	0.6	0.2	0.4	0.6
18-13	1.1103	1.1055	1.1133	1.1098	1.1214	1.1232	0.9171	1.0830	1.1253
18-14	1.1062	1.1013	1.1078	1.1127	1.1412	1.1419	0.8460	1.0688	1.1506
20-13	1.0517	1.0457	1.0504	1.0506	1.0537	1.0531	0.9187	1.0244	1.0520
20-14	1.0378	1.0320	1.0354	1.0453	1.0555	1.0539	0.8657	1.0180	1.0590
20-15	1.0326	1.0269	1.0290	1.0436	1.0671	1.0645	0.8080	1.0057	1.0746
20-16	1.0384	1.0327	1.0333	1.0431	1.0902	1.0891	0.7459	0.9420	1.1008
22-13	1.0165	1.0095	1.0125	1.0132	1.0144	1.0125	0.9102	0.9837	1.0091
22-14	1.0003	0.9940	0.9959	1.0056	1.0105	1.0078	0.8690	0.9760	1.0086
22-15	0.9899	0.9842	0.9850	0.9992	1.0121	1.0086	0.8227	0.9697	1.0139
22-16	0.9858	0.9804	0.9801	0.9961	1.0202	1.0160	0.7733	0.9561	1.0238
22-17	0.9881	0.9834	0.9823	0.9928	1.0350	1.0321	0.7225	0.9046	1.0401
22-18	1.0001	0.9956	0.9941	0.9758	1.0605	1.0616	0.6684	0.8396	1.0643
24-14	0.9760	0.9697	0.9710	0.9779	0.9824	0.9794	0.8626	0.9460	0.9769
24-15	0.9650	0.9587	0.9592	0.9709	0.9802	0.9766	0.8254	0.9377	0.9773
24-16	0.9578	0.9521	0.9518	0.9643	0.9820	0.9779	0.7858	0.9306	0.9814
24-17	0.9538	0.9496	0.9487	0.9610	0.9883	0.9840	0.7433	0.9159	0.9877
24-18	0.9549	0.9518	0.9507	0.9554	0.9986	0.9959	0.6996	0.8690	0.9987
24-19	0.9618	0.9599	0.9587	0.9420	1.0154	1.0159	0.6544	0.8148	1.0141
24-20	0.9760	0.9761	0.9752	0.8759	1.0423	1.0478	0.6017	0.7601	1.0279
26-16	0.9368	0.9336	0.9337	0.9426	0.9585	0.9543	0.7894	0.9066	0.9535
26-17	0.9318	0.9299	0.9289	0.9364	0.9606	0.9563	0.7534	0.8960	0.9559
26-18	0.9285	0.9276	0.9274	0.9334	0.9657	0.9618	0.7155	0.8791	0.9601
26-19	0.9332	0.9307	0.9296	0.9251	0.9729	0.9711	0.6776	0.8361	0.9680
26-20	0.9340	0.9352	0.9359	0.9115	0.9842	0.9854	0.6383	0.7903	0.9780
26-21	0.9413	0.9457	0.9463	0.8640	1.0015	1.0068	0.5938	0.7441	0.9861
26-22	0.9562	0.9630	0.9645	0.7875	1.0269	1.0380	0.5445	0.6979	0.9730
28-18	0.9110	0.9125	0.9126	0.9129	0.9430	0.9400	0.7240	0.8658	0.9350
28-19	0.9138	0.9113	0.9120	0.9082	0.9480	0.9446	0.6911	0.8445	0.9379
28-20	0.9101	0.9142	0.9149	0.8992	0.9542	0.9525	0.6576	0.8062	0.9436
28-21	0.9147	0.9177	0.9185	0.8850	0.9611	0.9637	0.6227	0.7684	0.9495
28-22	0.9198	0.9234	0.9274	0.8432	0.9727	0.9787	0.5834	0.7268	0.9528
28-24	0.9447	0.9530	0.9563	0.7149	1.0134	1.0308	0.4968	0.6410	0.9049
30-20	0.8964	0.8987	0.9028	0.8848	0.9343	0.9320	0.6678	0.8146	0.9196
30-21	0.8981	0.8999	0.9027	0.8748	0.9375	0.9379	0.6382	0.7806	0.9229
30-22	0.9004	0.9046	0.9059	0.8620	0.9433	0.9460	0.6074	0.7455	0.9250
30-23	0.9015	0.9068	0.9119	0.8219	0.9498	0.9574	0.5719	0.7124	0.9248
30-24	0.9056	0.9142	0.9196	0.7731	0.9618	0.9731	0.5354	0.6757	0.9187
30-26	0.9248	0.9478	0.9512	0.6544	0.9930	1.0228	0.4566	0.5891	0.8428

表 A.66 单位耗热量折算系数 K_r 表

粮食种类:小麦　　环境温度 t_h:15℃　　环境相对湿度 RH:90%

降水范围 (M_1-M_2)/%	热风温度 t_r/℃								
	60			90			120		
	热风表观风速 v_r/[m^3/(m^3·s)]								
	0.2	0.4	0.6	0.2	0.4	0.6	0.2	0.4	0.6
18-13	1.2059	1.1998	1.2059	1.1471	1.1693	1.1699	0.9258	1.1039	1.1520
18-14	1.2046	1.1985	1.2035	1.1510	1.1888	1.1931	0.8533	1.0767	1.1774
20-13	1.1358	1.1283	1.1316	1.0857	1.0945	1.0929	0.9275	1.0423	1.0739
20-14	1.1214	1.1145	1.1166	1.0780	1.0979	1.0955	0.8731	1.0364	1.0825
20-15	1.1179	1.1112	1.1121	1.0782	1.1103	1.1089	0.8139	1.0189	1.0976
20-16	1.1279	1.1214	1.1212	1.0760	1.1348	1.1385	0.7520	0.9471	1.1273
22-13	1.0938	1.0854	1.0872	1.0454	1.0513	1.0485	0.9180	1.0016	1.0284
22-14	1.0762	1.0689	1.0697	1.0358	1.0480	1.0447	0.8752	0.9920	1.0287
22-15	1.0659	1.0592	1.0591	1.0286	1.0509	1.0468	0.8288	0.9847	1.0348
22-16	1.0627	1.0566	1.0556	1.0268	1.0594	1.0563	0.7794	0.9678	1.0442
22-17	1.0678	1.0623	1.0608	1.0212	1.0746	1.0756	0.7277	0.9092	1.0629
22-18	1.0837	1.0798	1.0780	0.9908	1.1035	1.1090	0.6725	0.8461	1.0872
24-14	1.0485	1.0396	1.0402	1.0060	1.0171	1.0134	0.8694	0.9608	0.9951
24-15	1.0349	1.0285	1.0280	0.9980	1.0155	1.0113	0.8312	0.9520	0.9961
24-16	1.0257	1.0216	1.0210	0.9913	1.0180	1.0137	0.7914	0.9421	0.9996
24-17	1.0243	1.0204	1.0192	0.9884	1.0249	1.0214	0.7476	0.9235	1.0062
24-18	1.0278	1.0245	1.0232	0.9806	1.0349	1.0356	0.7039	0.8733	1.0188
24-19	1.0371	1.0357	1.0347	0.9616	1.0532	1.0582	0.6576	0.8211	1.0340
24-20	1.0554	1.0573	1.0569	0.8841	1.0836	1.0926	0.6034	0.7661	1.0458
26-16	1.0058	0.9999	0.9988	0.9672	0.9914	0.9877	0.7940	0.9191	0.9705
26-17	1.0006	0.9955	0.9949	0.9616	0.9939	0.9901	0.7573	0.9064	0.9725
26-18	1.0014	0.9940	0.9940	0.9563	0.9992	0.9967	0.7203	0.8841	0.9773
26-19	0.9997	0.9981	0.9982	0.9477	1.0064	1.0079	0.6816	0.8406	0.9864
26-20	1.0016	1.0052	1.0059	0.9301	1.0185	1.0240	0.6421	0.7958	0.9951
26-21	1.0123	1.0183	1.0202	0.8715	1.0377	1.0475	0.5953	0.7501	1.0013
26-22	1.0333	1.0416	1.0442	0.7941	1.0653	1.0812	0.5459	0.7004	0.9811
28-18	0.9789	0.9750	0.9756	0.9384	0.9760	0.9727	0.7289	0.8752	0.9504
28-19	0.9750	0.9749	0.9763	0.9287	0.9789	0.9783	0.6942	0.8500	0.9544
28-20	0.9764	0.9784	0.9792	0.9185	0.9839	0.9870	0.6607	0.8134	0.9596
28-21	0.9762	0.9842	0.9859	0.9023	0.9924	0.9998	0.6252	0.7713	0.9644
28-22	0.9812	0.9944	0.9950	0.8549	1.0046	1.0161	0.5848	0.7325	0.9663
28-24	1.0068	1.0282	1.0357	0.7204	1.0469	1.0718	0.4980	0.6415	0.9088
30-20	0.9587	0.9607	0.9625	0.9047	0.9629	0.9632	0.6717	0.8201	0.9348
30-21	0.9553	0.9602	0.9639	0.8917	0.9664	0.9704	0.6405	0.7855	0.9374
30-22	0.9600	0.9674	0.9717	0.8762	0.9730	0.9811	0.6088	0.7486	0.9384
30-23	0.9595	0.9726	0.9752	0.8366	0.9821	0.9928	0.5732	0.7145	0.9379
30-24	0.9723	0.9783	0.9884	0.7787	0.9902	1.0075	0.5366	0.6790	0.9250
30-26	0.9950	1.0191	1.0255	0.6589	1.0230	1.0636	0.4577	0.5896	0.8452

表 A.67 单位耗热量折算系数 K_r 表

粮食种类：小麦　　环境温度 t_h：20℃　　环境相对湿度 RH：30%

降水范围 $(M_1\text{-}M_2)$/%	热风温度 t_r/℃								
	60			90			120		
	热风表观风速 v_r/[m^3/(m^3·s)]								
	0.2	0.4	0.6	0.2	0.4	0.6	0.2	0.4	0.6
18-13	0.8964	0.8935	0.9017	0.9784	0.9751	0.9781	0.8489	0.9902	1.0164
18-14	0.8828	0.8798	0.8868	0.9791	0.9816	0.9836	0.7819	0.9806	1.0325
20-13	0.8606	0.8567	0.8620	0.9345	0.9272	0.9277	0.8523	0.9411	0.9598
20-14	0.8445	0.8406	0.8447	0.9272	0.9234	0.9230	0.8024	0.9347	0.9613
20-15	0.8335	0.8296	0.8323	0.9259	0.9262	0.9248	0.7472	0.9248	0.9706
20-16	0.8280	0.8240	0.8254	0.9252	0.9381	0.9356	0.6868	0.8787	0.9898
22-13	0.8381	0.8337	0.8373	0.9073	0.8989	0.8982	0.8448	0.9080	0.9260
22-14	0.8224	0.8182	0.8207	0.8976	0.8922	0.8907	0.8060	0.9013	0.9229
22-15	0.8104	0.8065	0.8079	0.8919	0.8896	0.8872	0.7626	0.8932	0.9240
22-16	0.8021	0.7983	0.7987	0.8891	0.8914	0.8883	0.7158	0.8815	0.9305
22-17	0.7974	0.7939	0.7934	0.8863	0.8989	0.8951	0.6658	0.8434	0.9425
22-18	0.7969	0.7938	0.7928	0.8768	0.9145	0.9103	0.6134	0.7815	0.9612
24-14	0.8069	0.8033	0.8052	0.8777	0.8726	0.8707	0.8022	0.8758	0.8985
24-15	0.7954	0.7922	0.7931	0.8705	0.8681	0.8655	0.7674	0.8677	0.8964
24-16	0.7875	0.7837	0.7839	0.8661	0.8666	0.8633	0.7288	0.8600	0.8978
24-17	0.7805	0.7780	0.7776	0.8617	0.8681	0.8645	0.6881	0.8466	0.9030
24-18	0.7765	0.7749	0.7742	0.8575	0.8735	0.8697	0.6458	0.8107	0.9106
24-19	0.7763	0.7745	0.7739	0.8487	0.8838	0.8802	0.6033	0.7584	0.9222
24-20	0.7769	0.7776	0.7773	0.8063	0.9010	0.8982	0.5617	0.7039	0.9350
26-16	0.7777	0.7739	0.7742	0.8498	0.8510	0.8478	0.7348	0.8394	0.8771
26-17	0.7701	0.7678	0.7680	0.8453	0.8498	0.8466	0.7023	0.8305	0.8789
26-18	0.7655	0.7644	0.7636	0.8400	0.8514	0.8482	0.6661	0.8166	0.8823
26-19	0.7614	0.7620	0.7620	0.8337	0.8558	0.8527	0.6311	0.7802	0.8871
26-20	0.7595	0.7612	0.7616	0.8243	0.8631	0.8603	0.5950	0.7351	0.8939
26-21	0.7612	0.7634	0.7639	0.7915	0.8740	0.8725	0.5569	0.6892	0.9013
26-22	0.7620	0.7672	0.7686	0.7306	0.8890	0.8913	0.5102	0.6426	0.8993
28-18	0.7551	0.7576	0.7565	0.8263	0.8369	0.8345	0.6777	0.8039	0.8633
28-19	0.7527	0.7537	0.7542	0.8214	0.8390	0.8366	0.6452	0.7877	0.8652
28-20	0.7526	0.7519	0.7532	0.8136	0.8423	0.8400	0.6143	0.7521	0.8678
28-21	0.7472	0.7515	0.7530	0.8024	0.8468	0.8455	0.5824	0.7127	0.8716
28-22	0.7478	0.7525	0.7538	0.7746	0.8545	0.8543	0.5475	0.6733	0.8751
28-24	0.7511	0.7622	0.7620	0.6637	0.8805	0.8858	0.4656	0.6024	0.8417
30-20	0.7426	0.7454	0.7476	0.8024	0.8303	0.8273	0.6262	0.7590	0.8499
30-21	0.7383	0.7449	0.7457	0.7970	0.8306	0.8305	0.5970	0.7265	0.8514
30-22	0.7406	0.7436	0.7459	0.7823	0.8359	0.8342	0.5682	0.6919	0.8524
30-23	0.7388	0.7449	0.7474	0.7570	0.8407	0.8413	0.5372	0.6579	0.8549
30-24	0.7382	0.7463	0.7485	0.7178	0.8464	0.8486	0.5026	0.6292	0.8496
30-26	0.7410	0.7540	0.7577	0.6078	0.8676	0.8803	0.4279	0.5608	0.7856

表 A.68 单位耗热量折算系数 K_r 表

粮食种类:小麦　　环境温度 t_h:20℃　　环境相对湿度 RH:60%

降水范围 (M_1-M_2)/%	热风温度 t_r/℃								
	60			90			120		
	热风表观风速 v_r/[m^3/(m^3·s)]								
	0.2	0.4	0.6	0.2	0.4	0.6	0.2	0.4	0.6
18-13	1.0052	1.0010	1.0071	1.0312	1.0338	1.0352	0.8589	1.0172	1.0507
18-14	0.9939	0.9897	0.9949	1.0298	1.0453	1.0457	0.7902	1.0043	1.0712
20-13	0.9571	0.9518	0.9553	0.9795	0.9775	0.9768	0.8628	0.9662	0.9884
20-14	0.9401	0.9350	0.9375	0.9737	0.9755	0.9739	0.8111	0.9581	0.9918
20-15	0.9303	0.9254	0.9268	0.9695	0.9816	0.9790	0.7547	0.9451	1.0043
20-16	0.9288	0.9240	0.9243	0.9685	0.9989	0.9954	0.6945	0.8857	1.0241
22-13	0.9277	0.9215	0.9237	0.9480	0.9446	0.9428	0.8562	0.9300	0.9517
22-14	0.9098	0.9045	0.9057	0.9387	0.9387	0.9361	0.8155	0.9217	0.9493
22-15	0.8972	0.8925	0.8929	0.9334	0.9374	0.9342	0.7709	0.9139	0.9522
22-16	0.8899	0.8854	0.8849	0.9280	0.9415	0.9376	0.7231	0.8995	0.9601
22-17	0.8873	0.8836	0.8825	0.9250	0.9524	0.9481	0.6736	0.8504	0.9723
22-18	0.8919	0.8885	0.8871	0.9107	0.9711	0.9691	0.6230	0.7883	0.9916
24-14	0.8908	0.8845	0.8854	0.9154	0.9155	0.9127	0.8125	0.8952	0.9228
24-15	0.8782	0.8724	0.8726	0.9088	0.9116	0.9084	0.7763	0.8860	0.9217
24-16	0.8682	0.8640	0.8636	0.9025	0.9111	0.9075	0.7382	0.8772	0.9239
24-17	0.8615	0.8590	0.8583	0.8971	0.9143	0.9105	0.6969	0.8624	0.9287
24-18	0.8592	0.8578	0.8569	0.8923	0.9221	0.9183	0.6557	0.8169	0.9368
24-19	0.8619	0.8606	0.8600	0.8781	0.9343	0.9324	0.6136	0.7650	0.9486
24-20	0.8678	0.8691	0.8689	0.8232	0.9549	0.9562	0.5659	0.7124	0.9613
26-16	0.8511	0.8502	0.8498	0.8845	0.8918	0.8888	0.7425	0.8563	0.9005
26-17	0.8440	0.8440	0.8435	0.8773	0.8925	0.8886	0.7088	0.8451	0.9023
26-18	0.8408	0.8406	0.8406	0.8727	0.8949	0.8916	0.6731	0.8270	0.9053
26-19	0.8406	0.8398	0.8400	0.8655	0.9005	0.8979	0.6376	0.7860	0.9104
26-20	0.8380	0.8418	0.8421	0.8505	0.9086	0.9081	0.6005	0.7418	0.9172
26-21	0.8448	0.8465	0.8477	0.8082	0.9224	0.9237	0.5589	0.6994	0.9248
26-22	0.8502	0.8559	0.8583	0.7397	0.9405	0.9481	0.5120	0.6557	0.9107
28-18	0.8295	0.8289	0.8293	0.8558	0.8780	0.8751	0.6823	0.8171	0.8844
28-19	0.8299	0.8260	0.8275	0.8500	0.8800	0.8777	0.6515	0.7948	0.8858
28-20	0.8257	0.8284	0.8278	0.8421	0.8841	0.8826	0.6187	0.7583	0.8891
28-21	0.8273	0.8274	0.8295	0.8265	0.8897	0.8907	0.5860	0.7227	0.8930
28-22	0.8227	0.8304	0.8336	0.7886	0.8994	0.9016	0.5493	0.6838	0.8959
28-24	0.8359	0.8476	0.8516	0.6711	0.9266	0.9398	0.4671	0.6108	0.8479
30-20	0.8135	0.8156	0.8182	0.8309	0.8693	0.8677	0.6298	0.7680	0.8691
30-21	0.8126	0.8153	0.8184	0.8202	0.8703	0.8707	0.6018	0.7364	0.8708
30-22	0.8069	0.8182	0.8182	0.8049	0.8779	0.8768	0.5727	0.7017	0.8733
30-23	0.8082	0.8176	0.8241	0.7694	0.8814	0.8845	0.5389	0.6707	0.8718
30-24	0.8116	0.8214	0.8258	0.7255	0.8871	0.8949	0.5041	0.6387	0.8631
30-26	0.8234	0.8361	0.8423	0.6140	0.9124	0.9340	0.4292	0.5614	0.7943

表 A.69 单位耗热量折算系数 K_r 表

粮食种类:小麦　　环境温度 t_h:20℃　　环境相对湿度 RH:90%

降水范围 (M_1-M_2)/%	热风温度 t_r/℃								
	60			90			120		
	热风表观风速 v_r/[m^3/(m^3·s)]								
	0.2	0.4	0.6	0.2	0.4	0.6	0.2	0.4	0.6
18-13	1.1221	1.1164	1.1205	1.0790	1.0922	1.0921	0.8690	1.0432	1.0840
18-14	1.1133	1.1077	1.1110	1.0795	1.1072	1.1078	0.7990	1.0167	1.1049
20-13	1.0606	1.0535	1.0555	1.0237	1.0276	1.0256	0.8729	0.9883	1.0162
20-14	1.0425	1.0361	1.0371	1.0155	1.0274	1.0247	0.8204	0.9808	1.0212
20-15	1.0340	1.0280	1.0281	1.0121	1.0367	1.0332	0.7631	0.9620	1.0337
20-16	1.0370	1.0312	1.0305	1.0088	1.0552	1.0552	0.7036	0.8940	1.0568
22-13	1.0234	1.0154	1.0162	0.9878	0.9900	0.9872	0.8671	0.9515	0.9766
22-14	1.0033	0.9966	0.9968	0.9782	0.9848	0.9814	0.8251	0.9414	0.9750
22-15	0.9902	0.9843	0.9838	0.9702	0.9850	0.9811	0.7804	0.9327	0.9788
22-16	0.9835	0.9783	0.9772	0.9660	0.9912	0.9869	0.7319	0.9141	0.9863
22-17	0.9833	0.9794	0.9780	0.9599	1.0031	1.0012	0.6832	0.8584	1.0004
22-18	0.9930	0.9899	0.9884	0.9323	1.0248	1.0278	0.6318	0.7978	1.0208
24-14	0.9799	0.9712	0.9710	0.9523	0.9580	0.9546	0.8223	0.9132	0.9458
24-15	0.9625	0.9578	0.9574	0.9440	0.9548	0.9511	0.7843	0.9040	0.9452
24-16	0.9524	0.9497	0.9487	0.9359	0.9554	0.9515	0.7450	0.8932	0.9478
24-17	0.9471	0.9453	0.9444	0.9321	0.9604	0.9563	0.7043	0.8725	0.9525
24-18	0.9482	0.9463	0.9452	0.9234	0.9689	0.9668	0.6628	0.8263	0.9618
24-19	0.9518	0.9523	0.9520	0.9047	0.9821	0.9847	0.6190	0.7742	0.9744
24-20	0.9650	0.9666	0.9671	0.8328	1.0056	1.0123	0.5680	0.7230	0.9832
26-16	0.9369	0.9305	0.9302	0.9152	0.9328	0.9295	0.7506	0.8731	0.9224
26-17	0.9248	0.9243	0.9241	0.9086	0.9338	0.9304	0.7147	0.8605	0.9238
26-18	0.9235	0.9228	0.9223	0.9031	0.9372	0.9348	0.6790	0.8380	0.9267
26-19	0.9200	0.9226	0.9230	0.8935	0.9439	0.9427	0.6422	0.7951	0.9328
26-20	0.9278	0.9264	0.9280	0.8759	0.9524	0.9555	0.6047	0.7506	0.9407
26-21	0.9272	0.9356	0.9375	0.8204	0.9674	0.9742	0.5608	0.7080	0.9441
26-22	0.9443	0.9511	0.9539	0.7473	0.9880	1.0020	0.5137	0.6639	0.9241
28-18	0.9113	0.9053	0.9075	0.8858	0.9177	0.9151	0.6881	0.8331	0.9036
28-19	0.9054	0.9056	0.9051	0.8773	0.9200	0.9184	0.6553	0.8061	0.9058
28-20	0.9049	0.9058	0.9083	0.8660	0.9249	0.9251	0.6235	0.7667	0.9104
28-21	0.8997	0.9074	0.9100	0.8494	0.9304	0.9349	0.5897	0.7292	0.9135
28-22	0.9043	0.9157	0.9174	0.8042	0.9394	0.9479	0.5511	0.6918	0.9130
28-24	0.9240	0.9424	0.9441	0.6774	0.9719	0.9926	0.4686	0.6114	0.8566
30-20	0.8949	0.8900	0.8929	0.8542	0.9062	0.9062	0.6345	0.7758	0.8890
30-21	0.8898	0.8904	0.8955	0.8411	0.9096	0.9119	0.6049	0.7414	0.8898
30-22	0.8876	0.8945	0.8973	0.8235	0.9124	0.9178	0.5745	0.7100	0.8900
30-23	0.8822	0.8937	0.8993	0.7866	0.9172	0.9278	0.5406	0.6767	0.8874
30-24	0.8840	0.9030	0.9071	0.7321	0.9258	0.9402	0.5057	0.6449	0.8729
30-26	0.9021	0.9292	0.9340	0.6192	0.9463	0.9837	0.4306	0.5619	0.7972

表 A.70 单位耗热量折算系数 K_r 表

粮食种类:小麦　　环境温度 t_h:25℃　　环境相对湿度 RH:30%

降水范围 (M_1-M_2)/%	热风温度 t_r/℃								
	60			90			120		
	热风表观风速 v_r/[m^3/(m^3·s)]								
	0.2	0.4	0.6	0.2	0.4	0.6	0.2	0.4	0.6
18-13	0.7808	0.7785	0.7853	0.8920	0.8831	0.8859	0.7907	0.9215	0.9384
18-14	0.7618	0.7594	0.7653	0.8869	0.8816	0.8836	0.7272	0.9126	0.9469
20-13	0.7554	0.7522	0.7565	0.8563	0.8466	0.8471	0.7962	0.8799	0.8912
20-14	0.7374	0.7342	0.7375	0.8484	0.8393	0.8390	0.7483	0.8729	0.8910
20-15	0.7229	0.7197	0.7219	0.8428	0.8369	0.8356	0.6958	0.8634	0.8952
20-16	0.7115	0.7083	0.7094	0.8410	0.8406	0.8384	0.6378	0.8232	0.9078
22-13	0.7387	0.7351	0.7380	0.8343	0.8248	0.8241	0.7915	0.8526	0.8638
22-14	0.7223	0.7189	0.7209	0.8253	0.8163	0.8149	0.7539	0.8444	0.8602
22-15	0.7090	0.7058	0.7069	0.8183	0.8109	0.8088	0.7121	0.8361	0.8591
22-16	0.6981	0.6952	0.6955	0.8135	0.8089	0.8062	0.6671	0.8250	0.8619
22-17	0.6895	0.6869	0.6865	0.8101	0.8109	0.8076	0.6189	0.7909	0.8698
22-18	0.6828	0.6805	0.6797	0.8028	0.8182	0.8145	0.5679	0.7326	0.8821
24-14	0.7113	0.7084	0.7099	0.8099	0.8016	0.7998	0.7519	0.8232	0.8407
24-15	0.6990	0.6966	0.6974	0.8025	0.7954	0.7932	0.7179	0.8152	0.8376
24-16	0.6895	0.6871	0.6872	0.7963	0.7919	0.7890	0.6807	0.8069	0.8370
24-17	0.6816	0.6794	0.6791	0.7922	0.7904	0.7874	0.6414	0.7936	0.8390
24-18	0.6746	0.6736	0.6730	0.7882	0.7918	0.7886	0.6003	0.7606	0.8441
24-19	0.6691	0.6689	0.6685	0.7790	0.7965	0.7934	0.5579	0.7115	0.8517
24-20	0.6652	0.6654	0.6653	0.7460	0.8058	0.8029	0.5138	0.6589	0.8608
26-16	0.6833	0.6811	0.6815	0.7841	0.7806	0.7780	0.6864	0.7899	0.8207
26-17	0.6763	0.6742	0.6743	0.7795	0.7782	0.7755	0.6539	0.7810	0.8204
26-18	0.6701	0.6686	0.6686	0.7743	0.7772	0.7746	0.6187	0.7671	0.8221
26-19	0.6637	0.6649	0.6645	0.7692	0.7789	0.7760	0.5834	0.7332	0.8251
26-20	0.6589	0.6613	0.6616	0.7591	0.7817	0.7794	0.5479	0.6899	0.8301
26-21	0.6540	0.6581	0.6590	0.7310	0.7878	0.7856	0.5145	0.6454	0.8353
26-22	0.6516	0.6567	0.6570	0.6816	0.7965	0.7960	0.4741	0.5989	0.8313
28-18	0.6632	0.6660	0.6651	0.7638	0.7680	0.7659	0.6303	0.7564	0.8074
28-19	0.6591	0.6611	0.6613	0.7596	0.7674	0.7654	0.5999	0.7407	0.8085
28-20	0.6547	0.6583	0.6587	0.7515	0.7687	0.7673	0.5708	0.7069	0.8115
28-21	0.6516	0.6545	0.6567	0.7420	0.7703	0.7691	0.5411	0.6690	0.8133
28-22	0.6469	0.6526	0.6548	0.7151	0.7751	0.7741	0.5106	0.6305	0.8143
28-24	0.6375	0.6484	0.6521	0.6189	0.7884	0.7909	0.4361	0.5505	0.7831
30-20	0.6518	0.6561	0.6565	0.7439	0.7602	0.7590	0.5864	0.7139	0.7978
30-21	0.6475	0.6524	0.6537	0.7356	0.7591	0.7597	0.5600	0.6828	0.7977
30-22	0.6453	0.6492	0.6524	0.7255	0.7620	0.7611	0.5332	0.6492	0.7977
30-23	0.6402	0.6477	0.6499	0.6997	0.7628	0.7643	0.5043	0.6155	0.7973
30-24	0.6343	0.6467	0.6499	0.6693	0.7688	0.7681	0.4715	0.5814	0.7903
30-26	0.6308	0.6417	0.6464	0.5666	0.7792	0.7867	0.4008	0.5230	0.7319

表 A.71 单位耗热量折算系数 K_r 表

粮食种类：小麦　　　　环境温度 t_h：25℃　　　　环境相对湿度 RH：60%

降水范围 (M_1-M_2)/%	热风温度 t_r/℃								
	60			90			120		
	热风表观风速 v_r/[m^3/(m^3·s)]								
	0.2	0.4	0.6	0.2	0.4	0.6	0.2	0.4	0.6
18-13	0.9086	0.9048	0.9093	0.9558	0.9534	0.9543	0.8031	0.9551	0.9810
18-14	0.8911	0.8874	0.8911	0.9529	0.9574	0.9575	0.7369	0.9412	0.9943
20-13	0.8695	0.8647	0.8671	0.9135	0.9073	0.9063	0.8091	0.9108	0.9289
20-14	0.8498	0.8453	0.8469	0.9047	0.9019	0.9002	0.7590	0.9019	0.9287
20-15	0.8360	0.8318	0.8325	0.9005	0.9031	0.9005	0.7045	0.8879	0.9361
20-16	0.8283	0.8243	0.8242	0.8974	0.9129	0.9095	0.6463	0.8323	0.9517
22-13	0.8448	0.8395	0.8408	0.8872	0.8801	0.8782	0.8051	0.8797	0.8979
22-14	0.8255	0.8211	0.8217	0.8764	0.8723	0.8698	0.7649	0.8708	0.8937
22-15	0.8111	0.8072	0.8072	0.8696	0.8685	0.8655	0.7217	0.8618	0.8936
22-16	0.8011	0.7973	0.7968	0.8644	0.8690	0.8655	0.6752	0.8469	0.8987
22-17	0.7943	0.7915	0.7905	0.8594	0.8750	0.8710	0.6270	0.7995	0.9080
22-18	0.7924	0.7901	0.7890	0.8456	0.8883	0.8844	0.5765	0.7397	0.9234
24-14	0.8114	0.8049	0.8053	0.8572	0.8535	0.8508	0.7632	0.8478	0.8713
24-15	0.7962	0.7917	0.7916	0.8489	0.8480	0.8451	0.7274	0.8380	0.8685
24-16	0.7845	0.7817	0.7814	0.8443	0.8457	0.8423	0.6896	0.8284	0.8690
24-17	0.7766	0.7750	0.7741	0.8373	0.8462	0.8427	0.6494	0.8124	0.8728
24-18	0.7708	0.7705	0.7700	0.8308	0.8504	0.8469	0.6087	0.7681	0.8787
24-19	0.7689	0.7690	0.7688	0.8176	0.8588	0.8558	0.5677	0.7179	0.8872
24-20	0.7684	0.7709	0.7713	0.7700	0.8723	0.8719	0.5276	0.6657	0.8955
26-16	0.7722	0.7711	0.7709	0.8291	0.8308	0.8279	0.6959	0.8105	0.8503
26-17	0.7637	0.7639	0.7642	0.8215	0.8289	0.8262	0.6625	0.7987	0.8512
26-18	0.7591	0.7586	0.7591	0.8154	0.8300	0.8273	0.6280	0.7787	0.8528
26-19	0.7544	0.7567	0.7562	0.8077	0.8330	0.8302	0.5947	0.7390	0.8564
26-20	0.7502	0.7545	0.7557	0.7933	0.8384	0.8367	0.5609	0.6959	0.8609
26-21	0.7492	0.7549	0.7566	0.7533	0.8465	0.8470	0.5246	0.6519	0.8646
26-22	0.7514	0.7585	0.7611	0.6920	0.8608	0.8642	0.4801	0.6067	0.8523
28-18	0.7519	0.7504	0.7524	0.8021	0.8161	0.8146	0.6418	0.7725	0.8356
28-19	0.7485	0.7476	0.7485	0.7951	0.8181	0.8154	0.6112	0.7484	0.8366
28-20	0.7445	0.7454	0.7464	0.7881	0.8188	0.8183	0.5811	0.7124	0.8381
28-21	0.7395	0.7440	0.7451	0.7711	0.8234	0.8225	0.5503	0.6748	0.8395
28-22	0.7366	0.7423	0.7470	0.7358	0.8279	0.8301	0.5160	0.6369	0.8405
28-24	0.7356	0.7465	0.7529	0.6274	0.8488	0.8575	0.4379	0.5681	0.7947
30-20	0.7362	0.7369	0.7397	0.7771	0.8070	0.8056	0.5927	0.7217	0.8217
30-21	0.7293	0.7356	0.7378	0.7680	0.8089	0.8093	0.5662	0.6882	0.8220
30-22	0.7285	0.7363	0.7380	0.7518	0.8109	0.8112	0.5386	0.6550	0.8224
30-23	0.7240	0.7352	0.7392	0.7181	0.8130	0.8179	0.5064	0.6221	0.8210
30-24	0.7187	0.7311	0.7395	0.6781	0.8216	0.8254	0.4734	0.5909	0.8097
30-26	0.7198	0.7376	0.7479	0.5736	0.8353	0.8517	0.4024	0.5337	0.7422

表 A.72 单位耗热量折算系数 K_r 表

粮食种类:小麦　　环境温度 t_h:25℃　　环境相对湿度 RH:90%

降水范围 (M_1-M_2)/%	热风温度 t_r/℃								
	60			90			120		
	热风表观风速 v_r/[m^3/(m^3·s)]								
	0.2	0.4	0.6	0.2	0.4	0.6	0.2	0.4	0.6
18-13	1.0503	1.0448	1.0471	1.0170	1.0234	1.0226	0.8148	0.9870	1.0218
18-14	1.0343	1.0292	1.0309	1.0127	1.0331	1.0315	0.7470	0.9579	1.0382
20-13	0.9957	0.9889	0.9896	0.9671	0.9678	0.9654	0.8210	0.9386	0.9630
20-14	0.9737	0.9678	0.9679	0.9586	0.9644	0.9615	0.7693	0.9294	0.9652
20-15	0.9606	0.9553	0.9548	0.9520	0.9692	0.9656	0.7138	0.9068	0.9747
20-16	0.9573	0.9524	0.9514	0.9470	0.9831	0.9810	0.6557	0.8409	0.9923
22-13	0.9624	0.9544	0.9543	0.9357	0.9352	0.9322	0.8172	0.9058	0.9285
22-14	0.9401	0.9333	0.9328	0.9253	0.9281	0.9247	0.7753	0.8947	0.9256
22-15	0.9236	0.9185	0.9176	0.9169	0.9259	0.9221	0.7310	0.8842	0.9272
22-16	0.9135	0.9094	0.9083	0.9104	0.9290	0.9249	0.6843	0.8617	0.9326
22-17	0.9092	0.9064	0.9052	0.9033	0.9376	0.9346	0.6367	0.8072	0.9431
22-18	0.9130	0.9108	0.9097	0.8752	0.9543	0.9546	0.5882	0.7479	0.9587
24-14	0.9185	0.9107	0.9102	0.9021	0.9050	0.9019	0.7757	0.8695	0.9005
24-15	0.8990	0.8957	0.8950	0.8941	0.9004	0.8969	0.7380	0.8596	0.8986
24-16	0.8871	0.8851	0.8847	0.8851	0.8993	0.8956	0.6995	0.8472	0.8998
24-17	0.8800	0.8793	0.8783	0.8794	0.9017	0.8981	0.6602	0.8221	0.9030
24-18	0.8771	0.8765	0.8764	0.8703	0.9074	0.9051	0.6218	0.7753	0.9094
24-19	0.8756	0.8790	0.8790	0.8490	0.9182	0.9183	0.5815	0.7257	0.9182
24-20	0.8825	0.8868	0.8878	0.7818	0.9356	0.9401	0.5334	0.6749	0.9248
26-16	0.8689	0.8693	0.8693	0.8671	0.8799	0.8776	0.7073	0.8292	0.8780
26-17	0.8601	0.8621	0.8618	0.8594	0.8799	0.8766	0.6735	0.8156	0.8781
26-18	0.8552	0.8570	0.8577	0.8534	0.8824	0.8792	0.6387	0.7878	0.8800
26-19	0.8528	0.8548	0.8567	0.8424	0.8855	0.8849	0.6043	0.7459	0.8838
26-20	0.8482	0.8571	0.8582	0.8223	0.8930	0.8943	0.5687	0.7035	0.8890
26-21	0.8538	0.8599	0.8636	0.7695	0.9036	0.9082	0.5270	0.6613	0.8906
26-22	0.8621	0.8709	0.8744	0.7008	0.9194	0.9294	0.4823	0.6242	0.8674
28-18	0.8475	0.8457	0.8464	0.8373	0.8643	0.8630	0.6486	0.7879	0.8602
28-19	0.8447	0.8404	0.8427	0.8295	0.8666	0.8649	0.6177	0.7565	0.8611
28-20	0.8379	0.8394	0.8419	0.8165	0.8687	0.8703	0.5873	0.7193	0.8628
28-21	0.8388	0.8394	0.8434	0.7963	0.8735	0.8759	0.5549	0.6827	0.8658
28-22	0.8329	0.8415	0.8466	0.7538	0.8795	0.8856	0.5182	0.6483	0.8630
28-24	0.8394	0.8576	0.8632	0.6346	0.9036	0.9215	0.4398	0.5814	0.8056
30-20	0.8270	0.8305	0.8320	0.8077	0.8546	0.8540	0.5992	0.7282	0.8449
30-21	0.8225	0.8266	0.8295	0.7928	0.8558	0.8567	0.5702	0.6955	0.8459
30-22	0.8151	0.8275	0.8306	0.7717	0.8598	0.8618	0.5408	0.6649	0.8446
30-23	0.8144	0.8259	0.8344	0.7369	0.8618	0.8699	0.5085	0.6387	0.8407
30-24	0.8110	0.8260	0.8364	0.6856	0.8666	0.8788	0.4754	0.6088	0.8229
30-26	0.8196	0.8401	0.8508	0.5797	0.8808	0.9107	0.4040	0.5344	0.7501

表 A.73 单位耗热量折算系数 K_r 表

粮食种类：小麦　　　　环境温度 t_h：30℃　　　　环境相对湿度 RH：30％

降水范围 (M_1-M_2)/%	热风温度 t_r/℃								
	60			90			120		
	热风表观风速 v_r/[m^3/(m^3·s)]								
	0.2	0.4	0.6	0.2	0.4	0.6	0.2	0.4	0.6
18-13	0.6717	0.6698	0.6753	0.8052	0.7971	0.7996	0.7343	0.8537	0.8615
18-14	0.6485	0.6465	0.6513	0.7971	0.7887	0.7904	0.6744	0.8450	0.8647
20-13	0.6550	0.6524	0.6557	0.7793	0.7709	0.7713	0.7419	0.8210	0.8253
20-14	0.6357	0.6331	0.6356	0.7690	0.7605	0.7601	0.6960	0.8128	0.8216
20-15	0.6186	0.6161	0.6178	0.7621	0.7534	0.7523	0.6462	0.8030	0.8227
20-16	0.6027	0.6002	0.6010	0.7572	0.7500	0.7481	0.5907	0.7694	0.8287
22-13	0.6432	0.6403	0.6425	0.7629	0.7548	0.7541	0.7399	0.7990	0.8040
22-14	0.6265	0.6238	0.6253	0.7528	0.7447	0.7434	0.7034	0.7899	0.7985
22-15	0.6123	0.6098	0.6106	0.7452	0.7370	0.7351	0.6633	0.7813	0.7959
22-16	0.5996	0.5975	0.5976	0.7394	0.7317	0.7292	0.6203	0.7706	0.7962
22-17	0.5880	0.5862	0.5858	0.7342	0.7288	0.7259	0.5740	0.7399	0.7994
22-18	0.5765	0.5749	0.5742	0.7269	0.7287	0.7256	0.5251	0.6853	0.8074
24-14	0.6191	0.6169	0.6180	0.7417	0.7342	0.7327	0.7033	0.7729	0.7839
24-15	0.6066	0.6049	0.6054	0.7337	0.7270	0.7249	0.6701	0.7649	0.7802
24-16	0.5961	0.5946	0.5946	0.7280	0.7213	0.7189	0.6346	0.7558	0.7783
24-17	0.5875	0.5856	0.5854	0.7224	0.7176	0.7149	0.5968	0.7427	0.7781
24-18	0.5783	0.5775	0.5772	0.7174	0.7153	0.7127	0.5573	0.7121	0.7806
24-19	0.5695	0.5698	0.5694	0.7089	0.7151	0.7124	0.5164	0.6660	0.7847
24-20	0.5594	0.5610	0.5610	0.6813	0.7171	0.7145	0.4731	0.6158	0.7899
26-16	0.5926	0.5918	0.5923	0.7194	0.7147	0.7122	0.6411	0.7423	0.7666
26-17	0.5852	0.5841	0.5844	0.7135	0.7103	0.7080	0.6097	0.7331	0.7651
26-18	0.5786	0.5777	0.5777	0.7101	0.7073	0.7055	0.5759	0.7194	0.7653
26-19	0.5708	0.5719	0.5718	0.7036	0.7063	0.7039	0.5417	0.6870	0.7664
26-20	0.5645	0.5663	0.5665	0.6936	0.7056	0.7038	0.5068	0.6462	0.7681
26-21	0.5560	0.5594	0.5608	0.6693	0.7064	0.7050	0.4712	0.6037	0.7704
26-22	0.5462	0.5517	0.5534	0.6307	0.7090	0.7080	0.4352	0.5590	0.7657
28-18	0.5759	0.5774	0.5773	0.7027	0.7017	0.7002	0.5872	0.7107	0.7547
28-19	0.5701	0.5724	0.5724	0.6964	0.7007	0.6989	0.5575	0.6951	0.7544
28-20	0.5631	0.5674	0.5685	0.6890	0.6987	0.6980	0.5278	0.6630	0.7544
28-21	0.5584	0.5624	0.5645	0.6800	0.6979	0.6972	0.4986	0.6269	0.7552
28-22	0.5526	0.5580	0.5600	0.6578	0.6984	0.6983	0.4710	0.5901	0.7541
28-24	0.5367	0.5453	0.5475	0.5741	0.7005	0.7031	0.4022	0.5122	0.7206
30-20	0.5641	0.5682	0.5690	0.6835	0.6937	0.6934	0.5439	0.6702	0.7443
30-21	0.5599	0.5640	0.5658	0.6782	0.6936	0.6922	0.5193	0.6406	0.7444
30-22	0.5540	0.5593	0.5618	0.6656	0.6924	0.6933	0.4941	0.6086	0.7434
30-23	0.5481	0.5561	0.5588	0.6432	0.6910	0.6925	0.4670	0.5762	0.7405
30-24	0.5413	0.5495	0.5543	0.6139	0.6934	0.6932	0.4360	0.5433	0.7348
30-26	0.5266	0.5388	0.5438	0.5254	0.6945	0.6981	0.3698	0.4745	0.6780

表 A.74 单位耗热量折算系数 K_r 表

粮食种类：小麦　　环境温度 t_h：30℃　　环境相对湿度 RH：60%

降水范围 (M_1-M_2)/%	热风温度 t_r/℃								
	60			90			120		
	热风表观风速 v_r/[m³/(m³·s)]								
	0.2	0.4	0.6	0.2	0.4	0.6	0.2	0.4	0.6
18-13	0.8189	0.8155	0.8184	0.8865	0.8799	0.8801	0.7494	0.8969	0.9164
18-14	0.7961	0.7928	0.7951	0.8801	0.8773	0.8769	0.6856	0.8816	0.9230
20-13	0.7873	0.7831	0.7844	0.8516	0.8429	0.8415	0.7573	0.8590	0.8729
20-14	0.7652	0.7614	0.7622	0.8410	0.8345	0.8326	0.7090	0.8488	0.8703
20-15	0.7481	0.7446	0.7448	0.8347	0.8313	0.8287	0.6563	0.8339	0.8733
20-16	0.7353	0.7321	0.7317	0.8298	0.8345	0.8313	0.6003	0.7806	0.8840
22-13	0.7665	0.7620	0.7626	0.8289	0.8207	0.8186	0.7557	0.8325	0.8467
22-14	0.7460	0.7424	0.7425	0.8186	0.8112	0.8088	0.7165	0.8228	0.8416
22-15	0.7303	0.7270	0.7266	0.8099	0.8052	0.8023	0.6746	0.8128	0.8397
22-16	0.7174	0.7149	0.7142	0.8042	0.8027	0.7994	0.6295	0.7970	0.8414
22-17	0.7074	0.7056	0.7048	0.7979	0.8041	0.8006	0.5831	0.7502	0.8474
22-18	0.7004	0.6990	0.6982	0.7844	0.8109	0.8073	0.5342	0.6931	0.8579
24-14	0.7334	0.7292	0.7294	0.8029	0.7962	0.7937	0.7166	0.8030	0.8232
24-15	0.7175	0.7152	0.7149	0.7935	0.7894	0.7867	0.6813	0.7928	0.8195
24-16	0.7055	0.7042	0.7037	0.7870	0.7852	0.7823	0.6445	0.7820	0.8181
24-17	0.6954	0.6953	0.6950	0.7812	0.7834	0.7805	0.6057	0.7640	0.8195
24-18	0.6877	0.6886	0.6884	0.7732	0.7845	0.7815	0.5663	0.7211	0.8226
24-19	0.6822	0.6840	0.6839	0.7602	0.7887	0.7859	0.5259	0.6731	0.8285
24-20	0.6777	0.6803	0.6809	0.7145	0.7966	0.7950	0.4848	0.6230	0.8337
26-16	0.6958	0.6959	0.6961	0.7744	0.7741	0.7716	0.6515	0.7673	0.8027
26-17	0.6861	0.6884	0.6881	0.7685	0.7708	0.7684	0.6186	0.7546	0.8020
26-18	0.6809	0.6821	0.6825	0.7617	0.7695	0.7675	0.5850	0.7322	0.8026
26-19	0.6733	0.6770	0.6778	0.7525	0.7702	0.7685	0.5516	0.6940	0.8047
26-20	0.6689	0.6725	0.6740	0.7384	0.7732	0.7718	0.5196	0.6528	0.8079
26-21	0.6624	0.6695	0.6716	0.7001	0.7772	0.7770	0.4855	0.6105	0.8090
26-22	0.6594	0.6674	0.6705	0.6444	0.7852	0.7872	0.4444	0.5663	0.7925
28-18	0.6785	0.6771	0.6771	0.7511	0.7604	0.7590	0.5982	0.7303	0.7897
28-19	0.6709	0.6726	0.6725	0.7429	0.7585	0.7577	0.5694	0.7044	0.7898
28-20	0.6654	0.6676	0.6700	0.7345	0.7609	0.7587	0.5411	0.6692	0.7902
28-21	0.6593	0.6632	0.6672	0.7191	0.7607	0.7606	0.5119	0.6331	0.7898
28-22	0.6518	0.6620	0.6648	0.6841	0.7645	0.7647	0.4792	0.5966	0.7883
28-24	0.6415	0.6559	0.6627	0.5838	0.7733	0.7807	0.4060	0.5212	0.7397
30-20	0.6632	0.6660	0.6677	0.7256	0.7505	0.7503	0.5565	0.6785	0.7771
30-21	0.6562	0.6621	0.6636	0.7171	0.7500	0.7507	0.5314	0.6465	0.7762
30-22	0.6487	0.6570	0.6620	0.6982	0.7526	0.7533	0.5051	0.6146	0.7751
30-23	0.6431	0.6533	0.6590	0.6678	0.7521	0.7540	0.4746	0.5826	0.7703
30-24	0.6389	0.6515	0.6555	0.6307	0.7540	0.7592	0.4433	0.5506	0.7583
30-26	0.6257	0.6475	0.6558	0.5334	0.7606	0.7745	0.3761	0.4931	0.6944

表 A.75 单位耗热量折算系数 K_r 表

粮食种类：小麦　　环境温度 t_h：30℃　　环境相对湿度 RH：90%

降水范围 (M_1-M_2)/%	热风温度 t_r/℃								
	60			90			120		
	热风表观风速 v_r/[m^3/(m^3·s)]								
	0.2	0.4	0.6	0.2	0.4	0.6	0.2	0.4	0.6
18-13	0.9896	0.9844	0.9851	0.9605	0.9626	0.9610	0.7627	0.9352	0.9653
18-14	0.9667	0.9620	0.9624	0.9526	0.9662	0.9641	0.6975	0.9013	0.9772
20-13	0.9404	0.9337	0.9334	0.9165	0.9147	0.9120	0.7712	0.8927	0.9147
20-14	0.9141	0.9089	0.9082	0.9065	0.9085	0.9054	0.7206	0.8814	0.9140
20-15	0.8967	0.8922	0.8912	0.8978	0.9093	0.9057	0.6670	0.8536	0.9206
20-16	0.8876	0.8837	0.8825	0.8905	0.9188	0.9154	0.6110	0.7902	0.9337
22-13	0.9034	0.9019	0.9011	0.8888	0.8862	0.8832	0.7701	0.8638	0.8847
22-14	0.8841	0.8781	0.8772	0.8771	0.8776	0.8743	0.7284	0.8516	0.8801
22-15	0.8640	0.8608	0.8598	0.8684	0.8733	0.8698	0.6849	0.8389	0.8798
22-16	0.8508	0.8488	0.8478	0.8599	0.8736	0.8699	0.6398	0.8116	0.8838
22-17	0.8432	0.8421	0.8412	0.8513	0.8791	0.8757	0.5936	0.7588	0.8910
22-18	0.8415	0.8414	0.8407	0.8195	0.8904	0.8898	0.5458	0.7019	0.9022
24-14	0.8471	0.8575	0.8567	0.8564	0.8577	0.8547	0.7294	0.8289	0.8584
24-15	0.8437	0.8408	0.8403	0.8483	0.8517	0.8487	0.6930	0.8186	0.8558
24-16	0.8290	0.8282	0.8280	0.8385	0.8493	0.8459	0.6547	0.8045	0.8559
24-17	0.8202	0.8197	0.8198	0.8310	0.8493	0.8462	0.6164	0.7749	0.8573
24-18	0.8121	0.8151	0.8152	0.8207	0.8530	0.8504	0.5782	0.7290	0.8616
24-19	0.8079	0.8131	0.8143	0.7944	0.8596	0.8596	0.5415	0.6813	0.8671
24-20	0.8080	0.8166	0.8180	0.7311	0.8728	0.8758	0.4960	0.6319	0.8689
26-16	0.8109	0.8136	0.8147	0.8225	0.8326	0.8305	0.6643	0.7885	0.8374
26-17	0.8082	0.8052	0.8058	0.8141	0.8318	0.8288	0.6318	0.7746	0.8364
26-18	0.7994	0.8002	0.8005	0.8061	0.8310	0.8295	0.5988	0.7421	0.8371
26-19	0.7895	0.7954	0.7975	0.7937	0.8343	0.8333	0.5661	0.7014	0.8389
26-20	0.7843	0.7934	0.7961	0.7690	0.8382	0.8394	0.5322	0.6606	0.8415
26-21	0.7827	0.7936	0.7986	0.7189	0.8466	0.8496	0.4928	0.6191	0.8403
26-22	0.7882	0.7991	0.8027	0.6545	0.8563	0.8656	0.4516	0.5771	0.8113
28-18	0.7857	0.7880	0.7913	0.7926	0.8171	0.8164	0.6110	0.7449	0.8203
28-19	0.7792	0.7825	0.7872	0.7839	0.8176	0.8168	0.5813	0.7121	0.8199
28-20	0.7715	0.7811	0.7834	0.7691	0.8191	0.8199	0.5522	0.6763	0.8197
28-21	0.7658	0.7801	0.7826	0.7444	0.8230	0.8236	0.5208	0.6407	0.8206
28-22	0.7649	0.7760	0.7846	0.7037	0.8253	0.8316	0.4860	0.6053	0.8160
28-24	0.7677	0.7841	0.7911	0.5921	0.8385	0.8580	0.4117	0.5449	0.7558
30-20	0.7632	0.7714	0.7767	0.7628	0.8050	0.8069	0.5638	0.6852	0.8047
30-21	0.7597	0.7660	0.7738	0.7471	0.8055	0.8090	0.5370	0.6535	0.8053
30-22	0.7508	0.7616	0.7724	0.7212	0.8093	0.8121	0.5078	0.6223	0.8021
30-23	0.7475	0.7662	0.7710	0.6873	0.8097	0.8172	0.4772	0.5922	0.7955
30-24	0.7381	0.7638	0.7729	0.6393	0.8135	0.8231	0.4457	0.5689	0.7758
30-26	0.7447	0.7712	0.7802	0.5403	0.8153	0.8463	0.3781	0.5069	0.7038

表 A.76 单位耗热量折算系数 K_r 表

粮食种类:小麦　　环境温度 t_h:35℃　　环境相对湿度 RH:30%

降水范围 (M_1-M_2)/%	热风温度 t_r/℃								
	60			90			120		
	热风表观风速 v_r/[m^3/(m^3·s)]								
	0.2	0.4	0.6	0.2	0.4	0.6	0.2	0.4	0.6
18-13	0.5674	0.5659	0.5700	0.7239	0.7169	0.7190	0.6783	0.7890	0.7894
18-14	0.5416	0.5400	0.5436	0.7096	0.7024	0.7039	0.6229	0.7784	0.7853
20-13	0.5579	0.5558	0.5582	0.7070	0.6998	0.6999	0.6891	0.7641	0.7633
20-14	0.5381	0.5361	0.5378	0.6940	0.6867	0.6863	0.6455	0.7542	0.7561
20-15	0.5195	0.5176	0.5187	0.6831	0.6757	0.6746	0.5983	0.7437	0.7523
20-16	0.5004	0.4986	0.4991	0.6736	0.6661	0.6643	0.5453	0.7154	0.7524
22-13	0.5502	0.5479	0.5494	0.6957	0.6888	0.6880	0.6899	0.7474	0.7476
22-14	0.5337	0.5316	0.5326	0.6841	0.6773	0.6761	0.6546	0.7374	0.7402
22-15	0.5190	0.5172	0.5177	0.6746	0.6677	0.6659	0.6161	0.7288	0.7351
22-16	0.5054	0.5039	0.5039	0.6662	0.6595	0.6573	0.5749	0.7173	0.7324
22-17	0.4918	0.4906	0.4903	0.6588	0.6524	0.6499	0.5308	0.6895	0.7321
22-18	0.4767	0.4758	0.4754	0.6497	0.6460	0.6433	0.4841	0.6390	0.7342
24-14	0.5291	0.5277	0.5284	0.6766	0.6707	0.6692	0.6561	0.7245	0.7300
24-15	0.5168	0.5156	0.5159	0.6683	0.6622	0.6604	0.6239	0.7163	0.7248
24-16	0.5060	0.5050	0.5051	0.6607	0.6553	0.6531	0.5899	0.7064	0.7213
24-17	0.4963	0.4953	0.4952	0.6546	0.6491	0.6469	0.5537	0.6937	0.7195
24-18	0.4860	0.4858	0.4856	0.6480	0.6439	0.6417	0.5160	0.6647	0.7189
24-19	0.4754	0.4757	0.4755	0.6364	0.6393	0.6371	0.4768	0.6215	0.7198
24-20	0.4618	0.4633	0.4634	0.6043	0.6346	0.6327	0.4352	0.5739	0.7212
26-16	0.5051	0.5046	0.5050	0.6569	0.6515	0.6500	0.5971	0.6960	0.7139
26-17	0.4973	0.4968	0.4969	0.6500	0.6469	0.6446	0.5670	0.6868	0.7115
26-18	0.4898	0.4896	0.4898	0.6438	0.6420	0.6401	0.5347	0.6729	0.7103
26-19	0.4816	0.4832	0.4830	0.6360	0.6380	0.6365	0.5019	0.6417	0.7093
26-20	0.4734	0.4754	0.4758	0.6232	0.6345	0.6332	0.4684	0.6034	0.7091
26-21	0.4632	0.4667	0.4675	0.5946	0.6307	0.6299	0.4336	0.5631	0.7088
26-22	0.4493	0.4548	0.4565	0.5668	0.6265	0.6266	0.3972	0.5206	0.7023
28-18	0.4889	0.4917	0.4917	0.6387	0.6400	0.6388	0.5462	0.6666	0.7035
28-19	0.4821	0.4857	0.4870	0.6319	0.6366	0.6353	0.5177	0.6505	0.7022
28-20	0.4750	0.4801	0.4817	0.6228	0.6332	0.6329	0.4891	0.6199	0.7017
28-21	0.4686	0.4746	0.4761	0.6102	0.6313	0.6302	0.4603	0.5857	0.7003
28-22	0.4631	0.4671	0.4697	0.5875	0.6273	0.6274	0.4319	0.5508	0.6988
28-24	0.4416	0.4478	0.4515	0.5240	0.6207	0.6213	0.3686	0.4764	0.6631
30-20	0.4787	0.4826	0.4838	0.6191	0.6320	0.6321	0.5031	0.6274	0.6957
30-21	0.4745	0.4778	0.4794	0.6116	0.6290	0.6301	0.4786	0.5993	0.6936
30-22	0.4678	0.4736	0.4756	0.6003	0.6273	0.6272	0.4556	0.5689	0.6918
30-23	0.4601	0.4667	0.4704	0.5787	0.6243	0.6250	0.4311	0.5381	0.6875
30-24	0.4521	0.4611	0.4639	0.5536	0.6222	0.6233	0.4020	0.5067	0.6786
30-26	0.4337	0.4419	0.4460	0.4841	0.6144	0.6182	0.3393	0.4396	0.6186

表 A.77 单位耗热量折算系数 K_r 表

粮食种类:小麦　　环境温度 t_h:35℃　　环境相对湿度 RH:60%

降水范围 (M_1-M_2)/%	热风温度 t_r/℃								
	60			90			120		
	热风表观风速 v_r/[m^3/(m^3·s)]								
	0.2	0.4	0.6	0.2	0.4	0.6	0.2	0.4	0.6
18-13	0.7336	0.7306	0.7321	0.8213	0.8128	0.8124	0.6978	0.8425	0.8557
18-14	0.7063	0.7036	0.7047	0.8112	0.8045	0.8036	0.6364	0.8253	0.8573
20-13	0.7082	0.7045	0.7049	0.7921	0.7837	0.7820	0.7076	0.8107	0.8196
20-14	0.6841	0.6810	0.6810	0.7813	0.7727	0.7706	0.6608	0.7991	0.8157
20-15	0.6644	0.6616	0.6613	0.7725	0.7658	0.7632	0.6099	0.7828	0.8152
20-16	0.6475	0.6451	0.6445	0.7651	0.7632	0.7602	0.5563	0.7300	0.8207
22-13	0.6912	0.6869	0.6868	0.7734	0.7658	0.7637	0.7082	0.7883	0.7985
22-14	0.6697	0.6662	0.6660	0.7629	0.7550	0.7526	0.6696	0.7776	0.7927
22-15	0.6518	0.6496	0.6491	0.7545	0.7471	0.7444	0.6289	0.7667	0.7892
22-16	0.6371	0.6357	0.6351	0.7465	0.7418	0.7389	0.5857	0.7490	0.7886
22-17	0.6248	0.6239	0.6233	0.7386	0.7394	0.7363	0.5411	0.7021	0.7914
22-18	0.6135	0.6133	0.6128	0.7235	0.7403	0.7373	0.4941	0.6478	0.7969
24-14	0.6578	0.6555	0.6553	0.7513	0.7433	0.7408	0.6717	0.7606	0.7779
24-15	0.6415	0.6406	0.6405	0.7417	0.7353	0.7329	0.6370	0.7500	0.7734
24-16	0.6285	0.6287	0.6286	0.7335	0.7296	0.7272	0.6011	0.7378	0.7711
24-17	0.6177	0.6189	0.6186	0.7261	0.7259	0.7233	0.5639	0.7167	0.7704
24-18	0.6079	0.6102	0.6102	0.7180	0.7238	0.7217	0.5261	0.6752	0.7714
24-19	0.6001	0.6023	0.6030	0.7022	0.7240	0.7219	0.4871	0.6296	0.7738
24-20	0.5913	0.5948	0.5959	0.6609	0.7266	0.7251	0.4463	0.5818	0.7742
26-16	0.6205	0.6229	0.6232	0.7242	0.7213	0.7193	0.6095	0.7260	0.7591
26-17	0.6137	0.6141	0.6145	0.7162	0.7174	0.7151	0.5771	0.7128	0.7571
26-18	0.6040	0.6062	0.6075	0.7094	0.7140	0.7129	0.5449	0.6872	0.7561
26-19	0.5964	0.6000	0.6019	0.7003	0.7132	0.7115	0.5126	0.6501	0.7559
26-20	0.5873	0.5948	0.5966	0.6855	0.7124	0.7115	0.4805	0.6109	0.7563
26-21	0.5783	0.5883	0.5909	0.6480	0.7136	0.7133	0.4486	0.5706	0.7541
26-22	0.5707	0.5817	0.5852	0.5968	0.7154	0.7173	0.4092	0.5282	0.7333
28-18	0.6019	0.6027	0.6048	0.7013	0.7078	0.7067	0.5571	0.6896	0.7456
28-19	0.5966	0.5970	0.5998	0.6938	0.7056	0.7047	0.5298	0.6612	0.7441
28-20	0.5884	0.5924	0.5947	0.6826	0.7033	0.7036	0.5045	0.6271	0.7435
28-21	0.5815	0.5872	0.5904	0.6652	0.7033	0.7040	0.4769	0.5928	0.7413
28-22	0.5735	0.5831	0.5867	0.6334	0.7031	0.7045	0.4456	0.5579	0.7374
28-24	0.5542	0.5712	0.5770	0.5401	0.7046	0.7109	0.3762	0.4845	0.6853
30-20	0.5833	0.5899	0.5928	0.6773	0.6986	0.6979	0.5170	0.6364	0.7354
30-21	0.5776	0.5860	0.5893	0.6684	0.6971	0.6979	0.4927	0.6060	0.7331
30-22	0.5742	0.5822	0.5860	0.6462	0.6943	0.6974	0.4671	0.5756	0.7303
30-23	0.5622	0.5751	0.5837	0.6185	0.6969	0.6977	0.4383	0.5451	0.7234
30-24	0.5551	0.5711	0.5789	0.5834	0.6935	0.6987	0.4087	0.5141	0.7054
30-26	0.5384	0.5651	0.5693	0.4931	0.6890	0.7078	0.3457	0.4561	0.6463

表 A.78 单位耗热量折算系数 K_r 表

粮食种类:小麦　　环境温度 t_h:35℃　　环境相对湿度 RH:90%

降水范围 (M_1-M_2)/%	热风温度 t_r/℃								
	60			90			120		
	热风表观风速 v_r/[m^3/(m^3·s)]								
	0.2	0.4	0.6	0.2	0.4	0.6	0.2	0.4	0.6
18-13	—	0.9344	0.9340	0.9094	0.9092	0.9070	0.7129	0.8872	0.9146
18-14	—	0.9050	0.9045	0.8988	0.9075	0.9049	0.6501	0.8466	0.9218
20-13	—	0.8872	0.8862	0.8712	0.8678	0.8649	0.7236	0.8504	0.8712
20-14	—	0.8580	0.8569	0.8593	0.8592	0.8560	0.6739	0.8363	0.8681
20-15	—	0.8371	0.8359	0.8489	0.8566	0.8531	0.6224	0.8024	0.8714
20-16	—	0.8236	0.8224	0.8389	0.8615	0.8578	0.5685	0.7411	0.8802
22-13	—	0.8569	0.8556	0.8466	0.8429	0.8399	0.7245	0.8245	0.8452
22-14	—	0.8299	0.8288	0.8335	0.8329	0.8297	0.6838	0.8116	0.8393
22-15	—	0.8096	0.8087	0.8242	0.8267	0.8235	0.6409	0.7967	0.8372
22-16	—	0.7949	0.7942	0.8141	0.8246	0.8214	0.5976	0.7635	0.8385
22-17	—	0.7847	0.7844	0.8030	0.8270	0.8239	0.5532	0.7120	0.8433
22-18	—	0.7795	0.7795	0.7653	0.8341	0.8329	0.5069	0.6577	0.8509
24-14	—	0.8109	0.8096	0.8154	0.8156	0.8128	0.6856	0.7911	0.8205
24-15	—	0.7914	0.7911	0.8069	0.8083	0.8060	0.6499	0.7796	0.8166
24-16	—	0.7767	0.7775	0.7958	0.8045	0.8017	0.6130	0.7642	0.8152
24-17	—	0.7663	0.7670	0.7863	0.8025	0.8005	0.5761	0.7289	0.8156
24-18	—	0.7592	0.7600	0.7738	0.8037	0.8022	0.5394	0.6843	0.8181
24-19	—	0.7544	0.7566	0.7413	0.8078	0.8078	0.5033	0.6388	0.8206
24-20	—	0.7517	0.7554	0.6806	0.8158	0.8188	0.4595	0.5914	0.8149
26-16	—	0.7642	0.7650	0.7818	0.7903	0.7891	0.6221	0.7504	0.8003
26-17	—	0.7537	0.7551	0.7729	0.7879	0.7864	0.5912	0.7330	0.7983
26-18	—	0.7449	0.7493	0.7633	0.7865	0.7852	0.5604	0.6973	0.7979
26-19	—	0.7402	0.7430	0.7476	0.7874	0.7869	0.5293	0.6586	0.7979
26-20	—	0.7371	0.7400	0.7172	0.7884	0.7908	0.4950	0.6196	0.7975
26-21	—	0.7313	0.7380	0.6685	0.7929	0.7969	0.4571	0.5799	0.7907
26-22	—	0.7308	0.7391	0.6083	0.8005	0.8089	0.4172	0.5388	0.7582
28-18	—	0.7369	0.7412	0.7507	0.7737	0.7742	0.5745	0.7023	0.7835
28-19	—	0.7298	0.7345	0.7415	0.7752	0.7739	0.5461	0.6692	0.7819
28-20	—	0.7231	0.7308	0.7242	0.7733	0.7749	0.5161	0.6352	0.7802
28-21	—	0.7222	0.7272	0.6942	0.7739	0.7774	0.4844	0.6013	0.7779
28-22	—	0.7166	0.7239	0.6536	0.7765	0.7817	0.4511	0.5672	0.7700
28-24	—	0.7132	0.7257	0.5496	0.7788	0.7985	0.3811	0.5068	0.7074
30-20	—	0.7182	0.7258	0.7181	0.7617	0.7643	0.5295	0.6441	0.7672
30-21	—	0.7164	0.7209	0.7050	0.7616	0.7651	0.5043	0.6139	0.7661
30-22	—	0.7081	0.7194	0.6727	0.7641	0.7671	0.4756	0.5841	0.7612
30-23	—	0.7057	0.7135	0.6379	0.7639	0.7684	0.4465	0.5549	0.7505
30-24	—	0.7046	0.7121	0.5931	0.7608	0.7741	0.4167	0.5300	0.7272
30-26	—	0.7009	0.7125	0.5010	0.7565	0.7887	0.3527	0.4711	0.6584

表 A.79 单位耗热量折算系数 K_r 表

粮食种类:小麦　　环境温度 t_h:40℃　　环境相对湿度 RH:30%

降水范围 $(M_1\text{-}M_2)$/%	热风温度 t_r/℃								
	60			90			120		
	热风表观风速 v_r/[m^3/(m^3·s)]								
	0.2	0.4	0.6	0.2	0.4	0.6	0.2	0.4	0.6
18-13	0.4660	0.4649	0.4676	0.6481	0.6422	0.6438	0.6231	0.7252	0.7222
18-14	0.4392	0.4381	0.4405	0.6287	0.6226	0.6237	0.5695	0.7129	0.7114
20-13	0.4621	0.4604	0.4619	0.6391	0.6330	0.6329	0.6362	0.7083	0.7051
20-14	0.4426	0.4411	0.4421	0.6240	0.6178	0.6172	0.5941	0.6976	0.6950
20-15	0.4236	0.4222	0.4229	0.6097	0.6034	0.6023	0.5502	0.6856	0.6867
20-16	0.4031	0.4018	0.4021	0.5948	0.5885	0.5869	0.5002	0.6595	0.6801
22-13	0.4576	0.4557	0.4567	0.6321	0.6263	0.6255	0.6408	0.6966	0.6946
22-14	0.4417	0.4402	0.4408	0.6196	0.6138	0.6126	0.6066	0.6866	0.6855
22-15	0.4273	0.4262	0.4264	0.6082	0.6026	0.6010	0.5703	0.6770	0.6782
22-16	0.4136	0.4127	0.4126	0.5975	0.5921	0.5901	0.5310	0.6656	0.6722
22-17	0.3992	0.3985	0.3983	0.5870	0.5815	0.5793	0.4891	0.6398	0.6675
22-18	0.3822	0.3819	0.3816	0.5741	0.5696	0.5674	0.4448	0.5936	0.6636
24-14	0.4395	0.4384	0.4389	0.6154	0.6104	0.6091	0.6102	0.6778	0.6792
24-15	0.4279	0.4270	0.4272	0.6055	0.6011	0.5995	0.5791	0.6691	0.6727
24-16	0.4176	0.4167	0.4166	0.5970	0.5928	0.5910	0.5467	0.6593	0.6674
24-17	0.4071	0.4069	0.4067	0.5894	0.5851	0.5831	0.5120	0.6466	0.6632
24-18	0.3965	0.3968	0.3966	0.5807	0.5773	0.5754	0.4761	0.6184	0.6599
24-19	0.3843	0.3853	0.3853	0.5691	0.5688	0.5672	0.4388	0.5779	0.6572
24-20	0.3688	0.3709	0.3711	0.5377	0.5586	0.5572	0.3993	0.5329	0.6541
26-16	0.4194	0.4185	0.4185	0.5957	0.5922	0.5910	0.5546	0.6517	0.6639
26-17	0.4106	0.4106	0.4107	0.5886	0.5860	0.5846	0.5256	0.6423	0.6600
26-18	0.4022	0.4032	0.4034	0.5831	0.5804	0.5788	0.4948	0.6279	0.6571
26-19	0.3946	0.3955	0.3961	0.5755	0.5745	0.5732	0.4636	0.5975	0.6548
26-20	0.3847	0.3874	0.3880	0.5608	0.5681	0.5671	0.4316	0.5615	0.6519
26-21	0.3732	0.3770	0.3783	0.5295	0.5605	0.5602	0.3982	0.5234	0.6486
26-22	0.3585	0.3631	0.3646	0.4962	0.5511	0.5513	0.3627	0.4832	0.6388
28-18	0.4029	0.4057	0.4067	0.5822	0.5819	0.5802	0.5065	0.6240	0.6548
28-19	0.3961	0.4002	0.4012	0.5748	0.5767	0.5760	0.4794	0.6066	0.6522
28-20	0.3898	0.3942	0.3955	0.5639	0.5720	0.5715	0.4521	0.5777	0.6503
28-21	0.3828	0.3874	0.3896	0.5488	0.5668	0.5672	0.4243	0.5453	0.6473
28-22	0.3740	0.3801	0.3821	0.5212	0.5610	0.5622	0.3962	0.5123	0.6422
28-24	0.3471	0.3572	0.3605	0.4641	0.5442	0.5465	0.3359	0.4418	0.6089
30-20	0.3955	0.3981	0.4007	0.5627	0.5742	0.5742	0.4659	0.5856	0.6469
30-21	0.3882	0.3931	0.3958	0.5523	0.5698	0.5707	0.4420	0.5587	0.6447
30-22	0.3825	0.3872	0.3910	0.5374	0.5655	0.5666	0.4190	0.5299	0.6419
30-23	0.3743	0.3814	0.3860	0.5165	0.5610	0.5627	0.3980	0.5009	0.6378
30-24	0.3644	0.3746	0.3773	0.4981	0.5547	0.5568	0.3704	0.4711	0.6275
30-26	0.3451	0.3515	0.3548	0.4283	0.5393	0.5424	0.3117	0.4072	0.5687

表 A.80 单位耗热量折算系数 K_r 表

粮食种类:小麦　　环境温度 t_h:40℃　　环境相对湿度 RH:60%

降水范围 (M_1-M_2)/%	热风温度 t_r/℃								
	60			90			120		
	热风表观风速 v_r/[m^3/(m^3·s)]								
	0.2	0.4	0.6	0.2	0.4	0.6	0.2	0.4	0.6
18-13	0.6489	0.6463	0.6468	0.7589	0.7514	0.7504	0.6482	0.7917	0.7990
18-14	0.6182	0.6160	0.6162	0.7460	0.7382	0.7368	0.5890	0.7720	0.7964
20-13	0.6286	0.6253	0.6251	0.7364	0.7291	0.7272	0.6598	0.7656	0.7708
20-14	0.6028	0.6003	0.6000	0.7233	0.7160	0.7138	0.6141	0.7526	0.7643
20-15	0.5811	0.5792	0.5787	0.7130	0.7059	0.7034	0.5653	0.7337	0.7614
20-16	0.5614	0.5598	0.5592	0.7028	0.6984	0.6956	0.5140	0.6806	0.7619
22-13	0.6080	0.6103	0.6099	0.7214	0.7150	0.7128	0.6623	0.7469	0.7540
22-14	0.5916	0.5890	0.5885	0.7090	0.7030	0.7007	0.6244	0.7351	0.7469
22-15	0.5730	0.5714	0.5710	0.6995	0.6935	0.6910	0.5847	0.7230	0.7422
22-16	0.5570	0.5564	0.5560	0.6902	0.6860	0.6835	0.5434	0.7011	0.7396
22-17	0.5425	0.5428	0.5425	0.6798	0.6802	0.6777	0.5008	0.6550	0.7391
22-18	0.5280	0.5293	0.5292	0.6575	0.6763	0.6737	0.4559	0.6036	0.7410
24-14	0.5679	0.5801	0.5801	0.6988	0.6938	0.6919	0.6278	0.7205	0.7355
24-15	0.5641	0.5648	0.5649	0.6892	0.6851	0.6831	0.5945	0.7095	0.7304
24-16	0.5501	0.5523	0.5523	0.6805	0.6783	0.6762	0.5593	0.6958	0.7268
24-17	0.5394	0.5414	0.5416	0.6711	0.6727	0.6709	0.5238	0.6704	0.7245
24-18	0.5292	0.5319	0.5321	0.6602	0.6684	0.6667	0.4876	0.6303	0.7239
24-19	0.5176	0.5220	0.5229	0.6406	0.6654	0.6637	0.4502	0.5871	0.7231
24-20	0.5045	0.5114	0.5128	0.6059	0.6626	0.6617	0.4107	0.5417	0.7198
26-16	0.5487	0.5487	0.5487	0.6714	0.6728	0.6710	0.5682	0.6861	0.7178
26-17	0.5395	0.5393	0.5398	0.6627	0.6672	0.6662	0.5373	0.6725	0.7156
26-18	0.5285	0.5305	0.5321	0.6543	0.6629	0.6622	0.5066	0.6438	0.7132
26-19	0.5173	0.5231	0.5257	0.6447	0.6594	0.6589	0.4757	0.6072	0.7113
26-20	0.5069	0.5156	0.5186	0.6251	0.6573	0.6566	0.4449	0.5700	0.7097
26-21	0.4969	0.5068	0.5112	0.5969	0.6544	0.6551	0.4129	0.5317	0.7039
26-22	0.4852	0.4970	0.5020	0.5492	0.6529	0.6535	0.3758	0.4914	0.6782
28-18	0.5268	0.5294	0.5314	0.6495	0.6598	0.6581	0.5189	0.6476	0.7055
28-19	0.5177	0.5226	0.5249	0.6394	0.6551	0.6554	0.4928	0.6182	0.7026
28-20	0.5100	0.5171	0.5195	0.6286	0.6516	0.6536	0.4676	0.5859	0.7006
28-21	0.5020	0.5108	0.5142	0.6126	0.6500	0.6517	0.4413	0.5534	0.6965
28-22	0.4913	0.5028	0.5079	0.5841	0.6472	0.6492	0.4103	0.5203	0.6888
28-24	0.4662	0.4861	0.4935	0.4965	0.6421	0.6474	0.3445	0.4501	0.6292
30-20	0.5048	0.5157	0.5194	0.6252	0.6503	0.6497	0.4822	0.5952	0.6930
30-21	0.4965	0.5118	0.5156	0.6199	0.6461	0.6489	0.4588	0.5664	0.6892
30-22	0.4880	0.5074	0.5107	0.5963	0.6435	0.6467	0.4339	0.5377	0.6847
30-23	0.4793	0.5010	0.5043	0.5716	0.6408	0.6440	0.4068	0.5087	0.6751
30-24	0.4715	0.4942	0.4996	0.5360	0.6396	0.6436	0.3789	0.4792	0.6548
30-26	0.4570	0.4769	0.4860	0.4528	0.6241	0.6424	0.3196	0.4203	0.5962

表 A.81 单位耗热量折算系数 K_r 表

粮食种类：小麦　　　　环境温度 t_h：40℃　　　　环境相对湿度 RH：90％

降水范围 (M_1-M_2)/%	热风温度 t_r/℃								
	60			90			120		
	热风表观风速 v_r/[m^3/(m^3·s)]								
	0.2	0.4	0.6	0.2	0.4	0.6	0.2	0.4	0.6
18-13	—	0.8942	0.8933	0.8641	0.8623	0.8597	0.6652	0.8418	0.8694
18-14	—	0.8567	0.8558	0.8507	0.8561	0.8533	0.6049	0.7939	0.8720
20-13	—	0.8485	0.8470	0.8306	0.8265	0.8236	0.6779	0.8115	0.8322
20-14	—	0.8136	0.8124	0.8169	0.8158	0.8126	0.6293	0.7942	0.8271
20-15	—	0.7879	0.7869	0.8048	0.8103	0.8070	0.5799	0.7530	0.8274
20-16	—	0.7695	0.7687	0.7906	0.8109	0.8075	0.5282	0.6934	0.8321
22-13	—	0.8193	0.8169	0.8082	0.8045	0.8017	0.6803	0.7881	0.8095
22-14	—	0.7868	0.7858	0.7943	0.7930	0.7904	0.6401	0.7745	0.8026
22-15	—	0.7632	0.7626	0.7837	0.7855	0.7827	0.5989	0.7571	0.7990
22-16	—	0.7449	0.7450	0.7721	0.7812	0.7786	0.5574	0.7161	0.7982
22-17	—	0.7316	0.7323	0.7570	0.7807	0.7784	0.5150	0.6665	0.8001
22-18	—	0.7223	0.7235	0.7133	0.7845	0.7830	0.4706	0.6149	0.8029
24-14	—	0.7679	0.7674	0.7779	0.7777	0.7756	0.6441	0.7558	0.7863
24-15	—	0.7466	0.7459	0.7679	0.7701	0.7681	0.6087	0.7419	0.7815
24-16	—	0.7290	0.7298	0.7561	0.7643	0.7625	0.5734	0.7224	0.7786
24-17	—	0.7153	0.7179	0.7447	0.7611	0.7597	0.5384	0.6832	0.7772
24-18	—	0.7060	0.7086	0.7286	0.7601	0.7593	0.5037	0.6409	0.7772
24-19	—	0.6986	0.7018	0.6906	0.7619	0.7622	0.4677	0.5977	0.7773
24-20	—	0.6915	0.6967	0.6301	0.7648	0.7688	0.4254	0.5526	0.7628
26-16	—	0.7157	0.7201	0.7427	0.7540	0.7515	0.5835	0.7137	0.7656
26-17	—	0.7038	0.7076	0.7324	0.7484	0.7484	0.5541	0.6897	0.7630
26-18	—	0.6932	0.6985	0.7216	0.7457	0.7461	0.5247	0.6538	0.7620
26-19	—	0.6864	0.6911	0.7034	0.7458	0.7457	0.4944	0.6171	0.7598
26-20	—	0.6785	0.6849	0.6686	0.7449	0.7475	0.4605	0.5801	0.7566
26-21	—	0.6755	0.6822	0.6180	0.7446	0.7510	0.4246	0.5423	0.7412
26-22	—	0.6679	0.6778	0.5622	0.7478	0.7577	0.3869	0.5031	0.7073
28-18	—	0.6830	0.6917	0.7122	0.7353	0.7378	0.5353	0.6602	0.7497
28-19	—	0.6799	0.6850	0.6976	0.7341	0.7361	0.5086	0.6276	0.7468
28-20	—	0.6705	0.6788	0.6817	0.7326	0.7345	0.4807	0.5954	0.7439
28-21	—	0.6645	0.6719	0.6488	0.7296	0.7369	0.4499	0.5633	0.7380
28-22	—	0.6585	0.6703	0.6036	0.7323	0.7370	0.4187	0.5310	0.7234
28-24	—	0.6446	0.6628	0.5071	0.7249	0.7478	0.3525	0.4700	0.6606
30-20	—	0.6625	0.6738	0.6756	0.7232	0.7285	0.4970	0.6043	0.7333
30-21	—	0.6584	0.6717	0.6561	0.7194	0.7270	0.4712	0.5757	0.7304
30-22	—	0.6488	0.6640	0.6301	0.7214	0.7267	0.4408	0.5476	0.7235
30-23	—	0.6441	0.6585	0.5884	0.7188	0.7270	0.4125	0.5201	0.7052
30-24	—	0.6367	0.6526	0.5469	0.7162	0.7280	0.3840	0.4965	0.6805
30-26	—	0.6303	0.6475	0.4616	0.6973	0.7395	0.3237	0.4361	0.6140

附　录　B
（规范性附录）
处理量折算系数 K_c 表

表 B.1　处理量折算系数 K_c 表

粮食种类：玉米　　　　环境温度 t_h：−20℃　　　　环境相对湿度 RH：30%

降水范围 (M_1-M_2)/%	热风温度 t_r/℃								
	90			120			150		
	热风表观风速 v_r/[m^3/(m^3·s)]								
	0.2	0.4	0.6	0.2	0.4	0.6	0.2	0.4	0.6
20-13	3.2439	1.7310	1.2939	2.6162	1.4341	1.0902	2.2440	1.2532	0.9580
20-15	2.5308	1.3271	0.9769	2.0626	1.1109	0.8327	1.7832	0.9779	0.7389
22-13	3.9084	2.0715	1.5438	3.1323	1.7032	1.2927	2.6760	1.4808	1.1306
22-15	3.2156	1.6766	1.2332	2.5970	1.3892	1.0423	2.2280	1.2154	0.9192
22-17	2.5341	1.3008	0.9409	2.0700	1.0865	0.8027	1.7916	0.9552	0.7137
24-13	4.5675	2.4068	1.7844	3.6442	1.9667	1.4866	3.1049	1.7025	1.2952
24-15	3.8904	2.0183	1.4781	3.1237	1.6585	1.2409	2.6680	1.4432	1.0889
24-17	3.2320	1.6516	1.1926	2.6139	1.3644	1.0081	2.2440	1.1924	0.8908
24-19	2.5633	1.2956	0.9189	2.0989	1.0769	0.7834	1.8195	0.9449	0.6969
26-13	5.2230	2.7389	2.0184	4.1534	2.2266	1.6739	3.5317	1.9207	1.4538
26-15	4.5596	2.3568	1.7161	3.6454	1.9231	1.4320	3.1062	1.6656	1.2516
26-17	3.9190	1.9976	1.4362	3.1516	1.6360	1.2043	2.6920	1.4212	1.0585
26-19	3.2734	1.6509	1.1685	2.6537	1.3574	0.9869	2.2825	1.1830	0.8722
26-21	2.6037	1.3088	0.9076	2.1375	1.0807	0.7713	1.8550	0.9444	0.6857
28-13	5.8733	3.0697	2.2487	4.6612	2.4837	1.8567	3.9561	2.1360	1.6078
28-15	5.2237	2.6943	1.9518	4.1650	2.1861	1.6179	3.5403	1.8850	1.4091
28-17	4.6025	2.3407	1.6752	3.6835	1.9050	1.3957	3.1377	1.6469	1.2202
28-19	3.9720	2.0028	1.4111	3.2002	1.6321	1.1828	2.7385	1.4150	1.0397
28-21	3.3260	1.6708	1.1569	2.7034	1.3656	0.9735	2.3279	1.1845	0.8604
28-23	2.6507	1.3357	0.9067	2.1808	1.0981	0.7663	1.8935	0.9553	0.6788
30-15	5.8900	3.0306	2.1856	4.6838	2.4491	1.8023	3.9732	2.1038	1.5630
30-17	5.2819	2.6834	1.9109	4.2134	2.1724	1.5841	3.5840	1.8711	1.3796
30-19	4.6704	2.3530	1.6507	3.7439	1.9050	1.3740	3.1934	1.6439	1.2027
30-21	4.0424	2.0287	1.4020	3.2618	1.6456	1.1689	2.7954	1.4203	1.0277
30-23	3.3932	1.7057	1.1576	2.7571	1.3878	0.9684	2.3777	1.1977	0.8529
30-25	2.7010	1.3655	0.9159	2.2285	1.1233	0.7670	1.9354	0.9762	0.6785
35-20	6.0969	3.0685	2.1263	4.8710	2.4609	1.7434	4.1373	2.1075	1.5138
35-22	5.5017	2.7688	1.8889	4.4144	2.2179	1.5522	3.7604	1.8984	1.3483
35-24	4.8850	2.4643	1.6612	3.9373	1.9791	1.3622	3.3626	1.6909	1.1878
35-26	4.2435	2.1451	1.4339	3.4291	1.7338	1.1752	2.9458	1.4856	1.0248
35-28	3.5714	1.8060	1.2088	2.9161	1.4724	0.9878	2.5141	1.2699	0.8608
35-30	2.8553	1.4475	0.9717	2.3469	1.1948	0.7996	2.0469	1.0371	0.6956
40-25	6.4109	3.2332	2.1743	5.1241	2.5801	1.7598	4.3582	2.1956	1.5199
40-27	5.7769	2.9272	1.9582	4.6486	2.3521	1.5848	3.9749	2.0038	1.3666
40-29	5.1483	2.6072	1.7500	4.1526	2.1006	1.4075	3.5518	1.7956	1.2147
40-31	4.4828	2.2771	1.5255	3.6322	1.8433	1.2344	3.1195	1.5788	1.0595
40-33	3.7801	1.9209	1.2885	3.0805	1.5675	1.0508	2.6554	1.3497	0.9046
40-35	3.0207	1.5398	1.0354	2.4873	1.2686	0.8530	2.1498	1.1059	0.7412

表 B.2 处理量折算系数 K_c 表

粮食种类:玉米　　环境温度 t_h:－20℃　　环境相对湿度 RH:60％

降水范围 $(M_1$-$M_2)$/％	热风温度 t_r/℃								
	90			120			150		
	热风表观风速 v_r/[m^3/(m^3·s)]								
	0.2	0.4	0.6	0.2	0.4	0.6	0.2	0.4	0.6
20-13	3.2529	1.7359	1.2977	2.6207	1.4367	1.0922	2.2464	1.2548	0.9592
20-15	2.5381	1.3313	0.9802	2.0662	1.1132	0.8344	1.7854	0.9792	0.7400
22-13	3.9186	2.0770	1.5478	3.1373	1.7060	1.2947	2.6787	1.4824	1.1317
22-15	3.2243	1.6812	1.2366	2.6011	1.3915	1.0441	2.2303	1.2168	0.9204
22-17	2.5411	1.3048	0.9439	2.0735	1.0886	0.8044	1.7938	0.9564	0.7148
24-13	4.5786	2.4127	1.7886	3.6497	1.9696	1.4887	3.1077	1.7042	1.2964
24-15	3.9001	2.0234	1.4817	3.1286	1.6611	1.2427	2.6704	1.4447	1.0900
24-17	3.2401	1.6561	1.1957	2.6180	1.3668	1.0098	2.2464	1.1937	0.8918
24-19	2.5704	1.2994	0.9218	2.1025	1.0788	0.7851	1.8217	0.9461	0.6978
26-13	5.2354	2.7452	2.0229	4.1593	2.2297	1.6761	3.5352	1.9225	1.4550
26-15	4.5704	2.3623	1.7200	3.6506	1.9259	1.4339	3.1088	1.6672	1.2526
26-17	3.9283	2.0026	1.4396	3.1561	1.6385	1.2061	2.6945	1.4227	1.0595
26-19	3.2813	1.6553	1.1716	2.6576	1.3596	0.9885	2.2848	1.1841	0.8732
26-21	2.6104	1.3126	0.9102	2.1412	1.0826	0.7728	1.8571	0.9457	0.6866
28-13	5.8865	3.0764	2.2534	4.6685	2.4869	1.8587	3.9601	2.1378	1.6090
28-15	5.2362	2.7004	1.9561	4.1705	2.1890	1.6200	3.5441	1.8866	1.4102
28-17	4.6124	2.3463	1.6789	3.6887	1.9078	1.3977	3.1403	1.6486	1.2213
28-19	3.9815	2.0077	1.4145	3.2050	1.6348	1.1844	2.7410	1.4163	1.0407
28-21	3.3348	1.6752	1.1601	2.7072	1.3675	0.9750	2.3300	1.1857	0.8615
28-23	2.6577	1.3396	0.9093	2.1849	1.0999	0.7677	1.8955	0.9564	0.6795
30-15	5.9028	3.0370	2.1900	4.6894	2.4527	1.8045	3.9766	2.1059	1.5642
30-17	5.2933	2.6894	1.9147	4.2187	2.1757	1.5863	3.5866	1.8727	1.3807
30-19	4.6802	2.3581	1.6541	3.7488	1.9079	1.3757	3.1961	1.6452	1.2036
30-21	4.0510	2.0336	1.4051	3.2660	1.6485	1.1706	2.7976	1.4215	1.0287
30-23	3.4003	1.7106	1.1606	2.7615	1.3898	0.9700	2.3798	1.1989	0.8537
30-25	2.7094	1.3691	0.9186	2.2325	1.1252	0.7682	1.9372	0.9773	0.6794
35-20	6.1093	3.0770	2.1305	4.8764	2.4643	1.7458	4.1400	2.1103	1.5147
35-22	5.5258	2.7740	1.8933	4.4207	2.2203	1.5539	3.7629	1.8998	1.3492
35-24	4.8957	2.4702	1.6645	3.9418	1.9818	1.3646	3.3655	1.6924	1.1887
35-26	4.2513	2.1495	1.4373	3.4338	1.7362	1.1768	2.9491	1.4870	1.0261
35-28	3.5785	1.8108	1.2125	2.9192	1.4748	0.9891	2.5169	1.2713	0.8617
35-30	2.8624	1.4509	0.9739	2.3507	1.1973	0.8012	2.0483	1.0384	0.6968
40-25	6.4221	3.2384	2.1785	5.1290	2.5830	1.7615	4.3657	2.1970	1.5208
40-27	5.8068	2.9323	1.9620	4.6534	2.3543	1.5864	3.9777	2.0050	1.3679
40-29	5.1580	2.6142	1.7546	4.1569	2.1029	1.4105	3.5539	1.7974	1.2160
40-31	4.4904	2.2820	1.5305	3.6357	1.8451	1.2368	3.1214	1.5807	1.0603
40-33	3.7857	1.9241	1.2910	3.0891	1.5692	1.0520	2.6573	1.3509	0.9053
40-35	3.0366	1.5447	1.0392	2.4900	1.2703	0.8541	2.1515	1.1074	0.7419

表 B.3　处理量折算系数 K_c 表

粮食种类:玉米　　环境温度 t_h:−20℃　　环境相对湿度 RH:90%

降水范围 (M_1-M_2)/%	热风温度 t_r/℃								
	90			120			150		
	热风表观风速 v_r/[m³/(m³·s)]								
	0.2	0.4	0.6	0.2	0.4	0.6	0.2	0.4	0.6
20-13	3.2619	1.7409	1.3015	2.6250	1.4392	1.0942	2.2488	1.2564	0.9604
20-15	2.5453	1.3355	0.9834	2.0697	1.1156	0.8362	1.7876	0.9805	0.7411
22-13	3.9287	2.0824	1.5518	3.1423	1.7087	1.2968	2.6814	1.4840	1.1328
22-15	3.2331	1.6858	1.2400	2.6051	1.3940	1.0459	2.2326	1.2183	0.9215
22-17	2.5481	1.3088	0.9468	2.0770	1.0907	0.8060	1.7959	0.9577	0.7158
24-13	4.5897	2.4185	1.7928	3.6550	1.9725	1.4907	3.1105	1.7059	1.2975
24-15	3.9099	2.0284	1.4854	3.1331	1.6637	1.2446	2.6730	1.4462	1.0912
24-17	3.2484	1.6605	1.1989	2.6223	1.3690	1.0115	2.2489	1.1950	0.8929
24-19	2.5771	1.3032	0.9245	2.1061	1.0808	0.7866	1.8239	0.9472	0.6988
26-13	5.2472	2.7515	2.0273	4.1652	2.2327	1.6782	3.5383	1.9242	1.4562
26-15	4.5813	2.3679	1.7239	3.6559	1.9286	1.4358	3.1114	1.6689	1.2538
26-17	3.9377	2.0075	1.4431	3.1605	1.6411	1.2079	2.6970	1.4242	1.0606
26-19	3.2891	1.6598	1.1745	2.6615	1.3619	0.9902	2.2871	1.1854	0.8742
26-21	2.6173	1.3162	0.9130	2.1448	1.0846	0.7743	1.8595	0.9468	0.6874
28-13	5.9000	3.0831	2.2582	4.6756	2.4903	1.8609	3.9649	2.1396	1.6103
28-15	5.2496	2.7064	1.9604	4.1763	2.1918	1.6220	3.5484	1.8883	1.4115
28-17	4.6224	2.3519	1.6825	3.6943	1.9107	1.3996	3.1430	1.6504	1.2224
28-19	3.9912	2.0125	1.4178	3.2102	1.6373	1.1861	2.7438	1.4175	1.0419
28-21	3.3449	1.6794	1.1629	2.7110	1.3696	0.9766	2.3322	1.1868	0.8624
28-23	2.6647	1.3432	0.9119	2.1902	1.1018	0.7690	1.8975	0.9576	0.6804
30-15	5.9159	3.0436	2.1949	4.6952	2.4559	1.8070	3.9802	2.1079	1.5654
30-17	5.3040	2.6954	1.9186	4.2241	2.1783	1.5882	3.5894	1.8744	1.3817
30-19	4.6900	2.3633	1.6575	3.7538	1.9105	1.3775	3.1987	1.6465	1.2046
30-21	4.0598	2.0389	1.4084	3.2702	1.6510	1.1721	2.7999	1.4227	1.0299
30-23	3.4075	1.7154	1.1634	2.7661	1.3918	0.9717	2.3821	1.2000	0.8546
30-25	2.7180	1.3735	0.9210	2.2371	1.1271	0.7696	1.9390	0.9785	0.6804
35-20	6.1227	3.0826	2.1345	4.8819	2.4683	1.7478	4.1430	2.1130	1.5158
35-22	5.5355	2.7793	1.8971	4.4343	2.2229	1.5557	3.7656	1.9013	1.3502
35-24	4.9072	2.4752	1.6680	3.9463	1.9852	1.3664	3.3686	1.6940	1.1895
35-26	4.2594	2.1543	1.4406	3.4392	1.7384	1.1789	2.9525	1.4883	1.0268
35-28	3.5858	1.8148	1.2151	2.9224	1.4776	0.9906	2.5187	1.2727	0.8629
35-30	2.8721	1.4546	0.9761	2.3547	1.1988	0.8023	2.0498	1.0399	0.6978
40-25	6.4339	3.2436	2.1818	5.1340	2.5862	1.7634	4.3740	2.1986	1.5217
40-27	5.8164	2.9375	1.9683	4.6588	2.3567	1.5881	3.9807	2.0062	1.3687
40-29	5.1682	2.6231	1.7575	4.1618	2.1057	1.4118	3.5561	1.7998	1.2167
40-31	4.4984	2.2858	1.5331	3.6392	1.8470	1.2381	3.1233	1.5832	1.0610
40-33	3.7914	1.9274	1.2956	3.0965	1.5709	1.0531	2.6594	1.3523	0.9062
40-35	3.0450	1.5474	1.0411	2.4925	1.2732	0.8553	2.1533	1.1097	0.7426

表 B.4 处理量折算系数 K_c 表

粮食种类:玉米　　　　环境温度 t_h:-15℃　　　　环境相对湿度 RH:30%

降水范围 (M_1-M_2)/%	热风温度 t_r/℃								
	90			120			150		
	热风表观风速 v_r/[m^3/(m^3·s)]								
	0.2	0.4	0.6	0.2	0.4	0.6	0.2	0.4	0.6
20-13	3.1692	1.6948	1.2704	2.5539	1.4037	1.0701	2.1926	1.2267	0.9403
20-15	2.4598	1.2917	0.9540	2.0043	1.0811	0.8133	1.7322	0.9525	0.7218
22-13	3.8305	2.0335	1.5191	3.0664	1.6712	1.2715	2.6219	1.4528	1.1119
22-15	3.1392	1.6392	1.2091	2.5345	1.3576	1.0220	2.1754	1.1877	0.9014
22-17	2.4627	1.2641	0.9171	2.0099	1.0560	0.7828	1.7383	0.9298	0.6962
24-13	4.4862	2.3672	1.7588	3.5754	1.9331	1.4648	3.0471	1.6729	1.2759
24-15	3.8104	1.9792	1.4528	3.0569	1.6257	1.2197	2.6124	1.4143	1.0702
24-17	3.1542	1.6130	1.1672	2.5505	1.3320	0.9872	2.1894	1.1647	0.8724
24-19	2.4903	1.2578	0.8943	2.0384	1.0458	0.7625	1.7647	0.9183	0.6785
26-13	5.1387	2.6978	1.9919	4.0824	2.1917	1.6515	3.4704	1.8901	1.4339
26-15	4.4763	2.3159	1.6894	3.5755	1.8887	1.4099	3.0479	1.6356	1.2321
26-17	3.8372	1.9571	1.4094	3.0841	1.6019	1.1822	2.6364	1.3917	1.0393
26-19	3.1952	1.6111	1.1425	2.5886	1.3242	0.9647	2.2246	1.1547	0.8525
26-21	2.5292	1.2702	0.8819	2.0753	1.0488	0.7501	1.8001	0.9170	0.6676
28-13	5.7861	3.0269	2.2208	4.5863	2.4477	1.8332	3.8925	2.1046	1.5873
28-15	5.1393	2.6518	1.9235	4.0933	2.1502	1.5949	3.4800	1.8539	1.3890
28-17	4.5156	2.2988	1.6473	3.6124	1.8693	1.3719	3.0786	1.6160	1.2001
28-19	3.8915	1.9608	1.3841	3.1334	1.5972	1.1597	2.6807	1.3847	1.0191
28-21	3.2501	1.6300	1.1299	2.6374	1.3312	0.9511	2.2691	1.1552	0.8409
28-23	2.5777	1.2963	0.8805	2.1174	1.0647	0.7441	1.8390	0.9266	0.6602
30-15	5.7985	2.9876	2.1563	4.6062	2.4121	1.7774	3.9100	2.0710	1.5420
30-17	5.1888	2.6396	1.8823	4.1385	2.1356	1.5594	3.5200	1.8390	1.3577
30-19	4.5810	2.3089	1.6218	3.6740	1.8684	1.3500	3.1343	1.6119	1.1813
30-21	3.9621	1.9855	1.3735	3.1917	1.6095	1.1455	2.7337	1.3893	1.0071
30-23	3.3075	1.6636	1.1297	2.6909	1.3523	0.9449	2.3190	1.1680	0.8330
30-25	2.6291	1.3251	0.8888	2.1604	1.0896	0.7447	1.8791	0.9462	0.6592
35-20	5.9995	3.0184	2.0947	4.7871	2.4236	1.7168	4.0754	2.0728	1.4908
35-22	5.4202	2.7191	1.8583	4.3340	2.1764	1.5260	3.6902	1.8653	1.3251
35-24	4.8127	2.4171	1.6309	3.8594	1.9421	1.3365	3.2964	1.6577	1.1644
35-26	4.1598	2.0983	1.4037	3.3682	1.6939	1.1498	2.8843	1.4528	1.0026
35-28	3.4806	1.7633	1.1800	2.8433	1.4346	0.9632	2.4487	1.2362	0.8397
35-30	2.7643	1.4058	0.9416	2.2894	1.1571	0.7756	1.9820	1.0070	0.6755
40-25	6.3111	3.1842	2.1391	5.0427	2.5389	1.7309	4.2869	2.1582	1.4952
40-27	5.6958	2.8841	1.9276	4.5891	2.3070	1.5564	3.9102	1.9666	1.3421
40-29	5.0580	2.5620	1.7157	4.0939	2.0618	1.3783	3.4897	1.7606	1.1907
40-31	4.3975	2.2270	1.4940	3.5591	1.8023	1.2069	3.0606	1.5457	1.0356
40-33	3.6954	1.8725	1.2563	3.0056	1.5274	1.0236	2.5885	1.3185	0.8815
40-35	2.9342	1.4946	1.0041	2.4219	1.2343	0.8282	2.1076	1.0729	0.7199

表 B.5 处理量折算系数 K_c 表

粮食种类：玉米　　环境温度 t_h：−15℃　　环境相对湿度 RH：60%

降水范围 (M_1-M_2)/%	热风温度 t_r/℃								
	90			120			150		
	热风表观风速 v_r/[m^3/(m^3·s)]								
	0.2	0.4	0.6	0.2	0.4	0.6	0.2	0.4	0.6
20-13	3.1832	1.7025	1.2762	2.5609	1.4077	1.0731	2.1964	1.2290	0.9421
20-15	2.4715	1.2981	0.9589	2.0099	1.0847	0.8159	1.7356	0.9547	0.7235
22-13	3.8462	2.0419	1.5252	3.0743	1.6755	1.2747	2.6261	1.4553	1.1137
22-15	3.1527	1.6464	1.2143	2.5412	1.3614	1.0248	2.1791	1.1900	0.9029
22-17	2.4737	1.2702	0.9217	2.0156	1.0593	0.7853	1.7416	0.9317	0.6978
24-13	4.5037	2.3762	1.7653	3.5839	1.9375	1.4679	3.0521	1.6755	1.2777
24-15	3.8257	1.9871	1.4583	3.0644	1.6296	1.2225	2.6165	1.4167	1.0719
24-17	3.1674	1.6198	1.1721	2.5572	1.3356	0.9898	2.1930	1.1669	0.8741
24-19	2.5009	1.2638	0.8985	2.0439	1.0490	0.7648	1.7682	0.9202	0.6801
26-13	5.1577	2.7076	1.9988	4.0913	2.1965	1.6548	3.4756	1.8928	1.4358
26-15	4.4930	2.3245	1.6955	3.5842	1.8930	1.4128	3.0522	1.6381	1.2338
26-17	3.8520	1.9649	1.4147	3.0920	1.6057	1.1849	2.6405	1.3940	1.0409
26-19	3.2081	1.6178	1.1471	2.5950	1.3277	0.9672	2.2283	1.1567	0.8541
26-21	2.5403	1.2762	0.8861	2.0808	1.0519	0.7525	1.8043	0.9190	0.6691
28-13	5.8084	3.0380	2.2282	4.5970	2.4529	1.8366	3.8981	2.1072	1.5892
28-15	5.1602	2.6618	1.9300	4.1017	2.1546	1.5979	3.4861	1.8565	1.3907
28-17	4.5316	2.3075	1.6532	3.6207	1.8736	1.3748	3.0839	1.6183	1.2017
28-19	3.9058	1.9683	1.3891	3.1419	1.6010	1.1622	2.6844	1.3872	1.0208
28-21	3.2639	1.6367	1.1344	2.6454	1.3348	0.9534	2.2729	1.1575	0.8424
28-23	2.5880	1.3022	0.8844	2.1229	1.0679	0.7464	1.8421	0.9284	0.6616
30-15	5.8175	2.9975	2.1635	4.6152	2.4168	1.7806	3.9164	2.0743	1.5440
30-17	5.2060	2.6488	1.8883	4.1471	2.1401	1.5624	3.5248	1.8414	1.3593
30-19	4.5967	2.3170	1.6276	3.6816	1.8724	1.3527	3.1383	1.6144	1.1828
30-21	3.9762	1.9935	1.3788	3.1987	1.6139	1.1479	2.7376	1.3916	1.0086
30-23	3.3210	1.6712	1.1342	2.6987	1.3557	0.9474	2.3238	1.1700	0.8347
30-25	2.6387	1.3309	0.8930	2.1676	1.0925	0.7468	1.8821	0.9480	0.6606
35-20	6.0175	3.0313	2.1012	4.7993	2.4284	1.7198	4.0803	2.0759	1.4923
35-22	5.4364	2.7322	1.8647	4.3419	2.1810	1.5285	3.6945	1.8687	1.3277
35-24	4.8273	2.4256	1.6358	3.8687	1.9460	1.3399	3.3007	1.6600	1.1665
35-26	4.1726	2.1081	1.4084	3.3736	1.6992	1.1520	2.8886	1.4548	1.0046
35-28	3.4923	1.7698	1.1845	2.8491	1.4378	0.9651	2.4561	1.2390	0.8408
35-30	2.7749	1.4130	0.9462	2.2937	1.1601	0.7783	1.9850	1.0086	0.6766
40-25	6.3322	3.1934	2.1480	5.0499	2.5470	1.7354	4.2916	2.1632	1.4965
40-27	5.7100	2.8914	1.9331	4.5952	2.3124	1.5590	3.9141	1.9709	1.3435
40-29	5.0952	2.5703	1.7218	4.0991	2.0659	1.3810	3.4929	1.7651	1.1923
40-31	4.4100	2.2337	1.4983	3.5642	1.8055	1.2091	3.0634	1.5474	1.0368
40-33	3.7046	1.8826	1.2610	3.0105	1.5300	1.0267	2.5926	1.3201	0.8831
40-35	2.9423	1.4991	1.0092	2.4255	1.2369	0.8313	2.1095	1.0744	0.7208

表 B.6 处理量折算系数 K_c 表

粮食种类：玉米　　环境温度 t_h：−15℃　　环境相对湿度 RH：90%

降水范围 (M_1-M_2)/%	热风温度 t_r/℃								
	90			120			150		
	热风表观风速 v_r/[m^3/(m^3·s)]								
	0.2	0.4	0.6	0.2	0.4	0.6	0.2	0.4	0.6
20-13	3.1971	1.7100	1.2818	2.5681	1.4117	1.0762	2.2002	1.2315	0.9438
20-15	2.4830	1.3045	0.9637	2.0154	1.0882	0.8187	1.7389	0.9570	0.7252
22-13	3.8618	2.0502	1.5314	3.0820	1.6796	1.2778	2.6304	1.4578	1.1155
22-15	3.1661	1.6533	1.2194	2.5478	1.3651	1.0275	2.1827	1.1924	0.9046
22-17	2.4847	1.2763	0.9260	2.0213	1.0627	0.7878	1.7450	0.9337	0.6995
24-13	4.5210	2.3853	1.7717	3.5924	1.9420	1.4711	3.0571	1.6781	1.2795
24-15	3.8408	1.9948	1.4639	3.0719	1.6336	1.2253	2.6206	1.4190	1.0736
24-17	3.1808	1.6266	1.1770	2.5639	1.3392	0.9923	2.1966	1.1690	0.8756
24-19	2.5115	1.2697	0.9028	2.0493	1.0522	0.7673	1.7718	0.9220	0.6816
26-13	5.1763	2.7175	2.0056	4.1003	2.2013	1.6580	3.4809	1.8955	1.4375
26-15	4.5100	2.3330	1.7013	3.5922	1.8973	1.4157	3.0564	1.6406	1.2355
26-17	3.8667	1.9724	1.4200	3.0991	1.6095	1.1875	2.6443	1.3964	1.0425
26-19	3.2208	1.6246	1.1517	2.6013	1.3312	0.9697	2.2320	1.1587	0.8556
26-21	2.5521	1.2819	0.8902	2.0863	1.0548	0.7547	1.8075	0.9208	0.6704
28-13	5.8305	3.0483	2.2354	4.6084	2.4580	1.8401	3.9038	2.1100	1.5911
28-15	5.1778	2.6709	1.9365	4.1102	2.1590	1.6009	3.4906	1.8590	1.3925
28-17	4.5477	2.3158	1.6589	3.6295	1.8779	1.3776	3.0894	1.6207	1.2033
28-19	3.9206	1.9762	1.3942	3.1487	1.6050	1.1648	2.6882	1.3893	1.0224
28-21	3.2756	1.6433	1.1391	2.6512	1.3382	0.9558	2.2766	1.1593	0.8439
28-23	2.5985	1.3084	0.8885	2.1284	1.0708	0.7487	1.8453	0.9301	0.6629
30-15	5.8366	3.0077	2.1704	4.6243	2.4214	1.7839	3.9238	2.0768	1.5457
30-17	5.2235	2.6586	1.8944	4.1560	2.1443	1.5654	3.5297	1.8438	1.3610
30-19	4.6130	2.3258	1.6331	3.6894	1.8767	1.3555	3.1424	1.6168	1.1844
30-21	3.9899	2.0025	1.3838	3.2062	1.6177	1.1506	2.7415	1.3939	1.0102
30-23	3.3354	1.6782	1.1388	2.7044	1.3596	0.9496	2.3272	1.1720	0.8360
30-25	2.6483	1.3376	0.8970	2.1733	1.0956	0.7491	1.8851	0.9499	0.6620
35-20	6.0361	3.0422	2.1100	4.8115	2.4325	1.7234	4.0847	2.0782	1.4940
35-22	5.4533	2.7419	1.8705	4.3502	2.1873	1.5312	3.6991	1.8707	1.3292
35-24	4.8422	2.4346	1.6412	3.8834	1.9497	1.3421	3.3055	1.6624	1.1677
35-26	4.1873	2.1182	1.4143	3.3792	1.7033	1.1551	2.8968	1.4582	1.0064
35-28	3.5060	1.7769	1.1892	2.8565	1.4415	0.9679	2.4607	1.2408	0.8422
35-30	2.7875	1.4178	0.9507	2.2980	1.1636	0.7804	1.9881	1.0105	0.6777
40-25	6.3750	3.2056	2.1538	5.0574	2.5510	1.7392	4.2966	2.1653	1.4980
40-27	5.7248	2.8992	1.9414	4.6015	2.3175	1.5634	3.9181	1.9740	1.3456
40-29	5.1102	2.5795	1.7295	4.1044	2.0718	1.3852	3.4961	1.7677	1.1944
40-31	4.4278	2.2424	1.5040	3.5698	1.8112	1.2118	3.0662	1.5494	1.0381
40-33	3.7149	1.8928	1.2663	3.0159	1.5327	1.0287	2.5978	1.3218	0.8852
40-35	2.9506	1.5043	1.0146	2.4293	1.2421	0.8330	2.1114	1.0758	0.7228

表 B.7 处理量折算系数 K_c 表

粮食种类:玉米　　　　环境温度 t_h:−10℃　　　　环境相对湿度 RH:30%

降水范围 $(M_1\text{-}M_2)$/%	热风温度 t_r/℃								
	90			120			150		
	热风表观风速 v_r/[m³/(m³·s)]								
	0.2	0.4	0.6	0.2	0.4	0.6	0.2	0.4	0.6
20-13	3.0950	1.6591	1.2474	2.4907	1.3735	1.0503	2.1401	1.2001	0.9226
20-15	2.3868	1.2563	0.9314	1.9446	1.0513	0.7940	1.6810	0.9263	0.7048
22-13	3.7534	1.9962	1.4949	3.0006	1.6395	1.2506	2.5654	1.4249	1.0932
22-15	3.0628	1.6020	1.1852	2.4700	1.3262	1.0016	2.1215	1.1601	0.8832
22-17	2.3889	1.2274	0.8936	1.9491	1.0251	0.7630	1.6856	0.9033	0.6789
24-13	4.4064	2.3282	1.7337	3.5069	1.8997	1.4429	2.9876	1.6434	1.2565
24-15	3.7311	1.9405	1.4279	2.9893	1.5927	1.1984	2.5562	1.3852	1.0515
24-17	3.0760	1.5745	1.1424	2.4857	1.2996	0.9664	2.1340	1.1363	0.8542
24-19	2.4152	1.2199	0.8695	1.9755	1.0140	0.7415	1.7103	0.8912	0.6601
26-13	5.0565	2.6575	1.9661	4.0111	2.1572	1.6291	3.4080	1.8594	1.4139
26-15	4.3947	2.2757	1.6635	3.5049	1.8546	1.3878	2.9876	1.6055	1.2128
26-17	3.7553	1.9170	1.3829	3.0153	1.5676	1.1603	2.5781	1.3620	1.0203
26-19	3.1153	1.5712	1.1166	2.5231	1.2905	0.9424	2.1690	1.1255	0.8330
26-21	2.4535	1.2310	0.8565	2.0111	1.0162	0.7287	1.7436	0.8894	0.6489
28-13	5.7038	2.9854	2.1940	4.5136	2.4121	1.8103	3.8296	2.0728	1.5668
28-15	5.0547	2.6104	1.8957	4.0184	2.1144	1.5720	3.4169	1.8224	1.3689
28-17	4.4332	2.2576	1.6201	3.5424	1.8339	1.3485	3.0192	1.5843	1.1801
28-19	3.8070	1.9193	1.3570	3.0631	1.5622	1.1363	2.6212	1.3541	0.9985
28-21	3.1685	1.5888	1.1028	2.5720	1.2966	0.9285	2.2113	1.1257	0.8210
28-23	2.4983	1.2565	0.8540	2.0536	1.0313	0.7217	1.7802	0.8978	0.6415
30-15	5.7118	2.9439	2.1277	4.5328	2.3746	1.7528	3.8456	2.0383	1.5213
30-17	5.1038	2.5971	1.8541	4.0663	2.0985	1.5348	3.4571	1.8068	1.3362
30-19	4.4964	2.2658	1.5938	3.6001	1.8317	1.3258	3.0718	1.5799	1.1597
30-21	3.8721	1.9429	1.3454	3.1227	1.5732	1.1219	2.6746	1.3579	0.9865
30-23	3.2272	1.6217	1.1019	2.6243	1.3168	0.9211	2.2580	1.1380	0.8133
30-25	2.5472	1.2843	0.8616	2.0961	1.0555	0.7222	1.8186	0.9165	0.6396
35-20	5.9119	2.9729	2.0641	4.7088	2.3823	1.6905	4.0065	2.0376	1.4677
35-22	5.3302	2.6742	1.8279	4.2588	2.1386	1.5000	3.6372	1.8297	1.3029
35-24	4.7101	2.3690	1.5998	3.7879	1.9012	1.3111	3.2347	1.6247	1.1417
35-26	4.0771	2.0528	1.3726	3.2924	1.6560	1.1240	2.8230	1.4199	0.9809
35-28	3.4007	1.7177	1.1496	2.7727	1.3982	0.9377	2.3896	1.2048	0.8180
35-30	2.6790	1.3633	0.9138	2.2104	1.1208	0.7510	1.9242	0.9743	0.6546
40-25	6.2081	3.1304	2.1056	4.9840	2.4969	1.7041	4.2239	2.1223	1.4706
40-27	5.6004	2.8321	1.8947	4.4948	2.2613	1.5281	3.8285	1.9286	1.3165
40-29	4.9637	2.5134	1.6835	4.0097	2.0235	1.3519	3.4279	1.7271	1.1661
40-31	4.2886	2.1809	1.4604	3.4875	1.7620	1.1787	2.9908	1.5113	1.0120
40-33	3.6109	1.8235	1.2261	2.9342	1.4885	0.9959	2.5285	1.2825	0.8593
40-35	2.8352	1.4528	0.9735	2.3584	1.1966	0.8006	2.0356	1.0406	0.6978

表 B.8 处理量折算系数 K_c 表

粮食种类:玉米　　环境温度 t_h:−10℃　　环境相对湿度 RH:60%

降水范围 $(M_1\text{-}M_2)$/%	热风温度 t_r/℃								
	90			120			150		
	热风表观风速 v_r/[m³/(m³·s)]								
	0.2	0.4	0.6	0.2	0.4	0.6	0.2	0.4	0.6
20-13	3.1161	1.6706	1.2560	2.5015	1.3795	1.0548	2.1463	1.2038	0.9253
20-15	2.4046	1.2660	0.9386	1.9536	1.0566	0.7980	1.6863	0.9297	0.7074
22-13	3.7771	2.0088	1.5042	3.0124	1.6459	1.2553	2.5724	1.4287	1.0959
22-15	3.0831	1.6128	1.1930	2.4805	1.3318	1.0058	2.1273	1.1635	0.8858
22-17	2.4063	1.2366	0.9002	1.9579	1.0302	0.7667	1.6907	0.9066	0.6812
24-13	4.4329	2.3420	1.7437	3.5200	1.9065	1.4478	2.9951	1.6474	1.2591
24-15	3.7541	1.9524	1.4363	3.0008	1.5987	1.2028	2.5625	1.3889	1.0540
24-17	3.0964	1.5848	1.1497	2.4957	1.3050	0.9702	2.1398	1.1396	0.8566
24-19	2.4328	1.2288	0.8759	1.9840	1.0189	0.7451	1.7155	0.8941	0.6624
26-13	5.0856	2.6726	1.9765	4.0256	2.1644	1.6341	3.4165	1.8637	1.4168
26-15	4.4203	2.2886	1.6725	3.5178	1.8610	1.3923	2.9955	1.6092	1.2153
26-17	3.7794	1.9287	1.3910	3.0269	1.5736	1.1644	2.5843	1.3655	1.0227
26-19	3.1364	1.5814	1.1236	2.5328	1.2958	0.9461	2.1746	1.1287	0.8353
26-21	2.4717	1.2400	0.8626	2.0204	1.0209	0.7322	1.7489	0.8921	0.6512
28-13	5.7351	3.0014	2.2050	4.5293	2.4199	1.8155	3.8376	2.0772	1.5697
28-15	5.0836	2.6245	1.9056	4.0334	2.1211	1.5766	3.4249	1.8265	1.3715
28-17	4.4571	2.2701	1.6287	3.5542	1.8402	1.3528	3.0268	1.5881	1.1826
28-19	3.8294	1.9308	1.3647	3.0768	1.5680	1.1403	2.6289	1.3576	1.0009
28-21	3.1901	1.5992	1.1097	2.5811	1.3020	0.9322	2.2174	1.1290	0.8232
28-23	2.5150	1.2653	0.8602	2.0618	1.0358	0.7252	1.7862	0.9005	0.6436
30-15	5.7416	2.9600	2.1389	4.5466	2.3818	1.7578	3.8540	2.0431	1.5240
30-17	5.1298	2.6104	1.8633	4.0792	2.1054	1.5397	3.4652	1.8104	1.3386
30-19	4.5207	2.2792	1.6024	3.6126	1.8379	1.3300	3.0783	1.5837	1.1622
30-21	3.8945	1.9558	1.3533	3.1343	1.5794	1.1257	2.6803	1.3616	0.9886
30-23	3.2475	1.6321	1.1090	2.6336	1.3223	0.9250	2.2651	1.1408	0.8153
30-25	2.5647	1.2938	0.8676	2.1063	1.0602	0.7254	1.8244	0.9196	0.6419
35-20	5.9540	2.9901	2.0759	4.7224	2.3924	1.6947	4.0141	2.0420	1.4708
35-22	5.3551	2.6891	1.8381	4.2702	2.1454	1.5039	3.6430	1.8342	1.3050
35-24	4.7341	2.3839	1.6081	3.7985	1.9084	1.3149	3.2407	1.6292	1.1444
35-26	4.0965	2.0642	1.3823	3.3026	1.6618	1.1273	2.8283	1.4240	0.9830
35-28	3.4212	1.7279	1.1576	2.7836	1.4028	0.9410	2.3977	1.2082	0.8208
35-30	2.7018	1.3739	0.9199	2.2183	1.1263	0.7542	1.9303	0.9782	0.6566
40-25	6.2342	3.1459	2.1145	4.9940	2.5040	1.7084	4.2401	2.1274	1.4728
40-27	5.6265	2.8459	1.9062	4.5062	2.2716	1.5336	3.8450	1.9322	1.3189
40-29	5.0073	2.5260	1.6921	4.0246	2.0317	1.3558	3.4336	1.7327	1.1691
40-31	4.3265	2.1907	1.4694	3.4955	1.7696	1.1827	2.9963	1.5146	1.0149
40-33	3.6255	1.8369	1.2338	2.9411	1.4953	1.0008	2.5331	1.2858	0.8620
40-35	2.8655	1.4644	0.9802	2.3639	1.2031	0.8055	2.0461	1.0426	0.6999

表 B.9 处理量折算系数 K_c 表

粮食种类:玉米　　　　环境温度 t_h:−10℃　　　　环境相对湿度 RH:90%

降水范围 (M_1-M_2)/%	热风温度 t_r/℃								
	90			120			150		
	热风表观风速 v_r/[m³/(m³·s)]								
	0.2	0.4	0.6	0.2	0.4	0.6	0.2	0.4	0.6
20-13	3.1372	1.6821	1.2646	2.5123	1.3855	1.0591	2.1523	1.2074	0.9279
20-15	2.4223	1.2755	0.9458	1.9625	1.0619	0.8020	1.6916	0.9330	0.7098
22-13	3.8009	2.0214	1.5133	3.0243	1.6521	1.2598	2.5793	1.4324	1.0985
22-15	3.1036	1.6234	1.2007	2.4909	1.3374	1.0098	2.1327	1.1670	0.8882
22-17	2.4235	1.2457	0.9068	1.9666	1.0352	0.7704	1.6957	0.9097	0.6836
24-13	4.4595	2.3557	1.7534	3.5328	1.9132	1.4526	3.0027	1.6513	1.2618
24-15	3.7774	1.9641	1.4446	3.0124	1.6047	1.2069	2.5689	1.3925	1.0565
24-17	3.1163	1.5950	1.1568	2.5060	1.3104	0.9740	2.1458	1.1430	0.8589
24-19	2.4493	1.2377	0.8822	1.9925	1.0237	0.7486	1.7206	0.8970	0.6648
26-13	5.1139	2.6874	1.9869	4.0394	2.1717	1.6390	3.4250	1.8676	1.4195
26-15	4.4461	2.3018	1.6815	3.5314	1.8675	1.3967	3.0024	1.6130	1.2179
26-17	3.8018	1.9401	1.3988	3.0390	1.5794	1.1684	2.5906	1.3690	1.0250
26-19	3.1562	1.5916	1.1305	2.5431	1.3011	0.9499	2.1800	1.1319	0.8377
26-21	2.4881	1.2491	0.8687	2.0301	1.0256	0.7356	1.7543	0.8949	0.6534
28-13	5.7652	3.0178	2.2161	4.5456	2.4272	1.8205	3.8457	2.0813	1.5725
28-15	5.1113	2.6390	1.9154	4.0465	2.1281	1.5813	3.4344	1.8305	1.3741
28-17	4.4814	2.2832	1.6374	3.5664	1.8467	1.3570	3.0334	1.5918	1.1850
28-19	3.8529	1.9427	1.3723	3.0878	1.5740	1.1443	2.6361	1.3612	1.0032
28-21	3.2084	1.6096	1.1166	2.5901	1.3072	0.9358	2.2232	1.1318	0.8255
28-23	2.5325	1.2744	0.8662	2.0702	1.0407	0.7285	1.7922	0.9034	0.6457
30-15	5.7727	2.9757	2.1490	4.5608	2.3900	1.7626	3.8656	2.0469	1.5265
30-17	5.1567	2.6244	1.8727	4.0920	2.1125	1.5439	3.4750	1.8141	1.3414
30-19	4.5449	2.2917	1.6106	3.6251	1.8447	1.3341	3.0850	1.5874	1.1647
30-21	3.9188	1.9667	1.3606	3.1488	1.5849	1.1294	2.6859	1.3650	0.9910
30-23	3.2695	1.6433	1.1158	2.6432	1.3275	0.9284	2.2708	1.1438	0.8175
30-25	2.5836	1.3027	0.8738	2.1142	1.0649	0.7287	1.8311	0.9222	0.6437
35-20	5.9796	3.0078	2.0848	4.7424	2.3986	1.6998	4.0221	2.0478	1.4730
35-22	5.3817	2.7050	1.8462	4.2821	2.1531	1.5081	3.6489	1.8378	1.3080
35-24	4.7638	2.3964	1.6177	3.8096	1.9152	1.3192	3.2464	1.6323	1.1471
35-26	4.1171	2.0795	1.3898	3.3189	1.6700	1.1315	2.8339	1.4288	0.9859
35-28	3.4443	1.7407	1.1651	2.7911	1.4077	0.9457	2.4027	1.2114	0.8225
35-30	2.7193	1.3832	0.9261	2.2273	1.1318	0.7577	1.9371	0.9806	0.6582
40-25	6.2627	3.1608	2.1291	5.0041	2.5143	1.7146	4.2463	2.1324	1.4764
40-27	5.6721	2.8585	1.9155	4.5309	2.2783	1.5386	3.8560	1.9382	1.3230
40-29	5.0331	2.5439	1.7024	4.0374	2.0363	1.3608	3.4500	1.7354	1.1721
40-31	4.3492	2.2054	1.4781	3.5047	1.7748	1.1882	3.0069	1.5191	1.0177
40-33	3.6587	1.8532	1.2396	2.9484	1.4992	1.0059	2.5382	1.2896	0.8645
40-35	2.8814	1.4706	0.9873	2.3696	1.2065	0.8094	2.0507	1.0447	0.7013

表 B.10 处理量折算系数 K_c 表

粮食种类:玉米　　　　环境温度 t_h:－5℃　　　　环境相对湿度 RH:30%

降水范围 (M_1-M_2)/%	热风温度 t_r/℃								
	90			120			150		
	热风表观风速 v_r/[m³/(m³·s)]								
	0.2	0.4	0.6	0.2	0.4	0.6	0.2	0.4	0.6
20-13	3.0221	1.6244	1.2253	2.4280	1.3437	1.0311	2.0853	1.1738	0.9053
20-15	2.3142	1.2216	0.9093	1.8832	1.0218	0.7750	1.6293	0.9002	0.6879
22-13	3.6782	1.9600	1.4717	2.9353	1.6083	1.2302	2.5077	1.3974	1.0747
22-15	2.9875	1.5657	1.1620	2.4052	1.2950	0.9816	2.0665	1.1326	0.8654
22-17	2.3144	1.1911	0.8706	1.8870	0.9944	0.7435	1.6320	0.8762	0.6616
24-13	4.3291	2.2907	1.7098	3.4392	1.8669	1.4216	2.9274	1.6144	1.2371
24-15	3.6536	1.9028	1.4039	2.9219	1.5602	1.1775	2.4976	1.3563	1.0328
24-17	2.9988	1.5366	1.1183	2.4194	1.2673	0.9459	2.0781	1.1079	0.8361
24-19	2.3399	1.1822	0.8451	1.9124	0.9820	0.7210	1.6553	0.8635	0.6422
26-13	4.9770	2.6190	1.9414	3.9409	2.1233	1.6071	3.3459	1.8291	1.3942
26-15	4.3153	2.2367	1.6386	3.4359	1.8209	1.3662	2.9266	1.5755	1.1934
26-17	3.6759	1.8777	1.3574	2.9464	1.5339	1.1389	2.5194	1.3323	1.0013
26-19	3.0369	1.5319	1.0910	2.4560	1.2569	0.9205	2.1110	1.0959	0.8142
26-21	2.3774	1.1920	0.8313	1.9467	0.9830	0.7074	1.6881	0.8611	0.6299
28-13	5.6221	2.9455	2.1685	4.4407	2.3772	1.7879	3.7630	2.0415	1.5466
28-15	4.9752	2.5698	1.8692	3.9463	2.0794	1.5496	3.3546	1.7916	1.3490
28-17	4.3499	2.2170	1.5933	3.4700	1.7987	1.3260	2.9566	1.5532	1.1605
28-19	3.7269	1.8787	1.3306	2.9941	1.5273	1.1132	2.5618	1.3234	0.9782
28-21	3.0862	1.5481	1.0763	2.5033	1.2617	0.9061	2.1523	1.0956	0.8009
28-23	2.4225	1.2161	0.8278	1.9864	0.9971	0.6995	1.7237	0.8687	0.6224
30-15	5.6243	2.9035	2.1004	4.4564	2.3379	1.7294	3.7796	2.0059	1.5009
30-17	5.0155	2.5547	1.8265	3.9907	2.0621	1.5108	3.3926	1.7736	1.3156
30-19	4.4095	2.2247	1.5669	3.5271	1.7956	1.3022	3.0086	1.5480	1.1382
30-21	3.7916	1.9014	1.3177	3.0501	1.5372	1.0985	2.6129	1.3262	0.9654
30-23	3.1450	1.5806	1.0749	2.5523	1.2807	0.8976	2.1987	1.1071	0.7928
30-25	2.4736	1.2484	0.8344	2.0282	1.0207	0.6992	1.7618	0.8862	0.6196
35-20	5.8310	2.9308	2.0367	4.6340	2.3439	1.6649	3.9351	2.0025	1.4457
35-22	5.2292	2.6301	1.7980	4.1793	2.0996	1.4737	3.5629	1.7951	1.2805
35-24	4.6232	2.3260	1.5705	3.7082	1.8635	1.2851	3.1691	1.5898	1.1189
35-26	3.9919	2.0077	1.3432	3.2200	1.6181	1.0979	2.7589	1.3866	0.9582
35-28	3.3132	1.6729	1.1197	2.6946	1.3592	0.9124	2.3229	1.1714	0.7960
35-30	2.6029	1.3197	0.8839	2.1476	1.0843	0.7258	1.8633	0.9426	0.6329
40-25	6.1098	3.0874	2.0742	4.8869	2.4528	1.6753	4.1476	2.0865	1.4472
40-27	5.5281	2.7875	1.8656	4.4085	2.2256	1.5009	3.7631	1.8948	1.2926
40-29	4.8685	2.4727	1.6516	3.9198	1.9787	1.3238	3.3543	1.6920	1.1426
40-31	4.1980	2.1347	1.4303	3.4033	1.7228	1.1518	2.9179	1.4752	0.9883
40-33	3.5077	1.7833	1.1941	2.8656	1.4487	0.9701	2.4695	1.2491	0.8359
40-35	2.7517	1.4078	0.9429	2.2789	1.1555	0.7768	1.9763	1.0067	0.6732

表 B.11 处理量折算系数 K_c 表

粮食种类:玉米　　环境温度 t_h:−5℃　　环境相对湿度 RH:60%

降水范围 (M_1-M_2)/%	热风温度 t_r/℃								
	90			120			150		
	热风表观风速 v_r/[m^3/(m^3·s)]								
	0.2	0.4	0.6	0.2	0.4	0.6	0.2	0.4	0.6
20-13	3.0536	1.6415	1.2380	2.4441	1.3526	1.0375	2.0950	1.1792	0.9091
20-15	2.3405	1.2357	0.9199	1.8971	1.0296	0.7808	1.6374	0.9052	0.6916
22-13	3.7137	1.9787	1.4854	2.9529	1.6177	1.2370	2.5181	1.4030	1.0787
22-15	3.0178	1.5814	1.1736	2.4208	1.3033	0.9876	2.0756	1.1376	0.8690
22-17	2.3403	1.2046	0.8803	1.9005	1.0018	0.7489	1.6396	0.8810	0.6651
24-13	4.3687	2.3112	1.7244	3.4585	1.8769	1.4288	2.9387	1.6202	1.2411
24-15	3.6879	1.9204	1.4163	2.9391	1.5691	1.1839	2.5078	1.3617	1.0365
24-17	3.0286	1.5518	1.1289	2.4349	1.2753	0.9515	2.0870	1.1128	0.8395
24-19	2.3657	1.1953	0.8544	1.9255	0.9891	0.7261	1.6636	0.8680	0.6455
26-13	5.0200	2.6413	1.9570	3.9627	2.1340	1.6145	3.3583	1.8351	1.3981
26-15	4.3531	2.2560	1.6519	3.4546	1.8304	1.3728	2.9377	1.5812	1.1972
26-17	3.7104	1.8950	1.3691	2.9638	1.5425	1.1448	2.5291	1.3375	1.0049
26-19	3.0665	1.5471	1.1013	2.4714	1.2648	0.9259	2.1196	1.1007	0.8175
26-21	2.4039	1.2053	0.8402	1.9607	0.9901	0.7125	1.6961	0.8655	0.6333
28-13	5.6686	2.9701	2.1850	4.4641	2.3886	1.7954	3.7769	2.0481	1.5508
28-15	5.0154	2.5916	1.8839	3.9698	2.0894	1.5565	3.3662	1.7973	1.3528
28-17	4.3866	2.2361	1.6063	3.4887	1.8083	1.3322	2.9684	1.5588	1.1640
28-19	3.7602	1.8962	1.3419	3.0108	1.5358	1.1191	2.5724	1.3285	0.9817
28-21	3.1185	1.5635	1.0865	2.5174	1.2696	0.9114	2.1620	1.1004	0.8042
28-23	2.4479	1.2296	0.8367	1.9989	1.0043	0.7045	1.7314	0.8729	0.6256
30-15	5.6779	2.9259	2.1165	4.4774	2.3496	1.7368	3.7916	2.0128	1.5045
30-17	5.0587	2.5767	1.8405	4.0104	2.0726	1.5173	3.4053	1.7800	1.3192
30-19	4.4495	2.2432	1.5793	3.5472	1.8050	1.3082	3.0196	1.5536	1.1420
30-21	3.8242	1.9191	1.3292	3.0670	1.5461	1.1041	2.6227	1.3311	0.9689
30-23	3.1777	1.5956	1.0849	2.5699	1.2890	0.9031	2.2071	1.1116	0.7960
30-25	2.4959	1.2577	0.8433	2.0439	1.0284	0.7041	1.7691	0.8910	0.6228
35-20	5.8775	2.9520	2.0498	4.6645	2.3537	1.6712	3.9489	2.0097	1.4491
35-22	5.2822	2.6502	1.8124	4.2043	2.1116	1.4806	3.5730	1.8020	1.2844
35-24	4.6581	2.3481	1.5835	3.7271	1.8728	1.2915	3.1844	1.5957	1.1225
35-26	4.0212	2.0265	1.3560	3.2382	1.6278	1.1038	2.7668	1.3920	0.9618
35-28	3.3441	1.6900	1.1307	2.7140	1.3690	0.9183	2.3305	1.1768	0.7992
35-30	2.6329	1.3354	0.8930	2.1581	1.0920	0.7312	1.8721	0.9478	0.6357
40-25	6.1525	3.1091	2.0915	4.9047	2.4671	1.6835	4.1709	2.0921	1.4502
40-27	5.5645	2.8056	1.8774	4.4495	2.2340	1.5087	3.7747	1.8994	1.2965
40-29	4.9102	2.4910	1.6669	3.9440	1.9895	1.3313	3.3626	1.6986	1.1456
40-31	4.2316	2.1485	1.4414	3.4283	1.7340	1.1594	2.9260	1.4835	0.9929
40-33	3.5465	1.7962	1.2046	2.8754	1.4550	0.9769	2.4769	1.2549	0.8397
40-35	2.7869	1.4210	0.9524	2.2881	1.1641	0.7805	1.9872	1.0119	0.6767

表 B.12 处理量折算系数 K_c 表

粮食种类:玉米　　环境温度 t_h:－5℃　　环境相对湿度 RH:90%

降水范围 (M_1-M_2)/%	热风温度 t_r/℃								
	90			120			150		
	热风表观风速 v_r/[m^3/(m^3·s)]								
	0.2	0.4	0.6	0.2	0.4	0.6	0.2	0.4	0.6
20-13	3.0848	1.6584	1.2504	2.4599	1.3613	1.0438	2.1047	1.1845	0.9129
20-15	2.3667	1.2497	0.9302	1.9109	1.0372	0.7866	1.6450	0.9101	0.6952
22-13	3.7491	1.9973	1.4987	2.9705	1.6270	1.2436	2.5286	1.4084	1.0826
22-15	3.0480	1.5971	1.1847	2.4363	1.3114	0.9935	2.0844	1.1427	0.8726
22-17	2.3662	1.2179	0.8898	1.9135	1.0092	0.7542	1.6474	0.8857	0.6685
24-13	4.4084	2.3316	1.7388	3.4780	1.8868	1.4358	2.9501	1.6259	1.2451
24-15	3.7224	1.9378	1.4285	2.9564	1.5779	1.1900	2.5180	1.3669	1.0402
24-17	3.0589	1.5669	1.1394	2.4504	1.2832	0.9571	2.0956	1.1177	0.8430
24-19	2.3914	1.2083	0.8636	1.9386	0.9963	0.7312	1.6714	0.8724	0.6488
26-13	5.0631	2.6635	1.9723	3.9834	2.1447	1.6218	3.3703	1.8413	1.4021
26-15	4.3918	2.2755	1.6651	3.4734	1.8399	1.3793	2.9484	1.5866	1.2009
26-17	3.7442	1.9121	1.3807	2.9805	1.5512	1.1506	2.5385	1.3426	1.0084
26-19	3.0971	1.5622	1.1115	2.4865	1.2726	0.9313	2.1286	1.1055	0.8208
26-21	2.4294	1.2185	0.8491	1.9735	0.9973	0.7174	1.7036	0.8697	0.6365
28-13	5.7154	2.9939	2.2014	4.4875	2.3998	1.8030	3.7899	2.0542	1.5548
28-15	5.0565	2.6127	1.8983	3.9890	2.1001	1.5632	3.3776	1.8034	1.3566
28-17	4.4243	2.2553	1.6190	3.5071	1.8176	1.3384	2.9799	1.5644	1.1676
28-19	3.7954	1.9132	1.3532	3.0287	1.5446	1.1249	2.5815	1.3336	0.9851
28-21	3.1490	1.5791	1.0965	2.5320	1.2776	0.9168	2.1711	1.1050	0.8076
28-23	2.4740	1.2431	0.8456	2.0119	1.0115	0.7095	1.7391	0.8771	0.6287
30-15	5.7250	2.9502	2.1319	4.4994	2.3601	1.7438	3.8046	2.0185	1.5087
30-17	5.1092	2.5971	1.8547	4.0313	2.0829	1.5243	3.4202	1.7857	1.3229
30-19	4.4923	2.2635	1.5914	3.5662	1.8143	1.3143	3.0322	1.5592	1.1459
30-21	3.8622	1.9372	1.3403	3.0861	1.5545	1.1099	2.6319	1.3364	0.9723
30-23	3.2053	1.6121	1.0950	2.5842	1.2973	0.9083	2.2166	1.1167	0.7995
30-25	2.5210	1.2711	0.8526	2.0591	1.0351	0.7091	1.7772	0.8950	0.6258
35-20	5.9169	2.9771	2.0655	4.6832	2.3665	1.6796	3.9649	2.0151	1.4530
35-22	5.3220	2.6761	1.8255	4.2322	2.1216	1.4875	3.5846	1.8086	1.2876
35-24	4.7077	2.3670	1.5954	3.7493	1.8841	1.2982	3.1941	1.6019	1.1257
35-26	4.0495	2.0442	1.3674	3.2515	1.6371	1.1101	2.7751	1.3970	0.9653
35-28	3.3693	1.7075	1.1420	2.7344	1.3760	0.9241	2.3386	1.1818	0.8023
35-30	2.6565	1.3489	0.9034	2.1749	1.0992	0.7364	1.8815	0.9529	0.6388
40-25	6.2174	3.1346	2.1052	4.9362	2.4822	1.6926	4.1878	2.0977	1.4547
40-27	5.5986	2.8296	1.8937	4.4635	2.2471	1.5158	3.7893	1.9045	1.3008
40-29	4.9674	2.5067	1.6800	3.9599	2.0004	1.3382	3.3788	1.7053	1.1504
40-31	4.2757	2.1706	1.4559	3.4407	1.7405	1.1647	2.9429	1.4874	0.9957
40-33	3.5850	1.8139	1.2177	2.8860	1.4671	0.9828	2.4833	1.2584	0.8433
40-35	2.8263	1.4352	0.9637	2.3027	1.1721	0.7856	1.9980	1.0150	0.6807

表 B.13 处理量折算系数 K_c 表

粮食种类：玉米　　环境温度 t_h：0℃　　环境相对湿度 RH：30%

降水范围 $(M_1\text{-}M_2)$/%	热风温度 t_r/℃								
	90			120			150		
	热风表观风速 v_r/[m^3/(m^3·s)]								
	0.2	0.4	0.6	0.2	0.4	0.6	0.2	0.4	0.6
20-13	2.9511	1.5910	1.2048	2.3659	1.3145	1.0127	2.0301	1.1478	0.8886
20-15	2.2425	1.1876	0.8881	1.8214	0.9926	0.7565	1.5768	0.8745	0.6713
22-13	3.6054	1.9254	1.4499	2.8708	1.5778	1.2105	2.4500	1.3702	1.0570
22-15	2.9138	1.5302	1.1397	2.3409	1.2643	0.9618	2.0099	1.1053	0.8475
22-17	2.2406	1.1554	0.8482	1.8236	0.9639	0.7242	1.5780	0.8493	0.6444
24-13	4.2551	2.2548	1.6871	3.3726	1.8348	1.4006	2.8676	1.5859	1.2179
24-15	3.5780	1.8662	1.3809	2.8552	1.5280	1.1569	2.4383	1.3275	1.0142
24-17	2.9227	1.4995	1.0950	2.3532	1.2354	0.9256	2.0210	1.0796	0.8180
24-19	2.2644	1.1448	0.8213	1.8479	0.9500	0.7009	1.6002	0.8355	0.6245
26-13	4.9013	2.5824	1.9183	3.8726	2.0899	1.5857	3.2839	1.7988	1.3743
26-15	4.2386	2.1992	1.6148	3.3666	1.7877	1.3450	2.8654	1.5457	1.1742
26-17	3.5983	1.8397	1.3330	2.8779	1.5007	1.1179	2.4592	1.3028	0.9825
26-19	2.9584	1.4935	1.0659	2.3885	1.2235	0.8993	2.0534	1.0662	0.7956
26-21	2.3004	1.1533	0.8064	1.8817	0.9497	0.6861	1.6312	0.8323	0.6109
28-13	5.5442	2.9085	2.1447	4.3703	2.3431	1.7659	3.6995	2.0106	1.5265
28-15	4.8953	2.5312	1.8446	3.8758	2.0449	1.5278	3.2900	1.7607	1.3291
28-17	4.2718	2.1779	1.5676	3.3983	1.7642	1.3039	2.8951	1.5225	1.1410
28-19	3.6473	1.8392	1.3048	2.9241	1.4927	1.0904	2.5002	1.2925	0.9587
28-21	3.0085	1.5082	1.0505	2.4336	1.2271	0.8837	2.0944	1.0651	0.7809
28-23	2.3449	1.1762	0.8018	1.9204	0.9627	0.6776	1.6657	0.8389	0.6032
30-15	5.5492	2.8633	2.0745	4.3851	2.3022	1.7066	3.7149	1.9740	1.4804
30-17	4.9352	2.5159	1.8005	3.9208	2.0264	1.4869	3.3302	1.7416	1.2954
30-19	4.3286	2.1837	1.5402	3.4569	1.7602	1.2785	2.9458	1.5161	1.1171
30-21	3.7080	1.8610	1.2908	2.9794	1.5013	1.0753	2.5508	1.2941	0.9446
30-23	3.0642	1.5397	1.0479	2.4834	1.2451	0.8747	2.1378	1.0754	0.7725
30-25	2.3922	1.2029	0.8073	1.9598	0.9858	0.6762	1.7029	0.8554	0.5992
35-20	5.7286	2.8877	2.0072	4.5569	2.3040	1.6391	3.8720	1.9677	1.4222
35-22	5.1501	2.5881	1.7697	4.1053	2.0632	1.4478	3.4925	1.7604	1.2582
35-24	4.5324	2.2848	1.5414	3.6369	1.8243	1.2595	3.1053	1.5549	1.0956
35-26	3.9010	1.9635	1.3143	3.1464	1.5786	1.0725	2.6945	1.3538	0.9357
35-28	3.2326	1.6305	1.0904	2.6206	1.3228	0.8878	2.2663	1.1401	0.7736
35-30	2.5156	1.2774	0.8545	2.0679	1.0491	0.7010	1.7982	0.9099	0.6113
40-25	6.0454	3.0402	2.0456	4.8073	2.4155	1.6485	4.0848	2.0487	1.4229
40-27	5.4134	2.7406	1.8313	4.3440	2.1835	1.4730	3.6860	1.8551	1.2685
40-29	4.7846	2.4162	1.6215	3.8313	1.9398	1.2976	3.2926	1.6547	1.1175
40-31	4.1094	2.0862	1.3985	3.3299	1.6814	1.1252	2.8572	1.4426	0.9655
40-33	3.4131	1.7353	1.1652	2.7844	1.4101	0.9428	2.4013	1.2141	0.8121
40-35	2.6606	1.3613	0.9132	2.2043	1.1178	0.7497	1.9112	0.9726	0.6512

表 B.14　处理量折算系数 K_c 表

粮食种类：玉米　　　　环境温度 t_h：0℃　　　　环境相对湿度 RH：60%

降水范围 (M_1-M_2)/%	热风温度 t_r/℃								
	90			120			150		
	热风表观风速 v_r/[m³/(m³·s)]								
	0.2	0.4	0.6	0.2	0.4	0.6	0.2	0.4	0.6
20-13	2.9962	1.6154	1.2226	2.3889	1.3271	1.0217	2.0441	1.1554	0.8940
20-15	2.2800	1.2077	0.9029	1.8413	1.0037	0.7646	1.5887	0.8815	0.6764
22-13	3.6567	1.9523	1.4692	2.8963	1.5913	1.2200	2.4652	1.3781	1.0624
22-15	2.9573	1.5528	1.1559	2.3632	1.2761	0.9703	2.0235	1.1125	0.8527
22-17	2.2776	1.1745	0.8618	1.8433	0.9744	0.7318	1.5895	0.8560	0.6493
24-13	4.3121	2.2845	1.7080	3.4007	1.8493	1.4108	2.8840	1.5942	1.2236
24-15	3.6279	1.8915	1.3985	2.8802	1.5407	1.1659	2.4533	1.3351	1.0195
24-17	2.9660	1.5213	1.1100	2.3755	1.2468	0.9336	2.0341	1.0866	0.8229
24-19	2.3014	1.1635	0.8344	1.8676	0.9602	0.7081	1.6117	0.8420	0.6292
26-13	4.9641	2.6147	1.9407	3.9030	2.1054	1.5963	3.3017	1.8078	1.3802
26-15	4.2936	2.2272	1.6340	3.3945	1.8015	1.3544	2.8810	1.5539	1.1796
26-17	3.6474	1.8643	1.3496	2.9024	1.5130	1.1263	2.4735	1.3102	0.9874
26-19	3.0015	1.5151	1.0806	2.4108	1.2348	0.9069	2.0659	1.0732	0.8004
26-21	2.3380	1.1721	0.8191	1.9015	0.9600	0.6932	1.6424	0.8388	0.6156
28-13	5.6117	2.9433	2.1685	4.4050	2.3594	1.7769	3.7178	2.0201	1.5325
28-15	4.9560	2.5625	1.8654	3.9069	2.0595	1.5376	3.3088	1.7693	1.3347
28-17	4.3247	2.2058	1.5861	3.4275	1.7776	1.3128	2.9112	1.5304	1.1461
28-19	3.6947	1.8639	1.3211	2.9478	1.5053	1.0987	2.5164	1.3000	0.9636
28-21	3.0534	1.5303	1.0647	2.4563	1.2386	0.8913	2.1066	1.0722	0.7856
28-23	2.3809	1.1955	0.8144	1.9398	0.9733	0.6846	1.6793	0.8453	0.6077
30-15	5.6154	2.8977	2.0973	4.4164	2.3183	1.7170	3.7342	1.9835	1.4860
30-17	5.0012	2.5458	1.8205	3.9482	2.0418	1.4967	3.3460	1.7504	1.3005
30-19	4.3830	2.2126	1.5582	3.4821	1.7739	1.2875	2.9611	1.5240	1.1224
30-21	3.7566	1.8864	1.3071	3.0035	1.5145	1.0833	2.5654	1.3019	0.9496
30-23	3.1134	1.5620	1.0620	2.5067	1.2566	0.8822	2.1506	1.0829	0.7774
30-25	2.4327	1.2228	0.8201	1.9815	0.9963	0.6832	1.7166	0.8620	0.6037
35-20	5.7992	2.9224	2.0291	4.5898	2.3220	1.6491	3.8952	1.9769	1.4286
35-22	5.2117	2.6195	1.7891	4.1409	2.0760	1.4579	3.5138	1.7710	1.2630
35-24	4.6058	2.3118	1.5602	3.6604	1.8391	1.2686	3.1224	1.5643	1.1013
35-26	3.9550	1.9951	1.3324	3.1675	1.5932	1.0810	2.7082	1.3604	0.9409
35-28	3.2721	1.6537	1.1071	2.6505	1.3339	0.8953	2.2766	1.1460	0.7785
35-30	2.5500	1.2966	0.8685	2.0958	1.0586	0.7084	1.8091	0.9166	0.6160
40-25	6.1005	3.0774	2.0686	4.8330	2.4295	1.6606	4.1055	2.0574	1.4273
40-27	5.4714	2.7679	1.8557	4.3657	2.1986	1.4851	3.7110	1.8660	1.2738
40-29	4.8586	2.4524	1.6428	3.8713	1.9526	1.3072	3.3037	1.6636	1.1243
40-31	4.1753	2.1149	1.4203	3.3489	1.6999	1.1338	2.8675	1.4483	0.9703
40-33	3.4692	1.7572	1.1794	2.8121	1.4213	0.9506	2.4101	1.2235	0.8178
40-35	2.7185	1.3811	0.9269	2.2269	1.1292	0.7564	1.9207	0.9791	0.6560

表 B.15 处理量折算系数 K_c 表

粮食种类:玉米　　环境温度 t_h:0℃　　环境相对湿度 RH:90%

降水范围 (M_1-M_2)/%	热风温度 t_r/℃								
	90			120			150		
	热风表观风速 v_r/[m³/(m³·s)]								
	0.2	0.4	0.6	0.2	0.4	0.6	0.2	0.4	0.6
20-13	3.0412	1.6393	1.2398	2.4117	1.3395	1.0305	2.0579	1.1630	0.8991
20-15	2.3174	1.2274	0.9171	1.8610	1.0145	0.7725	1.6002	0.8884	0.6814
22-13	3.7077	1.9787	1.4880	2.9215	1.6044	1.2293	2.4803	1.3859	1.0677
22-15	3.0007	1.5751	1.1717	2.3854	1.2877	0.9786	2.0368	1.1196	0.8577
22-17	2.3145	1.1933	0.8751	1.8626	0.9847	0.7391	1.6008	0.8626	0.6540
24-13	4.3693	2.3137	1.7284	3.4284	1.8634	1.4207	2.9004	1.6023	1.2293
24-15	3.6773	1.9166	1.4157	2.9048	1.5533	1.1746	2.4680	1.3427	1.0246
24-17	3.0090	1.5428	1.1247	2.3976	1.2579	0.9414	2.0471	1.0935	0.8277
24-19	2.3384	1.1821	0.8471	1.8867	0.9703	0.7151	1.6228	0.8485	0.6337
26-13	5.0272	2.6466	1.9624	3.9335	2.1207	1.6066	3.3194	1.8164	1.3859
26-15	4.3506	2.2551	1.6526	3.4212	1.8150	1.3635	2.8973	1.5618	1.1848
26-17	3.6969	1.8889	1.3659	2.9272	1.5253	1.1344	2.4882	1.3175	0.9923
26-19	3.0457	1.5367	1.0950	2.4331	1.2459	0.9144	2.0794	1.0800	0.8049
26-21	2.3750	1.1911	0.8315	1.9204	0.9700	0.7002	1.6543	0.8450	0.6202
28-13	5.6843	2.9780	2.1918	4.4373	2.3759	1.7877	3.7384	2.0290	1.5384
28-15	5.0192	2.5935	1.8858	3.9358	2.0744	1.5471	3.3247	1.7779	1.3400
28-17	4.3807	2.2334	1.6045	3.4541	1.7911	1.3216	2.9281	1.5381	1.1511
28-19	3.7463	1.8889	1.3372	2.9743	1.5174	1.1069	2.5301	1.3074	0.9684
28-21	3.0944	1.5524	1.0790	2.4775	1.2497	0.8987	2.1190	1.0790	0.7903
28-23	2.4181	1.2150	0.8269	1.9590	0.9835	0.6914	1.6896	0.8516	0.6122
30-15	5.6806	2.9324	2.1198	4.4514	2.3348	1.7271	3.7518	1.9921	1.4915
30-17	5.0598	2.5763	1.8403	3.9776	2.0558	1.5062	3.3642	1.7589	1.3057
30-19	4.4410	2.2404	1.5761	3.5113	1.7868	1.2962	2.9786	1.5322	1.1276
30-21	3.8096	1.9108	1.3230	3.0322	1.5269	1.0914	2.5805	1.3093	0.9544
30-23	3.1519	1.5850	1.0767	2.5272	1.2684	0.8895	2.1653	1.0896	0.7817
30-25	2.4695	1.2419	0.8330	1.9999	1.0070	0.6901	1.7269	0.8684	0.6082
35-20	5.8875	2.9564	2.0518	4.6270	2.3375	1.6599	3.9101	1.9866	1.4341
35-22	5.2689	2.6519	1.8100	4.1654	2.0919	1.4673	3.5368	1.7783	1.2687
35-24	4.6517	2.3411	1.5795	3.6940	1.8536	1.2778	3.1389	1.5731	1.1064
35-26	4.0056	2.0180	1.3498	3.1892	1.6084	1.0900	2.7240	1.3683	0.9461
35-28	3.3235	1.6778	1.1224	2.6747	1.3457	0.9036	2.2871	1.1531	0.7834
35-30	2.5992	1.3184	0.8822	2.1173	1.0711	0.7158	1.8231	0.9236	0.6205
40-25	6.1515	3.1141	2.0911	4.8740	2.4503	1.6705	4.1205	2.0677	1.4342
40-27	5.5741	2.8124	1.8764	4.3998	2.2161	1.4959	3.7329	1.8761	1.2796
40-29	4.9004	2.4823	1.6630	3.9109	1.9716	1.3185	3.3244	1.6715	1.1294
40-31	4.2327	2.1456	1.4350	3.3780	1.7090	1.1448	2.8794	1.4563	0.9752
40-33	3.5010	1.7837	1.1954	2.8271	1.4334	0.9614	2.4204	1.2303	0.8232
40-35	2.7608	1.4065	0.9431	2.2416	1.1420	0.7652	1.9382	0.9855	0.6601

表 B.16 处理量折算系数 K_c 表

粮食种类:玉米　　　　环境温度 t_h:5℃　　　　环境相对湿度 RH:30%

降水范围 (M_1-M_2)/%	热风温度 t_r/℃								
	90			120			150		
	热风表观风速 v_r/[m^3/(m^3·s)]								
	0.2	0.4	0.6	0.2	0.4	0.6	0.2	0.4	0.6
20-13	2.8813	1.5585	1.1856	2.3042	1.2857	0.9952	1.9750	1.1220	0.8726
20-15	2.1714	1.1541	0.8677	1.7596	0.9639	0.7387	1.5222	0.8490	0.6551
22-13	3.5347	1.8919	1.4295	2.8071	1.5479	1.1919	2.3927	1.3433	1.0400
22-15	2.8412	1.4956	1.1182	2.2768	1.2340	0.9426	1.9527	1.0784	0.8301
22-17	2.1670	1.1201	0.8262	1.7596	0.9336	0.7051	1.5227	0.8225	0.6274
24-13	4.1833	2.2204	1.6653	3.3073	1.8036	1.3803	2.8082	1.5577	1.1994
24-15	3.5046	1.8307	1.3586	2.7891	1.4962	1.1365	2.3790	1.2990	0.9956
24-17	2.8477	1.4631	1.0721	2.2868	1.2036	0.9056	1.9623	1.0514	0.8000
24-19	2.1888	1.1077	0.7981	1.7826	0.9183	0.6811	1.5438	0.8076	0.6070
26-13	4.8289	2.5475	1.8964	3.8057	2.0574	1.5646	3.2223	1.7691	1.3548
26-15	4.1640	2.1629	1.5920	3.2989	1.7549	1.3241	2.8036	1.5161	1.1550
26-17	3.5227	1.8023	1.3094	2.8093	1.4677	1.0971	2.3981	1.2734	0.9637
26-19	2.8811	1.4554	1.0414	2.3205	1.1903	0.8786	1.9937	1.0368	0.7772
26-21	2.2234	1.1146	0.7818	1.8152	0.9167	0.6648	1.5738	0.8032	0.5922
28-13	5.4700	2.8727	2.1224	4.3018	2.3098	1.7444	3.6361	1.9802	1.5065
28-15	4.8204	2.4945	1.8209	3.8061	2.0110	1.5063	3.2273	1.7303	1.3095
28-17	4.1941	2.1401	1.5427	3.3296	1.7297	1.2825	2.8314	1.4918	1.1215
28-19	3.5692	1.8006	1.2796	2.8528	1.4586	1.0683	2.4394	1.2617	0.9395
28-21	2.9295	1.4689	1.0249	2.3644	1.1925	0.8614	2.0334	1.0346	0.7609
28-23	2.2649	1.1364	0.7757	1.8529	0.9282	0.6559	1.6082	0.8088	0.5839
30-15	5.4743	2.8265	2.0498	4.3126	2.2679	1.6847	3.6485	1.9426	1.4602
30-17	4.8585	2.4768	1.7753	3.8478	1.9913	1.4640	3.2624	1.7101	1.2751
30-19	4.2503	2.1443	1.5146	3.3844	1.7249	1.2553	2.8821	1.4844	1.0969
30-21	3.6301	1.8208	1.2641	2.9085	1.4660	1.0523	2.4883	1.2626	0.9238
30-23	2.9840	1.4992	1.0212	2.4122	1.2091	0.8519	2.0771	1.0437	0.7523
30-25	2.3107	1.1624	0.7801	1.8926	0.9504	0.6533	1.6437	0.8245	0.5790
35-20	5.6498	2.8474	1.9796	4.4812	2.2675	1.6146	3.7988	1.9344	1.4003
35-22	5.0665	2.5452	1.7429	4.0269	2.0232	1.4227	3.4282	1.7259	1.2361
35-24	4.4521	2.2397	1.5138	3.5571	1.7858	1.2355	3.0380	1.5210	1.0732
35-26	3.8098	1.9215	1.2870	3.0679	1.5422	1.0469	2.6284	1.3173	0.9132
35-28	3.1361	1.5873	1.0618	2.5500	1.2833	0.8626	2.1956	1.1048	0.7518
35-30	2.4355	1.2338	0.8253	2.0028	1.0110	0.6755	1.7404	0.8777	0.5893
40-25	5.9534	3.0012	2.0138	4.7201	2.3725	1.6217	4.0130	2.0093	1.3975
40-27	5.3502	2.6953	1.8008	4.2519	2.1410	1.4471	3.6242	1.8196	1.2446
40-29	4.6943	2.3762	1.5917	3.7697	1.8973	1.2709	3.2238	1.6176	1.0937
40-31	4.0234	2.0420	1.3688	3.2483	1.6391	1.0978	2.7867	1.4062	0.9409
40-33	3.3183	1.6879	1.1325	2.7149	1.3709	0.9163	2.3350	1.1807	0.7881
40-35	2.5768	1.3158	0.8836	2.1269	1.0783	0.7235	1.8475	0.9365	0.6282

表 B.17 处理量折算系数 K_c 表

粮食种类:玉米　　环境温度 t_h:5℃　　环境相对湿度 RH:60%

降水范围 (M_1-M_2)/%	热风温度 t_r/℃								
	90			120			150		
	热风表观风速 v_r/[m^3/(m^3·s)]								
	0.2	0.4	0.6	0.2	0.4	0.6	0.2	0.4	0.6
20-13	2.9432	1.5916	1.2093	2.3356	1.3028	1.0071	1.9941	1.1324	0.8796
20-15	2.2222	1.1812	0.8872	1.7867	0.9786	0.7492	1.5392	0.8584	0.6618
22-13	3.6052	1.9287	1.4554	2.8419	1.5661	1.2045	2.4135	1.3540	1.0470
22-15	2.9007	1.5263	1.1398	2.3073	1.2500	0.9538	1.9713	1.0882	0.8369
22-17	2.2173	1.1458	0.8444	1.7865	0.9477	0.7151	1.5391	0.8314	0.6338
24-13	4.2623	2.2611	1.6938	3.3455	1.8232	1.3939	2.8308	1.5691	1.2069
24-15	3.5730	1.8653	1.3825	2.8232	1.5136	1.1486	2.3994	1.3094	1.0027
24-17	2.9067	1.4926	1.0924	2.3174	1.2190	0.9163	1.9809	1.0608	0.8066
24-19	2.2394	1.1329	0.8154	1.8096	0.9320	0.6908	1.5601	0.8164	0.6132
26-13	4.9155	2.5921	1.9268	3.8470	2.0786	1.5791	3.2472	1.7812	1.3627
26-15	4.2402	2.2016	1.6180	3.3367	1.7738	1.3367	2.8257	1.5271	1.1623
26-17	3.5903	1.8362	1.3318	2.8435	1.4845	1.1084	2.4182	1.2835	0.9704
26-19	2.9412	1.4849	1.0610	2.3513	1.2056	0.8888	2.0124	1.0462	0.7835
26-21	2.2751	1.1403	0.7988	1.8423	0.9305	0.6743	1.5902	0.8120	0.5983
28-13	5.5679	2.9213	2.1550	4.3485	2.3323	1.7594	3.6627	1.9927	1.5147
28-15	4.9033	2.5376	1.8493	3.8485	2.0314	1.5196	3.2502	1.7421	1.3170
28-17	4.2682	2.1782	1.5678	3.3685	1.7483	1.2945	2.8548	1.5026	1.1286
28-19	3.6364	1.8343	1.3017	2.8879	1.4754	1.0794	2.4596	1.2717	0.9461
28-21	2.9892	1.4990	1.0442	2.3949	1.2080	0.8716	2.0523	1.0442	0.7673
28-23	2.3154	1.1628	0.7929	1.8797	0.9424	0.6652	1.6235	0.8176	0.5899
30-15	5.5643	2.8741	2.0810	4.3559	2.2891	1.6987	3.6753	1.9552	1.4679
30-17	4.9457	2.5193	1.8027	3.8874	2.0120	1.4769	3.2877	1.7217	1.2825
30-19	4.3309	2.1828	1.5390	3.4219	1.7436	1.2672	2.9051	1.4955	1.1036
30-21	3.7012	1.8556	1.2866	2.9423	1.4835	1.0633	2.5085	1.2725	0.9306
30-23	3.0446	1.5299	1.0408	2.4443	1.2257	0.8619	2.0974	1.0538	0.7585
30-25	2.3614	1.1886	0.7977	1.9207	0.9645	0.6628	1.6593	0.8337	0.5850
35-20	5.7468	2.8935	2.0102	4.5218	2.2917	1.6283	3.8305	1.9454	1.4078
35-22	5.1469	2.5899	1.7710	4.0790	2.0453	1.4361	3.4505	1.7395	1.2430
35-24	4.5345	2.2825	1.5385	3.6018	1.8075	1.2468	3.0599	1.5329	1.0806
35-26	3.8895	1.9572	1.3104	3.1077	1.5599	1.0587	2.6506	1.3300	0.9203
35-28	3.2071	1.6207	1.0839	2.5813	1.3005	0.8730	2.2144	1.1156	0.7580
35-30	2.4930	1.2628	0.8451	2.0281	1.0267	0.6862	1.7588	0.8874	0.5954
40-25	6.0327	3.0436	2.0475	4.7817	2.3997	1.6371	4.0334	2.0246	1.4059
40-27	5.4199	2.7382	1.8343	4.2977	2.1656	1.4614	3.6507	1.8345	1.2528
40-29	4.7853	2.4208	1.6214	3.7989	1.9204	1.2832	3.2438	1.6302	1.1016
40-31	4.0984	2.0781	1.3936	3.2841	1.6601	1.1111	2.8105	1.4184	0.9481
40-33	3.3971	1.7206	1.1566	2.7347	1.3856	0.9272	2.3577	1.1906	0.7952
40-35	2.6491	1.3437	0.9013	2.1656	1.0946	0.7337	1.8667	0.9492	0.6343

表 B.18 处理量折算系数 K_c 表

粮食种类:玉米　　　　环境温度 t_h:5℃　　　　环境相对湿度 RH:90%

降水范围 (M_1-M_2)/%	热风温度 t_r/℃								
	90			120			150		
	热风表观风速 v_r/[m³/(m³·s)]								
	0.2	0.4	0.6	0.2	0.4	0.6	0.2	0.4	0.6
20-13	3.0047	1.6241	1.2321	2.3665	1.3193	1.0186	2.0129	1.1424	0.8863
20-15	2.2730	1.2078	0.9061	1.8133	0.9930	0.7594	1.5558	0.8675	0.6682
22-13	3.6753	1.9648	1.4805	2.8764	1.5839	1.2166	2.4340	1.3645	1.0539
22-15	2.9600	1.5565	1.1609	2.3374	1.2655	0.9648	1.9896	1.0977	0.8434
22-17	2.2675	1.1711	0.8621	1.8130	0.9615	0.7250	1.5548	0.8403	0.6400
24-13	4.3411	2.3011	1.7214	3.3835	1.8424	1.4071	2.8530	1.5800	1.2143
24-15	3.6409	1.8995	1.4056	2.8570	1.5306	1.1603	2.4195	1.3195	1.0096
24-17	2.9657	1.5219	1.1122	2.3475	1.2341	0.9267	1.9990	1.0702	0.8129
24-19	2.2900	1.1581	0.8323	1.8365	0.9455	0.7000	1.5757	0.8250	0.6192
26-13	5.0039	2.6360	1.9563	3.8894	2.0994	1.5931	3.2710	1.7930	1.3705
26-15	4.3175	2.2396	1.6433	3.3740	1.7922	1.3491	2.8475	1.5379	1.1694
26-17	3.6574	1.8696	1.3538	2.8779	1.5011	1.1194	2.4384	1.2935	0.9769
26-19	3.0008	1.5143	1.0804	2.3823	1.2206	0.8987	2.0302	1.0554	0.7897
26-21	2.3252	1.1659	0.8155	1.8694	0.9440	0.6836	1.6059	0.8206	0.6042
28-13	5.6612	2.9691	2.1867	4.3923	2.3544	1.7741	3.6884	2.0052	1.5227
28-15	4.9909	2.5803	1.8769	3.8892	2.0514	1.5326	3.2751	1.7536	1.3243
28-17	4.3472	2.2157	1.5928	3.4040	1.7667	1.3062	2.8755	1.5132	1.1352
28-19	3.7045	1.8680	1.3235	2.9233	1.4921	1.0901	2.4798	1.2818	0.9524
28-21	3.0494	1.5296	1.0633	2.4267	1.2235	0.8816	2.0694	1.0534	0.7735
28-23	2.3679	1.1892	0.8098	1.9061	0.9564	0.6743	1.6395	0.8262	0.5959
30-15	5.6615	2.9207	2.1120	4.4049	2.3113	1.7124	3.6995	1.9673	1.4753
30-17	5.0277	2.5615	1.8301	3.9333	2.0318	1.4900	3.3114	1.7332	1.2895
30-19	4.4020	2.2211	1.5634	3.4629	1.7619	1.2789	2.9289	1.5061	1.1103
30-21	3.7643	1.8902	1.3083	2.9784	1.5003	1.0741	2.5294	1.2828	0.9369
30-23	3.1052	1.5603	1.0602	2.4761	1.2413	0.8718	2.1148	1.0630	0.7647
30-25	2.4155	1.2160	0.8153	1.9489	0.9790	0.6720	1.6776	0.8422	0.5910
35-20	5.8496	2.9423	2.0393	4.5693	2.3115	1.6417	3.8522	1.9583	1.4158
35-22	5.2434	2.6358	1.7974	4.1125	2.0655	1.4488	3.4778	1.7514	1.2506
35-24	4.6115	2.3226	1.5642	3.6406	1.8267	1.2594	3.0863	1.5443	1.0877
35-26	3.9559	1.9947	1.3341	3.1417	1.5781	1.0708	2.6732	1.3406	0.9271
35-28	3.2740	1.6518	1.1068	2.6190	1.3171	0.8842	2.2349	1.1260	0.7645
35-30	2.5411	1.2890	0.8633	2.0540	1.0412	0.6966	1.7735	0.8960	0.6018
40-25	6.1294	3.0970	2.0794	4.8137	2.4250	1.6519	4.0686	2.0420	1.4143
40-27	5.5164	2.7881	1.8667	4.3470	2.1881	1.4756	3.6752	1.8467	1.2599
40-29	4.8817	2.4624	1.6511	3.8375	1.9416	1.2984	3.2594	1.6430	1.1096
40-31	4.1830	2.1207	1.4204	3.3197	1.6798	1.1243	2.8252	1.4285	0.9547
40-33	3.4569	1.7628	1.1788	2.7584	1.4041	0.9407	2.3769	1.2009	0.8038
40-35	2.7012	1.3755	0.9221	2.1959	1.1102	0.7435	1.8780	0.9558	0.6404

表 B.19 处理量折算系数 K_c 表

粮食种类:玉米　　环境温度 t_h:10℃　　环境相对湿度 RH:30%

降水范围 (M_1-M_2)/%	热风温度 t_r/℃								
	90			120			150		
	热风表观风速 v_r/[m³/(m³·s)]								
	0.2	0.4	0.6	0.2	0.4	0.6	0.2	0.4	0.6
20-13	2.8149	1.5282	1.1685	2.2440	1.2580	0.9790	1.9207	1.0967	0.8575
20-15	2.1021	1.1222	0.8490	1.6988	0.9358	0.7218	1.4680	0.8240	0.6398
22-13	3.4683	1.8610	1.4116	2.7452	1.5191	1.1748	2.3363	1.3169	1.0239
22-15	2.7716	1.4627	1.0985	2.2139	1.2047	0.9247	1.8961	1.0522	0.8138
22-17	2.0952	1.0858	0.8054	1.6964	0.9038	0.6867	1.4664	0.7961	0.6107
24-13	4.1169	2.1890	1.6459	3.2438	1.7736	1.3617	2.7500	1.5304	1.1822
24-15	3.4349	1.7972	1.3377	2.7248	1.4654	1.1170	2.3203	1.2714	0.9776
24-17	2.7758	1.4281	1.0505	2.2218	1.1726	0.8861	1.9037	1.0234	0.7822
24-19	2.1150	1.0715	0.7758	1.7175	0.8871	0.6619	1.4865	0.7800	0.5899
26-13	4.7624	2.5158	1.8766	3.7404	2.0262	1.5445	3.1629	1.7402	1.3356
26-15	4.0940	2.1292	1.5711	3.2330	1.7234	1.3039	2.7429	1.4871	1.1361
26-17	3.4503	1.7669	1.2873	2.7434	1.4356	1.0769	2.3377	1.2445	0.9452
26-19	2.8075	1.4187	1.0180	2.2534	1.1577	0.8585	1.9337	1.0078	0.7592
26-21	2.1475	1.0770	0.7578	1.7486	0.8839	0.6442	1.5156	0.7743	0.5743
28-13	5.4035	2.8410	2.1026	4.2356	2.2779	1.7239	3.5743	1.9500	1.4869
28-15	4.7501	2.4606	1.7996	3.7404	1.9786	1.4856	3.1639	1.7004	1.2901
28-17	4.1231	2.1047	1.5196	3.2621	1.6964	1.2617	2.7690	1.4619	1.1024
28-19	3.4938	1.7638	1.2557	2.7850	1.4250	1.0473	2.3766	1.2313	0.9206
28-21	2.8525	1.4310	1.0005	2.2953	1.1585	0.8394	1.9729	1.0044	0.7419
28-23	2.1870	1.0976	0.7504	1.7842	0.8942	0.6344	1.5478	0.7785	0.5647
30-15	5.4016	2.7920	2.0273	4.2453	2.2341	1.6634	3.5842	1.9123	1.4404
30-17	4.7890	2.4413	1.7519	3.7800	1.9575	1.4424	3.1989	1.6783	1.2554
30-19	4.1747	2.1083	1.4906	3.3137	1.6908	1.2325	2.8184	1.4530	1.0771
30-21	3.5512	1.7827	1.2390	2.8374	1.4311	1.0295	2.4244	1.2315	0.9031
30-23	2.9064	1.4595	0.9954	2.3447	1.1740	0.8295	2.0154	1.0123	0.7320
30-25	2.2318	1.1224	0.7537	1.8221	0.9149	0.6305	1.5825	0.7932	0.5593
35-20	5.5860	2.8086	1.9539	4.4086	2.2314	1.5912	3.7329	1.8998	1.3778
35-22	4.9778	2.5073	1.7171	3.9484	1.9860	1.3981	3.3574	1.6926	1.2136
35-24	4.3732	2.2017	1.4868	3.4806	1.7481	1.2098	2.9714	1.4872	1.0511
35-26	3.7341	1.8840	1.2589	2.9935	1.5045	1.0225	2.5629	1.2844	0.8909
35-28	3.0569	1.5450	1.0342	2.4769	1.2464	0.8373	2.1330	1.0712	0.7297
35-30	2.3577	1.1901	0.7972	1.9328	0.9739	0.6509	1.6777	0.8457	0.5670
40-25	5.8734	2.9562	1.9906	4.6399	2.3356	1.5960	3.9426	1.9746	1.3747
40-27	5.2578	2.6516	1.7774	4.1769	2.1054	1.4205	3.5570	1.7838	1.2208
40-29	4.5941	2.3340	1.5646	3.6968	1.8602	1.2451	3.1483	1.5819	1.0693
40-31	3.9385	1.9987	1.3402	3.1647	1.6012	1.0720	2.7263	1.3686	0.9174
40-33	3.2396	1.6463	1.1024	2.6353	1.3305	0.8889	2.2665	1.1435	0.7645
40-35	2.4994	1.2724	0.8515	2.0603	1.0389	0.6967	1.7834	0.9027	0.6031

表 B.20 处理量折算系数 K_c 表

粮食种类:玉米　　环境温度 t_h:10℃　　环境相对湿度 RH:60%

降水范围 (M_1-M_2)/%	热风温度 t_r/℃								
	90			120			150		
	热风表观风速 v_r/[m^3/(m^3·s)]								
	0.2	0.4	0.6	0.2	0.4	0.6	0.2	0.4	0.6
20-13	2.8985	1.5724	1.1995	2.2862	1.2806	0.9945	1.9463	1.1104	0.8665
20-15	2.1704	1.1580	0.8742	1.7348	0.9553	0.7354	1.4906	0.8364	0.6482
22-13	3.5639	1.9104	1.4457	2.7923	1.5435	1.1911	2.3643	1.3313	1.0331
22-15	2.8519	1.5038	1.1268	2.2549	1.2258	0.9392	1.9211	1.0650	0.8224
22-17	2.1626	1.1199	0.8290	1.7323	0.9224	0.6996	1.4889	0.8079	0.6190
24-13	4.2244	2.2438	1.6837	3.2958	1.8000	1.3793	2.7805	1.5455	1.1918
24-15	3.5275	1.8438	1.3695	2.7709	1.4887	1.1327	2.3479	1.2851	0.9868
24-17	2.8553	1.4678	1.0773	2.2628	1.1931	0.9001	1.9288	1.0361	0.7908
24-19	2.1827	1.1053	0.7984	1.7539	0.9052	0.6744	1.5092	0.7917	0.5979
26-13	4.8815	2.5762	1.9174	3.7976	2.0548	1.5638	3.1956	1.7564	1.3463
26-15	4.1986	2.1814	1.6057	3.2841	1.7486	1.3208	2.7731	1.5018	1.1459
26-17	3.5418	1.8125	1.3172	2.7895	1.4582	1.0919	2.3653	1.2580	0.9541
26-19	2.8881	1.4584	1.0440	2.2948	1.1781	0.8718	1.9590	1.0203	0.7674
26-21	2.2162	1.1113	0.7802	1.7859	0.9022	0.6565	1.5382	0.7859	0.5821
28-13	5.5365	2.9071	2.1464	4.2999	2.3087	1.7441	3.6104	1.9673	1.4979
28-15	4.8691	2.5185	1.8376	3.7958	2.0061	1.5036	3.1976	1.7162	1.3002
28-17	4.2237	2.1566	1.5533	3.3123	1.7215	1.2777	2.7992	1.4765	1.1117
28-19	3.5850	1.8093	1.2851	2.8331	1.4477	1.0618	2.4055	1.2450	0.9292
28-21	2.9341	1.4715	1.0262	2.3374	1.1792	0.8530	1.9985	1.0172	0.7500
28-23	2.2569	1.1328	0.7731	1.8221	0.9130	0.6466	1.5707	0.7903	0.5727
30-15	5.5373	2.8566	2.0699	4.3050	2.2639	1.6824	3.6214	1.9288	1.4506
30-17	4.9045	2.4995	1.7890	3.8332	1.9850	1.4596	3.2346	1.6946	1.2652
30-19	4.2824	2.1600	1.5232	3.3649	1.7156	1.2485	2.8491	1.4684	1.0863
30-21	3.6487	1.8293	1.2689	2.8836	1.4544	1.0442	2.4524	1.2449	0.9119
30-23	2.9891	1.5009	1.0215	2.3857	1.1956	0.8428	2.0416	1.0255	0.7405
30-25	2.2994	1.1581	0.7772	1.8611	0.9345	0.6428	1.6069	0.8058	0.5672
35-20	5.7005	2.8744	1.9957	4.4653	2.2608	1.6095	3.7723	1.9173	1.3887
35-22	5.1121	2.5690	1.7535	4.0116	2.0157	1.4163	3.3969	1.7094	1.2241
35-24	4.4742	2.2560	1.5222	3.5437	1.7769	1.2270	3.0038	1.5041	1.0608
35-26	3.8246	1.9292	1.2918	3.0420	1.5309	1.0381	2.5907	1.3000	0.9007
35-28	3.1479	1.5885	1.0640	2.5188	1.2708	0.8524	2.1580	1.0861	0.7382
35-30	2.4304	1.2283	0.8233	1.9670	0.9949	0.6644	1.7029	0.8574	0.5756
40-25	5.9945	3.0296	2.0321	4.7065	2.3690	1.6158	3.9876	1.9963	1.3844
40-27	5.3620	2.7139	1.8201	4.2348	2.1344	1.4414	3.5930	1.8034	1.2314
40-29	4.7302	2.3915	1.6030	3.7356	1.8887	1.2617	3.1884	1.5983	1.0805
40-31	4.0453	2.0552	1.3733	3.2336	1.6282	1.0887	2.7460	1.3848	0.9267
40-33	3.3277	1.6910	1.1338	2.6765	1.3516	0.9059	2.2949	1.1573	0.7741
40-35	2.5816	1.3096	0.8803	2.0851	1.0595	0.7109	1.8004	0.9162	0.6134

表 B.21 处理量折算系数 K_c 表

粮食种类:玉米　　环境温度 t_h:10℃　　环境相对湿度 RH:90%

降水范围 (M_1-M_2)/%	热风温度 t_r/℃								
	90			120			150		
	热风表观风速 v_r/[m^3/(m^3·s)]								
	0.2	0.4	0.6	0.2	0.4	0.6	0.2	0.4	0.6
20-13	2.9815	1.6155	1.2293	2.3276	1.3024	1.0092	1.9715	1.1236	0.8751
20-15	2.2382	1.1930	0.8986	1.7702	0.9741	0.7484	1.5129	0.8483	0.6564
22-13	3.6588	1.9586	1.4786	2.8385	1.5670	1.2068	2.3917	1.3451	1.0420
22-15	2.9319	1.5440	1.1543	2.2952	1.2463	0.9530	1.9456	1.0776	0.8307
22-17	2.2297	1.1535	0.8520	1.7677	0.9405	0.7123	1.5109	0.8194	0.6271
24-13	4.3313	2.2976	1.7202	3.3470	1.8255	1.3964	2.8104	1.5601	1.2012
24-15	3.6197	1.8896	1.4002	2.8163	1.5111	1.1481	2.3750	1.2984	0.9957
24-17	2.9346	1.5070	1.1033	2.3033	1.2131	0.9136	1.9534	1.0484	0.7992
24-19	2.2504	1.1387	0.8205	1.7897	0.9230	0.6865	1.5307	0.8030	0.6057
26-13	4.9999	2.6356	1.9569	3.8538	2.0826	1.5822	3.2279	1.7721	1.3565
26-15	4.3024	2.2330	1.6395	3.3345	1.7732	1.3370	2.8030	1.5162	1.1552
26-17	3.6338	1.8577	1.3463	2.8351	1.4803	1.1063	2.3926	1.2711	0.9627
26-19	2.9677	1.4977	1.0695	2.3360	1.1981	0.8848	1.9836	1.0324	0.7754
26-21	2.2851	1.1455	0.8022	1.8218	0.9202	0.6684	1.5600	0.7973	0.5897
28-13	5.6686	2.9716	2.1888	4.3583	2.3383	1.7633	3.6446	1.9840	1.5085
28-15	4.9815	2.5763	1.8746	3.8507	2.0333	1.5206	3.2308	1.7316	1.3097
28-17	4.3292	2.2071	1.5864	3.3635	1.7464	1.2931	2.8293	1.4906	1.1206
28-19	3.6785	1.8551	1.3142	2.8776	1.4700	1.0759	2.4333	1.2582	0.9375
28-21	3.0139	1.5120	1.0515	2.3788	1.1997	0.8661	2.0223	1.0295	0.7578
28-23	2.3249	1.1678	0.7954	1.8578	0.9318	0.6584	1.5933	0.8020	0.5804
30-15	5.6562	2.9199	2.1107	4.3654	2.2932	1.7004	3.6550	1.9451	1.4607
30-17	5.0209	2.5558	1.8252	3.8902	2.0115	1.4766	3.2646	1.7100	1.2743
30-19	4.3891	2.2113	1.5556	3.4179	1.7403	1.2642	2.8786	1.4822	1.0947
30-21	3.7384	1.8769	1.2986	2.9334	1.4771	1.0584	2.4820	1.2583	0.9205
30-23	3.0720	1.5430	1.0476	2.4256	1.2173	0.8557	2.0668	1.0385	0.7486
30-25	2.3701	1.1938	0.8003	1.8993	0.9536	0.6550	1.6289	0.8174	0.5749
35-20	5.8425	2.9391	2.0354	4.5342	2.2922	1.6279	3.8048	1.9356	1.3987
35-22	5.2183	2.6293	1.7920	4.0713	2.0432	1.4337	3.4293	1.7257	1.2332
35-24	4.5948	2.3124	1.5570	3.5942	1.8035	1.2428	3.0380	1.5198	1.0694
35-26	3.9234	1.9800	1.3256	3.0883	1.5539	1.0537	2.6226	1.3149	0.9091
35-28	3.2357	1.6355	1.0933	2.5654	1.2917	0.8664	2.1858	1.0994	0.7471
35-30	2.4960	1.2657	0.8483	2.0067	1.0126	0.6778	1.7240	0.8699	0.5836
40-25	6.1087	3.0960	2.0753	4.7834	2.4045	1.6377	4.0165	2.0129	1.3960
40-27	5.4912	2.7789	1.8605	4.2925	2.1661	1.4598	3.6236	1.8181	1.2427
40-29	4.8318	2.4493	1.6409	3.8033	1.9174	1.2812	3.2183	1.6173	1.0910
40-31	4.1524	2.1001	1.4092	3.2695	1.6528	1.1062	2.7742	1.3993	0.9365
40-33	3.4115	1.7406	1.1667	2.7138	1.3768	0.9223	2.3189	1.1735	0.7843
40-35	2.6432	1.3539	0.9067	2.1344	1.0832	0.7256	1.8303	0.9307	0.6216

表 B.22 处理量折算系数 K_c 表

粮食种类:玉米　　　　环境温度 t_h:15℃　　　　环境相对湿度 RH:30%

降水范围 (M_1-M_2)/%	热风温度 t_r/℃								
	90			120			150		
	热风表观风速 v_r/[m^3/(m^3·s)]								
	0.2	0.4	0.6	0.2	0.4	0.6	0.2	0.4	0.6
20-13	2.7531	1.5006	1.1539	2.1858	1.2318	0.9643	1.8675	1.0725	0.8433
20-15	2.0359	1.0920	0.8323	1.6393	0.9089	0.7063	1.4145	0.7997	0.6255
22-13	3.4077	1.8332	1.3966	2.6859	1.4917	1.1594	2.2814	1.2914	1.0090
22-15	2.7062	1.4322	1.0811	2.1530	1.1766	0.9084	1.8405	1.0265	0.7985
22-17	2.0263	1.0531	0.7863	1.6345	0.8751	0.6696	1.4106	0.7704	0.5951
24-13	4.0577	2.1611	1.6296	3.1836	1.7455	1.3451	2.6934	1.5040	1.1663
24-15	3.3708	1.7665	1.3190	2.6628	1.4361	1.0992	2.2629	1.2446	0.9611
24-17	2.7076	1.3952	1.0303	2.1586	1.1425	0.8673	1.8459	0.9961	0.7650
24-19	2.0438	1.0368	0.7547	1.6537	0.8566	0.6432	1.4290	0.7529	0.5730
26-13	4.7045	2.4883	1.8595	3.6793	1.9967	1.5256	3.1044	1.7126	1.3177
26-15	4.0310	2.0989	1.5522	3.1701	1.6930	1.2845	2.6840	1.4587	1.1177
26-17	3.3831	1.7343	1.2670	2.6786	1.4047	1.0574	2.2782	1.2162	0.9271
26-19	2.7369	1.3842	0.9964	2.1884	1.1259	0.8389	1.8741	0.9795	0.7414
26-21	2.0745	1.0407	0.7348	1.6831	0.8519	0.6246	1.4575	0.7457	0.5570
28-13	5.3473	2.8141	2.0858	4.1745	2.2480	1.7047	3.5153	1.9213	1.4680
28-15	4.6885	2.4304	1.7807	3.6772	1.9480	1.4661	3.1046	1.6716	1.2714
28-17	4.0568	2.0725	1.4988	3.1957	1.6648	1.2418	2.7088	1.4329	1.0838
28-19	3.4238	1.7294	1.2332	2.7191	1.3927	1.0272	2.3152	1.2015	0.9022
28-21	2.7805	1.3951	0.9771	2.2289	1.1255	0.8184	1.9119	0.9749	0.7235
28-23	2.1122	1.0601	0.7259	1.7174	0.8606	0.6133	1.4892	0.7487	0.5457
30-15	5.3413	2.7633	2.0078	4.1803	2.2025	1.6438	3.5238	1.8823	1.4212
30-17	4.7269	2.4105	1.7306	3.7115	1.9253	1.4221	3.1390	1.6480	1.2363
30-19	4.1084	2.0748	1.4684	3.2462	1.6574	1.2109	2.7565	1.4228	1.0580
30-21	3.4835	1.7474	1.2157	2.7690	1.3975	1.0077	2.3625	1.2007	0.8836
30-23	2.8352	1.4221	0.9707	2.2735	1.1400	0.8076	1.9534	0.9814	0.7121
30-25	2.1541	1.0838	0.7282	1.7546	0.8804	0.6079	1.5222	0.7622	0.5402
35-20	5.5176	2.7783	1.9337	4.3354	2.1975	1.5688	3.6644	1.8667	1.3565
35-22	4.9224	2.4763	1.6937	3.8899	1.9525	1.3746	3.2953	1.6595	1.1925
35-24	4.3024	2.1650	1.4628	3.4135	1.7149	1.1867	2.9075	1.4535	1.0295
35-26	3.6623	1.8429	1.2344	2.9201	1.4691	0.9987	2.4995	1.2519	0.8690
35-28	2.9735	1.5039	1.0081	2.4016	1.2108	0.8133	2.0671	1.0381	0.7080
35-30	2.2691	1.1489	0.7703	1.8650	0.9361	0.6265	1.6136	0.8111	0.5455
40-25	5.7929	2.9220	1.9643	4.5630	2.2998	1.5705	3.8669	1.9396	1.3514
40-27	5.1687	2.6188	1.7514	4.1065	2.0632	1.3954	3.4854	1.7486	1.1972
40-29	4.5409	2.3025	1.5381	3.6112	1.8210	1.2201	3.0779	1.5464	1.0456
40-31	3.8603	1.9598	1.3120	3.0891	1.5604	1.0458	2.6545	1.3330	0.8929
40-33	3.1580	1.6027	1.0737	2.5571	1.2904	0.8644	2.2014	1.1070	0.7405
40-35	2.4041	1.2292	0.8234	1.9850	1.0009	0.6701	1.7135	0.8682	0.5807

表 B.23 处理量折算系数 K_c 表

粮食种类:玉米　　　　环境温度 t_h:15℃　　　　环境相对湿度 RH:60%

降水范围 (M_1-M_2)/%	热风温度 t_r/℃								
	90			120			150		
	热风表观风速 v_r/[m³/(m³·s)]								
	0.2	0.4	0.6	0.2	0.4	0.6	0.2	0.4	0.6
20-13	2.8643	1.5586	1.1939	2.2416	1.2611	0.9839	1.9015	1.0901	0.8546
20-15	2.1259	1.1386	0.8642	1.6866	0.9341	0.7233	1.4443	0.8157	0.6360
22-13	3.5354	1.8985	1.4407	2.7485	1.5237	1.1803	2.3185	1.3102	1.0207
22-15	2.8130	1.4861	1.1173	2.2071	1.2042	0.9265	1.8735	1.0434	0.8091
22-17	2.1151	1.0977	0.8162	1.6816	0.8991	0.6858	1.4403	0.7857	0.6053
24-13	4.2018	2.2340	1.6787	3.2531	1.7801	1.3676	2.7340	1.5238	1.1785
24-15	3.4944	1.8283	1.3604	2.7238	1.4666	1.1190	2.2996	1.2625	0.9724
24-17	2.8137	1.4477	1.0652	2.2129	1.1693	0.8853	1.8791	1.0126	0.7759
24-19	2.1332	1.0810	0.7838	1.7015	0.8803	0.6592	1.4592	0.7680	0.5833
26-13	4.8657	2.5690	1.9135	3.7556	2.0346	1.5508	3.1484	1.7337	1.3311
26-15	4.1715	2.1685	1.5980	3.2383	1.7265	1.3066	2.7241	1.4783	1.1304
26-17	3.5062	1.7948	1.3061	2.7402	1.4344	1.0769	2.3147	1.2339	0.9387
26-19	2.8434	1.4366	1.0300	2.2435	1.1528	0.8563	1.9078	0.9957	0.7521
26-21	2.1650	1.0858	0.7638	1.7320	0.8758	0.6401	1.4880	0.7609	0.5669
28-13	5.5234	2.9026	2.1439	4.2578	2.2887	1.7311	3.5632	1.9441	1.4824
28-15	4.8464	2.5084	1.8308	3.7519	1.9847	1.4894	3.1490	1.6922	1.2844
28-17	4.1974	2.1412	1.5430	3.2647	1.6978	1.2628	2.7489	1.4519	1.0958
28-19	3.5476	1.7909	1.2721	2.7804	1.4225	1.0460	2.3530	1.2195	0.9135
28-21	2.8869	1.4488	1.0109	2.2852	1.1529	0.8356	1.9460	0.9914	0.7339
28-23	2.2040	1.1067	0.7555	1.7680	0.8855	0.6291	1.5196	0.7643	0.5561
30-15	5.5157	2.8485	2.0639	4.2649	2.2420	1.6686	3.5723	1.9044	1.4349
30-17	4.8830	2.4868	1.7804	3.7876	1.9622	1.4446	3.1816	1.6691	1.2490
30-19	4.2468	2.1449	1.5118	3.3168	1.6908	1.2320	2.7962	1.4420	1.0697
30-21	3.6065	1.8107	1.2547	2.8336	1.4285	1.0268	2.4024	1.2187	0.8947
30-23	2.9392	1.4778	1.0055	2.3308	1.1685	0.8251	1.9874	0.9987	0.7230
30-25	2.2475	1.1307	0.7590	1.8055	0.9061	0.6242	1.5534	0.7783	0.5501
35-20	5.6902	2.8643	1.9881	4.4271	2.2383	1.5933	3.7150	1.8904	1.3698
35-22	5.0825	2.5566	1.7441	3.9575	1.9904	1.3984	3.3416	1.6820	1.2054
35-24	4.4483	2.2402	1.5090	3.4870	1.7499	1.2084	2.9470	1.4759	1.0417
35-26	3.7782	1.9101	1.2777	2.9921	1.5010	1.0195	2.5341	1.2715	0.8810
35-28	3.1021	1.5625	1.0472	2.4700	1.2401	0.8322	2.1031	1.0567	0.7191
35-30	2.3762	1.1996	0.8034	1.9084	0.9635	0.6442	1.6463	0.8294	0.5564
40-25	5.9817	3.0149	2.0231	4.6577	2.3457	1.5989	3.9326	1.9659	1.3649
40-27	5.3364	2.7003	1.8100	4.1758	2.1078	1.4225	3.5296	1.7724	1.2121
40-29	4.7026	2.3753	1.5915	3.6861	1.8576	1.2437	3.1330	1.5699	1.0604
40-31	4.0032	2.0304	1.3610	3.1617	1.5989	1.0702	2.6922	1.3568	0.9067
40-33	3.2694	1.6655	1.1140	2.6161	1.3221	0.8863	2.2319	1.1280	0.7536
40-35	2.5194	1.2758	0.8595	2.0293	1.0297	0.6885	1.7492	0.8855	0.5929

表 B.24 处理量折算系数 K_c 表

粮食种类:玉米　　　　环境温度 t_h:15℃　　　　环境相对湿度 RH:90%

降水范围 (M_1-M_2)/%	热风温度 t_r/℃								
	90			120			150		
	热风表观风速 v_r/[m³/(m³·s)]								
	0.2	0.4	0.6	0.2	0.4	0.6	0.2	0.4	0.6
20-13	2.9747	1.6150	1.2320	2.2960	1.2892	1.0025	1.9343	1.1070	0.8653
20-15	2.2153	1.1841	0.8951	1.7329	0.9581	0.7394	1.4734	0.8309	0.6458
22-13	3.6622	1.9621	1.4830	2.8095	1.5543	1.2000	2.3547	1.3281	1.0317
22-15	2.9192	1.5389	1.1525	2.2601	1.2306	0.9439	1.9057	1.0594	0.8194
22-17	2.2036	1.1415	0.8456	1.7278	0.9223	0.7014	1.4693	0.8005	0.6153
24-13	4.3451	2.3053	1.7263	3.3208	1.8134	1.3891	2.7735	1.5428	1.1902
24-15	3.6177	1.8890	1.4005	2.7838	1.4958	1.1384	2.3352	1.2798	0.9835
24-17	2.9189	1.4992	1.0989	2.2659	1.1953	0.9027	1.9116	1.0285	0.7866
24-19	2.2223	1.1248	0.8122	1.7484	0.9033	0.6746	1.4885	0.7827	0.5932
26-13	5.0253	2.6478	1.9654	3.8303	2.0712	1.5745	3.1914	1.7543	1.3443
26-15	4.3118	2.2369	1.6421	3.3053	1.7589	1.3277	2.7636	1.4970	1.1425
26-17	3.6296	1.8547	1.3441	2.8003	1.4633	1.0956	2.3508	1.2510	0.9497
26-19	2.9497	1.4888	1.0630	2.2971	1.1789	0.8729	1.9408	1.0115	0.7624
26-21	2.2556	1.1309	0.7922	1.7801	0.8991	0.6552	1.5169	0.7756	0.5765
28-13	5.6986	2.9886	2.1997	4.3406	2.3284	1.7561	3.6087	1.9662	1.4962
28-15	5.0014	2.5853	1.8796	3.8244	2.0196	1.5118	3.1909	1.7123	1.2969
28-17	4.3365	2.2092	1.5866	3.3314	1.7302	1.2826	2.7894	1.4703	1.1073
28-19	3.6729	1.8515	1.3102	2.8433	1.4517	1.0640	2.3892	1.2370	0.9240
28-21	2.9969	1.5028	1.0439	2.3387	1.1796	0.8526	1.9792	1.0074	0.7440
28-23	2.2958	1.1528	0.7847	1.8147	0.9098	0.6444	1.5493	0.7794	0.5659
30-15	5.6880	2.9327	2.1187	4.3415	2.2816	1.6923	3.6160	1.9256	1.4477
30-17	5.0340	2.5625	1.8282	3.8610	1.9970	1.4662	3.2240	1.6895	1.2610
30-19	4.3897	2.2127	1.5546	3.3848	1.7237	1.2522	2.8367	1.4609	1.0809
30-21	3.7307	1.8737	1.2937	2.8938	1.4588	1.0454	2.4380	1.2361	0.9057
30-23	3.0517	1.5334	1.0398	2.3867	1.1967	0.8418	2.0209	1.0151	0.7336
30-25	2.3372	1.1780	0.7894	1.8553	0.9310	0.6399	1.5850	0.7943	0.5600
35-20	5.8774	2.9545	2.0421	4.5026	2.2787	1.6161	3.7657	1.9125	1.3833
35-22	5.2318	2.6374	1.7946	4.0448	2.0285	1.4216	3.3833	1.7046	1.2181
35-24	4.5987	2.3126	1.5569	3.5572	1.7862	1.2299	2.9891	1.4966	1.0537
35-26	3.9119	1.9749	1.3221	3.0466	1.5350	1.0402	2.5748	1.2913	0.8928
35-28	3.2022	1.6219	1.0865	2.5187	1.2697	0.8517	2.1402	1.0747	0.7304
35-30	2.4654	1.2512	0.8368	1.9570	0.9892	0.6619	1.6764	0.8451	0.5671
40-25	6.1509	3.1093	2.0827	4.7442	2.3861	1.6251	3.9692	1.9908	1.3802
40-27	5.5042	2.7870	1.8675	4.2714	2.1508	1.4492	3.5806	1.7969	1.2250
40-29	4.8412	2.4463	1.6435	3.7608	1.8981	1.2700	3.1613	1.5925	1.0741
40-31	4.1366	2.0982	1.4071	3.2447	1.6324	1.0937	2.7330	1.3776	0.9200
40-33	3.3829	1.7253	1.1554	2.6680	1.3519	0.9068	2.2718	1.1483	0.7669
40-35	2.5962	1.3295	0.8942	2.0821	1.0557	0.7083	1.7789	0.9040	0.6045

表 B.25 处理量折算系数 K_c 表

粮食种类:玉米　　　　环境温度 t_h:20℃　　　　环境相对湿度 RH:30%

降水范围 (M_1-M_2)/%	热风温度 t_r/℃								
	90			120			150		
	热风表观风速 v_r/[m^3/(m^3·s)]								
	0.2	0.4	0.6	0.2	0.4	0.6	0.2	0.4	0.6
20-13	2.6972	1.4766	1.1423	2.1304	1.2075	0.9511	1.8160	1.0494	0.8301
20-15	1.9734	1.0643	0.8178	1.5816	0.8835	0.6923	1.3622	0.7764	0.6121
22-13	3.3544	1.8093	1.3849	2.6299	1.4661	1.1457	2.2283	1.2668	0.9952
22-15	2.6461	1.4045	1.0665	2.0945	1.1498	0.8936	1.7864	1.0017	0.7843
22-17	1.9609	1.0225	0.7694	1.5744	0.8476	0.6541	1.3559	0.7457	0.5807
24-13	4.0074	2.1378	1.6173	3.1273	1.7194	1.3307	2.6391	1.4786	1.1517
24-15	3.3136	1.7393	1.3035	2.6038	1.4085	1.0835	2.2075	1.2188	0.9461
24-17	2.6447	1.3650	1.0123	2.0977	1.1136	0.8505	1.7896	0.9699	0.7493
24-19	1.9764	1.0039	0.7350	1.5916	0.8272	0.6256	1.3724	0.7265	0.5568
26-13	4.6568	2.4659	1.8459	3.6234	1.9697	1.5094	3.0489	1.6863	1.3021
26-15	3.9769	2.0728	1.5360	3.1114	1.6646	1.2665	2.6274	1.4315	1.1009
26-17	3.3235	1.7047	1.2489	2.6175	1.3753	1.0389	2.2204	1.1887	0.9094
26-19	2.6727	1.3520	0.9766	2.1260	1.0955	0.8202	1.8158	0.9519	0.7240
26-21	2.0056	1.0060	0.7132	1.6197	0.8208	0.6059	1.3991	0.7177	0.5401
28-13	5.3039	2.7926	2.0728	4.1178	2.2206	1.6869	3.4579	1.8936	1.4498
28-15	4.6369	2.4052	1.7651	3.6163	1.9195	1.4478	3.0462	1.6435	1.2529
28-17	4.0006	2.0442	1.4808	3.1352	1.6347	1.2231	2.6491	1.4047	1.0657
28-19	3.3623	1.6984	1.2130	2.6561	1.3617	1.0079	2.2559	1.1728	0.8843
28-21	2.7135	1.3616	0.9554	2.1641	1.0936	0.7988	1.8521	0.9458	0.7058
28-23	2.0406	1.0245	0.7028	1.6517	0.8282	0.5928	1.4293	0.7192	0.5277
30-15	5.2947	2.7388	1.9921	4.1221	2.1733	1.6250	3.4661	1.8536	1.4026
30-17	4.6699	2.3827	1.7127	3.6500	1.8950	1.4032	3.0768	1.6193	1.2180
30-19	4.0468	2.0448	1.4484	3.1832	1.6264	1.1909	2.6940	1.3930	1.0395
30-21	3.4174	1.7156	1.1945	2.7053	1.3652	0.9865	2.3007	1.1709	0.8650
30-23	2.7617	1.3880	0.9478	2.2100	1.1069	0.7865	1.8917	0.9512	0.6927
30-25	2.0802	1.0467	0.7038	1.6884	0.8467	0.5865	1.4625	0.7315	0.5211
35-20	5.4651	2.7504	1.9135	4.2736	2.1643	1.5476	3.6056	1.8350	1.3353
35-22	4.8599	2.4436	1.6738	3.8200	1.9191	1.3530	3.2311	1.6284	1.1716
35-24	4.2302	2.1329	1.4413	3.3423	1.6814	1.1643	2.8379	1.4216	1.0090
35-26	3.5933	1.8106	1.2115	2.8561	1.4338	0.9758	2.4320	1.2188	0.8473
35-28	2.9049	1.4695	0.9834	2.3328	1.1755	0.7891	2.0062	1.0061	0.6868
35-30	2.1997	1.1116	0.7433	1.7902	0.9019	0.6023	1.5539	0.7796	0.5238
40-25	5.7262	2.8947	1.9473	4.4939	2.2654	1.5470	3.7976	1.9081	1.3289
40-27	5.1170	2.5884	1.7318	4.0385	2.0289	1.3714	3.4146	1.7149	1.1751
40-29	4.4640	2.2656	1.5163	3.5429	1.7886	1.1956	3.0072	1.5107	1.0233
40-31	3.7858	1.9208	1.2888	3.0176	1.5246	1.0218	2.5885	1.2995	0.8704
40-33	3.0820	1.5639	1.0486	2.4799	1.2541	0.8394	2.1347	1.0730	0.7178
40-35	2.3329	1.1883	0.7953	1.9047	0.9630	0.6447	1.6543	0.8329	0.5582

表 B.26 处理量折算系数 K_c 表

粮食种类:玉米 　　　　环境温度 t_h:20℃ 　　　　环境相对湿度 RH:60%

降水范围 $(M_1\text{-}M_2)$/%	热风温度 t_r/℃								
	90			120			150		
	热风表观风速 v_r/[m^3/(m^3·s)]								
	0.2	0.4	0.6	0.2	0.4	0.6	0.2	0.4	0.6
20-13	2.8432	1.5514	1.1927	2.2030	1.2448	0.9756	1.8601	1.0718	0.8442
20-15	2.0905	1.1240	0.8577	1.6428	0.9152	0.7131	1.4007	0.7964	0.6247
22-13	3.5230	1.8944	1.4410	2.7117	1.5074	1.1720	2.2768	1.2910	1.0098
22-15	2.7862	1.4744	1.1122	2.1650	1.1852	0.9161	1.8293	1.0232	0.7975
22-17	2.0764	1.0797	0.8066	1.6352	0.8781	0.6738	1.3944	0.7650	0.5930
24-13	4.1981	2.2333	1.6798	3.2183	1.7643	1.3588	2.6922	1.5043	1.1670
24-15	3.4766	1.8200	1.3558	2.6840	1.4478	1.1081	2.2553	1.2419	0.9599
24-17	2.7835	1.4331	1.0565	2.1683	1.1481	0.8724	1.8328	0.9908	0.7624
24-19	2.0927	1.0609	0.7718	1.6533	0.8574	0.6453	1.4116	0.7457	0.5694
26-13	4.8696	2.5719	1.9162	3.7233	2.0189	1.5403	3.1070	1.7138	1.3183
26-15	4.1635	2.1641	1.5953	3.2007	1.7082	1.2947	2.6800	1.4566	1.1161
26-17	3.4854	1.7842	1.2993	2.6978	1.4139	1.0639	2.2682	1.2116	0.9241
26-19	2.8116	1.4205	1.0196	2.1972	1.1300	0.8422	1.8599	0.9729	0.7376
26-21	2.1234	1.0646	0.7499	1.6824	0.8514	0.6254	1.4390	0.7372	0.5526
28-13	5.5390	2.9095	2.1486	4.2271	2.2742	1.7212	3.5213	1.9235	1.4684
28-15	4.8446	2.5082	1.8302	3.7170	1.9669	1.4780	3.1036	1.6705	1.2699
28-17	4.1841	2.1349	1.5379	3.2247	1.6779	1.2498	2.7029	1.4293	1.0812
28-19	3.5281	1.7787	1.2634	2.7374	1.4007	1.0320	2.3057	1.1959	0.8985
28-21	2.8541	1.4324	0.9989	2.2364	1.1291	0.8204	1.8966	0.9671	0.7189
28-23	2.1601	1.0848	0.7405	1.7166	0.8600	0.6128	1.4699	0.7393	0.5402
30-15	5.5286	2.8534	2.0655	4.2290	2.2253	1.6573	3.5283	1.8827	1.4201
30-17	4.8752	2.4846	1.7773	3.7490	1.9426	1.4320	3.1361	1.6464	1.2339
30-19	4.2380	2.1365	1.5058	3.2734	1.6697	1.2174	2.7491	1.4182	1.0545
30-21	3.5811	1.7978	1.2454	2.7875	1.4055	1.0113	2.3511	1.1943	0.8792
30-23	2.9047	1.4613	0.9926	2.2816	1.1446	0.8086	1.9380	0.9737	0.7064
30-25	2.2012	1.1086	0.7438	1.7531	0.8799	0.6069	1.5046	0.7526	0.5338
35-20	5.6922	2.8688	1.9867	4.3799	2.2190	1.5791	3.6679	1.8670	1.3531
35-22	5.0827	2.5529	1.7398	3.9253	1.9710	1.3832	3.2935	1.6576	1.1886
35-24	4.4261	2.2346	1.5026	3.4407	1.7284	1.1925	2.8970	1.4505	1.0248
35-26	3.7674	1.8982	1.2700	2.9375	1.4776	1.0023	2.4862	1.2457	0.8632
35-28	3.0604	1.5471	1.0342	2.4137	1.2140	0.8150	2.0500	1.0303	0.7011
35-30	2.3211	1.1757	0.7878	1.8578	0.9365	0.6257	1.5941	0.8024	0.5382
40-25	5.9609	3.0155	2.0243	4.6158	2.3252	1.5835	3.8733	1.9429	1.3490
40-27	5.3422	2.7057	1.8071	4.1276	2.0826	1.4070	3.4927	1.7475	1.1932
40-29	4.6631	2.3616	1.5856	3.6464	1.8361	1.2282	3.0728	1.5436	1.0414
40-31	3.9531	2.0127	1.3505	3.1133	1.5715	1.0532	2.6344	1.3266	0.8873
40-33	3.2560	1.6435	1.1049	2.5620	1.2954	0.8668	2.1770	1.0995	0.7349
40-35	2.4620	1.2566	0.8416	1.9747	1.0002	0.6687	1.6929	0.8579	0.5741

表 B.27 处理量折算系数 K_c 表

粮食种类:玉米　　环境温度 t_h:20℃　　环境相对湿度 RH:90%

降水范围 (M_1-M_2)/%	热风温度 t_r/℃								
	90			120			150		
	热风表观风速 v_r/[m^3/(m^3·s)]								
	0.2	0.4	0.6	0.2	0.4	0.6	0.2	0.4	0.6
20-13	2.9879	1.6240	1.2408	2.2735	1.2802	0.9985	1.9025	1.0931	0.8573
20-15	2.2071	1.1823	0.8961	1.7025	0.9455	0.7328	1.4379	0.8155	0.6368
22-13	3.6901	1.9771	1.4948	2.7912	1.5465	1.1965	2.3236	1.3139	1.0234
22-15	2.9257	1.5428	1.1564	2.2337	1.2190	0.9375	1.8708	1.0437	0.8101
22-17	2.1919	1.1361	0.8432	1.6948	0.9075	0.6927	1.4316	0.7835	0.6049
24-13	4.3875	2.3265	1.7408	3.3069	1.8070	1.3852	2.7434	1.5286	1.1811
24-15	3.6387	1.8992	1.4073	2.7619	1.4854	1.1319	2.3014	1.2638	0.9734
24-17	2.9221	1.5003	1.0996	2.2372	1.1814	0.8940	1.8746	1.0110	0.7751
24-19	2.2088	1.1177	0.8077	1.7140	0.8866	0.6645	1.4495	0.7643	0.5818
26-13	5.0806	2.6755	1.9835	3.8208	2.0662	1.5708	3.1625	1.7399	1.3342
26-15	4.3467	2.2541	1.6524	3.2878	1.7500	1.3216	2.7307	1.4808	1.1313
26-17	3.6465	1.8627	1.3484	2.7766	1.4512	1.0875	2.3153	1.2336	0.9382
26-19	2.9506	1.4888	1.0619	2.2674	1.1636	0.8632	1.9027	0.9929	0.7506
26-21	2.2410	1.1233	0.7864	1.7439	0.8813	0.6441	1.4778	0.7560	0.5645
28-13	5.7708	3.0233	2.2215	4.3339	2.3253	1.7535	3.5824	1.9518	1.4860
28-15	5.0540	2.6089	1.8938	3.8133	2.0127	1.5065	3.1601	1.6964	1.2859
28-17	4.3668	2.2242	1.5947	3.3142	1.7200	1.2753	2.7549	1.4531	1.0958
28-19	3.6886	1.8589	1.3128	2.8177	1.4386	1.0548	2.3531	1.2183	0.9120
28-21	2.9953	1.5030	1.0420	2.3082	1.1636	0.8416	1.9409	0.9878	0.7316
28-23	2.2781	1.1452	0.7782	1.7786	0.8914	0.6321	1.5086	0.7587	0.5526
30-15	5.7557	2.9653	2.1370	4.3356	2.2765	1.6876	3.5893	1.9108	1.4370
30-17	5.0799	2.5865	1.8404	3.8481	1.9890	1.4594	3.1912	1.6722	1.2494
30-19	4.4224	2.2288	1.5615	3.3638	1.7125	1.2437	2.8004	1.4426	1.0689
30-21	3.7439	1.8819	1.2963	2.8677	1.4449	1.0350	2.4005	1.2170	0.8926
30-23	3.0472	1.5328	1.0377	2.3531	1.1806	0.8299	1.9811	0.9949	0.7198
30-25	2.3223	1.1711	0.7833	1.8165	0.9120	0.6269	1.5434	0.7729	0.5462
35-20	5.9177	2.9796	2.0570	4.4949	2.2701	1.6095	3.7328	1.8962	1.3706
35-22	5.2816	2.6608	1.8069	4.0228	2.0198	1.4134	3.3485	1.6848	1.2042
35-24	4.6117	2.3314	1.5643	3.5308	1.7753	1.2200	2.9511	1.4786	1.0397
35-26	3.9196	1.9846	1.3283	3.0252	1.5209	1.0285	2.5371	1.2713	0.8784
35-28	3.1999	1.6220	1.0851	2.4881	1.2519	0.8394	2.1001	1.0530	0.7153
35-30	2.4391	1.2405	0.8313	1.9224	0.9708	0.6487	1.6338	0.8226	0.5519
40-25	6.1958	3.1469	2.1026	4.7351	2.3823	1.6198	3.9418	1.9743	1.3663
40-27	5.5533	2.8138	1.8855	4.2445	2.1396	1.4389	3.5395	1.7769	1.2119
40-29	4.8574	2.4659	1.6555	3.7377	1.8873	1.2620	3.1350	1.5725	1.0601
40-31	4.1537	2.1074	1.4131	3.1906	1.6201	1.0826	2.6927	1.3551	0.9049
40-33	3.3877	1.7250	1.1559	2.6369	1.3358	0.8938	2.2320	1.1244	0.7517
40-35	2.5793	1.3250	0.8883	2.0408	1.0353	0.6934	1.7361	0.8797	0.5882

表 B.28 处理量折算系数 K_c 表

粮食种类：水稻　　环境温度 t_h：−20℃　　环境相对湿度 RH：30%

降水范围 (M_1-M_2)/%	热风温度 t_r/℃								
	50			70			90		
	热风表观风速 v_r/[m^3/(m^3·s)]								
	0.2	0.4	0.6	0.2	0.4	0.6	0.2	0.4	0.6
16-13	2.0311	1.0157	0.6783	1.5810	0.7915	0.5305	1.3193	0.6614	0.4458
16-14	1.5156	0.7596	0.5070	1.2067	0.6047	0.4040	1.0240	0.5129	0.3433
16-15	0.9768	0.4927	0.3295	0.8062	0.4062	0.2717	0.7016	0.3530	0.2361
18-13	2.9315	1.4662	0.9801	2.2429	1.1227	0.7544	1.8474	0.9262	0.6273
18-14	2.4417	1.2214	0.8149	1.8911	0.9462	0.6327	1.5715	0.7865	0.5281
18-15	1.9613	0.9825	0.6553	1.5431	0.7725	0.5156	1.2963	0.6489	0.4335
18-16	1.4769	0.7416	0.4952	1.1874	0.5960	0.3978	1.0137	0.5086	0.3393
18-17	0.9506	0.4828	0.3236	0.7924	0.4014	0.2688	0.6944	0.3507	0.2349
20-15	2.8550	1.4292	0.9535	2.2026	1.1030	0.7364	1.8242	0.9134	0.6112
20-16	2.3962	1.2017	0.8017	1.8702	0.9376	0.6258	1.5621	0.7829	0.5224
20-17	1.9354	0.9734	0.6500	1.5338	0.7706	0.5146	1.2954	0.6501	0.4341
20-18	1.4641	0.7381	0.4940	1.1865	0.5971	0.3993	1.0182	0.5115	0.3421
20-19	0.9338	0.4788	0.3222	0.7843	0.4009	0.2695	0.6902	0.3523	0.2365
22-17	2.8320	1.4239	0.9504	2.1991	1.1042	0.7373	1.8280	0.9177	0.6124
22-18	2.3874	1.2017	0.8035	1.8773	0.9428	0.6299	1.5713	0.7898	0.5276
22-19	1.9338	0.9763	0.6538	1.5412	0.7774	0.5198	1.3070	0.6583	0.4398
22-20	1.4602	0.7414	0.4975	1.1943	0.6029	0.4040	1.0273	0.5182	0.3469
22-21	0.9264	0.4785	0.3227	0.7786	0.4029	0.2716	0.6878	0.3545	0.2389
24-19	2.8370	1.4327	0.9587	2.2173	1.1158	0.7462	1.8503	0.9291	0.6213
24-20	2.3953	1.2123	0.8118	1.8878	0.9535	0.6389	1.5893	0.8017	0.5362
24-21	1.9438	0.9855	0.6615	1.5599	0.7872	0.5288	1.3283	0.6691	0.4481
24-22	1.4735	0.7502	0.5051	1.1981	0.6114	0.4105	1.0401	0.5271	0.3530
24-23	0.9070	0.4799	0.3260	0.7793	0.4035	0.2740	0.6887	0.3576	0.2418
26-21	2.8576	1.4519	0.9725	2.2411	1.1340	0.7580	1.8750	0.9449	0.6325
26-22	2.4138	1.2282	0.8230	1.9153	0.9717	0.6505	1.6116	0.8168	0.5462
26-23	1.9635	1.0012	0.6729	1.5820	0.7984	0.5374	1.3466	0.6807	0.4565
26-24	1.4776	0.7590	0.5113	1.2226	0.6202	0.4194	1.0538	0.5364	0.3609
26-25	0.9034	0.4778	0.3281	0.7608	0.4036	0.2752	0.6897	0.3611	0.2446
28-23	2.8776	1.4674	0.9898	2.2745	1.1511	0.7730	1.8954	0.9642	0.6468
28-24	2.4411	1.2453	0.8404	1.9608	0.9843	0.6626	1.6500	0.8358	0.5582
28-25	1.9818	1.0192	0.6830	1.6066	0.8145	0.5475	1.3694	0.6939	0.4667
28-26	1.4923	0.7710	0.5201	1.2332	0.6292	0.4249	1.0653	0.5478	0.3678
28-27	0.9092	0.4837	0.3312	0.7661	0.4066	0.2800	0.6724	0.3596	0.2477
30-25	2.9538	1.4994	1.0021	2.3013	1.1755	0.7884	1.9321	0.9853	0.6576
30-26	2.4882	1.2636	0.8543	1.9881	1.0067	0.6748	1.6688	0.8506	0.5703
30-27	2.0207	1.0271	0.6954	1.6131	0.8328	0.5599	1.3850	0.7094	0.4761
30-28	1.4814	0.7882	0.5265	1.2417	0.6375	0.4342	1.0899	0.5554	0.3774
30-29	0.8947	0.4773	0.3329	0.7542	0.4118	0.2818	0.6804	0.3632	0.2491

表 B.29 处理量折算系数 K_c 表

粮食种类:水稻　　环境温度 t_h:−20℃　　环境相对湿度 RH:60%

降水范围 (M_1-M_2)/%	热风温度 t_r/℃								
	50			70			90		
	热风表观风速 v_r/[m³/(m³·s)]								
	0.2	0.4	0.6	0.2	0.4	0.6	0.2	0.4	0.6
16-13	2.0477	1.0242	0.6840	1.5886	0.7955	0.5333	1.3238	0.6636	0.4474
16-14	1.5288	0.7661	0.5115	1.2135	0.6080	0.4062	1.0282	0.5150	0.3445
16-15	0.9874	0.4984	0.3333	0.8121	0.4093	0.2738	0.7054	0.3551	0.2375
18-13	2.9526	1.4768	0.9872	2.2527	1.1276	0.7576	1.8525	0.9291	0.6292
18-14	2.4598	1.2304	0.8209	1.8996	0.9506	0.6356	1.5760	0.7889	0.5298
18-15	1.9767	0.9901	0.6605	1.5500	0.7761	0.5181	1.3004	0.6512	0.4351
18-16	1.4901	0.7480	0.4994	1.1941	0.5991	0.4000	1.0178	0.5105	0.3407
18-17	0.9606	0.4878	0.3271	0.7979	0.4043	0.2709	0.6978	0.3528	0.2363
20-15	2.8740	1.4392	0.9601	2.2118	1.1077	0.7395	1.8297	0.9160	0.6130
20-16	2.4128	1.2104	0.8076	1.8785	0.9419	0.6285	1.5672	0.7851	0.5241
20-17	1.9495	0.9806	0.6550	1.5407	0.7741	0.5170	1.2996	0.6524	0.4356
20-18	1.4754	0.7442	0.4980	1.1922	0.6002	0.4014	1.0218	0.5134	0.3433
20-19	0.9436	0.4838	0.3257	0.7901	0.4038	0.2716	0.6939	0.3540	0.2379
22-17	2.8505	1.4332	0.9566	2.2076	1.1087	0.7405	1.8330	0.9207	0.6142
22-18	2.4028	1.2102	0.8090	1.8845	0.9475	0.6328	1.5758	0.7920	0.5291
22-19	1.9488	0.9846	0.6584	1.5487	0.7813	0.5220	1.3113	0.6603	0.4413
22-20	1.4712	0.7478	0.5015	1.2000	0.6061	0.4061	1.0308	0.5201	0.3483
22-21	0.9360	0.4831	0.3262	0.7841	0.4057	0.2735	0.6911	0.3566	0.2401
24-19	2.8591	1.4417	0.9647	2.2259	1.1201	0.7494	1.8546	0.9319	0.6232
24-20	2.4111	1.2199	0.8173	1.8952	0.9575	0.6420	1.5934	0.8040	0.5376
24-21	1.9561	0.9922	0.6664	1.5659	0.7905	0.5310	1.3338	0.6710	0.4496
24-22	1.4850	0.7557	0.5086	1.2045	0.6150	0.4133	1.0434	0.5293	0.3545
24-23	0.9163	0.4842	0.3296	0.7846	0.4061	0.2759	0.6937	0.3592	0.2432
26-21	2.8747	1.4605	0.9786	2.2484	1.1379	0.7611	1.8799	0.9471	0.6342
26-22	2.4368	1.2380	0.8285	1.9239	0.9749	0.6531	1.6161	0.8195	0.5476
26-23	1.9758	1.0081	0.6771	1.5893	0.8021	0.5407	1.3506	0.6826	0.4577
26-24	1.4883	0.7639	0.5148	1.2273	0.6244	0.4214	1.0579	0.5385	0.3623
26-25	0.9160	0.4831	0.3310	0.7654	0.4064	0.2773	0.6927	0.3630	0.2458
28-23	2.8952	1.4766	0.9952	2.2816	1.1554	0.7758	1.9004	0.9666	0.6486
28-24	2.4532	1.2520	0.8448	1.9663	0.9879	0.6648	1.6572	0.8375	0.5604
28-25	1.9931	1.0273	0.6904	1.6161	0.8201	0.5497	1.3723	0.6958	0.4683
28-26	1.5042	0.7758	0.5234	1.2417	0.6320	0.4268	1.0683	0.5509	0.3692
28-27	0.9148	0.4890	0.3340	0.7708	0.4093	0.2825	0.6757	0.3621	0.2491
30-25	2.9926	1.5056	1.0081	2.3125	1.1813	0.7922	1.9376	0.9876	0.6593
30-26	2.4975	1.2707	0.8586	1.9933	1.0099	0.6773	1.6723	0.8524	0.5722
30-27	2.0330	1.0342	0.6990	1.6206	0.8358	0.5621	1.3884	0.7143	0.4792
30-28	1.4925	0.7917	0.5307	1.2460	0.6410	0.4363	1.0921	0.5592	0.3784
30-29	0.8997	0.4802	0.3350	0.7592	0.4159	0.2835	0.6830	0.3661	0.2506

表 B.30 处理量折算系数 K_c 表

粮食种类:水稻　　环境温度 t_h:—20℃　　环境相对湿度 RH:90%

降水范围 (M_1-M_2)/%	热风温度 t_r/℃								
	50			70			90		
	热风表观风速 v_r/[m³/(m³·s)]								
	0.2	0.4	0.6	0.2	0.4	0.6	0.2	0.4	0.6
16-13	2.0643	1.0325	0.6897	1.5964	0.7995	0.5360	1.3283	0.6659	0.4491
16-14	1.5421	0.7727	0.5160	1.2202	0.6112	0.4085	1.0322	0.5170	0.3459
16-15	0.9981	0.5035	0.3369	0.8180	0.4124	0.2759	0.7092	0.3570	0.2387
18-13	2.9739	1.4875	0.9945	2.2624	1.1326	0.7611	1.8579	0.9319	0.6313
18-14	2.4781	1.2396	0.8270	1.9082	0.9549	0.6385	1.5806	0.7914	0.5315
18-15	1.9924	0.9978	0.6657	1.5571	0.7799	0.5207	1.3044	0.6532	0.4365
18-16	1.5029	0.7540	0.5035	1.2010	0.6022	0.4021	1.0221	0.5124	0.3421
18-17	0.9704	0.4930	0.3305	0.8035	0.4073	0.2728	0.7013	0.3549	0.2375
20-15	2.8932	1.4493	0.9668	2.2209	1.1124	0.7426	1.8351	0.9186	0.6149
20-16	2.4297	1.2188	0.8133	1.8869	0.9462	0.6313	1.5723	0.7874	0.5257
20-17	1.9637	0.9877	0.6598	1.5478	0.7777	0.5194	1.3035	0.6545	0.4370
20-18	1.4866	0.7502	0.5020	1.1981	0.6033	0.4035	1.0254	0.5155	0.3447
20-19	0.9533	0.4889	0.3293	0.7960	0.4067	0.2735	0.6973	0.3559	0.2391
22-17	2.8695	1.4424	0.9630	2.2162	1.1134	0.7435	1.8382	0.9231	0.6159
22-18	2.4182	1.2190	0.8147	1.8916	0.9514	0.6354	1.5803	0.7943	0.5305
22-19	1.9658	0.9915	0.6633	1.5564	0.7846	0.5245	1.3156	0.6624	0.4427
22-20	1.4821	0.7549	0.5058	1.2055	0.6093	0.4081	1.0344	0.5220	0.3495
22-21	0.9459	0.4878	0.3298	0.7900	0.4085	0.2754	0.6946	0.3589	0.2415
24-19	2.8755	1.4508	0.9710	2.2356	1.1246	0.7525	1.8589	0.9354	0.6251
24-20	2.4268	1.2280	0.8239	1.9029	0.9616	0.6446	1.5978	0.8064	0.5392
24-21	1.9685	0.9997	0.6709	1.5720	0.7938	0.5331	1.3374	0.6731	0.4510
24-22	1.4973	0.7613	0.5122	1.2118	0.6178	0.4154	1.0467	0.5321	0.3561
24-23	0.9260	0.4889	0.3343	0.7900	0.4088	0.2776	0.7008	0.3609	0.2446
26-21	2.8925	1.4691	0.9850	2.2557	1.1419	0.7644	1.8849	0.9495	0.6360
26-22	2.4558	1.2451	0.8344	1.9350	0.9782	0.6560	1.6209	0.8218	0.5494
26-23	1.9886	1.0164	0.6816	1.5976	0.8061	0.5428	1.3551	0.6847	0.4591
26-24	1.4996	0.7687	0.5184	1.2318	0.6271	0.4233	1.0633	0.5407	0.3637
26-25	0.9419	0.4906	0.3343	0.7701	0.4090	0.2793	0.6954	0.3647	0.2470
28-23	2.9150	1.4923	1.0007	2.2890	1.1616	0.7794	1.9060	0.9696	0.6503
28-24	2.4653	1.2589	0.8493	1.9718	0.9917	0.6672	1.6608	0.8392	0.5616
28-25	2.0050	1.0372	0.6942	1.6207	0.8247	0.5526	1.3753	0.6980	0.4698
28-26	1.5162	0.7810	0.5269	1.2456	0.6347	0.4289	1.0710	0.5528	0.3706
28-27	0.9200	0.4956	0.3373	0.7758	0.4123	0.2847	0.6792	0.3649	0.2503
30-25	3.0012	1.5122	1.0185	2.3340	1.1848	0.7959	1.9435	0.9900	0.6614
30-26	2.5067	1.2806	0.8636	1.9988	1.0131	0.6800	1.6757	0.8543	0.5746
30-27	2.0477	1.0425	0.7027	1.6313	0.8392	0.5653	1.3920	0.7156	0.4811
30-28	1.5044	0.7955	0.5354	1.2503	0.6484	0.4384	1.0942	0.5608	0.3793
30-29	0.9042	0.4833	0.3373	0.7654	0.4199	0.2857	0.6856	0.3704	0.2550

表 B.31 处理量折算系数 K_c 表

粮食种类：水稻　　　　环境温度 t_h：−15℃　　　　环境相对湿度 RH：30％

降水范围 (M_1-M_2)/％	热风温度 t_r/℃								
	50			70			90		
	热风表观风速 v_r/[m^3/(m^3·s)]								
	0.2	0.4	0.6	0.2	0.4	0.6	0.2	0.4	0.6
16-13	1.9704	0.9851	0.6579	1.5302	0.7656	0.5131	1.2754	0.6391	0.4306
16-14	1.4589	0.7307	0.4875	1.1590	0.5803	0.3876	0.9820	0.4918	0.3290
16-15	0.9269	0.4662	0.3117	0.7632	0.3839	0.2567	0.6634	0.3336	0.2232
18-13	2.8676	1.4342	0.9589	2.1879	1.0951	0.7357	1.7991	0.9020	0.6109
18-14	2.3782	1.1896	0.7936	1.8375	0.9191	0.6143	1.5246	0.7630	0.5122
18-15	1.9003	0.9514	0.6344	1.4911	0.7464	0.4980	1.2512	0.6263	0.4185
18-16	1.4187	0.7122	0.4754	1.1379	0.5710	0.3812	0.9706	0.4866	0.3248
18-17	0.9004	0.4558	0.3054	0.7492	0.3784	0.2536	0.6558	0.3309	0.2216
20-15	2.7884	1.3965	0.9315	2.1462	1.0747	0.7174	1.7753	0.8887	0.5946
20-16	2.3314	1.1691	0.7799	1.8161	0.9103	0.6073	1.5155	0.7589	0.5063
20-17	1.8742	0.9417	0.6289	1.4821	0.7440	0.4968	1.2510	0.6271	0.4187
20-18	1.4029	0.7082	0.4736	1.1340	0.5715	0.3822	0.9720	0.4894	0.3271
20-19	0.8831	0.4522	0.3041	0.7428	0.3779	0.2539	0.6548	0.3315	0.2228
22-17	2.7621	1.3891	0.9277	2.1407	1.0757	0.7181	1.7791	0.8925	0.5957
22-18	2.3212	1.1692	0.7812	1.8175	0.9148	0.6111	1.5231	0.7654	0.5110
22-19	1.8709	0.9450	0.6322	1.4882	0.7500	0.5016	1.2602	0.6344	0.4239
22-20	1.4047	0.7118	0.4771	1.1390	0.5772	0.3865	0.9810	0.4959	0.3319
22-21	0.8691	0.4513	0.3054	0.7343	0.3801	0.2560	0.6539	0.3338	0.2251
24-19	2.7722	1.3974	0.9345	2.1557	1.0864	0.7264	1.7955	0.9034	0.6040
24-20	2.3291	1.1779	0.7895	1.8404	0.9248	0.6194	1.5436	0.7767	0.5194
24-21	1.8787	0.9532	0.6399	1.4973	0.7597	0.5094	1.2759	0.6439	0.4313
24-22	1.4078	0.7174	0.4826	1.1532	0.5846	0.3931	0.9955	0.5035	0.3379
24-23	0.8750	0.4512	0.3061	0.7283	0.3836	0.2583	0.6462	0.3378	0.2283
26-21	2.7841	1.4137	0.9481	2.1782	1.1025	0.7385	1.8237	0.9184	0.6150
26-22	2.3459	1.1934	0.8002	1.8596	0.9411	0.6301	1.5604	0.7908	0.5296
26-23	1.8930	0.9685	0.6486	1.5120	0.7739	0.5179	1.2978	0.6588	0.4399
26-24	1.4232	0.7246	0.4887	1.1684	0.5931	0.3995	1.0067	0.5131	0.3442
26-25	0.8489	0.4503	0.3073	0.7362	0.3860	0.2621	0.6519	0.3398	0.2303
28-23	2.8347	1.4399	0.9640	2.2128	1.1224	0.7532	1.8546	0.9381	0.6283
28-24	2.3635	1.2067	0.8140	1.8830	0.9573	0.6424	1.5957	0.8048	0.5414
28-25	1.9417	0.9838	0.6595	1.5549	0.7881	0.5291	1.3196	0.6685	0.4501
28-26	1.4384	0.7385	0.5013	1.1829	0.6062	0.4080	1.0392	0.5205	0.3519
28-27	0.8259	0.4491	0.3098	0.7226	0.3834	0.2621	0.6482	0.3430	0.2332
30-25	2.8562	1.4548	0.9787	2.2470	1.1414	0.7659	1.8890	0.9556	0.6399
30-26	2.4109	1.2290	0.8268	1.9232	0.9742	0.6553	1.6143	0.8275	0.5519
30-27	1.9573	0.9957	0.6712	1.5658	0.8038	0.5383	1.3378	0.6828	0.4608
30-28	1.4157	0.7452	0.5072	1.1836	0.6175	0.4162	1.0425	0.5369	0.3608
30-29	0.8315	0.4512	0.3158	0.7022	0.3839	0.2626	0.6498	0.3412	0.2366

表 B.32 处理量折算系数 K_c 表

粮食种类:水稻　　　　环境温度 t_h:—15℃　　　　环境相对湿度 RH:60%

降水范围 (M_1-M_2)/%	热风温度 t_r/℃								
	50			70			90		
	热风表观风速 v_r/[m^3/(m^3·s)]								
	0.2	0.4	0.6	0.2	0.4	0.6	0.2	0.4	0.6
16-13	1.9962	0.9981	0.6666	1.5424	0.7718	0.5174	1.2825	0.6427	0.4332
16-14	1.4795	0.7411	0.4946	1.1691	0.5855	0.3912	0.9881	0.4949	0.3312
16-15	0.9426	0.4745	0.3172	0.7725	0.3884	0.2598	0.6697	0.3366	0.2251
18-13	2.9003	1.4506	0.9699	2.2028	1.1025	0.7411	1.8074	0.9063	0.6140
18-14	2.4062	1.2035	0.8029	1.8505	0.9257	0.6188	1.5322	0.7668	0.5148
18-15	1.9239	0.9632	0.6424	1.5022	0.7523	0.5020	1.2577	0.6297	0.4207
18-16	1.4375	0.7219	0.4819	1.1476	0.5758	0.3844	0.9765	0.4897	0.3269
18-17	0.9156	0.4638	0.3108	0.7578	0.3831	0.2565	0.6615	0.3338	0.2235
20-15	2.8182	1.4118	0.9417	2.1604	1.0819	0.7222	1.7839	0.8927	0.5974
20-16	2.3576	1.1824	0.7889	1.8296	0.9165	0.6116	1.5222	0.7627	0.5089
20-17	1.8978	0.9533	0.6365	1.4939	0.7495	0.5006	1.2572	0.6304	0.4209
20-18	1.4221	0.7179	0.4800	1.1440	0.5767	0.3855	0.9780	0.4927	0.3291
20-19	0.8973	0.4608	0.3096	0.7506	0.3827	0.2570	0.6598	0.3347	0.2249
22-17	2.7912	1.4045	0.9378	2.1552	1.0826	0.7227	1.7882	0.8965	0.5984
22-18	2.3459	1.1822	0.7901	1.8299	0.9219	0.6152	1.5303	0.7689	0.5136
22-19	1.8927	0.9563	0.6396	1.4984	0.7554	0.5053	1.2662	0.6375	0.4261
22-20	1.4254	0.7208	0.4838	1.1514	0.5818	0.3901	0.9879	0.4987	0.3341
22-21	0.8830	0.4588	0.3105	0.7419	0.3844	0.2595	0.6588	0.3371	0.2273
24-19	2.7981	1.4116	0.9452	2.1684	1.0932	0.7310	1.8048	0.9084	0.6066
24-20	2.3516	1.1912	0.7979	1.8539	0.9319	0.6242	1.5506	0.7810	0.5219
24-21	1.8994	0.9646	0.6472	1.5086	0.7654	0.5132	1.2821	0.6472	0.4335
24-22	1.4251	0.7271	0.4885	1.1611	0.5891	0.3964	1.0005	0.5065	0.3402
24-23	0.8859	0.4579	0.3115	0.7407	0.3874	0.2615	0.6513	0.3412	0.2301
26-21	2.8239	1.4277	0.9570	2.1988	1.1087	0.7431	1.8351	0.9222	0.6176
26-22	2.3682	1.2050	0.8090	1.8700	0.9464	0.6344	1.5677	0.7939	0.5322
26-23	1.9179	0.9787	0.6577	1.5258	0.7799	0.5222	1.3041	0.6619	0.4424
26-24	1.4384	0.7362	0.4954	1.1784	0.5978	0.4026	1.0121	0.5162	0.3461
26-25	0.8640	0.4564	0.3118	0.7416	0.3907	0.2655	0.6576	0.3423	0.2323
28-23	2.8586	1.4541	0.9727	2.2230	1.1309	0.7587	1.8605	0.9416	0.6311
28-24	2.3858	1.2245	0.8235	1.9013	0.9640	0.6460	1.6014	0.8086	0.5442
28-25	1.9542	0.9920	0.6679	1.5621	0.7931	0.5329	1.3314	0.6719	0.4531
28-26	1.4494	0.7494	0.5058	1.1891	0.6140	0.4123	1.0443	0.5243	0.3538
28-27	0.8505	0.4598	0.3155	0.7317	0.3865	0.2648	0.6513	0.3449	0.2349
30-25	2.8985	1.4729	0.9917	2.2564	1.1468	0.7730	1.8978	0.9613	0.6441
30-26	2.4294	1.2387	0.8389	1.9359	0.9844	0.6608	1.6204	0.8297	0.5542
30-27	1.9851	1.0095	0.6802	1.5727	0.8086	0.5412	1.3440	0.6854	0.4631
30-28	1.4365	0.7537	0.5144	1.1901	0.6228	0.4188	1.0467	0.5386	0.3621
30-29	0.8455	0.4569	0.3208	0.7096	0.3896	0.2653	0.6588	0.3433	0.2382

表 B.33 处理量折算系数 K_c 表

粮食种类:水稻　　环境温度 t_h:—15℃　　环境相对湿度 RH:90%

降水范围 (M_1-M_2)/%	热风温度 t_r/℃								
	50			70			90		
	热风表观风速 v_r/[m^3/(m^3·s)]								
	0.2	0.4	0.6	0.2	0.4	0.6	0.2	0.4	0.6
16-13	2.0220	1.0111	0.6754	1.5544	0.7780	0.5217	1.2894	0.6463	0.4358
16-14	1.4996	0.7513	0.5015	1.1789	0.5907	0.3946	0.9941	0.4978	0.3333
16-15	0.9585	0.4828	0.3227	0.7810	0.3929	0.2627	0.6754	0.3395	0.2270
18-13	2.9333	1.4671	0.9810	2.2178	1.1101	0.7462	1.8159	0.9106	0.6169
18-14	2.4344	1.2176	0.8124	1.8638	0.9324	0.6233	1.5395	0.7706	0.5175
18-15	1.9473	0.9751	0.6503	1.5134	0.7580	0.5058	1.2643	0.6330	0.4230
18-16	1.4564	0.7314	0.4883	1.1573	0.5808	0.3877	0.9824	0.4927	0.3290
18-17	0.9310	0.4719	0.3162	0.7665	0.3876	0.2596	0.6671	0.3367	0.2254
20-15	2.8486	1.4271	0.9521	2.1749	1.0890	0.7271	1.7917	0.8968	0.6002
20-16	2.3850	1.1960	0.7979	1.8420	0.9229	0.6157	1.5291	0.7661	0.5113
20-17	1.9207	0.9644	0.6441	1.5042	0.7552	0.5042	1.2633	0.6339	0.4232
20-18	1.4422	0.7274	0.4863	1.1542	0.5817	0.3888	0.9844	0.4956	0.3310
20-19	0.9117	0.4681	0.3148	0.7583	0.3876	0.2602	0.6650	0.3379	0.2268
22-17	2.8218	1.4190	0.9478	2.1717	1.0897	0.7274	1.7960	0.9010	0.6010
22-18	2.3717	1.1960	0.7988	1.8430	0.9276	0.6197	1.5388	0.7723	0.5160
22-19	1.9150	0.9668	0.6470	1.5087	0.7608	0.5091	1.2724	0.6406	0.4285
22-20	1.4429	0.7298	0.4897	1.1621	0.5865	0.3933	0.9957	0.5016	0.3360
22-21	0.8971	0.4666	0.3155	0.7497	0.3884	0.2624	0.6634	0.3405	0.2296
24-19	2.8247	1.4266	0.9547	2.1813	1.1016	0.7359	1.8123	0.9118	0.6095
24-20	2.3746	1.2061	0.8074	1.8640	0.9386	0.6280	1.5570	0.7843	0.5241
24-21	1.9229	0.9767	0.6546	1.5208	0.7722	0.5167	1.2889	0.6512	0.4358
24-22	1.4417	0.7385	0.4946	1.1691	0.5939	0.3995	1.0055	0.5094	0.3423
24-23	0.8965	0.4650	0.3172	0.7495	0.3912	0.2643	0.6567	0.3450	0.2320
26-21	2.8513	1.4417	0.9666	2.2104	1.1153	0.7483	1.8413	0.9264	0.6211
26-22	2.3922	1.2175	0.8202	1.8807	0.9523	0.6396	1.5775	0.7972	0.5350
26-23	1.9402	0.9910	0.6645	1.5416	0.7843	0.5267	1.3115	0.6652	0.4449
26-24	1.4548	0.7469	0.5022	1.1917	0.6054	0.4061	1.0176	0.5194	0.3478
26-25	0.8814	0.4629	0.3170	0.7468	0.3948	0.2679	0.6655	0.3449	0.2351
28-23	2.8873	1.4650	0.9825	2.2337	1.1369	0.7623	1.8666	0.9457	0.6334
28-24	2.4328	1.2356	0.8325	1.9169	0.9725	0.6498	1.6073	0.8149	0.5462
28-25	1.9668	1.0014	0.6743	1.5696	0.8002	0.5366	1.3416	0.6769	0.4548
28-26	1.4667	0.7566	0.5105	1.1955	0.6173	0.4154	1.0474	0.5279	0.3571
28-27	0.8674	0.4660	0.3205	0.7431	0.3900	0.2690	0.6545	0.3469	0.2368
30-25	2.9200	1.4868	1.0028	2.2664	1.1526	0.7765	1.9029	0.9647	0.6465
30-26	2.4551	1.2501	0.8496	1.9504	0.9888	0.6672	1.6277	0.8322	0.5578
30-27	2.0048	1.0244	0.6913	1.5801	0.8150	0.5443	1.3533	0.6880	0.4653
30-28	1.4577	0.7658	0.5200	1.1974	0.6256	0.4221	1.0515	0.5405	0.3637
30-29	0.8913	0.4731	0.3258	0.7207	0.3978	0.2686	0.6681	0.3455	0.2403

表 B.34 处理量折算系数 K_c 表

粮食种类：水稻　　环境温度 t_h：−10℃　　环境相对湿度 RH：30%

降水范围 (M_1-M_2)/%	热风温度 t_r/℃								
	50			70			90		
	热风表观风速 v_r/[m^3/(m^3·s)]								
	0.2	0.4	0.6	0.2	0.4	0.6	0.2	0.4	0.6
16-13	1.9106	0.9552	0.6379	1.4787	0.7395	0.4958	1.2308	0.6164	0.4154
16-14	1.4017	0.7015	0.4678	1.1101	0.5556	0.3710	0.9392	0.4702	0.3146
16-15	0.8736	0.4394	0.2935	0.7182	0.3613	0.2413	0.6244	0.3139	0.2097
18-13	2.8067	1.4038	0.9385	2.1331	1.0678	0.7175	1.7509	0.8780	0.5946
18-14	2.3167	1.1587	0.7730	1.7834	0.8920	0.5964	1.4774	0.7392	0.4963
18-15	1.8392	0.9205	0.6137	1.4389	0.7200	0.4802	1.2057	0.6033	0.4029
18-16	1.3602	0.6825	0.4553	1.0883	0.5457	0.3642	0.9272	0.4646	0.3101
18-17	0.8479	0.4290	0.2873	0.7039	0.3557	0.2382	0.6159	0.3110	0.2081
20-15	2.7253	1.3647	0.9105	2.0904	1.0467	0.6987	1.7260	0.8640	0.5780
20-16	2.2686	1.1373	0.7587	1.7613	0.8825	0.5886	1.4671	0.7347	0.4901
20-17	1.8126	0.9105	0.6076	1.4292	0.7172	0.4787	1.2035	0.6036	0.4029
20-18	1.3466	0.6780	0.4534	1.0849	0.5459	0.3649	0.9288	0.4671	0.3120
20-19	0.8346	0.4254	0.2857	0.6970	0.3554	0.2384	0.6121	0.3120	0.2092
22-17	2.6994	1.3563	0.9060	2.0852	1.0465	0.6987	1.7307	0.8672	0.5787
22-18	2.2543	1.1366	0.7596	1.7625	0.8864	0.5922	1.4757	0.7405	0.4946
22-19	1.8064	0.9131	0.6105	1.4346	0.7227	0.4831	1.2128	0.6104	0.4078
22-20	1.3428	0.6804	0.4564	1.0895	0.5509	0.3689	0.9371	0.4728	0.3165
22-21	0.8239	0.4242	0.2864	0.6961	0.3563	0.2404	0.6147	0.3141	0.2116
24-19	2.7001	1.3647	0.9124	2.0978	1.0567	0.7065	1.7452	0.8778	0.5865
24-20	2.2619	1.1452	0.7672	1.7772	0.8970	0.6005	1.4918	0.7513	0.5023
24-21	1.8183	0.9208	0.6175	1.4512	0.7322	0.4906	1.2309	0.6204	0.4149
24-22	1.3421	0.6899	0.4617	1.0954	0.5585	0.3748	0.9475	0.4804	0.3219
24-23	0.8168	0.4240	0.2883	0.6873	0.3570	0.2422	0.6159	0.3155	0.2135
26-21	2.7276	1.3824	0.9257	2.1245	1.0717	0.7182	1.7684	0.8921	0.5974
26-22	2.2956	1.1592	0.7793	1.8002	0.9103	0.6104	1.5160	0.7651	0.5117
26-23	1.8266	0.9324	0.6266	1.4652	0.7433	0.4992	1.2453	0.6316	0.4237
26-24	1.3637	0.6956	0.4693	1.1068	0.5658	0.3818	0.9583	0.4880	0.3281
26-25	0.8149	0.4270	0.2920	0.6933	0.3608	0.2455	0.6045	0.3181	0.2168
28-23	2.7563	1.4005	0.9400	2.1514	1.0921	0.7328	1.7957	0.9103	0.6097
28-24	2.3115	1.1782	0.7907	1.8239	0.9291	0.6216	1.5478	0.7803	0.5226
28-25	1.8693	0.9504	0.6377	1.4759	0.7566	0.5105	1.2600	0.6449	0.4328
28-26	1.3758	0.6994	0.4752	1.1193	0.5748	0.3888	0.9829	0.4982	0.3360
28-27	0.7862	0.4188	0.2904	0.6844	0.3640	0.2484	0.6097	0.3267	0.2192
30-25	2.7782	1.4130	0.9575	2.1929	1.1072	0.7452	1.8339	0.9260	0.6218
30-26	2.3246	1.1960	0.8078	1.8584	0.9438	0.6365	1.5637	0.7984	0.5338
30-27	1.9015	0.9678	0.6482	1.5060	0.7777	0.5184	1.2850	0.6564	0.4413
30-28	1.3611	0.7111	0.4856	1.1340	0.5865	0.3964	0.9953	0.5089	0.3416
30-29	0.7895	0.4268	0.2939	0.6828	0.3608	0.2498	0.6150	0.3252	0.2235

表 B.35 处理量折算系数 K_c 表

粮食种类：水稻　　环境温度 t_h：-10℃　　环境相对湿度 RH：60%

降水范围 (M_1-M_2)/%	热风温度 t_r/℃								
	50			70			90		
	热风表观风速 v_r/[m^3/(m^3·s)]								
	0.2	0.4	0.6	0.2	0.4	0.6	0.2	0.4	0.6
16-13	1.9495	0.9746	0.6510	1.4971	0.7488	0.5022	1.2413	0.6220	0.4192
16-14	1.4327	0.7172	0.4783	1.1253	0.5635	0.3763	0.9485	0.4750	0.3179
16-15	0.8978	0.4517	0.3018	0.7317	0.3680	0.2460	0.6328	0.3184	0.2128
18-13	2.8565	1.4287	0.9554	2.1559	1.0792	0.7253	1.7635	0.8844	0.5993
18-14	2.3589	1.1798	0.7872	1.8035	0.9020	0.6031	1.4887	0.7449	0.5003
18-15	1.8747	0.9383	0.6256	1.4560	0.7288	0.4861	1.2157	0.6085	0.4064
18-16	1.3893	0.6971	0.4652	1.1035	0.5532	0.3692	0.9366	0.4691	0.3132
18-17	0.8714	0.4408	0.2951	0.7170	0.3625	0.2427	0.6244	0.3153	0.2111
20-15	2.7710	1.3881	0.9260	2.1120	1.0576	0.7060	1.7385	0.8700	0.5822
20-16	2.3087	1.1575	0.7722	1.7812	0.8921	0.5952	1.4776	0.7402	0.4939
20-17	1.8463	0.9276	0.6192	1.4455	0.7257	0.4844	1.2130	0.6086	0.4062
20-18	1.3730	0.6925	0.4631	1.0994	0.5533	0.3699	0.9378	0.4714	0.3150
20-19	0.8576	0.4363	0.2935	0.7120	0.3616	0.2430	0.6216	0.3160	0.2123
22-17	2.7480	1.3794	0.9210	2.1087	1.0577	0.7058	1.7416	0.8731	0.5829
22-18	2.2970	1.1559	0.7725	1.7829	0.8963	0.5988	1.4857	0.7462	0.4982
22-19	1.8422	0.9296	0.6221	1.4541	0.7309	0.4889	1.2242	0.6154	0.4112
22-20	1.3689	0.6946	0.4662	1.1030	0.5582	0.3741	0.9455	0.4773	0.3196
22-21	0.8422	0.4356	0.2940	0.7091	0.3630	0.2446	0.6225	0.3189	0.2143
24-19	2.7492	1.3876	0.9277	2.1220	1.0671	0.7139	1.7606	0.8842	0.5908
24-20	2.2971	1.1663	0.7798	1.7960	0.9077	0.6066	1.5018	0.7570	0.5065
24-21	1.8470	0.9379	0.6289	1.4648	0.7404	0.4963	1.2410	0.6251	0.4182
24-22	1.3765	0.7027	0.4712	1.1094	0.5659	0.3799	0.9575	0.4856	0.3253
24-23	0.8418	0.4354	0.2965	0.6977	0.3644	0.2470	0.6252	0.3194	0.2168
26-21	2.7663	1.4038	0.9395	2.1462	1.0825	0.7257	1.7791	0.8989	0.6012
26-22	2.3359	1.1799	0.7912	1.8187	0.9212	0.6169	1.5265	0.7704	0.5162
26-23	1.8558	0.9513	0.6389	1.4783	0.7514	0.5060	1.2557	0.6366	0.4275
26-24	1.3884	0.7070	0.4792	1.1243	0.5734	0.3863	0.9677	0.4923	0.3315
26-25	0.8278	0.4351	0.3001	0.7022	0.3670	0.2496	0.6142	0.3250	0.2202
28-23	2.8204	1.4185	0.9554	2.1711	1.1011	0.7388	1.8086	0.9155	0.6140
28-24	2.3481	1.1979	0.8047	1.8413	0.9381	0.6283	1.5554	0.7862	0.5265
28-25	1.8987	0.9696	0.6472	1.4918	0.7678	0.5151	1.2705	0.6531	0.4356
28-26	1.4092	0.7172	0.4861	1.1416	0.5813	0.3936	0.9896	0.5016	0.3386
28-27	0.7990	0.4277	0.2985	0.6987	0.3684	0.2527	0.6157	0.3296	0.2233
30-25	2.8264	1.4415	0.9737	2.2252	1.1224	0.7540	1.8467	0.9350	0.6268
30-26	2.3556	1.2142	0.8207	1.8704	0.9509	0.6443	1.5732	0.8035	0.5388
30-27	1.9229	0.9799	0.6624	1.5421	0.7839	0.5258	1.2949	0.6626	0.4449
30-28	1.3841	0.7281	0.4977	1.1566	0.5924	0.4007	1.0010	0.5127	0.3452
30-29	0.8197	0.4444	0.2996	0.6875	0.3647	0.2558	0.6256	0.3300	0.2268

表 B.36 处理量折算系数 K_c 表

粮食种类:水稻　　环境温度 t_h:—10℃　　环境相对湿度 RH:90%

降水范围 (M_1-M_2)/%	热风温度 t_r/℃								
	50			70			90		
	热风表观风速 v_r/[m³/(m³·s)]								
	0.2	0.4	0.6	0.2	0.4	0.6	0.2	0.4	0.6
16-13	1.9888	0.9943	0.6643	1.5156	0.7583	0.5086	1.2519	0.6273	0.4232
16-14	1.4634	0.7329	0.4890	1.1405	0.5711	0.3817	0.9576	0.4795	0.3210
16-15	0.9226	0.4640	0.3101	0.7450	0.3749	0.2505	0.6415	0.3227	0.2157
18-13	2.9068	1.4539	0.9723	2.1787	1.0906	0.7333	1.7761	0.8908	0.6038
18-14	2.4017	1.2012	0.8016	1.8233	0.9120	0.6099	1.5001	0.7506	0.5042
18-15	1.9106	0.9563	0.6377	1.4733	0.7374	0.4920	1.2259	0.6135	0.4099
18-16	1.4183	0.7117	0.4750	1.1179	0.5606	0.3742	0.9452	0.4738	0.3162
18-17	0.8942	0.4522	0.3030	0.7307	0.3689	0.2470	0.6330	0.3194	0.2140
20-15	2.8178	1.4116	0.9416	2.1340	1.0683	0.7132	1.7507	0.8762	0.5863
20-16	2.3502	1.1779	0.7858	1.7997	0.9018	0.6016	1.4885	0.7457	0.4977
20-17	1.8795	0.9449	0.6309	1.4621	0.7341	0.4902	1.2228	0.6138	0.4097
20-18	1.3998	0.7065	0.4726	1.1131	0.5606	0.3749	0.9464	0.4759	0.3181
20-19	0.8773	0.4479	0.3011	0.7257	0.3678	0.2472	0.6316	0.3201	0.2150
22-17	2.7912	1.4022	0.9364	2.1293	1.0681	0.7132	1.7526	0.8793	0.5869
22-18	2.3347	1.1767	0.7863	1.8012	0.9058	0.6050	1.4959	0.7514	0.5022
22-19	1.8748	0.9462	0.6335	1.4700	0.7395	0.4946	1.2337	0.6206	0.4147
22-20	1.3974	0.7096	0.4754	1.1170	0.5663	0.3789	0.9538	0.4821	0.3226
22-21	0.8610	0.4474	0.3022	0.7191	0.3692	0.2489	0.6303	0.3229	0.2173
24-19	2.8005	1.4121	0.9433	2.1461	1.0790	0.7213	1.7706	0.8904	0.5946
24-20	2.3379	1.1851	0.7941	1.8164	0.9170	0.6133	1.5131	0.7621	0.5098
24-21	1.8776	0.9538	0.6406	1.4788	0.7492	0.5020	1.2494	0.6299	0.4216
24-22	1.3998	0.7160	0.4809	1.1295	0.5732	0.3853	0.9658	0.4902	0.3288
24-23	0.8612	0.4463	0.3032	0.7086	0.3717	0.2519	0.6313	0.3241	0.2206
26-21	2.8109	1.4290	0.9556	2.1649	1.0952	0.7324	1.7908	0.9056	0.6055
26-22	2.3701	1.2028	0.8048	1.8341	0.9324	0.6245	1.5357	0.7768	0.5198
26-23	1.8892	0.9704	0.6500	1.4920	0.7609	0.5111	1.2655	0.6417	0.4306
26-24	1.4195	0.7198	0.4878	1.1383	0.5808	0.3914	0.9784	0.4970	0.3343
26-25	0.8420	0.4443	0.3061	0.7131	0.3729	0.2543	0.6261	0.3314	0.2232
28-23	2.8693	1.4404	0.9713	2.2028	1.1111	0.7466	1.8266	0.9210	0.6176
28-24	2.3761	1.2180	0.8197	1.8631	0.9485	0.6358	1.5637	0.7917	0.5303
28-25	1.9447	0.9857	0.6598	1.5137	0.7741	0.5207	1.2854	0.6565	0.4387
28-26	1.4318	0.7340	0.4977	1.1523	0.5895	0.3979	0.9998	0.5054	0.3414
28-27	0.8142	0.4391	0.3048	0.7105	0.3737	0.2570	0.6247	0.3338	0.2271
30-25	2.8591	1.4709	0.9851	2.2360	1.1314	0.7620	1.8569	0.9438	0.6315
30-26	2.3983	1.2437	0.8323	1.8849	0.9602	0.6517	1.5843	0.8102	0.5426
30-27	1.9644	1.0021	0.6705	1.5528	0.7912	0.5307	1.3075	0.6681	0.4487
30-28	1.4178	0.7424	0.5044	1.1710	0.6047	0.4078	1.0080	0.5184	0.3487
30-29	0.8280	0.4498	0.3106	0.6925	0.3696	0.2584	0.6304	0.3360	0.2285

表 B.37 处理量折算系数 K_c 表

粮食种类:水稻　　环境温度 t_h:−5℃　　环境相对湿度 RH:30%

降水范围 (M_1-M_2)/%	热风温度 t_r/℃								
	50			70			90		
	热风表观风速 v_r/[m^3/(m^3·s)]								
	0.2	0.4	0.6	0.2	0.4	0.6	0.2	0.4	0.6
16-13	1.8534	0.9265	0.6188	1.4273	0.7139	0.4787	1.1855	0.5938	0.4003
16-14	1.3447	0.6723	0.4484	1.0608	0.5307	0.3542	0.8965	0.4486	0.2999
16-15	0.8216	0.4126	0.2755	0.6742	0.3385	0.2259	0.5858	0.2939	0.1964
18-13	2.7507	1.3758	0.9198	2.0802	1.0411	0.6997	1.7032	0.8541	0.5787
18-14	2.2584	1.1295	0.7535	1.7303	0.8653	0.5786	1.4301	0.7155	0.4804
18-15	1.7798	0.8906	0.5938	1.3863	0.6935	0.4626	1.1599	0.5801	0.3874
18-16	1.3023	0.6529	0.4354	1.0384	0.5203	0.3471	0.8835	0.4425	0.2952
18-17	0.7955	0.4019	0.2688	0.6595	0.3329	0.2226	0.5768	0.2909	0.1945
20-15	2.6662	1.3352	0.8908	2.0361	1.0192	0.6804	1.6773	0.8394	0.5616
20-16	2.2076	1.1070	0.7385	1.7067	0.8550	0.5703	1.4188	0.7103	0.4738
20-17	1.7521	0.8797	0.5870	1.3760	0.6902	0.4607	1.1566	0.5799	0.3870
20-18	1.2857	0.6481	0.4332	1.0337	0.5200	0.3475	0.8837	0.4443	0.2968
20-19	0.7793	0.3979	0.2674	0.6520	0.3319	0.2228	0.5746	0.2914	0.1955
22-17	2.6382	1.3262	0.8856	2.0290	1.0187	0.6799	1.6795	0.8418	0.5618
22-18	2.1974	1.1049	0.7383	1.7106	0.8588	0.5732	1.4254	0.7156	0.4778
22-19	1.7494	0.8811	0.5895	1.3813	0.6952	0.4648	1.1649	0.5862	0.3915
22-20	1.2845	0.6501	0.4358	1.0392	0.5246	0.3513	0.8928	0.4496	0.3008
22-21	0.7703	0.3978	0.2681	0.6463	0.3334	0.2245	0.5710	0.2940	0.1974
24-19	2.6436	1.3333	0.8916	2.0429	1.0282	0.6869	1.6971	0.8522	0.5696
24-20	2.1943	1.1131	0.7450	1.7200	0.8685	0.5806	1.4410	0.7258	0.4854
24-21	1.7575	0.8897	0.5960	1.3876	0.7049	0.4716	1.1774	0.5960	0.3984
24-22	1.2825	0.6572	0.4408	1.0444	0.5319	0.3566	0.9018	0.4570	0.3061
24-23	0.7637	0.3962	0.2697	0.6506	0.3360	0.2273	0.5760	0.2961	0.2005
26-21	2.6477	1.3475	0.9037	2.0586	1.0425	0.6978	1.7193	0.8653	0.5794
26-22	2.2154	1.1271	0.7563	1.7466	0.8818	0.5905	1.4640	0.7381	0.4942
26-23	1.7782	0.9022	0.6055	1.4137	0.7144	0.4795	1.1983	0.6057	0.4061
26-24	1.2990	0.6633	0.4484	1.0553	0.5395	0.3642	0.9118	0.4646	0.3122
26-25	0.7526	0.3933	0.2709	0.6491	0.3350	0.2289	0.5744	0.2970	0.2031
28-23	2.6806	1.3701	0.9189	2.0947	1.0621	0.7111	1.7525	0.8833	0.5907
28-24	2.2282	1.1424	0.7703	1.7628	0.8973	0.6029	1.4838	0.7526	0.5048
28-25	1.7959	0.9156	0.6149	1.4368	0.7305	0.4895	1.2249	0.6192	0.4154
28-26	1.2935	0.6748	0.4565	1.0588	0.5478	0.3692	0.9243	0.4738	0.3186
28-27	0.7502	0.4045	0.2719	0.6332	0.3360	0.2303	0.5770	0.2996	0.2052
30-25	2.6895	1.3901	0.9329	2.1182	1.0830	0.7253	1.7865	0.9022	0.6038
30-26	2.2660	1.1642	0.7850	1.7979	0.9111	0.6156	1.5150	0.7699	0.5156
30-27	1.8223	0.9328	0.6252	1.4465	0.7440	0.4990	1.2353	0.6332	0.4242
30-28	1.3310	0.6769	0.4624	1.0752	0.5623	0.3784	0.9293	0.4825	0.3255
30-29	0.7509	0.4026	0.2752	0.6354	0.3447	0.2327	0.5647	0.3032	0.2076

表 B.38 处理量折算系数 K_c 表

粮食种类:水稻　　　　环境温度 t_h:−5℃　　　　环境相对湿度 RH:60%

降水范围 $(M_1\text{-}M_2)$/%	热风温度 t_r/℃								
	50			70			90		
	热风表观风速 v_r/[m^3/(m^3·s)]								
	0.2	0.4	0.6	0.2	0.4	0.6	0.2	0.4	0.6
16-13	1.9111	0.9554	0.6384	1.4546	0.7277	0.4880	1.2014	0.6017	0.4059
16-14	1.3907	0.6954	0.4638	1.0838	0.5423	0.3621	0.9099	0.4555	0.3049
16-15	0.8567	0.4304	0.2875	0.6933	0.3483	0.2327	0.5981	0.3004	0.2007
18-13	2.8256	1.4133	0.9452	2.1141	1.0583	0.7115	1.7220	0.8636	0.5855
18-14	2.3215	1.1611	0.7748	1.7597	0.8802	0.5886	1.4470	0.7239	0.4863
18-15	1.8325	0.9170	0.6114	1.4123	0.7065	0.4712	1.1748	0.5877	0.3926
18-16	1.3454	0.6745	0.4500	1.0602	0.5314	0.3545	0.8965	0.4493	0.2997
18-17	0.8280	0.4188	0.2804	0.6778	0.3423	0.2290	0.5888	0.2970	0.1988
20-15	2.7347	1.3701	0.9139	2.0679	1.0353	0.6913	1.6954	0.8484	0.5678
20-16	2.2678	1.1369	0.7585	1.7359	0.8695	0.5799	1.4351	0.7186	0.4795
20-17	1.8021	0.9053	0.6041	1.4007	0.7029	0.4691	1.1715	0.5876	0.3920
20-18	1.3269	0.6693	0.4474	1.0551	0.5310	0.3549	0.8975	0.4510	0.3013
20-19	0.8119	0.4149	0.2785	0.6698	0.3416	0.2292	0.5862	0.2977	0.1997
22-17	2.7051	1.3599	0.9080	2.0605	1.0344	0.6906	1.6963	0.8512	0.5680
22-18	2.2539	1.1343	0.7585	1.7362	0.8728	0.5829	1.4408	0.7241	0.4833
22-19	1.7971	0.9065	0.6064	1.4041	0.7075	0.4733	1.1796	0.5934	0.3967
22-20	1.3248	0.6719	0.4501	1.0596	0.5359	0.3587	0.9049	0.4567	0.3054
22-21	0.8057	0.4131	0.2793	0.6693	0.3424	0.2311	0.5839	0.2997	0.2019
24-19	2.7049	1.3659	0.9141	2.0710	1.0430	0.6977	1.7129	0.8608	0.5755
24-20	2.2567	1.1435	0.7653	1.7537	0.8835	0.5905	1.4579	0.7343	0.4908
24-21	1.8076	0.9139	0.6138	1.4137	0.7179	0.4800	1.1924	0.6026	0.4035
24-22	1.3257	0.6761	0.4550	1.0633	0.5423	0.3647	0.9136	0.4641	0.3111
24-23	0.7924	0.4128	0.2802	0.6688	0.3442	0.2328	0.5924	0.3035	0.2048
26-21	2.7302	1.3831	0.9262	2.0951	1.0598	0.7098	1.7397	0.8755	0.5862
26-22	2.2783	1.1587	0.7751	1.7682	0.8978	0.6002	1.4790	0.7473	0.5001
26-23	1.8240	0.9272	0.6233	1.4328	0.7283	0.4890	1.2102	0.6142	0.4112
26-24	1.3423	0.6847	0.4619	1.0729	0.5525	0.3706	0.9248	0.4731	0.3167
26-25	0.7838	0.4159	0.2819	0.6660	0.3433	0.2356	0.5824	0.3037	0.2071
28-23	2.7487	1.3981	0.9423	2.1269	1.0764	0.7229	1.7678	0.8918	0.5974
28-24	2.2963	1.1729	0.7869	1.8012	0.9092	0.6128	1.5020	0.7609	0.5108
28-25	1.8315	0.9409	0.6322	1.4524	0.7405	0.4980	1.2339	0.6258	0.4209
28-26	1.3509	0.6895	0.4700	1.0795	0.5596	0.3779	0.9407	0.4793	0.3232
28-27	0.7794	0.4128	0.2852	0.6496	0.3514	0.2375	0.5974	0.3073	0.2100
30-25	2.7765	1.4206	0.9587	2.1426	1.1003	0.7390	1.7997	0.9122	0.6112
30-26	2.3277	1.1931	0.8045	1.8169	0.9281	0.6249	1.5307	0.7810	0.5215
30-27	1.8640	0.9651	0.6430	1.4838	0.7537	0.5082	1.2522	0.6382	0.4297
30-28	1.3507	0.6989	0.4759	1.1127	0.5687	0.3858	0.9443	0.4876	0.3310
30-29	0.7646	0.4142	0.2856	0.6570	0.3556	0.2411	0.5789	0.3139	0.2133

表 B.39 处理量折算系数 K_c 表

粮食种类:水稻 环境温度 t_h:−5℃ 环境相对湿度 RH:90%

降水范围 (M_1-M_2)/%	热风温度 t_r/℃								
	50			70			90		
	热风表观风速 v_r/[m^3/(m^3·s)]								
	0.2	0.4	0.6	0.2	0.4	0.6	0.2	0.4	0.6
16-13	1.9699	0.9848	0.6581	1.4821	0.7414	0.4975	1.2169	0.6097	0.4116
16-14	1.4370	0.7191	0.4797	1.1065	0.5538	0.3701	0.9234	0.4624	0.3096
16-15	0.8916	0.4482	0.2994	0.7122	0.3580	0.2392	0.6102	0.3067	0.2048
18-13	2.9018	1.4515	0.9708	2.1480	1.0754	0.7233	1.7407	0.8731	0.5922
18-14	2.3858	1.1933	0.7962	1.7895	0.8951	0.5986	1.4638	0.7324	0.4921
18-15	1.8864	0.9440	0.6294	1.4377	0.7194	0.4799	1.1896	0.5953	0.3976
18-16	1.3879	0.6965	0.4646	1.0816	0.5424	0.3620	0.9096	0.4558	0.3042
18-17	0.8621	0.4361	0.2918	0.6966	0.3519	0.2354	0.6010	0.3034	0.2029
20-15	2.8062	1.4057	0.9378	2.1008	1.0515	0.7020	1.7137	0.8576	0.5739
20-16	2.3286	1.1677	0.7791	1.7637	0.8838	0.5896	1.4513	0.7269	0.4850
20-17	1.8539	0.9314	0.6216	1.4264	0.7155	0.4776	1.1863	0.5950	0.3971
20-18	1.3691	0.6902	0.4615	1.0768	0.5419	0.3621	0.9106	0.4577	0.3058
20-19	0.8475	0.4313	0.2899	0.6887	0.3509	0.2358	0.5979	0.3041	0.2040
22-17	2.7722	1.3943	0.9312	2.0909	1.0505	0.7013	1.7137	0.8600	0.5739
22-18	2.3105	1.1651	0.7786	1.7632	0.8873	0.5927	1.4570	0.7321	0.4889
22-19	1.8453	0.9324	0.6237	1.4278	0.7205	0.4816	1.1934	0.6012	0.4017
22-20	1.3635	0.6921	0.4641	1.0818	0.5462	0.3661	0.9174	0.4629	0.3099
22-21	0.8328	0.4301	0.2904	0.6897	0.3516	0.2373	0.6000	0.3056	0.2062
24-19	2.7699	1.4007	0.9373	2.1008	1.0600	0.7091	1.7296	0.8704	0.5817
24-20	2.3167	1.1711	0.7860	1.7775	0.8966	0.6003	1.4724	0.7419	0.4966
24-21	1.8522	0.9411	0.6309	1.4415	0.7300	0.4892	1.2090	0.6100	0.4088
24-22	1.3632	0.6987	0.4688	1.0844	0.5533	0.3717	0.9264	0.4702	0.3156
24-23	0.8259	0.4301	0.2927	0.6852	0.3525	0.2392	0.6026	0.3098	0.2086
26-21	2.7990	1.4156	0.9485	2.1317	1.0774	0.7196	1.7568	0.8849	0.5919
26-22	2.3502	1.1838	0.7957	1.7933	0.9105	0.6104	1.4971	0.7549	0.5063
26-23	1.8698	0.9481	0.6392	1.4558	0.7398	0.4965	1.2226	0.6216	0.4159
26-24	1.3893	0.7056	0.4776	1.0932	0.5623	0.3799	0.9379	0.4806	0.3210
26-25	0.8202	0.4323	0.2944	0.6889	0.3545	0.2424	0.5912	0.3101	0.2116
28-23	2.8258	1.4366	0.9646	2.1556	1.0952	0.7322	1.7886	0.9029	0.6035
28-24	2.3523	1.2104	0.8088	1.8244	0.9260	0.6228	1.5215	0.7699	0.5169
28-25	1.8901	0.9680	0.6493	1.4697	0.7544	0.5079	1.2437	0.6341	0.4264
28-26	1.3901	0.7094	0.4809	1.1080	0.5697	0.3853	0.9544	0.4876	0.3281
28-27	0.7933	0.4230	0.2933	0.6698	0.3625	0.2449	0.6047	0.3150	0.2150
30-25	2.8477	1.4581	0.9827	2.1879	1.1139	0.7488	1.8169	0.9182	0.6171
30-26	2.3920	1.2226	0.8297	1.8493	0.9438	0.6327	1.5497	0.7862	0.5269
30-27	1.9302	0.9786	0.6643	1.5004	0.7694	0.5174	1.2683	0.6489	0.4337
30-28	1.3888	0.7238	0.4904	1.1238	0.5772	0.3919	0.9658	0.4954	0.3341
30-29	0.7965	0.4304	0.2966	0.6819	0.3594	0.2481	0.5941	0.3212	0.2166

表 B.40 处理量折算系数 K_c 表

粮食种类:水稻　　环境温度 t_h:0℃　　环境相对湿度 RH:30%

降水范围 (M_1-M_2)/%	热风温度 t_r/℃								
	50			70			90		
	热风表观风速 v_r/[m^3/(m^3·s)]								
	0.2	0.4	0.6	0.2	0.4	0.6	0.2	0.4	0.6
16-13	1.7995	0.8996	0.6010	1.3770	0.6887	0.4619	1.1404	0.5711	0.3853
16-14	1.2883	0.6439	0.4294	1.0114	0.5056	0.3374	0.8529	0.4264	0.2852
16-15	0.7689	0.3855	0.2572	0.6292	0.3155	0.2105	0.5462	0.2740	0.1829
18-13	2.7008	1.3509	0.9034	2.0294	1.0157	0.6828	1.6564	0.8306	0.5630
18-14	2.2043	1.1025	0.7355	1.6785	0.8394	0.5613	1.3832	0.6920	0.4648
18-15	1.7227	0.8619	0.5748	1.3345	0.6674	0.4451	1.1136	0.5568	0.3718
18-16	1.2448	0.6235	0.4157	0.9879	0.4947	0.3300	0.8391	0.4201	0.2802
18-17	0.7424	0.3746	0.2505	0.6143	0.3096	0.2069	0.5373	0.2705	0.1808
20-15	2.6128	1.3084	0.8728	1.9832	0.9927	0.6627	1.6292	0.8150	0.5454
20-16	2.1511	1.0785	0.7194	1.6532	0.8282	0.5525	1.3704	0.6861	0.4577
20-17	1.6930	0.8500	0.5673	1.3234	0.6634	0.4427	1.1098	0.5563	0.3711
20-18	1.2273	0.6182	0.4130	0.9825	0.4942	0.3300	0.8391	0.4214	0.2814
20-19	0.7290	0.3708	0.2487	0.6081	0.3087	0.2071	0.5352	0.2710	0.1817
22-17	2.5862	1.2977	0.8667	1.9737	0.9908	0.6615	1.6294	0.8169	0.5454
22-18	2.1371	1.0752	0.7186	1.6538	0.8308	0.5549	1.3767	0.6908	0.4612
22-19	1.6885	0.8508	0.5691	1.3258	0.6678	0.4463	1.1179	0.5616	0.3753
22-20	1.2228	0.6197	0.4154	0.9874	0.4980	0.3336	0.8444	0.4263	0.2852
22-21	0.7131	0.3696	0.2496	0.6040	0.3098	0.2086	0.5357	0.2729	0.1836
24-19	2.5839	1.3032	0.8721	1.9841	0.9993	0.6686	1.6448	0.8266	0.5525
24-20	2.1445	1.0828	0.7255	1.6678	0.8413	0.5623	1.3914	0.7004	0.4683
24-21	1.6932	0.8570	0.5751	1.3417	0.6762	0.4529	1.1310	0.5715	0.3817
24-22	1.2216	0.6261	0.4204	0.9948	0.5053	0.3383	0.8543	0.4330	0.2904
24-23	0.7108	0.3685	0.2501	0.6012	0.3099	0.2107	0.5319	0.2761	0.1862
26-21	2.6019	1.3172	0.8835	2.0083	1.0147	0.6787	1.6688	0.8404	0.5625
26-22	2.1471	1.0923	0.7336	1.6819	0.8536	0.5710	1.4119	0.7134	0.4768
26-23	1.7111	0.8695	0.5843	1.3532	0.6871	0.4605	1.1450	0.5806	0.3889
26-24	1.2401	0.6325	0.4278	1.0069	0.5127	0.3450	0.8655	0.4422	0.2958
26-25	0.6954	0.3744	0.2527	0.5969	0.3155	0.2126	0.5393	0.2797	0.1882
28-23	2.6073	1.3338	0.8968	2.0349	1.0342	0.6927	1.6894	0.8551	0.5729
28-24	2.1684	1.1117	0.7481	1.7049	0.8672	0.5824	1.4467	0.7265	0.4868
28-25	1.7364	0.8793	0.5914	1.3701	0.6980	0.4707	1.1649	0.5934	0.3976
28-26	1.2351	0.6401	0.4334	1.0090	0.5203	0.3513	0.8864	0.4482	0.3023
28-27	0.6904	0.3729	0.2534	0.5945	0.3151	0.2150	0.5340	0.2811	0.1915
30-25	2.6501	1.3547	0.9127	2.0863	1.0536	0.7063	1.7276	0.8735	0.5850
30-26	2.2109	1.1357	0.7632	1.7367	0.8852	0.5950	1.4614	0.7436	0.4966
30-27	1.7492	0.8965	0.6062	1.3898	0.7146	0.4804	1.1900	0.6031	0.4073
30-28	1.2417	0.6463	0.4437	1.0169	0.5283	0.3590	0.8970	0.4567	0.3096
30-29	0.6819	0.3701	0.2517	0.5955	0.3162	0.2182	0.5374	0.2831	0.1938

表 B.41　处理量折算系数 K_c 表

粮食种类:水稻　　　　环境温度 t_h:0℃　　　　环境相对湿度 RH:60%

降水范围 (M_1-M_2)/%	热风温度 t_r/℃								
	50			70			90		
	热风表观风速 v_r/[m³/(m³·s)]								
	0.2	0.4	0.6	0.2	0.4	0.6	0.2	0.4	0.6
16-13	1.8825	0.9412	0.6290	1.4159	0.7084	0.4754	1.1628	0.5825	0.3933
16-14	1.3540	0.6769	0.4515	1.0443	0.5220	0.3487	0.8726	0.4365	0.2921
16-15	0.8180	0.4105	0.2742	0.6562	0.3293	0.2199	0.5639	0.2828	0.1889
18-13	2.8100	1.4055	0.9402	2.0780	1.0403	0.6997	1.6833	0.8443	0.5727
18-14	2.2958	1.1483	0.7661	1.7208	0.8607	0.5756	1.4073	0.7041	0.4731
18-15	1.7986	0.8999	0.6000	1.3711	0.6857	0.4574	1.1352	0.5677	0.3791
18-16	1.3060	0.6545	0.4365	1.0192	0.5106	0.3405	0.8579	0.4297	0.2866
18-17	0.7898	0.3983	0.2664	0.6411	0.3231	0.2161	0.5551	0.2793	0.1869
20-15	2.7131	1.3590	0.9067	2.0290	1.0159	0.6783	1.6548	0.8282	0.5542
20-16	2.2385	1.1219	0.7485	1.6946	0.8487	0.5661	1.3943	0.6980	0.4657
20-17	1.7654	0.8866	0.5919	1.3583	0.6816	0.4548	1.1310	0.5670	0.3782
20-18	1.2873	0.6482	0.4332	1.0130	0.5098	0.3405	0.8577	0.4311	0.2880
20-19	0.7725	0.3939	0.2645	0.6339	0.3220	0.2159	0.5518	0.2799	0.1876
22-17	2.6788	1.3468	0.8996	2.0192	1.0140	0.6769	1.6545	0.8299	0.5538
22-18	2.2194	1.1184	0.7473	1.6923	0.8515	0.5685	1.3997	0.7027	0.4691
22-19	1.7564	0.8871	0.5936	1.3602	0.6857	0.4586	1.1383	0.5723	0.3825
22-20	1.2790	0.6500	0.4356	1.0176	0.5136	0.3442	0.8641	0.4361	0.2918
22-21	0.7561	0.3933	0.2648	0.6268	0.3229	0.2175	0.5530	0.2816	0.1896
24-19	2.6736	1.3525	0.9049	2.0294	1.0226	0.6837	1.6691	0.8394	0.5609
24-20	2.2188	1.1262	0.7544	1.7039	0.8619	0.5763	1.4145	0.7125	0.4764
24-21	1.7642	0.8944	0.5998	1.3710	0.6946	0.4648	1.1506	0.5812	0.3889
24-22	1.2826	0.6572	0.4406	1.0299	0.5207	0.3494	0.8759	0.4437	0.2968
24-23	0.7575	0.3931	0.2664	0.6299	0.3238	0.2195	0.5502	0.2845	0.1917
26-21	2.6844	1.3697	0.9156	2.0481	1.0363	0.6944	1.6927	0.8534	0.5706
26-22	2.2356	1.1395	0.7637	1.7264	0.8754	0.5857	1.4391	0.7257	0.4847
26-23	1.7803	0.9048	0.6085	1.3893	0.7058	0.4738	1.1691	0.5914	0.3964
26-24	1.2975	0.6626	0.4479	1.0330	0.5276	0.3552	0.8819	0.4513	0.3022
26-25	0.7438	0.3898	0.2690	0.6283	0.3255	0.2221	0.5507	0.2889	0.1943
28-23	2.7276	1.3879	0.9302	2.0726	1.0548	0.7073	1.7189	0.8691	0.5831
28-24	2.2576	1.1580	0.7753	1.7457	0.8882	0.5969	1.4640	0.7373	0.4947
28-25	1.7997	0.9205	0.6199	1.4169	0.7167	0.4830	1.1929	0.6024	0.4054
28-26	1.2894	0.6754	0.4531	1.0427	0.5359	0.3628	0.8980	0.4605	0.3089
28-27	0.7364	0.3957	0.2679	0.6220	0.3269	0.2233	0.5556	0.2878	0.1971
30-25	2.7435	1.4071	0.9455	2.1096	1.0736	0.7212	1.7533	0.8866	0.5953
30-26	2.3049	1.1684	0.7901	1.7694	0.9051	0.6080	1.4911	0.7551	0.5060
30-27	1.8209	0.9321	0.6277	1.4275	0.7347	0.4939	1.2138	0.6154	0.4124
30-28	1.3310	0.6759	0.4612	1.0382	0.5497	0.3697	0.9091	0.4688	0.3144
30-29	0.7350	0.3933	0.2702	0.6078	0.3315	0.2256	0.5506	0.2892	0.1978

表 B.42 处理量折算系数 K_c 表

粮食种类:水稻　　环境温度 t_h:0℃　　环境相对湿度 RH:90%

降水范围 (M_1-M_2)/%	热风温度 t_r/℃								
	50			70			90		
	热风表观风速 v_r/[m^3/(m^3·s)]								
	0.2	0.4	0.6	0.2	0.4	0.6	0.2	0.4	0.6
16-13	1.9682	0.9841	0.6579	1.4551	0.7281	0.4889	1.1853	0.5940	0.4014
16-14	1.4216	0.7108	0.4742	1.0766	0.5386	0.3599	0.8916	0.4463	0.2990
16-15	0.8678	0.4358	0.2911	0.6830	0.3428	0.2290	0.5810	0.2916	0.1948
18-13	2.9224	1.4619	0.9780	2.1269	1.0650	0.7165	1.7101	0.8579	0.5824
18-14	2.3900	1.1953	0.7978	1.7634	0.8819	0.5900	1.4313	0.7162	0.4814
18-15	1.8768	0.9390	0.6261	1.4080	0.7042	0.4698	1.1564	0.5784	0.3863
18-16	1.3682	0.6861	0.4576	1.0503	0.5264	0.3511	0.8766	0.4392	0.2930
18-17	0.8356	0.4225	0.2826	0.6662	0.3362	0.2249	0.5713	0.2880	0.1926
20-15	2.8175	1.4112	0.9416	2.0762	1.0392	0.6939	1.6809	0.8411	0.5630
20-16	2.3265	1.1668	0.7784	1.7354	0.8695	0.5799	1.4176	0.7098	0.4736
20-17	1.8406	0.9245	0.6171	1.3941	0.6996	0.4669	1.1518	0.5775	0.3853
20-18	1.3464	0.6790	0.4539	1.0429	0.5253	0.3509	0.8759	0.4406	0.2944
20-19	0.8168	0.4178	0.2804	0.6584	0.3352	0.2249	0.5680	0.2885	0.1934
22-17	2.7818	1.3978	0.9336	2.0660	1.0372	0.6925	1.6811	0.8429	0.5627
22-18	2.3113	1.1625	0.7767	1.7352	0.8721	0.5824	1.4242	0.7146	0.4771
22-19	1.8297	0.9248	0.6185	1.3978	0.7041	0.4705	1.1592	0.5832	0.3896
22-20	1.3397	0.6802	0.4560	1.0484	0.5293	0.3545	0.8833	0.4455	0.2984
22-21	0.8083	0.4156	0.2807	0.6527	0.3360	0.2264	0.5678	0.2911	0.1955
24-19	2.7796	1.4022	0.9392	2.0787	1.0463	0.6992	1.6975	0.8527	0.5697
24-20	2.3106	1.1680	0.7831	1.7443	0.8806	0.5896	1.4392	0.7238	0.4845
24-21	1.8342	0.9303	0.6247	1.4029	0.7127	0.4774	1.1717	0.5922	0.3964
24-22	1.3371	0.6842	0.4612	1.0536	0.5352	0.3597	0.8923	0.4520	0.3034
24-23	0.7941	0.4135	0.2811	0.6577	0.3378	0.2287	0.5692	0.2923	0.1983
26-21	2.7888	1.4131	0.9514	2.0890	1.0605	0.7098	1.7165	0.8664	0.5793
26-22	2.3208	1.1832	0.7938	1.7678	0.8940	0.6000	1.4631	0.7366	0.4933
26-23	1.8589	0.9428	0.6344	1.4278	0.7234	0.4861	1.1936	0.6010	0.4038
26-24	1.3563	0.6930	0.4667	1.0629	0.5438	0.3661	0.9004	0.4598	0.3087
26-25	0.7870	0.4164	0.2835	0.6498	0.3378	0.2308	0.5734	0.2951	0.2002
28-23	2.8028	1.4351	0.9634	2.1201	1.0769	0.7229	1.7514	0.8837	0.5912
28-24	2.3696	1.1964	0.8064	1.7919	0.9079	0.6100	1.4800	0.7500	0.5029
28-25	1.8472	0.9559	0.6455	1.4462	0.7364	0.4940	1.2085	0.6149	0.4119
28-26	1.3637	0.6966	0.4745	1.0655	0.5526	0.3718	0.9118	0.4714	0.3153
28-27	0.7818	0.4147	0.2868	0.6361	0.3424	0.2308	0.5739	0.2958	0.2029
30-25	2.8520	1.4612	0.9844	2.1454	1.0977	0.7364	1.7793	0.8978	0.6036
30-26	2.3901	1.2154	0.8166	1.8233	0.9243	0.6244	1.5198	0.7640	0.5150
30-27	1.8940	0.9734	0.6531	1.4543	0.7485	0.5053	1.2311	0.6270	0.4204
30-28	1.3767	0.7092	0.4797	1.0811	0.5647	0.3824	0.9217	0.4797	0.3224
30-29	0.7640	0.4135	0.2866	0.6370	0.3455	0.2353	0.5583	0.3008	0.2043

表 B.43 处理量折算系数 K_c 表

粮食种类:水稻　　环境温度 t_h:5℃　　环境相对湿度 RH:30%

降水范围 (M_1-M_2)/%	热风温度 t_r/℃								
	50			70			90		
	热风表观风速 v_r/[m³/(m³·s)]								
	0.2	0.4	0.6	0.2	0.4	0.6	0.2	0.4	0.6
16-13	1.7478	0.8738	0.5839	1.3271	0.6638	0.4455	1.0952	0.5487	0.3704
16-14	1.2320	0.6159	0.4107	0.9611	0.4804	0.3208	0.8086	0.4043	0.2705
16-15	0.7143	0.3575	0.2384	0.5831	0.2920	0.1946	0.5063	0.2536	0.1692
18-13	2.6560	1.3284	0.8885	1.9799	0.9912	0.6666	1.6100	0.8074	0.5476
18-14	2.1535	1.0771	0.7186	1.6275	0.8140	0.5443	1.3366	0.6686	0.4493
18-15	1.6672	0.8341	0.5561	1.2826	0.6415	0.4278	1.0671	0.5336	0.3563
18-16	1.1865	0.5941	0.3962	0.9369	0.4690	0.3127	0.7941	0.3974	0.2650
18-17	0.6883	0.3464	0.2313	0.5685	0.2861	0.1910	0.4977	0.2500	0.1670
20-15	2.5630	1.2837	0.8564	1.9310	0.9668	0.6455	1.5808	0.7910	0.5293
20-16	2.0973	1.0513	0.7013	1.6009	0.8017	0.5348	1.3226	0.6621	0.4417
20-17	1.6346	0.8207	0.5478	1.2695	0.6366	0.4247	1.0624	0.5322	0.3551
20-18	1.1678	0.5881	0.3929	0.9309	0.4678	0.3124	0.7934	0.3983	0.2659
20-19	0.6750	0.3428	0.2297	0.5627	0.2850	0.1910	0.4946	0.2505	0.1677
22-17	2.5302	1.2714	0.8493	1.9215	0.9640	0.6436	1.5796	0.7920	0.5286
22-18	2.0818	1.0468	0.6997	1.5993	0.8035	0.5367	1.3274	0.6660	0.4448
22-19	1.6261	0.8207	0.5490	1.2717	0.6404	0.4280	1.0683	0.5374	0.3590
22-20	1.1621	0.5893	0.3948	0.9334	0.4714	0.3156	0.7991	0.4029	0.2693
22-21	0.6671	0.3419	0.2304	0.5582	0.2859	0.1924	0.4935	0.2520	0.1696
24-19	2.5207	1.2757	0.8532	1.9303	0.9718	0.6500	1.5941	0.8014	0.5352
24-20	2.0830	1.0541	0.7053	1.6105	0.8121	0.5433	1.3423	0.6748	0.4513
24-21	1.6308	0.8268	0.5544	1.2835	0.6484	0.4339	1.0816	0.5457	0.3647
24-22	1.1611	0.5934	0.3993	0.9419	0.4781	0.3201	0.8081	0.4093	0.2742
24-23	0.6570	0.3416	0.2316	0.5530	0.2882	0.1946	0.4978	0.2553	0.1718
26-21	2.5461	1.2878	0.8624	1.9487	0.9846	0.6595	1.6147	0.8137	0.5443
26-22	2.1020	1.0643	0.7144	1.6332	0.8240	0.5523	1.3635	0.6866	0.4598
26-23	1.6503	0.8354	0.5646	1.2928	0.6576	0.4422	1.0947	0.5547	0.3720
26-24	1.1644	0.6021	0.4055	0.9468	0.4844	0.3262	0.8216	0.4166	0.2797
26-25	0.6487	0.3412	0.2339	0.5490	0.2892	0.1972	0.4982	0.2574	0.1744
28-23	2.5699	1.3054	0.8761	1.9727	1.0033	0.6709	1.6391	0.8292	0.5544
28-24	2.1196	1.0778	0.7248	1.6482	0.8387	0.5615	1.3874	0.7010	0.4686
28-25	1.6678	0.8505	0.5720	1.3118	0.6710	0.4500	1.1170	0.5659	0.3791
28-26	1.2017	0.6064	0.4095	0.9583	0.4927	0.3319	0.8325	0.4230	0.2854
28-27	0.6408	0.3452	0.2344	0.5499	0.2894	0.1988	0.4932	0.2581	0.1761
30-25	2.5848	1.3250	0.8906	2.0021	1.0199	0.6864	1.6704	0.8424	0.5672
30-26	2.1397	1.0982	0.7388	1.6837	0.8538	0.5730	1.4138	0.7155	0.4788
30-27	1.6710	0.8657	0.5869	1.3317	0.6830	0.4608	1.1360	0.5767	0.3874
30-28	1.1799	0.6123	0.4169	0.9934	0.5022	0.3386	0.8427	0.4327	0.2906
30-29	0.6334	0.3471	0.2398	0.5559	0.2914	0.1997	0.4889	0.2636	0.1786

表 B.44 处理量折算系数 K_c 表

粮食种类:水稻　　环境温度 t_h:5℃　　环境相对湿度 RH:60%

降水范围 (M_1-M_2)/%	热风温度 t_r/℃								
	50			70			90		
	热风表观风速 v_r/[m^3/(m^3·s)]								
	0.2	0.4	0.6	0.2	0.4	0.6	0.2	0.4	0.6
16-13	1.8622	0.9310	0.6225	1.3799	0.6904	0.4636	1.1257	0.5640	0.3812
16-14	1.3212	0.6605	0.4404	1.0054	0.5025	0.3357	0.8354	0.4176	0.2797
16-15	0.7801	0.3912	0.2608	0.6190	0.3103	0.2071	0.5296	0.2655	0.1772
18-13	2.8085	1.4048	0.9398	2.0468	1.0247	0.6895	1.6467	0.8261	0.5608
18-14	2.2804	1.1405	0.7611	1.6852	0.8429	0.5639	1.3692	0.6850	0.4605
18-15	1.7713	0.8863	0.5908	1.3322	0.6664	0.4444	1.0961	0.5481	0.3661
18-16	1.2695	0.6360	0.4240	0.9791	0.4902	0.3269	0.8199	0.4104	0.2736
18-17	0.7500	0.3782	0.2527	0.6031	0.3037	0.2029	0.5200	0.2617	0.1748
20-15	2.7029	1.3542	0.9034	1.9945	0.9986	0.6667	1.6162	0.8088	0.5414
20-16	2.2171	1.1113	0.7414	1.6565	0.8297	0.5535	1.3545	0.6781	0.4524
20-17	1.7341	0.8712	0.5815	1.3177	0.6610	0.4411	1.0909	0.5468	0.3647
20-18	1.2486	0.6289	0.4202	0.9720	0.4889	0.3265	0.8187	0.4114	0.2747
20-19	0.7343	0.3734	0.2505	0.5967	0.3025	0.2028	0.5174	0.2621	0.1756
22-17	2.6662	1.3400	0.8949	1.9825	0.9955	0.6646	1.6154	0.8099	0.5404
22-18	2.1952	1.1067	0.7393	1.6534	0.8315	0.5552	1.3583	0.6821	0.4555
22-19	1.7277	0.8709	0.5822	1.3222	0.6650	0.4443	1.0975	0.5519	0.3687
22-20	1.2437	0.6301	0.4220	0.9756	0.4927	0.3296	0.8258	0.4157	0.2783
22-21	0.7189	0.3718	0.2508	0.5938	0.3037	0.2041	0.5172	0.2641	0.1774
24-19	2.6667	1.3426	0.8997	1.9881	1.0043	0.6709	1.6259	0.8192	0.5471
24-20	2.1990	1.1125	0.7445	1.6664	0.8398	0.5621	1.3718	0.6911	0.4622
24-21	1.7222	0.8752	0.5876	1.3269	0.6733	0.4505	1.1103	0.5601	0.3746
24-22	1.2384	0.6351	0.4270	0.9784	0.4994	0.3347	0.8328	0.4228	0.2831
24-23	0.7137	0.3704	0.2520	0.5834	0.3053	0.2066	0.5148	0.2662	0.1798
26-21	2.6773	1.3576	0.9113	2.0074	1.0154	0.6811	1.6481	0.8313	0.5570
26-22	2.1993	1.1248	0.7542	1.6828	0.8541	0.5717	1.3895	0.7029	0.4705
26-23	1.7412	0.8864	0.5955	1.3445	0.6833	0.4595	1.1243	0.5701	0.3825
26-24	1.2539	0.6429	0.4334	0.9907	0.5061	0.3402	0.8487	0.4294	0.2885
26-25	0.6956	0.3779	0.2536	0.5827	0.3065	0.2076	0.5220	0.2688	0.1822
28-23	2.6875	1.3751	0.9227	2.0425	1.0320	0.6937	1.6761	0.8468	0.5672
28-24	2.2531	1.1404	0.7665	1.7075	0.8674	0.5810	1.4149	0.7172	0.4802
28-25	1.7513	0.8992	0.6061	1.3602	0.6939	0.4683	1.1447	0.5812	0.3898
28-26	1.2477	0.6470	0.4379	0.9998	0.5148	0.3469	0.8602	0.4363	0.2942
28-27	0.6923	0.3706	0.2543	0.5717	0.3094	0.2111	0.5150	0.2729	0.1846
30-25	2.7635	1.3924	0.9398	2.0619	1.0531	0.7058	1.7060	0.8631	0.5784
30-26	2.2735	1.1611	0.7799	1.7438	0.8825	0.5952	1.4462	0.7314	0.4895
30-27	1.7673	0.9098	0.6147	1.3839	0.7094	0.4774	1.1672	0.5917	0.3979
30-28	1.2709	0.6569	0.4474	1.0095	0.5215	0.3549	0.8691	0.4451	0.3004
30-29	0.6885	0.3708	0.2527	0.5919	0.3080	0.2124	0.5048	0.2742	0.1881

表 B.45 处理量折算系数 K_c 表

粮食种类:水稻　　　　环境温度 t_h:5℃　　　　环境相对湿度 RH:90%

降水范围 (M_1-M_2)/%	热风温度 t_r/℃								
	50			70			90		
	热风表观风速 v_r/[m^3/(m^3·s)]								
	0.2	0.4	0.6	0.2	0.4	0.6	0.2	0.4	0.6
16-13	1.9820	0.9910	0.6627	1.4332	0.7172	0.4819	1.1557	0.5794	0.3919
16-14	1.4147	0.7072	0.4717	1.0496	0.5248	0.3507	0.8615	0.4309	0.2889
16-15	0.8477	0.4254	0.2842	0.6546	0.3284	0.2194	0.5523	0.2769	0.1850
18-13	2.9678	1.4847	0.9936	2.1143	1.0588	0.7127	1.6833	0.8448	0.5737
18-14	2.4130	1.2069	0.8055	1.7436	0.8721	0.5836	1.4017	0.7015	0.4717
18-15	1.8800	0.9407	0.6271	1.3824	0.6914	0.4612	1.1250	0.5627	0.3760
18-16	1.3559	0.6795	0.4532	1.0211	0.5115	0.3412	0.8449	0.4232	0.2823
18-17	0.8140	0.4107	0.2747	0.6379	0.3213	0.2149	0.5426	0.2731	0.1825
20-15	2.8498	1.4278	0.9526	2.0591	1.0308	0.6882	1.6517	0.8266	0.5533
20-16	2.3417	1.1742	0.7834	1.7127	0.8581	0.5723	1.3863	0.6940	0.4631
20-17	1.8389	0.9236	0.6166	1.3666	0.6857	0.4576	1.1194	0.5611	0.3744
20-18	1.3315	0.6712	0.4486	1.0137	0.5099	0.3407	0.8439	0.4240	0.2831
20-19	0.7948	0.4050	0.2721	0.6299	0.3200	0.2145	0.5397	0.2735	0.1832
22-17	2.8050	1.4111	0.9428	2.0460	1.0271	0.6857	1.6510	0.8273	0.5523
22-18	2.3160	1.1678	0.7806	1.7087	0.8595	0.5742	1.3901	0.6984	0.4662
22-19	1.8240	0.9220	0.6173	1.3672	0.6895	0.4610	1.1248	0.5665	0.3784
22-20	1.3224	0.6714	0.4503	1.0168	0.5136	0.3440	0.8489	0.4285	0.2869
22-21	0.7761	0.4036	0.2719	0.6247	0.3205	0.2161	0.5369	0.2752	0.1853
24-19	2.7971	1.4143	0.9468	2.0529	1.0354	0.6921	1.6621	0.8372	0.5592
24-20	2.3131	1.1748	0.7867	1.7212	0.8686	0.5808	1.4041	0.7068	0.4728
24-21	1.8256	0.9286	0.6237	1.3791	0.6975	0.4676	1.1388	0.5746	0.3846
24-22	1.3239	0.6766	0.4548	1.0254	0.5208	0.3487	0.8593	0.4351	0.2920
24-23	0.7758	0.4024	0.2729	0.6220	0.3217	0.2175	0.5343	0.2790	0.1874
26-21	2.8083	1.4289	0.9571	2.0714	1.0481	0.7025	1.6885	0.8500	0.5689
26-22	2.3258	1.1889	0.7960	1.7402	0.8819	0.5907	1.4244	0.7189	0.4819
26-23	1.8389	0.9381	0.6304	1.3976	0.7096	0.4752	1.1519	0.5848	0.3919
26-24	1.3409	0.6854	0.4600	1.0299	0.5272	0.3544	0.8683	0.4439	0.2971
26-25	0.7627	0.3983	0.2754	0.6197	0.3241	0.2201	0.5452	0.2811	0.1908
28-23	2.8420	1.4465	0.9713	2.0999	1.0655	0.7150	1.7030	0.8645	0.5799
28-24	2.3436	1.2067	0.8076	1.7564	0.8949	0.6009	1.4531	0.7329	0.4921
28-25	1.8410	0.9528	0.6422	1.4124	0.7179	0.4845	1.1739	0.5969	0.3993
28-26	1.3262	0.6916	0.4674	1.0379	0.5340	0.3615	0.8890	0.4496	0.3032
28-27	0.7464	0.4095	0.2748	0.6206	0.3248	0.2228	0.5355	0.2838	0.1919
30-25	2.8719	1.4683	0.9855	2.1371	1.0831	0.7296	1.7476	0.8847	0.5910
30-26	2.3983	1.2199	0.8206	1.7879	0.9165	0.6142	1.4666	0.7514	0.5018
30-27	1.8840	0.9665	0.6524	1.4232	0.7373	0.4949	1.2059	0.6092	0.4092
30-28	1.3824	0.7063	0.4742	1.0353	0.5481	0.3666	0.8996	0.4588	0.3106
30-29	0.7533	0.4048	0.2778	0.6040	0.3271	0.2251	0.5450	0.2823	0.1950

表 B.46 处理量折算系数 K_c 表

粮食种类:水稻　　　　环境温度 t_h:10℃　　　　环境相对湿度 RH:30%

降水范围 $(M_1$-$M_2)$/%	热风温度 t_r/℃								
	50			70			90		
	热风表观风速 v_r/[m^3/(m^3·s)]								
	0.2	0.4	0.6	0.2	0.4	0.6	0.2	0.4	0.6
16-13	1.7016	0.8508	0.5687	1.2792	0.6399	0.4297	1.0512	0.5267	0.3559
16-14	1.1786	0.5891	0.3929	0.9118	0.4558	0.3044	0.7647	0.3824	0.2560
16-15	0.6593	0.3296	0.2197	0.5367	0.2685	0.1789	0.4662	0.2332	0.1554
18-13	2.6214	1.3111	0.8771	1.9343	0.9684	0.6513	1.5654	0.7853	0.5328
18-14	2.1099	1.0553	0.7041	1.5791	0.7898	0.5283	1.2911	0.6460	0.4341
18-15	1.6162	0.8086	0.5392	1.2323	0.6162	0.4111	1.0214	0.5106	0.3411
18-16	1.1302	0.5659	0.3774	0.8863	0.4434	0.2956	0.7492	0.3748	0.2498
18-17	0.6335	0.3182	0.2123	0.5224	0.2622	0.1749	0.4572	0.2296	0.1532
20-15	2.5217	1.2633	0.8427	1.8830	0.9426	0.6292	1.5347	0.7678	0.5139
20-16	2.0494	1.0275	0.6854	1.5499	0.7765	0.5179	1.2754	0.6385	0.4259
20-17	1.5808	0.7938	0.5298	1.2176	0.6105	0.4074	1.0152	0.5087	0.3393
20-18	1.1113	0.5589	0.3734	0.8795	0.4417	0.2949	0.7476	0.3753	0.2505
20-19	0.6209	0.3146	0.2105	0.5167	0.2614	0.1749	0.4546	0.2297	0.1537
22-17	2.4871	1.2491	0.8346	1.8695	0.9388	0.6268	1.5317	0.7680	0.5125
22-18	2.0290	1.0218	0.6830	1.5468	0.7770	0.5191	1.2785	0.6418	0.4285
22-19	1.5720	0.7927	0.5302	1.2195	0.6135	0.4100	1.0213	0.5132	0.3426
22-20	1.1041	0.5594	0.3746	0.8806	0.4449	0.2977	0.7540	0.3793	0.2536
22-21	0.6128	0.3141	0.2112	0.5155	0.2629	0.1761	0.4553	0.2316	0.1556
24-19	2.4743	1.2522	0.8375	1.8776	0.9455	0.6323	1.5450	0.7763	0.5184
24-20	2.0296	1.0258	0.6876	1.5578	0.7853	0.5252	1.2925	0.6500	0.4344
24-21	1.5680	0.7984	0.5347	1.2266	0.6207	0.4156	1.0320	0.5205	0.3483
24-22	1.1042	0.5640	0.3789	0.8856	0.4515	0.3025	0.7606	0.3853	0.2581
24-23	0.6017	0.3169	0.2123	0.5117	0.2643	0.1782	0.4508	0.2335	0.1576
26-21	2.4828	1.2640	0.8474	1.8956	0.9578	0.6417	1.5639	0.7895	0.5274
26-22	2.0303	1.0372	0.6966	1.5710	0.7950	0.5336	1.3108	0.6607	0.4429
26-23	1.5860	0.8069	0.5431	1.2474	0.6309	0.4225	1.0487	0.5303	0.3552
26-24	1.1207	0.5717	0.3839	0.8997	0.4579	0.3073	0.7730	0.3927	0.2629
26-25	0.5991	0.3148	0.2128	0.5099	0.2652	0.1801	0.4555	0.2358	0.1606
28-23	2.4940	1.2795	0.8595	1.9186	0.9710	0.6527	1.5850	0.8022	0.5369
28-24	2.0646	1.0553	0.7092	1.5851	0.8092	0.5426	1.3307	0.6735	0.4515
28-25	1.5850	0.8230	0.5511	1.2550	0.6430	0.4297	1.0626	0.5388	0.3620
28-26	1.1165	0.5744	0.3888	0.9082	0.4645	0.3132	0.7891	0.3974	0.2686
28-27	0.5969	0.3179	0.2157	0.5030	0.2681	0.1825	0.4572	0.2394	0.1627
30-25	2.5502	1.3053	0.8783	1.9414	0.9882	0.6646	1.6156	0.8187	0.5488
30-26	2.0826	1.0646	0.7170	1.6297	0.8233	0.5554	1.3597	0.6857	0.4608
30-27	1.6318	0.8280	0.5590	1.2783	0.6520	0.4417	1.0901	0.5519	0.3710
30-28	1.1277	0.5844	0.3959	0.9210	0.4733	0.3184	0.7955	0.4088	0.2750
30-29	0.5812	0.3136	0.2194	0.5099	0.2688	0.1834	0.4532	0.2385	0.1647

表 B.47 处理量折算系数 K_c 表

粮食种类:水稻　　环境温度 t_h:10℃　　环境相对湿度 RH:60%

降水范围 (M_1-M_2)/%	热风温度 t_r/℃								
	50			70			90		
	热风表观风速 v_r/[m^3/(m^3·s)]								
	0.2	0.4	0.6	0.2	0.4	0.6	0.2	0.4	0.6
16-13	1.8583	0.9291	0.6214	1.3499	0.6755	0.4539	1.0914	0.5471	0.3703
16-14	1.2984	0.6489	0.4330	0.9701	0.4849	0.3241	0.7998	0.3998	0.2679
16-15	0.7461	0.3732	0.2489	0.5836	0.2923	0.1950	0.4965	0.2486	0.1659
18-13	2.8330	1.4171	0.9483	2.0249	1.0140	0.6826	1.6149	0.8104	0.5506
18-14	2.2845	1.1426	0.7625	1.6569	0.8287	0.5545	1.3348	0.6679	0.4493
18-15	1.7580	0.8795	0.5863	1.2987	0.6494	0.4332	1.0600	0.5300	0.3540
18-16	1.2415	0.6216	0.4145	0.9419	0.4714	0.3143	0.7832	0.3919	0.2612
18-17	0.7143	0.3594	0.2399	0.5672	0.2852	0.1905	0.4866	0.2446	0.1634
20-15	2.7163	1.3608	0.9079	1.9689	0.9857	0.6581	1.5820	0.7917	0.5300
20-16	2.2143	1.1099	0.7405	1.6251	0.8140	0.5430	1.3182	0.6600	0.4403
20-17	1.7165	0.8621	0.5755	1.2823	0.6432	0.4292	1.0534	0.5279	0.3521
20-18	1.2178	0.6133	0.4099	0.9338	0.4695	0.3136	0.7815	0.3924	0.2619
20-19	0.6978	0.3547	0.2377	0.5599	0.2838	0.1901	0.4838	0.2448	0.1639
22-17	2.6748	1.3440	0.8978	1.9538	0.9813	0.6551	1.5787	0.7920	0.5284
22-18	2.1919	1.1025	0.7371	1.6192	0.8149	0.5442	1.3203	0.6633	0.4429
22-19	1.7025	0.8598	0.5753	1.2830	0.6460	0.4320	1.0593	0.5326	0.3556
22-20	1.2093	0.6133	0.4109	0.9350	0.4729	0.3163	0.7863	0.3965	0.2653
22-21	0.6894	0.3528	0.2379	0.5557	0.2849	0.1917	0.4831	0.2467	0.1656
24-19	2.6634	1.3455	0.9006	1.9658	0.9877	0.6607	1.5914	0.7998	0.5348
24-20	2.1888	1.1094	0.7423	1.6353	0.8220	0.5504	1.3326	0.6717	0.4491
24-21	1.7020	0.8653	0.5801	1.2963	0.6534	0.4377	1.0700	0.5398	0.3615
24-22	1.2100	0.6171	0.4152	0.9430	0.4788	0.3207	0.7943	0.4029	0.2698
24-23	0.6769	0.3518	0.2389	0.5521	0.2864	0.1934	0.4863	0.2494	0.1682
26-21	2.6724	1.3568	0.9098	1.9775	1.0003	0.6697	1.6062	0.8123	0.5436
26-22	2.1983	1.1207	0.7509	1.6477	0.8353	0.5589	1.3511	0.6819	0.4572
26-23	1.7141	0.8769	0.5881	1.3060	0.6636	0.4455	1.0852	0.5488	0.3682
26-24	1.2100	0.6270	0.4211	0.9488	0.4869	0.3257	0.8026	0.4099	0.2745
26-25	0.6640	0.3525	0.2410	0.5466	0.2878	0.1965	0.4835	0.2515	0.1697
28-23	2.7160	1.3703	0.9239	2.0164	1.0176	0.6826	1.6366	0.8264	0.5544
28-24	2.2311	1.1347	0.7611	1.6717	0.8487	0.5692	1.3742	0.6946	0.4664
28-25	1.7348	0.8830	0.5976	1.3191	0.6750	0.4536	1.1018	0.5597	0.3755
28-26	1.2254	0.6311	0.4277	0.9492	0.4951	0.3326	0.8126	0.4159	0.2800
28-27	0.6508	0.3528	0.2399	0.5497	0.2856	0.1983	0.4778	0.2520	0.1720
30-25	2.7533	1.3967	0.9369	2.0366	1.0323	0.6946	1.6650	0.8437	0.5661
30-26	2.2403	1.1551	0.7723	1.6913	0.8631	0.5810	1.4036	0.7105	0.4764
30-27	1.7398	0.9008	0.6086	1.3381	0.6894	0.4602	1.1267	0.5725	0.3831
30-28	1.2474	0.6392	0.4316	0.9924	0.5029	0.3390	0.8311	0.4244	0.2856
30-29	0.6572	0.3526	0.2449	0.5481	0.2908	0.1991	0.4849	0.2541	0.1746

表 B.48 处理量折算系数 K_c 表

粮食种类:水稻　　环境温度 t_h:10℃　　环境相对湿度 RH:90%

降水范围 (M_1-M_2)/%	热风温度 t_r/℃								
	50			70			90		
	热风表观风速 v_r/[m^3/(m^3·s)]								
	0.2	0.4	0.6	0.2	0.4	0.6	0.2	0.4	0.6
16-13	2.0256	1.0130	0.6778	1.4216	0.7117	0.4787	1.1315	0.5675	0.3844
16-14	1.4266	0.7131	0.4759	1.0292	0.5146	0.3440	0.8346	0.4175	0.2799
16-15	0.8373	0.4201	0.2804	0.6303	0.3160	0.2111	0.5258	0.2636	0.1761
18-13	3.0583	1.5300	1.0242	2.1169	1.0602	0.7141	1.6640	0.8354	0.5678
18-14	2.4704	1.2356	0.8247	1.7359	0.8683	0.5812	1.3782	0.6897	0.4641
18-15	1.9087	0.9551	0.6368	1.3659	0.6831	0.4558	1.0984	0.5492	0.3670
18-16	1.3602	0.6814	0.4543	0.9983	0.4997	0.3333	0.8168	0.4088	0.2726
18-17	0.7998	0.4033	0.2697	0.6121	0.3082	0.2061	0.5155	0.2593	0.1732
20-15	2.9227	1.4645	0.9772	2.0557	1.0292	0.6873	1.6292	0.8154	0.5461
20-16	2.3882	1.1976	0.7991	1.7010	0.8524	0.5685	1.3606	0.6812	0.4546
20-17	1.8602	0.9347	0.6240	1.3481	0.6764	0.4513	1.0913	0.5469	0.3649
20-18	1.3319	0.6712	0.4487	0.9889	0.4975	0.3324	0.8143	0.4093	0.2733
20-19	0.7798	0.3972	0.2666	0.6052	0.3067	0.2057	0.5129	0.2595	0.1739
22-17	2.8742	1.4439	0.9649	2.0396	1.0244	0.6838	1.6263	0.8154	0.5443
22-18	2.3594	1.1882	0.7946	1.6952	0.8527	0.5697	1.3630	0.6847	0.4572
22-19	1.8462	0.9319	0.6237	1.3494	0.6799	0.4541	1.0982	0.5518	0.3685
22-20	1.3232	0.6709	0.4500	0.9901	0.5006	0.3354	0.8207	0.4133	0.2768
22-21	0.7597	0.3941	0.2667	0.6000	0.3079	0.2071	0.5136	0.2612	0.1758
24-19	2.8572	1.4472	0.9677	2.0432	1.0323	0.6899	1.6366	0.8239	0.5506
24-20	2.3526	1.1917	0.7997	1.7063	0.8607	0.5760	1.3763	0.6932	0.4636
24-21	1.8484	0.9378	0.6287	1.3561	0.6873	0.4600	1.1077	0.5594	0.3742
24-22	1.3262	0.6750	0.4532	0.9934	0.5068	0.3397	0.8261	0.4194	0.2814
24-23	0.7523	0.3929	0.2664	0.5896	0.3098	0.2092	0.5118	0.2631	0.1780
26-21	2.8652	1.4543	0.9770	2.0615	1.0427	0.6999	1.6584	0.8368	0.5596
26-22	2.3635	1.2016	0.8088	1.7239	0.8729	0.5855	1.3920	0.7044	0.4723
26-23	1.8360	0.9473	0.6375	1.3692	0.6965	0.4681	1.1274	0.5687	0.3813
26-24	1.3286	0.6807	0.4598	1.0022	0.5151	0.3449	0.8420	0.4258	0.2864
26-25	0.7513	0.3924	0.2693	0.5891	0.3098	0.2107	0.5127	0.2641	0.1801
28-23	2.8657	1.4745	0.9929	2.0921	1.0584	0.7125	1.6833	0.8522	0.5699
28-24	2.3654	1.2185	0.8216	1.7530	0.8913	0.5971	1.4137	0.7182	0.4812
28-25	1.8776	0.9575	0.6444	1.3805	0.7087	0.4774	1.1395	0.5799	0.3891
28-26	1.3141	0.6894	0.4660	1.0109	0.5210	0.3511	0.8567	0.4341	0.2927
28-27	0.7341	0.3908	0.2681	0.5774	0.3124	0.2133	0.5099	0.2695	0.1824
30-25	2.9008	1.4946	1.0080	2.1188	1.0837	0.7271	1.7094	0.8695	0.5824
30-26	2.3929	1.2299	0.8366	1.7737	0.9030	0.6073	1.4446	0.7333	0.4925
30-27	1.8977	0.9736	0.6574	1.4204	0.7205	0.4849	1.1587	0.5934	0.3979
30-28	1.3348	0.7034	0.4740	1.0164	0.5267	0.3597	0.8646	0.4432	0.2978
30-29	0.7423	0.3926	0.2707	0.5929	0.3110	0.2143	0.4992	0.2705	0.1865

表 B.49 处理量折算系数 K_c 表

粮食种类:水稻　　　　环境温度 t_h:15℃　　　　环境相对湿度 RH:30%

降水范围 (M_1-M_2)/%	热风温度 t_r/℃								
	50			70			90		
	热风表观风速 v_r/[m^3/(m^3·s)]								
	0.2	0.4	0.6	0.2	0.4	0.6	0.2	0.4	0.6
16-13	1.6631	0.8316	0.5561	1.2341	0.6175	0.4149	1.0083	0.5054	0.3419
16-14	1.1290	0.5644	0.3765	0.8641	0.4320	0.2885	0.7217	0.3608	0.2417
16-15	0.6048	0.3023	0.2016	0.4906	0.2451	0.1635	0.4261	0.2130	0.1419
18-13	2.6005	1.3008	0.8704	1.8935	0.9480	0.6380	1.5231	0.7642	0.5189
18-14	2.0762	1.0384	0.6930	1.5343	0.7673	0.5134	1.2474	0.6240	0.4195
18-15	1.5717	0.7862	0.5241	1.1844	0.5924	0.3952	0.9767	0.4883	0.3262
18-16	1.0771	0.5392	0.3596	0.8366	0.4187	0.2790	0.7049	0.3525	0.2351
18-17	0.5787	0.2904	0.1936	0.4762	0.2387	0.1592	0.4173	0.2090	0.1395
20-15	2.4933	1.2491	0.8332	1.8385	0.9205	0.6145	1.4899	0.7455	0.4990
20-16	2.0100	1.0080	0.6724	1.5030	0.7528	0.5022	1.2301	0.6157	0.4107
20-17	1.5331	0.7696	0.5137	1.1678	0.5857	0.3907	0.9692	0.4856	0.3239
20-18	1.0555	0.5310	0.3547	0.8287	0.4162	0.2778	0.7027	0.3525	0.2353
20-19	0.5668	0.2866	0.1917	0.4709	0.2377	0.1590	0.4149	0.2093	0.1398
22-17	2.4531	1.2330	0.8233	1.8233	0.9156	0.6112	1.4863	0.7450	0.4971
22-18	1.9888	1.0005	0.6686	1.4965	0.7525	0.5027	1.2313	0.6182	0.4128
22-19	1.5207	0.7672	0.5132	1.1675	0.5877	0.3927	0.9736	0.4894	0.3269
22-20	1.0470	0.5307	0.3556	0.8292	0.4188	0.2802	0.7070	0.3561	0.2380
22-21	0.5582	0.2857	0.1922	0.4671	0.2389	0.1604	0.4150	0.2112	0.1417
24-19	2.4417	1.2341	0.8258	1.8316	0.9220	0.6162	1.4965	0.7525	0.5029
24-20	1.9827	1.0041	0.6728	1.5061	0.7596	0.5080	1.2434	0.6261	0.4182
24-21	1.5174	0.7715	0.5169	1.1767	0.5941	0.3979	0.9846	0.4958	0.3321
24-22	1.0481	0.5336	0.3587	0.8337	0.4233	0.2840	0.7136	0.3618	0.2422
24-23	0.5530	0.2866	0.1941	0.4702	0.2415	0.1620	0.4204	0.2133	0.1436
26-21	2.4439	1.2418	0.8339	1.8501	0.9336	0.6249	1.5148	0.7637	0.5105
26-22	1.9827	1.0149	0.6816	1.5236	0.7696	0.5156	1.2636	0.6358	0.4256
26-23	1.5267	0.7808	0.5231	1.1984	0.6029	0.4045	1.0000	0.5042	0.3383
26-24	1.0513	0.5386	0.3628	0.8496	0.4299	0.2887	0.7229	0.3678	0.2467
26-25	0.5473	0.2859	0.1946	0.4674	0.2417	0.1647	0.4157	0.2150	0.1455
28-23	2.4546	1.2588	0.8446	1.8754	0.9488	0.6354	1.5462	0.7774	0.5198
28-24	2.0171	1.0294	0.6890	1.5411	0.7817	0.5262	1.2759	0.6477	0.4339
28-25	1.5450	0.7945	0.5322	1.1969	0.6130	0.4116	1.0124	0.5137	0.3455
28-26	1.0626	0.5447	0.3696	0.8515	0.4384	0.2944	0.7383	0.3749	0.2524
28-27	0.5390	0.2885	0.1972	0.4662	0.2444	0.1663	0.4162	0.2190	0.1481
30-25	2.5060	1.2781	0.8598	1.8875	0.9611	0.6487	1.5653	0.7943	0.5309
30-26	2.0361	1.0422	0.7048	1.5720	0.7976	0.5359	1.2992	0.6622	0.4448
30-27	1.5632	0.8038	0.5390	1.2264	0.6221	0.4214	1.0448	0.5258	0.3532
30-28	1.0761	0.5580	0.3765	0.8721	0.4422	0.2997	0.7511	0.3815	0.2574
30-29	0.5379	0.2880	0.2002	0.4659	0.2456	0.1704	0.4190	0.2220	0.1506

表 B.50 处理量折算系数 K_c 表

粮食种类:水稻　　　　环境温度 t_h:15℃　　　　环境相对湿度 RH:60%

降水范围 $(M_1\text{-}M_2)$/%	热风温度 t_r/℃								
	50			70			90		
	热风表观风速 v_r/[m³/(m³·s)]								
	0.2	0.4	0.6	0.2	0.4	0.6	0.2	0.4	0.6
16-13	1.8762	0.9383	0.6278	1.3274	0.6645	0.4470	1.0610	0.5322	0.3606
16-14	1.2887	0.6443	0.4299	0.9398	0.4698	0.3141	0.7668	0.3834	0.2572
16-15	0.7162	0.3580	0.2387	0.5502	0.2752	0.1834	0.4646	0.2325	0.1551
18-13	2.8927	1.4472	0.9687	2.0150	1.0092	0.6799	1.5886	0.7976	0.5423
18-14	2.3151	1.1578	0.7729	1.6379	0.8192	0.5483	1.3049	0.6531	0.4394
18-15	1.7630	0.8821	0.5881	1.2717	0.6360	0.4244	1.0271	0.5136	0.3431
18-16	1.2249	0.6131	0.4088	0.9091	0.4548	0.3032	0.7488	0.3746	0.2498
18-17	0.6828	0.3430	0.2289	0.5333	0.2678	0.1786	0.4546	0.2282	0.1523
20-15	2.7606	1.3831	0.9227	1.9537	0.9780	0.6531	1.5528	0.7772	0.5203
20-16	2.2344	1.1203	0.7475	1.6022	0.8028	0.5355	1.2864	0.6439	0.4296
20-17	1.7150	0.8615	0.5751	1.2534	0.6285	0.4194	1.0192	0.5106	0.3407
20-18	1.1983	0.6031	0.4029	0.8999	0.4522	0.3018	0.7462	0.3746	0.2500
20-19	0.6655	0.3376	0.2261	0.5262	0.2664	0.1782	0.4517	0.2282	0.1526
22-17	2.7075	1.3632	0.9101	1.9359	0.9722	0.6491	1.5481	0.7767	0.5182
22-18	2.2047	1.1103	0.7424	1.5959	0.8021	0.5360	1.2875	0.6467	0.4316
22-19	1.6975	0.8579	0.5742	1.2522	0.6304	0.4216	1.0244	0.5146	0.3438
22-20	1.1895	0.6017	0.4035	0.9003	0.4550	0.3044	0.7506	0.3784	0.2531
22-21	0.6525	0.3360	0.2263	0.5231	0.2671	0.1796	0.4524	0.2299	0.1545
24-19	2.6914	1.3627	0.9124	1.9421	0.9780	0.6541	1.5580	0.7844	0.5241
24-20	2.1924	1.1141	0.7462	1.6083	0.8099	0.5417	1.3023	0.6543	0.4375
24-21	1.7004	0.8610	0.5786	1.2607	0.6377	0.4268	1.0346	0.5219	0.3492
24-22	1.1825	0.6071	0.4073	0.9048	0.4608	0.3087	0.7594	0.3844	0.2570
24-23	0.6434	0.3355	0.2271	0.5210	0.2693	0.1815	0.4481	0.2332	0.1564
26-21	2.7016	1.3706	0.9200	1.9571	0.9888	0.6636	1.5815	0.7959	0.5322
26-22	2.2237	1.1248	0.7552	1.6206	0.8195	0.5500	1.3177	0.6650	0.4448
26-23	1.7063	0.8683	0.5846	1.2780	0.6463	0.4337	1.0562	0.5310	0.3557
26-24	1.1910	0.6095	0.4116	0.9141	0.4676	0.3131	0.7723	0.3903	0.2619
26-25	0.6322	0.3366	0.2292	0.5167	0.2698	0.1839	0.4494	0.2341	0.1589
28-23	2.7181	1.3863	0.9328	1.9843	1.0036	0.6745	1.5938	0.8128	0.5430
28-24	2.2363	1.1329	0.7637	1.6420	0.8363	0.5601	1.3321	0.6766	0.4541
28-25	1.7181	0.8793	0.5933	1.2854	0.6593	0.4415	1.0650	0.5412	0.3630
28-26	1.1912	0.6180	0.4178	0.9207	0.4726	0.3201	0.7789	0.3969	0.2678
28-27	0.6192	0.3322	0.2308	0.5105	0.2716	0.1851	0.4551	0.2391	0.1613
30-25	2.7639	1.4043	0.9490	2.0133	1.0270	0.6859	1.6221	0.8240	0.5538
30-26	2.2277	1.1447	0.7796	1.6634	0.8487	0.5694	1.3639	0.6909	0.4634
30-27	1.7364	0.8954	0.6055	1.3165	0.6729	0.4517	1.0902	0.5518	0.3717
30-28	1.2022	0.6230	0.4252	0.9293	0.4802	0.3253	0.7933	0.4057	0.2729
30-29	0.6166	0.3367	0.2311	0.5205	0.2716	0.1867	0.4460	0.2380	0.1627

表 B.51 处理量折算系数 K_c 表

粮食种类:水稻 环境温度 t_h:15℃ 环境相对湿度 RH:90%

降水范围 (M_1-M_2)/%	热风温度 t_r/℃								
	50			70			90		
	热风表观风速 v_r/[m^3/(m^3·s)]								
	0.2	0.4	0.6	0.2	0.4	0.6	0.2	0.4	0.6
16-13	2.1110	1.0557	0.7068	1.4230	0.7125	0.4799	1.1136	0.5589	0.3793
16-14	1.4653	0.7324	0.4889	1.0175	0.5087	0.3404	0.8119	0.4061	0.2726
16-15	0.8401	0.4209	0.2807	0.6107	0.3061	0.2043	0.5023	0.2517	0.1682
18-13	3.2126	1.6074	1.0762	2.1390	1.0716	0.7222	1.6539	0.8306	0.5653
18-14	2.5767	1.2889	0.8603	1.7436	0.8723	0.5841	1.3621	0.6818	0.4591
18-15	1.9730	0.9872	0.6583	1.3613	0.6807	0.4543	1.0773	0.5386	0.3601
18-16	1.3876	0.6949	0.4634	0.9832	0.4921	0.3281	0.7926	0.3965	0.2645
18-17	0.7978	0.4017	0.2685	0.5917	0.2975	0.1988	0.4916	0.2470	0.1649
20-15	3.0515	1.5293	1.0204	2.0705	1.0368	0.6923	1.6157	0.8086	0.5416
20-16	2.4776	1.2432	0.8296	1.7044	0.8539	0.5696	1.3423	0.6721	0.4484
20-17	1.9158	0.9625	0.6425	1.3402	0.6724	0.4487	1.0686	0.5357	0.3573
20-18	1.3540	0.6825	0.4562	0.9725	0.4890	0.3267	0.7896	0.3965	0.2648
20-19	0.7751	0.3946	0.2648	0.5827	0.2958	0.1983	0.4880	0.2470	0.1654
22-17	2.9862	1.5042	1.0047	2.0505	1.0299	0.6878	1.6104	0.8078	0.5392
22-18	2.4365	1.2303	0.8230	1.6961	0.8531	0.5701	1.3435	0.6750	0.4506
22-19	1.8928	0.9571	0.6406	1.3378	0.6745	0.4512	1.0738	0.5397	0.3608
22-20	1.3416	0.6802	0.4564	0.9722	0.4916	0.3291	0.7934	0.4005	0.2679
22-21	0.7571	0.3924	0.2643	0.5798	0.2963	0.1995	0.4883	0.2487	0.1673
24-19	2.9742	1.5029	1.0054	2.0550	1.0361	0.6932	1.6201	0.8152	0.5454
24-20	2.4278	1.2322	0.8264	1.7018	0.8608	0.5761	1.3564	0.6828	0.4564
24-21	1.8814	0.9599	0.6448	1.3473	0.6816	0.4564	1.0830	0.5469	0.3663
24-22	1.3407	0.6842	0.4598	0.9794	0.4963	0.3333	0.8014	0.4062	0.2723
24-23	0.7480	0.3893	0.2660	0.5703	0.2970	0.2009	0.4902	0.2515	0.1691
26-21	2.9640	1.5134	1.0156	2.0743	1.0496	0.7029	1.6368	0.8270	0.5538
26-22	2.4173	1.2424	0.8347	1.7255	0.8716	0.5846	1.3703	0.6949	0.4645
26-23	1.8908	0.9663	0.6527	1.3585	0.6892	0.4641	1.0958	0.5570	0.3736
26-24	1.3393	0.6895	0.4650	0.9791	0.5029	0.3388	0.8105	0.4133	0.2774
26-25	0.7293	0.3914	0.2641	0.5668	0.2982	0.2038	0.4849	0.2538	0.1718
28-23	2.9658	1.5312	1.0270	2.0977	1.0645	0.7143	1.6655	0.8406	0.5646
28-24	2.4524	1.2551	0.8463	1.7383	0.8854	0.5950	1.3978	0.7067	0.4736
28-25	1.8999	0.9794	0.6624	1.3779	0.7006	0.4721	1.1215	0.5684	0.3806
28-26	1.3276	0.6925	0.4724	0.9991	0.5103	0.3442	0.8182	0.4194	0.2823
28-27	0.7300	0.3860	0.2671	0.5601	0.2994	0.2043	0.4869	0.2539	0.1736
30-25	3.0439	1.5509	1.0446	2.1333	1.0816	0.7283	1.6906	0.8577	0.5756
30-26	2.4638	1.2814	0.8579	1.7556	0.9039	0.6062	1.4140	0.7193	0.4844
30-27	1.9257	0.9900	0.6773	1.3939	0.7174	0.4818	1.1312	0.5808	0.3879
30-28	1.3379	0.6985	0.4768	1.0059	0.5205	0.3500	0.8334	0.4304	0.2878
30-29	0.7067	0.3872	0.2672	0.5609	0.2999	0.2069	0.4859	0.2577	0.1758

表 B.52 处理量折算系数 K_c 表

粮食种类:水稻　　　　环境温度 t_h:20℃　　　　环境相对湿度 RH:30%

降水范围 (M_1-M_2)/%	热风温度 t_r/℃								
	50			70			90		
	热风表观风速 v_r/[m³/(m³·s)]								
	0.2	0.4	0.6	0.2	0.4	0.6	0.2	0.4	0.6
16-13	1.6346	0.8175	0.5468	1.1924	0.5969	0.4014	0.9673	0.4850	0.3286
16-14	1.0840	0.5419	0.3616	0.8183	0.4090	0.2735	0.6797	0.3398	0.2280
16-15	0.5516	0.2757	0.1838	0.4453	0.2225	0.1483	0.3867	0.1933	0.1290
18-13	2.5974	1.2994	0.8695	1.8591	0.9309	0.6268	1.4838	0.7447	0.5061
18-14	2.0551	1.0278	0.6859	1.4942	0.7473	0.5001	1.2059	0.6035	0.4059
18-15	1.5350	0.7678	0.5120	1.1395	0.5699	0.3801	0.9336	0.4667	0.3120
18-16	1.0278	0.5144	0.3431	0.7888	0.3946	0.2631	0.6615	0.3309	0.2206
18-17	0.5246	0.2631	0.1755	0.4306	0.2157	0.1438	0.3775	0.1889	0.1260
20-15	2.4806	1.2425	0.8289	1.8007	0.9013	0.6017	1.4484	0.7248	0.4852
20-16	1.9825	0.9939	0.6631	1.4596	0.7312	0.4876	1.1867	0.5941	0.3964
20-17	1.4916	0.7492	0.5001	1.1212	0.5621	0.3749	0.9250	0.4633	0.3091
20-18	1.0043	0.5049	0.3374	0.7798	0.3915	0.2614	0.6584	0.3302	0.2204
20-19	0.5124	0.2589	0.1732	0.4252	0.2145	0.1433	0.3756	0.1891	0.1264
22-17	2.4351	1.2237	0.8171	1.7841	0.8951	0.5976	1.4418	0.7236	0.4828
22-18	1.9530	0.9844	0.6581	1.4517	0.7298	0.4876	1.1869	0.5959	0.3978
22-19	1.4778	0.7452	0.4985	1.1179	0.5632	0.3765	0.9276	0.4662	0.3115
22-20	0.9955	0.5041	0.3374	0.7798	0.3933	0.2633	0.6627	0.3331	0.2228
22-21	0.5058	0.2581	0.1736	0.4235	0.2154	0.1445	0.3770	0.1910	0.1277
24-19	2.4171	1.2226	0.8188	1.7870	0.9006	0.6021	1.4505	0.7296	0.4876
24-20	1.9450	0.9863	0.6610	1.4605	0.7357	0.4925	1.1950	0.6028	0.4028
24-21	1.4721	0.7478	0.5018	1.1288	0.5682	0.3808	0.9369	0.4728	0.3160
24-22	0.9946	0.5070	0.3397	0.7831	0.3978	0.2664	0.6688	0.3385	0.2264
24-23	0.4975	0.2591	0.1748	0.4244	0.2168	0.1464	0.3772	0.1929	0.1298
26-21	2.4330	1.2308	0.8258	1.8005	0.9108	0.6105	1.4740	0.7400	0.4952
26-22	1.9557	0.9939	0.6688	1.4735	0.7462	0.5001	1.2118	0.6121	0.4097
26-23	1.4790	0.7556	0.5070	1.1411	0.5774	0.3870	0.9544	0.4812	0.3217
26-24	0.9952	0.5105	0.3450	0.7919	0.4055	0.2710	0.6762	0.3436	0.2309
26-25	0.4878	0.2593	0.1763	0.4230	0.2188	0.1475	0.3801	0.1960	0.1319
28-23	2.4619	1.2505	0.8372	1.8162	0.9258	0.6206	1.4904	0.7538	0.5042
28-24	1.9663	1.0114	0.6785	1.4994	0.7596	0.5087	1.2299	0.6214	0.4176
28-25	1.4984	0.7651	0.5162	1.1535	0.5869	0.3934	0.9661	0.4895	0.3279
28-26	0.9939	0.5200	0.3490	0.7983	0.4114	0.2761	0.6873	0.3509	0.2354
28-27	0.5049	0.2607	0.1784	0.4235	0.2218	0.1507	0.3793	0.1965	0.1338
30-25	2.4517	1.2608	0.8517	1.8494	0.9428	0.6315	1.5105	0.7654	0.5141
30-26	1.9813	1.0249	0.6857	1.5165	0.7701	0.5189	1.2443	0.6384	0.4278
30-27	1.4927	0.7780	0.5255	1.1684	0.5984	0.4024	0.9884	0.5022	0.3360
30-28	1.0168	0.5260	0.3547	0.8102	0.4182	0.2811	0.6992	0.3564	0.2403
30-29	0.4785	0.2586	0.1796	0.4195	0.2244	0.1532	0.3841	0.1997	0.1354

表 B.53 处理量折算系数 K_c 表

粮食种类:水稻　　　　环境温度 t_h:20℃　　　　环境相对湿度 RH:60%

降水范围 (M_1-M_2)/%	热风温度 t_r/℃								
	50			70			90		
	热风表观风速 v_r/[m^3/(m^3·s)]								
	0.2	0.4	0.6	0.2	0.4	0.6	0.2	0.4	0.6
16-13	1.9248	0.9627	0.6446	1.3148	0.6583	0.4434	1.0354	0.5196	0.3528
16-14	1.2970	0.6484	0.4328	0.9155	0.4577	0.3063	0.7371	0.3687	0.2475
16-15	0.6928	0.3464	0.2309	0.5191	0.2595	0.1730	0.4344	0.2171	0.1449
18-13	3.0009	1.5015	1.0054	2.0204	1.0121	0.6821	1.5697	0.7882	0.5366
18-14	2.3820	1.1914	0.7953	1.6306	0.8156	0.5461	1.2807	0.6410	0.4316
18-15	1.7936	0.8973	0.5984	1.2534	0.6268	0.4183	0.9986	0.4992	0.3338
18-16	1.2232	0.6124	0.4083	0.8816	0.4410	0.2940	0.7174	0.3587	0.2392
18-17	0.6560	0.3291	0.2195	0.5015	0.2513	0.1677	0.4239	0.2124	0.1417
20-15	2.8475	1.4266	0.9518	1.9521	0.9775	0.6527	1.5309	0.7661	0.5131
20-16	2.2873	1.1473	0.7654	1.5908	0.7969	0.5315	1.2598	0.6306	0.4207
20-17	1.7371	0.8731	0.5827	1.2320	0.6178	0.4123	0.9889	0.4956	0.3305
20-18	1.1919	0.6000	0.4009	0.8709	0.4375	0.2921	0.7141	0.3582	0.2391
20-19	0.6373	0.3232	0.2164	0.4944	0.2498	0.1670	0.4211	0.2124	0.1421
22-17	2.7818	1.4019	0.9362	1.9319	0.9703	0.6475	1.5250	0.7644	0.5101
22-18	2.2472	1.1341	0.7585	1.5805	0.7953	0.5314	1.2596	0.6325	0.4223
22-19	1.7146	0.8672	0.5803	1.2290	0.6192	0.4138	0.9927	0.4989	0.3333
22-20	1.1784	0.5983	0.4009	0.8695	0.4396	0.2940	0.7170	0.3615	0.2417
22-21	0.6266	0.3215	0.2164	0.4890	0.2510	0.1684	0.4207	0.2140	0.1436
24-19	2.7608	1.3986	0.9373	1.9321	0.9749	0.6522	1.5350	0.7711	0.5155
24-20	2.2366	1.1355	0.7608	1.5869	0.8005	0.5367	1.2710	0.6398	0.4277
24-21	1.7113	0.8698	0.5832	1.2334	0.6259	0.4187	1.0022	0.5051	0.3385
24-22	1.1812	0.5995	0.4031	0.8762	0.4443	0.2982	0.7250	0.3666	0.2456
24-23	0.6178	0.3196	0.2168	0.4890	0.2527	0.1697	0.4268	0.2161	0.1459
26-21	2.7692	1.4052	0.9431	1.9483	0.9858	0.6602	1.5492	0.7824	0.5234
26-22	2.2546	1.1438	0.7682	1.6000	0.8102	0.5433	1.2887	0.6501	0.4351
26-23	1.7150	0.8781	0.5900	1.2430	0.6346	0.4245	1.0175	0.5143	0.3443
26-24	1.1725	0.6064	0.4069	0.8828	0.4510	0.3030	0.7341	0.3736	0.2508
26-25	0.6035	0.3194	0.2185	0.4876	0.2546	0.1727	0.4209	0.2195	0.1476
28-23	2.7744	1.4273	0.9563	1.9694	1.0002	0.6712	1.5808	0.7971	0.5338
28-24	2.2576	1.1589	0.7772	1.6251	0.8254	0.5535	1.3054	0.6615	0.4441
28-25	1.7146	0.8889	0.6024	1.2650	0.6427	0.4323	1.0346	0.5236	0.3513
28-26	1.1760	0.6097	0.4124	0.8932	0.4576	0.3075	0.7450	0.3796	0.2555
28-27	0.5870	0.3175	0.2194	0.4785	0.2553	0.1749	0.4201	0.2211	0.1500
30-25	2.7984	1.4356	0.9741	2.0080	1.0211	0.6831	1.6017	0.8128	0.5449
30-26	2.2683	1.1780	0.7926	1.6320	0.8418	0.5647	1.3201	0.6747	0.4531
30-27	1.7341	0.9010	0.6092	1.2768	0.6576	0.4404	1.0510	0.5329	0.3582
30-28	1.1846	0.6190	0.4192	0.8942	0.4652	0.3137	0.7620	0.3855	0.2615
30-29	0.6033	0.3215	0.2199	0.4859	0.2583	0.1763	0.4304	0.2252	0.1519

表 B.54 处理量折算系数 K_c 表

粮食种类:水稻　　　　环境温度 t_h:20℃　　　　环境相对湿度 RH:90%

降水范围 $(M_1\text{-}M_2)$/%	热风温度 t_r/℃								
	50			70			90		
	热风表观风速 v_r/[m^3/(m^3·s)]								
	0.2	0.4	0.6	0.2	0.4	0.6	0.2	0.4	0.6
16-13	2.2579	1.1295	0.7564	1.4413	0.7219	0.4868	1.1034	0.5542	0.3768
16-14	1.5426	0.7711	0.5148	1.0169	0.5084	0.3404	0.7946	0.3976	0.2672
16-15	0.8608	0.4306	0.2871	0.5972	0.2990	0.1995	0.4821	0.2415	0.1613
18-13	3.4608	1.7317	1.1597	2.1865	1.0956	0.7388	1.6551	0.8316	0.5665
18-14	2.7542	1.3777	0.9198	1.7713	0.8861	0.5936	1.3554	0.6785	0.4572
18-15	2.0889	1.0451	0.6970	1.3715	0.6859	0.4577	1.0634	0.5317	0.3557
18-16	1.4479	0.7252	0.4835	0.9782	0.4895	0.3264	0.7734	0.3869	0.2579
18-17	0.8111	0.4081	0.2726	0.5761	0.2895	0.1933	0.4705	0.2363	0.1576
20-15	3.2634	1.6351	1.0911	2.1084	1.0560	0.7053	1.6128	0.8073	0.5407
20-16	2.6328	1.3210	0.8816	1.7265	0.8648	0.5770	1.3326	0.6672	0.4453
20-17	2.0164	1.0140	0.6771	1.3471	0.6757	0.4510	1.0531	0.5277	0.3521
20-18	1.4061	0.7091	0.4742	0.9661	0.4856	0.3243	0.7697	0.3863	0.2579
20-19	0.7844	0.3997	0.2679	0.5678	0.2873	0.1924	0.4678	0.2361	0.1580
22-17	3.1787	1.6016	1.0705	2.0852	1.0472	0.6994	1.6047	0.8054	0.5374
22-18	2.5838	1.3037	0.8719	1.7146	0.8627	0.5765	1.3324	0.6691	0.4468
22-19	1.9870	1.0055	0.6735	1.3433	0.6768	0.4525	1.0567	0.5314	0.3551
22-20	1.3839	0.7053	0.4735	0.9635	0.4876	0.3264	0.7732	0.3898	0.2608
22-21	0.7701	0.3953	0.2669	0.5615	0.2878	0.1936	0.4664	0.2379	0.1597
24-19	3.1426	1.5974	1.0702	2.0849	1.0517	0.7037	1.6142	0.8119	0.5430
24-20	2.5611	1.3037	0.8738	1.7179	0.8698	0.5820	1.3449	0.6764	0.4525
24-21	1.9742	1.0074	0.6769	1.3485	0.6833	0.4576	1.0660	0.5383	0.3602
24-22	1.3843	0.7077	0.4759	0.9737	0.4930	0.3309	0.7820	0.3957	0.2648
24-23	0.7440	0.3950	0.2666	0.5596	0.2899	0.1952	0.4657	0.2399	0.1621
26-21	3.1430	1.6069	1.0771	2.1034	1.0638	0.7124	1.6304	0.8239	0.5513
26-22	2.5706	1.3099	0.8821	1.7369	0.8812	0.5907	1.3599	0.6890	0.4607
26-23	1.9827	1.0192	0.6842	1.3559	0.6925	0.4648	1.0800	0.5466	0.3666
26-24	1.3779	0.7096	0.4788	0.9780	0.4996	0.3360	0.7929	0.4014	0.2700
26-25	0.7274	0.3910	0.2671	0.5519	0.2899	0.1972	0.4641	0.2427	0.1639
28-23	3.1786	1.6254	1.0885	2.1295	1.0766	0.7264	1.6619	0.8382	0.5620
28-24	2.5927	1.3229	0.8935	1.7513	0.8930	0.5993	1.3806	0.7011	0.4700
28-25	1.9846	1.0268	0.6937	1.3881	0.7025	0.4736	1.0958	0.5575	0.3746
28-26	1.3780	0.7165	0.4857	0.9775	0.5053	0.3421	0.8003	0.4097	0.2752
28-27	0.7111	0.3910	0.2681	0.5519	0.2897	0.1984	0.4641	0.2444	0.1672
30-25	3.1926	1.6299	1.1042	2.1500	1.0996	0.7379	1.6842	0.8545	0.5718
30-26	2.5734	1.3359	0.9063	1.7799	0.9060	0.6114	1.3995	0.7146	0.4806
30-27	1.9993	1.0354	0.7022	1.3912	0.7139	0.4816	1.1186	0.5694	0.3815
30-28	1.3677	0.7196	0.4930	1.0041	0.5174	0.3488	0.8045	0.4156	0.2802
30-29	0.7025	0.3879	0.2679	0.5443	0.2927	0.2007	0.4643	0.2429	0.1678

表 B.55 处理量折算系数 K_c 表

粮食种类：小麦　　环境温度 t_h：0℃　　环境相对湿度 RH：30%

降水范围 (M_1-M_2)/%	热风温度 t_r/℃								
	60			90			120		
	热风表观风速 v_r/[m³/(m³·s)]								
	0.2	0.4	0.6	0.2	0.4	0.6	0.2	0.4	0.6
18-13	3.0097	1.4980	1.0074	2.0609	1.0646	0.7136	1.3545	0.7950	0.5603
18-14	2.4705	1.2293	0.8255	1.6781	0.8862	0.5964	1.0147	0.6262	0.4685
20-13	3.9409	1.9586	1.3138	2.7044	1.3832	0.9220	1.8866	1.0414	0.7239
20-14	3.4106	1.6949	1.1354	2.3426	1.2100	0.8078	1.5474	0.9025	0.6354
20-15	2.8997	1.4409	0.9637	1.9803	1.0390	0.6962	1.2209	0.7496	0.5475
20-16	2.3969	1.1930	0.7964	1.5986	0.8705	0.5850	0.9150	0.5636	0.4583
22-13	4.8615	2.4131	1.6159	3.3310	1.6953	1.1285	2.3812	1.2786	0.8831
22-14	4.3364	2.1536	1.4403	2.9764	1.5286	1.0166	2.0582	1.1426	0.7986
22-15	3.8346	1.9043	1.2718	2.6301	1.3618	0.9075	1.7295	1.0083	0.7128
22-16	3.3452	1.6619	1.1083	2.2806	1.1968	0.8001	1.4152	0.8636	0.6281
22-17	2.8606	1.4234	0.9481	1.9226	1.0334	0.6933	1.1162	0.6842	0.5425
22-18	2.3767	1.1864	0.7897	1.4932	0.8697	0.5841	0.8339	0.5145	0.4521
24-14	5.2551	2.6092	1.7433	3.6001	1.8421	1.2245	2.5388	1.3752	0.9580
24-15	4.7613	2.3634	1.5777	3.2572	1.6825	1.1176	2.2196	1.2453	0.8758
24-16	4.2799	2.1255	1.4173	2.9238	1.5204	1.0126	1.9046	1.1138	0.7925
24-17	3.8088	1.8925	1.2606	2.5814	1.3600	0.9088	1.5986	0.9720	0.7105
24-18	3.3331	1.6616	1.1060	2.2334	1.2005	0.8050	1.3082	0.7979	0.6270
24-19	2.8591	1.4303	0.9522	1.8399	1.0405	0.6989	1.0300	0.6318	0.5394
24-20	2.3813	1.1974	0.7973	1.3638	0.8752	0.5908	0.7662	0.4757	0.4441
26-16	5.1958	2.5859	1.7243	3.5453	1.8425	1.2240	2.3765	1.3499	0.9551
26-17	4.7324	2.3585	1.5712	3.2222	1.6850	1.1225	2.0747	1.2173	0.8748
26-18	4.2828	2.1316	1.4197	2.8829	1.5282	1.0217	1.7744	1.0758	0.7945
26-19	3.8168	1.9056	1.2695	2.5423	1.3713	0.9203	1.4909	0.9061	0.7123
26-20	3.3470	1.6797	1.1190	2.1654	1.2138	0.8160	1.2183	0.7436	0.6264
26-21	2.8882	1.4506	0.9665	1.7057	1.0516	0.7095	0.9553	0.5898	0.5356
26-22	2.3998	1.2162	0.8115	1.2604	0.8836	0.6012	0.7114	0.4425	0.4256
28-18	5.2382	2.6002	1.7327	3.5218	1.8534	1.2377	2.2370	1.3194	0.9588
28-19	4.7653	2.3812	1.5850	3.1841	1.7001	1.1387	1.9451	1.1757	0.8799
28-20	4.3049	2.1589	1.4383	2.8458	1.5458	1.0384	1.6673	1.0103	0.7985
28-21	3.8411	1.9356	1.2905	2.4783	1.3912	0.9358	1.3997	0.8511	0.7136
28-22	3.3981	1.7075	1.1393	2.0376	1.2316	0.8301	1.1387	0.7000	0.6248
28-24	2.4185	1.2401	0.8281	1.1765	0.8940	0.6123	0.6665	0.4143	0.4038
30-20	5.2430	2.6298	1.7548	3.4844	1.8780	1.2574	2.1159	1.2741	0.9661
30-21	4.7884	2.4207	1.6120	3.1457	1.7245	1.1587	1.8391	1.1129	0.8845
30-22	4.3539	2.1913	1.4660	2.7859	1.5703	1.0577	1.5760	0.9550	0.8007
30-23	3.9066	1.9746	1.3162	2.3608	1.4159	0.9525	1.3175	0.8069	0.7133
30-24	3.4530	1.7360	1.1626	1.9096	1.2526	0.8472	1.0730	0.6635	0.6143
30-26	2.4553	1.2639	0.8464	1.1077	0.9010	0.6245	0.6293	0.3911	0.3845

表 B.56 处理量折算系数 K_c 表

粮食种类:小麦 环境温度 t_h: 0℃ 环境相对湿度 RH:60%

降水范围 (M_1-M_2)/%	热风温度 t_r/℃								
	60			90			120		
	热风表观风速 v_r/[m^3/(m^3 · s)]								
	0.2	0.4	0.6	0.2	0.4	0.6	0.2	0.4	0.6
18-13	3.1084	1.5466	1.0393	2.0883	1.0802	0.7253	1.3580	0.7995	0.5647
18-14	2.5515	1.2709	0.8529	1.6997	0.9002	0.6067	1.0172	0.6274	0.4725
20-13	4.0601	2.0171	1.3522	2.7363	1.4040	0.9356	1.8929	1.0476	0.7296
20-14	3.5148	1.7463	1.1691	2.3714	1.2266	0.8203	1.5511	0.9073	0.6401
20-15	2.9898	1.4859	0.9932	2.0032	1.0541	0.7075	1.2238	0.7508	0.5519
20-16	2.4695	1.2321	0.8222	1.6158	0.8843	0.5941	0.9165	0.5646	0.4618
22-13	5.0003	2.4813	1.6606	3.3688	1.7194	1.1441	2.3909	1.2857	0.8895
22-14	4.4611	2.2147	1.4805	3.0097	1.5497	1.0311	2.0629	1.1491	0.8041
22-15	3.9461	1.9590	1.3078	2.6604	1.3797	0.9209	1.7335	1.0137	0.7177
22-16	3.4421	1.7108	1.1405	2.3051	1.2131	0.8125	1.4177	0.8656	0.6327
22-17	2.9393	1.4668	0.9769	1.9411	1.0484	0.7036	1.1186	0.6853	0.5463
22-18	2.4439	1.2246	0.8150	1.5025	0.8829	0.5933	0.8346	0.5152	0.4557
24-14	5.3996	2.6793	1.7899	3.6378	1.8673	1.2409	2.5456	1.3822	0.9647
24-15	4.8876	2.4279	1.6202	3.2919	1.7033	1.1330	2.2239	1.2522	0.8813
24-16	4.3913	2.1846	1.4560	2.9558	1.5394	1.0270	1.9083	1.1187	0.7978
24-17	3.9067	1.9461	1.2957	2.6074	1.3776	0.9221	1.6011	0.9740	0.7153
24-18	3.4203	1.7098	1.1378	2.2573	1.2169	0.8166	1.3098	0.7990	0.6311
24-19	2.9437	1.4735	0.9808	1.8532	1.0556	0.7090	1.0310	0.6324	0.5432
24-20	2.4488	1.2356	0.8226	1.3713	0.8879	0.6004	0.7669	0.4762	0.4467
26-16	5.3200	2.6545	1.7695	3.5814	1.8640	1.2406	2.3812	1.3576	0.9609
26-17	4.8682	2.4204	1.6131	3.2541	1.7051	1.1380	2.0785	1.2219	0.8805
26-18	4.3826	2.1892	1.4577	2.9102	1.5470	1.0360	1.7771	1.0775	0.7997
26-19	3.9124	1.9599	1.3045	2.5665	1.3901	0.9331	1.4927	0.9075	0.7167
26-20	3.4363	1.7284	1.1508	2.1831	1.2310	0.8271	1.2191	0.7443	0.6305
26-21	2.9580	1.4939	0.9956	1.7144	1.0674	0.7204	0.9560	0.5901	0.5384
26-22	2.4616	1.2538	0.8370	1.2666	0.8972	0.6106	0.7120	0.4425	0.4268
28-18	5.3498	2.6696	1.7757	3.5532	1.8763	1.2531	2.2398	1.3242	0.9646
28-19	4.8670	2.4406	1.6265	3.2135	1.7212	1.1542	1.9483	1.1778	0.8853
28-20	4.3997	2.2177	1.4780	2.8713	1.5665	1.0526	1.6693	1.0123	0.8029
28-20	3.9414	1.9877	1.3255	2.4976	1.4118	0.9477	1.4007	0.8518	0.7179
28-22	3.4796	1.7539	1.1705	2.0472	1.2492	0.8425	1.1396	0.7004	0.6283
28-24	2.4805	1.2751	0.8552	1.1817	0.9038	0.6222	0.6670	0.4143	0.4054
30-20	5.3519	2.7056	1.8001	3.5164	1.9038	1.2753	2.1182	1.2762	0.9712
30-21	4.9185	2.4764	1.6544	3.1742	1.7511	1.1751	1.8414	1.1160	0.8891
30-22	4.4531	2.2533	1.5026	2.8088	1.5926	1.0710	1.5771	0.9558	0.8053
30-23	4.0036	2.0196	1.3521	2.3711	1.4311	0.9668	1.3183	0.8074	0.7171
30-24	3.5385	1.7909	1.1968	1.9177	1.2663	0.8589	1.0737	0.6635	0.6157
30-26	2.5069	1.2984	0.8713	1.1121	0.9115	0.6328	0.6296	0.3911	0.3849

表 B.57 处理量折算系数 K_c 表

粮食种类:小麦　　环境温度 t_h:0℃　　环境相对湿度 RH:90%

降水范围 $(M_1\text{-}M_2)$/%	热风温度 t_r/℃								
	60			90			120		
	热风表观风速 v_r/[m^3/(m^3·s)]								
	0.2	0.4	0.6	0.2	0.4	0.6	0.2	0.4	0.6
18-13	3.2086	1.5961	1.0718	2.1152	1.0958	0.7370	1.3612	0.8038	0.5691
18-14	2.6281	1.3132	0.8806	1.7208	0.9142	0.6159	1.0193	0.6283	0.4767
20-13	4.1811	2.0765	1.3911	2.7676	1.4223	0.9492	1.8993	1.0538	0.7352
20-14	3.6196	1.7984	1.2033	2.3996	1.2431	0.8326	1.5548	0.9120	0.6447
20-15	3.0727	1.5315	1.0233	2.0255	1.0691	0.7183	1.2264	0.7522	0.5562
20-16	2.5409	1.2719	0.8485	1.6321	0.8981	0.6031	0.9180	0.5656	0.4653
22-13	5.1376	2.5505	1.7060	3.4061	1.7433	1.1596	2.3995	1.2924	0.8957
22-14	4.5849	2.2767	1.5212	3.0422	1.5690	1.0454	2.0669	1.1556	0.8095
22-15	4.0518	2.0146	1.3444	2.6901	1.3974	0.9342	1.7374	1.0183	0.7226
22-16	3.5309	1.7604	1.1733	2.3287	1.2295	0.8245	1.4200	0.8671	0.6373
22-17	3.0202	1.5109	1.0060	1.9586	1.0635	0.7134	1.1201	0.6864	0.5501
22-18	2.5115	1.2635	0.8407	1.5103	0.8957	0.6026	0.8354	0.5160	0.4588
24-14	5.5290	2.7513	1.8371	3.6747	1.8924	1.2572	2.5524	1.3893	0.9713
24-15	5.0072	2.4939	1.6633	3.3260	1.7241	1.1484	2.2283	1.2592	0.8867
24-16	4.5102	2.2438	1.4953	2.9869	1.5587	1.0414	1.9121	1.1232	0.8031
24-17	4.0022	1.9995	1.3315	2.6325	1.3957	0.9353	1.6036	0.9755	0.7202
24-18	3.5070	1.7580	1.1701	2.2775	1.2337	0.8275	1.3115	0.8003	0.6353
24-19	3.0206	1.5171	1.0099	1.8656	1.0714	0.7195	1.0318	0.6331	0.5470
24-20	2.5143	1.2743	0.8485	1.3776	0.9013	0.6095	0.7676	0.4770	0.4493
26-16	5.4508	2.7245	1.8156	3.6169	1.8865	1.2570	2.3860	1.3641	0.9667
26-17	4.9797	2.4842	1.6544	3.2862	1.7262	1.1533	2.0812	1.2266	0.8859
26-18	4.4874	2.2487	1.4965	2.9367	1.5684	1.0501	1.7799	1.0792	0.8048
26-19	4.0016	2.0122	1.3400	2.5903	1.4093	0.9450	1.4946	0.9092	0.7210
26-20	3.5315	1.7760	1.1830	2.1954	1.2486	0.8389	1.2201	0.7451	0.6344
26-21	3.0334	1.5385	1.0250	1.7215	1.0824	0.7305	0.9568	0.5906	0.5411
26-22	2.5285	1.2919	0.8627	1.2717	0.9090	0.6196	0.7125	0.4425	0.4274
28-18	5.4581	2.7329	1.8213	3.5829	1.9027	1.2701	2.2426	1.3291	0.9702
28-19	4.9725	2.5085	1.6702	3.2411	1.7465	1.1693	1.9521	1.1801	0.8904
28-20	4.4964	2.2722	1.5150	2.8981	1.5887	1.0658	1.6715	1.0157	0.8073
28-21	4.0429	2.0434	1.3608	2.5141	1.4287	0.9612	1.4017	0.8525	0.7220
28-22	3.5560	1.8065	1.2042	2.0550	1.2652	0.8533	1.1404	0.7008	0.6312
28-24	2.5517	1.3132	0.8796	1.1860	0.9150	0.6302	0.6675	0.4143	0.4058
30-20	5.4679	2.7670	1.8469	3.5451	1.9244	1.2915	2.1204	1.2776	0.9762
30-21	5.0336	2.5420	1.6952	3.2042	1.7689	1.1888	1.8439	1.1166	0.8937
30-22	4.5531	2.3122	1.5439	2.8231	1.6117	1.0860	1.5781	0.9566	0.8098
30-23	4.0931	2.0758	1.3888	2.3795	1.4494	0.9787	1.3192	0.8077	0.7204
30-24	3.5891	1.8363	1.2267	1.9243	1.2788	0.8684	1.0745	0.6635	0.6174
30-26	2.5764	1.3382	0.8995	1.1157	0.9195	0.6414	0.6301	0.3911	0.3854

表 B.58 处理量折算系数 K_c 表

粮食种类：小麦　　　　环境温度 t_h：5℃　　　　环境相对湿度 RH：30％

降水范围 $(M_1\text{-}M_2)$/％	热风温度 t_r/℃								
	60			90			120		
	热风表观风速 v_r/[m^3/(m^3·s)]								
	0.2	0.4	0.6	0.2	0.4	0.6	0.2	0.4	0.6
18-13	2.9464	1.4671	0.9868	2.0240	1.0377	0.6934	1.3320	0.7808	0.5467
18-14	2.4036	1.1964	0.8037	1.6492	0.8598	0.5762	0.9980	0.6205	0.4548
20-13	3.8809	1.9295	1.2944	2.6698	1.3519	0.9014	1.8584	1.0264	0.7085
20-14	3.3462	1.6636	1.1146	2.3070	1.1816	0.7870	1.5236	0.8878	0.6217
20-15	2.8318	1.4077	0.9416	1.9527	1.0124	0.6753	1.2021	0.7401	0.5337
20-16	2.3299	1.1582	0.7734	1.5816	0.8433	0.5646	0.9005	0.5595	0.4462
22-13	4.8043	2.3857	1.5977	3.2981	1.6634	1.1075	2.3505	1.2631	0.8677
22-14	4.2758	2.1239	1.4207	2.9447	1.4964	0.9955	2.0282	1.1277	0.7829
22-15	3.7684	1.8725	1.2507	2.5957	1.3333	0.8862	1.7064	0.9950	0.6990
22-16	3.2764	1.6283	1.0861	2.2544	1.1700	0.7786	1.3937	0.8515	0.6140
22-17	2.7926	1.3884	0.9249	1.8954	1.0059	0.6719	1.0995	0.6797	0.5297
22-18	2.3125	1.1500	0.7655	1.4924	0.8419	0.5647	0.8234	0.5114	0.4402
24-14	5.1946	2.5805	1.7247	3.5656	1.8093	1.2029	2.5063	1.3611	0.9424
24-15	4.6992	2.3339	1.5577	3.2267	1.6496	1.0958	2.1941	1.2304	0.8610
24-16	4.2145	2.0935	1.3961	2.8907	1.4924	0.9907	1.8798	1.0995	0.7788
24-17	3.7360	1.8586	1.2383	2.5575	1.3330	0.8867	1.5771	0.9608	0.6962
24-18	3.2686	1.6263	1.0828	2.2072	1.1727	0.7830	1.2891	0.7929	0.6141
24-19	2.7986	1.3941	0.9280	1.8321	1.0120	0.6785	1.0172	0.6274	0.5273
24-20	2.3217	1.1594	0.7722	1.3673	0.8485	0.5712	0.7569	0.4737	0.4343
26-16	5.1349	2.5565	1.7044	3.5162	1.8097	1.2020	2.3500	1.3342	0.9413
26-17	4.6629	2.3251	1.5495	3.1907	1.6568	1.1003	2.0477	1.2037	0.8606
26-18	4.2101	2.0981	1.3979	2.8606	1.5007	0.9990	1.7537	1.0687	0.7804
26-19	3.7557	1.8706	1.2463	2.5181	1.3433	0.8974	1.4721	0.9006	0.6995
26-20	3.2926	1.6431	1.0948	2.1518	1.1852	0.7950	1.2043	0.7386	0.6143
26-21	2.8140	1.4129	0.9415	1.7097	1.0240	0.6895	0.9441	0.5860	0.5242
26-22	2.3415	1.1777	0.7851	1.2632	0.8575	0.5806	0.7027	0.4425	0.4191
28-18	5.1537	2.5695	1.7105	3.4971	1.8275	1.2140	2.2141	1.3072	0.9445
28-19	4.7138	2.3444	1.5638	3.1633	1.6739	1.1150	1.9230	1.1690	0.8664
28-20	4.2594	2.1217	1.4145	2.8273	1.5182	1.0149	1.6492	1.0040	0.7856
28-21	3.7844	1.8973	1.2670	2.4650	1.3614	0.9142	1.3850	0.8468	0.7014
28-22	3.3249	1.6730	1.1146	2.0420	1.2018	0.8103	1.1261	0.6949	0.6131
28-24	2.3553	1.1979	0.8007	1.1789	0.8644	0.5916	0.6582	0.4143	0.3984
30-20	5.2061	2.5997	1.7334	3.4648	1.8509	1.2341	2.0892	1.2664	0.9530
30-21	4.7414	2.3821	1.5879	3.1278	1.6941	1.1363	1.8196	1.1043	0.8724
30-22	4.3071	2.1599	1.4412	2.7759	1.5392	1.0364	1.5601	0.9517	0.7888
30-23	3.8190	1.9322	1.2903	2.3544	1.3815	0.9321	1.3035	0.8007	0.7016
30-24	3.3867	1.7007	1.1366	1.9133	1.2177	0.8256	1.0610	0.6596	0.6059
30-26	2.3919	1.2231	0.8174	1.1097	0.8714	0.6040	0.6215	0.3911	0.3804

表 B.59 处理量折算系数 K_c 表

粮食种类:小麦　　环境温度 t_h:5℃　　环境相对湿度 RH:60%

降水范围 (M_1-M_2)/%	热风温度 t_r/℃								
	60			90			120		
	热风表观风速 v_r/[m³/(m³·s)]								
	0.2	0.4	0.6	0.2	0.4	0.6	0.2	0.4	0.6
18-13	3.0828	1.5342	1.0310	2.0618	1.0604	0.7093	1.3377	0.7884	0.5529
18-14	2.5190	1.2534	0.8411	1.6786	0.8789	0.5905	1.0013	0.6227	0.4605
20-13	4.0464	2.0109	1.3478	2.7157	1.3807	0.9200	1.8666	1.0350	0.7163
20-14	3.4905	1.7347	1.1612	2.3467	1.2069	0.8040	1.5299	0.8959	0.6283
20-15	2.9573	1.4696	0.9823	1.9841	1.0330	0.6907	1.2056	0.7447	0.5397
20-16	2.4382	1.2117	0.8087	1.6045	0.8620	0.5787	0.9030	0.5606	0.4511
22-13	4.9991	2.4810	1.6602	3.3501	1.6964	1.1290	2.3630	1.2735	0.8765
22-14	4.4478	2.2090	1.4765	2.9908	1.5268	1.0152	2.0372	1.1366	0.7912
22-15	3.9235	1.9485	1.3007	2.6377	1.3603	0.9044	1.7117	1.0019	0.7059
22-16	3.4132	1.6960	1.1306	2.2884	1.1924	0.7955	1.3979	0.8579	0.6205
22-17	2.9147	1.4481	0.9644	1.9257	1.0264	0.6874	1.1026	0.6809	0.5354
22-18	2.4102	1.2022	0.8002	1.5083	0.8606	0.5776	0.8247	0.5126	0.4451
24-14	5.3957	2.6796	1.7898	3.6210	1.8440	1.2255	2.5178	1.3708	0.9517
24-15	4.8843	2.4236	1.6169	3.2748	1.6818	1.1169	2.1999	1.2397	0.8696
24-16	4.3750	2.1751	1.4498	2.9351	1.5204	1.0104	1.8854	1.1068	0.7860
24-17	3.8853	1.9323	1.2870	2.5931	1.3572	0.9050	1.5826	0.9675	0.7033
24-18	3.4016	1.6924	1.1266	2.2398	1.1950	0.7999	1.2926	0.7942	0.6202
24-19	2.9058	1.4527	0.9671	1.8532	1.0325	0.6933	1.0193	0.6297	0.5324
24-20	2.4142	1.2114	0.8068	1.3767	0.8658	0.5837	0.7577	0.4745	0.4383
26-16	5.3285	2.6530	1.7679	3.5662	1.8441	1.2247	2.3562	1.3440	0.9497
26-17	4.8504	2.4123	1.6074	3.2374	1.6866	1.1215	2.0534	1.2113	0.8684
26-18	4.3800	2.1797	1.4509	2.8983	1.5271	1.0188	1.7574	1.0717	0.7881
26-19	3.8995	1.9436	1.2954	2.5522	1.3677	0.9162	1.4764	0.9019	0.7058
26-20	3.4091	1.7088	1.1387	2.1772	1.2078	0.8112	1.2061	0.7414	0.6198
26-21	2.9345	1.4711	0.9811	1.7206	1.0442	0.7033	0.9451	0.5880	0.5290
26-22	2.4268	1.2283	0.8204	1.2710	0.8742	0.5935	0.7034	0.4425	0.4206
28-18	5.3617	2.6593	1.7732	3.5469	1.8567	1.2363	2.2178	1.3165	0.9535
28-19	4.8710	2.4349	1.6217	3.2031	1.7006	1.1362	1.9270	1.1715	0.8739
28-20	4.3913	2.2015	1.4680	2.8606	1.5438	1.0353	1.6518	1.0055	0.7921
28-21	3.9152	1.9740	1.3159	2.4926	1.3851	0.9327	1.3864	0.8487	0.7073
28-22	3.4454	1.7320	1.1586	2.0539	1.2246	0.8250	1.1272	0.6968	0.6187
28-24	2.4511	1.2506	0.8367	1.1854	0.8821	0.6051	0.6588	0.4143	0.3994
30-20	5.3591	2.6921	1.7975	3.5072	1.8790	1.2587	2.0954	1.2701	0.9604
30-21	4.9114	2.4673	1.6475	3.1639	1.7262	1.1580	1.8226	1.1061	0.8792
30-22	4.4375	2.2370	1.4948	2.8023	1.5672	1.0560	1.5616	0.9526	0.7948
30-23	3.9432	2.0047	1.3395	2.3784	1.4056	0.9499	1.3047	0.8029	0.7071
30-24	3.5076	1.7642	1.1800	1.9234	1.2422	0.8405	1.0620	0.6612	0.6084
30-26	2.4913	1.2696	0.8530	1.1152	0.8882	0.6160	0.6220	0.3911	0.3809

表 B.60 处理量折算系数 K_c 表

粮食种类:小麦　　　环境温度 t_h:5℃　　　环境相对湿度 RH:90%

降水范围 (M_1-M_2)/%	热风温度 t_r/℃								
	60			90			120		
	热风表观风速 v_r/[m^3/(m^3·s)]								
	0.2	0.4	0.6	0.2	0.4	0.6	0.2	0.4	0.6
18-13	3.2223	1.6031	1.0760	2.0986	1.0816	0.7251	1.3433	0.7945	0.5589
18-14	2.6343	1.3118	0.8795	1.7072	0.8979	0.6045	1.0047	0.6246	0.4662
20-13	4.2159	2.0940	1.4022	2.7590	1.4093	0.9386	1.8749	1.0435	0.7240
20-14	3.6382	1.8074	1.2088	2.3855	1.2297	0.8209	1.5356	0.9024	0.6346
20-15	3.0853	1.5330	1.0240	2.0146	1.0535	0.7061	1.2094	0.7477	0.5457
20-16	2.5388	1.2665	0.8448	1.6264	0.8806	0.5912	0.9056	0.5618	0.4559
22-13	5.1977	2.5784	1.7240	3.4012	1.7293	1.1503	2.3740	1.2833	0.8852
22-14	4.6254	2.2960	1.5336	3.0359	1.5570	1.0349	2.0449	1.1455	0.7994
22-15	4.0805	2.0263	1.3518	2.6788	1.3846	0.9226	1.7172	1.0088	0.7127
22-16	3.5527	1.7651	1.1762	2.3209	1.2145	0.8122	1.4024	0.8622	0.6269
22-17	3.0250	1.5091	1.0048	1.9551	1.0467	0.7019	1.1057	0.6821	0.5407
22-18	2.5080	1.2556	0.8356	1.5189	0.8788	0.5900	0.8257	0.5133	0.4499
24-14	5.6025	2.7809	1.8563	3.6760	1.8786	1.2480	2.5294	1.3805	0.9608
24-15	5.0616	2.5152	1.6773	3.3221	1.7136	1.1380	2.2058	1.2489	0.8774
24-16	4.5405	2.2584	1.5048	2.9785	1.5465	1.0300	1.8903	1.1143	0.7932
24-17	4.0328	2.0078	1.3369	2.6277	1.3812	0.9233	1.5860	0.9705	0.7103
24-18	3.5214	1.7601	1.1717	2.2713	1.2171	0.8162	1.2968	0.7955	0.6259
24-19	3.0229	1.5128	1.0073	1.8680	1.0529	0.7070	1.0205	0.6305	0.5375
24-20	2.5077	1.2648	0.8423	1.3846	0.8837	0.5965	0.7585	0.4750	0.4419
26-16	5.5055	2.7476	1.8324	3.6153	1.8764	1.2470	2.3625	1.3537	0.9577
26-17	5.0326	2.5033	1.6667	3.2833	1.7139	1.1424	2.0597	1.2202	0.8762
26-18	4.5281	2.2591	1.5051	2.9347	1.5527	1.0386	1.7609	1.0739	0.7952
26-19	4.0252	2.0176	1.3449	2.5847	1.3920	0.9339	1.4787	0.9035	0.7118
26-20	3.5269	1.7766	1.1840	2.1995	1.2298	0.8266	1.2074	0.7423	0.6253
26-21	3.0363	1.5321	1.0211	1.7295	1.0629	0.7176	0.9461	0.5891	0.5335
26-22	2.5124	1.2820	0.8559	1.2774	0.8905	0.6065	0.7042	0.4425	0.4221
28-18	5.5157	2.7576	1.8363	3.5879	1.8880	1.2594	2.2218	1.3232	0.9614
28-19	5.0242	2.5178	1.6802	3.2422	1.7288	1.1580	1.9313	1.1743	0.8813
28-20	4.5292	2.2846	1.5231	2.8927	1.5701	1.0543	1.6545	1.0073	0.7988
28-21	4.0572	2.0429	1.3643	2.5171	1.4106	0.9488	1.3877	0.8496	0.7130
28-22	3.5679	1.8053	1.2040	2.0638	1.2447	0.8408	1.1284	0.6994	0.6234
28-24	2.5398	1.3014	0.8720	1.1907	0.8981	0.6170	0.6595	0.4143	0.4008
30-20	5.5307	2.7871	1.8629	3.5486	1.9074	1.2807	2.1012	1.2722	0.9679
30-21	5.0672	2.5531	1.7042	3.1972	1.7513	1.1798	1.8257	1.1085	0.8853
30-22	4.5683	2.3204	1.5516	2.8294	1.5927	1.0743	1.5629	0.9536	0.8007
30-23	4.1235	2.0762	1.3879	2.3889	1.4303	0.9663	1.3060	0.8064	0.7127
30-24	3.6011	1.8322	1.2283	1.9317	1.2631	0.8575	1.0630	0.6635	0.6102
30-26	2.5711	1.3323	0.8908	1.1198	0.9069	0.6282	0.6226	0.3911	0.3814

表 B.61 处理量折算系数 K_c 表

粮食种类:小麦　　环境温度 t_h:10℃　　环境相对湿度 RH:30%

降水范围 (M_1-M_2)/%	热风温度 t_r/℃								
	60			90			120		
	热风表观风速 v_r/[m^3/(m^3·s)]								
	0.2	0.4	0.6	0.2	0.4	0.6	0.2	0.4	0.6
18-13	2.8911	1.4401	0.9689	1.9893	1.0082	0.6739	1.3095	0.7656	0.5318
18-14	2.3422	1.1663	0.7836	1.6192	0.8334	0.5565	0.9795	0.6135	0.4413
20-13	3.8321	1.9061	1.2788	2.6325	1.3223	0.8819	1.8309	1.0115	0.6933
20-14	3.2910	1.6368	1.0967	2.2738	1.1513	0.7671	1.4991	0.8729	0.6066
20-15	2.7709	1.3779	0.9218	1.9186	0.9842	0.6550	1.1813	0.7282	0.5200
20-16	2.2642	1.1260	0.7519	1.5541	0.8168	0.5442	0.8844	0.5539	0.4325
22-13	4.7606	2.3656	1.5843	3.2582	1.6335	1.0879	2.3210	1.2464	0.8527
22-14	4.2259	2.1004	1.4050	2.9114	1.4659	0.9754	1.9988	1.1136	0.7676
22-15	3.7141	1.8460	1.2330	2.5641	1.3024	0.8657	1.6790	0.9803	0.6843
22-16	3.2156	1.5990	1.0666	2.2214	1.1412	0.7579	1.3725	0.8395	0.6003
22-17	2.7273	1.3565	0.9038	1.8691	0.9789	0.6510	1.0815	0.6728	0.5156
22-18	2.2430	1.1160	0.7429	1.4891	0.8147	0.5439	0.8109	0.5068	0.4284
24-14	5.1492	2.5606	1.7112	3.5364	1.7787	1.1827	2.4747	1.3470	0.9273
24-15	4.6485	2.3099	1.5421	3.1999	1.6183	1.0753	2.1629	1.2164	0.8458
24-16	4.1565	2.0677	1.3786	2.8609	1.4605	0.9698	1.8546	1.0872	0.7649
24-17	3.6798	1.8297	1.2192	2.5285	1.3039	0.8655	1.5543	0.9484	0.6825
24-18	3.2013	1.5947	1.0620	2.1829	1.1456	0.7615	1.2710	0.7850	0.6000
24-19	2.7276	1.3603	0.9058	1.8178	0.9848	0.6571	1.0025	0.6224	0.5152
24-20	2.2511	1.1241	0.7486	1.3714	0.8216	0.5508	0.7472	0.4701	0.4239
26-16	5.0889	2.5332	1.6890	3.4903	1.7787	1.1809	2.3237	1.3204	0.9270
26-17	4.6123	2.3001	1.5326	3.1627	1.6259	1.0788	2.0225	1.1909	0.8474
26-18	4.1517	2.0688	1.3787	2.8411	1.4726	0.9774	1.7300	1.0556	0.7665
26-19	3.6840	1.8413	1.2266	2.4955	1.3173	0.8757	1.4516	0.8923	0.6857
26-20	3.2266	1.6098	1.0729	2.1380	1.1578	0.7730	1.1873	0.7327	0.6022
26-21	2.7451	1.3764	0.9181	1.7145	0.9964	0.6684	0.9328	0.5826	0.5136
26-22	2.2762	1.1398	0.7608	1.2667	0.8302	0.5603	0.6937	0.4404	0.4123
28-18	5.0846	2.5400	1.6954	3.4672	1.7955	1.1922	2.1849	1.2940	0.9310
28-19	4.6383	2.3203	1.5442	3.1461	1.6437	1.0932	1.9010	1.1564	0.8521
28-20	4.1917	2.0922	1.3951	2.8061	1.4916	0.9933	1.6285	0.9987	0.7730
28-21	3.7139	1.8639	1.2453	2.4509	1.3337	0.8917	1.3669	0.8389	0.6896
28-22	3.2672	1.6368	1.0922	2.0335	1.1739	0.7878	1.1132	0.6913	0.6021
28-24	2.3068	1.1593	0.7744	1.1817	0.8408	0.5712	0.6497	0.4143	0.3935
30-20	5.1371	2.5692	1.7153	3.4497	1.8230	1.2122	2.0655	1.2548	0.9400
30-21	4.6721	2.3583	1.5704	3.1145	1.6691	1.1137	1.8001	1.0985	0.8598
30-22	4.2442	2.1237	1.4189	2.7640	1.5145	1.0118	1.5439	0.9420	0.7768
30-23	3.7714	1.8944	1.2696	2.3447	1.3556	0.9088	1.2893	0.7969	0.6901
30-24	3.2990	1.6632	1.1137	1.9178	1.1922	0.8038	1.0489	0.6574	0.5973
30-26	2.3264	1.1781	0.7917	1.1122	0.8467	0.5822	0.6135	0.3911	0.3763

表 B.62 处理量折算系数 K_c 表

粮食种类:小麦　　　　环境温度 t_h:10℃　　　　环境相对湿度 RH:60%

降水范围 (M_1-M_2)/%	热风温度 t_r/℃								
	60			90			120		
	热风表观风速 v_r/[m³/(m³·s)]								
	0.2	0.4	0.6	0.2	0.4	0.6	0.2	0.4	0.6
18-13	3.0773	1.5318	1.0290	2.0404	1.0410	0.6952	1.3167	0.7761	0.5413
18-14	2.4986	1.2435	0.8344	1.6610	0.8600	0.5755	0.9847	0.6167	0.4489
20-13	4.0599	2.0180	1.3521	2.6986	1.3610	0.9070	1.8418	1.0235	0.7040
20-14	3.4886	1.7342	1.1605	2.3277	1.1865	0.7899	1.5068	0.8838	0.6165
20-15	2.9418	1.4623	0.9772	1.9671	1.0145	0.6757	1.1874	0.7360	0.5282
20-16	2.4105	1.1983	0.7996	1.5918	0.8420	0.5630	0.8886	0.5561	0.4403
22-13	5.0308	2.4973	1.6706	3.3363	1.6783	1.1169	2.3370	1.2617	0.8648
22-14	4.4647	2.2176	1.4819	2.9773	1.5070	1.0021	2.0103	1.1257	0.7789
22-15	3.9246	1.9503	1.3016	2.6214	1.3401	0.8904	1.6878	0.9917	0.6948
22-16	3.4026	1.6914	1.1275	2.2734	1.1742	0.7805	1.3784	0.8477	0.6091
22-17	2.8911	1.4377	0.9575	1.9100	1.0070	0.6717	1.0870	0.6753	0.5239
22-18	2.3842	1.1865	0.7897	1.5088	0.8397	0.5627	0.8134	0.5083	0.4349
24-14	5.4310	2.6973	1.8011	3.6111	1.8257	1.2135	2.4891	1.3611	0.9399
24-15	4.9052	2.4339	1.6237	3.2658	1.6620	1.1039	2.1734	1.2291	0.8577
24-16	4.3849	2.1796	1.4528	2.9214	1.5011	0.9964	1.8633	1.0967	0.7752
24-17	3.8774	1.9310	1.2861	2.5840	1.3401	0.8903	1.5601	0.9571	0.6919
24-18	3.3855	1.6849	1.1221	2.2269	1.1765	0.7844	1.2751	0.7882	0.6090
24-19	2.8884	1.4400	0.9591	1.8493	1.0123	0.6779	1.0057	0.6240	0.5223
24-20	2.3867	1.1937	0.7953	1.3831	0.8459	0.5689	0.7484	0.4712	0.4292
26-16	5.3461	2.6644	1.7760	3.5596	1.8254	1.2117	2.3318	1.3336	0.9390
26-17	4.8557	2.4206	1.6126	3.2262	1.6686	1.1080	2.0292	1.2013	0.8579
26-18	4.3684	2.1788	1.4521	2.8925	1.5108	1.0045	1.7377	1.0613	0.7766
26-19	3.8902	1.9416	1.2927	2.5428	1.3501	0.9007	1.4569	0.8973	0.6955
26-20	3.4054	1.6992	1.1333	2.1727	1.1880	0.7960	1.1913	0.7346	0.6099
26-21	2.9029	1.4561	0.9722	1.7280	1.0243	0.6884	0.9341	0.5838	0.5194
26-22	2.4002	1.2088	0.8078	1.2762	0.8536	0.5779	0.6947	0.4418	0.4145
28-18	5.3617	2.6694	1.7806	3.5375	1.8409	1.2227	2.1959	1.3042	0.9423
28-19	4.9033	2.4368	1.6238	3.1996	1.6865	1.1221	1.9061	1.1618	0.8634
28-20	4.4080	2.2026	1.4691	2.8571	1.5280	1.0203	1.6342	1.0005	0.7822
28-21	3.9146	1.9660	1.3114	2.4908	1.3676	0.9166	1.3719	0.8411	0.6975
28-22	3.4284	1.7242	1.1516	2.0620	1.2043	0.8102	1.1147	0.6926	0.6084
28-24	2.4226	1.2300	0.8221	1.1898	0.8633	0.5883	0.6505	0.4143	0.3945
30-20	5.4001	2.7017	1.8037	3.5053	1.8658	1.2442	2.0719	1.2638	0.9508
30-21	4.9358	2.4696	1.6498	3.1613	1.7073	1.1431	1.8039	1.1005	0.8693
30-22	4.4431	2.2407	1.4925	2.8023	1.5472	1.0401	1.5458	0.9450	0.7851
30-23	3.9371	1.9941	1.3367	2.3732	1.3853	0.9347	1.2908	0.7983	0.6968
30-24	3.4815	1.7546	1.1722	1.9303	1.2188	0.8262	1.0502	0.6583	0.6014
30-26	2.4696	1.2533	0.8383	1.1190	0.8679	0.5993	0.6141	0.3911	0.3770

表 B.63 处理量折算系数 K_c 表

粮食种类:小麦　　环境温度 t_h:10℃　　环境相对湿度 RH:90%

降水范围 (M_1-M_2)/%	热风温度 t_r/℃								
	60			90			120		
	热风表观风速 v_r/[m^3/(m^3·s)]								
	0.2	0.4	0.6	0.2	0.4	0.6	0.2	0.4	0.6
18-13	3.2698	1.6268	1.0911	2.0904	1.0721	0.7163	1.3240	0.7862	0.5498
18-14	2.6603	1.3234	0.8867	1.6995	0.8853	0.5943	0.9900	0.6194	0.4565
20-13	4.2952	2.1336	1.4278	2.7595	1.3995	0.9319	1.8523	1.0351	0.7144
20-14	3.6927	1.8347	1.2264	2.3805	1.2209	0.8126	1.5148	0.8943	0.6257
20-15	3.1181	1.5494	1.0344	2.0105	1.0423	0.6962	1.1929	0.7412	0.5362
20-16	2.5598	1.2732	0.8489	1.6250	0.8668	0.5814	0.8928	0.5584	0.4473
22-13	5.3075	2.6332	1.7597	3.4104	1.7228	1.1458	2.3510	1.2761	0.8765
22-14	4.7100	2.3386	1.5613	3.0411	1.5479	1.0287	2.0202	1.1376	0.7900
22-15	4.1434	2.0579	1.3724	2.6773	1.3769	0.9149	1.6975	1.0009	0.7042
22-16	3.5950	1.7868	1.1904	2.3206	1.2049	0.8031	1.3837	0.8544	0.6177
22-17	3.0596	1.5215	1.0130	1.9498	1.0343	0.6924	1.0909	0.6784	0.5320
22-18	2.5224	1.2592	0.8381	1.5266	0.8644	0.5798	0.8161	0.5100	0.4414
24-14	5.7228	2.8382	1.8938	3.6848	1.8724	1.2440	2.5036	1.3742	0.9523
24-15	5.1627	2.5618	1.7081	3.3303	1.7057	1.1324	2.1843	1.2415	0.8693
24-16	4.6195	2.2949	1.5291	2.9807	1.5407	1.0230	1.8694	1.1064	0.7851
24-17	4.0916	2.0353	1.3551	2.6313	1.3729	0.9149	1.5670	0.9624	0.7012
24-18	3.5681	1.7785	1.1840	2.2696	1.2064	0.8070	1.2798	0.7915	0.6175
24-19	3.0442	1.5228	1.0141	1.8743	1.0397	0.6976	1.0092	0.6259	0.5293
24-20	2.5209	1.2662	0.8435	1.3929	0.8691	0.5856	0.7495	0.4728	0.4347
26-16	5.6187	2.7991	1.8660	3.6266	1.8709	1.2420	2.3403	1.3466	0.9507
26-17	5.1064	2.5449	1.6947	3.2886	1.7098	1.1362	2.0364	1.2110	0.8682
26-18	4.6109	2.2924	1.5275	2.9420	1.5458	1.0309	1.7425	1.0663	0.7868
26-19	4.0862	2.0433	1.3620	2.5875	1.3822	0.9257	1.4632	0.8990	0.7039
26-20	3.5662	1.7926	1.1950	2.2036	1.2184	0.8179	1.1946	0.7369	0.6173
26-21	3.0692	1.5392	1.0272	1.7391	1.0504	0.7076	0.9355	0.5853	0.5254
26-22	2.5323	1.2831	0.8563	1.2843	0.8773	0.5949	0.6957	0.4425	0.4166
28-18	5.6206	2.8053	1.8686	3.6038	1.8843	1.2534	2.2013	1.3147	0.9534
28-19	5.1133	2.5571	1.7081	3.2529	1.7226	1.1509	1.9116	1.1694	0.8739
28-20	4.6013	2.3185	1.5437	2.8984	1.5617	1.0468	1.6378	1.0024	0.7908
28-21	4.1092	2.0645	1.3817	2.5233	1.3986	0.9407	1.3737	0.8444	0.7052
28-22	3.5864	1.8183	1.2131	2.0743	1.2344	0.8321	1.1162	0.6943	0.6150
28-24	2.5556	1.3030	0.8707	1.1964	0.8834	0.6063	0.6515	0.4143	0.3958
30-20	5.6344	2.8311	1.8921	3.5621	1.9031	1.2744	2.0810	1.2674	0.9610
30-21	5.1529	2.5915	1.7323	3.2041	1.7447	1.1730	1.8081	1.1026	0.8786
30-22	4.6312	2.3496	1.5702	2.8388	1.5847	1.0663	1.5478	0.9508	0.7933
30-23	4.1689	2.1003	1.4050	2.4002	1.4210	0.9575	1.2925	0.8002	0.7048
30-24	3.6347	1.8518	1.2359	1.9406	1.2529	0.8468	1.0514	0.6596	0.6036
30-26	2.5801	1.3195	0.8909	1.1247	0.8878	0.6173	0.6148	0.3911	0.3776

表 B.64 处理量折算系数 K_c 表

粮食种类:小麦　　　　环境温度 t_h:15℃　　　　环境相对湿度 RH:30%

降水范围 (M_1-M_2)/%	热风温度 t_r/℃ 60			90			120		
	热风表观风速 v_r/[m^3/(m^3·s)] 0.2	0.4	0.6	0.2	0.4	0.6	0.2	0.4	0.6
18-13	2.8464	1.4183	0.9542	1.9540	0.9801	0.6553	1.2838	0.7497	0.5170
18-14	2.2883	1.1399	0.7660	1.5836	0.8045	0.5374	0.9586	0.6011	0.4278
20-13	3.7984	1.8901	1.2680	2.5934	1.2947	0.8635	1.7991	0.9939	0.6785
20-14	3.2477	1.6159	1.0826	2.2403	1.1228	0.7482	1.4712	0.8567	0.5916
20-15	2.7193	1.3528	0.9049	1.8848	0.9550	0.6356	1.1576	0.7148	0.5062
20-16	2.2051	1.0970	0.7326	1.5276	0.7890	0.5245	0.8646	0.5470	0.4190
22-13	4.7367	2.3551	1.5771	3.2232	1.6064	1.0700	2.2880	1.2279	0.8380
22-14	4.1931	2.0849	1.3945	2.8750	1.4378	0.9568	1.9668	1.0967	0.7528
22-15	3.6717	1.8261	1.2197	2.5348	1.2734	0.8466	1.6505	0.9640	0.6693
22-16	3.1666	1.5751	1.0506	2.1898	1.1114	0.7382	1.3473	0.8258	0.5865
22-17	2.6705	1.3290	0.8854	1.8449	0.9504	0.6308	1.0605	0.6647	0.5019
22-18	2.1792	1.0850	0.7223	1.4740	0.7874	0.5235	0.7952	0.5002	0.4159
24-14	5.1251	2.5499	1.7042	3.5014	1.7510	1.1646	2.4447	1.3299	0.9130
24-15	4.6144	2.2955	1.5323	3.1686	1.5899	1.0565	2.1336	1.2000	0.8310
24-16	4.1171	2.0487	1.3662	2.8349	1.4314	0.9504	1.8247	1.0718	0.7502
24-17	3.6280	1.8075	1.2041	2.4991	1.2739	0.8456	1.5289	0.9347	0.6690
24-18	3.1490	1.5686	1.0448	2.1612	1.1166	0.7412	1.2491	0.7762	0.5864
24-19	2.6669	1.3306	0.8862	1.7990	0.9570	0.6363	0.9858	0.6145	0.5023
24-20	2.1840	1.0913	0.7271	1.3764	0.7945	0.5299	0.7374	0.4634	0.4136
26-16	5.0609	2.5190	1.6805	3.4700	1.7500	1.1619	2.2905	1.3040	0.9123
26-17	4.5751	2.2825	1.5210	3.1387	1.5952	1.0591	1.9965	1.1761	0.8335
26-18	4.1049	2.0487	1.3651	2.8111	1.4416	0.9573	1.7054	1.0429	0.7535
26-19	3.6328	1.8156	1.2099	2.4762	1.2869	0.8551	1.4319	0.8839	0.6721
26-20	3.1647	1.5827	1.0549	2.1177	1.1296	0.7519	1.1713	0.7236	0.5892
26-21	2.6816	1.3449	0.8975	1.7076	0.9699	0.6469	0.9211	0.5757	0.5027
26-22	2.2090	1.1057	0.7380	1.2707	0.8044	0.5397	0.6843	0.4363	0.4046
28-18	5.0467	2.5257	1.6834	3.4468	1.7638	1.1722	2.1581	1.2831	0.9183
28-19	4.6124	2.2964	1.5328	3.1228	1.6142	1.0731	1.8776	1.1469	0.8390
28-20	4.1404	2.0691	1.3804	2.7901	1.4638	0.9720	1.6058	0.9860	0.7589
28-21	3.6567	1.8396	1.2276	2.4315	1.3055	0.8701	1.3488	0.8291	0.6771
28-22	3.2068	1.6036	1.0718	2.0289	1.1477	0.7662	1.1001	0.6834	0.5911
28-24	2.2236	1.1240	0.7518	1.1851	0.8130	0.5500	0.6410	0.4143	0.3867
30-20	5.1242	2.5511	1.7035	3.4394	1.7936	1.1918	2.0422	1.2430	0.9255
30-21	4.6493	2.3312	1.5548	3.1020	1.6411	1.0913	1.7804	1.0853	0.8466
30-22	4.2126	2.1024	1.4044	2.7421	1.4876	0.9906	1.5231	0.9352	0.7656
30-23	3.7037	1.8662	1.2497	2.3422	1.3282	0.8881	1.2746	0.7880	0.6788
30-24	3.2359	1.6330	1.0943	1.9230	1.1646	0.7828	1.0364	0.6510	0.5869
30-26	2.2640	1.1403	0.7675	1.1150	0.8249	0.5623	0.6051	0.3911	0.3705

表 B.65 处理量折算系数 K_c 表

粮食种类:小麦　　环境温度 t_h:15℃　　环境相对湿度 RH:60%

降水范围 (M_1-M_2)/%	热风温度 t_r/℃								
	60			90			120		
	热风表观风速 v_r/[m^3/(m^3·s)]								
	0.2	0.4	0.6	0.2	0.4	0.6	0.2	0.4	0.6
18-13	3.0984	1.5425	1.0356	2.0256	1.0234	0.6834	1.2943	0.7643	0.5295
18-14	2.4983	1.2436	0.8340	1.6436	0.8429	0.5622	0.9663	0.6104	0.4382
20-13	4.1088	2.0427	1.3679	2.6846	1.3462	0.8970	1.8152	1.0121	0.6929
20-14	3.5158	1.7480	1.1693	2.3162	1.1694	0.7784	1.4832	0.8722	0.6049
20-15	2.9496	1.4666	0.9798	1.9496	0.9968	0.6629	1.1673	0.7265	0.5175
20-16	2.4010	1.1939	0.7964	1.5775	0.8244	0.5490	0.8723	0.5508	0.4292
22-13	5.1061	2.5355	1.6953	3.3285	1.6663	1.1088	2.3123	1.2496	0.8546
22-14	4.5184	2.2449	1.4995	2.9708	1.4926	0.9925	1.9852	1.1149	0.7681
22-15	3.9584	1.9679	1.3130	2.6133	1.3236	0.8794	1.6638	0.9806	0.6835
22-16	3.4192	1.7002	1.1332	2.2596	1.1571	0.7683	1.3565	0.8387	0.5987
22-17	2.8905	1.4382	0.9578	1.8994	0.9902	0.6582	1.0689	0.6691	0.5130
22-18	2.3689	1.1792	0.7850	1.5118	0.8215	0.5482	0.8007	0.5029	0.4250
24-14	5.5108	2.7376	1.8274	3.6114	1.8139	1.2057	2.4632	1.3508	0.9299
24-15	4.9616	2.4645	1.6439	3.2649	1.6480	1.0948	2.1462	1.2192	0.8471
24-16	4.4293	2.2017	1.4672	2.9166	1.4851	0.9860	1.8378	1.0883	0.7651
24-17	3.9061	1.9443	1.2951	2.5739	1.3236	0.8785	1.5394	0.9485	0.6819
24-18	3.3927	1.6909	1.1260	2.2202	1.1603	0.7714	1.2571	0.7808	0.5983
24-19	2.8830	1.4387	0.9580	1.8467	0.9953	0.6639	0.9920	0.6176	0.5125
24-20	2.3696	1.1850	0.7893	1.3908	0.8276	0.5546	0.7389	0.4667	0.4207
26-16	5.4154	2.6986	1.7992	3.5638	1.8119	1.2027	2.3078	1.3254	0.9292
26-17	4.9061	2.4482	1.6303	3.2245	1.6541	1.0978	2.0062	1.1931	0.8485
26-18	4.3987	2.1974	1.4644	2.8921	1.4960	0.9934	1.7142	1.0532	0.7669
26-19	3.9158	1.9528	1.3004	2.5390	1.3352	0.8885	1.4381	0.8872	0.6848
26-20	3.4014	1.7030	1.1361	2.1711	1.1722	0.7824	1.1756	0.7279	0.6005
26-21	2.8930	1.4532	0.9695	1.7367	1.0065	0.6746	0.9230	0.5783	0.5109
26-22	2.3811	1.1990	0.8007	1.2826	0.8363	0.5636	0.6857	0.4395	0.4085
28-18	5.3948	2.7018	1.8014	3.5357	1.8260	1.2135	2.1683	1.2965	0.9334
28-19	4.9304	2.4585	1.6402	3.2046	1.6726	1.1111	1.8856	1.1523	0.8532
28-20	4.4194	2.2195	1.4809	2.8557	1.5152	1.0084	1.6150	0.9900	0.7725
28-21	3.9358	1.9744	1.3174	2.4905	1.3524	0.9040	1.3550	0.8360	0.6887
28-22	3.4357	1.7247	1.1547	2.0599	1.1882	0.7969	1.1021	0.6866	0.6000
28-24	2.4144	1.2178	0.8147	1.1950	0.8469	0.5744	0.6422	0.4143	0.3899
30-20	5.4411	2.7273	1.8267	3.5127	1.8544	1.2333	2.0500	1.2503	0.9410
30-21	4.9684	2.4891	1.6646	3.1652	1.6959	1.1312	1.7854	1.0920	0.8607
30-22	4.4844	2.2525	1.5038	2.8076	1.5363	1.0272	1.5299	0.9389	0.7767
30-23	3.9797	2.0016	1.3418	2.3728	1.3712	0.9214	1.2768	0.7952	0.6882
30-24	3.4715	1.7523	1.1751	1.9384	1.2058	0.8133	1.0380	0.6550	0.5938
30-26	2.4273	1.2439	0.8323	1.1234	0.8524	0.5855	0.6061	0.3911	0.3730

表 B.66　处理量折算系数 K_c 表

粮食种类：小麦　　　　环境温度 t_h：15℃　　　　环境相对湿度 RH：90%

降水范围 (M_1-M_2)/%	热风温度 t_r/℃								
	60			90			120		
	热风表观风速 v_r/[m³/(m³·s)]								
	0.2	0.4	0.6	0.2	0.4	0.6	0.2	0.4	0.6
18-13	3.3629	1.6729	1.1210	2.0923	1.0664	0.7113	1.3057	0.7785	0.5416
18-14	2.7186	1.3526	0.9054	1.6990	0.8775	0.5870	0.9740	0.6145	0.4481
20-13	4.4344	2.2026	1.4727	2.7723	1.3974	0.9303	1.8314	1.0291	0.7069
20-14	3.7965	1.8865	1.2601	2.3869	1.2155	0.8085	1.4949	0.8873	0.6178
20-15	3.1908	1.5859	1.0582	2.0129	1.0364	0.6901	1.1749	0.7355	0.5282
20-16	2.6063	1.2957	0.8636	1.6262	0.8576	0.5736	0.8788	0.5534	0.4392
22-13	5.4907	2.7243	1.8192	3.4320	1.7257	1.1475	2.3303	1.2714	0.8703
22-14	4.8576	2.4124	1.6096	3.0579	1.5470	1.0280	1.9980	1.1323	0.7829
22-15	4.2595	2.1163	1.4108	2.6884	1.3733	0.9120	1.6750	0.9950	0.6971
22-16	3.6832	1.8311	1.2197	2.3277	1.2008	0.7982	1.3663	0.8482	0.6102
22-17	3.1214	1.5527	1.0337	1.9523	1.0273	0.6855	1.0759	0.6721	0.5238
22-18	2.5652	1.2780	0.8506	1.5339	0.8543	0.5723	0.8051	0.5065	0.4339
24-14	5.9157	2.9330	1.9564	3.7125	1.8767	1.2466	2.4809	1.3709	0.9466
24-15	5.3171	2.6420	1.7606	3.3537	1.7062	1.1328	2.1597	1.2369	0.8628
24-16	4.7400	2.3607	1.5727	2.9962	1.5385	1.0213	1.8496	1.1010	0.7789
24-17	4.1917	2.0879	1.3903	2.6454	1.3717	0.9113	1.5473	0.9557	0.6942
24-18	3.6492	1.8188	1.2111	2.2771	1.2016	0.8016	1.2640	0.7841	0.6099
24-19	3.1065	1.5511	1.0331	1.8838	1.0317	0.6910	0.9962	0.6220	0.5222
24-20	2.5607	1.2826	0.8549	1.4028	0.8598	0.5780	0.7404	0.4701	0.4278
26-16	5.8099	2.8880	1.9232	3.6540	1.8729	1.2439	2.3195	1.3426	0.9451
26-17	5.2648	2.6188	1.7451	3.3093	1.7101	1.1357	2.0152	1.2061	0.8627
26-18	4.7407	2.3528	1.5686	2.9610	1.5469	1.0287	1.7245	1.0584	0.7800
26-19	4.1921	2.0928	1.3953	2.5992	1.3801	0.9215	1.4456	0.8914	0.6974
26-20	3.6452	1.8291	1.2203	2.2140	1.2121	0.8125	1.1818	0.7323	0.6106
26-21	3.1090	1.5637	1.0444	1.7505	1.0422	0.7014	0.9246	0.5826	0.5185
26-22	2.5714	1.2959	0.8662	1.2924	0.8669	0.5866	0.6870	0.4408	0.4116
28-18	5.7929	2.8849	1.9244	3.6321	1.8888	1.2549	2.1814	1.3097	0.9481
28-19	5.2568	2.6281	1.7546	3.2748	1.7260	1.1499	1.8928	1.1589	0.8675
28-20	4.7377	2.3739	1.5839	2.9148	1.5613	1.0442	1.6213	0.9981	0.7850
28-21	4.1973	2.1158	1.4131	2.5373	1.3955	0.9372	1.3595	0.8387	0.6991
28-22	3.6626	1.8559	1.2380	2.0869	1.2263	0.8269	1.1039	0.6914	0.6081
28-24	2.5713	1.3130	0.8817	1.2032	0.8744	0.5969	0.6433	0.4143	0.3913
30-20	5.8152	2.9137	1.9461	3.5888	1.9100	1.2737	2.0604	1.2580	0.9560
30-21	5.2807	2.6541	1.7763	3.2238	1.7471	1.1696	1.7907	1.0981	0.8737
30-22	4.7779	2.4072	1.6121	2.8520	1.5836	1.0646	1.5324	0.9421	0.7874
30-23	4.2325	2.1451	1.4340	2.4136	1.4167	0.9548	1.2788	0.7970	0.6976
30-24	3.7247	1.8739	1.2621	1.9511	1.2406	0.8415	1.0397	0.6578	0.5974
30-26	2.6098	1.3365	0.8967	1.1304	0.8775	0.6083	0.6071	0.3911	0.3737

表 B.67 处理量折算系数 K_c 表

粮食种类:小麦　　　　环境温度 t_h:20℃　　　　环境相对湿度 RH:30%

降水范围 (M_1-M_2)/%	热风温度 t_r/℃								
	60			90			120		
	热风表观风速 v_r/[m^3/(m^3·s)]								
	0.2	0.4	0.6	0.2	0.4	0.6	0.2	0.4	0.6
18-13	2.8154	1.4032	0.9440	1.9143	0.9538	0.6379	1.2586	0.7341	0.5024
18-14	2.2441	1.1182	0.7514	1.5503	0.7771	0.5191	0.9381	0.5884	0.4131
20-13	3.7843	1.8837	1.2634	2.5594	1.2698	0.8470	1.7689	0.9767	0.6641
20-14	3.2201	1.6026	1.0736	2.2021	1.0965	0.7308	1.4442	0.8412	0.5767
20-15	2.6796	1.3335	0.8919	1.8542	0.9274	0.6173	1.1337	0.7017	0.4910
20-16	2.1548	1.0723	0.7161	1.4998	0.7604	0.5056	0.8438	0.5398	0.4054
22-13	4.7381	2.3567	1.5779	3.1950	1.5828	1.0544	2.2545	1.2116	0.8238
22-14	4.1809	2.0797	1.3908	2.8424	1.4127	0.9402	1.9341	1.0815	0.7383
22-15	3.6475	1.8149	1.2121	2.5003	1.2470	0.8291	1.6201	0.9489	0.6544
22-16	3.1310	1.5583	1.0393	2.1620	1.0838	0.7200	1.3188	0.8122	0.5716
22-17	2.6252	1.3069	0.8707	1.8176	0.9217	0.6119	1.0347	0.6554	0.4883
22-18	2.1244	1.0582	0.7045	1.4561	0.7594	0.5039	0.7719	0.4917	0.4032
24-14	5.1280	2.5524	1.7057	3.4743	1.7270	1.1489	2.4062	1.3136	0.8984
24-15	4.6026	2.2920	1.5299	3.1377	1.5646	1.0399	2.0962	1.1851	0.8163
24-16	4.0986	2.0396	1.3601	2.8080	1.4047	0.9330	1.7906	1.0566	0.7353
24-17	3.5975	1.7930	1.1948	2.4740	1.2462	0.8274	1.4969	0.9210	0.6549
24-18	3.1053	1.5494	1.0320	2.1361	1.0879	0.7222	1.2191	0.7652	0.5730
24-19	2.6188	1.3064	0.8703	1.7835	0.9286	0.6165	0.9606	0.6039	0.4895
24-20	2.1230	1.0625	0.7081	1.3724	0.7668	0.5097	0.7245	0.4540	0.4021
26-16	5.0596	2.5177	1.6791	3.4440	1.7243	1.1453	2.2566	1.2891	0.8979
26-17	4.5634	2.2751	1.5171	3.1203	1.5684	1.0417	1.9643	1.1616	0.8196
26-18	4.0817	2.0378	1.3572	2.7898	1.4139	0.9390	1.6763	1.0277	0.7402
26-19	3.5961	1.7995	1.1996	2.4527	1.2589	0.8363	1.4069	0.8697	0.6592
26-20	3.1131	1.5601	1.0406	2.1045	1.1019	0.7322	1.1511	0.7112	0.5765
26-21	2.6328	1.3203	0.8807	1.7054	0.9416	0.6267	0.9093	0.5627	0.4905
26-22	2.1356	1.0751	0.7181	1.2754	0.7760	0.5187	0.6750	0.4251	0.3966
28-18	5.0329	2.5248	1.6807	3.4303	1.7372	1.1547	2.1321	1.2646	0.9053
28-19	4.5709	2.2884	1.5266	3.1068	1.5868	1.0549	1.8494	1.1290	0.8267
28-20	4.1129	2.0546	1.3722	2.7696	1.4337	0.9532	1.5848	0.9701	0.7463
28-21	3.6182	1.8197	1.2156	2.4203	1.2771	0.8501	1.3313	0.8146	0.6641
28-22	3.1437	1.5818	1.0563	2.0284	1.1188	0.7457	1.0865	0.6681	0.5789
28-24	2.1606	1.0963	0.7306	1.1891	0.7888	0.5290	0.6321	0.4090	0.3810
30-20	5.0729	2.5460	1.7024	3.4144	1.7665	1.1735	2.0192	1.2238	0.9136
30-21	4.5969	2.3189	1.5476	3.0907	1.6106	1.0737	1.7545	1.0677	0.8341
30-22	4.1513	2.0841	1.3937	2.7314	1.4592	0.9709	1.5034	0.9153	0.7518
30-23	3.6705	1.8504	1.2378	2.3426	1.3010	0.8679	1.2598	0.7715	0.6683
30-24	3.1850	1.6099	1.0766	1.9292	1.1375	0.7603	1.0235	0.6407	0.5768
30-26	2.1890	1.1138	0.7461	1.1184	0.7983	0.5400	0.5968	0.3911	0.3652

表 B.68 处理量折算系数 K_c 表

粮食种类:小麦　　　　环境温度 t_h:20℃　　　　环境相对湿度 RH:60%

降水范围 (M_1-M_2)/%	热风温度 t_r/℃								
	60			90			120		
	热风表观风速 v_r/[m^3/(m^3·s)]								
	0.2	0.4	0.6	0.2	0.4	0.6	0.2	0.4	0.6
18-13	3.1542	1.5705	1.0534	2.0154	1.0103	0.6745	1.2723	0.7533	0.5188
18-14	2.5242	1.2567	0.8422	1.6290	0.8268	0.5514	0.9473	0.6020	0.4281
20-13	4.2045	2.0906	1.3989	2.6803	1.3375	0.8910	1.7891	1.0018	0.6832
20-14	3.5811	1.7809	1.1905	2.3103	1.1574	0.7703	1.4584	0.8614	0.5945
20-15	2.9879	1.4861	0.9922	1.9396	0.9819	0.6529	1.1442	0.7165	0.5076
20-16	2.4150	1.2012	0.8011	1.5684	0.8089	0.5374	0.8524	0.5436	0.4190
22-13	5.2400	2.6024	1.7390	3.3352	1.6617	1.1057	2.2826	1.2398	0.8458
22-14	4.6207	2.2969	1.5334	2.9698	1.4848	0.9872	1.9551	1.1049	0.7587
22-15	4.0340	2.0065	1.3383	2.6142	1.3128	0.8722	1.6362	0.9698	0.6737
22-16	3.4705	1.7265	1.1504	2.2544	1.1436	0.7593	1.3312	0.8280	0.5892
22-17	2.9183	1.4531	0.9676	1.8950	0.9757	0.6475	1.0459	0.6602	0.5032
22-18	2.3754	1.1831	0.7876	1.5108	0.8056	0.5360	0.7832	0.4956	0.4156
24-14	5.6553	2.8076	1.8737	3.6202	1.8103	1.2031	2.4349	1.3415	0.9219
24-15	5.0768	2.5219	1.6815	3.2724	1.6414	1.0904	2.1184	1.2089	0.8384
24-16	4.5147	2.2463	1.4968	2.9230	1.4755	0.9798	1.8119	1.0767	0.7560
24-17	3.9669	1.9777	1.3175	2.5732	1.3113	0.8705	1.5148	0.9372	0.6729
24-18	3.4325	1.7134	1.1411	2.2206	1.1473	0.7618	1.2366	0.7703	0.5889
24-19	2.9048	1.4503	0.9662	1.8434	0.9808	0.6525	0.9762	0.6085	0.5031
24-20	2.3691	1.1864	0.7907	1.3999	0.8120	0.5420	0.7294	0.4591	0.4130
26-16	5.5319	2.7630	1.8413	3.5312	1.8053	1.1995	2.2780	1.3137	0.9210
26-17	4.9970	2.4985	1.6647	3.2352	1.6457	1.0923	1.9808	1.1809	0.8406
26-18	4.4785	2.2389	1.4926	2.8955	1.4847	0.9861	1.6923	1.0397	0.7588
26-19	3.9662	1.9813	1.3212	2.5139	1.3234	0.8797	1.4202	0.8754	0.6760
26-20	3.4315	1.7236	1.1495	2.1594	1.1588	0.7721	1.1607	0.7170	0.5910
26-21	2.9195	1.4626	0.9765	1.7396	0.9927	0.6628	0.9116	0.5704	0.5029
26-22	2.3807	1.1983	0.8011	1.2900	0.8202	0.5512	0.6767	0.4334	0.4012
28-18	5.5229	2.7598	1.8407	3.5196	1.8207	1.2098	2.1442	1.2841	0.9266
28-19	5.0345	2.5057	1.6734	3.2120	1.6626	1.1056	1.8656	1.1380	0.8455
28-20	4.5083	2.2615	1.5066	2.8540	1.5033	1.0006	1.5945	0.9772	0.7639
28-21	4.0023	2.0015	1.3377	2.4908	1.3405	0.8948	1.3382	0.8252	0.6798
28-22	3.4553	1.7439	1.1670	2.0631	1.1765	0.7862	1.0890	0.6778	0.5922
28-24	2.4021	1.2178	0.8158	1.2012	0.8293	0.5608	0.6337	0.4143	0.3834
30-20	5.5521	2.7833	1.8615	3.5321	1.8477	1.2297	2.0288	1.2371	0.9333
30-21	5.0544	2.5356	1.6970	3.1778	1.6860	1.1245	1.7669	1.0812	0.8524
30-22	4.5184	2.2910	1.5272	2.8074	1.5312	1.0195	1.5138	0.9275	0.7695
30-23	4.0116	2.0292	1.3636	2.3788	1.3626	0.9116	1.2625	0.7858	0.6809
30-24	3.4984	1.7704	1.1866	1.9480	1.1909	0.8009	1.0257	0.6498	0.5854
30-26	2.4302	1.2339	0.8287	1.1287	0.8388	0.5724	0.5980	0.3911	0.3689

表 B.69 处理量折算系数 K_c 表

粮食种类:小麦　　环境温度 t_h:20℃　　环境相对湿度 RH:90%

降水范围 (M_1-M_2)/%	热风温度 t_r/℃ 60			90			120		
	热风表观风速 v_r/[m^3/(m^3·s)] 0.2	0.4	0.6	0.2	0.4	0.6	0.2	0.4	0.6
18-13	3.5177	1.7499	1.1709	2.1069	1.0664	0.7109	1.2858	0.7719	0.5347
18-14	2.8245	1.4052	0.9396	1.7059	0.8749	0.5836	0.9570	0.6088	0.4411
20-13	4.6549	2.3119	1.5442	2.7984	1.4046	0.9347	1.8082	1.0238	0.7018
20-14	3.9673	1.9714	1.3157	2.4073	1.2178	0.8097	1.4737	0.8810	0.6116
20-15	3.3177	1.6492	1.0997	2.0229	1.0360	0.6884	1.1557	0.7285	0.5219
20-16	2.6935	1.3394	0.8923	1.6321	0.8536	0.5692	0.8628	0.5481	0.4320
22-13	5.7746	2.8648	1.9114	3.4721	1.7399	1.1566	2.3095	1.2672	0.8672
22-14	5.0910	2.5285	1.6859	3.0918	1.5564	1.0340	1.9762	1.1274	0.7784
22-15	4.4482	2.2109	1.4731	2.7148	1.3780	0.9151	1.6547	0.9889	0.6919
22-16	3.8320	1.9059	1.2692	2.3443	1.2027	0.7984	1.3462	0.8406	0.6047
22-17	3.2311	1.6092	1.0712	1.9647	1.0267	0.6831	1.0597	0.6658	0.5173
22-18	2.6424	1.3170	0.8767	1.5451	0.8493	0.5679	0.7936	0.5010	0.4274
24-14	6.2151	3.0799	2.0529	3.7622	1.8924	1.2572	2.4617	1.3671	0.9440
24-15	5.5587	2.7660	1.8432	3.3961	1.7174	1.1405	2.1381	1.2322	0.8591
24-16	4.9475	2.4668	1.6428	3.0285	1.5458	1.0264	1.8269	1.0952	0.7748
24-17	4.3570	2.1744	1.4482	2.6710	1.3760	0.9135	1.5293	0.9473	0.6895
24-18	3.7844	1.8885	1.2576	2.2956	1.2044	0.8012	1.2488	0.7784	0.6040
24-19	3.2048	1.6032	1.0686	1.8975	1.0300	0.6884	0.9838	0.6153	0.5163
24-20	2.6321	1.3181	0.8792	1.4147	0.8542	0.5733	0.7312	0.4654	0.4220
26-16	6.0838	3.0211	2.0135	3.7018	1.8866	1.2532	2.3007	1.3381	0.9425
26-17	5.4702	2.7334	1.8220	3.3475	1.7201	1.1427	1.9953	1.2012	0.8598
26-18	4.9144	2.4554	1.6361	2.9937	1.5533	1.0329	1.7055	1.0526	0.7760
26-19	4.3369	2.1745	1.4504	2.6235	1.3858	0.9227	1.4290	0.8847	0.6919
26-20	3.7957	1.8950	1.2655	2.2319	1.2135	0.8116	1.1678	0.7248	0.6056
26-21	3.2011	1.6150	1.0788	1.7641	1.0402	0.6983	0.9140	0.5770	0.5129
26-22	2.6414	1.3303	0.8895	1.3022	0.8608	0.5820	0.6783	0.4383	0.4068
28-18	6.0620	3.0111	2.0123	3.6705	1.9012	1.2639	2.1607	1.3081	0.9458
28-19	5.4872	2.7444	1.8286	3.3119	1.7365	1.1558	1.8748	1.1531	0.8639
28-20	4.9361	2.4705	1.6515	2.9423	1.5712	1.0477	1.6053	0.9871	0.7814
28-21	4.3486	2.1927	1.4662	2.5572	1.4005	0.9382	1.3453	0.8319	0.6948
28-22	3.7945	1.9212	1.2832	2.1019	1.2276	0.8259	1.0915	0.6851	0.6028
28-24	2.6526	1.3528	0.9035	1.2114	0.8691	0.5917	0.6350	0.4143	0.3869
30-20	6.1019	3.0341	2.0294	3.6278	1.9244	1.2829	2.0422	1.2485	0.9538
30-21	5.5297	2.7666	1.8550	3.2557	1.7605	1.1766	1.7742	1.0874	0.8701
30-22	4.9656	2.5022	1.6734	2.8697	1.5898	1.0661	1.5171	0.9375	0.7836
30-23	4.3749	2.2160	1.4866	2.4297	1.4165	0.9553	1.2653	0.7920	0.6924
30-24	3.8069	1.9443	1.3021	1.9637	1.2416	0.8407	1.0278	0.6555	0.5915
30-26	2.6599	1.3700	0.9180	1.1373	0.8690	0.6023	0.5993	0.3911	0.3698

表 B.70 处理量折算系数 K_c 表

粮食种类:小麦　　　　环境温度 t_h:25℃　　　　环境相对湿度 RH:30%

降水范围 (M_1-M_2)/%	热风温度 t_r/℃								
	60			90			120		
	热风表观风速 v_r/[m^3/(m^3·s)]								
	0.2	0.4	0.6	0.2	0.4	0.6	0.2	0.4	0.6
18-13	2.8019	1.3968	0.9394	1.8786	0.9300	0.6220	1.2336	0.7189	0.4881
18-14	2.2123	1.1027	0.7409	1.5118	0.7514	0.5021	0.9181	0.5761	0.3986
20-13	3.7950	1.8895	1.2668	2.5251	1.2482	0.8326	1.7390	0.9609	0.6489
20-14	3.2121	1.5992	1.0709	2.1692	1.0729	0.7151	1.4172	0.8266	0.5625
20-15	2.6550	1.3218	0.8838	1.8169	0.9020	0.6005	1.1111	0.6894	0.4766
20-16	2.1153	1.0530	0.7031	1.4677	0.7336	0.4877	0.8244	0.5321	0.3912
22-13	4.7713	2.3741	1.5890	3.1630	1.5636	1.0415	2.2226	1.1972	0.8086
22-14	4.1952	2.0878	1.3958	2.8136	1.3914	0.9261	1.9036	1.0662	0.7241
22-15	3.6457	1.8145	1.2116	2.4697	1.2237	0.8137	1.5920	0.9346	0.6402
22-16	3.1134	1.5504	1.0340	2.1295	1.0588	0.7034	1.2935	0.7998	0.5571
22-17	2.5936	1.2919	0.8607	1.7886	0.8952	0.5943	1.0120	0.6467	0.4742
22-18	2.0797	1.0363	0.6901	1.4352	0.7314	0.4854	0.7520	0.4851	0.3894
24-14	5.1641	2.5715	1.7181	3.4514	1.7080	1.1361	2.3732	1.2993	0.8846
24-15	4.6212	2.3028	1.5368	3.1141	1.5432	1.0259	2.0634	1.1717	0.8026
24-16	4.1000	2.0429	1.3622	2.7792	1.3820	0.9180	1.7599	1.0430	0.7214
24-17	3.5893	1.7888	1.1921	2.4486	1.2216	0.8112	1.4684	0.9085	0.6403
24-18	3.0822	1.5387	1.0249	2.1135	1.0617	0.7050	1.1924	0.7555	0.5589
24-19	2.5788	1.2891	0.8588	1.7622	0.9010	0.5983	0.9350	0.5961	0.4758
24-20	2.0766	1.0387	0.6924	1.3670	0.7383	0.4905	0.6973	0.4472	0.3895
26-16	5.0788	2.5315	1.6885	3.4210	1.7028	1.1314	2.2183	1.2764	0.8842
26-17	4.5790	2.2822	1.5219	3.0977	1.5462	1.0273	1.9248	1.1495	0.8050
26-18	4.0818	2.0363	1.3576	2.7685	1.3895	0.9232	1.6387	1.0159	0.7257
26-19	3.5812	1.7937	1.1952	2.4363	1.2334	0.8193	1.3685	0.8600	0.6453
26-20	3.0857	1.5484	1.0328	2.0864	1.0743	0.7141	1.1156	0.7023	0.5634
26-21	2.5845	1.3003	0.8681	1.6956	0.9137	0.6074	0.8839	0.5545	0.4784
26-22	2.0863	1.0514	0.7013	1.2810	0.7485	0.4987	0.6600	0.4169	0.3858
28-18	5.0498	2.5355	1.6882	3.4134	1.7163	1.1410	2.0864	1.2521	0.8910
28-19	4.5725	2.2933	1.5293	3.0929	1.5624	1.0389	1.8094	1.1171	0.8130
28-20	4.0878	2.0552	1.3710	2.7542	1.4087	0.9373	1.5494	0.9594	0.7343
28-21	3.6050	1.8104	1.2110	2.4097	1.2508	0.8325	1.3015	0.8045	0.6521
28-22	3.1071	1.5671	1.0483	2.0158	1.0926	0.7274	1.0662	0.6583	0.5668
28-24	2.0950	1.0655	0.7143	1.1937	0.7603	0.5086	0.6230	0.3933	0.3730
30-20	5.0871	2.5603	1.7080	3.4077	1.7413	1.1589	1.9898	1.2112	0.9024
30-21	4.6059	2.3203	1.5500	3.0713	1.5848	1.0572	1.7317	1.0558	0.8224
30-22	4.1327	2.0787	1.3926	2.7270	1.4322	0.9537	1.4844	0.9038	0.7404
30-23	3.6341	1.8383	1.2297	2.3313	1.2707	0.8488	1.2446	0.7594	0.6558
30-24	3.1265	1.5940	1.0680	1.9364	1.1122	0.7408	1.0103	0.6230	0.5646
30-26	2.1289	1.0829	0.7273	1.1223	0.7718	0.5195	0.5881	0.3837	0.3580

表 B.71 处理量折算系数 K_c 表

粮食种类:小麦　　环境温度 t_h:25℃　　环境相对湿度 RH:60%

降水范围 (M_1-M_2)/%	热风温度 t_r/℃								
	60			90			120		
	热风表观风速 v_r/[m^3/(m^3·s)]								
	0.2	0.4	0.6	0.2	0.4	0.6	0.2	0.4	0.6
18-13	3.2563	1.6213	1.0863	2.0105	1.0027	0.6691	1.2513	0.7441	0.5095
18-14	2.5846	1.2869	0.8615	1.6221	0.8150	0.5433	0.9291	0.5935	0.4180
20-13	4.3624	2.1694	1.4502	2.6901	1.3360	0.8896	1.7647	0.9934	0.6755
20-14	3.6969	1.8388	1.2282	2.3102	1.1516	0.7663	1.4356	0.8530	0.5856
20-15	3.0665	1.5256	1.0179	1.9388	0.9722	0.6463	1.1234	0.7081	0.4976
20-16	2.4596	1.2239	0.8159	1.5641	0.7955	0.5285	0.8344	0.5373	0.4096
22-13	5.4496	2.7077	1.8079	3.3592	1.6663	1.1084	2.2578	1.2336	0.8394
22-14	4.7883	2.3814	1.5888	2.9839	1.4850	0.9872	1.9290	1.0981	0.7513
22-15	4.1651	2.0727	1.3817	2.6211	1.3090	0.8696	1.6113	0.9621	0.6651
22-16	3.5680	1.7757	1.1830	2.2598	1.1360	0.7542	1.3075	0.8201	0.5802
22-17	2.9836	1.4866	0.9898	1.8949	0.9646	0.6402	1.0240	0.6529	0.4943
22-18	2.4105	1.2017	0.8000	1.5098	0.7930	0.5264	0.7624	0.4891	0.4071
24-14	5.8830	2.9181	1.9463	3.6482	1.8163	1.2070	2.4059	1.3364	0.9156
24-15	5.2566	2.6136	1.7422	3.2898	1.6432	1.0918	2.0879	1.2029	0.8311
24-16	4.6587	2.3212	1.5468	2.9432	1.4740	0.9787	1.7806	1.0695	0.7480
24-17	4.0842	2.0378	1.3570	2.5845	1.3061	0.8672	1.4847	0.9288	0.6653
24-18	3.5168	1.7577	1.1711	2.2250	1.1387	0.7561	1.2074	0.7619	0.5811
24-19	2.9597	1.4800	0.9865	1.8473	0.9702	0.6445	0.9500	0.6007	0.4950
24-20	2.3958	1.2019	0.8017	1.4091	0.7982	0.5318	0.7152	0.4512	0.4046
26-16	5.7321	2.8623	1.9076	3.6126	1.8100	1.2024	2.2458	1.3080	0.9148
26-17	5.1641	2.5826	1.7224	3.2604	1.6449	1.0929	1.9475	1.1740	0.8341
26-18	4.6182	2.3075	1.5394	2.9118	1.4819	0.9847	1.6612	1.0299	0.7519
26-19	4.0653	2.0389	1.3584	2.5547	1.3175	0.8753	1.3934	0.8658	0.6688
26-20	3.5084	1.7644	1.1781	2.1776	1.1507	0.7656	1.1404	0.7076	0.5836
26-21	2.9570	1.4897	0.9955	1.7450	0.9805	0.6540	0.9001	0.5594	0.4946
26-22	2.4030	1.2127	0.8112	1.2988	0.8078	0.5408	0.6675	0.4218	0.3950
28-18	5.7179	2.8533	1.9073	3.5803	1.8214	1.2120	2.1217	1.2771	0.9209
28-19	5.1861	2.5898	1.7286	3.2335	1.6636	1.1054	1.8411	1.1273	0.8401
28-20	4.6425	2.3241	1.5513	2.8846	1.4986	0.9983	1.5755	0.9657	0.7574
28-21	4.0862	2.0555	1.3722	2.5009	1.3352	0.8891	1.3220	0.8105	0.6723
28-22	3.5331	1.7803	1.1943	2.0716	1.1655	0.7791	1.0760	0.6642	0.5843
28-24	2.4144	1.2251	0.8237	1.2086	0.8176	0.5506	0.6250	0.4054	0.3780
30-20	5.7386	2.8720	1.9220	3.5555	1.8461	1.2286	2.0085	1.2230	0.9282
30-21	5.1809	2.6131	1.7472	3.2025	1.6864	1.1249	1.7487	1.0629	0.8463
30-22	4.6591	2.3546	1.5734	2.8221	1.5221	1.0150	1.4974	0.9106	0.7622
30-23	4.1041	2.0838	1.3968	2.3893	1.3525	0.9071	1.2481	0.7666	0.6745
30-24	3.5381	1.7997	1.2135	1.9594	1.1871	0.7950	1.0133	0.6324	0.5777
30-26	2.4263	1.2431	0.8403	1.1349	0.8264	0.5617	0.5896	0.3911	0.3626

表 B.72 处理量折算系数 K_c 表

粮食种类：小麦　　环境温度 t_h：25℃　　环境相对湿度 RH：90%

降水范围 (M_1-M_2)/%	热风温度 t_r/℃								
	60			90			120		
	热风表观风速 v_r/[m^3/(m^3·s)]								
	0.2	0.4	0.6	0.2	0.4	0.6	0.2	0.4	0.6
18-13	3.7590	1.8697	1.2492	2.1365	1.0750	0.7161	1.2678	0.7679	0.5300
18-14	2.9960	1.4905	0.9954	1.7217	0.8782	0.5846	0.9408	0.6032	0.4359
20-13	4.9893	2.4776	1.6529	2.8444	1.4231	0.9465	1.7886	1.0224	0.6994
20-14	4.2305	2.1025	1.4018	2.4445	1.2297	0.8173	1.4532	0.8779	0.6078
20-15	3.5191	1.7499	1.1660	2.0471	1.0420	0.6921	1.1367	0.7222	0.5176
20-16	2.8390	1.4122	0.9404	1.6483	0.8556	0.5692	0.8454	0.5421	0.4265
22-13	6.2001	3.0743	2.0494	3.5384	1.7681	1.1750	2.2888	1.2686	0.8669
22-14	5.4463	2.7034	1.8014	3.1464	1.5779	1.0482	1.9526	1.1268	0.7771
22-15	4.7367	2.3555	1.5688	2.7601	1.3936	0.9253	1.6300	0.9858	0.6891
22-16	4.0633	2.0227	1.3469	2.3770	1.2128	0.8050	1.3233	0.8333	0.6012
22-17	3.4109	1.7002	1.1319	1.9892	1.0323	0.6861	1.0385	0.6583	0.5128
22-18	2.7734	1.3836	0.9212	1.5606	0.8508	0.5674	0.7769	0.4939	0.4221
24-14	6.6515	3.2975	2.1970	3.8341	1.9233	1.2778	2.4421	1.3688	0.9451
24-15	5.9276	2.9530	1.9673	3.4605	1.7423	1.1571	2.1156	1.2321	0.8587
24-16	5.2615	2.6249	1.7491	3.0813	1.5654	1.0392	1.8036	1.0924	0.7735
24-17	4.6220	2.3090	1.5377	2.7111	1.3898	0.9229	1.5074	0.9387	0.6874
24-18	3.9969	1.9970	1.3312	2.3279	1.2135	0.8070	1.2319	0.7680	0.6007
24-19	3.3660	1.6895	1.1263	1.9156	1.0359	0.6907	0.9718	0.6064	0.5116
24-20	2.7480	1.3807	0.9216	1.4289	0.8550	0.5728	0.7222	0.4569	0.4173
26-16	6.4420	3.2225	2.1482	3.7732	1.9144	1.2730	2.2796	1.3365	0.9434
26-17	5.8084	2.9108	1.9399	3.4061	1.7438	1.1582	1.9772	1.1974	0.8594
26-18	5.1957	2.6036	1.7371	3.0433	1.5735	1.0452	1.6872	1.0406	0.7749
26-19	4.5897	2.3002	1.5370	2.6611	1.3986	0.9318	1.4140	0.8727	0.6894
26-20	3.9619	2.0017	1.3362	2.2542	1.2240	0.8173	1.1549	0.7143	0.6018
26-21	3.3654	1.6947	1.1347	1.7803	1.0454	0.7004	0.9031	0.5667	0.5088
26-22	2.7533	1.3907	0.9309	1.3138	0.8617	0.5808	0.6697	0.4334	0.4015
28-18	6.4364	3.2115	2.1428	3.7324	1.9265	1.2824	2.1414	1.3009	0.9469
28-19	5.8449	2.9077	1.9437	3.3689	1.7598	1.1709	1.8583	1.1380	0.8636
28-20	5.2183	2.6136	1.7476	2.9845	1.5878	1.0605	1.5901	0.9738	0.7787
28-21	4.6284	2.3162	1.5514	2.5792	1.4146	0.9456	1.3312	0.8189	0.6924
28-22	3.9899	2.0156	1.3518	2.1196	1.2366	0.8301	1.0794	0.6751	0.5992
28-24	2.7513	1.4055	0.9432	1.2210	0.8692	0.5910	0.6268	0.4143	0.3827
30-20	6.4379	3.2326	2.1589	3.6903	1.9523	1.3007	2.0278	1.2323	0.9532
30-21	5.8357	2.9322	1.9618	3.3013	1.7820	1.1893	1.7587	1.0727	0.8698
30-22	5.2063	2.6429	1.7684	2.8933	1.6117	1.0770	1.5018	0.9233	0.7818
30-23	4.6109	2.3380	1.5747	2.4486	1.4318	0.9636	1.2516	0.7860	0.6898
30-24	3.9874	2.0305	1.3708	1.9785	1.2505	0.8454	1.0162	0.6506	0.5864
30-26	2.7591	1.4140	0.9547	1.1454	0.8701	0.5998	0.5913	0.3911	0.3660

表 B.73 处理量折算系数 K_c 表

粮食种类:小麦　　环境温度 t_h:30℃　　环境相对湿度 RH:30%

降水范围 (M_1-M_2)/%	热风温度 t_r/℃								
	60			90			120		
	热风表观风速 v_r/[m^3/(m^3·s)]								
	0.2	0.4	0.6	0.2	0.4	0.6	0.2	0.4	0.6
18-13	2.8107	1.4014	0.9419	1.8363	0.9090	0.6079	1.2086	0.7027	0.4727
18-14	2.1961	1.0948	0.7352	1.4713	0.7279	0.4863	0.8984	0.5628	0.3841
20-13	3.8373	1.9110	1.2805	2.4882	1.2307	0.8209	1.7097	0.9460	0.6340
20-14	3.2292	1.6082	1.0763	2.1291	1.0528	0.7015	1.3909	0.8121	0.5473
20-15	2.6496	1.3195	0.8820	1.7791	0.8794	0.5854	1.0887	0.6764	0.4620
20-16	2.0895	1.0406	0.6947	1.4308	0.7087	0.4712	0.8056	0.5247	0.3768
22-13	4.8447	2.4115	1.6132	3.1321	1.5494	1.0320	2.1921	1.1837	0.7941
22-14	4.2435	2.1127	1.4118	2.7789	1.3746	0.9148	1.8741	1.0523	0.7092
22-15	3.6716	1.8283	1.2204	2.4354	1.2044	0.8008	1.5646	0.9214	0.6259
22-16	3.1186	1.5537	1.0360	2.0958	1.0371	0.6891	1.2690	0.7883	0.5430
22-17	2.5791	1.2856	0.8565	1.7551	0.8712	0.5785	0.9903	0.6383	0.4598
22-18	2.0476	1.0209	0.6799	1.4072	0.7054	0.4682	0.7335	0.4787	0.3760
24-14	5.2416	2.6116	1.7442	3.4226	1.6941	1.1270	2.3422	1.2871	0.8703
24-15	4.6768	2.3319	1.5559	3.0831	1.5274	1.0153	2.0322	1.1599	0.7888
24-16	4.1335	2.0615	1.3745	2.7513	1.3632	0.9057	1.7309	1.0309	0.7077
24-17	3.6074	1.7980	1.1983	2.4178	1.2008	0.7975	1.4416	0.8971	0.6266
24-18	3.0811	1.5385	1.0251	2.0831	1.0386	0.6898	1.1681	0.7462	0.5454
24-19	2.5596	1.2805	0.8530	1.7366	0.8760	0.5817	0.9130	0.5888	0.4625
24-20	2.0365	1.0211	0.6809	1.3518	0.7115	0.4726	0.6775	0.4410	0.3771
26-16	5.1371	2.5648	1.7114	3.3989	1.6882	1.1216	2.1858	1.2656	0.8713
26-17	4.6202	2.3057	1.5380	3.0703	1.5284	1.0155	1.8934	1.1385	0.7922
26-18	4.1103	2.0519	1.3679	2.7492	1.3694	0.9105	1.6091	1.0051	0.7128
26-19	3.5919	1.7994	1.1994	2.4130	1.2112	0.8047	1.3408	0.8502	0.6324
26-20	3.0824	1.5462	1.0312	2.0645	1.0501	0.6982	1.0887	0.6940	0.5500
26-21	2.5621	1.2890	0.8615	1.6811	0.8872	0.5903	0.8541	0.5472	0.4655
26-22	2.0395	1.0301	0.6888	1.2835	0.7214	0.4804	0.6392	0.4106	0.3750
28-18	5.1139	2.5635	1.7088	3.4009	1.6981	1.1296	2.0509	1.2413	0.8787
28-19	4.6119	2.3156	1.5437	3.0709	1.5448	1.0273	1.7741	1.1061	0.8002
28-20	4.0997	2.0655	1.3798	2.7343	1.3865	0.9233	1.5118	0.9494	0.7203
28-21	3.6026	1.8142	1.2141	2.3910	1.2271	0.8173	1.2655	0.7955	0.6389
28-22	3.0951	1.5626	1.0455	2.0079	1.0660	0.7106	1.0377	0.6501	0.5538
28-24	2.0566	1.0449	0.6995	1.1992	0.7316	0.4895	0.6063	0.3861	0.3621
30-20	5.1340	2.5856	1.7263	3.3903	1.7206	1.1466	1.9473	1.1997	0.8882
30-21	4.6444	2.3394	1.5646	3.0661	1.5680	1.0432	1.6945	1.0452	0.8097
30-22	4.1370	2.0885	1.3985	2.7092	1.4091	0.9406	1.4514	0.8939	0.7280
30-23	3.6283	1.8403	1.2330	2.3204	1.2465	0.8329	1.2159	0.7502	0.6427
30-24	3.1115	1.5794	1.0621	1.9233	1.0862	0.7240	0.9860	0.6143	0.5539
30-26	2.0728	1.0603	0.7134	1.1270	0.7449	0.4992	0.5726	0.3674	0.3499

表 B.74 处理量折算系数 K_c 表

粮食种类:小麦　　环境温度 t_h:30℃　　环境相对湿度 RH:60%

降水范围 (M_1-M_2)/%	热风温度 t_r/℃								
	60			90			120		
	热风表观风速 v_r/[m^3/(m^3·s)]								
	0.2	0.4	0.6	0.2	0.4	0.6	0.2	0.4	0.6
18-13	3.4210	1.7033	1.1396	2.0183	1.0017	0.6680	1.2314	0.7369	0.5020
18-14	2.6913	1.3402	0.8961	1.6217	0.8083	0.5386	0.9118	0.5862	0.4092
20-13	4.6045	2.2899	1.5292	2.7143	1.3433	0.8941	1.7420	0.9881	0.6694
20-14	3.8805	1.9307	1.2883	2.3245	1.1532	0.7670	1.4142	0.8466	0.5787
20-15	3.1988	1.5919	1.0615	1.9451	0.9686	0.6438	1.1037	0.7013	0.4896
20-16	2.5452	1.2670	0.8442	1.5654	0.7871	0.5228	0.8174	0.5314	0.4012
22-13	5.7633	2.8650	1.9114	3.3969	1.6816	1.1183	2.2351	1.2312	0.8349
22-14	5.0443	2.5100	1.6736	3.0165	1.4948	0.9935	1.9055	1.0943	0.7462
22-15	4.3713	2.1758	1.4499	2.6421	1.3135	0.8725	1.5885	0.9570	0.6591
22-16	3.7245	1.8557	1.2360	2.2757	1.1356	0.7541	1.2856	0.8139	0.5728
22-17	3.0974	1.5449	1.0287	1.9043	0.9595	0.6369	1.0043	0.6461	0.4866
22-18	2.4834	1.2393	0.8253	1.5158	0.7835	0.5200	0.7450	0.4834	0.3989
24-14	6.1988	3.0815	2.0548	3.6985	1.8338	1.2187	2.3824	1.3348	0.9124
24-15	5.5217	2.7523	1.8341	3.3283	1.6557	1.1000	2.0624	1.2001	0.8270
24-16	4.8840	2.4373	1.6238	2.9691	1.4813	0.9839	1.7549	1.0647	0.7426
24-17	4.2630	2.1312	1.4202	2.6102	1.3088	0.8692	1.4606	0.9212	0.6587
24-18	3.6577	1.8311	1.2205	2.2414	1.1371	0.7551	1.1848	0.7543	0.5736
24-19	3.0607	1.5344	1.0228	1.8590	0.9643	0.6406	0.9281	0.5941	0.4875
24-20	2.4629	1.2363	0.8249	1.4153	0.7890	0.5250	0.6930	0.4454	0.3973
26-16	6.0205	3.0107	2.0079	3.6524	1.8254	1.2131	2.2174	1.3059	0.9108
26-17	5.4072	2.7128	1.8078	3.3011	1.6555	1.1003	1.9178	1.1698	0.8288
26-18	4.8288	2.4184	1.6132	2.9438	1.4871	0.9888	1.6318	1.0213	0.7463
26-19	4.2291	2.1265	1.4192	2.5761	1.3185	0.8770	1.3630	0.8574	0.6629
26-20	3.6463	1.8330	1.2248	2.1939	1.1486	0.7644	1.1142	0.7000	0.5775
26-21	3.0473	1.5399	1.0299	1.7554	0.9744	0.6495	0.8786	0.5524	0.4881
26-22	2.4581	1.2439	0.8331	1.3091	0.7976	0.5331	0.6517	0.4152	0.3874
28-18	6.0141	3.0009	2.0007	3.6285	1.8368	1.2224	2.0857	1.2732	0.9179
28-19	5.4184	2.7161	1.8106	3.2699	1.6693	1.1117	1.8089	1.1190	0.8364
28-20	4.8363	2.4262	1.6233	2.9099	1.5073	1.0019	1.5469	0.9566	0.7532
28-21	4.2464	2.1357	1.4325	2.5242	1.3352	0.8900	1.2968	0.8020	0.6671
28-22	3.6443	1.8508	1.2391	2.0848	1.1648	0.7769	1.0539	0.6561	0.5779
28-24	2.4543	1.2545	0.8451	1.2172	0.8062	0.5427	0.6110	0.3922	0.3711
30-20	6.0255	3.0256	2.0221	3.5932	1.8582	1.2385	1.9890	1.2126	0.9258
30-21	5.4335	2.7414	1.8316	3.2364	1.6924	1.1293	1.7309	1.0530	0.8428
30-22	4.8359	2.4490	1.6451	2.8371	1.5290	1.0203	1.4811	0.9012	0.7577
30-23	4.2495	2.1586	1.4515	2.4049	1.3544	0.9052	1.2336	0.7572	0.6674
30-24	3.6665	1.8693	1.2539	1.9726	1.1791	0.7915	1.0007	0.6214	0.5706
30-26	2.4585	1.2720	0.8590	1.1422	0.8144	0.5529	0.5813	0.3811	0.3578

表 B.75 处理量折算系数 K_c 表

粮食种类：小麦　　环境温度 t_h：30℃　　环境相对湿度 RH：90％

降水范围 (M_1-M_2)/％	热风温度 t_r/℃								
	60			90			120		
	热风表观风速 v_r/[m^3/(m^3·s)]								
	0.2	0.4	0.6	0.2	0.4	0.6	0.2	0.4	0.6
18-13	4.1269	2.0525	1.3694	2.1831	1.0939	0.7281	1.2511	0.7671	0.5279
18-14	3.2626	1.6234	1.0827	1.7523	0.8886	0.5912	0.9260	0.5983	0.4325
20-13	5.4902	2.7257	1.8165	2.9161	1.4553	0.9673	1.7711	1.0251	0.7002
20-14	4.6276	2.3005	1.5326	2.5010	1.2534	0.8327	1.4349	0.8776	0.6067
20-15	3.8275	1.9040	1.2680	2.0886	1.0577	0.7024	1.1199	0.7166	0.5153
20-16	3.0668	1.5268	1.0164	1.6769	0.8652	0.5746	0.8304	0.5371	0.4230
22-13	6.7811	3.3850	2.2546	3.6362	1.8128	1.2045	2.2738	1.2753	0.8708
22-14	5.9673	2.9636	1.9737	3.2267	1.6143	1.0721	1.9340	1.1305	0.7789
22-15	5.1628	2.5718	1.7125	2.8281	1.4221	0.9442	1.6098	0.9860	0.6894
22-16	4.4096	2.1996	1.4648	2.4291	1.2339	0.8191	1.3043	0.8273	0.6007
22-17	3.6858	1.8405	1.2257	2.0282	1.0472	0.6955	1.0207	0.6524	0.5107
22-18	2.9784	1.4891	0.9919	1.5809	0.8589	0.5722	0.7599	0.4886	0.4188
24-14	7.1474	3.6175	2.4093	3.9381	1.9721	1.3100	2.4205	1.3756	0.9497
24-15	6.4823	3.2300	2.1519	3.5522	1.7832	1.1846	2.0944	1.2369	0.8621
24-16	5.7290	2.8616	1.9072	3.1580	1.5994	1.0620	1.7797	1.0935	0.7755
24-17	5.0194	2.5081	1.6723	2.7716	1.4163	0.9409	1.4837	0.9327	0.6880
24-18	4.3116	2.1639	1.4428	2.3750	1.2342	0.8203	1.2076	0.7613	0.5998
24-19	3.6185	1.8210	1.2158	1.9393	1.0492	0.6995	0.9540	0.6002	0.5093
24-20	2.9313	1.4814	0.9893	1.4457	0.8629	0.5773	0.7079	0.4509	0.4134
26-16	7.0045	3.5138	2.3457	3.8722	1.9599	1.3033	2.2571	1.3397	0.9485
26-17	6.3585	3.1675	2.1133	3.4912	1.7836	1.1847	1.9551	1.1988	0.8629
26-18	5.6589	2.8325	1.8888	3.1103	1.6032	1.0667	1.6673	1.0333	0.7770
26-19	4.9506	2.4938	1.6669	2.7126	1.4256	0.9494	1.3964	0.8651	0.6897
26-20	4.2682	2.1589	1.4441	2.2808	1.2431	0.8300	1.1392	0.7071	0.6005
26-21	3.5945	1.8223	1.2226	1.7995	1.0595	0.7089	0.8901	0.5592	0.5060
26-22	2.9329	1.4868	0.9956	1.3274	0.8683	0.5852	0.6610	0.4224	0.3959
28-18	6.9527	3.4862	2.3342	3.8226	1.9703	1.3125	2.1267	1.2965	0.9518
28-19	6.2822	3.1542	2.1157	3.4446	1.7964	1.1964	1.8434	1.1291	0.8667
28-20	5.5979	2.8338	1.8948	3.0416	1.6196	1.0809	1.5760	0.9652	0.7799
28-21	4.9235	2.5077	1.6772	2.6084	1.4420	0.9621	1.3172	0.8102	0.6919
28-22	4.2693	2.1656	1.4598	2.1406	1.2554	0.8433	1.0670	0.6645	0.5973
28-24	2.9317	1.4972	1.0070	1.2324	0.8727	0.5953	0.6185	0.4093	0.3785
30-20	6.9223	3.4984	2.3481	3.7708	1.9897	1.3296	2.0115	1.2224	0.9571
30-21	6.2800	3.1660	2.1323	3.3658	1.8145	1.2150	1.7462	1.0625	0.8729
30-22	5.5872	2.8339	1.9162	2.9252	1.6413	1.0980	1.4866	0.9109	0.7827
30-23	4.9308	2.5271	1.6953	2.4710	1.4555	0.9793	1.2381	0.7684	0.6881
30-24	4.2279	2.1878	1.4758	1.9960	1.2699	0.8566	1.0043	0.6410	0.5827
30-26	2.9207	1.5124	1.0201	1.1550	0.8715	0.6031	0.5833	0.3911	0.3620

表 B.76 处理量折算系数 K_c 表

粮食种类:小麦　　　　环境温度 t_h:35℃　　　　环境相对湿度 RH:30%

降水范围 (M_1-M_2)/%	热风温度 t_r/℃								
	60			90			120		
	热风表观风速 v_r/[m³/(m³·s)]								
	0.2	0.4	0.6	0.2	0.4	0.6	0.2	0.4	0.6
18-13	2.8477	1.4201	0.9536	1.8000	0.8914	0.5960	1.1816	0.6872	0.4584
18-14	2.1997	1.0967	0.7360	1.4281	0.7068	0.4722	0.8781	0.5487	0.3690
20-13	3.9200	1.9527	1.3073	2.4612	1.2181	0.8122	1.6805	0.9318	0.6205
20-14	3.2781	1.6330	1.0922	2.0951	1.0365	0.6906	1.3648	0.7974	0.5330
20-15	2.6686	1.3293	0.8881	1.7386	0.8599	0.5723	1.0667	0.6630	0.4472
20-16	2.0810	1.0367	0.6918	1.3879	0.6862	0.4563	0.7871	0.5163	0.3620
22-13	4.9701	2.4747	1.6544	3.1141	1.5415	1.0266	2.1631	1.1717	0.7814
22-14	4.3355	2.1591	1.4420	2.7534	1.3631	0.9071	1.8456	1.0395	0.6957
22-15	3.7327	1.8597	1.2410	2.4038	1.1896	0.7910	1.5378	0.9096	0.6117
22-16	3.1524	1.5715	1.0477	2.0588	1.0192	0.6772	1.2446	0.7765	0.5285
22-17	2.5870	1.2905	0.8597	1.7171	0.8503	0.5647	0.9692	0.6295	0.4456
22-18	2.0308	1.0135	0.6750	1.3712	0.6817	0.4526	0.7157	0.4724	0.3619
24-14	5.3721	2.6791	1.7884	3.4038	1.6872	1.1223	2.3122	1.2767	0.8577
24-15	4.7788	2.3838	1.5902	3.0619	1.5169	1.0085	2.0022	1.1494	0.7754
24-16	4.2083	2.1000	1.4002	2.7224	1.3501	0.8971	1.7027	1.0196	0.6941
24-17	3.6553	1.8238	1.2156	2.3887	1.1844	0.7869	1.4154	0.8867	0.6131
24-18	3.1057	1.5520	1.0343	2.0514	1.0193	0.6772	1.1444	0.7371	0.5315
24-19	2.5625	1.2822	0.8544	1.6998	0.8538	0.5673	0.8921	0.5814	0.4489
24-20	2.0162	1.0116	0.6745	1.3074	0.6864	0.4563	0.6597	0.4349	0.3643
26-16	5.2506	2.6230	1.7499	3.3838	1.6781	1.1161	2.1546	1.2558	0.8587
26-17	4.7087	2.3523	1.5685	3.0495	1.5176	1.0081	1.8633	1.1287	0.7795
26-18	4.1726	2.0857	1.3909	2.7175	1.3550	0.9007	1.5810	0.9949	0.7001
26-19	3.6347	1.8235	1.2150	2.3782	1.1929	0.7933	1.3147	0.8405	0.6193
26-20	3.1007	1.5569	1.0388	2.0224	1.0295	0.6849	1.0647	0.6858	0.5374
26-21	2.5601	1.2898	0.8613	1.6283	0.8636	0.5751	0.8317	0.5401	0.4533
26-22	2.0121	1.0185	0.6815	1.2576	0.6951	0.4634	0.6173	0.4046	0.3639
28-18	5.2064	2.6182	1.7456	3.3701	1.6886	1.1235	2.0187	1.2321	0.8668
28-19	4.6781	2.3562	1.5750	3.0381	1.5302	1.0180	1.7434	1.0953	0.7883
28-20	4.1484	2.0961	1.4021	2.6947	1.3699	0.9129	1.4822	0.9395	0.7090
28-21	3.6260	1.8360	1.2281	2.3395	1.2101	0.8054	1.2361	0.7865	0.6270
28-22	3.1106	1.5689	1.0517	1.9554	1.0439	0.6961	1.0070	0.6421	0.5431
28-24	2.0295	1.0290	0.6917	1.1934	0.7068	0.4716	0.5880	0.3800	0.3527
30-20	5.2258	2.6339	1.7603	3.3485	1.7090	1.1397	1.9060	1.1886	0.8786
30-21	4.7201	2.3769	1.5898	3.0145	1.5504	1.0354	1.6527	1.0347	0.7983
30-22	4.1899	2.1209	1.4200	2.6642	1.3918	0.9279	1.4162	0.8843	0.7169
30-23	3.6523	1.8526	1.2447	2.2761	1.2279	0.8195	1.1879	0.7414	0.6315
30-24	3.1171	1.5895	1.0660	1.8910	1.0628	0.7098	0.9618	0.6063	0.5413
30-26	2.0471	1.0430	0.7018	1.1323	0.7185	0.4820	0.5559	0.3602	0.3379

表 B.77 处理量折算系数 K_c 表

粮食种类:小麦　　　　环境温度 t_h:35℃　　　　环境相对湿度 RH:60%

降水范围 (M_1-M_2)/%	热风温度 t_r/℃								
	60			90			120		
	热风表观风速 v_r/[m^3/(m^3·s)]								
	0.2	0.4	0.6	0.2	0.4	0.6	0.2	0.4	0.6
18-13	3.6733	1.8291	1.2220	2.0378	1.0083	0.6719	1.2128	0.7322	0.4957
18-14	2.8623	1.4255	0.9519	1.6288	0.8077	0.5379	0.8951	0.5804	0.4020
20-13	4.9647	2.4692	1.6472	2.7513	1.3610	0.9054	1.7215	0.9863	0.6648
20-14	4.1585	2.0696	1.3798	2.3532	1.1637	0.7736	1.3942	0.8430	0.5736
20-15	3.4049	1.6953	1.1297	1.9618	0.9722	0.6460	1.0849	0.6962	0.4834
20-16	2.6865	1.3381	0.8913	1.5728	0.7845	0.5209	0.8011	0.5257	0.3940
22-13	6.2297	3.0953	2.0634	3.4538	1.7100	1.1368	2.2154	1.2330	0.8326
22-14	5.4279	2.6998	1.7992	3.0634	1.5159	1.0074	1.8834	1.0938	0.7433
22-15	4.6765	2.3303	1.5523	2.6821	1.3280	0.8821	1.5661	0.9547	0.6552
22-16	3.9645	1.9779	1.3175	2.3019	1.1437	0.7595	1.2650	0.8089	0.5679
22-17	3.2793	1.6372	1.0905	1.9207	0.9613	0.6383	0.9857	0.6395	0.4806
22-18	2.6075	1.3032	0.8681	1.5235	0.7795	0.5176	0.7289	0.4778	0.3919
24-14	6.6639	3.3202	2.2131	3.7712	1.8656	1.2396	2.3617	1.3373	0.9118
24-15	5.9182	2.9549	1.9696	3.3901	1.6805	1.1166	2.0394	1.2007	0.8254
24-16	5.2148	2.6084	1.7386	3.0158	1.4999	0.9966	1.7310	1.0625	0.7403
24-17	4.5389	2.2737	1.5152	2.6436	1.3214	0.8778	1.4382	0.9139	0.6549
24-18	3.8756	1.9449	1.2968	2.2681	1.1432	0.7599	1.1641	0.7470	0.5689
24-19	3.2273	1.6195	1.0810	1.8712	0.9646	0.6413	0.9091	0.5876	0.4815
24-20	2.5757	1.2956	0.8653	1.4265	0.7842	0.5218	0.6748	0.4399	0.3903
26-16	6.4361	3.2303	2.1545	3.7219	1.8534	1.2322	2.1941	1.3069	0.9109
26-17	5.7981	2.9009	1.9352	3.3524	1.6791	1.1158	1.8923	1.1686	0.8276
26-18	5.1336	2.5765	1.7214	2.9878	1.5034	1.0009	1.6075	1.0137	0.7437
26-19	4.4905	2.2588	1.5107	2.6126	1.3303	0.8848	1.3395	0.8495	0.6585
26-20	3.8376	1.9434	1.2995	2.2193	1.1532	0.7679	1.0897	0.6928	0.5717
26-21	3.1887	1.6221	1.0862	1.7704	0.9748	0.6496	0.8586	0.5461	0.4811
26-22	2.5499	1.2995	0.8715	1.3213	0.7919	0.5294	0.6347	0.4096	0.3791
28-18	6.3955	3.2020	2.1418	3.6919	1.8630	1.2401	2.0544	1.2716	0.9166
28-19	5.7754	2.8897	1.9355	3.3277	1.6922	1.1266	1.7801	1.1109	0.8334
28-20	5.1268	2.5806	1.7271	2.9469	1.5181	1.0124	1.5256	0.9481	0.7494
28-21	4.4890	2.2665	1.5194	2.5443	1.3451	0.8976	1.2778	0.7941	0.6621
28-22	3.8433	1.9540	1.3107	2.1033	1.1674	0.7798	1.0365	0.6489	0.5718
28-24	2.5411	1.3095	0.8820	1.2273	0.8004	0.5384	0.5988	0.3856	0.3636
30-20	6.3528	3.2124	2.1522	3.6545	1.8849	1.2554	1.9541	1.2029	0.9266
30-21	5.7330	2.9080	1.9496	3.2872	1.7141	1.1441	1.6973	1.0439	0.8419
30-22	5.1306	2.6012	1.7454	2.8611	1.5371	1.0292	1.4487	0.8927	0.7551
30-23	4.4528	2.2775	1.5412	2.4273	1.3675	0.9127	1.2048	0.7493	0.6629
30-24	3.8184	1.9642	1.3272	1.9882	1.1817	0.7937	0.9758	0.6137	0.5614
30-26	2.5355	1.3308	0.8938	1.1507	0.8039	0.5506	0.5651	0.3728	0.3522

表 B.78　处理量折算系数 K_c 表

粮食种类:小麦　　　　环境温度 t_h:35℃　　　　环境相对湿度 RH:90%

降水范围 $(M_1\text{-}M_2)$/%	热风温度 t_r/℃								
	60			90			120		
	热风表观风速 v_r/[m^3/(m^3·s)]								
	0.2	0.4	0.6	0.2	0.4	0.6	0.2	0.4	0.6
18-13	—	2.3339	1.5554	2.2510	1.1252	0.7484	1.2361	0.7692	0.5286
18-14	—	1.8295	1.2190	1.8006	0.9090	0.6043	0.9123	0.5941	0.4312
20-13	—	3.1025	2.0659	3.0189	1.5037	0.9991	1.7564	1.0322	0.7050
20-14	—	2.6017	1.7323	2.5821	1.2910	0.8574	1.4185	0.8802	0.6091
20-15	—	2.1401	1.4248	2.1508	1.0852	0.7204	1.1046	0.7120	0.5156
20-16	—	1.7046	1.1347	1.7205	0.8834	0.5865	0.8167	0.5323	0.4216
22-13	—	3.8526	2.5647	3.7719	1.8777	1.2474	2.2610	1.2867	0.8794
22-14	—	3.3551	2.2340	3.3394	1.6684	1.1081	1.9191	1.1390	0.7852
22-15	—	2.8976	1.9299	2.9233	1.4662	0.9736	1.5923	0.9898	0.6933
22-16	—	2.4678	1.6437	2.5045	1.2684	0.8423	1.2878	0.8227	0.6024
22-17	—	2.0546	1.3692	2.0835	1.0729	0.7126	1.0053	0.6471	0.5109
22-18	—	1.6525	1.1018	1.6079	0.8762	0.5833	0.7460	0.4840	0.4174
24-14	—	4.0979	2.7278	4.0835	2.0423	1.3569	2.4050	1.3878	0.9595
24-15	—	3.6419	2.4269	3.6796	1.8430	1.2252	2.0762	1.2453	0.8696
24-16	—	3.2150	2.1455	3.2642	1.6500	1.0962	1.7612	1.0979	0.7808
24-17	—	2.8088	1.8743	2.8560	1.4576	0.9693	1.4659	0.9273	0.6918
24-18	—	2.4145	1.6113	2.4385	1.2665	0.8427	1.1908	0.7553	0.6021
24-19	—	2.0239	1.3532	1.9708	1.0739	0.7159	0.9373	0.5949	0.5095
24-20	—	1.6335	1.0943	1.4656	0.8785	0.5878	0.6932	0.4461	0.4098
26-16	—	3.9540	2.6389	4.0086	2.0261	1.3487	2.2345	1.3477	0.9582
26-17	—	3.5520	2.3725	3.6096	1.8399	1.2242	1.9340	1.1989	0.8706
26-18	—	3.1586	2.1181	3.2075	1.6525	1.0998	1.6493	1.0264	0.7829
26-19	—	2.7800	1.8606	2.7827	1.4653	0.9763	1.3802	0.8587	0.6935
26-20	—	2.4027	1.6081	2.3167	1.2734	0.8515	1.1201	0.7011	0.6016
26-21	—	2.0117	1.3535	1.8222	1.0807	0.7242	0.8728	0.5537	0.5033
26-22	—	1.6289	1.0983	1.3437	0.8841	0.5955	0.6455	0.4169	0.3911
28-18	—	3.9057	2.6191	3.9428	2.0318	1.3556	2.1137	1.2920	0.9610
28-19	—	3.5245	2.3646	3.5483	1.8548	1.2345	1.8306	1.1217	0.8738
28-20	—	3.1429	2.1174	3.1189	1.6653	1.1124	1.5571	0.9582	0.7846
28-21	—	2.7812	1.8672	2.6491	1.4768	0.9889	1.2950	0.8037	0.6933
28-22	—	2.3958	1.6135	2.1655	1.2864	0.8633	1.0470	0.6582	0.5957
28-24	—	1.6315	1.1067	1.2458	0.8828	0.6034	0.6051	0.4024	0.3745
30-20	—	3.9019	2.6287	3.8658	2.0506	1.3717	1.9968	1.2145	0.9645
30-21	—	3.5471	2.3798	3.4594	1.8684	1.2514	1.7332	1.0551	0.8777
30-22	—	3.1566	2.1380	2.9713	1.6876	1.1295	1.4716	0.9038	0.7852
30-23	—	2.7882	1.8795	2.4975	1.4955	1.0029	1.2246	0.7610	0.6862
30-24	—	2.4178	1.6291	2.0168	1.2935	0.8774	0.9925	0.6313	0.5774
30-26	—	1.6466	1.1159	1.1663	0.8806	0.6121	0.5753	0.3841	0.3580

表 B.79 处理量折算系数 K_c 表

粮食种类：小麦　　环境温度 t_h：40℃　　环境相对湿度 RH：30％

降水范围 (M_1-M_2)/%	热风温度 t_r/℃								
	60			90			120		
	热风表观风速 v_r/[m³/(m³·s)]								
	0.2	0.4	0.6	0.2	0.4	0.6	0.2	0.4	0.6
18-13	2.9216	1.4571	0.9772	1.7716	0.8777	0.5866	1.1524	0.6707	0.4453
18-14	2.2283	1.1113	0.7450	1.3908	0.6887	0.4600	0.8524	0.5336	0.3550
20-13	4.0553	2.0204	1.3514	2.4455	1.2111	0.8073	1.6473	0.9170	0.6086
20-14	3.3681	1.6782	1.1216	2.0704	1.0249	0.6827	1.3338	0.7831	0.5201
20-15	2.7182	1.3546	0.9044	1.7057	0.8441	0.5617	1.0415	0.6489	0.4334
20-16	2.0939	1.0436	0.6962	1.3472	0.6665	0.4431	0.7665	0.5053	0.3475
22-13	5.1637	2.5713	1.7176	3.1100	1.5408	1.0259	2.1332	1.1595	0.7708
22-14	4.4818	2.2334	1.4908	2.7413	1.3579	0.9034	1.8159	1.0277	0.6841
22-15	3.8388	1.9141	1.2767	2.3820	1.1801	0.7846	1.5113	0.8971	0.5991
22-16	3.2224	1.6076	1.0715	2.0300	1.0057	0.6683	1.2206	0.7650	0.5151
22-17	2.6232	1.3094	0.8724	1.6819	0.8330	0.5532	0.9481	0.6202	0.4313
22-18	2.0338	1.0161	0.6769	1.3319	0.6607	0.4388	0.6982	0.4659	0.3473
24-14	5.5746	2.7803	1.8556	3.4036	1.6880	1.1228	2.2831	1.2682	0.8472
24-15	4.9419	2.4658	1.6446	3.0493	1.5135	1.0064	1.9732	1.1400	0.7641
24-16	4.3381	2.1644	1.4428	2.7042	1.3425	0.8924	1.6753	1.0103	0.6819
24-17	3.7447	1.8716	1.2471	2.3643	1.1735	0.7797	1.3895	0.8774	0.6000
24-18	3.1649	1.5834	1.0552	2.0210	1.0045	0.6675	1.1211	0.7281	0.5180
24-19	2.5877	1.2972	0.8648	1.6707	0.8350	0.5551	0.8716	0.5740	0.4352
24-20	2.0114	1.0116	0.6747	1.2786	0.6643	0.4417	0.6425	0.4287	0.3508
26-16	5.4457	2.7170	1.8113	3.3727	1.6766	1.1155	2.1244	1.2483	0.8479
26-17	4.8560	2.4283	1.6192	3.0355	1.5110	1.0050	1.8339	1.1206	0.7678
26-18	4.2805	2.1454	1.4309	2.7058	1.3465	0.8952	1.5534	0.9856	0.6877
26-19	3.7198	1.8641	1.2447	2.3654	1.1808	0.7854	1.2893	0.8309	0.6070
26-20	3.1474	1.5846	1.0580	2.0005	1.0133	0.6743	1.0417	0.6776	0.5245
26-21	2.5762	1.3012	0.8707	1.5939	0.8435	0.5622	0.8111	0.5330	0.4404
26-22	2.0055	1.0156	0.6799	1.2102	0.6721	0.4482	0.5986	0.3987	0.3514
28-18	5.3600	2.6985	1.8032	3.3767	1.6876	1.1219	1.9878	1.2245	0.8566
28-19	4.8001	2.4254	1.6210	3.0374	1.5238	1.0147	1.7140	1.0846	0.7774
28-20	4.2520	2.1500	1.4380	2.6818	1.3602	0.9060	1.4547	0.9295	0.6976
28-21	3.7002	1.8720	1.2553	2.3127	1.1944	0.7968	1.2099	0.7775	0.6153
28-22	3.1379	1.5945	1.0688	1.9067	1.0262	0.6857	0.9808	0.6341	0.5299
28-24	1.9926	1.0254	0.6898	1.1617	0.6811	0.4560	0.5690	0.3742	0.3438
30-20	5.3922	2.7142	1.8211	3.3451	1.7067	1.1379	1.8739	1.1779	0.8675
30-21	4.8239	2.4424	1.6397	2.9927	1.5437	1.0308	1.6205	1.0241	0.7879
30-22	4.2794	2.1660	1.4580	2.6215	1.3793	0.9214	1.3830	0.8746	0.7062
30-23	3.7120	1.8913	1.2760	2.2330	1.2127	0.8110	1.1642	0.7327	0.6221
30-24	3.1385	1.6130	1.0831	1.8704	1.0414	0.6969	0.9411	0.5984	0.5314
30-26	2.0346	1.0362	0.6974	1.1011	0.6932	0.4648	0.5423	0.3542	0.3298

表 B.80 处理量折算系数 K_c 表

粮食种类：小麦　　环境温度 t_h：40℃　　环境相对湿度 RH：60%

降水范围 (M_1-M_2)/%	热风温度 t_r/℃								
	60			90			120		
	热风表观风速 v_r/[m³/(m³·s)]								
	0.2	0.4	0.6	0.2	0.4	0.6	0.2	0.4	0.6
18-13	4.0553	2.0197	1.3475	2.0682	1.0239	0.6817	1.1953	0.7299	0.4911
18-14	3.1271	1.5579	1.0390	1.6453	0.8140	0.5417	0.8789	0.5760	0.3962
20-13	5.4999	2.7355	1.8231	2.8093	1.3909	0.9248	1.7032	0.9882	0.6633
20-14	4.5740	2.2775	1.5174	2.3927	1.1844	0.7872	1.3747	0.8424	0.5703
20-15	3.7176	1.8525	1.2340	1.9888	0.9845	0.6540	1.0669	0.6924	0.4791
20-16	2.9071	1.4496	0.9653	1.5869	0.7885	0.5236	0.7854	0.5200	0.3880
22-13	6.8397	3.4332	2.2873	3.5389	1.7537	1.1656	2.1983	1.2396	0.8343
22-14	5.9852	2.9793	1.9846	3.1274	1.5504	1.0302	1.8634	1.0970	0.7431
22-15	5.1318	2.5588	1.7046	2.7314	1.3540	0.8995	1.5449	0.9551	0.6537
22-16	4.3270	2.1609	1.4397	2.3375	1.1618	0.7717	1.2453	0.8034	0.5650
22-17	3.5542	1.7780	1.1847	1.9418	0.9716	0.6454	0.9680	0.6330	0.4762
22-18	2.8009	1.4040	0.9358	1.5209	0.7822	0.5195	0.7135	0.4724	0.3866
24-14	7.1817	3.6679	2.4450	3.8530	1.9128	1.2716	2.3420	1.3441	0.9147
24-15	6.4956	3.2517	2.1681	3.4601	1.7198	1.1432	2.0195	1.2052	0.8271
24-16	5.6976	2.8599	1.9067	3.0732	1.5316	1.0178	1.7089	1.0630	0.7403
24-17	4.9476	2.4829	1.6559	2.6839	1.3451	0.8943	1.4172	0.9070	0.6535
24-18	4.2114	2.1163	1.4115	2.2906	1.1595	0.7711	1.1447	0.7399	0.5665
24-19	3.4743	1.7522	1.1702	1.8751	0.9738	0.6476	0.8916	0.5814	0.4774
24-20	2.7432	1.3904	0.9295	1.4365	0.7855	0.5230	0.6588	0.4345	0.3850
26-16	7.1040	3.5516	2.3678	3.7899	1.8990	1.2626	2.1703	1.3103	0.9139
26-17	6.3623	3.1795	2.1218	3.4074	1.7152	1.1418	1.8693	1.1698	0.8299
26-18	5.6071	2.8144	1.8817	3.0268	1.5333	1.0211	1.5856	1.0076	0.7442
26-19	4.8621	2.4579	1.6470	2.6420	1.3511	0.9000	1.3190	0.8418	0.6575
26-20	4.1343	2.1027	1.4098	2.2232	1.1688	0.7784	1.0705	0.6858	0.5693
26-21	3.4198	1.7442	1.1729	1.7915	0.9819	0.6554	0.8384	0.5399	0.4765
26-22	2.7059	1.3859	0.9332	1.3355	0.7938	0.5297	0.6183	0.4043	0.3720
28-18	6.9870	3.5104	2.3490	3.7559	1.9076	1.2686	2.0302	1.2669	0.9202
28-19	6.2554	3.1573	2.1143	3.3685	1.7258	1.1511	1.7565	1.1020	0.8349
28-20	5.5467	2.8119	1.8833	2.9807	1.5448	1.0330	1.5001	0.9399	0.7493
28-21	4.8373	2.4609	1.6515	2.5737	1.3655	0.9128	1.2545	0.7866	0.6601
28-22	4.1095	2.1033	1.4164	2.1304	1.1804	0.7893	1.0127	0.6421	0.5667
28-24	2.6686	1.3912	0.9415	1.2390	0.8012	0.5386	0.5818	0.3801	0.3542
30-20	6.8620	3.5049	2.3537	3.7057	1.9273	1.2836	1.9340	1.1936	0.9265
30-21	6.1515	3.1704	2.1294	3.3489	1.7452	1.1684	1.6770	1.0352	0.8398
30-22	5.4434	2.8300	1.8989	2.8998	1.5648	1.0483	1.4279	0.8847	0.7511
30-23	4.7385	2.4767	1.6620	2.4639	1.3812	0.9254	1.1864	0.7418	0.6564
30-24	4.0477	2.1215	1.4298	2.0064	1.1972	0.8031	0.9598	0.6069	0.5529
30-26	2.6867	1.4017	0.9523	1.1606	0.7998	0.5489	0.5543	0.3645	0.3447

表 B.81 处理量折算系数 K_c 表

粮食种类:小麦　　环境温度 t_h:40℃　　环境相对湿度 RH:90%

降水范围 (M_1-M_2)/%	热风温度 t_r/℃								
	60			90			120		
	热风表观风速 v_r/[m^3/(m^3·s)]								
	0.2	0.4	0.6	0.2	0.4	0.6	0.2	0.4	0.6
18-13	—	2.7861	1.8554	2.3476	1.1715	0.7786	1.2228	0.7738	0.5328
18-14	—	2.1602	1.4386	1.8705	0.9413	0.6254	0.8999	0.5906	0.4325
20-13	—	3.7013	2.4632	3.1594	1.5720	1.0442	1.7445	1.0443	0.7140
20-14	—	3.0773	2.0485	2.6945	1.3453	0.8934	1.4044	0.8862	0.6153
20-15	—	2.5127	1.6729	2.2380	1.1266	0.7481	1.0910	0.7085	0.5190
20-16	—	1.9866	1.3229	1.7798	0.9128	0.6060	0.8046	0.5281	0.4226
22-13	—	4.5947	3.0543	3.9526	1.9673	1.3069	2.2510	1.3039	0.8929
22-14	—	3.9679	2.6419	3.4933	1.7438	1.1587	1.9046	1.1523	0.7961
22-15	—	3.4073	2.2698	3.0511	1.5292	1.0159	1.5776	0.9973	0.7016
22-16	—	2.8846	1.9233	2.6073	1.3190	0.8764	1.2736	0.8181	0.6079
22-17	—	2.3892	1.5943	2.1560	1.1117	0.7390	0.9923	0.6422	0.5140
22-18	—	1.9101	1.2755	1.6449	0.9046	0.6020	0.7344	0.4798	0.4177
24-14	—	4.8405	3.2249	4.2762	2.1375	1.4213	2.3957	1.4056	0.9750
24-15	—	4.2856	2.8544	3.8439	1.9275	1.2816	2.0615	1.2564	0.8824
24-16	—	3.7640	2.5119	3.4040	1.7206	1.1445	1.7467	1.1004	0.7907
24-17	—	3.2704	2.1882	2.9691	1.5174	1.0097	1.4524	0.9215	0.6990
24-18	—	2.8006	1.8739	2.5205	1.3147	0.8756	1.1789	0.7500	0.6064
24-19	—	2.3378	1.5658	2.0153	1.1117	0.7414	0.9235	0.5901	0.5117
24-20	—	1.8745	1.2590	1.4894	0.9039	0.6058	0.6803	0.4419	0.4067
26-16	—	4.6193	3.0983	4.1799	2.1217	1.4099	2.2221	1.3589	0.9718
26-17	—	4.1375	2.7731	3.7544	1.9183	1.2789	1.9220	1.1961	0.8822
26-18	—	3.6662	2.4628	3.3281	1.7198	1.1471	1.6373	1.0202	0.7927
26-19	—	3.2157	2.1584	2.8738	1.5236	1.0155	1.3669	0.8530	0.7002
26-20	—	2.7587	1.8564	2.3705	1.3206	0.8835	1.1047	0.6959	0.6050
26-21	—	2.3177	1.5604	1.8492	1.1140	0.7491	0.8596	0.5489	0.5002
26-22	—	1.8568	1.2562	1.3629	0.9065	0.6123	0.6347	0.4126	0.3868
28-18	—	4.5154	3.0487	4.1057	2.1198	1.4179	2.0882	1.2876	0.9749
28-19	—	4.0952	2.7508	3.6645	1.9280	1.2889	1.8076	1.1154	0.8848
28-20	—	3.6349	2.4532	3.2226	1.7318	1.1575	1.5376	0.9523	0.7932
28-21	—	3.1918	2.1517	2.7179	1.5281	1.0290	1.2753	0.7983	0.6973
28-22	—	2.7461	1.8636	2.1949	1.3316	0.8934	1.0302	0.6534	0.5933
28-24	—	1.8392	1.2607	1.2617	0.9019	0.6202	0.5935	0.3956	0.3708
30-20	—	4.4894	3.0440	3.9922	2.1369	1.4351	1.9870	1.2081	0.9774
30-21	—	4.0662	2.7657	3.5337	1.9373	1.3052	1.7172	1.0491	0.8873
30-22	—	3.6077	2.4615	3.0553	1.7491	1.1746	1.4462	0.8983	0.7912
30-23	—	3.1745	2.1635	2.5288	1.5446	1.0416	1.1996	0.7562	0.6836
30-24	—	2.7252	1.8622	2.0413	1.3365	0.9057	0.9698	0.6269	0.5728
30-26	—	1.8471	1.2650	1.1797	0.8910	0.6299	0.5598	0.3770	0.3539